D1721222

Supplemente zur Tierernährung

für Studium und Praxis

12., überarbeitete Auflage

Begründet von
Prof. Dr. Dr. h. c. Helmut Meyer, Hannover

Herausgegeben von
Prof. Dr. Josef Kamphues
Institut für Tierernährung
Stiftung Tierärztliche Hochschule Hannover

Dr. Petra Wolf
Institut für Ernährungsphysiologie
und Tierernährung
Universität Rostock

Prof. Dr. Klaus Eder
Institut für Tierernährung und Ernährungs-
physiologie
Justus-Liebig-Universität Gießen

Ao. Prof. Dr. Christine Iben
Institut für Tierernährung und funktionelle
Pflanzenstoffe
Universität Wien

Prof. Dr. Ellen Kienzle
Lehrstuhl für Tierernährung und Diätetik
Ludwig-Maximilians-Universität München

Prof. Dr. Manfred Coenen
Institut für Tierernährung, Ernährungs-
schäden und Diätetik
Universität Leipzig

Prof. Dr. Annette Liesegang
Institut für Tierernährung
Universität Zürich

Apl. Prof. Dr. Klaus Männer
Institut für Tierernährung
Freie Universität Berlin

Prof. Dr. Qendrim Zebeli
Institut für Tierernährung und funktionelle
Pflanzenstoffe
Universität Wien

Prof. Dr. Jürgen Zentek
Institut für Tierernährung
Freie Universität Berlin

Unter Mitarbeit von
Dr. Britta Dobenecker, TA Robert Kirchner, PD Dr. Petra Kölle,
Dr. Mareike Kölln, Dr. Anne Mösseler, Dr. Christine Ratert,
Dr. Saara Sander und PD Dr. Ingrid Vervuert

M.&H. Schaper

Mit freundlicher Unterstützung von

 Arbeitsgemeinschaft für Wirkstoffe in der Tierernährung e.V.
Die AWT e.V. als deutscher Wirtschaftsverband mit internationaler Tätigkeit vertritt die fachlichen,
wissenschaftlich-technischen und wirtschaftlichen Interessen der führenden Hersteller, Verarbeiter
und Inverkehrbringer von Futtermittelzusatzstoffen in der Tierernährung.
www.awt-feedadditives.org, info@awt-feedadditives.org

STN – Servicegesellschaft Tierische Nebenprodukte mbH
Die STN ist Berater für den Bereich der Einsammlung, Verarbeitung und Verwendung tierischer Nebenprodukte
und ihrer Erzeugnisse, speziell für die Mitglieder des Verbandes der Verarbeitungsbetriebe Tierischer Nebenprodukte e.V. Außerdem gibt die STN die Zeitschrift *Tierische Nebenprodukte Nachrichten (TNN)* heraus.

Bibliografische Information der Deutschen Nationalbibliothek
Die Deutsche Nationalbibliothek verzeichnet diese Publikation in der Deutschen Nationalbibliografie;
detaillierte bibliografische Daten sind im Internet über http://dnb.ddb.de/abrufbar.

ISBN 978-3-7944-0240-3 (Print)
ISBN 978-3-7944-0241-0 (PDF)

© 2014, M. & H. Schaper GmbH, Hans-Böckler-Allee 7, 30173 Hannover

Reihengestaltung:	Groothuis, Lohfert, Consorten|glcons.de
Umschlaggestaltung:	Michael Fröhlich, Hannover
Umschlagabbildungen:	Hintergrund: Markus Kauf, Einklinker: (vorn) reises, (hinten) Arthur Baumann, drx,
	Marcel Hurni, Thierry Sébaut – fotolia.com
Index:	Jochen Fassbender, Bremen
Satz:	PER Medien+Marketing GmbH, Braunschweig
Druck und Bindung:	Schleunungdruck GmbH, Marktheidenfeld

Vorwort

Fast sechs Jahre nach der letzten Überarbeitung liegen die „Supplemente" in einer neuen, nunmehr zwölften Auflage vor. Dabei wurde das Konzept des von Helmut Meyer (Hannover) begründeten, später unter Mitarbeit von Kurt Bronsch (Berlin) und Josef Leibetseder (Wien) herausgegebenen Werkes weiterentwickelt, und zwar mit besonderer Fokussierung auf Fragen und Aufgaben einer am tierärztlichen Berufsfeld orientierten Tierernährung: Grundlagen der Futtermittelkunde und einer bedarfsgerechten Ernährung, Beurteilung der Energie- und Nährstoffversorgung, nutritiv bedingte Probleme beim einzelnen Tier sowie im Tierbestand, Bedeutung der Tierernährung für die Lebensmittelqualität und -sicherheit und nicht zuletzt die Ernährung/Versorgung eines immer größeren Spektrums an „Liebhabertieren". Die „Supplemente" entwickelten sich so mehr und mehr zu einem Lehrbuch der „Tierernährung für Tierärzte".

Die Notwendigkeit einer Überarbeitung ergab sich u. a. aus erheblichen Veränderungen in den rechtlichen Rahmenbedingungen (z. B. Futtermittelverkehrsverordnung), neuen Versorgungsempfehlungen (z. B. für Pferde), oder gerade verabschiedeten Parametern in der Rationsgestaltung (z. B. peNDF) sowie aus veränderten Orientierungswerten (z. B. für den mikrobiologischen Status von Grundfuttermitteln).

Wünsche nach einem Mehr an „optisch-redaktioneller Struktur" und „Text" zur Erleichterung von Lesbarkeit und Verständnis wurden bei dieser Überarbeitung verstärkt berücksichtigt. Bei ihrer Informations- und Datendichte sind die „Supplemente" natürlich mehr als ein „Taschenbuch", und Tierernährungswissen ohne Zahlen – ein Widerspruch in sich!

Auch diese neue Auflage soll Vorlesungen und Übungen im Studium ergänzen und ihrer Funktion als Nachschlagewerk für die Praxis (Tierärztinnen/Tierärzte, Berater, Tierhalter etc.) gerecht werden. Die „Supplemente" bieten – so hoffen die Herausgeberinnen und Herausgeber – den Studierenden den notwendigen Überblick und fördern ein tieferes Verständnis für Zusammenhänge.

Unter Mitwirkung von Autorinnen und Autoren aus allen Tierernährungsinstituten der deutschsprachigen tierärztlichen Bildungsstätten (Berlin, Gießen, Hannover, Leipzig, München, Wien und Zürich) entstand in einem breiten Konsens über Lehrinhalte der Tierernährung in der Veterinärmedizin – gerade zum Vorteil für die Studierenden – die vorliegende zwölfte Auflage. Die neuen „Supplemente" sollen auch in Zukunft die Lehrveranstaltungen – und das Gedächtnis der Studierenden – entlasten und der tierärztlichen Praxis als Bestandteil der „Handbibliothek" konkrete Hilfen und Antworten bei Fragen zur Tierernährung und Diätetik bieten.

Hannover, Juli 2014

Josef Kamphues, Hannover
Petra Wolf, Rostock
Manfred Coenen, Leipzig
Klaus Eder, Gießen
Christine Iben, Wien
Ellen Kienzle, München
Annette Liesegang, Zürich
Klaus Männer, Berlin
Qendrim Zebeli, Wien
Jürgen Zentek, Berlin

Inhalt

Abkürzungen

AB	Antibiotika
ADF	acid detergent fiber (saure Detergens-Faser)
ADL	acid detergent lignin (saures Detergens-Lignin)
AF	Alleinfutter
AFLA	Aflatoxine (Mykotoxine)
AK	Aujeszkysche Krankheit
ANF	antinutritional factors (Antinutritive Faktoren)
Arg	Arginin
AS	Aminosäure(n)
BCS	Body Condition Score (Ernährungszustand)
BGBl	Bundesgesetzblatt
BLE	Bundesanstalt für Landwirtschaft und Ernährung
BMELV	Bundesministerium für Ernährung, Landwirtschaft und Verbraucherschutz
bw	body weight (Körpermasse)
BW	biologische Wertigkeit
cal	Kalorie (= 4,1868 Joule)
CCM	Corn Cob Mix
CNCP	Cornell Net Carbohydrate and Protein System
Cys	Cystin
d	Tag
DCAB	Dietary Cation Anion Balance (Kationen-Anionen-Bilanz)
DCAD	Dietary Cation Anion Difference (Kationen-Anionen-Differenz)
DDGS	Dried Distillers Grains with Solubles (Trockenschlempe)
DE	Digestible Energy (Verdauliche Energie)
DLG	Deutsche Landwirtschafts-Gesellschaft
DON	Desoxynivalenon (Mykotoxin)
dt	Dezitonne (= 100 kg)
DTZ	durchschnittliche tägliche Zunahme
E	Energie
EF	Ergänzungsfutter
EG/EU	Europäische Gemeinschaft/Europäische Union
EM	Eimasse
ESP	Europäische Schweinepest
ess. AS	essenzielle Aminosäure(n)
EZ	Ernährungszustand
FA	Futteraufnahme
FCM	Fat Corrected Milk (Milch mit 4 % Fett)
FFS	flüchtige Fettsäuren (volatile fatty acids = VFA)
Flfr	Fleischfresser
FM	Futtermittel
FMH	Futtermittel-Hygiene
FS	Fettsäuren
Gb	Gasbildung
GE	Gross Energy (Bruttoenergie)
GF	Grundfutter(mittel)/Grobfutter(mittel)
Gefl	Geflügel
GfE	Gesellschaft für Ernährungsphysiologie
GIT	Gastrointestinaltrakt
GKZ	Gesamtkeimzahl
GMD	Geometric mean diameter (mittlere Partikelgröße/Durchmesser)
GPS	Ganzpflanzensilage
GPx	Glutathionperoxydase
GVE	Großvieheinheit
h	Stunde
ha	Hektar
Hd	Hund
His	Histidin

HPLC	High performance liquid chromatography (Hochdruckflüssigkeitschromatographie)
ICP-MS	Inductive coupled plasma mass spectrometry (Verfahren der Massenspektrometrie)
IE	Internationale Einheit
Ile	Isoleucin
J	Joule
k	Teilwirkungsgrad
KAB	Kationen-Anionen-Bilanz
Kan	Kaninchen
KbE	Koloniebildende Einheit (KbE; colony forming units = cfu)
KF	Kraftfutter
KH	Kohlenhydrate
kJ	Kilojoule (= 1000 J; 0,2389 kcal)
KM	Körpermasse (body weight = bw)
KMZ	KM-Zunahme
Ktz	Katze
l	Liter
Leu	Leucin
LFGB	Lebensmittel- und Futtermittelgesetzbuch
LKS	Lieschkolbenschrot
LL	Legeleistung
LM	Lebensmittel
LPS	Lipopolysaccharide
LT	Lebenstag
LUFA	Landwirtschaftliche Untersuchungs- und Forschungsanstalt
LW	Lebenswoche
lx	Lux (Beleuchtungsstärke)
Lys	Lysin
max	maximal
MAT	Milchaustauscher
ME	Metabolizable Energy (Umsetzbare Energie)
Met	Methionin
MF	Mischfutter
Min	Minute
min	minimal/mindestens
MJ	Megajoule (= 1000 kJ)
MKS	Maiskolbenschrot
MMA	Mastitis-Metritis-Agalaktie
Mon	Monat
MS	Milchsäure

Mschw	Meerschweinchen
NDF	neutral detergent fiber (Neutrale Detergens-Faser)
NDR	neutral detergent residue (Neutraler Detergens-Rückstand)
NE	Net Energy (Nettoenergie)
NEL	Netto-Energie-Laktation
NFC	Non Fiber Carbohydrates
NfE	N-freie Extraktstoffe (nitrogen free extractives = XX*)
NIR	Nah-Infrarot-Reflexions-Messtechnik
NPN	non protein nitrogen (Nicht-Protein-Stickstoff)
nRp	nutzbares Rohprotein (= nXP*)
NSP	Nicht-Stärke-Polysaccharide (non-starch-polysaccharides)
oR	organischer Rest
oS/OM	organische Substanz (organic matter)
OTA	Ochratoxin A (Mykotoxin)
Pfd	Pferd
Pflfr	Pflanzenfresser
pc	praecaecal
PCB	polychlorierte Biphenyle
pcv	praecaecal verdaulich
peNDF	physically effective NDF/physikalisch effektive NDF
PSS	Pressschnitzelsilage
PUFA	Poly Unsaturated Fatty Acids (mehrfach ungesättigte FS)
q	Umsetzbarkeit der Energie (ME/GE x 100)
Ra	Rohasche (crude ash = CA = XA*)
Rd	Rind
RES	Rapsextraktionsschrot
Rfa	Rohfaser (crude fiber = CF = XF*)
Rfe	Rohfett (ether extract = EE = XL*)
RNB	Ruminale N-Bilanz
Rp	Rohprotein (crude protein = CP = XP*)
rum	ruminal
Schf	Schaf
Schw	Schwein
SD	Standardabweichung (standard deviation)
SES	Sojaextraktionsschrot
Sdp	Siedepunkt

SEM	Standardfehler des Mittelwertes (standard error of the mean)
sV	scheinbare Verdaulichkeit
TEQ	Toxizitätsäquivalente
tgl	täglich
TGZ	Tageszunahme(n)
Thr	Threonin
TMA	Trimethylamin
TMR	Total Mixed Ration (Totale-Misch-Ration)
trgd	tragend
Trp	Tryptophan
TS	Trockensubstanz (dry matter = DM)
UDP	Un-Degradable Protein
uS	ursprüngliche Substanz (Frischsubstanz)
V	Verdaulichkeit
v	verdaulich

Val	Valin
VDLUFA	Verband Deutscher Landwirtschaftlicher Untersuchungs- und Forschungsanstalten
Vit	Vitamin
VO	Verordnung
VQ	Verdauungsquotient
W	Woche
Wdk	Wiederkäuer
wV	wahre Verdaulichkeit
Zea	Zearalenon (Mykotoxin)
Zg	Ziege
ZRB	Zuckerrübenblatt
♀	weiblich (= 0,1)
♂	männlich (= 1,0)

Chemische Elemente werden gemäß dem internationalen Periodensystem abgekürzt.
* In Mitteilungen der GfE gebräuchliche Abkürzungen: XA, XP, XL, XF, XX.

Körpermassen (kg) und dazugehörige metabolische Körpergrößen[1] (kg^{0,75} KM)

KM (kg)	KM (kg^{0,75})	KM (kg)	KM (kg^{0,75})	KM (kg)	KM (kg^{0,75})
1	1,00	35	14,39	250	62,9
2	1,68	40	15,91	300	72,1
3	2,28	45	17,37	350	80,9
4	2,83	50	18,80	400	89,4
5	3,34	60	21,56	450	97,7
6	3,83	70	24,20	500	105,7
7	4,30	80	26,75	550	113,6
8	4,76	90	29,22	600	121,2
9	5,20	100	31,6	650	128,7
10	5,62	110	34,0	700	136,1
12	6,45	120	36,3	750	143,3
14	7,24	130	38,5	800	150,4
16	8,00	140	40,7	850	157,4
18	8,74	150	42,9	900	164,3
20	9,46	160	45,0	950	171,1
25	11,18	180	49,1	1000	177,8
30	12,82	200	53,2	2000	299,1

[1] Teils synonym verwendete Termini: Stoffwechselmasse bzw. metabolische Körpermasse.

Gebräuchliche Fachbezeichnungen für die Entwicklungs- und Leistungs-stadien der wichtigsten Nutz- und Liebhabertiere

Allgemeiner Begriff	Spezieller Begriff	Erläuterungen
Pferde		
Fohlen		allgemein: Jungtiere bis zum Alter von 1 Jahr
	Saugfohlen	bis zu einem Alter von ca. 6 Monaten
	Absetzer	ab einem Alter von ca. 6 Monaten bis 1 Jahr
Jungpferde	Jährlinge	Jungpferde mit einem Alter von 1–1,5 Jahren; allgemein auch pauschalierend für im Vorjahr geborene Jungpferde
Pony		Kleinpferd mit i. d. R. < 400 kg KM und < 148 cm Stockmaß, allgemein durch Rassenzugehörigkeit besser definiert (z. B. Welshpony)
Kleinpferd		KM < 350 kg, Widerristhöhe < 155 cm
Wallach		kastrierter Hengst
güste Stute		reproduktiv nutzbare, aber zzt. nicht tragende Stute
Rinder		
Kälber		generell: von Geburt (ca. 40 kg KM) bis zur vollen Ausbildung der Vormagenfunktion
	Saugkälber	Tiere, die Muttermilch erhalten; Bezeichnung gilt im engeren Sinn nur für die 1. LW (Kolostralmilch-Periode)
	Aufzuchtkälber	Tiere für Nachzucht oder Mast; Alter am Ende der Aufzucht: 4 Monate
	Fresser	Tiere nach dem Absetzen (Ende der Aufzucht), aber noch vor der eigentlichen Mast; KM-Bereich: 120–250 kg
	Mastkälber	Tiere, die im Wesentlichen mit Milch oder MAT ohne größere Grund- und Kraftfuttermengen bis zur KM von 120–250 kg gemästet werden
	„Baby Beef"	Rindfleisch von sehr jungen Mastrindern (max 10 Monate, 300 kg KM), ernährt auf der Basis von Muttermilch und Weidegras (evtl. mit Kraftfutterergänzung)
Jungrinder ♀	Färsen, Starken, Queenen, Kalbinnen	Tiere ab 5. Lebensmonat bis zur Geburt des 1. Kalbes: regional auch noch für Kühe während der 1. Laktation üblich
Milchrinder (syn.: Kühe)		regelmäßig in Laktation stehende Tiere
Mutter- bzw. Ammenkuh		Kuh säugt nur eigenes Kalb bzw. auch fremde Kälber (keine Gewinnung von Milch als LM)
Mastrinder (syn.: Jungmastrinder)		Tiere, die in der Regel ab ca. 250 kg KM zum Zweck der Fleischerzeugung bis ca. 500–700 kg KM gemästet werden

Allgemeiner Begriff	Spezieller Begriff	Erläuterungen
Jungbullen (syn.: Jungstiere)		männliche Jungrinder, die zur Zucht herangezogen werden; je nach Rasse werden im Alter von 12–15 Monaten 400–500 kg KM erreicht
Deckbullen (syn.: Deckstiere)		im Zuchteinsatz befindliche männliche Tiere; ausgewachsen nach ca. 4 Jahren
Schafe		
Lämmer		generell: Tiere bis zum Alter von 1 Jahr
	Sauglämmer	Lämmer, die vornehmlich flüssige Nahrung aufnehmen (bis 4. LW essenziell)
	Aufzuchtlämmer	Lämmer ab 4. LW (mind. 12 kg KM), wenn alleinige Trockenfütterung möglich wird; Begriff ist gültig für Zucht- und Masttiere
jg. Zuchtschafe ♀ (syn.: Jährl.-Schaf)	Zutreter	Schaf nach Abschluss der Aufzuchtperiode bis zum Decktermin/zum Belegen anstehende Schafe
	Erstlinge	erstmals belegte Schafe
Jungböcke (syn.: Lammbock)		männliche Jungschafe, die zur Zucht herangezogen werden; Zuchtreife nach 6–12 Monaten
Zeitbock		männliches Schaf im 2. Lebensjahr
Zuchtbock (syn.: Altbock)	Widder	männliches Schaf ab 3. Lebensjahr
Mutterschaf	Muttern, Zippen	weibliches Schaf ab 1. Gravidität
	Merzen	von der weiteren Zucht ausgeschlossene Schafe
Hammel	kastr. ♂ Schaf	i. d. R. zur Mast verwendete Tiere
Schweine		
Ferkel		generell: von Geburt (ca. 1,5 kg KM) bis 25 bzw. 35 kg KM; Lebensalter ca. 9 bzw. 13 Wochen
	Saugferkel	Tiere, die Muttermilch bzw. flüssiges MAT und i. d. R. Saugferkel-EF erhalten, bis 3. bzw. 6. LW; ca. 5 bzw. 11 kg KM
	Absetzferkel	von der Sau abgesetzte Ferkel
	Aufzuchtferkel	nach dem „klassischen" Verfahren vom Absetzen bis ca. 25 kg KM (Alter ca. 9 Wochen) oder 35 kg KM (Alter 13 Wochen)
	Spanferkel	abgesetzte („abgespänte") Ferkel, die mit einer KM bis zu 35 kg geschlachtet werden
Mastschwein		ab 25/35 kg KM bis zur Schlachtreife bei ca. 120 kg KM (Börge, Eber, Sauen)
	Börge	kastriertes männliches Schwein
Zuchtschwein		generell: Tiere, die zur Ferkelerzeugung verwendet werden

Allgemeiner Begriff	Spezieller Begriff	Erläuterungen
	Zuchtläufer	männliche oder weibliche Tiere, die nach der Ferkelaufzucht zur Nachzucht selektiert wurden
	Jungsauen	Tiere bis zur Erstbelegung bei 130–140 kg KM, die 7–9 Monate alt sind
	Erstlingssauen	ab 1. Trächtigkeit bis zum Ende der 1. Laktation
	(Alt-)Sauen	ab 2. Trächtigkeit
	Jungeber	männliche, zur Zucht herangezogene Jungschweine (von 25/30–150 kg KM)
	(Alt-)Eber	Eber ab etwa 150 kg KM, in der Nutzung (= Deckeber)
Hühner		
Küken (von Nestflüchtern = precociale Spezies)		generell: vom Schlupf bis Ende der 6. LW
	Aufzuchtküken	Tiere, die der späteren Eiproduktion dienen, bis zum Ende der 6. LW
	Mastküken (syn.: Broiler, Jungmasthühner)	männl. und weibl. Tiere zur Fleischerzeugung, Alter bei Schlachtung: ca. 35–45 Tage
Junghennen		Tiere ab 7. LW bis ca. 20. LW (Legebeginn)
Hennen	Legehennen	Tiere eines Bestandes, mit über 10 % Legeleistung (LL)
Zuchthühner	Zuchthennen/-hähne	geschlechtsreife Tiere zur Brutei-Erzeugung
	Elterntiere bzw. Großelterntiere	Basispopulationen zur Erzeugung der Mast- und Lege-hybriden
Hunde		
Welpe		von der Geburt bis zum Alter von ca. 10–12 Wochen
	Saugwelpe	von der Geburt bis zum Absetzen (ca. 8. LW)
Junghund		von 12.–16 LW bis Ende 1. Lebensjahres
Hündin bzw. Rüde		weiblicher bzw. männlicher Hund, unabhängig von einer Nutzung als Zuchttier
Zuchthündin/-rüde		Nutzung als Zuchttier ab dem 2. Lebensjahr
Katze		
Welpen		von der Geburt bis zum Alter von ca. 10 Wochen
	Saugwelpen	Welpe beim Muttertier bis zum Absetzen (ca. 6.–8. LW)
Kätzin		weibliche Katze ab Geschlechtsreife
Kater		männliche Katze ab Geschlechtsreife

Allgemeiner Begriff	Spezieller Begriff	Erläuterungen
Frettchen		
Welpe		von Geburt bis zum Absetzen (ca. 6–8 Wochen)
Jungtier		vom Absetzen bis zur Geschlechtsreife (ca. 8–12 Monate)
Fähe		weibliches Tier (unabhängig von Zuchtnutzung)
Rüde		männliches Tier (unabhängig von Zuchtnutzung)
Kaninchen		
Junge(s)		von Geburt bis zum Absetzen (ca. 4–6 Wochen)
Jungkaninchen		vom Absetzen bis zum Alter von ca. 6 Monaten
Häsin/Zippe		weibliches Tier ab Geschlechtsreife (ca. 6 Monate)
Bock/Rammler		männliches Tier ab Geschlechtsreife (ca. 6 Monate)
Ziervögel		
Nestling (= Küken von Nesthockern = altriciale Spezies)		vom Schlupf bis zum Verlassen des Nestes (Alter sehr unterschiedlich) und selbständiger Futteraufnahme (vorher von Eltern gefüttert)
Jungvogel		nach Verlassen des Nestes bzw. entsprechender Selbständigkeit ohne Henne bis zum Wechsel des Jugendgefieders
Henne		♀ (= 0,1) Tier ab Geschlechtsreife (speziesabhängig)
Hahn		♂ (= 1,0) Tier ab Geschlechtsreife (speziesabhängig)
Fische		
Laich		Fischeier
Jung-/Dotterbrut oder Larve		frisch geschlüpfte Larve mit Dottersack
Vorstreckbrut		ca. 6 Wochen alter Jungfisch
Brut, Sangen		ca. 1 Jahr alter Jungfisch
Setzling, Zweisömmeriger		ca. 2 Jahre alter Jungfisch
Milchner, Treiber		♂ Fisch ab Geschlechtsreife
Rogner, Laicher		♀ Fisch ab Geschlechtsreife

Das jeweils angegebene Lebensalter bezieht sich auf Werte, wie sie gegenwärtig in der Praxis mit den am häufigsten genutzten Rassen erreicht werden.

I Allgemeine Angaben über Futtermittel (FM)

Futtermittel sind durch ihre Zweckbestimmung definiert (Basis-VO 178/2002) und dienen primär – aber nicht zwingend und ausschließlich – der Energie- und Nährstoffversorgung von Tieren. Gründe ihres Einsatzes sind evtl. auch weitere Funktionen, so z. B. am Verdauungstrakt (Füllung, Chymuspassage), die Beschäftigung (z. B. Kauknochen), besondere Wirkungen (s. Vielfalt der Indikationen von Zusatzstoffen), schließlich sogar mögliche „Neben"-wirkungen, die bis in den Grenzbereich der Phytomedizin reichen (→ Abgrenzung zu Arzneimitteln). Für einen sachgerechten, zielführenden Einsatz der FM bedarf es der Kenntnisse über ihre Eigenschaften und Zusammensetzung (d. h. von FM-Untersuchungen), häufig auch einer entsprechenden Be- und Verarbeitung sowie Konservierung und Lagerung. Auf dem Weg von der Gewinnung bis zur Aufnahme durch das Tier unterliegen FM auch verschiedenen Risiken (z. B. Kontamination, Verderb), erfahren u. a. eine ökonomische Bewertung (Fütterung als Hauptkostenfaktor einer jeden Tierhaltung) und bedürfen rechtlicher Regelungen (und nicht zuletzt einer administrativen Kontrolle). Diese eher allgemeinen Informationen haben dabei unabhängig vom jeweiligen FM ihre Bedeutung, sodass sie den spezifischen Angaben zu ganz bestimmten FM (Gruppen) auch vorangestellt werden.

1 Einteilung

Art und Herkunft

- Grünfutter (Dauergrünland, Feldfutterbau)
- Grünfutterkonserven (getrocknet/siliert)
- Stroh, Spreu (Koppelprodukte des Dreschens)
- Wurzeln und Knollen sowie deren Nebenprodukte
- Getreidekörner (stärkereich)
- Nebenprodukte der Getreideverarbeitung
- Leguminosenkörner (proteinreich) und Samen/Saaten (fettreich)
- Nebenprodukte der Öl- und Fettgewinnung
- FM aus Mikroorganismen und Algen
- FM tierischer Herkunft
- Mineralische Einzel-FM (z. B. Viehsalz, Futterkalk)
- Sonstige FM (z. B. Nebenprodukte aus der LM-Verarbeitung)

Konsistenz und Wassergehalt

- Raufutter/Grobfutter (Heu/Heulage, Stroh): > 20 % Rohfaser in der TS
- Saftfutter (Grünfutter, Silage = Gärfutter, aber auch Rüben u. ä. FM): 40–90 % Wasser
- Trockenfutter: < 14 % Wasser
- halbfeuchte Futter: bis 30 % Wasser
- Flüssigfutter: 70–90 % Wasser (z. B. Milch, Nektar oder auch Mischungen aus Einzel-FM und/oder MF-Mitteln mit Wasser)

Hauptinhaltsstoffe

- gerüstsubstanzreiche FM (Rfa/ADF/NDF) → Struktur für Herbivore
- Konzentrate: FM mit hohem Energie- und/ oder Rp-Gehalt bzw. -Dichte (d. h. im Bezug auf 1 kg TS); evtl. „Faser-Konzentrate" (gerüstsubstanzreiche FM)
- energiereiche FM: stärke- und/oder fettreich bzw. hoch verdaulich (auch Grund-FM kön-

nen – bezogen auf die TS – sehr energiereich sein, z. B. Rüben)
- eiweißreiche FM: Rp-reich im Vgl. zu Getreide → zur Ergänzung bei höherem Rp-Bedarf
- Eiweiß-Konzentrate: > 44 % Rp (TS)
- Faser-Konzentrate: > 35 % Rfa (TS)
- Mineralische Einzel-FM/Mineralfutter: > 40 % Rohasche

Art des FM-Angebots/ Zahl der Komponenten

- Einzel-FM stammen aus einheitlichen Ausgangsmaterialien oder Gewinnungs- bzw. Herstellungsverfahren, können jedoch aus mehreren Pflanzen- oder Tierspezies bestehen (z. B. Heu oder Fischmehl).
- Misch-FM bestehen aus zwei oder mehr Einzel-FM.
- Ration: umfasst alle Einzel- und Misch-FM, die erst in Kombination die Bedarfsdeckung ermöglichen.

Einsatz und Verwendung (vgl. LFGB und EU-VO 767/2009)

- Grund- oder Grobfuttermittel: strukturreichere FM, bilden allgemein die Grundlage von Rationen für Wdk, Pfd und andere Pflfr.
- Alleinfutter (Vollnahrung): I. d. R. Mischfutter, die bei ausschließlicher Verwendung alle Nahrungsansprüche des Tieres decken sollten (ausgenommen Wasser).
- Ergänzungsfutter: Soll Nährstoffdefizite anderer FM/Rationsbestandteile ausgleichen.
- Diät-FM: MF, die dazu bestimmt sind, den „besonderen Ernährungsbedarf" von Tieren zu decken, bei denen insbesondere Verdauungs-, Resorptions- oder Stoffwechselstörungen vorliegen oder zu erwarten sind.

Wirtschaftliche/ Administrative Gesichtspunkte

- Primärproduktion/landwirtschaftliche Betriebe:
  - betriebseigene FM = wirtschaftseigene FM (Landwirt als Futtermittelunternehmer)
  - Einsatz von Misch-FM/Rationen unter Verwendung betriebseigener wie auch zugekaufter FM

- Futtermittelunternehmen, die nicht zur Primärproduktion zählen:
  - Handels-FM = handelsfähige FM, im Allgemeinen mit geringem Wassergehalt und ausreichender Lagerfähigkeit (zu erheblichem Anteil auch Import-FM)
  - Gewerbliche FM-Unternehmen, die FM/MF handeln und/oder herstellen („Handels-FM" = im Verkehr befindliche FM), in hohem Umfang auch Einsatz von „Import-FM" (Internationale Rohwarenströme)

2 Futtermitteluntersuchung

Für die nähere Charakterisierung von Eigenschaften und Wert der FM werden – je nach Zielsetzung – sehr verschiedene Verfahren angewandt, die sich übersichtsartig wie folgt gliedern und darstellen lassen (**Abb. I.2.1**):

- Sensorische Prüfung: Umfasst alle mithilfe der Sinne näher zu charakterisierenden Eigenschaften und Parameter, Näheres s. Kap. IV.1–4.
- Mikroskopisch-warenkundliche („botanische") FM-Untersuchung: Dient der Erfassung von Art und Anteil (= Schätzung!) der FM sowie unerwünschter bzw. giftiger Komponenten und Verunreinigungen, Beimengungen oder Kontaminationen.
- Physikalische FM-Untersuchung: Hierunter fallen z. B. die Kalorimetrie, NIR s. Kap. II.2.2 die Bestimmung von Dichte und Korngrößen/Vermahlungsgrad sowie des Quellungsvermögens oder des Sedimentationsverhaltens, s. Kap. IV.6.
- Mikrobiologische/toxikologische FM-Untersuchung: Hierunter fallen sowohl direkte wie auch indirekte Verfahren zur Charakterisierung der mikrobiellen Belastung; Bestandteile und/oder Toxine von Pilzen und Hefen

---

Futterwert im engeren Sinne
- Gehalte an Energie und Nährstoffen und deren Verdaulichkeit (pc bzw. gesamter GIT)
- Art/Qualität der Nährstoffe (Rp, Rfe, Rfa, NfE; Aminosäuren-/Fettsäuremuster) sowie die Verfügbarkeit von Nährstoffen im GIT und intermediäre Verwertung (jenseits der Darmwand)

Verträglichkeit*
- Art und Anteil von Einzelkomponenten
- tolerable Nährstoffgehalte (z. B. Vit, Spurenelemente)
- Bearbeitung (z. B. Vermahlungsgrad)
- Kontamination (z. B. Schwermetalle)
- Hygienestatus (chemische, biologische und physikalische Kontaminationen)

Schmackhaftigkeit
- Art und Anteil von Komponenten (Morphologie, Inhaltsstoffe)
- Bearbeitung / Zubereitung
- Darreichungsform (flüssig, trocken)
- Hygienische Beschaffenheit (s. Verträglichkeit)

Facetten FM-Qualität und FM-Sicherheit

Handlingseigenschaften
- Lagerfähigkeit (originär/nach Zugabe von Zusatzstoffen)
- Mischbarkeit/Fließeigenschaften (Korngrößenverteilung, Entmischungsneigung, Staubungsverhalten)
- Konstanz der Zusammensetzung

Einflüsse auf die Lebensmittel-Qualität*
- originäre Inhaltsstoffe (z. B. Fettsäuremuster)
- Mittelrückstände (z. B. von Schwermetallen, Zusatzstoffen, Medikamenten), Umweltbelastungen
- Einträge von/Belastung mit Erregern (z. B. mit Zoonose-Erregern wie Salmonellen, *Campylobacter*) und Resistenzfaktoren von Bakterien

Sonstige Wirkungen des Futtermittels
- Futteraufnahme-Verhalten/Beschäftigung
- diätetische Sonderwirkungen (z. B. auf die Passage/Magen-Darm-Flora)
- Ergänzungseignung (mit bestimmten Nährstoffen)
- Nebeneffekte (z. B. in der Fruchtfolge, Verwertung statt kostenträchtiger Entsorgung)

* entscheidende Kriterien für die FM-Sicherheit

Abb. I.2.1: Faktoren zur Charakterisierung der Termini „Futtermittelqualität" und „Futtermittelsicherheit".

werden u. a. mittels chromatografischer, massenspektrometrischer oder immunologischer Nachweise bestimmt, z. B. ELISA für Aflatoxine.

- Chemische FM-Untersuchung: Hierzu zählen insbesondere alle Analysen auf Art und Gehalt an Nährstoffen, aber auch an Zusatzstoffen sowie an unerwünschten Inhalts- und Begleitstoffen bzw. Kontaminanten wie Schwermetalle oder Mykotoxine.
- Fütterungsversuch: Dient u. a. der Prüfung von Akzeptanz, Verdaulichkeit, Verträglichkeit, diätetischer Effekte sowie von Einflüssen auf die Leistung und Produktqualität.

2.1 Probenahme

Details zum Procedere: Verordnung über Probenahmeverfahren und Analysemethoden für die amtliche Untersuchung von FM vom 27. Januar 2009 (EG-VO Nr. 152/2009), in Kraft seit dem 26. August 2009.

2.1.1 Gründe

(1) Bewertung von FM, insbesondere wirtschaftseigenen, für eine fundierte, auf Analysen beruhende Rationsgestaltung, d. h. Bedarfsdeckung ohne Nährstoffüberschüsse.

(2) Überprüfung von FM hinsichtlich ihrer Inhaltsstoffe bzw. geforderter/garantierter Qualitätskriterien oder im Rahmen der amtlichen FM-Kontrolle.

(3) Kontrolle von FM zur Sicherung von Tiergesundheit und Produktqualität (z. B. unerwünschte Stoffe).

(4) Zustands- und Funktionsprüfung von FM und assoziierter Technik (z. B. Mahl-, Misch- und Förderanlagen).

(5) Überprüfung von FM nach eingetretenen Schadensfällen zur ätiologischen Klärung wie Infektionen etc. (FM als mögliche Schadensursache neben anderen).

Für (1) bis (3) repräsentatives Muster von der gesamten Charge.

Für (4) ein oder mehrere Muster auf den verschiedenen Stufen der Bearbeitung/Zuteilung. Für (5) Probe von der aktuell im Einsatz befindlichen Charge gewinnen.

Durchführung: Je nach Art und Homogenität der FM sind unterschiedliche Verfahren anzuwenden.

Die Probenahme im Rahmen der amtlichen Futtermittelkontrolle (insbesondere Handels-FM) regelt die o. g. Verordnung (EG-VO Nr. 152/2009).

In möglicherweise forensisch relevanten Fällen ist eine Probenahme durch einen „amtlichen Probenehmer" anzustreben. Falls nicht möglich, Probenahme nur in Gegenwart beider Parteien. Probenahmeprotokoll anfertigen mit allen wichtigen Daten; Zeugen und Parteien unterschreiben lassen. Proben versiegelt aufbewahren.

Im Folgenden werden einige allgemeine Hinweise gegeben, teilweise unter Berücksichtigung der in der o. g. VO definierten Vorgehensweise.

2.1.2 Wirtschaftsfuttermittel

Zur Gewinnung einer repräsentativen Probe („Muster") ist bei den eher inhomogenen Wirtschaftsfuttermitteln (wie Grünfutter, Heu, Silage) und Grundfutter enthaltenden Rationen (TMR; Ähnliches gilt auch für Flüssigfutter) darauf zu achten, dass in Abhängigkeit von der

- Lokalisation (z. B. auf einer Weide, im Silovorrat, beim Transport zum Trog)
- Schnitthöhe (s. anhaftende erdige Verunreinigungen, Kolbenanteil beim Mais)
- Verteilung (z. B. des Futters im Trog)

eine systematische Beeinflussung der Futterzusammensetzung möglich ist. Nur bei einer entsprechenden Zahl, Verteilung und Größe von Einzelproben (= Ergebnis aus **einem** Entnahmevorgang), die letztendlich zu einer großen Sammelprobe (Mischung aller Einzelproben) vereinigt werden, lässt sich ein entsprechendes Muster gewinnen (**Tab. I.2.1**).

Tab. I.2.1: **Entnahmemenge von Sammel-proben**

	Sammelprobe (kg, ca.)
Grünfutter	5–10
Heu	2–5
Silage	5–10
Rüben/Knollen	15–25

2.1.3 Handelsfuttermittel

Allgemein eine homogenere Qualität, allerdings auch Risiken für eine Separierung (Entmischung) bestimmter Komponenten und Inhaltsstoffe (z. B. nach Korngröße, Fließverhalten, spezifischem Gewicht) bzw. für eine Variation innerhalb und zwischen verschiedenen Gebinden/Verpackungen/Anlieferungen (z. B. in verschiedenen Kammern von Transportfahrzeugen). Je nach Masse der angelieferten losen Ware bzw. Zahl der Packungen (verpackte FM) variiert die Zahl der Sammelproben zwischen eins und vier (abhängig von der Partikelgröße), wobei die Sammelprobe eine Masse von 4 kg hat.

Bei einer eher homogenen Verteilung sind Einzelproben nach dem Zufallsprinzip aus der gesamten Partie zu entnehmen. Aus der Sammelprobe ist durch geeignete Reduzierung (z. B. über einen Probenteiler) eine Endprobe zu erstellen, deren Masse bei festen FM mind. 500 g, bei Flüssigkeiten mind. 500 ml betragen muss. Die Endprobe wird schließlich für die Untersuchung genutzt. Teilmengen einer reduzierten Sammelprobe verbleiben bei jeder der beteiligten Parteien (FM-Verkäufer/Käufer).

2.1.4 Sonstige Hinweise

Verpackung: In saubere, trockene, feuchtigkeitsundurchlässige und weitgehend luftdicht verschließbare Behältnisse. Verderbliche FM in Kühlbehältern und/oder Schnelltransport.

Kennzeichnung: Bezeichnung der FM, Name und Anschrift des Probenehmers bzw. der Überwachungsbehörde, Datum der Entnahme, Nummer des Probenprotokolls. Im Schadensfall aus-

führlichen Vorbericht mit der Probe einschicken (schriftlich dokumentierte Information).

Probenahmeprotokoll: Dieses soll die Identität der Futterpartie sicherstellen.

Grundsätzlich ist bei der Probennahme die Verteilung des interessierenden Stoffes innerhalb der FM-Partie zu berücksichtigen. Eine bekanntermaßen ungleichmäßige Verteilung (sog. „spots") ist beispielhaft bei Aflatoxinen oder auch Mutterkorn gegeben; in diesem Fall verbietet sich das Poolen von Teilproben (würde zur Nivellierung führen, d. h. Teile der FM-Partie würden gar nicht als belastet erkannt; näheres s. EG-VO Nr. 152/2009).

2.2 Analytik

2.2.1 Weender Analyse

Die Weender Analyse – begründet von Henneberg und Stohmann (1864) auf der Versuchsstation Weende bei Göttingen – stellt als Konventionsanalyse ein summarisches Verfahren dar (daher die Bezeichnung „Roh"-Nährstoffe). Es werden Stoffgruppen erfasst, die hinsichtlich ihres ernährungsphysiologischen Werts nicht einheitlich sind. Mit den N-freien Extraktstoffen (ein durch Differenz errechneter Wert) und der Rohfaser sollten ursprünglich die verdaulichen und weniger verdaulichen Kohlenhydrate unterschieden werden. Tatsächlich erfasst die Rfa-Bestimmung je nach FM verschiedene Anteile an Gerüstsubstanzen (Zellulose, Hemizellulose, Lignin). Da der in Lösung verbleibende Teil der NfE-Fraktion zugerechnet wird, enthält diese u. a. wechselnde Anteile an Gerüstsubstanzen einschließlich Lignin.

Das gesamte System der den Wert von FM charakterisierenden Parameter basiert weltweit auf den nach dem Weender Verfahren bestimmten Rohnährstoffen.

Von der Weender Analyse abzugrenzen sind neuere Methoden, die auf eine nähere Erfassung und Bewertung der verschiedenen Kohlenhydrate und der NfE-Fraktion in Futtermitteln zielen (**Abb. I.2.2**). Die Gerüstsubstanzen werden nach van Soest bestimmt (s. Kap. I.2.2.2). Die weiteren Kohlenhydrate können durch Stärke- und Zuckeranalysen bis auf einen kleinen organischen Rest (oR; u. a. Pektine) erfasst werden. Der oR stellt einen mehrfach gebrauchten Begriff dar. Er muss deshalb genau definiert werden (z. B. nicht zu verwechseln mit oR in der ME-Mischfutter-Schätzformel für Schweine, s. Kap. II.4.2). Eine Differenzierung des Rp erfolgt mittels Cornell-System anhand der Rp-Abbaubarkeit (s. Kap. I.2.2.2).

In der **Weender Analyse** werden die nachfolgenden Rohnährstoffe bestimmt.

Rohwasser und Trockensubstanz

Rohwasser umfasst sämtliche bei 103 °C **flüchtigen** Bestandteile des Futters wie: Wasser, flüchtige Fettsäuren (z. B. Essig- und Buttersäure) und andere flüchtige Stoffe (Ätherische Öle, Alkohole). **Trockensubstanz (TS)** enthält sämtliche bei 103 °C **nichtflüchtigen Bestandteile** des Futters (Trockensubstanz = ursprüngliche Substanz [uS] – Rohwasser); sie umfasst sowohl anorganische als auch organische Stoffe.

Prinzip der Bestimmung: Vierstündiges Trocknen des Futters im Trockenschrank bei 103 °C bzw. bis zur Gewichtskonstanz, wobei alle flüchtigen Bestandteile/Inhaltsstoffe entweichen.

Rohasche (Ra)

Enthält **Mineralstoffe** (Mengen- und Spurenelemente) sowie sonstige anorganische Substanzen (z. B. Silikate). Mithilfe der Ra lässt sich der Anteil der organischen Substanz an der Trockensubstanz errechnen:

$$oS = TS - Ra$$

Prinzip der Bestimmung: Sechsstündige Veraschung der FM im Muffelofen bei 550 °C. Die als Rückstand verbleibende anorganische Komponente wird als Ra bezeichnet.

Zur Bestimmung der **Reinasche** wird Ra mit Salzsäure versetzt (Lösung der Mineralien). Bei Filtration bleibt der unlösliche Teil der Ra (Silikate etc.) zurück (**HCl-unlösliche Asche**).

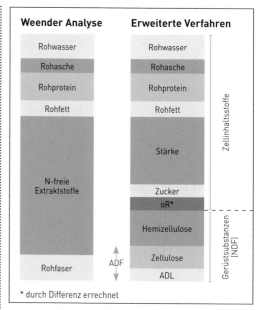

Abb. I.2.2: Übersicht zu Nährstoffanalysen in Futtermitteln (Beispiel Haferkörner).

Reinasche = Ra – Filterrückstand (HCl-unlösliche Asche)

Rohfett (Rfe)

Ist eine heterogene Gruppe von Stoffen, die sich in Petrolether (Siedepunkt 40–60 °C) lösen. Der Etherextrakt enthält neben den eigentlichen **Fetten** (Neutralfette) **Lipoide** (Phospholipide, Sphingolipide, Steroide, Carotinoide) und andere etherlösliche Stoffe.

Prinzip der Bestimmung: Nach Säureaufschluss achtstündige Extraktion des FM mit Petrolether im Soxhletapparat.

Rohprotein (Rp)

Kann neben den Proteinen auch N-haltige Verbindungen nichteiweißartiger Natur enthalten (Säureamide, Amine, freie Aminosäuren, Ammoniumsalze, Alkaloide etc.).

Prinzip der Bestimmung: Kjeldahlverfahren – Oxidation der FM mit konz. Schwefelsäure, Überführung des N in die Ammoniumform. Nach Zugabe von NaOH wird Ammoniak freige-

2

setzt, in vorgelegte Säure (n/10 H_2SO_4 oder Borsäure) überdestilliert und titrimetrisch erfasst. **Rohprotein** = N x 6,25 (Protein enthält im Mittel 16 % N).

Rohfaser (Rfa)

Ist der in verdünnten Säuren und Laugen unlösliche fett- und aschefreie Rückstand. Er enthält nur unlösliche Anteile von **Zellulose**, **Hemizellulosen** (Pentosane, Hexosane), aber auch **Lignin** (Polymere aus Phenylpropanderivaten) sowie eine Anzahl anderer Zellwandstoffe (z. B. Suberin in Korkzellen, Cutin).
Prinzip der Bestimmung: 30 min kochen in 1,25%iger H_2SO_4, waschen mit heißem Wasser, danach 30 min kochen in 1,25%iger KOH, anschließend waschen mit heißem Wasser und Aceton, trocknen und wiegen; Ra des Rückstands bestimmen und vom Wert des Rückstands vor der Veraschung abziehen.

N-freie Extraktstoffe (NfE)

Diese letzte Gruppe von Rohnährstoffen wird nur rechnerisch erfasst:

NfE = TS – (Ra + Rp + Rfe + Rfa)

NfE enthalten α-glucosidisch gebundene **Polysaccharide** (Stärke, Glykogen), lösliche **Zucker** (Glucose, Fructose, Saccharose, Lactose, Maltose und Oligosaccharide) sowie **lösliche Teile von Zellulose, Hemizellulosen, Lignin und Pektinen** (Zellulose und Lignin nur in geringer Menge).

2.2.2 Weitere Analysenverfahren
Rohnährstoffe mittels NIR-Messtechnik
Neben den oben vorgestellten nasschemischen Verfahren zur Bestimmung der Rohnährstoffe hat in den letzten Jahrzehnten die NIR-Messtechnik (Nah-Infrarot-Reflexions-Messtechnik) in der FM-Analytik eine große Bedeutung in der Routine-Analytik (Serien m. o. w. gleicher/ähnlicher FM und MF) erlangt. Elektromagnetische Strahlung im Bereich des Nahen Infrarot (1100–2500 nm) trifft hierbei auf Makrobe-

standteile der zu untersuchenden Futterprobe. Absorption bzw. Reflexion der Strahlung werden insbesondere durch OH-, NH- und CH-Bindungen, welche durch die chemische Zusammensetzung vorgegeben sind, bestimmt. Die matrixspezifischen Einflüsse auf die Intensität der gemessenen Reflexion erfordern leider einen sehr hohen Aufwand für die Kalibrierung, sodass für jeden Futtermittel-„Typ" – unter Zugrundelegung nasschemischer Analysenresultate – entsprechende Eichkurven erstellt werden müssen. Dennoch bleiben für Untersuchungseinrichtungen mit großen Probenserien (z. B. LUFA) deutliche Vorteile (geringster Zeitaufwand, Analytik ohne chemische Abfälle, Kostenersparnis durch weitestgehende Automatisierung), sodass heute viele FM-Untersuchungen (z. B. Silagen, CCM, Getreide) mit dieser Methode vorgenommen werden. Die NIR-Messtechnik hat inzwischen auch eine erhebliche Bedeutung in der industriellen Mischfutterherstellung. Bei einer entsprechenden Positionierung der NIR-Technik ist eine Online-Kontrolle im laufenden Produktionsprozess möglich, sodass z. B. über aktuelle Daten der Rohwarenzusammensetzung **die Rezepturen** von Mischfuttern online gesteuert und optimiert werden können.

Kohlenhydrate
Stärke und **Zucker** werden polarimetrisch (amtlich) oder enzymatisch bestimmt (**Abb. I.2.3**). Die Summe der **Gerüstsubstanzen** ist nach van Soest der Rückstand nach dem Kochen in neutraler Detergentienlösung (Natriumlaurylsulfat, EDTA, pH 7; und wird als **NDF, neutral detergent fiber**; auch als NDR, neutral detergent residue, bezeichnet). Der Rückstand nach dem Kochen mit saurem Detergentium (Cetyltrimethylammoniumbromid in 1 n H_2SO_4) wird als **ADF (acid detergent fiber)** bezeichnet und enthält vorwiegend Zellulose und Lignin. – In diesem Rückstand kann die Zellulose durch 72%ige H_2SO_4 hydrolysiert und damit herausgelöst/entfernt werden. Der danach verbleibende Rückstand ist (überwiegend, näherungsweise, weitestgehend) mit dem Ligningehalt identisch

(ADL, acid detergent lignin). Der Gehalt an Zellulose ergibt sich aus ADF minus ADL, der Gehalt an Hemizellulose aus der Differenz von NDF und ADF.

NDF – ADF = Hemizellulose
ADF – ADL = Zellulose
ADL = Lignin

Nicht-Stärke-Polysaccharide

Auch die Analytik der Nicht-Stärke-Polysaccharide (NSP) ist weiterentwickelt worden, sodass heute die unterschiedlichen ernährungsphysiologischen Effekte pflanzlicher Gerüstsubstanzen in Abhängigkeit von chemischer Zusammensetzung und Löslichkeit besser erklärt werden können. Für spezielle Fragestellungen werden daher neben Zellulose auch die Gehalte an löslichen und unlöslichen (1-3, 1-4)-β-Glucanen und Pentosanen bestimmt. Die Bestimmung erfolgt durch quantitative Analyse der derivatisierten Monosaccharide (Gaschromatografie) nach verschiedenen Schritten enzymatischer und Säurehydrolyse.

Proteine

Rp nach Kjeldahl (s. Weender Analyse). Ein weiteres Verfahren der Rp-Bestimmung stellt die Methodik nach DUMAS dar.

Prinzip der Bestimmung: Katalytische Verbrennung von N-haltigen Verbindungen mit anschließender Reduktion zu N_2, der mittels Wärmeleitfähigkeit bestimmt wird.

Enzymlösliches Protein: Futterprobe 48 h bei 40 °C mit Pepsin-Salzsäure-Lösung behandeln; N-Gehalt im Filtrat bestimmen, N x 6,25 = Protein.

Aminosäurengehalte: Für die Routine ist die Aminosäurenanalyse von Futtermitteln mithilfe der Ionenaustauscherchromatografie etabliert. Zunächst wird das FM mit 6 n Salzsäure hydrolysiert; hierbei werden aus dem Protein die einzelnen Aminosäuren freigesetzt. Das anfallende

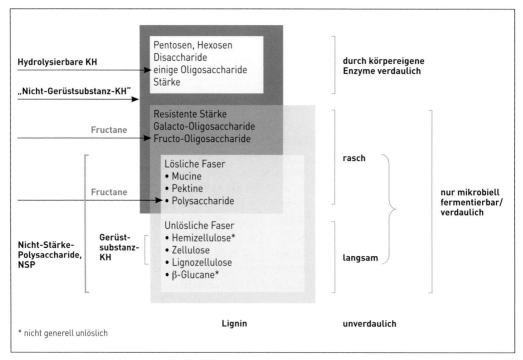

Abb. I.2.3: Differenzierung und nähere Charakterisierung der verschiedenen Kohlenhydrate in FM (nach Hoffmann et al., 2001).

Gemisch der Aminosäuren wird anschließend säulenchromatografisch in die einzelnen Aminosäuren aufgetrennt und quantitativ bestimmt.

Reinprotein: Zunächst Fällung der Proteine (mit $CuSO_4$- und NaOH-Lösung, Trichloressigsäure oder Tannin), dann Kjeldahlbestimmung.

Rp-Abbaubarkeit nach Cornell: Die Rp-Fraktion wird in dem Cornell Net Carbohydrate and Protein System hinsichtlich ihrer Löslichkeit (u. a. Phosphat-Borat-Puffer, Detergenzien-Lösungen) und Abbaubarkeit differenziert, wobei folgende fünf Fraktionen in A (höchst verfügbar, abbaubar), B1/B2/B3 (hohe/mittlere/geringe Abbaurate im Pansen) und C (nicht abbaubar; weder im Pansen, noch im Dünndarm) unterschieden werden.

Fette

Reinfett (100 % verseifbar) = Rohfett minus Nichtfettbestandteile

Nichtfettbestandteile:

- flüchtige Substanzen: Wasser, Lösungsmittel, FFS, ätherische Öle
- unlösliche Verunreinigungen: Borsten, Erde, Sand, Ca/Na-Seifen, oxidierte und polymerisierte FS, Eiweiß, Kohlenhydrate, Mineralstoffe
- **Unverseifbares:** Mineralöl, Pigmente, Vitamine, Carotinoide, Sterine, Wachse, höhere Alkohole (Polyäthylen), Kohlenwasserstoffe

Bestimmung des Unverseifbaren in Fetten: Das Fett wird mit ethanolischer Kalilauge verseift. Danach werden die unverseifbaren Anteile mit Diethylether ausgeschüttelt, dekantiert, und der Rückstand nach Abdestillieren des Lösungsmittels gewogen.

Fettsäuren

Nach Veresterung Auftrennung im Gaschromatografen und Quantifizierung.

Fettkennzahlen

Anisidinzahl (AZ): Maß für die Konzentration der ungesättigten Aldehyde in einem Fett (hat die früher übliche Aldehydzahl oder Benzidinzahl abgelöst).

Jodzahl (JZ): Maß für den Anteil ungesättigter Fettsäuren im Fett. Chloroformgelöstes Fett wird mit Brom behandelt, nicht verbrauchtes Brom nach Zusatz von Kaliumjodid durch Titration des gebildeten Jods bestimmt. Die J-Zahl gibt die Teile Halogen – berechnet als Jod – an, welche 100 Teile Fett unter bestimmten Bedingungen zu binden vermögen.

Peroxidzahl (POZ): Gibt die in 1 kg Fett enthaltene Anzahl Milliäquivalente Sauerstoff an, kann Aufschluss über den Beginn des Fettverderbs geben. Das nach Zulage einer KJ-Lösung freigesetzte Jod wird mit Natriumthiosulfat titrimetrisch erfasst.

Säurezahl (SZ): Gibt die Menge an KOH (in mg) an, die notwendig ist, um die in 1 g Fett enthaltenen freien organischen Säuren zu neutralisieren. Das gelöste Fett wird mit ethanolischer KOH titriert.

Verseifungszahl: Maß für die in einem Fett enthaltenen freien und gebundenen Fettsäuren, die mit Laugen in Seifen überführt werden können. Das Fett wird mit ethanolischer KOH in der Siedehitze verseift, nicht verbrauchte Lauge mit HCl zurücktitriert.

Mineralstoffe

Durch Einsatz stark oxidierender Säuren (z. B. HNO_3 oder eines $HNO_3/HClO_4$-Gemisches) wird eine Lösung gewonnen, in der die verschiedenen in der Probe enthaltenen Mineralstoffe (Mengen-/wie Spurenelemente) ionisiert vorliegen.

Prinzip der Bestimmung:

- nach Veraschung
  - Na, K: flammenfotometrisch bzw. AAS
  - P: fotometrisch
  - Ca, Mg, Fe, Cu, Mn, Zn, Se: atomabsorptionsspektrometrisch
  - Vielzahl von Elementen (einschl. Schwermetalle): Mittels Massenspektrometrie mit induktiv gekoppeltem Plasma (ICP-MS); Prinzip beruht auf der Ionisierung der zu analysierenden Elemente in einem „Plasma" bei 5000 °C. Zur Erzeugung des

„Plasmas" wird ein hochfrequenter Strom in ionisiertes Argon induziert.

- ohne Veraschung
  - Cl: mittels Coulometrie
  - S: nach DUMAS-Verbrennung

Vitamine

Standardverfahren für die verschiedenen fett- und wasserlöslichen Vitamine ist die HPLC.

Keimgehalte

Die handelsübliche Reinheit und Unverdorbenheit von Futtermitteln wird im § 24 des LFGB sowie der EG-VO 767/2009 gefordert. Die hygienische Beschaffenheit von FM wird u. a. durch den Besatz mit Mikroorganismen bestimmt. Daher wird in der amtlichen FM-Kontrolle und in Verdachtsfällen der mikrobielle Status von FM näher charakterisiert, wobei der Keimgehalt an Bakterien, Schimmelpilzen und Hefen nach Art (produkttypisch/verderbanzeigend) und Zahl (KbE/g) bestimmt wird (s. Kap. IV.7).

Prinzip der Bestimmung: Aliquoter Probenanteil wird in Peptonwasser geschüttelt (2 h bei 37 °C). Zur Gesamtkeimbestimmung werden Verdünnungsreihen mit Standard-Nährbodenagar angesetzt, für Pilze spezielle Nährböden. Es können dabei nur kulturell vermehrungsfähige Keime erfasst werden.

Indirekte Bestimmung: Erfassung von Zellwandbestandteilen gramnegativer Keime (Lipopolysaccharide, LPS) oder von Ergosterin (Indikator für die Masse an Pilzhyphen), d. h. auch nicht mehr kultivierbare oder abgestorbene Keime werden miterfasst.

Toxine

Toxine bakterieller (Endo- oder Exotoxine), pilzlicher (Mykotoxine) wie auch pflanzlicher Herkunft (Phytotoxine) werden mittels biologischer Verfahren (Tierversuch, Zellkultur) oder chemisch bzw. massenspektrometrisch oder auch immunologisch (ELISA) erfasst.

3 Verdaulichkeit

Für den möglichen Wert einer Komponente als FM ist neben der chemischen Zusammensetzung die Verdaulichkeit der Energie und/oder der Nährstoffe von zentraler Bedeutung. Dabei versteht man unter der Verdaulichkeit den Anteil der mit dem Futter aufgenommenen Energie und/oder Nährstoffe, der **nicht** wieder mit dem Kot ausgeschieden wird. Die Verdaulichkeit eines FM, die in Prozent (max. 100) oder als Faktor (max. 1,0) angegeben wird, hängt im Wesentlichen von drei Einflussgrößen ab: von dem Tier (Art, Alter etc.), dem Futter an sich (z. B. Rfa-Gehalt) und der FM-Bearbeitung (z. B. Zerkleinerung, Kochen).

3.1 Begriffe

Verdauung: Mechanische Zerkleinerung und chemische Zerlegung der FM-Inhaltsstoffe in resorbierbare Futterbestandteile. Die chemische Spaltung erfolgt durch körpereigene und ggf. bakterielle sowie futtereigene bzw. dem Futter zugesetzte Enzyme. Im eher allgemeinen Sinn meint Verdauung aber auch die Summe aller Vorgänge im/am Gastrointestinaltrakt, angefangen bei der Ingestion über die Absorption bis hin zur Elimination des Unverdaulichen.

Resorption: Aufnahme der zerlegten Futterbestandteile aus dem Verdauungstrakt in die Blut- oder Lymphbahn, entweder passiv in Richtung eines Konzentrationsgefälles oder aktiv entgegen einem Konzentrationsgefälle oder durch Pinozytose.

Verdaulichkeit: Die Definition ergibt sich aus der Methodik (s. Kap. I.3.2).

3.2 Bestimmung

Bei der Bestimmung der Verdaulichkeit wird das zu prüfende FM allein oder in Kombination mit anderen Komponenten in definierter und konstanter Menge eingesetzt. Der eigentlichen Kollektionsphase (Sammeln des Kotes) geht eine mindestens gleich lange Adaptationsphase voraus. Die Kollektion erstreckt sich dabei auf mindestens eine Passagezeit; etabliert ist folgende tierartlich unterschiedliche Dauer:

- Pfd, Wdk: 10 Tage
- Schw, Hd, Kan: 5 Tage
- Gefl, Ziervögel: 5 bzw. 3 Tage

Durch eine entsprechende Haltung und technische Vorkehrungen sind Kontaminationen des Kotes (z. B. durch Haare, Harn) ebenso zu vermeiden wie Nährstoffverluste aus dem abgesetzten Kot (z. B. NH_3-Verlust). Das Ernährungsniveau der Tiere sollte dabei möglichst dem Erhaltungsbedarf entsprechen, insbesondere ist jeder Nährstoffmangel zu vermeiden, der die Verdauung des zu prüfenden FM beeinflussen könnte (z. B. N-Mangel der Pansenflora → reduzierter Rfa-Abbau im Pansen).

Die Verdaulichkeit wird normalerweise über den gesamten GIT bestimmt, d. h. Futter und Kot stellen die entscheidenden Grundsubstrate dar. Geht es jedoch um die Verdaulichkeit in bestimmten Teilen des Verdauungstrakts („partielle" Verdaulichkeit: Verdaulichkeit in verschiedenen Abschnitten des Verdauungskanals; bestimmt z. B. mittels Fisteltechnik), so sind verschiedene Differenzierungen üblich:

- ruminale/praeduodenale VQ (Wdk!)
- pc Verdaulichkeit (insbes. für Protein/AS bei Schw, Gefl, Pfd)

- postileale Verdaulichkeit (z. B. von diversen Kohlenhydraten)
- (u. a. von Interesse für energetische Verluste)
Näheres: s. Empfehlungen der GfE

❗ Die Bestimmung der Verdaulichkeit von FM-Inhaltsstoffen erfolgt mit folgenden Verfahren:

In-vivo-Verfahren
- scheinbare Verdaulichkeit (sV)
- wahre Verdaulichkeit (wV)
sV- und wV-Werte gelten nur für die Tierart, an der sie bestimmt werden.

In-situ-Verfahren
- Inkubation des FM: Bestimmung der ruminalen Verdaulichkeit/Abbaubarkeit mittels Nylon-Bag-Technik; die zu prüfenden FM werden in Nylon-Bags bei pansenfistulierten Tieren den Verdauungsvorgängen im Pansen ausgesetzt und der Abbau über die Zeit bestimmt werden (Kinetik/Gesamtabbau nach 24/48 h)

In-vitro-Verfahren
- Simulationstechnik:
Simulation von Verdauungsvorgängen im Pansen (RUSITEC), Caecum (CAESITEC) bzw. Colon (COSITEC) mit Nutzung von Spendertieren für das Inkubationsmedium; für Wdk RUSITEC oder Hohenheimer Futterwerttest; für Pfd und Schw CAESITEC bzw. COSITEC
- Reine laboranalytische Technik:
Pepsin-HCl-Technik: Inkubation von proteinreicheren FM mit HCl und Pepsin → Bestimmung des pepsinlöslichen Proteins → Indikator für die Proteinverdaulichkeit im Tier ✿

Scheinbare Verdaulichkeit

Die scheinbare Verdaulichkeit ist die in Prozent der Nährstoffaufnahme angegebene Differenz zwischen der mit dem Futter aufgenommenen und der mit dem Kot ausgeschiedenen Nährstoffmenge.

$$sV\ [\%] = \frac{F-K}{F} \times 100$$

F = Futter; K = Kot

Für Nährstoffe, die nicht oder nur in sehr geringem Umfang ins Darmlumen sezerniert werden, ergeben sich realistische Werte (Rfa, Stärke). Bei der sV des Rohproteins (und Rfe) ist zu beachten, dass eine gewisse Menge im Kot endogener Herkunft ist, die sV folglich niedriger liegt als die wV. Trotzdem werden die nach dieser Methode gemessenen Werte (sV) aus praktischen Gründen in den Futterwerttabellen verwendet. Bei den Mineralstoffen ist in der Regel die Diskrepanz so groß, dass die sV für den angegebenen Zweck ungeeignet ist (Ausnahmen Mg, Na, K; beim Pfd auch Ca).
Bestimmung: Quantitative Erfassung der Nährstoffmenge in Futter und Kot (Kollektionsmethode) oder mittels Indikatormethode (= Markermethode). Zugabe eines inerten, nicht-resorbierbaren Indikators (Chromoxid, Titanoxid, Kunststoffpulver) im Futter und Bestimmung des Markers in Futter und Kot oder Nutzung eines im FM originär enthaltenen unresorbierbaren Stoffes (HCl-unlösliche Asche, Lignin). [1]

Wahre Verdaulichkeit (= Resorbierbarkeit)

Sie berücksichtigt denjenigen Anteil der **endogenen Sekretion** eines Nährstoffs, der mit dem Kot ausgeschieden wird (e) und liefert daher für die Verdaulichkeit von Rohprotein, aber auch Rohfett sowie Mineralstoffen Werte, die den tat-

---

[1] $$sV\ [\%] = 100 - \left[\frac{\%\ \text{Indikator im Futter}}{\%\ \text{Indikator im Kot}} \times \frac{\%\ \text{Nährstoff im Kot}}{\%\ \text{Nährstoff im Futter}} \times 100\right]$$

sächlichen Umfang der Resorption widerspiegeln (**Abb. I.3.1**).

$$wV = \frac{F - (K - e)}{F} \times 100$$

Die Menge e kann für Rp bei N-freier Ernährung bestimmt oder besser durch tierartspezifische Regressionsgleichungen berechnet, für einige Mineralstoffe mittels Isotopenverdünnungsmethode ermittelt werden. Dabei ist die Menge an endogenen Stoffen (Rp, AS u. a. Nährstoffen) nicht konstant, sondern variiert in Abhängigkeit von dem Futter an sich, dem Fasergehalt und der Futtermenge, aber auch von Prozessen an/in der Darmwand (Apoptoserate) sowie von der Reabsorption endogenen Proteins und Fettes (d. h. endogenes Protein unterliegt auch wieder der enzymatischen Spaltung und Absorption).

3.3 Beeinflussung der Verdaulichkeit

Durch das Tier

Spezies: FM-Auswahl und -Bearbeitung, unterschiedliche Kauintensität, Ausbildung des GIT, enzymatische Kapazität, Magen-Darm-Flora, Dauer der Chymuspassage (Rfa-Abbau braucht auch Zeit!).

Alter: Produktion von Verdauungsenzymen sowie ggf. Entwicklung von Vormägen und Dickdarm mit entsprechender Mikroflora.

Verdauungskapazität: Bei Monogastriern im Allgemeinen kein Einfluss der Futtermenge pro Tag bzw. Fütterung erkennbar; beim Wdk sinkt die sV bei jedem Vielfachen des energetischen Erhaltungsbedarfs um 2–4 Prozentpunkte. Die Einbußen in der Verdaulichkeit erklären sich im Wesentlichen mit der kürzeren Verweildauer des Futters im Vormagen bei steigendem Ernährungsniveau (insbesondere in der Fütterung von Hochleistungskühen von Bedeutung). Dies wird zum Teil kompensiert durch Verringerung der Energieverluste über Gärgase und endogene renale Verluste.

Erkrankungen: Gebiss (Pfd), Verdauungsdrüsen (Pankreas, Hd), Parasitenbefall, Diarrhoe, Dysbiosen. Infektionen/Alterationen im pc-Bereich werden in teils erstaunlichem Umfang durch forcierte postileale Umsetzungen kompensiert, während postileale Infektionen eher Veränderungen/Einbußen in der sV erkennen lassen.

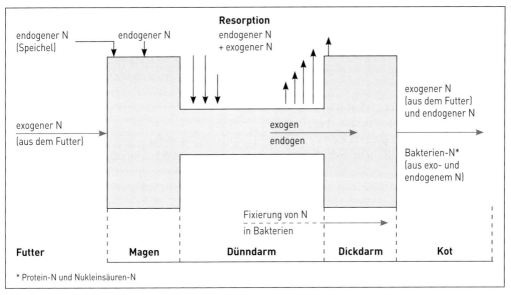

Abb. I.3.1: Herkunft des mit dem Kot ausgeschiedenen Stickstoffs.

Durch Futtermittel- bzw. Rationsinhaltsstoffe

Rohfaser: Die tierartspezifischen Unterschiede sind hier am deutlichsten. Die Verdaulichkeit der oS geht im Mittel je 1 % Rfa in der Ration beim Rd um 0,88, beim Pfd um 1,26, beim Schw um 1,68 und beim Huhn bereits um 2,33 Einheiten zurück. Zur groben Schätzung/Vorhersage der Verdaulichkeit der oS können die Formeln aus **Tabelle I.3.1** verwendet werden.

Tab. I.3.1: **Formeln zur Schätzung der Verdaulichkeit der oS bei diversen Tierarten**

Rd	voS (%) = 90,0–0,88 x
Schf	voS (%) = 90,7–0,96 x
Pfd	voS (%) = 97,0–1,26 x
Schw	voS (%) = 92,0–1,68 x
Huhn	voS (%) = 88,0–2,33 x
Wellensittich[1]	voS (%) = 82,2–0,50 x
Hd	voS (%) = 90,8–1,56 x
Ktz	voS (%) = 89,3–1,20 x
Kan	voS (%) = 98,8–2,12 x
Mschw	voS (%) = 92,9–1,44 x
Chin	voS (%) = 90,8–1,56 x
Degu	voS (%) = 92,7–1,64 x

[1] entspelzte Saaten; x = Rfa-Gehalt in % der Futter-TS

Zusätzlich von Bedeutung sind die Art und die Struktur der Rfa sowie andere Komponenten der Ration (vgl. auch **Tab. I.3.2**).

Protein: Beim Wdk ist die Verdaulichkeit des Rp stärker vom Rp:E-Verhältnis abhängig als von Art und struktureller Anordnung des Futterproteins. Das fasergebundene Rp (z. B. N-Gehalt in der Detergenzienfaser) muss als weitestgehend unverdaulich angesehen werden, wie es auch in CNCPS mit der Fraktion C beschrieben ist. Die Rp-Verdaulichkeit im Pansen ist nicht nur vom FM selbst abhängig, sondern ganz erheblich von der Chymusverweildauer im Pansen, d. h. damit also nicht m. o. w. konstant, sondern variabel (wie man u. a. mittels *In-situ*-Techniken eindeutig belegen konnte).

Fett: Reduktion der Verdaulichkeit der oS beim Wdk u. a. durch Verminderung der zellulolytischen Aktivität der Pansenmikroben, wenn täglich mehr als 800 g Fett bzw. 400 g ungesättigte Fettsäuren (Werte für Milchkühe) verfüttert werden.

Leicht lösliche Kohlenhydrate (Zucker, Stärke): Rückgang der Verdaulichkeit beim Wdk vor allem für Rfa und Rp infolge starker Vermehrung der zucker- und stärkespaltenden Pansenmikroben. Bei Monogastriern evtl. substratabhängige Förderung der VQ („Enzym-Induktion").

Besondere Inhaltsstoffe: Trypsinhemmstoffe (Sojaschrot, Ackerbohne, rohes Ei), Tannine, Lektine, Phytin-P (komplexiert z. B. Zink).

Durch Futterzubereitung und Zusätze

Zerkleinerung: Feine Vermahlung von Raufutter mindert beim Wdk die Rfa-Verdaulichkeit (Beschleunigung der Vormagenpassage), steigert aber die VQ z. B. bei Kan. Generell fördert eine Zerkleinerung von Getreide (schroten/ quetschen) die Abbaugeschwindigkeit und die VQ (insbesondere im pc-Bereich). Für eine möglichst hohe Rp-Verdaulichkeit im pc-Bereich ist bei Leguminosensamen (Sojabohne, Ackerbohne, Erbse) eine stärkere Zerkleinerung von Bedeutung; aber auch die pc-Stärkeverdaulichkeit von Maiskörnerprodukten profitiert ganz erheblich von einer intensiveren Zerkleinerung (vgl. auch **Tab. I.3.2**).

Erhitzen/Dämpfen: Beim Schw Dämpfen von Kartoffeln zur Erhöhung der pc-Stärke-Verdaulichkeit notwendig; zur Inaktivierung von Trypsininhibitoren (z. B. bei Sojaschrot) unerlässlich. Überhitzen führt hier, aber auch bei Gewinnung von Trocken-FM (z. B. Magermilchpulver) evtl. zu Einbußen in der Rp-VQ (s. „Bestimmung verfügbarer AS").

Pelletieren: Beim Wdk führt das Pelletieren von Grobfutterstoffen (bes. Stroh) zu einer höheren Futteraufnahme, wegen der schnellerer Passage aber meist zu einer geringeren Verdaulichkeit. Bei anderen Tierarten besteht kein wesentlicher Einfluss auf die Verdaulichkeit, wohl aber auf den Futteraufwand (allgemein günstiger wegen geringerer Futterverluste etc.).

Enzyme: Äußerst günstige Effekte bei Substitution fehlender Verdauungsenzyme, z. B. bei exo-

kriner Pankreasinsuffizienz; aber auch bei gesunden Individuen sind erhebliche Effekte zu beobachten (z. B. P-Verdaulichkeit nach Phytase-Einsatz bei Schw und Gefl). Zu nennen sind zudem Effekte von NSP-spaltenden Enzymen (Glucanasen, Xylanasen u. Ä.) infolge günstigerer Chymusviskosität und Substrat-Zugänglichkeit.

3

Tab. I.3.2: **Die Verdaulichkeit (VQ) einzelner (Roh-)Nährstoffe in Abhängigkeit von der Qualität**

Inhaltsstoff	Differenzierung		VQ
Rohasche	lösliche Mineralstoffe Silikate (Sand)		↑ unverdaulich
Rohprotein	lösliche Proteine Keratine (Haare, Horn)		↑ unverdaulich
Rohfett	weiche Fette/niedriger Schmelzpunkt harte Fette/hoher Schmelzpunkt		↑ ↓
Rohfaser	unverholzt (nicht lignifiziert) verholzt/verkieselt		(↑) ↓
NfE	Stärke/Zucker Lactose (im Dünndarm durch körpereigene Enzyme, im Dickdarm durch Bakterien) lösliche NSP		↑ ↑ ↑ (nur mikrobiell)

Stärke	botanische Herkunft, z. B.
	  – aus Hafer, nativ
	  – aus Mais, nativ
		praecaecal	↑
			↓

	FM-Bearbeitung, z. B.
	  – rohe Kartoffelstärke
	  – grobes Maisschrot
	  – gekochte Stärke
		praecaecal
		mikrobiell (Pansen, Dickdarm)
		praecaecal
			↓
			↓
			↑

Calcium	CaCO$_3$ CaSO$_4$ (Gips)		↑ ↓
Phosphor	Nicht-Phytin-Phosphor (Gefl, Schw) Phytin-Phosphor (Gefl, Schw)		↑ ↓
	Na-Phosphate Ca-Na-Rohphosphate		↑ ↓

Spurenelemente	anorganische Verbindungen
	  – Chloride/Sulfate
	  – Oxide/Carbonate
	organische Verbindungen
			↑
			↓
			(↑)

4 Energiebewertung

Die Frage nach dem energetischen „kalorischen" Wert eines FM für das Tier zählt zu den originären Herausforderungen der Tierernährung als wissenschaftliche Disziplin. Dabei hat bereits die chemische Zusammensetzung eines FM einen entscheidenden Einfluss: Bekanntermaßen sind Fette viel energiereicher als andere organische Bestandteile (und nur diese können überhaupt bei einer Verstoffwechslung Energie liefern). Die einfachste Form einer energetischen Bewertung eines FM stellt die Verbrennung im Bombenkalorimeter dar, wobei die freiwerdende Energie an Wasser abgegeben wird und dessen Erwärmung (Menge, Temperaturanstieg in °C) quantifiziert wird. Aus derartigen bombenkalorimetrischen Untersuchungen wurden die nachfolgend aufgeführten Bruttoenergiegehalte bestimmt bzw. regressionsanalytisch abgeleitet, sodass man aus den bekannten Gehalten im Futter (oder auch anderen Substraten) auch den Bruttobrennwert kalkulieren kann (**Tab. I.4.1**). Grundlage einer differenzierenden Bewertung der Futterinhaltsstoffe ist vereinfacht folgende Reaktionsgleichung:

$$\text{Substrate (Kohlenhydrate/Fette/Protein)} + O_2 \rightarrow \text{Wärme} + H_2O + CO_2$$

Der O_2-Verbrauch korreliert direkt mit der gebildeten Wärme. Die Proportionalität von C-Atomen zum O_2-Verbrauch erklärt die Rangfolge der Substrate hinsichtlich des O_2-Verbrauchs und der Wärmebildung (physikalische Brennwerte): Fette > Proteine > Kohlenhydrate.

Tab. I.4.1: **Brutto-Energie-Gehalte (GE-Gehalte) von Nährstoffen sowie weiteren Substraten, die im Futter, im Tier oder in Ausscheidungen vorkommen**

Nährstoffe	kJ GE/g	Substrate	kJ GE/g
Rohprotein	23,9–24,2	Harnstoff	10,7
Rohfett	36,6–39,8	Harnsäure	11,5
Rohfaser	17,2–22,2	Allantoin	10,5
Glucose	15,7	Ameisensäure	5,7
Stärke	17,5	Essigsäure	14,8
Laktose	16,4	Propionsäure	20,8
Glycerin	18,0	Buttersäure	24,9
Propylenglycol	23,9	Methan	55,3
Fumarsäure	11,5	Wasserstoff	142
Zitronensäure	10,6	Hippursäure	23,7
Alkohol	29,0	Kreatinin	20,9

[1] Maßeinheit: heute Joule (J), früher Kalorie (cal); 1 cal = 4,1868 J; 1000 kJ = 1 MJ

Würde man auf dieser Stufe der energetischen Bewertung von FM stehen bleiben, ergäben sich beispielsweise für Stärke und Holz nahezu identische Werte. Stärke ist aber allgemein vollständig verdaulich und Holz nahezu unverdaulich, d. h. es ist ohne energetischen Nutzen für das Tier. Im „Kalorimeter Tier" findet im Prinzip Gleiches statt. Allerdings wird die chemische Energie in Adenosintriphosphat (ATP) und Wärme transformiert. Auch hier gilt, dass O_2-Verbrauch und ATP-Bildung korrelieren, d. h. hinsichtlich der ATP-Bereitstellung rangieren die Substrate in gleicher Weise wie oben erwähnt. Da der energetische Wert der Substrate jedoch in einer tierischen Zelle entwickelt wird, kann Folgendes konstatiert werden:

- Einen energetischen Wert haben nur verdaute Substrate.
- Zur Quantifizierung dienen substratspezifische **physiologische Brennwerte**.
- Das physiologische „Abbild" der Energie sind ATP + Wärme.
- Alle Stoffwechselleistungen werden universell mit dieser „Währung" bezahlt.
- Verdaute Substrate müssen nicht zwingend der ATP-Bildung im Tier dienen bzw. für Leistungen einer Zelle zur Verfügung stehen (s. u. DE vs. ME).
- Der energetische Nutzen verstoffwechselter Substrate muss zwischen den Tierarten nicht gleich sein!

Damit wird nachvollziehbar, dass die Verdaulichkeit bei der energetischen Bewertung berücksichtigt werden muss. Geht man des Weiteren davon aus, dass eine identische Energiemenge einmal in Form von Stärke, ein anderes Mal in Form von Protein aufgenommen wird, so ergeben sich bei der Proteinaufnahme unvermeidbare N-Verluste über den Harn (bei Säugern in Form von Harnstoff, der als organische Substanz einen Brennwert hat), sodass auch dieser Aspekt bei der Energiebewertung mit berücksichtigt werden muss. Sind bei der Verdauung Mikroorganismen involviert, so liegt es nahe, z. B. mikrobiell gebildete Gärgase (Methan!) als „Verluste" für das Tier zu bedenken.

Schließlich ist bei der Umwandlung von chemischer Energie in physikalische Arbeit (z. B. Zug-Kraft) ein Freiwerden von Energie (Verlust!) zu beachten (s. Schwitzen bei körperlicher Arbeit), sodass auch diese „Wärmeverluste" zu berücksichtigen sind. Vor diesem Hintergrund wurden diverse Systeme der Energiebewertung von FM entwickelt (**s. Abb. I.4.1**).

4.1 Systeme der Energiebewertung

Auf der Basis von Kenntnissen über die Futterzusammensetzung, von chemisch-physikalischen Untersuchungen (z. B. Bombenkalorimeter), von Tierversuchen (Verdauungs- bzw. Respirationsversuche mit Quantifizierung des O_2-Verbrauchs bzw. der CO_2-Bildung) sowie von regressionsanalytischen Auswertungen (z. B. Leistung bei unterschiedlicher Energieversorgung) erfolgt heute die Energiebewertung von FM für die verschiedenen Spezies auf unterschiedlichen „Stufen", teils sogar – wie beim Rind – in Abhängigkeit von der Nutzungsrichtung mit verschiedenen „Währungen" (ME bzw. NEL; **Tab. I.4.2**).

Tab. I.4.2: **Die gegenwärtig gültigen Energiebewertungssysteme**

DE	kleine Nager
ME	Pfd, Aufzucht- und Mast-Rd, kl. Wdk, Schw, Hd, Ktz, Gefl, Fische
NEL	Milch-Rd

Die DE wird nur noch im Bereich der „Kleinen Nager" (Kaninchen) verwendet, die NEL nur in der Fütterung von Milchkühen; bei den anderen Spezies (und Nutzungsrichtungen) ist die ME die heute übliche Form der FM-Bewertung (und Bedarfsformulierung).

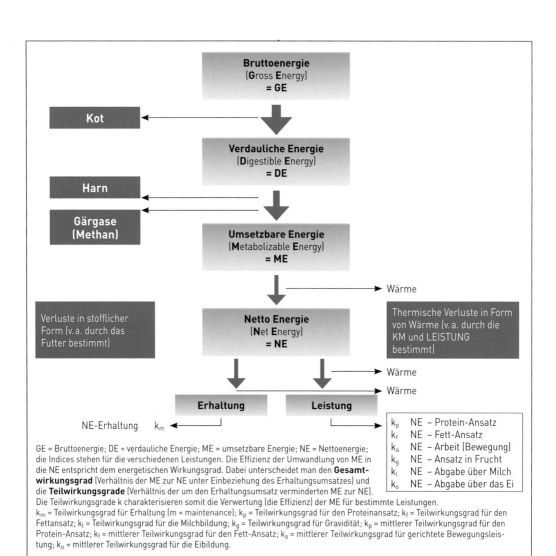

Abb. I.4.1: Schema zur Energiebewertung von Futtermitteln.

4.1.1 Bruttoenergie (Gross Energy, GE)

> GE (MJ/kg) = 0,0239 Rp + 0,0398 Rfe
> + 0,0201 Rfa + 0,0175 NfE

Wie zuvor beschrieben, bieten sich zur Bestimmung der GE-Gehalte in FM prinzipiell zwei Möglichkeiten:

1. Verbrennung im Bombenkalorimeter
2. Kalkulation aus den Brennwerten der enthaltenen Rohnährstoffe (in der Formel Rohnährstoffe in g/kg):

Im Vergleich zu den vorher bereits angeführten Bruttobrennwerten ergeben sich bei der Kalkulation nach dieser Formel marginale Abweichungen, die sich aus der Variation der Zusammensetzung der einzelnen Rohnährstoff-Fraktion erklären (z. B. ist der Bruttobrennwert der Rohfaser bei unterschiedlicher Lignifizierung leicht variabel; auch der Brennwert der Fette variiert leicht in Abhängigkeit von der Kettenlänge und Zahl der Doppelbindungen).

4.1.2 Verdauliche Energie (Digestible Energy, DE)

Die experimentelle Basis ist der Verdauungsversuch, in dem die Differenz zwischen aufgenommener Bruttoenergie und fäkal ausgeschiedener Bruttoenergie bestimmt wird; Futter und Kot werden hierzu im **Bombenkalorimeter** verbrannt.

Weitere Möglichkeiten der DE-Ableitung **ohne Bombenkalorimeter** sind:

- Kalkulation der GE-Aufnahme und GE-Ausscheidung über Multiplikation der Nährstoffe (in Futter und Kot) mit ihrem jeweiligen mittleren Brutto-Brennwert. Dabei führt die Kalkulation – im Vergleich zur Bombenkalorimetrie von Futter und Kot – bisweilen zu gewissen Abweichungen. Dies erklärt sich u. a. mit den unterschiedlichen Brennwerten des aufgenommenen bzw. ausgeschiedenen Rohnährstoffs (die nicht verholzte Rohfaser wird größtenteils verdaut, d. h. absorbiert; die ausgeschiedene Rohfaser ist aber die stark lignifizierte Rohfaser).
- Aus der Fülle von Verdauungsversuchen konnte der energetische Wert der **verdauten** Nährstoffe schließlich genauer beschrieben werden. Den verdauten Nährstoffen können nunmehr physiologische Brennwerte zugeordnet werden (**Tab. I.4.3**).

Tab. I.4.3: **Brennwerte der verdaulichen Nährstoffe auf der Stufe der DE für Kan**

kJ DE/g verdaulichen Nährstoff[1]			
vRp	vRfe	vRfa	vNfE
22,0	39,7	17,3	17,4

Den verdauten Nährstoffen können nunmehr physiologische Brennwerte zugeordnet werden, Stoffe schließlich genauer beschrieben werden.
[1] nach Nehring 1972

Voraussetzung für dieses als Standardverfahren akzeptierte Vorgehen ist die Kenntnis der Verdaulichkeit (Nährstoff x Verdaulichkeit x Brennwert = Energie).

Wenn mit weiteren Untersuchungen die Energieverluste bei der mikrobiellen Verdauung sowie über den Harn quantifiziert würden, wäre auch für diese Spezies eine Bewertung der FM in Form der ME möglich und wissenschaftlich präziser. Die aktuelle ökonomische Bedeutung der Kaninchen steht dem hierfür nötigen Aufwand jedoch entgegen.

4.1.3 Umsetzbare Energie (Metabolizable Energy, ME)

Eine Bewertung des Energiegehaltes in FM auf der Stufe der ME erfordert streng genommen Stoffwechselversuche (Respirationskammern) mit direkter (Wärmemessung) bzw. indirekter (Gaswechselmessung) Kalorimetrie. Es wird hierbei die Energie bestimmt, die tatsächlich dem Tier für Stoffwechselprozesse zur Verfügung steht, d. h. die zwar verdaute, aber nicht genutzte Energie (Gärgase, N-Metaboliten im Harn) wird berücksichtigt und in Abzug gebracht. Aus einer Vielzahl parallel vorgenommener Stoffwechsel- und Verdauungsversuche konnte der mittlere Ertrag an umsetzbarer Energie – mit tierartspezifischen Unterschieden – aus den einzelnen **verdaulichen** Rohnährstoffen abgeleitet werden. Mithilfe dieser physiologischen Brennwerte – korrigiert um Gas- und Harnverluste – ist es deshalb möglich, aus den in Verdauungsversuchen bestimmten Gehalten an **verdaulichen** Nährstoffen den ME-Gehalt abzuleiten, was für nachfolgend genannte Spezies bzw. Tiergruppen üblich ist.

Aufgrund der Unterschiede in den Verdauungsprozessen (v. a. Umfang der mikrobiellen Verdauung) und des Beitrags verdauter Aminosäuren an der Energiegewinnung können die physiologischen Brennwerte auf der Stufe der Umsetzbaren Energie zwischen den Spezies nicht gleich sein. Das prinzipielle Vorgehen jedoch (mit einigen Abwandlungen) gilt für alle:

Rohnährstoff x Verdaulichkeit x Brennwert = ME.

Wiederkäuer

Da die Verdaulichkeit der Nährstoffe eng mit der Abbaubarkeit im Pansen – und dadurch mit der Gasbildung = Energieverlust – korreliert ist, kann auch hier die ME aus den verdaulichen Nährstoffen abgeleitet werden. Für Wdk werden die Fraktionen vRp und vNfE mit dem gleichen Wert an ME kalkuliert (14,7 kJ/g), allerdings wird der in FM variierende Rp-Gehalt mit einem Korrekturglied (0,00234 Rp; nicht vRp!) berücksichtigt:

$$ME_{Wdk} \text{ (MJ/kg TS)} = 0{,}0147 \text{ vRp} + 0{,}0312 \text{ vRfe} \\ + 0{,}0136 \text{ vRfa} + 0{,}0147 \text{ vNfE} \\ + 0{,}00234 \text{ Rp}$$

Pferde

Die Energiebewertung von FM für Pferde wurde kürzlich vom alten System der DE auf die ME umgestellt. Die Verdauung der Rohfaser ist beim Pferd mit sehr viel geringeren Energieverlusten in Form von Methan (je g Rfa = 2 kJ) verbunden als beispielsweise bei Wdk, andererseits gehen auch beim Pfd mit Einsatz proteinhaltiger FM über den Harn größere Mengen an Energie (je g Rp = 8 kJ) verloren, insbesondere über die Hippursäure. Die speziesspezifischen physiologischen Brennwerte$_{ME}$ sind für das Pferd bislang kaum näher bearbeitet worden. Vorläufig können nachstehende Näherungswerte genutzt werden. Für die Praxis ist diese Ableitung der ME$_{Pfd}$ jedoch nicht etabliert, da u. a. aufgrund der bisherigen Vorgehensweise zur Ableitung der DE und der begrenzten Datenbasis ein anderes Procedere entwickelt worden ist.

Unterdessen liegen auch erste regressionsanalytische Ableitungen zum ME-Wert der verdauten Nährstoffe für das Pferd vor. Hiernach gilt:

$$ME_{Pfd} \text{ (MJ/kg TS)} = 0{,}01192 \text{ vRp} \\ + 0{,}04228 \text{ vRfe} \\ + 0{,}00793 \text{ vRfa} \\ + 0{,}01676 \text{ vNfE}$$

Schweine

Beim Schw ist die Bildung gasförmiger Verdauungsprodukte nicht so eng an die Verdaulichkeit gekoppelt wie beim Wdk, sondern variiert insbesondere in Abhängigkeit von den Nährstoffmengen, die im Dickdarm mikrobiell verdaut werden. Die verdaulichen Kohlenhydrate (vRfa + vNfE) abzüglich der i. d. R. im Dünndarm hochverdaulichen Stärke + Zucker repräsentieren die maßgeblich mikrobiell verdauten Kohlenhydrate. Hierunter fallen in erster Linie Hemizellulosen und Pektine. Diese werden im Dickdarm des Schweines zu flüchtigen Fettsäuren vergoren. Die damit verbundenen Energieverluste und die geringere Effizienz der resorbierten flüchtigen Fettsäuren im Intermediärstoffwechsel werden im Vergleich zur praecaecal verdauten und schließlich in Form von Glucose absorbierten Stärke auf 15 % geschätzt. Dieser geringere energetische Nutzen kommt in der unten aufgeführten Gleichung mit dem Faktor 0,0147 für den verdaulichen org. Rest zum Ausdruck (0,0147 = 85 % des für Stärke verwendeten Faktors von 0,0173).

Die ME wird, wenn nicht im Stoffwechselversuch bestimmt, nach folgender Formel berechnet (Nährstoffe in g/kg TS):

$$ME_{Schw} \text{ (MJ/kg TS)} = 0{,}0205 \text{ vRp} + 0{,}0398 \text{ vRfe} \\ + 0{,}0173 \text{ Stärke} + 0{,}0160 \text{ Zucker} \\ + 0{,}0147 \text{ (voS} - \text{vRp} - \text{vRfe} \\ - \text{Stärke} - \text{Zucker)}$$

In dieser Formel wird also nicht mit den vNfE gearbeitet, sondern mit der nur im Labor bestimmten insgesamt vorhandenen Menge an Stärke und Zucker, die vom Schwein zu ca. 100 % verdaut werden (Stärke aber evtl. im Dickdarm, s. o.).

Fleischfresser (Hunde, Katzen)

Beim Flfr werden in der energetischen Bewertung von FM mögliche (aber sehr geringe!) Energieverluste durch Gärgase vernachlässigt. Für die Ermittlung der ME sind also nur die Sammlung und Analyse von Kot und Harn erforderlich. Da die Sammlung von Harn mit erheblichen Bewegungseinschränkungen für die Tiere verbunden ist, wird meist nur der Kot gesammelt und analysiert. Auch bei diesen Spezies besteht der Unterschied zwischen der DE und der ME vor allem in den durch die renale N-Ausscheidung bedingten Energieverlusten – in diesem Fall überwiegend als Harnstoff. Diese hängen entscheidend von der Aufnahme an verdaulichem Rohprotein ab. Bei adulten Tieren wird von einer ausgeglichenen N-Bilanz ausgegangen und pro Gramm verdauliches Rohprotein ein Abzug von 5,2 kJ beim Hund bzw. 3,6 kJ bei der Katze vorgenommen. Für Jungtiere beider Spezies wird trotz N-Retention keinerlei Korrektur vorgenommen.

Die ME errechnet sich dann wie folgt aus den **verdaulichen** Rohnährstoffen (g/kg TS):

Für **Hunde**:
ME (MJ/kg TS) = 0,0194 vRp + 0,0393 vRfe
              + 0,0178 vRfa + 0,0173 vNfE

Für **Katzen**:
ME (MJ/kg TS) = 0,0202 vRp + 0,0393 vRfe
              + 0,0178 vRfa + 0,0173 vNfE

Geflügel sowie Fische und Reptilien

Für Spezies, bei denen nur in geringerem Umfang eine mikrobielle Umsetzung der Nahrung erfolgt, können die Verluste durch Gärgase vernachlässigt werden. Es ist dann nur der Energiegehalt in Kot und Harn zu bestimmen. Dies bietet sich beim Geflügel sowie bei Fischen und Reptilien an, da Kot und Harn gemeinsam ausgeschieden werden bzw. renale Ausscheidungen nicht quantifiziert werden können (Fische: Kiemen als Ausscheidungsorgan). Werden im Verdauungsversuch die Exkremente gesammelt und analysiert, so ergeben sich sozusagen gleich die „umsetzbaren", statt der verdaulichen Nährstoffe. Während beim Geflügel für Fett und Kohlenhydrate zwischen verdaulichem und umsetzbarem Nährstoff keine wesentlichen Unterschiede bestehen, gibt es beim Protein eine erhebliche Differenz: Wird Protein nur energetisch genutzt, so muss der gesamte Aminostickstoff ausgeschieden werden. Beim Geflügel erfolgt dies im Wesentlichen als Harnsäure. Diese Ver-

bindung hat jedoch noch einen beträchtlichen Energiegehalt, der dem Stoffwechsel des Tieres verloren geht. Dies gilt allerdings nur im Erhaltungsstoffwechsel im N-Gleichgewicht (N-Aufnahme = N-Ausscheidung). Wird hingegen Protein angesetzt, muss weniger Stickstoff über Harnsäure ausgeschieden werden, und die metabolisch verfügbare Energie wird bei unterschiedlichem Ansatz entsprechend höher oder niedriger ausfallen. Daher wird von der im Tierversuch an wachsenden Tieren durch Sammlung von Exkrementen bestimmten ME ein Abzug für retinierten Stickstoff vorgenommen (36,5 kJ/g retiniertem Stickstoff). Die vRfa liefert dem Gefl kaum umsetzbare Energie, sodass die tabellierten ME- bzw. ME_{Nkorr}-Gehalte auf einer vereinfachten Berechnungsformel basieren:

ME_{Nkorr} (MJ/kg TS) = 0,0180 „umsetzbares" Rp
              + 0,0388 „umsetzbares"
              Gesamtfett
              + 0,0173 „umsetzbare" NfE

Die tabellarisch vorliegenden ME-Gehalte für die beim Geflügel eingesetzten FM gelten streng genommen nur für Legehennen. Es ist davon auszugehen, dass gerade bei Küken, Broilern und Junghennen alters- und damit enzymbedingt niedrigere Werte unterstellt werden dürfen. Eine Übertragbarkeit auf Enten, Gänse und Puten sowie Ziervögel ist sicherlich ebenfalls mit Unter-, aber teilweise auch Überschätzungen verbunden.

4.1.4 Nettoenergielaktation (Milchrinder), NEL

Über fast ein Jahrhundert wurden FM für Wiederkäuer im Stärkeeinheiten-System energetisch bewertet (Fettansatz ausgewachsener Ochsen war das entscheidende Bewertungskriterium von Kellner), das 1986 aufgegeben und durch die NEL ersetzt wurde.

Die Bewertung eines Futters hinsichtlich seiner Fähigkeit, „Milchenergie zu liefern", ist wissenschaftlich besonders anspruchsvoll und gleichzeitig von höchster Praxisrelevanz. Zur Entwicklung dieses Bewertungssystems bedurfte es umfangreicher tierexperimenteller Arbeiten. Eine Bewertung des Futters auf der Stufe der ME zur Vorhersage seines „Milchbildungsvermögens" ist wegen der Variation der Verwertung der ME für die Milchbildung nicht exakt genug. Die Verwertung (k-Wert) der ME für die Milchbildung beträgt zwar im Mittel ca. 60 %, sie variiert aber in Abhängigkeit von der Umsetzbarkeit der Energie (q):

$$q = \frac{ME}{GE} \times 100$$

Die Umsetzbarkeit der Energie (q) ist futtermittelabhängig und beträgt beispielsweise für schlechtes Heu 47, für gutes Heu 57 und für Getreideprodukte 75. Für jede Einheit, die q höher oder niedriger als 57 liegt, nimmt der Anteil NEL, der aus der ME zur Verfügung steht, um 0,4 % – daher der Wert 0,004 in der Formel – zu oder ab. Die Veränderung des k-Wertes (Teilwirkungsgrades) bei Variation des q-Wertes (= Umsetzbarkeit) erklärt sich u. a. mit höheren thermischen Verlusten, mit einem unterschiedlichen Aufwand für die Einverleibung des Futters (Kauen und Wiederkauen) und einem weiteren C_2/C_3-Verhältnis bei rückläufigen q-Werten. Die für die NEL-Berechnung angewandte Formel lautet wie folgt:

$$NEL\ (MJ/kg) = 0,6\ [1 + 0,004\ (q - 57)]\ ME\ (MJ/kg)$$

Für die Anwendung dieser Formel ist ein Vorgehen in folgenden Schritten zu empfehlen:
1. Berechnung der GE (Gleichung 1)
2. Berechnung der ME (Gleichung 2)
3. Berechnung von q (Gleichung 3)
4. Berechnung von k_l (Gleichung 4)
5. Berechnung von NEL (Gleichung 5) **[7]**

4.2 Formeln zur Schätzung des Energiegehaltes in Einzel- bzw. Misch-FM

Im Unterschied zu den bisher vorgestellten Energiebewertungen auf der Basis tierexperimenteller Untersuchungen mit **Kenntnis der Verdaulichkeit** werden nachfolgend Formeln zur **Schätzung** des Energiegehaltes in einem Futter angegeben, die auf der Basis der Rohnährstoffgehalte bzw. Stärke- und Zuckergehalte entwickelt wurden, **ohne** dass hierbei die Verdaulichkeit des Futters bzw. seiner Nährstoffe bestimmt werden muss. Möglich war die Entwicklung entsprechender Schätzsysteme nur auf der Basis umfänglicher Daten aus tierexperimentellen Untersuchungen; mittels statistischer Prozeduren konnten geeignete Vorhersagemodelle für die so abgeleiteten Energiegehalte der FM generiert werden. Diese ersetzen nicht die unter Kap. 4.1 beschriebenen Systeme, sind aber für die Anwendung der Energiebewertung in der Praxis alternativlos. Der durch Verzicht auf entsprechende Verdauungsversuche sehr viel geringere Aufwand (hier nur Analysenkosten für das Futter) erklärt die weitverbreitete Nutzung dieser Schätzformeln in der Fütterungspraxis bzw. Futtermittelkontrolle (z. T. rechtsverbindliche Schätzformeln zur Bewertung von MF!). Die bestmögliche Vorhersage des Energiegehaltes im Futter erfordert aber nach Tierart und Futtertyp unterschiedliche Schätzformeln.

So weit nicht anders vermerkt, sind in die Formeln die Rohnährstoffe in g/kg Futter (uS) einzusetzen. Der organische Rest (oR) ist definiert als org. Substanz abzüglich Rp, Rfe, Stärke, Zucker und Rfa (bzw. ADF). Die Rohfettbestim-

---

[7] Gleichung 1: GE (MJ/kg) = 0,0239 Rp + 0,0398 Rfe + 0,0201 Rfa + 0,0175 NfE

Gleichung 2: ME (MJ/kg) = 0,0147 vRp + 0,0312 vRfe + 0,0136 vRfa + 0,0147 vNfE + 0,00234 Rp

Gleichung 3: q („Umsetzbarkeit") $= \dfrac{ME}{GE} \times 100$

Gleichung 4: k_l („Teilwirkungsgrad") = 0,6 [1 + 0,004 (q – 57)]

Gleichung 5: NEL (MJ/kg) = ME (MJ/kg) x k_l

4

mung erfordert vor Petroletherextraktion einen HCl-Aufschluss. Die Zuckerbestimmung erfasst Lactose (falls vorhanden) und sonstige Zucker nach HCl-Inversion, berechnet als Saccharose. Stärkebestimmung: polarimetrisch.

Einzel- und Misch-FM für Pfd

Hier kann der Gehalt an ME im Futter nach folgender Gleichung geschätzt werden:

$$ME \text{ (MJ/kg TS)} = -3,54 + (0,0129 \text{ Rp} \\ + 0,0420 \text{ Rfe} - 0,0019 \text{ Rfa} \\ + 0,0185 \text{ NfE})$$

Voraussetzung für die Gültigkeit dieser Gleichung ist, dass in der **Ration**, in der die so bewerteten FM eingesetzt werden sollen, der Gehalt an Rfa 350 g/kg bzw. der Gehalt an Rfe 80 g/kg TS nicht überschreitet.

Einzel- und Misch-FM für Schw
Corn Cob Mix und Lieschkolbenschrot

$$ME \text{ (MJ/kg TS)} = 16,35 - 0,0296 \text{ Rfa (in g/kg TS)}$$

Mischfuttermittel

$$ME_{Schw} \text{ (MJ/kg TS)} = 0,021503 \text{ Rp} + 0,032497 \text{ Rfe} \\ + 0,016309 \text{ Stärke} \\ + 0,014701 \text{ oR} - 0,021071 \text{ Rfa}$$

Hinweis:
oR (organischer Rest) = oS
– (Rp + Rfe + Stärke + Rfa)

Misch-FM für Gefl

Mit der Analyse der vier entscheidenden Nährstoffe im Mischfutter kann der ME-Wert sicher (und kostengünstig) vorhergesagt werden:
ME_{Nkorr} (MJ/kg) = 0,01551 Rp + 0,03431 Rfe + 0,01669 Stärke + 0,01301 Zucker

Einzel- und Misch-FM für Wdk
Grundfutter/TMR
Regressionsgleichungen zur Schätzung der ME (MJ/kg TS) aus Rohnährstoffgehalten (g/kg TS):

Frischgras*	
1. Schnitt	14,06 – 0,01370 Rfa + 0,00483 Rp – 0,0098 Ra
Folge-schnitte	12,47 – 0,00686 Rfa + 0,00388 Rp – 0,01335 Ra
Grassilage*	
1. Schnitt	13,99 – 0,01193 Rfa + 0,00393 Rp – 0,01177 Ra
Folge-schnitte	12,91 – 0,01003 Rfa + 0,00689 Rp – 0,01553 Ra
Heu*	
1. Schnitt	13,69 – 0,01624 Rfa + 0,00693 Rp – 0,0067 Ra
Folge-schnitte	14,05 – 0,01784 Rfa
Maissilage*	14,03 – 0,01386 Rfa – 0,01018 Ra
TMR**	$6,0756 + 0,19123 \text{ g Rfe} \\ + 0,02459 \text{ g Rp} - 0,000038 \text{ g Rfa}^2 \\ - 0,002139 \text{ g Rfe}^2 - 0,000060 \text{ g Rp}^2$

* GfE (1998), **GfE (2004)

Die Schätzung der ME in Gras- und Maisprodukten ist auch unter Berücksichtigung anderer Parameter (Enzymlösliche org. Substanz – EloS – sowie Gasbildung – Gb) möglich, **ohne dass dabei eine weitere Differenzierung nach Reifestadium und Konservierungsart** nötig wäre.

Grasprodukte (Frischgras/Heu/Grassilage)

$$ME \text{ (MJ/kg TS)} = 5,51 + 0,00828 \text{ EloS} \\ - 0,00511 \text{ Ra} + 0,002507 \text{ Rfe} \\ - 0,00392 \text{ org. ADF}$$

oder

$$ME \text{ (MJ/kg TS)} = 7,81 + 0,07559 \text{ Gb} \\ - 0,00384 \text{ Ra} + 0,00565 \text{ Rp} \\ + 0,01898 \text{ Rfe} \\ - 0,00831 \text{ org. ADF}$$

Maisprodukte (im Wesentlichen Maissilage)

$$ME \text{ (MJ/kg TS)} = 7,15 + 0,00580 \text{ EloS} \\ - 0,00283 \text{ org. NDF} \\ + 0,03522 \text{ Rfe}$$

Die Untersuchung der Grund-FM für Rinder mittels NIR-Verfahren (s. Kap. I.2.2.2) schließt vielfach auch eine Energiebewertung mit Algorithmen ein, die an nasschemischen Untersuchungen „geeicht" sind; auch so ist eine kostengünstige und äußerst zeitsparende Futterbewertung möglich.

Mischfuttermittel für Rd, Schf und Zg

Bestimmung mithilfe des Gasbildungstestes (Hohenheimer Futterwerttest). Das Prinzip dieser Methode beruht auf der Messung der Gasbildung (CO_2 + CH_4) einer Futterprobe in 24 h, nachdem zu dieser in einem Inkubator bei 39 °C hinzugegeben wurden: Pansensaft von standardisiert gefütterten Hammeln, eine Mengen- und Spurenelement- sowie eine Puffer- und Reduktionslösung. Als Blindwert dient Heu, Heu/Stärke bzw. ein Kraftfutterstandard. Aus der Gasbildung (Gb) in ml je 200 mg TS in 24 h und Parametern der MF-Zusammensetzung (g/kg TS) kann der ME-Gehalt geschätzt werden.

Schätzung des Gehaltes an ME in Mischfuttermittel:

ME (MJ/kg TS)	= 7,17		
	– Rohasche	(g/kg TS)	x 0,01171
	+ Rohprotein	(")	x 0,00712
	+ Rohfett	(")	x 0,01657
	+ Stärke	(")	x 0,00200
	– ADF$_{org.}$	(")	x 0,00202
	+ Gasbildung	(ml/200 mg TS)	x 0,06463

Ist eine Angabe in NEL angestrebt/erforderlich, so kann aus der geschätzten ME mit nachfolgend genannter Formel die NEL abgeleitet werden. Um q zu berechnen, benötigt man allerdings die GE (und dafür auch die Rfa [7]).

NEL (MJ/kg TS) = 0,6 [1 + 0,004 (q – 57) x ME]
s. [7]

Schätzung der ME aus Nährstoffgehalten, NDF$_{org.}$ und Enzymlöslichkeit (ELOS) der oS:

ME (MJ/kg TS)	= 9,67		
	– Rohasche	(g/kg TS)	x 0,01698
	+ Rohprotein	(")	x 0,00340
	+ Rohfett	(")	x 0,01126
	+ Stärke	(")	x 0,00123
	– NDF$_{org.}$	(")	x 0,00097
	+ ELOS	(")	x 0,00360

Einzel- und Misch-FM für Flfr
Alleinfutter

Aufgrund der sehr unterschiedlichen Zusammensetzung von AF für Fleischfresser gibt es bei unbekannter Verdaulichkeit keine befriedigende Schätzformel mit Faktoren für die Rohnährstoffe zur Berechnung des ME-Gehalts. Ersatzweise kann der ME-Gehalt wie folgt in 4 Schritten abgeleitet werden:

1. Berechnung des GE-Gehaltes:

GE (MJ/100 g) = 0,02385 Rp + 0,03934 Rfe + 0,01717 NfE + 0,01717 Rfa

2. Schätzung der sV der Bruttoenergie anhand des Rfa-Gehaltes in der TS:

Hund: sV GE (%) = 91,2 – 1,43 Rfa (% TS)

Katze: sV GE (%) = 87,9 – 0,88 Rfa (% TS)

3. Berechnung der DE:

DE = GE x sV$_{GE}$ (%)/100

4. Berechnung der ME (Proteinkorrektur):

Hund:
ME (MJ/100 g) = DE – 0,00434 MJ x Rp (g/100 g)

Katze:
ME (MJ/100 g) = DE – 0,00310 MJ x Rp (g/100 g)

Nicht industriell bearbeitete Einzel-FM, Milchersatz, Sondenkost

Für diese Gruppe von FM wird auf der Basis der Gehalte an Protein, Fett und NfE (Kohlenhydraten) die ME geschätzt; auf den ersten Blick überraschend ist die hier gleiche Bewertung von Protein und Kohlenhydraten, was sich aber nur kalkulatorisch aufgrund einer unterschiedlichen Verdaulichkeit ergibt.

Hund:
ME (MJ/kg) = 0,01674 Rp + 0,03767 Rfe + 0,1674 NfE
Katze:
ME (MJ/kg) = 0,01674 Rp + 0,03557 Rfe + 0,1674 NfE

Diätfuttermittel

Für diese Produktgruppe gibt es „offizielle" Schätzformeln (Anlage 4 der FM-VO, Stand Dezember 2013), obwohl gerade hier die Verdaulichkeit noch stärker variieren dürfte als in üblichen MF. Die im Vergleich zu den nicht industriell bearbeiteten Einzel-FM, zu Milchersatz und Sondenkost (s. o.) niedrigeren Energiegehalte für alle Nährstoff-Fraktionen sind nur bedingt, d. h. kaum nachvollziehbar bzw. verständlich, evtl. aber der bei Erkrankungen geringeren Verdaulichkeit und Verwertung geschuldet.

Schätzformeln nach Anl. 4 FM-VO für **Diät-FM für Hunde** (unabhängig vom Feuchtegehalt) sowie
für Katzen mit < 14 % Feuchtigkeit:

ME (MJ/kg) = 0,01464 Rp + 0,03556 Rfe
+ 0,01464 NfE

für Katzen mit > 14 % Feuchtigkeit:

ME (MJ/kg) = 0,01632 Rp + 0,03222 Rfe
+ 0,01255 NfE – 0,2092

5 Protein und Proteinbewertung

Sowohl für den Erhaltungsstoffwechsel als auch für die Bildung von Eiweißen, die in Leistungsprodukten (KM-Zuwachs, Milch, Eier, Haare, Gefieder) enthalten sind, werden im Organismus Aminosäuren (AS) in einer bestimmten Menge und in einem bestimmten Verhältnis zueinander benötigt. Demnach kann die Proteinversorgung nicht allein durch den **Rp-Gehalt** des Futters charakterisiert werden. Bezüglich der Bereitstellung von AS mit dem Futter ist ferner zu beachten, dass nichtessenzielle AS im Stoffwechsel gebildet werden können, während essenzielle AS in der gesamten erforderlichen Menge bei Monogastriern und Geflügel mit dem Futter zugeführt werden müssen. Als semiessenzielle AS werden solche AS bezeichnet, die zwar aus anderen AS gebildet werden können, unter bestimmten Bedingungen (Verwendung synthetischer Diäten; höchste Leistungen) mitunter aber **nicht** in ausreichendem Umfang. Diejenige essenzielle AS, die – im Vergleich zum Bedarf – im Futter in geringster Konzentration vorliegt, wird als **erstlimitierende Aminosäure** bezeichnet. Eine Übersicht der AS gibt **Tabelle I.5.1**.

Tab. I.5.1: **Gruppierung der Aminosäuren nach ihrer Essenzialität**

Essenzielle AS	Semiessenzielle AS	Nichtessenzielle AS
Histidin (His)[1]	Arginin (Arg)[1]	Alanin (Ala)
Isoleucin (Ile)	Cystein (Cys)[2]	Asparagin (Asn)
Leucin (Leu)	Glutamin (Gln)	Asparaginsäure (Asp)
Lysin (Lys)	Glycin (Gly)[3]	Glutaminsäure (Glu)
Methionin (Met)	Tyrosin (Tyr)[4]	Prolin (Pro)[5]
Phenylalanin (Phe)		Serin (Ser)
Threonin (Thr)		
Tryptophan (Trp)		
Valin (Val)		
(Taurin)[6]		

[1] Nicht in ausreichendem Maße synthetisierbar durch Geflügel, wachsende Schweine und Fleischfresser.
[2] Bildung aus Met möglich.
[3] Für wachsendes Geflügel essenziell.
[4] Bildung aus Phe möglich.
[5] Für intensiv wachsende Küken essenziell.
[6] Ist eine für Katzen essenzielle β-Aminosulfonsäure, die nach EG-VO 1831/2003 unter den Vitaminen u. ä. Stoffen gelistet ist.

Die Qualität des Proteins im Futter hängt insbesondere von dessen AS-Zusammensetzung ab und wird entscheidend vom Gehalt an essenziellen AS bestimmt. Darüber hinaus sind für den Wert des Proteins die AS-Verdaulichkeit sowie die intermediäre Verwertung der absorbierten AS von erheblicher Bedeutung. So kann beispielsweise Met nach Absorption bei Milchkühen direkt für die Milchproteinbildung genutzt werden, evtl. aber auch nur als Methylgruppen-Quelle dienen oder in die Gluconeogenese einmünden.

Insgesamt wurde die Bewertung des Rp im Futter in den letzten Jahren weiter entwickelt und sehr verfeinert. Fortschritte in diesem Bereich beruhen auf der Erkenntnis, dass bei allen Spezies die erforderlichen AS für die jeweiligen Leistungen nahezu ausschließlich aus der Proteinverdauung, d. h. der AS-Absorption im Dünndarm stammen. Daher geht es um das Potenzial der FM, dünndarmverdauliches Protein (pcvRp) bzw. AS bereitzustellen. Das Angebot an pcvRp (oder auch nRp) ist mit der scheinbaren Rp-Verdaulichkeit über den **gesamten** Verdauungstrakt eben **nicht** zutreffend zu beschreiben, da im Dickdarm zwar Rp verdaut wird (= NH_3-Absorption), aber keine AS absorbiert werden. Günstiger ist demnach eine Präzisierung in der Bewertung des Rp in FM nach folgendem Muster:

Monogastrier
- Nutzung tierexperimenteller Daten zur pc Verdaulichkeit (Schw und Gefl)
- Chemisch analytische Ableitung des vRp im Dünndarm (Pfd)

Wdk
- Beschreibung des nRp im Dünndarm, das hauptsächlich aus den Fraktionen „Mikrobeneiweiß" und UDP besteht

5.1 Proteinbewertung für Monogastrier

Der Wert des Proteins im Futter wird durch die aufgenommene Proteinmenge, die Verdaulichkeit und durch das AS-Muster (g AS/100 g Rp) bestimmt. Intermediäre Verfügbarkeit und Verhältnis der essenziellen AS zueinander werden durch die **Biologische Wertigkeit (BW)** des Proteins charakterisiert. Die Unterversorgung mit einer essenziellen AS ist daher eben nicht ohne weiteres durch eine Erhöhung des Proteinangebots auszugleichen. Auch der Überschuss an einer oder mehreren essenziellen AS (Met, Lys etc.) kann sich auf den Wert von Nahrungsproteinen negativ auswirken (AS-Imbalanz).

Das AS-Muster der verschiedenen FM hat für die MF-Rezeptur erhebliche Bedeutung. Prinzipiell kann durch geeignete Kombinationen von unterschiedlichen FM das erforderliche AS-Muster erreicht werden und/oder durch Zusatz einzelner AS ein Defizit an bestimmten AS (z. B. Lys, Met) ausgeglichen werden (**Tab. I.5.2**).

Die parallele Verwendung verschiedener proteinreicher FM erfolgt nicht zuletzt unter dem Aspekt ihrer Ergänzungswirkung (z. B. Sojaextraktionsschrot: rel. Lys-reich; Rapsextraktionsschrot: rel. reich an S-haltigen AS). Aus ökonomischen (bei hohen Preisen für proteinreiche FM) und diätetischen Gründen (N-Überschuss = Leber-, Stoffwechsel- und Nierenbelastung) sowie zum Schutz der Umwelt (Minimierung des N-Eintrags über Exkremente) verfolgt man bei der Rezeptur von MF für Nutztiere allgemein das Ziel, den AS-Bedarf bei möglichst niedrigem Rp-Gehalt der Ration zu decken (z. B. RAM-Fütterung = **R**ohprotein **A**ngepasste **M**ast).

Tab. I.5.2: **AS-Muster verschiedener FM (g AS/100 g Rp) im Vergleich zu Gerste und dem Körperprotein von Schweinen**

besonders Lys-reiches AS-Muster	
FM	**g Lys/100 g Rp**
Blutmehl	8,97
Fischmehl	8,04
Kartoffeleiweiß	7,90
Molkenpulver	7,42
Körperprotein (Schw)	7,20
Bierhefe	6,76
Sojaextraktionsschrot	6,26
Gerste	3,63

besonders Trp-reiches AS-Muster	
FM	**g Trp/100 g Rp**
Blutmehl	1,76
DDGS	1,71
Molkenpulver	1,48
Weizenkleie	1,41
Kartoffeleiweiß	1,39
Sojaextraktionsschrot	1,37
Gerste	1,17
Körperprotein (Schw)	1,10

besonders Cys-reiches AS-Muster	
FM	**g Cys/100 g Rp**
Federmehl	5,09
Geflügelmehl	4,01
Rapsextraktionsschrot	2,71
Volleipulver	2,59
Mais	2,29
Gerste	2,28
Kartoffeleiweiß	1,80
Körperprotein (Schw)	1,30

besonders Met-reiches AS-Muster	
FM	**g Met/100 g Rp**
Fischmehl	2,81
Magermilchpulver	2,49
Maiskleber	2,37
Sonnenblumenextraktionsschrot	2,29
Kartoffeleiweiß	2,27
Rapsextraktionsschrot	2,02
Körperprotein (Schw)	1,90
Gerste	1,70

besonders Thr-reiches AS-Muster	
FM	**g Thr/100 g Rp**
Molkenpulver	5,94
Kartoffeleiweiß	5,83
Bierhefe	4,77
Geflügelmehl	4,47
Fischmehl	4,43
Rapsextraktionsschrot	4,42
Körperprotein (Schw)	3,80
Gerste	3,42

besonders Arg-reiches AS-Muster	
FM	**g Arg/100 g Rp**
Palmextraktionsschrot	12,7
Sesam	11,8
Ackerbohne	9,0
Leinextraktionsschrot	9,0
Erbse	8,9
Sonnenblumensaat	8,2
Sojabohne	7,4
Körperprotein (Schw)	6,2
Gerste	5,0

Schließlich erlaubt das AS-Muster eines MF Rückschlüsse auf Art und Qualität der verwendeten Proteinträger (z. B. Unterschiede im Lys- und Hydroxyprolingehalt zwischen Fleisch- und Bindegewebseiweiß).

5.1.1 Proteinbewertung durch die N-Bilanz

N-**Bilanz** = N-Aufnahme – (Kot-N + Harn-N + Haare/Haut-N)

Der N-Verlust über Haar- und Hautabschilferungen wird dabei oft außer Acht gelassen.

Biologische Wertigkeit (BW) = Verwertung des resorbierten Proteins = retinierter N / resorbierter N

Die BW [8] gibt an, wie viel Prozent des resorbierten, also wahr verdauten Nahrungs-N in Körper-N angesetzt wird (**Tab. I.5.3**). Um die BW zu bestimmen, sind daher Versuche an **wachsenden** Tieren (in der Regel Ratten) im Bereich minimaler Proteinversorgung (10 % i. d. Ration) erforderlich. Die BW erlaubt nur eine relative Einstufung der Nahrungsproteine. Für die Konzeption von MF und Rationen wird die BW nicht genutzt, weil diese bei Verwendung verschiedener Proteinträger nicht verrechenbar ist (kann nicht einfach addiert werden!). [8]

Nahrungsproteine, deren resorbierte AS ein Muster aufweisen, das weitgehend der Zusammensetzung der zu synthetisierenden Proteine entspricht, haben eine hohe BW und umgekehrt („Die beste Nahrung für den Fisch ist immer noch ein Fisch.").

Tab. I.5.3: **Biologische Wertigkeit des Proteins von Einzel-FM (Ratte, Schw)**

Futtermittel	BW (%)	
	Ratte	Schw
Magermilchpulver	84 ± 5	80–95
Fischmehl	72 ± 10	74 ± 7
Futterhefen	67–80	75
Sojaextraktionsschrot	70–75	67–70
Blutmehl	25	52–77
Süßlupinen	49	68
Futtererbsen	57	68
BWS-Extraktionsschrot*	80	61
Rapsextraktionsschrot	52–69	–
Ackerbohnen	43	57
Gerste	68	50–60
Mais	60–68	54
Weizen	61–74	44
Hafer	75	42
Weizenkleber	40	–

* Baumwollsaatextraktionsschrot

$$[8] \quad BW = \frac{\text{N-Bilanz} + \text{endog. Kot-N} + \text{endog. Harn-N}}{\text{N-Aufnahme} - (\text{Kot-N} - \text{endog. Kot-N})} \times 100 = \frac{\text{retinierter N}}{\text{resorbierter N}} \times 100$$

5.1.2 Proteinbewertung anhand der praecaecalen Verdaulichkeit von Protein und AS

Basierend auf der Erkenntnis, dass nur pc verdaute(s) Protein(e) bzw. AS einer Verwertung durch das Tier zugänglich ist bzw. sind, ist dieser Parameter (insbesondere in der Fütterung von Schw und Gefl, mittlerweile aber auch beim Pfd) die Grundlage der Bewertung von FM als Proteinquelle geworden (**Tab. I.5.4**). Dennoch ist hier zu betonen, dass auch Wdk nur von den im Dünndarm absorbierten AS leben und Protein bilden können, nur sind hier die Umsetzungen im Pansen zwischengeschaltet, so dass für Wdk eine andere Bewertung erforderlich ist.

Die pc Verdaulichkeit von Rp und AS zeigt eine teils erhebliche Variation (Einflüsse der Proteinstruktur, sekundäre Pflanzeninhaltsstoffe), nicht zuletzt auch in Abhängigkeit von der Bearbeitung des FM (Zerkleinerung bei Leguminosen wie Soja-/Ackerbohnen und Erbsen; thermische Verfahren wie z. B. das Toasten von Sojabohnen zur Inaktivierung antinutritiver Inhaltsstoffe; Temperatur bei der Trocknung). Die im Futter enthaltenen AS (insbesondere Lys) können bei der Herstellung (Einwirkung von Hitze bei der Trocknung) oder längerer Lagerung von FM, obwohl im Proteinverband befindlich, mit reduzierenden Zuckern reagieren (**Maillard-Kondensation**). Produkte der Maillard-Reaktion sind enzymatisch nicht spaltbar und daher für den Monogastrier nicht verfügbar. Bei höheren Temperaturen entstehen des Weiteren evtl. enzymresistente **intramolekulare Bindungen freier Amino- und Hydroxylgruppen** (wieder bevorzugt des Lys) mit Carboxyl- und Seitengruppen des Proteinverbands, eine Reaktion, die von der Anwesenheit von Kohlenhydraten **unabhängig** ist. Außerdem sind Kondensationen von freien AS mit Abbauprodukten oxidierter Fettsäuren während der Lagerung beobachtet worden. Die chemische Bestimmung des Gesamtlysingehalts erfasst derartige Proteinschädigungen kaum.

Tab. I.5.4: **Praecaecale Verdaulichkeit von Rohprotein und Aminosäuren bei Schweinen**

Futtermittel	Praecaecale Verdaulichkeit (%)[1]					
	Rp	Lys	Met	Cys	Trp	Thr
Gerste	73	73	82	79	76	76
Weizen	90	88	88	92	88	90
Weizenkleie	72	71	77	68	–	66
Triticale	84	84	88	87	77	81
Mais	82	79	85	86	83	82
Sojaextr.schrot	82	87	88	79	86	80
Rapsextr.schrot	71	73	82	72	68	69
Sbl.extr.schrot	77	77	86	81	–	77
Ackerbohnen	77	82	61	68	71	75
Erbsen	79	84	73	66	70	75
Fischmehl	83	87	88	59	79	88

[1] Werte zu standardisierten pcVQ nach GfE (2005)

Bei Equiden und anderen Dickdarmverdauern (in gewissem Umfang auch beim Schwein) findet im Dickdarm ein mikrobieller Proteinaufbau statt. Die Verwertung dieses Proteins ist beim Pferd vernachlässigbar gering, bei Spezies mit Caecotrophie oder Koprophagie aber bedeutsamer. Für die Höhe der bakteriellen Proteinsynthese im Dickdarm sind ähnliche Faktoren wie in den Vormägen der Wiederkäuer maßgeblich. Praecaecal nicht verdautes Protein (bzw. nicht verdaute AS) gelangt in den Dickdarm und unterliegt dort dem mikrobiellen Abbau. Dabei entsteht Ammoniak, der entweder absorbiert wird (NH_3 → Leberbelastung) oder aber bakteriell, d.h. in den Mikroorganismen fixiert wird. Beide Vorgänge sind für die Diätetik von Interesse (tiefe pH-Werte im Chymus mindern die NH_3-Absorption; bakteriell fermentierbare Substanz fördert die N-Fixierung). Schließlich ist ein gewisser Teil des Proteins aus dem Futter überhaupt nicht verdaulich (weder durch körpereigene noch durch mikrobielle Proteasen abbaubar) und wird mit dem Kot ausgeschieden.

Das für Schw und Gefl etablierte System der Bewertung des Rp in FM in Form des pcvRp bzw. der pcvAS ist allerdings mit einem Nachteil verbunden, es erfordert tierexperimentelle Untersuchungen, die dann aber streng genommen nur für dieses eine FM in seiner aktuellen Qualität (Gewinnung/Bearbeitung/Interaktion) gelten. Eine Vorhersage/Schätzung auf der Basis reiner Laboruntersuchungen ist bislang noch nicht möglich.

Auch beim Pfd wurde jüngst die Proteinbewertung des Futters vom vRp auf das pc verdauliche Protein (pcvRp) umgestellt. Im Unterschied zu Schw und Gefl gibt es bisher jedoch keine entsprechend umfangreichen experimentellen Studien, in denen an fistulierten Tieren bzw. in Schlachtversuchen die Rp- oder AS-Verdaulichkeit im praecaecalen Bereich bestimmt wurde. Die Angaben zum pcvRp oder zu pcvAS in FM für Pfd wurden ganz anders, d.h. auf einem chemisch-analytischen Weg abgeleitet: Aus diversen Untersuchungen an FM für Wdk ist bekannt, dass das fasergebundene Rp durch kör-

pereigene Enzyme im Dünndarm so gut wie **nicht** abgebaut und verdaut wird bzw. nur das nicht-fasergebundene Rp als potenziell dünndarmverdaulich anzusehen ist. Nach dem CNCP-System entspricht die Fraktion des fasergebundenen Rp dem NDF-unlöslichen Rp. Also gilt:

$$NDS\text{-}Rp = Rp - NDI\text{-}Rp$$

(S steht für „soluble", löslich; I für „insoluble", unlöslich in Neutraler-Detergentien-Lösung)

Angaben zum NDI-Rp liegen zu FM für Wdk in großem Umfang vor; viele dieser FM (Grünfutter und -konserven, Getreide und -nebenprodukte) werden auch beim Pferd verwendet. Aus einigen grundlegenden Arbeiten zur pc Verdaulichkeit von NDS-Rp ergab sich eine vergleichsweise konstante pc Verdaulichkeit von ca. 90 %. Unter dieser Prämisse gilt:

$$pcvRp = 0{,}9 \times NDS\text{-}Rp$$

Somit können zu allen FM, für die Werte zum NDI-Rp vorliegen, auch entsprechende Angaben zum pcvRp gemacht werden.

Aus weiteren futtermittelkundlichen Arbeiten ist ferner bekannt, dass das AS-Muster des NDS-Rp und des NDI-Rp sich nicht wesentlich unterscheiden, sodass dann zur Kalkulation der pcvAS die pc Verdaulichkeit des Rp und das AS-Muster des Futter-Rp genutzt werden. Nur für freie AS (in FM oder als isolierte Zulage) wird eine pc Verdaulichkeit von generell 100 % unterstellt.

$$pcvAS = pcV \text{ des } Rp \text{ (\%)} \times AS\text{-Gehalt im Futter-Rp}$$

Für die Bewertung des NDS-Rp von/in Silagen ist noch eine „Korrektur" erforderlich: Der Ammoniak-N, der im Futter-Rp erfasst wird, ist bei der Kalkulation des NDS-Rp in Abzug zu bringen (es ist eben kein Protein, d.h. aus AS bestehend).

5.2 Proteinbewertung für Wdk

Das Rp im Futter kann zunächst einmal laboranalytisch differenziert werden in die Fraktionen Reinprotein und NPN, die – im Unterschied zu Monogastriern – beide zur N-Versorgung der Pansenflora beitragen können. Gerade in Grünfutter-Silagen stammt ein erheblicher Anteil des Rp aber nicht aus Protein, sondern liegt – bedingt durch proteolytische Prozesse während der Silierung – als Ammoniak vor, wie in **Tabelle I.5.5** deutlich wird.

Tab. I.5.5: **Rp-, Reinprotein- und NPN-Gehalte in Grünfutter und -konserven**

Angaben in g/kg TS	Gras	Heu	Grassilage
Rp-Gehalt (Gesamt)	225	139	178
Reinprotein	185	109	82
Nicht-Protein-N (NPN)	40	30	96

Besondere Erwähnung verdient hier, dass nur die Reinprotein-Fraktion überhaupt zur Futter-AS-Anflutung am Duodenum beitragen kann, nicht aber die NPN-Fraktion (kann allenfalls in Form von mikrobiell gebildeten AS einen Beitrag leisten). Ähnlich verhält es sich, wenn dem Futter (z. B. einer TMR) NPN-Verbindungen zugesetzt werden.

Bei einer Leistung von 10 l Milch/d können – je nach Abbaubarkeit des Futter-Rp (z. B. bei 75 %) – max. 25 % des Rp durch NPN ersetzt werden.

5.2.1 Ruminale Abbaubarkeit

Ohne die sehr komplexen Vorgänge im N-Stoffwechsel des Pansens schon behandeln zu müssen, ist leicht einsehbar, dass das Futter-Rp im Pansen mikrobiellen Abbau-Prozessen unterliegt, die sich in Umfang und Geschwindigkeit unterscheiden. Diese ruminale Abbaubarkeit wird dabei entweder *in vivo* (duodenal fistulierte Tiere) oder *in situ* (Nylon-bag Technik → FM wird *in sacco* dem ruminalen Abbau ausgesetzt) bestimmt. Hierbei ergeben sich – wie die Übersicht in **Tabelle I.5.6** zeigt – in der Abbaubarkeit unterschiedliche Kategorien.

Die Abbaurate der Futterproteine kann durch sekundäre Inhaltsstoffe (z. B. Tannine in Ackerbohnen und Erbsen), Hitzebehandlung (vgl. Frischgras und Trockengrün in obiger Tabelle; verschiedene technische Verfahren) oder eine chemische Behandlung des Proteins (mit 0,1–0,3 % Formaldehyd) deutlich reduziert werden (protected protein). Der Schutz von AS vor einem ruminalen Abbau erfolgt heute v. a. durch ein Coating (Polymer+Stearinsäure).

Tab. I.5.6: **Ruminale Abbaubarkeit des Rohproteins diverser Einzel-FM beim Wiederkäuer**

Ruminale Abbaubarkeit des Futter-Rp (in %)		
65 (55–75)	75 (65–85)	85 (75–95)
Trockengrün	Kartoffel	Frischgras
Sojaextraktionsschrot	Luzernesilage	Rotklee-Gras-Gemenge
Baumwollsaatschrot/-expeller	Futterrübe	Zuckerrübenblatt/-silage
Trockenschnitzel	Maissilage	Grassilage
Pressschnitzel	Kleesilage	Weizen-/Gerste-GPS
Biertreber	Erdnussschrot/-expeller	Wiesenheu
Tr. Schlempe, DDGS	Hefe	Ackerbohnen
Kokosschrot	Maiskeimschrot	Erbsen
Palmkernschrot	Sonnenblumenschrot/-expeller	Gerste (Korn)
Mais (Korn/Kleber)	Zitrustrester	Hafer (Korn)
Leinschrot/-kuchen		Roggen (Korn)
Maiskleberfutter		Weizen (Korn)
Rapsschrot/-kuchen		Sojaschalen

Im Pansen nicht abgebautes Futter-Rp wird als Durchflussprotein (oder auch UDP = undegraded/undegradable protein) bezeichnet, das als Teil des eigentlichen Futter-Rp am Duodenum anflutet. Das dem ruminalen Abbau entgangene Futter-Rp ist allerdings auch durch körpereigene Enzyme im Dünndarm nicht so effizient verdaulich, was bei der Rp-Versorgung des Tieres (und nicht nur der Flora!) zu berücksichtigen ist. Die Intention, allein über einen hohen UDP-Anteil die nRp-Anflutung am Duodenum zu fördern, ist somit nicht ohne Risiken, da das UDP, das dem mikrobiellen Abbau im Pansen entging, auch im Dünndarm nicht so effizient durch körpereigene Proteasen abgebaut wird. Somit muss eine höhere UDP-Menge am Duodenum nicht zwangsläufig die Proteinversorgung der Hochleistungskuh verbessern. Andererseits kann über die Auswahl bestimmter FM, eine besondere FM-Bearbeitung/-Behandlung oder auch „geschütztes" Protein die UDP-Anflutung am Duodenum und damit die Rp/AS-Versorgung sehr günstig beeinflusst werden. Es macht aber eben einen Unterschied, ob UDP aus Sojaschrot oder einem überständigen Heu stammt.

5.2.2 Ruminaler N-Stoffwechsel

Im Pansen wird aber nicht nur das Futter-Rp zu erheblichem Anteil **abgebaut**, sondern auch mikrobielles Protein **synthetisiert**. Das am Duodenum anflutende Protein (= nRp) stammt somit nur zu einem Teil (im Allgemeinen < 30 %) aus nicht in den Vormägen abgebauten Futter-Rp, zum größeren Teil ($\geq$ 70 %) aus dem im Pansen gebildeten mikrobiellen Protein.

Die Menge des vom Tier nutzbaren mikrobiellen Proteins hängt entscheidend von der Bereitstellung an fermentierbaren Kohlenhydraten (C-Gerüst) und – damit verbunden – dem Gehalt an umsetzbarer Energie ab; auch die **Synchronizität** von Rp- und KH-Abbau spielt hierbei eine Rolle.

Die Herkunft des nutzbaren Proteins am Duodenum (mikrobielles Protein + UDP + endogenes Protein) ist in der **Abbildung I.5.1** dargestellt.

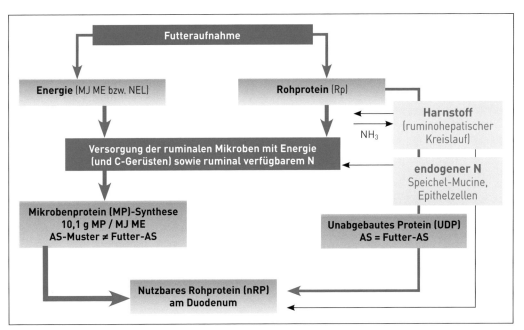

Abb. I.5.1: Der ruminale Stoffwechsel und die Anflutung von nutzbarem Rohprotein am Duodenum.

Allgemein ist mit einer Synthese von ca. 10 g mikrobiellem Protein/MJ ME bzw. von ca. 16,6 g mikrobiellem Protein/1 MJ NEL zu rechnen.

Die ruminale mikrobielle Proteinsynthese ist dennoch – auch bei bzw. trotz ausreichender Energieversorgung der Pansenflora – aus mehreren Gründen limitiert: Einerseits setzen der Fermentationsraum und die Aufenthaltsdauer des Futters im Pansen (diese sinkt bei zunehmender Futteraufnahme), andererseits die für die „Biomasse"-Bildung erforderliche Zeit entsprechende Grenzen, sodass dann andere Konzepte nötig sind, um eine entsprechende Masse an nRp am Duodenum zu erreichen (mehr Bypass-Protein, spezifische AS-Ergänzung in „geschützter Form"). Festzuhalten bleibt, dass der nRp-Wert eines FM – obwohl so in Futterwerttabellen gebraucht – keine Konstante, sondern eine Variable darstellt, die u. a. dem Einfluss der Passagerate sowie den allgemeinen Bedingungen für die mikrobielle Synthese (z. B. m. o. w. synchrone/asynchrone N- und Energieverfügbarkeit für die Flora) unterliegt.

5.2.3 Ruminale N-Bilanz

Aus den obigen Ausführungen zu den parallelen Vorgängen von Rp-Abbau und Rp-Synthese ergibt sich die Möglichkeit einer Bilanzierung von Eintrag (mit dem Futter) und Austrag (Anflutung am Duodenum). Die ruminale N-Bilanz (RNB) ist also zunächst einmal nichts Anderes als:

$$RNB = \frac{Rp - nRp}{6,25} \text{ (alle Angaben in Gramm)}$$

Dieser RNB-Wert wird insbesondere in der Planung von Rationen für Wdk genutzt, ist in Futterwert-Tabellen aber auch eine FM-typische Kenngröße, die Informationen bzw. Einschätzungen zu folgendem Faktoren bietet/ermöglicht:

- Charakterisierung eines FM hinsichtlich seiner Relation von Energie- und N-Lieferung
- Ausgeglichenheit von Energie- und N-Angebot im Pansenstoffwechsel bei Kalkulation der Ration insgesamt
- Stoffwechselbelastung durch einen unnötigen N-Überschuss

Der RNB-Wert kann sowohl negativ als auch positiv sein (Harnstoff: hoher RNB-Wert, aber ohne Energiezufuhr kann kein nRp gebildet werden; umgekehrter Fall z. B. bei reiner Stärke: mangels N keine nRp-Bildung) und soll für die Gesamtration einen Wert zwischen 0 und max. + 50 g erreichen;

Positive RNB: Rp > nRp
(z. B. Sojaextraktionsschrot: 28 g RNB/kg uS)

Negative RNB: Rp < nRp
(z. B. Maiskörner: – 8 g RNB/kg uS)

Die RNB charakterisiert also den Beitrag eines FM zur Rp-Anflutung am Duodenum (über die „Energie- und/oder N-Bereitstellung" für die Pansenflora); die RNB dient aber insbesondere im Rahmen der Rationsplanung der Optimierung der ruminalen Proteinsynthese sowie der Vermeidung belastender N-Überschüsse (NH_3). Wdk können auch direkt über das Futter zugeführte NPN-Quellen (Nicht-Protein-N) unter der Voraussetzung verwerten, dass der N-Bedarf der Mikroben nicht bereits aus dem NH_3 des abgebauten Rp des übrigen Futters gedeckt ist. Ferner gelangt im Intermediärstoffwechsel gebildeter Harnstoff über den Speichel in die Vormägen (ruminohepatischer Kreislauf). Ein hoher Verwertungsgrad des NPN setzt folglich einen geringen Rp-Gehalt pro Energieeinheit voraus (z. B. Rd-Mast mit Maissilage ab 300 kg KM). Bei Milchrindern sind NPN-Zusätze aufgrund der höheren Rp-Gehalte pro Energieeinheit bei steigenden Leistungen nur bedingt sinnvoll. Gewisse NPN-Zulagen erfolgen heute auch evtl. unter dem Aspekt der angestrebten Synchronizität. Harnstoff (45 % N) wird im Pansen schnell hydrolysiert. Auch nach Adaptation ist eine täglich mehrmalige Fütterung angezeigt. Eine Erhöhung der NH_3-Konzentration im Pansensaft über 60–80 mg NH_3-N/l (= optimal) führt via Harnstoffbildung evtl. zur Belastung der Leber, ihre Überlastung zu erhöhtem NH_3-Blutspiegel und damit evtl. zu akuten Intoxikationen.

5.3 AS-Bedarf und -Bedarfs-deckung

Der AS-Bedarf für die Erhaltung resultiert hauptsächlich aus Geweben mit einer hohen Regenerationsrate (z. B. Darmwand, Darman-hangsdrüsen wie Pankreas), während der AS-Bedarf für die Leistung (Ansatz) aus Gewebe herrührt, das einen geringeren Turnover zeigt. Vor diesem Hintergrund ist es verständlich, dass sich die notwendigen AS-Muster für die Erhaltung und die Leistung teils erheblich unterscheiden (**Tab. I.5.7**).

Während man in der Vergangenheit die AS-Versorgung sehr einseitig dem Prozess des Protein**ansatzes** zuordnete (was auch weiterhin gültig ist), legen neuere Untersuchungen nahe, dass durch die Zufuhr bestimmter AS auch der Protein**abbau** tangiert ist. So hat z. B. Leucin spezifische Wirkungen auf proteinanabole Vorgänge (im Sinne einer Stimulation), gleichzeitig evtl. auch inhibierende Effekte, was den Proteinabbau angeht. Die AS haben daher also nicht nur ihre Bedeutung als konstitutive Elemente des Ansatzes, sondern auch als regulativ wirksame Substanzen im Protein-Turnover.

Die Bestimmung des AS-Bedarfs erfolgt nach dem Dosis-Wirkungs-Prinzip. Einer Grunddiät, in der die zu prüfende AS im Mangel vorliegt (die übrigen Komponenten werden bedarfsdeckend und möglichst konstant gehalten), wird die entsprechende AS schrittweise zugesetzt. Es wird dann die Wirkung der AS-Zufuhr auf eine bestimmte Leistung geprüft. Als bedarfsdeckend wird die Menge der jeweiligen AS angesehen, bei der die höchste Leistung erzielt wird. Bei wachsenden Tieren werden in der Regel die KM-Zunahme oder auch N-Bilanz als Leistungskri-

terien herangezogen. Die meisten Untersuchungen gibt es diesbezüglich bei Schw, Gefl und Fischen, insbesondere für die erstlimitierenden AS. Bei der MF-Rezeptur und Rationsgestaltung wird neben der Deckung eines „Proteinbedarfes" auch die bedarfsdeckende Zufuhr an den erstlimitierenden AS (meist Lys, Met/Cys, Thr und Trp) berücksichtigt. Eine bedarfsdeckende AS-Zufuhr kann durch Kombination geeigneter Proteinträger und durch Einsatz synthetischer AS erreicht werden.

Bei maissilagereichen und getreidebetonten Milchviehrationen dürfte Met (im nRp, nicht im Futter) die erstlimitierende, Lys die zweitlimitierende AS sein, während bei grassilagereichen Rationen Histidin als weitere leistungslimitierende AS hinzukommt.

Um eine genau dem Bedarf angepasste Zufuhr an AS zu erreichen, werden bei der MF-Herstellung einzelne AS gezielt supplementiert, um ein optimales **AS-Muster** im MF zu erlangen (**Abb. I.5.2**). Die zugesetzten AS gehören futtermittelrechtlich (EG-VO 1831/2003, Anhang I) zu den Futterzusatzstoffen. Dabei erfolgt der Zusatz von AS primär in Form der L-AS, nur für Met kann auch eine Ergänzung in der DL-Form erfolgen (einige D-AS sind evtl. toxisch).

Weichen im Nahrungsprotein die relativen Anteile der einzelnen AS zueinander vom „AS-Bedarfsmuster" ab, führt dies in jedem Falle zu einer reduzierten AS- und Proteinverwertung, und zwar unabhängig davon, ob diese im Mangel oder im Überschuss vorliegen. Ist diese Diskrepanz so stark, dass Futteraufnahme und Wachstum gemindert werden, spricht man von **AS-Imbalanzen**. Treten negative Effekte bei Überdosierung einzelner AS auf, die **nicht** mit

Tab. I.5.7: **Angestrebte/ideale Relationen von AS im Protein für die Erhaltung bzw. Leistung (Wachstum) bei Schwein und Pferd**

	Lys	Met	Met + Cys	Thr	Trp	Leu	Val
Erhaltung	100	32	147	139	29	71	53
Wachstum	100	28	53	69	18	115	77

einer reduzierten Futteraufnahme erklärt werden können, spricht man von **AS-Toxizität**. Solche Effekte sind besonders bei Überdosierung von Met und Lys-HCl beobachtet worden.

Einzelne AS haben auch in der Diätetik eine besondere Bedeutung (z. B. S-Aminosäuren wie Cys, Met: Beeinflussung des Harn-pH-Wertes infolge intermediär acidierender Effekte).

❗ Eine dem Bedarf der Tiere exakt angepasste Zufuhr der einzelnen AS bei gleichzeitig möglichst niedrigem Rp-Gehalt im MF bzw. der Ration ermöglicht eine wesentliche Reduzierung der N-Ausscheidung bei gleicher Leistung der Tiere. In Regionen mit intensiver Nutztierhaltung/hoher Viehdichte ist dies ein wesentlicher Aspekt zur Entlastung der Umwelt von Emissionen aus der Tierproduktion. ✿

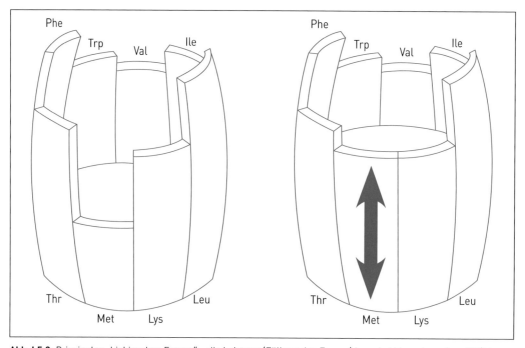

Abb. I.5.2: Prinzip des „Liebigschen Fasses" – die Leistung (Füllung des Fasses) kann bei Mangel an einer AS (hier z. B. Met) durch isolierte Zulage der erstlimitierenden AS erheblich gesteigert werden.

6 Ver- und Bearbeitung von Einzel-/Misch-FM

Ziele der FM-Ver- und Bearbeitung sind u. a. eine günstige Beeinflussung der Mischbarkeit, Verdaulichkeit, Akzeptanz und Verträglichkeit, eine Hygienisierung und Gewährleistung der Lagerstabilität sowie der Erhalt der Fließ- und Rieselfähigkeit. Dabei werden FM vom Anbau bis zur Verfütterung verschiedenen Verfahren unterzogen, die von einer Reinigung des geernteten Materials bis zur Bearbeitung in Form mechanischer (Mischen, Pelletieren), thermischer (Erhitzen, Extrudieren, Autoklavieren) und/oder chemischer Verfahren (Aufschluss mit NaOH, Coaten) reichen.

Im Folgenden soll auf diverse Verfahren näher eingegangen werden.

6.1 Reinigen

Eine Reinigung von FM ist v. a. bei Wurzeln und Knollen (anhaftende Erde!) sowie bei Getreidekörnern üblich. Damit sollen unerwünschte Anhaftungen und Beimengungen wie Erde, Stroh, Spreu, Unkrautsamen u. ä. entfernt werden.

Gut gereinigtes Futtergetreide hat einen höheren Futterwert, ist weniger mit Keimen und mikrobiell gebildeten Toxinen belastet und besitzt eine bessere Lagerfähigkeit, Verträglichkeit und Akzeptanz.

Die Reinigung erfolgt durch eine Kombination von Siebung (Abtrennung von Stroh, Spreu und Staub), Auslesung nach Kornlängen (mittels Trieur) und Behandlung im Luftstrom (durch Windsichter, Separatoren u. Ä.).

Der Reinigungseffekt im Mähdrescher ist u. a. abhängig vom TS-Gehalt des Erntegutes. Die Reinigung muss ggf. nach der Trocknung wiederholt werden. Getreide-Reinigungsabfälle haben nur einen geringen Futterwert (hohe Rfa- und Aschegehalte) und sind vor allem aus hygienischer Sicht problematisch (evtl. hoher Besatz mit Mikroorganismen und Mykotoxinen).

Bei der weiteren Bearbeitung von FM sind mechanische, thermische und hydrothermische Verfahren (ohne bzw. mit Anwendung von Druck) bzw. Kombinationen zu unterscheiden (**Tab. I.6.1**).

Tab. I.6.1: **Behandlungsprinzipien in der FM-Verarbeitung (ohne Separationsverfahren)**

Mechanisch	Thermisch	Hydrothermisch	Hydrothermisch/Mechanisch
Schroten	Toasten	Konditionieren	Pelletieren
Quetschen	Mikronisieren	Hydrolysieren[2]	Expandieren
Walzen	JetSploding[1]	APC-System[3]	Extrudieren
Bröseln	Popping	Dämpfen	Brikettieren
Entspelzen/Schälen	Autoklavieren	Pasteurisieren	Flocken[4]

[1] Trockene Erhitzung im Bereich von ca. 140 °C; [2] Behandlung zur Verringerung der Molekülgröße mit Wasser und Enzymen bzw. Säuren/Alkalien (als nicht zwingend mit Eintrag von Energie); [3] APC = anaerobisches Pasteurisier-Konditionier-System; [4] Walzen unter Dampfbehandlung.

In den folgenden Kapiteln werden die verschiedenen Techniken kurz charakterisiert.

6.2 Zerkleinern

Grünfutter und Raufutter werden zum Teil zerkleinert (gehäckselt), um den Transport besser mechanisieren zu können, die Silierung zu erleichtern und/oder die Futteraufnahme zu fördern (geringere „Einverleibungsarbeit"). Grünfutter wird vor oder nach der Trocknung gehäckselt (z. B. Luzerne) oder auch gemahlen (Grünmehle) und evtl. pelletiert, um dieses FM mischfähig zu machen bzw. Lagerraum einzusparen.

Hackfrüchte:
- Schnitzeln (für Wdk) → Erleichterung der Futteraufnahme
- Musen (für Schw) → Zerkleinerung wasserreicher FM bis zur breiigen Konsistenz (z. B. Kartoffeln, Rüben, Maissilage u. ä. Komponenten)

FM tierischer Herkunft: Zerkleinerung durch Kochen und Mahlen vor bzw. nach der Trocknung; Zweck: s. Körnerfrüchte.

Körnerfrüchte: Zerkleinern, um Aufnahme und Verdaulichkeit zu verbessern sowie Mischfähigkeit zu erreichen; gerade für die Stärke-Verdaulichkeit von Mais (große Stärkegranula) sowie für eine hohe Rp-Verdaulichkeit bei Leguminosen (Soja-, Ackerbohnen, Erbsen) ist eine intensivere Zerkleinerung (feinere Schrote) günstig. Verschiedene Zerkleinerungsmethoden:
- Quetschen → Samenschale wird geöffnet
- Walzen → Samenschale wird geöffnet, Mehlkörper tritt aus
- Schroten → Zerkleinerung der Körner in Einzelstücke

Schrot = zerkleinerte Körner (nicht mit Mehl zu verwechseln; Mehl ist Teilprodukt des Kornes, d. h. besteht – im Unterschied zum Schrot – fast nur aus dem Endosperm).

Zerkleinerungsgrad (Verteilung von Partikelgrößen) ist für das Staubungsverhalten und die Mischstabilität (Gefahr der Entmischung) sowie für die Akzeptanz und Verträglichkeit (s. Magenulzera bei Schw infolge zu intensiver Vermahlung) von Bedeutung. Auch die pc Verdaulichkeit von Stärke, die Abbaugeschwindigkeit im Pansen bzw. auch im Dünndarm sowie die postileal anflutende Nährstoffmenge (insbesondere Stärke) sind von der Zerkleinerungsintensität abhängig.

Die Überprüfung des Zerkleinerungsgrades bzw. der Partikelgröße in Schroten, bzw. schrotförmigen oder auch pelletierten MF (nur nach Suspendierung in definierter Wassermenge) ist mittels der Siebfraktionierung möglich. In Deutschland basiert die Überprüfung der Partikelgrößen-Verteilung auf den Vorschriften der Deutschen Industrie-Norm DIN 66165. Allerdings eignet sich diese Methode ausschließlich für eine **„Trockene Siebanalyse"**, d. h. diese ist nur für schrotförmige Futtermittel anwendbar. Da ein großer Teil der MF in der Schweinefütterung jedoch kompaktiert ist, wurde die sogenannte **„Nasse Siebanalyse"** etabliert, bei der das Futter (in pelletierter oder gebröselter Form) zunächst mit Wasser versetzt und dann über einen Siebturm gegeben wird. Dabei ist die Anzahl bzw. die Maschenweite der Siebe in Ermangelung einer einheitlichen amtlichen Methode häufig unterschiedlich und erlaubt keinen direkten Vergleich von Untersuchungsergebnissen verschiedener Einrichtungen.

Nach vorgenommener Siebanalyse erfolgt seit Jahrzehnten die Darstellung der Ergebnisse (Massen auf den entsprechenden Sieben) in tabellarischer oder graphischer Form, wobei eine jede Partikelgrößenfraktion mit dem ihr eigenen Anteil (% der Gesamt-TS) berücksichtigt wird (**Abb. I.6.1**). Auch in Form einer „mittleren Partikelgröße" (GMD) kann das Ergebnis der Siebanalyse zusammengefasst werden (s. folgende Seite).

Wegen der klinischen Bedeutung einer zu feinen Vermahlung ist eine Einschätzung von Vermahlungsgrad/Partikelgröße/Struktur im MF für

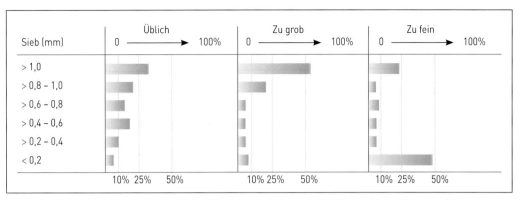

Abb. I.6.1: Verteilung der Partikelgrößen im MF für Schweine mit unterschiedlichem Vermahlungsgrad.

6

Tab.: **I.6.2: Einschätzung von Vermahlungsgrad/Partikelgröße/Struktur im MF für Schweine**

Partikelgröße (mm)	Art der Siebfraktionierung			
	trocken		„nass"	
	üblich	fein/zu fein	üblich	fein/zu fein
> 1	> 15–20	≤ 5	> 15–20	≤ 5
< 0,2	< 20	≥ 40	< 35	> 50

Schweine erforderlich; hierzu gibt **Tabelle I.6.2** Orientierungswerte (Angaben in der Tabelle: Massenprozente).

Eine derartige Darstellung bietet je nach Zahl der Siebe zwar eine leicht umsetzbare Charakterisierung der im Futter vorliegenden Verteilung von Partikelgrößen, ist aber mit einem entscheidenden Nachteil verbunden, nämlich einer Vielzahl von Werten (entsprechend der Zahl von Sieben). Für einen Vergleich zwischen zwei Futtermitteln wäre es sehr viel einfacher, wenn die gewünschte nähere Charakterisierung mit nur einem einzigen Wert möglich würde.

Hierfür in Betracht kommt der GMD (Geometrischer Mittlerer Durchmesser), bei dem die Maschenweite eines jeden Siebes in logarithmierter Form in die Berechnung eingeht. Nach ersten Erfahrungen mit der Anwendung des GMD zur Charakterisierung der Partikelgrößenverteilung in MF im Vergleich zu anderen Möglichkeiten empfiehlt sich der GMD insbe-

sondere dann, wenn auffällig ungleiche Verteilungen von Partikelgrößen im Mischfutter vorliegen (= prinzipieller Vorteil des geometrischen Mittels!)

Anhand erster Auswertungen zum GMD sollten zur Vermeidung von Magenulzera GMD-Werte von 550 µm nicht unterschritten werden. Eine bewusst gröbere Vermahlung/Struktur im FM ist beim Schw zudem geeignet, die Salmonellen-Prävalenz zu senken (Förderung der Barriere-Funktion des Magens durch intensive Acidierung; forcierter Stärkeeinstrom in den Dickdarm → höhere Propion- und Buttersäuregehalte → geringere Invasionskapazität der Salmonellen). Hierbei ist der Verzicht auf eine Pelletierung des MF vorteilhaft. Nicht-pelletierte/gebröselte MF aus nur grob vermahlenen Komponenten neigen allerdings besonders zur Entmischung.

6.3 Erhitzen (ohne Druck)

Zur Förderung der Verdaulichkeit (Stärkeaufschluss), evtl. zur Keimzahlreduktion bzw. Inaktivierung von antinutritiven bzw. thermolabilen unerwünschten Stoffen.

Hackfrüchte: Dämpfen (z. B. Kartoffeln für Schw und Flfr)

Körnerfrüchte:
- Puffen (Popping) → rasche Erhitzung **ohne** Wasserzusatz (z. B. Milokorn, Mais)
- Mikronisieren → Hitzebehandlung bei 150 °C im Infrarotofen
- Dampfflockung → dämpfen und walzen
- Toasten → Erhitzen mit trockener Hitze, u. a. zur Inaktivierung von Trypsininhibitoren

FM tierischer Herkunft: Erhitzen bei 133 °C, 3 bar über mind. 20 min zur Elimination pathogener Keime einschl. der Sporenbildner; später können die FM jedoch wieder mit Keimen kontaminiert werden.

6.4 Sterilisieren

Zur Herstellung von Dosenfutter für Hd und Ktz sowie von MF für Gnotobioten (keimfreie Tiere für Versuchszwecke bzw. zum Aufbau von Populationen ohne bestimmte Erreger); folgende Möglichkeiten:
- Autoklavieren (thermische Sterilisierung in gasdicht verschließbarem Druckbehälter)
- Behandlung mit Gammastrahlen

6.5 Mischen

Ziel: Herstellung homogener und stabiler Mischungen aus FM und/oder Futterzusatzstoffen. Notwendiger Homogenitätsgrad wird von der pro Tag bzw. pro Fütterung aufgenommenen Futtermenge und der Wirkungsart der Mikrokomponenten bestimmt.

Mischgenauigkeit ist abhängig von: Komponenteneigenschaften der FM wie Korngröße, Dichte, spezifische Haftkräfte sowie Art und Funktion der Mischeinrichtungen.

Je ähnlicher die Korngrößenkennlinien und andere Eigenschaften wie Dichte, Haftkräfte etc., desto größer die Homogenität der Futtermischung und ihre Stabilität.

Vormischungen werden für Mikrokomponenten (z. B. bestimmte Zusatzstoffe) notwendig, sofern weniger als 2 kg/t eingemischt werden.

Trägersubstanzen der Vormischungen sind in Abhängigkeit von den Eigenschaften der Mikrokomponenten auszuwählen. Für viele Zwecke haben sich Weizenfuttermehl oder Weizengrießkleie als geeignet erwiesen.

Insbesondere birgt der Mischprozess Risiken für eine **Verschleppung** (= unbeabsichtigte Kontamination des nachfolgenden Mischfutters); im Mischer verbleibende „Reste" (z. B. an Wandungen haftende Partikel) können in die nachfolgend produzierte MF-Charge gelangen. Eine „verschleppungsfreie" MF-Produktion ist ein grundsätzliches Erfordernis für die FM-Sicherheit. Die Verschleppungsneigung ist dabei m. o. w. anlagentypisch, aber auch abhängig von Art, Beschaffenheit und Verhalten der Nähr- und Zusatzstoffe. Hierbei gibt es einen grundsätzlichen Zielkonflikt: Für die möglichst homogene und stabile Mischung ist eine feinstpartikuläre Konfektionierung der Zusatzstoffe von Vorteil, gerade diese erhöht jedoch die Verschleppungsneigung.

6.6 Pelletieren

Das Pelletieren ist prinzipiell ein hydrothermisches Verfahren (Zusatz von Wasserdampf und Einwirkung höherer Temperaturen), bei dem das MF unter Druck durch Matrizen gepresst wird und der Widerstand (Reibung) zu einem Temperaturanstieg im Gut führt. Durch eine Konditionierung (Zugabe von Wasserdampf) **vor** der Pelletierung wird eine gewisse Plastizität des m. o. w. angefeuchteten Materialstroms erreicht und sein Widerstand im Pelletiervorgang vermindert. Wegen der höheren Temperaturen (während der Konditionierung und/oder Pelletierung) kann es erforderlich werden, bestimmte temperaturempfindliche Zusatzstoffe erst **nach** der Pelletierung auf das MF zu bringen, was dann üblicherweise mittels Aufsprühen (setzt Flüssigformulierungen bei den Zusatzstoffen voraus) erfolgt (*post pelleting application*). Die gezielte Nutzung höherer Temperaturen zur Elimination von Zoonose-Erregern während der MF-Herstellung erfordert also sekundär besondere Techniken in der Verabreichung bestimmter Zusatzstoffe.

Durch das **Pelletieren** wird das Volumen (Schüttgewicht ↑) reduziert, die Staubentwicklung minimiert, die Fließfähigkeit verbessert, die Entmischung verhindert, die Keimzahl reduziert sowie ein Aufschlusseffekt (Stärke → Gelatinisierung) erzielt. Die Oberflächenreduzierung senkt das Risiko für einen mikrobiellen Verderb.

Pressen von FM zu Pellets nach Konditionierung (Einleitung von Wasserdampf), hierbei entstehen Temperaturen von 60–80 °C (Anlagen- und Durchsatzabhängigkeit). Die bei der Pelletierung entstehenden Temperaturen können zu Einbußen in der Wirksamkeit zugesetzter Enzyme, Probiotika und bestimmter Vitamine führen.

Pressen der zerkleinerten FM durch Ring- oder Scheibenmatrizen, Pelletdurchmesser: 2–12 mm.

„Crumbles" (**„gebröseltes Futter"**) = Granulat: Pellets werden wieder gebrochen, insbes. für Gefl → längere Beschäftigung mit der Futteraufnahme, evtl. auch für Schw, wenn eine gröbere Vermahlung keine ausreichende Pelletstabilität zulässt, evtl. auch Vorteil für Ergänzungs-FM, die in Kombination zu ganzem bzw. grob geschrotetem Getreide verwendet werden. In der Flüssigfütterung (Schw) werden pelletierte MF (oder auch Brösel) besonders geschätzt, weil diese zu einer stabileren Suspension führen und somit die Separation von Wasser/Molke einerseits und Trockenfutter andererseits vermieden wird.

Mit jeder Pelletierung ist eine m. o. w. intensive **Nachzerkleinerung** verbunden, d. h. im Vergleich zum Schrot **vor** der Pelletierung ist die Partikelgrößenverteilung im Pellet verändert (weniger grobe und dafür mehr feinere Partikel).

6.7   Extrudieren, Expandieren

Expandieren und Extrudieren sind besonders aufwendige hydrothermische Verfahren, die für Einzel-FM oder auch für MF (insgesamt) zur Anwendung kommen, insbesondere für die Jungtierfütterung oder auch im Bereich der Heimtierfutterproduktion. Dabei kann der Prozess der Formgebung integriert sein, häufig erfolgt dieser jedoch mit einer nachgeschalteten Pelletierung (ist aber nicht zwingend, s. „Kronenexpandat"/„Ringspaltextrudate").

Unter Anwendung von Druck, Temperatur und Scherkräften sowie Zusatz von Wasserdampf werden Komponenten gemischt, aufgeschlossen und durch eine bestimmte Düse zur entsprechenden Formgebung gepresst; es entsteht ein Extrudat, das in seiner Form sehr variabel gestaltet werden kann (z. B. zylindrische bis zu herz- oder ringförmige Konfektionierungen).

Neben den Möglichkeiten einer Produktdifferenzierung (Mischfutter für den Heimtiersektor!) liegt ein Vorteil derartiger (leider sehr energieaufwendiger) Verfahren in der Hygienisierung des Produkts (Keimelimination, evtl. Inaktivierung bestimmter Mykotoxine). Beim Expandieren sind die Temperaturen mit 100–130 °C niedriger als in der Extrusionstechnik (110–160 °C). Es ist zu berücksichtigen, dass es bei Anwendung dieser hydrothermischen Verfahren zu einem Stärkeaufschluss kommt, aber einige Futterzusatzstoffe (z. B. Vitamine, Enzyme und Probiotika) ganz oder teilweise inaktiviert werden können.

6.8   Brikettieren

Pressen von gehäckseltem Raufutter (evtl. mit Zusatz anderer Komponenten):

- Cobs: Ø 16–25 mm, mittlere Partikellänge 15–25 mm
- Brikets: Ø 70 mm, mittlere Partikellänge 20–30 mm

Eine Übersicht zur Mischfutterherstellung auf dem landwirtschaftlichen Betrieb gibt die **Abbildung I.6.2**.

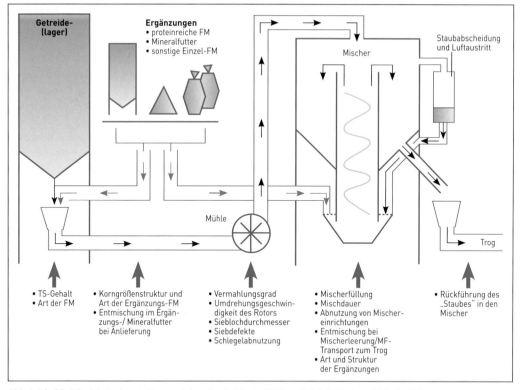

Abb. I.6.2: Die Mischfutterherstellung auf dem landwirtschaftlichen Betrieb: Futtermittel, Einrichtungen und Einflüsse auf die Mischfutterqualität (Homogenität, Partikelgröße, Risiken).

6.9 Aufschließen

Der hydrolytische/enzymatische Aufschluss bestimmter proteinliefernder Komponenten hat unter weiteren Aspekten eine besondere Bedeutung: Zum Einen kann so eine erforderliche Löslichkeit des Proteins/von AS erreicht werden, was beispielsweise bei der Nutzung pflanzlicher Proteinträger (Soja-/Klebereiweiß) in der MAT-Herstellung (kommen als Tränken zum Einsatz) von Vorteil ist. Zum Anderen kann durch einen derartigen Aufschluss die Integrität bestimmter Proteine merklich reduziert werden, was bei der Herstellung „hypoallergener" Diät-FM oder auch generell für die Jungtierfütterung (Sojaeiweiß!) Interesse und Verbreitung gefunden hat. Schließlich ist in diesem Zusammenhang die „gezielte Flüssigfutterfermentation" zu erwähnen, bei der über einen bestimmten Zeitraum (z. B. zwischen zwei Fütterungen/Mahlzei-

ten) im flüssigen Milieu futtermitteleigene bzw. zugesetzte oder auch mikrobiell in der Fermentation gebildete Enzyme ihre Wirkung entfalten, sodass z. B. die Verdaulichkeit diverser Nährstoffe (nicht nur von Phytin-P) gefördert wird. Bei einigen FM kann durch besondere Behandlungsverfahren (Aufschluss) die Verdaulichkeit verbessert werden (**Tab. I.6.3**).

Rohe Stärke (z. B. aus Kartoffeln/Getreide): Behandlung mit feuchter Wärme; der Aufschlussgrad der Stärke wird u. a. enzymatisch bestimmt, der Zusatz von Amyloglucosidase führt in bestimmter Zeit zu einer Freisetzung von Glucose (→ hoher Aufschlussgrad, kurzfristig große Glucose-Freisetzung), was z. B. in der Fütterung von Jungtieren (begrenzte Amylaseaktivität) von Interesse ist.

Tab. I.6.3: **Effekte des Aufschluss auf die Verdaulichkeit und den Energiegehalt von Stroh**

Parameter	Verdaulichkeit der oS (%)		Energiegehalt (MJ/kg)	
Aufschluss	ohne	mit	ohne	mit
Wdk	40–50	50–65	3,2–3,4	3,7 (NEL)
Pfd	30–40	45–50	5,4	6,9 (ME)

Stroh: Durch Behandlung mit Alkalien gelingt eine Lockerung der Zellulose-/Lignin-Bindungen. Damit werden die Bedingungen für den mikrobiellen Zelluloseabbau verbessert.

Chemischer Aufschluss:

- mit **Natronlauge** in mobilen oder stationären Strohaufbereitungsanlagen
- mit **trockenem Ätznatron** (5 kg/100 kg Stroh)
- mit **gasförmigem Ammoniak** (auch Ammoniakwasser oder – falls Ureasen vorhanden – Harnstoff), Begasung der mit Folien (0,1–0,2 mm Stärke) abgedeckten Strohballenstapel (3 kg/100 kg Stroh). Aufschlusszeit: 60 Tage; Strohstapel anschließend gründlich lüften; N-Gehalt im Stroh erhöht.

Hydrolyse: Behandlung von z. B. Federmehl im Autoklaven mit gesättigtem Wasserdampf und hohem Druck (2 kg/cm^2) oder mit NaOH; Sprengung der Disulfid- und Wasserstoffbrücken des Keratins, teilweise Zerstörung von Cystin. Die Verdaulichkeit des im nativen Zustand unverdaulichen Materials wird auf 50–70 % angehoben.

Enzymatischer Aufschluss: Dem Futter werden Enzyme zugesetzt, die schon **vor der Aufnahme durch das Tier** ihre Wirkung entfalten sollen. Beispielhaft können hier die „extrakorporale Verdauung" von Feuchtfutter bei pankreasinsuf-

fizienten Tieren oder auch der Zusatz von zellwandspaltenden Enzymen zum Siliergut genannt werden. Mit einer gewissen Lysis der Zellwand-Polysaccharide sollen nicht zuletzt die Silierbedingungen wie auch die Verdaulichkeit der Silage gefördert werden. Auch die Phytase kann beispielsweise im Flüssigfutter (für Schw) auch schon vor dessen Aufnahme durch das Tier ihre Wirkung (P-Freisetzung aus Phytin) entfalten.

Der Zusatz von Enzymen zum Futter zielt aber evtl. auch auf **Wirkungen im Tier** (Chymusviskosität) oder entsprechende Konsequenzen für die Qualität des Kotes bzw. der Exkremente (s. **Abb. III.1.2**).

6.10 Coaten

Ummantelung von Substanzen, Partikeln bzw. Komponenten mit einer Schicht (z. B. Gelatine, bestimmten Fetten, behandeltem Protein) zur Kaschierung bestimmter stofflicher Eigenschaften (Geruch, Geschmack, Korrosivität), zum Schutz vor oxidativen Einflüssen (z. B. Vitamin A), zur Reduktion des ruminalen/gastralen Abbaus (z. B. Fette bei Wdk, Enzyme bei Monogastriern) bzw. für eine protrahierte bzw. weiter distal im Verdauungstrakt beginnende Freisetzung der Substanz.

7 Konservierung

Die Konservierung von FM dient in erster Linie dem Erhalt des Futterwerts, d. h. der Vermeidung von Energie- und Nährstoffverlusten (u. a. durch den Verderb) nach der Gewinnung des FM. Des Weiteren schafft erst die Konservierung die Voraussetzung für eine vom Termin der Gewinnung unabhängige Verwendung der FM (z. B. ganzjähriger Einsatz von Grundfutter, Getreide oder auch Nebenprodukten, obwohl die Ernte bzw. Produktion nur saisonweise erfolgt). Schließlich ermöglicht erst die Konservierung eine Ernte zum optimalen Zeitpunkt, wenn im Erntegut die angestrebten Energie- und Nährstoffgehalte erreicht sind, d. h. sie schafft eine gewisse Unabhängigkeit von Witterungsbedingungen, die sowohl die Ernte selbst als auch die Verwendung als FM betreffen/beeinträchtigen können. Verschiedene Verfahren der Konservierung (z. B. Silierung) bestimmen auch schon die Lagerung des FM bis zu seinem Verbrauch (z. B. Silage im Fahrsilo unter anaeroben Bedingungen, d. h. unter Folie bis zur Fütterung).

Folgende Prinzipien werden angewendet:

- Trocknen
- Säuern
- Zusatz von Konservierungsmitteln
- Konservierende Atmosphäre
- Tiefe Temperaturen bzw. Kühlen
- Sterilisieren

7.1 Trocknen

Häufiges Konservierungsverfahren; durch Wasserentzug (bedeutet insbesondere Rückgang des freien Wassers, d. h. des a_w-Wertes) werden die Lebensbedingungen für Vorratsschädlinge und Mikroorganismen eingeschränkt.

Grünfutter: s. Heugewinnung Kap. II.2.1.

Getreidekörner: Nachtrocknen nach Mähdrusch durch Warm- oder Kaltluft.

Sonstige FM:

- Pflanzlicher Herkunft: Trocknung an der Luft (in Abhängigkeit von der Luftfeuchte) oder Anwendung von Heißluft (z. B. Grünmehlherstellung).
- Tierischer Herkunft: Sprüh- oder Walzentrocknung (z. B. Magermilchpulver); direkte oder indirekte (schonender!) Wärmeeinwirkung (z. B. Schlachtnebenprodukte). Bei direkter Wärmeeinwirkung sind nicht zuletzt Hitzeschäden am Protein (VQ ↓) möglich.

MF für Heimtiere/Flfr: Extrusion einer Mischung aus unterschiedlich feuchten Komponenten und Rohwaren, danach Trocknung mit Kalt- oder Warmluft.

Bei einer Trocknung unter direkter Einwirkung von Verbrennungsgasen sind Veränderungen am FM (sensorischer Art), aber auch Kontaminationen möglich (Eintrag von Schwefel, im Einzelfall sogar von Dioxinen), was u. a. die Zulassungspflicht von Trocknungsbetrieben erklärt.

7.2 Säuern

Senkung des pH-Wertes (ohne Zusatz von Säure) und Schaffung anaerober Bedingungen (Kohlensäure- bzw. Milchsäurebildung), dadurch Hemmung des Wachstums von Verderbniserregern.

Grünfutter: Silierung/Silagebereitung (s. **Tab. IV.1.6**).

Wurzeln und Knollen: Kartoffeln dämpfen und in festen Silos einlagern, evtl. in Kombination mit Rüben und/oder Mischsilagen mit Mais oder Gras.

Getreidekörner: Bei einem Wassergehalt von > 16 bis 20 % (so nicht lagerfähig) kann ein solches Getreide (evtl. auch Leguminosensamen) unter O_2-Abschluss infolge der Kohlensäurebildung und -atmosphäre gelagert werden (ist nicht mit einer Silierung zu verwechseln, kaum MS-Bildung!). Erst bei noch **höherem** Wassergehalt (mind. 25 %, optimal 30 %) ist Feuchtgetreide unter anaeroben Bedingungen zu silieren (MS-Bildung!). Voraussetzung ist hierbei eine gewisse Zerkleinerung der Körner bzw. Maiskolbenprodukte.

Magermilch: Säurebildung durch Laktobazillen (Dickmilch); Voraussetzung: optimale Temperaturen (20–24 °C), evtl. Zugabe von Laktobazillen.

7.3 Zusatz von Konservierungsmitteln (Kap. II.16.1.1)

Erfolgt bei nicht ausreichend getrockneten FM (Getreidekörner, Heu, Stroh), in Flüssigfuttermitteln (MAT) oder in halbfeuchten FM für Flfr; Konservierungsmittel (= Zusatzstoffe) können auf der Basis unterschiedlicher Mechanismen wirken:

pH-Wert-Senkung bzw. -Anhebung: z. B. durch Zusatz von Ameisen- oder Essigsäure (beispielsweise Kalttränke bei Kälbern) bzw. NaOH bei Getreide (= Sodagrain).

Veränderung der Membrandurchlässigkeit/ Zellintegrität (z. B. von Schimmelpilzen): Propionsäure und ihre Salze (Feuchtgetreide 0,1–0,3 %), Sorbinsäure (z. B. gegen Hefen).

Beeinflussung von Zellenzymen: Na-Bi- und -Disulfit, Formaldehyd (z. B. für Magermilch bei Mast-Schw).

Oxidativ: Natriumnitrit, diverse Sulfite (z. B. Natriummetabisulfit).

Reduktion freien Wassers: Propylenglykol (z. B. halbfeuchtes Futter für Hd, bis 5 % uS) oder auch durch Salze und Zucker (z. B. bei Melasse von Bedeutung).

7.4 Konservierende Atmosphäre

Die ein FM umgebende Atmosphäre kann durch entsprechende Zusätze verändert werden (erfordert dann eine gasdichte Verpackung bzw. Lagerung).

Harnstoffzusatz (z. B. zu Feuchtgetreide, -stroh, -heu) → Freisetzung von NH_3 (für Mikroorganismen toxisches Agens, so konservierend), vor Einsatz derartiger FM sollte NH_3 entweichen können.

N_2-Begasung: Reduktion des O_2-Gehalts in der umgebenden Atmosphäre, z. B. durch künstliche N_2-Atmosphäre (FM für Heimtiere), im LM-Bereich als „Schutzatmosphäre" bekannt.

7.5 Tiefe Temperaturen bzw. Kühlen

Getreide: Vorübergehende Kühlung bis zur Trocknung bzw. bis zum Verbrauch.

Wurzeln und Knollen: In gemäßigten Klimazonen während der Wintermonate (bis April) üblich (in Erdmieten oder Kellern); Nährstoffverluste bei Kartoffeln und Massenrüben bis April von rd. 15 % (in Abhängigkeit von der Temperatur); bei zuckerreichen Rüben erheblich höhere Verluste; nur bis Jahresende lagern.

7.6 Sterilisieren

Bei Herstellung von Feuchtfutter („Dosenfutter") für Flfr üblich. Erhitzen in geschlossenen Behältern; Dauer und Temperaturhöhe abhängig von Behältergröße und Material. Im Allgemeinen 50–60 min bei 123 °C, dadurch lange lagerfähig („Vollkonserven").

7

8 Lagerung

Mit der Lagerung wird der Zeitraum von der Ernte eines FM bis zur Verfütterung überbrückt. Dabei richtet sich die Lagerungstechnik nach der Art des FM (TS-Gehalt als maßgebliche Einflussgröße) sowie der angestrebten Lagerungsdauer. In der FM-Hygiene-VO sind auch einige grundsätzliche Vorgaben zur Lagerung von FM gemacht. Besondere Erwähnung verdient die Vermeidung möglicher Kontaminationen durch Dünge- und Pflanzenschutzmittel, Saatgut oder Betriebsstoffe (Diesel, Schmieröle etc.). Auch die Zugänglichkeit der FM-Lager für Tiere und Schädlinge wird als Risiko für Mängel im Hygienestatus angesehen.

Bei der Lagerung mehr oder weniger trockener Einzel- und/oder Misch-FM ist zunächst einmal ein Eindringen von Regenwasser (undichte Dächer) oder Tropfwasser (Kondensationsprozesse am Dach, an der Silowand etc.) zu vermeiden.

Wo immer größere Temperaturdifferenzen in einem FM-Lager auftreten, kann dies zu einem Niederschlag von Wasser führen und so das Futter – zumindest oberflächlich – feucht werden. Von grundsätzlicher Bedeutung ist aber ein weiterer Zusammenhang bzw. Einflussfaktor. Jedes offen gelagerte FM steht mit der Feuchtigkeit der umgebenden Luft in wechselseitiger Beziehung, d.h. bei einer hohen relativen Luftfeuchte nimmt das Futter Feuchtigkeit auf, während bei trockener Luft aus dem Futter Feuchte abgegeben wird. Diese Wechselbeziehung, d.h. Gesetzmäßigkeit, wird mit dem Terminus „Gleichgewichtsfeuchte" beschrieben. In der **Abbildung I.8.1** kann man aus der relativen Luftfeuchtigkeit auch den zu erwartenden Feuchtegehalt im FM ablesen bzw. erkennen, dass für eine sichere Lagerung die relativen Luftfeuchtigkeits-Werte von über 75 % sehr abträglich sind.

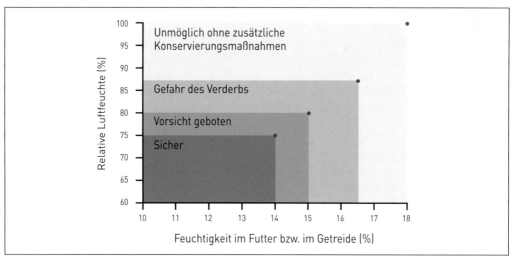

Abb. I.8.1: Beziehung zwischen der relativen Luftfeuchte und dem Wassergehalt im Getreide bzw. Mischfutter (Gleichgewichtsfeuchte; modellhaft n. Tindall 1983).

Im folgenden Abschnitt wird auf die Lagerungsmöglichkeiten bei diversen FM eingegangen.

Saftfuttermittel: Ergibt sich aus Konservierungsverfahren (s. o.)

Raufuttermittel:

- **trocken:** Auf Futterböden, in Scheunen, Heutürmen oder frei stehenden Mieten; Eindringen von Feuchtigkeit (z. B. durch Kondensation des Wassers aus warmer Stallluft) vermeiden.
- **feucht:** In Silos (Fahr- oder Hochsilos) oder Folie (Ballen- oder Schlauchsilagen).

Getreidekörner/Leguminosensamen (unzerkleinert): Auf Futterböden oder in Silos; bei Wassergehalten < 14 % über Jahre lagerfähig (s. a. **Tab. I.8.1**); im erntefrischen Getreide zunächst verstärkt bakterielle Umsetzungen, diese evtl. gefördert durch Abgabe von Wasser aus dem Mehlkörper; nicht unmittelbar nach der Ernte verfüttern; auf Lagerböden für ausreichende Lüftung sorgen; in Silos Kondenswasserbildung vermeiden.

Nebenprodukte der Öl- und Fettherstellung: Lagerfähig bei Wassergehalten unter 12,5 %; höhere Anteile ungesättigter FS in Kuchen schränken Lagerfähigkeit ein (Ranzigwerden).

Tab. I.8.1: **Behandlung von Getreidekörnern mit gekühlter Luft (< 8 °C)**

Feuchte %	Lagertemperatur °C	Lagerfähigkeit Zeit
12–15	10–14	Dauerlagerung
15–16	10–12	Dauerlagerung
16–18	8–10	10–20 Monate
18–20	8–10	8–16 Monate
20–22	8–10	4–10 Monate
22–25	5–8	10–25 Wochen
25–30	4–5	14–30 Tage
> 30	4–5	wenige Tage

Zur Lagerfähigkeit s. a. **Abbildung I.8.1**.

Futtermittel tierischer Herkunft: max. Feuchtegehalte; nach VO 575/2001 (Katalog der Einzel-FM gem. VO 767/2009)

- Magermilchpulver: 5 %
- Buttermilchpulver: 6 %
- Molkenpulver: 8 %
- Fischmehl: 8 %

Zerkleinerte Körner, Nebenprodukte der Getreideverarbeitung und FM tierischer Herkunft sind infolge einer Zerstörung der Zellstrukturen und einer hohen Substratverfügbarkeit für Keime weniger gut lagerfähig als unzerkleinertes Material.

Mischfutter:

- Lose, geschrotet: in Silos max. 4, im Winter 6 Wochen lagern; vor Befüllung der Silos Futterreste und Verklebungen entfernen; geschroteten Hafer, Leinsamen u. ä. FM höchstens 1 Woche lagern;
- Gesackt, geschrotet: Lagerung 4–6 Wochen möglich (in kühlen und trockenen Räumen) Packungen durch Isolierschichten von Boden und Wänden trennen;
- Gepresst, pelletiert: mehrere Monate lagerfähig, wenn Feuchtigkeitsaufnahme verhindert wird.

Bei MF mit höheren Gehalten an Melasse oder Milchpulver ist die Lagerfähigkeit eingeschränkt (Zucker sind hygroskopisch, d. h. sie ziehen/binden Wasser).

8

9 Verderb

Nachteilige Veränderungen an FM durch biotische (Vorratsschädlinge wie Insekten, Spinnentiere und/oder Mikroorganismen), seltener durch abiotische Vorgänge (insbesondere oxidative Prozesse) mit Auswirkungen auf den Futterwert sowie die Tiergesundheit und/oder Produktqualität, d.h. insgesamt auf die FM- und damit auch letztendlich die LM-Sicherheit.

9.1 Biotischer Verderb

Der biotische Verderb von FM ist ein Prozess, der in seiner Dynamik im Wesentlichen von folgenden Faktoren abhängig ist:

- der Ausgangsbelastung mit Vorratsschädlingen und/oder Keimen (Pilze, Bakterien, Hefen),
- dem möglichen Eintrag der genannten Organismen (Hygienestatus der Lagerung),
- den Milieubedingungen (Wassergehalt, a_w-Wert, Temperatur, Atmosphäre, pH-Wert) in Futter und Lager,
- den Substratbedingungen (Art und Verfügbarkeit der Nährstoffe),
- den natürlichen Schutzmechanismen der FM (z.B. äußere Integrität) sowie
- dem Faktor Zeit (Generationsintervall der beteiligten Organismen).

Während dieses Prozesses erfährt das betroffene Futter verschiedene Veränderungen, die nur noch bedingt (alsbaldiger Verbrauch, in reduziertem Anteil) seine Verwendung erlauben bzw. diese wegen möglicher nachteiliger Effekte auf Gesundheit und Leistung der Tiere sogar verbieten.

Entstehung/Ursachen: Unter Praxisbedingungen kommt für die Initiierung des biotischen Verderbs dem erhöhten Wassergehalt primäre Bedeutung zu, d.h., die Vermehrung von Vorratsschädlingen und/oder Mikroorganismen (Pilze, Bakterien) beginnt bei Anstieg des Wassergehalts (und/oder der Temperatur), durch einen Nährstoffabbau werden zusätzlich Wasser und Wärme gebildet (*circulus vitiosus*), sodass sich der Prozess selbst unterhält und meist sogar fortschreitend intensiviert. Erhöhte Wassergehalte treten auf:

Trockene FM:
- **primär** als Folge einer ungenügenden Trocknung bei Einlagerung (z.B. Getreide nach Mähdrusch oder erntefrisches Heu),
- **sekundär** als Folge einer Wasseraufnahme
  - aus der umgebenden Luft (s. **Abb. I.8.1**),
  - aus Kondensationsprozessen (Temperaturdifferenzen!) im Lager,
  - aus direktem Eintrag (z.B. undichte Abdeckungen).

Silierte FM:
- **Ursachen für die Verderbnisvorgänge:** s. Kap. III.4.
- **Unterscheide:** Verderb am noch geschlossenen Silagevorrat, an der Anschnittfläche bzw. am entnommenen Silagevorrat (z.B. im Siloblock auf der Futtertenne).

Die Folgen eines Verderbs für das FM bzw. das Tier und die LM-Qualität beschreibt **Tabelle I.9.1**.

Neben den oben genannten Effekten sollen weitere Auswirkungen nicht unerwähnt bleiben, z.B.
- Verlust der Riesel-/Fließfähigkeit des Futters → Funktionsstörungen in Lager-, Förder- und Dosiereinrichtungen,
- Verbreitung von Infektionserregern über Vorratsschädlinge (Futter wird zum Vektor),

Tab. I.9.1: **Folgen eines Verderbs für das FM bzw. das Tier und die LM-Qualität**

	Folgen für das Futter	Folgen für das Tier/die LM-Qualität
allgemein:	Geruchs- und Geschmacksveränderungen, Strukturverlust	reduzierte Futteraufnahme, sekundär
	Nährstoffabbau	Folgen einer zu geringen FM-Aufnahme: Unterversorgung Intoxikationen
	Nährstoffumsetzungen (z. B. Bildung biogener Amine)	
speziell:	erhöhter Besatz mit:	
	Exkrementen (Schadnager)	Infektionen (Futter als Vektor)
	Vorratsschädlingen (Milben, Insekten u. Ä.)	reduzierte Futteraufnahme, Schleimhautreizungen, Allergien
	Bakterien	Infektionen, Dysbakterien (LM-Belastung)
	Hefen	gastrointestinale Gasbildung
	Schimmelpilzen	Mykosen, Dysbakterien
	Toxinen	u. a. Mykotoxikosen (LM-Belastung)
	Enzymen (z. B. Thiaminasen)	Nährstoffmangel

- mögliche nachteilige Effekte auf die LM-Qualität (u. a. Eintrag von Mykotoxinen in die Nahrungskette, z. B. Afla- und Ochratoxinbildung während des Futterverderbs),
- Exposition des Menschen, der mit verdorbenen Futtermitteln umgeht (*Farmer's lung disease*, Allergisierung).

9.1.1 Maßnahmen zur Vermeidung des Futterverderbs

Allgemein: Abstellen der Ursachen, s. Konservierung.

Speziell bei Vorratsschädlingsbefall: Entwesung der **leeren Speicher** und Transporteinrichtungen nach gründlicher Reinigung (Industriestaubsauger etc.): Einsatz von Nebelautomaten oder Versprühen von Flüssigkeiten mit entsprechendem Dampfdruck (z. B. Pirimiphos-Methyl); Behandlung des **Getreides selbst** (vor bzw. auch nach Einlagerung) durch Besprühen oder Begasung (nur mit speziell hierfür entwickelten Präparaten, aufgrund von Rückständen bei

Warmblütern Wartezeiten beachten); andere FM: chemische Behandlung nicht erlaubt! Diverse Maßnahmen zum Erhalt einer entsprechenden Hygiene im FM-Lager stützen sich auf die Biozid-Richtlinie. Hierunter fallen z. B. Mittel zur Entwesung des FM-Lagers, die aber grundsätzlich von den futtermittelrechtlich geregelten Zusatzstoffen (z. B. Konservierungsmittel) zu differenzieren sind.

9.1.2 Sonderformen des biotischen Verderbs

Auswuchs bei Getreide: Keimung des Getreides bereits vor der Ernte (auf dem Halm), evtl. nach der Ernte (unter Dach) bei mangelnder Möglichkeit zur unverzüglichen Trocknung bzw. Kühlung. Im Auswuchsgetreide ist stets ein erhöhter Pilz- und evtl. auch Mykotoxingehalt zu erwarten (evtl. östrogene Wirkung). Nährstoffverluste infolge eines Ab- und Umbaus von Stärke und Protein; Vit-E-Verluste; höherer Gehalt an Dextrinen und Zuckern (infolge einer Aktivierung von korneigenen Amylasen während der Keimung); bei übermäßiger Aufnahme durch Wdk Gefahr der Pansenacidose.

Selbsterhitzung (z. B. von Getreide, Heu): Bei höherem Feuchtegehalt (> 16–18 %), intensiver Verdichtung (in Pressballen), sehr dichter Lagerung (Selbstisolation mit der Folge eines mangelnden Wärmeabflusses), anfänglicher Atmung und Aktivität der produkttypischen Flora entwickelt sich schließlich eine zunehmend thermotolerante, später thermophile Flora; Kennzeichen: Temperatur im Futter um 20–50 °C höher als in der Umgebung, Bräunung, Röst- und Schimmelgeruch; höchste Belastung mit Pilzsporen; Futterwert und Akzeptanz ↓.

Unter den Bedingungen einer Selbsterhitzung von Heu verdienen thermophile Pilze der Gattungen *Penicillium*, *Mucor* und *Aspergillus* besondere Erwähnung, die gerade in der Pferdehaltung für schwerste respiratorische Erkrankungen verantwortlich gemacht werden.

9.2 Abiotischer Verderb bzw. Aktivitätsverluste

Oxidation (Prozess des Ranzigwerdens), Polymerisation ungesättigter Fettsäuren; fettlösliche Vitamine können durch Oxidation ihre Aktivität einbüßen; Kondensation von Aminosäuren (insbes. von Di-AS in Gegenwart von Aldosen).

9.2.1 Sonderformen des abiotischen Verderbs

Selbsterhitzung von Fischmehl: ein primär chemischer Prozess, durch Oxidation von Fettsäuren (durch Antioxidanzien zu verhindern), Temperaturen bis zu 70–80 °C im Futterstock; nach Abkühlung evtl. extreme Verhärtung des Fischmehlvorrats.

10 Ökonomische Bewertung von Futtermitteln und Fütterung

In der Haltung von Nutz-, aber auch von Liebhabertieren kommt den Kosten für Futter und Fütterung eine entscheidende Bedeutung zu. Der Anteil der Futterkosten an den variablen Kosten der Nutztierhaltung übertrifft allgemein alle anderen finanziellen Aufwendungen für die Milch-, Fleisch- und Eierproduktion sehr deutlich. Auch in größeren Beständen von Liebhabertieren (Gestüte, Hundepensionen, Tierparks) finden Fragen der Wirtschaftlichkeit zunehmend Interesse und Beachtung. Somit werden die Bemühungen um eine Kostenminimierung auf Seiten der Futter-/Mischfutterproduzenten wie auch auf Seiten der Tierhalter nur zu verständlich. Vor diesem Hintergrund stellen sich v. a. Fragen nach:

- den Preisen/Kosten für die verschiedenen Einzel- und Misch-FM,
- den Bezugsgrößen für angestrebte Preis-/Kostenvergleiche,
- dem Vorgehen zur Konzeption von MF bzw. Rationen mit dem Ziel einer Kostenminimierung.

10.1 Preise/Kosten von FM

Unverkennbar ist in den letzten Jahren der Einfluss des Energiepreises (Welt-Rohöl-Preis) auf die Kosten bzw. Erlöse von bzw. für FM. Diese Entwicklung ist unter rohstoffökonomischen Aspekten absolut verständlich, da diverse Komponenten sowohl als FM wie auch zur Energiegewinnung (Verbrennung, Alkohol, Biogas) genutzt werden können. Ihre jeweilige Nutzung ist also letztendlich eine Frage der Erlöse bei unterschiedlicher Verwendung. In ähnlicher Abhängigkeit fluktuieren Weltmarktpreise für Öle, Zucker, Stärke und „vergärbares Substrat" um den Welt-Rohöl-Preis, der aufgrund des global stetig steigenden Energiebedarfs trotz zeitweiliger Ausschläge nur einen, d. h. zunehmenden Trend zeigt. Vor diesem Hintergrund (Diskussion zu *food – feed – fuel*) wird die Verfügbarkeit bezahlbarer FM eine Herausforderung für die Tierernährung schlechthin.

Basis der ökonomischen Bewertung der meisten Futtermittel (**Handelsfuttermittel**) ist der Marktpreis, der sich aus Angebot und Nachfrage ergibt. In entsprechenden Fachzeitschriften bzw. im Internet werden kontinuierlich die aktuellen Handelspreise veröffentlicht, die nicht zuletzt durch internationale Abkommen und Regelmechanismen beeinflusst sind. Bei den hier angesprochenen **Rohwaren und Produkten** ist zwischen den Einzel-FM auf der einen und den Allein- und Ergänzungs-FM auf der anderen Seite zu differenzieren.

Für die **MF-Produktion** sind die „Minor"-Komponenten (z. B. Phosphor, Aminosäuren, Vitamine, Antikokzidia, Enzyme, Probiotika) teils sehr kostenwirksam, was nicht zuletzt Preisunterschiede zwischen prinzipiell ähnlichen MF-Typen erklärt.

Für **wirtschaftseigene FM** lässt sich der Preis aus den **Gestehungskosten** ableiten, die vor allem vom Ertrag und den innerbetrieblichen Gegebenheiten (Mechanisierungsgrad, Auslastung des Maschinenparks etc.) abhängen. Neben den Gestehungskosten müssen bei Hauptfrucht-FM auch sogenannte **Nutzungskosten** berücksichtigt werden (= entgangener Gewinn bei alternativer Nutzung durch Verkaufsfrüchte). Im Vergleich zu vielen Kraft-FM sind auch die Kosten der wirtschaftseigenen Grundfuttermittel in den letzten Jahren deutlich gestiegen. Heu und Grassilagen waren/sind zeitweise – bezogen auf ihren Energiegehalt – teils sogar deutlich teurer als zugekaufte MF. Relativ günstige Grund-FM sind noch Maissilagen, Silagen aus Koppelprodukten sowie Zwischenfrüchten oder die Nutzung des Grünlandertrages durch Beweiden. Trends zur alternativen Nutzung von FM (Silomais → Bioenergie) hatten bzw. haben mittlerweile einen erheblichen Einfluss auf die Preise bzw. die Verfügbarkeit der Einzel-FM am Markt und damit auf die Rezeptur von MF bzw. die Rationsgestaltung.

Bezugsgrößen für Preis-/Kostenvergleiche

Die bislang am häufigsten genutzte Größe ist der Bezug der Preise von FM auf die Masse (kg/dt/t), insbesondere für Handels-FM (Getreide, Soja etc.) ist dies die gebräuchlichste Angabe. Für Silagen oder flüssige FM (z. B. Molke) sind ferner auch Preise für das Volumen (z. B. m³) am Markt bzw. beim Verkauf üblich. Bei dieser Bezugsgröße ergeben sich sehr leicht Fehleinschätzungen infolge einer unterschiedlichen Verdichtung (z. B. Silage) oder variierender TS-Gehalte. Neben den direkten Kosten des Futters an sich sind in der Nutztierhaltung auch die Fütterungskosten nicht unerheblich: Hierzu zählen beispielsweise Kosten für die Lagerung des Futters (Silozellen), die Bearbeitungs- und Mischtechnik, für die Zuteilung (Dosierung) des Futters sowie für den Arbeitsaufwand in Zusammenhang mit der Fütterung.

Wie aus der Kalkulation (**Tab. I.10.1**) deutlich hervorgeht, ist bei einem angestrebten Kostenvergleich der Bezug auf den Energiegehalt bzw. die Energiedichte essenziell. ●

Für den Laien leicht zu vermitteln sind die daraus resultierenden Konsequenzen für die Futterkosten je Tier und Tag. Gerade auf dem Heimtiersektor variieren die Futterkosten sehr

stark in Abhängigkeit von der Gebinde-/Packungsgröße des jeweiligen Futters (derart bedingte Preis-/Kosten-Unterschiede können ähnlich den Differenzen zwischen Trocken- und Feucht-FM sein). Die aufgrund der je kg geringeren Kosten häufig gewählten höheren Gebindegrößen beinhalten das Risiko für nachteilige Veränderungen am Futter infolge einer Überlagerung beim Endverbraucher (Einbußen in der hygienischen Qualität etc.).

Für einen realistischen Preis-/Kostenvergleich ist es aber grundsätzlich erforderlich, den Preis/die Kosten in Relation zum Energie- und/oder Nährstoffgehalt zu formulieren (**Tab. I.10.1**).

Tab. I.10.1: **Vergleich Preise/Kosten in Relation zum Energie- und/oder Nährstoffgehalt**

Futtermittel	Vergleich nach kg-Preis		Vergleich nach Energie-Preis	
	€/dt	Rang	Cent/ 1 MJ ME[1]	Rang
Pflanzliches Öl	65,0	1.	1,801	3.
Hafer	26,6	2.	2,554	1.
Melasseschnitzel	21,4	3.	2,038	2.

[1] ME für Pferde.

Im vorliegenden Beispiel sind Trockenschnitzel – bezogen auf die Masse – das günstigste FM, bei Bezug auf die Energieeinheit allerdings die teuerste Komponente, während das Öl bei hohem kg-Preis die Energie am günstigsten liefert (Rang 3).

Noch gravierender sind Fehleinschätzungen, wenn FM mit stark differierenden TS-Gehalten auf der Basis ihres kg-Preises verglichen werden, d. h. ohne Bezug auf die Energie-Einheit (**Tab. I.10.1**). Eine Kalkulation an Futterkosten je Tier und Tag ist generell zu empfehlen.

Tab. I.10.2: **Kalkulation der täglichen Futterkosten auf der Basis des Energiegehaltes im Futter**

Katzenfutter	Packungs- größe	Preis (€) der Packung insgesamt	Energiegehalt der Packung		Kosten (€) je 1 MJ ME (gerundet)	Futterkosten (€) pro Katze und Tag (Bedarf = .../a)
			(MJ ME)	kg		
A (Feuchtfutter)	400 g	0,69	1,28	3,2	0,540	0,65
B (Trockenfutter)	2 kg	6,29	24,79	12,39	0,254	0,30
C (Trockenfutter)[1]	2 kg	1,89	25,37	12,69	0,075	0,09

[1] Niedrig-Preis-Sortiment

Geht es um einen Vergleich zwischen FM, die primär wegen ihres **Eiweißgehaltes** eingesetzt werden, so ist für eine kostengünstige Protein-versorgung der entscheidende Bezug nicht der Preis je kg, sondern der Preis je Protein- oder Aminosäureneinheit.

Bei anderen FM sind – je nach Intention ihres Einsatzes – evtl. auch ganz andere Dimensionen und Bezugsgrößen sinnvoll. Geht es beispiels-weise um die Ergänzung eines MF mit einem noch zu geringen P-Gehalt, so können Mineral-stoffträger oder Komponenten hinsichtlich der Kosten je kg vP verglichen und ausgewählt wer-den.

10.2 Optimierung der MF-Rezeptur/Rations-gestaltung

Nach den rein ökonomischen Betrachtungen zum Vergleich von FM ist aber darauf zu ver-weisen, dass die Energie- und Nährstoffkosten niemals für sich allein das entscheidende Aus-wahlkriterium darstellen dürfen. Immer sind auch andere positive wie nachteilige Inhalts-stoffe und Charakteristika der jeweiligen FM bei der MF- oder Rationsgestaltung zu beachten. Je nach FM ergeben sich – und zwar auch unab-hängig vom Preis – Grenzen für deren Verwen-dung in einem MF oder einer Ration (sog. **Limitierungen**), die durch den Geschmack, sekundäre Inhaltsstoffe (z. B. Glukosinolate) oder auch ernährungsphysiologische Konse-quenzen bedingt sein können.

Alle Bemühungen um eine adäquate MF- und Rationsgestaltung, die sowohl die ökonomi-schen Aspekte als auch die ernährungsphysiolo-gischen Ansprüche und Konsequenzen berück-sichtigen, werden heute unter dem Terminus „Optimierung" zusammengefasst. Hierfür ste-hen entsprechende, tierartlich- und nutzungs-gruppentypische Optimierungsprogramme zur Verfügung (PC-gestützte MF-Optimierung). Bei dieser Optimierung werden Annahmen und Voraussetzungen genutzt, die nur bedingt oder gar nicht für die gerade zu erstellende Mischung geprüft werden können (z. B. Lys-Gehalt im Ge-treide, Glucosinolatgehalt in einem Rapspro-dukt), sodass auch der „Optimierung" Grenzen gesetzt sind.

Schließlich sind es nicht selten „ökonomische Zwänge" (plötzliche Preisänderungen der Roh-waren, Zusatzstoffe etc.), die zu teils markanten Änderungen in der MF-Zusammensetzung bzw. im Rationsaufbau führen, wodurch auch Fragen der Verträglichkeit des Futters tangiert sein kön-nen. Beispielhaft seien hierfür die Verwendung von Rapskuchen (anstelle von RES) oder auch anorganischer P-Quellen mit eher begrenzter Verwertbarkeit des Phosphors genannt.

10

11 Futtermittelrechtliche Regelungen

Im Fokus der meisten FM-rechtlichen Regelungen steht heute die LM-Sicherheit, nicht zuletzt bedingt durch die Erfahrungen mit der BSE-Krise und anderen Ereignissen (Dioxin-Skandale etc.). Zunehmend ging die Rechtsetzung im Bereich der FM an die EU über, sodass es vorübergehend in Teilbereichen zu einer Redundanz an Vorgaben kam, teils sogar zu Unterschieden zwischen EU-Regelungen und den bestimmten Vorgaben auf nationaler Ebene. Neben dem Primat der LM-Sicherheit hatte früher, d. h. im alten FM-Gesetz, der Schutz der Gesundheit der Tiere und deren Leistung/Produktivität eine dominierende Bedeutung, so z. B. schon im 1. FM-Gesetz des Deutschen Reiches (1926). Hinzu kamen schon im vergangenen Jahrhundert Aspekte wie die Auswirkungen der Fütterung auf die Umwelt oder auch des EU-weiten oder gar globalen FM-Handels, die entsprechende Berücksichtigung fanden.

Aus rechtsgeschichtlicher Sicht bedeutet die 2005 erfolgte Vereinigung zweier früher in Deutschland getrennt geregelter Rechtsbereiche, nämlich der Futtermittel und der Lebensmittel, einen Paradigmenwechsel, der im Wesentlichen auf der Erkenntnis basierte, dass nur sichere Futtermittel die allseits geforderte LM-Sicherheit ermöglichen und rein nationale Regelungen für Futtermittel den Herausforderungen der internationalen Verflechtungen zwischen FM- und LM-Produktion nicht mehr gerecht werden. Vor diesem Hintergrund soll nachfolgend eine Übersicht zu den nationalen wie auch EU-weiten/-einheitlichen Regelungen vermittelt werden.

Bezugnehmend auf die **Basis-VO (EG-VO 178/2002)** ist hier als erstes das **Lebensmittel- und Futtermittelgesetzbuch (LFGB)** vom 01.09.2005 (unter Berücksichtigung der Änderungs-VO, zuletzt vom 17.05.2013) aufgeführt. Ziel und Zweck des LFGB (§ 1) sind Schutz der Gesundheit von Mensch und Tier, der Schutz vor Täuschung, die Unterrichtung der Wirtschaftsbeteiligten, der Schutz des Naturhaushalts, aber auch der Erhalt bzw. die Förderung der Leistungsfähigkeit der Nutztiere und die Qualität der Lebensmittel.

Der FM-Bereich ist im Wesentlichen im **Abschnitt 3 des LFGB** (§§ 17–25) geregelt:

§ 17 = „Verbots-Paragraf" („Es ist verboten, FM … herzustellen, … in den Verkehr zu bringen, … zu verfüttern, die geeignet sind … Gesundheit von Mensch und Tier/Lebensmittel/Naturhaushalt zu schädigen)

§ 18 = Verfütterungsverbot für Fette warmblütiger Tiere oder Fische an Wdk

§ 19 = Verbote zum Schutz vor Täuschung (Verweis auf EG-VO 767/2009)

§ 20 = Verbot der krankheitsbezogenen Werbung

§ 21 = Weitere Verbote und Beschränkungen

§ 22 = Ermächtigungen zum Schutz der Gesundheit

§ 23 = Weitere Ermächtigungen zum Schutz der Gesundheit bzw. Tiergesundheit (§ 23 a)

§ 24 = Gewähr für handelsübliche Reinheit/Unverdorbenheit (→ EG-VO 767/2009)

§ 25 = Mitwirkung bestimmter Behörden

Die **FM-Verordnung (FM-VO)** in der Neufassung vom 24.05.2007 (zuletzt geändert am 17.05.2013) hat ganz erheblich von ihrer früher dominierenden Bedeutung verloren. Dennoch blieben einige wesentliche Regelungen erhalten, so z. B. einige Definitionen, der Bereich der Diät-FM sowie einiges zu unerwünschten Stoffen (z. B. das „Verschneidungsverbot" in § 23). Neu aufgenommen wurde der sogenannte Aktionsgrenzwert (mit Verweis auf den Art. 5 der EG-Richtlinie 2002/32) sowie Regelungen für Betriebe (mit Details zu den zulassungsbedürftigen Betrieben).

Die heute den Alltag in einem FM-Unternehmen bestimmenden Regelungen finden sich in der **„FM-Verkehrs-Verordnung"** (FMV-VO Nr. 767/2009) über das Inverkehrbringen und die Verwendung von Futtermitteln vom 12.07.2009, in Kraft seit dem 01.09.2010. Diverse früher in der FM-VO geregelte Sachverhalte sind heute in der „Verkehrs-VO" zu finden. Wegen ihrer zentralen Bedeutung wird diese VO später auch inhaltlich vorgestellt (s. Kap. I.11.5).

11.1 Intentionen FM-rechtlicher Vorgaben

(LFGB/FM-VO/FMV-VO)

Gesundheitspolitische Ziele

- Verbraucherschutz/Lebensmittelsicherheit (Lebensmittel: Unbedenklichkeit für die Gesundheit des Menschen! Schutz der „öffentlichen Gesundheit")
- Schutz der Gesundheit der Tiere (nicht nur die der LM-liefernden Tiere, wie es wiederholt in der FMV-VO 767/2009 hervorgehoben wird!)
- keine schädliche Auswirkung auf den Tierschutz

Ökonomische/volkswirtschaftliche Ziele

- Schutz vor Täuschung/Irreführung im Verkehr mit Futtermitteln (FMV-VO)
- Transparenz (Informationen) für Wirtschaftsbeteiligte („Verwender und Verbraucher")
- Erhalt/Verbesserung der Leistungsfähigkeit der Tiere

Ökologische Ziele

- Schutz des Naturhaushalts (z. B. vor Gefahren durch in tierischen Ausscheidungen enthaltene unerwünschte Stoffe)
- keine unmittelbaren schädlichen Auswirkungen auf die Umwelt

Politische Ziele

- Harmonisierung der FM-rechtlichen Rahmenbedingungen in der EU (**Abb. I.11.1, Tab. I.11.1**)
- Umsetzung/Durchführung von Rechtsakten der EG

11.2 Instrumente des Futtermittelrechts

Zulassungsvorschriften: Seit der FM-Rechtsreform 2009 nicht mehr für Einzel-FM, aber für Zusatzstoffe (EG-VO 1831/03, s. Kap. I.11.6.2) oder für Herstellerbetriebe (FMH-VO 183/2005 sowie FM-VO §§ 28, 29). Von Vormischbetrieben sind bestimmte Voraussetzungen zu erfüllen (FM-VO §§ 28, 30).

Verkehrsvorschriften: z. B. über Verpackungspflicht (FMV-VO, Art. 23), zur Deklaration von Futterinhaltsstoffen (FMV-VO, Kap. 4; s. Kap. I.11.5), zur Sicherung der FM-Qualität (LFGB §§ 17, 19, 23; FMV-VO, Kap. 2), Abgabe von Zusatzstoffen (EG-VO 1831/03; FM-VO §§ 18, 24); Eingrenzung des Verkehrs, z. B. durch Abgabebeschränkungen für Einzel-FM mit erhöhten Gehalten an unerwünschten Stoffen (FMV-VO, Anhang VIII), Anzeigepflicht (LFGB §§ 38, 39, 40, 44, 44a), Einfuhrvorschriften (LFGB § 53ff.) und Abgabebeschränkungen für Zusatzstoffe (EG-VO 1831/03, FMH-VO 183/2005).

Gehaltsvorschriften: z. B. für Wasser, HCl-unlösliche Asche, botanische Reinheit in Einzel-FM (FMV-VO, Anhang I), für unerwünschte Stoffe als Maximalgehalte (FMV § 23 und EU-Richtlinie 2002/32), Zusatzstoffe als Mindest- und Maximalgehalte in MF (EG-VO 1831/03, s. Kap. I.11.6.2), Inhaltsstoffe in MF (z. B. für Fe-Gehalt in MAT nach FMV-VO 767/2009, Anhang I).

11

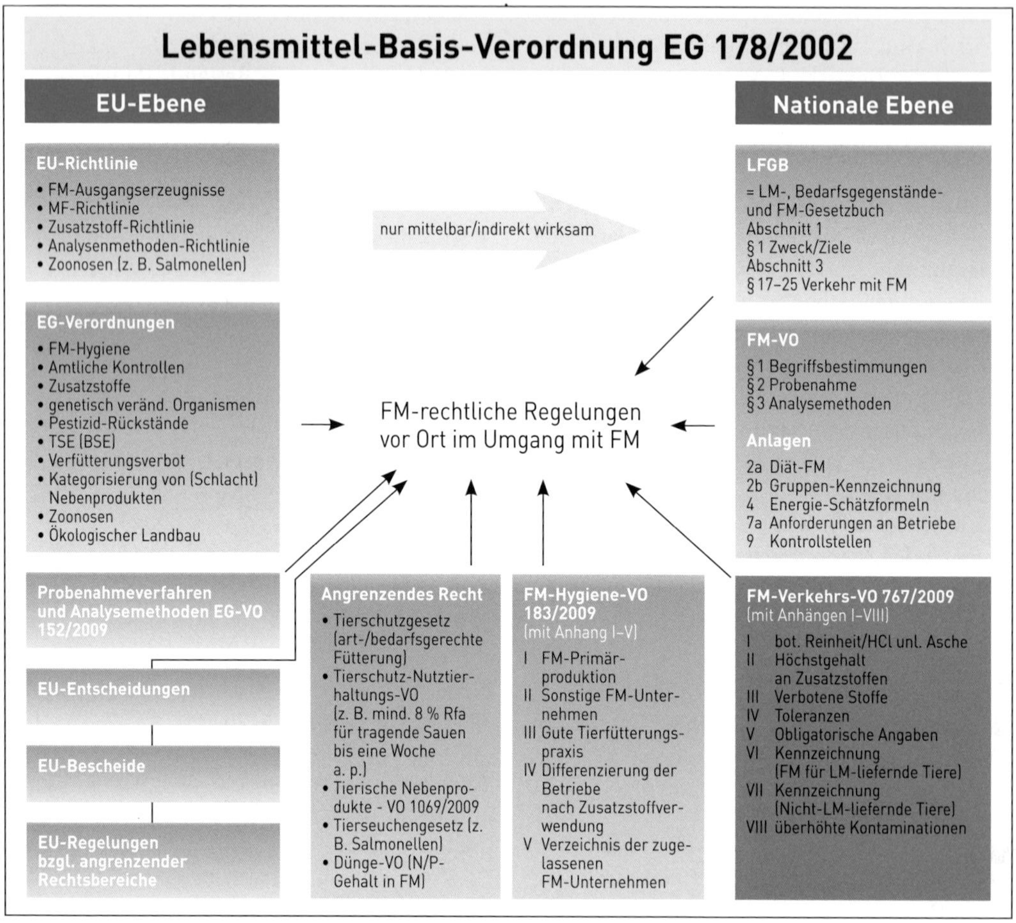

Lebensmittel-Basis-Verordnung EG 178/2002

EU-Ebene

EU-Richtlinie
- FM-Ausgangserzeugnisse
- MF-Richtlinie
- Zusatzstoff-Richtlinie
- Analysenmethoden-Richtlinie
- Zoonosen (z. B. Salmonellen)

EG-Verordnungen
- FM-Hygiene
- Amtliche Kontrollen
- Zusatzstoffe
- genetisch veränd. Organismen
- Pestizid-Rückstände
- TSE (BSE)
- Verfütterungsverbot
- Kategorisierung von (Schlacht) Nebenprodukten
- Zoonosen
- Ökologischer Landbau

Probenahmeverfahren und Analysemethoden EG-VO 152/2009

EU-Entscheidungen

EU-Bescheide

EU-Regelungen bzgl. angrenzender Rechtsbereiche

nur mittelbar/indirekt wirksam

FM-rechtliche Regelungen vor Ort im Umgang mit FM

Nationale Ebene

LFGB
= LM-, Bedarfsgegenstände- und FM-Gesetzbuch
Abschnitt 1
§ 1 Zweck/Ziele
Abschnitt 3
§ 17–25 Verkehr mit FM

FM-VO
§ 1 Begriffsbestimmungen
§ 2 Probenahme
§ 3 Analysemethoden

Anlagen
2a Diät-FM
2b Gruppen-Kennzeichnung
4 Energie-Schätzformeln
7a Anforderungen an Betriebe
9 Kontrollstellen

Angrenzendes Recht
- Tierschutzgesetz (art-/bedarfsgerechte Fütterung)
- Tierschutz-Nutztier-haltungs-VO (z. B. mind. 8 % Rfa für tragende Sauen bis eine Woche a. p.)
- Tierische Nebenpro-dukte - VO 1069/2009
- Tierseuchengesetz (z. B. Salmonellen)
- Dünge-VO (N/P-Gehalt in FM)

FM-Hygiene-VO 183/2009
(mit Anhang I–V)
I FM-Primär-produktion
II Sonstige FM-Unter-nehmen
III Gute Tierfütterungs-praxis
IV Differenzierung der Betriebe nach Zusatzstoffver-wendung
V Verzeichnis der zuge-lassenen FM-Unternehmen

FM-Verkehrs-VO 767/2009
(mit Anhängen I–VIII)
I bot. Reinheit/HCl unl. Asche
II Höchstgehalt an Zusatzstoffen
III Verbotene Stoffe
IV Toleranzen
V Obligatorische Angaben
VI Kennzeichnung (FM für LM-liefernde Tiere)
VII Kennzeichnung (Nicht-LM-liefernde Tiere)
VIII überhöhte Kontaminationen

Abb. I.11.1: Futtermittelrechtliche Rahmenbedingungen.

Verfütterungsvorschriften: z. B. Verwendung der FM für bestimmte Tierarten (z. B. LFGB § 18), Einhaltung bestimmter Tageshöchstmengen für Zusatzstoffe und unerwünschte Stoffe (LFGB § 23; FMV-VO Anhang II), Beachtung von Wartezeiten (EG-VO 1831/03), Verbot der Verfütterung (EG-VO 178/2002, Art. 15; LFBG §§ 17,18; FM-VO §§ 25, 27; FMV-VO 767/2009, Art. 6 sowie Anhang III der FMV-VO 767/2009).

11.3 Definitionen

(gekürzt; EG-VO 178/02, LFGB, FMV-VO, FMH-VO, EG-VO 1831/03)

Futtermittel: Stoffe oder Erzeugnisse, auch Zusatzstoffe, verarbeitet, teilweise verarbeitet oder unverarbeitet, die zur oralen Tierfütterung bestimmt sind (nach EG-Basis-VO 178/2002).

Mischfuttermittel: Mischung aus mind. zwei Einzel-FM, mit FM-Zusatzstoffen oder ohne FM-Zusatzstoffe, die dazu bestimmt sind, in unverändertem, zubereitetem, bearbeitetem oder verarbeitetem Zustand an Tiere verfüttert zu werden. Ausgenommen sind Stoffe, die überwiegend dazu bestimmt sind, zu anderen Zwecken als zur Tierernährung verwendet zu werden (nach FMV-VO 767/2009).

Alleinfuttermittel: MF, die allein den Nahrungsbedarf der Tiere decken, d. h. ein MF, das wegen seiner Zusammensetzung für eine tägliche Ration ausreicht (FMV-VO 767/2009).

Mineralfuttermittel: Ergänzungsfuttermittel überwiegend aus mineralischen Einzel-FM mit mind. 40 % Rohasche (FMV-VO 767/2009).

Diät-FM ≙ FM für einen **„besonderen Ernährungszweck":** Sie erfüllen spezifische Ernährungsbedürfnisse von Tieren, deren Verdauungs-, Absorptions- oder Stoffwechselvorgänge vorübergehend oder bleibend gestört sind oder sein könnten und die deshalb von der Ausnahme ihrem Zustand angemessener FM profitieren können. Neben Misch-FM können auch Einzel-FM einem „besonderen Ernährungszweck" dienen. Diese haben aber dann eine besondere Zusammensetzung oder ein spezielles Herstellungsverfahren (Unterscheidung von „gängigen" FM).

Futtermittelzusatzstoffe: Stoffe, Mikroorganismen oder Zubereitungen, die keine FM-Ausgangserzeugnisse oder Vormischungen sind und bewusst FM oder Wasser zugesetzt werden, um insbesondere eine oder mehrere der in Artikel 5 Absatz 3 der EG-VO 1831/2003 genannten Funktionen zu erfüllen.

Vormischungen: Mischungen von FM-Zusatzstoffen oder Mischungen aus einem oder mehreren FM-Zusatzstoffen mit FM-Ausgangserzeugnissen oder Wasser als Trägern, die nicht für die direkte Verfütterung an Tiere bestimmt sind (nach EG-VO 1831/2003).

Unerwünschte Stoffe: Stoffe oder Erzeugnisse – außer Tierseuchenerregern – die in und/oder auf FM oder einem Erzeugnis enthalten sind und

- eine potenzielle Gefahr für die Gesundheit von Mensch und/oder Tier oder für die Umwelt darstellen, oder
- die tierische Erzeugung beeinträchtigen können (nach EG-Richtlinie 2002/32).

Tagesration: Gesamtmenge der Futtermittel, die ein Tier einer bestimmten Art, Altersklasse und Leistung im Durchschnitt benötigt, um seinen gesamten Nährstoffbedarf zu decken, bezogen auf 88 % TS (nach EG-Richtlinie 2002/32).

Mittelrückstände: Rückstände an Pflanzen-, Vorratsschutz- oder Schädlingsbekämpfungs-

mitteln, die in oder auf FM vorhanden sind (LFGB).

Naturhaushalt: Seine Bestandteile wie Boden, Wasser, Luft, Klima, Tiere und Pflanzen sowie das Wirkungsgefüge zwischen ihnen (LFGB).

Nutztiere: Tiere einer Art, die üblicherweise zum Zweck der Gewinnung von LM oder sonstigen Produkten gehalten werden sowie Pferde (LFGB) bzw. der LM-Gewinnung dienende Tiere einschließlich solcher Tiere, die nicht zum menschlichen Verzehr verwendet werden, jedoch zu den Arten zählen, die normalerweise zum menschlichen Verzehr verwendet werden (z. B. Zwergkaninchen).

Aktionsgrenzwert: Grenzwert für den Gehalt an einem unerwünschten Stoff, bei dessen Überschreitung Untersuchungen vorgenommen werden sollen, um die Ursachen für das Vorhandensein des unerwünschten Stoffes mit dem Ziel zu ermitteln, Maßnahmen seiner Verringerung oder Beseitigung einzuleiten (LFGB § 3).

Futtermittelhygiene: Bezeichnet die Maßnahmen und Vorkehrungen, die notwendig sind, um Gefahren zu beherrschen und zu gewährleisten, dass ein FM unter Berücksichtigung seines Verwendungszwecks für die Verfütterung an Tiere tauglich ist (nach FM-Hygiene-VO 183/2005).

11.4 Futtermittel-Verordnung
(FM-VO vom 24.05.2007; nach Änderung vom 17.05.2013)

Wie vorher beschrieben hat die alte FM-VO an Bedeutung verloren, ist aber dennoch hier vorzustellen, weil einige Sachverhalte nur hier näher geregelt sind. Neben den eingangs gegebenen Definitionen sind folgende Regelungen in dieser VO zu finden:

- Verwendung und Inverkehrbringen von Diät-FM
- Energieschätzung und Toleranzen
- Schädlingsbekämpfungsmittel-Höchstgehalte
- Ausführungen zu zulassungsbedürftigen Betrieben
- Verschneidungsverbot (§ 23) bei unerwünschten Stoffen

11

- Einführung des Terminus Aktionsgrenzwert für unerwünschte Stoffe

Besondere Hervorhebung verdient das Verzeichnis der für Diät-FM festgesetzten Verwendungszwecke (Anlage 2a), die Gruppenbezeichnung für verschiedene Einzel-FM (Anlage 2b),

Schätzgleichungen für den Energiegehalt in MF für Wiederkäuer, Schweine bzw. Hunde und Katzen (Anlage 4). Mit der Anlage 7a sind nähere Anforderungen an Betriebe definiert, die FM trocknen. Schließlich sind in der Anlage 8 Kontrollstellen der Länder benannt (z. B. an Häfen/Flughäfen).

Tab. I.11.1: EG-Verordnungen (Auswahl aufgrund entsprechender Bedeutung)

Kürzel (Bezeichnung)	Inhalte/Regelungen/Intentionen
178/2002 („EG-LM-Basis-VO")	**„FM-Sicherheit"** als Basis der LM-Sicherheit; Anforderungen an die „FM-Sicherheit" (Art. 15); Berücksichtigung aller „Stufen" der FM-Gewinnung und -Verwendung; Prinzipien wie Vorsorge, Transparenz und Rückverfolgbarkeit; Verantwortung des FM-Unternehmers (Information an Behörde, Rückrufaktion etc.).
1831/2003 („EG-VO-Zusatzstoffe")	Definition von **Zusatzstoffen**, Anforderungen für Zulassung; **Kategorien** von Zusatzstoffen (5) mit diversen **„Funktionsgruppen"**; Gemeinschaftszulassung und -register/Deklarationsfragen.
882/2004 („EG-VO-Amtliche Kontrollen")	**„Amtliche Kontrolle"** = jede Form der Kontrolle der zuständigen Behörde; Prüfung auf Einhaltung des LM-, FM-, Tiergesundheits- und Tierschutzrechts; vorgeschrieben: **risikoorientierte** Kontrollmaßnahmen auf jeder Stufe der Produktion! Umfassende Rechte der Probenahme (nicht nur LM und FM!) und der Inspektion (z. B. Tierhaltung, FM-Lagerung etc.)
183/2005 („FM-Hygiene-VO")	**FM-Hygiene: Definition** (s. Kap. I.11.3). Fokus: Minimierung des Risikos einer biologischen, chemischen, physikalischen **Kontamination** von FM; Unterscheidung in **Primär-** und **Nicht-Primärproduktion**; **Registrierung/Zulassung** von Betrieben; Ausführungen zur „Guten Fütterungspraxis" (Futter/Wasser/Einstreu); nicht nur Tolerierung, sondern aktive Unterstützung der amtlichen Kontrollen durch den FM-Unternehmer.
767/2009 („FM-Verkehrs-VO")	Regelungen bzgl. **Inverkehrbringen** und Verwendung von FM mit den Zielen Harmonisierung, FM-Sicherheit, Schutz der Gesundheit und Information für Verwender und Gebraucher; **Anhang I–VIII** mit wichtigen „Detail-Regelungen".

11.5 FM-Verkehrs-VO

(FMV-VO 767/2009)

In weiten Teilen hat diese VO die Aufgaben/Inhalte der alten FM-VO (s. o.) übernommen. Wegen ihrer zentralen Bedeutung für den Umgang mit FM soll diese VO hier auch inhaltlich ausführlicher dargestellt werden, ohne dass dies

aus Platzgründen voll umfänglich geschehen kann.
Die FMV-VO 767/2009 ist in insgesamt 6 Kapitel gegliedert, die jeweils wieder in Artikel unterteilt sind (**Tab. I.11.2**).

Tab. I.11.2: **Struktur und Inhalte der FMV-VO 767/2009**

Kap. 1: Eingangsbestimmungen	
Art. 1	Ziele wie Harmonisierung, FM-Sicherheit, Schutz der Gesundheit und Information für Verwender und Gebraucher
Art. 2	Anwendung auf FM für LM-liefernde wie Nicht-LM-liefernde Tiere
Art. 3	Definitionen, z. B. „Heimtier", „Mineralfutter", „Kennzeichnung"
Kap. 2: Allgemeine Vorschriften	
Art. 4	Anforderungen an die Sicherheit/das Inverkehrbringen von FM (u. a. unverdorben, echt, von handelsüblicher Reinheit)
Art. 5	Verantwortlichkeit für die Deklaration: eine Person!
Art. 6	Keine „verbotenen Stoffe" enthaltend
Kap. 3: Inverkehrbringen besonderer Arten von FM	
Art. 7	Zuordnung von Stoffen nach Kommissionserlass
Art. 8	Gehalte an Zusatzstoffen in Ergänzungs-FM
Art. 9	Verwendung von FM für besondere Ernährungszwecke
Art. 10	Verzeichnis von FM für besondere Ernährungszwecke
Kap. 4: Kennzeichnung/Aufmachung/Verpackung	
Art. 11	Nicht irreführend!
Art. 12	Eine Person gewährleistet die Richtigkeit der Kennzeichnung
Art. 13	Angaben auf Kennzeichnung: objektiv, nachprüfbar und verständlich (nicht gesundheitsbezogene Aussagen)
Art. 14	Aufmachung und diesbezügliche Anforderungen
Kap. 4: Kennzeichnung/Aufmachung/Verpackung	
Art. 15	„Zwingende" Kennzeichnungsangaben
Art. 16	Kennzeichnung von Einzel-FM
Art. 17	Kennzeichnung von Misch-FM
Art. 18	Kennzeichnung von Diät-FM
Art. 19	Kennzeichnung (zusätzliche) für Heimtier-FM
Art. 20	Kennzeichnung für nicht-konforme FM
Art. 21	Ausnahmen (FM aus ganzen Saaten, MF mit höchstens drei Komponenten)
Art. 22:	Erlaubnis für zusätzliche freiwillige Kennzeichnung
Art. 23	Verpackung bzw. Ausnahmen (lose Einzel-/Misch-FM)

11

Kap. 5: Gemeinschaftskatalog für Einzel-FM/gute Kennzeichnungspraxis	
Art. 24	Verzeichnis (nicht abschließend) für alle erlaubten FM (erstmalige Verwendung eines FM: Meldung an „Vertreter des europäischen FM-Sektors")
Art. 25	Kodizes für gute Kennzeichnungspraxis (FM f. LM-liefernde-Tiere/Heimtiere)
Art. 26	Mitwirkende beim Gemeinschaftskatalog bzw. den Kodizes
Kap. 6: Allgemeines/Schlussbestimmungen	
Art. 27	Kommission kann Anhänge ändern
Art. 28	Kommission wird vom Ausschuss für LM u. Tiergesundheit unterstützt

Neben dem Textteil der EG-VO-767/2009 haben die sogenannten **Anhänge** eine besondere Bedeutung:

- Anhang I (Allgemeine und besondere Anforderungen an Einzel-/Misch-FM)
  - frei von chemischen Verunreinigungen aus der Herstellung
  - botanische Reinheit (allgemein 95 %)
  - Gehalt an HCl-unlöslicher Asche (allgemein: max. 2,2 % der TS)
  - Feuchte-Gehalt (Rohwasser): max. 5 % bei Mineral-FM, 7 % bei MAT, 10 % bei Mineral-FM mit org. Substanz und 14 % bei allen anderen FM (bei Überschreitung muss die Feuchte angegeben werden)
- Anhang II (Allgemeine Bestimmungen zur Kennzeichnung)
  - Bezug der Kennzeichnungsangaben auf die uS
  - Höchstmengen für Ergänzungs-FM mit überhöhtem Gehalt an Zusatzstoffen
  - Begriffe und Synonyma (z. B. für Rohprotein auch Protein …)
- Anhang III (vereinfachend: Verbotene Stoffe)
  - Kot …, Inhalt des GIT von Schlachttieren
  - Saatgut (mit Pflanzenschutz-/Beizmitteln behandelt)
  - Holz (behandelt) sowie Abfälle, Müll, Verpackungsmaterialien
- Anhang IV
  - Toleranzen für FM-Zusatzstoffe (technische und analytische Abweichungen umfassend) für alle Angaben auf der Deklaration – außer für Zusatzstoffe!

- Toleranzen (nur die technischen Abweichungen berücksichtigend, d. h. die analytischen Latitüden sind **zusätzlich** zu berücksichtigen).
- Anhang V
  - obligatorische Angaben bei verschiedenen Einzel-FM (z. B. für Erzeugnisse aus Leguminosen: Rp-Gehalt, wenn > 10 %)
- Anhang VI (Kennzeichnungsvorgaben bei FM für LM-liefernde Tiere)
  - Allein-FM/Ergänzungs-FM/Mineral-FM mit obligatorischen Angaben
- Anhang VII (Kennzeichnungsvorgaben bei FM für Nicht-LM-liefernde Tiere)
  - Allein-FM/Ergänzungs-FM/Mineral-FM mit obligatorischen Angaben
- Anhang VIII (Kennzeichnung bei überhöhten Gehalten an unerwünschten Stoffen)
  - „FM mit zu hohem Gehalt an …" (erst nach Dekontamination verwenden)

11.6 Übersichten zu den wichtigsten Regelungen

FM, die nicht sicher sind, dürfen nicht in Verkehr gebracht oder an Tiere, die der LM-Gewinnung dienen, verfüttert werden (Art. 15 der EG-Basis-VO 178/2002). FM gelten als **nicht sicher** in Bezug auf den beabsichtigten Verwendungszweck, wenn davon auszugehen ist, dass sie

- die Gesundheit von Mensch und Tier beeinträchtigen können,

- bewirken, dass die LM, die aus den der LM-Gewinnung dienenden Tieren hergestellt werden, als nicht sicher für den Verzehr durch den Menschen anzusehen sind.

Ferner darf ein FM nur dann in den Verkehr gebracht und verwendet werden, wenn es keine unmittelbare schädliche Auswirkung auf die Umwelt oder den Tierschutz hat (FMV-VO 767/2009, Kap. 2, Art. 4).

Kennzeichnung und Aufmachung von FM dürfen den Verwender nicht irreführen und zwar hinsichtlich
- des Verwendungszwecks,
- der Merkmale des FM (Art, Beschaffenheit, Zusammensetzung) … der Tierarten,
- durch Angabe von Wirkungen und Eigenschaften der FM, die es nicht besitzt oder suggeriert wird, als hätte das FM „besondere" Eigenschaften.

Eine besondere Auslobung muss objektiv, durch die zuständige Behörde nachprüfbar, für den Verwender verständlich und schließlich wissenschaftlich fundiert sein (FMV-VO 767/2009, Kap. 4). Insbesondere ist nach dem LFGB § 20 das Verbot der krankheitsbezogenen Werbung im Verkehr mit Futterzusatzstoffen oder Vormischungen zu beachten. Ausgenommen von diesem Verbot sind Aussagen, die sich aus der Zweckbestimmung der Zusatzstoffe (z. B. Antikokzidia) bzw. des FM ergeben (z. B. bei Diät-FM).

Der Verkäufer (Inverkehrbringer) eines FM stellt sicher, dass das FM unverdorben, echt, unverfälscht, zweckgeeignet und von handelsüblicher Reinheit ist (LFGB § 24 bzw. FMV-VO, Art. 4).

FM sind zu kennzeichnen und zu verpacken (FMV-VO 767/2009, Kap. 4). Ausnahmen von der Verpackungspflicht, d. h. die Abgabe in loser Form u. ä. regelt Art. 23 der FMV-VO 767/2009.

11.6.1 Einzelfuttermittel

Mit der FM-Rechtsreform 2009 wurde die frühere Unterteilung in zulassungsbedürftige und nicht-zulassungsbedürftige Einzel-FM aufgege-

ben. Die Einzel-FM müssen bestimmten Kriterien genügen und dürfen nur in den Verkehr gebracht werden, wenn sie die allgemeinen Anforderungen erfüllen (Teil A der VO 68/2013), entsprechend bezeichnet sind (u. a. nach Teil B der VO 68/2013, was ihre Gewinnung/Bearbeitung betrifft) und im Teil C (Katalog, Verzeichnis der diversen Einzel-FM, differenziert in dreizehn Gruppen) aufgeführt sind.

Das Verzeichnis ist nicht abschließend, d. h. kann durch weitere Komponenten ergänzt werden; es ist auch nicht mit einer „Zulassung" zu verwechseln, seine Nutzung ist auch freiwillig; wer allerdings erstmalig einen Stoff zur Fütterung nutzt, muss dies den „Vertretern des europäischen FM-Sektors" melden (FMV-VO 767/2009, Art. 24). Die früher als „zulassungsbedürftige Einzel-FM" bekannte Gruppe gibt es so nicht mehr, ein Teil dieser Komponenten wurde den Zusatzstoffen zugeordnet, ein anderer Teil in der EG-VO 892/2010 (in Abgrenzung zu Zusatzstoffen) neu geregelt. In dieser letztgenannten VO finden sich u. a. Komponenten wie Eipulver, bestimmte Algenprodukte oder Fermentationserzeugnisse.

11.6.2 Futtermittelzusatzstoffe

FM-Zusatzstoffe (s. Kap. II.16) bedürfen ausnahmslos der Zulassung (Art. 3 der EG-VO 1831/2003). Voraussetzungen hierfür sind:
- Unbedenklichkeit für Tier, Mensch und Umwelt,
- Darbietung in einer den Anwender nicht irreführenden Art,
- keine Nachteile für den Verbraucher durch eine beeinträchtigte LM-Qualität.

Des Weiteren ist ein Wirksamkeitsnachweis erforderlich (Art der Wirkungen, s. Kap. II.16). Andere Antibiotika als Antikokzidia oder Antihistomoniaka werden **nicht** zugelassen (Art. 5 der EG-VO 1831/2003).

Folgende Zusatzstoffgruppen dürfen MF nur in Form von Vormischungen (nicht weniger als 0,2 %) zugesetzt werden: nicht-antibiotische Leistungsförderer, Stoffe zur Verhütung bestimmter Krankheiten, Carotinoide, Spurenele-

11

mente und Vitamine. Zusatzstoffe dieser Gruppen dürfen nur an Betriebe abgegeben werden, in denen gewerbsmäßig Vormischungen hergestellt werden. Die Betriebe dürfen Vormischungen mit diesen Zusatzstoffgruppen nur an zugelassene Hersteller von MF abgeben.

Betriebe, die Vormischungen herstellen, in denen Vit A und D, Cu- und Se- Verbindungen, Wachstumsförderer, Kokzidostatika oder Antibiotika enthalten sind, oder diese in Verkehr bringen, unterliegen der Zulassungspflicht (nach FMH-VO 183/2005, Art. 10, 1b). Während Ergänzungs-FM auf der Stufe der Primärproduktion üblich sind, hat die direkte Verwendung von Zusatzstoffen den Verlust des Primärproduzentenstatus zur Folge (vgl. auch Kap. II.11.6.8). Die einzige Ausnahme für den Landwirt ist diesbezüglich die Verwendung von Silierzusatzstoffen.

11.6.3 Mischfuttermittel (MF)

Ein Misch-FM besteht allgemein aus Einzel-FM, die im Katalog (VO 575/2011) aufgeführt sind. Aus der Bezeichnung des MF muss hervorgehen, ob es sich um ein Allein- oder Ergänzungs-FM handelt, und für welche Tierart bzw. Tierkategorie es bestimmt ist (FMV-VO 767/2009, Art. 17) sowie Hinweise für eine ordnungsgemäße Verwendung.

Die Angaben über die Zusammensetzung des MF für LM-liefernde Tiere müssen die enthaltenen Einzel-FM in absteigender Reihenfolge ihrer Gewichtsanteile (= „halboffene Deklaration") enthalten, erlaubt ist aber auch die Angabe der jeweiligen Anteile in Prozent (= „offene Deklaration"). Bei Hervorhebung eines Einzel-FM ist immer der Gewichtsanteil in dem MF anzugeben.

Bei Misch-FM für Heimtiere, ausgenommen Hunde und Katzen, kann die Bezeichnung „Alleinfuttermittel" oder „Ergänzungsfuttermittel" durch „Mischfuttermittel" ersetzt werden (FMV-VO 767/2009, Art. 15).

Bei Misch-FM sind ferner das Mindesthaltbarkeitsdatum (bei leichtverderblichen Misch-FM „spätestens zu verbrauchen am … Tag, Monat, Jahr", bei den Übrigen: „mindestens haltbar bis … Monat, Jahr"), der Zeitpunkt der Herstellung, nach Monat und Jahr, der Name des verantwortlichen Herstellers sowie ggf. Fütterungshinweise anzugeben (FMV-VO, Art. 17).

In Allein-FM dürfen die Gehalte an Zusatzstoffen die in der VO 1831/2003 festgelegten Mindest- bzw. Höchstgehalte nicht unter- bzw. überschreiten. Bei Ergänzungs-FM ist durch Fütterungsanweisungen sicherzustellen, dass die für Allein-FM festgelegten Höchstgrenzen bei sachgemäßer Anwendung nicht überschritten werden (FMV-VO 767/2009, Anhang II).

MF, denen bestimmte Zusatzstoffe zugesetzt werden, sind nach Kap. 1 des Anhangs VI oder VII der FMV-VO 767/2009 wie folgt zu kennzeichnen:

a) Art des Zusatzstoffes (Antioxidanzien, färbende und Konservierungsstoffe),
b) bei Cu der Gehalt,
c) bei Stoffen zur Verhütung bestimmter Krankheiten, Vit A, D, E sowie nichtantibiotischen Leistungsförderern, Enzymen und Mikroorganismen: Gehalte an wirksamer Substanz, Endtermin der Garantie des Gehaltes oder Haltbarkeitsdauer vom Herstellungsdatum an. Bei Verwendung von Enzymen und Mikroorganismen ist zusätzlich deren Kennnummer, bei Antikokzidia und Antihistomoniaka sowie sonstiger zootechnischer Zusatzstoffe die Zulassungskennnummer des Betriebs anzugeben.

11.6.4 Diätfuttermittel
(Anlage 2a, FMV-VO)

MF, die einem in Anlage 2a aufgeführten besonderen Ernährungszweck dienen, ist nach FMV-VO 767/2009, Art. 18 in der Bezeichnung der Wortteil „Diät-" voranzustellen (Schutz des Terminus „Diät").

Die Anlage 2a der FMV-VO enthält ein Verzeichnis der „Besonderen Ernährungszwecke" (z. B. Verringerung der Gefahr der Acidose, Unterstützung der Nierenfunktion bei chronischer Niereninsuffizienz, Verringerung der Gefahr des Milchfiebers, Rekonvaleszenz).

Diät-FM müssen neben der Zweckbestimmung in der Kennzeichnung insbesondere die wesentlichen ernährungsphysiologischen Merkmale enthalten, die qualitativ und quantitativ zu beschreiben sind (Möglichkeit der vergleichenden Bewertung durch den Tierarzt oder Fachmann). Diät-FM können sowohl als Allein- wie auch als Ergänzungsfuttermittel konzipiert sein und sowohl prophylaktisch wie auch therapiebegleitend zum Einsatz kommen. Grundsätzlich sind alle Diät-FM frei im Handel verkäuflich, eine Monopolisierung der Vertriebswege (z. B. nur über Tierarztpraxen) ist nicht rechtskonform. Eine besondere Involvierung des Tierarztes ergibt sich nicht zuletzt bei der Beratung bzgl. der Fütterungsdauer von Diät-FM (Empfehlung zur Konsultation des Tierarztes vor einer Verlängerung der Fütterungsdauer ist Teil der Kennzeichnungsvorschriften nach Art. 14 der FMV-VO 767/2009).

Bei der Konzeption der Anlage 2a (Prinzip der Positivliste) ist es verständlich, dass neue Diät-FM erst auf den Markt gebracht werden können, wenn der besondere Ernährungszweck eine Aufnahme in das Positivverzeichnis erlangt hat. Die Kommission kann das Verzeichnis der Verwendungszwecke aktualisieren (streichen vorhandener Indikationen, Aufnahme eines neuen Verwendungszwecks). Die Aktualisierung erfolgt grundsätzlich nur auf Antrag, u. a. mit dem Nachweis, dass eine spezifische FM-Zusammensetzung auch dem vorgesehenen Ernährungszweck dienlich ist.

11.6.5 Unerwünschte Stoffe und Mittelrückstände von Pflanzen-/Vorratsschutz- oder Schädlingsbekämpfungsmitteln

Ihr Gehalt in FM darf nach § 23 der FM-VO die angegebenen Höchstgehalte (Anhang I der EG-Richtlinie 2002/32) nicht überschreiten. Soweit für Ergänzungs-FM keine Höchstgehalte festgelegt sind, gilt für diese der Höchstgehalt für die entsprechenden Allein-FM.

FM mit einem überhöhten Gehalt an einem unerwünschten Stoff dürfen nicht verfüttert werden und auch nicht zu Verdünnungszwecken mit anderen FM gemischt werden (= Verschnei-

dungsverbot, § 23 FM-VO). Geeignete Maßnahmen zur Dekontamination sind erlaubt, sofern die festgesetzten Höchstgehalte nach Behandlung nicht überschritten werden. Die hierfür vorgesehenen FM müssen speziell deklariert werden („Futtermittel mit überhöhtem Gehalt an …; nur zur Dekontamination durch anerkannten Betrieb bestimmt" oder „nur nach Reinigung zu verwenden").

11.6.6 Verbotene Materialien
(Anhang III der FMV-VO 767/2009)

Hierzu zählen mit Gerbstoffen behandelte Häute, Leder und deren Abfälle, kommunale Abfälle, *Candida*-Hefen (auf N-Alkanen gezüchtet), mit Holzschutzmitteln behandeltes Holz, einschließlich Sägemehl, Klärschlamm, Kot und Urin, Inhalte des Verdauungstraktes, vorbehandeltes Saatgut, Abfälle tierischen Ursprungs aus Restaurationsbetrieben, die keinem Verfahren zur Abtötung von Tierseuchenerregern unterzogen worden sind, Verpackungen und -teile, die aus der Verwendung von Erzeugnissen der Agrar- und Ernährungswirtschaft stammen.

Weitere Fütterungsverbote betreffen das Fett (nur noch in Deutschland) aus Geweben warmblütiger Landtiere (LFGB § 18) bei LM-liefernden Tieren sowie proteinhaltige Erzeugnisse und Erzeugnisse aus Geweben warmblütiger Landtiere an Nutztiere (außer Fische), die zur Gewinnung von LM gehalten werden. Ausgenommen sind generell Milch und Milcherzeugnisse, proteinhaltige Erzeugnisse und Fette aus Geweben von Fischen, die zur Verfütterung an Fische bestimmt sind. Fischmehl kann unter bestimmten Bedingungen wieder an alle LM-liefernden Tiere gefüttert werden, außer an Wdk. Die Verfütterung von Speiseresten an LM-liefernde Tiere (ausgenommen Fische) ist seit dem 1.1.2006 verboten.

11.6.7 Tierische Nebenprodukte
(EG-VO 1069/2009)

Längerfristig ist eine Nutzung von Schlachtnebenprodukten durchaus angestrebt, insbesondere zur Schonung begrenzter Ressourcen (Protein, Phosphate), allerdings unter Beachtung des

11

Intra-Spezies-Verbots. Bei garantierter Speziesreinheit ist prinzipiell heute eine Verwertung von Schlachtnebenprodukten möglich (Proteinmehle aus der Geflügelschlachtung beim Schwein bzw. aus der Schweineschlachtung beim Geflügel). Eine Verwendung derartiger Produkte bei adulten Wdk bleibt auf absehbare Zeit verboten.

In der **EG-VO 1069/2009** ist der gesamte Bereich der tierischen Nebenprodukte geregelt, die insbesondere bei der Schlachtung anfallen. Dabei sind u. a. die Kategorisierung und die daraus abzuleitenden Beseitigungs- bzw. Nutzungsmöglichkeiten beschrieben. In der Fütterung dürfen nur Kategorie-III-Komponenten Verwendung finden, d. h. Teile von genusstauglich bewerteten Tierkörpern. Auch das angesprochene Intra-Spezies-Verbot ist hier verankert (Art. 11 … mit verarbeitetem tierischen Eiweiß, das aus/von Tieren derselben Art gewonnen wurde!), ebenso das Verbot zur Fütterung von Nutztieren mit Küchen- und Speiseabfällen. Im Art. 10 der 1069/2009 findet sich eine Auflistung der Kategorie-III-Materialien, die überhaupt für eine Verfütterung in Frage kommen.

Tab. I.11.3: **Verfütterungsbeschränkungen für verarbeitete tierische Proteine[1] aus der Schlachtung von Nutztieren bzw. der Tötung von Heim-/Pelztieren (Niemann 2013)**

Herkunft der verarbeiteten Produkte[2]	Futtermittel für					
	Wdk	Schw	Gefl	Aquakultur	Heimtiere	Pelztiere
Wdk						
Schw		siehe [3]	siehe [4]			
Gefl		siehe [5]	siehe [3]			
Fische/ Aquakultur	siehe [6]			siehe [7]		
Heimtiere[8]						
Pelztiere[8]						

erlaubt   eingeschränkt erlaubt/verboten   verboten

[1] Gemäß Art. 7 in Verbindung mit Anhang IV der Verordnung (EG) Nr. 999/2001 des Europäischen Parlaments und des Rates vom 22. Mai 2001 mit Vorschriften zur Verhütung, Kontrolle und Tilgung bestimmter transmissibler spongiformer Enzephalopathien in der Fassung der Verordnung (EU) Nr. 630/2013 der Kommission vom 28. Juni 2013 (ABl. EU L 179/60 vom 29.6.2013).

[2] Nur Kategorie 3 gemäß Verordnung (EG) Nr. 1069/2009 des Europäischen Parlaments und des Rates vom 21. Oktober 2009 mit Hygienevorschriften für nicht für den menschlichen Verzehr bestimmte tierische Nebenprodukte und zur Aufhebung der Verordnung (EG) Nr. 1774/2002 (Verordnung über tierische Nebenprodukte) (ABl. EU L 300/1 vom 14.11.2009).

[3] Intra-Spezies-Verbot gemäß Art. 11 Abs. 1 a der Verordnung (EG) Nr. 1069/2009.

[4] Es ist beabsichtigt, diese Beschränkung aufzuheben, sofern die Speziesreinheit analytisch nachgewiesen werden kann. Ankündigung in der „Mitteilung der Kommission an das Europäische Parlament und den Rat: Zweiter Fahrplan für die BSE-Bekämpfung, Ein Strategiepapier zum Thema transmissible spongiforme Enzephalopathien (2010–2015)", KOM(2010)384 endgültig vom 16.7.2010, Abschnitt 2.2.3, S. 7 f.

[5] Es ist beabsichtigt, diese Beschränkung aufzuheben, sofern die Speziesreinheit analytisch nachgewiesen werden kann. Ein Entwurf liegt vor als Dok. SANCO/10471/2013 rev. 1.

[6] Fischmehl: an nicht abgesetzte Wiederkäuer (Kälber/Lämmer) zulässig.

[7] Verbot für verarbeitete Produkte von Zuchtfischen an dieselbe Art gemäß Art. 11 Abs. 1 d) der Verordnung (EG) Nr. 1069/2009.

[8] Rohstoff nicht Kategorie 3 gemäß Fußnote 2.

Unter Einschränkungen und speziellen Auflagen können folgende FM an **Nichtwiederkäuer** verfüttert werden: Fischmehl, aus Häuten und Fellen gewonnene hydrolysierte Proteine, Di-, Tricalciumphosphat. An **Wdk** können unter Einhaltung weitergehender Auflagen folgende FM verfüttert werden: Milch, Erzeugnisse auf Milchbasis und Kolostrum, Eier und Eiprodukte, von Nicht-Wdk gewonnene Gelatine. Die Herstellung vorgenannter FM unterliegt der FM-Herstellungs-VO. ❧

Seit 01.06.2013 ist eine Verwertung von Schlachtnebenprodukten warmblütiger Landtiere in der Fischfütterung, d. h. Aquakultur wieder erlaubt.

11.6.8 Anforderung an Betriebe
(FM-VO/FMH-VO/FMV-VO)

Hierbei ist zunächst zwischen Betrieben der Primärproduktion (Landwirt als MF-Hersteller) und der Nicht-Primärproduktion (insbesondere MF-Industrie) zu differenzieren. Mit der FMH-VO 183/2005 wurden auch für den Bereich der Primärproduktion nähere Anforderungen formuliert (Anhang I mit Hygiene-Vorschriften und Leitlinien für gute Verfahrenspraxis sowie Anhang III mit Vorgaben zur guten Fütterungspraxis).

Für FM-Unternehmen, die **nicht** zur Primärproduktion gehören, gelten besondere Anforderungen nach der FMH-VO (Anhang II) sowie der FM-VO §§ 28–34.

Bei den Anforderungen ist zwischen den zulassungs-, registrierungs- und anzeigebedürftigen Betrieben zu differenzieren: Die Auflagen für zulassungsbedürftige Betriebe sind – entsprechend dem Gefahrenpotenzial, das insbesondere mit der Verwendung bestimmter Zusatzstoffe korreliert – deutlich höher als für registrierungsbedürftige Betriebe (z. B. Landwirt als MF-Hersteller für den eigenen Tierbestand). So benötigen beispielsweise alle Betriebe, die MF unter Verwendung bestimmter Zusatzstoffe oder von Vormischungen mit Zusatzstoffen zur Verhütung der Kokzidiose herstellen, eine Zulassung. Zulassungsbedürftig sind auch Betriebe, die FM dekontaminieren und Betriebe, die Grünfutter oder FM unter Einwirkung von Verbrennungsgasen trocknen.

Besondere Erwähnung verdienen in diesem Zusammenhang Betriebe, in denen Fette und Öle tierischen und pflanzlichen Ursprungs be- und verarbeitet werden und welche dabei auch Futterfette gewinnen – neben anderen Produkten (z. B. „technische Fette"). Wegen der besonderen Risiken (z. B. Dioxin-Fälle) bedürfen auch diese Betriebe heute einer Zulassung.

Für den Fall, dass ein tierhaltender Betrieb Futterzusatzstoffe oder Vormischungen selbst in ein Mischfutter für die eigenen Tiere einmischt (z. B. organische Säuren zur Sicherung einer entsprechenden Hygiene im Flüssigfutter) wird der Betrieb dennoch nicht zu einem zulassungsbedürftigen MF-Hersteller, aber es sind damit zusätzliche Aufgaben der Dokumentation und auch die Etablierung eines (vereinfachten) HACCP-Konzepts verbunden (Art. 5 und 6 der FMH-VO 183/2005). Die einzige vorgesehene Ausnahme zur Verwendung von Futterzusatzstoffen direkt durch den landwirtschaftlichen Betrieb (Primärproduktion) betrifft die Silierzusatzstoffe (Art. 5, FMH-VO 183/2005).

Eine Registrierung ist beispielsweise ausreichend für Betriebe, die ausschließlich mit FM und Misch-FM handeln, ohne selbst Hersteller zu sein. Für eine Zulassung und Registrierung von Betrieben spielen neben technologischen Fragen (Ausstattung, Mischgenauigkeit, Vermeidung von Verschleppungen) nicht zuletzt die persönlichen Voraussetzungen des für den Betrieb Verantwortlichen (Kompetenz, Zuverlässigkeit) eine Rolle. Betriebe, die FM für Heimtiere in den Verkehr bringen, müssen dies der Behörde nur anzeigen.

11

11.7 FM-rechtliche Rahmenbedingungen in Österreich und der Schweiz

11.7.1 Österreich

Basis des FM-Rechts ist in Österreich das **FM-Gesetz** aus dem Jahre 1999 (i. d. g. F.) und die **FM-VO** aus dem Jahre 2010 (i. d. g. F.), die fortlaufend durch FM-VO-Novellen ergänzt wird (http://www.lebensministerium.at/land/produktion-maerkte/betriebsmittel-rechtsinfo/futtermittel.html).

Das **Tiermehl-Gesetz** (2000/2001) mit der Anpassungs-VO (2004) regelt die Verfütterung von tierischen Produkten an Nutztiere. Damit werden alle einschlägigen Rechtsakte der Europäischen Gemeinschaft umgesetzt. Die zuständige Behörde für die amtliche Futtermittelkontrolle auf der Ebene von Industrie, Gewerbe und Handel ist das Bundesamt für Ernährungssicherheit (BAES). Die Länder sind zuständig für die Kontrolle der Verwendung (Verfütterung) von FM auf dem landwirtschaftlichen Betrieb. LM werden rechtlich durch das **LM-Gesetz** (LM-Sicherheits- und Verbraucherschutzgesetz aus dem Jahre 2006) geregelt.

Im Unterschied zu anderen Ländern der EU ist in Österreich derzeit das Inverkehrbringen von gentechnisch verändertem Mais MON 863 und von gentechnisch verändertem Raps T45, Ms8, Rf3, Ms8xRf3 sowie Ölraps GT73 nach § 60 des Gentechnikgesetzes verboten (http://bmg. v.at/home/Schwerpunkte/Gentechnik/Rechtsvorschriften_in_Oesterreich/).

Die FM-GVO-Schwellenwert-VO (2001) legt für diese Produkte einen Schwellenwert für Verunreinigungen fest (http://www.lebensministerium.at/land/produktion-maerkte/betriebsmittel-rechtsinfo/futtermittel.html).

11.7.2 Schweiz

In der Schweiz basiert die FM-VO (vom 26.10.2011) auf dem **„Landwirtschaftsgesetz"** vom 29. April 2008, dem Umweltschutzgesetz (7.10.1983), dem Gentechnikgesetz (21.3.2003), Gewässerschutzgesetz (24.1.1991) und dem Bundesgesetz über technische Handelshemmnisse (6.10.1995). Die Einfuhr, Produktion und Verarbeitung, das Inverkehrbringen und die Verwendung von FM für Nutz- und Heimtiere werden über die „Verordnung über die Produktion und das Inverkehrbringen von FM" geregelt. Diese erstreckt sich über das Inverkehrbringen und die Verwendung von Einzel-FM, MF und Diät-FM sowie die Anforderungen an die Kennzeichnung, Verpackung und die Aufmachung. Außerdem werden die Zulassung, das Inverkehrbringen und die Verwendung von FM-Zusatzstoffen und Vormischungen geregelt. Des Weiteren sind Höchstwerte für unerwünschte Stoffe festgelegt und die Anforderungen an FM-Hygiene, Rückverfolgbarkeit und die Registrierung von Betrieben definiert. Genauere Angaben zu den Listen gemeldeter Einzel-FM, Diät-FM und zugelassener Zusatzstoffe werden in den Anhängen der Futtermittelbuch-VO (26.10.2011. Stand 1.7.2013) gelistet. Zudem werden hier unerwünschte und verbotene Stoffe aufgeführt, Zulassungsverfahren beschrieben, Toleranzen für Kontrollen angegeben, Näheres zur Kennzeichnung vorgegeben sowie Anforderungen an FM-Betriebe beschrieben. Das Bundesamt für Landwirtschaft ist für die Zulassung und Kontrolle zuständig, wohingegen das eidgenössische Departement für Wirtschaft, Bildung und Forschung spezifische Vorschriften für z. B. Analysen und Futtermitteltransport festlegen kann.

Das FM-Recht der Schweiz ist heute weitgehend mit dem EU-Recht harmonisiert. Doch trotz laufender Anpassung bestehen immer noch Unterschiede. Mehr Informationen über die Schweizerische Futtermittelgesetzgebung finden sich unter www.alp.admin.ch/themen. Dort wählen Sie unter „Futtermittelkontrolle" den Bereich „Gesetzliche Grundlagen".

Literatur

HAHN H, MICHAELSEN I (1996): *Mikroskopische Diagnostik pflanzlicher Nahrungs-, Genuss- und Futtermittel, einschließlich Gewürze.* Springer Verlag.

KAMPHUES J (2007): *Futtermittelhygiene: Charakterisierung, Einflüsse und Bedeutung.* Landbauforschung Völkenrode, Sonderheft 306: 41–55.

KERSTEN J, ROHDE HR, NEF E (2003): *Mischfutterherstellung; Rohwaren, Prozesse, Technologie.* Agrimedia GmbH, Bergen/Dümme.

KLING M, WÖHLBIER W (1977): *Handelsfuttermittel.* Bd. 1, Verlag Eugen Ulmer, Stuttgart.

MENKE KH, HUSS W (1987): *Tierernährung und Futtermittelkunde.* Ulmer, 3. Aufl., Stuttgart.

NEUMANN K, BASSLER R (1976): *Handbuch der landwirtschaftlichen Versuchs- und Untersuchungsmethodik.* In: Schmitt L (Hrsg.): Die chemische Untersuchung von Futtermitteln (Methodenbuch, Bd. III). Neumann, 3. Aufl., Neudamm, Melsungen, Berlin, Basel, Wien.

NIEMANN H (2013): *Persönliche Mitteilung.*

N. N. (2014): *Das geltende Futtermittelrecht 2013.* Allround Media Service, 26., erweit. Aufl., Rheinbach.

PETERSEN U, KRUSE S (2012): *Praxishandbuch Futtermittelrecht.* Behrs Verlag.

SEIBEL W (HRSG.) (2005): *Warenkunde Getreide.* Agrimedia GmbH, Bergen/Dümme.

SÜDEKUM KH (2005): *Möglichkeiten und Grenzen einer Standardisierung der in-situ-Methodik zur Schätzung des ruminalen Nährstoffabbaus.* Übers Tierernährg 33: 71–86.

SUSENBETH A (2005): *Bestimmung des energetischen Futterwerts aus den verdaulichen Nährstoffen beim Schwein.* Übers Tierernährg 33: 1–16.

11

II Beschreibung und Verwendung der Futtermittel

Als Futtermittel verwendete Komponenten zeigen eine Vielfalt hinsichtlich Herkunft, Gewinnung und Eigenschaften, die letztlich ihre Verwendung bei den verschiedenen Tierarten bestimmen. Von primärem Interesse sind dabei grundsätzlich die Energie- und Nährstoffgehalte im jeweiligen FM und darauf Einfluss nehmende Faktoren, z. B. die Bedingungen bei der Ernte und Gewinnung sowie bei der weiteren Be- und Verarbeitung bis zum Angebot des Futters im Trog.

Zu einer Charakterisierung von FM gehört aber auch die Beschreibung von möglicherweise nachteilig wirkenden Inhaltsstoffen und Kontaminanten, die in der Fütterung zu berücksichtigen sind.

Schließlich sind in diesem Zusammenhang auch die Zusatzstoffe zu berücksichtigen, die gerade wegen ihres Nährstoffgehaltes oder ganz anderer Funktionen im Futter selbst, im Tier oder auch in den von Tieren stammenden LM Verwendung finden.

Das Ziel der nachfolgenden Ausführungen ist somit die Vermittlung grundlegender futtermittelkundlicher Informationen als Voraussetzung für die art- und bedarfsgerechte Versorgung von Tieren in der Obhut des Menschen.

1 Grünfutter

1.1 Definition und allgemeine Eigenschaften

❙ Oberirdische Teile von Futterpflanzen, die ihr Wachstum noch nicht abgeschlossen haben. Herkunft:

- vom Dauergrünland
- vom Acker
- Koppelprodukte des Ackerbaus ❀

Allgemein wasserreiche (Wassergehalt 65–90 %), voluminöse, m. o. w. grüne, carotinreiche Pflanzenmasse mit – je nach Vegetationsstadium – unterschiedlichen Gehalten an Rohprotein, Rohfaser und Mineralstoffen. Hinsichtlich des Futterwertes sind in Grünpflanzen Blatt- und Stängelanteile unterschiedlich (Blattmasse > Stängelmasse). Die höchste Verdaulichkeit zeigt pflanzliches Gewebe der „Wachstumszone" (also dort, wo Zellteilung und -vermehrung ablaufen, z. B. in Knospen, Gräserspitzen). Die NfE-Fraktion ist der dominierende Anteil; allgemein: diverse Zucker; in ganzen Pflanzen der verschiedenen Getreidearten (GPS) zeigen sich – je nach Ausreifung – auch höhere Stärkegehalte. In Gräsern (v. a. Weidelgraszüchtungen) finden sich teils beachtliche Gehalte (bis zu 15 %) an bestimmten Zuckern (u. a. Fructane), die nur mikrobiell abbaubar sind. Bei einer näheren Charakterisierung der Gerüstsubstanzen nach NDF, ADF und ADL sind im Verlauf der Pflanzenentwicklung deutliche Veränderungen erkennbar (NDF: < 400 bis über 650 g/kg TS; ADF: < 200 bis über 350 g/kg TS). Der relativ stärkere Anstieg der ADF basiert im Wesentlichen auf der Zunahme der Lignin-Fraktion (= ADL). Grünfutter ist vorwiegend bei Herbivoren zu verwenden. Aber auch bei Schw, evtl.

sogar beim Gefl ist eine Nutzung von Grünfutter in gewissem Umfang möglich. Dabei verdient Erwähnung, dass das Protein aus Grünfutter vergleichsweise Lysin-reich ist und der Phosphor hier vorwiegend als Nicht-Phytin-Phosphor, d. h. in einer auch für den Monogastrier gut verwertbaren Form vorliegt. Das Rp aus dem Grünfutter zeigt bei Wdk eine rasche und hohe ruminale Abbaubarkeit (95 %). Zudem besteht eine positive Korrelation zwischen dem Rp-Gehalt und der ruminalen Abbaubarkeit des Grünfutters.

1.1.1 Grünfutter vom Dauergrünland

Auf dem Dauergrünland (Wiesen/Weiden) findet man allgemein Pflanzengesellschaften („Aufwuchs") aus Gräsern, Leguminosen und Kräutern (Unterschied zum Acker!).

Gräser: Entsprechend der Nutzungseignung einzuteilen in

- Mähgräser (≙ Obergräser, z. B. Wiesenschwingel, Wiesenlieschgras, Wiesenfuchsschwanz, Knaulgras, Glatthafer, Goldhafer, Rohrglanzgras)
- Weidegräser (≙ Untergräser, z. B. Deutsches Weidelgras, Wiesenrispengras, Gemeines Rispengras, Weißes Straußgras, Rotschwingel, Jähriges Rispengras)

Leguminosen: Weißklee, Wiesenrotklee, Bastardklee, Hornschotenklee, Wiesenplatterbse u. a.

Kräuter: Zahlreiche Arten, chemische Zusammensetzung abhängig von Boden, Düngung, Klima sowie Nutzungsart und -intensität; z. T. mit Futterwert (z. B. Löwenzahn, Spitzwegerich), andere ertragsmindernd (z. B. Gänseblümchen, Hornkraut) oder sogar giftig (z. B. Johanniskraut, s. Kap. III.3.1).

Ansaatmischungen: Je nach angestrebter Nutzung (Schnitt- bzw. Weidenutzung), Standortbedingungen und gewünschter Aufwuchszusammensetzung werden bei Neuansaaten bzw. Nachsaaten allgemein Mischungen von Samen und Saaten diverser Arten verwendet. Diese enthalten beispielsweise für reine Grasbestände 33 % Deutsches Weidelgras, 17 % Lieschgras,

10 % Wiesenrispe und 40 % Knaulgras; eine mögliche Klee-Gras-Mischung weist 20 % Rotklee, 13 % Weißklee, 33 % Wiesenschwingel, 17 % Lieschgras und 17 % Deutsches Weidelgras auf.

Zur Zusammensetzung und zum Futterwert von Grünfutter vom Dauergrünland siehe **Abbildungen II.1.1, II.1.2** sowie **Tabellen II.1.1, II.1.2, II.1.3**.

Abb. II.1.1: Einflüsse auf die Zusammensetzung und den Futterwert des Aufwuchses vom Dauergrünland.

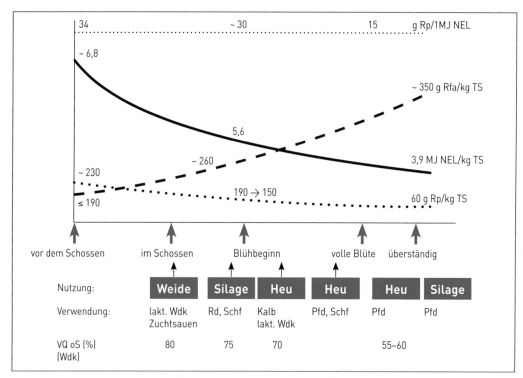

Abb. II.1.2: Veränderungen des Energie- und Nährstoffgehaltes im Grünfutter in Abhängigkeit vom Vegetationsstadium (intensiv genutzte Mähweide).

Tab. II.1.1: Rohprotein- und Mengenelementgehalte in Gräsern, Leguminosen und Kräutern (Stadium: Weide-/Silierreife)

	Rp	Ca	P	Mg	Na	K
	]--------------------------------------- g/kg TS ---------------------------------------[					
Gräser	140–170	5	3–4	1–2	1–(3)[2]	20–30[1]
Leguminosen, Kräuter	} 150–220	15 / 20	} 3–4	3,5–4 / ca. 5	≤ 1 / 1–2	15–25 / 20–30

[1] Bei intensiver Düngung auch bis zu 50 g/kg TS; [2] höhere Werte bei Lolium-Arten (Weidelgräser).

Tab. II.1.2: Einfluss des Bodens/der Düngung auf die chemische Zusammensetzung

geringe Gehalte zu erwarten

Ca	saure Böden, hohe Niederschläge; kaum durch Düngung beeinflusst
P	saure Böden, anhaltende Trockenheit, geringe P-Düngung
Mg	leichte Böden bei geringer Mg-Düngung, stark einseitige K-Düngung
S	Verzicht auf Düngung bei geringen S-Immissionen
Na	geringe Na-Zufuhr über Düngemittel, hohe K-Düngung, küstenferne Region
Mn	hohe pH-Werte im Boden (Kalkverwitterungsböden, hoch aufgekalkte Sandböden), starke Ca-Düngung, Trockenheit
Se	saure Böden, Urgesteinsböden; steigt nach Se-Düngung
Cu	Heide-/Moor-/Sandböden (abhängig von der Cu-Düngung)
Co	ausgewaschene Sandböden, Granit- und Gneisverwitterungsböden, fehlende Co-Düngung

hohe Gehalte zu erwarten

Na	Lolium-(Weidelgras-) Bestände
K	starke K-Düngung (bei Gramineen)
Jod	küstennahe Regionen

Tab. II.1.3: Einfluss von Vegetationsstadium und Nutzungszeitpunkt auf die chemische Zusammensetzung

zunehmende Gehalte	Rfa	(→ Abnahme der Verdaulichkeit)
	Ca	bis zum Blühbeginn
	Mg	bis zum Samenverlust
	Vit D	bei Zunahme des Trockenblattanteils
abnehmende Gehalte	Energie	(Lignifizierung ↑ → geringerer VQ)
	Rp / P	insbesondere bei Trockenheit
	Cu, Zn / Carotin	bei Absterben der Pflanze(nteile)

Entsprechend variieren die Gehalte zu verschiedenen Nutzungszeitpunkten.

Beachte: Veränderungen in der **Abbildung II.1.2** beziehen sich jeweils auf einen Aufwuchs. Bei gleichem Alter haben Gräser im Frühsommer mehr Halme und weniger Blätter als im Herbst, d. h. höhere Rfa-Gehalte, dennoch ist ein Herbstaufwuchs meist energieärmer. Bei der Heu- und Silagebereitung für die Pfd-Fütterung ist der Schnittzeitpunkt in Abhängigkeit von der Leistung der Tiere zu wählen (Erhaltungsbedarf: späterer Zeitpunkt; mittlere Arbeit: früherer Erntetermin zu empfehlen). Aus einem nicht passenden Erntetermin resultieren Risiken: Adipositas (früher Schnitt, hohe VQ) bzw. ggf. höhere KF-Mengen (spätere Ernte), die ihrerseits diverse, nicht zuletzt metabolische Effekte zur Folge haben.

Nutzung des Dauergrünlands

Wiese: Dauergrünland, das nur durch Mähen (ein- bis mehrmals/Jahr) genutzt wird. Aufwuchs wird frisch verfüttert oder zur Heu- oder Silagebereitung genutzt (**Abb. II.1.2, II.1.3**).

Der Nährstoffgehalt von Wiesenfutter ist abhängig vom Pflanzenbestand, vom Entwicklungsstadium der Pflanzen und von der Art der Konservierung. Je nach Anteil der Gräser, Leguminosen und Kräuter werden z. B. in der **Schweiz** insbesondere für die Wdk-Fütterung die folgenden 4 Mischbestände unterschieden:

1. **Gräserreicher Mischbestand:** Der Anteil der Gräser beträgt mehr als 70 % am Gesamtpflanzenbestand. Der Energiegehalt bei diesem Futter nimmt nach dem Blütenschieben stark ab. Im Vergleich zu den anderen Mischbeständen hat der Aufwuchs von gräserreichen Mischbeständen den niedrigsten Rp- und Ca-Gehalt.

2. **Leguminosenreicher Mischbestand:** Der Anteil der Leguminosen beträgt hier mehr als 50 %. Dazu gehören viele Kunstwiesen. Sowohl der Energie- als auch der Rp-Gehalt ist sehr hoch.

3. **Kräuterreicher Mischbestand:** Dieser Bestand besteht zu mehr als 50 % aus Kräutern oder zu mehr als 50 % aus Kräutern und Leguminosen. Aufwuchs in frühem Vegetationsstadium ist sehr energiereich, mit zunehmendem Alter geht aber die Verdaulichkeit und damit der Energiegehalt sehr stark zurück. Kräuterreiches Futter ist sehr Ca-reich.

4. **Ausgewogener Mischbestand:** Der Anteil an Gräsern variiert zwischen 50 und 70 %, an Leguminosen zwischen 20 bis 30 % und an Kräutern zwischen 10 und 20 %.

Bei gräserreichem und ausgewogenem Mischbestand wird zusätzlich noch unterschieden, ob die Loliumgräser dominieren. Wenn diese mehr als 50 % der Gräser ausmachen, ist das Futter energiereicher, als wenn andere Gräserarten stärker vertreten sind.

Weide: Dauergrünland mit trittfestem Untergrund, das durch Weidetiere genutzt wird.

Allgemeines Ziel: Hohe Flächenerträge bei kontinuierlichem Angebot eines m. o. w. gleichmäßig zusammengesetzten Aufwuchses. Entwicklung zur Mähweide mit wechselnder Nutzung (Weiden, Mähen) und frequentem Umtrieb (kurze Fress- und lange Ruhezeiten).

Nutzungskriterien

Besatzstärke: KM (dt) der aufgetriebenen Weidetiere pro Fläche (ha), die während der gesamten Weidesaison zur Verfügung steht.

Besatzdichte: KM (dt) der Weidetiere pro jeweils zugeteilter Weidefläche in ha (z. B. pro Tag oder pro Woche). Siehe auch **Tabelle II.1.4.**

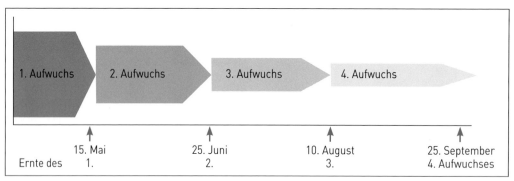

Abb. II.1.3: Erntezeitpunkte und Massenerträge bei mehrmaliger Nutzung des Aufwuchses vom Grünland (Bereitung von Silage bzw. bei günstigen Witterungsbedingungen von Heu).

Tab. II.1.4: **Nutzungskriterien für Dauergrünland durch verschiedene Tierarten**

	Besatzstärke, dt pro ha Gesamt-weidefläche	Intensitätsstufe	Dauer der Beweidung	Besatzdichte, dt pro ha zugeteilte Fläche
Milchkuh	5–10	Standweide	ständig	5–10
	10–15	Koppelweide	2–3 Wochen	50–100
	15	Umtriebsweide	1 Woche	150–250
	20–25	Portionsweide	1–2 Tage	500–1000
	20–25	Intensivweide ohne Umtrieb[1]		20–25
Mastrinder	15–20	Stand-, evtl. Umtriebsweide[2]	ständig	15–20
Schafe	10	Umtriebsweide[3]	1 Woche	120–180
Sauen, trgd	15–30	Umtriebs- oder Portionsweide[4]	1 Tag bis 1 Woche	500
Pferde	10	Koppelweide[5]	2–3 Wochen	30

[1] Standweide mit ständiger intensiver Düngung der von Tieren besetzten Fläche: durchschnittlich 1–2 kg N/ha/Vegetationstag; Einzelgaben (in dreiwöchigem Abstand) nicht über 40 kg/ha (Risiken → Nitratvergiftung), Erträge wie bei Portionsweiden, aber weniger Arbeit.
[2] Intensivierung bei Mastbullen schwierig, feste Zäune notwendig.
[3] Intensivierung aufwendig, da Notwendigkeit für Knotengitter; bei Koppelschafhaltung üblich.
[4] Nur bei jungem Gras, 4- bis 6-tägiger Wechsel, täglich nur begrenzte Weidezeit, sonst Schädigung der Grasnarbe durch Wühlen.
[5] Bei größeren Pferdeherden, sonst gemischter Bestand (Pferd:Rind 1:10) oder ausreichend große Flächen.

Düngung

Art und Intensität der Düngung sind in der Grünlandbewirtschaftung wie im Ackerbau sehr unterschiedlich; zu beachten sind hierbei nicht zuletzt rechtliche Rahmenbedingungen (u. a. Dünge-VO), die mögliche nachteilige Effekte auf die Umwelt (Schutz der Böden und des Grundwassers) minimieren sollen. So werden beispielsweise die **Zeit** der Ausbringung von Düngern und auch die Düngemittel-/Nährstoff**mengen** pro Flächeneinheit begrenzt. Die Düngungsmaßnahmen erfolgen heute allgemein auf der Basis von Bodenanalysen, wobei die Versorgung des Bodens mit den einzelnen Nährstoffen sowie der zu erwartende Nährstoffentzug über die geerntete Pflanzenmasse Berücksichtigung finden.

Bei den Düngungsmaßnahmen ist zu differenzieren zwischen den

- wirtschaftseigenen Düngern (Mist, Gülle, Jauche),
- Handelsdüngern,
- sonstigen Düngern (z. B. Komposte aus organischen Abfällen),

deren Nährstoffgehalte sehr unterschiedlich sind (vgl. auch **Tab. II.1.5**).

Tab. II.1.5: **Wirtschaftseigene Düngemittel, Zusammensetzung (kg/m³)**

	Rd-Gülle	Schw-Gülle	Hühner-Exkremente	Jauche	Stallmist		
					Rd	Schw	Pfd
oS	73,0	74,0	98,0	–	–	–	–
N	4,7	6,7	10,7	2,0	3,97	2,68	11,8
K_2O	5,9	3,7	4,8	6,0	8,81	3,48	9,24
P_2O_5	2,4	5,8	5,9	0,1	2,38	1,54	2,89
CaO	2,5	4,5	16,0	–	–	–	–
MgO	0,6	0,8	0,9	–	–	–	–

Die Zusammensetzung der Handelsdünger ist ebenfalls sehr variabel, zu differenzieren ist hierbei zwischen

- mineralischen (z. B. Kalkammonsalpeter) und organischen Nährstofflieferanten (z. B. Harnstoff),
- Einzelnährstoff- und Mehrnährstoffdüngern (reine N-, P-, K- und Mg-Dünger bzw. Kombinationen),
- Bodendüngern (im Wesentlichen kalkhaltige Verbindungen),
- Ergänzungen mit speziellen Nährstoffen (Na, S, Cu, Se).

Aus Sicht der Tierernährung sind Düngungsmaßnahmen von Interesse, da durch sie folgende Faktoren beeinflusst werden:

- die Flächenerträge (Masse an Pflanzen, Samen)
- die botanische Zusammensetzung des Aufwuchses (z. B. N-Einfluss auf Leguminosen)
- die chemische Zusammensetzung des Aufwuchses (z. B. N-Gehalt und -Qualität, → NO_3^--Gehalt, Gehalt an Mengen- und Spurenelementen) und damit evtl. auch
- die Disposition für bestimmte Gesundheitsstörungen (z. B. Weidetetanie)

Die Verbindung zwischen Tierernährung und Düngung ist aber auch aus umgekehrter Sicht von Bedeutung: Über die Futterzusammensetzung (z. B. N-, P-, Cu-, Zn-Gehalt) wird ganz entscheidend die chemische Zusammensetzung der wirtschaftseigenen Dünger (Gülle) bestimmt. Gerade die futtermittelrechtlich etablierten Konzepte einer rohprotein- und phosphorreduzierten MF-Zusammensetzung sind ein Beleg für derartige praxisrelevante Interaktionen.

Schließlich verdient Erwähnung, dass Düngemittel auch als Kontaminanten (z. B. Beweidung von Flächen, die kurz zuvor gedüngt wurden) bzw. als Eintragsquelle für unerwünschte Stoffe (z. B. Cadmium in Düngemitteln aus kommunalen Abfällen wie Klärschlamm) auftreten können. Auch die Verbreitung bestimmter Mikroorganismen (und von ihnen produzierter Toxine) steht möglicherweise in Zusammenhang mit der forcierten Verwendung bestimmter Wirtschaftsdünger (z. B. Mist aus der Geflügelhaltung).

Im Schossen variieren die ADF-Gehalte von Weideaufwuchs im Bereich von 240–250 g/kg TS, während die NDF-Gehalte um 450 g/kg TS schwanken. Aufwuchs im späteren Vegetationsstadium (Blüte/überständig) erreicht Werte um 300 g ADF bzw. 500 g NDF/kg TS (**Tab. II.1.6**).

Tab. II.1.6: **Energie- und Nährstoffgehalte in Futtermitteln vom Dauergrünland (Angaben pro kg TS)**

	TS g/kg uS	Rfa g	Rp g	NEL MJ	ME$_{Wdk}$ MJ	Carotin, mg	Ca g	P g	Mg g	Na g
Wiesengras[1]										
im Schossen	180	239	172	6,33	10,5	>500	6,7	4,4	2,2	0,6
nach der Blüte	290	348	69	5,07	8,62	0–100	5,5	3,4	1,7	0,3
Weidegras[1]										
im Schossen[3]	175	234	200	6,29	10,2	800	5,1	3,4	1,7	1,1
Beginn der Blüte	220	264	191	5,64	9,14	636	5,5	3,6	1,8	0,5
Ende der Blüte	240	317	154	4,96	8,08	125	7,5	3,6	2,2	0,4

[1] Obergrasbetont; [2] Untergrasbetont; [3] Weidereif: Ausbildung der Halme, Aufwuchs mit → 20 cm Höhe.

1.1.2 Grünfutter vom Acker

Unter den Grünfutterpflanzen vom Acker hat der Mais flächenmäßig die mit Abstand größte Bedeutung. Die Ausdehnung des Maisanbaus erfolgte auf Kosten anderer Futterpflanzen aus dem Hauptfruchtbau; dabei wird der Mais aber nicht nur als Grünfutter bzw. zur Silomaisernte angebaut, sondern auch zur Gewinnung von Maiskolbenprodukten bzw. Maiskörnern (s. Getreide) bzw. als „Energiepflanze" (Biogasproduktion). Siehe auch **Abbildung II.1.4** zum Futterwert der Maispflanze.

Bei Ernte der ganzen Pflanze ist zu unterscheiden zwischen der Nutzung als Grünmais (auch schon vor/in der Kolbenbildung) bzw. als Silomais (erst in der Teigreife wird die nicht mehr ganz grüne Pflanze samt Kolben geerntet, gehäckselt und einsiliert; s. Kap. II.2.2). Im frühen Vegetationsstadium (Milchreife) weist sie hohe Zucker- und niedrige Stärkegehalte, später (Ende Teigreife) jedoch hohe Stärke- und geringe Zuckergehalte auf. Beachte Besonderheit der ganzen Maispflanze: mit zunehmender Ausreifung abnehmende Rfa-Gehalte (infolge des zunehmenden Kolben-/Kornanteils!), d. h. höhere Verdaulichkeit (vgl. Kap. II.2.6).

Die Maispflanze steht seit Jahren im Zentrum entsprechender Bemühungen in der Pflanzenzucht, um für diverse Nutzungen (nur Körner, nur Kolben, ganze Pflanze) die zur Nutzung und zum Standort passenden Sorten zu entwickeln. Gentechnisch eingeführte Veränderungen betreffen bisher insbesondere Resistenzeigenschaften (Maiszünsler/Herbizide).

Nach dem Mais hat der Anbau von Getreide zur Gewinnung von „**G**anz-**P**flanzen-**S**ilagen" (z. B. Weizen-/Gerste-GPS) sowie von besonderen Futtergräsern (z. B. polyploide Weidelgräser) auf dem Acker eine größere Bedeutung erlangt. Traditionell gehören zu den Futterpflanzen aus dem Hauptfruchtbau auch Luzerne und Rotklee (**Tab. II.1.7**).

Im Zwischenfruchtbau haben heute Futtergräser die größte Bedeutung, gefolgt von Grünraps, Stoppelrüben mit Blatt und (regional) noch der Markstammkohl. Nicht zuletzt zählt das Rübenblatt als Koppelprodukt aus dem Zuckerrübenanbau noch zum Grünfutter.

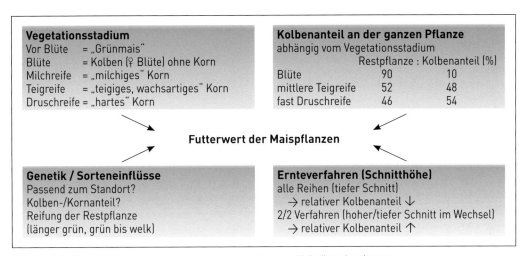

Abb. II.1.4: Faktoren, die den Futterwert der Maispflanze bzw. von Maissilage bestimmen.

Tab. II.1.7: **Chemische Zusammensetzung von Acker-Grünfutter (Angaben pro kg uS)**

	TS g	Rfa g/kg		Rp g	NEL Wdk MJ	ME Wdk MJ	ME Schw MJ	Carotin mg	Ca g	P g	Na g
		uS	TS								
Hauptfrüchte											
Mais											
– Beginn der Kolbenbildung[1]	160	41	256	17	0,93	1,62	1,03	10–25	0,7	0,5	0,1
– Teigreife[2]	270	25	215	25	1,68	2,86	2,52	10–15	1,0	0,7	0,1
– Ende der Teigreife	320	62	194	27	2,10	3,40	–	5	1,1	0,8	0,1
Weizen-GPS	450	102	227	41	2,45	4,18	–	5	1,2	1,2	0,3
Gerste-GPS	450	102	227	44	2,54	4,31	–	5	0,8	1,0	0,1
Rotklee (in der Knospe)	200	44	220	37	1,26	2,14	1,78	30–90	2,8	0,6	0,1
Rotkleegrasgemisch	180	38	211	33	1,17	1,89	1,75	100	2,1	0,5	0,1
Luzerne	190	46	242	43	1,14	1,87	1,67	30–90	3,5	0,6	0,1
Zweit- und Herbstzwischenfrüchte											
Ackerfuttergras	180	40	222	36	1,10	1,90	1,40	–	1,2	0,6	0,2
Futterraps	120	21	175	23	0,84	1,36	–	10–20	3,0	0,6	0,4
Stoppelrüben mit Blatt	95	13	137	19	0,67	1,06	1,03	60	2,4	0,7	0,8
Winterzwischenfrüchte											
Grünroggen (Ährenschieben)	170	53	312	22	1,11	1,83	–	10–15	0,7	0,7	0,2
Winterraps (v. d. Blüte)	110	14	127	25	0,77	1,24	–	10–20	1,8	0,5	0,2
Landsberger Gemenge[3]	160	36	225	27	0,96	1,58	1,47	30	1,4	0,5	0,1
Nebenprodukte des Ackerbaus											
Zuckerrübenblatt											
– verschmutzt[4]	170	19	112	27	0,99	1,61	–	5–10	2,0	0,4	1,5
– sauber	160	17	106	25	1,04	1,68	1,34				

[1] Milchreife, bei Druck tritt milchige Flüssigkeit aus;   [2] Körner plastisch verformbar;   [3] Weidelgras, Inkarnatklee, Zottelwicke;
[4] Ra-Gehalte in der TS von > 30 %.

Beachte: Leguminosen und Cruciferen haben höhere Ca- und Mg-Gehalte als Gramineen, Cruciferen relativ hohe Na- und P-Gehalte.

Bei Grünfutter vom Acker: evtl. aufgrund der Erntetechnik folgende zusätzliche Risiken (unabhängig von den Pflanzeninhaltsstoffen; s. Kap. III):

- Verschmutzung, vor allem erdige Verunreinigungen,
- erhöhter NO_3^--Gehalt, evtl. auch durch Unkräuter (z. B. Melde, Nachtschatten),
- Kontaminationen des Grünfutters mit Giftpflanzen (z. B. Nachtschatten in Silomais, Bingelkraut in Rüben- und Feldgrasbeständen).

Verwendung

Zur Verwendung von Grünfutter vom Acker siehe **Tabelle II.1.8**.

Tab. II.1.8: **Empfohlene Tageshöchstmengen von Grünfuttermitteln (kg uS)**

Futtermittel	Milch-Rd	Schf	Pfd[1]	trgd Sauen
Weidegras	ad libitum	ad libitum	ad libitum	ad libitum
Luzerne, Rotklee, Landsberger Gemenge	45–50	5	25	8–10
Grünmais	35	4	25	5–10
Futterraps	35[2]	2	–	5
Zuckerrübenblatt, frisch	40	3	–	5–10
Stoppelrüben mit Blatt	45	3	–	5–10
Markstammkohl	15[3]	1	–	–

[1] Für Pfd mit 500 kg KM; [2] bis 1/3 der Grundfutter-TS; [3] kurzfristig auch höhere Mengen, insbesondere an Mast-Rd.

2 Grünfutterkonserven

Für die Verwendung von Grünfutter auch außerhalb der Vegetation (d. h. im Winter) bedarf es einer Haltbarmachung der geernteten Pflanzen. Die Bevorratung des Grünfutters setzt dabei eine Konservierung voraus, und zwar durch Trocknen (Heu/Grünmehl), durch eine Silierung (Silage) oder auch mittels einer Alkalisierung (Harnstoff-/NH$_3$-Konservierung von feuchtem Grundfutter).

2.1 Trocknen (Heu, Trockengrün)

2.1.1 Heu

Getrocknetes Grünfutter von Wiesen, Mähweiden, seltener vom Acker mit m. o. w. erhaltenen originären Pflanzenstrukturen; Bezeichnung nach Pflanzenart (z. B. Gräser-, Klee- bzw. Luzerneheu) sowie nach dem Schnitt (Heu aus dem 1. Schnitt = 1. Aufwuchs; 2. Schnitt = Grummet). Heu ist ein vergleichsweise teures Grundfutter (Ernteaufwand, Energie- und Nährstoffverluste, im Vergleich zur Silagebearbeitung höhere witterungsabhängige Risiken → Verderb/Totalverlust). ✱

Wenn Grünlandflächen wegen besonderer Auflagen des Biotop-/Naturschutzes erst sehr spät genutzt werden dürfen, ist eine Heugewinnung eher zu empfehlen als eine Silagebereitung (zu geringer Gehalt an leicht vergärbaren Zuckern und Nitrat; zu hoher Rfa-Gehalt → sperrig, schlecht zu verdichten).

Einsatz vorwiegend bei Herbivoren, insbesondere bei Pfd und Kälbern, evtl. auch Milchkühen (peripartal, zum Laktationsbeginn, in der TMR), weniger bzw. seltener bei tragenden Sauen. Als strukturiertes Grundfutter besonders empfehlenswert für Kan und kleine Nager. Bei moderatem Energiebedarf kann Heu auch nahezu alleiniges Futter für Wdk, Pfd und andere Pflfr sein. **Erntezeitpunkt** (s. **Abb. II.1.2**).

Gewinnungsverfahren

Bodentrocknung: Standardverfahren der Heugewinnung (geschnittenes Pflanzenmaterial verbleibt bis zum entsprechenden Trocknungsgrad im Freien), das trockene Gut (Heu) wird lose oder verdichtet (Klein-/Großballen) eingebracht (**Tab. II.2.1**); größtes Risiko bei geringsten Kosten: Erfolg abhängig von günstiger Witterung. Wird aufgrund weniger günstiger Witterungsbedingungen das Material häufiger gewendet, eingeschwadet und wieder gestreut, steigen die Bröckelverluste (Blattmasse!) immer stärker an (und am Ende werden v. a. verholzte Halme geerntet).

Reutertrocknung: Reuter = Vorrichtungen (Holzgestelle, Drähte u. Ä.), auf die das frische Grünfutter aufgehängt/abgelegt wird, um abzutrocknen; ohne Bodenkontakt, kein Wenden → Minimierung von Bröckelverlusten, hoher Arbeitsaufwand, jedoch gerechtfertigt:
- in Gebieten mit hohen Niederschlägen,
- für Futterpflanzen mit hohen Bröckelverlusten bei Bodentrocknung (Klee, Luzerne).

Unterdachtrocknung: Gras wird im Freien vorgetrocknet auf ca. 40 % Wassergehalt, mit Kaltluft im Stapel nachgetrocknet auf 15 % Wassergehalt. Belüftung nach Einfahren nur, wenn unter 70–80 % rel. Luftfeuchtigkeit, Schwitzwasser auch bei Regentagen abziehen, falls Wassergehalt im Heu unter 25 %; Belüftung nur bei trockenem Wetter; Temperaturkontrolle im Heustock: max. 40 °C! Spätestens ab 70 °C Gefahr der Selbstentzündung; Systeme der Belüftung von unten mit mehreren Schornsteinen oder Mittelkanal mit Abzug nach außen.

Tab. II.2.1: **Arbeitsvorgänge in der Heugewinnung**

1. Tag	mähen:	Schneiden des Aufwuchses.
	„zetten" mit Aufbereitung:	Dem Mähen direkt nachgeschalteter Arbeitsgang, der auf ein Splei-ßen der Halme zielt, damit auch diese schnell ihre Feuchtigkeit abge-ben (verkürzt die Trocknungszeit).
	streuen/wenden:	Wiederholtes Auflockern soll eine allseitige Feuchtigkeitsabgabe (Wind, Sonneneinstrahlung) fördern.
	aufzeilen/einschwaden:	Zusammenrechen des breitflächig ausgebreiteten Gutes auf lange Reihen (Minimierung des Wiederfeuchtwerdens durch nachts einset-zende Taunässe).
2. Tag	streuen:	Angetrocknetes Heu ausbreiten, ein- bis zweimal wenden, aufzeilen/einschwaden vor Taunässe.
3.–5. Tag	zunächst wie 2. Tag	Dann je nach Grad der Trocknung einfahren, stapeln; Wassergehalt darf beim Einfahren max. 20 % betragen, die gewünschte Lagerfähig-keit ist aber erst bei Feuchtegehalten von ≤ 14 % gegeben.

Eine Sonderform der Unterdachtrocknung stellt die Gewinnung von sogenanntem „Belüftungs-heu" dar. Nach Vortrocknen im Freien wird das Erntegut eingefahren und nur belüftet (ohne zusätzlichen Energieaufwand für Wärme); hocheffiziente Raumluftentfeuchtungsanlagen entziehen dem aus dem Trocknungsgut austre-tendem Luftstrom die Feuchte. Dabei müssen innerhalb von ca. 2 Tagen TS-Gehalte im „Heu" von 86–87 % erreicht werden, wenn Verderb und Selbstentzündung vermieden werden sol-len. Der Aufwand lohnt sich, wenn junger Auf-wuchs geerntet wird, ohne dass Bröckelverluste im Freien entstanden sind (hohe Verdaulichkeit, Proteingehalte und Akzeptanz), d.h. es kommt zur Gewinnung eines konservierten Grobfutters mit dem Wert eines Kraftfutters.

Fermentation im eingelagerten Heu
Läuft insbesondere in den ersten Tagen nach Ein-lagerung bei Wassergehalten von > 15 % beson-ders im Zentrum des Heustapels ab. Temperatu-ren normalerweise 35–40 °C (Fermentations-wärme), ab 70 °C Gefahr der Selbstentzündung. **Dauer der Fermentation:** 6–8 Wochen („Heu-schwitzen"); Wasser aus dem Zentrum (wärmer) des Heustapels kondensiert in den äußeren Schichten (kühler); Wasserabgabe bei intensiv gepressten Ballen in dichter Lagerung erschwert

→ Verderb. Während der Fermentationsphase (ca. 6 Wochen) sollte Heu noch nicht verfüttert wer-den (erhöhter Keimgehalt). Bei längerer Dauer höherer Temperaturen im Heu zunehmende Ver-änderungen in der Mikroflora (zunächst normale Epiphyten, dann thermotolerante, schließlich thermophile Pilze; insbesondere Spezies wie z.B. Actinomyces mit besonderen Risiken für die Ge-sundheit des Atmungstraktes von Pfd). **Vorteile der Fermentation:** Aromatisierung; Gifte des Hahnenfußes werden abgebaut, Gifte anderer Pflanzen, wie Herbstzeitlose, bleiben jedoch erhalten (vgl. **Tab. III.3.1**).

2.1.2 Trockengrün
Gewinnung mit künstlicher Trocknung, d.h. mittels Heißluft (500–800 °C); durch die Ver-dunstungskälte des Wassers wird die Tempera-tur im Trocknungsgut auf ca. 60 °C begrenzt; bereits ab 80 °C kommt es zu erheblichen Ein-bußen im Futterwert durch eine Eiweißschädi-gung („Rösteffekte").
Vortrocknung im Freien ist zwar kostensparend, führt aber zu Atmungs- und Carotinverlusten (**Tab. II.2.2**).
Während der Carotingehalt in Abhängigkeit von der Trocknungsart und -dauer abnimmt, steigt der Vit-D$_2$-Gehalt mit der Sonneneinwirkung an (**Tab. II.2.3**).

Tab. II.2.2: **Verluste bei der Heugewinnung bzw. Trocknung von Grünfutter**

	Energie-verluste (%)	Verluste durch			
		Atmung[1]	Bröckeln	Auswaschung	Fermentation
Bodentrocknung					
– gut	30– 40	+	++[2]	–	+
– schlecht	50–100	+	+++	+++[3]	++
Reutertrocknung	25–35	+	+[4]	+	+
Unterdachtrocknung	20–25	+	–	–	+/–
künstliche Trocknung	5	–	–	–	–

–/+/+++ = keine, mäßige bzw. sehr hohe Verluste; [1] Veratmung von Kohlenhydraten u. a., solange Grünmasse feucht; [2] hohe Verluste bei Klee, Luzerne; [3] Auswaschung von Kohlenhydraten, Mineralstoffen, löslichen Proteinen; [4] Verluste beim Einfahren.

Tab. II.2.3.: **Veränderungen des Vitamin-gehalts während der Trocknung**

Art der Trocknung	β-Carotin, mg/kg TS	Vitamin D_2, IE/kg TS
Bodentrocknung	10– 0	1000
Reutertrocknung	40– 3	500
Unterdachtrocknung	100–40	250
künstliche Trocknung	200–60	0

Nach dem Trocknen wird das Trockengrün unterschiedlich stark zerkleinert, d. h. es kann direkt als Grünmehl eingesetzt oder pelletiert werden. Luzerne-Häcksel u. ä. Produkte aus der künstlichen Trocknung haben eine erhebliche Verbreitung in sogenannten „Müsli-MF" (für Pfd, Kälber, aber auch herbivore Heimtiere wie Kleinsäuger oder Reptilien) gefunden. Nur gröber zerkleinertes Trockengrün (mit Faserlängen bis zu einigen cm) kann auch zu Briketts verpresst/verdichtet werden. Der Vorteil solcher Briketts liegt im Erhalt einer gröberen Struktur, die insbesondere für die Art und Geschwindigkeit der Futteraufnahme von Bedeutung ist (erfordert eine intensivere Kauaktivität vor dem Abschlucken). Im Vergleich zu normalem Heu oder auch Grünmehl sind die höhere Verdichtung (Volumen ↓), eine geringere Staubentwicklung sowie eine gewisse Hygienisierung (Oberflächenminderung, Druck, Temperatur) im Herstellungsprozess besondere Vorteile der pelletierten oder brikettierten Trockengrünprodukte. ✤

Tab. II.2.4: **Energie- und Nährstoffgehalte von Heu (Orientierungswerte je kg uS)**

Heu mittlerer Qualität, obergrasbetont		Mengenelemente (g)		Spurenelemente (mg)		β-Carotin (mg)
Rp, g	80	Ca	5	Cu	6	
Rfa, g	280	P	2,4	Zn	25	
ME_{Wdk}, MJ	7,4	Mg	1,5	Mn	130	5–10
NEL, MJ	4,5	Na	<1	Se	<0,1	
ME_{Schw}, MJ	6,0	K	20	I	0,2	
ME_{Pfd}, MJ	6,3	Cl	8	Co	0,1	

2

Trockengrün findet besonders in der Fütterung herbivorer Spezies Verwendung, wie Pfd und Kan, aber auch als „Kraftfutterersatz" in der Milchkuhfütterung (höherer Anteil an Bypass-Protein). Des Weiteren werden Grünmehle auch als MF-Komponente bei diversen Spezies (Schw, Kan, Mschw, Gefl, evtl. sogar bei Flfr) aus diätetischen Gründen eingesetzt.

Im Vergleich zu den Werten in **Tabelle II.2.4** Merkmale einzelner/besonderer Heuqualitäten:
Untergrasbetontes Heu: Allgemein rohfaserärmer, d. h. höherer Futterwert.
Klee- und Luzerneheu: Protein-, calciumreicher; Rfa-Gehalt sehr variabel.
Trockengrün: Allgemein rohfaserärmer, proteinreicher, da früher geerntet; aus Klee und Luzerne → hohe Ca-Gehalte (> 15 g/kg).
Ebenso haben künstlich getrocknete Produkte aus der ganzen Maispflanze (kein Grünmehl i. e. S.) einen hohen Futterwert, der eine Verwendung als „KF-Ersatz" erlaubt (z. B. bei Pfd und Rd). Die vorgeschriebene Nutzung der Abwärme aus Biogasanlagen schafft die ökonomischen Voraussetzungen für die an sich teure künstliche Trocknung diverser Produkte (Heu- bzw. Mais-Cobs u. Ä.).

2.2 Silieren

Unter anaeroben Bedingungen bilden epiphytische und/oder zugesetzte Mikroorganismen aus den im Siliergut enthaltenen Zuckern primär Milchsäure (MS), die insbesondere über eine pH-Wert-Reduktion eine Konservierung (Erhalt von Futterwert/Lagerfähigkeit) bewirkt.
Dieses Konservierungsverfahren sichert die Lagerfähigkeit wasserreicher FM, vermindert die Risiken der Ernte, da die Aufbereitung weniger wetterabhängig ist und schafft durch MS-Gärung (pH ↓) ein bekömmliches Futter, das allgemein gut aufgenommen wird (**Tab. II.2.5**).
Wegen der Bedeutung von Mais- und Grassilagen in der Fütterung von Milchkühen, insbesondere zur Sicherstellung einer ausreichenden Versorgung mit „Struktur" (früher: „strukturierte Rfa") sind in **Abbildung II.2.6** auch die NDF-Gehalte dargestellt, die in Verbindung mit Ergebnissen aus der Siebanalyse schließlich die Zufuhr an peNDF bestimmen.

Tab. II.2.5: **Chemische Zusammensetzung von Silagen (pro kg uS)**

	TS g	Rfa g	Rp g	ME_{wdk} MJ	NEL MJ	ME_{schw} MJ	Carotin mg	Ca g	P g	Na g	K g
Gerste-GPS	300	86	28	2,64	1,53	–	–	1,2	1,1	0,1	5,0
Maissilage											
– Teigreife	270	61	24	2,84	1,70	2,40	1	0,9	0,7	<0,1	3,5
– Ende der Teigreife	320	65	27	3,42	2,06	3,10	<1	0,9	0,8	<0,1	3,8
Grassilage (im Schossen)											
– nass	180	46	28	1,79	1,06	–	9	1,2	0,7	0,2	5,1
– angewelkt	350	90	56	3,51	2,07	2,56	17	2,3	1,4	0,4	9,8
Grünrapssilage											
– Beginn der Blüte	130	27	22	1,35	0,82	–	6	1,6	0,5	0,2	3,0
Stoppelrübensilage (m. Blatt)	130	23	21	1,28	0,79	1,03	40	1,6	0,5	0,8	4,2
Zuckerrübenblattsilage											
– sauber[1]	160	25	24	1,55	0,94	1,08	8	1,9	0,4	1,0	4,2

[1] Unter 200 g Ra/kg TS; nicht selten Ra-Gehalte von bis zu 300 g/kg TS!

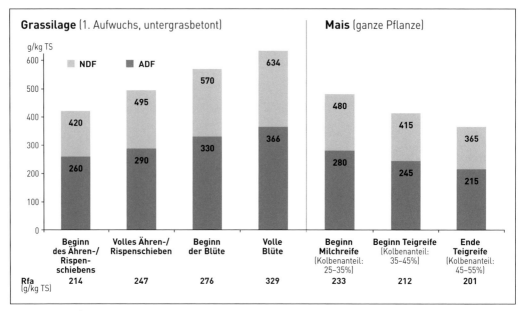

Abb. II.2.1: NDF/ADF-Gehalte in Silagen in Abhängigkeit vom Schnittzeitpunkt.

Das mittels einer Silierung konservierte Grünfutter bildet insbesondere bei den Wdk, evtl. auch bei Pfd und tragenden Sauen, die Grundlage von Rationen in der Zeit der Stallhaltung; oft werden Gras- und Maissilage (bzw. Kombinationen) nahezu *ad libitum* angeboten, Mengenbegrenzungen sind nur bei bestimmten Silagen (z. B. Grünraps, Zuckerrübenblatt, Stoppelrüben mit Blatt) erforderlich (wegen antinutritiver und toxischer Substanzen). Mittels Silierung können auch Getreide mit höherem Feuchtegehalt (z. B. CCM und andere Maiskolbenpro-

dukte) oder auch gedämpfte Kartoffeln bzw. Rüben (nach Vermusen) konserviert werden, die insbesondere bei Schweinen (weniger bei Wdk) Verwendung finden.

Die Mengen richten sich nach der Futterart (beachte sekundäre Inhaltsstoffe!), dem TS-Gehalt der Silage sowie der Gesamtration (**Tab. II.2.6**). Unter üblichen Bedingungen (Witterung etc.) sind die Energie- und Nährstoffverluste bei einer Silierung geringer als bei der Heugewinnung (weniger Bröckel-/Auswaschungsverluste).

Tab. II.2.6: **Einsatz und Tageshöchstmengen von Silagen (in kg uS)**

	Milchrd	Mastrd	Schf	Pfd	Sauen (trgd)
Grassilage, angewelkt	———————— *ad libitum* möglich ————————				
Maissilage, teigreif	———— *ad libitum* möglich ————			2–4[1]	5–10
Zuckerrübenblattsilage	20–40[2]	35	3	(10)	5–10
Stoppelrübensilage mit Blatt	30	30	4	10	5–10
Futterrapssilage	30	30	4	10	5

[1] Je 100 kg KM; [2] Geringere Werte bei höheren Ra-Gehalten.

Prinzip

🌢 Aus energetischer Sicht ist eine **homofermentative** Milchsäuregärung angestrebt:

> 1 mol Glucose → 2 mol Milchsäure (MS)

Energieverlust dabei nur ca. 5 %.

In gewissem Umfang wird immer auch eine **heterofermentative** Gärung stattfinden, bei der neben der MS u. a. auch Essigsäure gebildet wird:

> 1 mol Glucose → 2 mol Essigsäure + 2 CO$_2$

Energieverluste bis zu 40 % möglich. 🌢

Ähnliche Energieverluste treten auf, wenn in stärkerem Maße Buttersäure gebildet wird. Sind in höheren Konzentrationen Pentosen (Zucker mit 5 C-Atomen) vorhanden und werden diese mikrobiell vergoren, so entsteht neben der Milchsäure immer auch Essigsäure. Trotz der aus energetischer Sicht wenig erwünschten Bildung von Essigsäure verdient jedoch der konservierende Effekt dieser Säure Erwähnung; angestrebt werden daher ca. 2–3,5 % Essigsäure in der Silagetrockensubstanz; bei der Silagebewertung (s. **Tab. IV.1.8**) werden Punktabzüge bei zu hohen wie auch zu niedrigen Essigsäurekonzentrationen vorgenommen.
Bei Bereitung von Silagen aus sehr hoch angewelktem Grünfutter („Heulage") ist die Bildung von Milchsäure und anderen Säuren deutlich geringer (nicht genügend freies Wasser für eine intensive Stoffwechselaktivität der Flora), sodass der pH-Wert nur wenig abfällt. Ein später geernteter Aufwuchs bietet aufgrund einer geringeren Konzentration von Zuckern und einer stärkeren Verholzung (sperriger Charakter erschwert die Verdichtung) weniger günstige Voraussetzungen für eine intensive MS-Bildung. Derartige „Silagen" sind nur bei Erhalt der Anaerobizität länger lagerfähig; sobald aerobe Bedingungen wirksam werden, verderben diese FM sehr schnell (**Tab. II.2.7, II.2.8**).

Tab. II.2.7: **Bedeutung der Milieubedingungen im Gärfutter für Mikroorganismen**

O$_2$-Gegenwart	
MS-Bildner	strikt anaerob bis fakultativ anaerob
Begleitkeime	aerob bis fakultativ anaerob
Schimmelpilze	streng aerob
Clostridien	streng anaerob
Temperatur	**optimal**
Kalt-MS-Bildner	15 bis max. 25 °C
Essigsäurebildner	25–35 °C
Buttersäurebildner	32–40 °C
Warm-MS-Bildner	40–50 °C
pH-Wert	**untere Wachstumsgrenze**
MS-Bildner	3,0–3,6
Essigsäure-Bildner (coliforme Bakterien)	4,3–4,5
sonstige gram-negative Bakterien	4,2–4,8
Clostridien	4,2–4,8
Schimmelpilze	2,5–3,0
Hefen	1,3–2,2
Feuchtigkeitsgehalt	
MS-Bildner	optimal in vorgewelkter Substanz, hohe Osmotoleranz
Essigsäurebildner	vornehmlich in feuchten Substraten
Buttersäurebildner (→ Eiweißzersetzer)	geringere osmotische Resistenz
Substrat	
MS-Bildner	benötigen mindestens 2 % der Frischsubstanz an vergärbaren Zuckern

🌢 **Beachte:** MS-Bildner können sich gegenüber anderen Keimen am besten durchsetzen bei: anaeroben Bedingungen, Temperaturen von 15–25 °C, pH-Werten von 4–5 (je nach TS-Gehalt), mäßigen Feuchtigkeitsgehalten (deshalb Anwelken auf 35–40 % TS), ausreichenden Mengen an vergärbaren Zuckern (> 2 % der uS). ❧

Tab. II.2.8: **Eignung verschiedener Grünfutterarten/-qualitäten zur Silierung**

leicht silierbar	Gras und andere Futterpflanzen mit > **3 % Zucker** in der uS; angewelktes Gras > 30 % TS; angewelkte Leguminosen > 35 % TS; Silomais/Maiskolbenprodukte > 25 % TS; Getreideganzpflanzen, Zuckerrübenblatt, Pressschnitzel, Stoppelrübe mit Blatt
mittel- schwer silierbar	Gras und anderes Grünfutter mit **1,5–3 % Zucker** in uS; Gras: 20–25 % TS; Leguminosen: 25–30 % TS; Grünraps
schwer silierbar	Gras < 20 % TS oder Leguminosen < 25 % TS mit ≤ **1,5 % Zucker** in uS; Gras/Leguminosen, deren Anwelken misslang (Feldperiode > 3 Tage); Aufwuchs von ungedüngten Spätschnittwiesen (NO_3^- ↓: ermöglicht/fördert Clostridien-Vermehrung; hoher Rfa-Gehalt)

❘ **Beachte:** Silierung ist umso schwieriger, je feuchter, zuckerärmer, eiweißreicher, sperriger und verschmutzter das Ausgangsmaterial ist. Aber auch zu hohe TS-Gehalte (> 50 %) sind eher nachteilig! ❧

Gärverlauf

Aufschlussphase: Atmung, bis der Sauerstoff im eingebrachten Siliergut verbraucht ist; mit der CO_2-Entwicklung kommt es zur pH-Reduktion; Gewebe stirbt ab, Verlust der Zellintegrität und des Turgors („Sacken" des Siliergutes).

Gärungsphase: MS-Bildner vermehren sich, während andere Keime der epiphytischen Flora in der Vermehrung gehemmt werden; diese werden schließlich aufgrund des sich ändernden Milieus (pH ↓, O_2 ↓) m. o. w. eliminiert. Für die Qualität der Silage, d. h. den maximalen Erhalt des originären Futterwerts, ist eine **schnelle** pH-Wert-Reduktion in der Anfangsphase von entscheidender Bedeutung.

Dauer der Gärphase: 10–20 Tage (danach sistiert auch die Aktivität der MS-Flora).

Ruhe-/Lagerphase: pH bleibt nahezu konstant; die Flora ist gekennzeichnet durch hohe Keimzahlen von MS-Bildnern (10^8–10^9 KbE/g), andere Keime in dieser Phase allgemein < 10^6 KbE/g uS.

2.2.1 Siliertechnik
Silotypen
Flachsilo:
- Erdmieten: Siliergut wird auf nicht-betonierter Grundfläche gelagert, m. o. w. verdichtet und mit Folie abgedeckt (nur erlaubt bei angewelktem Siliergut, das keinen Silosickersaft abgibt!).
- Betonierte Grundfläche: Ohne jede seitliche Begrenzung: schwierig hinsichtlich einer höheren Aufschüttung und intensiveren Verdichtung → größere Oberfläche → höhere Oberflächenverluste („Abraum" ↑).
- Fahrsilo: Betonierte Grundfläche mit zwei ca. 2 m hohen festen Seitenwänden; offene Schmalseiten zur Ein- und Ausfahrt bei Befüllung bzw. zur Silageentnahme; hier intensive Verdichtung zwischen den Seitenwänden durch Befahren mit Traktoren u. Ä. möglich; nach Befüllen unverzügliche Abdeckung mit PVC-Folie, Beschwerung der Folie durch Erde, Sandsäcke u. Ä., evtl. auch zusätzliche Netzabdeckung zum Schutz der Folie gegen Beschädigung durch Vögel u. Ä.

Hochsilo und halbhoher Silo: Höhe : Durchmesser ≥ 3:1. Vorteil: geringe Oberfläche, Verdichtung durch Masse des Siliergutes; Untenentnahme nur bei Exakthäckselung (z. B. Harvestore-Silo), Obenentnahme durch Greifer oder Entnahmefräsen.

Ballensilage: In besonderen Pressen verdichtetes Siliergut, das allseits von Folie(n) umschlossen ist. Je nach Verwendung (Einzeltiere/Tierbestände) unterschiedliche „Portionierung": Kleinballen (< 50 kg) bzw. Großballen (bis mehrere 100 kg), die je nach angewandter Technik eine Rund- oder Quaderform aufweisen.

Folienschlauch-Silage: Hierbei wird Siliergut in einen Folienschlauch gepresst und verschlossen; keine sonstigen baulichen Voraussetzungen notwendig; vergleichsweise kleine Anschnittfläche, d. h. großer täglicher Vorschub, insbesondere bei FM wie Biertreber, Pressschnitzeln u. Ä. Komponenten angewandt; durch Technik und Folien vergleichsweise teure Möglichkeit.

Zu Einflüssen auf den Silierprozess sowie die Silagequalität s. a. **Abbildung II.2.2.**

Silierzusatzstoffe

Diese sind in der EG-VO 1831/2003 geregelt, in der Untergruppen differenziert werden, nämlich

- Enzyme,
- Mikroorganismen,
- chemische Substanzen.

In den handelsüblichen Produkten sind häufig auch Kombinationen anzutreffen.

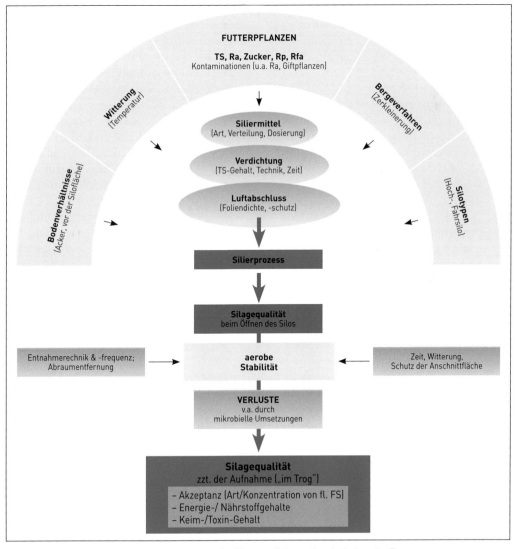

Abb. II.2.2: Einflüsse auf den Silierprozess sowie die Silagequalität am Anschnitt bzw. im Trog.

Neben den „Silierzusatzstoffen" ist der Terminus „Siliermittel" in der Praxis üblich: Hierunter sind Produkte mit einem oder mehreren Silierzusatzstoffen zu verstehen, die zur Anwendung in entsprechender Form/Verdünnung gebracht werden. Unbestritten ist Melasse geeignet, durch seinen Zuckergehalt den Siliervorgang zu fördern, es handelt sich aber dennoch nicht um einen Silierzusatzstoff, sondern um ein Einzel-FM bzw. bei der Propionsäure um einen Konservierungsstoff.

Die Silierzusatzstoffe werden dem Siliergut bei der Häckselung oder beim Befüllen des Silos zugegeben. Entscheidende Voraussetzung für ihre Wirkung ist neben der entsprechenden Dosierung die homogene Verteilung im Siliergut, die bei Produkten in flüssiger Form technisch einfacher zu erreichen ist.

Ziele bzw. Wirkungsrichtungen verschiedener Silierzusatzstoffe bzw. -zusätze:

- Verbesserung/Förderung des Gärverlaufs (insbesondere in der Initialphase des Gärprozesses), z. B. durch
  - kohlenhydrathaltige Zusätze (z. B. Melasse),
  - enzymhaltige Zusätze (z. B. Zellulasen),
  - organische Säuren (Ameisen-, Propionsäure-Zusätze),
  - MS-bildende Mikroorganismen (wichtigste Produktgruppe, 10^8–10^9 KbE/kg Siliergut).
- Verbesserung der aeroben Stabilität (nach Öffnen des Silos), z. B. durch bestimmte Säuren (und deren Salze), d. h. Anwendung zu Konservierungszwecken.
- Förderung der Energie- und Nährstoffaufnahme aus den behandelten Silagen (Akzeptanz der Silage), häufiger Effekt bei günstigem Gärverlauf.
- Förderung der Verdaulichkeit der behandelten Silagen, z. B. durch geringeren Nährstoffabbau während des Silierprozesses und/oder enzymatischen „Aufschluss" von Zellwandsubstanzen.
- Minimierung der Vermehrung von Clostridien (Buttersäurebildner), z. B. durch Nitrit-

haltige Siliersalze oder auch bestimmte Impfkulturen, evtl. auch durch Formalin.

Beachte: Siliermittel (= Produkte mit einem oder mehreren Silierzusatzstoffen) unterliegen heute wie alle Zusatzstoffe der amtlichen Zulassung; Zusammensetzung und Wirkung von Produkten mit Silierzusatzstoffen werden aber auch – auf freiwilliger Basis – auf Antrag einer neutralen Prüfung und Bewertung (z. B. für das DLG-Gütezeichen; www.dlg.de) unterzogen.

Siliermittel sollen die Voraussetzungen für einen schnellen Gärprozess verbessern und die Silage insgesamt stabilisieren; einige können auch eingesetzt werden, um gefährdete Bereiche (Randzonen bzw. die Anschnittfläche) vor Fehl- bzw. Nachgärungen zu schützen. Dafür ist die Anwendung von Propionsäure verbreitet (da gleichzeitig energieliefernd); Dosierung in Abhängigkeit vom TS-Gehalt (**Tab. II.2.9**).

Tab. II.2.9: Dosierung von Propionsäure* in Abhängigkeit vom TS-Gehalt im Siliergut

< 25 % TS	→	0,4 %
25–35 % TS	→	0,5 %
> 35 % TS	→	0,6 %

* gleichmäßige Verteilung!

Zur Stabilisierung der Randzonen um 0,1 % höhere Konzentrationen verwenden; für Anschnittfläche: 0,5 l Propionsäure auf 2 l Wasser (für 1 m²).

Bei Gebrauch von Silierzusatzstoffen besteht eine Dokumentationspflicht des Anwenders.

Beschickung des Silos

Schnitt der Grünmasse an trockenen Tagen; Vorwelken – besonders bei Gras – zweckmäßig (auf 35 bis max. 40 % TS); Füllen des Silos innerhalb kürzester Zeit unter maximal möglicher Verdichtung zur Luftverdrängung (walzen; bei Hochsilos durch Eigengewicht des Füllguts; **Tab. II.2.10**); Verschließen des Silos; Nachfüllen nur bei Hochbehältern möglich.

Tab. II.2.10: **Notwendige Verdichtung zur Sicherung einer ausreichenden aeroben Stabilität der Silage**[1]

Anzustrebende Verdichtung	TS-Gehalt im Siliergut (% der uS)			
	25	30	40	50
kg TS/m³ Silage	180	200	230	250

[1] Zum Schutz vor Verderb bei Sauerstoffzutritt nach Öffnen des Silos bzw. bei Bevorratung der fertigen Silage vor der Fütterung.

Beachte: Gerade die besonders guten Silagen (mit geringsten Essig-/Buttersäuregehalten) sind bei nicht optimaler Verdichtung für den aeroben Verderb nach Öffnen des Silos disponiert.

Wenn die angestrebte Verdichtung in Silagen nicht erreicht wird (woraus eine entsprechende Disposition für den aeroben Verderb resultiert), so ist häufig die mangelnde Abstimmung von Arbeitsprozessen bei der Silagebereitung die entscheidende Ursache (d. h. Folge einer hohen maschinellen Ernteleistung bei ungenügender Zeit und maschineller Ausstattung für die Verdichtung des Siliergutes). Eine weitere Ursache ist nicht selten ein zu hoher Anwelkgrad des Siliergutes, der zu einem sperrigen und schlecht zu verdichtenden Siliergut führt. Je trockener das Siliergut ist, umso bedeutsamer wird die intensive Häckselung für die angestrebte hohe Verdichtung.

Die erzielte Verdichtung in einer Silage ist am besten zu charakterisieren durch die je m³ enthaltene Masse an Trockensubstanz. In Abhängigkeit von der bei der Ernte des angewelkten Aufwuchses angewandten Technik werden die in **Tabelle II.2.11** angegebenen Werte gemessen. In anderen Silagen ist unter praxisüblichen Bedingungen in etwa mit denen in **Tabelle II.2.12** angegebenen TS-Massen (kg) je m³ fertiger Silage zu rechnen.

Tab. II.2.11: **Die Verdichtung in angewelkter Grassilage bei unterschiedlicher Erntetechnik**

Grassilage	kg TS/m³
Exakthäcksler (rel. intensive Zerkleinerung des Siliergutes)	200–300
Ladewagen (weniger intensive Zerkleinerung des Siliergutes)	160–200
Pressballen (unterschiedliche Zerkleinerung des Siliergutes)	
– Rundballen (Wickelpressen)	150–170
– Quaderballen (Strangpressen)	170–220

Tab. II.2.12: **TS-Massen (kg TS/m³) bei entsprechender Verdichtung anderer Silagen**

Maissilage (ca. 30 % TS)	220–270
Ganzpflanzensilage (ca. 40 % TS)	200–260
Pressschnitzelsilage (ca. 22 % TS)	170–210
CCM (55 % TS)	400
Zuckerrübenblatt- oder Zwischenfruchtsilagen (< 20 % TS)	140–150

Kenntnisse zur Trockenmasse (in kg/m³) in den Silagen sind auch für eine entsprechende, d. h. adäquate Grundfutterzuteilung bzw. -verwendung in der Ration notwendig (z. B. Herstellung einer TMR). Daneben sind die Trockenmassen je m³ Silage die entscheidende Voraussetzung für eine realistische Preis- und Kosteneinschätzung, die z. B. im Handel (Zukauf/Verkauf) mit Silagen benötigt wird (s. Kap. I.10.1).

2.2.2 Fehlgärungen in Silagen

Siehe **Tabelle II.2.13**. Zur Beurteilung der Silage siehe Kapitel IV.1.5.

2.2.3 Nachgärungen

Nach Öffnen des Silos: Bei Luftzutritt erfolgt zunächst Milchsäureabbau durch aerobe Hefen → pH-Anstieg → Nährstoffumsetzungen (Restzuckerabbau) → danach Vermehrung von Schimmelpilzen und anderen Mikroorganismen mit weiterem Nährstoffabbau (durch aeroben Abbau: Verlust bis zu 2 % der TS je Tag; auffälligstes Zeichen: **Erwärmung**!).

Tab. II.2.13: **Fehlgärungen in Silagen**

Ursache	Mikroorganismengruppen und biochemische Vorgänge	Auswirkungen auf Futtermittel-qualität
aerobe Bedingungen verzögerter bzw. schlechter Luftabschluss, zu grobe Struktur, ungenügende Verdichtung wegen zu hohen Anwelkgrades (>60% TS) oder wegen nicht abgestimmter Arbeitsabläufe	→ Pflanze atmet, Temperaturerhöhung ↓ extreme Entwicklung einer aeroben Flora (Hefen, Schimmelpilze, bes. in Randpartien)	→ Nährstoff-, insbes. Zucker- und Polysaccharidverluste → Bildung von alkalischen Produkten, Pilztoxinen, Alkoholen
anaerobe Bedingungen zu geringer TS-Gehalt (opt. 30–35% TS) bzw. ungenügendes Anwelken; zu geringer Zuckergehalt (Ziel: 2% uS)	→ *Coli-Aerogenes*-Gruppe: Essigsäurebildung	→ Essigsäure ↑ (>3,5% der TS) bei nur mäßiger MS-Bildung
zu hohe Temperatur (opt. 15 °C, max. 25 °C) pH-Werte >5: zu hoher Basen- und Proteingehalt (ungünstiges Zucker-/Protein-Verhältnis)	→ Clostridien: saccharolytische Clostridien ↑: Buttersäurebildung; s. Fußnote	→ unerwünschte Buttersäuregärung (Geruch); sekundär: Kontamination der Milch mit Cl.-Sporen → Spaltblähung bei der Käseherstellung: Bildung biogener Amine
zu hohe Gehalte an unerwünschten Keimen bei längerer Vorwelkzeit bzw. wegen höherer Erdkontamination bei der Ernte	→ proteolyt. Clostridien: Eiweißzersetzung (pH 5–7) s. Fußnote ↓ NH₃ ↑, pH ↑, Listerien-Vermehrung	→ hohe NPN-Gehalte im Rp (Reinprotein ↓, zunehmend Fäulnisprozesse → evtl. völliger Verderb)
Zu hoher NO₃⁻-Gehalt im Grüngut, auch Mais (i. e. keine Fehlgärung)	durch pflanzeneigene Enzyme sowie Enterobacteriaceen erfolgt NO₃⁻-Reduktion unter Bildung von Nitrosegasen (braune, schwere Gase)	NO₃⁻-Abbau, Nitrose-Gase = giftig; nach Ihrer Entfernung Silage unbedenklich; gewisse Clostridienhemmung[1]; bedingt braune Verfärbung von Randpartien

[1] NO_3^- unabhängig von Herkunft (Futter bzw. Siliermittel) insbesondere gegen Clostridien wirksam (spät geschnittenes Grünfutter von Extensivflächen mit sehr geringen/zu geringen NO_3^--Gehalten → buttersäurereiche Silagen!).

Prophylaxe von Nachgärungen: Intensive Verdichtung beim Einsilieren, glatte Anschnittflächen (ohne Auflockerung des Vorrats), ausreichender Vorschub der Anschnittfläche (im Sommer: 2 m/Woche, im Winter ca. 1 m/Woche), evtl. auch Besprühen der Anschnittfläche mit Propionsäure (20% Lösung, ca. 0,5 l/m²); Vorsicht: Nachgärungen auch in entnommenen, unter Dach/vor den Tieren bevorrateten Siloblöcken möglich → Akzeptanz ↓.

Hochangewelkte Grassilagen („Heulagen"), spät geerntete Mais- und andere Getreide-GPS (→ sperriger Charakter, schlecht zu verdichten) sind besonders häufig von Nachgärungen betroffen. Geringe MS-Konzentrationen infolge zu hoher TS-Gehalte (limitierte Stoffwechselaktivität) sowie hohe Restzuckergehalte und fehlende Essigsäure sind weitere disponierende Faktoren für eine Nachgärung, die letztlich aber von der O_2-Gegenwart (und damit primär von Hefen) bestimmt wird.

3 Stroh und Spreu

3.1 Stroh

Stroh wird zwar primär als Einstreu in der Stallhaltung diverser Spezies verwandt, es hat jedoch auch als FM eine Bedeutung, nicht zuletzt werden gewisse Mengen von Stroh auch aus der Einstreu (teils vom Tierbesitzer nicht beabsichtigt) aufgenommen, sodass grundsätzlich die gleichen Anforderungen an die hygienische Qualität zu stellen sind wie bei anderen FM.

3.1.1 Definition und allgemeine Eigenschaften

Ausgewachsene, oberirdische Teile verschiedener Kulturpflanzen (Getreide, Hülsenfrüchte, Gräser), deren Samen durch Dreschen entfernt wurden; bei Gräsern spricht man auch von Grassamenstroh; allgemein rohfaser-(insbesondere lignin-)reich (30–40 %), schwerverdaulich, eiweiß-, P- und vitaminarm; der Futterwert richtet sich nach dem Ausgangsmaterial und der Relation Stängel:Blätter. Gewinnung (Erntebedingungen, Zeit im Freien, Kontakt zum Boden) und Lagerung (im Freien/unter Dach; mit bzw. ohne Wickelung) bestimmen den Hygienestatus sowie die Art und den Umfang der Kontaminationen von/im Stroh. ⬤

3.1.2 Zusammensetzung

Hülsenfrucht- sowie Mais-, Gersten- und Haferstroh haben einen höheren Futterwert als das Stroh von Wintergetreide (**Tab. II.3.1**). Die Verdaulichkeit (und damit der Futterwert) lässt sich durch Aufschluss (praxisrelevant: NaOH- bzw. NH₃-Verfahren) deutlich verbessern (s. **Tab. I.6.3**), wobei dann ein Grobfutter gewonnen wird, das im Wert einem Heu aus späterer Vegetation entspricht.

Tab. II.3.1: **Nährstoff- und Energiegehalte von Getreidestroh (je kg uS)**

Rp g	Rfa g	NDF g	ADF g	ME$_{Wdk}$ MJ	ME$_{Pfd}$ MJ	Ca g	P g	Mg g	Na g	Cu mg
20–40	ca. 440	640 bis > 780	43 bis > 480	5,3–6,0	3,7–4,5	2,5–3,5	0,8	0,9	1,2–2,6	3,5–7,5

Im Vergleich dazu Merkmale einzelner Stroharten:
Haferstroh: höherer Futterwert als Weizen- oder Roggenstroh
Weizenstroh: Rfa < 400 g/kg uS, größte Bedeutung als Futterstroh
Roggenstroh: Rfa > 400 g/kg uS, entsprechend geringerer Futterwert
Erbsen-, Maisstroh: rohfaserärmer und proteinreicher als Getreidestroh

3.1.3 Verwendung als FM

Wegen der geringen Energiedichte ist der Einsatz von Stroh bei Tieren mit höherem Energiebedarf (z. B. hochleistende Milchkühe) nur begrenzt möglich, andererseits ist Stroh als rohfaser- und strukturreiches FM besonders für Tiere herbivorer Spezies geeignet, in deren Ration es an „Struktur" mangelt (z. B. intensive Rindermast) oder eine geringere Energiedichte angestrebt wird (z. B. Färsenaufzucht, trockenstehende Kühe, Pfd im Erhaltungsstoffwechsel, evtl. auch trgd Sauen). Schließlich erfordert die Aufnahme von Stroh eine intensive Kautätigkeit, schafft somit eine Beschäftigung im Rahmen der Futteraufnahme (Pfd, trgd Sauen, kleine Nager). Nach Zerkleinerung (Häckselung, evtl. sogar Vermahlung) kann Stroh auch als Komponente in industriellen MF genutzt werden, wobei die „Strukturwirksamkeit" der Rohfaser allerdings Einbußen erfährt bzw. verloren geht.

Gerade in einstreulosen Haltungssystemen gewinnt Stroh zur Beschäftigung zunehmend wieder an Bedeutung. Dabei sind die aufgenommenen Mengen eher gering, dennoch ist Stroh zur Beschäftigung äußerst attraktiv, erlaubt ein Suchen nach bestimmten schmackhaften Anteilen, eine orale Aufnahme mit Kauen/Speicheln (auch ohne letztliches Abschlucken), ein Tragen und Verteilen in der Bucht, evtl. sogar ansatzweise einen „Nestbau" (Sauen zur Geburt) oder auch eine „Zerstörung" des Beschäftigungsmaterials.

Je nach den Bedingungen bei der Stroherrnte (Dauer im Freien, Niederschläge, Kontakt zum Boden, Verunreinigungen mit Erde bei der maschinellen Aufnahme aus dem Schwad) und dem Besatz mit Feldpilzen kann die hygienische Qualität ganz erheblich variieren (vgl. hierzu Kap. IV.7.6). Schließlich ist auch eine mögliche Kontamination mit Mykotoxinen (z. B. Fusarientoxinen!) zu beachten, wenn Stroh wieder forciert zur Beschäftigung angeboten wird.

3.2 Spreu

3.2.1 Definition und allgemeine Eigenschaften

Bei der Spreu handelt es sich um bei der Gewinnung von Samen (Dreschen) anfallende Fruchthüllen (Spelzen, Kapseln, Hülsen, Schalen), Blättchen und Grannen.

Allgemeine Eigenschaften: Futterwert im Allgemeinen noch geringer als der von Stroh (stärkere Einlagerung von Silikaten und/oder Lignin); häufig stärker verunreinigt (Erde, Staub, Unkrautsamen), evtl. auch höhere Belastung mit Mikroorganismen bzw. von diesen gebildeten Toxinen (v. a. Mykotoxine).

3.2.2 Verwendung als FM

Prinzipiell ähnlich dem Stroh, aber weniger „strukturreich".

Ausnahme: Schalen der Sojabohne, FM mit hoher Verdaulichkeit – auch der Rohfaser – da kaum inkrustierende Substanzen (Lignin, Silikate) eingelagert sind; Einsatz im Mischfutter für Milchkühe; Zusammensetzung der Sojaschalen s. **Tabelle VI.1.26.**

4 Wurzeln und Knollen

Verschiedene Pflanzenarten bilden unterschiedliche Speicherorgane aus, in die bestimmte Nährstoffe eingelagert werden. Durch die Pflanzenzucht wurde diese Fähigkeit zur Nährstoffdeposition entsprechend forciert, sodass heute sowohl LM als auch FM aus Wurzeln und Knollen gewonnen werden.

4.1 Pflanzenarten

* Rüben
  - Betarüben: Futter- und Zuckerrüben
  - Brassicarüben: Kohl- und Stoppelrüben
  - Daucus-Rüben: Möhren
* Kartoffeln
* Maniokknollen (= Tapioka = Wurzeln des Cassavastrauchs)
* Topinamburknollen (Wurzeln von *Helianthus tuberosus*, verwandt der Sonnenblume)

4.2 Wuchsformen verschiedener Rübenarten

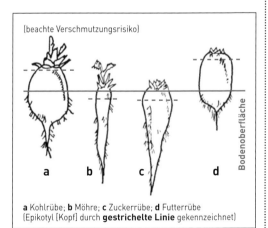

(beachte Verschmutzungsrisiko)

Bodenoberfläche

a Kohlrübe; b Möhre; c Zuckerrübe; d Futterrübe
[Epikotyl [Kopf] durch **gestrichelte Linie** gekennzeichnet]

Abb. II.4.1: Wuchsformen verschiedener Rübenarten.

4.3 Allgemeine Eigenschaften und Zusammensetzung

4

Kohlenhydrat- und relativ wasserreiche Speicherorgane diverser Pflanzenarten, andererseits arm an Rfa, Rp, Ca, Mg und Vitaminen, wegen des niedrigen Rfa- und ADF-Gehaltes allgemein hohe Verdaulichkeit (Ausnahme: Geflügel).

Zucker, Pektine, Dextrine in Rüben bzw. Stärke in Kartoffeln und Maniokknollen sowie Inulin (Fructose-Polysaccharid) in Topinamburknollen sind die wertbestimmenden Kohlenhydrate in den Speicherorganen.

Das Rohprotein in Wurzeln und Knollen enthält – Ausnahme Kartoffeln – in hohem Umfang NPN-Verbindungen (teils > 50 % des Rp); Kartoffeleiweiß: hochwertiges Protein mit günstigem Aminosäuremuster, s. **Tab. I.5.2**.

Negative Inhaltsstoffe: Solanin, Trypsinhemmer (Kartoffeln); Betain (Betarüben), Brassicafaktoren, Nitrat (Brassicarüben); Blausäure (Maniokknollen, **Tab. II.4.1**).

Der hohe Wassergehalt und parallel hohe KH-Gehalt erklären die Anfälligkeit für den Verderb bei Einwirkung von Minus-Temperaturen bzw. die notwendigen Lagerungsbedingungen (frostgeschützt, kühl und dunkel; ansonsten Verderb bzw. Keimung/Sprossung). Üblich war eine Lagerung in entsprechenden Kellern oder „Mieten" (im Freien), um diese FM über den Winter verwenden zu können.

Wurzeln und Knollen können auch nach Reinigung und Schnitzelung getrocknet werden (Haltbarkeit, Lagerfähigkeit und logistische Vorteile), hierbei sind alle Nährstoffe in originärer Relation enthalten (**Tab. II.4.2**).

Tab. II.4.1: **Zusammensetzung diverser Wurzeln und Knollen als Saftfutter (Angaben je kg uS)**

FM	TS g	KH-Gehalte g, (KH-Art)	Rfa g	Rp g	ME_Wdk MJ	ME_Schw MJ	ME_Pfd MJ	Hinweise auf besondere Inhaltsstoffe[1]/Risiken
Kartoffeln	220	160 (Stärke)	6	20	2,88	2,70	3,02	Solanin (grün/Keime)
Maniokknollen	370	250 (Stärke)	15	12	4,00	5,00	5,17	evtl. HCN-haltig
Zuckerrüben	230	180 (Zucker)	12	14	2,89	3,00	3,14	erdige Verunreinigungen
Gehaltsrüben	146	93 (Zucker)	10	12	1,75	1,90	1,88	evtl. auch Nitrat
Massenrüben	112	71 (Zucker)	9	11	1,34	1,40	1,36	evtl. auch Nitrat
Möhren	120	63 (Zucker)	11	11	1,46	1,40	1,70	20–60 mg Carotin/kg
Rote Beete	140	90 (Zucker)	7	15	–	–	1,83	Farbstoff = Anthocyane, evtl. sehr NO_3^--reich
Topinambur	224	159 (Inulin)[2]	9	21	2,88	2,84	3,21	Inulin (diätet. Effekt)

[1] Allgemein sind Wurzeln kaliumreich, die Gehalte variieren zwischen 2 und 6 g K/kg uS.
[2] Polyfructan, das nicht durch körpereigene Enzyme, wohl aber durch die Darmflora abgebaut werden kann.

Tab. II.4.2: **Zusammensetzung von Trockenprodukten aus Wurzeln und Knollen (je kg Trockenprodukt)**

	TS g/kg uS	KH-Gehalte g, (KH-Art)	Rfa g	Rp g	ME_Wdk MJ	ME_Schw MJ	ME_Pfd MJ	Ca g	P g
Kartoffelflocken	880	733 (Stärke)	27	79	9,69	13,6	12,2	0,4	2,3
Zuckerrübenvollschnitzel	900	605 (Zucker)	50	48	11,2	11,4	11,4	2,3	1,0
Maniokschnitzel/-mehl[1]	880	669 (Stärke)	32	23	10,9	13,6	12,4	1,4	1,0
Topinambur, getrocknet	900	651 (Inulin)	36	83	11,1	11,6	12,9	1,3	2,3
Möhren, getrocknet	900	473 (Zucker)	83	83	10,9	10,5	12,8	3,8	2,6
Rote Beete, getrocknet	900	579 (Zucker)	53	113	–	–	13,7	2,3	2,3

[1] HCl-unlösliche Asche: max. 35 g/kg TS.

4.4   Verwendung

Wurzeln und Knollen können sowohl im frischen wie auch getrockneten Zustand gefüttert werden.

In der Wdk-Fütterung sind die Gehalte an leicht fermentierbaren Kohlenhydraten zu beachten, diese wirken evtl. sogar limitierend (**Tab. II.4.3**). Größte Bedeutung in der MF-Produktion haben die Maniokschnitzel bzw. das Maniokmehl, insbesondere als energieliefernde Komponenten zu etwa folgenden Anteilen im MF (je nach Gesamtration und übrigen Komponenten):

- Küken: 5–10 %
- Mast-Schw: 10–40 %
- Wdk, Pfd: 10–30 %

Gehalte an Mikroorganismen, Sand, evtl. auch an cyanogenen Glycosiden begrenzen evtl. höhere Anteile im MF, besonders bei Jungtieren. Getrocknete Möhren (besonderer Carotin-Lieferant!) und Rote Beete (Schnitzel) haben zudem eine Bedeutung als farbgebende Komponenten im „Müsli-Futter" für Pfd, kl. Nager und sonstige Heimtiere. Nicht zuletzt aus diätetischen Gründen (Inulin als Prebiotikum) wird getrockneter Topinambur beim Pfd in Mengen bis zu max. 1 kg je Pferd und Tag bzw. beim Flfr bis zu 1 % als Zusatz im MF eingesetzt.

Tab. II.4.3: **Tageshöchstmengen (in kg uS; Voraussetzung: entsprechende Reinigung)**

Futtermittel	Pfd[1]	Rd	Schf	Schw
Kartoffeln[2]	bis 15 (ohne Triebe, sandfrei) siliert bis 20 gedämpft bis 25	Milchkühe: 15–20 Mastrinder: 20–25	1–2	Mastschw: ≤7 (als Grundfutter; Erg.-Futter notwendig) Zuchtsauen: 4–6
Zuckerrüben[3]	bis 20	10–15 (Adaptation), Rfa-Versorgung?	1–2	Mastschw: (s. Kartoffeln) Zuchtsauen: bis 4
Gehaltsrüben	bis 30	15–30	bis 3	Mastschw: im Gemisch mit Kartoffeln 1:1 *ad lib.* Zuchtsauen: 6–8
Massenrüben	bis 35	bis 40	bis 5	bis zu 10 kg bei trgd Sauen
Möhren	unbegrenzt	möglich[4]		

[1] Höchstmengen nur bei hoher Beanspruchung (Arbeit), bei Reitpfd bis 50 % der angegebenen Mengen.
[2] Rohe Kartoffeln können nur an Pfd und Wdk (außer Jung- und Zuchttiere) verfüttert werden, sonst vor der Verfütterung dämpfen, Kochwasser entfernen (Solanin).
[3] Zuckerrübenschnitzel (vollwertig) in entsprechend geringeren (rd. 1/4) Mengen, bei Pfd zuvor einweichen.
[4] Menge: Frage der Kosten und des Stärke- + Zucker-Gehaltes in der Gesamtration.

4

5 Nebenprodukte der Rüben- und Kartoffelverarbeitung

Zuckerrüben und Stärkekartoffeln werden nicht primär zu Futterzwecken angebaut, sondern zur Gewinnung von Zucker bzw. Stärke. Hierbei fallen jedoch große Mengen an Nebenprodukten an, die traditionell als FM genutzt werden.

Des Weiteren hat Karottentrester (Nebenprodukt der Karottensaftproduktion) in den letzten Jahren eine gewisse Bedeutung erlangt, nicht zuletzt als „natürlicher Farbstoffträger" bzw. aufgrund des Pektingehaltes im Rahmen diätetischer Maßnahmen.

Der hohe Wassergehalt der Zuckerrüben bzw. Kartoffeln und die Verarbeitung (**Abb. II.5.1**), bei der noch Wasser zugesetzt wird, um die wertbestimmenden Inhaltsstoffe Zucker bzw. Stärke zu gewinnen, führen zu entsprechend wasserreichen Nebenprodukten, die frisch verfüttert oder aber konserviert werden müssen. Erst mit der Produktion getrockneter Nebenprodukte wird ihre Verwendung als FM auch saisonunabhängig möglich.

5.1 Nebenprodukte der Rübenverarbeitung

5.1.1 Verarbeitungsverfahren

Zu den Verarbeitungsverfahren siehe **Abbildung II.5.1**.

5.1.2 Zusammensetzung der Nebenprodukte

Mit dem Entzug des Zuckers (Zellinhaltsstoff) reichern sich im massenmäßig wichtigsten Nebenprodukt (d. h. den Schnitzeln) die Zellwandbestandteile (g/kg TS: 420 NDF; 275 ADF; 208 Rfa, insbesondere Pektine) deutlich an (**Tab. II.5.1**), sodass ihre Verwertung

eine entsprechende mikrobielle Verdauungskapazität voraussetzt (Wdk, Pfd, trgd Sau, Kan, Mschw).

Melasse entsteht nicht nur bei der Gewinnung von Zucker aus Zuckerrüben, sondern auch in der Zuckerrohrverarbeitung. In der Zusammensetzung hat die Zuckerrohrmelasse (im Vergleich zur Zuckerrübenmelasse) allgemein leicht höhere Zuckergehalte (ca. 480 g/kg uS) bei deutlich niedrigerem Rp-Gehalt (35 g/kg uS). Werden Melassen weiterverarbeitet (Entzug des Zuckers durch Fermentation, d. h. Nutzung durch Mikroorganismen), so entsteht ein Produkt, das als Vinasse (= Melasserest = Melasseschlempe) bezeichnet wird, dessen Futterwert durch den Verbrauch von Zucker und die damit verbundene relative Anreicherung der Rohasche deutlich geringer ist als der von Melasse.

5.1.3 Verwendung

Das massenmäßig wichtigste Nebenprodukt der Zuckerrübenverarbeitung sind heute die Pressschnitzel, die nach einer Trocknung als Trockenschnitzel oder nach einer Silierung als Pressschnitzel-Silage (PSS) genutzt werden. Dabei kommt PSS primär in der Rinderfütterung zum Einsatz (Milchkühe/Mastrinder); wegen der hohen Verdaulichkeit ist PSS ein energiereiches Futter, und zwar ohne Stärke und Zucker und deshalb ohne Risiko für eine Pansenacidose (es fehlt allerdings „strukturierte Rfa", die in Form von langfaserigem Gobfutter ergänzt werden muss → Schichtung im Pansen? Ruktus? Tympanie?).

Trockenschnitzel werden bei Rd, Pfd und trgd Sauen als energie- und faserreiche Komponen-

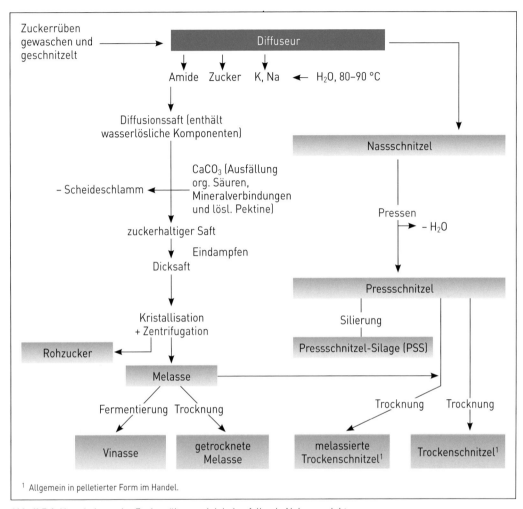

Abb. II.5.1: Verarbeitung der Zuckerrüben und dabei anfallende Nebenprodukte.

ten, und aufgrund der Pektingehalte auch im Rahmen diätetischer Maßnahmen eingesetzt (z. B. Durchfallerkrankungen beim Pfd oder Kleinsäuger; **Tab. II.5.2**); zudem erfolgt ein Einsatz bei trgd Sauen (Vorbereitung auf die Aufnahme größerer Futtermengen in der folgenden Laktation), wobei mögliche Effekte auf die Kotqualität (→ Trittfestigkeit des Bodens bei schmieriger Konsistenz) zu berücksichtigen sind.

Vinassen können neben teils exzessiven K-Gehalten evtl. sehr hohe Sulfat-Gehalte aufweisen (→ laxierende Effekte, insbesondere bei Monogastriern). Vinassen werden daher sowie auf-grund einer eher geringen Akzeptanz in der MF-Produktion nur mit geringen Prozentanteilen (< 5 %) eingesetzt, teils auch als Dünger verwertet.

5.2 Nebenprodukte der Kartoffelverarbeitung

Besonders stärkereiche Kartoffelsorten werden für eine industrielle Stärkegewinnung bzw. für die Alkoholgewinnung (setzt Umbau der Stärke zu Glucose und deren Vergärung zu Alkohol voraus) angebaut. Wird so die Stärke entzogen,

Tab. II.5.1: **Zusammensetzung der Nebenprodukte aus der Zuckerrübenverarbeitung (Angaben je kg uS)**

	TS g	Rfa g	Zucker g	Rp g	ME_{Wdk} MJ	ME_{Schw} MJ	ME_{Pfd} MJ	Ca g	P g	Na g	K g
Nassschnitzel (Diffusionsschnitzel)	130	29	3	15	1,51	1,0	1,82	1,3	0,2	0,4	0,9
Pressschnitzel (siliert), PSS	200	41	13	23	2,37	1,7	2,33	1,5	0,2	0,1	1,4
Trockenschnitzel (nicht melassiert)	880	178	60	88	10,50	8,4	10,7	8,5	1,0	2,2	7,9
Melasseschnitzel[1]	880	150	160–210	100	10,60	9,0	10,5	7,1	0,9	2,3	11,4
Rübenmelasse[2]	770	0	500	101	9,46	10,4	10,2	4,2	0,2	5,6	35,4
Rübenvinasse	660	0	20	200	6,10	5,0	–	4,5	1,2	20	65

[1] Je nach Melassierungsgrad sind auch zuckerärmere (< 16 %) oder zuckerreichere (> 21 %) Qualitäten auf dem Markt.
[2] Je nach Produktionsverfahren teils erhebliche Variationen im Asche- und im Zuckergehalt.

Tab. II.5.2: **Empfohlene Tageshöchstmengen bei Einsatz von Nebenprodukten aus der Zuckerrübenverarbeitung (Angaben in kg uS)**

	Pfd	Milchkuh	Mastrd	Schf	Schw
Nassschnitzel[1]	bis 20	20–30	10–30	bis 4	1–4
Pressschnitzelsilage	bis 10	bis 20	ad libitum[2]	bis 4	bis 4
Trockenschnitzel	bis 2[3]	bis 5[4]	bis 4	1	1[5]
Melasse[6]	bis 2,5[7]	bis 2[8]	2–3	0,3	0,5–0,7

[1] Verderben schnell, sofort verfüttern oder einsäuern.
[2] Ergänzung der Ration mit 200–500 g strukturierter Rfa.
[3] Vor dem Verfüttern einweichen.
[4] Höhere Gaben: Zusammensetzung der Gesamtration beachten.
[5] Max. 40 % in MF für trgd Sauen.
[6] Abführende Wirkung beachten.
[7] Günstige Wirkung in der Prophylaxe von Verstopfungskoliken.
[8] Bis 15 % im Milchviehfutter.

reichern sich in den „Resten" alle anderen originär vorhandenen Nährstoffe an und können insgesamt bzw. separiert (Eiweiß) als FM genutzt werden (**Abb. II.5.2**).

5.2.1 Verarbeitungsverfahren

Zu den Verarbeitungsverfahren siehe **Abbildung II.5.2**.

5.2.2. Zusammensetzung

Während die Kartoffelpülpe und -schlempe in erster Linie aufgrund des Rfa-Gehaltes eingesetzt werden, weist das Kartoffeleiweiß ein Rohprotein mit einer hohen BW auf (**Tab. II.5.3**).

Im Kartoffeleiweiß können evtl. höhere Solanin-Gehalte vorkommen, so dass entsprechende Untersuchungen zur Charakterisierung der Produktqualität etabliert sind.

5.2.3 Verwendung

Frische Pülpe und Schlempe werden vorwiegend bei Wdk eingesetzt (in der Pülpe über 15 % Rfa in der TS); Schlempemengen bei Wdk begrenzen, bei übermäßigem Schlempeeinsatz Risiko für Pansenacidosen (Restmengen von Zucker und/oder Stärke), evtl. auch Hauterkrankungen („Schlempe-Mauke" = vesikuläres Exanthem in den Fesselbeugen, dessen Ursache

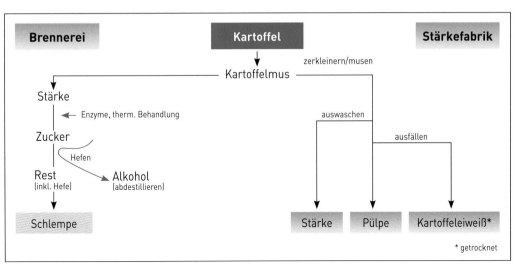

Abb. II.5.2: Verarbeitung der Kartoffel und dabei anfallende Nebenprodukte.

Tab. II.5.3: **Zusammensetzung der Nebenprodukte aus der Kartoffelverarbeitung (Angaben pro kg uS)**

	TS g	Rfa g	Rp g	Wdk		Schw	Ca g	P g
				ME MJ	NEL MJ	ME MJ		
Kartoffelpülpe[1]	130	21	7	1,50	0,90	1,6	0,1	0,3
Kartoffelschlempe	70	7	25	0,84	0,53	0,8	0,1	0,6
Kartoffeleiweiß	915	7	770	–	–	16,7	1,0	5,0

[1] Für Schw erst nach Kochen (Stärkeaufschluss) verwertbar.

bisher nicht geklärt ist); getrocknete Kartoffelschlempe und -pülpe können in MF für diverse Spezies genutzt werden (hier ist evtl. der Rfa-Gehalt limitierend).

Das wertvollste Nebenprodukt aus der industriellen Stärkekartoffelverarbeitung ist das Kartoffeleiweiß, eine hochverdauliche Proteinquelle, die bei Jungtieren mit hohem Proteinbedarf (insbesondere seit dem Verbot verschiedener Eiweiß-FM tierischer Herkunft), in der Bioproduktion von Eiern und Geflügelfleisch (hier sind übliche Extraktionsschrote nicht erlaubt!) sowie in der Diätetik von Leber- und Nierenerkrankungen von Flfr zum Einsatz kommt.

6 Getreidekörner

Die Samen verschiedener Arten von Getreide dienen seit altersher der Ernährung von Menschen und Tieren. Die Getreidekörner sind dabei klassische Konzentrate, in denen die Energiedichte im Wesentlichen durch die Stärke bestimmt wird. Bei der Nutzung als LM und/oder FM ist zu differenzieren zwischen dem Getreidekorn in toto und einer Verwertung unterschiedlicher Anteile des Korns.

6.1 Allgemeine Charakterisierung des Getreidekorns (= Caryopse)

Getreidekörner bestehen (von außen nach innen) aus Fruchtschale, Samenschale, Aleuronschicht sowie Mehlkörper und Keimling. Die in Ähren, Rispen oder Kolben sich entwickelnden Samen reichern mit zunehmender Ausreifung insbesondere Stärke an. Pflanzenanatomisch bzw. -histologisch ist das Getreidekorn von außen nach innen wie in **Abbildung II.6.1** dargestellt aufgebaut. Die äußere Schicht des Korns wird durch die Fruchtschale gebildet, die insbesondere durch hohe Rfa-Gehalte gekennzeichnet ist.

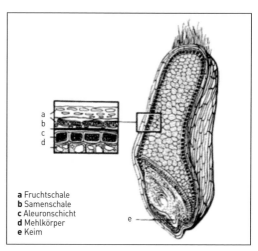

a Fruchtschale
b Samenschale
c Aleuronschicht
d Mehlkörper
e Keim

Abb. II.6.1: Aufbau eines Getreidekorns (am Beispiel von Weizen).

Die darunter liegende Samenschale ist eher rohaschereich, während das Rohprotein vornehmlich in der Aleuronschicht lokalisiert ist, und der Mehlkörper v. a. aus Kohlenhydraten besteht. Der Keimling enthält neben Rohprotein und NfE auch größere Mengen an Fett sowie die für den Keimungsprozess notwendigen Enzyme (v. a. Amylase, Phytase u. a.; **Tab. II.6.1**).

Tab. II.6.1: **Verteilung der Nährstoffe im Getreidekorn (Roggen, Weizen) nach Pelshenke**

		Fruchtschale	Samenschale	Aleuronschicht	Mehlkörper	Keimling
Anteil am Gesamtkorn		5,5	2,5	7	82,5	2,5
Rohasche		5	**20**	5–10	1	4,5
Rohprotein		7,5	18	**30–38**	9–14	26
Rohfett	Angaben in %	0	0	10	1–2	**10**
Rohfaser		**38**	1	6	0,2	2
NfE		49,5	50	30–40	**81–87**	50

Die Verteilung der Hauptnährstoffe im Getreidekorn ist entscheidend für das Verständnis der Zusammensetzung von Produkten aus der Getreideverarbeitung. Je nachdem, welche Kompartimente hierbei genutzt, separiert oder entfernt werden, ergibt sich eine sehr unterschiedliche chemische Zusammensetzung der sehr verschieden zusammengesetzten Nebenprodukte (Näheres s. Kap. II.7).

6.2 Zusammensetzung

Zunächst einmal sind alle Getreidekörner als stärkereich zu charakterisieren (**Tab. II.6.2**). Bei der Stärke der Getreidekörner handelt es sich biochemisch um α-1-4-glycosidisch gebundene Glucose; die Stärke der verschiedenen Getreidearten unterscheidet sich u. a. in der Struktur (Anteil von Amylose und Amylopectin) sowie in Form und Größe der Stärkegranula, wodurch nicht zuletzt die enzymatische Abbaubarkeit (d. h. auch Abbaugeschwindigkeit) variiert (z. B. Stärke aus Maiskörnern: eher verzögerter Abbau). Weitere Kennzeichen der Zusammensetzung: geringer Rohfasergehalt (rd. 2 %, außer Hafer, Gerste); hohe bis mittlere Verdaulichkeit; mittlerer Eiweißgehalt (rd. 10 %); geringer Gehalt an Lys, Met, Thr, Trp (Mais) und Fett (außer Hafer, Mais); niedriger Ca-Gehalt (0,2–1,2 g/kg), aber hoher P-Gehalt (3,5–4,2 g/kg, davon 60–70 % Phytinphosphor); auch geringer Na- (0,2–0,5 g/kg) und Zn-Gehalt (< 30 mg/kg uS). Der P-Gehalt ist nicht zuletzt auch durch die P-Düngung beeinflusst (Trend zu rückläufigen Gehalten).

Außer Vit E (im Keimling) kaum fettlösliche Vit; Vit B_2, zum Teil auch Pantothensäure- und Niacingehalt (Mais!) relativ zum Bedarf von Monogastriern nicht ausreichend; B_{12} fehlt wie bei allen pflanzlichen FM.

Die aus dem Mais gewonnenen Produkte (CCM/MKS/LKS; s. **Abb. II.6.2**) kommen allgemein als silierte Feuchtprodukte zum Einsatz, d. h. sie weisen niedrigere TS-Gehalte auf. Bezogen auf 88 % TS (wie bei den anderen Komponenten) ergeben sich aber durchaus günstige Energiedichten.

Tab. II.6.2: **Energie- und Nährstoffgehalte in Getreidekörnern (Angaben pro kg uS)**

	TS g	Stärke g	Rfe g	Rfa g	Rp g	ME_{Wdk} MJ	ME_{Schw} MJ	ME_{Pfd} MJ
Weizen (Winter)	880	590	17	26	119	11,8	13,7	12,5
Roggen	880	570	15	25	98	11,7	13,3	13,2
Triticale	880	590	17	24	135	11,6	13,7	12,4
Gerste (Winter)	880	530	22	60	104	11,3	12,4	11,8
Hafer	880	395	47	102	110	10,1	11,3	10,4
Milokorn (Hirse)	880	645	30	23	103	11,5	14,2	12,2
Reis, geschält	880	720	17	7	80	11,9	14,8	13,3
Dinkel	880	582	22	98	111	10,7	–	9,7
Maiskörner	880	612	40	23	93	11,7	14,1	12,8
Corn Cob Mix, CCM[1]	600	374	26	32	63	7,79	8,94	8,53
Maiskolbenschrot, MKS[1]	600	348	24	44	59	7,51	8,34	8,44
Lieschkolbenschrot, LKS[1]	500	213	18	58	49	6,14	6,08	6,61

[1] siliert

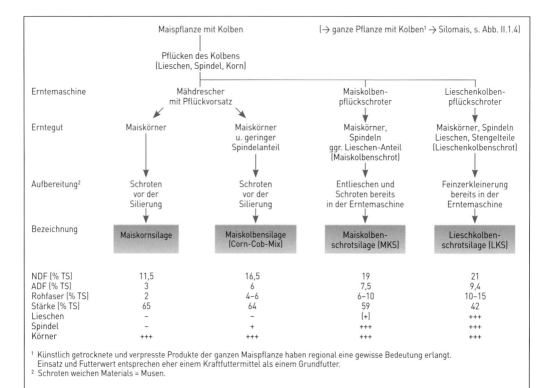

Abb. II.6.2: Futtermittel aus der Maispflanze sowie aus dem Maiskolben in Abhängigkeit vom Ernteverfahren.

Im Unterschied zu den übrigen Getreidearten sind beim Mais Sonderformen der Ernte zu berücksichtigen, bei denen neben dem Korn auch der Kolben insgesamt bzw. Teile des Kolbens mit geerntet, konserviert und verfüttert werden (**Abb. II.6.2**). Hierdurch bedingt kommt es zu einer erheblichen Veränderung in Zusammensetzung und Futterwert.

Nicht-Stärke-Polysaccharide: Neben Stärke enthält Getreide auch unterschiedliche Gehalte an Nicht-Stärke-Polysacchariden (**Tab. II.6.3**). Neben der Zellulose, die in der Rohfaserfraktion erfasst wird, verdienen besondere Beachtung die β-Glucane (1,3-1,4-β-D-Glucane) und Pentosane (β-glycosidisch verknüpfte Xylose mit Arabinose-Seitenketten; **Tab. II.6.4**) sowie Pektine (Polygalacturonsäure in α-glycosidischer Bindung, max. 10 g/kg TS), die teils in der Rohfaserfraktion und teils in der NfE-Fraktion erfasst werden (vgl. auch NDF-/ADF-Gehalte).

Tab. II.6.3: **Gehalte an Nicht-Stärke-Polysacchariden in Getreide (Angaben in g/kg uS)**

	Rohfaser	NDF	ADF	Zellulose
Hafer	120	302	151	119
Hirse	103	217	157	106
Reis, ungeschält	99	195	115	99
Gerste	60	209	76	65
Weizen	30	122	38	27
Triticale	30	134	51	31
Roggen	29	145	42	28
Milokorn	26	105	44	29
Mais	26	105	35	26

Diese Nicht-Stärke-Polsaccharide können nicht durch körpereigene Enzyme abgebaut werden. Lösliche Anteile der β-Glucane (bes. Gerste und Hafer) und der Pentosane (Roggen > Triticale > Weizen) können zu einer höheren Viskosität im Chymus führen.

Tab. II.6.4: **Gehalt an β-Glucanen und Pentosanen in Getreidekörnern (g/kg uS)**

Getreide	β-Glucane		Pentosane	
	gesamt	löslich	gesamt	löslich
Hafer	30–66	20–40	58– 90	?
Gerste	26–60	24–50	31– 60	5– 8
Roggen	13–47	–	59–122	19–45
Weizen	3–11	–	35– 70	5–23
Mais	ca. 1	–	33– 68	4–10

Getreide enthalten einen mittleren Eiweißgehalt, wobei Lysin die erstlimitierende Aminosäure ist (**Tab. II.6.5**).

Tab. II.6.5: **AS-Gehalte in Getreidekörnern (g/kg uS)**

AS	Gehalte im Korn	Richtwerte im Alleinfutter für	
		Mast-schw	Lege-hennen
Lysin	2,7–4,2	ca. 9	ca. 7
Methionin und Cystin	3,2–4,3	ca. 5,4	ca. 5,8
Threonin	3,3–3,6	ca. 5,4	ca. 4,7
Tryptophan	0,6–1,4	ca. 1,8	ca. 1,5

Besondere Erwähnung verdient hierbei der geringe Trp-Gehalt in Maiskörnern.

6.3 Verwendung

Getreidekörner – ganz bzw. geschrotet, gewalzt, gequetscht – können vielseitig und wegen ihrer guten Verträglichkeit auch in größeren Mengen bei allen Spezies vor allem als **Energie**lieferanten eingesetzt werden. Eine einseitige Verwendung verlangt stets eine Ergänzung von Ca, Vit A, D und B$_{12}$, bei wachsenden Tieren auch von Eiweiß bzw. AS, bei Herbivoren von strukturierter Faser.

Aufgrund ernährungsphysiologischer sowie ökonomischer Bedingungen werden die Getreidekörner bei den verschiedenen Haustierspezies in der Reihenfolge ihrer Bedeutung etwa wie folgt eingesetzt (wobei global gesehen teils andere Präferenzen zu erkennen sind, z. B. Mais in den USA):

Pfd: Hafer, Gerste, Mais, Dinkel (Weizen, Roggen, Triticale weniger geeignet → Klebereiweiße können im Magen verkleistern → Magenkoliken).

Wdk: Maisprodukte sowie alle anderen Getreidearten je nach Preis.

Schw: Gerste, Weizen, Mais, Triticale, auch Roggen und Hafer, Milokorn.

Gefl: Mais, Weizen, Milokorn, Gerste, z. T. Roggen, Triticale und Hafer.

Flfr: Mais-, Hafer-, Weizenflocken bzw. thermisch behandelte Produkte, Reis (geschält), insbes. aus diätetischen Gründen.

Kl. Nager: Insbesondere bei granivoren Spezies als Basis der Mischfutter.

Ziervögel: Haferkerne, verschiedene Hirsearten, Mais, Reis, Milokorn.

Fische: Mais, Weizen als Stärketräger, meist thermisch aufbereitet.

6

7 Nebenprodukte der Getreideverarbeitung

Bei den Nebenprodukten der Getreideverarbeitung handelt es sich zum Einen um Produkte aus der Mehl- und der Stärkemüllerei, zum Anderen um Restprodukte von Getreidekörnern, die in der Brauerei und Brennerei anfallen. Die chemische Zusammensetzung dieser Komponenten variiert dabei in Abhängigkeit vom jeweiligen Verarbeitungsprozess (z. B. Stärkegehalt in Nachmehlen je nach Ausmahlungsgrad in der Mehlmüllerei oder Rohfasergehalt in Produkten aus der Brauerei und Brennerei nach Umwandlung der Stärke zu Alkohol). Mit der Separierung, Entfernung und Nutzung eines Großteils des Korns, d. h. der Stärke, kommt es in den Nebenprodukten zu einer relativen Anreicherung aller übrigen originären Bestandteile/Inhaltsstoffe, evtl. aber auch von ANF (z. B. Phytin) oder sogar „Unerwünschten Stoffen" (z. B. bestimmte Mykotoxine). Nebenprodukte aus der Roggen- und Weizenverarbeitung sind nicht selten mit Mutterkorn kontaminiert.

7.1 Mühlennachprodukte

Die Verarbeitung von Getreide in Mühlen zielt auf die Gewinnung und Separierung unterschiedlicher Teile des Getreidekorns zur Gewinnung von LM (Mehl, Stärke, Keimöle). Dabei werden nachfolgend zunächst die Nebenprodukte aus der Mehlmüllerei, danach die aus der Stärkemüllerei (v. a. aus der Verarbeitung von Mais) dargestellt.

7.1.1 Allgemeine Eigenschaften

Entsprechend dem Grad der Trennung des Endosperms von den übrigen Kornbestandteilen bei der Mehlherstellung fallen Nebenprodukte mit unterschiedlichen Gehalten an Stärke bzw. Schalen- und damit Rohfaseranteilen an (**Abb. II.7.1**).

Folgende Produkte (beginnend mit den höchsten Stärkegehalten) sind im Handel: Nachmehle, Futtermehle, Grießkleien (= Bollmehl), Kleien, Schälkleien (seltener).

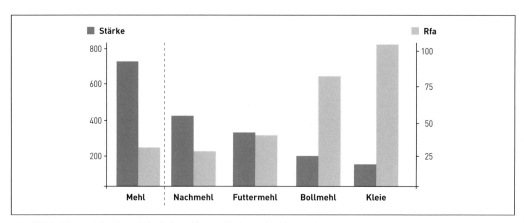

Abb. II.7.1: Rfa- und Stärkegehalte (g/kg uS) verschiedener Mühlennachprodukte des Weizens.

Kleien zeigen im Vergleich zum ganzen Getreidekorn häufiger einen höheren Besatz mit Keimen (**Tab. IV.7.2**) und ggf. auch Toxinen/Mykotoxinen (s. Kap. III.3.4).

Im Vergleich zum Getreidekorn sind in den Nachprodukten aus der Mehlmüllerei die Gehalte an Stärke geringer (vgl. **Abb. II.7.1**), die an Rfa, Rp, AS, P und Vit B höher; ungünstiges/inverses Ca : P-Verhältnis, geringe Ca- und hohe P-Gehalte. Die Gehalte an NDF und ADF erreichen in Weizenkleie Werte von ca. 515 bzw. 150 g/kg TS.

Wird Getreide zur Gewinnung von Mehlen (hauptsächlich für die Humanernährung) genutzt, so erfolgt hierbei eine sehr weitgehende Separation des Mehlkörpers (Endosperm), sodass die übrigen Bestandteile des Korns mit einem unterschiedlichen Restgehalt an Stärke übrig bleiben, und zwar als sogenannte Nach- und Futtermehle bzw. hauptsächlich in Form von Kleien (**Tab. II.7.1**).

Tab. II.7.1: **Nebenprodukte der Mehlmüllerei (Angaben in g/kg uS)**

	TS g	Rfa g	Rfe g	Stärke g	Rp g	ME_{Wdk} MJ	ME_{Pfd} MJ	ME_{Schw} MJ	Ca g	P g
Nachmehle										
Roggen	878	22	29	350	150	15,4	12,3	13,1	0,8	4,6
Weizen	880	29	47	410	176	11,9	11,7	14,4	0,9	7,4
Futtermehle										
Roggen	875	29	29	300	149	10,8	11,8	11,7	1,1	8,1
Weizen	880	42	50	330	179	11,5	10,9	13,1	1,1	8,9
Hafer	910	48	67	490	135	–	11,7	14,2	1,0	5,1
Gerste	870	64	29	320	117	10,0	11,0	11,4	1,7	4,1
Grießkleien										
Roggen	878	51	32	180	145	9,70	10,8	10,6	2,2	8,3
Weizen	880	82	46	200	158	9,83	9,67	10,7	1,2	8,8
Kleien										
Roggen	881	71	32	140	144	9,40	9,41	9,3	1,5	8,4
Weizen	880	108	37	150	143	8,73	8,34	9,1	1,5	11,4
Schälkleie										
Hafer	910	235	32	65	73	7,87	5,95	5,2	1,9	3,4

7

Verwendung

Rfa-reiche Produkte: Grießkleien und Kleien vorwiegend bei Wdk, Pfd und Zuchtsauen als Komponenten im MF (10–30 %); Weizenkleie: leicht abführende Wirkung, Pfd bis 1, Milchkuh 2, Mastrind bis 3 kg/Tag.

Rfa-ärmere Produkte: Wie Futter- und Nachmehle: vorwiegend bei Schw und Gefl in MF.

7.1.2 Nebenprodukte der Stärkegewinnung aus Getreide

Wird Getreide (insbesondere Mais, aber auch Weizen) in der „Nassmüllerei" (**Abb. II.7.2**) zur Stärkegewinnung verarbeitet, so fallen hierbei besondere Nebenprodukte an (**Abb. II.7.2, Tab. II.7.2**), die nährstoffmäßig stärker differenziert sind, z. B. die Kleber (hauptsächlich das Protein der Aleuronschicht), der Keimling mit seinem Fett (Keimöle) oder auch die Reste insgesamt, d. h. mit der Achäne („Kleberfutter").

Von der Nassmüllerei ist die Trockenmüllerei von Mais zu unterscheiden, bei der eine mechanische Separation (Prallschleuder) von Maiskeimen und Endosperm bzw. Rest des Korns stattfindet. Maiskeime mit anhaftendem Endosperm werden auch zur Maiskeimölgewinnung herangezogen, das hierbei anfallende Nachprodukt Maiskeimextraktionsschrot ist entsprechend stärkereicher als das aus der Nassmüllerei (= Stärkeindustrie).

Tab. II.7.2: **Zusammensetzung von Nebenprodukten der Stärkegewinnung (pro kg uS)**

	TS g	Rfa g	Rp g	Wdk		Gefl ME$_n$ MJ	Schw ME MJ	Ca g	P g
				ME MJ	NEL MJ				
Kleberfutter									
Mais	880	77	210	11,0	6,83	8,1	10,2	1,5	10,0
Weizen	880	150	145	10,6	6,54	8,0	10,1	4,4	6,1
Kleber									
Mais	900	14	645	13,7	8,56	13,8	16,9	1,0	3,8
Weizen	900	2	774	14,1	8,83	13,6	17,9	1,0	2,5
Keimextraktionsschrote									
Mais									
– Nassmüllerei	889	84	219	11,6	7,32	10,1	11,3	0,4	7,5
– Trockenmüllerei	893	73	119	11,1	6,97	10,0	11,6	0,6	6,6
Weizen	870	38	289	–	–	11,6	13,9	0,8	9,0
Keime									
Mais	930	17	129	–	–	16,2	19,5	0,5	5,2
Weizen	900	22	264	–	–	15,1	13,8	0,6	8,9
Quellstärke, Mais	950	2	4	12,9	8,46	14,0	–	0,5	1,8

Während Kleberfutter und Kleber sowie die proteinreicheren Keimextraktionsschrote in MF für diverse Spezies als Rp-Quelle (mit allerdings nur mäßigen Lys-Gehalten) genutzt werden, dienen die proteinärmeren Keimextraktionsschrote sowie getrocknete Keime bzw. Stärke (bzw. Quellstärke) primär als Energiequelle (nicht zuletzt besondere Quellstärken mit einer Teilverzuckerung der Stärke in der Jungtierernährung). Maiskleber bzw. -futter ist im Übrigen reich an Carotinoiden (Lutein und Zeaxanthin), hinsichtlich der Proteinqualität ist der geringe Trp-Gehalt erwähnenswert.

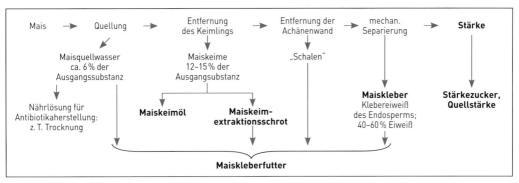

Abb. II.7.2: Nebenprodukte und Futtermittel aus der Nassmüllerei (Verfahren und Charakterisierung).

7.2 Nebenprodukte der Brauerei und Brennerei

Bei diesen Nebenprodukten handelt es sich um Restprodukte von Getreidekörnern, deren Endosperm weitgehend durch Umwandlung der Stärke in Zucker mit anschließender Vergärung zu Alkohol entfernt wurde. Die verbleibenden Produkte, die je nach Verfahren zum Teil nur einzelne Fraktionen des Getreidekorns enthalten, weisen gegenüber dem Ausgangsmaterial erhöhte Gehalte an Rfa, Rp (z. T. mikrobiell umgesetzt), P, B-Vit und evtl. an Cu (Kontamination) auf, der Anteil an NfE ist dagegen reduziert; originär sind es also wasserreiche Produkte (Treber, Schlempe), die in feuchtem flüssigen Zustand direkt z. B. in der Rinderfütterung (in Nähe der Brauerei/Brennerei) Verwendung finden. Nach Trocknung sind vielfältigere Einsatz-

möglichkeiten gegeben, und zwar als Bestandteile im MF für diverse Spezies, wobei insbesondere der höhere Rfa-Gehalt ihren Anteil im MF limitiert (s. **Tab. II.7.5**).

7.2.1 Brauerei

Bei der Herstellung von Bier auf der Basis von Braugerste (seltener Weizen) fallen erhebliche Mengen an Nebenprodukten an; besondere Bedeutung haben dabei die Treber (= nahezu stärkefreier, faser- und Rp-reicher Rest des Getreidekorns) und die Bierhefe, die als Rp-reiches (aber auch viel Nukleinsäuren-N!) FM mit höchsten Vit-B-Gehalten geschätzt wird (**Abb. II.7.3, Tab. II.7.3**). Biertreber (frisch bzw. siliert) zeigt vergleichsweise hohe NDF- und ADF-Gehalte (570 bzw. 255 g/kg TS; 178 g Rfa/kg TS).

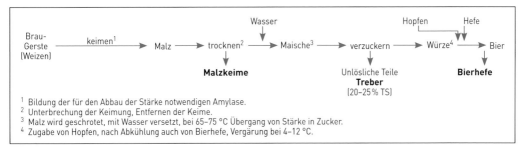

Abb. II.7.3: Brauerei: Verfahren und Nebenprodukte, die als FM größere Bedeutung haben.

Tab. II.7.3: **Zusammensetzung von Nebenprodukten der Brauerei (pro kg uS)**

	TS g	Rfa g	Rp g	Wdk		Schw ME MJ	Ca g	P g	Vit B$_2$ mg	Nicotin-säure mg
				ME MJ	NEL MJ					
Malzkeime, getr.	920	130	279	9,53	5,68	9,4	2,3	7,1	8,0	52
Treber, getr.	900	154	227	9,51	5,57	8,3	3,9	6,3	0,9	18–65
Bierhefe, getr.	900	19	448[1]	11,20	6,85	13,1	2,3	15,7	30,0	405

[1] Mit N aus Nukleinsäuren!

7.2.2 Brennerei

In der Brennerei wird das Getreide (insbesondere Roggen, Weizen) geschrotet, darauf folgt nach Wasserzusatz eine Erhitzung (thermischer Aufschluss); entweder durch die Zugabe von Malz (enthält korneigene Amylase, s. Kap. II.7.2.1) oder großtechnisch gewonnener Enzyme (Amylasen mikrobieller Herkunft) wird die Stärke des Getreides in Zucker umgewandelt und durch zugesetzte Hefen dieser Zucker zu Alkohol vergoren. Unter Erhitzung des flüssigen Mediums wird der Alkohol abdestilliert; die verbleibenden Reststoffe (= Schlempe) werden schließlich entweder frisch oder nach Trock-

nung als FM genutzt (**Tab. II.7.4, II.7.5**). Aufgrund der weltweiten Nutzung von Getreide für die Alkoholproduktion (Biokraftstoffe!) wurde Trockenschlempe (insbesondere aus Mais) zu einem der mengenmäßig bedeutsamsten Handels-FM (internationale Bezeichnung: DDGS = *Dried Distillers Grains Solubles*). Der Wert dieser Trockenschlempe als Proteinquelle hängt insbesondere von der „thermischen Belastung" beim Trocknungsprozess ab. Hier gibt es offensichtlich (teils schon sensorisch erkennbar) erhebliche betriebs-/prozessabhängige Qualitätsunterschiede, mit entsprechenden Konsequenzen für die Rp-Verdaulichkeit.

Tab. II.7.4: **Zusammensetzung von Nebenprodukten der Brennerei (pro kg uS)**

	TS g	Rfa g	Rp g	Wdk		Schw ME MJ	Ca g	P g	Vit B$_2$ mg	Nicotin-säure mg
				ME MJ	NEL MJ					
Weizenschlempe	70	5	22	0,91	0,56	0,79	0,1	0,2		
Roggenschlempe	85	8	28	1,10	0,68	–	0,1	0,3	1,2	4–5
Maisschlempe	70	8	20	0,96	0,60	0,98	0,2	0,6		
Maisschlempe, getr.[1]	900	90	267	11,4	7,00	11,3	2,5	7,5	3,1	41
Weizenschlempe, getr.	945	76	370	11,5	7,00	11,9	1,1	8,5	–	–

[1] Corn distillers

Tab. II.7.5: **Verwendung und empfohlene Tageshöchstmengen (in kg uS bzw. % des MF)**

	Pfd	Milchkuh	Mastrd	Schf	Schw	Gefl
Malzkeime	bis 1,5[1]	bis 3[2]	2– 3[3]	bis 0,3	5–15%	5–15%
Treber, frisch	bis 15	12–15	10–12	1–3[4]	1–4[4]	–
Treber, getr.	bis 4	2–3	2	0,5	bis 10%	5–10%
Bierhefe, getr.	0,5–1[5]	1[6]	0,5	bis 0,3	2–5%[7]	2–5%[7]
Weizenschlempe Roggenschlempe Maisschlempe	–	40	60	5[8]	2–4[9]	<10[10]

Malzkeime:
[1] Oder bis 10% in der Gesamtration; nur im Gemisch mit schmackhaften Komponenten; nicht an Stuten, Fohlen oder Sportpferde (N-Methylamine) → Doping-Relevanz!
[2] Oder bis 15% im Kraftfutter; größere Mengen führen zu bitterem Milchgeschmack; Jungtiere bis 1 kg, Mastbullen bis zu 35% im Kraftfutter, bis 5% im Kälberaufzuchtfutter.
[3] Bis 35% im Kraftfutter.
Treber:
[4] In Kombination mit hochverdaulichen FM an Mastschweine ab 35 kg KM, Zuchtschw, bei Schf: Risiko erhöhter Cu-Aufnahme beachten.
Bierhefe:
[5] In Verbindung mit stärkehaltigen, eiweißarmen Futtermitteln; Fohlen bis 0,1 kg.
[6] An Wdk zur Aktivierung der Pansenflora bei Indigestionen, 3–5% im Kälberfutter.
[7] Als Protein-/AS-Quelle und Vit-B-Träger im Kraftfutter für Mast- und Zuchttiere.
Schlempen:
[8] Nicht an Jungtiere sowie hochtragende und säugende Muttern.
[9] An Tiere über 40–50 kg; nicht an hochtragende und säugende Sauen.
[10] Als Proteinträger (begrenzend ist der Rfa-Gehalt).

7

8   Leguminosenkörner und fettreiche Samen

Aufgrund ihres Eiweißgehaltes haben die Samen diverser Leguminosen (v. a. Bohnen, Erbsen) nicht nur als LM-, sondern auch in der Fütterung eine erhebliche Bedeutung. Daneben werden hier aber auch fettreiche Samen anderer Pflanzenarten vorgestellt, die – bei botanisch unterschiedlichster Herkunft – eines gemeinsam haben, nämlich einen originär hohen Öl- bzw. Fettgehalt. Nachfolgend geht es also um die Nutzung der Samen samt ihres typischen Fettgehaltes. Zur Betonung dieses Sachverhaltes werden in der Praxis dann Termini genutzt wie beispielsweise „Sojavollbohne" bzw. „Sojavollfettbohne". Schließlich haben fettreiche Samen/Saaten traditionell eine große Bedeutung in der Fütterung kleiner Heimtiere, insbesondere bei Ziervögeln sowie in der Diätetik (Leinsamen!)

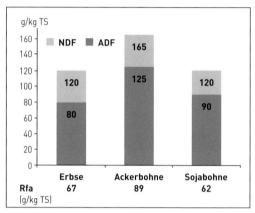

Abb. II.8.1: Vergleichende Darstellung zum NDF- und ADF-Gehalt in Leguminosenkörnern

8.1   Zusammensetzung

Leguminosenkörner sind – im Vergleich zu Getreide – deutlich proteinreicher, ihr Stärkegehalt ist jedoch wesentlich niedriger (Erbsen: 42 %, Ackerbohnen: 37 %) bzw. sogar unbedeutend (Lupine und Sojavollbohne: unter 5 %). Der Rfa-Gehalt (60–90 g/kg TS; NDF- und ADF-Gehalte s. **Abb. II.8.1**) ist jedoch höher (dennoch gute Verdaulichkeit infolge geringer Lignifizierung der Rfa); BW des Proteins nur mäßig (außer Soja; geringe Trp- und Met-Gehalte, evtl. auch geringere pcVQ); hinsichtlich Mineralstoff- und Vitamingehalt ähnlich dem Getreide: Rfe-Gehalt in Lupinen, insbesondere in Sojabohne höher; Soja- und Ackerbohne mit rd. 5 % schwer verdaulichen Zuckern (Raffinose, Stachyose), evtl. Förderung intestinaler Gasbildung. Verschiedene nachteilig wirkende Inhalts-

stoffe machen eine Limitierung bzw. besondere Bearbeitung (z. B. Toastung bei Soja) erforderlich. Daneben verdient Erwähnung, dass gerade bei den Leguminosenkörnern eine intensive Vermahlung (MF für Schw. und Gefl.!) die pcVQ des Proteins fördert.

Leguminosenkörner weisen zwar einen schon höheren Rfa-Gehalt auf, dabei handelt es sich aber um eine leicht verdauliche Faser, da sie wenig lignifiziert ist.

Fettreiche Samen zeichnen sich neben dem hohen Fett- auch durch beachtliche Rp-Gehalte aus (mäßige BW), andererseits sind sie stärkefrei. Bei geringem bis mittlerem Ca-Gehalt ist der P- und Mg-Gehalt teils auffällig hoch (**Tab. II.8.1**). Originäre nachteilig wirkende Inhaltsstoffe, bei Sonnenblumensamen auch der unverdauliche hohe Schalenanteil, beschränken den Einsatz.

Tab. II.8.1: **Chemische Zusammensetzung von Leguminosenkörnern und fettreichen Samen**

	TS g	Rfa g	Rfe g	Rp g	Lys g	Met+ Cys g	Trp g	ME$_{Wdk}$ MJ	Pfd DE MJ	ME$_{Schw}$ MJ	Ca g	P g	Besondere Inhaltsstoffe
Futter-erbse	870	58	13	226	16,6	5,2	3,2	11,7	10,9	13,7	0,8	4,2	Gerbsäuren
Acker-bohne	870	79	14	261	17,7	5,0	2,5	11,8	11,4	12,6	1,4	4,0	Cyano-glycoside
Lupine, gelb, süß	895	149	44	404	19,6	11,7	2,8	12,8	9,37	12,5	2,4	4,6	Alkaloide
Sojabohne, getoastet	935	58	202	364	21,3	9,7	4,5	14,8	13,0	16,6	2,7	6,0	Trypsinhem-mer, Lektine
Raps-samen	920	57	395	216	12,9	11,2	3,0	16,1	–	17,6	4,4	8,7	Glucosinolate, Erucasäure[1]
Leinsamen	910	66	334	320	9,0	9,9	4,5	15,8	11,4	18,6	2,5	4,0	Cyanoglyco-side, Linatin
Baumwoll-samen	920	228	190	207	12,8	6,6	2,7	12,6	–	–	1,9	11,5	Gossypol
Sonnenblu-mensamen	920	199	337	193	6,5	7,5	2,7	16,4	–	–	2,6	3,5	

[1] 0-Raps: reduzierter Erucasäuregehalt, 00-Raps: reduzierter Erucasäure- u. Glucosinolatgehalt.

8.2 Verwendung

Die einheimischen Leguminosen (Ackerbohne, Erbse, Lupine) haben insbesondere im biologischen Landbau eine große Bedeutung als Rp-liefernde FM. Aber auch in konventionellen Betrieben haben diese FM als MF-Bestandteile ihren Wert, insbesondere nachdem im Zuge der BSE-Krise viele eiweißreiche FM tierischen Ursprungs verboten wurden (**Tab. II.8.2**).

Aufgrund der chemischen Zusammensetzung der Leguminosenkörner und fettreichen Samen müssen diese in der Fütterung teilweise limitiert werden:

Sojabohnen, getoastet: Höherer Fettgehalt bei Wdk problematisch bzw. wegen des Einflusses auf die Körperfettqualität (Schw, Gefl) im MF nur limitiert einzusetzen, evtl. bei laktierenden Stuten; im MF für die Gefl-Mast durchaus interessante Komponente, gleichzeitig protein- und energieliefernd; teils auch Ersatz für sonst separat zugelegte pflanzliche Fette.

Tab. II.8.2: **Verwendung von Leguminosen im Kraftfutter (%-Anteile in der Mischung)**

	Milchkuh Mastrind	Schwein	Mast-geflügel	Lege-hennen
Futter-erbsen	30	10–20	20/35[1]	20/30[1]
Acker-bohnen	30	10–20	20	10
Süß-lupinen	25	5–15	20	20–30

[1] Höhere Anteile bei weißblühenden Sorten.

Leinsamen: Einsatz vorwiegend unter diätetischen Aspekten (Schleimstoffe, ess. Fettsäuren, beachtlicher Proteingehalt), leicht laxierende Wirkung (Nutzung peripartal, bei Pfd mit Kolikneigung, hier bis zu 1 kg je Tier und Tag), vor der Fütterung heiß aufbrühen (70 °C heißes Wasser), um HCN-freisetzende Enzyme zu inaktivieren (bei Mengen bis 200 g/Pfd u. Tag nicht nötig).

8

Baumwollsamen: Bis zu max. 1 kg/Kuh u. Tag (hoher Anteil von Bypass-Protein).

Rapssamen: Als intakte Saat ohne Bedeutung in der Nutztierfütterung, zukünftig evtl. als entschälte Saat nicht uninteressant; zu geringen Anteilen evtl. im Taubenfutter, ähnlich wie Rübsen.

Sonnenblumensaat: In Mischungen mit anderen Samen und Saaten häufig anteilsmäßig wichtigste Komponente in FM für Großsittiche und Papageien. Entschälte Saat wäre prinzipiell durchaus auch in Küken- und Jungtierfütterung verwendbar, aber als LM lukrativere Nutzung/ Verwertung. In der Biofütterung sind Sonnenblumenkerne auch als Rp- und Met-Quelle von Bedeutung.

9 Nebenprodukte der Öl- und Fettgewinnung

Öle und Fette pflanzlicher Herkunft haben in der Ernährung des Menschen, aber auch als FM (insbesondere seit dem Verbot tierischer Fette bei Spezies, die der LM-Gewinnung dienen) sowie als Industrierohstoffe eine große Bedeutung, aber auch als Komponenten in der industriellen MF-Produktion. Die für die Fütterung größere Bedeutung haben jedoch die Nebenprodukte, die bei der Fettgewinnung anfallen. Futtermittelkundlich-historisch interessant, dass aus den Resten, die bei der Sojaölgewinnung anfielen (und zunächst als Brennmaterial und Dünger Verwendung fanden) das heute wichtigste Eiweiß-FM der Welt wurde, das Sojaextraktionsschrot.

9.1 Definition und Eigenschaften

Nebenprodukte ursprünglich mehr oder weniger fettreicher Samen, Früchte oder anderer Pflanzenteile, denen das Fett mechanisch (durch Pressen) oder chemisch (durch Extraktionsmittel) zu einem erheblichen Teil bzw. nahezu vollständig entzogen wurde. Infolge des Fett-/Ölentzugs kommt es in den Restprodukten zu einer relativen Anreicherung/Konzentrierung von Rohprotein und sonstiger Nährstoffe, aber evtl. auch sekundärer Inhaltsstoffe (z. B. ANF wie Glucosinolate).

Allgemeine Eigenschaften: Mehr oder weniger eiweißreiche, mäßig bis gut verdauliche FM mit auffällig hohen Gehalten an P (5–10 g/kg), Mg (3–5 g/kg), B-Vit (außer B_{12}); allgemein auch höhere Cu-Gehalte (bis über 25 mg/kg). Nicht zuletzt ist die Zusammensetzung der Nebenprodukte sehr stark davon abhängig, inwieweit Hülsen und Schalen mit in die Verarbeitung, d. h. in den Prozess des Fettentzuges gelangen (die Rohfaser „verdünnt" also die wertvolleren Inhaltsstoffe der „Rest"produkte).

9.2 Herstellung

Vorbehandlung: Wird dem Fettentzug vorgeschaltet; Schalen oder sonstige schwer verdauliche Teile werden vollständig, teilweise oder nicht entfernt. Handelsbezeichnungen:
- geschält (ohne Schalen)
- teilgeschält (teilweise ohne Schalen)
- ungeschält (mit Schalen)

Fettentzug: Je nach Verfahren und Intensität des Fettentzugs entstehen Produkte mit unterschiedlichen Fett-, aber auch Proteingehalten:
- Plattenpressen → **Kuchen** (bis 10 % Fett) → moderate Rp-Anreicherung
- Expellerpressen → **Expeller** (bis 5 % Fett) → hohe Rp-Anreicherung
- Extraktion → **Extraktionsschrote** (bis 1 % Fett) → höchste Rp-Anreicherung

Die Konsequenzen des unterschiedlich intensiven Fettentzugs für die Zusammensetzung der Produkte zeigt die **Abbildung II.9.1**.

Mit der Reduktion des originären Rfe-Gehaltes kommt es also zu einer entsprechenden Anreicherung des Rohproteins und aller übrigen Nährstoffe, allerdings auch ggf. unerwünschter Stoffe, wie z. B. der Glucosinolate in Rapsprodukten.

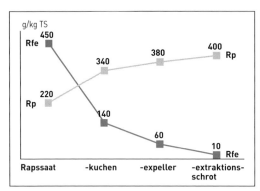

Abb. II.9.1: Veränderung der Rp- und Rfe-Gehalte in Rapsprodukten bei unterschiedlich intensiver Fettgewinnung.

9.3 Zusammensetzung von Extraktionsschroten

Entsprechend dem Rp-Gehalt im Ausgangsprodukt, aber auch der Effektivität des chemischen Verfahrens in der Ölgewinnung lassen sich die Extraktionsschrote nach ihrem Rp-Gehalt gruppieren (**Tab. II.9.1**).

Je nach Ausgangsprodukt und Anteil an Schalenmasse handelt es sich bei den Extraktionsschroten um FM, deren Rohfaser unterschiedlich hoch verdaulich ist (z. B. starke Lignifizierung der Schalen von Sonnenblumensaat; **Abb. II.9.2**).

Bei den aufgeführten Extraktionsschroten sind futtermittelkundlich des Weiteren von Bedeutung:

- **Antinutritive Faktoren** (teils im Anhang I der EG- Richtlinie 2002/32 geregelt)**:**
  - Trypsinhemmstoffe (Soja)
  - Gossypol (Baumwollsaat)
  - Glucosinolate (Raps)
  - HCN-haltige Glycoside (Lein)
- **Kontaminationen:** Insbesondere mit Aflatoxinen, die gerade in warmen/feuchten Klimaten auf Erdnuss, Kokosnuss und Palmkernen vorkommen.

Tab. II.9.1: **Chemische Zusammensetzung von Extraktionsschroten**

Rp-Gehalt	Rfa	Rp	AS-Muster g/100 g Rp		Schw		Wdk		
	g/kg	g/kg	Lys	Met/Cys	pcVQ$_{Rp}$, %	ME MJ/kg	rum. Rp-Abbau, %	ME MJ/kg	NEL MJ/kg
hoch (>400 g/kg)									
Erdnuss – ohne Hülsen	50	500	3,6	2,6	83	13,8	75	12,1	7,57
Soja									
– mit Schalen	59	449	6,3	3,0	82	13,0	65	12,1	7,59
– ohne Schalen	34	482	6,3	3,0	82	14,4	65	12,1	7,56
– Sojaprot.-Konzentr.	34	599	6,3	3,0	85	12,4	–	–	–
Baumwollsaat (ohne Schalen)	84	441	4,1	3,3	77	10,9	65	10,4	6,29
mittel (400–250 g/kg)									
Baumwollsaat	163	363	4,0	3,1	77	8,1	65	9,6	5,74
– teilgeschält	115	351	5,3	4,7	71	9,8	75	10,6	6,43
Raps (mit Schalen)									
Sonnenblumensaat	196	334	3,5	4,0	77	9,8	75	9,0	5,30
– teilentschält	253	285	3,6	4,0	–	–	75	8,2	4,70
– mit Schale	91	339	3,7	3,6	66	10,3	70	10,6	6,46
Lein (mit Schale)									
mäßig (<250 g/kg)									
Kokosnuss	142	209	2,6	3,1	–	8,9	50	10,7	6,65
Palmkern	175	165	2,9	3,5	54	7,5	65	9,9	5,96

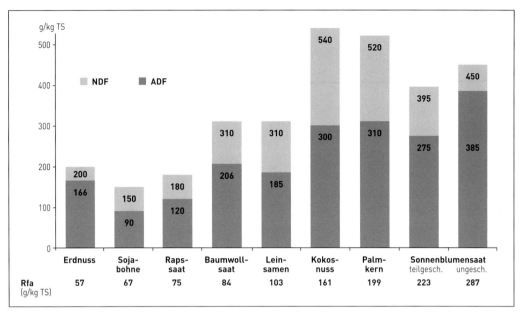

Abb. II.9.2: Vergleichende Darstellung zu NDF-/ADF-Gehalten in Extraktionsschroten.

9.4 Verwendung

Die Nebenprodukte dienen in erster Linie als Eiweißlieferanten, wobei – je nach Verarbeitung – auch unterschiedliche Fettgehalte zu berücksichtigen sind. Bei Leinprodukten sind aus diätetischer Sicht die schalenassoziierten Mucine erwähnenswert. Diese Polysaccharide gelten beim Gefl als nachteilig (höhere Viskosität im Chymus), während bei den übrigen Spezies eine positive Wirkung dieser leicht fermentierbaren Kohlenhydrate im Sinne eines Prebiotikums (→ FFS ↑: trophische Funktion für die Schleimhaut) erwartet werden kann. Daneben verdient das FS-Muster von Leinkuchen und -expeller (Linol-/Linolensäure ↑) besondere Erwähnung.

9.4.1 Kuchen bzw. Expeller

Der Restfettgehalt und die Fettqualität sind hier besonders zu beachten: Bei Wdk sind mögliche nachteilige Effekte auf die Pansenflora zu berücksichtigen, bei Monogastriern mögliche Einflüsse auf die Konsistenz des Körperfetts (weiches Fett wegen der Gehalte an ungesättigten FS). In MF bzw. in Rationen sind die Kuchen und Expeller deshalb allgemein nur in moderaten Anteilen (< 10 %) zu verwenden, sie werden jedoch evtl. gezielt verwendet (Beeinflussung der Milchfettqualität, Zufuhr an ungesättigten FS mit günstigen Effekten auf Haut und Haarkleid, evtl. auch zur Anhebung der Energiedichte im Mischfutter).

9.4.2 Extraktionsschrote
Produkte mit hohem Rp-Gehalt
Bei hoher Verdaulichkeit für alle Tierarten geeignet (v. a. für Monogastrier); Mengen bzw. Anteile im MF entsprechend dem Eiweißbedarf der Tiere; die teils geringere ruminale Abbaubarkeit (Soja, Baumwollsaat) ist gerade in der Fütterung von Hochleistungskühen (angestrebt: höherer Anteil an UDP) von Vorteil.

Sojaextraktionsschrot (SES): Wegen der hohen BW bei allen Tieren mit höherem Rp- und AS-Bedarf zur Eiweißergänzung geeignet; enthält 6 % Stachyose und Raffinose (Verdauung im Dickdarm → Kotkonsistenz bei Jungtieren ↓, evtl. Flatulenz, Hd). Beim SES handelt es sich um eines der K-reichsten Konzentrate, sodass beim Gefl entsprechend nachteilige Veränderungen in der Qualität der Exkremente (Verflüssigung) auftreten. Des Weiteren kommt es zu einer „Klebrigkeit" der Exkremente, wenn hohe SES-Anteile im MF des Gefl vorliegen (Ansätze für neuere Technologien zur Minderung des K-Gehaltes sowie der besonderen KH; auch Enzymzusätze sollen die KH-bedingten Nachteile mindern können).

Rapsextraktionsschrote (RES): Hier sind nicht nur wegen der Glucosinolatgehalte, sondern auch wegen der weniger günstigen geschmacklichen Eigenschaften Limitierungen (Obergrenzen) zu beachten. Andererseits haben Fortschritte in der Pflanzenzucht (Glucosinolate) sowie neuere Technologien in der Bearbeitung des RES dazu geführt, dass früher erforderliche Limitierungen an Bedeutung verloren haben bzw. heute (mit entsprechender AS-Ergänzung) Sojaschrot teils schon m. o. w. vollständig durch sehr gute RES-Qualitäten ersetzt wird. Dabei ist jedoch auch zu beachten, dass thermische Verfahren zur Reduktion des Glucosinatgehaltes die pcVQ des Proteins bzw. der AS aus RES evtl. mindern.

Kombinationen von **Soja- und Rapsextraktionsschrot** sind nicht nur aus Kostengründen interessant, sondern auch wegen der Ergänzungseignung (Soja: Lys ↑, Raps: S-AS ↑).

Produkte mit mittlerem Rp-Gehalt

Verwendung bei einzelnen Tierarten begrenzt durch besondere Inhaltsstoffe, geringere Verdaulichkeit und geringere BW des Proteins. Obergrenzen für die Verwendung von Extraktionsschroten mit mittlerem Rp-Gehalt sind **Tabelle II.9.2** zu entnehmen.

Produkte mit mäßigem Rp-Gehalt

Neben dem geringeren Rp-Gehalt ist hier insbesondere der hohe Rfa-Gehalt zu beachten, sodass hier besonders Wdk, evtl. auch Pfd und trgd Sauen für eine Verwertung infrage kommen (Pfd bis 1 kg, Rinder bis 2 kg, trgd Sauen bis 10 % im MF).

Tab. II.9.2: **Obergrenzen für die Verwendung von Extraktionsschroten mit mittlerem Rp-Gehalt**

Extraktionsschrote von	Pfd	Milchkuh	Mast-Rd	Schw	Legehenne	Mast-Gefl
	kg/Tier/Tag			% im MF		
Baumwollsaat[1]	1	1	2	10	0	3
Sonnenblumensaat[2]	2,5	2,5	3,0	10	8	3–5
Leinsaat[3]	0,5	2	1	10	0	2

Rapssaat
  – 0-Sorten
  – 00-Sorten
	
	0,5
	0,5
		
		1,5
		2,5
			
			0,5
			1,0
				
				5
				20
					
					0
					10[4]
						
						5
						15

[1] Gossypol limitierend;   [2] Schalenanteil limitierend;   [3] Linatin limitierend;   [4] Nicht bei braunen Legehennen.

10 Milch und Milchverarbeitungsprodukte

Die Milch stellt bei den verschiedenen Säugetierspezies unmittelbar nach der Geburt das erste und wichtigste „Alleinfutter" dar (siehe hierzu Kap. V.7; **Tab. V.7.3**). Wird Milch zur LM-Gewinnung verarbeitet, fallen hierbei sehr unterschiedliche Nebenprodukte an, die auch als FM eine erhebliche Bedeutung haben, vom „Verfütterungsverbot" war und ist die gesamte Produktpalette nicht betroffen.

10.1 Allgemeine Eigenschaften

Hochverdauliche (keine Rfa) und eiweißreiche (außer Molke!) FM; hohe BW des Eiweißes; hoher Mengenelement- (außer Mg!), geringer Spurenelementgehalt; fettlösliche Vit: nur in Vollmilch, Gehalt variiert je nach Fütterung der Muttertiere; wasserlösliche Vit: reichlich; geringe Haltbarkeit, Konservierung durch Säuerung (Risiken durch ansaure Milch!) oder Trocknung (Gefahr der Eiweißschädigung in Abhängigkeit von der Technologie).

10.2 Milchverarbeitung

Der Wert der verschiedenen Milchprodukte als FM ist entscheidend davon abhängig, welche Hauptnährstoffe der Milch (Fett, Eiweiß, Milchzucker) in welchem Umfang zur LM-Gewinnung entzogen wurden (**Abb. II.10.1**). Die bei der Milchverarbeitung eingesetzten Hilfsstoffe (Säuren, puffernde Substanzen etc.) können evtl. auch in Nebenprodukten vorkommen (z.B. SO_4^{2-}, sofern H_2SO_4 zur Fällung bzw. Na, wenn $NaHCO_3$ zur Pufferung verwendet wurde). Moderne Technologien in der Molkenverarbei-

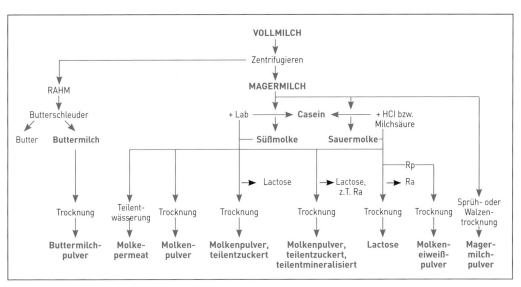

Abb. II.10.1: Verarbeitung der Milch und dabei entstehende Produkte.

tung (u. a. Ultrafiltration) führen zu sehr „nährstoffreichen" Produkten (Lactose aus Molkenpermeat bzw. Proteinkonzentrate aus den Retentaten), sodass am Ende evtl. nur noch eine aschereiche Flüssigkeit ohne größeren Nährwert übrigbleibt.

Verarbeitungsverfahren

Trocknen: Sprüh- (üblich) oder Walzentrocknung (eher selten, veraltet).
Säuern: Dazu Reste der vergorenen Magermilch bzw. Molke vom Vortag oder Kulturen von Milchsäurebakterien dem frischen Material zusetzen; Zusatz von Propionsäure (0,3 %); optimale Temperaturen (20–25 °C) einhalten.
Zusatz von Konservierungsmitteln: z. B. Formaldehyd (bis 600 mg/kg für Magermilch bei Schw < 6 Mon erlaubt) oder von organischen Säuren, wenn flüssige Komponenten in der Kälberfütterung zum Einsatz kommen.

10.3 Zusammensetzung

Je nach Produktionsschritt weisen die Nebenprodukte unterschiedliche Gehalte an Fett, Eiweiß und Lactose auf (**Tab. II.10.1, II.10.2**).

Tab. II.10.1: **Chemische Zusammensetzung von Milch und -nebenprodukten (Angaben pro kg uS)**

	TS g	Rfe g	Rp g	Lactose g	ME_{Schw} MJ	ME_{Wdk} MJ	Ca g	P g	Na g	B_2 mg	B_{12} µg	Nicotinsäure mg	Panto- thens. mg
Kolostrum	230	36	130	31	–	4,01	2,1	1,5	0,88	6,1	7	1,0	2,2
Vollmilch[1]	130	40	35	50	3,0	2,51							
Magermilch	90	1	32	44	1,4	1,25	1,2	1,0	0,50	1,8	5	0,7	3,5
Buttermilch	90	4	34	38	1,6	1,30							
Molke[2,3]	60	2	8	45	0,8	–	0,6	0,5	0,65	0,1–1,2	5	1,0	3,0

[1] Fe 0,55; Zn 4,0; Cu 0,15; Mn 0,05 mg/kg; Verarbeitungsprodukte ebenfalls spurenelementarm, evtl. höhere Gehalte durch Kontamination.
[2] Süßmolke: Abnahme des Ca-Gehalts (Ca-Bindung bei Ausfällung von Casein mit Lab); Sauermolke: milchsauer, Mineralstoffgehalt unverändert; mineralsauer (HCl-Zulage), Na- bzw. Ca-Gehalt erhöht durch Zugabe von Na_2CO_3 oder $CaCO_3$ (zur Neutralisierung); TS-Gehalte z. T. stark schwankend (Spülwasser?).
[3] Molkenpermeat, lactosereich bzw. -retentat, proteinreich

Tab. II.10.2: **Chemische Zusammensetzung getrockneter Milchprodukte (Angaben pro kg uS; TS > 90 %)**

Art der getrockneten Nebenprodukte	Rp g	Lys g	Met + Cys g	Trp g	Lactose g	ME_{Schw} MJ	ME_{Wdk} MJ	Ca g	P g	Na g	K g
Buttermilchpulver	306	20,6	9,2	4,6	400	14,9	13,7	23,9	10,1	–	–
Magermilchpulver	341	26,3	11,9	4,8	470	14,9	13,2	13,2	10,2	5,1	13,3
Molkenpulver, süß	126	9,3	4,3	1,9	720	13,6	–	6,6	6,7	6,6	23,8
– teilentzuckert	214	16,1	7,3	3,6	360	11,1	–	37,0	14,7	17,9	45,6
Molkenpermeat – teilentzuckert	80	6,0	2,7	1,2	550	12,0	–	45,0	16,0	9,0	36,0
Molkeneiweißpulver	300	22,5	10,1	4,5	500	16,6	–	6,0	6,0	5,0	19,0

10.4 Verwendung

Die Fütterung erfolgt vorwiegend bei Jungtieren; getrocknete Produkte finden v. a. im MAT Verwendung; frische Magermilch und Molke auch an Mastschweine.

Molken-Mast: Einsatz in der Schw-Mast ab 35 kg KM, von 5 kg bis auf 15 kg/Tag am Mastende steigern.

Beim Einsatz besonders zu beachten:

Nicht getrocknete Produkte:

- Risiken hinsichtlich Hygienestatus (Wasser ↑, Lactose ↑)
- Variation im Wasser- bzw. TS-Gehalt
- Mengen (Lactose! → fermentative Diarrhoe nach ungenügendem praecaecalen Abbau)

Getrocknete Produkte:

- Hitze-/Trocknungsschäden (Rp-KH-Verbindungen, VQ ↓)
- Mengenelement-Aufnahme ↑ (Na, K)
- evtl. (heute selten) höhere Sulfat-Aufnahme (osmotische Diarrhoe)

10

11 Fischmehl und FM aus anderen Meerestieren

Traditionell als Eiweiß-FM mit hoher Wertigkeit bei vielen Spezies verwendete Einzel-FM, deren Einsatz allerdings auf Nicht-Wdk beschränkt ist (Hintergrund: Kontrolle von Wdk-Futter hinsichtlich der Einhaltung des „Verfütterungsverbots"). In der Jungtierfütterung, Aquakultur, aber auch im Heimtierfutter (z. B. Ktz-Futter) haben Fischmehle u. ä. Komponenten immer noch eine erhebliche Bedeutung, trotz öffentlicher Kritik („Überfischung" der Meere).

11.1 Definition und allgemeine Eigenschaften

Fischmehle: Diese sind durch Trocknen (evtl. nach Entfettung und Zusatz von Fischpresssaft) und Mahlen von Fischen und/oder Fischteilen hergestellte Erzeugnisse. Eiweiß-FM mit allgemein hohen Lys- und Met-Gehalten; BW aber abhängig von Ausgangsmaterial, d. h. Anteil von Muskulatur (Gräteneiweiß weniger wertvoll) und Herstellung. Gefahr der Hitzeschädigung bei zu hohen Trocknungstemperaturen; Qualitätskriterium: Fermentlöslichkeit des Rohproteins ($\geq 88\%$); bei höherem Fettgehalt anfällig für autoxidative Prozesse. Hohe Ca-, P-, Mg- und Na-Gehalte, ausgewogenes Ca : P-Verhältnis, Na evtl. zu hoch. Spurenelemente gering (außer Fe, I); fettlösliche Vit: wechselnd (je nach Fettgehalt, Leberanteil, Trocknungsart); wasserlösliche Vit: außer Vit B_1 und Vit B_5 reichlich, insb. Vit B_{12}.

Fischpresssaft („fish solubles"): Eingedickt bzw. getrocknete Produkte, entstehen bei der Verarbeitung von Fischen, wenn vor dem Trocknen ein Teil des Wassers mechanisch abgepresst wird und so lösliche Eiweiße mit in das abgepresste Wasser gelangen (Rp-reich, hohe BW, hohe VQ des löslichen Proteins).

11.2 Zusammensetzung

Neben den Produkten aus Fischen und Fischteilen gehören in diese Gruppe auch die Garnelen (getrocknete Krustentiere), die eine gewisse Bedeutung als FM haben (**Tab. II.11.1**).

Tab: **II.11.1: Chemische Zusammensetzung von Produkten aus Fischen bzw. Garnelen**

Angaben pro kg uS	Rp g	AS-Muster g/100 g Rp			Schw		Ca g	P g	Na g	J mg
		Lys	Met/Cys	Trp	pcVQ$_{Rp}$ %	ME MJ				
Fischmehl[1] (3–8 % Rfe)	608	7,6	3,7	1,0	83	13,5	43,0	25,5	8,8	3,0
Fischpresssaft (getr., <5 % Rfe)	826	6,5	3,0	5,8	93	17,4	6,7	15,4	9,6	–
Garnelenschrot	542	7,5	4,1	0,9	–	11,0	65,2	12,2	2,9	–

[1] Bei über 75 % Rp ist die Bezeichnung „eiweißreiches" Fischmehl erlaubt.

Je nach Qualität des Ausgangsmaterials variiert der Rohaschegehalt teils erheblich, bei Ra-Werten > 20 % (Indikator für höhere Skelettanteile!) im getrockneten Material muss dieser Wert deklariert werden.

11.3 Verwendung

Fischmehle werden insbesondere zur Aufwertung (AS-Muster) des Proteins im MF für Jungtiere diverser Spezies sowie bei Zuchttieren (z. B. Eber, Sauen), allerdings nur bei Nicht-Wdk, verwendet. Unter besonderen Bedingungen können Proteinhydrolysate (aus Fischmehl) auch wieder als Eiweißquelle/Komponente im MAT für Kälber verwendet werden. Eine originäre Bedeutung haben die Produkte in der Fütterung von Nutz- und Zierfischen, aber auch in der Flfr-Fütterung finden gewisse Mengen Verwendung. Vorsicht ist geboten in der Fütterung von Legehennen (geruchliche/geschmackliche Beeinträchtigung der Eier möglich).

Als Kontaminationen waren/sind im Einzelfall Salmonellen von Bedeutung, ein gewisses Risiko stellt evtl. – je nach Fanggebiet – die Dioxin-Belastung dar (Fische am Ende der Nahrungskette!).

Garnelen dienen neben der Eiweißversorgung (z. B. AF für Ktz) in Form von Garnelenschrot (v. a. Kopf und Chitinpanzer) der gezielten Ergänzung der Ration mit Calcium (z. B. Hennen am Ende der Legeperiode). Auch im MF für Heimtiere (z. B. Hamster, Papageien, Reptilien) werden Garnelen als Quelle tierischen Eiweißes und zur Ca-Versorgung (mit weitem Ca : P-Verhältnis!) geschätzt.

11

12 Tiermehle/Erzeugnisse von Landtieren

Im Zusammenhang mit der BSE-Krise kam es EU-weit zum Verbot der Verfütterung dieser Produktgruppe an LM-liefernde Tiere. Heute dürfen nur noch Tierkörper/Tierkörperteile von tauglich befundenen Schlachttieren zu Futterzwecken aufbereitet werden. Hierbei handelt es sich also ausnahmslos um Kategorie-3-Material (EG-VO 1069/2009). Nicht zuletzt aus seuchenhygienischen Gründen wird eine Verwendung bei Wdk längerfristig ausgeschlossen bleiben, andererseits ist auf die zukünftig evtl. mögliche Wiederzulassung (auch an LM-liefernde Spezies, s. Verwendung in der Aquakultur) unter Beachtung des „Intra-Spezies-Verbots" (z. B. Schlachtnebenprodukte vom Gefl an Schw bzw. vom Schw an Gefl) hinzuweisen (s. Kap. I.11.6.7). Da viele Einzel-FM dieser Produktgruppe (z. B. Geflügelmehl) eine erhebliche Bedeutung als FM für Spezies haben, die nicht der LM-Gewinnung dienen (z. B. Flfr), sollen hierzu entsprechende Informationen gegeben werden.

12.1 Definition und allgemeine Eigenschaften

FM, die aus Schlachtkörpern bzw. Schlachtkörperteilen warmblütiger Landtiere nach Fettabscheidung und Entfernung (soweit technisch möglich) von Haut, Horn und Magen-Darm-Inhalt hergestellt werden; besondere Bezeichnung bei Verwertung einzelner Körperteile: Blut-, Fleisch-, Knochen-, Leber-, Federmehl etc.; Herstellungsbedingungen für alle Produkte dieser Gruppe: Zerkleinern bis auf Partikelgröße von max. 50 mm; Kochen bis zum Zerfall der Weichteile; 20 min Erhitzung bei 133 °C und 3 bar zur Elimination von Keimen (insbes. von Sporenbildnern).

Eine erste Einschätzung der verwendeten Rohmaterialien erfolgt über den Rohaschegehalt (→ Anteil von Skelett), der evtl. auch den Anteil im MF limitiert. Zudem handelt es sich je nach Ausgangsmaterial um m. o. w. eiweißreiche, gut verdauliche FM; Gehalt an S-haltigen AS (außer Federmehl) relativ gering; BW abhängig vom Ausgangsmaterial (Bindegewebs- bzw. Muskelanteil) und Herstellungsverfahren; reich an Ca, P (außer Blut- und Federmehl) und B-Vit, einschließlich Vit B_{12}.

12.2 Zusammensetzung

Zur Zusammensetzung (pro kg uS, ca. 90 % TS) siehe **Tabelle II.12.1**.

12.3 Verwendung

Prinzipiell zur Eiweißergänzung (Ausnahme: Futterknochenschrot) sowie als Ca- und P-Quellen in Rationen für Monogastrier geeignet. Seit dem Verfütterungsverbot werden sie hauptsächlich bei Spezies, die nicht der LM-Gewinnung dienen, eingesetzt, d. h. bei Flfr und anderen Liebhabertieren, andererseits ist seit Juli 2013 eine Verwendung in der Aquakultur wieder möglich.

Risiken: Grundsätzlich besteht das Risiko einer Rekontamination mit Salmonellen; dieser Aspekt verdient auch bei Angebot sog. „Snacks" (z. B. Schweineohren für Flfr) Beachtung. In Einzelfällen können Rückstände von Schwermetallen (z. B. Blei) und Arzneimitteln über die Anteile von Knochen in das FM gelangen.

Tab. II.12.1: **Chemische Zusammensetzung von Erzeugnissen von Landtieren (Angaben pro kg uS)**

	Rp g	AS-Muster g/100 g Rp			Flfr		Ca g	P g	Na g
		Lys	Met/Cys	Trp	VQ$_{Rp}$ %	ME MJ			
Tiermehl (55–60 % Rp)	586	5,4	2,7	0,8	78	11,5	47,4	26,6	3,4
Fleischknochenmehl	447	5,1	2,4	0,6	87	11,6	151	72,9	9,3
Futterknochenschrot	333	3,8	1,0	0,2	46	3,10	181	87,6	6,8
Grieben	583	5,3	2,5	2,4	89	23,0	2,5	4,4	6,2
Blutmehl	849	8,4	2,1	0,9	81	13,4	1,6	1,5	7,5
Geflügelmehl	700	4,5	2,9	0,9	78	16,1	49,0	26,3	2,5
Federmehl, hydrolysiert	842	2,6	5,8	0,7	–	11,5[1]	4,0	4,9	7,1

[1] Gilt für Gefl; hier kann hydrolysiertes Federmehl eingesetzt werden, wenn die Molekulargröße von 18 000 Dalton unterschritten wird.

12

13 Fette

Nach dem LFGB § 18,1 ist in Deutschland die Verwendung von Fetten aus Gewebe warmblütiger Landtiere und von Fischen sowie von MF, die diese Einzel-FM enthalten, in der Wdk-Fütterung verboten. Dieses gilt jedoch nicht für Milch und Milcherzeugnisse. Im Bereich der Nutztierfütterung haben Fette gerade für die Herstellung von Milchaustauschern (Ersatz des Milchfettes) eine erhebliche Bedeutung.

Da Fette tierischer Herkunft aber bei anderen Spezies (z. B. Flfr) in erheblichem Umfang verwendet werden, betreffen die nachfolgenden Ausführungen nicht nur Fette pflanzlicher, sondern auch tierischer Herkunft.

13.1 Definition und allgemeine Eigenschaften

Bei Erzeugnissen aus pflanzlichen Ölen handelt es sich laut Definition (VO Nr. 183/2005, Anhang II) um Erzeugnisse, die aus der chemischen oder physikalischen Raffination, der Destillation oder der Biodieselverarbeitung hergestellt werden. Zudem werden Futterfette auch aus Rohstoffen tierischer Herkunft durch Pressen, Schmelzen oder Extrahieren gewonnen. Sie sollen einen möglichst hohen Anteil an Reinfett (Triglyceride und freie Fettsäuren) und nur geringe Mengen an Nichtfett-Bestandteilen (unlösliche Verunreinigungen, Unverseifbares, flüchtige Substanzen) aufweisen.

13.2 Zusammensetzung

Während bei den härteren pflanzlichen Fetten (z. B. Kokos- oder Palmkernfett) die kürzerkettigen FS dominieren, weisen weiche Öle (z. B. Soja- oder Leinöl) höhere Anteile an langkettigen FS auf (**Tab. II.13.1**).

13.3 Qualitätsanforderungen

Die Eignung von Fetten zur Verfütterung an Nutztiere hängt ab von **Reinheit, Fettsäurenmuster** und **Frischezustand**.

Reinheit
Siehe **Tabelle II.13.2.**

Futterfette sollen grundsätzlich frei von Lösungsmitteln sein.

Fettsäurenmuster
Siehe **Tabelle II.13.3.**

Frischezustand
Siehe **Tabelle II.13.4.**

Fette unterliegen zeitabhängig Veränderungen, die im Wesentlichen durch Hydrolyse der Triglyceride und durch oxidative Veränderungen der FS („Ranzigwerden") gekennzeichnet sind. Als Produkte entstehen Hydroperoxide, Peroxide, Aldehyde, Säuren und Polymerisate.

In Futterfetten sollten folgende Grenzwerte für die Fettkennzahlen eingehalten werden:
- Peroxidzahl   < 50 (< 10 im MAT)
- Säurezahl[1]   < 50 (< 10 im MAT)
- Polymerisate   < 3 %

---

[1]   Höhere Gehalte an freien FS im Futter sind kein Problem, solange es sich hierbei um langkettige freie FS handelt; kurz- und mittelkettige freie FS können aufgrund ihrer geruchlichen und geschmacklichen Eigenschaften zu Akzeptanzproblemen führen.

Tab. II.13.1: **Zusammensetzung (FS-Muster), Verdaulichkeit und Energiegehalt von Fetten pflanzlicher und tierischer Herkunft**

	Kokos-nussöl[1]	Palm-kernöl[2]	Sojaöl	Leinöl	Rinder-talg	Schweine-schmalz	Seetieröl[3]
Fettsäuren, % im Fett							
12:0 Laurin-	40–50	45–52	–	–	1–2	0– 1	–
14:0 Myristin-	15–20	14–19	0– 1	–	3–6	1– 3	7–8
16:0 Palmitin-	8–13	6–9	9–15	5	24–31	20–32	24–28
18:0 Stearin-	1–4	1–3	2– 5	4	14–28	10–17	2–18
16:1 Palmitolein-	–	–	0– 1	–	5–7	4– 7	5–12
18:1 Öl-	5–11	10–20	18–28	10–25	20	32–47	33–45
18:2 Linol-	1–5	1–2	46–57	17	1–5	7–20	2–3
18:3 Linolen-	–	–	5–10	54	0–1	0– 3	8–10
Energie							
ME_{Flfr}, MJ	38,1	–	37,7	37,7	37,4	38,1	38,1
ME_{Schw}, MJ	36,4	36,4	35,5	36,2	32,6	34,6	33,4
ME_{Wdk}, MJ	30,1	28,4	30,6	–	26,1	28,2	28,4
NEL, MJ	19,4	18,0	19,8	22,6	16,2	17,8	18,0
ME_{Pfd}, MJ	38,4						
Verdaulichkeit[4], %	76–95	88–95	82–98	ca. 95	70–88	84–93	ca. 90

[1] 16–20 % C8–C10-Fettsäuren;
[2] 5–12 % C8–C10-Fettsäuren;
[3] gehärtet: jeweils 5–7 % C18:4 und C20:4-Fettsäuren (Oktadekatetraensäure/Arachidonsäure);
[4] VQ-Bereiche: Schw, Gefl.

Tab. II.13.2: **Parameter zur Beurteilung der Reinheit von Fetten (Grenzwerte in %)**

	Unverseifbares	Wassergehalt	Gesamt-flüchtiges	Petrolätherunlösliche Verunreinigungen
Einzelfutterfette	bis 3	bis 1	bis 1,2	bis 1
Einzelfutterfette, raffiniert	bis 1	bis 0,2	bis 0,2	bis 0,2
Mischfette	bis 3	bis 1	bis 1,2	bis 1
Raffinations-FS für Gfl	bis 4	bis 1	bis 1,2	bis 1,3

13

Tab. II.13.3: **Anforderungen an das FS-Muster für diverse Spezies (in % der Gesamt-FS)**

Fettsäuren		Rind	Kalb, Lamm, Ferkel	Schwein	Küken + Mast-Gefl	Übriges Geflügel
C_6–C_{12} (Capron-/Laurinsäure)	max	20	–		20	
C_{14}–$C_{16:1}$ (Myristin-/Palmitoleinsäure)		–	–	–	–	–
$C_{18:0}$ (Stearinsäure)	max	–	20	20	20[1]	20
$C_{18:2}$ (Linolsäure)	max	–	12		–	–
$C_{18:3}$ (Linolensäure)	max	13		12		
Summe der ein- und zweifach ungesättigten FS mit über 18 C-Atomen	max			3		
Summe der ungesättigten FS mit über 18 C-Atomen u. mehr als 2 Doppelbindungen	max			1		
Summe der gesamten ungesättigten FS mit über 18 C-Atomen	max			5		
Summe der gesamten ungesättigten FS über $C_{14:1}$	max	–		70		
	min	–		30		
Summe der gesamten gesättigten FS mit über $C_{18:0}$	max	5		3		5

– = Keine Begrenzung.
[1] Bei Küken bis 4. LW darf der Gehalt an gesättigten FS mit mehr als 16 C-Atomen 15 % nicht überschreiten.

Tab. II.13.4: **Fettkennzahlen pflanzlicher und tierischer Fette**

	Kokos-nussöl	Palm-kernöl	Sojaöl	Leinöl	Rinder-talg	Schweine-schmalz	Seetieröl
Jodzahl	8–10	15–20	130–136	169–192	38–44	33–76	110–150
Verseifungszahl	254–264	245–255	190–193	187–197	193–200	195–199	186–197
Unverseifbares, %	0,2–0,5	0,2–0,6	0,6–1,2	–	0,2–0,7	0,2–0,8	0,7–4,0

13.4 Verwendung von Fetten und Fettsäuren

Futterfette dienen der

- energetischen Aufwertung von Futterrationen (Ziel: höhere Energiedichte),
- Versorgung mit essenziellen Fettsäuren,
- Förderung der Resorption fettlöslicher Vitamine,
- Staubbindung bei der MF-Produktion und -förderung,
- Akzeptanzverbesserung und auch
- besonderen Ernährungszwecken aus diätetischen Gründen.

Mit bestimmten Fetten (FS-Mischungen) können die FS-Muster und damit die Fettkonsistenz in LM (z. B. Butterfett) in gewünschter Weise verändert werden.

Auch aus **diätetischer Sicht** haben Fette/Öle bzw. FS eine Bedeutung: Säuger können Linol- (n-6) und Linolensäure (n-3; die Bezeichnung gibt die Position der ersten Doppelbindung vom Methylende der FS ausgehend gezählt wieder) nicht synthetisieren. Die Zufuhr dieser essenziellen FS greift über die Relation der n6- zu n3-FS in den Gewebelipiden (z. B. der Zellmembran) in den Fettstoffwechsel ein. Arachidonsäure ($C_{20:4}$) wird – außer bei der Katze – aus Linolsäure synthetisiert und ist ihrerseits Vorstufe von Eicosanoidhormonen, zu denen Prostaglandine, Thromboxane und Leukotriene gehören.

n6-FS gelten daher als proinflammatorisch, während n3-FS in die Synthese der Eicosapentaensäure ($C_{20:5}$, n-3) münden und als antiinflammatorisch wirksam eingestuft werden. Daher sind Fette, die reich an n3-FS sind (Fischöl, Leinöl, Nachtkerzenöl u. a.) aus diätetischer Sicht von großem Interesse.

Bestimmte FS haben gewisse antibakterielle Effekte im Verdauungstrakt, einige der mittelkettigen FS weisen beispielsweise auch Wirkungen gegenüber Salmonellen oder Clostridien auf. In bestimmten Konstellationen können z. B. Laurinsäure-haltige FS-Mischungen auch die Qualität der Exkremente (Gefl) fördern.

Limitierungen: Für die Fettverträglichkeit gibt es bei den verschiedenen Spezies Grenzen, die wie folgt erklärt werden können:

- Störung der mikrobiellen Verdauung im Pansen bzw. im Dickdarm (Pfd), wenn größere Fettmengen hier anfluten.
- Nachteilige Beeinflussung der Körperfett-/ LM-Qualität (Schw, Gefl, evtl. auch Wdk).
- Begrenzte lipolytische Kapazität im Verdauungstrakt (→ Steatorrhoe).

Daher sollten folgende Richtwerte (Rfe in % der TS) nicht überschritten werden:

- Flfr: bis 50 %
- Gefl, Schw, Pfd: bis 10 %
- Wdk: bis 4 %

Ausnahme: In MAT für Jungtiere verschiedener Spezies werden häufig wesentlich höhere Rfe-Gehalte verwendet (MAT für Kälber: ca. 30 % Rfe) als bei Adulten.

13

14 Sonstige Nebenprodukte

Hier werden beispielhaft einige Nebenprodukte und Reststoffe aus der LM-Gewinnung vorgestellt, deren Verwertung als FM möglich und sinnvoll ist. Einige der hier aufgeführten Nebenprodukte sind etablierte Komponenten in der MF-Produktion (z. B. getrocknetes Altbrot), andere sind weniger bekannt, werden nur zum Teil als FM verwertet oder häufiger auch mit anderen organischen Reststoffen in Biogasanlagen als Substrat genutzt (**Tab. II.14.1**). Sofern es sich um sehr wasserreiche Reststoffe handelt, bietet sich evtl. auch eine Verwertung über eine Flüssigfütterung (z. B. in der Schweinemast) an, um einen höheren Trocknungsaufwand zu vermeiden (z. B. Prozesswasser aus der Marmeladen-

herstellung, Stärkeaufbereitung o. Ä.). Voraussetzungen einer Nutzung in der Tierernährung sind dabei die Beachtung rechtlicher Vorgaben (seuchenhygienische Unbedenklichkeit, keine nachteilige Beeinflussung von Tiergesundheit und Produktqualität), eine ausreichende Akzeptanz und Verdaulichkeit des Produkts, ein möglichst geringer Gehalt an unerwünschten Stoffen, eine Konservierungseignung und Transportwürdigkeit sowie ein ökologischer und wirtschaftlicher Nutzen. Dem Vorteil einer Ressourcenschonung stehen möglicherweise emotionale Vorbehalte auf Seiten der Konsumenten vom Tier stammender LM, evtl. auch seitens der Tierhalter gegenüber.

Tab. II.14.1: **Zusammensetzung einiger Produkte (Nährstoff- und Energiegehalte je kg TS)**

Produkte (alphabetisch)	TS g/kg uS	Rp g	Rfe g	ME_{Schw} MJ	ME_{Wdk} MJ	Ca g	P g	Na g	Limitierungen (Bemerkungen)
Altbrot	600–800	121	17	16,6	14,4	0,9	2,3	8,3	Stärkegehalt bei Wdk
Bananenschalen (getrocknet)	880	77	81	–	10,7	4,1	2,4	0,2	Rfa-Gehalt um 15 % (bei Monogastriern)
Haselnussschalen	952	90	370	16,3	–	2,9	0,7	0,1	Fettgehalt und -qualität (weiches Fett)
Käse(reste)	450–650	400	450	28,5	–	12	8,5	5–20	Na-Gehalt, bei Schw
Kartoffelchips	978	56	465	23,0	–	1,1	1,5	8,9	Fett-, Stärkegehalt bei Wdk
Kartoffelschalen	150	125	6,3	13,0	–	2,6	3,2	0,4	Aschegehalt? Stärkegehalt?
Keksmehl	700–800	120	150	17,1	–	1,3	3,9	5,6	Fett-, Stärkegehalt bei Wdk?
Lakritzfestmasse	194	42	37	15	–	2,8	0,8	0,4	ca. 70 % Stärke, bei Wdk?

Wegen der Variation von TS-Gehalt und -Zusammensetzung vieler Nebenprodukte ist ein höherer Kontrollaufwand für eine optimale Rations- bzw. MF-Gestaltung erforderlich. ◆

Die teilweise hohen Na-Gehalte (s. **Tab. II.14.1**) setzen eine unbegrenzte Wasserverfügbarkeit voraus (Gefahr der Na-Intoxikation!). Hohe Fettgehalte (hoher Anteil an ungesättigten FS) müssen wegen möglicher nachteiliger Effekte auf die Fettqualität im Schlachtkörper berücksichtigt werden (Limitierung und Vit-E-Ergänzung); sie können ferner bei Wdk zu schweren Vormagenindigestionen führen. Hohe Gehalte an leicht verfügbaren Nährstoffen sind bei entsprechenden Feuchtegehalten ein idealer Nährboden für Mikroorganismen (halbfeuchte Produkte: hohe Gehalte/Keimzahlen von Hefen und Pilzen; nasse Produkte: besonders disponiert für bakteriellen Verderb!).
Schließlich stellen Verunreinigungen mit Verpackungsmaterialien (nach EU-VO 767/2009,

Anhang III: Verbotene Materialien) ein Problem dar, wenn in größerem Umfang verpackte LM (z. B. nach dem Ablauf des Haltbarkeitsdatums) zur Verfütterung aufbereitet werden.
Je höher der Anteil an den beschriebenen Nebenprodukten in der Gesamtration ist, umso wichtiger ist eine darauf abgestimmte Ergänzung (Protein, Mineralstoffe, Vitamine).
Schon von der Menge her haben Nebenprodukte aus der Gewinnung von Frucht- und Obstsäften in den letzten Jahren eine größere Bedeutung erlangt; diese traditionell als **Trester** bezeichneten FM sind vergleichsweise faserreich und deshalb insbesondere in MF für Pflanzenfresser (Wdk, Pfd, kl. Nager) anzutreffen (**Tab. II.14.2**).
Trockentrester weisen in Abhängigkeit vom Pektingehalt teils ein erhebliches Quellungsvermögen auf; trotz beachtlicher Rfa-Werte nur wenig strukturwirksame Faser, evtl. verlangen höhere Zuckergehalte besondere Beachtung in der Rations-/MF-Gestaltung.

Tab. II.14.2: **Zusammensetzung diverser getrockneter Trester (Angaben in g/kg TS)**

Trester von	Rfa	NDF	ADF	Zucker	Rp	ME$_{Wdk}$ MJ	Ca	P
Karotten	240	214	148	339	95	11,8	10	4,0
Tomaten	269	–	240	–	226	11,0	4,3	6,1
Zitrusfrüchten	132	212	160	243	70	12,3	17,6[1]	1,1
Äpfeln	222	370	297	58	61	10,2	1,8	1,6
Trauben	248	707	595	28	136	5,2	6,2	1,9

[1] Nicht originär, sondern aus Zusatz von CaCO$_3$ u. Ä. zur Pufferung.

14

15 Weitere Einzelfuttermittel

Hierunter sollen verschiedene Komponenten zusammengefasst werden, die aufgrund ihrer Zusammensetzung für eine ganz spezifische Ergänzung der Ration oder des MF geeignet sind, aber futtermittelrechtlich eben **keine Zusatzstoffe** darstellen, sondern im Anhang VIII, Teil C der EU-VO 767/2009, d. h. unter den Einzel-FM gelistet sind. Hierzu gehören:

- Proteinerzeugnisse aus Mikroorganismen
- nichtproteinhaltige Stickstoffverbindungen, außer Harnstoff und -derivate → Zusatzstoffe s. Kap. II.16.3.4.
- Mineralstoffe und daraus gewonnene Erzeugnisse
- „andere" Pflanzen, deren Erzeugnisse und Nebenerzeugnisse

15.1 Proteinerzeugnisse aus Mikroorganismen

Hier geht es um Erzeugnisse/Nebenerzeugnisse aus der Vergärung von/mit Mikroorganismen, deren Zellen inaktiviert oder abgetötet wurden (**Tab. II.15.1**). Diese Gruppe umfasst u. a. ein Eiweißfermentationserzeugnis (auf Erdgas gezüchtet), verschiedene Hefen, Mycel-Silage, aber auch Vinasse (s. **Tab. II.5.1**) sowie diverse Nebenerzeugnisse aus der Herstellung von AS oder der Gewinnung von Enzymen, wobei proteinhaltige Nebenprodukte anfallen.

15.1.1 Allgemeine Eigenschaften

Protein- und P-reiche FM mit günstigen Gehalten an Lysin, aber relativ knappen Gehalten an S-haltigen AS (nur Bakterien), hohe Nukleinsäuren-N-Gehalte im Rp (8–12 % vom Gesamt-N = Nukleinsäuren-Stickstoff), reich an B-Vitaminen (außer B_{12}).

15.1.2 Verwendung

Im Wesentlichen zur Ergänzung mit AS und Vitaminen des B-Komplexes (außer Vit B_{12}); evtl. besondere diätetische Effekte durch Kohlenhydrate der Hefen wie Mannane, Glucane etc.; Nukleinsäuren-N: ohne Proteinwert; Purine → evtl. Disposition für Harnsäuresteine bei Hd; Anteil getrockneter Mikroorganismenprodukte im Mischfutter: 2 bis max. 10–15 %.

Tab. II.15.1: **Chemische Zusammensetzung von Proteinerzeugnissen aus Mikroorganismen (Angaben pro kg TS[1])**

	Rp g	Lys g	Met+ Cys, g	Trp g	NEL MJ	ME_{Wdk} MJ	ME_{Schw} MJ	Ca g	P g
Bakterieneiweiß M	783	48,1	23,3	7,4	9,20	14,8	17,2	0,7	27,6
Bierhefe, getrocknet	521	35,4	13,8	5,9	7,61	12,4	13,1	3,7	16,9
Hefe[2]	324	20,5	7,9	9,7	7,48	12,3	14,1	7,5	8,6
Mycelien[3]	500	22,0	20,0	5,7	–	–	–	6,0	14,0

[1] TS variiert zwischen 88 und 95 %;
[2] *Kluyveromyces* (auf Molke vermehrt);
[3] von Penicillien.

15.2 NPN-Verbindungen (Non Protein Nitrogen)

Zur Aufwertung Rp-, d. h. N-armer Rationen bei Wdk:
- Ammoniumlaktat (aus der Fermentation): mind. 7 % N
- Ammoniumsulfat: mind. 35 % N
- Ammoniumacetat: mind. 9,9 % N

Verwendung nur bei ruminierenden Wdk, ansonsten s. Kap. II.16.3.4.

15.3 Mineralstoffe und daraus gewonnene Erzeugnisse

Zur Ergänzung mineralstoffarmer FM und Rationen können mineralische Einzel-FM, die nur ein oder mehrere Mengenelemente enthalten, eingesetzt werden. Die in **Tabelle II.15.2** aufgeführten Verbindungen sind größtenteils anorganischer Art, doch werden auch Salze organischer Säuren als Mengenelementquellen gebraucht, wobei den Säuren wiederum bestimmte zusätzliche Funktionen zukommen (z. B. Ca-Formiat

Tab. II.15.2: **Komponenten/Einzel-FM zur Versorgung mit Mengenelementen (Beispiele)**

	Ca %	P %	Ca:P	Na %	Mg %
kohlensaurer Futterkalk ($CaCO_3$)	36				
$CaCl_2$[1]	36				
Ca-Gluconat	8,5				
Ca-Formiat nach EG-VO 1831/2003	29				
Ca-Laktat FM-Zusatzstoffe	12				
Ca-Acetat Konservierungsstoffe	20–25				
Magnesiumoxid, techn.					50
Magnesiumsulfat (Bittersalz)[1]					9
Viehsalz (NaCl)				38	
Glaubersalz (Na-Sulfat)[2]				14	
Calciumphosphate					
– Mono-Ca $(H_2PO_4)2 + H_2O$	15	22	0,70:1		
– Di-CaHPO$_4$ + 2 H_2O	21	16	1,15:1		
– Tri-Ca$_{10}(PO_4)_6(OH_2)$	35	18	1,94:1		
Natriumphosphate					
– Mono-NaH$_2$PO$_4$ + 2 H_2O		19		13	
– Di-Na$_2$HPO$_4$ + H_2O		8		11	
sek. Magnesiumphosphat					
– MgHPO$_3$ + 3 H_2O		16			12
Phosphorsäure (H_3PO_4)		31,6			
Knochenasche	28	16	1,8:1		
Knochenfuttermehl	28–33	15	2,0:1		
aufbereitete Rohphosphate[3]	35	14	2,5:1		
Kombinationspräparate[4]	5,6	17,5	0,3:1	12,9	3,4

[1] Als Anionenquelle;
[2] als Laxans;
[3] Fluor max. 0,5 %;
[4] sog. Mehrfachphosphate.

15

= Zusatzstoff mit konservierenden Effekten). Die Verwertung der Elemente kann je nach Verbindung sehr unterschiedlich sein (z. B. Oxide < Chloride ≤ Sulfate); bei organischen Verbindungen allgemein höhere Verwertung.

Die Applikation von Mengenelementverbindungen erfolgt z. T. isoliert von den übrigen Rationskomponenten (z. B. in Form von Lecksteinen bei Viehsalz, Kalksteinchen bei Ziervögeln), teils werden sie dem Futter untergemischt (z. B. bei Futterkalk bei Hunden); sie werden jedoch im Wesentlichen für die Herstellung von Mineral-FM (> 40 % Ra) gebraucht, denen dann allgemein auch Spurenelemente und Vitamine (beide Gruppen gehören zu den Zusatzstoffen) zugesetzt sind (s. unter Ergänzungs-FM).

15.4   Sonstige Einzel-FM

Einige Komponenten dieser Gruppe ermöglichen z. T. eine spezifische Ergänzung der Ration oder des MF mit bestimmten Nähr- bzw. Wirkstoffen, z. B.

- Seealgenmehl: **Jod:** 0,5–5 g/kg; Ca: 10–30 g/kg; Na: 30–40 g/kg
- Tagetesblütenmehl: **Xanthophyll** als wertbestimmender Inhaltsstoff

Algen sind als perspektivisch interessante **Protein**quellen auch als Einzel-FM gelistet. Erwähnung verdienen des Weiteren Komponenten, die erst in jüngster Zeit als Einzel-FM eingestuft

wurden, obwohl sie keinen nennenswerten Beitrag zur Energie- und Nährstoffversorgung leisten, andererseits aber günstige Effekte im bzw. auf den Verdauungstrakt entfalten können/sollen, z. B.

- Holz/Holzkohle (letztere mit besonderer adsorbierender Wirkung),
- Lignozellulose (mit unterschiedlicher Fermentierbarkeit),
- Blüten von Pflanzen (von essbaren Pflanzen).

Schließlich sind an dieser Stelle auch diverse neuere Produkte wie Glycerin (energieliefernder dreiwertiger Alkohol), Lactulose (mit diätetischen Effekten), Propylengycol (zweiwertiger Alkohol, als energieliefernde Substanz in der Ketoseprophylaxe bekannt) oder auch diverse Zucker und Stärken zu nennen, die in der Fütterung bzw. MF-Produktion genutzt werden können.

Wann immer sich die Frage stellt, ob ein Stoff/eine Substanz/ein Erzeugnis überhaupt ein FM ist, lohnt sich eine kritische Durchsicht der entsprechenden Gruppen aus dem Katalog der Einzel-FM (so z. B. der Gruppe 7 „Andere Pflanzen, Algen ..." oder auch der Gruppe 13 „Verschiedenes"). Gerade in dieser letztgenannten Gruppe finden sich viele Produkte/Nebenprodukte und Erzeugnisse aus dem Bereich der LM-Produktion (bis zu Produkten aus der Snack-Industrie oder auch zum „Futterbier").

16 Zusatzstoffe

Nach der Definition (s. Kap. I.11.3) werden Zusatzstoffe dem Futter oder Wasser bewusst zugefügt, um bestimmte Wirkungen im Futter, im Tier, im LM oder auch in der Umwelt zu erreichen. Ihr Anteil im MF oder in einer Ration variiert allgemein im Gramm- bzw. Milligrammbereich pro kg TS; alle Zusatzstoffe bedürfen der Zulassung (s. EG-VO 1831/2003), die heute – im Unterschied zu früher – EU-weit und EU-einheitlich erfolgt. Im Gemeinschaftsregister sind alle zugelassenen Zusatzstoffe aufgeführt. Nicht zuletzt wegen der teils erheblichen toxischen Potenz und anderer möglicher „Nebeneffekte" unterliegt der Verkehr mit Zusatzstoffen – z. B. im Unterschied zu Mengenelementen – diversen Restriktionen (Abgabebeschränkung/Vormischungszwang).

Neu ist auch entsprechend der EG-VO 1831/03 die Zuordnung von AS, Harnstoff (und seiner Derivate) sowie Siliermitteln zu den Zusatzstoffen. In dieser Verordnung werden die verschiedenen Zusatzstoffe nach Artikel 6 in fünf Kategorien mit verschiedenen Funktionsgruppen unterteilt (s. nachfolgende Aufteilung).

1. Technologische Zusatzstoffe
- Konservierungsmittel
- Antioxidationsmittel
- Emulgatoren
- Stabilisatoren
- Verdickungsmittel
- Geliermittel
- Bindemittel, Trennmittel
- Radionuklidbindemittel
- Säureregulatoren
- Silierzusatzstoffe (mit 3 Untergruppen: Enzyme, Mikroorganismen und chemische Substanzen)

- Stoffe zur Verringerung der Kontamination von FM mit Mykotoxinen (DON; AFLA B_1)

2. Sensorische Zusatzstoffe
- Farbstoffe (→ Futter/LM/Tiere)
- Aromastoffe

3. Ernährungsphysiologische Zusatzstoffe
- Vitamine, Provitamine und ähnlich wirkende Stoffe, die chemisch eindeutig beschrieben sind (z. B. Taurin, n3-FS)
- Spurenelemente
- Aminosäuren
- Harnstoff und seine Derivate

4. Zootechnische Zusatzstoffe
- Verdaulichkeitsförderer
- Darmflorastabilisatoren
- Stoffe, die die Umwelt günstig beeinflussen
- sonstige zootechnische Zusatzstoffe

5. Kokzidiostatika und Histomonostatika
6.[1] Enzyme/Mikroorganismen

16.1 Technologische Zusatzstoffe

16.1.1 Konservierungsmittel

Dies sind Stoffe oder ggf. Mikroorganismen (MO), die FM vor schädlichen Auswirkungen von MO und deren Metaboliten schützen. Dabei werden insbesondere organische und anorganische Säuren bzw. deren Salze sowie einige weitere Stoffe eingesetzt.

---

[1] Zum besseren Verständnis mit „6" beziffert; im Original nicht nummeriert.

Organische Säuren und deren Salze
- Ameisensäure (a)
- Propionsäure (a)
- Äpfelsäure (a)
- Essigsäure (a)
- Milchsäure (a)
- Zitronensäure (a)
- Fumarsäure (a, max 20 000 mg/kg AF für Schw, Gefl)
- Benzoesäure (Heimtiere)
- Sorbinsäure (a)
- Weinsäure (a)
- Methylpropionsäure (Wdk 1000–4000 mg/kg)
- Mischung aus Na-Benzoat, Propionsäure und Na-Propionat (Schw, Milchkühe, Mast-Rd 3000–22 000 mg/kg; zur Konservierung von Getreide)

Anorganische Säuren
- Orthophosphorsäure (a)
- Salzsäure (nur für Silagen)
- Schwefelsäure (nur für Silagen)

Andere Stoffe
- K- oder Na-Tartrate (a)
- Formaldehyd (bis 600 mg/kg in Magermilch nur für Schw, in Silagen für alle Spezies)
- Na-Bisulfit (Hd, Ktz, bis 500 mg/kg)
- 1,2 Propandiol (Hd, bis 53 000 mg/kg)
- Na-Nitrit (Hd, Ktz, bis 100 mg/kg, und zwar in FM mit > 20 % Feuchte)

(a) = zulässig für alle Spezies in allen FM ohne weitere Beschränkung.

16.1.2 Antioxidationsmittel

Hierbei handelt es sich um Stoffe, welche die Haltbarkeit von FM und FM-Ausgangserzeugnissen verlängern, indem sie diese vor den schädlichen Auswirkungen der Oxidation schützen. Neben technisch hergestellten Substanzen (z. B. Ethoxyquin) finden heute zunehmend natürliche Antioxidanzien (Tocopherole, Ascorbinsäure) Verwendung. Zugelassen sind:

Tocopherole
L-Ascorbinsäure, } keine Begrenzung
Ascorbate

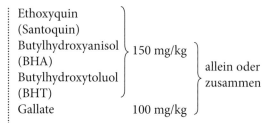

Ethoxyquin (Santoquin)
Butylhydroxyanisol (BHA)
Butylhydroxytoluol (BHT) } 150 mg/kg
Gallate 100 mg/kg } allein oder zusammen

Verwendung: Zusatz zu FM und FM-Ausgangserzeugnissen zur Stabilisierung von oxidationsempfindlichen Futterinhaltsstoffen (ungesättigte FS, Carotin, Vit C etc.):
- Sicherung der Fettstabilität, Vermeidung toxisch wirkender Oxidationsprodukte (Peroxide)
- längere Haltbarkeit eines FM
- indirekt auch Effekte auf die Oxidationsneigung der vom Tier gewonnenen LM

16.1.3 Emulgatoren/Stabilisatoren/Verdickungsmittel/ Geliermittel

Emulgatoren: Stoffe, die es ermöglichen, die einheitliche Dispersion zweier oder mehrerer nicht mischbarer Phasen in einem FM herzustellen oder aufrecht zu erhalten; als solche sind zugelassen: Lecithin, Fettsäurendi- und -monoglyceride, Glycerinpolyethylenglycolricinoleat, Sojaölfettsäurenpolyglycolester.

Stabilisatoren: Stoffe, die es ermöglichen, den physikalisch-chemischen Zustand eines FM aufrecht zu erhalten; als solche sind zugelassen: Zellulose; Agar-Agar, Pektine, Carrageene, Traganth u. a.

Verdickungsmittel: Stoffe, welche die Viskosität eines FM erhöhen; als solche sind im Einsatz z. B. Johannisbrotkernmehl, Methylcellulose etc.

Geliermittel: Stoffe, die einem FM durch Gelbildung eine verfestigte Form geben; als solche sind zugelassen: Agar-Agar, Guarkernmehl und Pektine.

16.1.4 Fließhilfsstoffe/Bindemittel

Fließhilfsstoffe sollen die Riesel- und Mischfähigkeit erhöhen; sie werden FM zugesetzt, die hygroskopisch sind oder zum Verbacken neigen

(z. B. Milchaustauscher, Harnstoffvormischungen, Cholinchlorid). Zugelassen sind Kieselgur, Kieselsäure, Calciumsilikat, Perlit, Steatit, Vermiculit, Ca-Aluminate und Klinoptilolith. **Bindemittel** werden u. a. zur Verbesserung der Pelletfestigkeit zugesetzt. Zugelassen sind u. a. Ligninsulfonat, Kaolinit, Sepiolit. Die Vertreter dieser Gruppe von Zusatzstoffen sind für alle Spezies zugelassen mit Ausnahme der synthetischen Calciumaluminate (Wdk, Schw, Kan) und Klinoptilolith (Schw, Gefl, Rd, Kan, Lachs). Sie können in alle FM eingemischt werden, Einschränkungen diesbezüglich bestehen nur bei Bentonit (max 20 000 mg/kg AF; inkompatibel mit einigen Leistungsförderern und Kokzidiostatika). Da die Stoffe teilweise natürlichen (z. B. vulkanischen) Ursprungs sind, können bestimmte unerwünschte Stoffe wie Dioxine, Fluor, Asbest und/oder Blei enthalten sein.

16.1.5 Radionuklidbindemittel

Stoffe zur Beherrschung einer Kontamination mit Radionukliden: Stoffe, welche die Absorption verhindern oder ihre Ausscheidung fördern; als solche sind Ammoniumeisenhexacyanoferrat („Giese-Salz") und Bentonit zugelassen.

16.1.6 Säureregulatoren

Stoffe, die u. a. den pH-Wert im Futter beeinflussen und darüber hinaus auch Effekte auf den Säure-Basen-Haushalt im Tier und damit auf den Harn-pH-Wert haben können.
Bestimmte organische oder anorganische Säuren, Phosphate, Ammoniumverbindungen, insbesondere Ammoniumchlorid, sind ohne Beschränkung bezüglich Futter und Konzentration nur für Hd und Ktz zugelassen, um den Säure-Basen-Status und damit den pH-Wert im Harn zu beeinflussen (Harnsteinprophylaxe). Neu aufgenommen ist hier u. a. NaOH für Ktz, Hd und Zierfische.
Benzoesäure ist darüber hinaus zur Minderung der N-Freisetzung aus der Gülle beim Schw zugelassen (5000–10 000 mg/kg AF).
Die zur Azidierung des Harns bei Sauen (MMA-Prophylaxe) und zur systemischen Azidierung beim Milchrind (Gebärpareseprophy-

laxe, s. Kap. VI.1.2.6) geeigneten Stoffe wie $CaCl_2$, $MgSO_4$ oder $MgCl_2$ sind hier ernährungsphysiologisch ähnlich wirksam, futtermittelrechtlich aber den Einzel-FM zugeordnet.

16.1.7 Silierzusatzstoffe

Hierbei handelt es sich um Enzyme, Mikroorganismen oder chemische Substanzen, die FM zugesetzt werden, um die Silageerzeugung zu verbessern; näheres zu Art und Anwendung dieser Zusatzstoffe s. Kap. II.2.2.1. Die Anwendung von Silierzusatzstoffen ist ohne Konsequenz für den futtermittelrechtlichen Status des FM-Unternehmers (macht keine Zulassung erforderlich).

16.1.8 Stoffe zur Verringerung der Mykotoxin-Kontamination

Mit dieser Wirkung gibt es bislang zwei Zulassungen: Ein bestimmter Mikroorganismen-Stamm (DSM 11798) kann FM für Schweine zugesetzt werden (Dekontamination von DON). Des Weiteren ist Bentonit (FM für alle Spezies) erlaubt (bis 20 g/kg FM) zur Bindung von Aflatoxin B_1.

16.2 Sensorische Zusatzstoffe

In dieser Kategorie sind folgende Funktionsgruppen zu unterscheiden:
- Farbstoffe:
  – Stoffe, die einem FM Farbe geben oder die Farbe in einem FM wiederherstellen
  – Stoffe, die bei Verfütterung an Tiere den LM tierischen Ursprungs Farbe geben
  – Stoffe, die Farbe von Zierfischen und -vögeln positiv beeinflussen
- Aromastoffe, deren Zusatz zu FM deren Geruch oder Schmackhaftigkeit verbessern

16.2.1 Färbende Stoffe

Carotinoide sind zur Dotter- und Hautfärbung (bis 80 mg/kg AF für Gefl) zugelassen, u. a.: β-Apo-γ-Carotinal bzw. Carotinsäure-Äthylester, Canthaxanthin, Capsanthin, Citranaxanthin, Cryptoxanthin, Lutein, Zeaxanthin, des Weiteren Astaxanthin im MF für Lachse und Forellen zur Färbung der Muskulatur (38 mg/kg AF).

16

Ferner sind die Farbstoffe Patentblau und Brillantgrün zur Denaturierung von LM allgemein zugelassen (z. B. zur Denaturierung von Salz). Weitere (z. B. Eisenoxid) sind in FM für Hd, Ktz, Zier-Gefl und Kleinnager zugelassen (soweit lebensmittelrechtlich erlaubt, u. a. Tartrazin, Gelborange, Carmin, Amaranth, Erythrosin und Carotinoide).

16.2.2 Aroma- und appetit-anregende Stoffe

Zugelassen sind alle natürlich vorkommenden oder ihnen entsprechende synthetische Stoffe, welche die Gesundheit der Tiere oder die Qualität der aus ihnen gewonnenen Erzeugnisse nicht nachteilig beeinflussen, z. B. Saccharin für Ferkel (max. 150 mg/kg) oder Neohesperidindihydrochalcon für Ferkel und Hd (35 mg/kg) bzw. für Kälber und Schafe (30 mg/kg).

16.3 Ernährungsphysiologische Zusatzstoffe

In dieser Kategorie sind folgende Funktionsgruppen aufgeführt:
- Vitamine (inkl. diverser B-Vitamine, Provitamine und chemisch definierte Stoffe mit ähnlicher Wirkung);
- Spurenelemente;
- Aminosäuren;
- Harnstoff und seine Derivate.

16.3.1 Vitamine/Provitamine/ähnlich wirkende Stoffe

Fettlösliche Vitamine
Siehe **Tabelle II.16.1.**

Tab. II.16.1: **Fettlösliche Vitamine (Höchstgehalte in FM)**

Vit A		
MAT für Mastkälber: 25 000		
AF für Masttiere: 13 500		
sonstige MF: unbegrenzt		
Vit D		
Allein-FM		
Ferkel + Kälber (MAT)	10 000	D$_2$ oder D$_3$
Masthühner, Truthühner anderes Gefl, Fische	5 000 3 000	D$_3$
Pfd, Rd, Schf	4 000	D$_2$ oder D$_3$
andere Tierarten	2 000	D$_2$ oder D$_3$
Ergänzungs-FM	bis zum 5-fachen der für AF zugelassenen Menge	
Vit E, K$_1$, K$_3$		
keine Begrenzung		

[1] 1 IE Vit A = 0,300 µg Retinol (alltrans-Vit A); 1 IE Vit D = 0,025 µg Vit D$_3$ bzw. Vit D$_2$; 1 µg Retinol = 3,3 IE Vit A; 1 µg D$_{2/3}$ = 40 IE Vit D

Wasserlösliche Vitamine

- B$_1$, B$_2$, B$_6$, B$_{12}$, Biotin, Pantothensäure, Cholin, Folsäure, Inosit, Nicotinsäure bzw. -amid, Paraaminobenzoesäure, Vit C: keine Begrenzung.
- Futtermittelrechtlich den Vitaminen gleichgestellte Stoffe, ohne Begrenzung: L-Carnitin, Beta-Carotin, Betain, Taurin sowie n3- und n6-FS.

16.3.2 Spurenelemente

Die Verfügbarkeit der Spurenelemente gewinnt an Bedeutung, wenn die Höchstgehalte im MF reduziert werden. Allgemein gilt hierbei: Organische Verbindungen > Sulfat-/Chloridverbindungen > basische Verbindungen.

Höchstwerte für Spurenelemente im MF wurden festgelegt aus Gründen des Tier-, Verbraucher- und Umweltschutzes (s. Se/Jod/Cu/Zn; **Tab. II.16.2, II.16.3**).

Tab. II.16.2: **Futtermittelrechtlich zugelassene Spurenelementverbindungen und Höchstgehalte[1] an Spurenelementen in AF (88 % TS, mg/kg)**

Element	Zugelassene Verbindungen (u. a.)	Höchstgehalt (mg/kg des AF)	
Fe	-carbonat, -chlorid, -citrat, -fumarat, -lactat, -oxid, -sulfat, -aminosäurechelat	Heimtiere Schf sonst. Tierarten Ferkel (bis 1 Woche vor dem Absetzen)	1250 500 750 250 mg/d
Zn	-lactat, -acetat, -carbonat, -chlorid, -oxid, -sulfat, -aminosäurechelat	Heimtiere Fische MAT sonstige Tierarten	250 200 200 150
Mn	-carbonat, -chlorid, -oxid, -sulfat, -aminosäurenchelat	Fische sonstige Tierarten	100 150

Cu	-acetat, -carbonat, -chlorid, -methionat, -oxid, -sulfat, -aminosäurenchelat	Ferkel bis 12. LW
		sonstige Schw
		Wdk (vor Wiederkäueralter)
		  – MAT
		  – sonstige AF
		Wdk (sonstige)
		Schf
		Fische
		Krebstiere
		sonstige Tierarten
			170
			25
			
			15
			15
			35
			15
			25
			50
			25

I	Calciumjodat, Kalium- und Natriumjodid	Equiden Milchkühe, Legehennen Fische sonstige Tierarten	4 5 20 10
Co	-chlorid, -sulfat, -nitrat -acetat, tetrahydrat, -carbonat,	alle alle	2 1
Se	-selenit, -selenat, -methionin in organischer Form	alle Zusatz max	0,5 0,2

[1] Sofern nicht anders vermerkt: für alle Tierarten; Höchstgehalte **inklusive** originärer Gehalte!

16

Tab. II.16.3: **Spurenelementgehalte in verschiedenen Verbindungen**

$FeCl_2 + 4\ H_2O$	28 % Fe
$FeSO_4 + 7\ H_2O$	20 % Fe
$FeC_4H_2O_4$	32 % Fe
KJ	76 % I
NaJ	68 % I
$Ca(IO_3)_2 + 6\ H_2O$	51 % I
$CoCl_2 + 6\ H_2O$	25 % Co
$CoSO_4 + 7\ H_2O$	21 % Co
$CuCl_2 + 2\ H_2O$	37 % Cu
$CuSO_4 + 5\ H_2O$	25 % Cu
$CuSO_3/Cu(OH)_2$	57 % Cu[1]
CuO	80 % Cu
$Cu\ (C_2H_3O_2)_2 + H_2O$	32 % Cu
$MnCl_2 + 4\ H_2O$	28 % Mn
$MnSO_4$	36 % Mn
$MnSO_4 + 4\ H_2O$	25 % Mn
$KMnO_4$	35 % Mn
$(NH_4)_6Mo_6O_{24} + 4\ H_2O$	54 % Mo
$Na_2MoO_4 + 2\ H_2O$	40 % Mo
Na_2SeO_3	46 % Se
Na_2SeO_4	42 % Se
$ZnCl_2$	48 % Zn
$ZnSO_4 + 7\ H_2O$	23 % Zn
ZnO	80 % Zn
$ZnCO_3$	52 % Zn
$Zn\ (C_2H_3O_2)_2 + 2\ H_2O$ (= Zinkacetat-Dihydrat)	30 % Zn

[1] basisches Kupfercarbonat

16.3.3 Aminosäuren, deren Salze und Analoge

Der Einsatz von AS hat bei Schw und Gefl, evtl. auch bei hochleistenden Milchkühen eine Bedeutung. Insbesondere zur Erreichung des erforderlichen AS-Musters parallel zur möglichen Reduktion des Rp-Gehalts im Futter haben AS als Zusatzstoffe eine entsprechende Verbreitung gefunden. Je höher der Preis für Proteinträger, umso größer ist die Bedeutung eines AS-Zusatzes. Erwähnung verdienen (Einzelfälle) mögliche toxische Effekte (Methionin/Lysin-HCl). Mit Met und/oder Cys ist auch eine Beeinflus-

sung des Harn-pH-Wertes möglich (s. Kap. VI.7.4.2).

Zugelassene AS und deren Salze:
- L-Cystin (98,5 %)
- L-Lysin (mind. 98 %; auch als Flüssigprodukt verfügbar)
- L-Lysin-Monohydrochlorid (mind. 78 % L-Lys; auch als Flüssigprodukt verfügbar)
- L-Lysin-Sulfat (mind. 40 % L-Lys)
- L-Lysin-Phosphat (mind. 35 % Lys)
- DL-Methionin (mind. 98 %; auch als Flüssigprodukt verfügbar)
- Zn-Methionin (nur für Wdk, mit mind. 80 % DL-Met u. max. 18,5 % Zn)
- N-Hydroxymethyl-DL-Methionin-Calcium-Dihydrat (mind. 67 % DL-Met; nur f. Wdk; max. 14 % Formaldehyd)
- L-Threonin (mind. 98 %)
- DL-Tryptophan (mind. 98 %)
- L-Tryptophan (mind. 98 %)
- Ca-Salz der DL-2-Hydroxy-4-methyl-mercapto-Buttersäure (monomere Säure mind. 83 %; nur für Schw und Gefl) → Met-Vorstufe
- DL-2-Hydroxy-4-methyl-mercapto-Buttersäure (monomere Säure mind. 65 %; nur für Schw und Gefl) → Met-Vorstufe
- Für Milchkühe: diverse vor ruminalem Abbau geschützte Produkte von DL-Methionin (mind. 65,5 %) bzw. Mischung aus L-Lysin-Monohydrochlorid und DL-Methionin, geschützt durch das Copolymer Vinylpyridin/Styrol
- Histidin-Monochlorid-Monohydrat für Salmoniden
- Arginin (98 % für alle Tierarten)

16.3.4 Harnstoff und seine Derivate

Harnstoff und seine Derivate zählen zu den wichtigsten NPN-Verbindungen, die nur in der Wdk-Fütterung genutzt werden (ruminale Proteinsynthese aus NPN-Verbindungen). Ihre Verwendung ist allerdings an besondere Bedingungen geknüpft, nämlich parallel ausreichende Energieversorgung der Pansenflora; auch im Sinne synchroner N- und Energiefreisetzung kann ein gewisser Proteinanteil im Futter durch NPN-Verbindungen ersetzt werden.

Folgende NPN-Verbindungen sind als Zusatzstoffe gelistet:

- Biuret:
  darin mind. 97 %   mit mind. 40 % N
- Harnstoff:
  darin mind. 97 %   mit mind. 45 % N
- Harnstoffphosphat:
  darin mind. 16,5 % mit mind. 18 % P
- Isobutylidendiharnstoff:
  darin mind. 18 %   mit mind. 30 % N

Verwendung von Harnstoff (nur bei ruminierenden Wdk)

Mengen (Richtwerte): Nicht mehr als 20 g/100 kg KM/Tag oder 1 % der Futter-TS (Gesamtration).
Applikation mit Kraftfutter: Täglich höchstens 100 g „Rp" als NPN/100 kg KM.
Applikation mit Grundfutter: Zusatz zum Mais bei Silierung (0,5 % zum Frischgut); TS-Gehalt von Mais mind. 25 %, sonst Entmischungsgefahr.
Fütterungstechnik: Langsam gewöhnen, tägliche Steigerung um 15–20 g Harnstoff; rasche Futterwechsel sind zu vermeiden, Raufutter zugeben.
Nährstoffergänzung: Ausreichende Mengen an leicht verdaulichen KH (Stärke) anbieten zur Steigerung der Syntheseleistung der Vormagenflora; pro 100 g Harnstoff rd. 1000 g stärkereiche FM, ferner auf ausreichende Mineralstoff- einschl. S-Ergänzung achten.
Risiken: Zu rasche NH_3-Bildung in den Vormägen → ungenügende Umwandlung des über die Pfortader zur Leber gelangenden Ammoniaks zu Harnstoff → Erhöhung des NH_3-Gehalts im peripheren Blut (Ammoniakvergiftung) mit schweren zentralnervösen Störungen.
Weitere NPN-Verbindungen (Ammoniumsalze, Nebenerzeugnisse aus der Glut- bzw. Lys-Herstellung) sind als Einzel-FM (EG-VO 68/2013 unter C11 und C12) gelistet.

16.4 Zootechnische Zusatzstoffe

Kategorie mit folgenden Funktionsgruppen:

- Verdaulichkeitsförderer: Stoffe, die bei der Verfütterung an Tiere durch ihre Wirkung auf bestimmte FM-Ausgangserzeugnisse die Verdaulichkeit verbessern.
- Darmflorastabilisatoren: Mikroorganismen oder andere chemisch definierte Stoffe, die bei der Verfütterung an Tiere eine positive Wirkung auf die Darmflora haben.
- Stoffe, welche die Umwelt günstig beeinflussen.
- Sonstige zootechnische Zusatzstoffe (z. B. K-Diformiat/Benzoesäure).

16.4.1 Verdaulichkeitsförderer (Enzyme)

Ein Zusatz mikrobiell gebildeter Enzyme zum Futter (für Monogastrier, hier insbesondere bei Jungtieren) zielt im Wesentlichen auf folgende Wirkungen:

- Verwertung von Futterinhaltsstoffen, für die keine körpereigenen Enzyme zur Verfügung stehen (z. B. Nutzung des Phytin-Phosphors bei Monogastriern durch Phytase-Zusatz) → geringerer Zusatz mineralischen Phosphors → verminderte P-Exkretion → Umweltentlastung.
- Minderung antinutritiver Effekte bestimmter Futterinhaltsstoffe (z. B. Viskositätserhöhung im Chymus durch β-Glucane und Arabinoxylane = Nicht-Stärke-Polysaccharide; Zusatz von Glucanasen, Xylanase); Effekte abhängig von Art des Futters und Tierart bzw. -alter (max. Effekte bei Broiler-, Enten- und Putenküken, weniger deutlich beim Schwein).
- Ersatz einer fehlenden bzw. Ergänzung einer unzureichenden körpereigenen enzymatischen Kapazität (z. B. in Diät-FM bei exokriner Pankreasinsuffizienz: Ersatz der Pankreasenzyme; bei Ferkeln in der Absetzphase evtl. Ergänzung von Amylase, Proteasen).

16.4.2 Darmflorastabilisatoren (Probiotika)

Über den Zusatz bestimmter Mikroorganismenkulturen (Vertreter aus Gattungen wie *Bacillus*, *Saccharomyces*, *Enterococcus*, *Streptococcus*, *Pediococcus*, *Lactobacillus*) oder deren Dauerformen (Sporen) zum Futter wird eine Stabilisierung der Intestinalflora (Hemmung enteropa-

16

thogener Organismen, Förderung erwünschter Bakterien) angestrebt, um insbesondere in der Säuglings- bzw. Absetzphase gehäuft auftretende intestinale Dysbiosen (und damit verbundene Verdauungsstörungen) zu vermeiden. Mögliche Mechanismen dieser angestrebten Wirkungen sind Nahrungskonkurrenz, antibakterielle Stoffwechselprodukte der zugesetzten Organismen (z. B. Milchsäure), evtl. auch eine Rezeptorenblockade (sodass pathogene Keime dort nicht haften und sich vermehren können). Zusatz von probiotischen Keimen erfolgt im Bereich von ca. 10^9 KbE pro kg Trockenfutter (z. B. für die Ferkelaufzucht). Von den Probiotika zu unterscheiden sind sog. Praebiotika (zurzeit noch keine FM-rechtliche Zulassung, zukünftig aber zu erwarten). Hierunter werden Substanzen bzw. Komponenten mit solchen Inhaltsstoffen verstanden, die nicht durch körpereigene Enzyme verdaut werden, andererseits aber erwünschten Bakterien der Darmflora als Substrat dienen (z. B. Lactulose, Fructo- und andere Oligosaccharide) und so indirekt eine stabilisierende Wirkung auf die Darmflora entfalten bzw. sogar die Elimination unerwünschter Keime (z. B. Salmonellen) fördern sollen.

16.4.3 Sonstige zootechnische Zusatzstoffe

In dieser Gruppe von Zusatzstoffen sind Substanzen bzw. Mikroorganismen mit sehr unterschiedlichen Wirkungen zusammengefasst. Als **Wachstumsförderer** ist als einzige Substanz K-Diformiat für Schw zugelassen; zur **Verbesserung der Leistung** von Ferkeln bzw. zur **Reduktion des Harn-pH-Wertes** bei Mastschweinen die Benzoesäure:

K-Diformiat (BASF)
Ferkel bis 35 kg KM:	6 000–18 000 mg/kg AF
Mast-Schw:	6 000–12 000 mg/kg AF
Sauen:	10 000–12 000 mg/kg AF

Benzoesäure (DSM)
abges. Ferkel bis 25 kg KM:	max. 5 000 mg/kg AF
Mast-Schw:	5 000–10 000 mg/kg AF

Des Weiteren zählen zu dieser Gruppe Mikroorganismen wie *Enterococcus faecium*, *Pediococcus acidilactici*, aber auch Substanzen wie Lanthancarbonat (zur Minderung der P-Absorption bei Flfr), geschützte Zitronen- und Sorbinsäure (verzögerte Absorption), Thymol, Na-Benzoat oder auch Ammoniumchlorid für Wiederkäuer (Harnazidierung/Struvitsteinprophylaxe).

16.5 Antikokzidia u. ä. Wirkstoffe

Gestützt auf den Artikeln 5 und 6 der EG-VO 1831/03 können Substanzen mit kokzidiostatischer oder histomonostatischer Wirkung als FM-Zusatzstoffe zugelassen werden (hierfür eine Extrakategorie); hier gibt es derzeit aber nur Antikokzidia (s. **Tab. II.16.4**), während es gegen die Histomoniasis („Schwarzkopfkrankheit" der Trut- und Perlhühner) keine entsprechend wirksame, als Futterzusatzstoff zugelassene Substanz gibt.

Zur Prophylaxe der Kokzidiose, die insbesondere in Geflügel- und Kaninchenbeständen zu schwersten Verlusten führen kann, werden dem Futter häufig Antikokzidia zugesetzt. Unter diesen sind verschiedene Ionophoren, die für bestimmte Spezies (insbesondere Equiden) eine erhebliche toxische Potenz besitzen bzw. bei paralleler Anwendung bestimmter Therapeutika zu schwersten Intoxikationen führen (→ Gefahr der Umwidmung bzw. der Verschleppung in MF für andere Spezies). Sie sind zur Vermeidung von Rückständen im Schlachtkörper einige Tage vor der Schlachtung abzusetzen, d. h., das Mastfutter muss dann gewechselt werden.

Beachte Unverträglichkeiten: Narasin für Enten, Halofuginon für Enten, Puten, Gänse, Fasane, Rebhühner; Monensin-Na für Perlhühner. Robenidin führt bei Legehennen zu Anis- und Vanillegeschmack der Eier. Außerdem sind Lasalocid-Na, Monensin-Na, Narasin, Salinomycin-Na in Kombination mit Tiamulin, Lasalocid-Na mit Sulfadimethoxin für alle Geflügelarten, Monensin-Na mit Sulfaclozin für Puten,

Narasin mit Sulfonamiden bzw. Erythromycin für Broiler unverträglich. ◈

Auch wenn es sich bei den protozoenwirksamen Zusatzstoffen (Antikokzidia/Antihistomoniaka) um Stoffe handelt, die in ihrer Funktion Arzneimitteln entsprechen, ist deren Einsatz ausschließlich futtermittelrechtlich geregelt und damit sorgsam von Fütterungsarzneimitteln zu unterscheiden.

❙ **Merke:** Ein MF mit einem Antikokzidium ist *per definitionem* kein Fütterungsarzneimittel! Fütterungsarzneimittel sind Arzneimittel mit FM als Träger. Die Einmischung von Arzneimitteln in Futtermischungen (Fütterungsarzneimittel) wird ausschließlich nach dem Arzneimittelgesetz (AMG) geregelt. ◈

Die verwendeten Arzneimittel müssen vom Bundesamt für Verbraucherschutz und LM-Sicherheit (BVL) zugelassen sein und vom Tierarzt rezeptiert werden. Herstellung und Abgabe von Fütterungsarzneimitteln:

- Herstellung in besonderen Betrieben mit Herstellungserlaubnis nach AMG. Abgabe nach tierärztlicher Verschreibung auf entsprechendem Formblatt.
- Abgabe von Arzneimitteln zur oralen Anwendung, ohne dass ein Fütterungsarzneimittel zum Einsatz kommt, d. h. das Arzneimittel wird über das „normale MF" oder über das Tränkwasser appliziert oder auch oral gegeben (z. B. als Bolus).

Tab. II.16.4: **Antikokzidia in MF für Junggeflügel u. Kaninchen**

	Tierart	Höchstalter	Gehalte (mg/kg)[1]		Wartezeit in Tagen
			min.	max.	
Decoquinat	Masthühner		20	40	3
Diclazuril	Masthühner		1	1	5
	Masttruthühner		1	1	5
	Junghennen	16 Wochen	1	1	–
Halofuginon	Masthühner		2	3	5
	Truthühner	12 Wochen	2	3	5
Lasalocid-Na	Masthühner		75	125	5
	Junghennen	16 Wochen	75	125	5
	Truthühner	16 Wochen	75	125	5
Maduramicin-Ammonium	Masthühner	16 Wochen	5	6	5
	Truthühner		5	5	5
Monensin-Na	Masthühner		100	125	1
	Truthühner	16 Wochen	60	100	–
	Junghennen	16 Wochen	100	125	–
Narasin	Masthühner		60	70	–
Narasin/Nicarbazin (1:1)	Masthühner		80	100	–
Robenidin	Mast- u. Truthühner		30	36	5
	Zucht- u. Mastkan		50	66	5
Salinomycin-Na	Masthühner	–	60	70	1
	Junghennen	12 Wochen	50	50	–
Semduramicin	Masthühner	–	20	25	5

[1] Teils geringe Variationen in Abhängigkeit vom Produkt (firmenbezogene Zulassung!).

16

17 Mischfutter

Die zuvor beschriebenen in ihrer Zusammensetzung sehr unterschiedlichen Einzel-FM können durchaus getrennt den Tieren vorgelegt werden und bilden dann insgesamt eine Ration. Verdauungsphysiologische, insbesondere aber arbeitswirtschaftliche pragmatische Gründe sprechen für ein Vermischen aller notwendigen Komponenten, die dann in einem Arbeitsgang (1–2x/Tag) den Tieren als MF angeboten werden. Vor diesem Hintergrund werden nicht zuletzt Aufgaben, Entwicklungen und Bedeutung der MF-Herstellung (beim Tierhalter wie auch in der MF-Industrie) verständlich. MF bestehen aus zwei oder mehreren Einzel-FM mit oder ohne Zusatzstoffe. Sie werden für bestimmte Tierarten, Alters- und Nutzungsgruppen zur alleinigen Versorgung (AF) oder zur Ergänzung (EF) verschiedener anderer FM hergestellt bzw. verwendet.

17.1 Definitionen

Die Begriffe Misch-, Allein- und Ergänzungsfutter werden in der EG-VO 767/2009 (Artikel 3; Begriffsbestimmungen) definiert.

17.1.1 Alleinfutter

Diese enthalten sämtliche für die betreffende Tierart, Alters- und Nutzungsgruppe notwendigen Nährstoffe in einer abgestimmten Konzentration, d. h. ein AF ist ein MF, „das wegen seiner Zusammensetzung für eine tägliche Ration ausreicht". Die AF sind also bei ausschließlicher Verwendung bedarfsdeckend. Bei anderen Heimtieren als Hd und Ktz (z. B. Kaninchen) kann der Begriff „Alleinfuttermittel" durch „Mischfuttermittel" ersetzt werden.

17.1.2 Ergänzungsfutter

Diese sollen Einzel- und/oder Mischfutter so ergänzen (z. B. mit Energie, Protein, Mineralstoffen, Vitaminen, sonstigen Zusatzstoffen, z. B. auch Aminosäuren), dass insgesamt eine Bedarfsdeckung erzielt wird. Aufgrund der Zusammensetzung („hohe Gehalte an bestimmten Stoffen") ist es dabei aber nur mit anderen FM zusammen für die tägliche Ration ausreichend, d. h. ein EF darf niemals ausschließlich gefüttert werden. Bei anderen Heimtieren als Hd und Ktz ist auch für diese Gruppe von FM die Bezeichnung „Mischfutter" erlaubt.

17.2 Allgemeine Anforderungen

Feuchtegehalte: Der Gehalt an Feuchte in einem FM muss angegeben werden, sofern die in **Tabelle II.17.1** angegebenen Werte überschritten werden.

Tab. II.17.1: **Anzugebende Gehalte an Feuchtigkeit (nach Anhang I der FMV-VO)**

Mineralfutter ohne organische Bestandteile	> 5 %
MF oder MAT-MF mit mehr als 40 % Milcherzeugnissen (getr.)	> 7 %
Mineralfutter mit organischen Bestandteilen	>10 %
sonstige MF[1]	>14 %

[1] Ausnahmen: MF aus ganzen Samen, Körnern oder Früchten bzw. MF mit Zusätzen zur Haltbarmachung.

HCl-unlösliche Asche (bez. auf TS): i. d. R. max. 2,2 %; dieser Gehalt darf überschritten werden bei Mineralfuttermitteln oder MF, die zu mehr als 50 % aus Reis- oder Zuckerrübennebenerzeugnissen bestehen.

Vitamingehalte: Höchstgehalte in AF für Vit D und z. T. auch Vit A (Masttiere!); in EF dürfen Höchstgehalte überschritten werden, wenn sichergestellt ist, dass die mit der Gesamtration aufgenommene Menge nicht höher ist als der für AF festgelegte Wert (s. **Tab. II.16.1**).

Spurenelementgehalte: Höchstgehalte in Alleinfuttermitteln (s. **Tab. II.16.2**).

Sonstige Zusatzstoffe: Art und Gehalt (s. **Tab. II.16.3**).

Unerwünschte Stoffe: Höchstgehalte in Alleinfuttermitteln (s. **Tab. III.7.1**).

17.3 Deklaration

(nach FMV-VO 767/2009)

Bezeichnung: Allein- oder Ergänzungsfutter; Angabe für welche Tierart bzw. Alters- oder Nutzungsgruppe. Für Heimtiere außer Hd u. Ktz ist auch die Bezeichung „Mischfuttermittel" erlaubt.

Komponenten: Bei Nutz- und Heimtieren werden alle im MF enthaltenen Einzel-FM in absteigender Reihenfolge genannt („halboffene Deklaration"). Dieses Verzeichnis der Einzel-FM kann auch die Angabe der Gewichtsprozente umfassen („offene Deklaration"). Abweichungen vom deklarierten Anteil werden bis zu einer Höhe von 15 % (relativ) toleriert. Für Heimtiere ist die Nennung der Komponenten nicht zwingend, wohl aber erlaubt (s. FMV-VO 767/2009).

Inhaltsstoffe: Die wichtigsten wertbestimmenden Inhaltsstoffe sind entsprechend den in **Tabelle II.17.2** genannten Angaben aufzuführen. MF für Wdk mit NPN: Zusätzlich Rp aus NPN deklarieren!

Bei Angabe der AS-Gehalte im MF ist der Gesamtgehalt anzugeben.

Zusatzstoffe: Je nach Zusatzstoff sind unterschiedliche Angaben notwendig. Bei Enzymen, Mikroorganismen, sonstigen zootechnischen Zusatzstoffen (K-Diformiat/Benzoesäure) und Antikokzidia sowie den Vit A, D und E: Gehalt an wirksamer Substanz, Haltbarkeitsdauer vom Herstellungsdatum an; bei sonstigen zootechnischen Zusatzstoffen und Antikokzidia **zusätzlich** Zulassungs-Kennnummer des Betriebes; bei Enzymen und Mikroorganismen zusätzlich die Kennnummer des FM-Zusatzstoffes. Bei bestimmten Antikokzidia sind Hinweise wie z. B. „Gefährlich für Einhufer" notwendig.

Fütterungshinweise sind ggf. erforderlich (z. B. bei MF mit NPN-Verbindungen, Diät-FM).

Nettogewicht in kg.

Bezugsnummer der Partie.

Name und Anschrift des für das Inverkehrbringen innerhalb der EG Verantwortlichen; bei Heimtier-FM eine kostenfreie Telefonnummer oder ein anderes geeignetes Kommunikationsmittel.

Zulassungsnummer des Betriebes (des MF-Herstellers).

Tab. II.17.2: **Auf Mischfuttermitteln anzugebende Inhaltsstoffe laut rechtlichen Vorgaben**

MF	Tierart oder Tierkategorie	Inhaltsstoffe
Allein-FM	alle, ausgenommen andere Heimtiere als Hd und Ktz	Rp, Rfe, Rfa, Ra
	Schw außerdem	Lys, Met
	Gefl außerdem	Lys, Met
	alle LM-liefernde Tierarten	Ca, P, Na
Mineral-FM	Alle	Ca, Na, P
	Rinder, Schafe und Ziegen	Mg
	Schw, Gefl	Lys, Met
sonstige Ergänzungs-FM	alle, ausgenommen andere Heimtiere als Hd und Ktz	Rp, Rfe, Rfa, Ra
	alle, ausgenommen Heimtiere, außerdem	Ca bei Gehalt von ≥ 5 %, P bei Gehalt von ≥ 2 %
	Rinder, Schafe und Ziegen, außerdem	Mg bei Gehalt von ≥ 0,5 %
	Schw, Gefl	Lys, Met

17

Ein Deklarationsbeispiel für ein Alleinfuttermittel für Mastschweine gibt **Tabelle II.17.3.**
Anmerkung: Die vereinfachte Deklaration für Normtyp – früher erlaubt – ist aufgehoben.
Nach FMV-VO 767/2009 ist bei Misch-FM für Heimtiere eine Gruppenbezeichnung nach Anlagen 2b der FM-VO möglich (z. B. anstelle der einzelnen Getreidearten nur „Getreide" oder anstelle der verschiedenen Produkte aus der Milchverarbeitung der Terminus „Milcherzeugnisse").

Tab. II.17.3: **Deklarationsbeispiel: Alleinfuttermittel für Mastschweine (ab 35 kg KM)**

Zusammensetzung
Weizen, Sojaextraktionsschrot, Gerste, Roggen, Hafer, Sojabohnen, Triticale, Erbsen, Weizenkleie, Rapsextraktionsschrot, Ca-Carbonat, Pflanzenfett, NaCl, Mono-Ca-Phosphat

Gehalte an Inhaltsstoffen

Rohprotein	17,4 %	
Lysin	1,0 %	
Rohfett	3,4 %	zwingende Angaben
Rohfaser	4,6 %	
Rohasche	5,1 %	
Cys, Thr, Trp, Mg, K		
Stärke, Gesamtzucker		erlaubte zusätzliche Angaben
Feuchte		
HCl unlösl. Asche		
Energie, MJ ME		

Zusatzstoffe je kg AF

L-Lysin	2 g	
Vit A	10 000 I. E.	
Vit D_3	1500 I. E.	zwingende Angaben
Vit E	60 mg	
Cu	17 mg	
Vit B_{12}	15 µg	erlaubte zusätzliche Angaben
Se	0,2 mg	

Haltbarkeit der Vitamine:
bis 3 Monate nach Herstellung

Nettogewicht: _____

Haltbar bis (Monat/Jahr): _____

Fütterungshinweise: _____

Name/Anschrift des Herstellers/Inverkehrbringers: _____

17.4 Mineralfutter

Mineralfutter dienen der Ergänzung von MF und/oder Rationen mit Mengenelementen sowie – üblich, aber nicht zwingend – mit Spurenelementen und Vitaminen, teils auch der Supplementierung mit AS oder auch mit weiteren Zusatzstoffen wie z. B. Enzymen.
Die Deklaration eines Mineralfutters muss die Tierart benennen, bei der es eingesetzt werden soll. Die Gehalte an Ca, P und Na sind anzugeben nach Anhang VI der EG-VO 767/2009, für Wdk auch der Gehalt an Mg. Werden ernährungsphysiologische Zusatzstoffe freiwillig deklariert, so ist dann auch die Menge anzugeben. Die Beimischung bestimmter Zusatzstoffe erfordert, um einer Überdosierung vorzubeugen, einen Fütterungshinweis wie z. B. „bis max. 3 % der Gesamtration zu verfüttern".

17.5 Diätfuttermittel

Als solche werden Ergänzungs- oder Alleinfutter bezeichnet, die einen „besonderen Ernährungszweck" erfüllen. Die besonderen Ernährungszwecke (= Indikationen), für die es ein therapeutisch oder prophylaktisch wirksames Mischfutterkonzept gibt, sind in Anlage 2a der FM-VO (Positivliste) spezifiziert.

Die Bezeichnung der Diätfutter weist alle Elemente der Deklaration eines herkömmlichen MF auf, unterscheidet sich aber durch folgende verpflichtende Angaben: (1) Begriff Diätfutter bzw. Wortteil Diät in der Bezeichnung, (2) Angabe des besonderen Ernährungszwecks lt. FM-VO (Wortlaut ist verbindlich), (3) Fütterungsdauer, Gebrauchsanweisung und ggf. Hinweise zur Zusammensetzung der Tagesration, (4) ernährungsphysiologische Merkmale, (5) die hierfür wesentlichen Einzelfuttermittel und Zusatzstoffe. Für die in **Tabelle II.17.4** aufgeführten Indikationen (kein abschließendes, sondern offenes Verzeichnis, d.h. es können jederzeit auf Antrag neue Indikationen hinzukommen) sind entsprechende Diät-FM lt. Anlage 2a der FM-VO möglich bzw. auf dem Markt verfügbar.

Tab. II.17.4: **Zugelassene Diätfuttermittel für diverse Spezies**

Wirkung auf	Besonderer Ernährungszweck, gekürzte Wiedergabe	Spezies
Vormagen	Verringerung der Acidosegefahr	Wdk
Dünn- und Dickdarm	Verschiedene Verdauungs- und/oder Absorptionsstörungen Minderung von Nährstoffunverträglichkeiten Verringerung der Gefahr der Verstopfung	diverse[1] Hd, Ktz Sauen
Leber, intermediären Stoffwechsel, Nährstoffbilanz	Verringerung der Gefahr des Fettlebersyndroms Verringerung der Gefahr der Ketose/Azetonämie Regulierung der Glucoseversorgung – Diabetes mellitus – Regulierung des Fettstoffwechsels bei Hyperlipidämie Verringerung der Kupferspeicherung in der Leber Unterstützung der Leberfunktion bei chronischer Leberinsuffizienz Verringerung der Gefahr des Milchfiebers/der Hypomagnesämie Rekonvaleszenz, Untergewicht/Übergewicht Ausgleich von Elektrolytverlusten bei übermäßigem Schwitzen Stabilisierung des Wasser- und Elektrolythaushaltes	Legehennen Wdk[2] Hd, Ktz Hd, Ktz Hd Hd, Ktz, Pfd Wdk[3] Hd, Ktz, Pfd Pfd Jungtiere
Niere	Verringerung der Gefahr der Urolithiasis bzw. Therapie Unterstützung der Nierenfunktion bei chronischer Niereninsuffizienz	Wdk, Hd, Ktz Hd, Ktz
Haut	Unterstützung der Hautfunktion bei einer Dermatose Minderung von Nährstoffunverträglichkeiten	Hd, Ktz
Herz	Unterstützung der Herzfunktion bei chron. Herzinsuffizienz	Hd, Ktz
Verhalten	Minderung von Stressreaktionen	Schw, Pfd

[1] Schw, Gefl, Pfd, Hd, Ktz;   [2] Milchkühe und Mutterschafe;   [3] Milchfieber der Milchkuh.

17

18 Vergleichende Darstellung von Nährstoffgehalten in FM

18.1 Rp-Gehalt

Wie bereits in den vorangegangenen Kapitel ausgeführt, kommen für die Proteinversorgung von Nutz- und Heimtieren diverse eiweißreiche FM sowohl tierischen wie auch pflanzlichen Ursprungs in Betracht, die in der **Tabelle II.18.1** vergleichend dargestellt werden sollen.

18.2 AS-Gehalte

Für die Entwicklung geeigneter Rationen und MF sind Daten zum **AS-Gehalt** in den Einzelkomponenten (d. h. je kg) eine unabdingbare

Voraussetzung. Während das AS-Muster (= AS-Gehalte in 100 g Rp bzw. 16 g N) in den Einzel-FM relativ konstant ist, sich aber zwischen den verschiedenen FM oft deutlich unterscheidet, ist bei der Angabe der AS-Gehalte je kg FM eine erhebliche **Variation** zu konstatieren, und zwar einmal in Abhängigkeit vom **TS-Gehalt** (s. Gras/CCM etc.), zum anderen in Abhängigkeit vom **Rp-Gehalt** (Sojaextraktionsschrot mit 40–45 % Rp hat unterschiedliche AS-Gehalte je kg Futter, obwohl das AS-Muster absolut identisch sein kann bzw. ist). Diese beiden Aspekte verdienen Beachtung bei Nutzung der **Tabelle II.18.2**.

Tab. II.18.1: **Vergleich des Proteingehaltes von Futtermitteln tierischen wie auch pflanzlichen Ursprungs**

Rp-Gehalt (% der TS)	Tierischer Herkunft		Pflanzlicher Herkunft			
			landw. Betrieb		industrielle Nebenprodukte	
>50	Blutmehl	96			Kartoffeleiweiß	85
	Federmehl	90			Weizenkleber	78–84
	Fischmehl	58–69			Maiskleber	72
	Tiermehl	53–59			Sojaproteinkonzentrat	>65
30–50	Magermilchpulver	37	Süßlupinen	41	Sojaextraktionsschrot	44–50
	Molkeneiweißpulver	32			Erdnussextraktionsschrot	40–50
					Hefen	40–50
					Rapsextraktionsschrot	38
					Trockenschlempe (DDGS)	37
15–30	Molkenpulver	20	Ackerbohnen	30	Malzkeime	30
			Futtererbsen	26	Biertreber	24
			Grünfutter[1]	15–25	Kokoskuchen	25

[1] Luzerne, Klee, Grünraps, Weidegras.

Tab. II.18.2: **Übersicht zu AS-Gehalten in verschiedenen Futtermitteln**

Futtermittel	TS g/kg uS	Rp g/kg uS	Lys g/kg uS	Met + Cys g/kg uS	Trp g/kg uS	Thr g/kg uS
Ackerbohnen	880	252	16,0	5,1	2,2	8,9
Baumwollsaatextraktionsschrot	880	433	17,2	13,0	5,3	13,3
Bierhefe	880	397	26,3	9,8	7,1	18,7
Biertreber	880	276	9,8	11,3	3,7	9,9
Blutmehl	910	850	74,0	18,2	11,6	39,1
Casein	930	883	71,2	29,7	11,5	38,0
Corn Cob Mix	550	55	1,5	2,2	0,4	2,0
Erbsen	880	213	15,4	4,8	1,9	7,9
Federmehl, hydrolysiert	910	834	20,1	46,6	5,5	38,4
Fischmehl	910	666	48,7	23,5	7,0	26,9
Fleischmehl	910	564	27,1	15,3	4,0	20,3
Fleischknochenmehl	910	476	22,1	10,3	2,7	14,5
Gerste	880	107	3,8	4,0	1,2	3,6
Gras	100	17	0,7	0,4	0,2	0,7
Grassilage	300	51	2,2	1,1	0,5	1,9
Grünmehl (Gras)	880	144	5,1	3,4	1,8	5,3
Kartoffeleiweißpulver	880	753	58,5	27,2	10,6	43,7
Leinsaatextraktionsschrot	880	330	11,0	10,6	4,8	12,0
Lupinen	880	318	15,2	6,9	2,5	10,7
Magermilchpulver	930	361	25,8	11,6	5,0	15,6
Mais	880	85	2,5	3,6	0,6	3,0
Maiskeimextraktionsschrot	880	210	9,2	7,3	2,7	8,0
Maiskleber	880	602	9,9	24,8	3,2	20,0
Maiskleberfutter	880	188	5,8	6,9	0,9	6,7
Maissilage	300	26	0,7	0,7	0,2	0,9
Molkenpulver	940	120	8,6	4,2	1,9	7,3
Rapssaat	880	192	11,6	8,4	2,6	8,6
Rapsextraktionsschrot	880	343	17,7	14,7	4,6	14,5
Roggen	880	93	3,4	3,5	1,0	3,0
Sojaextraktionsschrot	880	458	28,3	12,9	6,2	18,1
Sonnenblumensaatextraktionsschrot	880	330	11,6	12,6	4,3	12,0
Sorghum/Milocorn	880	90	2,0	3,3	1,0	3,0
Triticale	880	114	3,6	4,5	1,2	3,5
Trockenschlempe, Weizen	880	319	6,7	10,8	3,3	9,7
Weizen	880	130	3,4	4,9	1,5	3,7
Weizenkleber	880	754	11,6	26,9	7,1	18,5
Weizen/Gersten-Tr. Schlempe, DDGS[1]	930	371	7,2	12,1	3,8	12,1

[1] Aus Bioethanolherstellung.

18

18.3   Ca-Gehalte

Tab. II.18.3: **Übersicht zu Ca-Gehalten in verschiedenen Futtermitteln (Angaben in g/kg TS)**

Gehalt (g)	Tierischer Herkunft		Pflanzlicher Herkunft			
			aus landw. Betrieb		industrielle Nebenprodukte	
> 20	Futterknochenschrot	196	Luzernegrünmehl	20		
	Tiermehl (> 60 % Rp)	52				
	Fleischmehl	45				
	Fischmehle	40–120				
	Molkenpulver, teilentzuckert	39				
10–20	Trockenmagermilch	14	Luzerneheu	16	Zitrustrester	ca. 16
			Klee	13		
			Rapssilage	13		
3–10	Vollmilch	9–10	Wiesen-Weidegras	5–10	Trockenschnitzel	9–10
			Maissilage	ca. 3	Rapsextraktionsschrot	7,3
			Hafer-/Gerstenstroh	ca. 3	Treber	4,5
					Sojaextraktionsschrot	3,5
< 3	Federmehl	ca. 3	Futterrüben	2–3	Kartoffel-/Roggen-	2,8–2,9
	Blutmehl	ca. 2	Getreidekörner	0,5–1,2	schlempe	
			Milokorn	ca. 0,5	versch. Extr.-Schrote	2,0–3,0
			Kartoffeln	0,4	Weizen- u. Roggenkleie	1,7–1,8
					Trockenschlempe (DDGS)	0,5

18.4   P-Gehalte[1]

Tab. II.18.4: **Übersicht zu P-Gehalten in verschiedenen Futtermitteln (Angaben in g/kg TS)**

Gehalt (g)	Tierischer Herkunft		Pflanzlicher Herkunft			
			aus landw. Betrieb		industrielle Nebenprodukte	
> 15	Futterknochenschrot	95			Bierhefe	17,0
	Tiermehl (> 60 % Rp)	29				
	Fleischmehl (< 4 % P)	26				
	Fischmehl	25–30				
	Molkenpulver, teilentz.	15,5				
8–15	Trockenmagermilch	10,8	Baumwollsaat	12	Weizenkleie	13,0
					Roggenkleie	11,3
					Rapsextraktionsschrot	11,9
					Weizen-, Roggengrießkleie	10,5
					Getreideschlempe (DDGS)	ca. 9,0
3–8	Vollmilch	7,2	Leguminosenkörner	4,5	Kartoffelschlempe	7,3
			Getreidekörner	3–4	Treber	7,2
			Grünfutter	3–4	versch. Extr.-Schrote	ca. 7,0
					Maiskleber	ca. 7,0
< 3	Blutmehl	1,6	Milokorn	ca. 2,9	Trockenschnitzel	1,1
	Federmehl	1,3	Rüben/-blatt	2,5	Maniokmehl	1,1
			Maissilage	2,6–3,0		
			Kartoffeln	2,5		

[1] zur P-Verdaulichkeit s. Tab. V.2.16

18.5 Vit-B-Gehalte

Tab. II.18.5: **Übersicht zu Vit-B-Gehalten in verschiedenen Futtermitteln (Angaben in mg/kg TS)**

Vit-B-Gehalt					
hoch		**mittel**		**mäßig**	
B$_1$ (Thiamin): Bedarf: ca. 1,5–5					
Bierhefe	92	Weizenfuttermehl	15	Getreidekörner	4–7
Weizenkeime	28	Sojabohnen	12	Kartoffeln	5
Maiskeime	25	Malzkeime	9	Getreideschlempe	1,5
Dorschlebermehl	18	Maisfuttermehl	9		
		Bohnen, Erbsen	8		
		Grünfutter	8		
B$_2$ (Riboflavin): Bedarf: ca. 2–5					
Tierlebermehl	47	Magermilch	25	Fischmehl	7
Futterhefe	45	Magermilch, getr.	20	Getreideschlempe	6
Bierhefe	35	Grünfutter	20	Sojaextraktionsschrot	3,5
Trockenmolke	30	Grünmehl	15–17	Getreidekörner	1,2–2
Folsäure: Bedarf: ca. 0,1–2					
Futterhefe	10–20	Grünmehl	4–8	Getreide	ca. 0,4
		Fischmehl	2	Weizenkleie	ca. 2
B$_3$ (Niacin/Nicotinsäure): Bedarf: ca. 10–45					
Futterhefe	500	Fischmehl	65	Sojaextraktionsschrot	30
Tierlebermehl	200	Kartoffeln	60	Getreidekörner	10–60
Grünfutter	80–200				
Weizenkleie	190–200				
B$_5$ (Pantothensäure): Bedarf: ca. 5–17					
Bierhefe	110	Trockenmolke	45	Magermilch	35
		Tierlebermehl	45	Erbsen, Kartoffeln	30
				Mühlennachprodukte	20
				Sojaextraktionsschrot	17
				Fischmehl	10
				Getreidekörner	6–13
B$_6$ (Pyridoxin): Bedarf: ca. 1,5–5					
Maiskeime	55	Fischmehl	15	Erdnussextraktions-	5
Bier/Futterhefe	30–40	Sojaextraktionsschrot	8	schrot	
Dorschlebermehl	33	Mühlennachprodukte	5–30	Magermilch	4
				Getreidekörner	1–5
B$_{12}$ (Cobalamin; µg/kg): Bedarf: ca. 10–25					
Dorschlebermehl	900	Federmehl	70		
Tierlebermehl	500	Molke	30–40	fehlend in allen	
Fischmehl	200–300	Magermilch	40	pflanzlichen FM !	
Fleisch-/Blutmehl	80–100				

18

Literatur (Futtermittelkunde)

AGFF (Arbeitsgemeinschaft zur Förderung des Futterbaues; 2000): *Bewertung von Wiesenfutter.* 3. Aufl., FAL, Zürich-Reckenholz, RAP, Posieux, RAC, Changins.

Abel J, Flachowsky G, Jeroch H, Molnar S (1995): *Nutztierernährung.* Gustav Fischer Verlag, Jena.

Brümmer F, Schöllhorn J (1972): *Bewirtschaftung von Wiesen und Weiden.* 2. Aufl., Verlag Eugen Ulmer, Stuttgart.

Bundesarbeitskreis Futterkonservierung (2006): *Praxishandbuch Futterkonservierung.* 7. Aufl., DLG-Verlag, Frankfurt am Main.

Calder Pc, Field Cj, Gill Hs (2002): *Frontiers in nutritional Science, No. 1 „Nutrition and Immune Function".* CABI-Publishing, Wallingford (UK).

Christen O (2009): *Winterweizen.* DLG-Verlag, Frankfurt/M.

DLG (1991): *Futterwerttabellen für Schweine,* 6. Aufl., DLG-Verlag, Frankfurt/M.

DLG (1995): *Futterwerttabellen – Pferde –.* 3. Aufl., DLG-Verlag, Frankfurt/M.

DLG (1997): *Futterwerttabellen für Wiederkäuer.* 7. Aufl., DLG-Verlag; Frankfurt/M.

D'Mello J (2003): *Amino Acids in Animal Nutrition.* 2. Aufl., CABI Publishing, Cambridge.

Gross F, Riebe K (1974): *Gärfutter.* Verlag Eugen Ulmer, Stuttgart.

Fickler J, Fontaine J, Heimbeck W (1996): *Aminosäurenzusammensetzung von Futtermitteln.* 4. Aufl., Degussa, Frankfurt.

Jeroch H, Flachowsky G, Weissbach F (1993): *Futtermittelkunde.* Gustav Fischer Verlag, Jena.

Jeroch H, Drochner W, Simon O (2008): *Ernährung landwirtschaftlicher Nutztiere.* 2. Aufl., Verlag Eugen Ulmer, Stuttgart.

Flachowsky G, Kamphues J (1996): *Unkonventionelle Futtermittel. Proc. zum gleichnamigen Workshop, Landbauforschung,* Völkenrode, Sonderheft 169.

Hoedtke S, Gabel M, Zeyner A (2010): *Der Proteinabbau im Futter während der Silierung und Veränderungen in der Zusammensetzung der Rohproteinfraktion.* Übers Tierernährg 38: 157–179.

Kämpf R, Nohe E, Petzoldt K (1981): *Feldfutterbau.* DLG-Verlag, Frankfurt/M.

Kamphues J, Flachowsky G (2001): *Tierernährung: Ressourcen und neue Aufgaben.* Nachhaltige Tierproduktion, Proc. zum EXPO 2000 Workshop, Landbauforschung Völkenrode, Sonderheft.

Kamphues J (2001): *Die Futtermittelsicherheit – eine kritische Bestandsaufnahme aus Sicht von Tierernährung und Tiermedizin.* In: Schubert R, Flachowsky G, Bitsch R, Jahreis F (Hrsg.): Vitamine und Zusatzstoffe in der Ernährung von Mensch und Tier, 8. Symposium, 26.–27. September 2001, Jena/Thüringen, 63–74, ISBN 3-933140-51-X.

Kahnt G (2008): *Leguminosen im konventionellen und ökologischen Landbau.* DLG-Verlag, Frankfurt/M.

Kling M, Wöhlbier W (1977/1983): *Handelsfuttermittel, Band 1, 2 und 2a.* Verlag Eugen Ulmer, Stuttgart.

Lennerts L (1984): *Ölschrote, Ölkuchen, pflanzliche Öle und Fette.* Verlag A. Strothe, Frankfurt/M.

Lieberei R, Reisdorff C (2012): *Nutzpflanzen.* 8. Aufl., Thieme, Stuttgart.

Lüddecke F (1976): *Ackerfutter.* VEB Deutscher Landwirtschaftsverlag, Berlin.

McDowell L (1989): *Vitamins in animal nutrition– Comparative aspects to human nutrition.* Academic press, San Diego.

Menke KH, Huss W (1987): *Tierernährung und Futtermittelkunde.* Verlag Eugen Ulmer, Stuttgart.

Minson DJ (1990): *Forage in ruminant nutrition.* Academic Press Inc., London (UK).

Nehring K, Becker M (1975/1979): *Handbuch der Futtermittel, Bd I–III.* Parey, Hamburg, Berlin.

N. N. (2013): *Das geltende Futtermittelrecht, Band FU: Unerwünschte Stoffe in Futtermitteln.* AMS-Verlag, Rheinbach, ISBN 978-3-938835-13-5.

N. N. (2014): *Das geltende Futtermittelrecht.* AMS-Verlag, Rheinbach, ISBN 978-3-938835-06-7.

OEHME M (1998): *Handbuch Dioxine*. Akademischer Verlag, Heidelberg.

PAPE H (2006): *Futtermittelzusatzstoffe, Technologie und Anwendungen*. Agrimedia GmbH, Bergen/Dümme.

RIEDER JB (1983): *Dauergrünland*. BLV-Verlag, München.

SAUVANT D, PEREZ J-M, TRAN G (2002): *Tables of composition and nutritional value of feed materials – Pigs, poultry, cattle, sheep, goats, rabbits, horses and fish*. 2nd ed., INRA-Editions, Paris (FR).

STEMME K, GERDES B, HARMS A, KAMPHUES J (2003): *Zum Futterwert von Zuckerrübenvinasse (Nebenprodukt aus der Melasseverarbeitung)*. Übers Tierernährg 31: 169–201.

Zu den Themen:

FUTTERKONSERVIERUNG/SILIERUNG: Übers Tierernährg, *Heft 1, 2007*.

IN-SITU-ABBAU/VERDAULICHKEIT: Übers Tierernährg, Heft 1 und 2, 2005.

FUTTERMITTEL (SILAGEN/KRAFTFUTTER) FÜR WIEDERKÄUER: Übers Tierernährg, Heft 1, 2009.

18

III Schadwirkungen durch Futtermittel und Fütterung

(inkl. assoziierte Technik)

Durch Futtermittel (inkl. Tränkwasser) können – und zwar auch unabhängig von einer bedarfsgerechten Energie- und Nährstoffversorgung – Gesundheitsstörungen, Leistungseinbußen, Mängel in der LM-Qualität sowie Risiken für die Gesundheit des Menschen (Exposition beim Umgang mit derartigen FM bzw. als Konsument von LM) entstehen, die nachfolgend näher behandelt werden. Davon abzugrenzen sind die Folgen einer nicht adäquaten Energie- und Nährstoffversorgung, die erst nach Darstellung diesbezüglicher Grundlagen, d. h. später bei den einzelnen Tierarten abgehandelt werden. Erwähnenswert ist, dass FM mit schädigendem Potenzial nicht verwendet werden dürfen (Basis-VO 178/2002, LFGB, FMV-VO), dies gilt auch dann, wenn eine Schädigung von Tieren und LM tierischer Herkunft nur möglich, aber noch nicht eingetreten ist (s. Verbot „nicht sicherer" FM).

Bei dem hier gewählten futtermittelkundlichen Zugang zu den Schadwirkungen durch FM und Fütterung sind – entsprechend dem Weg des Futters von seiner Gewinnung bis zum Angebot an das Tier – ätiologisch die nachfolgend genannten Situationen zu unterscheiden:

- FM mit schädlichen/unerwünschten Inhaltsstoffen
- FM mit Kontaminationen (belebter/unbelebter Art)
- Verdorbene FM (abiotischer/biotischer Verderb)
- Fehlerhaft be-/verarbeitete FM
- Fehler in FM-Auswahl und Dosierung (inkl. Nichtbeachtung tierartspezifischer Besonderheiten) ✏

Zuvor sollen jedoch – insbesondere wegen ihrer grundsätzlichen Bedeutung – die möglichen Auswirkungen von Futtermitteln und Fütterung auf diverse Vorgänge im GIT (insbesondere auf die Magen-Darm-Flora) näher behandelt werden.

1 Störungen der Magen-Darm-Gesundheit und Veränderungen von Kot/Exkrementen

FM und Fütterung können in vielfältiger Weise die Magen-Darm-Flora in ihrer Zusammensetzung (Keimarten), in ihrer Keimdichte und in ihrem Stoffwechsel beeinflussen. Die dem Tier zugedachte Energie- und Nährstoffversorgung steht zunächst einmal/immer auch der Magen-Darm-Flora als Substrat zur Verfügung, d. h. die Substratbedingungen im Chymus sind in erheblichem Maße durch die Fütterung bestimmt (**Abb. III.1.1**).

Daneben werden aber auch die Milieubedingungen im Verdauungstrakt, z. B. der pH-Wert, der Wassergehalt oder auch das Redoxpotenzial, mit durch das Futter bestimmt. Dabei ist insgesamt die Magen-Darm-Flora als ein Biotop, d. h. als eine ökologische Gemeinschaft zu verstehen, deren Mitglieder in vielfältigen Wechselbeziehungen zueinander, aber auch zum Wirtsorganismus stehen. Im Zustand der Eubiose („Gleichgewicht") dominieren symbiotische Beziehungen das Verhältnis zwischen der Magen-Darm-Flora und dem Wirtsorganismus.

Die Eubiose ist gekennzeichnet durch eine spezies- und lokalisationstypische Vielfalt an Keimen (Diversität), in m. o. w. typischer Zahl und mit einer Stoffwechselaktivität, von der die Flora

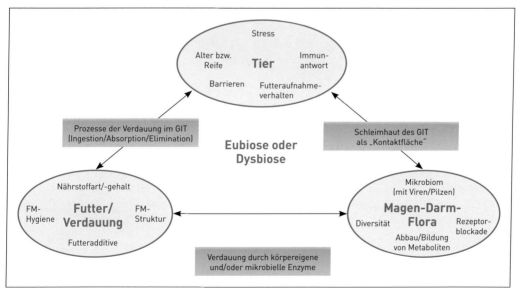

Abb. III.1.1: Die Wechselbeziehungen zwischen dem Tier (Wirtsorganismus), dem Futter (mit seiner Verdauung) und der Magen-Darm-Flora und ihre Folgen (Eu- oder Dysbiose).

selbst wie auch der Wirtsorganismus insgesamt profitieren. Es akkumulieren keine mikrobiell gebildeten Metaboliten im Chymus, die für die Schleimhaut oder das Tier insgesamt schädlich wären; der Wirtsorganismus wird dabei auch nicht zu forcierten Abwehrvorgängen (z. B. Sekretion, Entzündung) veranlasst. Keimwachstum und -untergang/Lysis/Elimination halten sich die Waage, es bleibt auch die typische Diversität in der Flora erhalten, d. h. es erfolgt keine Favorisierung einzelner Keimarten oder -gruppen.

Nicht zuletzt schützt sich die Flora unter diesen Bedingungen einer Eubiose vor einer Fremdbesiedlung, d. h. vor einer Haftung und Vermehrung exogener Keime, wie es beispielsweise anhand der Schwierigkeiten, eine „gewünschte Flora"/erwünschte Keime (s. Probiotika) zu etablieren, deutlich wird. Andererseits kennt die Tierernährung diverse Beispiele für die Auslösung schwerer Dysbiosen (Störungen des Gleichgewichts) im Verdauungstrakt von Tieren infolge einer nicht adäquaten Fütterung, d. h. nach einer Zufuhr von Nährstoffen, die mit Entgleisungen/Umschichtungen in der Flora, mit veränderten Stoffwechselprodukten, mit einer Akkumulation von mikrobiell gebildeten Substanzen einhergehen, in deren Folge der Wirtsorganismus schwerste Schäden davonträgt, wie es z. B. von der Pansenacidose bei Wdk bekannt ist.

Die Magen-Darm-Flora ist – auch bei Betrachtung nur eines bestimmten Segments des Darmkanals – eigentlich noch weiter zu differenzieren, und zwar nach der Lokalisation.

Im Verlauf des Verdauungskanals ändert sich – neben der ausgeprägten Acidierung des Chymus im Magen und dessen Abpufferung im Anfangsteil des Dünndarms – insbesondere die O_2-Versorgung der Flora: von der Dominanz der aeroben Keime im Futter über die fakultativ anaeroben Keime (im Magen) bis hin zu den strikten Anaerobiern im Chymus der aboralen Abschnitte des GIT.

Im wandständigen, mukusassoziierten Bereich sind andere Keimarten und -zahlen nachweisbar als z. B. in der luminal bewegten Chymusmasse. Auch die Substrat- und Milieubedingungen (z. B. pH-Wert) zeigen teils erhebliche Unterschiede im epithelnahen Bereich. Die Haftung von Keimen sowie ihre Vermehrung und Etablierung im Tier setzen eben eine entsprechende Bindung am Mukus und/oder andere hier lokalisierte Rezeptoren voraus.

Was die Interaktionen innerhalb der Flora angeht, verdient besondere Erwähnung, dass Metaboliten der einen Keimgruppe bevorzugte Substrate einer anderen Bakterienart oder -gruppe sein können. Die plötzlich forcierte Bildung von Milchsäure im Chymus fördert innerhalb von Stunden eine lactatverwertende Flora (z. B. *Megasphaera elsdenii*), sodass auch kurzfristig auftretende Verdauungsstörungen abklingen können, weil das Agens (z. B. MS) umgesetzt wurde, also gar nicht mehr da ist. Weitere auch pathophysiologisch interessante Metaboliten sind beispielsweise aus mikrobiellen Umsetzungen von AS bekannt, das betrifft diverse N- und S-Verbindungen, die selbst zelltoxische (NH_3), regulatorische (NO) oder auch laxierende Effekte (SO_4) entfalten können. Überwiegen vorübergehend Bakterien, die eine hohe reduzierende Aktivität entwickeln, so können die Metaboliten – bei sonst vergleichbaren Substratbedingungen – evtl. ganz andere sein, als wenn oxidierte Endprodukte anfallen.

Seit Jahrzehnten ist es immer wieder eine Frage, inwieweit die in der Chymusmasse beobachteten Veränderungen in Flora und Metaboliten überhaupt die pathophysiologisch bedeutsamen sind (was sehr häufig bezweifelt wird). Andererseits ist zu konstatieren, dass – im Falle der klinisch relevanten Dysbiosen, wie der Pansenacidose der Wdk, der Caecumacidose der Pferde oder den fermentativ bedingten Diarrhoen der jungen Säuger – sehr wohl die im Chymus zu beobachtenden Veränderungen (betrifft Keime und Stoffwechselprodukte) die pathogenetisch bedeutsamen Mechanismen darstellen.

Geht es allerdings um Fragen wie die Besiedlung des Verdauungstraktes mit bestimmten Zoonose-Erregern (*Campylobacter*, Salmonellen u. Ä.), so reichen die „nutritiven Erklärungsansätze" oft nicht aus, da ganz andere Prozesse/Mechanismen wirksam werden (die Expression von bestimmten Proteinen etc.) bzw. nur indirekt nutritive Einflüsse zum Tragen kommen (z. B. Butyrat aus der Fermentation von Stärke → Regulation von Genen für die Invasionsmechanismen der Salmonellen). Es ist aber zu betonen, dass die Etablierung bestimmter zoonotisch relevanter Keime in der Darmflora keine Dysbiose i. e. S. darstellt (so werden *Campylobacter*-Keime zu der m. o. w. typischen Darmflora des Geflügels gezählt, ohne besondere nachteilige Effekte auf die Flora selbst oder das Tier).

Prinzipiell bieten die genannten klinischen Störungen im Magen-Darm-Trakt aber ein Modell für das Verständnis eines Zustandes (Eubiose) bzw. von Störungen (Dysbiosen) in den Beziehungen zwischen Futter, Magen-Darm-Flora und Tier (Wirtsorganismus; **Tab. III.1.1**), die

Tab. III.1.1: **Wesentliche Variablen in den Beziehungen zwischen Futter, GIT-Flora und Tier**

	Variablen	erste Auswirkungen (Beispiele)	Weitere Folgen
Futter	Menge/Zeit	„Eutrophierung" des Chymus	→ Keimzahlen und -aktivität ↑
	Karenz	Substratmangel (nur noch endogenes Substrat)	→ FFS ↓ (trophische Funktion der FFS für die GIT-Schleimhaut)
	Nährstoffgehalte (und Relationen)	Stärke vs. Rohfaser Protein vs. Kohlenhydrate	→ Amylolyten/Cellulolyten → Proteolyten (Clostridien ↑)
	Glucane u. ä. KH	Viskosität des Chymus (junges Gefl)	→ Passagezeit, Keimbesiedlung ↑
	Säurezusätze	Chymusacidierung (?), Magenbarriere ↑ (eher im cranialen Part)	→ Hemmung gramneg. Keime (im Magen-Dünndarm-Bereich)
	Futterstruktur	Stärkeanflutung im Dickdarm ↑	→ C₄-Bildung ↑ (Salmonellen ↓)
Magen-Darm-Flora	Arten	bestimmen hauptsächliche Metaboliten	→ MS/FFS (s. Pansen)
	Lokalisation	m. o. w. organspezifische Flora	→ Risiken einer Verlagerung
	Aktivitäten	Abbau von endogenen Produkten	→ endogenes Protein, Mukus
		Verbrauch von Stärke, Zucker, Rfa, AS	→ FFS-/NH₃-/Amin-Bildung
		Enzymbildung/-freisetzung	→ Thiaminasen/Vitaminversorgung
		Initiierung einer Entzündung	→ Sekretion/Ausschwemmung
	Zelluntergang	Freisetzung von Keimbestandteilen	→ Endotoxinämie
	Rezeptoren-Bindung	(Vorteile und Risiken zugleich je nach Art der Bakterien)	→ Sekretion, Alteration, Entzündung bis zur Allergie
	O₂-Verbrauch	Hypoxie der Darmschleimhaut	→ Alteration des Epithels
Tier	Alter	enzymatische Reife	fermentative Prozesse ↑
	Barrieren	Magenchymus: Acidierung	→ Elimination exogener Keime
		Enzym. Verdauung: Nährstoffabsorption	→ Substratentzug für die Flora
		Mukusbildung: Schleimhaut-Abdeckung	→ Invasionsschutz
	Immunologische Reaktionen	celluläre Ebene	→ Keimelimination
		humorale Ebene	→ Keimelimination
	Allgemeine systemische Reaktionen	Stresshormone: Passage/im Chymus ↑	→ Triggern von Invasionsgenen

sehr häufig auch Anlass für die Verwendung von Antibiotika geben.

Auch wenn aus Sicht der Tierernährung der Kot im Wesentlichen nur den unverdauten Teil des Futters darstellt, so ist die Kotbeschaffenheit ein aus tierärztlicher Sicht diagnostisch interessanter Parameter: Veränderungen in der Kotzusammensetzung und -beschaffenheit sind dabei als Reaktionen auf FM und Fütterung sowie auf Störungen normaler Verdauungsabläufe (z. B. ungenügende Kau-/Wiederkauaktivität, mangelnde Zahngesundheit, fehlende Pankreasenzyme), auf Dysbiosen oder auch auf Magen-Darm-Infektionen zu sehen. Daneben hat eine „mangelhafte Kotqualität" vielfältigste Effekte auf die Haltungsbedingungen an sich (z. B. Trittsicherheit und Sauberkeit des Stallbodens, Luftfeuchtigkeit im Stall, Freisetzung von Gasen wie NH_3/H_2S, Fließfähigkeit der Gülle und ihr Verhalten bei Lagerung) sowie auf die Gesundheit der Hufe, Klauen oder auch Fußballen.

Schließlich ist die Mikroflora im Stallinneren ganz entscheidend durch die Kotflora bestimmt oder auch die Entwicklung bzw. das Überleben von Keimen (v. a. Zoonose-Erreger) in Abhängigkeit vom a_w-Wert im Kot/in den Exkrementen in der Einstreu zu sehen, sodass letztendlich sogar die Sicherheit der LM tangiert sein kann. Die Elimination von Zoonose-Erregern über den Kot/die Exkremente einzelner Tiere bedeutet aber für die noch nicht infizierten Tiere der Gruppe die entscheidende Exposition, wie es in diversen Infektionsversuchen auch immer wieder nachgewiesen wurde. Aktivitäten wie das Belecken, Picken und Scharren oder gar eine Futteraufnahme vom kontaminierten Boden oder aus der erregerhaltigen Einstreu ermöglicht die orale „Belastung" der nächsten, noch nicht infizierten Tiere. Trocknen Kot und Exkremente nicht oder nur verzögert ab (→ längere Zeit höhere a_w-Werte), so bleiben ausgeschiedene Erreger auch länger vermehrungs- und infektionsfähig, sodass auch diesbezügliche Einflüsse der Fütterung (z. B. Enzymzusatz) auf das „Abtrocknen"/die Trocknungsfähigkeit das Interesse der Tierernährung verdienen.

Vor diesem Hintergrund ist also der Kot eben mehr als nur der „unverdaute Teil des Futters" (**Abb. III.1.2**), so wichtig dieser Aspekt auch schon ökonomisch sein kann (s. Stärkeverluste über den Kot bei ungenügender Zerkleinerung der Körner in einer Maissilage).

Ganz besondere Bedingungen sind zu beachten, wenn – wie bei Vögeln – Kot und Harn gemeinsam über die Kloake ausgeschieden werden. Hier ist als erstes eine Differenzierung zwischen „Durchfall" und forcierter Harnausscheidung („Diurese") angesagt, wie es im Kap. VI.9.1.3 bei der Darstellung der vielfältigen Ursachen des *Wet-Litter*-Syndroms erfolgt.

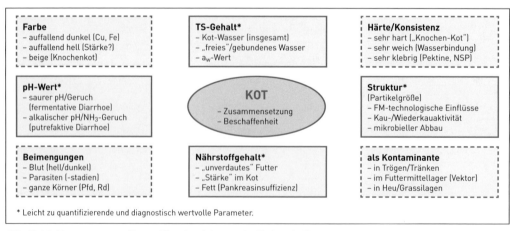

Abb. III.1.2: Parameter zur näheren Charakterisierung der Kotbeschaffenheit und -zusammensetzung.

2 FM mit antinutritiven/evtl. schädlichen Inhaltsstoffen

In nicht wenigen FM sind – in Abhängigkeit von Pflanzenart und -sorte, Standort und Düngung sowie von anderen Umwelteinflüssen – Inhaltsstoffe mit nachteiligen Effekten auf das Tier bzw. die von Tieren gewonnenen LM vorhanden (**Tab. III.2.1**).

Im internationalen Sprachgebrauch hat sich für derartige Substanzen der Terminus ANF (**A**nti-**N**utritive-**F**aktoren) etabliert. Diese Inhaltsstoffe rechtfertigen deshalb aber nicht, von giftigen Inhaltsstoffen bzw. gar von Giftpflanzen zu sprechen, sodass sie hiervon abgegrenzt werden müssen. Verschiedene dieser nachteiligen Inhaltsstoffe sind im Übrigen im Anhang I zur Richtlinie 2002/32 EG mit entsprechenden Höchstwerten geregelt.

Tab. III.2.1: **Übersicht zu antinutritiven/evtl. schädlichen Inhaltsstoffen in Futtermitteln**

Stoff	Vorkommen	Schädliche bzw. toxische Wirkungen	Toxizität
Anorganische Stoffe			
Nitrat/Nitrit* (insbesondere von Pflanzenart und N-Düngung abhängig)	Weidelgras und Grünmais, Herbstzwischenfrüchte, Gramineen, Molke, Polygonaceen, Wasser (Silierung: erhebliche Reduktion originärer Nitrat-Gehalte)	akut: Methämoglobinbildung, Cyanose, Dyspnoe; reduzierte Fertilität, Störungen im J- u. Vit-A-Haushalt	Tox.: 0,5–4 % Nitrat i. TS, Nitrit etwa 10-fach höher toxisch als Nitrat; Toxizität von Adaptation u. Energieversorgung bestimmt
Einfache N-Verbindungen			
Betain	Beta-Rüben und Produkte wie Melasse, Vinasse aus der Rübenverarbeitung	Verwendung bei Wdk: Milchgeschmack negativ beeinflusst	keine Angaben
Sinapin	Raps (und Nebenprodukte aus der Rapsverarbeitung)	Geschmacks-/Geruchsveränderungen an Eiern	keine Angaben
Methylamine (TMA = Trimethylamin)	Silagen, Fisch, abgebaute Eiweiße	„Fischgeruch" in Eiern oder Fleisch; Belastung des Leberstoffwechsels, Fertilität ↓	keine Angaben
Hordenin	Malzkeime	stimulierend, adrenerge Effekte (Doping bei Pfd?)	keine Angaben
S-Methyl-Cystein (SMCO)	Cruciferen, insbes. in Raps, Kohl sowie Markstammkohl	Anämie, Depression, Indigestion, Parese „Kohlanämie" der Rd	toxisch: 140–200 mg/kg KM

Stoff	Vorkommen	Schädliche bzw. toxische Wirkungen	Toxizität
Senföl* (Allyl-, Crotonyl-) (flüchtig)	Cruciferen, auch Kräuter	schleimhauttoxisch, Gastro-enteritis, nephrotoxisch, Hypothyreoidose	150–1000 mg/kg AF, max. 500 für Schw und Gefl, max. 1000 für Wdk
Nitrile (β-Amino-Propio-N)	*Lathyrus*-Arten (z. B. *Lathyrus pratensis*)	Osteo-, Neurolathyrismus, Kehlkopfpfeifen Pfd (?)	keine Angaben
Glycoside			
cyanogene Glycoside*	Wicke, Bohne, Maniok, Milokorn, Leinsamen	HCN-Vergiftung; cytotoxi-sche Anoxie	Rd, Pfd: max. 60 mg/kg Futter, adaptieren!
Thioglycoside*	Cruciferen, Kräuter	Störungen im Jodstoff-wechsel → Kropf	siehe Senföle
Saponine	Leguminosen, Rübenblät-ter, *Lolium temulentum*	Hämolyse, Proteinase-Hemmung, ZNS-Störungen	Kornrade: 1 g/kg KM = letal
Steroidglycoside (Solanin)	Solanaceen, Unkräuter, grüne Kartoffel-Keime, z. T. Kartoffel-Eiweiß evtl. mit Solanin belastet	Protoplasmagift, Cholin-esterase-Hemmung, schleimhauttoxisch, ZNS-Störung, Dyspnoe, Parese	toxisch: Rd: 5–15 kg Kartoffel-Kraut; Pfd, Schw: ähnl. Msch (0,3 g Solanin/kg Nahrung)
Nicht-Stärke-Polysaccharide			
Arabinoxylane (Pentosane)	Getreide (bes. Roggen, Tri-ticale, Weizen)	Jung-Gefl: Viskositätserhö-hung der Digesta (*sticky droppings*), Leistungsmin-derung → *wet litter*	auszuschließen
β-Glucane (1,3-1,4-β-D-Glucane)	Getreide (bes. Gerste, Hafer)		
α-Galactoside (Raffinose, Stachy-ose, Verbascose)	Körnerleguminosen (insbes. in Sojabohnen aber auch in Erbsen u. Ä.)	Bei Nicht-Wdk Verdauungs-störungen, Flatulenz	auszuschließen
Proteine			
Lectine (z. B. Rizin, Phaseolotoxin)	Leguminosen, z. B. Soja-/ Gartenbohne, Euphorbia-ceen	Permeablitätsstörungen, Agglutinine, Allergien, Diar-rhoen, Lebernekrosen	hoch
Thiaminasen	Fisch, Pflanzen	Thiaminmangel	keine Angaben
Lipoxidasen	Leguminosen	Carotin-, Vit-A-, E-Verluste → oxidative Prozesse	keine Angaben
Trypsininhibitoren	Soja, Eiklar, Kartoffel (roh)	Diarrhoen, Indigestionen, reduzierte VQ_{Rp}	keine Angaben
Phenolderivate/Alkaloide			
Tannine	Ackerbohne/Erbse	reduzierte Verdaulichkeit (auch im Pansen)	keine Angaben
Lupinine u. a.	Bitterlupine	reduzierte Futteraufnahme	

Stoff	Vorkommen	Schädliche bzw. toxische Wirkungen	Toxizität
Chelatbildner			
Phytinsäure	Getreide	Ca-P-Bindung, Interaktionen mit Zink und anderen zweiwertigen Ionen	auszuschließen
Gossypol*	Baumwollsamen und Nachprodukte	Eisenbindung, Permeabilitätsstörungen, lebertoxische Effekte	Legehenne: <20 mg/kg AF Schw: <60 mg/kg AF Rd: <500 mg/kg AF
Agonisten/Antagonisten			
Anti-Vit-K-Faktoren (Cumarine)	Klee (Stein-, Bockshorn- und Honigklee)	red. Prothrombinbildung, vielfältige Blutungen, hepato- und nephrotoxisch,	kumulativ wirkend
Anti-Pyridoxin-Faktoren	Leinsaat	Pyridoxinmangel, insbesondere bei Gefl	kumulativ (Lein für Gefl obsolet)
Anti-Niacin-Faktor	Hirse, Mais	Niacinmangel	nur bei einseitiger Ernährung
Vit-D-Agonisten	Goldhafer, häufiges Gras auf Wiesen in Mittelgebirgs- und Voralpenlagen; Südamerika: *Solanum malacoxylon* (Giftpflanze)	Verkalkungen von Weichgeweben, Aorta etc., „Calcinose"	1 kg Goldhafer entspricht ca. 150 000 IE Vit D_3
Avidin (= Anti-Biotin)	rohes Eiklar	Biotinmangel	?
Steroidagonisten (Isoflavone[1], wie Daidzein, Genistein als Phytooestrogene)	Leguminosen, Gräser, Kräuter (u. a. *Taraxacum*)	Rezeptorpasserfunktion, pseudoöstrogene Wirkungen (z. B. Brunst)	teils kumulativ wirkend
Fette, Fettsäuren			
Sterculiasäure	Malvengewächse (z. B. Baumwollextr.schrot)	Permeabilitätsstörungen, Eiklarverfärbungen	?
γ-Oryzanol	Reiskleie/-öl	anabole Wirkungen → Doping-Relevanz beim Pfd	?

[1] In Sojaprodukten 0,5–2,3 g Isoflavone je kg uS.
* In Anhang I zur Richtlinie 2002/32 EG geregelt.

3 FM-Kontaminationen

Bei FM-Kontaminationen handelt es sich um Verunreinigungen, Belastungen bzw. Einträge belebter oder unbelebter Art, die von außen auf/ in das FM gelangen, d. h. es sind keine konstitutiven FM-Bestandteile, wenngleich sie z. T. (s. bestimmte Mykotoxine im Korninneren) in das FM integriert sein können (und damit nicht mehr abzureinigen sind).

Auch Giftpflanzen stellen nicht selten eine solche Kontamination dar (z. B. im Weideaufwuchs, Grünfutterkonserven), ähnliches gilt für Samen mit giftigen Inhaltsstoffen oder Pflanzen, die primär nicht zur Fütterung bestimmt sind. Auch wenn es gewisse Übergänge/Zwischenformen gibt, sollte die FM-Kontamination vom FM-Verderb differenziert werden, wobei der Hinweis erlaubt ist, dass FM-Kontaminationen auch aus dem Verderb resultieren können (z. B. Belastung mit Listerien in schlechter Silage). Viele Kontaminanten werden futtermittelrechtlich unter den unerwünschten Stoffen (s. EG-RL 2002/32: Unerwünschte Stoffe) geregelt und verdienen unter dem Aspekt der FM- und LM-Sicherheit (s. Dioxin → Eintrag in die Nahrung des Menschen) besondere Aufmerksamkeit, und zwar auch unabhängig von möglichen Schadwirkungen am Tier.

3.1 Kontaminanten belebter Art und Herkunft

3.1.1 Giftpflanzen[1]

In den letzten Jahren treten wieder mit zunehmender Tendenz Schadensfälle auf, in denen Giftpflanzen bzw. Teile von Pflanzen mit giftigen Inhaltsstoffen zu entsprechenden Erkrankungen bzw. Tierverlusten führen.

Zum einen sind es die unterschiedlichen Bewirtschaftungsformen landwirtschaftlicher Nutzflächen, die sowohl im Zuge der Intensivierung (N-Düngung → Unkräuter wie z. B. Nachtschatten mit giftigen Inhaltsstoffen ↑, Resistenzentwicklung gegenüber Herbiziden) als auch einer Extensivierung (Pflanzenvielfalt ↑, z. B. durch Grünbrachen, Verzicht auf Herbizideinsatz an Feldrainen, Einwandern von Neophyten) mitunter das Risiko eines Besatzes von Grünfutter mit Giftpflanzen (z. B. *Senecio* spp.) bergen. Eine weitere Erklärung für eine gewisse „Renaissance" von Giftpflanzen stellt die Vorliebe vieler Gartenbesitzer für Zierpflanzen mit giftigen Inhaltsstoffen (z. B. Eibe) dar, die bei unsachgemäßer Entsorgung (z. B. auf angrenzende Weideflächen) ebenfalls zu Vergiftungen führen können. Darüber hinaus sind infolge der „Internationalisierung des FM-Handels" bisweilen auch im KF Teile von Giftpflanzen zu diagnostizieren, wie z. B. Daturasamen in Soja-Produkten. Zudem kann es durch das Recycling von (Neben-)Produkten der LM-Gewinnung (z. B. Reste aus der Verarbeitung grüner Gartenbohnen) zu entsprechenden Intoxikationen kommen. Schließlich verdient die Gefährdung von

---

[1] Hilfreiche Datenbank: www.vetpharm.uzh.ch

Heimtieren (bei Haltung in der Wohnung) durch giftige Zimmerpflanzen in diesem Zusammenhang Erwähnung, nicht zuletzt sogar Rauschmittel enthaltene Pflanzenreste (z. B. Cannabis).

In den **Tabellen III.3.1** und **III.3.2** ist die Toxizität verschiedener Pflanzen für Rd und Pfd als Weidetiere angegeben, dagegen nicht für das Schw, das unter heutigen Haltungsbedingungen selten (Zuchttiere!) auf die Weide kommt. Die meisten Giftpflanzen sind auch für das Schwein toxisch. Da Pferde zum Teil auf Flächen gehalten werden, die an Wälder oder Parkanlagen grenzen, bzw. bei Ausritten in solche Areale gelangen, sind auch die dort vorkommenden Giftpflanzen aufgeführt.

Prinzipiell sind alle aufgeführten Arten auch in getrocknetem Zustand (Heu) toxisch; nur bei *Ranunculus*, *Aconitum*, *Equisetum*, *Glechoma* und *Veratrum* geht die Toxizität durch Teilabbau der Wirkstoffe während der Trocknung zurück.

Tab. III.3.1: **Giftpflanzen auf Wiesen und Weiden sowie im Grünfutter vom Acker**

Standort der Pflanzen	Effekte/Schäden	Toxizität (Mengen/d)	Bemerkungen
An Wassergräben			
Wasserschierling (*Cicuta virosa*) Fleckschierling (*Conium maculatum*)	periphere Lähmungen bei klarem Sensorium (von peripher nach zentral fortschreitend), Atemlähmung	Rd: 4 kg uS Pfd: 2 kg uS	mäuseurinähnlicher Geruch von Pflanzen und Tieren, Toxizität nimmt durch Trocknung ab
Auf Waldwiesen und an Waldrändern			
Adlerfarn (*Pteridium aquilinum*)	Rd: Blutharnen Pfd: Ataxien infolge B_1-Mangel (Pteridismus)	Rd: ab 20 % der Ration toxisch; Pfd: 2–3 kg (>1 Mon)	Harn: Erythrozyten im Sediment
Feuchte Wiesen/Weiden			
Gundermann (*Glechoma hederacea*)	Pfd: Salivation, Husten Rd: vertragen größere Mengen	ab Anteil von 32 % im Grünfutter	Toxizität im Heu nach 3 Mon deutlich reduziert
Hahnenfuß (*Ranunculus acer, repens, sceleratus* u.a.)	Speichelsekretion, Ruminitis, Enteritis, Hämaturie, Milchrückgang	nur im frischen Zustand toxisch	Arten unterschiedlich giftig
Sumpfschachtelhalm (*Equisetum palustre*)	Rd: Enteritis, Lähmungen Pfd: zentrale Störungen, B_1-Mangel („Taumel-Krankheit")	Rd: ab 5–10 % im Aufwuchs Pfd: Toxizität?	auch nach Silierung noch giftig
Trockene Wiesen, Grabenränder			
Kreuzkraut (*Senecio* spp.)	Rd: Pansenatonie, blutige Diarrhoe, Milchrückgang Pfd: Anorexie, Kolik, Leberschaden	letale Dosis: Pfd 40–80 g uS bzw. Rd ca. 140 g uS/kg KM	Seneziose, Schweinsberger Krankheit
Johanniskraut (*Hypericum perforatum*)	Photodermatitis solaris (v. a. unpigmentierte Haut), bes. Pfd und Schf, aber auch Rd	Pfd: 40 % der Ration	Futteraufnahme sistiert, da ätzende Wirkung

Standort der Pflanzen	Effekte/Schäden	Toxizität (Mengen/d)	Bemerkungen
Warmtrockene Standorte (Kalkböden, Schwäb. Alb, Jura)			
Adonisröschen (*Adonis vernalis*)	haut-, schleimhauttoxisch, Enteritis, Dyspnoe, getrübtes Sensorium	Pfd: 10 % im Heu toxisch (*Adonis flammeus*)	Wirkungen am Herzen digitalisähnlich, bes. junge Tiere betroffen
Auf Wiesen der Mittelgebirge und Voralpen			
Eisenhut (*Aconitum napellum*)	Tobsucht, Enteritis, Parese, Atemlähmung	Pfd: 300 g frische Wurzeln, Rd: 8 % im Heu letal	große Unterschiede zwischen Arten
Weißer Germer (*Veratrum album*)	Enteritis, Indigestionen, steifer Gang	Pfd: 1 g/kg KM Rd: 2 g/kg KM	ältere Pferde teils weniger empfindlich
Herbstzeitlose (*Colchicum autumnale*)	Rd: Enteritis, schwere Indigestion Pfd: Husten, Koliken	Pfd u. Rd: 1–2,5 kg letal (grün)	mitosehemmend, Repellenswirkung gering; Colchizin teils mit Milch ausgeschieden
Ampfer (*Rumex acetosa, R. acetosella, R. crispus*)	akute Vergiftung: Hypokalzämie, Tremor; Nierenschäden durch tubuläre Oxalateinlagerung, chron.: Urolithiasis	für aktute Vergiftung bei Wdk: 0,1–0,5 % Oxalsäure der KM notwendig; bei Gewöhnung: hohe Toleranz! Bes. Risiko bei plötzl. Umstellung (Austrieb)	stark ammoniakalischer Geruch des Panseninhalts! 6–11 % der TS von Blättern = Oxalsäure
Im Grünfutter vom Acker			
Schw. Nachtschatten (*Solanum nigrum*)	Solanin/Solasodin: Hämolyse, Enteritis; häufig parallel hohe NO_3^--Gehalte → Methämoglobin ↑	> 50 mg Solasodin je kg KM; Silierung: Reduktion des Alkaloidgehalts um 70–80 %	Problemunkraut auf intensiv mit N gedüngten Flächen (besonders in Grün- und Silomais!)
Bingelkraut (*Mercurialis annua*)	Rd: Tympanie, Diarrhoe, Hämoglobinurie Pfd: Diarrhoe, Ikterus, Hämaturie	Rd: an 3 Tagen insgesamt 9 kg Bingelkraut → Intoxikation; 10–15 % im Grünfutter	bes. Bedeutung in Zuckerrüben- und Ackergrünfutterbeständen → in Grünfutter (Silagen)

Tab. III.3.2: **Sonstige Giftpflanzen (an Waldrändern, Hecken, in Parkanlagen und Gärten)**

Pflanze	Effekte/Schäden	Toxizität (Mengen/d)	Bemerkungen
Alpenrose (*Rhododendron*)	Speicheln, Erbrechen, Kolik, Tympanie	Rd: 0,2–0,6 % der KM	hohe Toxizität!
Buchsbaum (*Buxus sempervirens*)	Unruhe, Depression, Enteritis, Atemlähmung, Pfd: Krämpfe, Diarrhoe	Rd: 500–1000 g uS Pfd: 750–900 g uS	Akzeptanz bei jungen Tieren
Eibe (*Taxus baccata*)	Unruhe, Krämpfe, Taumeln, Enteritis, Ataxie	Pfd: 100 g, Rd: 500 g Nadeln = letal	Giftstoffe auch in der Milch
Eiche (*Quercus robur*)	Indigestion, Enteritis, Tympanie, Nierenversagen	Rd empfindlicher als Pfd	bes. junge Triebe im Frühjahr giftig

Pflanze	Effekte/Schäden	Toxizität (Mengen/d)	Bemerkungen
Fingerhut-Arten (*Digitalis*)	Salivation, Diarrhoe, Tachykardie	Rd: 150–200 g, Pfd: 25 g trockene Blätter	Sektion: hyperämische Meningen
Goldregen (*Laburnum anagyroides*)	Ataxien, Kolik, Atemlähmung,	Pfd: 500 g Rinde = letal	Rd: Milch untauglich
Kirschlorbeer (*Prunus laurocerasus*)	blausäurehalt. Prunasin → Schleimhautreizung, evtl. HCN-Intoxikation	Rd 0,5–1 kg Blätter/ Tier	Immergrüne Pflanze (Vorsicht bei Grüngutentsorgung)
Lebensbaum (*Thuja occident.*)	Salivation, Enteritis, Hämaturie, Polyurie	rd. 20 % der Toxizität des Sadebaumes	Pfd empfindlicher als Rd
Lupinenarten (*Bitterlupinen*)	ZNS-Störungen, Indigestionen, Ikterus, teils sekundäre Photosensibilität	Rd: Aufnahme auf 1 kg/ Tag begrenzen	Hülsen der Bitterlupinen sehr alkaloidreich
Nieswurz-Arten (Christrose) (*Helleborus*)	hauttoxisch, Salivation, Gastroenteritis, Dyspnoe, Krämpfe	Rd, Pfd: 8–30 g Wurzel letal, Schf, Zg: 4–12 g	digitalisähnl. Wirkungen am Herzen
Sadebaum (*Juniperus sabina*)	Tympanie, Enteritis, Blutharnen, Krämpfe	Pfd: 120–360 g wurden toleriert Rd: 120 g Nadeln sollen tödlich sein	vielfältig. Blutungen (Petechien, Ekchymosen) bei Sektion nachweisbar
Tollkirsche (*Atropa belladonna*)	Mydriasis, Darmatonie, Vasodilatation, zentr. Lähmung, Atemlähmung, Kollaps	Rd: 50 g = Tympanie; 120–180 g Wurzeln = letal; Pfd: 120–180 g tr. Blätter = toxisch	Sekretionshemmend – auch Milchfluss!

3.1.2 Samen mit giftigen Inhaltsstoffen (von Pflanzen, die primär keine FM sind)

Bei der Ernte von Kulturpflanzen/-teilen können evtl. auch Samen von Unkräutern mitgeerntet werden (z. B. Samen des Stechapfels als Unkraut in Soja- oder Leinbeständen), die schließlich mit im Futter vorkommen (**Tab. III.3.3**). Bei Weidehaltung oder Bewegung in der Natur werden evtl. Samen von Bäumen (Eichen/Buchen) aufgenommen, die bei einzelnen Spezies zu schweren Intoxikationen führen, obwohl andere Tierarten (z. B. Wild) diese gerne aufnehmen und selbst in großer Menge tolerieren (z. B. Eichelmast von Schweinen).

3.1.3 Toxine von Algen, Pilzen und Bakterien

Blaualgen/-toxine

Die Blaualgen, auch als Cyanobakterien bezeichnet, stellen eine heterogene Gruppe von Prokaryoten dar, die unter bestimmten Bedingungen die Fähigkeit haben, im feuchten Millieu, insbesondere im Wasser, Toxine zu produzieren: Mikrocystine sowie Anatoxine sind hier die wichtigsten Produkte. Sie verfügen über eine erhebliche leber- und neurotoxische Potenz. Marine Toxine werden von Mikroalgen oder Protozoen gebildet und akkumulieren im Phytoplankton bzw. den Fischen. Die Toxizität ist außerordentlich hoch (s. Humantoxikologie).

Tab. III.3.3: **Samen mit toxischen Inhaltsstoffen**

Pflanze	Effekte/Schäden	Bemerkungen
Bucheckern	Tetanie, Dyspnoe, Parese	Pfd: 1 kg stark toxisch; Rd/Schw: toleranter
Crotalaria-Arten z. B. Sonnenhanf	Leberschäden ähnlich Senecio	als Bodendecker in USA angebaut, Durchwachsen in Getreide möglich, bis zu 100 mg/kg Futter unschädlich
Eicheln	blutiger Durchfall, Ödeme bei Rindern	Rd: 6–8 kg letal; besonders grüne Eicheln giftig; Schf und Pfd toleranter
Rizinus	Diarrhoe, Indigestion, ZNS-Störungen bzw. Lähmungen	Rd: 2–3 g/kg KM letal Pfd: 0,1 g/kg KM letal
Stechapfel (*Datura stramonium*)	Verstopfungen, Enteropathien, atropinähnliche Wirkung	in Sojaschrot und Leinsamen vorkommend Rd; toleriert 7 g reinen Datura-Samen; Schw: >1 g/kg FM kritisch, >5 g/kg AF klin. apparent
Taumellolch (*Lolium temulentum*)	Schwindel, Krämpfe, Ataxien, Atemlähmung	im Getreide bis 2,5 % Taumellolch im Hafer von Pfd toleriert

Mykotoxine

Mykotoxine sind sekundäre Stoffwechselprodukte, die von bestimmten Pilzen auf FM schon vor bzw. auch erst nach der Ernte gebildet werden. Dementsprechend ist die Differenzierung zwischen Feld- bzw. Lagerpilzen und deren Toxinen sinnvoll. Die Wirkungen von Mykotoxinen sind vielfältig bei unterschiedlicher Organaffinität (lokal, z. B. im Magen-Darm-Trakt, evtl. auch systemisch, z. B. hormonähnlich) und werden teilweise erst klinisch sichtbar, wenn die Mykotoxinaufnahme bereits längere Zeit erfolgte oder schon nicht mehr gegeben ist (**Tab. III.3.4**).

Daher muss das Hauptaugenmerk auf einer Vermeidung der Toxinbildung liegen. Für die Feldpilze und -toxine haben sich pflanzenbauliche Maßnahmen (weite Fruchtfolge, tiefe Bodenbearbeitung, pilzunempfindliche Sorten und ein Fungizideinsatz) bewährt, bei den Lagerpilzen sind die Lagerungsbedingungen entscheidend für die Toxinbildung. Hinsichtlich der Empfindlichkeit sind die Nutztiere wie folgt zu rangieren: Schw > Wdk > Gefl. Die Einordnung anderer Spezies (z. B. Pfd) ist höchst unsicher, im Vergleich zum Gefl ist jedoch eine höhere Empfindlichkeit zu vermuten.

Auch wenn Wdk allgemein als weniger empfindlich gelten, kann es zu einer Beeinträchtigung der ruminalen Flora und Fauna kommen (Fermentation ↓, Futteraufnahme ↓), bevor systemische Affektionen ausgebildet werden.

Toxine bakterieller Herkunft

Da FM allgemein auch einen gewissen Besatz an Bakterien aufweisen und – insbesondere bei höherer Feuchte und Substratverfügbarkeit – entsprechende Stoffwechselaktivitäten ermöglichen, können FM auch mit Bakterientoxinen belastet sein, und zwar auch ohne typische Anzeichen des Verderbs (z. B. Botulismus-Toxin in Heu, Silagen), sodass sie hier unter den Kontaminationen aufgeführt werden müssen. Es ist jedoch der Hinweis angebracht, dass bei einem bakteriell bedingten FM-Verderb bestimmte Toxine (z. B. Endotoxine) verstärkt gebildet werden können (**Tab. III.3.5**; s. a. Kap. III.3.1.4).

Die **Tabelle III.3.4** enthält nur die in Europa wichtigsten Mykotoxine, für die auch adäquate Analysenverfahren zur Verfügung stehen. Mit Ausnahme von Aflatoxin und Ochratoxin ist die Carry-Over-Rate von Mykotoxinen in LM tierischer Herkunft und damit in die Nahrung des Menschen gering. Die Festlegung tolerabler FM-Belastungen erweist sich als sehr schwierig; die in der Tabelle genannten Werte sind – soweit

Tab. III.3.4: **Mykotoxine**

Mykotoxin (Produzenten)	Wirkung/Mykotoxikose	Kritische Werte im Futter bzw. in der Ration (mg/kg uS, d. h. 88 % TS)		
Aflatoxine[1,2] (*Aspergillus* spp.)	Leistungsminderung, Kümmern, Leberschädigung, Leberkarzinom, Immunsuppression LM-Kontamination (v. a. Milch!)	je nach FM z. B.: – div. Einzel-FM – FM für Milchrinder – AF für Schw/Gefl		0,005–0,05 0,02–0,05 0,005 0,05
Ochratoxin, Citrinin[3,4] (*Penicillium* spp., *Aspergillus* spp.)[3]	Leber-/Nierenschädigungen, Polyurie/-dipsie, Harnmenge ↑, Wasseraufnahme ↑, Leistungsminderung	Schw Gefl		0,2 0,5
Zearalenon (*Fusarium* spp.)[5]	Hyperöstrogenismus, Fruchtbarkeitsstörungen, Ferkelverluste, Rektumprolaps	Schw Rd	präpubertär ♀ Mastschw/Zuchtsau präruminierend ♀ ♀ Zuchtrd, Milchkuh	0,05 0,25 0,25 0,5
Trichothecene (*Fusarium* spp.)[4] Vomitoxin (= DON = Deoxynivalenol) DAS (Diacetoxiscirpenol) T-2	verzögerte/reduz. Futteraufnahme, Futterverweigerung, Erbrechen Haut- und Schleimhautschäden, Geschwüre, Blutungen, Immunsuppression	Schw Rd	präpubertär ♀ Mastschw/Zuchtsau präruminierend ♀ ♀ Zuchtrd, Milchkuh Mastrd Legehuhn, Masthuhn	1,0 1,0 2,0 5,0 5,0 5,0
Mutterkorn-Alkaloide (*Claviceps purpurea*)	Ergotismus, Prolaktinantagonismus bei Stuten, Sauen	alle Spezies		1000 (Sklerotien)
Fumonisin (*Fusarium moniliforme*)[4]	Schw: *Porcine pulmonary edema disease* (PPE) Pfd: Equine Leukoenzephalomalazie (ELEM)	Equiden andere Spezies Schw, Gefl, Wdk, Fisch		>1 >5 >10–50

[1] Aflatoxin und Mutterkorn nach Erweiterungsband FU zum geltenden FM-Recht; Zearalenon und Vomitoxin nach den Orientierungswerten des BMVEL (in Österreich teils abweichende Empfehlungen).
[2] Aflatoxin nahezu ausschließlich in Importfuttermitteln, da die Bildung an eine hohe Temperatur mit hoher Luftfeuchtigkeit gebunden ist.
[3] Vermehrte Belastung bei ungünstigen Lagerungsbedingungen.
[4] Weder im Erweiterungsband FU des FM-Rechts: Unerwünschte Stoffe, noch bei den Orientierungswerten etabliert.
[5] Nahezu ausschließlich vor der Ernte gebildet, begünstigt durch kühl-feuchte Witterung.

nicht im Erweiterungsband des FM-Rechts (FU: Unerwünschte Stoffe) gelistet – daher als Orientierungswerte zu verstehen.

Andere Mykotoxine wie Patulin, Mycophenolsäure, Alternariatoxin, Roquefortin, Slaframin, Lolitrem, Penitrem, Janthitrem u. a. kommen durchaus vor; ihre klinische Bedeutung ist allerdings unklar. Roquefortin und folgende werden auch als Tremogene bezeichnet, was ihre klinische Symptomatik grob charakterisiert.

Erkrankungen und Verluste von Tieren infolge der Aufnahme von Botulismus-Toxinen sind zwar nicht häufig, wenn sie aber auftreten, betrifft die Intoxikation allgemein mehrere Tiere eines Bestandes (Pfd, Rd, Gefl). Während in früheren Jahren Kontaminationen von FM mit Tierkadavern, die einer trockenen Verwesung anheim fielen, ursächlich verantwortlich gemacht werden konnten, treten in letzter Zeit häufiger Botulismusfälle auf, in denen Silagen (insbesondere Anwelksilagen, aber auch Maissilagen) als Ursache vermutet werden, wobei aber nur selten ein Nachweis des Toxins gelang. Als disponierende Faktoren ergaben sich u. a. die Ausbringung von Mist und Einstreu aus der Bodenhaltung von Gefl auf Flächen, von denen dann später Grünfutter zur Silierung gewonnen wurde. Schließlich wird auch darüber spekuliert,

Tab. III.3.5: **Toxine bakterieller Herkunft**

Bakterien-Toxine	Vorkommen	Bedeutung
Endotoxine	Bestandteile der Zellwand gramnegativer Bakterien, bei Lysis Freisetzung (thermostabile Toxine)	Indikator für die Masse von gramneg. Bakterien bzw. die Art der Flora → bei Absorption evtl. Fieber, Durchfall, Schock („Endotoxinschock")
Exotoxine	allgemein von grampositiven Bakterien gebildete Toxine, die in das umgebende Medium abgegeben werden (thermolabil)	je nach Toxin diverse Effekte (Erbrechen, Durchfall, zentralnervöse Störungen)
Enterotoxine	im Wesentlichen von Clostridien und *E. coli*[1] im Darmtrakt gebildete Toxine	unterschiedliche Störungen im Verdauungstrakt → Intoxikation
Botulismus-Toxin[2]	unter anaeroben Bedingungen gebildet (trockene Verwesung)	Schluckbeschwerden, Lähmungen, Tod
Staphylococcus-aureus-Toxin	unter aeroben Bedingungen in wasser- und nährstoffreichen Produkten (z. B. Milch) gebildet	Diarrhoe, Erbrechen, Kreislaufschwäche
Bacillus-cereus-Toxin	bei Feuchtigkeit und Wärme unter Zersetzung von Eiweiß	Diarrhoe, Erbrechen, Leistungseinbußen

[1] Die von *E. coli* gebildeten Enterotoxine befinden sich zwischen innerer und äußerer Zellmembran und werden auch erst bei Lysis frei.
[2] Gebildet von *Clostridium botulinum*, d. h. Aufnahme des Toxins.

Tab. III.3.6: **Kontaminationen von FM mit Erregern**

Prionen	Scrapie-Erreger	Grünfutter/-konserven → Scrapie der Schafe
	BSE-Agens	Tiermehl → Erkrankungen der Rd (spongiforme Encephalopathien)
Viren	AK	Schlachtnebenprodukte AK infizierter Tiere → Flfr
	ESP	nicht erhitzte Küchen-/Speisereste → Schw
	MKS	Speisereste nicht erhitzt → MKS bei Wdk, Schw
	CAE	Kolostrum der CAE-infizierten Ziegen → Jungtierinfektion
Bakterien	*Erysipelothrix*	Grünfutter (Erdkontamination) → Schw-Rotlauf
	Leptospiren	Nagerkot/-harn in/am FM → Leptospirose bei Rd, Schw
	Listerien	„faulige Silagen" → „Silage-Krankheit" der Schafe = Listeriose
	Salmonellen	div. FM → Salmonellose diverser Spezies
	Mycobacterien	Milch infizierter Tiere → z. B. Paratuberkulose
Pilze	Aspergillen	diverse FM → Aspergillose (Mykose), Aborte
Hefen	*Candida*	feuchte FM (Silage, Flüssigfutter) → Candidiasis (Soor)
Parasiten	*Isospora canis*	Grünfutter bei Verunreinigung mit Hundekot → Weidevieh → Aborte
	Cryptosporidien	Grünfutter und Wasser → Cryptosporidiose (Kalb, Mensch)
	Askariden	Muttermilchaufnahme (Gesäuge) → Welpen, Spulwurm
	Strongyliden	Grünfutter → Weidevieh → Parasitosen
	Leberegel	Gras → Weidevieh → Fasciolose

ob möglicherweise die Toxinbildung erst im Verdauungstrakt der Tiere erfolgt, d. h., nur die Erreger mit dem Futter aufgenommen werden und – erst später – die Toxinbildung im infizierten Tier stattfindet. Unter diesen Bedingungen soll auch das klinische Bild gewisse Veränderungen erfahren: Nicht sofort klassische Lähmungserscheinungen mit Verlust der Fähigkeit, Nahrung abzuschlucken oder sich zu bewegen, sondern protrahierte Entwicklung von Störungen (geringere Futteraufnahme, Verdauungsstörungen, getrübtes Sensorium, schließlich Festliegen, Verenden in allgemeiner Schwäche). Nicht zuletzt unter dem Aspekt der LM-Sicherheit (Schlachtung von klinisch gesunden Tieren, in denen es aber evtl. zu einer Toxinbildung durch *Cl. botulinum* gekommen ist → Botulismus-Toxin-Rückstände), verdient diese „Toxi-Infektion" besonderes Interesse.

3.1.4 Erreger von Infektionskrankheiten

Bei dieser Art von FM-Kontaminationen fungiert das Futter primär als Vektor; hier sind allerdings nur solche Erkrankungen aufgeführt, bei denen das Futter eine maßgebliche Rolle im Infektionsgeschehen spielt (**Tab. III.3.6**).

3.2 Kontaminationen unbelebter Art
(von Futter und Wasser)

Bei FM-Kontaminationen unbelebter Art handelt es sich um eine Verunreinigung mit unerwünschten Stoffen, die beim Anbau, bei der Ernte, Verarbeitung, Lagerung oder auch auf dem Transport in das FM gelangen können (**Tab. III.3.7**).

Im Falle einer FM-Kontamination ist die Aufdeckung des Eintrags/der Quelle eine besondere Herausforderung, sodass hier die nutritive Anamnese (s. Kap. V.5) entsprechend intensiv betrieben werden muss. Hierbei ist es zwingend, dem Weg des Futters (von seiner Gewinnung bis zum Angebot im Trog) zu folgen und hierbei nach Möglichkeiten der Verunreinigung zu fahnden. Im Falle der dl-PCB sowie Dioxine wurden nicht zuletzt „Aktionsgrenzwerte" eingeführt, die zur ätiologischen Aufklärung führen sollen. Besonders schwierig ist eine solche Aufdeckung immer dann, wenn für eine Belastung (z. B. von Milch/Eiern, Schlachtkörpern) nicht nur das Futter, sondern auch die **Umgebung** des Tieres (Einstreu, Boden, Stalleinrichtungen, Baumaterialien usw.) in Frage kommt (z. B. dl-PCB in dem von Dächern abfließenden Regenwasser, das mit Farbresten der Dachflächen kontaminiert war).

Tab. III.3.7: **Kontaminationen unbelebter Art von FM und Tränkwasser**

Erde, Sand	Kartoffeln, Rüben(blatt), Grünfutter, Küstenfischmehl, Maniokprodukte
Verpackungs-materialien	MF auf der Basis von Nebenprodukten der LM-Verarbeitung
Ruß, Zementstaub	Grünfutter (Umgebung von Industriegebieten)
Sulfate	Eintrag über die Verwendung von H_2SO_4 (DDGS, Molke, Trester, Vinasse)
Fluor[1]	Grünfutter (Umgebung von Chemie-, v.a. Phosphat- und Aluminiumbetrieben), evtl. Tränkwasser (je nach geologischer Formation des Grundwasserleiters)
Molybdän[1]	Grünfutter (Umgebung von Ölraffinerien, Metallfabriken)
Zink[1]	Grünfutter (Umgebung Hüttenbetriebe), saures Futter aus verzinkten Trögen
Blei[1]	Grünfutter (Umgebung Bleihütten, Abraumhalden, Überschwemmungsgebiete), Knochenmehle, Wild-Nebenprodukte für Flfr
Kupfer, Arsen[1]	Grünfutter (Verwendung von Pestiziden, Cu-haltige Schweinegülle), Arsenhaltige Industriestäube
Quecksilber[1]	Getreide (früher Beizmittel), Grünfutter (Klärschlammdüngung)
Cadmium[1]	Grünfutter (Umgebung von P- und Pb-Industrien, konventionelle Kohlekraftwerke, Hackfrüchte mit anhaftender Cd-haltiger Erde)
Insektizide[1]	behandelte FM, Nichteinhalten von Wartezeiten
Rodentizide[1]	FM in Lagerräumen (ausgelegte Köder!)
Molluskizide[1]	Grünfutter an Bach- und Teichrändern
Herbizide[1]	Grünfutter bei Nicht-Einhaltung von Wartezeiten
Beizmittel	Saatgut enthaltende FM (Saatgut = verbotener Stoff)
PCB (polychlorierte Biphenyle)	Grünfutter (Konserven) → Siloanstrich, Dichtungs-, Konservierungs-, Imprägnierungs-mittel, Öle
Diesel/Öl	Silagen (Ölverlust von Traktoren bei Einsilierung)
Arzneimittel	MF (bei Herstellung, Lagerung und Zuteilung; v.a. in Flüssigfütterungsanlagen)
Dioxine	Umweltgifte → Fischöle, -mehle, direkter Kontakt zu Verbrennungs-/Rauchgasen; Grün-futter von Überschwemmungsflächen
Xenoöstrogene	Umweltchemikalien, z.B. Phthalate aus Weichmachern diverser Kunststoffe
Melamin	Enstehung u.a. aus Biuret (Vortäuschung höherer Rp-Werte)
Radionuklide	Einträge bei Unfällen (u.a. aus atomtechnischen Anlagen)
Antikokzidia[1]	infolge einer Verschleppung bei der MF-Herstellung oder Verabreichung (Zielspezies-fremder Einsatz)
NO_3^-/NO_2^-	im Tränkwasser durch Kontaminationen mit Brauchwasser bzw. Wasser aus der Stall-abluftreinigung

[1] Heute unter den Unerwünschten Stoffen (Grüne Broschüre Band FU 2013: Unerwünschte Stoffe) geregelt.

4 Verdorbene Futtermittel

Während des Verderbs erfahren FM aufgrund chemischer Reaktionen und/oder biologischer Vorgänge (Vermehrung und Aktivität von Organismen mit dem Verbrauch/Abbau von Nährstoffen und einer Bildung von Stoffwechselprodukten wie Toxinen/Enzymen etc.) Einbußen im Futterwert und/oder in der Verträglichkeit, die eine Verwendung als FM nur noch begrenzt (zeitlich, anteilsmäßig) oder gar nicht mehr erlauben (vgl. auch LFGB § 17: „geeignet, die Gesundheit der Tiere …, Qualität der Lebensmittel … zu beeinträchtigen" bzw. § 24: „Gewähr für die handelsübliche Reinheit und Unverdorbenheit", FMV-VO 767/2009).

Bei dem **Verderb** von FM ist zunächst zu unterscheiden zwischen dem
- abiotischen (insbesondere durch oxidative Vorgänge)
- und dem biotischen Verderb (Beteiligung von Organismen).

Im **abiotischen** Verderb kommt es zu rein chemisch bedingten Veränderungen an Inhaltsstoffen der FM, besonders disponiert sind hierfür:
- Milchprodukte (getrocknet)
  - Bildung von Fructolysin (Lysin + Zucker)
    → Leistungseinbußen, Diarrhoe
- Fette (insbes. ungesättigte FS)
  - Ranzigwerden (Fettoxidation, Epoxide, Peroxide)
    → Akzeptanz der FM ↓, Verdauungsstörungen (?), Leberschäden
- Fischmehl
  - Oxidation der unges. FS (→ Erhitzung, dann Verklumpung)

Der **biotische** Verderb wird im Wesentlichen durch Art, Keimzahl und Aktivität von Mikroorganismen bestimmt. Verunreinigungen durch Schmutz, Schadnager und deren Exkremente sowie Vorratsschädlinge (Insekten und Milben) sind hier oft beteiligt, insbesondere begünstigen/fördern sie den Beginn des mikrobiellen Verderbs. Der biotische Verderb eines FM ist ein dynamischer Prozess, an dessen **Ende** das verdorbene FM steht. Um die hierbei ablaufenden Veränderungen noch differenzieren zu können, ist der Terminus **Hygienestatus** zu bevorzugen, da hierbei graduelle Differenzierungen (z.B. ohne, leichte, massive Mängel im Hygienestatus) möglich werden, die sachlich geboten/sinnvoll sind. Ein FM ist eben nicht einwandfrei/frisch oder verdorben (und damit nicht mehr einsetzbar), sondern kann bei gewissen Mängeln evtl. noch kurzfristig bzw. in reduziertem Anteil verwendet werden (siehe hierzu Kap. IV).

4.1 Insekten (Motten/Käfer) und/oder Milben

Größere Insekten haben zunächst einmal Effekte auf das Futter selbst, d.h. seine Gebrauchseigenschaften (Fließfähigkeit etc.) und den Futterwert (Substratverbrauch); durch Insektenfraß gehen dem FM originäre Schutzmechanismen verloren, so dass ein Verderb durch Mikroorganismen erleichtert/gefördert wird. Milben sind u.a. ein Indikator für die Lagerbedingungen, können schleimhautreizend wirken und haben möglicherweise auch beim Tier eine allergisierende Wirkung. Ein Befall mit Milben und Insekten (z.B. Staubläuse) ist zudem evtl. ein Hinweis auf einen stärkeren Schimmelpilzbesatz. Weitere Effekte auf das Tier sind unklar, während Auswirkungen auf das FM sehr vielfältig sind: z.B. mechanische FM-Schädigung, erhöhte Disposition für mikrobiellen Verderb, reduzierte Riesel-/Fließfähigkeit, Nährstoffabbau, Eintrag von pathogenen Keimen.

4.2 Pilze, Pilzsporen und Hefen

- Pilzmycele
  - Mykosen: Besiedlung des Organismus mit Pilzen, z. B. *Aspergillus fumigatus* (Luftröhre/Luftsäcke Gefl, Plazentome Rd), *Candida* spp. (Schleimhäute, Leber)
  - evtl. endogene Mykotoxikosen
- Pilzsporen
  - Inhalation → Luftsackmykosen (Gefl, Pfd), Affektionen der Atemwege, Allergisierung
- Hefen (nur bestimmte Arten!)
  - Tympanien, z. B. Kropf (Gefl), Vormagen (Wdk), Magen (Pfd, Schw), Dünn- und Dickdarm → Flatulenz, Diarrhoe, Verdrängung der normalen Darmflora
  - Silagen: Nacherwärmung (s. Kap. II.2.2.3) → Einleitung des Verderbs durch Pilze und Bakterien

4.3 Bakterien

Hierbei ist zunächst zwischen produkttypischen (= Epiphyten) und verderbanzeigenden Bakterienarten zu unterscheiden. Davon abzugrenzen ist eine mögliche Belastung mit Infektionserregern (s. Kap. III.3.1.4).

- Keimzahlen von Epiphyten ↑
  - alkalische bzw. saure Indigestionen (Magen, Vormagen, Dickdarm), je nach Rp- und KH-Gehalt der verwendeten FM
- Verderb induzierende Keime ↑
  - Verdauungsstörungen, Diarrhoen, Schockzustände, Fieber, z. T. durch Toxine bedingt

4.4 Mikrobiell gebildete Produkte

Mykotoxine, bakteriell gebildete Toxine: s. **Tabellen III.3.4, III.3.5.**

Des Weiteren werden bei der mikrobiellen Umsetzung evtl. olfaktorisch aktive Substanzen, Enzyme (z. B. Thiaminasen), biogene Amine, ggf. sogar antibiotisch wirksame Substanzen gebildet.

5 Fehler in der FM-Auswahl und -Dosierung

Eine **falsche Auswahl oder Dosierung von FM** kann in Folge besonderer Inhalts- und/oder Zusatzstoffe zu akuten oder chronischen Erkrankungen führen. In vielen Fällen ist der Gastrointestinaltrakt das primär betroffene Organsystem, vielfach treten sekundär auch Stoffwechselstörungen oder sogar Todesfälle auf. Beispiele für Probleme durch derartige Fehler sind in **Tabelle III.5.1** aufgeführt.

Tab. III.5.1: **Fehler in der FM-Auswahl und -Dosierung**

Nährstoffe/Futtermittel	Tierart	Problem
kohlenhydratreiche FM		
Zucker und/oder Stärke (leicht verfügbar)	Wdk	Pansenacidose (> 2 kg Zucker/Tag bzw. > 30 % Stärke + Zucker i. TS)
	Pfd	Caecumacidose nach hoher Getreideaufnahme (insbes. grober Mais)
Laktose	alle	Diarrhoe bei älteren und nicht-adaptierten Tieren; Gefl und Reptilien besonders empfindlich; evtl. auch Säuglinge ohne Lactase
Stärke (je nach Aufschlussgrad)	alle	geringe Verträglichkeit bei Säuglingen (geringe, sich noch entwickelnde Amylaseaktivität → fermentative Diarrhoe)
rohfaserreiche FM		
zu hoher Anteil	Wdk	Verweildauer im Pansen ↑, Futteraufnahme ↓
	alle	Verdaulichkeit der Ration ↓, Energieversorgung ↓
zu geringer Anteil	Wdk	geringe Kauaktivität, Speichelbildung ↓, Schichtung im Pansen ↓, Acidosegefahr ↑, Azetatbildung ↓, Milchfett ↓
	Pfd,	Beschäftigung ↓, eventuell Ethopathien
	trgd Sau	Obstipationen, längere Geburten, MMA
	Kan, Nager	Abnutzung der Zähne ↓, evtl. Verhaltensstörungen, Adipositas, Verdauungsstörungen, Fellfressen (Trichobezoare)
	alle	Störungen der Darmpassage, Obstipation; sekundär: Fäulnisprozesse und Diarrhoe

Nährstoffe/Futtermittel	Tierart	Problem
eiweißreiche FM		
zu hoher Anteil	Wdk[1]	NH_3 im Pansen ↑: Pansenalkalose, NH_3-Absorption → Hyperammonämie
	alle	Verdauungsstörungen, Leber-/Nierenbelastung, Eintrag in die Umwelt, NH_3 ↑ in der Stallluft → Schleimhautreizungen
zu geringer Anteil	alle Wdk	Leistungsminderung (Mastleistung, Eigewichte), Immundefizite geringere VQ_{oS} infolge eines N-Mangels der Pansenflora, Futteraufnahme ↓
fettreiche FM		
zu hoher Anteil (>4% der TS)	Wdk	VQ_{Rfa} ↓ durch nachteilige Effekte auf die Pansenflora (v. a. bei ungesättigten FS)
(>10% der TS)	Pfd	Rfe-Anflutung im Dickdarm ↑, Störung der Dickdarmflora
mittelkettige FS		Disposition für Ketose ↑
Fett, insgesamt	alle	zu hohe Energiedichte, Adipositas
Sonstiges		
harnstoffhaltige FM kupferhaltige FM	Wdk Schf	Ammoniakvergiftung Kupfervergiftung (Hämolyse)
kokzidiostatikahaltige FM[2]	Pfd, Gefl	Muskeldystrophie/-degeneration, Tod
Mischfutter[2]	div. Spezies	Intoxikationen wegen tierartspezifischer Empfindlichkeiten[3]
arzneimittelhaltige FM	Nutztiere	Rückstände in Produkten vom Tier, d. h. in LM

[1] Eine zu hohe Rp-Aufnahme wird über eine 3-Methyl-Indol-Bildung als Ursache für das „Weideemphysem" angesehen.
[2] Insbesondere Ionophoren haben bei Equiden eine erhebliche Toxizität.
[3] z. B. für 1,2-Propandiol bei Ktz (Anämie).

6 Fehler in der FM-Bearbeitung und MF-Herstellung

Von der Ernte über den Transport, die Lagerung und ggf. Weiterverarbeitung bis hin zur Zuteilung des Futters können Fehler auftreten. Für viele FM ist schon unmittelbar bei oder nach der Ernte bzw. vor der Verwendung als FM eine entsprechende Reinigung erforderlich (**Tab. III.6.1**).

Tab. III.6.1: **Probleme einer ungenügenden Reinigung von Futtermitteln**

Futtermittel	Problem	Tierart
Weideaufwuchs, evtl. noch stärker bei Grünfutter vom Acker	hohe Erdkontaminationen bei zu tiefem Schnitt/Verbiss; Wühlen durch Schwarzwild, Maulwurfshügel → Eintrag von Erde, Kontaminanten wie z. B. Clostridien, Dioxine	Pfd, Wdk
Wurzeln, Knollen, Stoppelrüben mit Blatt	ungenügende Reinigung: hohe Sandaufnahme, Verdauungsstörungen; Schwermetall-Kontamination	Schw, Pfd, Wdk
Getreide	ungenügende Reinigung, höherer Besatz mit Unkrautsamen, Keimen, evtl. Mutterkorn → Hygienestatus ↓, sonstige Mykotoxine ↑	alle Spezies
Extraktionsschrote	Kontamination mit Datura-Samen → Obstipationen	div. Spezies

Ein weiterer wichtiger Faktor, der die Verträglichkeit von FM beeinflussen kann, ist die Struktur bzw. die Zerkleinerung des Futters (Beurteilung s. **Tab. I.6.2**). Je nach Tierart sind dabei unterschiedliche Ansprüche zu berücksichtigen (**Tab. III.6.2**).

Viele FM bzw. MF werden einer **Hitzebehandlung** unterzogen. Dieses Vorgehen kann aus Gründen der Hygienisierung (z. B. Elimination von Salmonellen) oder zur Steigerung der Verträglichkeit oder Verdaulichkeit notwendig sein (**Tab. III.6.3**).

Bei Herstellung und Angebot des MF bzw. der Ration sind schließlich weitere Risiken für die Verträglichkeit bzw. Entwicklung von Gesundheitsstörungen gegeben (**Tab. III.6.4**).

Tab. III.6.2: **Risiken einer nicht adäquaten FM-Struktur/Angebotsform**

Futtermittel	Problem	Effekt	Tierart
Rau- bzw. Grobfutter	ungenügende Zerkleinerung bei Maissilage	Futteraufnahme ↓	Wdk,
		Dickdarmanschoppung	Schw
		Maiskornverluste über den Kot, evtl. Caecumtympanie	Wdk, Pfd
	zu intensive Zerkleinerung Strukturverlust[1]	Speichelbildung ↓, Schichtung im Pansen ↓, Kurzfutterkrankheit, Psalterparese	Wdk
	kurzgehäckseltes Gras	Obstipationen (→ Koliken)	Pfd
	vermahlene Rfa-Träger (z. B. Grünmehle)	Zahnabnutzung ↓, Fellfressen (Trichobezoare), Verdauungsstörungen	Kan, Mschw
Rüben (Kartoffeln)	ungenügende Zerkleinerung, vorzerkleinerte Rüben u. Ä.	Schlundverstopfung, insbesondere durch gröbere Stücke von Rüben	Pfd, Wdk, Schw
Trockenschnitzel	Verzicht auf Einweichen	Schlundverstopfung[2], insbes. durch Pellets, evtl. auch andere quellende FM	Pfd
Getreide und andere Kraft-FM	zu intensive Vermahlung, insbesondere in Hammermühlen	Staubentwicklung[3] ↑, Akzeptanz ↓, Magenulcera, Drüsenmagendilatation beim Geflügel, rascher ruminaler Abbau → Pansen-pH ↓, Pansenacidose	Alle Schw, Pfd, Wdk
Futterfette	zu große Fetttröpfchen von Fetten in MAT-Tränke	geringe Fettverdaulichkeit, Fettflotation	Jungtiere div. Spezies
Futterkalk	zu feine bzw. zu grobe Vermahlung	sehr fein/staubig: Akzeptanz ↓, sehr grob: Entmischung ↑, protahierte Ca-Freisetzung	Legehennen

[1] Kann auch die gesamte Ration betreffen, z. B. die TMR ("Vermusung"); [2] Nicht nur Trockenschnitzel, auch Trester, Grünmehle u. Kleien evtl. schnell und stark quellend → ähnliche Risiken; [3] Betrifft evtl. nachteilig die Gesundheit des Atmungstraktes von Tier und Mensch.

Tab. III.6.3: **Risiken einer unzureichenden oder zu starken Erhitzung von Futtermitteln**

Problem	Futtermittel	Tierart
zu starke Erhitzung		
Vernetzungen zwischen AS → VQ_{Rp} ↓, Leistung ↓, Verdauungsstörungen	FM tierischer Herkunft, evtl. Trockenschlempen	Monogastrier
Bildung von Maillard-Produkten, VQ ↓	MF (v. a. MAT)	alle Spezies
ggf. bei Pelletierung → Peripherie verkohlt	MF in pelletierter Form	alle Spezies
feuchte Einlagerung von Heu/Bereitung von Anwelksilage → VQ_{Rp} ↓ (Maillard-Reaktion)	Grünfutterkonserven Röstgeruch? Verkohlung?	Herbivore
Inaktivierung thermolabiler Zusätze	MF für diverse Spezies	alle Spezies

Problem	Futtermittel	Tierart
zu geringe Erhitzung[1]		
Übertragung von Infektionserregern	FM tierischer Herkunft (MF für Gfl: Salm ↓)	alle Spezies
Inaktivierung von Trypsininhibitoren ↓, VQ_{Rp} ↓, Akzeptanz ↓ durch Bitterstoffe	Sojaextraktionsschrot	alle Spezies
Inaktivierung von Glucosinolaten ↓ oder Phasin	Rapsprodukte, Phaseolus-Bohnen (Gartenbohne)	alle Spezies
Stärkeaufschluss ↓ → praecaecale VQ ↓	Kartoffel, Mais, Maniok	Monogastrier

[1] Ungenügende Erhitzung kann auch andere ANF betreffen, wie z. B. Lectine in anderen Leguminosen.

Tab. III.6.4: **Fehler in der MF-Herstellung und -Zuteilung**

Vorgang	Problem(ursache) und Folgen
MF-Herstellung	
Feuchtegehalt zu hoch	Verzicht auf „Nachtrocknung" → Kondenswasser im Silo, Verklumpung, Verderb → Futter/Tier/LM-Sicherheit
Dosierungsfehler/Fehlmischung	je nach Art des betroffenen Nähr- bzw. Zusatzstoffes sehr unterschiedliche Effekte, bis hin zu Intoxikationen/Tod
mangelnde Vermischung bzw. Entmischung	technische Funktionsmängel bzw. Effekt differierender Korngrößen und spezifischen Gewichts → phasen-/buchtenweise Nährstoffüber- und -unterversorgung
Verschleppung (unbeabsichtigte Exposition/ Aufnahme eines Stoffes durch Tiere)	Reste aus einem früheren Mischvorgang werden in Folgemischungen eingetragen → je nach Art der verschleppten Substanz unterschiedliche Effekte, evtl. Rückstände in LM
MF-Transport	
zum tierhaltenden Betrieb	Kontamination durch Restmengen vorher transportierter Güter in Fahrzeugen/Entmischung[1], Effekte s. o.
auf dem tierhaltenden Betrieb	Kontamination/Entmischung[1] (Mischer, Lager, Transportstrecken), Effekte s. o.
MF-Zuteilung	
Menge (insgesamt)	zu große/zu geringe Mengen infolge Fehleinschätzung, Massen bzw. Volumina an Dosiereinrichtung kontrollieren; ungünstige Tier:Fressplatz-Relation
Menge pro Zeiteinheit (Tag/Mahlzeit/Zuteilung)	Verträglichkeit leicht verfügbarer Kohlenhydrate bei Wdk ↓, Magenüberladung bei Pfd, Magendrehung Hd (?)
MF-Verwechslung („Umwidmung")	Einsatz eines MF, das für eine andere Tierart/Nutzungsgruppe bestimmt war → Effekte bis hin zu Intoxikationen

[1] Besonders bei pneumatischer Förderung, aber auch anderer Fördertechnik von schrotförmigen MF über weite Distanzen.

7 Unerwünschte Stoffe und Höchstwerte

Nach ihrer Definition **(Richtlinie 2002/32 EG)** sind damit „Stoffe oder Erzeugnisse – ausgenommen Krankheitserreger – gemeint, die in oder auf FM vorhanden sind und eine Gefahr für die Gesundheit von Mensch, Tier oder Umwelt darstellen oder auch die tierische Erzeugung beeinträchtigen können." Da die unerwünschten Stoffe aber nie gänzlich zu vermeiden sind (sonst könnte man sie verbieten), werden diese über Höchstgehalte geregelt, die sich dann grundsätzlich auf ein FM mit 88 % TS beziehen.

Das Spektrum der mit Höchstgehalten geregelten unerwünschten Stoffe hat sich in den letzten Jahrzehnten erweitert: Neben den auch schon früher hier gelisteten Stoffen (wie z. B. Schwermetalle etc.) sind heute auch „verschleppte Substanzen" (z. B. Antikokzidia) in diesem Kontext geregelt. Andere „Mittelrückstände" (z. B. aus einem Pestizideinsatz herrührend) sind mit einer eigenen Verordnung (EG-VO 396/2005) geregelt, und zwar sowohl für LM als auch FM. Die **Höchstgehalte** für die sehr unterschiedlichen unerwünschten Stoffe finden sich in dem **Anhang I** bzw. die **Aktionsgrenzwerte** in **Anhang II** der o. g. Richtlinie:

Anhang I (Höchstgehalte):

Abschnitt 1: Anorganische Verunreinigungen und N-Verbindungen
Abschnitt 2: Mykotoxine (bislang nur Aflatoxin und Mutterkorn)
Abschnitt 3: Pflanzeneigene Toxine (z. B. Gossypol)
Abschnitt 4: Organische Chlor-Verbindungen (ausgenommen Dioxine/PCB)

Abschnitt 5: Dioxine und PCB (polychlorierte Biphenyle)
Abschnitt 6: Schädliche botanische Verunreinigungen (z. B. Datura)
Abschnitt 7: Verschleppte FM-Zusatzstoffe (bislang nur Kokzidiostatika)

Falls die Höchstgehalte überschritten werden, sind Untersuchungen durchzuführen, um die Ursachen für das Vorhandensein unerwünschter Stoffe zu ermitteln. Derartige Untersuchungen können evtl. aber auch schon bei niedrigeren Belastungen („Aktionsgrenzwert") erforderlich werden, wenn nämlich ein „unerwünschter Stoff" in dem Anhang II geführt wird (bislang nur für Dioxine und dl-PCB). Im Art. 5 der 2002/32 ist auch das sogenannte „Verschneidungsverbot" verankert.

Anhang II (Aktionsgrenzwerte):

Abschnitt: Aktionsgrenzwerte für Dioxine und dl-PCB

Im Zusammenhang mit „unerwünschten Stoffen" verdienen zwei besondere Verpflichtungen Erwähnung: Zum einen sind es die sogenannten „Eigenkontrollen", sowie zum anderen die Mitteilungs- und Übermittlungspflicht (speziell in einer Verordnung vom 28.12.2012 geregelt), die wiederum im Besonderen die Dioxine und PCB betreffen.

In **Tabelle III.7.1** werden für die unerwünschten Stoffe alphabetisch und beispielhaft verbindliche Höchstgehalte genannt (Angaben in mg/kg Futter bzw. bei Dioxin in ng TEQ/kg Futter); grundsätzlich auf 88 % TS bezogen. Höchstgehalte in AF entsprechen bei Pfd und Wdk der Ration (Summe aller tgl. angebotenen Komponenten).

Tab. III.7.1: **Höchstgehalte unerwünschter Stoffe (Beispiele; Angaben in mg/kg Futter; bei Dioxin in ng TEQ/kg Futter)**

Aflatoxin B₁

Milchleistungsfutter (Rd, Schf, Zg)	0,005
Schw und Gefl	0,02
Wdk (außer lakt.)	0,02
Sonstige Allein-FM	0,01

Aldrin, Dieldrin

Alle FM (außer Fette u. Öle)	0,01
Fette und Öle	0,1

Arsen

Allein-FM für Heimtiere auf der Basis von Fisch u. Ä.	10
Andere Allein-FM	2

Blausäure

Küken	10
Andere Tierarten	50
Leinsamen	250

Blei

Allein-FM	5
Ergänzungs-FM	10
Mineralfutter	15
Grünfuttermittel	30

Cadmium

Rd, Schf, Zg	1
Sonstige	0,5
Einzel-FM tier. Herkunft	2
Einzel-FM pfl. Herkunft	1

Camphechlor (Toxaphen)

Allein-FM für Fische	0,05

Crotalaria spp.

Alle FM	100

DDT, DDE, DDD

Alle FM (außer Fette u. Öle)	0,05
Fette und Öle der PCDD	0,5

Dioxin

Einzel-FM pflanzl. Herkunft sowie MF für Nutztiere (außer Fische)	0,75[1]

Endosulfan

AF für Fische	0,005
Ölsaaten	0,5
Maiskörner/-produkte	0,2
Andere FM	0,1

Endrin

Alle FM (außer Fette u. Öle)	0,01
Fette und Öle	0,05

Fluor

Küken	250
Sonst. Gefl	350
Lakt. Wdk	30
Andere Wdk	50
Schw	100
Andere Tierarten	150

Gossypol, freies

AF f. Legehennen	20
Anderes Gefl und Kälber	100
Rd	500
Ferkel	20
Andere Schw, Kaninchen	60
Andere Tierarten	20

Heptachlor, Heptachlorepoxid

Alle FM (außer Fette u. Öle)	0,01
Fette und Öle	0,2

Hexachlorbenzol (HCB)

Alle FM (außer Fette u. Öle	0,01
Fette und Öle	0,2

Hexachlorcyclohexan, alle FM

α-Isomer	0,02[2]	0,2[3]
β-Isomer (für Milchvieh 0,005)	0,01[2]	0,1[3]
γ-Isomer	0,20[2]	2,0[3]

Melamin

Heimtierfutter	2,5
Mutterkorn (Getreide)	1000

Nitrit

Fischmehl	30
AF	15

PCB, nicht dioxinähnliche	
Einzel-FM pflanzl. Ursprungs	10
MF für Nutztiere	10
MF für Fische/Heimtiere	40

Quecksilber	
Hd und Ktz	0,3
Andere Tierarten	0,1

Senföl (Allylisothiocyanat)	
AF für Ferkel, Kälber, Schf- und Zg-Lämmer	150
AF für andere Wdk	1000
Schw und Gefl	500
Rapskuchen, -extraktionsschrot	4000

Theobromin	
Diverse Spezies	300
Andere Tierarten	300
Hd, Ktz	50

Unkrautsamen und Früchte, die Alkaloide, Glykoside und andere giftige Stoffe enthalten	
Alle FM	3000
darunter *Datura stramonium*	1000

Samen von Ambrosia	
FM-Ausgangserzeugnis	50
Hirsen	200
MF	50

Vinylthiooxazolidon	
Legehennen	500
sonst. Gefl	1000

[1] Höchstwerte gibt es für die Dioxine (allein) und die Summe der Dioxine und dl-PCB (zusammen) sowie für die non-dl-PCB (für sich allein); es gibt also keine Höchstwerte für die dl-PCB (für sich allein)! Angaben in ng Toxizitätsäquivalenten (TEQ der PCDD und PCDF); das 2, 3, 7, 8 Tetrachlordibenzo-p-dioxin (= „Seveso-Gift") hat den Wert 1, die anderen Dioxine sind mit relativen Toxizitätswerten belegt. Konzentration rel. Toxizität ergibt ng TEQ; werden die dioxinähnlichen PCB miterfasst, so beträgt der Höchstwert 1,25 ng. Für Dioxine und dl-PCB wurden folgende Aktionsgrenzwerte eingeführt: für Dioxine allein = 0,5; für dl-PCB (allein) = 0,35.

[2] AF ist bei Wdk und Pfd mit der Gesamtration gleichzusetzen.

[3] Fette und Öle.

Literatur

BAUER J, MEYER K (2006): *Stoffwechselprodukte von Pilzen in Silagen: Einflüsse auf die Gesundheit von Nutztieren.* Übers Tierernährg 34: 27–55.

BETSCHER S, CALLIES A, KAMPHUES J (2010): *Auswirkungen der Futterstruktur (Vermahlungsgrad, Konfektionierung) auf morphologische und immunologische Parameter im Magen-Darm-Trakt von Schwein und Geflügel.* Übers Tierernährg 38: 123–157.

BLAUT M (2014): *Host – microbiota interactions in the digestive tract.* Proc Soc Nutr Physiol 23: 19–25.

BÖHM J (2000): *Fusarientoxine und ihre Bedeutung in der Tierernährung.* Übers Tierernährg 28: 95–132.

DIAZ D (2005): *The mykotoxin blue book.* Nottingham University Press, Nottingham.

DUCATELL R (2013): *Recent findings on nutritional strategies for the control of necrotic enteritis.* Proc 19. ESPN Potsdam, 26.–29.08.2013.

FLACHOWSKY G (2006): *Möglichkeiten der Dekontamination von „Unerwünschten Stoffen nach Anlage 5 der Futtermittelverordnung".* Landbauforschung Völkenrode, Sonderheft 294.

FREEMAN DE (2000): *Duodenitis – proximal jejunitis.* Equine Vet Education 12: 322–332.

GROPP J (Hrsg.) (1994): *Grenzwerte für umweltrelevante Spurenstoffe.* Übers Tierernährg 22: 5–241.

GUDE K, TAUBE V, BRUNS-WELLER E, SEVERIN K, SCHULZ AJ, KAMPHUES J (2008): *Dioxine und dl PCB als Futtermittelkontaminanten und ihre Bedeutung für die Lebensmittelsicherheit.* Übers Tierernährg 36: 93–144.

GUPTA RC (2007): *Veterinary Toxicology – Basic and Clinical Principles.* Elsevier.

KAMPHUES J (1994): *Futterzusatzstoffe – auch aus klinischer Sicht für den Tierarzt von Interesse.* Wien. Tierärztl Mschr 81: 86–92.

KAMPHUES J (2004): *Anforderungen an die Qualität betriebseigener Einzel- und Mischfuttermittel.* Schriftenreihe der Akademie für Tiergesundheit, Bd. 9 zur Seminarveranstaltung „Zur Sicherheit von Lebensmitteln tierischen Ursprungs", 155–174.

KAMPHUES J, REICHMUTH C (2000): *Vorratsschädlinge in Futtermitteln*. Potenzielle Schadorganismen und Stoffe in Futtermitteln sowie in tierischen Fäkalien. Sachstandsbericht, Mitteilung 4, DFG, Wiley-VCH, Weinheim, 238–284.

KAMPHUES J, SCHULZ AJ (2006): *Dioxine: Wirtschaftseigenes Risikomanagement – Möglichkeiten und Grenzen*. Dtsch tierärztl Wschr 113: 298–303.

KAMPHUES J (2007): *Futtermittelhygiene: Charakterisierung, Einflüsse und Bedeutung*. Landbauforschung Völkenrode, Sonderheft 306: 41–55.

KAMPHUES J (2013): *Feed hygiene and related disorders in horses*. In: Geor R, Harris PA, Coenen M, Equine applied and clinical nutrition, Saunders/Elsevier, 367–380.

KLUTH H (2011): *Beziehungen zwischen der Futterpartikelgröße und der Nährstoffverdaulichkeit beim Geflügel*. Übers Tierernährg 39: 47–66.

LEWIS LD (1995): *Equine clinical nutrition: Feeding and care*. Williams & Wilkins, USA.

LIENER IE (1969): *Toxic constituents of plant foodstuffs*. Acad. Press, New York – London.

MAINKA S, DÄNICKE S, COENEN M (2003): *Zum Einfluss von Mutterkorn im Futter auf Gesundheit und Leistung von Schwein und Huhn*. Übers Tierernährg 31: 121–168.

N. N. (2013): *Das geltende Futtermittelrecht 2013, Band FE: Futtermittel und Zusatzstoffe; 25*. Aufl., Allround Media, Rheinbach.

N. N. (2013): *Das geltende Futtermittelrecht 2013, Band FU: Unerwünschte Stoffe in Futtermitteln. 2*. Aufl., Allround Media, Rheinbach.

PAPE HC (2006): *Futtermittelzusatzstoffe – Technologie und Anwendung*. Agrimedia GmbH, Bergen-Dumme.

SAVELKOUL HFJ (2013): *Epigenetics, nutrition, and immunity*. Proc 17. ESVCN Cong, Ghent, 19.–21.09.2013, Belgium.

SCHUH M, SCHWEIGHARDT H (1981): *Ochratoxin A – ein nephrotoxisch wirkendes Mykotoxin*. Übers Tierernährg 9: 33–70.

SPIEKERS H, ETTLE T, PREISSINGER W, PRIES M (2009): *Häcksellänge und Strukturwert von Maissilage*. Übers Tierernährg 37: 91–102.

TASCHUK R, GRIEBEL PJ (2012): *Commensal microbiome effects on mucosal immune system development in the ruminant gastrointestinal tract*. Animal Healt Research Reviews 13: 129–141.

VAN DE WIELE T (2013): *The mucosal gut microbiome and its role in health and disease*. Proc 17. ESVCN Cong., Ghent 19.–21.09.2013, Belgium.

VISSCHER C (2013): *Energie- und Nährstoffkosten von Infektionen von Nutztieren sowie ihre Berücksichtigung in der Fütterung bzw. Diätetik*. Übers Tierernährg 41: 101–156.

WIESNER E (1970): *Ernährungsschäden der landwirtschaftlichen Nutztiere, 2*. Aufl., VEB G. Fischer Verlag, Jena.

WOLF P (1996): *Giftpflanzen im Rinderfutter*. Übers Tierernährg 24: 102–110.

WOLF P, KAMPHUES J (2001): *Vergiftungen beim Pferd*. Übers Tierernährg 29: 188–196.

WIEST R, RATH H (2003): *Bacterial translocation in the gut*. Best Practical & Research Clin Gastroenterology 17: 397–425.

WOLF P, ARLINGHAUS M, KAMPHUES J, SAUER N, MOSENTHIN R (2012): *Einfluss der Partikelgröße im Futter auf die Nährstoffverdaulichkeit und Leistung beim Schwein*. Übers Tierernährg 40: 21–64.

ZEBELI Q, ASCHENBACH JR, TAFAJ M, BOGUHN J, AMETAJ BN, DROCHNER W (2012): *Role of physically effective fibre and estimation of dietary fibre adequacy in high producing dairy cattle*. J Dairy Sci 95: doi:10.3168/jds.2011-4421.

ZEBELI Q, TAFAJ M, METZLER B, STEINGASS H, DROCHNER W (2006): *Neue Aspekte zum Einfluss der Qualität der Faserschicht auf die Digestakinetik im Pansen der Hochleistungsmilchkuh*. Übers Tierernährg 34: 165–196.

7

IV Beurteilung von Futtermitteln

❗ Die Untersuchung von FM mittels sensorischer Prüfung soll Informationen liefern zum
- Futterwert (und evtl. botanischer Zusammensetzung),
- Hygienestatus (inkl. Kontaminationen) bzw. Konservierungserfolg. ✦

Im Wesentlichen geht es um Beurteilungsmethoden, die auch in der tierärztlichen Praxis – teils an Ort und Stelle – unter Verwendung einiger technischer Hilfsmittel vorgenommen werden können. Diese erste Inaugenscheinnahme erstreckt sich dabei u. a.
- auf die Bedingungen bei der Lagerung und Entnahme von FM aus dem Vorrat (z. B. am Anschnitt einer Silage; Standort, Art und Zustand des FM-Silos),
- auf das angebotene/verfügbare/vorgelegte Futter (Zustand der Weide, Füllung der Tröge, Futterreste im Trog, Aufnahme des Futters durch die Tiere etc.),
- auf die Deklaration verwendeter Einzel- und Misch-FM (seine/ihre konkrete Bezeichnung, evtl. Fütterungshinweise),
- das Futter selbst bzw. die Ration insgesamt, wobei – je nach Anlass – der Fokus entweder stärker auf den Futterwert oder auch auf den Hygienestatus gerichtet sein kann.

Der große Vorteil dieser ersten Beurteilung von FM vor Ort liegt in der Ermöglichung **gezielter** Probenentnahmen für weiterführende Untersuchungen. Bei einer Einsendung entnommener Proben sind diese Informationen (z. B. Deklarationen) für die Untersuchungseinrichtungen nicht zuletzt eine Voraussetzung für eine schnelle, sachdienliche und zielführende Bearbeitung, d. h. auch für die Vermeidung unnötiger Analysenkosten. Für apparativ aufwendigere Untersuchungen empfiehlt sich die Einsendung von FM an spezielle Institute. Hierbei sind gemäß EG-VO 152/2009 (Probenahmeverfahren und Analysenmethoden für die amtliche Untersuchung von FM) die Grundsätze zur Probenentnahme (s. Kap. I.2.1) zu beachten.

1 Grünfutter, Heu und Silagen

1.1 Allgemeines zum Futterwert

Bei der Beurteilung von Grünfutter als Aufwuchs auf dem Grünland sowie auf dem Acker interessieren grundsätzlich die Art(en) der Pflanzen und das Vegetationsstadium, das beispielsweise wie in der **Abbildung IV.1.1** dargestellt, näher charakterisiert werden kann. Der Standort (Acker/Grünland) und die Art der Grünfutterernte bestimmen in erheblichem Maße die mögliche Kontamination mit Erde/ Sand, aber auch die Vielfalt der Pflanzenarten (inklusive einer Belastung mit Giftpflanzen). Die mögliche Nitrat-Belastung von Grünfutter ist insbesondere in Abhängigkeit von der N-Düngung variabel, die u. a. schon am äußeren Bild eines Pflanzenbestandes erkennbar ist (dunkelgrünes Blatt u. Ä.).

Der Futterwert von Grünfutterkonserven ist im Wesentlichen von der botanischen Zusammensetzung des Aufwuchses (s. Kap. II.2), vom Vegetationsstadium und TS-Gehalt (Silagen) abhängig (**Tab. IV.1.1**). Diese Faktoren sind deshalb besonders zu berücksichtigen.

1.2 Schätzung des TS-Gehaltes in Silagen

Für die Einschätzung des Futterwertes in der ursprünglichen Substanz ist vor allem die Beurteilung des TS-Gehaltes in Silagen notwendig. Eine erste Einschätzung kann hier bereits vor Ort (z. B. am Silo) vorgenommen werden. Hierzu wird die gehäckselte Silage zwischen den Händen zu einem Ball geformt und intensiv gepresst (bei feuchter Silage) bzw. lang strukturiertes Gut zu einem Strang geformt und ausgewrungen (bei TS-Gehalten ab 30 %; **Tab. IV.1.2**).

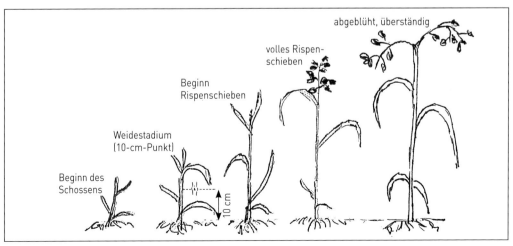

Abb. IV.1.1: Die Entwicklung von Gräsern mit den Termini zur Charakterisierung des Vegetationsstadiums (nach AGFF 2000).

Tab. IV.1.1: **Einfluss des Vegetationsstadiums auf den Rfa- und Rp-Gehalt in Heu und Silagen**

Aufwuchs	Vegetationsstadium	Rfa (% der TS)	Rp (% der TS)	
			Silage	Heu
1. Schnitt (ca. Ende April bis Mitte Mai)	vor Ähren-/Rispenschieben	<22	≥18	≥15
	im Ähren-/Rispenschieben	22–25	16	13
	Mitte der Blüte	26–28	15	10
	nach der Blüte	>29	10–16	8–12
	Wochen nach vorheriger Nutzung			
2. und folgende Schnitte (Mai–Juli)	<4	<23	17	16
	4–6	23–27	16	14
	>6	>28	14	12

Tab. IV.1.2: **Schätzung des TS-Gehaltes in Silagen (Angaben: % TS in der uS)**

<20	Handinnenflächen tropfnass bzw. bei leichtem Druck auf das Siliergut fließt Saft ab
20–25	Handinnenfläche feucht, bei kräftigem Druck ist Pflanzensaft abzupressen
25–30	aus dem geformten Ball kein Pflanzensaft abzupressen, nur bei Wringen tritt Saft aus
30–35	bei Wringen werden die Handflächen nur leicht feucht
35–45	auch bei kräftigem Druck bleiben Handflächen trocken
>50	Material gewinnt heuähnlichen Charakter, sperrig – hart – klamm im Griff

Genauere Werte liefert eine **Trocknung** im Mikrowellenofen u. Ä.: Material in dünner Schicht bei ca. 80 °C bis zur Gewichtskonstanz trocknen; Gewichtsverlust = Wasserverlust, Material hat dann evtl. noch einen geringen Restfeuchtegehalt von ca. 5 % Wasser.

1.3 Einfluss von TS- und Ra-Gehalt auf den Futterwert

Maissilage: Futterwert der Maissilage ist (bei mittlerem Kolbenanteil) relativ sicher anhand des TS-Gehaltes zu schätzen.

Formel für Wdk:

TS (% der uS) x 0,105	= MJ ME/kg uS
MJ ME x 0,607	= MJ NEL/kg uS

Rübenblattsilage: Futterwert entscheidend vom Ra-Gehalt (im Wesentlichen Sand ≙ HCl-unlösliche Asche) abhängig (**Tab. IV.1.3**).

Tab. IV.1.3: **Ra-Gehalte in Rübenblattsilage**

Zustand	Ra (% der TS)	MJ ME[1]/ kg TS	MJ NEL/ kg TS
sauber	max. 20	9,70	5,90
verschmutzt	>20	8,50	5,10

[1] Wdk

Zwischenfrüchte bzw. -silage: Futterwert wesentlich beeinflusst durch TS-Gehalt, Grad der Verunreinigung, Erntezeitpunkt (Rfa-Gehalt) und botanische Zusammensetzung (Blatt-/Stängelrelation, Anteil des Rübenkörpers in der Silage bei Stoppelrüben mit Blatt).

Rüben, Kartoffeln: Futterwert im Wesentlichen abhängig vom TS-Gehalt (s. **Tab. II.4.1**) und Ra-Gehalt (je nach Art des Bodens/Erntetechnik und Witterung sehr variabel!).

1.4 Sensorische Prüfung von Heu

Die sensorische Prüfung von Heu (**Tab. IV.1.4**) erstreckt sich zunächst auf das den Tieren angebotene Futter, aber eben auch auf das im Vorrat befindliche Gut (in loser Form, Klein-/Großballen), bei vielfältigen Möglichkeiten seiner Lagerung vor der Nutzung (Heuboden, Heuturm etc.). Für eine intensivere Untersuchung ist das Öffnen von Ballen und die Inaugenscheinnahme des „Inneren" derartig verpressten Materials eine zwingende Voraussetzung. Ein Auflockern/ Aufschütteln stark verdichteten Heus lässt beispielsweise sehr schnell einen besonders „staubigen" Charakter des Heus (ähnlich auch beim Stroh!) erkennen. Auch andere Verunreinigungen (Erde, Pflanzenwurzeln, getrocknete Kotanteile etc.) werden so schnell auffällig.

Beurteilung
Siehe **Tabelle IV.1.5**.

Tab. IV.1.5: **Beurteilung von Futterwert und Hygienestatus von Heu**

Futterwert	Pkt	Hygienestatus	Pkt
sehr gut bis gut	20–16	einwandfrei	0
befriedigend	15–10	leichte Mängel[1]	–1 bis –5
mäßig	9–5	deutliche Mängel[2]	–6 bis –10
sehr gering (ähnl. Stroh)	4–0	massive Mängel[3]	–11 bis –40

[1] Besondere Vorsicht geboten hinsichtlich Lagerfähigkeit;
[2] Zu empfehlen: mikrobiologische, insbesondere mykologische Untersuchung;
[3] Hohes Gesundheitsrisiko, deshalb nicht mehr als FM zu verwenden.

Tab. IV.1.4: **Sensorische Prüfung von Heu auf Futterwert und Hygienestatus**

Parameter	Futterwert (Energie-, Eiweißgehalt, Akzeptanz)	Pkt[1]	Hygienestatus (bzw. gesundheitliche Risiken)	Pkt[1]
Griff	weich, blattreich (kaum Blütenstände)	10	trocken	0
	blattärmer	7	leicht klamm (nesterweise)	–2
	sehr blattarm	5	klamm-feucht	–5
	stengelreich (viele Blütenstände),	2		
	strohig hart (überw. abgeblüht)	0		
Geruch	angenehm aromatisch	3	ohne Fremdgeruch	0
	leichter Heugeruch	1	dumpf-muffige Nuancen	–5
	flach	0	schimmelig (-faulig)	–10
Farbe	kräftig grün	5	produkttypisch	0
	leicht ausgeblichen	3	nesterweise grau-weiß	–2
	stark ausgeblichen	1	diffus verfärbt	–5
Verun-reinigungen[2]	makroskopisch frei	2	Besatz[3] mit Schimmel, Käfern, Milben u. a.	
	geringe Sand-/Erdbeimengungen	1		
	höherer Sand-Erd-Anteil (Grasnarbe, Wurzelmasse u. Ä.)	0	– frei	0
			– mittelgradig	–5
			– stark	–10
	Hinweis: evtl. Bewertung des Anteils von Pflanzen mit geringem Futterwert (Disteln/ Honiggras)		Besatz mit Giftpflanzen (je nach Art und Masse)	–5 bis –10

[1] Bei den verschiedenen Parametern können in Abhängigkeit vom Befund auch Zwischenpunktzahlen vergeben werden;
[2] Durch Ausschütteln von „feineren Anteilen" zu erkennen, dabei auf „Staubentwicklung" achten; [3] Feinere Anteile sind der Lupenbetrachtung zu unterziehen (bei leichtem Schimmelbesatz: filzartige Beläge besonders auf den Nodien).

1.5   Bewertung von Silagen

Bei der auch schon vor Ort möglichen **sensorischen Prüfung** von Silagen sind Aussagen zum Futterwert und zum Hygienestatus das primäre Ziel. Geht es aber um eine objektivere, labormäßige Überprüfung des Siliererfolges, d. h. um quantitative Aussagen zu dem Ergebnis des Silierprozesses an sich (erreichter pH-Wert in Relation zum TS-Gehalt; Art und Umfang der Säuren-Bildung; proteolytische Umsetzungen), so können Silagen einer besonderen **chemischen Analyse** unterzogen werden. Dabei geht

es also primär nicht um den Futterwert – oder gar den Hygienestatus – sondern um die Frage, ob eine entsprechende Konservierung erreicht wurde.

Vor diesem Hintergrund soll – wegen des geringeren Aufwandes und der auch vor Ort überall möglichen Vorgehensweise zunächst die sensorische Prüfung vorgestellt werden und erst danach die chemische Überprüfung des Siliererfolges.

1.5.1   Sensorische Prüfung

Siehe **Tabelle IV.1.6**.

Tab. IV.1.6: Beurteilung von Futterwert und Hygienestatus von Silagen mittels sensorischer Prüfung

Para-meter	Futterwert (Energie-, Eiweißgehalt, Akzeptanz)	Pkt[1]	Hygienestatus (bzw. gesundheitliche Risiken)	Pkt[1]
Geruch	angenehm säuerlich-aromatisch bis brotartig-fruchtig	17	leicht hefige-stockige Nuancen[3]	– 2
	Spuren von Buttersäure[2] – stechend sauer – evtl. angenehmer Röstgeruch	12	deutlich hefige-alkoholische Qualitäten	– 4
	mäßiger Buttersäuregeruch, evtl. intensiver Röstgeruch	6	leicht schimmelig-muffig	– 6
	starker Buttersäuregeruch, ammoniakalische Nuancen	2	Schimmel-, Rotte- oder Fäkalgeruch, fauliger Geruch	– 10
Griff (s. Kap. IV.1.2)	TS-Gehalt – produkttypisch-günstig – produkttypisch-ungünstig[4]	6 2	leichte bis deutliche Erwärmung[3] (Nachgärung?)	– 2 bis – 4
			leichter bis starker Strukturverlust[5] (schleimige Beläge)	– 2 bis – 10
	Sand-/Erdbeimengungen – frei bis gering – durchschnittlich	3 0	überdurchschnittliche Erd-/Sandkontamination	– 2 bis – 6
Farbe	produkttypisch[6] leichte Abweichungen (aufgehellt bzw. gedunkelt) entfärbt, evtl. „giftig" grün	2 1 0	weiße, graue, grünliche, schwärzliche Farbabweichungen z. B. Schimmelbeläge – vereinzelt, nesterweise – häufig	 – 4 – 10
Verun-reini-gungen	frei bzw. in nur geringem Maße Unkräuter wie Melde u. Ä. in Grünfutter vom Acker	2/1	höhere Anteile von „Abraum", gift. Unkräutern[7], durch Krankheit veränderte Pflanzenteile[8]	– 2 bis – 10

[1] Auch Zwischenpunkte sind möglich.
[2] Beim Reiben zwischen den Fingern erkennbar.
[3] Häufig bei Zwischenlagerung im Stall.
[4] Sehr feuchte Silagen: erhöhter Nährstoffverlust mit Sickerwasser; übermäßig trockene Silagen: häufig mangelhafte aerobe Stabilität, Disposition für Nachgärungen.
[5] Strukturverlust: infolge mikrobieller Umsetzungen schleimige Konsistenz, unabhängig von Häcksellänge.
[6] Farbe durch Blatt-/Korn-Anteil, durch Vegetationsstadium beeinflusst.
[7] z. B. Bingelkraut, Nachtschatten.
[8] z. B. Maisbeulenbrand, Weizensteinbrand (in GPS!).

Beurteilung
Siehe **Tabelle IV.1.7**.

Tab. IV.1.7: **Beurteilung von Futterwert von Silagen**

Futterwert	Pkt	Hygienestatus	Pkt
sehr gut bis gut	30–26	einwandfrei	0
befriedigend	25–20	leichte Mängel[1]	bis –5
mäßig	19–16	deutliche Mängel[2]	–6 bis –10
gering	≤ 15	massive Mängel[3]	–11 bis –46

[1] Besondere Vorsicht geboten hinsichtlich Lagerfähigkeit.
[2] Zu empfehlen: mikrobiologische, insbesondere mykologische Untersuchung.
[3] Hohes Gesundheitsrisiko, deshalb nicht mehr als FM zu verwenden.

1.5.2 Chemische Prüfung
Zu einer umfassenden Qualitätseinstufung gehört neben der Sensorik auch die chemische Überprüfung des Siliererfolges.

Bewertung von Silagen:
sensorische + chemische Beurteilung!

Bereits die Bestimmung des TS-Gehaltes sowie des pH-Wertes erlaubt eine erste Einschätzung des Siliererfolgs, d. h. der erreichten Durchsäuerung und Konservierung bzw. der Stabilität der Silage. Dabei gilt die Forderung, dass eine feuchte bzw. nasse Silage tiefe pH-Werte haben muss bzw. trockenere Silagen auch höhere pH-Werte haben dürfen, um trotz Zutritts von Sauerstoff noch eine gewisse Zeit haltbar zu sein (**Abb. IV.1.2**).

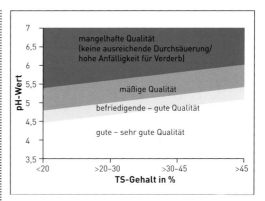

Abb. IV.1.2: Beurteilung des Siliererfolges/Gärprozesses anhand von pH-Wert und TS-Gehalt in Silagen („kritischer pH-Wert").

Merke: Auch eine im Futterwert günstige Silage kann eine zu geringe Säurebildung/zu hohe pH-Werte zeigen und deshalb wenig stabil oder anfällig für den Verderb sein, während eine viel zu spät geerntete Grassilage bei niedrigem Futterwert gut konserviert sein kann.

Noch genauere Informationen zum Gärprozess bieten die Gehalte an Butter- und Essigsäure in der Silage, wobei – zunächst überraschend – die Milchsäure, das eigentliche angestrebte Agens, gar nicht näher berücksichtigt wird (**Tab. IV.1.8**). Dies ist jedoch verständlich, zumal ja der pH-Wert bestimmt wird (tiefe pH-Werte ohne nennenswerte Essig- und Buttersäuregehalte können nur Milchsäure-bedingt sein). Die ES-, PS- und BS-Gehalte erlauben insbesondere Rückschlüsse auf die an der Gärung beteiligten Mikroorganismengruppen (s. BS = Indikator für Clostridien!). Dabei ist ein gewisser Essigsäuregehalt im Hinblick auf die Stabilität der Silage durchaus wünschenswert, während höhere Gehalte (> 3,5 % i. TS) zu Einbußen in der Akzeptanz des Futters führen.

Aufgrund der Einschätzung möglicher proteolytischer Prozesse (s. auch Bestimmung des Reineiweißgehaltes, Kap. I.2.2.2) findet dieser Parameter im Folgenden weiterhin Berücksichtigung, auch wenn z. B. im DLG-Schlüssel auf die Bestimmung und Bewertung des NH_3-Gehaltes verzichtet wird.

Tab. IV.1.8: **Beurteilung des Siliererfolgs bzw. des Gärprozesses von/in Silagen anhand chemischer Untersuchungen (basierend auf Weissbach u. Honig, 1992)**

Beurteilung des Buttersäuregehaltes*	
Gehalt in % der TS (von – bis)	Punktzahl
0–0,3	50
>0,3–0,4	45
>0,4–0,5	40
>0,5–0,7	35
>0,7–1,0	30
>1,0–1,4	25
>1,4–1,9	20
>1,9–2,6	15
>2,6–3,6	10
>3,6–5,0	5
>5,0	0

* Buttersäuregehalt hier = Summe aus i- und n-Buttersäure, i- und n-Valeriansäure und n-Capronsäure

Beurteilung des Essigsäuregehaltes*	
Gehalt in % der TS	Punktzahl
<0,5	–20
0,5–<1,0	–15
1,0–<1,5	–10
1,5–<2,0	–5
2,0–3,5	**0**
>3,5–4,5	–5
>4,5–5,5	–10
>5,5–6,5	–15
>6,5–7,5	–20
>7,5–8,5	–25
>8,5	–30

* Essigsäuregehalt hier = Essigsäure plus Propionsäure

Beurteilung des Ammoniakgehaltes*	
NH_3-N-Anteil in % (von–bis)	Punktzahl
≤10	25
>10–14	20
>14–18	15
>18–22	10
>22–26	5
>26	0

* Ammoniak-N in % des Gesamt-N

Beurteilung des pH-Wertes in Silagen in Abhängigkeit vom TS-Gehalt (vgl. auch Abb. IV.1.2)

TS, %				Punkt-zahl
≤20	>20–30	>30–45	>45	
pH von – bis				
≤4,1	≤4,3	≤4,5	≤4,7	25
>4,1–4,3	>4,3–4,5	>4,5–4,7	>4,7–4,9	20
>4,3–4,5	>4,5–4,7	>4,7–4,9	>4,9–5,1	15
>4,5–4,6	>4,7–4,8	>4,9–5,0	>5,1–5,2	10
>4,6–4,7	>4,8–4,9	>5,0–5,1	>5,2–5,3	5
>4,7–4,8	>4,9–5,0	>5,1–5,2	>5,3–5,4	0
>4,8–5,0	>5,0–5,2	>5,2–5,4	>5,4–5,6	–5
>5,0–5,2	>5,2–5,4	>5,4–5,6	>5,6–5,8	–10
>5,2–5,4	>5,4–5,6	>5,6–5,8	>5,8–6,0	–15
>5,4–5,6	>5,6–5,8	>5,8–6,0	>6,0–6,2	–20
>5,6–5,8	>5,8–6,0	>6,0–6,2	>6,2–6,4	–25
>5,8	>6,0	>6,2	>6,4	–30

Bewertung[1]		
Gesamtpunktzahl (Summe 1. bis 4.)	Qualität des Gärprozesses/ Siliererfolgs[1]	
	Note	Urteil
91–100	1	sehr gut
71–90	2	gut
51–70	3	mittelmäßig
31–50	4	mäßig/schlecht
≤ 30	5	sehr schlecht

[1] Unter der Voraussetzung, dass keine sensorisch erkennbaren Mängel (s. Tab. IV.1.6) vorliegen.

2 Stroh

Eine nähere Beurteilung der Strohqualität mittels der Sensorik ist nicht nur bei „Futterstroh" angezeigt, sondern auch dann, wenn es nur zu Einstreuzwecken gebraucht wird. Von vielen Tieren wird – je nach verfügbaren anderen Raufuttermitteln – immer eine gewisse Menge der frischen Einstreu aufgenommen. Selbst wenn das Stroh dabei eine einwandfreie hygienische Qualität aufweist, so ist eine höhere unbegrenzte Aufnahme bei einigen Spezies evtl. sogar kritisch zu sehen (siehe Risiken für Obstipationskoliken bei fehlender Adaptation der Pferde; s. **Tab. VI.5.18**). Stroh von mangelhafter hygienischer Qualität – ob als FM oder als Einstreu – kann nicht zuletzt zu einer erheblichen Belastung des Atmungstraktes führen (Inhalation von „Staub", Milben[-kot], Pilzsporen, Endotoxinen), auf die empfindliche Tiere (insbesondere Pferde) evtl. mit respiratorischen, teils allergie-

ähnlichen Symptomen reagieren. Daneben verdient die mögliche Kontamination von Stroh mit Mykotoxinen (Fusarientoxine!) Erwähnung. Schließlich sind auch gesundheitliche Risiken für den Menschen gegeben, der beim Ein- und Nachstreuen oder Füttern entsprechend exponiert ist.

2.1 Sensorische Prüfung

Anhand der in **Tabelle IV.2.1** genannten Parameter ist sowohl eine Beurteilung des **Futterwertes** wie auch des **Hygienestatus** von Stroh bereits vor Ort möglich, bei Auffälligkeiten in der sensorischen Prüfung sind weiterführende Untersuchungen angezeigt (z. B. TS- und Ra-Gehalt oder mikrobiologische, botanische bzw. mykologische Parameter).

Tab. IV.2.1: **Sensorische Prüfung zur Beurteilung von Futterwert und Hygienestatus von Stroh**

Parameter	Futterwert (Energiegehalt und Akzeptanz)	Pkt[1]	Hygienestatus (→ gesundheitliche Risiken)	Pkt[1]
Griff	arttypisch (höherer Blattmasseanteil)	12	trocken-spröde	0
	sperrig (Stengelanteil ↑, Blattmasse ↓)	5	leicht klamm (nesterweise)	–2
	holzig-reisigartig	0	klamm-feucht, elastisch	–5
Geruch	typischer Strohgeruch[2]	3	frei von Fremdgeruch[2]	0
	flach, fad	2	leicht dumpf-muffige Nuancen	–5
	geruchlos	0	schimmelig-modrig	–10
Farbe	intensiv leuchtend – golden – hell	3	produkttypisch[2]	0
	leicht vergraut	1	schmutzig grau – braun – schwärzlich	–5
	stark verschmutzt	0	grau-weiße/rote Verfärbung	–10
Verunreinigungen	frei von Verunreinigungen (z. B. Stoppeln, Erde)	2	kein Besatz (frei von Schimmel, Käfern, Milben, Unkraut[3])	0
	leichte Sand-/Erdbeimengungen	1	mittlerer Besatz	–5
	stärkere Sand-/Erdbeimengungen	0	starker Besatz	–10

[1] Auch Zwischenpunkte sind möglich.
[2] NH₃-Konservierung: ammoniakalischer Geruch und dunkle Verfärbung sind typisch, Futterwert ↑.
[3] Botanische Zusammensetzung prüfen (Anteil und Art von Unkräutern, z. B. Vorkommen von Windhalm).

2.2   Beurteilung

Beurteilung siehe **Tabelle IV.2.2**.

Tab. IV.2.2: **Beurteilung des Futterwertes und Hygienestatus von Stroh**

Futterwert	Pkt	Hygienestatus	Pkt
günstig	15–20	einwandfrei	0
durchschnittlich	8–14	leichte Mängel[1]	–1 bis –5
deutlich gemindert	4–7	deutliche Mängel[2]	–6 bis –10
sehr gering	≤4	massive Mängel[3]	–11 bis –30

[1] Besondere Vorsicht geboten hinsichtlich Lagerfähigkeit.
[2] Zu empfehlen: mikrobiologische, insbesondere mykologische Untersuchung.
[3] Erhebliche gesundheitliche Risiken, deshalb nicht mehr als FM oder Einstreu zu verwenden.

3 Getreidekörner

Auch beim Getreide erlaubt die sensorische Prüfung bereits vor Ort eine erste Einschätzung des Futterwerts bzw. der hygienischen Qualität und gibt Hinweise auf erforderliche weiterführende Untersuchungen (z. B. mikrobiologische Analyse; **Tab. IV.3.1**).

Tab. IV.3.1: **Sensorische Prüfung von Getreide auf Futterwert und Hygienestatus**

Parameter	Futterwert (Energie-, Nährstoffgehalt, Akzeptanz)	Hygienestatus (→ mögliche gesundheitliche Risiken?)
Griff	Schwere des Korns[1] (schwer, mittel, leicht)	trocken, klamm, feucht Temperatur (Erwärmung?), Verbackungen
Geruch	produkttypisch, säuerlich bzw. ammoniakalisch (Konservierungsverfahren/-erfolg), Röstgeruch (Überhitzung)	dumpf-muffig, schimmelig, süßlich, hefig, alkoholisch, Röstgeruch, Fremdgeruch, fischig (Steinbrand), sauer (Säurezusatz)
Geschmack	getreidetypisch mehlartig	unangenehm bitter → Hinweis auf Unreife bzw. Pilzbesatz
Aussehen: makroskopisch		
Reinigungsgrad Schmutzanteil	sauber, intensiv gereinigt Staub-, Schmutzanteil Beimengungen (Spreu, Grannen, Stroh)	sandig-erdige Verunreinigungen, Beimengungen (Spreu, Nagerkot usw.) Vorratsschädlinge (Insekten, Milben)
Botanische Reinheit	Art und Anteil von Fremdgetreide, Beimengungen anderer Samen	Art und Anteil von Unkrautsamen, Mutterkorn
Farbe	art-/sortentypisch (s. Schwarzhafer) braun-schwarze Verfärbungen (Schäden durch Übertrocknung/Erhitzung)	korntypische Farbe, schmutzig vergraut, schwarz-bräunlich, violett (gebeizt), grün (Unreife), rötlich (Fusarienbesatz)
Größe/Form	vollrundes Korn (Endospermanteil ↑) schmales, flaches Korn („leeres Korn")	unvollständige Entwicklung („Kummerkorn"), Auflagerungen (Mikroorganismen)
Integrität[2]	intaktes Korn (auch Keimanlage) Anteil von Auswuchskorn	Bruchkorn, Oberflächenrisse, Bohrlöcher (Schädlinge), Auswuchsgetreide
Querschnitt	weißes Endosperm, farblich bzw. in Konsistenz unverändert	gelblich-graues Endosperm, bräunlicher Mehlkörper (Selbsterhitzung?)
Aussehen: Lupenbetrachtung der Körner abgesiebter „Feinanteile"		
	für Aussagen zum Futterwert ohne wesentliche Bedeutung	Oberfläche/Integrität der Körner/Keimanlage; Schmutz-/Schimmelbeläge „Fein"anteile: Insekten/-teile, Milben (Art und Intensität), Schimmel

[1] Quantifizierung durch Liter-Gewicht (Wiegen von 1 Liter Hafer; Gewicht des Hafers in g/l >550 sehr gut, 500–550 gut, 450–500 mittel, 400–450 mäßig, < 400 gering).   [2] Feinste bis ins Endosperm durchgehende Risse → J-KJ-Lösung (Blau-Färbung der Stärke).

Dabei ist in der sensorischen Prüfung von Getreide die Kenntnis/Vorinformation zur Konservierung unabdingbar (Trocknung, Kühlung, CO_2-Atmosphäre, Silierung, Zusatz von Säuren bzw. Alkalien), da beispielsweise ein „gekühltes" Getreide nicht so trocken sein muss bzw. konservierende Zusätze (und ihre Verteilung im eingelagerten Getreide) die Sensorik (z. B. Geruch nach Propionsäure) bestimmen bzw. beeinflussen. Bei einem CCM beispielsweise ist der Silageschlüssel anzuwenden, nicht aber der vorliegende Untersuchungsgang.

4 Mischfutter (Schrot, Pellets, u. a. Konfektionierungen)

4

4.1 Sensorische Prüfung von Mischfutter

Auch für MF bietet die sensorische Prüfung eine erste Möglichkeit der Einschätzung von Futter-wert und Hygienestatus (**Tab. IV.4.1**). Gerade die Lupenbetrachtung abgesiebter „Feinanteile" (z. B. des Abriebs in pelletierten MF) ist hierbei zu empfehlen.

Tab. IV.4.1: **Sensorische Prüfung von Mischfutter auf Futterwert und Hygienestatus**

Parameter	Futterwert (Energie-, Nährstoffgehalt, Akzeptanz)	Hygienestatus (→ mögliche gesundheitliche Risiken)
Griff	schwer (höherer Rohascheanteil) leicht (Spelzen-, Faser-, Kleie-Anteil) Vermahlungsgrad (s. Kap. I.6.2) fettig („Auffettung" des Futters) klebrig (Zusatz von Melasse)	trocken, klamm feucht, klumpig Temperatur (Erwärmung) Verbackungen (Feuchtegehalt) Gespinste (Vorratsschädlinge)
Geruch	produkttypisch nach Komponenten (Fisch-, Fischmehl, Raps, Grünmehl, Zitrusprodukte) säuerlich (Säurezusatz) aromatisiert (z. B. Vanillin, Fruchtaromen)	dumpf – stockig – schimmelig hefig, alkoholisch (Hefenbesatz) honigartig-süßlich (Milbenbesatz) ranzig (Fettverderb) faulig, kadaverös (Proteinabbau)
Geschmack	Hinweise auf Komponenten (z. B. Erbsen) Beimengungen (NaCl?)	kratzig-brenzlig (Futter-/Fettverderb) bitter (Schimmelpilzbesatz)
Aussehen: makroskopisch		
Struktur/Form	Vermahlungsgrad Aufschlussgrad (schwammartige Oberflä-che bei extrudierten FM)	aufgequollene Pellets (Feuchtigkeit) Gespinste (Vorratsschädlinge) Bombage (Flüssigfutter)
Farbe	Hinweise auf Komponenten[1] braunschwarze Anteile (z. B. Rapsschalen) Pellets: periphere Bräunung	verwaschen, grau, schmutzig blaugraue Verfärbungen (Schimmel) schwärzlich (Abraum, Nacherwärmung)
Verunreinigungen	Sandanteil (→ VQ des Futters ↓) Spreu, Schalen, Fremdkomponenten	Insekten bzw. -fragmente, Nagerkot verschiedene Pellets (Verschleppung[2])
Aussehen: Lupenbetrachtung, nach Siebung		
grobe Partikel (>1 mm)	Differenzierung von Komponenten anhand der Oberflächenstruktur (z. B. Raps-, Sonnenblumenschalen)	Oberflächenbeschaffenheit, Spelzenfarbe, Beläge (Schimmel) Insekten, Insektenkot, Nagerkot
feine Partikel (< 0,5 mm)	Art und Anteil mineralischer Bestandteile (z. B. Salzkristalle bei Zusatz NaCl)	Milbenbesatz Umkrautsamen bzw. -fragmente

[1] Durch botanisch-mikroskopische Untersuchung abzusichern. [2] Für andere Spezies bzw. Nutzungsgruppe? Unterschiedliche Durchmes-ser und Farben sind Hinweise auf eine Verschleppung, d. h. es handelt sich um ein Futter für „andere" Tiere.

Mit der sensorischen Prüfung von MF ist also nicht nur eine erste Einschätzung von Futterwert und Hygienestatus möglich, sondern es ergeben sich Anhaltspunkte für weiterführende, d. h. gezielte Analysen, so z. B. für eine botanische Untersuchung, wenn sich beim Geschmack Hinweise auf Leguminosen ergeben oder bei der Lupenbetrachtung Komponenten fehlen oder auffallen, die evtl. gar nicht deklariert sind oder in hohen Anteilen vorkommen (sollten). Allgemein kommen MF dabei in m. o. w. trockenem Zustand zur Untersuchung; bei Flüssig-FM sind diverse hier genannte Parameter kaum zu erheben, während andere Kriterien (pH-Wert, TS-Gehalt, Gasbildung und Separation fester und flüssiger Phasen) von besonderem Interesse sein dürften.

5 Untersuchungen zur Qualität des Tränkwassers

5.1 Rechtliche Vorgaben zum Tränkwasser

„Basisverordnung" (EG-VO 178/2002): Tränkwasser erfüllt die Definitionsbedingungen für FM (= Stoffe, die zur oralen Tierfütterung bestimmt sind).

FM-Hygiene-VO (183/2005): Hiernach muss Tränkwasser nur „geeignet" sein. Minimierung einer möglichen Kontamination des Tränkwassers durch geeignete Tränketechnik (für diese besteht Wartungspflicht).

Tierschutz-Nutztierhaltungs-VO (22. August 2006): Alle Nutztiere sind täglich entsprechend ihrem Bedarf mit Wasser in **ausreichender Menge** und **Qualität** zu versorgen.

Im Unterschied zu dem Trinkwasser (das in einer entsprechenden VO geregelt ist) gibt es für Tränkwasser bislang keine vergleichbare VO, seit 2007 aber Orientierungswerte vom BMELV.

5.2 Allgemeine Anforderungen an Tränkwasser

Das den Tieren angebotene Wasser muss „geeignet" sein, d.h. es sollte folgende Eigenschaften aufweisen:

- **schmackhaft** (Gewähr für eine ausreichende Wasser- und damit adäquate TS-Aufnahme),
- **verträglich** (Inhaltsstoffe und/oder Kontaminanten biologischer, chemischer oder physikalischer Art nur in einer für die Tiere bzw. die von ihnen gewonnenen LM nicht schädlichen bzw. nachteiligen Konzentration),
- **verwendbar** (keine nachteiligen Effekte auf Bausubstanz und Tränketechnik, keine Interaktionen mit ggf. zugesetzten Wirkstoffen,

Eignung des Wassers zur Zubereitung des Futters).

In großen Tierhaltungen (Geflügel/Schweine) verdient die Verarbeitung von Impfstoffen über das Tränkwasser eine besondere Erwähnung, wobei unter diesen Bedingungen dem Erhalt der Lebensfähigkeit der verimpften Keime entsprechende Bedeutung zukommt, ggf. ist deshalb vorübergehend auf jeden Zusatz säuernder/oxidierender/desinfizierender Zusätze zu verzichten. Vor diesem Hintergrund verständlich gehört zu einer Überprüfung der Wasserversorgung in Tierbeständen auch immer die Überprüfung der Tränketechnik mit ihren Funktionen (s. Kap. V.2) und des „Innenlebens" (Biofilm) der Versorgungseinrichtungen (Vorratsbehälter/Wasserleitungen/Tränkgefäße).

5.3 Mikrobiologische Qualität

Entsprechende Richtwerte sind nur für das in **das System eingespeiste Wasser (= Hauptzuleitung)** sinnvoll; im Prinzip wird hierfür eine Trinkwasserqualität angestrebt:

- aerobe GKZ max. 1000, d.h. 1×10^3 KbE/ml (Analyse bei 37 °C)
- 10 000, d.h. 1×10^4 KbE/ml (Analyse bei 20 °C)
- frei von *E. coli* u. coliformen Keimen (in 10 ml)
- frei von *Salmonella* spp. u. *Campylobacter* (in 100 ml)

Im tatsächlich angebotenen/aufgenommenen Tränkwasser sind generell höhere Keimzahlen zu erwarten, eine Minimierung ist durch entsprechende Maßnahmen (regelmäßige Säuberung, geeignete Technik, ggf. Desinfektionsmaßnahmen) anzustreben.

Die Keimarten und -zahlen im Tränkwasser sind insbesondere durch die Kontamination zwischen der Hauptzuleitung und der Entnahmestelle bestimmt. Tränken mit einem sichtbaren/offenen Wasservorrat sind dabei allgemein wesentlich stärker belastet als Wasser, das aus Nippel- oder Zapfentränken abgerufen wird. Im Leitungssystem kann es evtl. zur Bildung von „Biofilmen" kommen. Dieser Terminus kennzeichnet eine Matrix, die an den Innenwandungen von Wasserleitungen haftet und „wächst", und zwar auf der Basis anorganischer/mineralischer Substanzen, an der zunehmend bestimmte Mikroorganismen haften, die schließlich eine filmartige Abdeckung auf dieser Matrix bilden, sodass die Auflagerungen eben nicht mit dem Wasserstrom eliminiert werden. Diese „Biofilme" stellen einerseits ein kontinuierliches Inokulum für das Wasser im Leitungssystem dar, zum anderen werden hier aber auch Wirkstoffe „komplexiert" bzw. festgehalten, die evtl. erst mit erheblicher Verzögerung aus dem System verschwinden (→ Verschleppung).

5.4 Physiko-chemische Qualität

Bei der Einschätzung der Qualität ist grundsätzlich zwischen **Tränk**- und **Trink**wasser zu differenzieren. Im Unterschied zum Trinkwasser, für das rechtlich verbindliche Grenzwerte (Höchstwerte) vorliegen, existieren für das Tränkwasser bisher nur Orientierungswerte (**Tab. IV.5.1**).

5.5 Kontrolle der Wasserqualität vor Ort

Die Kontrolle der sensorischen Qualität erfolgt anhand von Aussehen (Trübung, Farbe), Geruch und/oder Geschmack. Parameter der chemischen Qualität werden allgemein in entsprechenden Laboren erfasst/bestimmt, auf der Basis der in **Tabelle IV.5.1** aufgeführten Werte ist eine nähere Beurteilung/Einschätzung möglich.

5.6 Chemische Qualität

Für die Beurteilung der chemischen Qualität stehen sowohl semiquantitative (sog. Teststreifen) als auch quantitative Verfahren (übliche Labormethoden) zur Verfügung (**Tab. IV.5.2**).

Ca^{2+}, Fe^{2+}: Für die Funktion der Tränketechnik von besonderer Bedeutung (Zusetzen der Tränkeventile bei höheren Konzentrationen); bei Wirkstoff-Applikation über das Tränkwasser Komplex-Bildung möglich (Tetrazykline!).
Fe, Mn: Bedeutsam für die Schmackhaftigkeit (> 2 mg Fe oder Mn/l ist die Wasseraufnahme häufig beeinträchtigt, bei > 10 mg Fe/l vereinzelt schon Verweigerung der Wasseraufnahme); Förderung von Biofilmen.

Tab. IV.5.1: **Parameter zur Beurteilung der physiko-chemischen Tränkwasser-Qualität**

Parameter	TRÄNKwasser Orientierungswerte	Bemerkungen (evtl. Störungen)	TRINKwasser Grenzwert*
pH-Wert	>5 und <9	Korrosionen im Leitungssystem	6,5–9,5
elektrische Leitfähigkeit (µS/cm)	<3000	höhere Werte → evtl. Durchfälle, Schmackhaftigkeit ↓	2500
lösliche Salze, gesamt (g/l)	<2,5		kein Grenzwert
Oxidierbarkeit (mg/l)	<15	Maß für Belastung mit oxidierbaren Substanzen	5

* Trinkwasser-Verordnung

Tab. IV.5.2: **Parameter zur Beurteilung der chemischen Tränkwasser-Qualität**

Parameter (mg/l)	TRÄNKwasser Orientierungswerte	Bemerkungen (evtl. Störungen)	TRINKwasser Grenzwert*
Ca^{2+}	500	Verkalkung; techn. Funktionsstörungen	k.G.
Fe	<3	Schmackhaftigkeit ↓, technische Funktionsstörungen, Förderung der Biofilmbildung	0,2
Na^+/K^+/Cl^-	jeweils <250 (Gefl) bzw. <500 (Sonstige)	Hinweis auf Einträge (Exkremente); feuchte Exkremente (*wet litter*, Gefl)	Na^+: 200; K^+: k.G.; Cl^-: 250
NO_3^-	<300 (rum. Wdk) <200 (Sonstige)	} Methämoglobinbildung; Gesamtaufnahme der Tiere berücksichtigen! Tod durch Ersticken	50
NO_2^-	<30		0,5
SO_4^{2-}	<500	laxierend/osmotisch bedingter Durchfall	240
NH_4^+	<3	Hinweis auf Verunreinigungen	0,5
As	<0,05	Gesundheitsstörungen, Leistungen ↓	0,01
Cd	<0,02	Vermeidung von Rückständen	0,005
Cu	<2	Gesamtaufnahme bei Schafen/Kälbern berücksichtigen	2
F	<1,5	Störungen der Zahn-/Knochengesundheit	1,5
Hg	<0,003	Allgemeine Störungen/Intoxikationen	0,001
Mn	<4	Ausfällungen im Verteilersystem, Förderung der Biofilmbildung	0,05
Pb	<0,1	Vermeidung von Rückständen	0,01
Zn	<5	Schleimhautalterationen	k.G.

k.G. = kein Grenzwert festgelegt; * Trinkwasser-Verordnung

5.7 Grenzwerte für weitere chemische Kontaminanten in Trinkwasser

Gemäß der Trinkwasser-VO in Umsetzung der EG-Richtlinie 98/83 können die in **Tabelle IV.5.3** aufgeführten Grenzwerte für die gelisteten Kontaminanten angegeben werden.

Werden dem Tränkwasser Stoffe oder Keime (z. B. Probiotika) zugesetzt, so sind nicht zuletzt rechtliche Rahmenbedingungen zu beachten: Bei möglichen Zusätzen zur Reinigung und Desinfektion sind die Vorgaben der Biozid-VO (22.05.2012) zu beachten; diese Biozid-VO nennt unter der Produktart 4 eben auch solche, die „im Zusammenhang mit der Herstellung, Beförderung, Lagerung oder dem Verzehr von LM und FM oder Getränken (einschließlich Trinkwasser) für Menschen und Tiere Verwendung finden".

Schließlich dürften die im Trinkwasser (also für den Menschen) erlaubten Mittel und Konzentrationen Anhaltspunkte für eine Bewertung von Substanzen liefern, die dann im Tierbereich über das Tränkwasser zur Anwendung kommen. Von wesentlicher Bedeutung ist in diesem Zusammenhang immer die Frage, ob es dabei um eine Verwendung geht, bei der Tiere anwesend sind („im belegten Stall") oder ob es sich um eine Anwendung handelt („im leeren Stall"), bei der Tiere eben nicht direkt exponiert sind.

Tab. IV.5.3: **Grenzwerte gemäß Trinkwasser-VO für weitere chemische Kontaminanten**

Verbindungen	Trinkwasser Grenzwerte (mg/l)	Anmerkungen
Pestizide, gesamt = Pflanzenschutzmittel und Biozidprodukte	0,0005	Es brauchen nur „Pestizide" überwacht zu werden, deren Vorhandensein in einer bestimmten Wasserversorgung wahrscheinlich ist.
Pestizide, je Substanz = Pflanzenschutzmittel und Biozidprodukte	0,0001	Der Grenzwert gilt jeweils für einzelne „Pestizide" (z. B. DDT, 2,4-D, 2,4,5-T, Endrin, Lindan). Für Aldrin, Dieldrin, Heptachlor und Heptachlorepoxid: max. 0,030 µg/l.
Polyzyklische aromatische Kohlenwasserstoffe	0,0001	Bei den spezifischen Verbindungen handelt es sich um Benzo-(b)-fluoranthen, Benzo-(k)-fluoranthen, Benzo-(ghi)-perylen, Inden-(1,2,3-cd)-pyren.
Trihalogenmethane	0,050	Σ nachgewiesener und mengenmäßig bestimmter Reaktionsprodukte, die bei der Desinfektion/Oxidation des Wassers entstehen: Trichlormethan (Chloroform), Bromchlormethan, Dichlormethan und Tribrommethan.
Benzol	0,001	
Selen	0,010	

„Pestizide": organische Insektizide/Herbizide/Fungizide/Nematozide/Akarizide/Algizide/Rodentizide/Schleimbekämpfungsmittel und verwandte Produkte (u. a. Wachstumsregulatoren) inkl. Metaboliten, Abbau- und Reaktionsprodukte.

6 Spezielle Untersuchungs-verfahren

6.1 Bestimmung des Vermahlungsgrades

6.1.1 „Trockene" Siebanalyse (für trockene, schrotförmige Einzel-/Misch-FM)

Zur Überprüfung des Vermahlungsgrades (VDLUFA-Verbandsmethode) wird eine definierte Menge eines Aliquots über eine Siebpyramide fraktioniert, die auf den Sieben verbleibende Partikel-Masse gewogen und ihr Anteil berechnet (%-Anteil, s. **Abb. I.6.1**).

6.1.2 „Nasse" Siebanalyse (für verpresste/kompaktierte Einzel-/Misch-FM)

Hierfür fehlt bislang eine „offizielle", d. h. verbindliche Vorschrift. Prinzipielles Vorgehen: Vermengen eines Aliquots mit Wasser, bis zum vollständigen Zerfall der Pellets/Brösel warten, die so erstellte Suspension auf die Siebpyramide geben und mit definierter Wassermenge (und -intensität) spülen. Partikel-Massen auf den Sieben über Nacht trocknen und auswerten (s. o.). Eine Bewertung wird durch zwei gegenläufige Prozesse erschwert: Zum einen werden einige Partikel durch Quellung größer, zum anderen werden Inhaltsstoffe gelöst, sodass diese dann die Fraktion mit der geringeren Korngröße anteilsmäßig steigen lassen. Dennoch werden so Einschätzungen einer auffällig feinen oder eher groben Vermahlung der Ausgangskomponenten möglich (s. **Abb. I.6.1, Tab. I.6.2**).

6.1.3 Auswertung („Trockene" und „Nasse" Siebanalyse)

Nach vorgenommener Siebanalyse erfolgt die Auswertung über die Erfassung der Massen auf den entsprechenden Sieben, wobei eine jede Partikelgrößenfraktion mit dem ihr eigenen Anteil (%) beziffert wird. Eine derartige Vorgehensweise bietet je nach Zahl der Siebe zwar eine leicht umsetzbare Möglichkeit der näheren Charakterisierung der im Futter vorliegenden Verteilung von Partikelgrößen, ist aber zum Nachteil mit einer Vielzahl von Werten (entsprechend der Zahl von Sieben) verbunden. Für einen Vergleich zwischen zwei FM wäre es sehr viel einfacher (schneller darstellbar, vermittelbar), wenn die gewünschte nähere Charakterisierung mit nur einem einzigen Wert möglich würde (im Sinne einer „mittleren" Partikelgröße). Vor diesem Hintergrund verdienen nachfolgend genannte Möglichkeiten Erwähnung.

Grafische Darstellung der Partikelgrößenverteilung mit Bestimmung/Ableitung des mittleren Partikeldurchmessers

Hierbei handelt es sich um ein sehr einfaches Verfahren, das im Prinzip eine Summenprozentkurve darstellt und dann eine Festlegung des mittleren Partikeldurchmessers erlaubt (Punkt auf der Kurve, für den gilt: 50 % der Masse an Partikeln sind „größer als" bzw. „kleiner als" eben dieser Wert). Die ausschließliche Angabe der mittleren Partikelgröße bietet aber keinerlei Informationen zu der „Bandbreite" der Partikelgrößen bzw. ihrer Variation; in Kombination mit der Summenprozentkurve ist es jedoch ein insgesamt praxistaugliches Instrument zur Charakterisierung der Partikelverteilung in einem FM.

Geometrischer Mittlerer Durchmesser (GMD; Geometric Mean Diameter)

In die Berechnung des GMD geht die Maschenweite eines jeden Siebes in logarithmierter Form ein. Dabei bleibt die Fraktion an Partikeln, die das feinste Sieb passieren, in der Originalvorschrift zunächst unberücksichtigt. Würde dieser Anteil (das feinste Sieb passierend) weggelassen, so wäre bei Angabe des GMD eine „Verschiebung" bzw. „Verzerrung" in Richtung auf gröbere Partikeldurchmesser die Folge. Somit stellt sich die Frage nach der Einbeziehung dieser „feinsten" Fraktion: In der Originalvorschrift wird für diese das feinste Sieb passierende Fraktion ein Wert (44 µm) für die mittlere Partikelgröße unterstellt (hypothetisches feinstes Sieb der Original-Vorschrift: 10 µm). Da in Deutschland meist nicht so feine Siebe verwendet werden (hier oft 200 µm als unterste Maschenweite) wurde eine Modifikation vorgenommen, nämlich eine mittlere Partikelgröße von 110 µm für alle Partikel, die das 200-µm-Sieb passieren. Dies entspricht dann einem „fiktiven, unterstellten feinsten Sieb" mit einer Maschenweite von 50 µm.

6.1.4 Grund-FM bzw. Mischungen aus Grund- und Kraft-FM (TMR/Teil-TMR)

Auch hier werden die Partikelgrößen mittels einer Siebanalyse bestimmt, wobei die einzelnen Siebe allerdings eine gröbere Maschenweite haben (vorzugsweise 3 Siebe mit abnehmender Porengröße von 19 bzw. 8 und 1,18 mm und eine darunter befindliche Wanne).

Probenentnahme und -Menge: Probe vom Mischwagen oder direkt aus der frisch vorgelegten Ration vom Futtertisch nehmen. Spätere Entnahmen entsprechen durch mögliche Selektion der Tiere nicht mehr der vorgelegten Ration. Pro Futtermischwagen Proben an verschiedenen Stellen gewinnen (repräsentative Probennahme!) und eine Sammelprobe von 4–5 kg (knapp 10–15 l Volumen) bilden. Aus dem Futterschwad Proben von oben **und** von unten entnehmen! Pro Durchgang werden 300 bis max. 400 g (ca. 1,5 l Volumen) Futter benötigt. Diese

Futterprobe muss sich im oberen Siebkasten (> 19 mm) „frei bewegen" können. Futterklumpen (nasse Silage) müssen aufgelockert werden. Die Untersuchung einer jeden Futterpartie ist min. 2x (bei großen Schwankungen 3x) zu wiederholen.

Fraktionierung mittels Schüttelbox

Schütteln: Die Box 40x (40 Zyklen; 1 Zyklus bedeutet 1x hin und her!) auf einer ebenen Fläche (z. B. auf einem Tisch) hin- und herschieben. Die Hublänge beträgt 17 cm, und die Frequenz sollte nicht weniger als **1,1 Hz** (ca. 66 Zyklen/min) betragen. Nach jedem 5. „Schütteln" wird die Box um 90° gedreht (**Abb. IV.6.1**). Es darf keine Unterbrechung während der Siebung stattfinden!

Auswertung: Vor dem Wiegen der verschiedenen Siebe vom Obersieb Grobteile wie Maisspindeln aussortieren. Intakte Kraftfutterpellets vom Ober- bzw. Mittel- und Untersieb in den unteren Kasten legen. Inhalte der einzelnen Siebkästen wiegen. Zur Fehlerminimierung werden immer jeweils die Ergebnisse von 2–3 Fraktionierungen zu einem gemittelten Endergebnis zusammengefasst. Aus den jeweiligen Massen auf den Sieben wird der Anteil in % berechnet (**Tab. IV.6.1**). Die zusätzlichen KF-Gaben über den Transponder sind zu berücksichtigen und dem Untersieb prozentual zurechnen (je kg KF sind 2 % anzusetzen, 5 kg MLF erhöhen den Anteil im Untersieb um ca. 10 %). Die Anteile im Ober- bzw. Mittel- und Untersieb werden entsprechend niedriger.

Berechnung der physikalisch effektiven NDF (peNDF): Anhand des NDF-Gehaltes des FM und des prozentualen Anteiles der Fraktionen auf dem 19- bzw. 8- und 1,18-mm-Sieb kann der Gehalt an peNDF > 8 (Massen auf dem 8- und 19-mm-Sieb) errechnet werden, die den Gehalt an strukturierter Faser einfach charakterisieren und zur Beurteilung und Korrektur von Rationen in der Praxis verwendet werden können.

> $peNDF_{>8} =$
> Partikel retiniert auf Sieben > 8 mm [%]
> x NDF-Gehalt der TMR [% i. d. TS]

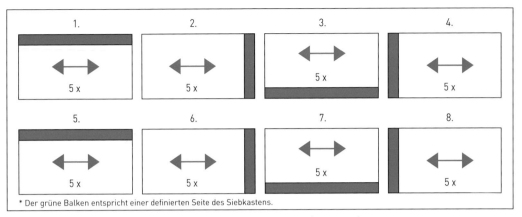

* Der grüne Balken entspricht einer definierten Seite des Siebkastens.

Abb. IV.6.1: Vorgehensweise bei der Siebfraktionierung von Grobfutter (DLG, 2001).

6

Tab. IV.6.1: **Mittels Schüttelbox ermittelte übliche Partikelgrößen-Verteilung in Grundfutter-mitteln (nach Heinrichs und Kononoff, 2002)**

Siebporengröße	Maissilage (%)	Grassilage (%)	TMR (%)
> 19 mm	3–8	10–20	3–8
8–19 mm	45–65	45–75	30–40
1,18–8 mm	30–40	20–30	30–40
< 1,18 mm	< 5	< 5	< 20

6.2 Prüfung auf Quellfähig-keit/Wasserbindungs-vermögen von FM/MF

Wann immer es nach Aufnahme eines FM zu einer Schlundverstopfung kommt (insbesondere bei Pferden), stellt sich die Frage nach der Ursache. Zu ihrer Klärung ist die Bestimmung des Quellungsvermögens hilfreich.

Die Quellfähigkeit kann dann auf zweierlei Weise angegeben werden: Entweder wird das Volumen nach bzw. vor der Quellung anhand der Volumenzunahme beschrieben oder man vergleicht die Volumenzunahme mit der eines bekannt stark quellenden FM (z. B. pelletierte Trockenschnitzel), das parallel zu dem inkriminierten FM mitgeführt wird.

Durchführung: In einen Standmesszylinder wird zu einer definierten FM-Masse Wasser zugegeben; MF mit quellfähigen Komponenten (z. B. Trockenschnitzel, Grünmehl, Kleie, Tres-

ter) dehnen sich unterschiedlich schnell unter starker Volumenzunahme (Ausdruck der Quellfähigkeit) aus, die bestimmt wird.

Nach Abgießen bzw. Abtropfenlassen (über Sieb) des nichtgebundenen Wassers ist auch eine Einschätzung der Wasserbindung über einen Massenvergleich wie folgt möglich:

$$\frac{FM\ (g) + gebundenes\ Wasser\ (g)}{FM\ (g)}$$

Quellfähigkeit: Volumenzunahme um den Faktor X.

Wasserbindung: Massenzunahme um Wert X durch Wasseraufnahme.

6.3 Prüfung des Sedimentationsverhaltens

Allgemein dient diese Untersuchung dem Nachweis von aschereichen, d. h. spezifisch schweren Bestandteilen (z. B. Mineralstoffe oder Knochen) oder auch Verunreinigungen (z. B. Sand) in FM (und Kot).

Durchführung: FM in Wasser lösen bzw. suspendieren, in englumigem Glaszylinder sedimentieren lassen; Bestandteile setzen sich entsprechend ihrem unterschiedlichen spezifischen Gewicht ab (dient insbesondere dem Erkennen von Sandbeimengungen in Grünmehl, Grascobs und auch Tier-/Fischmehl). Noch bessere Trennung bei Suspendierung der Probe in Chloroform = „Vogel'sche Probe".

Speziell für MAT wird bei ähnlichem Vorgehen (Anrühren der Tränke entsprechend der Herstellerempfehlung) die Stabilität der Suspension geprüft. Nach Anrühren der Tränke sollte die Probe im Standzylinder weder eine deutliche Flotation (z. B. „Fettaugen") noch eine schnelle Sedimentation (z. B. mineralischer „Bodensatz") zeigen (Beobachtungsdauer mindestens 20 Minuten); bei einer Vorratstränke – ohne die Verwendung eines kontinuierlich arbeitenden Rührwerks – ist die Suspensionsstabilität der MAT-Tränke von besonderer Bedeutung.

6.4 Prüfung auf hohe Mineralstoff-Gehalte

CaCO$_3$: Zusatz von verdünnter HCl → dabei auf Intensität der Gasfreisetzung (CO$_2$) achten; Bildung weniger feinster Gasbläschen normal; bei hoher CaCO$_3$-Dosierung starkes Schäumen (für Legehennen-AF typisch).

NaCl: Am leichtesten am Geschmack zu erkennen (wichtig für Beurteilung von MAT), evtl. bei Lupenbetrachtung typische Kristalle erkennbar (in separierten Feinanteilen).

Cl$^-$: Semiquantitativ mittels Teststreifen, indirekter Hinweis auf Na- bzw. K-Konzentration.

CuSO$_4$: Als grünlich-bläuliche Kristalle erkennbar (insbesondere bei Lupenbetrachtung).

6.5 Prüfung der Pufferkapazität bzw. des Säurebindungsvermögens von MF

Gerade in der Fütterung von Jungtieren (Ferkel!) mit noch nicht so starkem Säurebildungsvermögen (HCl-Sekretion im Magen) soll die gewünschte Acidierung des Mageninhalts nicht durch eine zu starke Pufferung des Futters verhindert werden. Vor diesem Hintergrund wird nachfolgende Untersuchung von MF mitunter gefordert. Die Pufferkapazität ist hier als ein Maß für die Stabilität bzw. Veränderung der pH-Werte einer Futter-Wasser-Suspension bei Zugabe von Salzsäure zu verstehen. Für ihre Bestimmung (Säurebindungsvermögen) wird das Futter fein vermahlen und im Verhältnis 1:4 mit Wasser aufgeschlämmt. Nachfolgend quillt die Suspension 1 Stunde, bevor unter ständigem Rühren der pH-Wert (Ausgangs-pH) gemessen wird. Dann erfolgt eine Zugabe von Salzsäure (0,5 mol/l), bis in der Suspension pH-Werte von 5, 4, 3 bzw. 2 erreicht werden, wobei der pH für 1 Min. konstant bleiben muss. Der zur Erreichung dieser pH-Werte notwendige Säureverbrauch wird notiert und entsprechend angegeben.

Berechnung der Säurebindungskapazität:

> Verbrauch an 0,5 molarer HCl x 0,5 x 100 = mmol HCl/kg Futter (uS)

6.6 Prüfung auf Milbenbesatz in/von FM

Durchführung: Mittel der Wahl ist die Lupenbetrachtung (ca. 10-fache Vergrößerung). Sofern keine Lupe verfügbar: kleine Probe giebelförmig auftürmen, beobachten der Futterpartikel auf den Seitenflächen, nach kurzer Zeit Bewegung von Futterpartikeln; oder: Probe in durchsichtiges, sauberes Plastikgefäß mit Deckel geben, auf Heizung oder ähnliche Wärmequellen stellen, nach kurzer Zeit sammeln sich Milben unter dem Deckel (grau-gelblicher „Niederschlag"). Hilfreich: Separierung der Milben über Siebfraktionierung (< 0,8 mm).

6.7 Prüfung auf Datura-Samen-Besatz in FM

Insbesondere im Sojaschrot, aber auch in anderen FM wie Leinsamenprodukten kommen gelegentlich Beimengungen von Datura-Samen vor.

Qualitative Prüfung: Bei Lupenbetrachtung aussortierte feinste dunkelbraune bis schwärzliche Partikel auf Objektträger geben, Zusatz einiger Tropfen von Chloralhydrat, abdecken, kurz zum Sieden bringen und unter ca. 60-facher Vergrößerung mikroskopieren. Die Oberfläche von Datura-Schalen lässt goldbraun glitzernde Strukturen erkennen, häufig mäanderförmig angeordnet.

Quantitativer Nachweis: Spezielle botanisch-histologische Techniken.

6.8 Prüfung auf NO_3^--/NO_2^--Gehalte in FM

Einige Grünfutter (z. B. Grünraps, Weideaufwüchse nach intensiver Düngung) bzw. Grünfuttersilagen sowie Rüben weisen mitunter höhere NO_3^--Gehalte auf, die zu gesundheitlichen Problemen (z. B. Methämoglobin-Bildung) führen können (s. Kap. III.3; ANF).

Vorgehen: Genau 50 g des Probenmaterials werden in einem Labor-/Küchenmixer nach Zugabe von 80 ml H_2O fein zerkleinert; danach wird das wässrige, vermuste Material aus dem Mixer herausgespült und in ein Becherglas (bis zur Menge von 200 ml) überführt. Darauf erfolgt zur Enteiweißung ein Zusatz von 20 ml 10%iger Trichloressigsäure und ein Auffüllen (bis zur 500-ml-Marke) mit lauwarmem dest. Wasser. Nach gründlichem Rühren über 10 Min. erfolgt eine Filtrierung der Suspension; in die so partikelfreie Flüssigkeit kann der Teststreifen eingetaucht und auf diesem die NO_3^-- bzw. NO_2^--Konzentration direkt abgelesen werden (Vergleich mit der Farbskala des Teststreifens).

Berechnung:

$$\frac{\text{mg } NO_3^-/l \text{ bzw. } NO_2^-/l}{100} = \frac{\text{mg } NO_3^- \text{ bzw. } NO_2^-}{\text{pro g uS der Probe}}$$

Anstelle der o. g. Untersuchungen der Flüssigkeit kann der NO_3^-- bzw. NO_2^--Gehalt in feuchten Silagen auch direkt im ausgepressten Saft gemessen werden (hier evtl. intensivere Eigenfärbung des Press-Saftes störend).

6.9 Nachweis von cyanogenen Glycosiden in FM

In FM mit cyanogenen Glycosiden (z. B. Leinsaat, Tapioka) wird nach Mahlen und Einweichen durch pflanzeneigene blausäurespaltende Enzyme (z. B. Linase in Leinsamen) evtl. Blausäure (HCN) freigesetzt, die mittels eines **qualitativen** Nachweises bestimmt werden kann. Die sich entwickelnde Blausäure färbt einen mit Pikrinsäure imprägnierten Filterpapierstreifen, der in Natriumcarbonatlösung getaucht wurde, orange bis braunrot. Herstellung des Natriumpikrat-Streifens: Filterpapierstreifen von etwa 6x2 cm mit 1%iger Pikrinsäure tränken und an der Luft trocknen lassen.

Durchführung: 25 g fein gemahlene Substanz + 60 ml Aqua dest. in 150-ml-Erlenmeyerkolben geben; dann Streifen zu etwa 1/3 in etwa 10%ige Sodalösung (Na_2CO_3 + Aqua dest.) tauchen, an einem Gummistopfen befestigen und mit diesem den Erlenmeyerkolben verschließen; in Brutschrank bei ca. 37 °C stellen; nach 0,5, 1, 2 und 4 Stunden Reaktion beobachten. Bei Anwesenheit von Blausäure färbt sich der Streifen – je nach Konzentration – orange bis braunrot.

Beurteilung: Bei 1 mg HCN in 100 mg FM: Reaktion nach 5 Stunden deutlich positiv. Toxische Dosis für Rind: 2 mg/kg KM ≙ 1200 mg/ Tier. Bei starker Blausäureentwicklung nur trockene Verfütterung bzw. Verfütterung nach vorherigem Erhitzen (Überbrühen).

6

6.10 Prüfung auf Toastung von SES (= Ureasetest)

Mit der Toastung (= Dampferhitzung) von Soja-extraktionsschrot (SES) zur Entfernung von Lösungsmittelresten soll gleichzeitig die

- Denaturierung eines Trypsin-Inhibitors,
- Zerstörung hämolysierender Stoffe sowie
- Entfernung von Bitterstoffen erreicht werden.

Als Maß für die Toastung wird die Aktivitätsabnahme eines leicht nachweisbaren **thermolabilen pflanzeneigenen Enzyms**, der Urease, verwendet. Diese spaltet – sofern ihre Aktivität erhalten blieb – Harnstoff in NH_3 und CO_2. Der sich dabei entwickelnde NH_3 lässt sich mit pH-Indikatorpapier in der Gasphase feststellen. Gut getoastetes Schrot zeigt eine geringe Urease-Aktivität und demnach einen nur langsamen Umschlag des Indikators.

Durchführung: 5 g eines gut zerkleinerten Schrotes im 100-ml-Becherglas in 30 ml Wasser 4 Stunden quellen lassen, 30 ml 2%ige Harnstofflösung zusetzen, abdecken mit Uhrglas, unterseits belegt mit einem angefeuchteten pH-Indikatorpapier. Als Kontrolle dient der gleiche Ansatz mit 30 ml Wasser (statt Harnstofflösung), in der kein Umschlag des Indikators stattfinden soll.

Indikatorumschlag:

nach 20–30 Min = gute Toastung

nach 5–10 Min   = schlechte oder keine Toastung

Oder Titrationsmethode VDLUFA.

Beurteilung: Aussreichend getoastete Sojaprodukte weisen i. A. eine Ureaseaktivität von < 0,5 mgN/gxMin bei 30 °C auf.

7 Beurteilung der mikrobiologischen Qualität von FM

Die Beurteilung der mikrobiologischen Qualität von FM erfolgt aus Untersuchungen zur **Art** und **Zahl** bestimmter Keime (bzw. Keimgruppen). Hierfür gibt es entsprechende VDLUFA-Methoden und Vorgaben, die am Ende zu quantitativen Werten (koloniebildende Einheiten = KbE/g Futter) für den Besatz des FM mit Bakterien, Schimmel- und Schwärzepilzen sowie Hefen führen und so eine Beurteilung der hygienischen Qualität von FM unter Anwendung von Orientierungswerten ermöglichen. Dabei ist diese Qualitätsbeurteilung im Wesentlichen ein **Vergleich** zum **normalen Keimbesatz** eines FM. Eine Risikoabschätzung für die Gesundheit von Nutz- und Heimtieren bei Einsatz dieses FM erfolgt mit dieser Vorgehensweise hingegen nicht.

7.1 Bestimmung nach dem Kulturverfahren

Ein aliquoter Probenanteil wird in Peptonwasser geschüttelt (2 h bei 37 °C). Zur Keimzahlbestimmung werden Verdünnungsreihen mit Standard-Nährbodenagar angesetzt, für Pilze spezielle Nährböden, ggf. Einsatz von Selektivnährböden zur Bestimmung einzelner Keimarten (aerob und anaerob); allgemein werden in der FM-Mikrobiologie nur aerobe Keime bestimmt, nur in besonderen Fällen sind auch anaerobe Keime (z. B. Clostridien) von Interesse (z. B. in Silagen, Vollkonserven mit Bombagen, Hinweise auf Clostridien-Toxine).

Die Beurteilung des mikrobiellen Besatzes von FM anhand von Ergebnissen klassischer kultureller Nachweise der verschiedenen Keime erfolgt auf der Basis
- der **Keimarten**/des Keimartenspektrums und
- der **Keimzahlen** (KbE/g Futter) in Abhängigkeit von
  - der Art und
  - Konfektionierung des FM.

Bzgl. der Keimarten bzw. Keimartenspektren wird sowohl bei Bakterien als auch bei Pilzen zwischen
- produkttypischen Keimen (normale Epiphyten) und
- verderbanzeigenden Keimen unterschieden.

Die **produkttypischen** Bakterien sind der Keimgruppe 1 (KG 1), die entsprechenden Schimmel- und Schwärzepilze der KG 4 zugeordnet.
Die **verderbanzeigenden** Keime bilden die in **Tabelle IV.7.1** und **IV.7.2** bezeichneten Keimgruppen: Bakterien = KG 2 und KG 3; Schimmelpilze = KG 5 und KG 6 sowie Hefen = KG 7.

Aus einer Vielzahl mikrobiologischer Untersuchungen von verschiedenen Einrichtungen wurden inzwischen quantitative Vorstellungen über den „normalen Besatz" bestimmter FM abgeleitet. Hierfür wurde der Terminus „Orientierungswert" (OW) eingeführt. Übersteigt nun die Keimzahl von Bakterien und Pilzen diesen OW-Wert, so wird eine graduelle Abstufung in der Bewertung anhand von „Keimzahlstufen" vorgenommen (**Tab. IV.7.3**).

Tab. IV.7.1: **Produkttypische/verderbanzeigende Keimarten und -gruppen in/auf FM**

Gruppe	Bedeutung	Keimgruppe	Indikatorkeime in der Keimgruppe
Aerobe meso-phile Bakterien	produkttypisch	KG 1	Gelbkeime *Pseudomonas/Enterobacteriaceae* sonstige produkttypische Bakterien
	verderbanzeigend	KG 2	*Bacillus* *Staphylococcus/Micrococcus*
		KG 3	Streptomyceten
Schimmel-und Schwärze-pilze	produkttypisch	KG 4	Schwärzepilze *Verticillium* *Acremonium* *Fusarium* *Aureobasidium* sonstige produkttypische Pilze
	verderbanzeigend	KG 5	*Aspergillus* *Penicillium* *Scopulariopsis* *Wallemia* sonstige verderbanzeigende Pilze
		KG 6	*Mucorales* (Mucoraceen)
Hefen	verderbanzeigend	KG 7	alle Gattungen

Tab. IV.7.2: **Orientierungswerte für produkttypische und verderbanzeigende Mikroorganismen (VDLUFA, 2011) – Einzel-FM**

Keimgruppe[1] (KG)	Mesophile aerobe Bakterien x 10^6 KbE/g			Schimmel- und Schwärzepilze x 10^3 KbE/g			Hefen x 10^3 KbE/g
	1	2	3	4	5	6	7
Tierische Einzel-FM							
Milchnebenprodukte, getr.	0,1	0,01	0,01	1	1	1	1
Blutmehle	0,2	0,01	0,01	1	1	1	1
Fischmehle	1	1	0,01	5	5	1	30
Nebenprodukte der Ölgewinnung							
Extraktionsschrote	1	1	0,1	10	20	1	30
Ölkuchen	1	1	0,1	10	20	2	30
Getreidenachprodukte							
Nachmehle, Grießkleien	5	1	0,1	50	30	2	50
Kleien (Weizen, Roggen)	8	1	0,1	50	50	2	80
Getreide (Körner, Schrote)							
Mais	2	0,5	0,05	20	30	5	60
Weizen, Roggen	5	0,5	0,05	30	20	2	30
Gerste	20	1	0,05	40	30	2	100
Hafer	50	1	0,05	200	50	2	200

Tab. IV.7.2: **Orientierungswerte für produkttypische und verderbanzeigende Mikroorganismen (VDLUFA, 2011) – Misch-FM[1]**

Keimgruppe[2] (KG)	Mesophile aerobe Bakterien x 10⁶ KbE/g			Schimmel- und Schwärzepilze x 10³ KbE/g			Hefen x 10³ KbE/g
	1	2	3	4	5	6	7
Milchaustauschfutter	0,5	0,1	0,01	5	5	1	10
Eiweißkonzentrate	1	1	0,05	10	20	1	30
Schrotförmige MF für							
Jung- und Mastgeflügel	3	0,5	0,1	30	20	5	50
Legehennen	5	1	0,1	50	50	5	50
Ferkel	5	0,5	0,1	30	20	5	50
Mast- und Zuchtschweine	6	1	0,1	50	50	5	80
Kälber	2	0,5	0,1	30	20	5	50
Milchkühe, Zucht-, Mastrinder	10	1	0,1	50	50	5	80
Gepresste MF für							
Jung- und Mastgeflügel	0,5	0,1	0,05	5	5	1	5
Legehennen	0,5	0,5	0,05	5	10	1	5
Ferkel	0,5	0,1	0,05	5	5	1	5
Mast- und Zuchtschweine	1	0,5	0,05	5	10	1	5
Kälber	0,5	0,5	0,05	5	5	1	5
Milchkühe, Zucht-, Mastrinder	1	0,5	0,05	5	10	1	5
Pferde	0,5	0,5	0,01	2	6	1	5
Kaninchen	0,2	0,2	0,01	1	3	1	2

[1] Bislang fehlen entsprechende Angaben für MF weiterer Tierarten und Nutzungsgruppen.
[2] Berücksichtigt sind alle nach der Methode VDLUFA mit Keimzahlplatten erfassbaren Indikatorkeime der Keimgruppen KG 1–KG 7.

Tab. IV.7.3: **Keimzahlstufen von FM**

Keimzahlstufe (KZS)	Keimgehalt einer KG überschreitet OW	Bewertung des Keimgehaltes
I	nicht	normal
II	bis zum 5-Fachen	leicht erhöht
III	bis zum 10-Fachen	deutlich erhöht
IV	um mehr als das 10-Fache	stark überhöht

Aus den Keimzahlstufen für die produkttypischen wie auch verderbanzeigenden Keime wird dann die Qualitätsstufeneinteilung vorgenommen, wobei die in **Tabelle IV.7.4** angegebene Differenzierung anzuwenden ist.

7

Tab. IV.7.4: Einteilung von FM in Qualitätsstufen (QS) nach mikrobiologischen Ergebnissen

Qualitäts-stufe (QS)	Befunde	Bezeichnung/Formulierung im Befund	Interpretation bzgl. hygienischer Qualität des FM
QS I	alle 7 Keimgruppen[1] mit KZS I	„keine Überschreitung der OW-Werte"	„üblich"
QS II	mind. 1 Keimgruppe mit KZS II	„leicht erhöht bis erhöht"	„geringgradig gemindert" „leichte Mängel"
QS III	mind. 1 Keimgruppe mit KZS III	„deutlich erhöht"	„deutlich reduziert" „erhebliche Mängel"
QS IV	mind. 1 Keimgruppe mit KZS IV	„überhöht bis stark überhöht"[2]	„Unverdorbenheit fraglich" „m. o. w. Verderb"

[1] Die 7 Keimgruppen s. Tab. IV.7.1.
[2] „deutlich fortgeschrittener Verderb"

Vorgehen zur Bewertung eines mikrobiellen Untersuchungsergebnisses:

1. Frage: In welcher Keimgruppe wird der nachgewiesene Keim geführt? → KG
2. Frage: Um welches FM handelt es sich? → Einzel-/Misch-FM/Konfektionierung?
3. Frage: Wie hoch ist für dieses FM der Orientierungswert? → OW
4. Frage: Um das Wievielfache wird der OW überschritten? → KZS
5. Frage: Welche QS resultiert aus der ggf. beobachteten Überschreitung? → QS

Vor der Beurteilung von Keimzahl und -art in MF ist zu prüfen bzw. zu erfragen, ob ein Zusatz von Probiotika (vermehrungsfähige Keime!) bzw. von Konservierungsmitteln (z. B. Säuren) erfolgte, wodurch die Ergebnisse entsprechend beeinflusst sein können, auch die Konfektionierung des MF (loses Futter oder pelletiert/verpresst?) ist von Bedeutung (bei verpresstem MF: allgemein geringere mikrobielle Belastung).

Bei vorberichtlichen Hinweisen auf eine forcierte gastrointestinale Gasbildung sind neben den Hefen evtl. auch die Keimzahlen von Anaerobiern (z. B. Clostridien) von Interesse (**Tab. IV.7.5**).

Tab. IV.7.5: Richtwerte für die Beurteilung mikrobiologischer Befunde von Flüssig-FM für Schw (Angaben in KbE/g uS)

Keimarten (-gruppen)	normal	deutlich erhöht
Aerobe Bakterien[1]	$\leq 10^7$	$> 10^8$
Hefen[2]	$\leq 10^5$	$> 10^6$
Schimmelpilze[3]	$\leq 10^4$	$> 10^5$

[1] Keine Beanstandung, sofern hohe Keimzahlen (10^7–10^8KbE/g) nur bei milchsäurebildenden Bakterien vorliegen; kritisch sind vornehmlich Keime aus der Gruppe der Enterobacteriaceae bei Werten von $> 10^4$KbE/g Flüssigfutter.
[2] Bei $> 10^5$KbE/g: schon erhebliche Gasbildung zu beobachten, auch Bildung von Alkohol möglich; insgesamt sind Hefen sehr säuretolerant; Wachstum im Wesentlichen von der Aerobizität im System und der Konkurrenzflora abhängig.
[3] Allgemein durch tiefe pH-Werte (Säurebildung der Flora im Flüssigfutter bzw. Säurezusatz) und Hygienemaßnahmen zu limitieren, wenn Ausgangskomponenten keine erhöhte Schimmelpilzbelastung einbringen.

Auch für Grobfuttermittel (Silagen/Raufutter) gibt es Orientierungswerte zum „normalen" mikrobiellen Besatz. Dabei zeigen Silagen deutlich geringere Keimzahlen für Aerobier als Rau-FM, andererseits sind in Silagen häufiger höhere Hefengehalte ($\geq 10^4$ KbE/g) nachweisbar, insbesondere im Vergleich zu den Kraft-FM ($< 10^4$ KbE/g; **Tab. IV.7.6**).

Tab. IV.7.6: **Orientierungswerte für produkttypische und verderbanzeigende Mikroorganismen in Grobfuttermitteln (VDLUFA, 2012)**

Keimgruppe[1] (KG)	Mesophile aerobe Bakterien x 10^6 KbE/g			Schimmel- und Schwärzepilze x 10^3 KbE/g			Hefen x 10^3 KbE/g
	1	2	3	4	5	6	7
Maissilage	0,4	0,2	0,03	5	5	5	10
Grassilage[2]	0,2	0,2	0,01	5	5	5	2
Heu	30	2	0,15	200	100	5	1,5
Stroh	100	2	0,15	200	100	5	4

[1] Berücksichtigt sind alle nach der Methode VDLUFA mit Keimzahlplatten erfassbaren Indikatorkeime der Keimgruppen KG 1–KG 7 (s. Tab. IV.7.1).

[2] In Grassilagen sind nicht selten auch höhere Keimzahlen an Clostridien nachweisbar; Werte bis zu $\leq 10^5$KbE/g gelten als „normal", als „deutlich erhöht" werden Werte $\geq 10^6$KbE/g bewertet.

7.2 Bestimmung anhand indirekter Verfahren
(ohne kulturellen Nachweis)

Anhand der Bestandteile von Keimen (z. B. aus den Zellwänden oder aus ihren Kernen; betrifft Pilze, Hefen und Bakterien gleichermaßen) können indirekt Informationen über die Belastung von FM mit Mikroorganismen gewonnen werden. Diese Nachweismöglichkeiten sind **unabhängig** von der Lebensfähigkeit/Vermehrung dieser Keime, insbesondere bei erhitzten FM können so evtl. zusätzliche Hinweise auf die „frühere" Belastung gewonnen werden.

7.2.1 Bestimmung des Ergosterin-Gehaltes

Testprinzip: Ergosterin ist ein wesentlicher Bestandteil in der Pilzhyphenmasse sowie der Hefenzellwand, sodass damit indirekt auch eine Einschätzung der Belastung mit Pilzen möglich wird.

Vorgehen: Der Nachweis erfolgt mit entsprechenden chemischen Verfahren.

Der **Tabelle IV.7.7** ist eine Einschätzung „üblicher" wie auch „auffälliger" Belastungen zu entnehmen.

Tab. IV.7.7: **Richtwerte zur Beurteilung des Ergosterin-Gehaltes in FM als Indikator für eine Belastung mit Pilzen und Hefen (Angaben in mg/kg)**

Futtermittel	normal	überhöht
Getreide	< 2–4	> 10
Mischfutter	< 10	> 20–50[1]
Heu	< 75	> 125
Silagen[2]	< 20	> 30

[1] MF mit höheren Grünmehlanteilen: höhere Werte.
[2] Bezogen auf die TS.

7.2.2 Bestimmung des Lipopolysaccharid(LPS)-Gehaltes

Testprinzip: Zellwandbestandteile gramnegativer Keime (LPS) führen bei Kontakt mit *Limulus-Amoebocyten*-Lysat zu Gelierung, die bei Farbstoffzusatz makroskopisch erkennbar wird. **Vorgehen:** 20 g eines Aliquots werden mit Aqua dest. 1:10 verdünnt, bei 80 °C für 1 h erhitzt (Freisetzung von LPS aus der Zellwand), der Überstand auf reagenzhaltige Titerplatten pipettiert, die Titerplatte bei 37 °C bebrütet (1 h) und die Gelierung beurteilt. Berechnung des LPS-Gehaltes erfolgt aus Testempfindlichkeit und Titer (**Tab. IV.7.8**).

7

Tab. IV.7.8: **Richtwerte für die Beurteilung des LPS-Gehaltes in MF und Getreide (AF außer MAT)**

LPS (µg/g uS)	Beurteilung	Erklärung
< 20	allg. unbedenklich	entspricht üblichen Qualitäten
20–50	erhöht	häufig auch andere Mängel
> 50	überhöht	i. d. R. parallel hochgradige Verkeimung

7.3 Prüfung auf die Aktivität diverser Gasbildner, insbesondere von Hefen

Feuchtkonservate (Getreide, CCM), Molke u. Ä. sowie Flüssigfutter zeigen häufiger einen stärkeren Besatz mit Gasbildnern, insbesondere Hefen. Die Gasbildung kann mittels Gärröhrchen geprüft werden; Vorgehen: Futter/Wasser-Suspension einfüllen, bei ca. 37 °C bebrüten, sich entwickelndes Gas verdrängt Wasser aus dem Gärröhrchen.

Unter Praxisbedingungen evtl. einfacher zu prüfen: Futter/Wasser-Suspension in luftdicht schließende Plastikflasche geben, nach kurzer Zeit Beurteilung der Bombage der auf einer Wärmequelle (z. B. Heizkörper) abgestellten Flasche.

Literatur

BUCHER E, THALMANN A (2006): *Mikrobiologische Untersuchung von Futtermitteln.* Feed Magazine/Kraftfutter 6: 16–23.

GROSS F, RIEBE K (1974): *Gärfutter.* Verlag Eugen Ulmer, Stuttgart.

KAMPHUES J (1986): *Lipopolysaccharide in Futtermitteln – mögliche Bedeutung, Bestimmung und Gehalte.* Übers Tierernährg 14: 131–156.

KAMPHUES J (2005): *Futter-/Fütterungshygiene.* Proc Soc Nutr Physiol 14: 169–173.

KAMPHUES J (2007): *Futtermittelhygiene: Charakterisierung, Einflüsse und Bedeutung.* Landbauforschung Völkenrode, Sonderheft 306: 41–55.

KAMPHUES J (2013): *Feed hygiene and related disorders in horses.* In: Geor RJ, Harris PA, Coenen M (2013), Equine Applied and Clinical Nutrition. Saunders Elsevier, Edinburgh, pp. 367–380.

KAMPHUES J, SCHULZE-BECKING M (1992): *Milben in Futtermitteln – Vorkommen, Effekte, Bewertung.* Übers Tierernährg 20: 1–38.

KAMPHUES J, REICHMUTH C (2000): *Vorratsschädlinge in Futtermitteln, Potenzielle Schadorganismen und Stoffe in Futtermitteln sowie in tierischen Fäkalien.* Sachstandsbericht, Mitteilung 4, DFG, Wiley-VCH, Weinheim, 238–284.

KAMPHUES J, BÖHM R, FLACHOWSKY G, LAHRSSEN-WIEDERHOLT M, MEYER U, SCHENKEL H (2007): *Empfehlungen zur Beurteilung der hygienischen Qualität von Tränkwasser für Lebensmittel liefernde Tiere unter Berücksichtigung der gegebenen rechtlichen Rahmenbedingungen.* Landbauforschung Völkenrode 3 (57): 255–272.

MÜLLER HM, REIMANN J, SCHWADORF K, THÖNI H (1993): *Zur Bewertung des Ergosteringehaltes von Futtermitteln.* Kongressband, 105. DLUFA-Kongress, Hamburg 1993, 401–404.

NAGEL M (1997): *Mikrobiologische Vorgänge in Flüssigfutter für Schweine.* Handbuch der tierischen Veredlung, Kamlage-Verlag, Osnabrück, 189–200.

NAUMANN K, BASSLER R (1976): *Handbuch der landwirtschaftlichen Versuchs- und Untersuchungsmethodik (Hrsg.: Schmitt L): Die chemische Untersuchung von Futtermitteln (Methodenbuch, Bd. III), 4. Aufl., 8. Ergänzungslieferung 2012 (28.1.1.–28.1.4.), Verlag J. Neumann-Neudamm, Melsungen – Berlin – Basel – Wien.

VDLUFA (2011): *Verfahrensanweisung zur mikrobiologischen Qualitätsbeurteilung – Verbandmethode.* Methodenbuch III, 8. Errg. 2011, VDLUFA-Verlag, Darmstadt.

WAGNER W, WOLF H, LOSAND B (2007): *Die Beurteilung des mikrobiologischen Status von Silagen.* Übers Tierernährg 35: 93–102.

WEISSBACH F, HONIG H (1997): *DLG-Schlüssel zur Beurteilung der Gärqualität von Grünfuttersilagen auf der Basis der chemischen Untersuchung.* Tagung des DLG-Ausschusses für Futterkonservierung vom 2. Juli 1997 in Gumpenstein.

WOLF P, KAMPHUES J (2007): *Magenulzera beim Schwein – Ursachen und Maßnahmen zur Prophylaxe.* Übers Tierernährg 35 (2): 161–190.

WOLF P, ARLINGHAUS M, KAMPHUES J, SAUER N, MOSENTHIN R (2012): *Einfluss der Partikelgröße im Futter auf die Nährstoffverdaulichkeit und Leistung beim Schwein.* Übers Tierernährg 40: 21–64.

V Allgemeines zur Tierernährung

Das Tierschutzgesetz fordert vom Tierhalter, d. h. für jedes Tier in Menschenobhut, „eine der Tierart und den Bedürfnissen entsprechende Ernährung" (§ 2), ohne dass es hierfür inhaltliche Definitionen bietet. Aus tierärztlicher Sicht verlangt eine der Art entsprechende Ernährung neben der Berücksichtigung speziestypischer Empfindlichkeiten (z. B. geringe Cu-Toleranz der Schafe) und jeweiliger altersabhängiger Gegebenheiten (z. B. Verdauungskapazität von Säuglingen) die Sicherung einer normalen anatomischen und physiologischen Entwicklung sowie die Minimierung nutritiv bedingter Risiken für die physische und psychische Gesundheit (Verhaltensstörungen?) der Tiere. Eine artgemäße Ernährung zwingt somit nicht zur Simulation der Ernährungsweise der jeweiligen Spezies unter „natürlichen" Bedingungen, wenngleich aus derartigen Kenntnissen bestimmte Vorstellungen zu Artansprüchen abgeleitet werden können.

Die Definition einer artentsprechenden Ernährung muss längerfristig über eine Erweiterung der bisher auf die Energie und Nährstoffe fokussierten Bedarfsformulierung erfolgen (z. B. Anforderungen an die Futterart, -zusammensetzung und -struktur) zur Erreichung einer gewünschten Beschäftigung mit der Futteraufnahme oder bestimmter gastrointestinaler (z. B. Integrität der Schleimhaut im GIT, Füllung im Magen-Darm-Trakt) oder extraintestinaler Effekte (z. B. Befriedigung des Saugtriebes, Vermittlung eines Sättigungsgefühles und/oder Wohlbefindens), wie es beispielsweise in der Wiederkäuerfütterung durch Mindestwerte für die strukturierte Rohfaser bzw. peNDF auch schon üblich ist. So wie beispielsweise die Umgebungstemperatur den Energiebedarf eines Tieres verändert, können bei unterschiedlichen Haltungsbedingungen (z. B. Haltung von Zwergkaninchen auf Stroh oder auf mineralischem Einstreugranulat) im Sinne einer artgerechten Ernährung erhebliche Modifikationen im Futterangebot (z. B. Rfa-Gehalt und -Struktur → Zahngesundheit bei Kaninchen) erforderlich werden. Schließlich haben Erkrankungen und Infektionen ihre prinzipiellen Auswirkungen auf den Bedarf und die Verwertung von Energie und Nährstoffen.

1   Futter-/TS-Aufnahme

Die Nahrungsaufnahme ist primär an der Aufrechterhaltung einer ausgeglichenen Energiebilanz bzw. an der Energieansatzkapazität orientiert. Die Regulationsmechanismen erlauben, bestimmte Einzel-FM (Gras, Heu, u. Ä.), AF bzw. Mischrationen *ad libitum* anzubieten, wenn dem nicht besondere Gründe entgegenstehen, z. B. eine angestrebte verhaltene KM-Entwicklung bei Jung- und Zuchttieren, die Vermeidung einer stärkeren Verfettung (z. B. in der Gravidität oder nach Kastration) bzw. die aus nährstoffökonomischer oder diätetischer Sicht ggf. erforderliche Restriktion der Energie- und Nährstoffaufnahme (z. B. adipöse Tiere). Werden Einzel-FM und Ergänzungs-FM separat angeboten, so sind für eine ausgewogene Energie- und Nährstoffaufnahme die Rationsbestandteile in einem bestimmten Verhältnis anzubieten (und damit nicht *ad libitum* vorzulegen).

Die TS-Aufnahme zeigt bei dem generellen Bestreben zu einer ausgeglichenen Energiebilanz eine Abhängigkeit von der KM der Spezies, d. h. Tiere mit geringer KM (und damit relativ größerer Körperoberfläche) haben eine höhere TS-Aufnahmekapazität. Generell ist bei Individuen schon kurz nach ihrer Geburt bzw. nach dem Schlupf eine sehr viel höhere TS-Aufnahme zu beobachten als im adulten Stadium. In Phasen besonders hoher Leistung (z. B. Laktation) ist ebenfalls allgemein eine höhere TS-Aufnahmekapazität gegeben. Andererseits geht bei vielen Spezies zum Ende der Gravidität die TS-Aufnahmekapazität teils deutlich zurück, was bei der Rationsgestaltung Beachtung verdient.

Die **TS-Aufnahmekapazität** wird häufiger nicht voll ausgeschöpft, wenn im angebotenen Futter die **Energiedichte** deutlich erhöht wird, umgekehrt ist über eine forcierte TS-Aufnahme in gewissem Umfang eine reduzierte Energiedichte

im Futter zu kompensieren. Im Erhaltungsstoffwechsel ist der Energiebedarf für die Aufrechterhaltung der Körpertemperatur der entscheidende Faktor für die TS-Aufnahme, wie beispielsweise die geringe TS-Aufnahme der wechselwarmen Tiere (Vergleich: Hund – Karpfen) oder auch die extrem forcierte TS-Aufnahme nach Verlust des isolierenden Haarkleides (z. B. Angorakaninchen nach der Schur) belegen (**Abb. V.1.1, Tab. V.1.1**).

Die TS-Aufnahme muss prinzipiell wie der Energiebedarf als eine Funktion der Stoffwechselmasse ($KM^{0,75}$) angesehen werden, dennoch arbeitet die Fütterungspraxis gern mit dem Terminus „% der KM" oder „g TS/kg KM". Je größer die Unterschiede innerhalb einer Spezies, umso bedeutsamer ist es, sich dieser Abhängigkeit bewusst zu werden. Anderenfalls würden sich teils wenig plausible Konsequenzen ergeben: Dann bräuchten z. B. Ponies ein gänzlich anderes Futter als schwere Kaltblüter, was aber definitiv nicht der Fall ist.

🖊 Bei vielen größeren Spezies (KM > 1–2 kg) ist im adulten Stadium im Erhaltungsstoffwechsel eine TS-Aufnahme von ca. 2 % der KM ein Orientierungswert, der in Abhängigkeit von o. g. Faktoren nach oben und unten variiert (Näheres s. unten). 🖊

Für den Tierhalter wie für den Tierarzt stellt sich nicht selten die Frage nach der Ursache/einer Erklärung für eine plötzlich bei den Tieren beobachtete geringere Futteraufnahme, die nicht immer sofort in einer absoluten Futterverweigerung ihren Ausdruck findet. Die erste und entscheidende Frage ist in diesem Fall, ob es am Tier oder am Futter liegt. Unter den Bedingungen von Schmerzen (z. B. Zahnprobleme), Fieber (sicherstes Indiz einer Erkrankung/einer Infektion oder bei einem Mangel an Tränkwasser ist der Verzicht auf die Futteraufnahme „normal" und physiologisch m. o. w. sinnvoll). Die Einschränkung der Futteraufnahme (Verlust an Appetit) zählt nicht zuletzt zu den grundsätzlichen Effekten (d. h. zu den physiologisch typischen Reaktionen) eines infektiösen Gesche-

hens. Die Ursachen können aber auch im Futter selbst liegen. In der **Abbildung V.1.2** ist das Vorgehen zur Klärung dieses Problems näher beschrieben. Wenngleich es hier nur für den Schweinebestand näher ausgeführt wurde, ist das Vorgehen prinzipiell aber auch auf andere Spezies übertragbar.

Tab. V.1.1: **TS-Aufnahmekapazität[1] (in % der KM pro Tag) bei verschiedenen Spezies**

Pferd	Erhaltung	2,0–2,5		**Hund**	Erhaltung	1,5–2,0
	Arbeit	2,5–3,0			Wachstum	3,0
	Laktation	3,0–3,5			Laktation	bis 5,0
Kalb	Milch bzw. MAT	1,8–2,0		**Katze**	Erhaltung	1,5–1,6
	Festfutter	1,8–3,0			Wachstum	4,0
					Laktation	5,0
Mastbullen	200 kg KM	2,3		**Kleinsäuger**	Kaninchen Erhaltung	3,0–4,0
	350 kg KM	2,0			Laktation	5,0–7,0
	600 kg KM	1,7			Meerschweinchen	4,0–6,0
Milchkuh	Erhaltung	2,0			Chinchilla	4,0–6,0
	Ende der Trockenstehzeit	1,5			Degu	3,0–7,0
	Laktation	3,0–3,5			Hamster	5,0–7,0
	Laktation, Höchstleistung	3,5–4,0		**Geflügel**	Legehenne	6,0–7,0
Schaf	Erhaltung	2,0			Masthähnchen	13→9
	Laktation	3,5–4,0			(Küken → Mastende)	
	Wachstum	4,0–4,5			Mastputen	12→3
Ziege	Erhaltung	2,0–2,4			(Küken → Mastende)	
	Laktation	3,5–6,0			Mastenten	12→7/3
					(Küken → Mastende)	
Ferkel	Säugling	6,0–7,0		**Ziervögel**	Kanarien	10–12
Mast-schwein	20 kg KM	5,0–6,0			Wellensittiche	8–10
	50 kg KM	3,5–4,5			Großpapageien	ca. 3
	100 kg KM	3,0–3,5		**Fische**	(Forelle, Karpfen)	0,5–4,0
Sau	Trächtigkeit	2,0		**Reptilien**	Echsen	1,0
	Laktation	2,5–3,5			Schildkröten	0,35

[1] Hierbei handelt es sich um die maximal mögliche, jedoch nicht erforderliche TS-Aufnahme.

Abb. V.1.1: Wesentliche Einflussfaktoren auf die TS-Aufnahme.

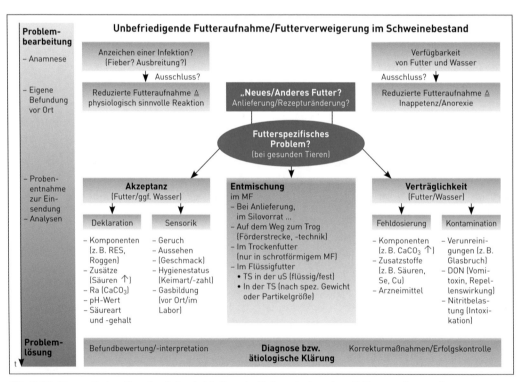

Abb. V.1.2: Diagnostisches Vorgehen bei unbefriedigender Futteraufnahme bzw. Futterverweigerung im Schweinebestand.

2 Ableitung des Energie- und Nährstoffbedarfs

Zur Bedarfsermittlung stehen im Wesentlichen zwei Methoden zur Verfügung:
1. Faktorielle Ableitung
2. Dosis-Effekt-Versuche

Die **faktorielle Ableitung** ergibt sich aus der Summe des Bedarfs für die Teilleistungen Erhaltung, Wachstum, Gravidität, Milch- und Eiproduktion sowie Arbeit/Bewegung. Sie kann angewandt werden, wenn diese Teilleistungen hinsichtlich Nettobedarf und die Verwertung der Energie bzw. der entsprechenden Nährstoffe für diese Leistungen bekannt sind. Sofern ein ausreichendes Zahlenmaterial vorliegt, können die Ergebnisse zur schnelleren Berechnung ebenfalls in Form von Regressionsgleichungen gefasst werden. Die Ableitung des Bedarfs erfolgt auch heute noch für verschiedene essenzielle Nährstoffe (z. B. Aminosäuren, Vitamine, Spurenelemente) überwiegend in **Dosis-Effekt-Versuchen**. Hierbei wird die Dosis variiert und die dabei erzielte Wirkung zur Einschätzung des Bedarfs herangezogen. Es stellt sich dann die Frage, was als Grundlage zur Bewertung einer „ausreichenden Dosierung" herangezogen wird. Die Zunahmen wachsender Tiere, sonstige Leistungen, Nährstoffgehalte im Blut (und anderen Geweben) und andere Parameter, z. B. Enzymaktivitäten, sowie sonstige Reaktionen dienen hierbei der Bedarfseinschätzung. Wird in Dosis-Effekt-Versuchen die Dosierung sehr weit gespreizt (ohne den Nährstoff bis zum Vielfachen „üblicher" Gehalte), werden Essenzialität und mögliche toxische Effekte des Nährstoffs ebenfalls deutlich.
Weltweit bemüht sich die Tierernährung weiter um eine faktorielle Bedarfsableitung auch für die Nährstoffe, deren notwendige Gehalte im Futter bislang primär über Dosis-Effekt-Versuche bestimmt wurden (AS, Spurenelemente und Vitamine).

2.1 Energie- und Protein-Bedarf

2.1.1 Erhaltungsbedarf

Der Erhaltungsbedarf (Bilanz = 0) ergibt sich aus dem Grundumsatz (Ruhe-Nüchtern-Umsatz) zuzüglich des Bedarfs für Nahrungsaufnahme, Verdauung und Muskeltätigkeit („ungerichtete Bewegung") bei artgerechter Haltung im thermoneutralen Bereich.

Die für die Erhaltung benötigte Nettoenergie (NE_m) variiert bei ausgewachsenen Säugetieren zwischen 0,25–0,35 MJ/kg $KM^{0,75}$. Höhere Werte werden nur bei jüngeren, wachsenden Tieren gefunden.

Die Verwertung der ME für die Erhaltung $\frac{NE}{ME}$ beträgt 70–75 % (k_m = 0,70–0,75).

Die Wärmeverluste (von 25–30 %) sind identisch mit der durch die Futteraufnahme ermöglichten Einsparung des Abbaus von Körperenergie. Gebräuchliche Daten für die Verwertung der ME sind beim Wdk = 0,72; für Schw = 0,75. Somit kann der energetische Erhaltungsbedarf auch in ME angegeben werden. Für die praktische Fütterung ist dieser ggf. in die gebräuchliche Energiestufe des Futterbewertungsmaßstabes umzurechnen.
Unterhalb des thermoneutralen Bereichs sind für den Energiebedarf Zuschläge erforderlich.

Für Sauen liegt die untere Grenze in Einzelhaltung bereits bei 19 °C, in Gruppenhaltung dagegen bei 14 °C. Je 1 °C Temperaturdifferenz zum thermoneutralen Bereich steigt der tägliche Energiebedarf pro Tier in Einzelhaltung um 0,6 MJ ME und in Gruppenhaltung um 0,3 MJ ME. Bei Rindern mit Weidegang sind Zuschläge von 5–10 % erforderlich, zum Teil allerdings bedingt durch höhere Bewegungsaktivität. Weiterhin beeinflussen die Rasse (Pfd!), individuelle Veranlagung (u. a. psychische Grundgegebenheiten) sowie individuelle oder haltungs- und fütterungsabhängige Faktoren die Höhe des Erhaltungsbedarfs (**Tab. V.2.1**). Deshalb sind in den Bedarfsangaben allgemein gewisse Sicherheitszuschläge (bis zu 10 %) enthalten.

Die in Stoffwechselversuchen erhobenen Daten für MJ ME/kg $KM^{0,75}$ zeigen unter den homoiothermen Tierarten eine erstaunlich gute Übereinstimmung, während wechselwarme Tiere einen deutlich geringeren Energiebedarf für die Erhaltung haben (hier entspricht die Körpertemperatur weitgehend der Umgebungstemperatur, d. h. es geht kaum Energie über die Körperoberfläche verloren). Gewisse tierartliche Unterschiede gibt es auch im Rp-Bedarf. Für Monogastrier kann der Rp-Bedarf nur eine Annäherung darstellen, da bei ihnen neben dem N-Minimum die optimale Versorgung mit essenziellen AS entscheidend ist.

Zu den primären Aufgaben der Tierernährung als wissenschaftliche Disziplin zählt die Ableitung/Formulierung von Bedarfswerten bzw. von Richtwerten zur Versorgung von Tieren mit Energie und essenziellen Nährstoffen. Dabei gehen derartige experimentelle Arbeiten zunächst einmal – notwendigerweise – von gesunden Individuen aus. Aus tierärztlicher Sicht ist jedoch die Frage nach Effekten einer Erkrankung an sich auf den Bedarf an Energie und Nährstoffen von Interesse. Wann immer es im Verlauf einer Infektion zu Fieber kommt, steigt der Energiebedarf für die Erhaltung deutlich an (je °C: um 10–30 %); die im Rahmen einer Infektion zur Abwehr benötigten Zellen und Proteine „kosten" auch AS und andere essenzielle Nährstoffe. Bei wachsenden/laktierenden Tieren wird unter den Bedingungen der Aktivierung der körpereigenen Abwehr der Stoffwechsel von anabole in Richtung katabole Nährstoffnutzung umgeschaltet. Wesentliche mit einer Infektion im Zusammenhang stehende Mechanismen und Effekte im Tier sind **Abbildung V.2.1** zu entnehmen. Die dort dargestellten Auswirkungen auf den Organismus insgesamt beruhen ganz wesentlich auf Effekten der von Wächterzellen, Mastzellen, Makrophagen und dendritischen Zellen freigesetzten 4 Hauptzytokine. Die in der Initialphase einer Erkrankung/Entzündung entscheidenden Cytokine sind Interleukin-1 (IL-1),

Tab. V.2.1: **Mittlerer täglicher Erhaltungsbedarf an Energie und Protein (je kg $KM^{0,75}$)**

Tiere	MJ	Energiestufe	Rp (g)
Pferd			
Vollblut	0,64	ME	3,0
Warmblut	0,52	ME	(pcvRp)
Ponies	0,40	ME	
Rind			
Kalb	0,53	ME	5,0[1]
Mastrind	0,53	ME	4,5[1]
Milchkuh	0,49	ME	3,7[1]
	0,29	NEL	
Schaf	0,43	ME	3,3
Schwein			
Ferkel (5→20 kg KM)	0,73→0,65	ME	3,0
Mastschw (30→100 kg KM)	0,55→0,44	ME	2,2
Zuchtsau	0,44→0,37	ME	2,5
Fleischfresser			
Hund	0,47	ME	5,0–6,0
Katze[2]	0,42	ME	7,0
Geflügel			
Legehenne	0,46	ME	3,0
Masthähnchen	0,48	ME	2,8
Amazone	0,57	ME	1,9
Kaninchen	0,44	DE	3,5
Ratte	0,46	DE	1,3

[1] nRp am Duodenum [2] je kg $KM^{0,67}$.

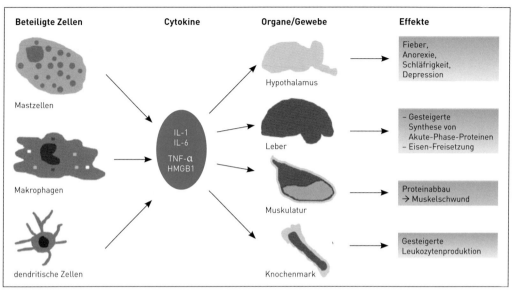

Abb. V.2.1: Typische Reaktionen im Körper bzw. in Geweben und Organen auf eine inflammatorische Stimulation (modifiziert von Visscher, 2014, nach Le Floc'h et al., 2004, und Tizard, 2013).

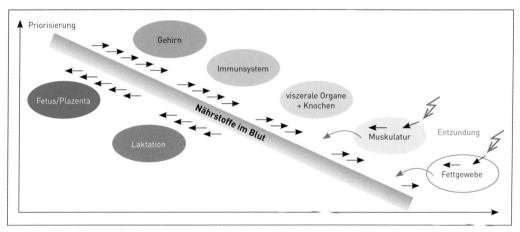

Abb. V.2.2: Rangierung von Leistungen sowie Funktionen von Organen/Geweben hinsichtlich der Nährstoffversorgung, ihrer Nutzung und einer ggf. induzierten Nährstofffreisetzung im Falle einer Infektion/Entzündung (modifiziert von Visscher, 2014, nach Elsasser et al., 2007).

IL-6, Tumor-Nekrose-Faktor-α (TNF-α) und das High-Mobility-Group-Box-Protein 1 (HMGB1). Schließlich stellt sich vor dem Hintergrund der hier angestrebten Formulierung von Bedarfswerten die Frage der Priorisierung, wenn gleichzeitig mehrere Herausforderungen das Tier treffen, d. h. beispielsweise Thermoregulation und Milchbildung, Infektion und Muskelansatz oder auch Eigenbedarf und Trächtigkeit. Hierzu gibt **Abbildung V.2.2** entsprechende Informationen.

2.1.2 Leistungsbedarf

Die Energie des Futters, die über den Erhaltungsbedarf hinaus zugeführt wird, steht der Produktion zur Verfügung. Dabei sind die „stofflichen" Verluste durch Kot (10–30 %) sowie

Harn (ca. 5 %, bei Pfd evtl. noch mehr) und beim Wdk Methan (5–10 %) von der Produktionsrichtung weitgehend unabhängig. Die Verluste an thermischer Energie schwanken dagegen zum Teil beträchtlich, und zwar je nachdem, ob mehr Protein oder Fett synthetisiert wird. Die Verwertung der über den Erhaltungsbedarf hinaus aufgenommenen ME variiert in Abhängigkeit von Tierart und Art der Leistung und wird durch den Faktor **k** ausgedrückt:

$$k = \frac{NE}{ME} .$$

Tabelle V.2.2 enthält die bisher bekannten durchschnittlichen Werte für k-Faktoren.
Exakt lässt sich der leistungsbedingte Bedarf an Energie folglich nur ableiten, wenn der Rp- und Rfe-Gehalt im Produkt bekannt ist; wegen der Variation dieser beiden Parameter geht man für die Berechnung des Energiebedarfs – aus Gründen der Praktikabilität – häufig von „mittleren Gehalten" aus (**Tab. V.2.3**) und rechnet dann für die Verwertung mit dem Mischfaktor k_{p+f} (s. **Tab. V.2.2**).

Auch der Leistungsbedarf an Rp (und AS) lässt sich faktoriell ableiten. Hierbei sind – neben dem Gehalt im Produkt – zwei wesentliche Einflussfaktoren kalkulatorisch zu berücksichtigen:
1. die Verdaulichkeit des Rp bzw. der AS,
2. die Verwertung des absorbierten Rp bzw. AS jenseits der Darmwand.

Tab. V.2.2: **Mittlere Verwertung der ME für verschiedene Teilleistungen (Teilwirkungsgrade)**

	Pfd	Rd	Schw	Gefl
k_m	0,60	0,72	0,75	0,75
k_p	–	0,35	0,56	0,45
k_f	–	0,64	0,74	0,75
k_{p+f}	0,70→0,60	0,40	0,65[1]	–
k_l [2]	0,65	0,60 (0,83)[3]	0,70 (0,88)[3]	–
k_g	0,18–0,22	0,20	0,22	–

m = maintenance (Erhaltung); p = Proteinansatz; f = Fettansatz; l = Milchbildung; g = Gravidität; k_o = Eibildung der Legehenne: 0,68; k_b = Bewegung: Pfd, Hd: 0,25–0,30.
[1] Etwa zur Mitte der Mast.
[2] k_l stellt ebenso wie k_g und k_o einen Mischfaktor dar, weil Rp- und Rfe-Gehalte im Produkt variieren.
[3] Verwertung, wenn aus mobilisierter Körperenergie Milchenergie produziert wird.

Dabei ist die Verwertung entscheidend vom AS-Muster abhängig; je ähnlicher dem AS-Muster im Produkt, umso günstiger die intermediäre Verwertung; andererseits können absorbierte AS auch für andere Aufgaben/Funktionen als den Ansatz genutzt werden (z. B. für die Gluconeogenese).

Unter der Annahme einer mittleren sV von 70 % ergibt sich der erforderliche Teilbedarf an Rp durch Division des Proteingehaltes mit 0,42 (0,7 [sV] x 0,6 [Verwertung]), bei Legehennen mit 0,45; s. **Tab. V.2.2**.

Tab. V.2.3: **Mittlere Proteingehalte (g/kg) in Ansatz und Produkten**

	Rd	Schf	Schw	Pfd	Hd	Henne
KM-Zunahme[1]	160	150	150	170	150	150
KM-Zunahme während Trächtigkeit[2]	140	200	150	100–175	150	–
Milch	35	56	56	23	75	–
Eimasse (ohne Schale)	–	–	–	–	–	128

[1] Erheblicher Einfluss des Alters des wachsenden Tieres.
[2] Abhängig vom Trächtigkeitsstadium.

2

Teilbedarf für die Reproduktion

Der zusätzliche Energiebedarf für den Ansatz in Konzeptionsprodukten einschließlich Adnexe während der **Trächtigkeit** ist zunächst so gering, dass er sich kaum vom Erhaltungsbedarf unterscheidet. Gegen Ende der Trächtigkeit (letztes Zehntel) steigt der Energiebedarf massiv an. Bei dem gut entwickelten Kompensationsvermögen der Muttertiere genügt es jedoch meist, den Zusatzbedarf für diese letzte Phase zu mitteln und gleichmäßig auf diese Zeit zu verteilen.

Gegen Ende der Gravidität ist bei allen Tieren eine erhöhte Wärmeabgabe zu beobachten. Diese wird herkömmlich nicht dem Erhaltungsbedarf zugerechnet, sondern als Verlust an thermischer Energie bei der Synthese von Konzeptionsprodukten angesehen. Die Verwertung der ME für den intrauterinen Ansatz liegt deshalb im Mittel mit $k_g = 0,2$ sehr niedrig.

Bei der graviden **Milchkuh** beträgt der durchschnittliche tägliche Energieansatz (MJ) $0,044\ e^{0,0165\ t}$ ($e = 2,71828$, t = Tage nach Konzeption).

Nach 240 (280) Trächtigkeitstagen (etwa dem Beginn [Ende] der Trockenstehzeit entsprechend) sind das unter Berücksichtigung von k_g 0,2 = 11,55 (22,35) MJ ME bzw. 6,93 (13,4) MJ NEL. Dies entspricht einer Leistung von etwa 2 (4) kg Milch (Basis der Ableitung: KM des neugeborenen Kalbes von ca. 45 kg).

Bei **Sauen** ist während der Gravidität zunächst der KM-Verlust während der vorangegangenen Laktation mit im Mittel 20 kg auszugleichen. Der Energiegehalt kann mit 14 MJ/kg angenommen werden ($k_{p+f} = 0,66$). Daraus ergibt sich während der gesamten Trächtigkeit von 114 Tagen eine durchschnittliche Tageszunahme von 175 g, die 3,7 MJ ME erfordert. Der intrauterine Energieansatz von 12 Föten einschließlich Adnexe beträgt während der letzten 4 Wochen a. p. im Mittel täglich 1,52 MJ. Vier Wochen vor der Geburt entsteht somit bei $k_g = 0,22$ ein Zusatzbedarf von 6,91 MJ ME pro Tag.

Für 1 kg maternale KM-Zunahme einschließlich der Trächtigkeitsprodukte kann niedertragend (1.–84. Tag) ein Zusatzbedarf von 22 MJ ME, 450 g Rp und 16 g Lysin bzw. hochtragend von 14 MJ ME, 300 g Rp und 12 g Lysin unterstellt werden.

Bei **Stuten** steigt der Energiebedarf für Frucht und Adnexe erst mit dem 8. Trächtigkeitsmonat stark an. Hinsichtlich des Energiebedarfs ist nach neueren Auswertungen zu differenzieren: Der Energie**ansatz** in der Frucht ist vergleichsweise gering, während der Energie**umsatz** (bestimmt über den O_2-Verbrauch) sehr groß ist. Je 1 kg Fohlenmasse (bei der Geburt) resultieren aus den beiden o. g. „Verbräuchen" 82 kJ (fetaler Energieansatz) sowie 403 kJ (oxidativer Umsatz), insgesamt also 485 kJ/kg KM des Fohlens pro Tag. Die geringe Energieverwertung in Form von Ansatz ist nicht zuletzt dem besonderen Stoffwechsel des tragenden Uterus geschuldet, in dem z. B. ein sehr hoher Anteil (ca. 40 %!) der Energiegewinnung über den AS-Abbau läuft. Die Verwertung der ME für Frucht und Adnexe beläuft sich von anfänglich knapp 18 % auf letztlich max. 22 %.

Bei **Hündinnen** entsteht erst in den letzten 20, größtenteils in den letzten 10 Tagen a. p. ein zusätzlicher Bedarf. Intrauterin werden ca. 12 % der KM mit einem Energiegehalt von 4,4 MJ/kg (Verwertung der ME = 0,2) angesetzt; extrauterin ist ein Ansatz von 7 % der KM mit einem Energiegehalt von 25 MJ/kg (Verwertung der ME = 0,6) anzunehmen. Da Hündinnen jedoch bereits in der Mitte der Tragezeit die höchsten Futtermengen aufnehmen, wird der gesamte Zusatzbedarf auf die letzten 5 Wochen verteilt. Der tägliche Zuschlag beträgt in dieser Zeit somit je kg KM 0,12 MJ ME.

Teilbedarf für die Laktation

Der zusätzliche Bedarf für die Laktation ist abhängig von der Zusammensetzung der Milch und von der Milchmengenleistung.

Bei vielgebärenden und/oder höchstleistenden Tieren wird der Energieaufwand zur Zeit der maximalen Laktationsleistung so groß, dass dieser nur über den Abbau von Körperreserven gedeckt werden kann. Bei einigen Spezies wird der Energie- und Nährstoffbedarf für die Laktation sogar fast ausschließlich über die Mobilisierung maternaler Depots gedeckt.

Rind: Der mittlere Energiegehalt der Kuhmilch von 1 kg FCM (auf 4 % Fett korrigierte Milch mit 12,8 % TS und 3,5 % Rp) beträgt 3,17 MJ/kg. Nach dem NEL-System entspricht dies ohne weitere Umrechnung einem Bedarf von 3,17 MJ NEL. Da die Verdaulichkeit der Energie mit steigendem Fütterungsniveau (wegen schnellerer Chymuspassage) beim Wdk leicht abnimmt, werden zu deren Berücksichtigung je kg Milch 0,13 MJ NEL hinzuaddiert. Für Kühe mit höherer Milchleistung werden deshalb je kg Milch mit 4 % Fett (1 FCM) 3,30 MJ NEL angesetzt. Für Milch mit abweichender Zusammensetzung kann der Bedarf nach folgenden Formeln berechnet werden:

bei bekanntem Fettgehalt:

MJ NEL/kg = 0,41 x % Rfe + 1,51

bei bekanntem Fett- und Proteingehalt:

MJ NEL/kg = 0,38 x % Rfe + 0,21 x % Rp + 0,95

bei bekanntem Fett- und TS-Gehalt:

MJ NEL/kg = 0,18 x % Rfe + 0,21 x % TS – 0,24

Schwein: Die tägliche Milchleistung der Sauen erreicht in der 3. bis 4. Woche p.p. ein Maximum von 7 bis 10 kg und fällt danach – mit zunächst noch steigendem Fettgehalt – wieder ab. Gerechnet wird mit einem mittleren Energiegehalt der Sauenmilch von 5,1 MJ/kg und einer Verwertung der ME für diese Leistung von 0,70. Die in Abhängigkeit von der Ferkelzahl unterschiedliche Milchmengenleistung ist schwer bestimmbar, jedoch ergibt sich in den ersten 4 Wochen p.p. eine Linearität zwischen Energie-

aufnahme und Ferkelwachstum. Je 1 kg Ferkel-KM-Zunahme sind 21,7 MJ Milchenergie notwendig. Für 12 Ferkel, die durchschnittlich täglich 200 g zunehmen, entsteht somit ein zusätzlicher Bedarf für die Laktation von 12 x 0,2 x 21,7 : 0,70 = 74,4 MJ ME. Während der Laktation benötigt die Sau je MJ ME 12–13 g Rp und mindestens 0,6–0,65 g Lysin.

Pferd: Die Milchmengenproduktion erreicht bei der Stute allgemein schon mit Ende des 1. Laktationsmonats ihr Maximum, um danach wieder zurückzugehen. In Abhängigkeit vom Laktationszeitpunkt (Tag) kann die Milchproduktion mit folgender Formel kalkuliert werden:

tgl. Milchmenge (g/kg KM^{0,82}) = 66 d^{0,1727} e$^{-0,00539\,d}$

Als Bezugsgröße geht hierbei die KM der Stute mit dem Exponenten 0,82 ein. Die Verwertung der ME für die Milchbildung wird beim Pfd auf 0,65 geschätzt. Der Zusatzbedarf für die Laktation beträgt somit für eine 600 kg schwere Stute am 30. Laktationstag: 19,2 kg Milch x 2,15 MJ ME = 41,28 MJ ME : 0,65 = 63,5 MJ ME/Tag. Zu Menge und Zusammensetzung der Stutenmilch siehe **Tabelle V.2.4**.

Hund: Der Energiegehalt der Hundemilch ist im Mittel mit 6,5 MJ/kg, die Verwertung der ME für die Milchbildung mit 0,6 anzunehmen. Der zusätzliche Energiebedarf wird durch die Zahl der Welpen und das Laktationsstadium (max. Milchproduktion 3. bis 5. Woche) bestimmt, wobei die Wurfgröße stärker Einfluss nimmt als das Laktationsstadium. In **Tabelle V.2.5** ist das Mittel des Leistungsbedarfs der laktierenden Hündin (je kg KM/Tag) dargestellt.

Tab. V.2.4: **Menge und Zusammensetzung der Stutenmilch**

Laktations-monat	tägliche Milchmenge		TS %	Rp %	Rfe %	Lactose %	Energie MJ/kg
	g/kg KM^{0,82}	kg bei 600 kg KM					
1	101	19,2					
3	97	18,4	10,6	2,3	1,4	6,5	2,15
5	79	15,0					

Tab. V.2.5: **Leistungsbedarf der laktierenden Hündin (je kg KM und Tag)**

Zahl der Welpen	Milchmenge/Tag[1] g/kg KM[2]	NE für Milchbildung kJ/kg KM[2]	Leistungsbedarf/Tag kJ ME/kg KM[2]
< 4	22	143	238
4–6	47	306	510
> 6	57	371	618

[1] Im Mittel über 4 Laktationswochen.   [2] Der laktierenden Hündin.

Teilbedarf für die Eibildung

Je 100 g Frischmasse (mit Schale) enthält das Hühnerei im Mittel 0,65 MJ Energie und 11,2 g Rp. Die Verwertung der ME für die Eibildung wird mit 0,68 und die des Rp mit 0,45 angenommen. In Abhängigkeit von der Legeleistung (LL = Zahl der Eier je 100 Hennen pro Tag) und der Eimasse (EM) ist der zusätzliche Bedarf an Energie und Protein wie folgt zu berechnen:

$$\text{ME (MJ/d)} = \frac{\text{LL (\%) x EM (g) x 0,65}}{68 \times 100}$$

$$\text{Rp (g/d)} = \frac{\text{LL (\%) x EM (g) x 11,2}}{45 \times 100}$$

Teilbedarf für Wachstum

Vor Ableitung des Leistungsbedarfs von Kälbern und Jungrindern ein Hinweis zum Erhaltungsbedarf: Für Kälber und die Färsenaufzucht wird ein Erhaltungsbedarf von 0,53 MJ ME/kg KM^{0,75} (unabhängig vom Haltungssystem) unterstellt. Bei Kälbern unter 100 kg KM spielt die Umgebungstemperatur eine gewisse Rolle, d.h., je 1 °C unterhalb von 25 °C steigt der Erhaltungsbedarf um etwa 1 %.

Die Verwertung der ME für den Ansatz (Zunahmen während der Aufzucht) wird auf 40 % veranschlagt, d.h. es wird ein gleicher Faktor wie in der Rindermast unterstellt.

Kälber zeigen dabei im Ansatz einen relativ höheren Protein-, andererseits geringeren Fettgehalt (**Tab. V.2.6**), sodass der Energiegehalt je kg KM-Zunahme altersabhängig differiert (und deshalb strenggenommen auch der k-Faktor), dennoch wird mit dem einheitlichen Mischfaktor von $k_{p+f} = 0,40$ gearbeitet.

Der Energiegehalt im angesetzten Protein beträgt 22,6 kJ/g, im Fett 39,0 kJ/g. Aus dem so zu kalkulierenden Energieansatz ist unter Berücksichtigung der Verwertung der ME für den Ansatz von 40 % und dem Erhaltungsbedarf (0,53 MJ ME/kg KM^{0,75}) der Gesamtbedarf an ME für die Kälber- und Färsenaufzucht faktoriell abzuleiten.

Für die Aufzucht und Mast von Schweinen ist vor Darstellung des Leistungsbedarfs folgender Hinweis zum Erhaltungsbedarf notwendig: Mit zunehmendem Alter bzw. steigender KM sinkt dieser Wert wie in **Tabelle V.2.7** dargestellt.

Mit dem Trend zur höheren KM am Ende der Mast (längere Mastdauer) und der zunehmenden Bedeutung der Ebermast verdienen zwei Aspekte zusätzliche Beachtung: Mit der Geschlechtsreife ist von Interesse, dass sich – im Vergleich zu Börgen – der Erhaltungsbedarf leicht ändert: Demnach haben weibliche Tiere einen um etwa 5 %, männliche Tiere einen um ca. 10 % höheren Erhaltungsbedarf an Energie, was unter anderem mit einer höheren Bewegungsaktivität erklärt wird. Von größerer Bedeutung sind jedoch die Veränderungen im Ansatz, d.h. bei gleichen Zunahmen pro Tag zeigen Eber einen deutlich geringeren Fettansatz, also relativ höheren Proteinansatz. Mit dem geringeren Energiegehalt je kg Ansatz wird deshalb der Futteraufwand günstiger (Eber > Sauen > Börgen), obwohl die k-Faktoren für den Proteinansatz ungünstiger sind als für den Fettansatz. Eine proteinreichere KM-Zusammensetzung ist energetisch auch „teurer" als ein hoher Körperfettbestand (unterschiedlicher Turnover dieser beiden Gewebe!).

Tab. V.2.6: **Der tägliche Protein- und Fettansatz (Angaben in g) von Aufzuchtkälbern und -rindern bei unterschiedlicher KM und Zunahme (GfE, 1997 bzw. 2001)**

KM (kg)	Tageszunahmen (g)									
	400		500		600		700		800	
	Protein	Fett	Protein	Fett	Protein	Fett	Protein	Fett	Protein	Fett
50	71	16	88	21	106	28	–	–	–	–
75	69	19	86	26	103	34	120	42	138	52
100	67	22	84	29	100	37	117	46	134	56
125	65	24	81	32	98	40	117	50	130	60
150	–	–	80	34	95	43	110	53	126	63
200	–	–	80	48	95	62	108	78	121	95
250	66	47	80	63	93	83	106	105	117	130
300	65	58	78	80	91	105	102	135	112	167
350	64	69	76	97	87	130	97	167	106	207
400	62	82	74	116	83	156	91	201	98	252
450	61	96	71	136	78	184	85	238	89	299
500	58	111	67	158	73	214	77	278	79	349
550	56	126	63	182	68	245	70	320	70	400

Tab. V.2.7: **Erhaltungsbedarf von Schweinen mit zunehmendem Alter bzw. steigender KM**

kg KM	30	40	50	60	70	80	90	100
MJ ME pro kg KM^{0,75}	0,550	0,534	0,519	0,503	0,487	0,471	0,456	0,440

Bei Mastschweinen wurden in Abhängigkeit von der KM und dem Zunahmen-Niveau die in der **Tabelle V.2.8** angegebenen Ansätze von Rp und Rfe beobachtet. Dank züchterischen Fortschritts erreichen heute Tiere moderner Zuchtlinien auch noch in höheren KM-Bereichen günstigere Proteinansatzraten bei gleichzeitig niedrigerem Fettansatz als in der Tabelle angegeben (ermöglicht Mastendgewichte von 115 bis 120 kg ohne eine zu starke Verfettung). Der Teilbedarf ist aus den obigen Ansatzdaten zu errechnen, wobei zu berücksichtigen ist, dass die Energiegehalte für Protein 22,6 kJ/g und für Fett 39,0 kJ/g betragen. Als Teilwirkungsgrade (NE/ME) werden für $k_p = 0,56$ und für $k_f = 0,74$ unterstellt.

Teilbedarf für Arbeit/Bewegung

Der Energiebedarf für körperliche Arbeit

Bei körperlicher Arbeit wird chemische Energie in kinetische Energie transformiert. Hiermit ist unweigerlich eine erhebliche Wärmebildung verbunden. Die Verstoffwechslung energiereicher Verbindungen (Verbrennung) ist an Sauerstoff gebunden, sodass diese Abhängigkeit genutzt werden kann, um den Energieaufwand für Arbeit (und Leistung) zu quantifizieren. Der Sauerstoffbedarf wiederum ist mit der Herzschlagfrequenz gekoppelt (bei m. o. w. fixem Bestand an Sauerstoff-transportierendem Haemoglobin im Blut), sodass über die Nutzung der Herzfrequenz

Tab. V.2.8: **Protein- und Fettansatz bei wachsenden Schweinen**

KM-Zunahmen (g/Tag)	Körpermasse (kg)							
	30	40	50	60	70	80	90	100
Proteinansatz (g/Tag)								
400	93	97						
500	104	108	109	108				
600	115	119	120	119	116	111	104	
700	126	130	131	130	127	122	115	107
800		141	142	141	138	133	126	118
900			153	152	149	144	137	129
1000					160	155	148	
Fettansatz (g/Tag)								
400	55	81						
500	84	110	137	163				
600	113	140	166	193	219	245	272	
700	142	169	195	222	248	275	301	328
800		198	225	251	277	304	330	356
900			254	280	307	333	360	386
1000					336	362	389	

ein ganz neuer Ansatz in der Energiebedarfsableitung möglich wurde (Coenen, 2008).

Mit zunehmender Arbeitsintensität ergeben sich zwei energetisch bedeutsame Veränderungen: Zum einen muss die zusätzlich entstehende Wärme abgeführt werden, wenn die Körpertemperatur nicht auf unphysiologische Werte steigen soll, d. h. die Schweißbildung und/oder eine hochfrequente oberflächliche Atmung (Hecheln) werden zur „Kühlung" zwingend erforderlich. Zum anderen nimmt der Anteil der Energiegewinnung aus anaeroben Stoffwechselprozessen (→ Laktatbildung in der Muskulatur) zu, sodass eine Energiegewinnung für die Arbeit nicht mehr nur ausschließlich aus dem Sauerstoffverbrauch resultiert.

Vor diesem Hintergrund erfolgte für das **Pferd** eine neue Bedarfsableitung für die Energie bei angestrebter Arbeit. Dabei kann die Leistung zum einen über die Zeit oder aber auch über die Strecke beziffert werden (**Tab. V.2.9**).

Insgesamt bestätigen diese neu abgeleiteten Bedarfswerte die schon länger bekannte, nicht sehr effiziente Nutzung der Futterenergie (ME) für die Arbeit (im Bereich von 25–30%). Mit zunehmender Leistung (und Wärmebildung) steigt die Notwendigkeit zum Wärmeexport (physikalische Gesetzmäßigkeit), für den beim Pfd insbesondere die Verdunstung von Schweiß an der Körperoberfläche genutzt wird (Verdunstung von 1 l Wasser = 2,415 MJ Wärmeabgabe), aber auch über die ausgeatmete Luft wird Wärme exportiert. Diese beiden Mechanismen (Schweißbildung bzw. Exspiration) mit Anteilen von ca. 50–60 bzw. knapp 30 % sichern also – trotz eines Anstiegs auf Werte von bis zu 40 °C und mehr –

Tab. V.2.9: **Leistungsbedarf arbeitender Pferde in Abhängigkeit von Gangart und Geschwindigkeit**

Herzfrequenz Schläge/min	ME, aerob	ME, anaerob	ME, gesamt	Orientierungswert
	kJ/kg KM je min			
Schritt (100 m/min = 6 km/h)[1]				
50	0,139	unbedeutend	0,139	0,3 (1)[2]
90	0,449	unbedeutend	0,449	
Trab (240 m/min = 14,4 km/h)[1]				
110	0,671	0,001	0,672	1,2 (4)
170	1,508	0,061	1,569	
Galopp (600 m/min = 36 km/h)[1]				
190	1,996	0,264	2,260	3,6 (12)
220	2,674	2,369	5,043	

[1] Beachte: innerhalb der Gangart ist eine erhebliche Variation möglich, z. B. „versammelter Trab" vs. Renntrab.
[2] In Klammern: Relativwerte im Vergleich zum Schritt = 1, d. h. zur Demonstration des Effekts der Geschwindigkeit.

eine noch verträgliche Körpertemperatur, trotz intensiver Arbeit. Die „physikalisch" notwendige Schweißbildung ist nicht zuletzt eine entscheidende Größe, wenn es um die Elektrolytverluste bzw. Versorgung arbeitender Pferde mit Elektrolyten geht.

Der zusätzliche Bedarf an ME für die **Bewegung/Arbeit von Hunden**, d. h. für das Zurücklegen einer bestimmten Strecke bzw. das Laufen über eine bestimmte Zeit in gleicher Geschwindigkeit und Gangart ist keine lineare Funktion der KM, sondern dieser Bedarf folgt in etwa der metabolischen KM. Daher benötigen kleine Hunde für eine bestimmte Strecke – bezogen auf die KM – mehr Energie als große Hunde. Dieser Unterschied ist im Wesentlichen mit der Anzahl der Schritte, Tritte oder Sprünge begründet, die für die Strecke benötigt werden, da bei jeder Fußung der Körper des Hundes mehr oder weniger angehoben und beschleunigt und wieder abge-

bremst wird. So haben kurzbeinige Hunde einen höheren Energiebedarf für die gleiche Laufleistung als gleichschwere langbeinigere Hunde. Für die Praxis spielt dies insofern eine Rolle, als es die Beobachtung stützt, nach der für kleinere Hunde auch schon „kürzere Spaziergänge" einen höheren Energieaufwand bedeuten, als dies bei großen Rassen der Fall ist.

Bei Welpen und Junghunden spielt außerdem die Spontanbewegung auf der zur Verfügung stehenden Fläche und der dadurch entstehende Energieverbrauch eine Rolle. Im Haus gehaltene größere Junghunde haben – bezogen auf die metabolische Körpermasse – deshalb oft einen geringeren Erhaltungsbedarf als kleinere, da sie auf dem zur Verfügung stehenden Raum weniger Energie durch Spontanbewegung verbrauchen. Die Bodenverhältnisse spielen ebenfalls eine wichtige Rolle, je schwerer und tiefer der Boden ist, z. B. im Schnee, umso höher ist der Energiebedarf für die Arbeit, und umso größer dürfte der Unterschied zwischen größeren und kleineren Hunden werden. Dabei spielt die Geschwindigkeit eine ganz erhebliche Rolle. Unter sehr verschiedenen Bedingungen wurden Werte zwischen 5,4–13 kJ/kg KM$^{0.75}$/km (= 2,9–7,8 kJ/kg KM/km; kleine Hd: 5,8–7,8; große Hd: 2,9–3,8) gemessen. Vertikale Bewegungen (Hebearbeit wie z. B. Treppensteigen) sind dagegen im Energieaufwand direkt proportional zur Körpermasse. Es sind etwa 29 J/kg KM und Meter anzusetzen (**Tab. V.2.10**).

Für Ausdauerleistungen sollte die zusätzliche Energie überwiegend aus Fett (und auch Protein) bereitgestellt werden, bei kürzer dauernder Belastung sind Kohlenhydrate empfehlenswert (kurz vor der eigentlichen Arbeit).

Der Proteinbedarf für die Arbeit steigt nur sehr gering an. Die Relation g vRp : MJ ME ist wie im Erhaltungsstoffwechsel vorzusehen. Bei extremer Leistung und hoher Stressbelastung (Schlittenhunde-Rennen über mehrere hundert km, Rettungshunde in großer Höhe, extremer Kälte etc.) steigt der Proteinbedarf jedoch an, wird aber aufgrund der höheren Futteraufnahme allgemein gedeckt.

Tab. V.2.10: **Zusätzlicher Energiebedarf für Arbeit bzw. Bewegung bei Hunden[1]**

Gangart	Geschwindigkeit	Hund (kJ ME)	
	km/h	je km	je h
Schritt, zügig	4	3,6	14,4
moderater Trab	7	4,2	29,4
Galopp, mittel	20	5,6	112

[1] Ermittelt an 20–30 kg (Hd) schweren Tieren.

2.2 Mengenelemente

2.2.1 Berechnungsmethode

Für die meisten Mengenelemente wird zur Bedarfsermittlung die **faktorielle Methode** genutzt.[1]

Die Verwertbarkeit ergibt sich aus der Absorption und der Verwertung im intermediären Stoffwechsel. Beide Parameter werden von der Art der Verbindung (anorganische/organische Quellen; Löslichkeit, Partikelgröße etc.) und von anderen Nahrungsbestandteilen (Interaktionen wie z.B. von Ca und Zn bekannt) beeinflusst. Im Mittel kann daher nur von der **„angenommenen Verwertung"** (aV) gesprochen werden. 🐾

2.2.2 Grunddaten zur Berechnung des Bedarfs

Pferd

Im Erhaltungsstoffwechsel wird der Mengenelementbedarf im Wesentlichen durch die unvermeidbaren Verluste über Kot und Harn sowie über die Haut bestimmt. Neuere meta-analytischen Arbeiten mit Bezug von Aufnahme und Abgabe auf die Stoffwechselmasse führten dabei zu den in **Tabelle V.2.11** aufgeführten Werten.

Tab. V.2.11: **Endogene, unvermeidbare Mengenelement-Verluste von Pferden sowie die angenommene Verwertung (aV)**

	Ca	P	Mg	Na	K	Cl
Endogene Verluste mg/kg $KM^{0,75}$/d	75	15	35	25	20	120
Angenommene Verwertung, %	45	15[1]	45	70	85	95

[1] Im Erhaltungsstoffwechsel, bei Leistung grundsätzlich 35%.

Erwähnung verdient, dass diese Werte nicht für Saugfohlen zutreffen. Die bei ausschließlicher Milchernährung beobachtete KM- und Skelettentwicklung spricht für eine nahezu 100%ige Verwertung der Mengenelemente aus der Muttermilch und endogene/unvermeidbare Verluste nahe Null.

Rind

Die endogenen faekalen Verluste an Mengenelementen sind beim Rind (vermutlich auch bei anderen Wdk) im Wesentlichen von der TS-Aufnahme und nicht – wie früher angenommen – von der KM abhängig. Je kg TS-Aufnahme ist für das Rind mit den in **Tabelle V.2.12** genannten Werten zu rechnen. Des Weiteren sind dort die Verwertungsraten für die Mengenelemente aufgeführt.

Tab. V.2.12: **Verwertungsraten für Mengenelemente beim Rind**

	Ca	P	Mg	Na	K	Cl
Endogene Verluste (g/kg TS-Aufnahme)	1,0	1,0	0,2	0,7	8,4	1,4
Angenommene Verwertung [%][1]	50	70	30	95	95	95

[1] Auch für den Leistungsbedarf zu unterstellen.

---

[1]

$$\text{Bruttobedarf} = \frac{\text{Gehalt im Produkt} + \text{endogene Verluste}^1}{\text{Verwertbarkeit (\%)}} \times 100 = \frac{\text{Nettobedarf}}{\text{Verwertbarkeit (\%)}} \times 100$$

[1] Obligatorische Verluste bei bedarfsgerechter Futtermengenaufnahme und Versorgung.

Schaf

Hier wird noch bezüglich der endogenen Verluste mit dem Bezug auf die KM gearbeitet, auch die Verwertungsraten sind – im Vergleich zum Rind – leicht unterschiedlich (**Tab. V.2.13**).

Unter Nutzung dieser Verwertungsraten wird der Leistungsbedarf ebenfalls aus den Werten in **Tabelle V.2.14** abgeleitet.

Tab. V.2.13: **Verwertungsraten für Mengenelemente beim Schaf**

	Ca	P	Mg	Na
Endogene Verluste (mg/kg KM)	16	14	4	25
Angenommene Verwertung (%)[1]	50	70	20	80

[1] Auch für den Leistungsbedarf zu unterstellen.

Pferd und Schwein

Siehe **Tabelle V.2.15**.

Tab. V.2.14: **Grunddaten zur Ableitung des Leistungsbedarfs an Mengenelementen für Rd und Schf**

Faktoren des Leistungsbedarfs	Ca	P	Mg	Na
Tgl. Ansatz in der Frucht (g)[1]				
Rind	3,5–5,0	2,1–3,0	0,2	0,6–0,8
Schaf				
Einlinge	1,4	0,60	0,06	0,08
Zwillinge	2,3	1,00	0,10	0,14
Milch (g/kg)				
Rind[2]	1,25	1,00	0,12	0,50
Schaf	1,90	1,50	0,18	0,40
Ansatz, Aufzucht[3] bzw. Mast (g/kg)				
Rind	14,30	7,50	0,38	1,20
Schaf	9,00	5,00	0,35	1,40

[1] Letzter Monat der Gravidität.
[2] Gehalte bei 4% Fett; steigt der Fettgehalt um 1%-Punkt: +140 mg Ca, + 80 mg P, + 6,5 mg Mg/kg.
[3] aV in Säuglingsphase deutlich höher (Ca: 90%; P: 85%; Mg: 40%; Na: 90%), bei Festfutteraufnahme und funktionierendem Vormagensystem: Werte wie bei Adulten.

Tab. V.2.15: **Grunddaten zur Ableitung des Leistungsbedarfs an Mengenelementen bei Pferd und Schwein**

Faktoren des Leistungsbedarfs	Ca	P	Mg	Na	K	Cl
Tgl. Ansatz (g) in Frucht und Adnexe, (je Tier)						
Pfd[1]	5–12	2–6	0,2	2,0	1,4	1,1
Schw[2]	3,5–4	2–3	0,1	1,2–2,4	–	–
Milch (g/kg)						
Pfd[3]	1,03	0,60	0,07	0,18	0,67	0,28
Schw[4]	2,3	1,6	0,2	0,35	1,0	0,5
Schweiß (g/l)						
Pfd[5]	0,12	0,01	0,05	2,8	1,4	5,3
KM-Ansatz (g/kg)[6]						
Pfd (Aufzucht)	16	7–8	0,4	1,7	2,0	1,5
Schw (Mast)	7–8	4,5–5,0	0,4–0, 5	1,0–1,5	5,3	–

[1] 500 kg KM, Ende Gravidität, d. h. 8.–11. Monat.
[2] 200 kg KM, im 4. Monat.
[3] Bei 500 kg KM der Stute: zwischen 12 und 18 l/d.
[4] Bei Sauen ca. 8–10 l Milch/Tag; in modernen Zuchtlinien auch höhere Milchleistung (≥ 12 l/d)
[5] Schweißmenge bei mittlerer Belastung: 1–2 l/100 kg KM x h; genauere Schätzung anhand eines Schweiß-Scores.
[6] Höhere Werte bei jüngeren Tieren, niedrigere zum Ende von Aufzucht/Mast.

Wegen der je nach Herkunft (P aus pflanzlichen, tierischen bzw. mineralischen FM) sehr großen Unterschiede in der P-Verdaulichkeit (**Tab. V.2.16**) wird heute sowohl bei der Beschreibung des P-Gehalts in FM und MF als auch bei der Bedarfsformulierung **für Schweine bzw. Geflügel** üblicherweise mit dem verdaulichen Phosphor (vP) bzw. **Nicht-Phytin-Phosphor** gearbeitet.

Bei Kenntnis des Nettobedarfs (notwendige P-Menge jenseits der Darmwand, d. h. im Produkt bzw. endogenen Sekreten) und 100%iger Verwertung des absorbierten Phosphors wäre der Bruttobedarf – formuliert als vP – gleich Nettobedarf. Bei günstiger P-Versorgung ist jedoch die Verwertung des absorbierten Phosphors nur 95 %. Hieraus folgt dann die Formulierung:

$$\text{Bedarf an vP} = \frac{\text{Netto-P} - \text{Bedarf}}{0,95}$$

Der entscheidende Vorteil einer Formulierung des Bedarfs in Form des vP liegt in der Berücksichtigung der stark unterschiedlichen Verdaulichkeit, sodass der Zusatz an mineralischem Phosphor genauer auf den Bedarf abgestimmt werden kann (und so die P-Exkretion minimiert wird → Umweltaspekte). Empfehlungen zur Versorgung s. Kap. VI.6 bzw. VI.9.

Tab. V.2.16: **P-Gehalte und -Verdaulichkeiten verschiedener Futtermittel beim Schwein**

Einzel-FM	P-Gehalt	P-Verdaulichkeit	
	g/kg TS	ohne Phytase	mit Phytase
Mono-Ca-P	239	91 ± 3	–
Fischmehl	25–27	88 ± 7	–
Gerste	4,4	45 ± 11	66 ± 11
Mais	3,0	38 ± 16	–
Corn Cob Mix	3,4–3,8	51 ± 6	73 ± 8
Weizen	3,5	63 ± 4	–
Triticale	3,6	66 ± 6	–
Ackerbohne	6,3	40 ± 14	–
SES	6,9–7,2	33 ± 6	73 ± 7
RES	13,1	24 ± 3	73 ± 4
Sbl.[1]ES	11,8	40 ± 6	–

[1] Sonnenblumenextraktionsschrot

Hund

Siehe **Tabelle V.2.17**.

Tab. V.2.17: **Grunddaten zur Ableitung des Leistungsbedarfs an Mengenelementen für den Hund (mg/kg KM/Tag)**

	Calcium		Phosphor		Magnesium		Natrium	
	mg/kg KM/d	aV, %	mg/kg KM/d	aV, %	mg/kg KM/d	aV, %	mg/kg KM/d	aV, %
Endogene Verluste	28	35	25	40	5	35	40	80
Ansatz Gravidität, letzte 4 W	25	30	20	35	1	35	8	80
Ausscheidung Milch[1]	105	35	80	40	5	35	35	80
Ansatz Wachstum								
2. Mon (2,5)[2]	300	70	150	70	9	60	65	80
3. Mon (1,5)	200	50	100	60	5	35	35	80
4. Mon (1)	150	50	75	60	4	35	21	80
5./6. Mon (0,5)	70	40	40	50	2	35	11	80

[1] Milchmenge/d: 4 % KM.   [2] Täglicher Zuwachs (% der aktuellen KM), bei großwüchsigen Rassen höher; wahre Verdaulichkeit in dieser Phase nach neueren Auswertungen: Ca 24 % sowie P 43 %.

2.3 Spurenelemente

Aus Gründen der Praktikabilität wird bei Empfehlungen zur Spurenelementversorgung mit dem Bezug je kg Futter-TS gearbeitet. Dabei geht man von einer üblichen Futtermengenaufnahme und Rationszusammensetzung aus. Diese je kg Futter-TS empfohlenen Spurenelementkonzentrationen sind teils schon faktoriell bestimmt, teils sind sie aber auch aus Dosis-Effekt-Versuchen abgeleitet. Hier sind nur die Elemente aufgeführt, für die gesicherte Erkenntnisse bzgl. Bedarf etc. vorliegen (**Tab. V.2.18, V.2.19**), weitere Elemente (z. B. Chrom) werden zwar schon vereinzelt supplementiert, doch herrschen diesbezüglich noch erhebliche Unsicherheiten.

Weitere Hinweise zur Versorgung s. Kap. V.3.

Tab. V.2.18: **Empfehlungen zur Spurenelementversorgung (mg/kg Futter-TS[1])**

	Pfd	Milchkuh	sonst. Wdk	Sauen, Eber	Mast-schwein	Hd	Ktz	Mast-geflügel	Lege-henne
Fe	40–60	50	50	80–90	50–60	40–90[2]	80	100	100
Cu	7–11	10	8–10	8–10	4–5	11[3]	5–10	7	7
Mn	30–50	50	60	20–25	20	5–6	5–10	60	50[4]
Zn	40–50	50	40–50	50	50–60	100	75–100	50	50
Co	0,05–0,1	0,2	0,1–0,2						
I[5]	0,1–0,2	0,5	0,2–0,5	0,6	0,15	0,5–1,5	1–2	0,5	0,5
Se	0,2	0,2	0,2	0,15–0,2	0,15–0,2	0,2–0,4	0,3–0,4	0,15	0,15

[1] Futtermittelrechtlich tolerierbare Gehalte s. Tab. II.16.2.
[2] Die höheren Werte bei graviden Tieren.
[3] Auch bei laktierenden Hündinnen ausreichend.
[4] Höherer Bedarf bei Mastrassen (asiatische Rassen).
[5] Bedarfserhöhung bei Steigerung des Grundumsatzes (Laktation, niedrige Temperatur) und strumigenen Substanzen im Futter.

Tab. V.2.19: **Interaktionen im Spurenelementstoffwechsel**

Element	Komponenten, die in höherer Konzentration den Bedarf steigern
Co	nicht bekannt
Cu	Mo, org. und anorg. S-Verbindungen, Ca, Fe, unbekannte Faktoren; (Cd, Ag, Phytate[1])
I	Thiooxazolidon, Thiocyanate, Co; (As, F)
Fe	Ca, P, Cu, Zn, Carbonate; (Phytate[1])
Mn	P, Phytate[1], unbekannte Faktoren
Se	org. und anorg. S-Verbindungen, unbekannte Faktoren; (Sn, Fe, As)
Zn	Ca, Cu, Phytate[1], unbekannte Faktoren; (Cd)

[1] Bei Monogastriern; Komponenten in Klammern = nur experimentelle Befunde.

2.4   Vitamine

Die Vitaminversorgung der verschiedenen Spezies erfolgt über
- den Vitamingehalt im Futter,
- die Vitaminsynthese im Verdauungstrakt,
- evtl. auch aus körpereigener Synthese.

Der Vitaminbedarf ist prinzipiell vom Stoffwechsel abhängig, d.h. eine Funktion der Stoffwechselmasse, müsste also streng genommen je kg $KM^{0,75}$ angegeben werden. Aus rein pragmatischen Gründen ist es dennoch üblich, den Bedarf als Konzentration im Futter anzugeben, wobei man von einer mittleren Futtermengenaufnahme und einer mittleren KM von Individuen innerhalb einer Spezies ausgeht.

Die Zufuhr erfolgt dabei nicht nur wegen der Essenzialität im Stoffwechsel des Tieres, sondern evtl. auch (teils in bedarfsüberschreitender Dosierung) zu besonderen Zwecken (z.B. Vit E → LM-Qualität, Schutz vor autoxidativen Veränderungen) bzw. im Rahmen diätetischer Maßnahmen (z.B. Biotin → Förderung der Hufhorn- bzw. Klauenhornqualität).

Nicht zuletzt wegen der erheblichen Variation der originären Vitamingehalte im Futter und möglicher nachteiliger Einflüsse der FM-Bearbeitung (Temperatur, Druck, Feuchte) wird unter Praxisbedingungen häufig die im Futter

Tab. V.2.20: **Empfehlungen zur Versorgung mit fettlösl. Vitaminen (je kg KM bzw. kg TS)**

	Vit A[1] IE	Vit D[3] IE	Vit E[4] mg	Vit K[5] mg	Carotin[6] mg	1 mg Carotin →... IE Vit A[7]
Angaben je kg KM x d[1]						
Pferd	50–150	10–20	0,1–1	–	ca. 1	400
Rind	60–160	5–10	0,1 (Kälber)	–	0,5–1,0	400
Schaf	60–150	5	0,1 (Lämmer)	–	+	580
Hund	75–280	4–14	1–2	–	–	500
Katze	60–250[2]	15–35	0,6–2	–	–	0
Angaben je kg Futter-TS						
Schwein						
Ferkel	4000	500	15	0,15	ca. 0,5	530
Mastschwein	2200	150–200	15	0,1	ca. 0,5	530
Zuchtsau	2300–4000	200	30	0,1	ca. 0,5	530
Huhn						
Küken	2500	250–450[8]	6	0,6	–	?
Legehennen	4500	250–450[8]	6	0,6	–	1667
Zuchthennen	4500	250–450[8]	10	1,1	–	1667

[1] Laktierende, gravide und junge Tiere obere Grenzwerte; Kälber bis 300 IE/kg.
[2] Ab etwa 60 000 IE/kg KM toxische Effekte!
[3] Obere Werte bei wachsenden Tieren, ungünstiges Ca:P-Verhältnis im Futter; für Gefl nur Vit D_3 verwenden.
[4] Bedarf stark vom Gehalt an ungesättigten FS im Futter abhängig (pro g Polyenfettsäuren + 0,6 mg Vit E).
[5] Nicht zwingend, aus Sicherheitsgründen empfohlen (ca. 1 mg/kg AF).
[6] Nur bei Zuchttieren gesicherte Vit-A-unabhängige Effekte.
[7] Erhebliche Variation, nicht zuletzt wegen verschiedener Futterinhaltsstoffe.
[8] Ohne Auslauf (mit Auslauf geringerer Bedarf).

Tab. V.2.21: **Notwendigkeit der oralen Zufuhr von wasserlöslichen Vitaminen**

	Kalb/Lamm	Schw	Pfd	Hd/Ktz	Gefl
Vit B$_1$ (Thiamin)	+	+	+	+	+
B$_2$ (Riboflavin)	+	+	–	+	+
B$_3$ (Nicotinsäure)	+	+	–	+	+
B$_5$ (Pantothensäure)	–	+	–	+	+
B$_6$ (Pyridoxin)	+	+	–	+	+
B$_{12}$ (Cobalamin)	+	+	–	+	+
Folsäure	+	–	(+)	–	+
Biotin	–	(+)	(+)	(+)	+
Cholin	–	+	–	+	+

+ = orale Ergänzung erforderlich; (+) = orale Zufuhr evtl. vorteilhaft;
Vit-C-Versorgung stets bei Meerschweinchen, evtl. auch bei Legehennen notwendig.

Tab. V.2.22: **Empfehlungen zur Versorgung mit wasserlösl. Vitaminen (Angaben je kg AF)**

	Vit B$_1$ mg	Vit B$_2$ mg	Vit B$_6$ mg	Vit B$_{12}$ µg	Nicotin-säure[1], mg	Pantothen-säure, mg	Folsäure mg	Biotin[2] mg	Cholin g
praerum. Wdk									
Kalb	2,5	2	4–5	18	25	17	0,1	0,05	0,12
Lamm	2,0	2	4–5	18	25	17			
Schweine									
Zuchtsauen,									
Eber	1,7	3	1,5	15	11	10	1,3	0,2	1,2
Ferkel	1,7	2,5	3	20	20–15	10	1–2	0,05	1,0
Mastschwein	1,7	2,5	3	10	15	10	0,3	0,05	0,8–0,5
Pferde	4	5	1,6	1,6	15	6		(0,1)	0,08
Hunde	1	2–5	1,3	25	10	10	0,2	0,1	1,2
Katzen	5	5	4	20	45	10	1,0	0,05	2,0
Geflügel									
Legehenne	1,7	2,8	3,0	12	22	5,6		0,11	0,50
Zuchthenne	1,7	4,4	4,4	22	22	9		0,11	0,55
Küken	1,9	3,3	3,3	15	30	9	0,55	0,17	1,10
Junghenne	1,7	3,3	3,0	12	22	9		0,11	1,10
Broiler	2,8	3,0	3,3	10	40–33	9		0,17	1,25

[1] Verfügbare Nicotinsäure bei bedarfsgerechter Trp-Versorgung.
[2] Empfehlungen für Zulage zum Futter bzw. verfügbares Biotin, da Biotin aus Getreide und Leguminosen nur z. T. verfügbar.

erforderliche Vitaminkonzentration nahezu vollständig supplementiert. Eine Unterversorgung ist dabei genauso zu vermeiden wie eine erhebliche Überversorgung, nicht zuletzt wegen einer unerwünscht hohen Akkumulation in der Leber (s. Vit A) oder auch einer erheblichen toxischen Potenz (s. Vit D!). Störungen in der Magen-Darm-Flora (z. B. Dysbiosen nach Einsatz antimikrobieller Wirkstoffe in Therapie oder Prophylaxe) können ebenso die Vitaminversorgung beeinträchtigen wie Haltungssysteme, die eine Aufnahme enteral produzierter Vitamine (über Kot-Kontaminationen) nahezu verhindern. Vor diesem Hintergrund ist verständlich, dass nicht bei allen Spezies unabhängig vom Alter eine Supplementierung des Futters mit fett- bzw. wasserlöslichen Vitaminen erfolgen muss (**Tab. V.2.20, V.2.21, V.2.22**).

Die Angaben zum Bedarf an fettlöslichen Vitaminen zeigen in der **Tabelle V.2.20** teils beachtliche Unterschiede, die u. a. mit unterschiedlichen Energiedichten im Futter zu erklären sind. Daneben spielen parallel vorliegende Fettgehalte im Futter eine Rolle sowie die Absorptionsbedingungen im Verdauungstrakt.

Die zur Bedarfsdeckung erforderlichen Vitamingehalte im Futter sind im Wesentlichen über Dosis-Effekt-Versuche abgeleitet und allgemein weniger scharf/präzise formuliert, als z. B. der Bedarf an anderen essenziellen Nährstoffen.

2.5 Wasserbedarf bzw. -aufnahme

2.5.1 Wasserhaushalt

Die Vielfalt der bedarfsmodulierenden Einflüsse macht eine Ableitung des Wasserbedarfs im engeren Sinne unmöglich (**Tab. V.2.23**). Vor diesem Hintergrund ist der Hinweis notwendig, dass aus Gründen des Tierschutzes eine Limitierung, d. h. eine Restriktion des Wasserangebots ohnehin nicht erlaubt ist, insbesondere wegen der Gesundheitsrisiken.

Tab. V.2.23: **Der Wasserhaushalt aus bilanzierender Sicht**

Zufuhr über	Abgabe bzw. Ansatz

• **Tränk**wasser
• Wassergehalt im **Futter**
• metabolisch gebildetes Wasser pro 1 g:
  – KH: 0,5 ml
  – Eiweiß: 0,4 ml
  – Fett: 1,1 ml
• Wasserabsorption über die Kloake bei Land-Reptilien
	Niere: Menge harnpflichtiger Stoffe im Futter (z. B. Na, K, Rp), Alter der Tiere, Erkrankungen, Diurese
	Darm: verstärkt bei Diarrhoen und hoher Futter- bzw. Faecesmenge
	Haut, Lunge: v. a. beeinflusst durch Umgebungs- bzw. Körpertemperatur, Schweißsekretion[1]
	Mamma: s. Milchmengenleistung
	Gewebeansatz: rd. 700 g/kg Zuwachs

[1] Zum Verdampfen von 1 l Wasser werden rd. 2,415 MJ Energie benötigt, d. h. diese Menge wird z. B. über den Atmungstrakt (Exspirat) bzw. über Schweiß, der verdunstet, dem Körper entzogen.

Folgen ungenügender Wasseraufnahme:
- Aufsuchen anderer, evtl. unhygienischer Flüssigkeitsquellen
- reduzierte Futteraufnahme, Leistungsabfall
- Harnkonzentrierung und Risiko von Harnkonkrementbildung
- Retention harnpflichtiger Stoffe (Harnstoff, Na, Mg etc.)
- Intoxikationen (insbes. Natrium), Haemokonzentration
- Hyperthermie
- Disposition für Harnwegsinfektionen
- evtl. geringere Wirkstoffaufnahmen (z. B. bei Applikation von Medikamenten via Tränkwasser)

Wasserqualität: s. **Tab. IV.5.1** und **IV.5.2**

Aus tierartvergleichender sowie ernährungs- und leistungsphysiologischer Sicht ist die Verbindung der vom Tier selbstständig realisierten Wasseraufnahme mit der TS-Aufnahme zu betonen.

Abläufe der Verdauung und des Stoffwechsels erfordern bei den einzelnen Spezies eine angemessene Menge des „Lösungsmittels" Wasser (**Tab. V.2.24**). Bei höheren Leistungen und da- durch bedingt steigender TS-Aufnahme ist parallel eine entsprechend höhere Wasseraufnahme zu beobachten.

Tab. V.2.24: **Durchschnittliche Wasseraufnahme verschiedener Tierarten**

Spezies	l/kg TS	Wassermenge pro Tier und Tag	Wasser:Futter-Relation, l/kg
Rd	4	40–100 l	4
Schf	3–4	3–5 l	
Schw je nach Temperatur	3 (2–4)	wachsend 1,5–10 l laktierend 15–40 l	
Pfd Temperatur ↑, Schweißmenge ↑	2–4 >5	20–40 l 60–85 l	3
Hd (10 kg KM)	2–4	0,5–1 l	
Ktz (3–4 kg KM)	2–3	ca. 0,2 l[1]	
Huhn Temperatur ↑	2 3–5	140–260 ml >300 ml	
Zwerg-Kan, Mschw	2–42	40–180 ml	2
Chinchilla	1–2	20–60 ml	
Hamster	1–2	9–15 ml	
Degu	1–2	10–20 ml	
Ziervögel Kanarien (Temperatur ↑) Graupapageien Kakadus Wellensittiche	2–3 (3–5) 2 1–1,2 0,8–1,0	7–9 ml 20–35 ml 10–20 ml 2–4 ml	2/1
Wüstenrennmaus	0,8–0,85	4–10 ml	< 1

[1] Möglichst über Wasser im Futter (Feuchtfutter).
[2] Bei strukturiertem, Rfa-reichen Futter: eher höhere Werte.

3 Energie- und Nährstoff- unter- bzw. -überversorgung

Im Folgenden sind übersichtsartig Situationen beschrieben, in denen es auch heute noch oder wieder zu einer **Unter- oder Überversorgung** mit Energie und Nährstoffen kommen kann (**Tab. V.3.1, V.3.2**). Die ausführlicheren Erklärungen befinden sich insbesondere in den Kapiteln zu den einzelnen Tierarten.

3.1 Energie/Nährstoffe

Eine nicht adäquate Energie- und Nährstoffversorgung ist auch heute noch – trotz diverser Möglichkeiten einer gezielten Ergänzung der Ration – nicht selten Ursache von Gesundheitsstörungen und/oder Leistungseinbußen. Die Ursachen sind dabei sehr vielfältig (**Tab. V.3.1, V.3.2**).

Tab. V.3.1: **Mögliche Energie- und Nährstoffunter- oder -überversorgung (Übersicht)**

Nährstoff	Marginale/defizitäre Versorgung	Überversorgung[1]
Energie	**Lakt. Kuh, Sau u. Hd, trgd Schf** (Mehrlingsgravidität), evtl. Neugeborene: stets bei untergewichtigen/zu früh geborenen Neugeborenen und bei übergroßen Würfen; **Pfd**: Distanzritte, allgemein bei schlechter Futterakzeptanz, **Mastschw**: Flüssigfütterung mit zu geringem TS-Gehalt	**Trgd Rd (Trockensteher), Schw, Arbeitspfd** (an arbeitsfreien Tagen), **Pfd, Mastschw, Junghennen** (Mastrassen) u. **Heimtiere**: *Ad-libitum*-Fütterung mit energiedichtem Futter; **Legehennen**: energiereiches Futter (Rp ↓)
Eiweiß	Heute selten, evtl. bei wachs. und lakt. Tieren, bes. bei **wachs. Flfr** sowie bei der Aufzucht von **Färsen** (Stallfutterperiode); evtl. Folge forcierten Bedarfs (postoperativ); Engpässe mitunter in der Bioproduktion	**Milchkuh**: auf intensiv gedüngten Weiden, **Flfr**: einseitige, fettarme Fleischnahrung (u. a. Barfen); **Pfd**: hohe Mengen proteinreicher Krippenfutter, junger Weideaufwuchs
AS	**Monogastrier**: Rationen ohne tierisches Eiweiß, Sojaextraktionsschrot bzw. AS-Ergänzung, evtl. auch Hochleistungskühe, Bioproduktion	Selten, bei Anwendung synthetischer AS möglich; evtl. ist hier das AS-Verhältnis wichtiger
Lys	**Kalb, Lamm**: Verwendung hitze-/feuchtigkeitsgeschädigter Trockenmilchprodukte	Dosierfehler bei Lys-Ergänzung, insb. Lysin-HCl-Fehldosierung
Trp	einseitige Maisfütterung, fehlende Supplementierung	
Met	**Legehenne, Junghenne, Flfr**	Ktz: 0,45 g Met + 0,5 g NH$_4$Cl toxisch[2]
Taurin	Ktz: tierisches Eiweiß ↓, Kochwasserverluste evtl. auch bei Hd (Neufundländer)	nicht bekannt

Nährstoff	Marginale/defizitäre Versorgung	Überversorgung[1]
Ca	**Wdk:** Maissilage als „AF", intensiv gedüngtes Weidegras/Grünfutterkonserven, einseitige Rüben-/Getreidefütterung; **Monogastrier:** überwiegende Fütterung von Getreide/-nachprodukten, Hackfrüchten sowie pflanzl. Eiweiß-FM, Fleisch; **Legehenne:** fehlende Ca-Ergänzung, geringe Futteraufnahme; **Flfr:** selbst erstellte Rationen (home made diet) ohne Ergänzung durch Ca oder Knochen	**Wdk:** einseitige Fütterung von Klee, Luzerne, Rübenblatt, Herbstzwischenfrüchte; **Monogastrier:** Fehldosierung Ca-haltiger Mineralfutter und $CaCO_3$, hohe Gabe Fisch-/Knochenmehl, **Kan, Mschw:** Luzerne, Ca-haltige Nagesteine **Legehenne:** Entmischungen im schrotförmigen AF
P	**Wdk:** P-armes Grünfutter, Hackfrüchte; **Schw, Gefl:** P-Verfügbarkeit ↓; hitzelabile Phytasen	Selten, Fehldosierung P-haltiger Mineralfutter, **Pfd:** einseitige Kleiefütterung
Mg	**Wdk:** intensiv gedüngte Weideflächen (v. a. Frühjahr, Herbst), Aufnahme entsprechender Grünfutterkonserven, **Kalb:** ausschließl. Milch	Selten, evtl. Fehldosierung Mg-haltiger Mineralfutter bzw. Überdosierung (Nutzung sedierender Effekte)
K	Chron. Diarrhoe bei Jungtieren **(Kälber); Herbivore:** Verzicht auf Grünfutter/-Konserven	**Wdk:** intensiv mit K (Gülle) gedüngtes Grünfutter → Disposition für Mg-Mangel; **Gefl:** Soja ↑ → *wet litter* wegen forcierter Harnbildung/-abgabe
Na	**Pflfr:** einseitige Grünfütterung (ohne Na-Düngung), chron. Diarrhoe, Schweißverluste, Laktation; **Schw, Flfr:** Getreide- u. Kartoffelfütterung ohne tierische Eiweiß-FM u. Mineralfutter	**Monogastrier:** Na-reiche Fischmehle, LM, Na-reiche Molke (v. a. bei Wassermangel); **Kälber:** Na-reiche MAT, teilentzuckerte Molkenprodukte; („Null"austauscher); > 12 g Na, 20 g K/kg
Cl	**Gefl:** zu geringer NaCl-Einsatz (Hypochlorämie, Bewegungsstörungen → „Seitenlieger")	**Gefl:** Hyperchlorämie/Eischalenmängel
S	**Wdk:** Verwendung von NPN-Verbindungen ↑ keine S-Düngung in Grünfutterproduktion	Evtl. S-haltige Industriestäube → Cu-/Se-Verwertung ↓, SO_4 reicher FM (Vinasse, DDGS?)
Fe	**Jungtiere (Schw, Flfr):** ausschließl. Muttermilch; Nerz: frische Fische (Gadiden, sek. Fe-Mangel)	Speziesempfindlichkeit (Beo, Tukan); **Rd:** Erdkontamination → Fe-Eintrag in FM → Cu-Verwertung ↓
Cu	**Wdk: primär** auf Cu-armen Weideflächen (Sand, Moor); **sek.** hohe Mo-, S-, Sulfat-, Ca-, P-, Fe- oder Rp-Gehalte in FM (Weide); **Schw:** einseitig Magermilch-/Molkefütterung; **Flfr:** fettr. FM, Milchprodukte, Getreide; **Pfd:** Cu-arme Weide; **Fohlen:** Cu-arme Fütterung der Stute	**Rd, Schf:** falsche Dosierungen von Mineralfutter, kontaminierte FM (z. B. Cu-haltige Schw-Gülle → Grünland); **Lamm:** Umwidmung, MF mit > 15 mg Cu/kg; Grünfutter (Schweinegülle); **Schw:** unerlaubt hohe Cu-Zulage > 170 mg/kg FM (Nutzung antimikrob. Effekte) → Zn ↓, Fe ↓
Mn	**Wdk:** Weide mit Mn-Gehalt ↓ (Kalkverwitterungs-, Sand-, Moorböden); **Schw:** Hackfrüchte kombiniert mit Magermilch/Fischmehl	selten, Risiko gering
Zn	**Wdk:** Zn-armes Grünfutter, gen. bedingte Zn-Resorptionsstörung; **Mastschw:** Ration aus Getreide/SES bzw. Ca-reichen EF; Verzicht auf Zn-Ergänzung[3]; **Flfr** phytinreiche MF; Parakeratose	**Ferkel:** Einsatz von ZnO in der *E.-coli*-Prophylaxe; saure FM in verzinkten Behältnissen: **Pfd:** Zn-reiches Grünfutter in Nähe von Zn-Emittenten
Co	**Wdk:** Co-arme Weiden (Sand-, Moor-, Granitverwitterungsböden), keine Zugabe von KF, Mineral-FM	selten, Risiko gering

Nährstoff	Marginale/defizitäre Versorgung	Überversorgung[1]
J	in J-Mangelgebieten (küstenferne Zonen), gravide/lakt. Tiere; einseitige Fütterung von Brassica-Arten; **Flfr:** einseitige Fleischernährung	Jodverbindungen ↑, Algenmehl; Fischmehle, Schilddrüsengewebe (Barfen); **trgd Stute** >50 mg J/d → Kropf (Fohlen)
Se	**Pflfr, Schw:** auf Se-Mangelböden, Verzicht auf Se-Ergänzung; reduzierte Se-Verwertung durch hohe S-Aufnahme, evtl. bei Pansenacidosen	**Pflfr:** auf Se-reichen Böden, Aufnahme Se-speichernder Pflanzen; Fehlmischungen mit >3–5 mg/kg TS
Vit A	**Pflfr:** Rationen ohne Grünfutter (Carotin[1]) bzw. entsprechende Supplemente; **Ziervogel:** nur Sämereien; **Flfr** vegetarische Ernährung	**Flfr:** einseitige Leberfütterung, **Ktz:** >50 000 IE/kg KM toxisch; Missbrauch von Vitaminpräparaten
Vit D	Allg. bei Stallhaltung (fehl. UV-Licht) bzw. fehlender Supplementierung	**Milchkuh:** Hypocalcämieprophylaxe; **Jungtiere:** Rachitisprophylaxe; Goldhafer; Fehlmischungen
Vit E	Aufnahme unges. FS ↑ u. fehlender Vit-E-Ergänzung; **Kälber, Lämmer:** Vit-E-arme Milch; **Schw:** Vit-E-arme FM (Auswuchsgetreide); **Flfr** (Nerz/Ktz): Fisch/-öl (Steatitis)	Häufig über Bedarf supplementiert, ohne nachteilige Effekte
Vit K	**Gefl, Ferkel:** Störung der enteralen Vit-K-Synthese durch bakterizide Substanzen; geringe Depots → Blutungsneigung; **übrige Spezies:** Aufnahme von Vit-K-Antagonisten (z. B. Dicumarol aus Steinklee)	Häufig über Bedarf supplementiert, ohne nachteilige Effekte
Vit C	**Mschw:** Verzicht auf Ergänzung, autoxidative Vit-C-Verluste (Überlagerung)	
Vit B$_{12}$	**Wdk:** infolge eines Co-Mangels	
Ess. FS	**Hd:** Fettanteil in der Ration ↓ (< 5–6 %), reine Cerealien-Fütterung; **Zuchtsau:** Fertilitätsstörungen; **Ktz:** kein tier. Fett (vegetarische Ernährung) → Arachidonsäuremangel; **Legehenne, Fisch:** getreidereiche AF ohne Öl/Fette	

[1] Max. tolerierbare Nährstoffgehalte im Futter hängen von Tierart, Dauer der Aufnahme und Begleitstoffen im Futter ab.
[2] Im Rahmen der Struvitsteinprophylaxe mögliche Kombination.
[3] Bei bewusstem Verzicht auf Spurenelement-Ergänzung in der „Bioproduktion" (ähnliche Risiken auch bei anderen Spurenelementen gegeben).

Tab. V.3.2: **Unterversorgung¹ mit wasserlöslichen Vitaminen**

B_1	**Flfr:** KH ↑, Eiweiß ↓ im Futter, zu langes Kochen der FM und Entfernen des Kochwassers.
	Pfd: Thiaminasen/Thiamin-Antagonisten im Futter (Adlerfarn, Sumpfschachtelhalm).
	Wdk (bes. Jungtiere): bei Rfa-armen Rationen bzw. geringer Entwicklung der Vormägen, evtl. Thiaminasenbildung durch Feldpilze (z. B. Fusarien).
	Pelztiere: Aufnahme roher thiaminasehaltiger Fische → Chastek-Paralyse.
B_2	**Schw:** Einseitige Getreide- oder Rübenfütterung in Kombination mit Sojaextraktionsschrot oder Fischmehl; **Gefl:** Futter ohne bes. B_2-Ergänzung.
	Flfr: Geringer Anteil von tierischem Eiweiß im Futter.
B_6	**Flfr:** Geringes Eiweißangebot, längeres Kochen des Futters.
	Gefl: Leinsaat (Antivitamin); im Kern geschälter Saaten teils wenig B_6.
Pantothensäure (B_5)	**Schw:** Einseitige Mais- und Roggenfütterung.
Nicotinsäure (B_3)	**Monogastrier:** Maisreiche MF, ungenügende Trp-Ergänzung (**Ktz + Nerze** können aus Tryptophan kaum Nicotinsäure bilden).
Cholin	**Legehennen, Broiler:** Futter mit hohem Energie-(Fett-)gehalt.
Biotin	**Schw, Gefl:** getreidereiche Rationen + pflanzliches Eiweiß.
Inosit	**Flfr:** Aufnahme von rohen Eiern (Avidin im Eiklar!); Folsäure, nicht zu erwarten, ausreichende enterale Eigensynthese.

¹ Schäden durch Überversorgung nicht bekannt.

3.2   Unterversorgung mit Wasser

Abgesehen von besonderen Situationen (z. B. kurzfristig forcierte Wasseraufnahme nach vorübergehendem Wassermangel mit nachfolgend möglicher Hämolyse) kommt in der Praxis sehr viel häufiger eine unzureichende Wasserversorgung vor; dabei ist zwischen einer bewussten (tierschutzrechtlich unerlaubten) und einer unbeabsichtigten Limitierung der Wasseraufnahme zu differenzieren (**Tab. V.3.3**).

Folgen eines ungenügenden Wasserangebots/ unzureichender Wasseraufnahme (**Tab. V.3.1, V.3.2**).

Tab. V.3.3: **Ursachen/Erklärungen für eine ungenügende Wasserversorgung**

Nutztiere (Tierbestand)	
Bewusste Limitierung des Wasserangebots	• über die Zeitsteuerung • über die Tierzahl je Tränkestelle • über die Flussrate (an der Tränke) • über den TS-Gehalt im Flüssigfutter
Unbeabsichtigte Reduktion der Wasseraufnahme	• mangelnde Gewöhnung der Tiere an die Tränketechnik, technische Mängel im Tränkesystem (Anbringung, verstopfte Tränken, Fe-/Ca-Ablagerungen, Kriechströme) • mangelnde Schmackhaftigkeit • Rangordnung in der Gruppenhierarchie (erstlaktierende Kühe) • reduzierte Bewegungsaktivität (sekundär bei Klauenproblemen von Rd und Schw, insbes. von Sauen) • Lichtprogramm-Effekte (Geflügelhaltung) • Offenstallhaltung (Frost) – Tiertransporte (Möglichkeit zum Wasserangebot?)
Sonderbedingungen	• Wurfgröße/Zitzenzahl (z.B. Neugeborene) → Verhungern/Verdursten
Liebhabertiere (Einzeltier/Tiergruppe)	
Bewusste Limitierung des Wasserangebots	• Einstreu-/Kotqualität/Einstreuwechsel • Reduzierung der Miktionsfrequenz • Reduzierung des „Totgewichts" (Pferdesport)
Unbewusste Reduzierung des Wasserangebots bzw. der Wasseraufnahme	• Fehleinschätzung des Bedarfs (Saftfutter soll Wasserbedarf decken) • Funktionsmängel der Tränketechnik • Frost bei Außenhaltung (Pferde, Vögel in Volieren) • mangelnde Schmackhaftigkeit des Wassers • Tiertransport
Sonderbedingungen	• fehlende Wasseraufnahme nach massiven Schweißverlusten (z.B. Pfd: keine spontane Wasseraufnahme) • tierartspezifisch geringere Wasseraufnahme bei Angebot von Trockenfutter (z.B. Ktz), im Vgl. zu Feuchtfutter → Verhungern/Verdursten

Literatur (zu Kap. 1–3)

AGRICULTURAL RESEARCH COUNCIL, ARC (1980): *The Nutrient Requirements of Ruminant Livestock.* Commonwealth Agric. Bureaux.

AGRICULTURAL RESEARCH COUNCIL, ARC (1981): *The Nutrient Requirements of Pigs.* Commonwealth Agric. Bureaux.

AUSSCHUSS FÜR BEDARFSNORMEN DER GESELLSCHAFT FÜR ERNÄHRUNGSPHYSIOLOGIE DER HAUSTIERE (1978): *Energie und Nährstoffbedarfsnormen. Nr. 1: Empfehlungen zur Mineralstoffversorgung.* DLG-Verlag, Frankfurt/M.

AUSSCHUSS FÜR BEDARFSNORMEN DER GESELLSCHAFT FÜR ERNÄHRUNGSPHYSIOLOGIE DER HAUSTIERE (1997): *Empfehlungen zur Energieversorgung von Aufzuchtkälbern und Aufzuchtrindern.* Proc Soc Nutr. Physiol. 6: 201–215.

AUSSCHUSS FÜR BEDARFSNORMEN DER GESELLSCHAFT FÜR ERNÄHRUNGSPHYSIOLOGIE (1989): *Energie- und Nährstoffbedarf. Nr. 5: Hunde.* DLG-Verlag, Frankfurt/M.

AUSSCHUSS FÜR BEDARFSNORMEN DER GESELLSCHAFT FÜR ERNÄHRUNGSPHYSIOLOGIE (1994): *Energie- und Nährstoffbedarf landwirtschaftlicher Nutztiere. Nr. 2: Empfehlungen zur Energie- und Nährstoffversorgung der Pferde.* DLG-Verlag, Frankfurt/M.

AUSSCHUSS FÜR BEDARFSNORMEN DER GESELLSCHAFT FÜR ERNÄHRUNGSPHYSIOLOGIE (GfE) (1999): *Energie- und Nährstoffbedarf landwirtschaftlicher Nutztiere. Nr. 7: Legehennen und Masthühner.* DLG-Verlag Frankfurt/M.

AUSSCHUSS FÜR BEDARFSNORMEN DER GESELLSCHAFT FÜR ERNÄHRUNGSPHYSIOLOGIE (GfE) (2001): *Energie- und Nährstoffbedarf landwirtschaftlicher Nutztiere. Nr. 8:*

Empfehlungen zur Energie- und Nährstoffversorgung der Milchkühe u. Aufzuchtrinder. DLG Verlag Frankfurt/M.

AUSSCHUSS FÜR BEDARFSNORMEN DER GESELLSCHAFT FÜR ERNÄHRUNGSPHYSIOLOGIE (GfE) (2003): *Energie- und Nährstoffbedarf landwirtschaftlicher Nutztiere. Nr. 9: Empfehlungen zur Energie- und Nährstoffversorgung der Ziegen.* DLG-Verlag, Frankfurt/M.

AUSSCHUSS FÜR BEDARFSNORMEN DER GESELLSCHAFT FÜR ERNÄHRUNGSPHYSIOLOGIE (2006): *Energie- und Nährstoffbedarf landwirtschaftlicher Nutztiere. Empfehlungen zur Energie- und Nährstoffversorgung von Schweinen.* DLG-Verlag, Frankfurt/M.

ELSASSER TH, KAHL S, SARTIN JL (2007): *Critical control points in the impact of proinflammatory immune response on growth and metabolism.* Poultry Science 86: 105–125.

FLACHOWSKY G, SCHAARMANN G, SÜNDER A (1997): *Bedarfsübersteigende Vitamin-E-Gaben in der Fütterung von Nutztieren.* Übers Tierernährg 25: 87–136.

JEROCH H, DROCHNER W, SIMON O (2008): *Ernährung landwirtschaftlicher Nutztiere.* 2. Auflage. Verlag Eugen Ulmer, Stuttgart.

KAMPHUES J, WOLF P (1998): *Futteraufnahmeverhalten und Trockensubstanzaufnahme bei verschiedenen Ziervogelarten (Kanarien, Wellensittiche, Agaporniden, Papageien).* Übers Tierernährg 25: 221–222.

KAMPHUES J (2000): *Zum Wasserbedarf von Nutz- und Liebhabertieren.* Dt Tierärztl Wschr 107: 297–302.

KAMPHUES J, SCHULZ I (2002): *Praxisrelevante Aspekte der Wasserversorgung von Nutz- und Liebhabertieren.* Übers Tierernährg 31: 65–107.

KAMPHUES J, RATERT C (2013): *The quality of drinking water in poultry production.* Proceedings of the 19th European Symposium on Poultry Nutrition (ESPN), Potsdam, 26.–29.08.2013, 96–101.

KIRCHGESSNER M (2004): *Tierernährung.* 11. Aufl. DLG-Verlag, Frankfurt/M.

LE FLOC'H N, MELCHIOR D, OBLED C (2004): *Modifications of protein and amino acid metabolism during inflammation and immune system activation.* Livestock Production Science 87: 37–45.

MCDOWELL LR (2003): *Minerals in Animal and Human Nutrition.* 2. Edition, Elsevier Science B.V., Amsterdam.

NATIONAL RESEARCH COUNCIL, NRC (1994): *Nutrient Requirements of Poultry.* 9. Revised Edition, National Academic Press, Washington D.C.

NATIONAL RESEARCH COUNCIL, NRC (2001): *Nutrient Requirements of Dairy Cattle.* 7. Revised Edition, National Academic Press, Washington D.C.

NATIONAL RESEARCH COUNCIL, NRC (2006): *Nutrient requirements of dogs and cats.* National Academic Press, Washington, D.C.

NATIONAL RESEARCH COUNCIL, NRC (2007): *Nutrient requirements of horses.* 6th revised edition. National Academic Press, Washington, D.C.

PALLAUF J, SCHENKEL H (2006): *Empfehlungen zur Versorgung von Schweinen mit Spurenelementen.* Übers Tierernährg 34: 105–123.

ROHR K (1977): *Die Verzehrleistung des Wiederkäuers in Abhängigkeit von verschiedenen Einflussfaktoren.* Übers Tierernährg 5: 75–102.

SCHARRER E, GEARY N (1977): *Regulation der Futteraufnahme bei Monogastriden.* Übers Tierernährg 5: 103–122.

TIZARD IR (2013): *Veterinary Immunology.* Riverport Lane St. Louis, Missouri, Elsevier, Saunders.

VISSCHER C (2013): *Energie- und Nährstoffkosten von Infektionen von Nutztieren sowie ihre Berücksichtigung in der Fütterung bzw. Diätetik.* Übers Tierernährg 41: 75 ff.

WOLF P, ET AL. (1998): *Energie- und Proteinbedarf adulter Ziervögel.* Übers Tierernährg 25: 229–230.

WOLF P, KAMPHUES J (2001): *Ziervögel – Neue Erkenntnisse zur Wasseraufnahme.* Kleintier konkret 6: 15–18.

4 Einfluss der Fütterung auf die LM-Qualität

Schon mit der 1. Fassung des Deutschen Futtermittelgesetzes (1926) wurde der Zusammenhang zwischen Fütterung und LM-Qualität betont. Dieser Aspekt steht heute im Zentrum diverser rechtlicher Vorgaben auf nationaler wie auf EU-Ebene.

Durch verschiedene Ereignisse der jüngsten Vergangenheit (Dioxin/BSE/Aflatoxine) erfuhr diese Thematik ein öffentliches/politisches Interesse wie nie zuvor. Neben wissenschaftlich klar definierten Qualitätskriterien für LM kamen weitere Anforderungen und Konsumentenvorstellungen (z. B. „Natürlichkeit") hinzu, die nur z. T. als wissenschaftlich/fachlich begründet angesehen werden können (z. B. Qualität von Eiern aus der Freilandhaltung). Andererseits ist der Einschätzung zuzustimmen, nach welcher die „Sicherheit von LM" mit „sicheren FM" beginnt (*„from the stable to the table"*). Hiermit wird allerdings nur ein Teil der Faktoren erfasst, die seitens der Fütterung auf die LM-Qualität wirken. So können z. B. bestimmte Nährstoffe (z. B. n3-FS, Jod, Selen) im LM gezielt, d. h. dem Wunsch der Konsumenten entsprechend über die Fütterung beeinflusst werden (*„functional food"*).

Während in der Vergangenheit eine mögliche Belastung der LM mit Schwermetallen und Rückständen die öffentliche Diskussion prägte, sind es heute eher die Risiken (Resistenzentwicklung und -transfer), die auch aus dem Einsatz von Antibiotika in der Tierhaltung resultieren können sowie die möglichen Kontaminationen mit Zoonose-Erregern (beim Menschen heute: *Campylobacter* > Salmonellen). Die teils früher gewünschte/propagierte „Anreicherung" von LM mit bestimmten Nährstoffen durch die Fütterung wird mittlerweile auch schon wieder kritischer gesehen (z. B. Spurenelemente), teils aber auch noch forciert (bestimmte FS sowie n3:n6-Relationen).

4.1 Qualitätskriterien

Die Qualität der von Tieren gewonnenen LM umfasst in der Summe mehrere Aspekte:

- Ernährungsphysiologische Qualität (Nährwert i. e. S.: Energie- und Nährstoffgehalte sowie Gehalte an ernährungsphysiologisch erwünschten bzw. weniger günstigen/bevorzugten Inhaltsstoffen)
- Sensorische/gustatorische Qualität (Aussehen, Geruch, Geschmack)
- Technologische Qualität (Verarbeitungseigenschaften, Lagerfähigkeit)
- Hygienisch-toxikologische Qualität (Vorkommen toxikologisch relevanter Stoffe wie Schwermetalle und/oder Rückstände sowie mikrobiologische Belastung mit Zoonose-Erregern oder „resistenten Keimen")
- Ökologisch-ethische Qualität (Umwelteffekte durch die Erzeugung der LM und Produkte, die CO_2-*foot prints* sowie Aspekte des Tierwohls in der Tierhaltung bis zur Schlachtung).

Zu beachten ist, dass sich bei einer Fokussierung auf einzelne Qualitätsaspekte Zielkonflikte ergeben können. So ist beispielsweise die Anreicherung ungesättigter FS in LM von Tieren aus ernährungsphysiologischer Sicht günstig zu bewerten, aus sensorischer Sicht (ungünstige Konsistenz des Specks, geschmackliche Abweichungen infolge der Bildung von Reaktionsprodukten bei der Oxidation ungesättigter FS) und technologischer Sicht (geringere Lagerfähigkeit) unerwünscht. In der Praxis ist in solchen Fällen ein Kompromiss zu finden bzw. eine Priorisierung vorzunehmen.

4.2 Fleischproduktion

4.2.1 Schlachtkörper

Fleisch-Fett-Verhältnis: Durch die Fütterungsintensität (Energiezufuhr) und Versorgung mit Protein bzw. essenziellen AS zu beeinflussen, besonders beim Schw wichtig. Hohe Fütterungsintensität begünstigt Verfettung; unzureichende Zufuhr an essenziellen AS (limitierende AS!) führt zu einem verminderten Muskelansatz und gleichzeitig zu einer verstärkten Verfettung. Es bestehen Interaktionen zu Geschlecht (Fettansatz: Börgen > Sauen > Eber) und Rasse (Schw: Muskelansatzvermögen; Rind: Fleischrassen vs. Milchrassen).

Geruch, Geschmack: FM mit Eigengeruch beachten (z. B. Fischmehl), Anreicherung ungesättigter FS erhöht die Oxidationsneigung und begünstigt Fehlgeschmack (Ranzigkeit).

Zoonoseerreger: Salmonellen und andere Keime sowie Parasiten evtl. als Folge von kontaminierten FM (s. **Tab. III.3.6.**, **V.4.1**).

4.2.2 Muskulatur

Zusammensetzung der Muskelproteine: Myofibrilläre Proteine, sarkoplasmatische Proteine, Bindegewebsproteine; durch Fütterung nicht zu beeinflussen, d. h. **nur genetisch** determiniert.

Farbe: Normaler Myoglobingehalt nur bei ausreichender Fe-Zufuhr; durch höhere Vit-E-Gehalte kann die Farbe von Rindfleisch während der Lagerung stabilisiert werden (Schutz vor der Bildung des braunen Metmyoglobins).

Strukturmängel: Evtl. bei Se- und/oder Vit-E-Mangel.

Intramuskulärer Fettgehalt: Wichtiges Kriterium der sensorischen Qualität (Saftigkeit) korreliert mit dem Fettgehalt des Schlachtkörpers.

Fleischfehler: Beim Schw sind PSE- (**P**ale, **S**oft, **E**xsudative) und DFD-(**D**ry, **F**irm, **D**ark)-Fleisch nicht durch die Fütterung zu beeinflussen, sondern genetisch bestimmt.

Rückstande: Risiko relativ gering (**Tab. V.4.1**), evtl. aber im Falle akuter Intoxikationen (Se, Umweltkontaminanten).

4.2.3 Fett

Fettsäurenmuster: Besonders bei Monogastriern über FM beeinflussbar; 12–18 g Polyensäuren/kg Futter beim Schw (je nach Qualitätsanspruch, Markenfleischprogramme) obere Grenze (weicher Speck).

Farbe: Einlagerung von Carotinoiden aus dem Futter (Gefl, Rd, Schf), abhängig von Rasse, Alter und Geschlecht; Verfärbung evtl. nach Fütterung ungesättigter FS in größeren Mengen bei Mangel an Antioxidanzien (Gelbfettkrankheit).

Rückstände: Bevorzugte Deposition diverser lipophiler Substanzen (**Tab. V.4.1**).

4.2.4 Organe

Leber, Niere: Bakterielle Herde (Wdk) → Abszesse, evtl. als Folge schwerer Pansenacidosen oder bei Verdauungsstörungen → Bakterien passieren Magen-Darm-Schleimhaut; Anreicherung diverser unerwünschter Stoffe in der Leber (**Tab. V.4.1**) und/oder Niere.

4.2.5 Knochen(Gewebe)

Akkumulation: Pb, Hg, F, chlorierte Kohlenwasserstoffe, evtl. Sr; evtl. auch Arzneimittel-Rückstände (z. B. Tetrazykline).

4.3 Milchproduktion

Diesbezügliche Einflüsse/Zusammenhänge siehe **Tabelle VI.1.23**.

4.4 Eiproduktion

Diesbezügliche Einflüsse/Zusammenhänge siehe **Tabelle VI.9.14**.

4.5 Ernährung und LM-Qualität

Diesbezügliche Einflüsse/Zusammenhänge siehe **Tabelle V.4.1**.

4

Tab. V.4.1: **Einflüsse seitens der Fütterung auf die LM-Qualität**

	Muskulatur	Leber	Niere	Fettgewebe	Milch	Ei-Inhalt
Nährstoffe						
AS	○	○	○	○	○	○
Fettmenge	++	++	○	+++	++	○
Fettzusammensetzung	+++ Schw ++ Rd	+++ ++	○ ○	+++ ++	++ ++	++ ++
Mineralstoffe • Mengenelemente • Spurenelemente	 ○ ○/++ Se, Fe	 ○ ++ Cu	 ○ ++ Se	 ○ ○	 ○ ○ Se, J	 ○ +++ Se, J
Vitamine • fettlösliche A E • wasserlösliche	 ○ + ○ Schw B_1	 +++ + + B_{12}	 ○ ○ (+)	 ○ ++ ○	 ++ + +	 ++ + ++
Rückstände						
Schwermetalle	○/+	+/++	+++	○	+	+
Radionuklide Cs Sr, I	+++ ○	+++ ○	+++ ○/+	○ ○	++ +++	++ +
Mykotoxine	(+)	+ AFLA[1]	++ OTA[1]	○	++	+
Organochlorverbindungen	○/+	○/+	○/+	+++	++	+
Dioxine/dlPCB	○/+	+/+++	+	++	++	++
Nitrat	○	○	+	○	++	+
Sensorische Eigenschaften						
Farbe	++	(+)	○/(+)	(+)	+	+++
Geruch, Geschmack	+	○/(+)	○	+	+++	+++
Konsistenz, Struktur[2]	○	○	○	++		+
Mikrobiologischer Status[3,4]						
Samonell., *Campylobacter*	+	+	+	+	+	+
E. coli	über äußere Kontamination					
Listerien	○	○	○	○	+	○

○ Keine Effekte, + /++ /+++: geringe/mittlere/starke Beeinflussung.
[1] AFLA = Aflatoxine bzw. OTA = Ochratoxin.
[2] Inkl. Safthaltevermögen.
[3] Eintrag über FM in Tierhaltung möglich; entsprechende Keime im/am Schlachttier bzw. auf/in dem Ei nachweisbar; am LM infolge äußerer Kontamination (z. B. Verletzungen des Magen-Darm-Trakts im Schlachtprozess/bei Evisceration → Kontamination von Oberflächen des Schlachtkörpers), im LM auch infolge der Keimtranslokation möglich (Keime aus dem GIT → Leber).
[4] Neben dem Erregereintrag ist evtl. auch mit bestimmten Keimen ein Transfer von Resistenzeigenschaften möglich bzw. besonders gefürchtet.

5   Beurteilung von Futter- und Wasserversorgung

In der tierärztlichen Praxis zählt die Beurteilung der Futter- und Wasserversorgung sowie der hierbei erzielten Energie- und Nährstoffzufuhr zu den alltäglichen Aufgaben. Nicht zuletzt wegen deren Bedeutung für die LM-Qualität und für die Entwicklung diätetischer Empfehlungen sollen diese Aufgaben hier näher behandelt werden. Im traditionellen Berufsverständnis war erst die Erkrankung von Tieren (der Schadensfall) Anlass für eine intensivere Beschäftigung mit der Futter- und Wasserversorgung. Heutzutage wird jedoch eine Ausrichtung tierärztlicher Tätigkeiten auf die Prophylaxe erwartet. Derartige Kontrollmaßnahmen zielen dabei auf

- eine kontinuierlich hohe Qualität in der Futter- und Wasserversorgung sowie die bedarfsgerechte Energie- und Nährstoffzufuhr,
- die Aufdeckung von „Schwachstellen" im Bereich der Futter- und Wasserversorgung und deren frühzeitige Korrektur,
- eine Attestierung tierärztlich kontrollierter Produktionsbedingungen und nicht zuletzt auch

- die Klärung von Gesundheitsstörungen und/oder Leistungseinbußen, für die Fehler in der Fütterung bzw. Energie- und Nährstoffversorgung ursächlich infrage kommen.

Nachfolgend werden die Möglichkeiten für eine solche Kontrolle/Beurteilung näher beschrieben und sind wie folgt gegliedert:
1. Informationsquellen für den Tierarzt.
2. Kontrolle der Wasserversorgung.
3. Computergestützte MF-/Rationskalkulation.
4. Kontrolle von Futter- und Fütterung.
5. Analyse körpereigener Substrate (Blut etc.).

5.1   Verfügbare Informationsquellen zur Beurteilung

Siehe **Tabelle V.5.1.**
Tabelle V.5.2 führt ein Beispiel für das tierärztliche Vorgehen im Verdacht eines Schadensfalls auf.

Tab. V.5.1: **Dem Tierarzt verfügbare Informationen zur Beurteilung von Futter und Fütterung (inkl. der Wasserversorgung)**

Informationen vorberichtlicher Art/Anamnese	Informationen aus eigener Befundung vor Ort	Informationen aus veranlassten Analysen[1] diverser Proben
Gesundheits- und leistungsbezogene Daten, Art und Zeitpunkt der Beeinträchtigung/Veränderung	**Sensorische Prüfung** Futter, Wasser/ Einstreu (Aussehen, Geruch, Griff, evtl. Geschmack)	Futter, z.B. <ul><li>Nähr-/Zusatzstoffgehalt</li><li>botanische Zusammensetzung (Gemenganteile)</li><li>hygienische Qualität (Vorratsschädlinge, Mikroorganismen, Toxine)</li></ul>
Beobachtungen u. Daten zu Futter- und Wasseraufnahmen/-verbrauch	**Messen/ Wiegen** (z.B. Futtermengen, Flussraten an Tränken)	
Rezepturen betriebseigener Futtermischungen und Rationen	**Einfache Tests** (z.B. $CaCO_3$ im Futter, Gasbildung im Flüssigfutter, Milbennachweis)	

Informationen vorberichtlicher Art/Anamnese	Informationen aus eigener Befundung vor Ort	Informationen aus veranlassten Analysen[1] diverser Proben
Deklarationen von Zukaufsfuttermitteln (inkl. Ergänzungen)	**Kalkulation** betriebseigener Rezepturen (Basis: tatsächlich erhobene Werte)	Wasser • hygienische Qualität • NO_3^--/NO_2^--Belastung • Mineralstoffgehalte
Reaktionen von Tieren (z. B. auf Futterwechsel)	**Klinische Beobachtungen** (z. B. Kot-, Harnqualität, Brunstsymptome)	Produkte der Tiere • Milch/ Eier • Organe/ Gewebe
Vorgenommene Veränderungen in der Futter- und Wasserversorgung • technischer Art • neue Anlieferung von Misch-FM • neue/andere betriebseigene Komponenten	**Befunde** an Schlacht- bzw. verendeten Tieren (z. B. Magengeschwüre, Eierstockbefunde)	Betroffene Tiere • Harn, Kot, Blut • Sektions-/Schlachtbefunde Einstreu • hygienische Qualität?

[1] Hierzu erforderliche Proben werden vom Tierarzt und Tierbesitzer, in forensischen Fällen besser vom vereidigten Probenehmer gewonnen.

Tab. V.5.2: **Tierärztliches Vorgehen bei Verdacht auf einen Se-bedingten Schadensfall**

Zeit	Vorgehen	Hinweis auf Se-Überversorgung	Hinweis auf Se-Mangel
	Befundung vor Ort **Tier**	Verlust von Mähnen- und Deckhaar; Huf- und Klauenhorndefekte; Kronsaumentzündung, ggf. mit Ausschuhen	Zellzahlen in der Milch ↑; Weißmuskelerkrankung (Neugeborene); Myopathien (Adulte), Schilddrüsenunterfunktion
	Futter	Erhebungen zur Fütterungspraxis Deklaration und Dosierung von EF und MF?	
	Probenentnahme	1. Vollblut und Serum/Plasma 2. EF, MF 3. Haare, Huf- bzw. Klauenhorn 4. evtl. Organe (Leber, Niere)	1. Vollblut und Serum/Plasma 2. EF, MF 3. evtl. Organe (Leber, Niere) 4. evtl. Grobfutter
	Probenanalyse	1. Serum Se + Vollblut GPx 2. Se-Gehalt im EF, MF 3. Se-Gehalt in Organen 4. S, Fe im Grobfutter (→ Interaktion)	
	Interpretation	1. Serum Se ↑ oder ↔, Vollblut GPx ↑: Verdacht bestätigt 2. Serum Se ↔, Vollblut GPx ↔: Verdacht nicht bestätigt, Probenentnahme 2 einleiten 3. Se-EF und/oder -MF ↑: Verdacht bestätigt oder Se-EF und/oder -MF ↔: Verdacht nicht bestätigt, Probenentnahme 3 und ggf. 4 einleiten	1. Serum Se ↓ oder ↔, Vollblut GPx ↓: Verdacht bestätigt 2. Serum Se ↔, Vollblut GPx ↔: Verdacht nicht bestätigt, Probenentnahme 2 einleiten 3. Se-EF und/oder -MF ↓: Verdacht bestätigt oder Se-EF und/oder -MF ↔: Verdacht nicht bestätigt, Probenentnahme 3 und ggf. 4 einleiten 4. Grobfutter S ↑ und/oder Fe ↑: Verdacht bestätigt

Zeit	Vorgehen	Hinweis auf Se-Überversorgung	Hinweis auf Se-Mangel
	Korrekturvorschlag	Se-haltige EF und/oder MF aus Ration entfernen	Se-haltige EF und/oder MF ergänzen
	Bewertung	Tierärztliche/ökologische und FM-rechtliche Bewertung (z. B. im Vergleich zu Höchstwerten/Deklaration)	

↑ erhöht, ↓ reduziert, ↔ unauffällig

5.2 Wasserversorgung

Bevor FM und Fütterung einer intensiveren Kontrolle unterzogen werden, sollte (und zwar nicht zuletzt wegen der erheblichen Effekte auf die Futteraufnahme und den Stoffwechsel, z. B. Thermoregulation/Nierenfunktion) dieser Faktor (zumindest in der Anamnese und eigenen Befunderhebung) berücksichtigt/bedacht werden.

5.2.1 Überprüfung der Wasserversorgung im Tierbestand

Anamnese:
- Wasserherkunft (öffentl. Netz/betriebseigene Versorgung)
- betriebseigene Wasseraufbereitung (Fe-haltiges Wasser)
- Druckminderer; Filter in Hauptzuleitung
- Tränketyp zum Wasserdruck passend (z. B. Niederdrucknippel im Hochdrucksystem)
- Zeitpunkt letzter Funktionsprüfung der Selbsttränken
- Maßnahmen im Zusammenhang mit der Wasserversorgung (z. B. Arzneimittelverabreichung über Tränkwasser)
- Futtergrundlage (Keksbruch, Molke → NaCl)

Stallbegehung:
- Zustand des Wasservorratsbehälters
- Behältnis selbst (Wandbeläge, Farbe)
- Wasservorrat (Geruch, Verunreinigungen)
- Distanz zwischen Trog und Tränke
- Stallboden in Nähe der Tränke (trocken/feucht)
- Hinweise auf einen Wassermangel (erste Reaktion: Futteraufnahme ↓, evtl. Unruhe)

Kontrolle der Tränkeeinrichtung:
- Zahl der Tiere je Tränke bzw. Platz je Tier an der Tränke
- Anbringung der Tränken
- fester Sitz, in Höhe an Tiergröße angepasst
- Winkelung der Tränke (z. B. bei Schw: 45° zu steil, optimal: 15°!)
- bei Beckentränken Qualität des „Wasservorrats"
- Funktionsprüfung aller Tränken
- dichte/tropfende Tränke
- Widerstand bei Betätigung
- Flussrate (ml/min)
- in einzelner Bucht
- in mehreren Buchten nach Fütterung
- bei Mängel: Zustand der Filter

Kontrolle der Wasserqualität (vgl. **Tab. IV.5.2, IV.5.3**):
(je nach Vorbericht: aus Hauptzuleitung, Vorratsbehälter bzw. an der Selbsttränke)
- sensorische Qualität
- Aussehen (Trübung, Farbe)
- Geruch/Geschmack
- chemische Zusammensetzung
- pH-Wert, Na-, K-Gehalt
- NO_3^-/NO_2^--Gehalt (Schnelltest)
- Sulfat-, Sulfit-Gehalt (Schnelltest)
- Fe-Gehalt (häufig ↑), sonst. Spurenelemente (z. B. Mn)
- mikrobiologischer Status
- coliforme Keime, *Enterobacteriacea*
- Hefen (insbes. wenn Wasser mit Futter verunreinigt ist)

5.3 Futter und Fütterung

Die Überprüfung von Futter und Fütterung folgt prinzipiell dem Weg des Futters, von der Gewinnung über die Be- und Verarbeitung bis zur Aufnahme durch das Tier. ✐

5.3.1 Überprüfung von Futter und Fütterung im Tierbestand

Gewinnung der betriebseigenen FM (Erntebedingungen, Konservierungsmaßnahmen) bzw. Informationen zu Deklaration und Art zugekaufter Komponenten (Bezugsquelle, Lieferdatum, Chargen- bzw. Komponentenwechsel etc.).

Lagerung der FM (betriebseigene/zugekaufte FM):
- Lokalisation (Silos innen bzw. außen, Lagerräume, Art der Decken)
- Bedingungen (Dauer, Feuchtigkeit, Temperatur, Vorratsschädlinge)
- Art (lose, gesackt, in Silos, freie Schüttung)
- Möglichkeiten der vollständigen Räumung, Kontaminationsmöglichkeiten
- Abschirmung gegen Vögel/Schadnager

Beurteilung der FM (betriebseigene und zugekaufte FM):
- Vorgehen: s. **Kap. IV**.
- Ziel: Einschätzung von Futterwert und Hygienestatus sowie ggf. Kontaminationen (z. B. Schwermetalle, Giftpflanzen)

Verarbeitung der FM:
- Schroten (Zerkleinerungsgrad, Homogenität, Staubanteil)
- Mischen (Art und Genauigkeit der Dosierung der Komponenten, Dauer des Mischvorganges, Hygiene in der Mischanlage, Frequenz des Mischens)

Förderung der fertigen Mischung: Art (mechanisch, pneumatisch), Weglängen, Entmischungsgefahr.

Lagerung der fertigen Mischung (s. o.).

Fütterungseinrichtungen; Einstreu- bzw. Bodenverhältnisse:
- Art, Sauberkeit, Funktionstüchtigkeit, Anbringung, Relation zur Tierzahl
- Automaten (Einstellung, Futterverluste, Brückenbildung, Verklebungen, Troginhalt)
- Art und Qualität der Einstreu (s. **Tab. IV.2.1.**, **IV.2.2**)

Zuteilung der fertigen Mischung:
- Art und Genauigkeit, Zeitpunkt und Frequenz, Entmischungsgefahr
- Anpassung von Futterart und -menge an Alter, Entwicklung und Leistungsstadium

Beurteilung der fertigen Mischung (s. **Tab. IV.4.1.**): Auch in dem Zustand, wie vom Tier aufgenommen (im Trog); Vergleich von Futterangebot und tatsächlicher Aufnahme.

Beobachtungen bei der Fütterung: Appetit und Ernährungszustand, Platzverhältnisse am Trog, Futterverluste, Dauer bis zum Leerfressen des Troges bzw. Menge, Art der Reste, Verhalten bei Futteraufnahme.

Beobachtungen nach beendeter Fütterung: Ruhe bzw. Bewegungsaktivität, Wiederkauaktivität, Kannibalismus, Brunstsymptome, Defäkation, Kotbeschaffenheit und -konsistenz.

Fütterung in besonders risikoreichen Stadien: Ende der Gravidität, Beginn der Laktation, beim Absetzen, nach Ein- bzw. Umstallung, bei bedeutsamer Futterumstellung, Beachtung von Absetzfristen für Zusatzstoffe.

Futterprobenentnahme: Je nach Verdachtsmomenten an verschiedenen Stellen; zunächst eine Probe der „gesamten Mischung", bei entsprechenden Befunden/bestätigtem Verdacht Proben verschiedener Ausgangskomponenten, ggf. amtlichen Probennehmer beauftragen (größere Schadensfälle), forensische Bedeutung erkennen und berücksichtigen.

5

5.4 Kalkulationen zur Beurteilung der Energie- und Nährstoffversorgung

Heute gibt es zahlreiche Computer-Programme zur Beurteilung der Energie- und Nährstoffversorgung eines Tieres (oder einer Nutzungsgruppe). Gerade im Rahmen der Fütterungsberatung als Teil der tierärztlichen Konsiliartätigkeit bei Liebhabertieren, aber auch im Rahmen der Bestandsbetreuung von Nutztieren. Erst hierdurch ist eine fundierte, tierärztliche Fütterungsberatung in der Praxis möglich.

5.4.1 Ziele

Die Computer-gestützte Rationskalkulation ist – je nach Zielsetzung bzw. gewünschter Information – unterschiedlich aufwändig wie anspruchsvoll. Hierbei ist vom Prinzip wie folgt zu differenzieren:

1. Kalkulation der Energie- und Nährstoffgehalte aus vorgegebenen Anteilen bzw. Mengen des Grundfutters (Analysen- oder Tabellenwerte berücksichtigen) sowie von Komponenten oder Inhaltsstoffen (Deklaration) von einem MF mit Darstellung des „Soll-Ist-Wert"-Vergleichs (und ggf. notwendiger Korrekturen).
2. Die Entwicklung eines geeigneten MF bzw. einer Ration (ggf. Berücksichtigung des Grundfutters) aus verschiedenen anteils- und mengenmäßig noch nicht festgelegten Komponenten.
3. Die lineare Optimierung eines MF oder einer Ration inkl. Grundfutters unter dem Aspekt der Kostenminimierung (eher Aufgabe der MF-Hersteller bzw. der Spezialberatung) bei gleichzeitiger Berücksichtigung von Mindestgehalten und Limitierungen (bezieht sich auf Komponenten, wie Nährstoffe und Energie sowie auf tierbezogene Vorgaben wie Alter oder Leistungsstadium) und ernährungsphysiologischen Besonderheiten der jeweiligen Tierspezies.
4. Ermittlung von Nährstoff- zu Energierelationen (z. B. vRp zu ME).
5. Visualisierung der Energie- und Nährstoffversorgung für den Tierbesitzer.

5.4.2 Voraussetzungen für eine Computer-gestützte MF-/Rationsüberprüfung

- Wissen des Anwenders um Prinzipien der Rationsgestaltung.
- Bestand an aktuellen Daten (Energie- und Nährstoffgehalte anhand von Tabellenwerten bzw. aus Analysen der betriebsspezifischen FM oder auch aus Deklarationen) der für die jeweilige Spezies üblichen, zumindest gebräuchlichsten FM mit den jeweiligen Qualitätsunterschieden.
- Bestand an aktuellen Daten zur Bedarfsermittlung für das Tier bzw. die Nutzungsgruppe, wobei die Bedarfszahlen selbst in Form von
  – absoluten Angaben je Tier und Tag bzw. in
  – relativen Angaben (Konzentrationen im MF bzw. in der uS oder TS) formuliert (bzw. transformiert) sein können.
- Bestand an Eckdaten, Mindestanforderungen bzw. Limitierungen für die Ration/das MF einer bestimmten Alters-, Nutzungs- und Leistungsgruppe (z. B. postulierte TS-Aufnahme).

Zur tierärztlichen Sorgfaltspflicht bei der Computer-gestützten Ernährungsberatung gehört es – nicht zuletzt aus forensischen Gründen – vor Anwendung eines Programms folgende Fragen kritisch zu prüfen:

- Wie und in welchem Maße berücksichtigt das Programm mögliche Veränderungen der **TS-Aufnahmekapazität** (z. B. am Ende der Gravidität, bei differierender Milchleistung)?
- Verwendet die Software anerkannte, wissenschaftlich basierte **Bedarfsnormen**? Handelt es sich bei den **Bedarfsangaben** um Minimum-Werte (Bedarf i. e. S.) oder eher Richtwerte für die angestrebte Versorgung mit entsprechenden „Sicherheitsspannen"?
- Wie verfährt das Programm, wenn für eine oder mehrere Komponenten Daten zur Zusammensetzung **fehlen** (ist nicht gleichbedeutend einem „Null-Gehalt")?

- Wird bei Bedarfsformulierungen in Relation zur TS, zur lufttrockenen Substanz (MF mit 88 % TS) die Energie**dichte** im Futter berücksichtigt?
- Inwieweit ist eine **Modifizierung** von Bedarfswerten möglich, wenn z. B. die KM eines adulten Tieres oder eines Jungtieres deutlich von den Standards abweicht?

5.4.3 Besondere Hinweise

Bei der Computer-gestützten MF- bzw. Rationsüberprüfung und -bewertung bedürfen folgende Faktoren besondere Beachtung:

Pferde: Berücksichtigung des Bedarfs an kaufähigem Grobfutter sowie Zahl und Art von Limitierungen (z. B. Trockenschnitzel im EF oder Stärkeaufnahme pro Mahlzeit).

Milchkühe: Ausreichende Differenzierung bei Grundfutterqualitäten, Mindestempfehlungen für die Rfa- oder NDF-Versorgung, Grundfutterverdrängung; Ableitung der TS-Aufnahme aus welchen Basiswerten (KM, Leistung, VQ des Grundfutters); Limitierung der Stärke- und Fettaufnahme; ANF beachten, die eine sensorische Veränderung der Milch bedingen, ohne aber gesundheitliche Schäden bei der Milchkuh hervorzurufen (z. B. Betain in Futterrüben).

Schweine: Variation der Bezugsgrößen (uS, lufttr. Substanz, TS), insbes. unter Bedingungen der Flüssigfütterung; Zufuhr je Tier und Berücksichtigung des Vermahlungsgrades von FM; diätetische Aspekte der Rohfaserversorgung; FM beachten, die eine sensorische Veränderung des LM bedingen, ohne aber gesundheitliche Schäden beim Schw hervorzurufen (z. B. Pflanzenöle).

Fleischfresser: Verlässlichkeit der Tierbesitzerangaben bzgl. der Mengen und Dosierungen (nicht erfasste FM → Tischreste oder Snacks); Fett-/Energiegehalte im FM, Energie-Nährstoff-Relationen.

Ziervögel/Nager: Berücksichtigung der Selektion im Futterangebot (nur bei MF mit nativen Komponenten!).

5.4.4 Vorgehen bei der Computer-gestützten MF-/Rationskontrolle

1. Eingabe tierbezogener Daten (Tierart, Gesundheitsstatus, KM, Art und Höhe der Leistung, evtl. auch Alter und Geschlecht; im Dialog erfragt) zur Kalkulation des Energie- und Nährstoffbedarfs.
2. Eingabe von Art (und Qualität) sowie Menge bzw. Anteil der jeweiligen Komponenten in der Ration bzw. im MF → am Ende steht die Versorgung mit Energie und Nährstoffen bzw. die Konzentration von Energie und Nährstoffen je kg Futter mit Darstellung des Soll-Ist-Vergleichs.
3. Korrektur von aufgedeckten Abweichungen (d. h. Mangel- bzw. Überschuss-Situationen) durch Variation von Menge und/oder Relationen der bisher eingesetzten FM. Einfügen neuer, besser passender Komponenten (aus vorhandenem Datensatz bzw. nach Aufnahme gänzlich neuer Produkte in die Datei); Entfernen ungeeigneter Komponenten.
4. Wiederholung des Schrittes 3 so lange, bis die gewünschte Versorgung bzw. MF-Zusammensetzung erreicht ist.
5. Beurteilung (tierärztliche Aufgabe i. e. S.) der ursprünglichen und der neuen Fütterungsbedingungen im Kontext mit allen anamnestischen Informationen bzw. Befunden aus der tierärztlichen Untersuchung (bezieht sich auf das Tier und das Futter)

5.5 Untersuchung körpereigener Substrate

Die Untersuchung körpereigener Substrate (z. B. Blut, Kot, Harn, Milch sowie Gewebe) stellt in Abhängigkeit vom Prüfparameter und -substrat sowie Gewebe mitunter eine sinnvolle Ergänzung im Rahmen einer Überprüfung der Energie- und Nährstoffversorgung dar.

Entscheidendes Kriterium für die Aussagekraft der jeweiligen Untersuchung ist dabei zunächst die Auswahl eines geeigneten aussagekräftigen Substrates (z. B. Leber bei Verdacht auf eine Cu-Überversorgung). Aber auch die kontaminationsfreie Gewinnung der Proben (v. a. bei Spurenelementen) sowie der rasche Transport bzw. die sachgerechte Lagerung/Aufbereitung der Proben bis zur Analyse sind für den diagnostischen Wert von Bedeutung. ✻

Hinsichtlich der Auswahl geeigneter Substrate und Parameter zur Beurteilung des Versorgungsstatus sind folgende Aspekte zu berücksichtigen:

1. Einfluss der körpereigenen Regulation auf den Gehalt im Substrat (vergleiche: Ca und P mit sehr straffer Regulation, andererseits Mg ohne hormonelle Regulation im Blut).
2. Zeigt der gewählte Parameter die Versorgungssituation auch tatsächlich an (z. B. Zink im Blut korreliert nur sehr unzureichend mit der Zinkversorgung)?
3. Für zahlreiche Parameter gibt es eine altersbedingte Abhängigkeit (z. B. P, Cu, Se).
4. Bedeutung des Entnahmezeitpunkts bzw. postprandialen Abstands für den Gehalt im Substrat (vgl. Harnstoff-/Harnsäuregehalt im Blut nach Aufnahme Rp-reichen Futters oder Plasma-Glucose nach einer stärkereichen Mahlzeit).
5. Vielfach sind Verschiebungen in der Konzentration eines Parameters weniger von der Zufuhr (z. B. Eiweißgehalt im Plasma) als von Veränderungen im Wasserhaushalt abhängig.
6. Korrelation des Parameters in einem Substrat mit der **kurz**- bzw. **länger**fristigen Versorgung (vergleiche: Cu-Gehalt im Serum bzw. Leber oder Se-Gehalt im Haar oder Harn).
7. Zahlreiche Parameter sind durch primäre Grunderkrankungen erhöht oder reduziert und spiegeln dabei nicht den Versorgungsstatus wider (z. B. Serum-Protein oder Hyperchlorämien bei metabolischen und respiratorischen Acidosen).

8. Berücksichtigung von Nährstoffinteraktionen (z. B. niedriger Zinkgehalt im Blut als Folge einer sehr hohen Ca-Versorgung → sekundärer Zinkmangel).
9. Aufwand für die Gewinnung des Substrates (vergleiche: Milchproben, die ohnehin anfallen und untersucht werden; Cu-Gehalt im Lebergewebe bei Sektionen).
10. Angestrebte Information für ein Individuum oder für ein Tierkollektiv/einen Tierbestand (vergleiche: Energieversorgung eines Tieres → Ketonkörper im Harn bzw. Energieversorgung eines Bestandes wie z. B. einer Milchkuhherde → Milcheiweiß- und Fettgehalt).
11. Erforderliche Probenzahl (Einzeltier vs. Bestand = Einzelprobe vs. Beprobung mehrerer Tiere; evtl. Wiederholungsuntersuchung → zeitliche Veränderungen? Erfolgskontrolle!).
12. Aufwand und Kosten für die Analytik des Parameters in einem Substrat nicht zuletzt im Vergleich zu einer „diagnostischen Supplementierung" (z. B. Na-Gehalt im Speichel von Rindern → Ergänzung der Ration mit Viehsalz, da kostengünstiger?).
13. Unterschiedliche analytische Methoden bedingen vielfach methoden-assoziierte Referenzwerte; unterschiedliche Referenzwerte z. T. zwischen Serum, Plasma und Vollblut; Beachtung bzw. Hinterfragen von laborinternen Referenzwerten.

Von der angestrebten Beurteilung der Energie- und Nährstoffversorgung ist abzugrenzen die Untersuchung von Substraten im Zusammenhang mit einer möglichen **Intoxikation** durch Nährstoffe (z. B. Se oder Vit D) oder andere Stoffe (z. B. Kontaminanten wie Schwermetalle). Hierbei sind evtl. allein schon aus ätiologischer oder forensischer Sicht auch aufwendigere Analysen an eher „ausgefallenen" Substraten (**Tab. V.5.3, V.5.4**) vertretbar.

Tab. V.5.3: **Parameter und Substrate zur Beurteilung der Versorgung**[1]

Parameter	Substrat	Substanz	Einheit	Pfd	Rd	Schw	Hd	Ktz	Aussagekraft
Energie ↘	Harn	Ketonkörper	Stick		pos.				++
	Plasma	Ketonkörper	mmol/l		> 0,7				+++
Protein ↗	Plasma	Harnstoff[2]	mmol/l	> 6,7	> 5,0	> 8,3	> 5,0	> 11	++
	Milch	Harnstoff	mg/l		> 300				++
Protein ↘	Plasma	Harnstoff	mmol/l	< 3,3	< 3,3	< 3,3	< 3,3	< 5,0	+++
	Serum	Gesamteiweiß[3]	g/l	< 55	< 60	< 55	< 54	< 57	+
Mg ↘	Plasma	Mg	mmol/l	< 0,5	< 0,8	< 0,6	< 0,6	< 0,6	+++
Na ↗	Serum/Plasma	Na	mmol/l	> 141	> 145	> 160	> 151	> 156	++
Cl ↘	Plasma	Cl	mmol/l	< 95	< 90	< 97	< 107	< 112	++
Cl ↗	Plasma	Cl	mmol/l	> 107	> 110	> 106	> 118	> 123	++
Fe ↘	Plasma	Fe[4]	µmol/l	< 14	< 13	< 15	< 14	< 20	+
	Vollblut	Hb	mmol/l	< 6,5	< 5,5	< 6,7	< 8,2	< 5,6	++
Zn ↘	Plasma	Zn	µmol/l	< 14	< 12	< 6,0	< 9,0	< 8,0	–/+
Cu ↗	Plasma	Cu	µmol/l	> 21	> 33	> 39	> 17	> 20	++
	Leber, adult	Cu	mg/kg TS	> 100	> 350	> 250	> 300		+++
Cu ↘	Plasma	Cu	µmol/l	< 19	< 8,0	< 8,0	< 8,0	< 10	++
	Leber, adult	Cu	mg/kg TS	< 10	< 35	< 10			+++
Mn ↘	Leber	Mn	mg/kg TS		< 10				+
J ↘	Milch	J gesamt	µg/l		< 20	< 30			++
	Plasma	J gesamt	µmol/l	< 0,6	< 0,4		< 0,5		+
Se ↘	Plasma	Se	µmol/l	< 0,5	< 0,4	< 0,8	< 0,5		++
	Vollblut	Se-GPx	U/g Hb		< 140				++
Se ↗	Plasma	Se	µmol/l	> 2,5	> 1,9	> 2,5			++
	Haare[5]	Se	mg/kg TS	> 0,3					++
Co ↘	Plasma	Co	µmol/l	< 0,3	< 0,3				++
Carotin ↘	Plasma	Carotin	µmol/l	< 0,2	< 4–7				+++
Vit A ↘	Plasma	Retinol	µmol/l	< 0,5	< 1,0	< 0,9	< 1,0	< 0,7	++
Vit D ↗	Plasma	Gesamt-Ca	mmol/l	> 3,5	> 2,8	> 3,5	> 3,0	> 3,0	++
	Serum	1,25 Vit. D	nmol/l	> 24	> 65		> 165	> 170	++
Vit E ↘	Serum	Tocopherol	mg/l	< 1,0	< 3,0	< 1,0	< 3,0		++
Vit B₁ ↘	Serum	Thiamin	µg/l	< 5,0	< 30		< 50	< 45	+++

Plasma: Li-Na-Heparinat; Aussagekraft: – gering, ++ mittel, +++ hoch; Normalwerte für Cu, Zn im Plasma schließen eine Unter- evtl. auch Überversorgung (Cu) nicht aus.

[1] Nicht zu verwechseln mit Diagnostik bei Grunderkrankungen wie z. B. hohe Folsäurewerte im Blut als Folge einer bakteriellen Überwucherung bei der exokrinen Pankreasinsuffizienz.
[2] Nüchternwerte: Harnstoffwerte können wenige Stunden nach proteinreicher Fütterung physiologisch und vorübergehend erhöht sein.
[3] Jungtiere haben einen geringeren Serum-Proteingehalt als Adulte.
[4] Zur Überprüfung der Eisenaufnahme eignet sich die Ferritin-Bestimmung oder die Transferrin-Sättigung im Blut, die aber in der Routineanalytik kaum Anwendung finden.
[5] Zeigen langfristig hohe Se-Zufuhr an.
[6] In der ersten Woche post partum.

Tab. V.5.4: **Substrate zur Überprüfung einer Nährstoffüberversorgung bzw. einer Vergiftung durch diverse chemische Elemente**

Substrat	als Nährstoffe supplementiert													Kontaminanten							
	Ca	P	Mg	Na	Cl	S	Cu	Zn	Fe	Mn	Se	Co	J	Al	As	Cd	Cr	F	Pb	Hg	Mo
Leber							x	x	x	x	x	x		x		x			x	x	x
Niere	x						x	x		x	x	x		x	x	x			x	x	x
Serum	x	x	x	x	x		x	x	x		x	x	x				x				x
Blut							x		x					x	x	x	x	x			
Milch											x	x									
Harn	x	x	x	x	x		x				x			x					x	x	
Haare							x	x						x	x	x			x	x	
Knochen	x	x	x											x					x	x	
Faeces				x		x	x	x						x						x	
Futter	x	x	x	x	x	x	x	x	x	x	x	x	x	x	x	x	x	x	x	x	x
Gehirn[1]				x																x	
Kammerwasser[1]				x	x							x									

[1] Anlässlich von Sektionen verfügbares Substrat.

Literatur

NERBAS E (2008): *Aktualisierung von Blutparametern beim Schwein.* Diss. Med. vet., Tierärztliche Hochschule, Hannover.

GROSSE BEILAGE E, WENDT M (2013): *Diagnostik und Gesundheitsmanagement im Schweinebestand.* Verlag Eugen Ulmer, Stuttgart.

NEUNDORF R, SEIDEL H (1977): *Schweinekrankheiten.* Gustav Fischer Verlag, Jena.

DIRKSEN G, GRÜNDER HD, STÖBER M (1990): *Die klinische Untersuchung des Rindes.* Paul Parey Verlag, Berlin – Hamburg.

DIRKSEN G, GRÜNDER HD, STÖBER M (2006): *Innere Medizin und Chirurgie des Rindes.* Parey in MVS Medizinverlage Stuttgart GmbH & Co KG, Stuttgart.

PULS R (1994): *Vitamin levels in animal health.* Diagnostic data and bibliographies. Sherpa International, Clearbrook, Kanada.

MEYER H, ZENTEK J (2010): *Ernährung des Hundes.* Grundlagen – Fütterung – Diätetik. Enke Verlag, Stuttgart.

GEOR RJ, HARRIS PA, COENEN M (2013): *Equine applied and clinical nutrition.* Health, welfare and performance. Saunders Elsevier, Edinburgh – London – New York – Oxford – Philadelphia – St Louis – Sydney – Toronto.

6 Diätetik als tierärztliche Aufgabe und Leistung

Definition: Die Diätetik umfasst alle Maßnahmen von Seiten der Ernährung, welche der Vorbeuge oder Behandlung (i. d. R. als Bestandteil einer Therapie) von Gesundheitsstörungen bei Nutz- und Liebhabertieren dienen. Dieser besondere auf die Gesundheit der Tiere abgestellte Ernährungszweck ist von der bedarfsgerechten Energie- und Nährstoffzufuhr abzugrenzen, die **nicht** Gegenstand der Diätetik ist. Primäres Ziel der Diätetik ist, Risiken für die Entstehung von Gesundheitsstörungen (z. B. Obstipationen bei Sauen peripartal) zu mindern, bestehende Erkrankungen zu mildern oder zu beseitigen (z. B. Lebererkrankungen) sowie leistungsbedingten (z. B. Stoffwechselstörungen bei Hochleistungskühen) oder krankheitsassoziierten Belastungen (z. B. Anorexie bei Traumata) entgegenzuwirken. Perspektivisch könnten auch besondere Fütterungsmaßnahmen der Diätetik zugeordnet werden, durch die beispielsweise die LM-Sicherheit gefördert werden kann, ohne dass es um Erkrankungen von Tieren geht (z. B. Minderung der Prävalenz von Zoonose-Erregern bei Nutztieren, vgl. Salmonellen bei Mast-Schw). 🖝

Vor einer Entscheidung über bestimmte diätetische Maßnahmen müssen folgende Fragen beantwortet werden:
- Schafft die vorliegende Fütterung eine Disposition für eine bestimmte Erkrankung? Wenn ja, dann ist die Korrektur der bisher praktizierten Fütterung zu empfehlen, bevor diätetische Maßnahmen ergriffen werden.
- Welcher konkrete Ernährungszweck soll durch die Diät erfüllt werden?
- Können die beobachteten/erwarteten Störungen überhaupt durch diätetische Maßnahmen beeinflusst werden?
- Welches diätetische Konzept ist sinnvoll bzw. erfolgversprechend?
- Ist das diätetische Konzept umsetzbar/praktikabel?
- Gibt es Parameter, die zur Erfolgskontrolle genutzt werden können (z. B. Kontrolle Nierenparameter)?

6.1 Übersicht zu Indikationen für diätetische Maßnahmen

Merke: Regelungen zu Diät-FM finden sich in der FMV mit ihrer Anlage 2a; hier sind auch alle Indikationen aufgeführt/gelistet, für die entsprechende Diät-FM entwickelt wurden und in den Verkehr gebracht werden dürfen (Prinzip: Positivliste). 🖝

Diätetische Maßnahmen sind allgemein sehr spezifisch, d. h. indikations- und tierartabhängig (**Tab. V.6.1**). Sie umfassen die Fütterungstechnik wie auch die Rationsgestaltung insgesamt. Hierbei kann auf Diät-FM (s. Kap. I.11.4, I.11.5.4) zurückgegriffen werden, in vielen Fällen jedoch steht ein solches nicht zur Verfügung, sodass insbesondere bei Flfr und Pfd individuell zusammengestellte Rationen als tierärztliche Aufgabe und Leistung zu sehen sind.
Nicht alle Konstellationen, für die eine diätetische Maßnahme in Betracht kommt, sind bisher als besonderer Ernährungszweck in der FMV spezifiziert (= Voraussetzung zur Formulierung

eines Diät-FM), sondern verlangen auf den Einzelfall abgestimmte, besondere Empfehlungen (z. B. Biotinergänzung bei bestimmten Formen schlechter Huf-, Klauenhornbeschaffenheit; Konzentrateinsatz bei Milchkühen am Ende der Trächtigkeit und Laktationsbeginn zur optimalen Konditionierung von Pansenflora und -schleimhaut; teilweise Substitution von Stärke durch Fett bei Hochleistungspferden zur Prävention von belastungsbedingten Myopathien).

❙ Der Handlungsspielraum für diätetische ♠ Maßnahmen ist daher also größer als das Angebot von Diät-FM. ●

Die infrage kommenden diätetischen Maßnahmen können prinzipiell wie in **Tabelle V.6.2** dargestellt gegliedert werden.
Insbesondere in der Diätetik der Flfr haben Diät-FM eine weite Verbreitung erfahren.

Tab. V.6.1: **Beispiele diätetischer Maßnahmen bei verschiedenen Tierarten**

Anlass für diätetische Maßnahmen	Beispiel
abweichender Ernährungszustand	Adipositas, Kachexie nach Operation, Tumorerkrankungen
Sistieren der Futteraufnahme	Anorexie bei Neugeborenen, Zahnfehlstellungen (Kan)
Verdauungsstörungen	Magenulcus, Obstipation, Diarrhoe, Kolik, Dysbiose
Stoffwechsel-, Lebererkrankungen	Diabetes mellitus (Hd), Cu-Speicherkrankheit (Hd)
Herz- und Kreislauferkrankungen	Hypertension (Hd), Herzinsuffizienz
Immunsuppression	bei lang andauernden Behandlungen
Regulationsstörungen	Hypocalcämie der Milchkuh
Erkrankungen der Niere und des Harnapparates	Niereninsuffizienz, Harnsteinbildung
Hauterkrankungen	Allergien
Verhaltensstörungen	Stereotypien, Aggressivität
extreme Belastungen	hohe Milchleistung (Wdk, Hd), hohe Schweißabgabe (Pfd)

Tab. V.6.2: **Übersicht zu Indikationen diätetischer Maßnahmen**

Diätetische Maßnahme (Beispiele)	Indikation (Beispiele)
Veränderung der Futtermenge	Adipositas/Unterversorgung
Veränderung der Fütterungstechnik	
Erhöhen der Mahlzeitenfrequenz	Magendrehung bei Hd
Erwärmen des Futters	Inappetenz bei Flfr
Futtermittelauswahl	
Einzel-FM mit besonderer Wirkung	Grünmehl bei Adipositas der Flfr
Einzel-FM mit besonderen Inhaltsstoffen	Dysbiosen: Trockenschnitzel als Lieferant leicht fermentierbarer KH, Klebereiweiß (glutaminreich)
Additive	Probiotika, Enzyme, puffernde Substanzen, AS

Diätetische Maßnahme (Beispiele)	Indikation (Beispiele)
Veränderungen der Futterzusammensetzung	
gröbere Struktur, Rfa-Gehalt ↑	Obstipation bei Sauen
Rp-, AS-Gehalt	Rp ↓ bei Lebererkrankungen
Rfe-, FS-Gehalt	n3-Fettsäuren bei Dermatosen
Mengen-, Spurenelementgehalt	Gebärparese: Kationen : Anionen-Bilanz[1]
Vitamingehalt	Biotin bei Hufhornschäden, Vit E u. Se bei hohem Infektionsdruck, L-Carnitin bei Herzinsuffizienz (Hd)
Nutzung von Additiven	Säurezusatz (*E. coli*-Prophylaxe)
Wasserversorgung	
Förderung der Aufnahme (Na ↑)	Vermeidung von Harnwegsinfektionen

6

[1] Bei sehr unterschiedlichen Problemen wird der den Säuren-Basen-Status modulierende Effekt der Kationen: Anionen-Relation genutzt: MMA der Sau, Gebärparese bei Rd, Urolithiasis bei Flfr, Schf.

Literatur (zu Kap. 5 und 6)

BICKHARDT K (1992): *Kompendium der allgemeinen inneren Medizin und Pathophysiologie für Tierärzte.* Parey-Verlag, Berlin.

COENEN M, KAMPHUES J (1996): *Beurteilung einer bereits vorliegenden Rationsberechnung für Milchkühe als tierärztliche Aufgabe.* Übers Tierernährg 24: 156–165.

COENEN M (1999): *Diätetische Maßnahmen bei Durchfallerkrankungen kleiner Heimtiere.* In: Kamphues J, Wolf, P, Fehr M (Hrsg.): Praxisrelevante Fragen der Ernährung kleiner Heimtiere. Selbstverlag ISBN 3-00-004731-X.

KAMPHUES J (1996): *Futtermittelbeurteilung/Fütterungskontrolle (Die Prüfung und Beurteilung von Futter und Fütterung im Rinderbestand als tierärztliche Aufgabe).* In: Wiesner E (Hrsg.): Handlexikon der tierärztlichen Praxis, Ferdinand Enke Verlag, Stuttgart, 277j–277w.

KAMPHUES J (2003): *Diätetische Maßnahmen in Schweinebeständen – Indikationen, Möglichkeiten und Grenzen.* Vortragsveranstaltung „Technologietag 2003" des Niedersächsischen Kompetenzzentrum Ernährungswirtschaft (NieKE), unveröffentlicht.

KAMPHUES J, BRÜNING I, PAPENBROCK S, MÖSSELER A, WOLF P, VERSPOHL J (2007): *Lower grinding intensity of cereals for dietetic effects in piglets.* Livestock Science 109: 132–134.

KAMPHUES J, TABELING R, STUKE O, BOLLMANN S, AMTSBERG G (2007): *Investigations on potential dietetic effects of lactulose in pigs.* Livestock Science 109: 93–95.

KAMPHUES J, WOLF P (2007): *Tierernährung für Tierärzte – im Fokus: Die Fütterung von Schweinen.* Hannover, 13.04.2007, ISBN 978-3-00-020840-9.

KAMPHUES J (2014): *Feedstuffs intended for „particular nutritional purposes" vs. feeding measures with regard on dietetics.* Proc Soc Nutr Physiol 23: 161–162.

KIENZLE E, THIELEN C, DOBENECKER B (1998): *Computergestützte Rationsberechnung in der Kleintierpraxis.* Selbstverlag.

KIENZLE E (2003): *Ernährung und Diätetik.* In: Kraft W, Dürr UM, Hartmann K (Hrsg.): Katzenkrankheiten – Klinik und Therapie. 5. Aufl. M. & H. Schaper, Hannover, 1301–1328.

KRAFT W, DÜRR UM (2013): *Klinische Labordiagnostik in der Tiermedizin.* 6. Aufl. Schattauer GmbH, Stuttgart.

MCDOWELL LR (2003): *Minerals in animal and human nutrition.* 2. Aufl. Elsevier, Amsterdam.

MEYER H (1990): *Beiträge zum Wasser- und Mineralstoffhaushalt des Pferdes.* Parey-Verlag, Berlin.

MEYER H, COENEN M (2014): *Pferdefütterung.* 5. Aufl. Enke Verlag, Stuttgart.

MEYER H, ZENTEK J (2013): *Ernährung des Hundes.* 6. Aufl. Parey-Verlag, Berlin.

VERVUERT I, BERGERO D (2010): *Ration formulation in horses: the scope of interpretation.* EAAP Publication No. 128: 106–115.

VERVUERT I, KIENZLE E (2013): *Assessment of nutritional status from analysis of blood and other tissue.* In: Equine Applied and Clinical Nutrition. Eds: Geor R, Harris P, Coenen M. Saunders Elsevier, 1. Aufl. pp. 425–43.

WOLF P, KAMPHUES J (2002): *Ziervögel – Nutritive Anamnese.* Kleintier.Konkret 5: 12–16.

ZENTEK J (1996): *Notwendigkeiten und Grenzen der Diätfuttermittel bei Hund und Katze.* Prakt Tierarzt 77: 972–984.

ZENTEK J (1996): *Entwicklungen und Perspektiven der Diätetik in der Tierernährung.* Übers Tierernährg 24: 229–253.

7 Ernährung von Embryo, Fötus und Säugling

Die Ernährung zu Beginn der Individualentwicklung unterscheidet sich in vielfacher Weise von der nach der Geburt. Indirekt, d.h. über die Versorgung des graviden Tieres sind bereits in dieser Phase günstige wie auch nachteilige Einflussmöglichkeiten seitens der Fütterung gegeben, die teils erst nach der Geburt, d.h. in späteren Lebensphasen des Individuums zur Ausprägung kommen (*metabolic prgramming*). Derartige Zusammenhänge sind beispielsweise für die Adipositas oder auch metabolische Insuffizienzen bei verschiedenen Spezies bekannt.

7.1 Ernährung und Fertilität

Die Fruchtbarkeit eines Tieres bzw. eines Tierbestandes ist von vielen endogenen und exogenen Faktoren abhängig bzw. beeinflusst (**Abb. V.7.1**).

Verschiedene Parameter der Fruchtbarkeit werden auch durch die Ernährung in teils arttypischer Weise m.o.w. deutlich beeinflusst (z.B. Energieversorgung und Ovulationsrate, Vitamin- und Spurenelementversorgung → Kolostrumqualität).

7.2 Embryo und Fötus

Embryo und Fötus durchlaufen in ihrer Entwicklung 3 Stufen mit unterschiedlicher Energie und Nährstoffversorgung:

1. Versorgung durch die im Ovum angesammelten Stoffe (Lipoproteine, Glycogen) bis zum Einreißen der Zona pellucida (Blastocystenstadium); Ernährung des Muttertieres (Energie) hat vermutlich Einfluss auf Vitalität des Ovums bzw. Embryos; Beachtung beim Embryotransfer.
2. Nach Einreißen der Zona pellucida können Nährstoffe direkt aus der umgebenden Nähr-

Abb. V.7.1: Die Fertilität eines Tieres bzw. Tierbestandes als Resultate verschiedener Teilleistungen/Einflüsse.

lösung (Histiotrophe) über den Trophoblasten aufgenommen werden; Versorgung des Muttertieres vor allem mit Energie, AS (Entwicklungsruhe Wildtiere) und Vitaminen ist für die Entwicklung des Embryos in dieser Phase wichtig. Kenntnisse über die Ernährung in dieser Phase sind zunehmend von praktischer Relevanz, da bei der *In-vitro-*Fertilisation und Kultivierung von Embryonen entsprechende „Nährmedien" benötigt werden. Bislang werden hierzu Zellkulturmedien genutzt. Der Energie- und Nährstoffbedarf der sich entwickelnden Frucht ist vor der Implantation äußerst gering und deshalb kaum näher quantifiziert, andererseits haben verschiedene Nährstoffe (Mineralstoffe, Vitamine) eine Bedeutung für die Regulationsprozesse auf Seiten des Muttertieres (Erhalt der Gravidität) wie auch im Rahmen der Embryogenese (z. B. Folsäuremangel und Entstehung von Embryopathien). Eine Mangelernährung in dieser Phase führt zu retardierter Entwicklung, embryonalem Fruchttod oder auch Missbildungen. Des Weiteren ist experimentell belegt, dass sekundäre Pflanzeninhaltsstoffe (Beispiel: Gossypol-enthaltender Extrakt aus Baumwollsaat) in dem Kulturmedium die Entwicklungschancen des Embryos mindern können.

3. Mit der Plazentation beginnt die plazentare Ernährung durch Übertritt von Energie (in Form von Glucose) und den meisten Nährstoffen (AS, Mineralstoffen, wasserlöslichen Vitaminen) aus dem mütterlichen in den fötalen Kreislauf. Temporäre Unterversorgung der Muttertiere kann je nach Dauer und Art der Nährstoffe (Speicher- bzw. Mobilisationsfähigkeit) durch Mobilisierung mütterlicher Reserven kompensiert werden, sodass zunächst die fötale Entwicklung gesichert bleibt (evtl. unter Beeinträchtigung der Gesundheit des Muttertieres, s. Trächtigkeitstoxikose der Schafe im Kapitel VI.2.6). Andererseits kann ein Mangel an Nährstoffen wie Spurenelementen oder Vitaminen (Vit A, E, B_{12}, Fol-, Pantothensäure, Riboflavin) auch nach der Implantation zu Entwicklungsstörungen führen. Sowohl vor als auch nach der Implantation können Belastungen des Muttertieres mit Schwermetallen (Cd, Pb) die Embryo- und Fetogenese nachteilig beeinflussen. Unter extremen Bedingungen (lange Karenz, relativ große Fruchtmasse im Vergleich zum Muttertier) kann aber auch die Entwicklung des Fötus gestört werden. Eine Überversorgung der Muttertiere mit Nährstoffen wirkt sich im Allgemeinen nicht nachteilig auf die Entwicklung der Feten aus (Ausnahmen: J, evtl. Se, Vit D). Neben anderen zahlreichen Faktoren hat die sog. „Metabolische Programmierung" oder auch *early nutrition programming* des Fötus und auch des Säuglings durch die pränatale und postnatale Ernährung eine besondere Bedeutung für die spätere Entwicklung z. B. für das Entstehen von Stoffwechselerkrankungen. Hierbei wird z. B. postuliert, dass eine KH-reiche Fütterung (Stärke ↑, Zucker ↑) des Muttertiers während der Trächtigkeit zu einer verminderten Insulinsensitivität beim Jungtier führen kann und somit Stoffwechselstörungen langfristig programmiert werden.

7.3   Säuglinge

Zur Geburt zeigen die Neugeborenen der verschiedenen Spezies eine unterschiedlich weite Entwicklung bzw. Reife. Während Nesthocker (z. B. Kan, Flfr) zunächst kaum eine größere Bewegungsaktivität entfalten und sehr auf die entsprechende „Nestwärme" angewiesen sind, zeigen die Nestflüchter (z. B. Pfd, Mschw) schon kurze Zeit p. n. ein teils erstaunliches Reaktionsvermögen (Flucht, Aufnahme von festem Beifutter am 2./3. LT). Körperzusammensetzung, Skelettmineralisation und Fähigkeit zur Thermoregulation sind tierartlich sehr unterschiedlich. Hieraus leiten sich dann auch die teils unterschiedlichen Ansprüche der Neugeborenen ab. ❧

7.3.1 Energieversorgung unmittelbar *post natum*

Neugeborene Haussäugetiere verfügen (außer Mschw, Kan) nur über geringe Energiereserven (Glycogen, Fett). Sie bedürfen, insbesondere untergewichtige Säuglinge, nach dem Wechsel aus dem homöothermen uterinen Milieu in die in der Regel hypothermale Außenwelt alsbald energiereicher Nahrung und optimaler Umgebungstemperaturen (evtl. zusätzliche Wärmequellen, Infrarotstrahler). Besonders empfindlich für absoluten oder relativen (durch niedrige Umgebungstemperaturen bedingten) Energiemangel sind Ferkel und Welpen. Schaflämmer sind gefährdet bei Weidelammung im Spätherbst oder Winter.

Energiemangel → Hypoglycämie → u. a. Störung des Saug- und Nahrungsaufnahmeverhaltens → allgemeine Schwäche, oft Exitus.

7.3.2 Versorgung mit Antikörpern bzw. weiteren besonderen Milchbestandteilen

Säuglinge der Haustiere sind *post natum* (*p. n.*) weitgehend immuninkompetent; alsbaldige Versorgung mit Kolostrum (spätestens 4 Stunden nach der Geburt), besonders zur raschen Übertragung von Antikörpern, ist notwendig und teils rechtlich vorgeschrieben (Tierschutz-Nutztierhaltungsverordnung 2006).

Kolostrum muss ausreichende Mengen an Antikörpern enthalten; höchster Gehalt unmittelbar *post partum* (*p. p.*), anschließend rascher Abfall der Konzentration im Kolostrum. Daher Säuglinge nach der Geburt unmittelbar saugen lassen bzw. Kolostrum gewinnen und füttern.

Zur Bildung spezifischer Antikörper sollten hochtragende Muttertiere dem Keimmilieu, in dem die Säuglinge aufwachsen, zuvor ausreichend lange (mind. 3 Wochen) ausgesetzt sein. Besondere Probleme bei Zukauf hochtragender Muttertiere.

Das Kolostrum unterscheidet sich in vielfacher Hinsicht von der reifen Milch: Neben dem Gehalt an maternalen Antikörpern verdienen Erwähnung:

- der um ein Vielfaches höhere Gehalt an Mengen-/Spurenelementen sowie an Vitaminen,
- der Gehalt an Schutzstoffen (z. B. Lactoferrin) bzw. Abwehrzellen (Leukozyten),
- der Gehalt an Hormonen (z. B. Insulin, Prolactin), an Wachstumsfaktoren, Cytokinen, Nukleotiden und Polyaminen, die der Entwicklung (insbes. des Verdauungstrakts), Ausreifung, Zelldifferenzierung, Enzymbildung und Stoffwechselregulation des Neugeborenen dienen.

Kolostrum und auch die reife Milch haben somit – neben der Versorgung mit Energie und Nährstoffen – weitere sehr spezifische Funktionen (*functional food*). ◆

7.3.3 Saugverhalten Neugeborener

Gesunde Säuglinge suchen alsbald nach der Geburt (gelenkt durch thermische und olfaktorische Reize, z. T. Pheromone) das mütterliche Gesäuge (**Tab. V.7.1**).

Tab. V.7.1: **Häufigkeit des Saugens pro Tag von Neugeborenen diverser Spezies**

Fohlen	50–60	Welpe (Hd)	6–12
Kalb	6–8	Kaninchen	1–2
Lamm	12–50	Rehkitz	5–10
Ferkel	20	Igel	5–8

7.3.4 Enzymausstattung

Der Säugling vermag zunächst nur die in der Milch enthaltenen Nährstoffe effizient zu verdauen. Enzyme für den Abbau von Stärke und Saccharose (Amylase, Maltase, Saccharase) sowie milchfremder Eiweiße werden erst allmählich und nach Induktion durch entsprechende Futterkomponenten gebildet.

7.3.5 Nährstoffversorgung über Muttermilch

Muttermilch ist höchst verdaulich, bedarf aber nach längerer Säugezeit, besonders bei schnell wachsenden Säuglingen, einer entsprechenden Ergänzung durch andere FM.

Nährstoffangebot (Energie, Eiweiß, Mengenelemente) bei ungestörter Laktation und normalem Säugeverhalten je nach Tierart für 2–4 W *p. n.* für optimales Wachstum ausreichend.

Die Fe-Zufuhr über Milch ist bei Spezies mit hohen relativen Wachstumsleistungen (Ferkel, Welpen) und fehlenden Ergänzungsmöglichkeiten aus der Umgebung ungenügend. MAT für Kälber bis 70 kg KM: Fe-Gehalt von 30 mg/kg uS, ab 70 kg KM Hb-Werte >6 mmol/l obligatorisch. Gleiches gilt für Mg bei länger dauernder Saugphase (Hypomagnesämie der Kälber bei ausschließlicher Milchaufnahme).

Versorgung des Neugeborenen mit J, Se, Vit A und E variiert in Abhängigkeit von mütterlicher präpartaler Ernährung. Keine Reservebildung an Vit A und E in der fötalen Leber möglich.

7.3.6 Beifutter

Ab der 2. bis 4. Woche *p. n.* ist Beifutter (FM, die neben der Milch aufgenommen werden) zur Erreichung hoher Zunahmen notwendig. Das im Beifutter enthaltene Eiweiß, vor allem aber die KH, werden in der Regel in geringerem Umfang als die in der Milch enthaltenen Komponenten verdaut. Daher ist eine langsame Gewöhnung an die Beifutteraufnahme erforderlich. Für Kälber ist z. B. in der Tierschutz-Nutztierhaltungsverordnung (2006) eine Grobfutterzulage ab dem 8. LT vorgeschrieben. Dadurch werden einerseits die anatomische und funktionelle Entwicklung des Verdauungstraktes und die Induktion von Verdauungsenzymen gefördert, andererseits muss eine Überlastung des noch nicht voll entwickelten und adaptierten Verdauungssystems vermieden (→ Diarrhoerisiko) werden.

7.3.7 Flüssigkeitszufuhr

Sobald Säuglinge Beifutter aufnehmen, muss zusätzlich Flüssigkeit zur Verfügung stehen, aber auch schon vorher kann ein Wasserangebot sinnvoll sein (insb. bei Ferkeln!). Bei Kälbern ist der Zugang zu Wasser in ausreichender Menge und Qualität ab dem 14. LT vorgeschrieben, vielfach ist aber – insbesondere bei Durchfallerkrankungen – ein Wasserangebot bereits vor dem 14. LT sinnvoll.

Durch Fehler in Fütterung und Haltung sowie bei Erkrankungen kann der Wasserbedarf von Säuglingen ansteigen:

- Bei ungenügender Eiweißqualität oder einem Wachstumsstau (geringer Eiweißansatz, z. B. bei Infektionen) müssen größere Mengen an N-haltigen harnpflichtigen Stoffen ausgeschieden werden (→ Urämiegefahr).
- Bei Diarrhoen entstehen Wasser- und Elektrolytverluste über den Darm (→ Exsikkose).
- Zu hohe Umgebungstemperaturen (z. B. im Ferkelnest) können zu erhöhten kutanen bzw. respiratorischen Wasserverlusten beitragen (→ Hypernatriämie nach Trockenfutteraufnahme).

7.3.8 Dauer der Säugezeit, Häufigkeit der Nahrungsaufnahme und Beginn der Beifutter-Gabe

Siehe hierzu **Tabelle V.7.2**.

7.3.9 Mutterlose Aufzucht

Bei der Herstellung und Verwendung von Milchaustauschern (MAT) sind folgende Punkte zu beachten:

- Die Zusammensetzung der MAT muss sich an der artspezifischen Zusammensetzung der natürlichen Nahrung, der Muttermilch, orientieren (**Tab. V.7.3, V.7.4, V.7.5**), das betrifft insbesondere die Relation von Fett, Eiweiß und Lactose (Herkunft der Energie), den Proteintyp (Casein, Albumine, Globuline), das FS-Muster (teils extreme Speziesunterschiede) und die Mineralisierung.
- Die verwendeten Komponenten müssen hochverdaulich sein und dürfen nur einen geringen Keimgehalt aufweisen. Eiweiße (hohe BW) sollten gut löslich, Fette leicht emulgierbar sein.
- Bei der Fütterungstechnik (Häufigkeit und Menge der Zuteilung) sind artspezifische Verhaltensmuster bei der Nahrungsaufnahme (s. **Tab. V.7.2**) sowie eine ausreichende Tränketemperatur zu beachten. Bei der Zubereitung der MAT-Tränke sind die deklarierten Fütterungshinweise zu berücksichtigen.

Tab. V.7.2: **Dauer der Säugezeit, Saugfrequenz und Beginn der Beifutter-Gabe**

	Rd Kalb	Pfd Fohlen	Schf Lamm	Schw Ferkel	Hd	Ktz	Kan
Säugeperiode (Wochen)							
• beim Muttertier	0[1]	16–25	6–12[2]	3–6	6–8		4–6
• mutterlose Aufzucht[3]	6–8[4]	ca. 10	5[5]	2–3	6		ca. 4
Saugfrequenz pro Tag							
• beim Muttertier	6–8	50–60	12–50	ca. 20	6–12		1–2
MAT-Angebot pro Tag							
mutterlose Aufzucht 1. LW	3	12	4–5	6	6	8	2
später	2	6	3	3	3–5	6	1
Beginn der Beifuttergabe (LW)	2.	3.–4.	2.	2.–3.	4.	4.	3.
Art des Beifutters	Grobfutter (Heu, Silage, Gras), EF	Grobfutter (Heu, Gras, Luzerne), EF für Fohlen	MAT, EF für Saug-ferkel	EF für Welpen, eiweißreiche FM z.B. Rinderhack		AF für Zucht-Kan	

[1] Ausnahme: Mutterkuh- und Ammenkuhhaltung (bis 7 Monate).
[2] z.T. schon Absetzen nach 1–2 Tagen; ab 8. LT Aufzucht mit MAT an Lämmerbar.
[3] Angebot von tierartspezifischen MAT.
[4] Beim Frühentwöhnen.
[5] Bis das Jungtier etwa das Dreifache seines Geburtsgewichts erreicht hat.

Tab. V.7.3: **Energie-, Eiweiß-, Fett- und Lactosegehalte in der Milch verschiedener Tierarten**

	Energie MJ/kg	Eiweiß g/kg	Fett g/kg	Lactose g/kg	Anteil der Energie (%) aus:		
					Eiweiß	Fett	Lactose
Pfd (1. Mon)	2,53	27	18	62	24	31	45
Rd	3,17	33	40	50	25	48	27
Schf	4,53	58	60	43	31	53	16
Zg	2,92	33	40	45	20	53	27
Rotwild	6,86	105	90	41	37	53	10
Schw	5,10	51	50–80	52	23	60	17
Hd	6,50	84	103	33	31	60	9
Ktz	4,90	81	64	31	42	41	17
Kan	9,08	127	148	9	33	65	2
Mschw	3,99	81	39	30	49	38	13
Ratte	9,26	120	150	30	32	63	5
Seehund	19,50	95	450	8	12	88	<1
Igel	13,00	160	255	0,7	28	72	<1

7

Tab. V.7.4: **Fettsäuren im Milchfett (Gewichtsprozent)**

	C$_4$ + C$_6$	C$_8$ + C$_{10}$	C$_{12}$	C$_{14}$	C$_{16}$	C$_{16:1}$	C$_{18}$	C$_{18:1}$	C$_{18:2}$
Pfd	1,0	7,1	6,2	5,7	23,8	7,8	2,0	20,9	14,9
Rd	3,3	4,3	3,1	9,5	26,3	2,3	14,6	29,8	2,4
Schf	6,8	11,7	5,4	11,8	25,4	3,4	9,0	20,0	2,1
Schw	–	0,1	0,2	3,1	25,7	8,1	4,0	43,8	12,5
Hd	–	–	2,0	4,7	26,3	10,8	2,6	33,7	18,2
Ktz	–	0,3	0,7	4,6	25,6	4,8	10,7	42,4	6,1
Kan	0,5	52	3,1	1,7	12,6	1,3	2,2	10,3	12,9

Tab. V.7.5: **Beispiele für die Herstellung von MAT und ihre Anwendung**

Fohlen	Rehkitz
640 g Kuhmilch 320 g Wasser 35 g Milch- oder Traubenzucker 1500 IE Vit A 300 IE Vit D oder MAT für Fohlen (125 g/l) 1. LW 12 x täglich (je 0,5 % der KM) 2. LW 6 x täglich (je 2–3 % der KM) Kalttränke möglich	100 g Kuhmilch 430 g Wasser 130 g Casein 215 g Rahm (30 % Fett) 15 g vit. Mineralfutter (ca. 20 % Ca) oder fettreiche MAT für Kälber (150 g/l) bzw. Kondensmilch (unverdünnt oder 2:1 verdünnt) 50–100 g MAT, 5–6 x täglich füttern

Welpen (Hund)	Welpen (Katze)
300 g Kuhmilch 50 g Eidotter 40 g Maiskeim- oder Sojaöl 540 g Magerquark 10 g vit. MF (20 % Ca) bis 3. LW 5–6 x täglich, > 3. LW 3–4 x täglich Menge: ca. 15 % der KM/d	760 g Magermilch 50 g Eidotter 30 g Maiskeim- oder Sojaöl 150 g Magerquark 3 g Nachtkerzenöl 10 g vit. MF 400 mg Taurin rd. 400 kJ/100 ml bis 3. LW 5–6 x täglich, >3. LW 3–4 x täglich Menge: ca. 25 % der KM/d

Kaninchen, Hase[1]	Igel (KM 50–100 g)
700 g Kuhmilch (falls möglich Kolostrum) 50 g Eigelb 150 g Sahne (30 % Fett) 50 g Sonnenblumenöl 20 g vit. MF (Ca : P: ca. 2:1) 3 x täglich füttern, je Mahlzeit eine Menge von 5–7 % der KM	g/100 g uS 15 Eigelb 8 Sojaöl 30 Rührei 30 Magerquark 0,7 MF 0,5 Futterkalk 15,8 ml Fencheltee Menge: bis 15 % der KM/d Fütterung alle 3–4 h tagsüber, nachts zunächst alle 4–5 h

[1] Ähnlich auch Mschw, aber hier ab 2.–3. LT Festfutter (z. B. Grünmehle, Heu) möglich.

Literatur

BLUM JW, HAMMON HM (2000): *Bovines Kolostrum: Mehr als nur ein Immunglobulinlieferant.* Schweizer Archiv für Tierheilkunde, Ausgabe 5/2000.

HEINZE CR, FREEMAN LM, MARTIN CR, POWER LM (2014): *Comparison of the nutrient composition of commercial dog milk replacers with that of dog milk.* JAVMA 244: 1413–1422.

KAMPHUES J (1997): *Effects of feeds and feeding on fertility in food producing animals.* In: Rath D (Ed.): Reproduction in Domestic Animals – Physiology, Pathology, Biotechnology, Suppl. 4, Proceedings der 5. Dreiländertagung Fertilität und Sterilität in Schwäbisch-Gmünd, 18.–20. 9. 1997, 51–54.

KASKE M, KUNZ HJ (2003): *Handbuch Durchfallerkrankungen der Kälber.* Kamlage Verlag, Osnabrück.

KASKE M, LEISTER T, SMOLKA K, ANDRESEN U, KUNZ HJ, KEHLER W, SCHUBERTH HJ, KOCH A (2009): *Die Neonatale Diarrhoe des Kalbes IV.* Mitteilung Kälberdurchfall als Bestandsproblem: Die Bedeutung der Kolostrumversorgung. Prakt Tierarzt 90: 756–67.

KIDDER DE, MANNERS MJ (1978): *Digestion in the pig.* Scientechnica, Bristol.

KIENZLE E, LANDES E (1995): *Aufzucht verwaister Jungtiere Teil 2: Herstellung von Milchaustauschern und praktische Durchführung der mutterlosen Aufzucht.* Kleintierpraxis 40: 687–700.

LANDES E, ET AL. (1997): *Untersuchungen zur Zusammensetzung von Igelmilch und zur Entwicklung von Igelsäuglingen.* Kleintierpraxis 42: 647–658.

LITTLE S (2013): *Playing mum: Successful management of orphaned kittens.* J Feline Med Surg 15: 201–210.

MEYER H, KAMPHUES J (1990): *Grundlagen der Ernährung bei Neugeborenen.* In: Walser K, Bostedt H (Hrsg.): Neugeborenen- und Säuglingskunde der Tiere. Enke Verlag, Stuttgart.

PATEL MS, SCINIVASAN M (2001): *Metabolic Programming: Causes and Consequences.* J Biol Chem 277: 1629–1632.

PODUSCHKA W (1979): *Das Igel-Brevier.* 4. Aufl., Verlag Ebikon, Luzern.

WIESNER E (1970): *Ernährungsschäden der landwirtschaftlichen Nutztiere.* VEB Verlag G. Fischer, Jena.

7

VI Ernährung verschiedener Spezies

In der Ernährung der verschiedenen Tierarten sind **speziesunabhängige Grundprinzipien** zu berücksichtigen, die von einer art- und altersgemäßen Versorgung über die bedarfsgerechte Zufuhr an Energie und Nährstoffen bis hin zu Fragen der Produktqualität oder auch Wirtschaftlichkeit reichen.

Daneben sind aber auch **grundsätzliche Unterschiede** in der Fütterung der verschiedenen Tierarten auffällig: Bei vielen Tierarten erfolgt z. B. die Gesamtversorgung über eine Ration, d. h. verschiedene Einzel-FM werden getrennt voneinander, teils in mehreren Arbeitsgängen, angeboten, während bei anderen Spezies AF-Konzepte die Fütterungspraxis bestimmen. Die Haltungs- und Nutzungsbedingungen unterscheiden sich nicht nur zwischen den Tierarten, sondern auch innerhalb einer Spezies, mit teils erheblichen Konsequenzen für den Energie- und Nährstoffbedarf sowie für die Rations- bzw. Mischfuttergestaltung insgesamt (z. B. Mutterkühe in der Fleischrinderhaltung/Hochleistungsmilchkühe in der Stallhaltung; ähnliche Unterschiede auch in der Pferdefütterung).

Bei den Spezies, die vorwiegend als **Heimtiere** gehalten werden, dominiert der Bedarf für die Erhaltung, da kaum – oder nur über gewisse/kurze Lebensphasen – eine Leistung abverlangt wird. Die Möglichkeiten einer gezielten Energie- und Nährstoffergänzung unterscheiden sich insgesamt in Abhängigkeit vom Angebot der Mischfutterindustrie. Nicht zuletzt differieren auch Risiken für ernährungsbedingte Störungen bei den verschiedenen Spezies erheblich (hohe Leitungen: Risiken für eine bedarfsgerechte Versorgung bzw. bei Verzicht auf jegliche Leistung eher Gefahren für eine Überversorgung).

Schließlich interessieren aus **tierärztlicher Sicht** die bei einer jeden Spezies häufiger/verbreitet vorkommenden Indikationen für diätetische Maßnahmen (inklusive der Anwendung von Diät-FM), nicht zuletzt als konstitutive Elemente der Prävention und/oder Therapie.

1 Rinder

Als ruminierende Spezies sind Rinder – unabhängig von der Nutzungsrichtung und Leistungshöhe – auf die adäquate Zufuhr strukturierten (entsprechende Partikellänge) und mikrobiell fermentierbaren, faserreichen Futters angewiesen. Die Futteraufnahme verteilt sich über einen Zeitraum von 12–15 Std je Tag (bei Hochleistungskühen), dabei entfallen knapp 2/3 dieser Zeit allein auf das Wiederkauen. Der notwendige KF-Einsatz induziert adaptive Veränderungen in der Pansenflora und -fauna sowie am Pansenepithel. Andererseits können sich durch eine übermäßige Aufnahme von KF und die daraus ggf. resultierende Akkumulation organischer Säuren (v. a. Milchsäure) eine azidogene Dysbiose (Laktatbildner ↑) und Schleimhautschäden (Keratose, Ulcus) entwickeln. Aber erst mit morphologischer und funktioneller Entwicklung des Vormagensystems ist die o. g. Charakterisierung zutreffend. Im praeruminalen Stadium ist der junge Wdk verdauungsphysiologisch hingegen den Monogastriern vergleichbar.

1.1 Kälber

Als Kalb wird das junge Rd in der **Phase der Vormagenentwicklung** (allgemein bis zum Alter von ca. 6 Monaten) bezeichnet. Das neugeborene Kalb besitzt einen Schlundrinnenreflex, der an den Saugakt gekoppelt ist. Dadurch kann die aufgenommene Milch direkt in den Labmagen gelangen. Gegenseitiges Besaugen der Kälber ist in der Gruppenhaltung nicht selten und wird als Ausdruck eines ungestillten Saugbedürfnisses gewertet (aus diesem Grund sind Tränkeeimer mit Saugern zu empfehlen). Die Fütterung richtet sich nach der angestrebten Nutzung. Allerdings verläuft die Kolostrumphase (1. LW) bei allen Kälbern gleich, d. h. unabhängig von der Produktionsrichtung (Aufzucht oder Mast). Hieran schließen sich – nach Differenzierung in Aufzucht und Kälbermast – unterschiedliche Ernährungsformen an (**Abb. VI.1.1**), wobei die rechtlichen Vorgaben der Tierschutz-Nutztierhaltungs-VO (22.8.2006) grundsätzlich zu beachten sind.

Abb. VI.1.1: Die Fütterung von Kälbern in Aufzucht und Mast.

Kälber:

1. LT:	innerhalb von 3–4 Std p. n. Kolostrum (= Biestmilch)-Angebot
8. LT:	Raufutter oder sonstiges rohfaserreiches strukturiertes Futter zur freien Aufnahme
ab 2. LW:	jederzeit freien Zugang zu Wasser
bis 70 kg KM:	mindestens 30 mg Fe/kg MAT; Fe im MAT grundsätzlich so hoch, dass ein Ø Hb-Wert von 6 mmol/l Blut erreicht wird

1.1.1 Kolostralmilchperiode

Kolostralmilch ist auf die Bedürfnisse des neugeborenen Kalbes hinsichtlich der Zusammensetzung optimal abgestimmt. Sie zeichnet sich durch hohe Gehalte an schnellverfügbaren Nährstoffen und Schutzstoffen (Immunglobuline) aus. Kälber sind bei der Geburt noch m. o. w. immuninkompetent und benötigen deshalb unverzüglich entsprechende Mengen an Kolostrum (frühe Immunisierung), das neben der Energie und den diversen essenziellen Nährstoffen auch verschiedene Wirkstoffe (u. a. Amine, Wachstumsfaktoren) enthält, die eine zügige Entwicklung und Reifung des Verdauungstrakts sichern.

1. Tag: Möglichst rasch nach der Geburt (bis 3–4 Std p. n.) etwa 1–2 l Kolostrum anbieten, gefolgt von einer weiteren Gabe nach 5–6 Std (d. h. häufiges Angebot, vornehmlich des ersten Gemelks); Mindestaufnahme vom Kolostrum: 2–3 l; bei mangelnder Saugaktivität evtl. Verabreichung über Schlundsonde (dabei eine Menge von > 2 l/Mahlzeit vermeiden); aktive Milchaufnahme eines durch die Geburt geschwächten Kalbes soll durch Aufträufeln vom Kolostrum auf die Zunge gefördert werden. Für Notfälle Kolostrum asservieren (überschüssiges Erstgemelk älterer Kühen einfrieren). Das Auftauen und Erwärmen (etwa 37 °C) verlangen eine entsprechende Sorgfalt. Die Qualität des Kolostrums ist nicht zuletzt von einer entsprechenden Trockenstehzeit der Kuh sowie von der Dauer der betriebsspezifischen Erregerexposition abhängig. Teils erfolgt in der Praxis bei Kälbern in der 1. LW eine Ergänzung mit Eisen (oral über die Tränke oder auch *per injectionem*).

2.–7. Tag: Tägliche Steigerung des Kolostrum- bzw. Milchangebots auf 5–6 kg am Ende der 1. LW (am Ende der 1. LW sollten Kälbern 10–12 % der KM an Tränke pro Tag angeboten werden); zunächst 3x täglich tränken, Übergang auf 2x täglich oder Gewöhnung an Tränkeautomaten. Ab 5.–7. LT allmählich von der Vollmilch auf Milchaustauscher (MAT)-Tränke umstellen.

Nach 1. LW: Milch bzw. MAT-Tränke (s. Rationsgestaltung), Fütterung aus dem Eimer (idealerweise mit Sauger) oder am (Halb-)Automaten.

1.1.2 Postkolostrale Phase

Aufzuchtkälber sind weibliche und männliche Kälber bis zu einer KM von ca. 150 kg, die für die Nachzucht oder Aufzucht von Mastbullen genutzt werden. Eine bedarfsgerechte Ernährung des Aufzuchtkalbes ist eine Voraussetzung für hohe Leistungen in der eigentlichen späteren Nutzung. Bis zum Ende der Aufzucht mit 4 Monaten sollen mittlere tägliche Zunahmen (KMZ) von mind. 750–850 g erreicht werden, um das Entwicklungspotenzial der jungen Tiere zu nutzen und ein frühes Erstkalbealter der Färsen zu ermöglichen (**Tab. VI.1.1**). Die FA des Aufzuchtkalbes ist zunächst durch die MAT-Tränke (s. Fütterungstechnik) bestimmt. Um die Entwicklung vom Säugling zum ruminierenden Wdk zu fördern, werden möglichst früh neben der MAT-Tränke bzw. Milch auch KF sowie Raufutter (Heu bester Qualität oder hochwertige Silagen) angeboten. In der Praxis wird zunehmend auch die Teil-TMR der hochlaktierenden Milchkühe für die Fütterung der Aufzuchtkälber genutzt, insbesondere wenn es an entsprechenden Mengen und Qualitäten von Heu fehlt.

Tab. VI.1.1: **TS-Aufnahmekapazität und Empfehlungen für die tägliche Energie- und Nähr-stoffversorgung in der Kälberaufzucht**

Alter Mon	KM[1] kg	KMZ[2] g	TS-Aufnahme kg	ME MJ	Rp g	Ca g	P g	Mg g	Na g
1	55	500	1	18,2	304	11	8	2	2
2	76	700	1,5–2	25,1	427	13	9	3	2
3	97	700	2–2,5	28,1	453	16	11	3	3
4	121	800	2,5–3	33,5	522	21	13	4	3
5	145	800	3–3,5	36,7	546	28	14	5	4

[1] Am Ende des Monats.
[2] Maximal; je kg Ansatz 180 g Rp, 14 g Ca, 8 g P, 0,45 g Mg, 1,5 g Na; endogene Verluste und aV s. Kap. V.2.2.

Aufzuchtverfahren
Natürliche Aufzucht

In der Fleischrinderhaltung (Kühe werden nicht zur Milchgewinnung gehalten/gemolken) erfolgt die Aufzucht der Kälber bei der Mutterkuh bzw. evtl. auch an der Amme („natürliche Aufzucht").

In der Mutterkuh- bzw. Ammenkuhhaltung (i. d. R. 2 Kälber je Kuh) nutzen Kälber zunächst nur die Vollmilch und je nach Abkalbezeitraum in unterschiedlichem Maße den Weideaufwuchs. Bei früh im Jahr geborenen Kälbern ist aufgrund des nährstoffreichen, jungen Grases die Intensität der Beifütterung gering, während in der Weidesaison geborene Kälber mehr KF zur Ergänzung der Weide in der späteren Vegetationsperiode beanspruchen.

Konventionelle Aufzucht

In der Vergangenheit wurden Kälber häufig erst nach rd. 100 Tagen vollständig von der MAT-Tränke abgesetzt. Insbesondere zur Einsparung von Arbeits- und Futterkosten wurde dann aber über Jahrzehnte die Frühentwöhnung favorisiert (Absetzen von der MAT-Tränke mit dem 50. LT bzw. wenn das Kalb eine KF-Aufnahme von über 1,5 kg pro Tag erreichte), während heute eine etwa 10-wöchige Aufzucht mit MAT-Tränke das am häufigsten praktizierte Aufzuchtverfahren darstellt. Ein Absetzen von der MAT-Tränke mit ca. 100 Tagen ist heute eher selten.

Frühentwöhnung

Dieses Aufzuchtverfahren (Absetzen von der Tränke mit etwa 50 Tagen) zielt auf eine Stimulierung der Festfutter-Aufnahme und Pansenentwicklung. Die Frühentwöhnung eignet sich vor allem zur Aufzucht von Kälbern für die Jungrindermast. Bei eher geringer MAT-Menge (max. 7–8 l Tränke pro Tag) sollen Kälber möglichst früh/möglichst viel Festfutter aufnehmen, sodass sie nach 7–8 Wochen abgesetzt werden können (wenn eine tägliche KF-Aufnahme von deutlich über 1 kg erreicht wird). Bei der Frühentwöhnung ist besonders auf die Qualität der angebotenen Ration zu achten. Hoch akzeptable EF für die Kälberaufzucht sind hier essenziell, wenn man einen Einbruch in der KM-Entwicklung mit dem Absetzen der MAT-Tränke vermeiden will. Diese schmackhaften EF werden schließlich auch genutzt, um das gegenseitige Besaugen nach Aufnahme der Tränke zu vermeiden (evtl. sogar ein Einreiben des Maules mit diesen EF).

Teils wird in der Frühentwöhnung eine Aufzucht mit nur 30 kg MAT je Kalb erreicht (im konventionellen Verfahren häufig über 60 kg MAT-Pulver).

Tränkeverfahren/Tränketechnik

In der Aufzucht der Kälber spielt die Tränke eine zentrale Rolle, wobei deren Verfügbarkeit, die Art des Angebotes sowie die Herstellung differieren (**Tab. VI.1.2**).

Tab. VI.1.2: **Übersicht zu verschiedenen Tränkeverfahren in der Kälberfütterung**

Verfügbarkeit der Tränke	Technik des Tränkeangebots	Tränkeherstellung
zweimaliges Tränken/Tag	Eimertränke von Hand	Anmischen zu jeder Mahlzeit (ca. 37 °C)
dreimaliges Tränken/Tag	Tränkeverteilung mittels Dosiereinrichtungen (Druckleitungen mit Dosierpistolen)	Automatisierte Tränkeherstellung und manuell gesteuerte Verteilung zu jeder Mahlzeit
Tränke *ad libitum*	Tränkeaufnahme über Eimer mit einem Sauger, Sauger über Leitungen mit Vorratsbehälter verbunden	Anmischen der Tränke auf Vorrat, Tränketemperatur ca. 20–25 °C, Kalttränke (allgemein als Sauertränke angeboten)
Tränke in frei wählbarer Mahlzeitenfrequenz bei begrenztem Volumen	Computergestützte, individuelle Tränkezuteilung (Transponder)	Automat mischt Tränke auf Abruf portionsweise körperwarm an

Voraussetzung für eine störungsfreie Verdauung ist eine Tränkezubereitung gemäß den Empfehlungen des Herstellers. Richtwerte für MAT s. **Tabelle VI.1.7.**

Was die Temperatur der angebotenen Tränke angeht ist, eine Unterscheidung in Warm- und Kalttränke üblich (s. a. **Tab. VI.1.3**).

Warmtränke: MAT-Tränke muss klumpenfrei zubereitet werden. Dazu wird die Tränke mit ca. $1/3$ des vorgesehenen Volumens bei Temperaturen > 50 °C (abhängig von Fett- und Emulgatorqualität) angerührt; Verdünnung auf Endvolumen mit warmem Wasser, das eine Temperatur von ca. 43 °C (Warmtränke) hat, Zuteilung bei 37 °C mittels Eimer (möglichst mit Sauger).

In größeren Milchviehbetrieben und in spezialisierten Kälberaufzuchtbetrieben erfolgt heute die Kälberaufzucht weit verbreitet mittels der „Automatentränke". Am Tränkeautomaten bekommen die in Gruppen gehaltenen Kälber mit individueller Kennzeichnung (Transponder) einzeln Zugang und nehmen hierbei die gerade angerührte warme MAT-Tränke auf. Dabei ist vom Betreuer die Menge pro Tag und Mahlzeit sowie die Mahlzeitenfrequenz pro Tag (bzw. Zeit des verwehrten Zugangs) frei zu wählen, d.h. vorzugeben. Die kleineren Portionen und die Aufnahme der frisch angerührten warmen MAT-Tränke aus einem Sauger sind ernährungsphysiologisch günstig. Wenn Kälber täglich etwa 1,5 kg KF aufnehmen, kann die Tränke abgesetzt werden.

Kalttränke (Sauermilchtränke): Anfangs 125 g MAT/l, später Rückgang auf unter 100 g/l möglich, MAT wird mit Ameisen- oder Propionsäure (bzw. deren Calciumsalzen, kaum pH-wirksam) konserviert (3 ml/l). Bei einem pH von 4,5 wird eine Haltbarkeit der Tränke für 2–3 Tage erreicht. Unter diesen Bedingungen muss auf Casein als Proteinquelle verzichtet („Null"-Austauscher) oder ein Rührwerk im Vorratsbehälter installiert werden. Bei einem pH von 5,5 ist die Tränke nur für einen Tag haltbar, dafür können aber caseinhaltige FM eingesetzt werden. Zur Gewöhnung (bessere Akzeptanz) MAT zunächst mit warmem Wasser ansetzen. Bei Verwendung größerer Mengen an Molkenpulver → Gefahr der Na-Intoxikation, v. a. bei unzureichender Wasseraufnahme oder erhöhter Wasserabgabe (Diarrhoe).

Richtwerte für Nullaustauscher (Angaben in g/kg MAT):
Ra < 90; Na max 8; K max 20; SO_4^- max 5; Lactose ca. 410; Rp ca. 220

Zuteilung über Schlauchleitungen mit Saugern (aus Vorratsbehältern) oder über Saugeimer; bei Angebot aus Eimern kann der saure Geruch evtl. zu Akzeptanzstörungen führen. Günstige Erfahrungen mit Sauermilchtränke gibt es in Betrieben mit chronischen Coli-Infektionen.

Tab. VI.1.3: **Unterschiede im Warm- bzw. Kalttränkeverfahren (generell: etwa 125 g MAT/l Wasser)**

	Warmtränke	Kalttränke
Tränketemperatur	35–40 °C	< 17 °C[1]
Tränkfrequenz pro Tag	2x	*ad libitum* (10–15x)
Tränkevolumen/ Mahlzeit	ca. 3,5 l[2]	0,5–0,8 l
Anrühren der Tränke/Tag	2x[3]	0,5x

[1] Mindestwert, allgemein entsprechend der Umgebungstemperatur.
[2] Am Automaten: zwischen 0,2 und 1,5 l je Mahlzeit.
[3] Am Automaten: zur Mahlzeit, d. h. auf Abruf.

Rationskomponenten/Futtermittel in der Kälberaufzucht

Milch oder Milchersatz

Außer bei einer Versorgung über Tränkeautomaten ist ein Tier:Fressplatz-Verhältnis von 1:1 erforderlich.

Voll- und Magermilch: Nach der Kolostralmilchperiode werden in der 2.–7. LW täglich 6–9 l Milch (steigende Anteile Mager-, sinkende Anteile Vollmilch) gegeben. Ausschließliche Magermilchfütterung ab 8. LW (mit vitaminiertem EF aufwerten: 10–25 g/l, s. **Tab. VI.1.7**). Etwa 1 Woche vor dem geplanten Absetztermin langsame Reduktion des Milchangebotes. Wasser *ad libitum*. Bei Milchquotenüberschreitung wurde oft auch Vollmilch („Übermilch") verwendet. Die alleinige, auch großzügige Vollmilchgabe kann bei mangelnder Beifutteraufnahme zu einer knappen/unzureichenden Versorgung mit Mengen- und Spurenelementen führen (Mg, Fe!).

Milchaustauscher (MAT): Ist in der Praxis die wichtigste Komponente in der Kälberfütterung und ersetzt als AF die Vollmilch. Der MAT muss gute physikalisch-chemische (wasserlöslich und geringe Verklumpungsneigung) Eigenschaften aufweisen und ernährungsphysiologisch vertretbar sein. Letzteres hängt entscheidend vom Alter der Kälber ab. In den ersten 4 LW sind milchfremde Komponenten bzw. Nährstoffquel-len (ausgenommen pflanzliche Fette) nur bedingt oder kaum einsetzbar, bei einem Alter von >4 Wochen ergeben sich dennoch Möglichkeiten der Kosteneinsparung durch milchfremde Komponenten (**Tab. VI.1.4**).

Die wichtigsten Einzel-FM im MAT – gerade in den ersten 4 LW – sind Milchnebenprodukte, am besten Magermilchpulver, aber auch Molkenpulver (teilentzuckert und teilentmineralisiert) kann eingesetzt werden. Aus Kostengründen können hochwertige pflanzliche Proteine wie Sojaproteinisolat bzw. -konzentrat sowie Weizenproteinhydrolysat als Eiweißträger eingemischt werden (Null-Austauscher), die aber aufgrund geringerer Verdaulichkeit und Verträglichkeit in den ersten 4 LW nicht eingesetzt werden sollten. Lactose wird als MAT-Bestandteil gut verdaut und sollte daher zu mind. 45 % im MAT enthalten sein. Andere KH inkl. der Faserstoffe (max. 0,2 % Rfa) werden nicht/kaum vertragen und können Durchfall verursachen. Als Fettquellen können Kokos- und Palmkernfett sowie Palmöl im MAT eingesetzt werden. Diese sind im Hinblick auf das FS-Muster und den Schmelzpunkt ähnlich dem Milchfett. MAT enthalten auch Antioxidantien und Emulgatoren, um die Fettstabilisierung und -verteilung zu fördern. Die Feinstverteilung des Fettes verbessert die Verträglichkeit der milchfremden Fette beim Kalb erheblich. Neben der Versorgung mit Mengen- und Spurenelementen sowie Vitaminen können auch weitere Zusatzstoffe wie Probiotika und Aromastoffe eingesetzt werden. Der Ra-Gehalt sollte 8–9 % im MAT nicht überschreiten.

Grundfutter

Weiches Heu bester Qualität (1. Schnitt blattreich oder 2. Schnitt = Grummet) fördert die Vormagenentwicklung; hochwertige Anwelk- und Maissilagen (immer frisch angeboten) können Heu zu einem erheblichen Teil ersetzen; Silagen werden meist erst vor dem Absetzen vom MAT *ad libitum* angeboten (Heu sollte dennoch immer parallel zur Verfügung stehen), Häcksellänge: 15–20 % der Partikel sollten eine Mindestlänge von 1,3–2,5 cm aufweisen; Futter-

Tab. VI.1.4: **Übersicht zur Zusammensetzung von Milchaustauschern für Kälber**

Komponenten	Nährstoffe
Milchverarbeitungsprodukte[1]	
Magermilchpulver	→ Casein[1], Lactose, Mineralstoffe
Molkenpulver	→ Lactose, Albumin und Globuline, Mineralstoffe
ggf. Buttermilchpulver (Butterfett)	→ Lactose, Casein, Mineralstoffe, (Fett)
Casein (evtl. bei günstigem Preis)	→ Casein[1]
milchfremde Bestandteile	
Soja-, Klebereiweiß	→ pflanzliches Protein
pflanzliche Fette	→ Fett (Energie)
Quellstärke	→ aufgeschlossene Stärke, Dextrine, Zucker
Mineralstoffe	→ Mengenelemente
Vormischungen mit Zusatzstoffen	
mit Nährstoffcharakter	→ Spurenelemente, Vitamine
ohne Nährstoffcharakter	→ Emulgatoren, Antioxidanzien, Geschmacksstoffe etc.

[1] Nicht in sog. Nullaustauschern (= Null Kasein).

Tab. VI.1.5: **Futtermengenzuteilung (kg/Tag) in der Kälberaufzucht**

Absetzverfahren		konventionell			früh		
LW	KM kg	MAT 12,5%	KF	Heu[1]	MAT 12,5%	KF	Heu[1]
2.	ca. 40	6–7	ad libitum	ad libitum	6	ad libitum	ad libitum
3.–6.	45–65	8	ad libitum	ad libitum	7	ad libitum	ad libitum
7.–8.	65–75	8	ad libitum	ad libitum	4–6	ad libitum	ad libitum
9.–12.	75–100	8	} bis max. 1,5 kg	bis max. 1,5 kg	–	bis max. 2,0 kg[2]	bis max. 1,5 kg
13.–16.	100–120	6 → 0					

[1] Nur Heu wird evtl. limitiert, alle anderen Grund-FM weiter *ad lib.*   [2] Absetzen erst bei einer KF-Aufnahme von min 1,5 kg möglich.

rüben guter Qualität ab 6. LW einsetzbar; Angebot *ad libitum*, Futterreste müssen vor Angebot neuen Futters immer aus dem Trog entfernt werden, ansonsten Risiken für einen Verderb (v. a. durch Hefen!), der zu Verdauungsstörungen bei Kälbern führen kann.

Kraftfutter
Möglichst ab 2. LW schmackhaftes, pelletiertes EF (s. **Tab. VI.1.7**) *ad libitum* anbieten; durch eine frühzeitige hohe KF-Aufnahme wird das Wachstum der Pansenzotten besonders gefördert, während das Grundfutter (s. o.) eher die Größenentwicklung der Vormägen (morphologische Ausreifung) stimuliert (**Tab. VI.1.5**); Angebot zunächst *ad libitum*, ab 1,5 kg/Tag konstant halten, bei Frühabsetzen: bis 2 kg KF/d, männliche Kälber können bis 2,5 kg KF je Tag erhalten.

TMR in der Kälberaufzucht

Für eine gute Pansenentwicklung werden Total-mischrationen (TMR) von gehäckseltem Heu und KF, in relativen Anteilen von etwa 30:70, als Trocken-TMR auch *ad libitum* angeboten. Wie vorher erwähnt eignen sich aber auch TMR-Rationen der laktierenden Milchkühe sehr gut für die Kälberaufzucht, wenngleich in diesen der KF-Anteil allgemein deutlich geringer ist, als in den speziellen Mischrationen aus Heu und EF für die Kälberaufzucht.

Wasserzufuhr

Unbegrenzt, möglichst über Selbsttränken.

1.1.3 Mastkälber

Mastkälber sollen in ca. 25 Wochen eine KM von 250–270 kg erreichen (Tageszunahmen von 1200–1500 g für die Gesamt-Mast). Männliche Kälber von fleischbetonten Rassen (z. B. Fleck-vieh) werden vorrangig für die Rindermast ge-nutzt, sodass eher männliche Kälber milchbe-tonter Rassen (z. B. Schwarzbunte, Braunvieh) zur Kälbermast in Betracht kommen. Weibliche Kälber haben geringere Leistungen, werden aber aufgrund der deutlich geringeren Kosten den-noch für die Kälbermast herangezogen. Je nach Marktlage wird u. U. auch auf eine KM von bis zu 290 kg ausgemästet (verlängerte Kälbermast). Aufgrund des hohen Energie- und Nährstoffbe-darfs benötigen Mastkälber eine besondere Sorgfalt bei der Futterwahl, damit eine intensive Nährstoffversorgung pro Zeiteinheit erreicht wird (**Tab. VI.1.6**). Daher steigen im Laufe der Mast die MAT-Konzentration und -Menge sowie die Energie- und Nährstoffdichte in der Tränke, aber heute eben auch die Mengen an maisbasiertem Festfutter. In der Praxis wird teils sogar die Menge an MAT-Pulver je Tier und Tag auf 3 kg beschränkt, sodass ein zunehmend hö-herer Anteil der Energie und Nährstoffe dann über das Festfutter geliefert wird.

Rationsgestaltung

Ziel: Hohe Tageszunahmen durch große Mengen einer zunehmend konzentrierten MAT-Tränke bei Gewährung eines notwendigen Angebots an „strukturiertem Futter" (→ zur Be-friedigung des Kau-/Wiederkaubedürfnisses) und steigenden Mengen von Fe-armem Festfut-ter. Die Aufnahme an strukturiertem Futter soll entsprechend der Kälberhaltungsverordnung ab der 2. LW mind. 100 g/Tag, ab der 8. LW mind. 250 g/Tag betragen. Als Quelle strukturierter Rohfaser hat die Maissilage auch hier erheblich an Bedeutung gewonnen. „Strukturiertes" Fest-futter mit höheren Anteilen an KF und CCM trägt heute schon erheblich zur Gesamtenergie- und Nährstoffversorgung der Mastkälber bei (Unterschied zur früheren, reinen MAT-Mast!), insbesondere wenn das MAT-Angebot pro Kalb und Tag auf knapp 3 kg begrenzt wird.

Vollmilch (bäuerliche Betriebe mit Übermilch)

Bis 100 kg KM steigende Gaben, anschließend Vollmilch mit MAT aufwerten (höhere TS-Ge-halte). Allerdings spielt diese Form der Kälber-mast aus ökonomischen Gründen keine große Rolle mehr. Ausnahmen machen Kälber aus der Mutterkuhhaltung, die bei hoher Milchauf-

Tab. VI.1.6: **Empfehlungen für die tägliche Energie- und Nährstoffversorgung (Kälbermast)**

KM kg	KMZ g/Tag	Wasser l/Tag	MAT g/l	MAT kg	ME MJ	Rp g	Ca g	P g	Mg g	Na g
60	1000	9	135	1,2	19,8	262	17	11	2	3
120	1500	16	135	2,2	44,3	425	28	17	4	5
180	1600	18	165	3,0	62,0	455	29	19	5	5
240	1600	18	180	3,2	80,0	485	32	19	7	7

nahme und zusätzlicher Aufnahme von Weidegras, Silagen und/oder KF zwar auch früh geschlachtet werden können, aber kein helles Kalbfleisch liefern, sondern eher als *Baby Beef* (max. 10 Monate bei einer KM von ca. 300 kg) zu bezeichnen sind.

Voll- und Magermilch

Begrenzte Bedeutung, Magermilch mit „EF zu Magermilch" (s. **Tab. VI.1.7**) aufwerten.
Prinzip: Beginn mit 6–7 l/Tag; ab der 2. LW jede Woche Steigerung um 1–1,5 l/Tier/Tag; beschränkte Flüssigkeitsaufnahmekapazität (rd. 18 l/Tag; „Flüssigkeitsbremse") bedingt niedrige Mastendgewichte: Bei Vollmilch 110 kg, bei Magermilch + EF („Aufwerter") 160 kg KM.

Milchaustauscher

Früher übliche Methode in Großbetrieben, heute in abgewandelter Form mit Ergänzung durch strukturiertes Festfutter das Standardverfahren der spezialisierten Kälbermastbetriebe.
Prinzip: Steigerung von Tränkemenge und -konzentration; damit höhere und stets adäquate Nährstoffversorgung, Verlängerung der Mast durch Trockenfutterzulage (je nach Kalbfleischmarktlage) möglich, MAT I bis rd. 80 kg KM, MAT II bis Mastende.
Im MAT I sollten nur Magermilchpulver (20–30 %) oder Molkenpulver (teilentmineralisiert und teilentzuckert) bzw. eine Kombination von beiden eingesetzt werden. Im MAT II können diese Eiweißträger durch hochwertige pflanzliche Proteinträger zum Teil ersetzt werden. Hier können essenzielle AS (Lysin, Methionin), aber auch KH wie Dextrose und pflanzliche Fette (z. B. Palmkern-, Kokosfett) zugesetzt werden. Außer den Fe-Gehalten, die der Kälberhaltungsverordnung entsprechen müssen, sind Mengen-, Spurenelemente und Vitamine identisch mit einem MAT für Aufzuchtkälber (s. **Tab. VI.1.7**). Auf einen allmählichen Übergang vom MAT I auf MAT II ist zu achten. In ca. 16 Wochen mit rd. 220 kg Endgewicht: Futterverbrauch ca. 1,5 kg/kg Zuwachs, MAT-Verbrauch rd. 240 kg. Die Kälbermast in spezialisierten Großbetrieben erfolgt heute nur noch selten auf der Basis der früher üblichen MAT, die als AF für die Mast konzipiert waren und nur eine gewisse Ergänzung mit strukturierten Komponenten erfuhr.

Auf der Basis von flüssigen Nebenprodukten der Molkerei (Molke, Buttermilch, Magermilch) erfolgt in betriebseigener Mischanlage der Zusatz eines EF (Fett, Protein und KH sowie Mineralstoffe und Vitamine) sowie anderer Komponenten (z. B. aus dem LM-Bereich), die dann als Tränke m. o. w. *ad libitum* (bis 16, max. 18 l/ Kalb/Tag) angeboten werden). Nach Aufnahme dieser Tränke (allgemein 2 Mahlzeiten) wird dann eine Mischung an Festfutter angeboten (ab der 8.–9. LW und bis zu 5 kg/d), das im Wesentlichen aus Produkten der Maispflanze (z. B. Maissilage aus hochschnittiger Ernte, Lieschkolbenschrotsilage, evtl. auch CCM) besteht, aber auch mit Getreide (gequetschte Gerste u. Ä.) sowie Stroh (entstaubt, Asche-, Fe-arm) ergänzt wird. Bei der Auswahl dieser Festfuttermittel ist der Fe-Gehalt (möglichst gering!) ein entscheidendes Kriterium, da eine höhere Fe-Aufnahme zu entsprechenden Veränderungen in der Fleischfarbe führt, mit der Folge von Preisabschlägen. Bei dieser Form der Kälbermast wird auch eine m. o. w. normale Entwicklung der Vormägen erreicht und auch ein Wiederkauen beobachtet bzw. das Auftreten von Bezoaren (infolge eines gegenseitigen Besaugens und Beleckens) vermieden. Hier werden – je nach Fe-Gehalten im Festfutter – auch größere Mengen an Energie und Nährstoffen (Protein, Stärke) aus „milchfremden" Komponenten möglich, allerdings mit dem Risiko für eine gewisse Rosé-Färbung der Muskulatur („Rosa-Mast"), die der Markt immer noch nicht ohne Preisabschläge toleriert. Bei weiterer Entwicklung dieses Konzepts wird dann die Kälbermast einer Kraftfuttermast junger Rinder immer ähnlicher, sodass dann hier auch die Gesundheitsstörungen zu einem erheblichen Anteil auf Störungen der mikrobiellen Verdauung im Vormagen zurückzuführen sind.

Im Unterschied zu dieser Kälbermast werden Jungmasttiere, die auf der Basis von Muttermilch und Weideaufwuchs heranwuchsen, als

„*Baby Beef*" bezeichnet (max. 10 Mon. alt bei einer KM von max. 300 kg).

Fütterungstechnik

1. Lebenswoche (s. Kolostralmilchperiode Kap. VI.1.1.1).
Nach Eingewöhnung im Stall und allmählicher Steigerung der Tränkekonzentration und -menge wird die MAT-Tränke nahezu *ad libitum* angeboten (vielfach Längströge mit Saugern, zweimalige Fütterung/Tag). Etwa ab 80 kg KM wird i.d.R. der proteinärmere MAT II (s. **Tab. VI.1.7**) eingesetzt. Um die entsprechenden rechtlichen Vorgaben bzgl. „strukturierten Futters" zu erfüllen, werden separat bzw. nach Aufnahme der MAT-Tränke Maissilage, grobes Getreideschrot, verpresstes Strohhäcksel u.Ä. angeboten.

Tab. VI.1.7: **Richtwerte für die Zusammensetzung von MAT und Ergänzungsfutter für Kälber[1]**

Angaben je kg uS			MAT	MAT I		MAT II	Ergänzungsfuttermittel		
			für Aufzucht-kälber	für Mastkälber		für Aufzucht-kälber	zu Magermilch für		
				≤ 80 kg KM	> 80 kg KM		Aufzucht	Mast[2]	
Rohprotein	g	min	200	220	170	180			
Lysin	g	min	16	17,5	15				
Met (+ Cys)	g	min	7	7	6				
Rohfett	g		130–200	150–220	180–300			300–600	
Rohfaser	g	max	2	1,5	2	100		30	
Rohasche	g	max	90	90	90	100			
Ca	g	min	9	9	9				
P	g	min	6,5	6,5	7				
Mg	g	min		1,3	1,3			1,5	
Na	g			2–6	2–6			6	
Fe	mg	min	60	40		120			
Cu	mg		4–15	4–15	max 15		max 120	8–30	
Vit A	IE	min	12 000	10 000	8000	8000	80 000	20 000	
Vit D	IE	min	1500	1250	1000	1000	10 000	2500	
Vit E	mg	min	20	20	20		160	40	

[1] Für die Einteilung der FM gibt es keine rechtlichen Grundlagen, die Bezeichnungen dienen lediglich der Orientierung;
[2] Energiereich.

1.1.4 Ernährungsbedingte Gesundheitsstörungen bei Kälbern

Diarrhoen (Ursachen in der Kolostrumphase)
Kolostrumqualität

Immunglobulingehalt zu niedrig: Kuh durchgemolken, vor der Geburt gemolken, Trockenperiode zu kurz (normal 6–8 Wochen), Kolostrum zu spät gewonnen (möglichst innerhalb 3–4 Stunden p. p.).

Immunglobuline nicht spezifisch: Muttertier nicht an stallspezifische Mikroflora adaptiert (Zukauf/Einstallung erst kurz vor Abkalbung).

Vit- (A und E) bzw. Spurenelementgehalt (Cu, Se) zu gering: Wenn Muttertier während Hochträchtigkeit nicht ausreichend versorgt wurde oder die Trockenstehphase zu kurz war.

Fütterungstechnik

Zu spät p. n. getränkt (Kolostrumgabe binnen 3–4 Std nach der Geburt obligatorisch); Milch zu kalt verfüttert; Tränkgefäße unsauber oder von mehreren Tieren benutzt, Tränkemenge pro Fütterung zu groß.

Diarrhoen (Ursachen in der postkolostralen Phase)
Futtermittel, Zusammensetzung und Qualität
Vollmilch

Fettgehalt zu hoch (Jersey, Guernsey): Milch verdünnen: 2 Teile Vollmilch, 1 Teil Magermilch oder Wasser.

Hoher Anteil an NPN-Verbindungen in der Milch (?) infolge überhöhter Eiweißfütterung bei gleichzeitig krassem Energiemangel.

Milchaustauscher
Asche: Hohe Aschegehalte (> 80 g/kg) bedingt durch Molkenprodukte (bes. teilentzuckerte); hohe Aschegehalte sind ein Indikator für Verwendung solcher Produkte, niedrige Werte schließen hingegen ihre Verwendung nicht aus, da durch andere Komponenten eine Reduktion des Aschegehaltes möglich ist (z. B. Sojaprotein, Quellstärke).

Fett: Absolut zu hoher Fettanteil (> 5 % in der Tränke), zu hoher Anteil an harten Fetten → Schmelzpunkt zu hoch (über 40–50 °C) → geringe Verdaulichkeit, schlechte Verteilung (Aufrahmen, bes. in Automaten) → Steatorrhoe; Fettart und -härte zum Tränkeverfahren passend (unterschiedlich bei Kalt- und Warmtränke!), Fettpartikel zu groß (Ø über 5–10 μm) → geringere Verdaulichkeit, Fettverderb (ranziges Fett).

Eiweiß: Schädigung durch Überhitzung oder feuchte Lagerung → Bildung von Fructoselysin und anderen nicht verfügbaren Komplexen mit AS, überwiegend pflanzliche Proteine (Soja u. a. → geringere pcVQ bei jüngeren Kälbern) → putrefaktive Diarrhoe (s. **Abb. VI.1.2**).

Kohlenhydrate: Zu hoher Anteil, insbesondere an nativer Stärke (> 50 g/kg MAT) oder Dextrinen → forcierter Abbau im Dickdarm → fermentative Diarrhoe; Lactose- + Glucoseangebot nicht mehr als 10–12 g/kg KM/Tag (s. **Abb. VI.1.2**).

Sonstiges
Molkenpulveranteile: Zu hoch (Lactose ↑) → Passage beschleunigt, bes. bei jüngeren Tieren evtl. Fehlgärungen im Dickdarm → fermentative Diarrhoe (geringeres Risiko bei Kalttränke mit protrahierter Nahrungsaufnahme).

Komponenten mit Hygienemängeln (Pilz- oder Bakteriengehalt erhöht): Magermilch: ansauer, Entmischung in der Tränke nach Anrühren bzw. im Tränkevorrat (Sedimentation/Flotation?).

Heu (Aufzucht): überaltert, hartstängelig, nitratreich, verschimmelt.

Kraftfutter: verdorben, ranzig.

Wasser: hoher Sulfat- (ab 600 mg SO_4^-/l: Kotqualität ↓), Nitrat- oder Keimgehalt, unzureichende Wasserversorgung.

Fütterungstechnik (s. a. Abb. VI.1.2)
- Tränkeeinrichtungen unsauber
- MAT nicht gleichmäßig gelöst (Klumpenbildung)
- MAT-Konzentration zu hoch (> 180 g/l) bzw. zu niedrig (< 80 g/l)

- Tränke nicht körperwarm (außer Kalttränke), unzulängliche Anmischtemperatur
- unregelmäßige Fütterungszeiten, plötzliche Futterwechsel
- überhöhte Tränkemengen pro Mahlzeit, besonders bei Zukaufskälbern (Richtwert

10–15 % der KM als Tränke) sowie bei Vorratstränken mit Temperaturen von ≥ 22 °C
- Automaten: ungleichmäßige Aufnahme, Dosierfehler, Mischfehler; Verlust des Transponders, Hygienemängel
- kein Tränkwasser (→ Aufnahme von Harn etc.)

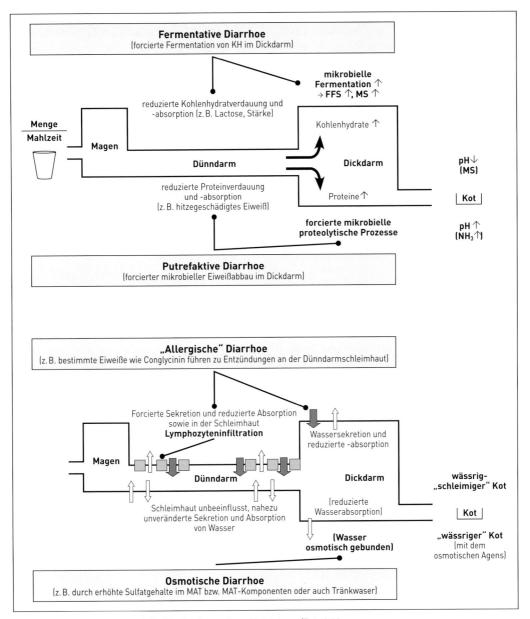

Abb. VI.1.2: Diarrhoen: prinzipielle Mechanismen ihrer Entstehung/Entwicklung.

Tab. VI.1.8: Einflüsse von Fütterungstechnik und MAT-Zusammensetzung auf die Disposition für Durchfallerkrankungen von Kälbern

Einflussfaktor	Disposition für Durchfall	
	gering	hoch
Tränkefrequenz/d	6x	2x
Volumen/Mahlzeit	1,5 l	>3 l
Säurezusatz (MAT)	mit	ohne
Anteil milchfremder Komponenten im MAT[1]	gering	hoch

[1] Cave: Bei Einsatz eher bescheidener Anteile von pflanzlichen Proteinquellen (Sojaproteinkonzentrat/Weizenproteinhydrolysat) können von insgesamt im MAT vorhandenen Rohprotein schon sehr hohe Protein-Anteile aus den milchfremden Komponenten stammen (→ überschlägige Kalkulation des Anteils milchfremden Proteins!).

Diätetische Maßnahmen bei Diarrhoen

Allgemeine Ziele
- Substitution von Verlusten an Wasser, Na, Cl, evtl. K
- Aufrechterhaltung der Energie- und Nährstoffversorgung
- evtl. kurzfristig auf Vollmilch wechseln bzw. auf anderen MAT zurückgreifen (Effekte?)
- evtl. Entlastung des Verdauungskanales (höhere Verdaulichkeit) durch kleinere Mengen/Mahlzeit bei erhöhter Fütterungsfrequenz
- Stabilisierung des Säuren-Basen-Haushaltes: in fortgeschrittenen Fällen liegt allgemein eine Acidose vor

Diättränken
Zur Unterstützung der Therapie höchstens 3 Tage anbieten → Gefahr Na-Intoxikation. Empfehlungen für Menge und Zusammensetzung von Diättränken:
- Volumen: allgemein sind 4–6 l Flüssigkeit je Kalb und Tag erforderlich; größere Volumina: unkritisch, Flüssigkeitsmangel: gefährlich!
- Natrium: 70–120 mmol/l (1,6–2,8 g/l) aus NaCl, Na-Citrat und Na-Bicarbonat
- Kalium: 10–20 mmol/l (0,38–0,76 g/l)
- Chlorid: 40–80 mmol/l (1,4–2,8 g/l)

- Bicarbonat: 40–80 mmol/l (3,4–6,8 g Na-Bicarbonat)
- Glucose: 150–200 mmol/l (27–36 g/l)
- Glycin: 40 mmol/l (3 g/l)
- Cave: viele Diättränken haben keine ausreichenden Energie- und Rp-Gehalte

Tab. VI.1.9: Tränkeplan für diarrhoeerkrankte Kälber (40–50 kg KM)

Tränkezeitpunkt	Tränkemenge (l) je Kalb	
	Vollmilch[1]	Elektrolyttränke
morgens	1,5–2	
vormittags[2]		1–1,5
mittags	1,5–2	
nachmittags[2]		1–1,5
abends	1,5–2	
spät abends[2]		1–2 l

[1] Tagesbedarf an Milch: ca. 12 % der Körpermasse.
[2] Der zeitliche Abstand zu den Milchtränken sollte jeweils etwa 2 Stunden betragen.

Tympanien
Je früher größere Mengen an Grund- und Kraft-FM aufgenommen werden, umso größer ist die Disposition für ein Aufblähen (Häufung 4./5./6. LW) schon vor dem Absetzen der Tränke. Später infolge ungenügender Adaptation an strukturiertes Futter nach dem Absetzen der Kälber; verstärkte Aufnahme von Haaren (Belecken bei Frühabsetzen) → Bezoarbildung; risikoreich: qualitativ minderwertiges Futter (z. B. überständiges, verschimmeltes Heu), stark mit Hefen belastete Silagen/Futterreste im Trog.

Pansenübersäuerung bei Kälbern
Milch bzw. MAT-Tränke gelangt vermehrt in den Pansen (Pansentrinker) und Gärung von stärkereichem KF im Pansen sind Hauptgründe für die Übersäuerung des Panseninhalts; weitere Folgen sind schwere Verdauungsstörungen. Bei jungen Kälbern müssen zu große „Mahlzeiten" vermieden werden; bei älteren Aufzuchtkälbern mit funktionierenden Vormagensystem sollten

durch eine entsprechende Rationsgestaltung die Kau- und Wiederkauaktivität, die Pufferung des Panseninhalts sowie die Vormagenmotorik gefördert werden (strukturierte Faser!).

Labmagentympanie, -verlagerung

Anpassungsschwierigkeiten an Festfutter; abrupter Kraftfutterwechsel.

Labmagengeschwüre

Ursachen: Vermutlich Stress, Infektionen, Pharmaka; hart strukturiertes, lignifiziertes Raufutter bei intensiver MAT-Fütterung (mechanische Irritation der nicht adaptierten Schleimhaut); evtl. auch Verlagerung fermentativer Vorgänge in den Labmagen bzw. Störungen der Schleimhautbarriere durch Keime (Verlust der Schutzschicht → Selbstverdauung).

Intoxikationen

Cu: Bei länger dauernder Aufnahme von FM mit > 30 mg/kg TS.

Na/K: Bei > 6–10 g Na/kg MAT (lufttr. Substanz), je nach Flüssigkeitsaufnahme, Na-Gehalt und gleichzeitiger K-Aufnahme besondere Bedeutung bei begrenzter Wasserversorgung; Bewertung von Na- und K-Gehalten in MAT für Mastkälber anhand der „isoosmotischen Summenkonzentration" (Gropp et al., 1978):

% Na[1] + % K[1] x 0,588; max. 0,32 % in der Tränke

[1] in der Tränke

Wasser: Hohe Aufnahme (> 10 % der KM) nach Depletion → Hämolyse → Hämoglobinurie.

Mangelkrankheiten

Mangelerkrankungen durch unzureichende Versorgung mit Mineralstoffen und Vitaminen; insbesondere bei Kälbern in der Mutter- und Ammenkuhhaltung, bedingt durch fehlende Ergänzung (= extensive Produktion) bzw. fehlende Aufnahme des EF (Milch und Gras haben höhere Akzeptanz als das Mineralfutter) bzw. bei unzureichendem Zugang zum EF (z.B. infolge Abdrängen durch ranghöhere Tiere).

1.1.5 Klärung nutritiv bedingter Störungen

Nach Anamnese erfolgen im Rahmen einer intensiven nutritiven Anamnese (unter besonderer Berücksichtigung der Kolostrumversorgung) die Befundung vor Ort (inkl. klinischer Untersuchung betroffener Tiere), ggf. eine Probenentnahme zur Untersuchung im Labor, ein erster Rat (z.B. vorübergehender Verzicht auf bestimmte Komponenten, eine bestimmte Charge) und nach Vorliegen von Untersuchungsergebnissen ggf. eine Korrektur der Fütterung.

- Messen der Körpertemperatur (deutlich erhöhte Werte sprechen allgemein gegen einen MAT- bzw. fütterungsbedingten Durchfall → Anzeichen einer Infektion! Ausnahme: Salmonellose).
- Gezielte klinische Untersuchung und Diagnostik, besonders bezüglich der Verdauungsstörungen (Lokalisation, Frequenz, Kotqualität, Kot-pH-Wert etc.).
- Prüfen des MAT (Deklaration, Geschmack, Farbe, Geruch, pH-Wert).
- Prüfen der Fütterungstechnik (Anmischtechnik, Temperatur, Dosierung, Hygienestatus).
- Blutproben in Fällen mit ZNS-Symptomatik (Na, K, Thiamin).
- Proben des Rau- und Mischfutters → sensorische Prüfung, evtl. weitergehende Untersuchung.
- Proben der MAT-Tränke → Prüfung der Konzentration, Sedimentation/Flotation.
- Untersuchungsspektrum u.a.: Ra, Rp, Rfa, Stärke, Lactose, Na, K, Cl, Cu, Se, SO_4^-.
- Botanische Untersuchung → Komponenten pflanzlicher Herkunft (Rfa? Stärke?).
- Mikrobiologische Untersuchung (FM, Wasser für Tränkeherstellung, Tränkwasser und Kot).

1.2 Wiederkauende Rinder

1.2.1 Allgemeine Gesichtspunkte zur Rationsgestaltung

Aufbau der Ration

Grund-FM: In der Regel wirtschaftseigene FM (Weide und Graskonserven, Ackerfutter und -konserven, Nebenprodukte wie z. B. PSS).

Kraft- und Ergänzungs-FM: Betriebseigenes Getreide, zugekaufte Nebenprodukte aus der Mehl-, Zucker- und/oder Ölverarbeitung und zur Ergänzung vit. Mineralfutter; einfacher vom Arbeitsaufwand etc. ist die Verwendung kommerzieller Ergänzungs-FM (z. B. MLF oder EF für die Rindermast), die häufig schon mit Mineralstoffen und Vitaminen supplementiert sind.

Auswahl der Futtermittel

Die Auswahl der Grund-FM ergibt sich aus Menge und Art der im Betrieb vorhandenen oder preisgünstig zu beschaffenden FM wie Schlempe, Treber, Pülpe etc.; EF oder KF werden entsprechend ihrer Ergänzungswirkung zum Grundfutter, ihrer Verträglichkeit und ihrer Kosten ausgewählt.

Rationsgestaltung

Nachfolgend beschriebene Prinzipien sind zu beachten.

Energie- und Nährstoffbedarf erfüllen

(Gehalte der Ration müssen dem unterschiedlichen Bedarf der Tiere entsprechen.)
Der Berechnung nach Tabellenwerten muss insbesondere bei wirtschaftseigenen FM eine Beurteilung (TS-, Rfa-Gehalt) vorausgehen, da deren Nährstoffgehalt stark variieren kann. Außerdem ruminale Abbau- und Synthesebedingungen beachten, insbesondere den Rp-Bedarf am Duodenum (= „nutzbares Rp" = nRp) mit der Rp-Anflutung am Duodenum vergleichen:

1. Bedarf: im Duodenum erforderliche Rp-Menge (= nRp)
   für Milchleistung: Bedarf für Erhaltung + (Milcheiweißmenge x 2,1)

   für Mastleistung: Bedarf für Erhaltung + (Eiweißansatz x 2,3)

2. Rp-Anflutung im Duodenum (nachfolgende Formeln können sowohl für 1 kg eines FM oder einer Ration als auch für eine Tagesration insgesamt angewandt werden)

bei Milchkühen:

$$\text{nRp, g} = \left(11{,}93 - 6{,}82 \times \frac{\text{UDP}}{\text{Rp}}\right) \times \text{ME} + 1{,}03 \times \text{UDP}$$

oder

$$\text{nRp, g} = \left(187{,}7 - 115{,}4 \times \frac{\text{UDP}}{\text{Rp}}\right) \times \text{voS} + 1{,}03 \times \text{UDP}$$

bei Mastrindern:

$$\text{nRp, g} = 10{,}1 \times \text{ME} + \text{UDP}$$

UDP = im Pansen unabbaubares Rp (ruminally undegradable protein, g), Rp (g), ME (MJ), voS = verdauliche organische Substanz (kg)

Wesentliche Faktoren für die im Dünndarm anflutende Menge an nRp:

- Aufnahme an fermentierbarer Energie → Abhängigkeit der mikrobiellen Proteinsynthese von der Energiezufuhr; Vorsicht bei forcierter Fettaufnahme und ruminal schwer verdaulicher Stärke: Energie ist im Pansen nicht verfügbar, mikrobielle Proteinsynthese ist niedriger als nach den o. g. Formeln erwartet wird.

- Rp-Aufnahme → bei nicht-limitierter Energieversorgung der Pansenflora ergibt mehr Rp im Futter eine Zunahme des nRp infolge forcierter mikrobieller Proteinsynthese + gesteigerter Aufnahme an UDP.

- Menge an UDP → bei limitierter mikrobieller Proteinsynthese ist eine Erhöhung des nRp nur durch mehr UDP (*bypass protein*, geschützte(s) Protein bzw. AS) möglich → Auswahl von FM mit höherem UDP-Gehalt!

Die ruminale N-Bilanz (RNB) ist wie folgt definiert:

$$\text{RNB}_{(g)} = \frac{\text{Rp}_{(g)} - \text{nRp}_{(g)}}{6{,}25}$$

Die RNB darf im Interesse einer hohen Proteinsynthese nicht negativ sein, sondern sollte ausgeglichen sein bzw. maximal einen Wert von 30–50 g N pro Tag erreichen.

Beispiel zur Berechnung der RNB pro Tag in einer Ration:

6 kg TS Grassilage/Tag	=	+36 g RNB
5 kg TS Maissilage/Tag	=	–55 g RNB
4 kg TS Gerste/Tag	=	–24 g RNB
1,2 kg TS Sojaschrot/Tag	=	+43 g RNB
Gesamt-Ration	=	0 g RNB pro Tag

Zur optimalen Proteinsynthese im Vormagen sind im Pansensaft NH_3-Konzentrationen von 60–80 mg NH_3-N/l erforderlich.

Ration muss aufgenommen werden (können)

Beachte: Hohe VQ (früher Schnitt!), TS-Gehalt und Häcksellänge bei Halmfuttersilage: vorteilhaft ist ein hoher TS-Gehalt der Grassilage (anzustreben sind 38–42 %) und eine Kurzhäckselung (bei Grassilage fördert eine Häcksellänge von 11–25 mm die Futteraufnahme, eine kürzere Häckselung steht im Widerspruch zur angestrebten Strukturversorgung); der TS-Gehalt der TMR sollte Werte zwischen 45–55 % erreichen (ist die TMR zu trocken, Wasser, Melasse oder andere feuchtere Komponenten wie Pülpe der Treber zugeben).

TS-Aufnahmekapazität:

Milchkühe: 3–3,8 % der KM (unter optimalen Bedingungen evtl. 4 % der KM; höchste TS-Aufnahme erst *nach* der Laktationsspitze; **Abb. VI.1.3**).

Mastbullen: rel. Rückgang von ca. 2,5 % (150 kg KM) auf 1,6–1,8 % der KM (650 kg KM).

Die TS-Aufnahme der Milchkuh reagiert u. a. auf die Energiedichte des GF und die KF-Menge. Bei hohen Konzentratmengen (ab > 4 kg pro Kuh und Tag) wird zusehends spürbar, dass die Kuh das KF nicht additiv, sondern mehr und mehr nur auf Kosten des Grundfutters aufnimmt (Grundfutterverdrängung; bei sehr hohen KF-Gaben rechnet man bis zu einer Ver-

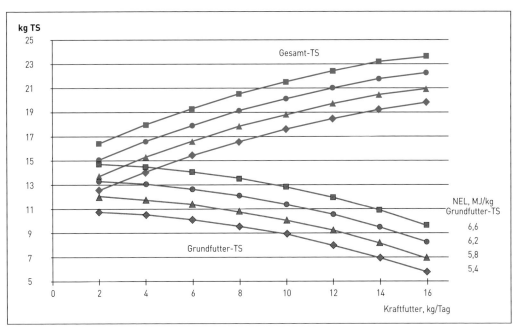

Abb. VI.1.3: Gesamt-TS-Aufnahme sowie Grundfutterverdrängung bei steigendem KF-Einsatz in Rationen für Milchkühe.

drängung von 0,9 kg TS Grundfutter durch 1 kg KF; **Abb. VI.1.3**). Bei einer echten Mischration (TMR) ist dieser Effekt deutlich gemindert, was der Verträglichkeit konzentratreicher Rationen (bis 60 % der TS aus KF) zugute kommt.

Schätzwerte für die TS-Aufnahme (berechnet für 600 kg KM; je 50 kg KM nimmt der Grundfutterverzehr um 0,3 kg TS zu bzw. ab) in Abhängigkeit von der Energiedichte des Grundfutters sowie der KF-Menge sind o. g. Abbildung zu entnehmen.

Schätzformel zur Ableitung der TS-Aufnahme von Milchkühen in Abhängigkeit von KM, Milchleistung und Laktationswoche (nach NRC 2001):

$$TS, kg/Tag = (0{,}372 \times FCM + 0{,}0968 \; KM^{0{,}75})$$
$$\times (1 - e^{(-0{,}192 \times [Lakt.-W. + 3{,}67])})$$

Ration muss wiederkäuergerecht sein

Die Ration muss ausreichende Anteile an „strukturierter Faser" enthalten → Speichelproduktion → pH-Wert, Pufferkapazität und Schichtung im Pansen → Zelluloseabbau → Essigsäureproduktion.

Schon seit Jahrzehnten steht die Frage der anzustrebenden/nötigen Versorgung von Milchkühen (u. a. Wdk) mit strukturierter Faser im Fokus der Tierernährungswissenschaft (Piatkowsky, 1990; Hoffmann, 1990; Mertens, 1997).

Die „Strukturwirksamkeit" von FM bzw. Rationen und die Strukturversorgung der Rd sind insgesamt leider nur anhand indirekter Effekte einigermaßen sicher zu beurteilen:

- Wiederkauaktivität (Zeit und Intensität; s. Piatkowski et al., 1990)
- Wiederkauverhalten der Herde: 50 % der liegenden Kühe sollten wiederkauen
- pH-Werte im Pansensaft von ≤ 5,8 weisen auf subazidotische Verhältnisse hin
- Effekte auf den Milchfettgehalt (s. De Brabander et al., 1999; azidotische Veränderungen im Pansen: Milchfett ↓, Milchfett: Milcheiweißquotient < 1,1), allerdings erst ab etwa

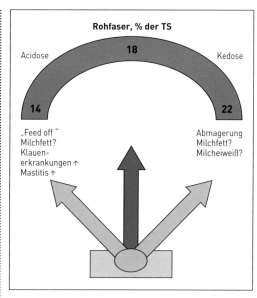

Abb. VI.1.4: Variation und Konsequenzen einer unterschiedlichen Rfa-Versorgung von Milchkühen.

50. Laktationstag, da vorher Fettgehalt in der Milch durch Körperfettabbau beeinflusst wird
- Frequenz/Intensität von Entgleisungen der mikrobiellen Vormagenverdauung (meist begleitet von kurzfristiger Verweigerung größerer KF-Mengen; „Feed off")
- Veränderungen im Kot (dünnere Konsistenz und unverdaute Futterpartikel)
- Veränderungen im Säure-Basen-Haushalt (Harn!)
- Dauer unerwünscht niedriger pH-Werte im Panseninhalt (längere Zeit des Tages pH < 5,8 ist ein Indiz für die Entwicklung/das Vorliegen einer **S**ubakuten **R**uminalen **A**cidose, SARA).

Die „Strukturwirksamkeit" von FM bzw. einer Ration wurde z. B. in Relativzahlen (d. h. im Vergleich zu einem Standard, der den Wert 1 hat) ausgedrückt. War der Wert des zu prüfenden FM 1, so hatte dieses FM hinsichtlich Kau-/Wiederkauaktivität, Speichelproduktion, Pufferung im Pansen, Fermentationsmuster bzw. Einfluss auf den Milchfettgehalt die gleichen Effekte wie das Standard-FM (z. B. grob-gehäckseltes Heu).

Dabei waren und sind Risiken einer zu hohen wie auch einer zu geringen Faserversorgung unbestritten (**Abb. VI.1.4**), die aus einer zunehmenden Azidierung des Panseninhalts (bei zu wenig strukturierter Rfa) bzw. einer rückläufigen Verdaulichkeit und TS-Aufnahme (zu viel Rfa → weniger Energie) resultieren.

Vor diesem Hintergrund wurde im Jahr 2014 die Beurteilung von Rationen für Milchkühe hinsichtlich der „Faser-Versorgung" auf ein neues System umgestellt, nämlich die „physikalisch effektive NDF" (peNDF; GFE, 2014). Das Innovative dieses Konzepts ist die Vereinigung zweier bisher separat behandelter Kriterien, nämlich

- der physikalischen Form (Länge von Fasern, Größe von Partikeln, d. h. der Struktur, ermittelt in einer Siebanalyse) und
- der chemischen Zusammensetzung der Gesamtration (Summer der Zellwandbestandteile, d. h. der NDF);

durch Multiplikation des Ergebnisses der Siebanalyse (%, Massenanteile) mit dem NDF-Gehalt in der Gesamtration (% der TS). Dabei wird – unabhängig von der Leistung und TS-Aufnahme – folgendes Ziel angestrebt:

> peNDF-Gehalt ≥ 18–20 % (Berücksichtigung der Massenanteile auf dem 8-mm-Sieb)

In der Fütterungspraxis bietet die „Schüttelbox" (sog. *Penn State Particle Separator*) ein wichtiges Hilfsmittel zur Beurteilung der Partikelgrößenverteilung einer Ration und gemeinsam mit dem NDF-Gehalt auch zur Beurteilung der „Strukturwirksamkeit" einer Ration. Hinweise zur Durchführung der Siebanalyse mit der „Schüttelbox" finden sich im Kap. IV.6.1.4; hierfür sind heute allgemein 3 Siebe (mit einer Bodenpfanne (Erfassung aller Partikel < 1,18 mm) üblich. Nach bisherigen Untersuchungen und Erfahrungen soll eine TMR > 18 % peNDF$_{>8}$ oder > 32 % peNDF$_{>1.18}$ in der gesamten TS enthalten, um eine optimale Strukturversorgung bei Milchkühen zu erreichen. Die Indizes 8 bzw. 1.18 charakterisieren die beiden feinsten Siebe (Angaben in mm). Allerdings gelten diese Gehalte an peNDF nur für Kühe, die eine TMR

erhalten. Die Partikelverteilung – bestimmt mithilfe obiger Siebung – kann bei der separaten Komponentenfütterung bzw. Fütterung einer Teil-TMR eine Hilfe bei der Schätzung der Strukturversorgung bieten.

Auch bei der Anwendung dieses neuen Parameters peNDF stellt sich die Frage nach den Konsequenzen, wenn die Zielgröße nicht erreicht wird. Es kommt dann über immer längere Zeiten zu deutlich reduzierten pH-Werten im Panseninhalt (**Abb. VI.1.5**). Steigt die Versorgung mit peNDF deutlich über die 20 %, so geht die TS-Aufnahme erheblich zurück.

Die Ableitung der nötigen Versorgung mit peNDF erfolgte im Wesentlichen an echten Mischrationen (TMR), die aber unter hiesigen Produktionsbedingungen eher eine Ausnahme darstellen. Bei einer Teil-TMR, die üblicherweise mit KF (insbesondere MLF) ergänzt wird, kann man dennoch mit dem o. g. Orientierungswert arbeiten, wenn man die Siebgröße von 8 mm als Bezugsgröße wählt, da die ergänzten KF keine Faserpartikel mit > 8 mm Größe liefern, d. h. unter diesen Bedingungen kann man auch mit dem in der Teil-TMR erforderlichen Wert für die peNDF kalkulieren (s. **Tab. VI.1.10**). Dabei wird noch modelhaft nach dem Stärkegehalt im separat angebotenen KF unterschieden (20 bzw. 40 Stärke).

Die Ration sollte nicht mehr als 25 % ∑ Stärke + Zucker enthalten; stammt ein höherer Anteil aus Mais, so sind insgesamt evtl. auch 30 % ∑ Stärke + Zucker (i. TS) zu tolerieren. Der Einsatz pansenstabiler Stärke (beständige Stärke; < 1,5–2 kg Kuh/Tag) ist unter diesen Bedingungen evtl. günstiger (geringeres Risiko für Pansenacidose, daneben im Dünndarm absorbierbare Glucose ↑) sowie ein geringerer Feuchtegehalt des Futters (trockenere Qualitäten → höherer Strukturwert).

Weitere Indikatoren/Vorgaben zur Charakterisierung der Strukturversorgung:

- Mindestanforderungen bei Milchkühen: 40–45 % Halmfutter (Silage und Heu) an der Gesamt-TS oder Mindestgehalt von 16 % Rohfaser in der Gesamt-TS (davon rd. ⅔ strukturiert). Bei Erfüllung dieser Bedingun-

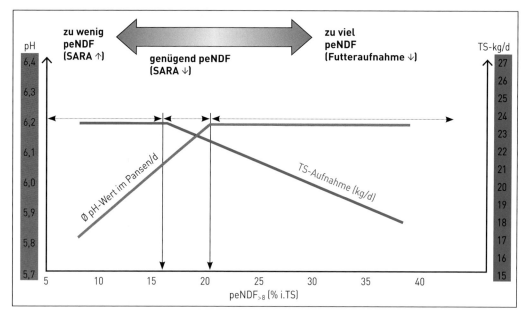

Abb. VI.1.5: Verhältnis zwischen peNDF$_{>8}$ und dem am Tag durchschnittlichen pH-Wert im Pansen und der täglichen Futteraufnahme (nach Zebeli, 2012).

Tab. VI.1.10: **Notwendige Gehalte an peNDF$_{>8}$ (% der TS) in der Teil-TMR in Abhängigkeit von der TS-Aufnahme aus der Grundration und dem KF-Einsatz (unterschiedlicher Stärkegehalt)**

separat angebotenes KF, kg TS	2		4		6		8	
Stärkegehalt[1], %	20	40	20	40	20	40	20	40
TS-Aufnahme aus derTeil-TMR, kg	in der Teil-TMR erforderlicher peNDF-Gehalt, % der TS							
10	–	–	–	–	–	–	26	36
12	–	–	17	21	22	26	27	37
14	15	16	19	22	23	27	28	33*
16	16	18	20	23	24	28	30	29*
18	18	19	22	25	26	27*	32*	29*
20	19	21	24	27*	29*	29*	–	–

[1] Im separat angebotenen Kraftfutter (% TS).
* Limitierung der peNDF$_{>8}$ in der Gesamt-Ration zur Vermeidung einer Reduktion in der TS-Aufnahme und Gewährleistung eines durchscnnttlichen pH-Werts < 6,14 im Tagesverlauf.

gen bleibt der Anteil an Stärke und Zucker in der TS i. d. R. < 250 g/kg TS, bei Anteilen von > 250 g/kg TS wächst das Risiko für eine subakute Pansenacidose (SARA); höhere Stärke-konzentrationen (bis 300 g/kg TS) bei maßgeblichen Anteilen an Maisstärke möglich (Maisstärke ist langsamer abbaubar im Pansen als z. B. Stärke aus Weizen oder Gerste, ein höherer Anteil wird im Dünndarm enzymatisch abgebaut und als Glucose absorbiert).

- Häcksellänge des Grund-FM: Die Häcksellänge des Grundfutters steht in einer m. o. w. engen Korrelation zu Strukturversorgung, Aufnehmbarkeit und Konserviererfolg des Grund-FM (Silagen). Daher ist für eine optimale Häcksellänge des Grundfutters ein Kompromiss zu finden: Nach bisherigen Erkenntnissen ist eine **theoretische** Häcksellänge von 6–8 mm für Maissilage und 11–25 mm für Grassilage am günstigsten.

Fehlen jegliche Analysendaten bzgl. der NDF und ADF im Grund-FM, so ist evtl. auch eine „Schätzung" dieser beiden Parameter aus dem vorliegenden Rfa-Gehalt mittels nachfolgender Gleichungen möglich:

NDF [g/kg TS] = 1,58 x Rfa [g/kg TS] + 135,7 (r = 0,88)

ADF [g/kg TS] = 1,14 x Rfa [g/kg TS] + 42,2 (r = 0,93)

Als Orientierung für die Praxis kann gelten:

g/kg TS	NDF	ADF
gute Grassilage	360–450	250–300
gute Maissilage	400–450	200–250

Mindestanforderungen bei Mastbullen: Mastbullen vertragen strukturärmere Rationen eher als Milchkühe; daher wird ein Mindestgehalt von 15 % Rfa in der Gesamt-TS gefordert (mind. 1 kg TS aus strukturiertem Halmfutter).

Beachtung der Synchronizität des ruminalen Nährstoffabbaus

Energiefreisetzung und NH_3-Produktion sollen im Interesse einer hohen Proteinsynthese zeitlich eng verbunden sein, d. h. die Kinetik der Produktion von FFS und NH_3 muss aufeinander abgestimmt erfolgen (eine sehr frühzeitige NH_3-Freisetzung ist bei verzögerter Produktion von FFS „unproduktiv"; ähnlich zu bewerten ist ein sehr schneller Abbau von KH bei erst verzögert einsetzenden höheren NH_3-Gehalten im Pansensaft). Prinzipiell schafft die TMR-Fütterung schon günstigere Voraussetzungen für die Synchronizität, als z. B. das getrennte Angebot von unterschiedlichen Grund-FM und EF. Eine Einschätzung der FM-typischen Abbaugeschwindigkeit im Pansen wird über *in vitro*-Untersuchungen oder an pansenfistulierten Tieren ermöglicht.

Ration muss bekömmlich sein

Primäre Inhaltsstoffe bzw. sekundäre Veränderungen in den FM bei Gewinnung und Lagerung beachten (Höchstmengen s. Kap. III.2 und 5). Hohe Fettgehalte hemmen die Aktivität der

---

Tab. VI.1.11: **Empfehlungen zur Konzentration bestimmter Kohlenhydratfraktionen bei der Hochleistungskuh (g/kg TS, nach Spiekers und Potthast, 2004)**

	frühe Trocken-stehzeit	ca. 2 Wochen *ante partum*	Früh- bzw. Hochlaktation	Mitte der Laktation	Ende der Laktation
FCM[1], kg/Tag	–	–	45–40	35–30	25–20
NDF aus Grundfutter	350	250	180	240	300
NDF, insgesamt	400	350	280–320[2]	380	440
ADF	300	220	180	200	230
NFC[3]	250[2]	300–350	350–420[4]	380	340

[1] Fat Corrected Milk = Milch mit 4 % Fett
[2] max-Werte; noch höhere NDF-Anteile → Energieversorgung ↓.
[3] Nicht-Faser-Kohlenhydrate: TS – (Ra + Rp + Rfe + NDF).
[4] Derart hohe Werte nur tolerabel bei pansenstabiler/langsam abbaubarer Stärke (z. B. Mais).

Pansenflora (insbesondere von Cellulolyten), daher nicht über rd. 40 g/kg Futter-TS (bis 800 g/Tag/Milchkuh; 200–400 g/Tag/Mastbulle) füttern; Fette mit niedrigem Schmelzpunkt sind besonders risikoreich. Höhere Fettmengen als 800 g/Tag für Milchkühe nur bei speziellen Fett-Konfektionierungen möglich (kristallines Fett, gecoatetes Fett, Ca-Seifen).

Futterration darf Produktqualität nicht beeinträchtigen (Kap. V.4)

Milchinhaltsstoffe sowie die sensorische Qualität der Milch können durch die Fütterung günstig beeinflusst, wie auch beeinträchtigt werden; Ähnliches gilt für das Körperfett.

Wirtschaftlichkeit beachten

Auch heute noch sind verschiedene Grund-FM (insbesondere Mais- und Grassilage bei hohen ha-Erträgen) kostengünstigere Energiequellen als z. B. Kraft-FM. Im Trend der letzten Jahre wurde die Grundfutterenergie jedoch teurer (alternative Verwertung zur Energiegewinnung ↑), die Energie aus dem KF günstiger. In den letzten Jahren gewannen Nebenprodukte insbesondere aus der Bioethanolproduktion enorm an Bedeutung. Durch Einsatz neuer Nebenprodukte (u. a. Rapskuchen, -extraktionsschrote, DDGS) ist es möglich, die Futterkosten in der Rinderfütterung weiter zu senken.

In Milchviehrationen sollten rd. 65–75 MJ NEL aus dem Grund-FM stammen (Bedarf für Erhaltung zuzüglich 8–12 kg Milch, bei Weidefütterung häufig höhere Leistung aus dem Grund-FM), KF-Einsparungen nur in der 2. Laktationshälfte risikolos, in der Hochlaktation würde die Milchbildung über einen forcierten Fettabbau erfolgen (→ Ketose).

1.2.2 Färsen und Jungbullen (Aufzucht)

Allgemeines

Ein großer Teil der weiblichen Kälber, aber nur ein sehr kleiner Anteil der männlichen Kälber wird zur Remontierung der Zuchtbestände aufgezogen.

Färsen (oder Kalbinnen in Süddeutschland, Österreich) sollen mit 15–18 Monaten (70 % der KM des adulten Tieres) belegt werden (Abkalbung mit 24–28 Mon), Bullen mit 12–15 Monaten deckfähig sein. Durch eine intensive Aufzucht lässt sich die Geschlechtsreife vor allem bei weiblichen Tieren vorverlegen (**Tab. VI.1.12**).

Tab. VI.1.12: **Alter der Geschlechtsreife bei Färsen und Jungbullen**

FÄRSEN		JUNGBULLEN	
KMZ (g/d)	Geschlechtsreife (Mon)	KMZ (g/d)	Geschlechtsreife (Mon)
bis 400	22–24	bis 500	12–15
600–800	8–12	700–900	11
> 800	6–8	> 1000	10

Bei einer zu intensiven Aufzucht steigt bei Jungbullen das Risiko für Skelettschäden, bei Färsen für Geburtsschwierigkeiten (infolge Verfettung) und später geringerer Milchleistung (Euterverfettung und – damit verbunden – Unterentwicklung des sekretorischen Gewebes). Die folgenden Angaben sind auf eine Aufzuchtintensität mit ca. 750 g Tageszunahmen abgestimmt.

Versorgungsempfehlungen
Färsen

Im Altersabschnitt von 9–16 Monaten findet entsprechend dem Erreichen der Zuchtreife auch die Zelldifferenzierung im Drüsengewebe des Euters statt. Um einer nachteiligen Fetteinlagerung in das Drüsengewebe entgegenzuwirken, sollte in diesem Altersabschnitt eher verhalten gefüttert werden (max. Tageszunahmen 800–850 g). Zwischen dem 16. und 20. LM kann zur Ausnutzung des kompensatorischen Wachstums intensiver gefüttert werden, sodass bei einer Abkalbung mit 25 Monaten eine angemessene KM erreicht ist (**Tab. VI.1.13**).

In den letzten 2 Monaten vor der Abkalbung sind hochtragende Färsen intensiver zu füttern (Entwicklung des Foetus, des Euters sowie eigenes Wachstum). Da das Futteraufnahmevermögen im letzten Monat vor der Abkalbung sinkt, sollte man auf eine höhere Energie- und Nährstoffdichte in der Ration achten. Die KF-Ergänzung (KF-Mischung als MLF) variiert in Abhängigkeit vom Grundfutterangebot, 1–2 kg und bis zu 3 kg in den letzten 3 Wochen vor der Abkalbung. Die Prinzipien der Vorbereitungsfütterung von Milchkühen sind hier anzuwenden, um die Erstkalbinnen besser auf die anstehende Laktation vorzubereiten. Nicht zuletzt ist auf eine bedarfsgerechte Mineralstoff- und Vitaminversorgung zu achten.

Tab. VI.1.13: Empfehlungen zur tgl. Energie- und Nährstoffversorgung in der Färsenaufzucht (bei mittleren Tageszunahmen von 750 g)

KM	TS-Aufnahme (kg)	ME, MJ	Rp, g	nRp, g	Ca, g	P, g	Mg, g	Na, g
200	4,5	43	550	518	32	15	6	4
300	6,2	59	670	574	35	17	8	6
400	7,8	75	855	611	38	20	9	7
500	9,4	90	1030	635	42	22	11	8
ca. 600[1]	10,0	81	1200	1135	34	22	16	10
hochtrgd	11,0	91	1250	1230				

[1] Vor dem Kalben 600–630 kg KM, nach dem Kalben ca. 550 kg.

Tab. VI.1.14: TS-Aufnahme sowie Richtwerte für die Energie- und Rp-Versorgung von Bullen

Alter (Monate)	KM kg	TS-Aufnahme kg/Tag	ME MJ/Tag	Rp[1] g/Tag
		Jungbullen, Tageszunahmen von ca. 1100 g		
4–5	175–225	4–5	50–55	700–760
6–8	225–325	5–7	55–70	760–860
9–11	325–425	7–8	70–85	860–960
12–15	425–525	8–10	85–100	960–1060
		Jungbullen, Tageszunahmen von ca. 1300 g		
3–4	175–225	4–5	55–60	780–840
5–7	225–325	5–7	60–75	840–940
8–10	325–425	7–8	75–90	940–1020
11–12	425–525	8–10	90–105	1020–1120
		Deckbullen		
ca. 24	700–750	10–11	90	1100
ca. 36	900–950	12–13	105	1200
> 36	1050–1100	12–15	115	1350

[1] Bei dieser Rp-Aufnahme ist mit Sicherheit eine ausreichende nRp-Versorgung gegeben.

Jungbullen, Deckbullen

Bei Jungbullen wird die Wachstumskapazität nicht voll ausgeschöpft, um die langfristige Nutzung in der Zucht nicht durch mögliche Entwicklungsstörungen des Skeletts zu gefährden (**Tab. VI.1.14**).

Neben der moderateren Fütterungsintensität, der Ermöglichung größerer Bewegungsaktivität (z. B. im Auslauf) und der bedarfsdeckenden Zufuhr an Mineralstoffen und Vitaminen sollte gerade bei den Jung- und Deckbullen auf Futterinhaltsstoffe und Kontaminanten geachtet werden, die mit der Fertilität in Zusammenhang stehen könnten (z. B. Rapsprodukte und Jod-Verwertung; Mykotoxine wie Zearalenon) .

Rationsgestaltung

Färsen

Allmähliche Gewöhnung an große Mengen von Grund-FM: entsprechend der Abstimmung von Bedarf und Futteraufnahmekapazität sind die in **Tabelle VI.1.15** aufgeführten Energiedichten in der Ration vorzusehen.

Tab. VI.1.15: **Energiedichten in der Rationsgestaltung von Färsen**

Alter (Mon)	Energiedichte MJ ME/kg TS	Kraftfuttereinsatz
5–6	ca. 10,0	+/++
7–12	ca. 9,5	(+)
über 12	ca. 8,8	(+)
hochtragend	ca 9,8	+/++

Aufgrund sinkenden Energie- und Nährstoffbedarfs und um ein zu intensives Wachstum mit Verfettung zu vermeiden, können bei Jungrindern faserreichere, günstige handelsübliche Nebenprodukte eingesetzt werden. Nebenprodukte wie Kleie, Nachmehle, Melasseschnitzel, Ölschrote u. Ä. können zur Aufwertung weniger wertvollen Grundfutters zum Einsatz kommen. Auf einen entsprechenden Hygienestatus und eine bedarfsgerechte Mineralstoff- und Vitaminversorgung ist dennoch zu achten. In der Gruppenhaltung Fressplätze für rangniedrige Tiere

sicherstellen (evtl. Energiemangel bei abgedrängten Tieren → fehlende Brunst).

Jungbullen

Kälberaufzucht (bis 16 Wochen) nach üblichem Aufzuchtverfahren. Anschließend hochwertiges Grundfutter und KF. Weidegang nicht üblich, für ausreichenden Auslauf sorgen.

Fütterungsintensität auf 1000 bis max. 1300 g Tageszunahmen auslegen (nur bei fleischbetonten Rassen wie Fleckvieh, Angus, Charolais evtl. 1300 g/Tag). Noch höhere Zunahmen bringen zwar eine frühere Geschlechtsreife, bergen jedoch das Risiko von Skelettschwächen, Libidomangel und ungenügendem Deckvermögen (verringerte Nutzungsdauer).

Deckbullen

Nach Erreichen der Geschlechtsreife steht der Erhalt des Deckvermögens im Vordergrund. Nur mäßige Zunahmen tolerieren. Zur Sättigung kann Heu (auch aus späterem Vegetationsstadium) oder Stroh angeboten werden.

Allgemeine Grundsätze: Ausreichende Mengen an hygienisch einwandfreiem Halmfutter (möglichst 40–45 % der Gesamtration) und/oder Silagen (bis 2 kg/100 kg KM/Tag), keine FM mit strumigenen Substanzen (Rapsprodukte), HCN-haltigen Glykosiden, Oestrogenen oder erhöhten Gehalten an unerwünschten Stoffen.

Nährstoffangebot ausgleichen (insbesondere im Hinblick auf Vit A, Zn, J, Se, Mn; keine überhöhten Eiweiß-, Mineralstoff- oder Vitamingaben); plötzliche Futterwechsel vermeiden → lang anhaltende negative Effekte auf Spermaproduktion bei Störungen der Vormagenverdauung, bei Weidegang Hyperthermien vermeiden.

1.2.3　Mastrinder

Für die Erzeugung von Rindfleisch werden überwiegend Jungbullen eingesetzt (bei fleischbetonten Rassen bis 680–720 kg und bei milchbetonten Rassen bis 550–600 kg Endmastgewicht), Ochsen nur regional (Weidemast), Färsen nur in bestimmten Fällen (Färsenvornutzung, Kälberbeschaffung bei Weidemast).

Tab. VI.1.16: **Empfehlungen für die tägliche Energie- und Proteinversorgung von Mastbullen**

KM kg	TS kg[3]	ME, MJ/Tag[1] KMZ, g/Tag				nRp, g/Tag KMZ, g/Tag				Rp, g/Tag[2] KMZ, g/Tag			
		800	1000	1200	1400	800	1000	1200	1400	800	1000	1200	1400
200	4,6	42,6	47,6			564	648			554	619		
250	5,5	49,3	54,7	60,9		607	686	756		640	711	792	
300	6,2	56,1	62,3	69,5	77,6	645	718	779	827	673	748	834	931
350	6,8	63,0	70,3	78,7	88,5	675	741	793	828	756	843	945	1062
400	7,3	70,1	78,7	88,8	100,7	697	755	795	818	785	881	995	1128
450	7,8	77,3	87,5	99,9		712	760	788		866	980	1118	
500	8,2	84,9	97,1			721	758			874	1001		
550	8,6	93,0	107,8			724	749			957	1110		
600	9,0	101,7	119,8			722	735			1047	1234		

[1] Für schwarzbunte Bullen; fleischwüchsige Rassen (Fleckvieh) haben einen 4–7 % geringeren Energiebedarf.
[2] Abgeleitet anhand folgender Relationen für g Rp/MJ ME: 13, 12, 11,2 bzw. 10,3 für 200–250, 300–350, 400–450 bzw. > 450 kg KM, daher – im Vergleich zu den nRp-Werken – teils unerwartet niedrig.
[3] Erwartete tägliche TS-Aufnahme, kg/Tag.

Rationsgestaltung

Hohe Zunahmen setzen eine hohe Energiedichte im Grund-FM voraus (> 10 MJ ME/kg TS), stets KF erforderlich (Ausnahme: Weidemast); KF-Anteil in der Ration hängt von der GF-Qualität ab. Rp-Gehalt des KF ist auf das GF abzustimmen (höher bei Maissilage als bei Gras- oder Rübenblattsilage). Deckung des Mineralstoff- und Vitaminbedarfs über 50–100 g vitaminiertes Mineralfutter/Tier und Tag (**Tab. VI.1.16, VI.1.17**).

Abrupte Futterumstellungen vermeiden (Indigestionen!). Grund-FM *ad libitum*, KF je nach Menge 1–2x tägl. separat zuteilen; evtl. zweimalige Grund- und Kraftfuttervorlage; Vorratsfütterung weniger geeignet.

Strukturierte Rohfaser nicht < 100 g/kg TS (Acidosegefahr), Wert ergibt sich aus der alten Forderung: 2/3 der angestrebten 15 % Rfa in der TS sollten „strukturiert" sein.

Tab. VI.1.17: **Mengenelementbedarf von Mastrindern (KMZ: ~ 1200 g/Tag)**

KM kg	TS-Aufnahme[1] kg/Tag	Ca	P	Mg	Na
		g/Tag			
200	4,6	43	18	7	5
250	5,5	45	19	8	5
300	6,2	47	20	8	6
350	6,8	48	21	9	6
400	7,3	49	22	9	7
450	7,8	50	22	10	7
500	8,2	51	23	10	7
550	8,6	52	24	11	8
600	9,0	52	24	11	8

[1] Unterstellte Werte für die Ableitung des Erhaltungsbedarfs für Calcium und Phosphor.

Nähere Angaben zu einer Zielgröße an den peNDF-Gehalt in der Ration von Mastrindern sind derzeit noch nicht möglich, bei dem grundsätzlich geringeren KF-Anteil in der Ration – im Vergleich zu Milchkühen – ist die Versorgung mit peNDF unter hiesigen Produktionsbedingungen weniger kritisch als bei Milchkühen.

Mastverfahren
Intensivmast (im Stall)
Intensive Fütterung von 150 kg bis zur Schlachtreife bei 550–700 kg KM (rassenabhängig), Ø Tageszunahmen 1000–1200 g bei Schwarzbunten, 1200–1500 g bei Fleckvieh; Mastdauer 13–15 Monate. Wichtigstes Mastverfahren: In Süddeutschland 90 %, in Norddeutschland 50 % aller Mastbullen; im Wesentlichen auf der Basis von Maissilage.

Wirtschaftsmast (Periodenmast)
Zunächst Vormast mit preisgünstigen wirtschaftseigenen FM (Weide, Anwelksilagen, Zwischenfrüchte etc.) bei mäßigen Zunahmen, anschließend Endmast mit intensiver Fütterung und hohen Zunahmen (1200–1250 g/Tag → kompensatorisches Wachstum mit höherem Fleischansatz).

Mast auf unterschiedlicher Futterbasis
Mast mit Maissilage
Häufigste Form der Intensivmast. 60–70 % des Energiebedarfs aus Maissilage. Bei Silage auf der Basis der ganzen Pflanze keine Raufutterergänzung nötig. Tägliche KF-Gabe in Abhängigkeit vom Reifegrad der Maispflanze: 1,5–2,5 kg (30 % Rp). Silageaufnahme: 4–5 kg uS (1,2–1,5 kg TS)/100 kg KM. Da Maissilage proteinarm ist, muss insbesondere auf die Proteinergänzung geachtet werden. Dazu können Rapsschrot, heimische Leguminosen (Ackerbohnen, Erbsen, Lupinen), Nebenprodukte der Brauerei (Biertreber, frisch oder siliert), qualitativ hochwertige Silage aus Leguminosen (Ackerbohnen-Ganzpflanzensilage, Kleesilage), Rindermast-EF, oder evtl. auch Harnstoff (max. 80 g/Tag) ergänzt werden (Harnstoff kann ggf. beim Silieren mit ca. 0,4 % im Frischgut eingesetzt werden).

Einsatzmenge richtet sich nach dem Rp-Gehalt und dem Gehalt an antinutritiven Inhaltsstoffen der jeweiligen Rp-Futtermittel, Menge an Maissilage in der Ration und der gewünschten Zuwachsraten.

Mast auf der Basis von PSS
Mit Pressschnitzelsilage (evtl. auch melassiert) *ad libitum* (bis 1,5 kg TS/100 kg KM) in Kombination mit geringen Raufuttermengen (< 1 kg) und 1 kg KF/Tier/Tag können hohe Zunahmen erreicht werden (1200–1400 g/Tag). Besondere Form einer intensiven Rd-Mast für Betriebe mit Zuckerrübenanbau, die diese Nebenprodukte relativ günstig beziehen können.

Mast mit Grassilage
Endmast (ab 300 kg) in Grünlandbetrieben. Früher Schnitt → hohe Energiedichte der Silage (10–10,5 MJ ME/kg TS), bessere Zunahmen aufgrund kompensatorischen Wachstums. Tägl. KF-Gabe: 3–4 kg (12–15 % Rohprotein). Silageaufnahme: ca. 3,5 kg uS (1,2 kg TS)/100 kg KM.

Weidemast
Typisches Beispiel der Wirtschaftsmast: Hohe Zunahmen auf der Weide, geringe Zunahmen im Winter. Geregelte Weideführung notwendig. Hohe Besatzdichte (max. 75 dt/ha) auf intensiv gedüngten Flächen. Frühzeitige Gewöhnung der Tiere aneinander. Weideertrag sinkt im Verlauf der Vegetation, während der Bedarf der Tiere steigt. Deshalb bei begrenzter Weidefläche schlachtreife Tiere schon während des Sommers verkaufen, bei reichlicher Weidefläche einen Teil des ersten Aufwuchses für die Winterfütterung konservieren.

Unterschiedlicher Mastverlauf je nach Geburtszeitpunkt der Kälber: Herbstkälber (Mastbeginn mit 125–170 kg KM) durchlaufen 2 Weideperioden und erreichen nach einer Stallfütterungsperiode (Silage + KF, ca. 2–3 kg/Tag) die Schlachtreife; Frühjahrskälber (Mastbeginn mit 125–180 kg KM) werden evtl. sogar über 3 Weideperioden gemästet und erreichen dann in ihrer letzten Weidesaison die Schlachtreife (häufig keine genügende Fettabdeckung des Schlachtkörpers). Zur Erzielung bester Schlachtkörperqualitäten ist in der Regel ab Juli eine KF-Zugabe notwendig (→ geringere Grasaufnahme), daher häufig noch Endmast im Stall. **Wichtig:** Hier oft Leistungsminderungen durch Endoparasiten, daher Prophylaxe. Frisches Tränkwasser bereitstellen (Selbsttränke, Weidepumpe, Wasserfass).

Kraftfuttermast
In den USA und Kanada ein weit verbreitetes (sog. *feedlots*) Mastverfahren, in Europa keine große Bedeutung. Die Rinder (Ochsen, Bullen, Färsen) erhalten bei dieser Mastmethode neben minimalen Raufuttergaben (ca. 1 kg Heu oder Stroh) nur KF. Risiko von Verdauungsstörungen, chronischen Acidosen und Folgeschäden (Leberabszesse) durch erhöhte Fütterungsfrequenz vermeiden.

Sonstige Mastverfahren
In der Vergangenheit hatte die Rindermast auf der Basis von Zuckerrübenblattsilage regional eine erhebliche Bedeutung (billigstes Grund-FM vom Acker → Koppelprodukt). Auf Brennereibetrieben war eine Rindermast v. a. zur Entsorgung und Verwertung der Schlempe ein typischer Produktionszweig, ebenso in Nähe von Brauereien eine Mast mit sehr hohen Anteilen an Biertreber in der Ration.

1.2.4 Milchkühe
Empfehlungen für die tägliche Energie- und Nährstoffversorgung
Der Erhaltungsbedarf an Energie kann für Milchkühe mit 0,293 MJ NEL pro kg Körpermasse^{0,75} und Tag angegeben werden. Der Leistungsbedarf ist von der Milchmenge und -zusammensetzung abhängig (**Tab. VI.1.18, VI.1.19**). Der Energiegehalt in der Milch wird aus dem Fett-, Eiweiß- und Lactosegehalt der Milch abgeleitet:

$$\text{MJ/kg} = 0{,}039 \times \text{g Fett} + 0{,}024 \times \text{g Eiweiß} + 0{,}017 \times \text{g Lactose}$$

Der Energiegehalt von 1 kg Milch mit 4 % Fett beträgt somit knapp 3,2 MJ. Zur Bedarfsberechnung wird je kg Milch 0,1 MJ addiert, um den Rückgang der Verdaulichkeit mit steigender TS-Aufnahme einigermaßen zu berücksichtigen.
Der Erhaltungsbedarf an im Dünndarm nutzbarem Rohprotein (nRp), Calcium und Phosphor ist teilweise oder maßgeblich von der TS-Aufnahme abhängig, während der Erhaltungsbedarf an Energie entscheidend von der KM abhängt.
Die Mengenelementgehalte der Milch, insbesondere von Calcium, differieren rassebedingt. Zur ausreichenden N-Versorgung der Vormagenflora (60–80 mg NH_3-N/l Pansensaft) ist eine ausgeglichene Ruminale N-Bilanz (RNB) erforderlich.

Tab. VI.1.18: Empfehlungen zur täglichen Energie- und Nährstoffversorgung für die Erhaltung und Milchbildung bei Milchkühen

KM, kg	NEL MJ	nRp[1] g	nRp/NEL g/MJ	Ca[2] g	P[2] g	Mg g	Na g
			Erhaltung				
550	33,3	410	12,3			11	8
600	35,5	430	12,1	20	14	12	8
650	37,7	450	11,9			13	9
700	39,9	470	11,8			14	10
Milchfett, %			je 1 kg Milch				
3,5	3,1		27,4				
4,0	3,3	85[3]	25,8	2,5	1,43	0,60	0,63
4,5	3,5		24,3				

[1] Bei einer dem Erhaltungsbedarf entsprechenden TS-Aufnahme.
[2] Faecale Ca- und P-Abgaben von der TS-Aufnahme abhängig.
[3] Bei 3,4 % Milcheiweiß; eine Veränderung um 0,2 Prozentpunkte bedingt eine entsprechende Modifikation des Bedarfs um 4 g nRp/kg Milch.

Tab. VI.1.19: **Täglicher Energie- und Nährstoffbedarf von Milchkühen (650 kg KM) in der Trockenstehzeit sowie in der Laktation bei unterschiedlicher Milchleistung**

	TS[1] kg	NEL MJ	nRp g	Ca g	P g	Mg g	Na	Cu mg[2]	Zn mg[2]	Se mg[2]	Wasser l (ca.)
					Trockenstehzeit, 6 W a. p. bis zur Kalbung						
6.–4. W a. p.	12–10	50	1135	48	30	16	12	120	600	2	60
3 W – p.	10	56	1230	40	25	16	12	120	600	2	60
FCM[3], kg						Laktation					
20	16,0	104	2150	81	51	25	21	160	800	3,2	73
25	18,0	120	2575	98	61	29	25	180	900	3,6	81
30	20,0	137	3000	114	71	32	28	200	1000	4,0	89
35	21,5	153	3425	130	80	33	32	215	1075	4,3	95
40	23,0	170	3850	146	89	34	35	230	1150	4,6	101
45	24,5	186	4275	162	99	36	38	245	1225	4,9	110
50	26,0	203	4700	177	109	37	41	260	1300	5,2	117

[1] Durchschnittl. Aufnahme; Vit A mind. 60 000 IE – davon mind. 50 % als β-Carotin, 1 mg β-Carotin = ca. 400 IE Vit A und mind. 6000 IE Vit D/ Tag.
[2] Abgeleitet nach der TS-Aufnahme, Tabelle V.1.1.
[3] FCM = fat corrected milk = Milch mit 4 % Fett.

Rationsgestaltung

Voraussetzungen für eine wiederkäuer- und bedarfsgerechte Fütterung in der Laktation sind folgende Punkte:

Trockenstehzeit: Mastkondition vermeiden (je ausgeprägter die Überkonditionierung der Kühe *ante partum*, desto höher ist das Risiko für Gesundheitsprobleme *post partum*)! Energieangebot 4–6 Wochen a. p. dem Ernährungszustand am Ende der Laktation anpassen. Kontrolle des BCS zu Beginn der Trockenstehzeit! Ziel zur Geburt: ein BCS-Wert von 3,5 (bei milchbetonten Rassen; Fleckvieh 0,5 BCS-Punkte mehr zulässig)! Nicht > 4 und nicht < 3! Im Allgemeinen sind 50 MJ NEL/Kuh/Tag ausreichend. Bei einem *ad libitum* Futterangebot sind nur 5,2–5,5 MJ NEL/kg TS erforderlich. Die wichtigsten Rationskomponenten sind energieärmere, Rfa-reiche FM wie Anwelksilagen, Heu (am besten von wenig gedüngten Flächen, d. h. kaliumarm) oder Stroh und Grassilage. Stehen nur hochwertige, hochverdauliche Mais- und Grassilagen zur Verfügung, wird zur „Verdünnung" der Energiedichte ein höherer Anteil von Stroh in der Ration erforderlich. Ergänzung mit KF nur bei unterkonditionierten Kühen nötig (Rapsextraktionsschrot: 0,5–1,5 kg/Tag). Eine TMR ist vorteilhaft, weil damit auch energieärmeres Futter (Stroh) eingesetzt werden kann.

Vorbereitungsfütterung: ca. 3 Wochen a. p. mit KF-Zulage (1–2 kg, bei Hochleistungskühen bis max. 3,5 kg) beginnen, Kraftfutterart wie während der Laktation vorsehen. Die KF-Aufnahme bereitet insbesondere die Pansenzotten vor und vergrößert damit die absorptive Oberfläche für FFS, was *post partum* positiv auf die Futteraufnahme wirken kann. Da in dieser Phase die Futteraufnahme zurückgeht (ca. 10 kg TS/Tag), kann die Energie- und Nährstoffversorgung durch den Einsatz eines Grundfutters guter Qualität gefördert werden. Auf den Hygienestatus der FM und die Versorgung mit Mineralstoffen und Vitaminen (10 000 IE Vit A, 500 IE

Vit D und 50 mg Vit E pro kg TS) soll besonders geachtet werden. Eine Ca- und K-**arme** Fütterung sind in dieser Phase zu bevorzugen (Gebärpareseprophylaxe), während P (2,2 g/kg TS) und insbesondere Mg (1,6 g/kg TS) ausreichend vorhanden sein müssen. Eine bedarfsgerechte Versorgung mit Spurenelementen (50 mg Fe, 50 mg Mn, 50 mg Zn, 10 mg Cu, 0,5 mg J, 0,2 mg Co, 0,2 mg Se pro kg TS) und Vitaminen (10 000 IE Vit A, 500 IE Vit D und 50 mg Vit E pro kg TS) sichert nicht nur die Gesundheit der Kuh im peripartalen Zeitraum, sondern fördert auch die Qualität des Kolostrums. Sicherstellung von bestem Grundfutter für die Vorbereitungsfütterung und die Zeit **nach** der Geburt (hochverdauliche Heu- und Silagepartien), Chargen aus frühem Schnitt von Gras bzw. später geern-

tetem Mais. Hygienisch einwandfrei etc. Eine Stimulierung der GF-Aufnahme in dieser Phase ist zweckmäßig.

Anfütterung (Fütterung im Anschluss an die Abkalbung zur Vorbereitung auf die Hochlaktation; i.d.R. bis zum 30.–40. Tag der Laktation): *Post partum* keine wesentlichen Komponentenwechsel vornehmen (nur die Menge kann erhöht werden, um die Energie- und Nährstoffversorgung zu fördern); in der ersten Woche nach der Abkalbung soll die Laktationsration (manche Betriebe verwenden eine Ration für frischmelkende Kühe, ansonsten die Hochlaktationsration) allmählich eingeführt werden. Das TS-Aufnahmevermögen der Kühe ist zunächst noch nicht sehr hoch und steigt erst langsam an, so dass die Kühe in eine **n**egative **E**nergie**b**ilanz (NEB) kommen.

Tab. VI.1.20: **Fütterung von Milchkühen im Verlauf eines Produktionszyklus**

Phase	Ziele (Probleme, Erläuterungen)	Rationsaufbau		
		Grund-FM	Ausgleichs-KF	MLF (EF)
I Trockenstehzeit 6.–3. W a. p.	Fütterungsintensität nach BCS (KM-Verluste? KM-Ansatz?)	++/+++	+	(+)
ab 3. W a. p. bis zur Geburt	Adaptation an p. p. Fütterung (Gebärparese, Puerperiumsverlauf, Kolostrumqualität, Vitalität des Kalbes)	+++	+ (Diätetik)[1]	+
II 1.–40. Tag	max. TS-Aufnahme! Sicherung hoher Energie- und Nährstoffversorgung (sonst KM-Verluste, Ketose), Vermeidung von Pansenacidose, SARA, LMV	+++ (Energiedichte ↑↑, evtl. Heuergänzung	+	++[2] (Erg. von Glycerin, beständiger Stärke CLA, Niacin, Cholin)
III 40.–100. Tag	Sicherung hoher Energie- und Nährstoffversorgung für höchste Milchleistung, erneute Konzeption!	+++ (Energiedichte ↑↑↑)	+	+++[2] (Erg. von beständiger Stärke, AS, Fett)
IV 101.–275. Tag der Laktation	möglichst hohe Milchleistung aus dem GF (angestrebte KM-Entwicklung?)	+++ (Energie ↑↑)	+	++
V ab 275. Tag der Laktation	eher unproblematisch, Vorbereitung auf Trockenstellen durch KF-Reduktion[3]	+++	+	(+) Laktationsende

[1] Verminderung des Risikos für Gebärparese, puerperale Erkrankungen; Sicherung der Vitalität des Kalbes durch hohe Kolostrumqualität
[2] Optimierung der KF-Konzeption unter Fetteinsatz (pansenstabil), evtl. Einsatz beständiger Stärke (bestST), von CLA (Fettgehalt der Milch ↓), Glycerin (Energie) und Vitaminen (z. B. Niacin), Berücksichtigung der Abbaurate von Rp im Pansen.
[3] Hohe Milchleistung (> 20 l) zum Zeitpunkt des Trockenstellens mit Risiken für die Eutergesundheit verbunden.

Tab. VI.1.21: **Zur Beurteilung des Ernährungszustandes (BCS) bei Rindern (wichtige zu beurteilende Körpermerkmale)**

BCS Region	1 = kachektisch	3 = gute Abdeckung	5 = hochgradig verfettet
Dornfortsätze der Wirbelsäule	stark hervortretend	undeutlich	von Fettauflage verdeckt
Profil zwischen Dorn- und Querfortsätzen	tief eingesenkt	sanft konkav	konvex
Querfortsätze der Wirbelsäule	hervorgetreten, > ½ sichtbar	> ¼ sichtbar	in Fettgewebe eingebettet
Profil zwischen Querfortsätzen und Hungergrube	deutlicher Überhang, Hungergrube eingezogen	sanfter Überhang der Querfortsätze	Hungergrube vorgewölbt
Hüft- und Sitzbeinhöcker	hart, ohne Fettauflage	glatt abgedeckt	in Fettgewebe eingebettet
Bereich zwischen Hüft- und Sitzbeinhöckern	tief eingesunken, Gewebeverlust	eingesunken	rundlich
Profil zwischen beiden Hüfthöckern	tief eingesunken	beiderseits der Mittellinie mäßig eingesunken	rundlich aufgewölbt
Linie zwischen Schwanzansatz und Sitzbeinhöckern	Knochen hervortretend, v-förmige Einziehung unter Schwanzansatz	Knochen abgedeckt, flache Einziehung unter dem Schwanzansatz	in Fettgewebe eingebettet, fettunterlagerte Gewebefalten

[1] Fließendes Punktespektrum 1–5; Zwischenwerte sind möglich und sinnvoll, auch innerhalb einer Stufe, üblicherweise in Schritten von 0,25 Punkten.

Ziel der Anfütterung ist die Vermeidung einer zu starken KM-Mobilisierung durch eine höhere Energie- und Nährstoffdichte in der Ration (6,9–7,2 MJ NEL und 160–170 g nRp pro kg TS). Außerdem sollen durch eine langsame Adaptierung an diese Ration Fermentationsstörungen vermieden werden. Bei separater Fütterung bzw. aufgewerteter TMR sollen die KF-Gaben in Abhängigkeit von der GF-Aufnahme (mind. 60 % GF-Anteil in der gesamten TS) gefüttert werden (Melkstand oder KF-Automaten). Eine Energieversorgung entsprechend dem aktuellen Bedarf ist hier kaum zu erreichen, da die TS-Aufnahmekapazität in dieser Phase immer noch geringer als der Bedarf ist (daher ist jede Stimulierung der TS-Aufnahme sinnvoll). Erst nach Anfütterung (5 Wochen) kann durch forcierten Einsatz von KF eine dem Bedarf entsprechende Energie- und Nährstoffversorgung erreicht werden. Für die Rationsgestaltung ist von erheblicher Bedeutung, in welcher Phase des ca. einjährigen Produktionszyklus sich die Milchkuh bzw. Gruppe von Kühen befindet, da die Ziele und Probleme in den einzelnen Phasen (I–V) differieren (**Tab. VI.1.20, VI.1.21**).

Die „ersten 40 Tage" der Laktation stehen also unter dem Primat einer Vermeidung der in dieser Phase typischen Probleme (massive KM-Verluste, Ketose, LMV) und die Gewährleistung einer hohen Milchleistung und Fertilität in der Folgezeit (erst bei anaboler Stoffwechsellage wieder erreichbar). Ist diese Phase mit der Konzeption erfolgreich abgeschlossen, so ist die Fütterung im weiteren Verlauf weniger problembehaftet.

Fütterungstechnik

Für die Rationsgestaltung und den Aufbau der Ration ist weiterhin die im Milchviehbetrieb etablierte Fütterungstechnik zu berücksichtigen, da diese einen erheblichen Einfluss auf die Art und Anteile verschiedener FM, auf die Verträglichkeit der Ration bzw. auch auf die Arbeitswirtschaft hat. Die Fütterungstechnik hat sich in den letzten Jahren deutlich gewandelt; auch wenn die Totale-Misch-Ration (TMR, auch Gesamt-Misch-Ration genannt) im Trend der Zeit liegt, so findet man auch heute noch alle nachfolgend genannten Techniken – teils in Abhängigkeit von Betriebs- und Herdengröße.

Entwicklungen in der Fütterungstechnik mit Vor- (+) und Nachteilen (–)

Separate Vorlage der einzelnen Rationsbestandteile (Komponenten)
Zweimalige Vorlage von Grund-FM und zwei- bis dreimaliges getrenntes Angebot von KF. Grund-FM soll dabei immer vor dem KF angeboten werden. Lange Fresszeiten und „Heranschieben" des Futters sind wichtig für die Futteraufnahme.
+ individuelle Futterzuteilung, angepasst an den Bedarf des Einzeltieres, sofern dieses zur Futteraufnahme m. o. w. fixiert ist (in Anbindehaltung bzw. vorübergehend im Fressgitter), niedrige Kosten der Fütterungstechnik.
– Risiken durch mangelhafte Verträglichkeit hoher KF-Mengen/Fütterung, hier stärkere Grundfutterverdrängung wirksam bzw. zu beobachten.

Teil-TMR-Verfahren (Aufgewertete Grundfutterration plus KF/MLF am Automaten)
Alle Grundfutterkomponenten werden ohne (selten) oder auch mit Ausgleichs-KF (üblich) aufgewertet und als Mischung ad libitum angeboten. Als Ausgleichs-KF kommen (je nach Grundfutter!) energie- und/oder proteinbetonte Komponenten zum Einsatz, wobei allgemein in das Ausgleichs-KF auch das vitaminierte Mineralfutter eingemischt ist (sichert also m. o. w. die Grundversorgung mit allen essenziellen Nährstoffen auf einem einheitlichen Niveau, und zwar in Anpassung an die betriebsspezifische Versorgung über das Grund-FM). Am Automaten zusätzlich KF/MLF je nach Leistung. Die Teil-TMR-Fütterung hat eine zunehmende Verbreitung insbesondere bei mittelgroßen Betrieben (20–80 Kühe) erfahren.

+ Verträglichkeit hoher KF-Mengen steigt erheblich (viele kleine Portionen am KF-Automaten). Bessere Anpassung der KF-Gaben an den individuellen Bedarf, insbesondere ab der Mitte der Laktation (Vermeidung von Überkonditionierung).
– Grundfutterverdrängung. Kopplung an Laufstallhaltung und erheblicher technischer Aufwand (TMR-Mischwagen, KF-Automat), Selektion innerhalb der Basisration?

Total-Mixed-Ration (TMR)-Verfahren
Mischung **aller** Komponenten zu einer Ration und 4–5-maliges Angebot/Tag, meist ad libitum.
+ Synchronisation ruminaler Rp- und KH-Verdauung durch zeitgleiche Aufnahme von Rau-, Grund-, Kraft- u. Mineralfutter, höchste Verträglichkeit großer KF-Mengen, Förderung der TS-Aufnahme → Energieversorgung ↑, kontinuierlich exakte Daten zur Futtervorlage.
– Anpassung an unterschiedlichen Bedarf (u. a. Trockenstehzeit)? Kosten der Mischwagen-Technik, Homogenität der Mischung? Evtl. „Struktur-Verlust" durch reduzierte Faserlängen („Musen") des Grundfutters? Hygienestatus der vorgelegten Ration?

In dem o. g. „echten" TMR-Verfahren werden alle Rationskomponenten mittels Mischwagen (mit Wägeeinrichtung) zu einer einzigen, in der prozentualen Zusammensetzung für alle Kühe einer Leistungsgruppe identischen Ration vereint (**Tab. VI.1.22**). Die Energiezufuhr variiert je nach zugeteilter Menge/Masse der Mischration insgesamt und nicht wie bei klassischem Rationsaufbau durch die KF-Menge. Hierbei können auch ungewöhnliche FM, die z. B. isoliert schwer zu handhaben oder wenig schmackhaft sind – z. B. NaOH-behandeltes Getreide – leichter eingesetzt werden als unter konventionellen Bedingungen. Bei mittlerer Leistungshöhe oder heterogenem Leistungsniveau in einer Herde ist die Einrichtung von Leistungsgruppen zwingend (aber nur in großen Betrieben praktikabel), sonst rückläufige Effizienz der Energienutzung, Tendenz zu Überfütterung

Tab. VI.1.22: **Rationsaufbau bei TMR-Verfahren**

Komponenten (Art und Menge in der Ration)	Energiezufuhr MJ NEL/d
Grundfutter (Grünfutter, Silagen, Rüben, Heu)	65–75
Kraftfutter • *Ausgleichskraftfutter* (1–2 kg) Energie- oder eiweißreiche KF zum Ausgleich des Energie und Eiweißgehaltes im Grundfutter, gleichzeitig auch zur Mineralstoff- und Vitaminergänzung → Energie- und Nährstoffangebot deckt dann den Bedarf für Erhaltung + eine bestimmte Milchleistung (bei größerer Imbalanz in der Grundration ist ein Ausgleich mit 1–2 kg KF häufig nicht möglich)	6–12
• *Milchleistungsfutter* (1 kg für rd. 2–2,3 kg Milch) Zusammensetzung entsprechend dem Bedarf für Milchbildung, g Rp : MJ NEL = 25:1 bzw. g nRp : MJ NEL = ca. 22:1 je nach Milcheiweißgehalt	bis 70

leistungsschwächerer Tiere; Kühe in den letzten Wochen der Laktation und vor allem trockenstehende Kühe benötigen eine „Extra-Ration", sonst besteht die Gefahr der Verfettung. So wird verständlich, dass unter hiesigen Bedingungen – insbesondere wegen der Herdengröße – die „echte" TMR eher selten ist.

Statt Ausgleichs-KF und MLF auch Einsatz von KF mit wechselndem Rp : NEL-Verhältnis entsprechend der GF-Zusammensetzung möglich. Zulage von vitaminiertem Mineralfutter, falls KF nicht angereichert ist.

Weidefütterung

In Grünland-Regionen kann der Aufwuchs der Weide von Milchkühen genutzt werden. Man unterscheidet zwischen Vollweidesystemen (*„low-input"*) und dem Halbweide-System, in dem der Weideaufwuchs nur einen Teil der gesamten Ration darstellt. Hierzu sind bzgl. der Rationsgestaltung folgende Aspekte herauszustellen:

Die Höhe der Grasaufnahme hängt vom Futterangebot (max. Verzehr bedingt Weidereste in Höhe von 25–30 % des Aufwuchses), von der Verdaulichkeit und der Struktur ab. Strukturarmes Gras (< 18 % Rfa in der TS) wird ebenso wie überständiges Gras (> 25 % Rfa in der TS) in geringerer Menge aufgenommen. Unter günstigen Bedingungen schafft eine Kuh mit 600 kg KM 75 kg Gras/Tag, entsprechend hoch muss

die Flächenzuteilung sein (1 m² = 1 kg Gras bei 20–25 cm Wuchshöhe). Die Energieaufnahme reicht im Mittel für 15–18 kg Milch inkl. Erhaltung, beim Rohprotein besteht allgemein ein Überschuss (aber nicht unbedingt beim nRp!) (**Tab. VI.1.23**). KF-Zulagen für Tiere mit höherer Leistung sollen deshalb einen niedrigen

Tab. VI.1.23: **Mittlere Energie- und Nährstoffversorgung beim Weidegang (Kuh mit 600 kg KM)**

		Tägliche Aufnahme	Aufnahme reicht für ... kg Milch (inkl. Erhaltung)
Trockenmasse	kg	13,5–14,5	–
Rohprotein	g	2600–3200	–
nRp	g	2058–2266	19–22
RNB	g	87–149	–
NEL	MJ	83–93	14–18
Mengenelemente:[1]			
Ca	g	70–80	15–18
P	g	60–66	21–25
Mg	g	20–26	13–23
Na	g	10–14	3–10

[1] Der Mineralstoffgehalt des Grünfutters wird stark durch die botanische Zusammensetzung und die Düngung beeinflusst.

Eiweißgehalt aufweisen. Auf sehr junger Weide (Frühjahr, evtl. auch Herbst) ist die Zufütterung von Raufutter (Heu, Mais- und Anwelksilage) und energiereichen FM erforderlich. Wichtig ist auch eine allmähliche Gewöhnung an die Weide im Frühjahr (zunächst stundenweise), um Verdauungsstörungen zu vermeiden. Auf die Weidebeifütterung und eine Mineralstoffergänzung soll dabei besonderes geachtet werden. Zu jungem Gras sollten strukturierte, möglichst wasserarme und energiereiche FM, zu älterem Gras konzentrierte und evtl. Rp- und energiereiche FM zusätzlich angeboten werden.

Fütterung der Milchkuh auf ökologisch wirtschaftenden Betrieben

Grundlage ist zunächst einmal eine „ökologische Milchviehhaltung", nämlich Auslauf bzw. Weidehaltung und der Einsatz ökologisch erzeugter FM, am besten von eigenem Betrieb (erwünscht über 50 %). Daher basiert die Fütterung im Sommer hauptsächlich auf Weidefütterung oder Futtervorlage im Stall. Im Winter werden Heu und Silage (Maissilage wenig) im Stall gefüttert mit dem Ziel, so viel Milch wie möglich aus dem Grundfutter zu produzieren. Der Raufutteranteil muss mindestens 60 % der Ration betragen. Als Ausgleichs-KF können hofeigene Getreide und Körnerleguminosen (Ackerbohnen, Erbsen, Lupinen), aber auch handelsübliche Nebenprodukte (Ölsaaten, Nachmehle) eingesetzt werden. Der Einsatz von Extraktionsschroten ist hier grundsätzlich nicht erlaubt, wohl aber von Kuchen und Expeller. Auch die nicht vom Betrieb stammenden Komponenten müssen aus zertifiziertem biologischem Anbau stammen. Eine Rationsergänzung mit einem vitaminierten Mineralfutter ist zulässig.

Fütterung und Milchqualität
Nährstoffgehalte (Tab. VI.1.24)
Fett:
- Art und Menge der KH: Anstieg bei rohfaserreicher Fütterung (Bildung von Acetat im Pansen ↑), Abfall bei stärkereicher Fütterung (Bildung von Acetat ↓, Bildung von Propionat ↑).

- Anstieg bei negativer Energiebilanz (FS des Fettgewebes als Substrate für die Milchfettbildung), Fett: Protein-Quotient als Indikator der Energieversorgung.
- Zunahme durch pansengeschützte gesättigte FS.
- Abnahme durch ungesättigte FS, z. B. aus Ölsaaten (v. a. Leinsaat) → hemmen die Fettsynthese in der Milchdrüse.
- Deutliche Abnahme durch pansengeschützte konjugierte Linolsäuren (CLA); v. a. trans-10, cis-12 CLA hemmen die Fettsynthese in der Milchdrüse und die Aufnahme von Fettsäuren aus triglyceridreichen Lipoproteinen in die Milchdrüse.

Fettzusammensetzung:
- Fettarme, rohfaser- und stärkereiche Ration: Überwiegend FS aus der *de-novo*-Synthese in der Milchdrüse (C4- bis C14-Fettsäuren).
- Negative Energiebilanz (NEB): Zunahme langkettiger gesättigter und einfach ungesättigter FS (C16:0, C18:0, C18:1), die aus dem Fettgewebe stammen.
- Futterfette mit hoher Jodzahl: Zunahme von einfach und mehrfach ungesättigten FS sowie Transfettsäuren (Dehydrierungsprodukte der Mikroben) → erhöhte Streichfähigkeit der Butter („Sommerbutter").
- Pansengeschützte Futterfette: Direkter Transfer bestimmter FS in die Milch.
- Zusatz konjugierter Linolsäuren (v. a. trans-10, cis-12 CLA): Abnahme der FS aus der Eigensynthese der Milchdrüse (C4- bis C14-Fettsäuren).

Eiweiß:
- Milchprotein**gehalt** von der Versorgung mit nXP abhängig: Einflussfaktoren hierfür sind primär die Energieversorgung (bestimmt die mikrobielle Proteinsynthese) und die Masse an UDP.
- Milchprotein**qualität** von der Fütterung weitgehend unabhängig.

Tab. VI.1.24: **Milchinhaltsstoffe als Indikatoren für die Energie- und Proteinversorgung der Milchkuh (nach Wanner, 1995)**

Milchinhaltsstoffe			Versorgung mit	
Eiweiß %	Harnstoff mg/l	Fett %	Energie	Protein
> 3,2	< 300	3,8–4,2	optimal	optimal
evtl. ↑	↓	evtl. ↓	zu viel	–
↓	↑	↑	zu wenig	–
evtl. ↑	↑↑	↔	–	zu viel
evtl. ↓	↓↓	↔	–	zu wenig
↓	evtl. ↓	↑	zu wenig	zu wenig
↑	evtl. ↑	evtl. ↓	zu viel	zu viel
↓	↑	↑	zu wenig	zu viel
evtl. ↑	↓	evtl. ↓	zu viel	zu wenig

↔ unverändert

Einfluss der Fütterung auf weitere Milchinhaltsstoffe
Mengen- und Spurenelemente
Kein Effekt: Gehalt an Mengenelementen in der Milch bleibt unabhängig von der Fütterung und den Gehalten im Blut konstant; eine „Unterversorgung" oder gestörte Resorption/Mobilisation kann daher zu schwersten gesundheitlichen Störungen führen → Milchfieber (Ca), Weidetetanie (Mg); Eisen, Kupfer: niedrige Gehalte in der Milch sind durch die Fütterung nicht zu verändern.
Geringer Effekt: Kobalt, Zink, Mangan, Molybdän
Mittlerer Effekt: Fluor
Starker Effekt: Jod, Selen (daher FM-rechtliche Höchstgehalte)

Vitamine
Vit B und K: Gehalte aufgrund der mikrobiellen Synthese im Pansen weitgehend konstant. Verminderte Konzentrationen in der Milch (v.a. an

B_1) bei Pansenacidose infolge gestörter mikrobieller Vitaminsynthese. Reduzierte Konzentration an Vit B_{12} infolge von Co-Mangel.
Vit C: Infolge der Eigensynthese der Kuh ebenfalls weitgehend konstant.
Vit A und E: Anreicherung in der Milch durch eine erhöhte Zufuhr über das Futter möglich, Transferraten aus dem Futter in die Milch nehmen mit steigenden Gehalten ab.
Vit D: Gehalte von der Zufuhr über das Futter und der endogenen Synthese in der Haut unter dem Einfluss von UV-Licht (Freilandhaltung!) abhängig.

Geruchs- und Geschmacksbeeinflussung
Milch ist vergleichsweise anfällig für Abweichungen in der geschmacklichen und geruchlichen Qualität. Wann immer derartige Probleme auftreten, stellt sich die Frage nach den Ursachen. Hierfür können sehr wohl Inhaltsstoffe verschiedener FM verantwortlich sein (s. nachfolgende Aufstellung); Milch nimmt aber auch geruchliche Veränderungen aus der Umgebung (Stallluft) an, was wiederum durch die FM beeinflusst sein kann (Silagereste, verdorbenes Futter auf Liegeflächen, „fauliges" Tränkwasser etc.).
Beeinflussung von Geruch und Geschmack durch den Übergang fremder Substanzen in die Milch oder durch chemisch/ mikrobiologische Ab- und Umbau natürlicher Milchbestandteile (z.B. Fettoxidation). Wege des Übergangs: Verdauungstrakt (Absorption aus dem Futter; als Pansengase), Atemluft des Tiers, direkter Kontakt der Milch mit der Stallluft (Silage!).
Relevante FM:
- Silagen: Alkohole, Aldehyde und Ketone (unerwünscht); brandiger/röstartiger Geruch bei überhitzter Silage.
- Brassicaarten: Senföle; scharfer Geschmack.
- Rüben: Betain/Trimethylamin; fischiger Geschmack.
- Leguminosen (z.B. alkaloidreiche Lupinensorten); bitterer Geschmack.
- Verschiedene Unkräuter (z.B. Laucharten, schwefelhaltige Verbindungen).

Toxische/Unerwünschte Stoffe (s. **Tab. V.4.1**) Verschiedenste toxische Stoffe oder deren Metaboliten können, teilweise sogar mit hohen Transferraten, in die Milch übergehen, u. a. Mykotoxine (v. a. Aflatoxin), Pestizide, Erucasäure und Glucosinolate aus Brassicaarten, Alkaloide wie das Colchizin der Herbstzeitlose.

Die Milchbildung ist auch eine Möglichkeit der Elimination von Inhaltsstoffen und Kontaminanten des Futters sowie von Substanzen, die gar nichts mit dem Futter zu tun haben müssen. Hohe Jod-Gehalte in der Milch können beispielsweise aus Desinfektionsmaßnahmen resultieren. Über die Milch werden teils in erheblichem Umfang auch Pflanzengifte bzw. Mykotoxine ausgeschieden wie:

- Brassicafaktoren
- Colchizin (Herbstzeitlose)
- Mykotoxine (u. a. Aflatoxin)
- Dioxine/dl-PCB
- Pestizide

1.2.5 Futtermittel für Wiederkäuer

Siehe hierzu **Tabellen VI.1.25, VI.1.26** (= Misch-FM) und **VI.1.27** (= Einzel-FM).

Tab. VI.1.25: **Ergänzungsfuttermittel[1] für Milchkühe und Mastrinder (Gehalte pro kg uS, 88 % TS)**

	Rp g	Energie		g Rp/MJ	Rfe$_{max.}$ g	Ca g	P g	Na$_{min.}$ g
		Stufe	NEL MJ					
Milchleistungsfutter I	130–150	2 3	6,2 6,7	25	50	6,5–9	3,5–6	1,5
Milchleistungsfutter II	160–200	2 3	6,2 6,7	30	50	6,5–9	3,5–6	1,5
Milchleistungsfutter III	210–250	1 2	5,9 6,2	45	80	13[2]	6–7,5	3
Milchleistungsfutter IV	280–320	1	5,9	50	80	19[2]	7–10	4
Rindermastfutter I	130–160				80	6–10	5–7	–
Rindermastfutter II	200–300				100	15–24	9–15	–

[1] Für diese Einteilung der FM gibt es keine rechtlichen Grundlagen, die Bezeichnungen dienen lediglich der Orientierung.
[2] Mindestwert.

Tab. VI.1.26: **Mineralstoffreiches Ergänzungsfutter (EF) und Mineralfutter für Rinder (Gehalte pro kg)**

	Ca g	P g	Mg g	Na g	Co mg	Cu mg	Zn mg	Menge[1] kg/d
Mineralstoff-reiches EF	20–60	12–40	min 4	min 15	min 5	min 150	min 600	0,4–1,0
Mineralfutter I	max 110	80–130	min 20	min 50	min 10	min 700	min 3000	0,1–0,2
Mineralfutter II	min 140	40–80	min 20	min 80	min 10	min 700	min 3000	0,1–0,2

[1] Je Großvieheinheit (ca. 500 kg KM); Menge abhängig vom Mineralstoffgehalt der übrigen Rationskomponenten.

Tab. VI.1.27: **Einzelfuttermittel (frisch bzw. siliert) für Wiederkäuer***

Futtermittel	TS	ME	NEL	Rfa	NDF	ADF
	g/kg uS	MJ/kg uS		g/kg uS		
Frisch						
Futterrüben, gehaltvoll	150	1,8	1,1	10	15	9
Grünfutter vom Grünland, grasreich:						
– 1. Aufw. i. Schossen	160	1,9	1,2	28	55	34
– 1. Aufw. B. d. Blüte[2]	220	2,3	1,4	57	106	57
dtsch. Weidelgras:						
– 1. Aufw. i. Schossen	160	1,9	1,1	28	55	34
– 1. Aufw. B. d. Blüte	210	2,2	1,3	54	106	62
– 2. Aufw. 4–6 W	220	2,2	1,3	52	99	53
Grünroggen im Ährenschieben	170	1,8	1,1	49	83	48
Kartoffeln	220	2,9	1,9	6	17	10
Landsberger Gemenge, i. d. Blüte	160	1,6	0,9	43	73	51
Luzerne, i. d. Knospe	170	1,7	1,0	40	51	49
Markstammkohl, späte Ernte	140	1,4	0,9	30	–	–
Raps vor der Blüte	110	1,2	0,8	15	–	–
Stoppelrübe mit Blatt, sauber	100	1,2	0,8	12	–	–
Siliert						
Biertreber	260	2,9	1,7	50	140	66
Gerste (GPS), teigreif, Körneranteil 50 %	450	4,3	2,5	102	230	133
Grünfutter vom Grünland, grasreich:						
– 1. Aufwuchs im Ährenschieben	350	3,9	2,3	77	147	91
– 1. Aufw. B. d. Blüte	350	3,4	2,0	105	203	119
– 2. Aufw. unter 4 W	350	3,5	2,1	77	151	95
Kartoffelpülpe	180	2,1	1,3	36	66	57
Mais, Ganzpflanze, in Milchreife:						
– Kolbenanteil < 25 %	200	1,9	1,1	44	96	56
– Kolbenanteil > 35 %	230	2,5	1,5	48	107	57
Mais, Ganzpflanze, Ende der Teigreife:						
– Kolbenanteil < 45 %	320	3,3	2,0	75	136	80
– Kolbenanteil > 55 %	380	4,2	2,6	67	121	72
Luzerne, i. d. Knospe	350	3,3	1,9	89	147	112
Pressschnitzel	220	2,6	1,6	46	100	55
Raps vor der Blüte	120	1,3	0,8	19	–	–
Weidelgras, dtsch.:						
– 1. Aufw. Beginn Ährenschieben	350	4,0	2,4	75	132	88
– 2. Aufw. 7–9 W alt	350	3,3	2,3	96	161	110
Weizen (GPS), teigreif:						
– Körneranteil ca. 50 %	450	4,2	2,5	102	243	110
Zuckerrübenblätter, sauber	160	1,6	0,9	25	11	6

* Erklärung: –, d. h. kein Wert vorhanden.   [1] Summe von Stärke und Zucker in der TS.   [2] d. h. 1. Aufwuchs Beginn der Blüte.

Rp	nRp	RNB	Rfe	Ca	P	Mg	Na	NEL	Stä + Zu[1]	nRp/NEL
			g/kg uS					MJ/kg TS	g/kg TS	g/MJ
12	22	-2	1	0,3	0,4	0,3	0,5	7,6	614	20
38	25	2	7	1,0	0,6	0,3	0,2	7,4	< 25	21
41	32	1	10	1,3	0,8	0,3	0,2	6,3	25	23
38	26	2	7	1,0	0,5	0,3	0,3	7,1	138	23
33	30	0	8	1,5	0,9	0,5	0,7	6,4	126	22
36	30	1	9	1,1	0,7	0,4	0,2	5,9	109	23
25	24	0	6	0,7	0,7	0,4	0,2	6,5	124	22
21	36	-2	1	0,1	0,7	0,4	0,1	8,4	741	19
24	21	0	4	1,4	0,5	0,3	0,1	5,9	-	23
37	24	2	5	3,0	0,5	0,5	0,1	5,8	< 25	24
18	19	0	3	3,4	0,6	0,3	0,3	6,2	-	22
21	17	1	4	2,2	0,5	0,3	0,3	7,0	111	22
19	16	0	2	0,5	0,5	0,3	0,3	7,6	238	21
65	48	3	22	0,9	1,5	0,6	0,1	6,7	23	28
44	56	-2	9	1,3	1,4	0,5	0,2	5,7	278	22
58	51	1	15	2,5	1,2	0,5	0,9	6,7	16	22
46	45	0	13	2,3	1,2	0,6	0,9	5,8	35	22
61	47	2	16	2,0	1,5	0,8	0,9	6,0	38	23
10	25	-2	1	2,8	0,5	0,3	-	7,0	289	20
18	25	-1	6	0,4	0,5	0,2	0,1	5,7	59	22
21	31	-2	7	0,5	0,6	0,5	0,1	6,5	219	21
26	41	-2	10	0,7	0,7	0,4	0,1	6,2	226	21
30	51	-3	13	0,8	0,8	0,8	0,1	6,7	355	20
72	46	4	14	5,5	0,9	1,1	0,5	5,4	< 10	24
24	35	-2	2	1,5	0,1	0,7	0,6	7,4	31	21
20	17	0	7	1,9	0,5	0,1	0,4	6,7	-	22
62	52	2	23	2,0	1,1	0,6	0,6	6,9	64	22
54	43	2	19	2,1	1,3	0,5	0,5	6,6	55	19
42	53	-2	9	1,2	1,2	0,5	0,1	5,5	289	22
24	21	0	5	2,1	0,4	0,6	0,9	5,9	16	22

Einzelfuttermittel (Heu, Stroh, Konzentrate) für Wiederkäuer

Futtermittel	TS	ME	NEL	Rfa	NDF	ADF
	g/kg uS	MJ/kg uS		g/kg uS		
Heu u. ä. FM						
Grasgrünmehl	900	9,7	5,9	198	380	222
Luzerne, i. d. Knospe	860	7,9	4,6	181	231	197
Luzernegrünmehl	900	8,7	5,1	200	–	–
– Beginn der Blüte	860	8,3	4,9	261	403	302
Weidelgras, dtsch.						
– 1. Aufwuchs:						
Beginn des Ährenschiebens	860	8,8	5,2	233	454	262
Beginn der Blüte	860	8,3	4,9	261	495	286
Wiesenheu, grasreich,						
– 1. Aufwuchs im Ährenschieben	860	8,7	5,2	237	442	268
– 2. Aufwuchs, < 4 W	860	8,8	5,3	205	379	228
Stroh						
Haferstroh, nativ	860	5,8	3,2	378	550	370
Gerstenstroh,						
– nativ	860	5,9	3,2	380	593	409
– nach Ammoniakaufschluss	860	7,0	4,0	393	–	–
Weizenstroh,						
– nativ	860	5,5	3,0	369	671	413
– nach Ammoniakaufschluss	860	6,4	3,6	372	–	–
Körner u. Samen						
Getreide (geschrotet):						
– Gerste (Winter)	880	11,3	7,1	50	205	56
– Hafer	880	10,1	6,1	102	281	124
– Mais	880	11,7	7,4	23	89	28
– Triticale	880	11,6	7,3	25	120	31
– Weizen (Winter)	880	11,8	7,5	26	111	33
Leguminosen/fettreiche Samen						
– Ackerbohnen	880	12,0	7,6	78	200	125
– Baumwollsaat	880	12,1	7,3	236	402	331
– Lupinen, süß, gelbblühend	880	12,6	7,9	148	177	128
– Raps	880	15,5	9,5	66	–	–
– Sojabohnen	880	14,0	8,7	55	136	104

Rp	nRp	RNB	Rfe	Ca	P	Mg	Na	NEL	Stä + Zu[1]	nRp/NEL
			g/kg uS					MJ/kg TS	g/kg TS	g/MJ
122	140	–3	36	5,0	4,4	1,8	0,8	6,5	58	24
179	127	8	21	13,5	2,6	2,6	0,7	5,4	–	28
196	166	5	32	18,2	2,9	2,9	1,7	5,7	53	32
95	110	–2	21	17,3	2,7	2,8	1,6	5,7	<90	22
114	118	–1	23	5,2	2,2	0,8	1,6	6,1	<50	22
114	114	0	20	4,6	1,8	1,2	2,4	5,7	<50	23
108	117	–1	22	5,1	2,4	1,4	0,5	6,1	<90	22
142	122	3	28	6,0	2,9	1,6	0,6	6,1	<90	23
30	69	–6	13	3,5	1,2	0,9	1,9	3,7	14	21
34	71	–6	14	2,5	0,7	0,8	3,1	3,8	7	22
75	95	–3	14	2,5	0,7	0,8	3,1	4,6	–	24
32	65	–5	11	2,7	0,7	0,9	1,1	3,5	–	22
80	90	–2	10	2,7	0,7	0,9	1,1	4,2	–	25
109	144	–6	24	0,6	3,5	1,0	0,7	8,1	617	20
106	123	–3	47	1,1	3,0	1,2	0,3	7,0	468	20
93	144	–8	40	0,4	2,8	0,9	0,1	8,4	713	20
128	150	–4	16	0,4	3,3	1,0	0,1	8,3	680	20
121	151	–5	18	0,6	3,3	1,1	0,1	8,5	695	20
262	172	14	14	1,4	4,1	1,6	0,2	8,6	463	23
198	128	11	183	1,8	11,0	3,7	0,4	8,3	27	17
385	204	29	50	2,4	4,6	2,2	1,1	9,0	113	26
200	88	18	391	4,2	8,4	3,0	0,4	10,7	52	9
350	166	29	179	2,6	6,1	0,1	0,1	9,9	138	19

Futtermittel	TS	ME	NEL	Rfa	NDF	ADF
	g/kg uS	MJ/kg uS		g/kg uS		
Nebenprodukte, getrocknet						
Extraktionsschrote:						
– Baumwollsaat-, geschält	900	11,2	6,8	84	234	171
– Kokos-, fettreich	900	11,3	6,9	137	405	270
– Leinsaat-	890	10,7	6,5	92	241	168
– Maiskeim-	890	11,1	7,0	72	387	116
– Palmkern-	890	10,0	6,0	177	647	397
– Raps- (00)	890	10,7	6,5	117	241	206
– Soja-, ungeschält	880	12,1	7,6	59	117	94
– Sonnenblumen-, teilgeschält	900	9,2	5,4	201	310	224
Biertreber, getrocknet	900	9,5	5,6	153	513	230
Frucht-, Obsttrester						
– Apfel	920	9,4	5,6	205	346	272
– Trauben	900	4,8	2,6	223	707	595
– Citrusfrüchte	900	11,1	6,9	119	191	144
Maiskleber	900	13,7	8,6	12	18	6
Maisschlempe, getr.	900	11,4	7,0	94	349	177
DDGS	945	11,5	7,0	72	324	175
Sojabohnenschalen	900	9,8	5,9	344	554	397
Maniokmehl	880	10,9	6,9	32	82	59
Trockenschnitzel	900	10,7	6,7	185	411	226
Weizenkleie	880	8,7	5,2	118	439	143

* Erklärung: –, d. h. kein Wert vorhanden.   [1] Summe von Stärke und Zucker in g je kg TS.   [2] d. h. 1. Aufwuchs Beginn der Blüte.

1.2.6 Fütterungsbedingte Gesundheitsstörungen bei Wdk

Krankheiten der Verdauungsorgane
Pansenacidose

Die akute Pansenacidose ist gekennzeichnet durch einen m. o. w. plötzlichen, drastischen und nachhaltigen Abfall des pH-Wertes im Pansensaft unter 5. Betroffene Tiere benötigen eine tierärztliche Behandlung (s. Prophylaxe).
Bei einer subakuten Pansenacidose (SARA) fällt der pH-Wert im Pansensaft über mind. 3 Stunden auf Werte < 5,6 oder länger als 5 Stunden auf Werte < 5,8. Die SARA ist primär eine Störung der ruminalen Verdauung, sekundär ist der Stoffwechsel insgesamt betroffen (z. B. Säure-Basen-Haushalt), sodass letztlich Gesundheit und Leistung insgesamt tangiert sind.

Entstehung: Durch überhöhte oder plötzliche Aufnahme leicht fermentierbarer KH (Zucker, Stärke) bei gleichzeitig ungenügender Gabe speichelflussstimulierender FM (fehlende Pufferung; **Tab. VI.1.27, Tab. VI.1.28, Abb. VI.1.6**). Durch abnehmende Aktivität der milchsäureverwertenden Bakterien kommt es zur Akkumulation von Milchsäure (akute Pansenacidose) und schließlich einer reinen Laktatflora (*Streptococcus bovis* u. a.); bei der SARA sind evtl. keine sehr hohen Laktatgehalte im Chymus nachweisbar, da sich parallel eine laktatverwertende Flora entwickelt.

Rp	nRp	RNB	Rfe	Ca	P	Mg	Na	NEL	Stä + Zu[1]	nRp/NEL
				g/kg uS				MJ/kg TS	g/kg TS	g/MJ
456	254	32	47	3,6	10,9	5,0	0,7	7,6	< 80	37
206	200	1	61	1,6	5,3	2,9	0,9	7,7	103	29
343	206	22	24	4,0	8,5	5,1	1,0	7,3	45	32
117	146	−5	15	0,4	6,8	3,0	0,8	7,8	492	21
167	165	0	19	2,6	6,5	3,5	0,1	6,8	21	27
355	195	26	22	6,2	10,7	5,0	0,1	7,3	80	30
449	271	28	13	2,8	6,3	2,7	0,2	8,6	177	36
341	174	27	22	3,6	9,6	5,0	0,5	6,0	68	32
233	178	9	77	4,1	6,6	2,0	0,6	6,2	54	32
56	105	−8	42	7,2	2,5	1,1	1,3	6,0	229	19
122	84	6	65	5,5	0,5	0,9	0,4	2,8	28	33
63	131	−11	32	16,2	0,8	1,1	0,4	7,7	243	19
637	434	32	47	0,8	3,7	0,3	0,5	9,5	152	51
267	218	8	74	1,2	7,2	2,9	1,8	7,8	108	31
358	254	17	64	0,4	8,3	2,9	2,8	7,4	64	36
118	129	−2	23	5,6	1,2	2,5	0,1	6,6	61	22
23	117	−15	6	1,4	1,0	1,0	0,4	7,9	792	17
89	140	−8	8	8,7	1,0	2,3	2,2	7,4	61	21
141	123	3	38	1,6	11,6	4,7	0,5	5,9	213	24

Folgen: Bei geringen Graden: Milchfettabfall, abnehmende Fresslust; in schweren akuten Fällen: Inappetenz, Schädigung der Pansenschleimhaut → Endotoxinpassage (?) → Klauenrehe; chronische Fälle: Keratose der Pansenschleimhaut, nekrotische Herde in Leber und Niere (Passage von Bakterien durch die Pansenwand), evtl. Hirnrindennekrose.

Prophylaxe und diätetische Maßnahmen: Grundsätzlich eine ausreichende Strukturversorgung (peNDF) garantieren; allmähliche Adaptation an eine KF-reiche Ration. Bei getrennter Fütterung KF nach dem Grundfutter vorlegen und dieses in kleinen Portionen (≤ 2 kg) anbieten, evtl. Puffer (Natriumbikarbonat) im KF (2 %), evtl. Niazin-Ergänzung oder Natriumbikarbonat (ca. 100 g) + Magnesiumoxid (ca. 50 g) je Tier und Tag, Vorsicht: bei größerer Bikarbonat-Applikation im Stoß evtl. schwerstes Aufblähen. Einsatz von probiotischen Laktatverwertern (lebende Hefen oder Probiotika wie *M. elsdenii*) Getreidebearbeitung: Besser quetschen statt schroten. Mehr beständige, weniger unbeständige Stärke füttern (Mais statt Gerste oder Weizen).

Bei der Behandlung belastendes Futter absetzen, vermehrt Heu; evtl. Panseninhalt ausräumen, Eingabe lebender Hefen (können zum Teil Laktat verstoffwechseln).

Tab. VI.1.28: **Parameter zur ersten Einschätzung von Fütterungsbedingungen hinsichtlich der Disposition für eine subakute Pansenacidose (nach Kamphues, 2009)**

Risiko für SARA	Grundfutter (% der TS)	Rfa-Gehalt (% der TS)	Σ Stärke + Zucker (% der TS)	Beständigkeit der Stärke[1]	Fütterungstechnik
	≥ 60	≥ 18	< 25	hoch (Körnermais)	Großteil des KF mit dem GF angeboten
	55	16–18	≥ 25–30	mittel (Maissilage)	höhere Anteile an MLF am Automaten
	≤ 50	≤ 16	≥ 30/35	gering (Weizenschrot) Zucker	„Strukturverlust" „Mahlzeiten" „Selektion[2]"

[1] Körnermais: 42 % der Stärke sind pansenstabil; Stärke aus Maissilage zu 10–15 % pansenbeständig; aus Weizen/Gerste: allgemein ca. 15 % nicht im Pansen abbaubar.
[2] Auf dem Futtertisch (Aussortieren gröberen GF/selektive Aufnahme von KF oder Kartoffeln u. ä. FM).

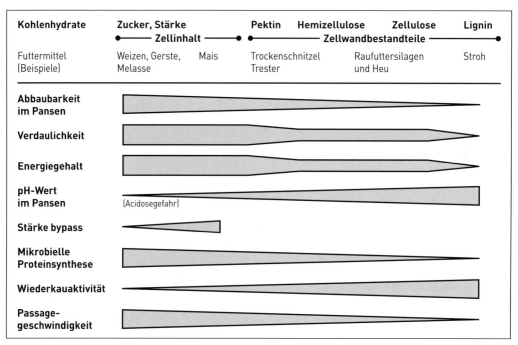

Abb. VI.1.6: Einfluss von Kohlenhydraten aus Zellinhalt und Zellwänden bzw. typischen Futtermitteln auf die Umsetzungen im Pansen (nach Lebzien et al., 2007).

Pansenalkalose
Längerfristiger Anstieg des pH-Wertes auf Werte über 7.
Entstehung: Durch plötzliche und/oder überhöhte Gabe von eiweißreichen und K-reichen FM (junges Gras, Herbstzwischenfrüchte, NPN-haltige FM, Harnstoff-Fehldosierung) bei gleichzeitig geringem Angebot an leicht fermentierbaren KH → geringe bakterielle Proteinsynthese → hohe NH_3-Gehalte im Pansen, Zunahme proteolytischer Keime.

Folgen: Inappetenz, Leberbelastung, evtl. NH$_3$-Vergiftung (zentrale Störungen!).

Prophylaxe und diätetische Maßnahmen: Vermeidung o. g. Ursachen, Beifütterung von stärkereichen FM bei hohen Eiweißgehalten im Grundfutter, Zugabe von 50 g Na-Propionat, -laktat, -acetat; 50–70 g Milchsäure (in 8–10 l Wasser verdünnt).

Pansentympanie

Vermehrte Gasansammlung im Pansen.

Entstehung: Ausdehnung der dorsalen Gasblase im Pansen durch Störungen des Ruktus (z. B. Verlegung des Oesophagus). Häufiger: schaumige Gärung, hierbei übermäßige Gasbildung pro Zeiteinheit, Gas wird jedoch in kleinen, 1 mm großen Bläschen fixiert, deren Wand aus schleimigen Schichten von Proteinen, Polysacchariden oder Lipiden bestehen kann (Viskositätserhöhung). Erhöhte Schleimmengen nach Verwendung bestimmter FM, z. B. Leguminosen mit schleimbildenden Proteinen (aus Chloroplasten oder Galacturonsäureabkömmlingen), amylasehaltigen FM (Malzkeime) oder nach Vermehrung bestimmter Mikroorganismen (*Streptococcus bovis*, z. B. nach forcierter Getreidefütterung) oder nach Aufnahme von FM mit erhöhtem Keimgehalt (Hefen). Begünstigend wirkt geringe Speichelbildung, da die Speichelmuzine der Viskositätserhöhung entgegenwirken. Daher sind rohfaserarme Rationen bzw. FM (Stoppelklee, Getreidekörner), feuchte Futter (taunass) oder gehäckselte Materialien zusätzlich disponierend.

Prophylaxe und diätetische Maßnahmen: Durch sachgerechte Rationsgestaltung; Zufütterung von Monensin-Natrium bei getreidereichen Rationen (in EU so nicht erlaubt!); bei Weidehaltung evtl. Besprühen der kritischen Futterflächen (Klee) mit Ölen.

Pansenfäulnis

Entsteht evtl. aus einer Pansenalkalose mit Überwucherung der normalen Pansenflora durch Proteolyten, evtl. auch direkt durch hochgradige Kontaminationen von FM (Silagen) mit Fäulniskeimen.

Kurzfutterkrankheit

Psalteranschoppung und Eindickung des Inhaltes; begünstigt durch Aufnahme kurzgehäckselten Raufutters (Stroh, Heu) oder Spelzen, Heuabrieb etc.

Labmagenverlagerung (vor allem nach links)

Entstehung: Bei Milchkühen mit hohen Leistungen und hoher KF-Aufnahme wenige Wochen nach der Abkalbung; verbunden mit einer vermehrten Gasbildung und -ansammlung im Labmagen, die multifaktoriell verursacht zu sein scheint → vermehrter Zufluss fermentierbarer Substanzen und FS aus Vormägen und gedämpfte Motorik; letztere durch temporäre Hypocalcämien, metabolische Acidosen oder geringe Bewegung gefördert. Evtl. Spätfolge von Fütterungsfehlern im peripartalen Zeitraum (fehlende Adaptation, Strukturmangel, Überversorgung, geringe Wasseraufnahme); eine genetische Disposition erscheint gesichert, wenngleich damit allein keine 10 % der Fälle erklärt werden können.

Prophylaxe und diätetische Maßnahmen: Durch sachgerechte Rationsgestaltung und Fütterungstechnik, s. Kap. VI.1.2.4. Vor allem eine gute Vorbereitungs- und Anfütterung der Milchkuh; Überkonditionierung *ante partum* vermeiden, da diese negativ auf Futteraufnahme und Pansenfüllung *post partum* wirkt.

Caecumtympanie

Entstehung: Bei hochleistenden Kühen mit stärkereichen Rationen (vor allem Maisstärke); vermehrter Stärkefluss in den Dickdarm → mikrobielle Zerlegung und dabei auftretende Gasbildung.

Prophylaxe und diätetische Maßnahmen: Stärkemenge reduzieren, Stärkeaufschluss, Maissilage vor Teigreife ernten, evtl. amylasehaltige Siliermittel einsetzen.

Stoffwechselkrankheiten

Peripartal und in der Hochlaktation auftretende Störungen in der Regulation des Energie- und Nährstoffhaushaltes.

Ketose

Entstehung: Vermehrte Bildung von Ketonkörpern (Hydroxibuttersäure, Acetoacetat, Aceton) infolge absoluten oder relativen Mangels an Oxalessigsäure. Wdk generell disponiert, da KH im Pansen zu FFS abgebaut werden und von diesen nur Propionsäure glucoplastisch ist (repräsentiert rd. 30 % der absorbierten Energie). Milchkühe in der Hochlaktation besonders gefährdet, wenn die Energieabgabe über die Milch (zu 25 % in Form von Lactose) größer ist als die Energieaufnahme und vermehrt Körperfett zur Deckung der Energielücke mobilisiert werden muss (davon entfallen nur 5 % auf das glucoplastisch wirkende Glycerin). Ketoseentstehung wird vor allem begünstigt durch Überfütterung in den letzten Wochen der Laktation und in der Trockenstephphase (→ verstärkter Fettabbau p. p. bei geringer FA p. p.) sowie während der Hochlaktation durch ungenügende Energiezuteilung oder (häufiger) zu geringe Futter- und Energieaufnahme. Daher ist diese Form von Ketose oft mit einer Leberverfettung verbunden. Sekundäre Ketosen entstehen auch in Folge einer anderen Erkrankung, welche die FA der Kühe beeinträchtigt und somit die Lipolyse fördert.

Ursachen für eine ungenügende Energieaufnahme:

- Sämtliche Faktoren, die negativ auf die FA wirken (z. B. warme/nachgegorene Silage),
- zu geringe Energiedichte im GF (geringe Verdaulichkeit bei zu später Ernte von Gras),
- mangelnde hygienische Qualität der FM (Aktivität der Pansenflora ↓),
- ungenügende Vorbereitungsfütterung a. p. mit p. p. plötzlicher Steigerung des KF, an das die Flora nicht adaptiert ist,
- falsche Fütterungstechnik (zu geringe Fütterungsfrequenz, Nachschieben der TMR?),
- Nährstoffimbalanzen (Protein↗↘, P ↓, Co ↓),
- zusätzliche Erkrankungen (Mastitis, Metritis, Fremdkörper, Klauen).

Gelegentlich wird die Ketose verursacht/gefördert durch hohe Gehalte an ketogenen Substanzen (Buttersäure, größere Mengen an mittelket-

tigen gesättigten FS) im Futter. Im Einzelfall konnten ungenügend erhitzte Gartenbohnen als Auslöser einer Ketose nachgewiesen werden (selbst bei Färsen).

Prophylaxe: Ergibt sich aus den verschiedenen Ursachen; zur Unterstützung der Behandlung: Energieaufnahme fördern durch Zugabe konzentrierter FM (unter Vermeidung von Störungen der Vormagenflora), Zulage von Na-Ca-Propionat oder 1,2 Propylenglycol (250–500 g/Tier und Tag) oder 0,3–0,4 kg Glycerin pro Tier und Tag. Vermehrt kommt Propylenglycol in spezieller, d. h. rieselfähiger Konfektionierung zum Einsatz (auch als MF-Bestandteil).

In Ketose-Problembeständen wird die intraruminale Applikation von Suspensionen (bis 30 l/Kuh), die Spurenelemente, Vitamine, Propylenglycol, Weizenkleie und Hefen enthalten können, prophylaktisch genutzt (= „Drenchen").

Peripartale Leberverfettung (fat cow syndrom)

Inappetenz, allgemeine Schwäche p. p., erhöhte Infektionsneigung (Leukopenie), oft letal, ursächlich bedingt durch überhöhte Energieaufnahme a. p. (z. B. *ad libitum*-Zugang zu Maissilage) und überstürzten Fettabbau p. p. mit temporär hochgradiger Fetteinlagerung in der Leber.

Hypocalcämie (Milchfieber)

Störung in der **Regulation** des Plasma-Ca-Spiegels aufgrund der sprunghaften Erhöhung der Ca-Abgabe über Kolostrum während und unmittelbar nach der Geburt, d. h. die Hypocalcämie ist **keine** Mangelkrankheit, sondern ein Adaptationsproblem!

Akuter Abfall des Ca-Spiegels im Blut auf Werte < 6 mg/dl bzw. 1,5 mmol/l (→ Parese), da bei disponierten Tieren (Rasse, Alter, Fütterung) kurzfristig Calcium nicht ausreichend durch vermehrte Resorption oder Mobilisation zur Verfügung gestellt werden kann, um die mit der Milchbildung forcierte Ca-Abgabe zu kompensieren.

Begünstigend: hohe Ca-, P- und/oder hohe K-Aufnahme a. p., Mg-Mangel → Phosphataseaktivität ↓, Überfütterung sowie unsachgemäßer Einsatz von Mineralfutter.

Tab. VI.1.29: **Prävention der Hypocalcämie der Milchkuh**

Methode	Dosierung	Zeitraum *ante partum*	Wirksam-keit	Nachteile
calciumarme Fütterung (Ca : P-Verhältnis ist nicht entscheidend)	25 g Ca/Tier/d in der Gesamt-ration	4–6 Wochen	++/+++	aufgrund der Ca-Gehalte im GF kaum realisierbar, aber dennoch Ca-Angebot möglichst gering halten
angesäuertes Futter				
– säurekonservierte Grassilagen[1]	20–25 kg/ Tier/d	3 Wochen bis 2 Wochen p. p.	++	Einzelfütterung notwendig
– Ammoniumchlorid	100–150 g/ Tier/d	3 Wochen bis 3 Tage p. p.	++	Akzeptanzschwierigkeiten (Verabreichung im MF)
Vit D oder -Metaboliten	oral: 20–30 Mio. IE täglich i. m.: 10 Mio. IE Vit D	3–7 Tage a. p. einmalig am 2.–8. Tag a. p.	++	Gefahr der Hypervitami-nose D (Kalzinose)
Calciumchloridgel, oral	4x 300 g $CaCl_2$	24 Std. a. p. bis 24 Std. p. p.	++	Zwangsapplikation (Plastikflasche; Arbeitsaufwand ↑)

[1] Mit Mineralsäuren konservierte Silagen; Förderung der Ca-Absorption, der renalen Ca-Exkretion? Forcierte 1,25 $(OH)_2D_3$-Bildung?

Prophylaxe und diätetische Maßnahmen: Anwendung des sogenannten DCAB-Konzeptes (*Dietary Cation Anion Balance*; synonym auch DCAD, wobei D für *Difference* steht; s. **Tab. VI.1.29**).

Umsetzung des DCAB-Konzeptes wie folgt:

1. Ableitung des aktuellen DCAD-Wertes im Futter

   Na (g/kg TS) x 43,5 = + … mEq   CI (g/kg TS) x 28,2 = – … mEq

   K (g/kg TS)   x 25,6 = + … mEq   S (g/kg TS)   x 62,4 = – … mEq

          Summe … mEq/kg TS (+ = Kationen-, – = Anionenüberschuss)

   Üblicherweise liegt ein Kationenüberschuss vor; wesentliche Ursache ist der Kaliumgehalt des Grundfutters.

2. Falls möglich, Auswahl von FM mit den geringsten DCAD-Werten (d. h. geringsten Kationenüberschuss). Rapsextraktionsschrot hat einen DCAD-Wert von –88 mEq/kg TS, Biertrebersilage –194 mEq/kg TS.

3. Zusatz von $MgSO_4$ x 7 H_2O bis zu 4 g Mg/kg TS

4. Zusatz von $CaSO_4$ x 2 H_2O bis ca. 4 g S/kg TS

5. Zusatz von NH_4Cl bis zu einem DCAD-Wert von –100 bis –150 mEq/kg TS; bei hohen K-Gehalten im Grundfutter: o. g. Ziel unrealistisch; hier ist evtl. schon bei DCAD-Werten nahe Null die Grenze der Akzeptanz erreicht.

6. Bei hohen NPN-Gehalten (> 5 g/kg TS) Ammoniumsalze restriktiv einsetzen.

7. Tägliche Zulage von Ca auf ca. 100–120 g/Tier (Ausgleich forcierter renaler Ca-Abgabe).

Durch Zulage starker Anionen, meist saure Salze (Chlorid, Sulfat) über max. 3 Wochen a. p. wird eine milde Azidierung des Stoffwechsels erwirkt, die zu einem forcierten Ca-Umsatz führt und die Sensibilität der PTH-Rezeptoren im Knochen und der Niere gegenüber der hormonellen Regulation erhöht. Saure Salze schmecken bitter und können die TS-Aufnahme mindern. Eine langsame Anfütterung und homogene Verteilung im Futter sind unabdingbar. Die Wirksamkeit kann über den pH-Wert im Harn überprüft werden. Direkt nach der Abkalbung ist die Fütterung von sauren Salzen kontraindiziert, also abzusetzen.

Hypomagnesämie (Weidetetanie)

Starke tonisch-klonische Krämpfe durch Absinken des Mg-Spiegels im Plasma bzw. Liquor cerebrospinalis (im Unterschied zur Gebärparese eine Erkrankung infolge eines primären oder sekundären Mg-Mangels). Vorwiegend bei Milchkühen, aber auch bei Mutterkühen nach dem Weideauftrieb im Frühjahr oder auch im Herbst. Entstehung durch Ungleichgewicht zwischen Aufnahme und Abgabe von Magnesium bei allgemein geringen internen Kompensationsmöglichkeiten für dieses Element (keine Regulation wie beim Calcium). In vermehrtem Umfang auch Hypomagnesämie im Stall (disponierend: Grünfutter bzw. Silagen aus Neuansaaten bzw. Feldfutterbau). Mg-Aufnahme bestimmt durch:

- TS-Aufnahme: Abhängig von der Akzeptanz des GF (Gülledüngung), Zuteilung, Vegetationsstadium, Witterung, Aktivität der Vormagenflora (Umstellung auf Weide).
- Mg-Gehalt im Futter: Gering bei jungem Gras, intensiver K- und N-Düngung, frühem Vegetationsstadium, niedrigen Mg-Gehalten im Boden.
- Mg-Absorption: Bei Wdk aktiv über Pansenwand, allgemein gering (20 %, bei jungem

Grünfutter sogar nur 10 %), Abnahme bei hohen pH-Werten im Panseninhalt (eiweißreiche FM) sowie hoher K-(transmurales negatives Potenzial ↑) oder geringer Na-Aufnahme (Anstieg der K-Gehalte im Pansensaft) und bei niedrigen Umgebungstemperaturen.

- Mg-Abgabe: Bestimmt durch Milchmenge, evtl. forcierte Mg-Verluste über den Kot (Durchfall).

Vorbeugende Maßnahmen: Entsprechend den Ursachen: optimale Düngung (geringe K-Gaben vor Austrieb, Vorsicht mit Gülledüngung, evtl. Mg-reiche Dünger), langsame Umstellung von Stall- auf Weidefütterung, Beifütterung von strukturiertem Futter, Mg-Zulagen (30 g Mg, rd. 50 g MgO/Tier, Kraftfutter bis 3 % MgO), Mg-Stäbe im Pansen, Bestäuben der Grünflächen 2–3 g MgO/m², Leckmassen (Melasse: MgO 1:1).

Weideemphysem

Bei abruptem Wechsel (insbesondere im Frühjahr und Herbst) auf ein Rp-reiches Grünfutter (Weideaufwuchs) mit hohem Trp-Gehalt; beim Trp-Abbau im Pansen entsteht u. a. über Indolessigsäure verstärkt 3-Methyl-Indol, das über den Blutkreislauf zur Lunge gelangt; hier entsteht u. a. 3-Methyloxindol, wodurch es zu forcierter Radikalbildung mit Membranschäden an den Pneumocyten kommt → Flüssigkeitsaustritt in die Alveolen, Lungenkongestion → klassisches Bild des Weideemphysems.
Vorbeugung: Vorsichtige Umstellung auf derartiges Grünfutter, Rationsergänzung mit Rp-ärmeren Grund- und KF.

Mangelkrankheiten

Evtl. Na, Se, Vit B_1 (→ CCN), Vit E, s. Kap. V.3.

Intoxikationen

Siehe **Tabelle VI.1.30**.

Tab. VI.1.30: **Ursachen und Folgen von Intoxikationen**

Ursache/Agens	Fütterungsfehler	Folgen
Harnstoff	Überhöhte Harnstoffzuteilung, unzureichende Adaptation, hoher Eiweiß-, niedriger Kohlenhydratgehalt, Entmischung in Silagen mit Harnstoffzusatz	Übermäßige NH_3-Freisetzung, mangelhafte Fixierung im Pansen, pH-Wert-Erhöhung, Steigerung der NH_3-Absorption, unvollständige NH_3-Entgiftung (Leber) → Hyperammonämie → Krämpfe
Nitrat/Nitrit	Hoher NO_3^--Gehalt im Futter (> 5 g/kg TS), Herbstzwischenfrüchte (Brassicaceen), junges Wintergetreide (Frühjahr), junges, intensiv gedüngtes Gras, Rieselwiesen-Gras	Rascher Abbau zu NO_2^- im Pansen → Methämoglobinbildung → O_2-Versorgung ↓, Verenden durch Ersticken
Kohlfütterung	Übermäßige längerfristige Markstammkohlfütterung > 3 kg/100 kg KM/d → Kohlanämie	Bildung von Dimethyldisulfid im Pansen, reagiert mit SH-haltigen Enzymen u. a. in der Erythrozytenmembran → Erythrozytolyse
Schwefel/u. a. S-Verbindungen	Hohe Aufnahme von Schwefel, Sulfat, Sulfit über Futter (oder Wasser) bei > 4 g S/kg TS der Gesamtration; kann sekundär auch Cu-, Se-Mangel bedingen	Im Pansen vermehrter Anfall von Sulfid und H_2S → gastrointestinale Störungen sowie ZNS-Störungen wie bei der Polioencephalomalazie durch Vit B_1-Mangel bzw. Pb-Intoxikation oder Cu-Mangel

Fütterungsbedingte Störungen der Fertilität bei Färsen und Kühen

Die Fertilität wird durch Management, Klima, Besamungstechnik, Infektionen, Fütterung etc. beeinflusst. Fütterungsmaßnahmen können Fehler in anderen Bereichen nicht ausgleichen, sind teilweise jedoch primär für bestandsweise gehäuft auftretende Fertilitätsstörungen verantwortlich (**Tab. VI.1.31**).

Allgemein vorkommende Fütterungsfehler
Energiemangel
- Während der Hochlaktation: Ursachen s. Ketose Kap. 1.2.6; bei Färsen evtl. durch Abdrängen in Gruppenhaltung.
- Bei hochleistenden Tieren evtl. während der Trockenstehzeit (Trockenstellen mit relativ hoher Milchleistung) → Auswirkungen im nächsten Reproduktionszyklus(?).

Energieüberschuss
Ante partum, auch während der Färsenaufzucht; entscheidendes Kriterium für die Beurteilung der Energieversorgung ist nicht die berechnete Energiezufuhr, sondern die Beurteilung des Er-

nährungszustands (*Body Condition Scoring*) bzw. dessen Entwicklung.

Proteinmangel
- Während der Färsenaufzucht; bei Milchkühen absolut (selten), häufiger indirekt durch Energiemangel und ungenügende ruminale Proteinsynthese; → duodenaler AS-Fluss ↓.
- Bei hochleistenden Kühen evtl. auch Defizit an ruminal verfügbarem Stickstoff bei einseitiger Verwendung von Rp-armen FM mit geringer ruminaler Abbaubarkeit; Indikator: NH_3-N im Pansensaft < 50 mg/l.

Proteinüberschuss
Bei Milchkühen absolut oder relativ zur Energiezufuhr, erhöhte NH_3-Gehalte im Panseninhalt → Leberbelastung; Milchharnstoffgehalt ↑, Störungen im Hormonhaushalt.

Tab. VI.1.31: **Fütterungsbedingte regional saisonal vorkommende Fruchtbarkeitsstörungen bei Rindern**

Fütterungsfehler	Fertilitätsstörungen
Na-Mangel (Weidegang)	→ vermehrt Retentio secundinarum
K-Überschuss (Weidegang)	→ Jungtiere, Färsen → Vaginitis („Güllekatarrh")
Jod-Mangel • primär (J-arme Böden) • sekundär	regional bedeutsam (z. B. Bayern, Österreich) überhöhte Aufnahme von FM mit strumigenen Substanzen → Einfluss auf hormonelle Regulation, Störungen in der embryonalen und fötalen Entwicklung
Mn-Mangel	Weide, Kalkverwitterungsböden → unregelmäßige Brunst (?)
Se-Mangel	gehäuft Retentio secundinarum, Konzeptionsrate ↓
Vit-E-Mangel	(in Silagen fortschreitender Vit-E-Abbau): Häufig gekoppelt mit Se-Defizit, Konzeptionsrate ↓, Mastitis
Vit-A- und/oder Carotin-Mangel	Stallhaltung → ungenügende Abwehrleistung der Schleimhäute; evtl. verzögerte Ovulation und Progesteronbildung
Nitratüberschuss	Weidegras, Herbstzwischenfrüchte → Aborte
Phytoöstrogene	manche Klee-Luzernearten; aber auch Gräser, vor allem aus Neuansaaten; östrogenartige Wirkungen (Schwellung v. Vulva, Euter), Nymphomanie, Aborte?
Mykotoxine	Fusarien → Zearalenon → Zyklusstörungen
Schimmelpilzbefall	*Aspergillus fumigatus* → plazentare Infektion → Aborte

1.2.7 Diät-FM für Wdk

Viele diätetische Maßnahmen haben das vorrangige Ziel der Aufrechterhaltung einer ungestörten Verdauung im Vormagen; viele Bestandsprobleme (Gesundheitsstörungen wie auch Leistungseinbußen) haben als Hauptursache gestörte ruminale Verdauungsprozesse.

Die Höhe der Futteraufnahme (und damit die Energieversorgung), die Klauen- und Eutergesundheit, die Fertilität wie auch die körpereigene Abwehr sind ganz entscheidend davon abhängig, wie es gelingt – trotz der leistungsbedingt notwendigen hohen Fütterungsintensität – die Prozesse im Vormagensystem in der für Wdk typischen Art zu sichern bzw. deren Entgleisungen zu vermeiden.

Neben den in **Tabelle VI.1.32** genannten Indikationen für Diät-FM bei Wdk gibt es weitere, unter bestimmten Bedingungen sinnvolle diätetischen Maßnahmen. Diese betreffen beispielsweise die Optimierung der Proteinversorgung (geschütztes Eiweiß oder entsprechende AS), die Vorbeuge von Myopathien und Arthritiden (Zulage von Vit E und evtl. Se), die Förderung der Klauengesundheit (Biotin, evtl. Zn?) oder die Stimulation der Zyklustätigkeit (β-Carotin bei schlechter GF-Qualität). Hierfür stehen jedoch keine Diät-FM lt. FMV zur Verfügung; die Bezeichnung „Diätfutter" ist z. B. für carotinreiche MF unzulässig.

Mastitiden stellen zwar primär kein ernährungsbedingtes Problem dar, doch können folgende Zusammenhänge zur Nährstoffversorgung bestehen – und deshalb diätetisch genutzt werden: Bei der Epithelregeneration hat Zink eine originäre Bedeutung, als Epithelschutzvitamin hat das Vit A evtl. auch im Eutergewebe eine besondere Funktion, des Weiteren kommt es im Laufe der zellulären Abwehr im Euter zur Radikalbildung, sodass vermehrt Vit E und Se als Antioxidanzien gebraucht werden. Vor diesem Hintergrund wird bei Störungen der Eutergesund-

Tab. VI.1.32: **Diätfuttermittel für Wiederkäuer im Überblick**

Indikationen[1]	Wesentliche ernährungs-physiologische Merkmale	Hinweise zur Zusammensetzung	Anzugebende Inhaltsstoffe
Acidose	leicht fermentierbare KH ↓, Pufferkapazität ↑	keine zusätzlichen Angaben erforderlich	Stärke, Gesamtzucker
Ketose/Acetonämie	glucoseliefernde Energiequellen ↑	energie-, glucoseliefernde EF, Zusatzstoffe als Energiequelle	Propan-1,2-diol[2], Glycerin[2]
Milchfieber	Ca ↓, enges Kationen-Anionenverhältnis	keine zusätzlichen Angaben erforderlich	Ca, P, Mg, Na, K, Cl, S
Tetanie (Hypomagnesämie)	Mg ↑, K ↓, leicht verfügbare KH ↑, Rp ↓	keine zusätzlichen Angaben erforderlich	Stärke, Gesamtzucker, Mg, Na, K
Harnsteinbildung	P u. Mg ↓, harnsäuernde Stoffe	harnsäuernde Einzel-FM oder Zusatzstoffe	Ca, P, Na, Mg, K, Cl, S

[1] Bezeichnung des besonderen Ernährungszwecks, für den Diät-FM auf dem Markt sind. Die Verwendung von Diät-FM ist allerdings auch bei diesen Indikationen nicht zwingend; der Einsatz z. B. puffernder Substanzen ist auch unabhängig von einem Diät-FM (MF) möglich.
[2] Falls als Glucoselieferant zugesetzt.

heit (hohe Zellzahlen) besonderer Wert auf eine hohe Versorgung mit Vit A und E sowie mit Zn und Se gelegt.

2　Schafe

Die Schafhaltung als landwirtschaftlicher Betriebszweig zeigt im europäischen Raum eine eher rückläufige Tendenz. Hauptproduktionsziel ist dabei allgemein das Schaf- bzw. Lammfleisch, während die Wolle ein Nebenprodukt darstellt, dessen Gewinnung (Schur) mehr Kosten als Erträge bringt. Europaweit ist ein gewisser Trend zur Schafmilcherzeugung erkennbar (überwiegend zur Käsegewinnung). Hierbei handelt es sich nicht nur um Kleinbetriebe (Nischenproduktion), sondern teils um größere Tierbestände, die professionell betreut werden. Daneben verdienen weitere Intentionen der Schafhaltung besondere Erwähnung: Gerade im Rahmen der Landschaftspflege (Offenhalten von Tälern, Flussauen, Heideflächen u. a.), aber auch zur Nutzung von Restgrünlandflächen (für die man keine anderen Tiere mehr hat) spielen Schafe eine Rolle. Schließlich wurden Schafe auch zu einem „Hobbytier", bei dessen Haltung wirtschaftliche Überlegungen eine – wenn überhaupt – untergeordnete Rolle spielen. Vor diesem Hintergrund verständlich unterscheiden sich die Fütterungsbedingungen, aber eben auch die Erfahrungen und Kenntnisse der Tierhalter ganz erheblich.

2.1　Schafrassen

Eine Übersicht zu den in Deutschland bedeutsamen Schafrassen und ihrer Nutzung und KM vermittelt **Tabelle VI.2.1.**

2.2　Lämmer

Lämmer (saugende wie auch ruminierende Tiere bis zum Alter von rd. 6 Monaten) werden zur Remontierung der Zuchttiere (Aufzucht) oder zur Mast herangezogen.

Tab. VI.2.1: **Schafrassen in Deutschland, ihre KM und Verbreitung**

Rasse Bezeichnung	KM kg		Anteil am Schafbestand
	♀	♂	%
Merino-Landschaf	65–75	125	43
Schwarzköpfiges Fleischschaf	65–75	115	26
Weißköpfiges Fleischschaf	70–90	115	10
Texel-Schaf	60–80	100	7
Merino-Fleischschaf	70–80	130	4
Ostfriesisches Milchschaf	70–80	110	2
Heidschnucke	40–45	60–65	1

Österreich: überwiegend Bergschaf; Schweiz: Weißes Alpenschaf.

Bei der Aufzucht oder Mast von Lämmern bestehen (anders als beim Kalb) keine grundsätzlichen Unterschiede in der Art der verwendeten FM, sondern allein in der Fütterungsintensität, d. h. im KF-Aufwand. In der Aufzucht von Lämmern unterscheidet man nachfolgend beschriebene Verfahren.

Sauglämmeraufzucht: d. h. 16 Wochen Säugeperiode; Ernährung über die Muttermilch (5,5–6 % Protein, 7–7,5 % Fett, ca. 5 MJ ME/kg), ab 3. LW Beifütterung von KF und Heu.
Frühentwöhnung: auf 5–6 Wochen verkürzte Säugezeit, Beifütterung von KF spätestens ab 2. LW.
Mutterlose Aufzucht: Mit speziellen MAT analog zur Kälberaufzucht, Absetzen mit ca. 3 Tagen

nach der Kolostralmilchperiode und Umstellen auf MAT (evtl. auch am Tränk-Automaten), ab ca. 2. LW KF und Heu *ad libitum*.

2.2.1 Kolostralmilchperiode

Aufnahme von ca. 400 ml Kolostrum am 1. Lebenstag (KM 4 kg). Falls Nichtannahme des zweit- oder drittgeborenen Lammes (evtl. auch bei Erkrankungen des Gesäuges): mittels Flasche bzw. bei lebensschwachen Lämmern über Sonde mehrmals täglich (2–3 Std Abstand) je Fütterung max. 50 ml anbieten bzw. verabreichen (Sondenlänge ca. 25 cm).

2.2.2 Postkolostrale Phase

In den ersten 5–6 LW ist Flüssigfutter, d. h. Muttermilch oder MAT-Tränke essenziell. Je nach Aufzuchtintensität wird ab der 2. LW zusätzlich KF und Heu angeboten (**Tab. VI.2.2**).

2.2.3 Mutterlose Aufzucht

Bei Verlust des Muttertieres sowie Drillingsgeburten evtl. notwendig, MAT-Applikation über Flaschen, Eimer mit Zitzen oder Schlauchsysteme (Lämmerbar). Kalttränke (10–15 °C) möglich, besser warm ansetzen; Konzentration in der MAT-Tränke: 160–250 g MAT/l (Kap. V.7).

2.2.4 Lämmermast

In der Lämmermast (**Tab. VI.2.3**) werden nach Intensität der Mast sowie der Mastdauer folgende Verfahren unterschieden:
Intensiv- oder Schnellmast in 4 Monaten:
a) von Sauglämmern – intensive Beifütterung zur Muttermilch

Tab. VI.2.2: **Fütterungsempfehlungen für die Lämmeraufzucht**

Sauglämmeraufzucht					
Lebenswoche:	–	3.–5.	7.	9.	11.–15.
Kraftfutter (g/Tier u. Tag)	–	50–150	300	400	500
Heu	*ad libitum*				
früh entwöhnte Lämmer					
Lebenswoche:	< 5.	5.	7.	9.	–
Kraftfutter (g/Tier u. Tag)	zunehmend	300	500	600	–
Heu	*ad libitum*				

Tab. VI.2.3: **Empfehlungen für die tägliche Energie- und Nährstoffversorgung in der Lämmermast**

KM, kg	15		25		35		45		55	
TS-Aufnahme, kg/Tag	0,8	0,9	1,0	1,2	1,3	1,4	1,5	1,6	1,5	1,7
KMZ, g/Tag	100	300	200	400	200	400	100	300	100	200
ME, MJ/Tag	5,2	10,4	9,3	15,8	11,0	17,7	9,8	15,8	11,1	14,0
Rp, g/Tag	70	150	130	210	145	245	130	210	140	160
Ca, g/Tag P, g/Tag Mg bzw. Na, g/Tag	7–11 3,5–6 0,5–2,0 bzw. 0,5–1,5									

b) von früh entwöhnten Lämmern – ab ca. 20 kg KM Versorgung maßgeblich mit KF bis zum Erreichen von 55–60 % der KM Adulter (♂ Lämmer) bzw. 45–50 % der KM Adulter (♀ Lämmer)

Mittlere Tageszunahmen 220–400 g,
KF-Mengen (je nach Alter)
für a) ca. 50–1200 g/d,
für b) ca. 900–1600 g/d.

Wirtschaftsmast in 6 Monaten (verlängerte Lämmermast):

- ♂ Lämmer bis zum Erreichen von 70 % der KM Adulter
- ♀ Lämmer bis zum Erreichen von 60 % der KM Adulter

Mittlere Tageszunahmen (TGZ) 220–250 g, überwiegend Einsatz energiereicher Grund-FM

Fütterungspraxis
Mast mit MAT
Prinzipiell möglich, TGZ über 400 g; geringe Wirtschaftlichkeit, da rasche Verfettung und Schlachtung bei niedrigem Endgewicht notwendig.

Intensivmast (Schnellmast)
Vorrangig KF-Einsatz (**Tab. VI.2.4**); *ad libitum*-Angebot hochverdaulicher FM, s. **Abb. VI.2.2**, Raufutter zur Entwicklung und zum Erhalt der Vormagenfunktion (bis 150 g gutes Heu/Tag); KF aus Getreide, Sojaextraktionsschrot, Trockenschnitzeln, Mühlennachprodukten.
Intensivmast auch unter Verwendung energiereicher, hochwertiger, hygienisch einwandfreier Grund-FM (Maissilage, Maiskolbensilage, Pressschnitzel) möglich.

Tab. VI.2.4: **Richtwerte (Angaben pro kg) für Energie- und Nährstoffgehalte im Kraftfutter**

	ME, MJ	Rp g	Ca g	P g	Cu mg
Starter	≥ 11,0	200	8	4,5	
Anfangsmast	≥ 10,5	150	6	4,0	max. 15
Endmast	≥ 10,5	120	5	3,0	

Wirtschaftsmast
Im Stall: Nach Spätabsetzen: vorwiegend wertvolle Grund-FM, gegen Ende der Mast evtl. verstärkter KF-Einsatz.
Auf der Weide: (Koppelschafhaltung) junges Gras (*creep grazing*), KF falls Graswuchs ungenügend (→ Reduktion Grasaufnahme!), evtl. Nachmast mit KF- und Grund-FM im Stall.

2.2.5 Zuchtlämmer und junge Zuchtschafe

In Abhängigkeit von Geschlecht, Rasse und Zuchtnutzung variiert die Aufzuchtintensität (s. **Tab. VI.2.5, VI.2.6**).

Tab. VI.2.5: **Angestrebte Aufzuchtintensität bei jungen Zuchtschafen**

Differenzierung nach Geschlecht und Rasse		Ø Tages-zunahme (g)
♀	frühreife Rassen (Texel): Zuchtnutzung ab 8–10 Mon	150–200
	spätreife Rassen (Merino): Zuchtnutzung ab 10–12 Mon	100–150
♂	sollen bei Mastrassen nach einem Jahr rd. 85 kg wiegen	200

Tab. VI.2.6: **Empfehlungen für die tägliche Energie- und Nährstoffversorgung (Tageszunahmen 150–200 g) junger Zuchtschafe**

KM kg	TS-Aufnahme kg	ME MJ	Rp g	Ca g	P g	Mg g	Na g
25	1	9,3	130	7	3	0,6	0,6
35	1,2	11,0	145	9	3,5	0,8	0,8
45	1,4	12,5	155	11	4	1	1

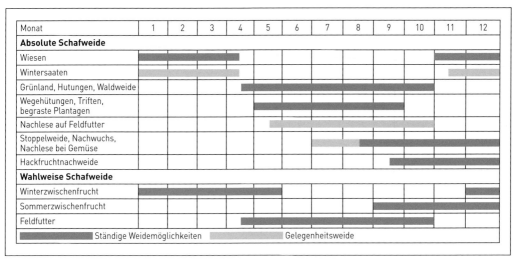

Abb. VI.2.1: Futtergrundlagen während des Jahres bei der Wanderschäferei (nach Schlolaut und Wachendörfer, 1981).

Fütterungspraxis

Möglichst billige wirtschaftseigene Grund-FM (Gras, Grassilage, Zwischenfrüchte, Zuckerrübenblattsilage etc.); abhängig von Haltungsform der Muttertiere (Weide, Stall, Hütehaltung); bei guter Qualität kann KF-Zulage entfallen, Mineralstoff- und Vitamin-Ergänzungen beachten; vor der Belegung in Zuchtkondition bringen (**Tab. VI.2.5, VI.2.6, VI.2.8**). Die Minimierung der Futterkosten für die Mutterschafe war nicht zuletzt auch schon immer ein Grund für die Wanderschäferei, bei der systematisch, d. h. über das ganze Jahr verteilt, entsprechende günstige Möglichkeiten der Versorgung genutzt wurden (**Abb. VI.2.1**).

Wie bei kaum einer anderen Haltung von Nutztieren hängt die Wirtschaftlichkeit der Schafhaltung entscheidend von der Verfügbarkeit günstiger, nahezu kostenfreier FM ab. Die Hüteschafhaltung ist jedoch mit erheblichen Arbeitskosten verbunden, sodass alle Möglichkeiten genutzt werden müssen, die Futterkosten zu minimieren. Diesem Ziel dient das Beweiden von Wegrainen, Randarealen von Segelflugplätzen/Truppenübungsplätzen und auch das Nachweiden auf abgeernteten Stoppel-, Zuckerrüben- oder Gemüseanbauflächen. Auch Zwischenfrüchte wie Grünraps, Stoppelrüben mit Blatt oder Ackergras werden zur Futterkosteneinsparung gern genutzt. Auch Heu aus dem „Grassamenanbau" (eigentlich Stroh) ist ein solches

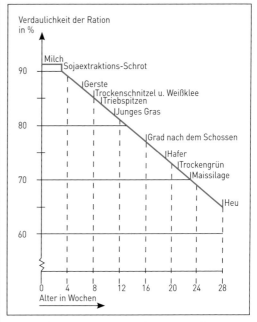

Abb. VI.2.2: Anforderungen des Lammes an die Verdaulichkeit der Futtermittel unter dem Einfluss des Alters (nach Schlolaut und Wachendörfer, 1981).

günstiges Grund-FM für die Versorgung der Mutterschafe. Als billiges KF spielte bei der Getreidereinigung abgetrenntes „Kummerkorn" (unterentwickelte Getreidekörner) mit Spreu und Unkrautsamen eine gewisse Rolle. Für die Mast von Lämmern sind diese FM allgemein jedoch nicht gehaltvoll genug, sodass hier auch „teurere FM" verwendet wurden und werden (Abb. VI.2.2).

2.3 Mutterschafe

Haltungsform (Hutung, Weide, Stall) bestimmt Futterart und Rationsgestaltung (**Tab. VI.2.7, Abb. VI.2.3**). Gewünschtes Ziel: Minimierung der Futterkosten durch Einsatz von günstigem Grundfutter und durch zeitlich wie mengenmäßig gezielten KF-Einsatz während Hochträchtigkeit und Laktation.

Tab. VI.2.7: **Empfehlungen für die tägliche Energie- u. Nährstoffversorgung (Formulierung hier additiv, d. h. Erhaltungs- und Leistungsbedarf ist zu addieren!)**

Erhaltungsbedarf							
KM, kg	ME, MJ	Rp, g		Ca, g	P, g	Mg, g	Na, g
50	8,1	71					
60	9,3	80					
70	10,4	88	5	4	1	1	
80	11,5	95					

Leistungsbedarf für Trächtigkeit													
An-zahl Feten	KM bei Geburt, kg	ME, MJ HT[1]	Rp, g			Ca, g		P, g		Mg, g		Na, g	
			NT1	6. W a. p.	1. W a. p.	NT	HT	NT	HT	NT	HT	NT	HT
1	3	2,5	14	20	40								
1	5	4,2	25	30	70								
2	3	5,0	25	30	70	1	4	0,5	2	0,5	0,5	1	1
2	5	8,3	40	50	115								

Leistungsbedarf für die Laktation						
Milch, kg/Tag	ME, MJ	Rp, g	Ca, g	P, g	Mg, g	Na, g
1	8	140	5,3	1,9	0,9	0,5
2	16	280	10,7	3,7	1,7	1,0
3	24	420	16,0	5,6	2,6	1,5
4	32	560	21,3	7,4	3,4	2,0

[1] NT bzw. HT: niedertragend bzw. hochtragend (ab ca. 6 Wochen a. p.).

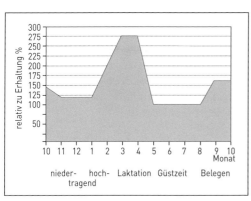

Abb. VI.2.3: Energiezufuhr bei Mutterschafen im Verlauf eines Reproduktionszyklus (NRC 1985).

Tab. VI.2.8: **Vorbereitungsfütterung für eine erfolgreiche Belegung und Nutzung des Flushing-Effektes bei Schafen**

Zeitraum	Energiezulage (über Erhaltung) MJ ME/Tag	zusätzliche KF-Gabe g
> 4 Wochen a. c.	0	0
4 Wochen a. c.	1,1	100
1 Woche a. c.	3,4–5,7	400–500
2 Wochen p. c.	3,4–5,7	400–500
> 2 Wochen p. c.	0	0

a. c. = ante conceptionem

2.3.1 Fütterungspraxis

Güstphase
Erhaltungsbedarf erfüllen, Ernährungszustand kontrollieren (bei Schafen mit langer Wolle mittels Palpation!). Bei Wanderschäferei Risiken des häufigen Futterwechsels beachten (s. a. **Abb. VI.2.1**).

Vorbereitung auf die Belegung
Vier Wochen vor beabsichtigter Belegung bis 2 Wochen p. c. (beachte Schafrassen mit saisonalem oder asaisonalem Sexualzyklus) erhöhte Energiezufuhr (*flushing*). Vorteil: gesteigerte Ovulationsrate, Begünstigung der Nidation (**Tab. VI.2.8**).
Bei Weidehaltung: Neue Weidefläche mit jungem Aufwuchs anbieten (im Spätsommer evtl. Flächen mit Zwischenfrüchten, bei Weideflächen geringer Qualität auch KF anbieten).
Bei Stallhaltung: Energiereiches Grundfutter bzw. bei gleichbleibender GF-Qualität zusätzlich KF.

Fütterung während der Gravidität
- Bis ca. 8 Wochen vor dem Ablammen – je nach Ernährungszustand – etwa Erhaltungsbedarf, anschließend erhöhter Energie- und Nährstoffbedarf.
- Bei ausreichender Grundfutterqualität bis 6 Wochen a. p. ohne KF.

- In der Endphase der Gravidität zunehmend KF (bis 0,5 kg/Tag) bzw. Grundfutter mit höherer Verdaulichkeit (frisch oder konserviert), bes. wichtig bei Zwillingsträchtigkeit.
- Raufutter: Heu guter Qualität (Grassilage führt bei Schafen im Vergleich zu Heu oder auch Grünfutter allgemein zu deutlich geringerer TS-Aufnahme).
- Energieunterversorgung während der Hochträchtigkeit (Mehrlingsträchtigkeit) → Gefahr der Ketose (s. Kap. VI.2.6).

Fütterung während der Laktation
Möglichst gleiche Rationszusammensetzung wie in der Hochträchtigkeit; je nach GF-Qualität KF-Gabe steigern (insbes. bei Mehrlingsgeburten) auf bis zu 1,5 kg/Tag; nur bei Weidehaltung und jungem Aufwuchs (TS-Aufnahme 1,5–2,8 kg/100 kg KM) kann auf KF verzichtet werden (allerdings Mineralstoffzufuhr sichern!); bei hohen Anteilen an Trockenfuttermitteln in der Ration besonders auf Wasserversorgung achten (Wasseraufnahme während der Laktation gegenüber Erhaltung mehr als verdoppelt).
KM-Veränderungen während des Reproduktionszyklus (s. **Abb. VI.2.4**) sind normal, sollen aber nicht zu massiv auffallen.

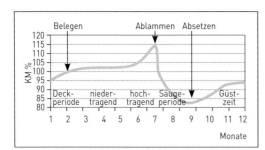

Abb. VI.2.4: KM-Entwicklung von Mutterschafen mit Zwillingen (normale KM = 100 %; nach Schlolaut und Wachendörfer, 1981).

2.4 Zuchtböcke

Mit Ausnahme der Decksaison Versorgung entsprechend dem Erhaltungsbedarf (ohne KF; **Tab. VI.2.9**).

Für die Decksaison zusätzliche Energie- und Proteingabe (+2 MJ ME bzw. 84 g Rp) bei Reduktion des Grundfutterangebots und Ergänzung durch KF (bis zu 1 kg).

Vermeidung gleichzeitiger Protein-, P- und Mg-Überversorgung → Gefahr der Harnsteinbildung (Struvitsteine).

2.5 Futtermittel für Schafe

Prinzipiell können alle bei Rindern üblichen einzel-FM auch bei Schafen verwendet werden (s. **Tab. VI.1.27**), nur bei den MF ist auf die tierarttypische Cu-Empfindlichkeit hinzuweisen (vgl. auch **Tab. VI.2.10**).

2.6 Ernährungsbedingte Gesundheitsstörungen

- Grundsätzlich wie bei Rd (Kap. VI.1.2.6);
- Mangelkrankheiten (Kap. V.3.1).

Besondere Bedeutung beim Schaf haben nachfolgend beschriebene Erkrankungen.

Hypothermie und Hypoglykämie: Bei neugeborenen Lämmern (im zeitigen Frühjahr draußen geboren); Behandlung: 5%ige Glucoselösung 0,5 l/Lamm mehrmals am Tag oral oder anfangs 10%ige Glucoselösung i. p.; 10 ml/kg KM, auch subcutan möglich.

Pansenacidose: Insbesondere nach Fütterung zucker- oder stärkereicher LM (z. B. Brotreste bei Hobbytieren) oder KH-reicher FM (melassierte Trockenschnitzel, gekeimtes Getreide auf

Tab. VI.2.9: **Energie- und Nährstoffbedarf von Zuchtböcken**

KM kg	TS-Aufnahme kg	ME, MJ	Rp, g	Ca, g	P, g	Mg, g	Na, g
80	1,6	11	100	2,6	1,9	1,6	2,5
100	1,9	12	110	3,2	2,3	2,0	3,1

Tab. VI.2.10: **Richtwerte für die Zusammensetzung von Mischfuttermitteln für Schafe (Angaben pro kg)**

	Rp[1] g	Rfe g	Rfa[2] g	Ca g	P g	Cu[2] mg	Vitamine		
							A, IE	D₃, IE	E, mg
MAT	200	150–300	10	9	6	15	≤ 13 500	≤ 2000	> 20
AF f. Mastlämmer	160		80	10	5	15			
EF f. für Zuchtschafe	150		140	10	5	15[3]	≤ 13 500	≤ 2000	> 12
Mineralfutter				100–200	40–100	15[3]			

[1] Mindestwerte; [2] Höchstwerte; [3] entsprechend Gesamtration.

Stoppelfeldern, Kartoffel- oder Zuckerrübenreste auf Äckern im Herbst).

Pansentympanie: Nicht adaptierte Tiere nach gieriger Aufnahme von Stoppelklee oder Zwischenfrüchten (ohne vorherige Raufuttergabe).

Kurzfutterkrankheit: Nach Verfütterung kurzgeschnittenen Grünfutters (z. B. Rasenmähergras) → Psalteranschoppung → Psalterparese.

Trächtigkeitstoxikose: Typische Erkrankung bei zu geringer Energieversorgung während der Gravidität (Mehrlingsträchtigkeit). Die für die fötale Energieversorgung benötigte Glucose kann bei ungenügender oraler Energieaufnahme (Propionsäure ↓) nicht in ausreichenden Mengen durch Gluconeogenese bereitgestellt werden → Hypoglycämie, vermehrte Fettmobilisierung, Acetonkörperbildung (= Ketose der Schafe).

Breinierenkrankheit: Erkrankung intensiv gefütterter Lämmer infolge einer Enterotoxämie durch *Cl. perfringens* D → Vermehrung im Verdauungskanal vornehmlich von jungen Tieren bei eiweißreichem Futter oder abruptem Wechsel von kargem auf reichliches Futterangebot. Häufig zu Beginn der Weidehaltung bei eiweißreichem Grünfutter und ungenügender Gewöhnung.

Urolithiasis: Klinische Manifestation aufgrund der anatomischen Verhältnisse fast nur bei männlichen Tieren (Mastlämmer, Zuchtböcke). Begünstigung der Harnsteinbildung (allgemein Struvitsteine) durch eiweiß-, P-, Mg-reiches Futter (→ vermehrte renale Harnstoff-, Mg- und P-Ausscheidung, vor allem bei wenig Raufutter), alkalische pH-Werte im Harn, geringe Wasseraufnahme und mangelnde Bewegung.

Prophylaxe: Überhöhte N-, P- und Mg-Aufnahme meiden (typische Kombination der Öl-mühlennachprodukte, Weizenkleie u. a.), Zulage von 1 % NaCl zum Kraftfutter, ausreichend Tränkwasser.

Cu-Vergiftung: Besonders bei Mastlämmern, aber auch bei adulten Tieren vorkommende Erkrankung (Hämolyse, Hämoglobinurie, Ikterus, meistens Exitus) nach länger dauernder Aufnahme von FM mit über 20 mg Cu/kg TS. Zunächst klinisch unauffällige Cu-Speicherung in der Leber; hämolytische Krise ausgelöst durch Stressfaktoren wie Transport, Umstellung etc., Texelschafe hierfür besonders disponiert.

Cerebro-Cortical-Nekrosen (CCN): Treten bei Schaflämmern meistens zwischen 4. und 5. Monat auf, besonders disponierend ist eine kraftfutterreiche Ernährung.

Ursache: Vit B_1-Mangel; hoher Bedarf bei gleichzeitig geringer B_1-Synthese im Pansen, erhöhtem B_1-Abbau bzw. Inaktivierung von B_1 durch Thiaminasen von *Bacillus* sp., *Clostridium sporogenis* oder manche Schimmelpilzarten; evtl. gleiche Symptomatik bei höherer S-Aufnahme.

Hypocalcämie: Infolge chronischer Ca-Unterversorgung in den letzten Wochen a. p. oder während der Laktation auftretend (beachte: andere Pathogenese als bei der Milchkuh; im Allgemeinen handelt es sich hier um einen absoluten Ca-Mangel).

Listeriose: Auch heute noch eine nicht seltene Infektionskrankheit, besonders häufig nach Aufnahme schlechter Silagen (pH > 5,5), in denen sich Listerien vermehren. Mit Erde kontaminierte Silagen (schlechte Silierbedingungen, mangelnde Abdeckung) sind besonders für eine Listerienbelastung disponiert.

3 Ziegen

Kleinwiederkäuer von höchster Anpassungsfähigkeit und Genügsamkeit (je nach Nutzungsrichtung: Milchziegen sind eher etwas anfälliger); besondere Fähigkeit zur selektiven Futteraufnahme; effiziente Wasser- und Protein- bzw. N-Nutzung bei knapper Versorgung; weltweit große Bedeutung zur Milchproduktion, in Deutschland/Europa Ziegenhaltung zur Milchgewinnung für Käseherstellung (typische „Nischenproduktion"); neben der Milchgewinnung über die Verwertung der männlichen Lämmer gewisse Fleischproduktion (hier nur begrenzte Nachfrage). Fleischziegen werden auch zur Landschaftspflege genutzt (Offenhaltung von Flächen). 🐐

3.1 Ziegenrassen

In **Tabelle VI.3.1** werden die KM sowie Milchleistung einiger häufiger gehaltener Ziegenrassen angeführt.

3.2 Fütterung der Ziegen

In Betrieben mit Milchziegenhaltung (primär auf Milchproduktion ausgerichtet) sind folgende unterschiedlichen Gruppen zu versorgen:

- Lämmer (nach 1. LW allgemein Aufzucht mit MAT)
- Jungziegen (zur Remontierung)
- laktierende bzw. trockenstehende Ziegen

In der Fleischziegenhaltung bleiben die Lämmer bis zum Absetzen (3–6 Monate) bei der Mutter, sodass hier die lämmerführenden Ziegen die entscheidende Nutzungsgruppe darstellen.

3.2.1 Lämmeraufzucht

Bei der Fleischziegenhaltung werden die Lämmer i. d. R. bis zum Absetzen gesäugt. Ein Betrieb, der auf die Milchproduktion spezialisiert ist, wird die Aufzucht mit einem MAT bevorzugen; dies widerspricht allerdings der EU-Bio-Richtlinie. In vielen Betrieben werden deshalb

Tab. VI.3.1: **Durchschnittliche Körpermasse und Milchleistung bei Ziegen**

	KM (kg)		Milchleistung (kg)[1]
	♀	♂	
Bunte Deutsche Edelziege	55–75	70–100	850–1000
Weiße Deutsche Edelziege	55–75	70–100	850–1000
Saanenziege	60–70	80–100	850–1000
Burenziegen	65–75	90–100	(Fleischproduktion)
Anglo-Nubier[2]	70–75	90–100	500–700
Toggenburger	50–65	65–75	700–800

[1] Allgemeine Milchzusammensetzung: 3,2–3,5 % Fett; 2,8–3,0 % Eiweiß; die hier genannte Leistung wird meist nur in Kleinhaltungen der Herdbuchzucht erreicht. Herdendurchschnittsleistungen größerer Bestände von ≥ 600 l sind schon nicht leicht zu erreichen.
[2] Mit spezifisch höheren Milchfett- (4–5 %) und Eiweiß-Gehalten (3–4 %).

die Lämmer 1x am Tag gesäugt, dann aber zusätzlich getränkt (MAT-Tränke).

In den ersten Lebenswochen bildet Milch nach der Kolostrumaufnahme bzw. die MAT-Tränke die Grundlage in der Lämmeraufzucht. Zum Aufbau CAE-freier Ziegenherden ist auf die Kolostrum-Gabe zu verzichten (Ersatz des Kolostrums: aus anerkannt CAE-freien Betrieben bzw. über Kolostrum vom Rind oder spez. Kolostrumersatzprodukte aus dem Handel), dies trifft für die Schweiz nicht zu (CAE-frei).

Bei der in Milchziegenbetrieben üblichen bzw. im Rahmen der CAE-Sanierung notwendigen mutterlosen Aufzucht empfiehlt sich der Einsatz von MAT für Schaflämmer bzw. sind mittlerweile auch spezielle MAT für Ziegenlämmer im Handel. Der Austauscher sollte einen Fettgehalt in der Tränke von höchstens 3,5 % ermöglichen. Bei der mutterlosen Aufzucht hat sich das Frühabsetzen mit 6 Wochen nach dem in **Tabelle VI.3.2** aufgeführten Tränkeplan bewährt.

Aufzuchtfutter für Schaflämmer oder auch für Kälber bzw. ein betriebseigenes KF auf der Basis von Getreide, Trockenschnitzeln und proteinreichen FM wie Erbsen, Bohnen oder Sojaschrot mit 16–18 % Rohprotein und 10–11 MJ ME. Eigenmischungen sollten grob geschrotet oder gequetscht angeboten werden.

3.2.2 Milchziegenfütterung

Hier gelten alle aus der Milchkuhfütterung bekannten Grundsätze, d. h. auch die notwendige Differenzierung nach dem Bedarf (Ende Gravidität/Laktation; **Tab. VI.3.3, VI.3.4**). Neben dem Grundfutter kommen teils erhebliche KF-Mengen (bis zu 1 kg) zum Einsatz. Als Grundfutter haben Heu, Anwelksilagen, aber auch Maissilagen und Rüben eine besondere Bedeutung. Als KF werden neben Getreide, Leguminosen und Trockenschnitzeln auch die in der Milchkuhfütterung üblichen EF verwendet (Milchleistungsfutter).

Tab. VI.3.2: **Mutterlose Aufzucht von Ziegenlämmern**

am 1. Tag	mind. 3x täglich Kolostrum, ca. 1,0 l/Tag; entweder aus anerkannt CAE-unverdächtigen Beständen oder Kuhkolostrum (tiefgefroren)
bis zum 7. Tag	MAT 2x täglich, 1,5 l/Tag
2.–5. Woche	MAT 2x täglich, auf 2,0 l/Tag steigern
6. Woche	MAT 2x täglich, langsam auf 0,5 l/Tag reduzieren, am Ende der 6. Woche absetzen (auch abruptes Absetzen wird erfolgreich praktiziert)

Durch dieses restriktive Tränkeangebot nehmen die Lämmer frühzeitig festes Futter auf, sodass es zu einer raschen Entwicklung und mikrobiellen Besiedlung der Vormägen kommt. Dadurch wird die Verdauung von preiswerteren wirtschaftseigenen FM gewährleistet. Gutes Heu, KF und Wasser sollten deshalb ab der 2. LW täglich frisch zur freien Aufnahme angeboten werden. Als KF eignet sich ein pelletiertes

Tab. VI.3.3: **Abgeleitete Empfehlungen zur Energieversorgung[1] von Milchziegen in verschiedenen Leistungsstadien (MJ ME/Tag)**

KM, kg	45	60	75
güst bzw. trächtig			
bis 4. Monat	7,8	9,7	11,5
5. Monat	10,4	13,0	15,3
laktierend, kg Milch/Tag			
1,0	12,4	14,3	16,1
2,0	17,0	18,9	20,7
3,0	21,6	23,5	25,3
4,0	26,2	28,1	29,9
5,0		32,7	34,5
6,0			39,1

[1] Die erforderlichen Rp-Gehalte in der Ration lassen sich grob mit nur einer Zahl bzw. Relation beschreiben: Bei einer Energiedichte von ca. 11 MJ ME je kg TS dürfte eine Rp-Konzentration von 120 g/kg TS der Ration ausreichen, das Leistungspotenzial voll auszuschöpfen.

Tab. VI.3.4: **Abgeleitete Empfehlungen zur Versorgung von Milchziegen mit Calcium und Phosphor (g/Tag) in Abhängigkeit vom Leistungsstadium**

KM, kg	45		60		75	
Elemente	Ca	P	Ca	P	Ca	P
güst bzw. trächtig						
bis 4. Monat	1,2	1,1	1,5	1,2	1,8	1,5
5. Monat	6,3	3,9	6,8	4,2	7,1	4,5
laktierend, kg Milch/Tag						
1,0	4,0	2,9	4,3	3,1	4,6	3,2
2,0	6,6	4,6	6,9	4,9	7,2	5,1
3,0	9,2	6,4	9,4	6,5	9,8	6,9
4,0	11,0	7,5	12,0	8,2	12,5	8,6
5,0			13,8	9,4	14,8	10,1
6,0					16,6	11,2

Vor Gabe des KF sollte jedoch unbedingt etwas Grundfutter (Heu, Silage) gegeben werden, um die Speichelbildung anzuregen. Hierdurch wird die Verträglichkeit der KF-reichen Ration erheblich gefördert (sonst Clostridiosen ↑; Clostridiosen auch bei zu schnellem und zu langem Grasen im Frühjahr! → frische Weiden). ●

Bezüglich der Spurenelementversorgung können die vom Rind bekannten Daten (Kap. V.2.3) übernommen werden. Gleiches gilt für die Ergänzung mit Vitaminen.

Ernährungsbedingte Erkrankungen und Störungen

Prinzipiell ähnlich Rd und Schf, Mangelkrankheiten s. Kap. V.3, besondere Bedeutung bei der Ziege haben nachfolgend beschriebene Erkrankungen.

Gebärparese: v. a. in der letzten Woche *ante partum*, aber auch in den ersten Wochen *post partum* bekannt, Milchziege eher *post partum*.

Ketose: Eher als Trächtigkeitsketose auftretend (sonst s. Schaf), Fruchtmasse bei Zwillingen bis zu 15 %, bei Drillingen bis zu 21 % der KM der Mutterziege!

Cu-Toleranz: Die Toleranz ist wesentlich höher als bei Schafen, bis zu 100 mg Cu/kg KM wurden toleriert, allerdings soll es rassetypische Unterschiede geben (?) → Konsequenz: auch Mineralfutter für Rinder (mit Cu!) wird vertragen und eingesetzt.

Jod-Stoffwechsel: Milchziegen sind besonders für einen Jod-Mangel disponiert, da eine wesentlich höhere Jod-Abgabe über die Milch als beim Rind (Faktor 5) stattfindet; Salzlecksteine mit Jod anbieten.

Spurenelement-Mangel: In ökologisch wirtschaftenden Betrieben ist häufiger ein Verzicht auf Mineralfutter anzutreffen, sodass hier auch klassische Mangelerkrankungen (Zn → Parakeratose; Cu → *Sway back* der Lämmer; Se → Vitalität der neugeborenen Lämmer ↓; Co → Kümmern, Anämie infolge Vit-B_{12}-Mangel) auftreten können.

Literatur (Rind, Schaf und Ziege)

AGRICULTURAL RESEARCH COUNCIL (1980): *The nutrient requirements of ruminant livestock*. Commonwealth Agric. Bureaux.

AGRICULTURAL AND FOOD RESEARCH COUNCIL'S TECHNICAL COMMITTEE ON RESPONCES TO NUTRITION (1993): *Energy and Protein Requirements of Ruminants*. CAB International, Wallingford, UK.

AUSSCHUSS FÜR BEDARFSNORMEN DER GESELLSCHAFT FÜR ERNÄHRUNGSPHYSIOLOGIE (1995): *Energie und Nährstoffbedarf landwirtschaftlicher Nutztiere, Nr. 6: Empfehlungen zur Energie- und Nährstoffversorgung der Mastrinder*. DLG-Verlag Frankfurt/M.

AUSSCHUSS FÜR BEDARFSNORMEN DER GESELLSCHAFT FÜR ERNÄHRUNGSPHYSIOLOGIE (1996): *Energie-Bedarf von Schafen*. Berichte der Gesellschaft für Ernährungsphysiologie, Bd. 5, DLG-Verlag, Frankfurt/M., 149–152.

AUSSCHUSS FÜR BEDARFSNORMEN DER GESELLSCHAFT FÜR ERNÄHRUNGSPHYSIOLOGIE (1996): *Formeln zur Schätzung des Gehaltes an umsetzbarer Energie und Nettoenergie-Laktation in Mischfuttern*. Berichte der Gesellschaft für Ernährungsphysiologie, Bd. 5, DLG-Verlag, Frankfurt/M., 153–155.

AUSSCHUSS FÜR BEDARFSNORMEN DER GESELLSCHAFT FÜR ERNÄHRUNGSPHYSIOLOGIE (1997): *Empfehlungen zur Energieversorgung von Aufzuchtkälbern und Aufzuchtrindern*. Proc Soc Nutr Physiol 6: 201–216.

AUSSCHUSS FÜR BEDARFSNORMEN DER GESELLSCHAFT FÜR ERNÄHRUNGSPHYSIOLOGIE (1998): *Formeln zur Schätzung des Gehaltes an umsetzbarer Energie in Futtermitteln aus Aufwüchsen des Dauergrünlandes und Mais-Ganzpflanzen*. Proc Soc Nutr Physiol 7: 141–150.

AUSSCHUSS FÜR BEDARFSNORMEN DER GESELLSCHAFT FÜR ERNÄHRUNGSPHYSIOLOGIE (1999): *Empfehlungen zur Proteinversorgung von Aufzuchtkälbern*. Proc Soc Nutr Physiol 8: 155–164.

AUSSCHUSS FÜR BEDARFSNORMEN DER GESELLSCHAFT FÜR ERNÄHRUNGSPHYSIOLOGIE DER HAUSTIERE (2001): *Energie- und Nährstoffbedarf landwirtschaftlicher Nutztiere. Nr. 8: Milchkühe und Aufzuchtrinder*. DLG-Verlag, Frankfurt/M.

AUSSCHUSS FÜR BEDARFSNORMEN DER GESELLSCHAFT FÜR ERNÄHRUNGSPHYSIOLOGIE (2004): *Schätzung des Gehaltes an Umsetzbarer Energie in Mischrationen (TMR) für Wiederkäuer*. Proc Soc Nutr Physiol 13: 195–198.

AUSSCHUSS FÜR BEDARFSNORMEN DER GESELLSCHAFT FÜR ERNÄHRUNGSPHYSIOLOGIE DER HAUSTIERE (2008): *New Equations for predicting metabolisable energy of grass and maize products for ruminants*. Proc Soc Nutr Physiol 17: 191–198.

BRADE W, FLACHOWSKY G (HRSG.) (2007): *Rinderzucht und Rindfleischerzeugung – Empfehlung für die Praxis*. Landbauforschung Völkenrode, Sonderheft 313, ISBN 978-3-86576-038-8.

BUSCH W, ZEROBIN K (1995): *Fruchtbarkeitskontrolle bei Groß- und Kleintieren*. Gustav-Fischer-Verlag, Jena.

COENEN M (1996): *Kontrolle von Futter und Fütterung im Rinderbestand zur Sicherung von Herdengesundheit und Produktqualität*. Kongressband: Tiergesundheit und Produktqualität, Eurotier '96, DLG-Verlag, Frankfurt/M.

DEUTSCHE LANDWIRTSCHAFTS-GESELLSCHAFT (1999): *Fütterung der 10 000-Liter-Kuh – Erfahrungen und Empfehlungen für die Praxis*. DLG-Verlag, Frankfurt/M.

DIRKSEN G, GRÜNDER H-D, STÖBER M (2002): *Innere Medizin und Chirurgie des Rindes*. Parey-Verlag, Berlin.

DLG-FUTTERWERTTABELLEN, WIEDERKÄUER, UNIV. HOHENHEIM-DOKUMENTATIONSSTELLE (1997), 7. Aufl. DLG-Verlag, Frankfurt/M.

DRACKLEY JK (2004): *Fütterung und Management der Milchkuh im peripartalen Zeitraum*. Übers Tierernährg 32 (1): 1–22.

FLACHOWSKY G, MEYER U, LEBZIEN P (2004): *Zur Fütterung von Hochleistungskühen*. Übers Tierernährg 32 (2): 103–148.

GFE (2003): *Empfehlungen zur Energie- und Nährstoffversorgung der Ziegen (aus der Reihe: Energie- und Nährstoffbedarf landwirtschaftlicher Nutztiere)*. DLG-Verlag, Frankfurt/M.

HARING F (1975): *Schafzucht*. Verlag Eugen Ulmer, Stuttgart.

HELLER D, POTTHAST V (1997): *Erfolgreiche Milchviehfütterung*. 3. Aufl. Verlagsunion Agrar.

JEROCH H, DROCHNER W, SIMON O (2008): *Ernährung landwirtschaftlicher Nutztiere*. 2. Aufl., Verlag Eugen Ulmer, Stuttgart.

3

KAMPHUES J (1996): *Futtermittelbeurteilung/Fütterungs-kontrolle (Die Prüfung und Beurteilung von Futter und Fütterung im Rinderbestand als tierärztliche Aufgabe)*. In WIESNER E (Hrsg.): *Handlexikon der tierärztlichen Praxis*, Ferdinand-Enke-Verlag, Stuttgart, 277j–277w.

KAMPHUES J (1996): *Interessante/aktuelle Entwicklungen in der Rinderfütterung*. Übers Tierernährg 1996, 24: Heft 1 (Sonderheft), 2–165.

KASKE M, KUNZ H-J (2003): *Handbuch Durchfallerkrankungen der Kälber*. Kamlage-Verlag, Osnabrück.

KELLNER O, DREPPER K, ROHR K (1984): *Grundzüge der Fütterungslehre*. 16. Aufl., Verlag Parey, Hamburg.

KIRCHGESSNER M, ROTH FX, SCHWARZ FJ, STANGL GI (2008): *Tierernährung, Leitfaden für Studium, Beratung und Praxis*, 12. Aufl., DLG-Verlag, Frankfurt/M.

LAMMERS E (1981): *Koppelschafhaltung*. DLG-Verlag, Frankfurt/M.

LEBZIEN P, FLACHOWSKY G, MEYER U (2007): *Ernährung und Fütterung des Rindes*. In: BRADE W, FLACHOWSKY G (Hrsg.): Rinderzucht und Rindfleischerzeugung – Empfehlungen für die Praxis. Landbauforschung Völkenrode, Sonderheft 313, ISBN 978-3-86576-038-8.

MACKROTT H (1993): *Milchviehhaltung*. Verlag Eugen Ulmer, Stuttgart.

MAHANNA B (1995): *100 feeding thumbrules revisited*. Hoard's Dairyman, W. D. Hoard and Sons Comp., Fort Atkinson.

NRC, NATIONAL RESEARCH COUNCIL (1985): *Nutrient requirements of sheep*. 6th ed. National Academy Press, Washington.

NRC, NATIONAL RESEARCH COUNCIL (2001): *Nutrient requirements of dairy cattle*. 7th ed. National Academy Press, Washington.

PFEFFER E (2001): *Energie- und Nährstoffbedarf von Ziegen*. Übers Tierernährg 29: 81–112.

PIATKOWSKI B, GÜRTLER H, VOIGT J (1990): *Grundzüge der Wiederkäuer-Ernährung*. Verlag Gustav Fischer, Jena.

RADEMACHER G (2000): *Kälberkrankheiten – Ursachen und Früherkennung; Neue Wege für Vorbeugung und Behandlung*. BLV-Verlagsgesellschaft mbH, München.

ROY JHB (1980): *The calf*. 4. Aufl., Butterworths, London-Boston.

SCHLOLAUT W, WACHENDÖRFER G (1981): *Schafhaltung*. 3. Aufl. DLG-Verlag, Frankfurt/M.

VAN SAUN RJ (1991): *Dry Cow Nutrition: The Key to Improving Fresh Cow Performance, Vet Clin North Am – Food Animal Practice – 7: 599–620*.

SCHULT G, WAHL D (1999): *Ordnungsgemäße Ziegenhaltung – Beratungsempfehlungen der LWK-Hannover; E-Mail: abt.4-lwkh@t-online.de*.

SONDERHEFT ZUR RINDERFÜTTERUNG (2009): Übers Tierernährg 37: 1–357.

SPIEKERS H, POTTHAST V (2004): *Erfolgreiche Milchfütterung*. 4. Aufl., DLG-Verlag, ISBN: 978-3769005738.

ZEBELI Q, TAFAJ M, METZLER B, STEINGASS H, DROCHNER W (2006): *Neue Aspekte zum Einfluss der Qualität der Faserschicht auf die Digestakinetik im Pansen der Hochleistungsmilchkuh*. Übers Tierernährg 34 (2): 165–196.

ALP-SCHWEIZERISCHE FUTTERMITTELDATENBANK: *FM-Zusammensetzung:*, unter http://www.alp.admin.ch/themen/01240/index.html?lang=de oder efeed-learning program unter http://www.virtualcampus.ch/display.php?zname=federal_profile_platform&profileid=19&lang=2

4 Wildwiederkäuer

4.1 Rehwild (15–20 kg KM)

4.1.1 Energie- und Nährstoffbedarf (Erhaltung)

Je Tag sind im Erhaltungsstoffwechsel etwa folgende Werte zu unterstellen: 2–4 kg Äsung, 0,4–0,8 kg TS, 40–70 g Rp, 4–6 MJ ME.
Säugende Ricke: etwa doppelte Menge.
Bei Angebot von „Salzlecken" oder Mineral-EF auf ausreichende Wasserversorgung achten.
Im Herbst müssen die Rehe für das Überwintern Fettdepots anlegen. Zu Winteranfang sollte das Nierenfettdepot beim adulten Tier etwa 350 g, beim Kitz etwa 150 g erreichen.

4.1.2 Mutterlose Aufzucht

(s. a. **Tab. V.7.5**)

Normalerweise nehmen Kitze die Nahrung aus einer Trinkflasche an. Wenn nicht, handelsübliche Nasenschlundsonde verwenden. Bauch- und Analmassage mit einem feuchten, warmen Schwamm ist nach jeder Fütterung angebracht. Parallel zu oraler Zufuhr bei Durchfällen evtl. 10 ml 20%ige Glucoselösung s. c. verabreichen oder zweimal täglich 50–150 ml 0,9%ige Kochsalzlösung + 5%ige Glucose infundieren.
In den ersten Lebenstagen nehmen Kitze schon Heu und proteinreiches KF, evtl. auch Erde gierig auf. Innerhalb der ersten 70 Tage soll bei handelsüblichen MAT ein Zuwachs von 80–100 g/Tag erfolgen. In der 9. LW werden die Kitze entwöhnt und auf 70–100 g KF/Tag umgestellt.

4.1.3 Ernährungsbedingte Erkrankungen

- Pansenacidose (Reh besonders empfindlich, daher unkontrolliertes Angebot von leicht verfügbaren KH [Besucher!] in Gehegen unterbinden)
- Fremdkörperperitonitis
- Tympanien
- Osteodystrophia fibrosa (bei Jungtieren nach schneereichen Wintern, wenn die Aufnahme von Ästen und Zweigen nicht gewährleistet ist und im Futter zu wenig Eiweiß, Ca oder ein ungünstiges Ca : P-Verhältnis vorliegt)
- Intoxikationen: durch Dünge- und Pflanzenschutzmittel, Raps (00 → hohe Akzeptanz) wird evtl. fast ausschließlich gefressen, dadurch Störungen in der Vormagenverdauung (Acidose?) sowie Bildung von S-methylcysteinsulfoxid (Anämie), evtl. Beteiligung anderer Inhaltsstoffe (Brassicafaktoren)

4.2 Dam- und Rotwild (Dam-/Rothirsche)

In landwirtschaftlichen Gehegen werden bevorzugt Dam- und auch Rotwild zur Fleischproduktion gehalten. Beide Wildarten sind „Mischäser" (Intermediärtypen). Sie sind in ihrer Pflanzenwahl flexibel und dem jeweiligen Vegetationsmuster angepasst. Es besteht jedoch eine deutliche Bevorzugung von Gräsern.
Für eine Rudelgröße von 4 fruchtbaren Alttieren und einem Hirsch ist eine Weidefläche von mindestens 1 ha bei Damwild- und 2 ha bei Rotwildhaltung notwendig, um eine ausreichende Nährstoffversorgung zu gewährleisten. Das Nährstoffangebot der Weide sollte durch Mine-

ralfutter, zumindest aber durch einen Salzleckstein ergänzt werden. Während der Winterfütterung von November bis Mitte April sind ca. 80 % des Nährstoffbedarfs über wirtschaftseigene Grund-FM (Heu, Stroh, Gras- und Maissilagen) und KF (Ergänzungsfutter) abzudecken. Die nachstehend aufgeführten Versorgungsempfehlungen gelten nur für die Winterfütterung.

4.2.1 Damwild

In der Winterfütterung des Damwildes genügen Heu oder Silagen allein nicht, um KM-Verluste zu vermeiden. Daher wird empfohlen, für eine ausreichende Energie- und Nährstoffzufuhr 25–30 % der täglichen TS-Aufnahme über Ergänzungsfutter (z. B. Milchleistungsfutter I, s. a. **Tab. VI.1.25, VI.1.26**) abzudecken (**Tab. VI.4.1**).

4.2.2 Rotwild

Für die Rotwildfütterung im Winter reicht eine Energiedichte von 7–9 MJ ME/kg TS in der Ration aus, um bei TS-Aufnahmen von 1,5–3 kg pro Tag eine ausreichende Energie- und Proteinversorgung der Tiere zu gewährleisten (**Tab. VI.4.2**). Da derartige Werte in Heu und Silagen mittlerer Qualität erreicht werden, ist eine Kraftfutterergänzung in der Regel nicht notwendig. Ein Mineralfutter für Schafe oder Rinder (s. a. **Tab. VI.2.10, VI.1.26**) in Mengen von 20–40 g/ Tier und Tag genügt für eine bedarfsgerechte Versorgung mit Mengen- und Spurenelementen sowie Vitaminen.

Bei Rotwild und anderen Cerviden ist (neben einem Na- bzw. Salzmangel) ein Cu-Mangel gar nicht selten, die Ergänzung mit einem Schaf-Mineralfutter ist wegen des hier niedrigen oder fehlenden Cu-Zusatzes dann nicht sinnvoll; besser geeignet ist ein spezielles Mineralfutter für Wild oder eines für Rinder (allgemein mit höherem Cu-Zusatz).

Gatterwild ist im Übrigen nicht selten auch von Fremdkörper-bedingten Verlegungen des GIT betroffen (Bindegarn Plastikmaterialien u. Ä.)

Tab. VI.4.1: **Empfehlungen zur täglichen Energie- und Nährstoffversorgung von Damwild während der Winterperiode**

	KM kg	Futteraufnahme (TS) % der KM	ME MJ	Rp g	Ca g	P g
Kälber	25–30	2,5–3	5,5–7,5	65–80	7	4
Schmaltiere*	30–40	2,5–3	7,5–8,5	80–110	8	4
Alttiere*	40–50	2,5–3	9,0–10,5	100–120	9	5
Hirsche	50–100	2	10,0–14,0	100–120	6	4

* trächtig

Tab. VI.4.2: **Empfehlungen zur täglichen Energie- und Nährstoffversorgung von Rotwild während der Winterperiode**

	KM kg	Futteraufnahme (TS) % der KM	ME MJ	Rp g	Ca g	P g
Kälber	40–60	2,5–3	10,5–12,0	120–140	10	6
Schmaltiere*	70–80	2,5–3	12,5–14,5	150–170	9	5
Alttiere*	90–110	2,5–3	14,0–17,0	170–190	11	6
Hirsche	120–180	2	18,5–24,0	140–180	8	4

* trächtig

sowie von Intoxikationen durch Giftpflanzen (z. B. entsorgter Grünheckenschnitt) oder auch bestimmte FM (gekeimte Kartoffeln im Frühjahr!).

Literatur

ABOLING S (2013): *Floristische Diversität und Eigenschaften von Äsungspflanzen auf Maisäckern und ihren Säumen: Bedeutung für die Wildtierarten Reh (Capreolus capreolus) und Hase (Lepus europaeus).* Übers Tierernährg 41: 75–100.

BOGNER H (1991): *Damwild und Rotwild in landwirtschaftlichen Gehegen.* Verlag Paul Parey, Hamburg und Berlin.

BUBENIK AB (1984): *Ernährung, Verhalten und Umwelt des Schalenwildes.* BLV München.

POHLMEYER K, MÜLLER H, WIESENTHAL E, VAUBEL A (2007): *Wild in Gehegen.* Schüling Verlag, Münster, ISBN 978-3-86523-052-2.

REINKEN G (1980): *Damtierhaltung.* Verlag Eugen Ulmer, Stuttgart.

WAGENKNECHT E (1983): *Der Rothirsch.* 2. Auflage. Die neue Brehm-Bücherei, Wittenberg, A. Ziemsen.

WIESNER H (1987): in GABRISCH K, ZWART P (Hrsg.): Krankheiten der Wildtiere. Schlütersche, Hannover: 467–493 bzw. 495–513.

4

5 Pferde

Das Pferd ist ein Vertreter der großen herbivoren Dickdarmverdauer. Es ist ein an eine m. o. w. kontinuierliche Aufnahme faserreichen, strukturierten Futters adaptierter Monogastrier. Das Pferd hat einen vergleichsweise kleinen Magen ohne Dehnungsrezeptoren, der eine Füllung von allgemein < 40 g/kg KM aufweist. Durch Grobfuttermittel werden eine langsame Futteraufnahme und ausreichende Speichelproduktion und damit optimale Bedingungen für Magenfüllung und -entleerung sichergestellt. Bis zum Ende des Dünndarms werden hohe Mengen an Wasser und Elektrolyten sezerniert, die vor allem im Dickdarm wieder absorbiert werden. Die Verdauung pflanzlicher Gerüststoffe findet im Dickdarm mit Hilfe von Mikroben statt, ähnlich wie in den Vormägen der Wiederkäuer. Die dabei gebildeten FFS tragen maßgeblich zur Energieversorgung des Pferdes bei; mit *ad libitum* Angebot von Grobfutter wird so energetisch eine Versorgung ermöglicht, die den Erhaltungsbedarf deutlich übersteigt.

Während die im Dickdarm von Mikroben gebildeten FFS ganz erheblich zur Energieversorgung beitragen, kann im Dickdarm mikrobiell synthetisiertes Protein nicht genutzt werden. Dafür können aber beim Pferd Protein, Stärke, verschiedene Zucker und Fett im Magen und Dünndarm durch körpereigene Enzyme verdaut werden, ohne zuvor einen mikrobiellen Ab- oder Umbau zu erfahren. Sehr hohe Stärkemengen können auch bei üblicher Passagedauer im Dünndarm nicht vollständig verdaut und absorbiert werden. Folglich gelangt ein Teil der Stärke in den Dickdarm und unterliegt dem mikrobiellen Abbau. Bei hoher Fett-Aufnahme kann ein Teil des Fettes bzw. der Pflanzenöle den Dickdarm erreichen, mit vielfältigen nachteiligen Effekten auf die Mikroflora und ihre Aktivität. Die mikrobielle Verdauung pflanzlicher Gerüststoffe im Dickdarm ist ein unverzichtbarer Bestandteil der physiologischen Verdauung des Pferdes (Regulation des Wasser- und Elektrolythaushaltes, Vitaminsynthese). Der Energiebedarf von Pferden im Erhaltungsstoffwechsel bzw. bei leichter Arbeit kann in der Regel durch Grobfutter oder -konserven gedeckt werden.

5.1 Körpermasse und Ernährungszustand

5.1.1 KM von Pferderassen (kg)

Tab. VI.5.1: **KM (kg) von Pferderassen**

Shetlandpony	100–220
Isländer, Welsh, Connemara	300–400
Araber	400–450
Haflinger	400–500
Fjordpferd	450–500
Vollblüter	450–550
Deutsches Warmblut	500–700
Quarterhorse	500–650
Deutsches Kaltblut	600–800
Shirehorse	800–1000

Die KM kann zutreffend nur durch Wägung erfasst werden (**Tab. VI.5.1**; Vorsicht ist geboten bei Dosierung von Wirkstoffen auf der Basis von KM-Schätzungen). Können Pferde nicht gewogen werden, bieten sich zur Kontrolle der KM-Entwicklung nachfolgende Schätzformeln an.

KM-Schätzung bei Jungpferden

Schätzformeln (Maße in cm, KM in kg) für Fohlen und Jungpferde, differenziert nach dem Körperumfang:

bis 225 cm: KM = – 160,5 + 1,19 x BU + 0,33 x KU
+ 1,52 x RU + 0,65 x HU

226 bis 310 cm: KM = – 328,7 + 1,67 x BU + 0,81
x KU + 2,36 x RU + 0,50 x HU

311 bis 365 cm: KM = – 626,4 + 1,76 x BU + 1,41 x
KU + 6,00 x RU + 0,75 x HU –
1,08 x Fesselellenbogenab-
stand + 0,63 x Widerristhöhe

> 365 cm: KM = s. Schätzung bei adulten Pferden

BU = Brustumfang; KU = Körperumfang; RU = Röhrbeinumfang;
HU = Halsumfang

KM-Schätzung bei adulten Pferden

a) Schätzformel (Maße und Umfang in cm) für die KM von Reitpferden mit einem Körperumfang von über 365 cm (Kienzle und Schramme, 2004):

KM (kg) = –1160 + 2,594 x Widerristhöhe[1] + 1,336
x Brustumfang + 1,538 x Körperumfang
+ 6,226 x Röhrbeinumfang + 1,487
x Halsumfang + 13,63 x BCS

[1] Widerrist mit Band gemessen

Körperumfang gemessen auf Höhe der Sitzbeinhöcker bzw. des Buggelenks; Halsumfang unmittelbar vor dem Widerrist; BCS = Body Condition Score.

b) Berechnung der Körpermasse aus Brustumfang und Körperlänge (Carroll und Huntington, 1988):

KM (kg) =
[Brustumfang (cm)^2 x Körperlänge (cm)] : 11900

Körperlänge = Abstand Buggelenk – Sitzbeinhöcker

5.1.2 Beurteilung des Ernährungszustandes

Aus tiermedizinischer Sicht ist zur Beurteilung einer adäquaten Energieversorgung der Ernährungszustand besonders aussagefähig; daher kommt seiner Beurteilung große Bedeutung zu, insbesondere in tierschutzrelevanten Fällen (Über-/Unterversorgung mit Energie).

Body Condition Score (BCS): Hierbei werden Konturen, Knochenvorsprünge und Fetteinlagerungen bzw. -abdeckungen an Hals, Schulter, Rücken und Kruppe sowie Brustwand (sichtbare Rippen), Hüftregion (Hungergrube) und Schweifansatz beurteilt (**Tab. VI.5.2**).

Eine solche Beurteilung ist nicht zuletzt notwendig, um eine adäquate Futterzuteilung (Energieversorgung) zu sichern bzw. eine unzureichende oder übermäßige Versorgung erkennen und quantifizieren zu können.

Bei einem unbefriedigendem Ernährungszustand (→ Abmagerung) ist ggf. noch eine Differenzierung erforderlich, und zwar in Abhängigkeit vom Gewebe, das abgebaut wurde (nur oder primär Körperfett bzw. auch schon Muskulatur; eventuell Muskulaturabbau, obwohl Kammfett und/oder andere Fettdepots noch im stärkerem Maße vorhanden sind).

5

Tab. VI.5.2: **Body Condition Scoring System für Warmblutpferde (Kienzle und Schramme, 2004)**

BCS	Hals	Schulter (Rippen: auf Ellbogenhöhe)	Rücken und Kruppe	Brustwand	Hüfte	Schweifansatz (Linie von Sitzbeinhöcker bis SW)[1]
1	Seitenfläche konkav, Atlas sichtbar, 3.–6. Wirbel fühlbar, 4.–5. sichtbar, kein Kammfett, Axthieb[2]	Skapula komplett sichtbar, 6.–8. Rippe sichtbar, Faltenbildung an der Schulter nicht möglich	Dorn-/Querfortsätze und Rippenansätze sichtbar, Kruppe konkav, Haut nicht verschiebbar	6.–18. Rippe komplett sichtbar, Haut nicht verschiebbar	Hungergrube eingefallen, Hüfthöcker prominent, Sitzbeinhöcker sichtbar, über Kreuzbein konkav, After eingefallen	Einzelne Wirbel abzugrenzen, Linie konkav
2	Seitenfläche konkav, Atlas und 4.–5. Wirbel fühlbar, kein Kammfett, Axthieb[2]	Skapula cranial und Spina sichtbar, 6.–8. Rippe fühlbar, 7.–8. sichtbar, Faltenbildung an der Schulter schwierig	Dorn-/Querfortsätze sichtbar, Rippenansätze fühlbar, Kruppe konkav, Haut nicht verschiebbar	7.–18. Rippe komplett sichtbar, Haut nicht verschiebbar	Hungergrube eingefallen, Hüfthöcker prominent, Sitzbeinhöcker sichtbar, After eingefallen	Einzelne Wirbel nicht abzugrenzen, Linie konkav
3	Seitenfläche leicht konkav, 4.–5. Halswirbel bei Druck fühlbar, kein Kammfett, Axthieb[2]	Spina scapulae sichtbar, 7.–8. Rippe fühlbar, Faltenbildung an der Schulter schwierig	Dornfortsätze sichtbar, Kruppe gerade, Haut nicht verschiebbar	Seitenflächen der 7.–18. Rippe sichtbar, Haut nicht verschiebbar	Hungergrube eingefallen, Hüfthöcker prominent, cran. Kante scharf, Sitzbeinhöcker sichtbar, After ggr. eingefallen	Wirbel-Seitenfläche nicht sichtbar, Linie konkav
4	Seitenfläche gerade, Halswirbel nur bei starkem Druck fühlbar, Kammfett bis 4 cm, Axthieb[2] undeutlich	Spina teilweise sichtbar, über 7. Rippe bedeckt, 8. Rippe fühlbar, kleine Schulterfalte unter großer Spannung möglich	Dornfortsätze nur am Widerrist sichtbar, Kruppe leicht konvex, Haut nicht verschiebbar	11.–14. Rippe sichtbar, 9.–18. Rippe fühlbar, Haut etwas verschiebbar	Dorsaler Hüfthöcker prominent, craniale Kante scharf, Sitzbeinhöcker zu erahnen	Kontur der Schwanzwirbel zu erahnen, Linie leicht konkav
5	Seitenfläche ggr. konvex, Kammfett > 4–5,5 cm	Spina zu erahnen, über 7. Rippe weich, 8. Rippe fühlbar, unter Spannung Schulterfalte möglich	Haut etwas verschiebbar, 14.–18. Rippe bei leichtem Druck fühlbar	Rippen undeutlich sichtbar, 10.–18. Rippe fühlbar, Haut verschiebbar	Dorsaler Hüfthöcker leicht prominent, craniale Kante rund, Sitzbeinhöcker fühlbar	Schwanzwirbel bedeckt, Linie gerade

BCS	Hals	Schulter (Rippen: auf Ellbogenhöhe)	Rücken und Kruppe	Brustwand	Hüfte	Schweifansatz (Linie von Sitzbeinhöcker bis SW)[1]
6	Seitenfläche ggr. konvex, Kammfett > 5,5–7 cm	Über 7.–8. Rippe weich, unter Spannung kl. Schulterfalte möglich, Haut verschiebbar	Haut leicht verschiebbar, 14.–18. Rippe bei starkem Druck fühlbar	Rippen nicht sichtbar, 14.–18. Rippe fühlbar, Haut leicht verschiebbar	Dorsaler Hüfthöcker zu erahnen, Sitzbeinhöcker schwer fühlbar	Festes Fettpolster über dem 3. Schwanzwirbel, Linie konvex
7	Seitenfläche ggr. konvex, Kammfett > 7–8,5 cm	Über 7.–9. Rippe weich, Schulterfalte spannungsfrei zu bilden	Kruppe fühlt sich weich an, über 14.–18. Rippe Fettpolster, Faltenbildung möglich	15.–17. Rippe fühlbar, Haut leicht verschiebbar, über 9.–18. Rippe weich, Fingerkuppen sinken ggr ein	Hüfthöcker fühlbar, durch Fett abgedeckt	Weiches Fettpolster über dem 3. Schwanzwirbel, Linie deutlich konvex
8	Seitenfläche ggr. konvex, Kammfett > 8,5–10 cm	Über 7.–9. Rippe weich, hohe Schulterfalte spannungsfrei zu bilden	Kruppe fühlt sich weich an, über 14.–18. Rippe dickes Fettpolster, dicke Falten möglich	Rippe kaum fühlbar, Haut leicht verschiebbar, über 9.–18. Rippe weich, Fingerkuppen sinken deutlich ein, Faltenbildung möglich	Hüfthöcker fühlbar, durch Fettpolster abgedeckt	Weiches Fettpolster über 1.–3. Schwanzwirbel, Linie deutlich konvex
9	Seitenfläche konvex, Kammfett > 10 cm	Fettdepot bis Widerrist und Brust, hohe Schulterfalte spannungsfrei zu bilden	Durchgehendes Fettpolster	Rippen nicht fühlbar, durchgehendes Fettpolster	Hüfthöcker nicht mehr als Vorwölbung erkennbar	Durchgehendes Fettpolster über den Schwanzwirbeln

[1] Schwanzwirbel; [2] Einkerbung am Hals, d. h. am Mähnenansatz.

5.2 Hinweise zur Rationsgestaltung und Fütterung

Grundlage einer jeden equidengerechten Ration ist das Grobfutter (Gras und -konserven/Maissilage/Stroh; **Tab. VI.5.21**). Hierfür sind folgende Richtwerte einzuhalten:

- **Grobfutter:** mind. 15 g TS/kg KM und Tag (→ zur Sicherung normaler verdauungsphysiologischer Abläufe)
- **Maissilage:** max. 10 g TS/kg KM und Tag (→ sonst Gefahr zu hoher Stärke-Aufnahme)
- **Stroh:** max. 10 g TS/kg KM und Tag (→ sonst Gefahr von Verstopfungskoliken)

Erst bei höherer Leistung (Wachstum/Laktation/intensive Arbeit) kommen neben dem Grobfutter auch energiereichere KF (s. **Tab. VI.5.21**) zum Einsatz. Hierfür sind ebenfalls einige Limitierungen zu beachten:

- **Stärke:**
  - max. 1 g/kg KM und Mahlzeit (→ Vermeidung zu hoher postprandialer Glucose-/Insulin-Reaktionen sowie einer übermäßigen Stärkeanflutung im Caecum)
  - max. 5 g/kg KM und Tag (→ Sicherung einer ausreichenden Grobfutter-Aufnahme, sonst erhebliche Risiken für Magenulcera und belastungsbedingte Myopathien)

- **Öl:** max. 1 g/kg KM und Tag (→ Vermeidung einer zu hohen Fettanflutung im Caecum, sonst Störung der Rfa-abbauenden Mikroflora)

TS-Aufnahme-Kapazität: Die Futteraufnahme variiert auf einem vergleichsweise hohen Niveau von 2–3,8 % der KM (bei laktierenden Stuten wurden Werte bis 4 % der KM beobachtet). Trotz der hohen TS-Aufnahmekapazität werden in der Pferdefütterung auch beachtliche KF-Mengen eingesetzt und zwar aus unterschiedlichen Gründen:

- Verfügbarkeit und Kosten geeigneter Grobfuttermittel (Hygiene, VQ)
- Logistik einfacher als Grobfutter (Lagerung)
- Vermeidung eines „Heubauchs" bzw. zu großen „Totgewichts" (Vorwand?)

Qualitativ einwandfreie FM: Beachte Staub, Schimmelbefall etc. bei Heu, Stroh (evtl. Nester in Heu- oder Strohballen) und Hafer sowie besondere Disposition von Quetschhafer, Weizenkleie oder EF mit Melassezusatz für den Verderb bei fehlerhafter Lagerung.

Im Freien ungeschützte oder auch unter Planen gelagerte Grob-FM sind für Pferde oft ungeeignet. Bei Silagen (Ziel: TS von > 35 % bis < 60 %; Häcksellänge > 5 cm) sind Nachgärungen problematisch: Hefen ↑, später auch andere Keime ↑. Besondere Risiken durch Futterverderb für chronische Atemwegserkrankungen, Koliken.

Fütterungshäufigkeit: Nach Futterart und -menge einrichten (**Tab. VI.5.3**). Bei überwiegender Grobfuttergabe genügt eine zweimalige Fütterung pro Tag; bei hoher KF-Gabe ist die Frequenz des KF-Angebotes zu erhöhen; KF-Menge (als TS) pro Fütterung höchstens 0,3 % der KM; werden also bei einem 500-kg-Pferd mehr als 5 kg Kraftfutter eingesetzt, sind 3 KF-Mahlzeiten je Tag erforderlich. Bei nahezu ausschließlicher Verwendung von Gerste oder Mais sollte die KF-Menge je Mahlzeit noch stärker reduziert werden.

Bei **Gruppenhaltung**: Tiere mit vergleichbarem Energie- und Nährstoffbedarf in Gruppen zusammenfassen. Auch hier muss jedes Pferd sein Futter in der notwendigen Menge ungestört aufnehmen können, um Über- und Unterversorgung innerhalb einer Gruppe zu vermeiden. Hierzu folgende Möglichkeiten: zur Fütterung von der Gruppe trennen, Fress-Stände oder individueller Zugang zum KF-Automaten („Transponderfütterung").

Tab. VI.5.3: **FM-Zuteilung: Verteilung des Grob- und Kraftfutters über den Tag**

	Uhrzeit	Grobfutter	Kraftfutter
morgens	6	¼ (⅓)	⅓ (½)
mittags	12	¼	⅓
abends	18	½ (⅔), ggf. ad libitum[1]	⅓ (½)

[1] Leitlinien zur Pferdehaltung unter Tierschutzaspekten.

Grobfutter sollte nicht mittels hängender Raufen vorgelegt werden, da die hohe Kopfhaltung die inhalative Belastung mit Staub und staubgebundenen Mikroorganismen begünstigt.

Protein: Überversorgung vermeiden, bei Grobfutter-/Getreide-Rationen allgemein unbedenklich, d. h. unter 3 g Rp/kg KM und Tag; junger Weideaufwuchs bzw. daraus gewonnene Silagen sollten mit Rp-armen FM wie Heu, Hafer oder Mais kombiniert werden (Ausnahmen: laktierende Stuten und Absetzer).

Elektrolyte: v. a. zur Deckung des Na-Bedarfs ist stets Salz anzubieten (z. B. Leckstein); Gras und -konserven sind allgemein nicht bedarfsdeckend; bei forcierten Schweißverlusten NaCl ins KF mischen; K-Versorgung durch Grobfutter allgemein gedeckt.

Wasser: Zur freien Verfügung anbieten (auch bei Weidegang bzw. im Winter im Offenstall); Selbsttränken hinsichtlich Funktion und Sauberkeit zu jeder Fütterung kontrollieren.

Futterwechsel: Jeder Futterwechsel erhöht prinzipiell das Kolikrisiko. Der Übergang ist je nach Futterart und -menge unterschiedlich risikobehaftet; Umstellung auf anderes KF ist eher unproblematisch; bei Wechsel von Heu auf Stroh ist die Strohmenge über ca. 4 Tage zu steigern; sollen Tiere angeweidet werden (Wechsel von

Stall auf Weide), empfiehlt es sich, in den ersten Tagen erst im Stall das gewohnte Grobfutter (morgens) anzubieten und die Tiere nach Aufnahme dieses Futters auf die Weide zu bringen (zu Beginn evtl. nur stundenweise). Zwischen dem Angebot von KF und dem Weidegang sollten jedoch ca. 3–4 h verstreichen.

Steigerung der Futtermengen: Bei stärkehaltigen FM ist eine tgl. Steigerung von 0,2 kg/100 kg KM nicht zu überschreiten. Bei Einsatz von Ölen sollten pro Tag stufenweise ca. 10 g/100 kg KM der Ration zugesetzt werden bis die gewünschte Fettmenge erreicht wird; maximale Fettmenge in der Ration: 75 g/100 kg KM/d.

5.3 Empfehlungen zur Energie- und Nährstoffversorgung im Erhaltungsstoffwechsel

In Abhängigkeit von Rasse und Typ („leicht-" bzw. „schwerfuttrige" Tiere) sowie BCS und Trainingszustand (bestimmt u. a. den Proteinbestand im Körper, der energetisch teurer ist als Fettgewebe) variiert der Erhaltungsbedarf wie folgt:

$$\text{ME: } 0,40 - 0,64 \text{ MJ/kg KM}^{0,75}$$

Neben der Rasse und dem Typ, die den Energiebedarf beeinflussen, sind Umwelt- und Haltungsbedingungen von Bedeutung (**Tab. VI.5.4**). Der Proteinbedarf variiert im Erhaltungsstoffwechsel kaum und wird wie folgt angegeben:

$$\text{pcvRp: } 3 \text{ g/kg KM}^{0,75}$$

Fütterungspraxis: Gesunde Pferde im Erhaltungsstoffwechsel sollten ihren Energiebedarf ausschließlich über Grobfutter decken können (**Tab. VI.5.5**). Ihre Futteraufnahmekapazität ist größer als die hierfür notwendige Futtermasse bei durchschnittlicher bis guter Futterqualität. Ergänzungsbedarf besteht bei Na, den Spurenelementen (Zn, Se, I, evtl. Cu) und z. T. bei Vit A bzw. der Vorstufe β-Carotin und Vit E; hierbei weisen insbesondere ältere bzw. überlagerte

Heuqualitäten sehr geringe Gehalte an Carotin bzw. Vit E auf, wohingegen mit Weidegang im Frühjahr und Sommer Carotin und Vit E bedarfsdeckend im Gras enthalten sind.

Die nachfolgende **Tabelle VI.5.6** zeigt, dass Pferde im Erhaltungsstoffwechsel Fett ansetzen müssen, wenn hochwertiges Grobfutter *ad libitum* zur Verfügung gestellt wird, insbesondere bei bewegungsarmer Einzelhaltung im thermoneutralen Bereich, d. h. unter energetisch wenig fordernden Bedingungen (Temperaturschwankungen, Windgeschwindigkeit und Luftfeuchte sind eventuell besonders wirksam; anderseits können Unterhaut-Fettgewebe, Haarkleid oder auch die Nutzung von „Decken" den Energiebedarf mindern).

Besondere Empfehlungen für Ponys und leichtfuttrige Pferde

Bei Ponys und leichtfuttrigen Pferden besteht die Gefahr der energetischen Überversorgung auf ertragreichen Weiden und bei Verwendung von hochverdaulichem Grobfutter → Gefahr der Adipositas → Disposition für Stoffwechselstörungen (Insulinresistenz) und Hufrehe.

Konzept: Restriktion der Grobfutteraufnahme und des Angebots von KF; Verwendung von Stroh aus Getreide- oder Grassamenproduktion (**Tab. VI.5.7**). Zur Reduktion einer übermäßigen Futter-, Energie- und Nährstoffaufnahme „technische" Möglichkeiten nutzen, mit denen die Futteraufnahme-Geschwindigkeit oder Nährstoffaufnahme gemindert werden kann. Bei der Stallhaltung eignen sich feinmaschige Heu-Netze mit Maschenweiten < 3 cm oder das 30-minütige Wässern (kalt oder warm) des Grobfutters zur Auswaschung der Zucker. Auf der Weide reduziert das kontinuierliche Tragen sog. „Fressbremsen" die Futteraufnahme. Eine einfache Beschränkung der Dauer der Weidezeit ist nicht wirksam, da die Tiere sehr schnell lernen, in kürzerer Zeit die gleiche Futtermasse aufzunehmen. Weideflächen mit eher geringem Ertrag oder überständigen Gräsern (Aufwuchshöhe > 35 cm) sind ebenfalls geeignet, um die Futter- und Energieaufnahme auf der Weide einzuschränken. Zusätzlich ist auch eine Erhö-

Tab. VI.5.4: **Einflussfaktoren auf den Erhaltungsbedarf an ME bei Pferden**

Einfluss von Rasse und Typ	MJ ME/kg KM^{0,75}	Haltungseinfluss (Zuschlag in %)	
Engl. Vollblut	0,64	Kälte/Hitze	bis zu 10
Warmblut	0,52	Extreme Witterung	bis zu 20
Ponys	0,40	Offenstall	bis zu 10
Sonstige	0,45 (0,40–0,50)	Weidehaltung in Herden	bis zu 50

Tab. VI.5.5: **Empfehlungen für die tägl. Energie- und Nährstoffversorgung von Pferden im Erhaltungsstoffwechsel**

Rasse	KM kg	ME MJ	pcvRp g	Ca	P	Mg	Na	K
Kleinpferd	100	13	90	5	4	2	1	4
	200	21	160	9	6	3	1	7
	300	29	220	12	8	4	2	10
Warmblut	400	47	270	14	10	5	2	12
	500	55	320	17	12	6	3	15
	600	63	360	20	14	6	3	17
	700	71	410	22	15	7	4	19
Vollblut	450	63	290	16	11	5	3	14
	500	68	320	17	12	6	3	15
Kaltblut	700	61	410	22	15	7	4	19
	800	68	450	24	17	8	4	21

Tab. VI.5.6: **Erforderliche und zu erwartende TS-Aufnahme von Ponys und Pferden bei unterschiedlicher Energiedichte im Grobfutter**

KM kg	Erhaltungs- bedarf ME, MJ/d	Erforderliche TS-Aufnahme (kg/d) Energiedichte im Grob-FM (MJ ME/kg TS)			Erwartete tgl. TS-Aufnahme bei Ad-libitum-Angebot[1]	
		6	7	8	(kg TS)	g/kg KM
200	21,3	3,5	3,0	2,7	5,3	26,6
400	46,5	7,8	6,6	5,8	8,9	22,4
600	63,0	10,5	9,0	7,9	12,1	20,2

[1] Je kg KM^{0,75} und Tag: ca. 100 g TS.

hung des Energieverbrauchs (z. B. Reiten, Fahren) zu empfehlen.

Tragenden Stuten zur Winterweide zusätzlich Grobfutter und bis 0,5 kg EF/100 kg KM/d anbieten; Gefahr der Hyperlipidämie bei hochtragenden Ponystuten im Energiemangel nach vorheriger Überversorgung.

Tab. VI.5.7: **Futtermengen für Kleinpferde bei unterschiedlicher Grobfutterqualität**

	FM-Art und Kombinationen			
	Heu, Mitte Blüte	Heu + Stroh[1]	Heu + Stroh[2]	Heu + Stroh[3]
ME (MJ/kg uS)	6,3	5,7	5,3	4,8
Rfa (g/kg uS)	258	291	314	336
Rationsanteil (%)	100	70 + 30	50 + 50	30 + 70[3]
KM	Futtermenge (kg uS/Tier/d)			
100 kg	2,1	2,3	2,5	2,7
200 kg	3,3	3,7	4,0	4,4
300 kg	4,6	5,1	5,5	6,0

[1] Vergleichbar mit Heu nach der Blüte.
[2] Bei diesem Strohanteil ist Stroh aus der Grassamengewinnung empfehlenswert (→ Risiko der Verstopfungskolik, insbesondere bei nicht adaptierten Tieren).
[3] Mit erheblichen Risiken für Verstopfungskoliken.

5.4 Energie-/Nährstoffversorgung von Reit-/Arbeitspferden

5.4.1 Energie- und Nährstoffbedarf

Zweifelsohne muss die Energie- und Nährstoffversorgung von Pferden an die Arbeit angepasst werden. Es ist jedoch zu betonen, dass es in der Praxis sehr häufig zu einer Überschätzung des Energie- und Nährstoffbedarfs arbeitender Pferde kommt; oft werden Tiere nur an wenigen Tagen der Woche genutzt und auch während dieser „Arbeitszeit" nur moderat beansprucht, sodass sich „insgesamt" betrachtet häufig nicht die unterstellte „hohe Belastung" ergibt. Die Quantifizierung des Produktes „Arbeit", d. h. der kinetischen Energie erweist sich als außerordentlich schwierig, entsprechend sind die Unsicherheiten in der Ableitung des Leistungsbedarfs. Folgende Informationen stehen auch unter Praxisbedingungen zur Verfügung:

- Herzfrequenz: Funktion des O_2-Bedarfs
- Dauer der Belastung
- Körpermasse: KM-Differenz vor und nach Belastung → Schweißverluste (ggf. Korrektur um Kot- und Harnabsatz)
- Gangarten und -dauer während der Arbeit
- Umgebungsbedingungen (Boden, Wetter, Gelände)

Zur Schätzung des Leistungsbedarfs an ME anhand der Herzfrequenz dient ein Algorithmus, der auch einen Beitrag anaerober Energiebereitstellung bei hoher Beanspruchung einschließt. Eine einfache Einschätzung des Mehrbedarfs soll **Tabelle VI.5.8** ermöglichen (enthält u. a. Angaben zu Dauer und Gangart).

Wird die Arbeit nach der Intensität, die sich aus der Herzfrequenz x Zeit ergibt, in leicht, mittel bis schwer kategorisiert, lassen sich die zugehörigen Versorgungsempfehlungen für Energie und Mengenelemente ableiten. Bei den Schweißmengen (**Tab. VI.5.9**) handelt es sich um die Größen, die aus dem Energieumsatz abgeleitet werden; bei höheren Werten ergibt sich ein gleichfalls höherer Bedarf für Na, Cl und K; die Elektrolytkonzentrationen im Schweiß sind von der Schweißmenge weitgehend unabhängig und m. o. w. konstant. Für Ca und Mg wird ein Sicherheitszuschlag eingebracht, der sich nicht aus der Schweißmenge ergibt, sondern aus Belastungen der Homöostase abgeleitet ist. Die Versorgungsempfehlung für pcvRp beruht auf der Prämisse, dass mit steigender Energieaufnahme auch die Proteinzufuhr bei gleichbleibendem Eiweiß : Energie-Verhältnis zunimmt (i. e. S. kein Mehrbedarf an pcvRp).

Insgesamt ist somit abzuleiten, dass sich die Bedarfsgrößen bei Arbeit folgendermaßen verändern:

Tab. VI.5.8: **Mehrbedarf an Energie für die Arbeit in verschiedenen Gangarten und bei unterschiedlicher Arbeitsdauer**

Gangart	Herzfrequenz Schläge/min	Arbeitsdauer min	KM, kg 400	500	600
Schritt	70	120			
Trab	150	30	14,4[1] MJ ME	18[1] MJ ME	21,6[1] MJ ME
Galopp	220	10			

[1] Gangarten und Arbeitsdauer sind hier alternativ zu sehen, d. h. 120 min im Schritt sind energetisch gleich aufwendig wie 30 min Trab oder 10 min Galopp.

Tab. VI.5.9: **Empfehlungen (Erhaltung + Leistung) für die tägliche Energie- und Nährstoffversorgung von Pferden bei unterschiedlicher Arbeit (Angaben pro kg KM)**

Arbeitsintensität		leicht	mittel	schwer
ME-Bedarf = x-Faches der Erhaltung		1,3	1,6	2,1
Schritt	min (HF)[1]	30 (70)	30 (70)	30 (70)
Trab	min (HF)	15 (120)	30 (120)	45 (120)
Galopp	min (HF)	10 (180)	15 (180)	30 (180) + 5 (210)[2]
Schweiß (ml) pro gesamte Arbeitsperiode		7	13	26
ME	MJ	0,14	0,17	0,23
Na	mg	31	57	107
K	mg	40	51	72
Cl	mg	39	77	148
Ca[3]	mg	38	42	45
Mg[3]	mg	12	14	15
P	mg	24	24	24
pcvRp	g	0,81	0,99	1,33

[1] Dauer der Arbeit in der jeweiligen Gangart in min (durchschnittl. Herzfrequenz in dieser Phase).
[2] Zusätzliche Sprintphase.
[3] Für Ca u. Mg: Zuschläge zum Erhaltungsbedarf für leichte, mittlere und schwere Arbeit um dem Faktor 1,1 bzw. 1,2 oder 1,3.

1. Leistungsabhängig **erheblicher Mehrbedarf**
   - Energie
   - Wasser
   - Natrium, Chlorid, Kalium
2. Leistungsabhängig **geringfügiger Mehrbedarf** (über die entsprechende Fütterungsintensität allgemein gedeckt)

   - AS (ggf. positive Effekte der Zulage hochwertiger Proteine z. B. Sojaextraktionsschrot, Casein, etc.)
   - Ca, Mg
   - Fe, Zn, Se
   - Carotin, Vit E
3. Vernachlässigbarer oder **kein Mehrbedarf**
   - übrige Nährstoffe

5.4.2 Fütterungspraxis

Bei der allgemeinen hohen TS-Aufnahmekapazität und dem sehr unterschiedlichen Leistungsbedarf (25–150 % des Erhaltungsbedarfs) stellt sich die Frage nach der Notwendigkeit von KF in Rationen für Pferde. Selbst bei eher mäßigem Wert des Grobfutters (VQ ↓) ist leichte Arbeit auch ohne KF möglich, nicht aber mittlere oder gar schwere Arbeit, insbesondere wenn keine entsprechende Grobfutterqualität zur Verfügung steht (**Tab. VI.5.10**).

In der **Tabelle VI.5.11** wurde für unterschiedliche Arbeit und unterschiedliche Grobfutterqualitäten eine Aufstellung zur möglichen Rationsgestaltung (nur Grobfutter bzw. Grob- und Kraftfutter) vorgenommen.

Tab. VI.5.10: Rationen aus Grob- und Kraftfutter (Futtermengen pro 100 kg KM/Tag)

Beanspruchung	Grobfutter, kg	Kraftfutter, kg (Getreide oder Ergänzungsfutter)
Erhaltung		0
Arbeit	bis 2,5 (ca. *ad libitum*) mittleres bis spätes Vegetationsstadium (Rfa-Gehalt > 30 % in der TS)	
leicht		0–0,25
mittel	mind. 1,5; früheres Vegetationsstadium (Rfa-Gehalt 25–27 % in der TS)	0,25–0,75
schwer		0,75–1,25 (= max.)

Tab. VI.5.11: Tägliche Grob- und Kraftfuttermengen (in kg TS) für Pferde bei unterschiedlicher Arbeit und Energiedichte im Grobfutter

Arbeitsintensität		leicht	mittel	schwer	sehr schwer
ME-Bedarf = x-Faches des Erhaltungsbedarfs		1,25	1,5	2	2,5
Anteil des Grobfutters an der Gesamt-TS, %		100	80	75	70
ME, MJ/kg TS der Ration		6	7,3	9,2	9,4
KM, kg	Futteraufnahme, max kg TS/d	erforderliche Futteraufnahme, kg TS/d			
200	7	4,4 (0)	4,4 (0,9)[2]	4,7 (1,2)	5,7 (1,7)
400	13	9,7 (0)	9,6 (1,9)	10,2 (2,5)	12,4 (3,7)
600	17	13,1 (0)	12,9 (2,6)	13,8 (3,5)	16,8 (5,1)
800	21	14,1 (0)	13,9 (2,8)	14,8 (3,7)	18,1 (5,4)

[1] Kalkulationsgrundlage: Grobfutter: 6 MJ ME für Tiere bei leichter und mittlerer Arbeit sowie 8 MJ ME /kg TS bei schwerer oder sehr schwerer Arbeit; Hafer: 10,4 MJ ME/kg TS.
[2] In Klammern: Kraftfutter in kg TS.

Grobfutter/Getreide-Rationen

Ergänzungen mit Mineralstoffen und Vitaminen erfolgen hierbei durch ein vitaminiertes Mineralfutter (20–100 g/d).

Hafer kann gegen Gerste oder Mais (geschrotet oder besser thermisch behandelt) ausgetauscht werden: 1 kg Hafer entspricht im Energiegehalt 0,9 kg Gerste oder 0,8 kg Mais. Hafer hat im Vergleich zu anderem Getreide neben der günstig hohen pc Stärke-Verdaulichkeit weitere diätetisch positive Eigenschaften/Vorteile (Fettgehalt, FS-Muster und β-Glucan-Gehalt). Heu kann durch Anwelksilagen oder Weideaufwuchs ersetzt werden, insbesondere bei Pferden mit Erkrankungen der oberen Atemwege. Heu kann auch zum Teil gegen Stroh ausgetauscht werden (max. 1 kg Stroh/100 kg KM), dies ist allerdings mit höheren Risiken für Verstopfungskoliken verbunden. Der Einsatz von Stroh ist insgesamt eher eine „Notlösung", wenn kein geeigneteres Grobfutter verfügbar ist (Eignung: Frage des Hygienestatus und nicht der Getreideart!).

Grobfutter/Getreide/EF-Rationen

Unter Verzicht auf das Mineralfutter kann ein EF zu Grobfutter/Getreide genutzt werden; hierbei werden mit 1 bis max. 3 kg EF entsprechende Getreidemengen ersetzt. Das EF ist in Abhängigkeit von der Menge des ausgetauschten Getreides und der Konzentration an Spurenelementen und Vitaminen einzusetzen (evtl. kritische Über- und Unterversorgung, siehe auch FM-Recht!) und nicht in Abhängigkeit von der Leistung.

Grobfutter/EF-Rationen

Getreide kann auch vollständig durch entsprechende EF ersetzt werden; je nach Art und Höhe der Leistung sind unterschiedlich zusammengesetzte EF auf dem Markt (vielfach ungünstig hoch: Vit A, Vit D; oftmals unzureichend: Zn, Se, Vit E). Bei optimaler Zusammensetzung sind keine weiteren Ergänzungen notwendig (Ausnahme: NaCl bei Sportpferden).

Maissilage/Grobfutter/EF-Rationen

Vor allem in bäuerlichen Betrieben mit gleichzeitiger Rinderhaltung, in erster Linie für Zucht- oder Freizeitpferde, aber auch für alte Pferde geeignet. 2–3 kg Maissilage/100 kg KM/d, zusätzlich Grobfutter und bei Zuchtstuten auch proteinbetonte KF erforderlich. Maissilagen sind energiereich, aber arm an Rp, Mineralstoffen (außer P und K) und Vit E; besonderen Ergänzungsbedarf bei hohen Maissilage-Anteilen beachten!

5.5 Empfehlungen zur Energie- und Nährstoffversorgung von Zuchtstuten

5.5.1 Energie- und Nährstoffbedarf

Der Bedarf an Energie und Nährstoffen von Zuchtstuten variiert in Abhängigkeit von der KM (Kleinpferd, Voll- bzw. Warmblut) sowie vom Trächtigkeitsstadium und der Laktationsleistung. Erst in der Hochträchtigkeit ist ein wesentlicher Mehrbedarf (im Vergleich zur Erhaltung) gegeben, noch höher ist dann der Bedarf in der Hochlaktation, sodass die Versorgungsempfehlungen (**Tab. VI.5.12**) entsprechend differenziert wurden.

Tab. VI.5.12: **Empfehlungen für die tägliche Energie- und Nährstoffversorgung von Zuchtstuten**

KM	Merkmal	Hochträchtigkeit (d) 275. bzw. 335.		Laktation (d) 30.	60.	120.
200 kg (z.B. Kleinpferd)	Leistung[1]	130	272	8	7	6
	ME, MJ	26	31	47	45	39
	pcvRp, g	204	279	416	377	311
	pcvLys, g	11	16	29	26	21
	pcvMet + Cys, g	7	10	14	13	11
	pcvThr, g	16	19	26	24	21
	Ca, g	14	26	26	22	18
	P, g	10	17	18	15	12
	Mg, g	3	3	4	4	4
	Na, g	2	2	3	3	3
500 kg (z.B. Vollblut)	Leistung[1]	325	680	16	15	12
	ME, MJ	79	93	121	117	106
	pcvRp, g	428	617	862	778	639
	pcvLys, g	24	36	60	53	42
	pcvMet + Cys, g	15	21	29	26	22
	pcvThr, g	32	39	53	49	42
	Ca, g	32	60	53	46	37
	P, g	22	41	37	31	24
	Mg, g	6	6	8	8	7
	Na, g	4	5	7	7	6
600 kg (z.B. Warmblut)	Leistung[1]	390	816	19	18	14
	ME, MJ	76	94	125	121	108
	pcvRp, g	497	723	996	898	737
	pcvLys, g	28	42	70	62	49
	pcvMet + Cys, g	17	25	34	31	25
	pcvThr, g	37	46	61	56	49
	Ca, g	37	72	62	54	42
	P, g	26	48	42	36	28
	Mg, g	7	7	10	9	8
	Na, g	4	6	8	8	7

5

KM	Merkmal	Hochträchtigkeit (d) 275. bzw. 335.	Laktation (d) 30.	60.	120.
Faustzahlen (Mehrfaches vom Erhaltungsbedarf)					
	ME	1,4–1,5	2,0–2,3		
	pcvRp	1,7–2,0	2,6–2,7		
	pcvRp : MJ ME	7,7–9,0	8,0–9,0		
	Ca, P	3,0–3,5	3,0		
	Spurenelemente und Vitamine	s. Tab. V.2.18 und V.2.20			

[1] Trächtigkeit: Zuwachs in den Konzeptionsprodukten in g pro Tag; Laktation: Milchmengenproduktion in kg/d.

5.5.2 Fütterungspraxis

In der Stallhaltung ist die Versorgung mit Rp, Ca, P, Na, Cu, Zn, Se, I und Vit E vielfach nicht ausreichend, insbesondere bei laktierenden Stuten; bei Weidegang ist in Abhängigkeit vom Vegetationsstadium eine günstigere Protein-, Carotin- und Vit-E-Versorgung gegeben.

Güste Stuten

Nicht überfüttern → Verfettungsgefahr, Beeinträchtigung der Konzeption.

Falls güste Stuten sich in schlechtem Ernährungszustand befinden, sollten sie 4–6 Wochen vor dem Belegtermin in Zuchtkondition gebracht werden (tägliche Zulage eines KF von 0,3 kg/100 kg KM über Erhaltungsbedarf). Bei gut genährten Stuten besteht mit überhöhter Kraftfutterzugabe Gefahr von Zwillingsgravidität. Die Frage, ob ein höheres Ernährungsniveau zum Zeitpunkt der Konzeption tatsächlich das Verhältnis von Hengst- zu Stutfohlen beeinflusst, wird in der Pferdezucht erneut diskutiert (Trivers-Willard-Hypothese).

Tragende Stuten

Bis zum 7. Monat entsprechend dem Erhaltungsbedarf füttern; ab 8. Monat Zuteilung eines EF für Zuchtstuten (Rp-Gehalt 14–16 %; 0,2–0,5 kg/100 kg KM/d); hierdurch wird die ggf. zusätzliche notwendige Versorgung mit AS, aber auch mit Mineralstoffen und Vitaminen gesichert.

Laktierende Stuten

Keinen starken KM-Verlust zulassen; Grobfutter sollte *ad libitum* zur Verfügung stehen, ein EF für Zuchtstuten mit > 16 % Rp ist zu empfehlen. In Abhängigkeit von der Grobfutterzuteilung sind 0,5–1,2 kg EF/100 kg KM/d vorzusehen. Bei Weidegang können laktierende Stuten > 3,8 kg TS/100 kg KM/d aufnehmen; Energie-, Protein- und Vitaminversorgung sind hierbei allgemein unkritisch, eine Mineralstoffergänzung ist zwingend.

5.6 Energie-/Nährstoffversorgung von Fohlen/Jungpferden

5.6.1 Energie- und Nährstoffbedarf

Im Allgemeinen ist eine moderate Aufzuchtintensität zur Vermeidung von wachstumsbedingten Skelettentwicklungsstörungen zu empfehlen. Eine Optimierung der Energie- und Nährstoffversorgung von Fohlen setzt eine m. o. w. kontinuierliche Überwachung der KM-Entwicklung voraus, nur so lassen sich längerfristig nachteilige Auswirkungen einer nicht-adäquaten Versorgung (meist zu intensiv) vermeiden. Bis zum 45. Lebenstag (LT) haben Fohlen maßgeblich über die Energie- und Nährstoffaufnahme mit der Milch eine Verdopplung des Geburtsgewichtes erzielt und nehmen ab der 6. Lebenswoche steigende Mengen an Festfutter auf. Die höchsten Zunahmen pro Tag werden ca. in den ersten

60 LT erreicht (bei Warmblutfohlen > 1000 g/ Tag). Im Alter von 6 Monaten bzw. als Jährlinge erreichen sie 40 bzw. 60 % der KM der Adulten (**Tab. VI.5.13, VI.5.14**).

Tab. VI.5.13: **Angestrebte KM-Entwicklung in der Aufzucht von Fohlen/Jungpferden (Angaben in relativen bzw. absoluten Werten, % bzw. kg)**

Alter, Ende	% der KM Adulter	KM der adulten Tiere (kg)			Alter, Ende	% der KM Adulter	KM der adulten Tiere (kg)		
		200	400	600			200	400	600
2. Monat	22–25	47	94	141	18. Monat	70–75	145	290	439
6. Monat	40–45	85	170	255	24. Monat	75–85	160	320	480
12. Monat	56–64	120	240	360	36. Monat	90–92	181	362	543

Tab. VI.5.14: **Empfehlungen für die tägliche Energie- und Nährstoffversorgung wachsender Pferde[1]**

Lebensmonat (Ende)	2	4	6	12	18	24	36
Kleinpferd, adult mit 200 kg KM							
aktuelle KM, kg	49	68	84	116	137	151	169
Zunahme, g/Tag	369	278	225	139	94	66	35
ME, MJ	11	13	15	17	18	19	20
pcvRp, g	160	150	147	145	146	148	150
pcvLys, g	15	14	13	11	10	10	9
pcvMet + Cys, g	9	8	8	7	7	6	6
pcvThr, g	18	17	16	16	15	15	14
Ca, g	16	14	12	11	10	9	9
P, g	10	9	8	7	6	6	6
Mg, g	1	2	2	2	2	2	3
Na, g	1	1	1	1	1	1	1
Vollblut, adult mit 500 kg KM							
aktuelle KM, kg	128	185	232	334	401	445	497
Zunahme, g/Tag	1031	696	564	347	234	165	88
ME, MJ	36	43	49	59	64	67	70
pcvRp, g	406	387	377	361	353	348	343
pcvLys, g	36	32	30	25	22	21	19

5

Lebensmonat (Ende)	2	4	6	12	18	24	36
pcvMet + Cys, g	21	19	18	16	14	13	12
pcvThr, g	39	37	36	33	31	30	29
Ca, g	42	37	34	28	25	23	20
P, g	28	24	22	18	16	15	13
Mg, g	3	3	4	5	5	5	6
Na, g	4	3	3	3	3	3	3
Warmblut, adult mit 600 kg KM							
aktuelle KM, kg	154	222	278	401	481	534	597
Zunahme, g/Tag	1237	835	676	417	281	198	105
ME, MJ	36	44	49	57	61	63	66
pcvRp, g	482	457	443	420	409	402	395
pcvLys, g	42	38	35	29	26	24	22
pcvMet + Cys, g	25	22	21	18	16	15	14
pcvThr, g	46	43	41	38	36	35	33
Ca, g	50	44	40	33	29	26	23
P, g	33	29	26	22	19	17	15
Mg, g	3	4	4	5	6	6	7
Na, g	4	4	4	4	4	4	4

[1] Spurenelemente und Vitamine s. Tab. V.2.18 und V.2.20

Proteinqualität in der Fütterung von Fohlen und Jungpferden

Auch in der Aufzucht von Pferden hat die Rp-Qualität (v. a. Lys-Gehalt im Protein) ein starkes Interesse erlangt.

Die **Tabelle VI.5.15** charakterisiert die Grobfutterqualität (Weideaufwuchs/Heu) in Abhängigkeit vom Vegetationsstadium. Danach verhalten sich NDF- und Rp-Gehalte im Vegetationsverlauf erwartungsgemäß gegenläufig. Während man im jungen Weidegras bei eher geringen NDF-Gehalten beachtliche Proteinwerte und günstige AS-Gehalte im Protein hat, ist in mittleren Heuqualitäten der Fasergehalt (NDF) deutlich höher, Proteingehalt und VQ sind jedoch deutlich geringer und der pcvLys-Gehalt sehr viel niedriger (s. unterlegte Zahlenkolonnen).

Bei proteinärmerem, älterem Aufwuchs wird die angestrebte Rp-Qualität oft nicht erreicht. Je kg Futter-TS (unterstellt: TS-Aufnahme von 2,5 % der KM) werden beispielsweise im 5. bis 6. Lebensmonat Gehalte von 4,2 g pcvLys je kg TS der Gesamt-Ration benötigt. Wie aus der **Tabelle VI.5.16** deutlich wird, ergeben sich bei mäßiger Grobfutterqualität nicht selten notwendige SES-Anteile von 5–10 % (und mehr) in der Gesamtration.

Tab. VI.5.15: **Gehalte an praecaecal verdaulichem Lysin in Gras und -konserven in Abhängigkeit vom Gehalt an Neutraler-Detergentien-Faser und Rohprotein bzw. pcvRp (g/kg TS)**

Charakterisierung des Grobfutters anhand des Faser- und Rp-Gehaltes (g/kg TS)							
NDF	570	520	**470**[1]	420	370	**320**[2]	270
Rp	80	100	**120**	140	160	**180**	200
pcvRp	58	75	**91**	108	124	**141**	157

Charakterisierung der Proteinqualität (Lysin-Gehalt, g/100 g Protein) bzw. pcvLys, g/kg TS							
Lys-Gehalt g/100 g Rp	pcvLys, g/kg TS						
2,8	1,6	2,1	2,6	3,0	3,5	3,9	4,4
3,0	1,8	2,2	2,7	3,2	3,7	4,2	4,7
3,2	1,9	2,4	2,9	3,5	4,0	4,5	5,0
3,4	2,0	2,5	3,1	3,7	4,2	4,8	5,3
3,6	2,1	2,7	3,3	3,9	4,5	5,1	5,7
3,8	2,2	2,8	3,5	4,1	4,7	5,3	6,0
4,0	2,3	3,0	3,7	4,3	5,0	5,6	6,3
4,2	2,5	3,1	3,8	4,5	5,2	5,9	6,6
4,4	2,6	3,3	4,0	4,7	5,5	6,2	6,9
4,6	2,7	3,4	4,2	5,0	5,7	6,5	7,2

[1] Mittlere Heuqualität; [2] mittlere Grasqualität. ▬▬ Bereich, in dem der Bedarf nicht gedeckt ist.

Tab. VI.5.16: **Gehalte an pcvLys (g/kg TS) der Gesamtration bei unterschiedlichen Kombinationen von Grobfutter variierender Qualität mit Sojaextraktionsschrot (25 g pcvLys/kg TS)**

SES-Anteil % in der Gesamtration	Rp, g/kg TS des Grobfutters						
	80	100	120	140	160	180	200
	pcvRp, g/kg TS des Grobfutters						
	58	75	91	108	124	141	157
	pcvLys, g/kg TS der Gesamtration						
5	3,1	3,7	4,2	4,7	5,3	5,8	6,3
10	4,3	4,8	5,3	5,8	6,3	6,8	7,3
15	5,4	5,9	6,4	6,9	7,3	7,8	8,3
20	6,6	7,0	7,5	7,9	8,4	8,8	9,3

▬▬ Bereich, in dem diese SES-Ergänzung noch nicht sicher zur Bedarfsdeckung führt

Tab. VI.5.17: **Orientierungswerte zur Verwendung von Ergänzungsfutter in der Fohlenaufzucht**

Alter	Haltung	Weide bzw. Grobfutter	EF[1] (kg/100 kg KM x d)
ab 2. Mon		*ad libitum*	0,5
bis Absetzen[2]	Weide		1,0–1,2
7.–12. Mon	Stall/Auslauf		1,0
13.–18. Mon	Weide		0,8–1,0
19.–24. Mon	Stall/Auslauf		0,5–0,6
25.–36. Mon	Weide/Stall[3]		0,4–0,5

[1] EF für die Fohlenaufzucht; [2] i. d. R. 5.–6. Mon; [3] i.d.R. Nutzungsbeginn.

5.6.2 Fütterungspraxis

Saugfohlen werden ab dem 2. Lebensmonat zugefüttert; freien Zugang zum KF meiden; mutterlose Aufzucht s. Kap. V.7.3.9.

Ein Abfohlen zu Beginn der Weidesaison ist zu bevorzugen, da die Weidehaltung günstigste Voraussetzungen für ausreichende Bewegungsanreize bietet; allerdings müssen Mineralstoffe, evtl. auch Energie und Protein über EF supplementiert werden (**Tab. VI.5.17**). Die Haltung von Fohlen und Jungpferden in der Gruppe auf der Weide und im Stall ist besonders günstig zu bewerten.

5.7 Energie-/Nährstoffversorgung von Deckhengsten

Außerhalb der Decksaison: Fütterung ähnlich wie bei Pfd mit leichter Arbeit; keine Überfütterung; 6 Wochen vor Beginn der Decksaison evtl. Rationskorrektur zur Optimierung des Ernährungszustands.

Während der Decksaison: Nährstoffversorgung ähnlich wie bei mittlerer Arbeit; das erforderliche Ernährungsniveau wird von der Intensität der Zuchtnutzung und der sonstigen Arbeit (Turniersport) bestimmt.

Rationsgrundlage: Grobfutter plus EF mit moderat höheren Rp- und Vit-E-Gehalten (EF pro kg: > 140 g Rp, > 600 mg Vit E), bzw. zu Getreide auch eine Proteinergänzung (z.B. Sojaextraktionsschrot, 50 g/100 kg KM) und Einsatz eines vitaminierten Mineralfutters.

5.8 Ernährungsbedingte Erkrankungen und Störungen

5.8.1 Chronische Unterernährung

Unerfahrene Pferdehalter erkennen Unterernährung oft nicht, verwechseln einen „Heu- oder Grasbauch" bei einem mageren Pferd sogar mit Übergewicht. Ursachen sind meist zu geringe Futtermengen aus Kostengründen oder Arbeitsersparnis (unzureichende Zahl der Mahlzeiten) bzw. mangelhafte Betreuung (auch tierschutzrelevante Ausmaße). Oft sind ältere und/oder rangniedrige, schwerfuttrige Tiere in Gruppenhaltung betroffen → Tiere zumindest zeitweise aus der Gruppe herausnehmen und getrennt füttern, z.B. über Nacht mit reichlichem Futterangebot in Einzelbox stellen; Krankheiten, insbesondere Parasitosen und Zahnschäden ausschließen. Bei Zahnproblemen sollten (insbesondere von alten Pferden) rohfaserreiches gehäckseltes Grobfutter (z.B. Grünfutter-Häcksel, Maissilage) oder Trockenschnitzel (eingeweicht) angeboten werden als partieller Ersatz für eine oft verminderte/erschwerte Heuaufnahme.

5.8.2 Übergewicht, Adipositas

Meist sind leichtfuttrige Tiere betroffen, hier kann bereits ein reichliches Grobfutterangebot bei geringer Arbeit zur KM-Zunahme führen, besonders ranghohe Tiere in Gruppenhaltung sind betroffen. Bei Sportpferden: zu hohe KF-Gaben, vor allem bei Dressurpferden; Gegenmaßnahmen: Einschränkung der KF-Gabe (Verdauungsphysiologie!). Zur Vermeidung von exzessiver Strohaufnahme muss evtl. auf Stroheinstreu verzichtet werden (cave: auch andere Einstreu kann gefressen werden und Probleme verursachen, z. B. Holzspäne). In Gruppenhaltung ist ggf. die Zusammenstellung zu ändern (homogene Gruppe leichtfuttriger Pferde), individuelle Fütterung notwendig; falls nicht möglich, adipöses Pferd einzeln aufstallen und Bewegung intensivieren.

Maßnahmen: Erhöhung des Energieverbrauchs durch Bewegung sowie restriktive Energiezufuhr. Bei nicht tragenden Pferden ist unter tierärztlicher Kontrolle eine Energiezufuhr in Höhe von 60 % des Erhaltungsbedarfs (der optimalen KM) möglich. Weitere Maßnahmen siehe Kap. VI.5.4.1.

Equines Metabolisches Syndrom (EMS)

EMS ist ein Symptomkomplex, in dem ein ganzes Cluster metabolischer Abnormalitäten auftritt, mit folgenden Faktoren: regionale (wissenschaftlicher Terminus für eine ausgeprägte Fettdeposition z. B. am Mähnenkamm) oder generelle Adipositas, Insulinresistenz sowie subklinische (z. B. verbreiterte weiße Linie bereits erkennbar) oder klinische Hufrehe.

Maßnahmen: Bei EMS ist eine Reduktion der Energiezufuhr um 20–40 % vom Erhaltungsbedarf einzuleiten, Fe-Überversorgung vermeiden (→ oxidativer Stress); evtl. Zn- und Cr-Supplementierung (→ Förderung der Insulinsensitivität; Zn: zweifacher Bedarf; Cr: 25 µg/kg KM).

5.8.3 Hyperlipidämie

Extremer Anstieg des Blutfettgehaltes. Fast ausschließlich bei hochtragenden Ponystuten sowie bei Eseln vorkommend, die nach starkem Fettansatz plötzlich zu wenig Energie erhalten (extreme Fettmobilisierung!), weitere Maßnahmen siehe Kap. VI.5.4.1.

5.8.4 Hufrehe (Pododermatitis)

Entzündliche Veränderungen an der Huflederhaut mit Störungen der Mikrozirkulation und/oder der Keratinbildung, die bis zum Ausschuhen führen können. Mechanische, metabolische und toxische Ursachen können unabhängig von-

einander oder sich gegenseitig begünstigend die Hufrehe auslösen. Bereits vorangegangene Reheschübe disponieren zusätzlich.

Mechanische Ursachen: z. B. lange Ritte ohne bzw. mit ungeeignetem Hufschutz; Überbelastung der gesunden Gliedmaße im Stehen bei hochgradiger Lahmheit der anderen Gliedmaße.

Metabolische Ursachen:
- Cushing-Syndrom (**Pituitary Pars Intermedia Dysfunktion [PPID],** auch iatrogen)
- Equines Metabolisches Syndrom (EMS)
- Aufgrund der Insulinresistenz ist vermutlich beiden endokrinologischen Störungen die beeinträchtigte Glucose-Utilisation der Keratinozyten sowie die „Glucotoxizität" (Glucose ↑) in den Endothelzellen der Huflederhaut gemeinsam; gefährdete Pferde haben oft einen typischen Habitus mit viel Kamm- und Stammfett (s. EMS)

Toxische Ursachen:
- Bakterielle Infektionen des Uterus und des Geburtswegs, häufig nach Schwergeburten oder bei Nachgeburtsverhaltung.
- Fehlgärungen im GIT, insbesondere bei zusätzlichen Störungen der gastrointestinalen Barriere, die zu einer Endotoxinämie führen; in diesem Zusammenhang sind kausal wichtig: Aufnahme von jungem, fructanreichen, faserarmen Gras (v. a. Frühjahr, Herbst); zu viel KF (pro Mahlzeit und insgesamt pro Tag) oder auch ein plötzlicher Futterwechsel.
- Aufnahme von Giftpflanzen (z. B. Herbstzeitlose, Graukresse).

Die chronische Se-Intoxikation (keine klassische Hufrehe) basiert auf einer Störung der Hornbildung mit massiven Entzündungen am Kronsaum.

5.8.5 Magenulcus

Magengeschwüre treten sowohl bei Sportpferden, aber auch Absetzfohlen relativ häufig auf. Pferde bilden im Magen kontinuierlich Salzsäure und ein längerer Kontakt der Schleimhaut mit Säuren (Salzsäure, FFS und Gallensäuren) scheint primär verantwortlich für die ulzerativen Defekte, insbesondere der kutanen Schleimhaut der Pars nonglandularis im Bereich des Margo plicatus, zu sein. Lokalisation und pathogenetische Faktoren sind somit vom Magenulcus der Schweine zu unterscheiden. Als Risikofaktoren gelten Stress, Rennbelastung, Boxenhaltung, medikamentöse Therapie mit nichtsteroidalen Antiphlogistika, aber auch die Fütterung.

Bei der Fütterung sind lange Nüchterungszeiten (> 8 h) sowie die Aufnahme hoher Stärkemengen pro Mahlzeit (> 2 g/kg KM) besondere Risiken für ulzerative Schäden der Magenschleimhaut. Nach älteren Arbeiten galt die Fütterung von Silagen als nachteilig (→ ulzerogene Effekte von FFS?), dies konnte in neueren Studien nicht bestätigt werden. Pferde, die ausschließlich auf der Weide gehalten werden, weisen in der Regel keine derartigen Veränderungen der Magenschleimhaut auf.

Maßnahmen: Täglicher, mehrstündiger Weidegang; Beachtung der Mindestmenge an Grobfutter von 15 g TS/kg KM und Tag (optimal: Grobfutter *ad libitum*). Die Stärkemenge ist auf < 1 g/ kg KM pro Mahlzeit zu limitieren, die Menge an KF (möglichst thermischer Aufschluss → Reduktion der mikrobiellen Gasbildung im Magen) sollte 3 g/ kg KM pro Mahlzeit nicht überschreiten (→ Magenfüllung ↓). Fütterung von Heu vor der KF-Gabe (→ Speichelbildung und Durchmischung des Mageninhaltes). Die Ergänzung von Pflanzenöl (ca. 0,2 g/kg KM) zu einem KF reduziert vermutlich das Risiko für Fehlgärungen im Magen. Auch das Konzept einer sog. „Total-Mixed-Ration" an Pferde, d. h. die Mischung aller Komponenten zu einer Ration (z. B. Heu, Maissilage, Hafer, Sojaextraktionsschrot und Mineralfutter → leistungsabhängige Anteile) erwies sich als präventiv wirksam. Zwischen dem Angebot von KF und dem Beginn bzw. der Beendigung von intensiven Belastungen sollten ca. 3–4 Std. verstreichen (→ Vermeidung von Fehlgärungen bei eingeschränkter Magenentleerung).

5.8.6 Ernährungsbedingte Koliken/Kolikursachen

Siehe auch **Abbildung VI.5.1** und **Tabelle VI.5.18**.

Obturationen (= Verstopfung durch bewegliche verdichtete Massen, z. B. Phytobezoare oder Strohkonglobate bzw. auch Fremdkörper)**:** Übermäßige Aufnahme P- und Mg-reicher FM, z. B. Kleien → Enterolithen; langfaseriges Pflanzenmaterial → Konglobate, Ursachen: s. **Tab. VI.5.18**.

Obstipationen (= Verstopfung durch Verdichtung des Chymus, häufig vor anatomischen Engpässen)**:** Übermäßige Aufnahme von schwer verdaulichen FM (z. B. Stroh → Colonobstipation) oder sehr stark zerkleinerten Futtermitteln (z. B. sehr kurz gehäckseltes Gras → Obstipation vor der Ileocaecalklappe), Ursachen: s. **Tab. VI.5.18**.

Fehlgärungen: Störungen der Eubiose/der mikrobiellen Verdauung, die sich in Keimart, Keimzahl, Aktivität der Keime und produzierten Metaboliten äußern, bedingt durch exogene (oral aufgenommene) oder autochthone Mikroorganismen; folglich sind zu unterscheiden:

primäre: Durch erhöhten Keimgehalt im Futter, z. B. Heu; Getreide nicht lange genug abgelagert; Grünfutter in Haufen gelagert und erhitzt; nachgärende Silagen, angefaulte und gefrorene FM; unzweckmäßige Lagerung von EF, insbesondere solcher mit empfindlichen Komponenten wie Melasse, Weizenkleie und ähnlichen FM.

sekundäre: Infolge überhöhter Futteraufnahme oder ungünstig gewählter Zeitpunkte zwischen KF-Gabe und Arbeitsbeginn → ungenügende Durchsäuerung und Weitertransport des Chymus → forcierte mikrobielle Aktivität im Magen oder geringere Verdaulichkeit im proximalen Darmtrakt → Entgleisung des mikrobiellen Stoffwechsels im Caecum und evtl. sogar im Colon.

Allgemeine Folgen der Fehlgärungen: Gas-, FFS- und Laktat-Bildung, Amin- und Toxinproduktion → Spasmen, Atonie, Torsionen, Invaginationen; evtl. Übergang von Endotoxinen und anderer Metaboliten in den Kreislauf → Hufrehe.

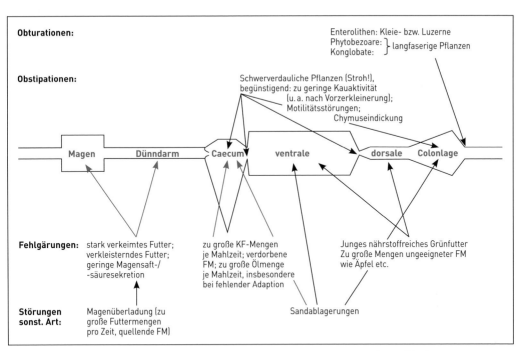

Abb. VI.5.1: Einteilung und Lokalisation der wichtigsten Störungen am Verdauungstrakt von Pferden.

Tab. VI.5.18: **Funktionsstörungen im Magen-Darm-Trakt von Pferden und mögliche Ursachen**

	FM-Auswahl	FM-Behandlung	Fütterungstechnik	FM-Qualität
Obturationen	einseitig asche-, mineralstoffreiche FM wie Luzerne, Kleien, Mineralfutter mit hohen Ca-, P- und/oder Mg-Gehalten; oftmals Fremdkörper als Kondensationskern	unsachgemäße Futterzerkleinerung, z. B. zerkleinerte Äpfel, zu stark geschnitzelte Rüben (werden unzerkaut abgeschluckt): → Oesophagusobturation	unbedeutend	ungeeignete Pflanzen, z. B. Windhalm als Kontaminante im Stroh: → Pseudoenterolithen bzw. Phytobezoare
Obstipationen	im Magen verkleisternde FM wie Weizen und Roggen → verdichteter Mageninhalt/-überladung	quellende FM wie nicht eingeweichte Trockenschnitzel, fein gemahlenes Futter: → Oesophagusverlegung	ungenügendes Wasserangebot: → Eindickung der Ingesta im Dickdarm	sandhaltige, verschmutzte/verkeimte FM
	stark lignifizierte FM wie Stroh: → Depression der mikrobiellen Aktivität, Caecumdilatation, Colonobstipation, besonders an der Beckenflexur	unangemessene Futterzerkleinerung (kurz gehäckseltes Gras, Lieschen, Maisspindeln, stark gemahlenes Getreide): → Ileumobstipation	ungenügendes/unregelmäßiges Grobfutter-Angebot: → kompensatorisch Stroh-, Späne- oder ggf. Sandaufnahme → Passagestörung im Caecum und Colon	mangelhaftes Wasserangebot bzw. Mängel in der Wasserqualität: → zu geringe Wasseraufnahme

FM-Auswahl	FM-Behandlung	Fütterungstechnik	FM-Qualität
stark verkleisternde FM (z. B. Weizen, Roggen): → sekundär Fehlgärungen im Magen → forcierte Gasbildung, Sistieren der Magenmotorik, evtl. auch Magenschleimhautalterationen	unzureichender Stärkeaufschluss: → Anfluten von Stärke im Dickdarm → sekundäre Fehlgärung → übermäßige Produktion von FFS, evtl. auch von Laktat → Absterben der gramnegativen Keime → Endotoxinämie	KF-Menge/Mahlzeit zu hoch: → Fehlgärung in Magen/Dickdarm (Dünndarmbeteiligung unklar) zu kurzer Abstand zwischen KF-Gabe und Belastung → verzögerte Passage; KF-Gabe kurz vor Weidegang → Störungen im GIT, Fehlfermentation (v. a. im Magen)	FM mit erhöhten Keimgehalten (Beurteilung der hygienischen Qualität s. Kap. IV.7) z. B. belastetes Getreide, Heulagen (Hefen → insbesondere Gasbildung): → Fehlfermentation im gesamten GIT

(Zeilenkopf: **Fehlgärungen**)

5.8.7 Chronisch obstruktive Bronchitis (COB/COPD)/ Recurrent Airway Obstruction (RAO)

Atemwegserkrankungen mit multifaktorieller Genese, an der schimmliges, staubiges Futter, insbesondere nicht einwandfreies Heu und Stroh (auch die Einstreu!) maßgeblich beteiligt sind.

Maßnahmen: Einwandfreie FM- und Einstreuqualität, Staubentwicklung bei Futterzuteilung vermeiden, Staubbindung durch Öl, Melasse u. Ä., Wässern oder Dämpfen (mit Haysteamer) des Heus bzw. Ersatz von Heu durch Anwelksilage bzw. Stroheinstreu durch entstaubte Hobelspäne, Holzpellets, Strohpellets; KF nur in verpresster Form anbieten, partieller Ersatz von Grobfutter durch eingeweichte Trockenschnitzel und/oder Heucobs; evtl. Zusatz von Ölen mit hohem Anteil an n3-FS (Leinöl/Fischöl); zusätzliches Angebot von Antioxidantien (Vit E, Vit C), Offenstallhaltung mit Weidegang; regelmäßig moderates Training.

5.8.8 Skeletterkrankungen

– bei Fohlen und Jungpferden

Zu den wachstumsbedingten Skelettentwicklungsstörungen zählen z. B. Physitis, Osteochondrose, Gliedmaßenfehlstellungen und auch Deformierungen der Halswirbelsäule. Zahlreiche Risikofaktoren, z. B. Genetik, biomechanischer Stress und Fütterung, sind von Bedeutung. Folgende Fütterungsfehler sind zu beachten:

Energie: Erhöhte Energieaufnahme bei gleichzeitig geringen Bewegungsmöglichkeiten (Konsequenzen: endokrine Effekte und hohe KM-Zunahmen).

Mineralstoffe: Häufig Unterversorgung mit Ca, P, Cu und Mn bei Verzicht auf ein EF ab dem 2./3. Lebensmonat.

Maßnahmen: Es ist nur eine moderate Aufzuchtintensität zur Vermeidung von wachstumsbedingten Skelettentwicklungsstörungen zu empfehlen. Die Energie- und Nährstoffversorgung von Fohlen und Jungpferden sollte unter Beachtung des tatsächlichen Bedarfs erfolgen (s. Kap. VI.5.6.2).

– bei adulten Pferden

Bei Pferden (insbesondere alten Tieren) treten häufig Osteoarthrosen auf. Selten kann bei Pferden ein sekundärer nutritiver Hyperparathyreoidismus (*Big head disease*) beobachtet werden (→ Fütterung von Ca-armen und P-reichen Rationen, z. B. mit übermäßigem Einsatz von Kleien, früher „Müllereipferde-Erkrankung").

Maßnahmen: Bei adipösen Tieren mit Osteoarthrose sollte eine Reduktion der Energiezufuhr erfolgen (s. 5.3). EF zur Bereitstellung von sog. „knorpelaufbauenden Substanzen" wie z. B. Glykosaminoglykanen haben sich bei oraler Gabe als nicht wirksam erwiesen. Potenzial besitzen u. U. n3-FS (enthalten z. B. in Lein- oder

Fischöl), die eine entzündungshemmende Wirkung besitzen.

5.8.9 Urolithiasis

Im Wesentlichen Ca-haltige Konkremente (z. B. Ca-Carbonat) in der Blase, sehr selten in Niere, Ureter oder Urethra; Wallache sind häufiger betroffen als Stuten. Insgesamt kommen Ca-haltige Konkremente bei Pferden nicht so häufig wie bei Kaninchen vor, obwohl Ca-haltige Kristalle im Harn beim Pfd physiologisch sind (Ca-Überschuss wird z. T. renal ausgeschieden).

Maßnahmen: Ca- und Vit-D-Aufnahme strikt dem Bedarf anpassen (→ Ca-haltige FM, z. B. Grobfutter mit einem hohen Anteil an Leguminosen [z. B. Luzerne], Trockenschnitzel oder Mineralfutter meiden), Wasseraufnahme erhöhen (→ bedarfsübersteigende NaCl-Gabe: 10–20 g/100 kg KM → Wasseraufnahme kontrollieren; Fütterung von Saftfutter z. B. Weidegang); u. U. Ansäuern des Harns → z. T. notwendig bei Antibiose nach chirurgischer Intervention; Zielgröße: Harn-pH ca. 5,5; Ammoniumchlorid-Gabe: 10–20 g/100 kg KM, auf 6–8 Wochen begrenzen, allerdings häufig nur sehr geringer azidierender Effekt, Steinauflösung so nicht möglich.

5.8.10 Rezidivierende, belastungsbedingte Myopathien

(*Exertional Rhabdomyolysis*; z. T. noch als Kreuzverschlag/Lumbago bezeichnet)
Belastungsbedingte Myopathien umfassen einen Sammelbegriff für pathogenetisch zu unterscheidende Störungen im Stoffwechsel der Skelettmuskulatur. Die belastungsbedingten Myopathien werden in akut sporadische (z. B. nach Infektionen) und in chronisch rezidivierende Formen unterteilt. Verschiedene Ursachen sind bei den chronischen Belastungsmyopathien zu unterscheiden:
- **Genetisch**:
  - *Recurrent Exertional Rhabdomyolysis* (RER): Störung der intrazellulären Ca-Regulation

  - Polysaccharid Speicherkrankheit (PSSM): Erhöhte Glycogenspeicherung in der Skelettmuskulatur
  - Hyperkaliämische Periodische Paralyse (HYPP): Störung der extrazellulären K-Regulation
- **Fütterung:**
  - Hohe Energiezufuhr (Stärke ↑)
  - Ungünstige Relation von Grob- zu Kraftfutter (Grobfutter ↓, KF ↑)
  - Elektrolytimbalanzen (NaCl-Mangel)
- **Haltung:**
  - Kein Weidegang
  - Unregelmäßige Arbeitsbelastung

Maßnahmen: Eine an den Bedarf angepasste Energie- und Nährstoffzufuhr ist die wesentliche Maßnahme bei Pferden mit chronischen Belastungsmyopathien (s. **Tab. VI.5.5**). Bei Pferden, die an PSSM leiden, dürfen keine stärke- und zuckerreichen FM wie Getreide oder melassierte EF gefüttert werden. Neben einer hohen Zufuhr an Grobfutter (> 15 g TS/kg KM) sollte bei mittlerer bzw. schwerer Arbeit ein Großteil der Stärke gegen Fett ausgetauscht werden → Einsatz von fettreichen EF (> 7 % Rfe), Pflanzenölen oder Reiskleie (2–3 g/kg KM). Des Weiteren ist eine bedarfsübersteigende Vit-E-Zufuhr (4–6 mg/kg KM) zu empfehlen.

5.8.11 Erkrankungen durch Aufnahme von Giftpflanzen

Besondere Bedeutung haben hier Kreuzkraut, Johanniskraut, Herbstzeitlose oder Graukresse. Die Aufnahme von Samen (→ Flügelfrucht) verschiedener Ahorn-Spezies (u. a. Eschen- oder Bergahorn → Samen enthalten vermutlich Hypoglycin A) wird aktuell als Ursache der atypischen Weidemyopathie diskutiert.

5.8.12 Vergiftungen durch Ionophoren (Kokzidiostatika)

Ursachen: Umwidmung von FM, die für andere Spezies (Kan, Gefl konzipiert wurden) bzw. Fehlmischungen oder Verschleppungen; Symptome ähnlich wie bei Myopathien, auch kolikartige Erscheinungen; entscheidendes Symptom:

schwere hyalinschollige Muskeldegeneration → CK ↑, Myoglobinurie, Schwitzen.

5.9   Diätetik/diätetische Maßnahmen beim Pferd

Die Diätetik bei Equiden hat einen Schwerpunkt bei den Erkrankungen des Magen-Darm-Traktes, während andere Störungen wie Leber- oder Nierenerkrankungen als Indikation geringere Bedeutung aufweisen. Hervorzuheben ist mit Blick auf die Fütterungsbedingungen in der Praxis, dass diätetische Maßnahmen auf gesicherten futtermittelkundlichen Fakten und ernährungsphysiologischen Zusammenhängen/Sachverhalten beruhen müssen (**Tab. VI.5.19, VI.5.20**). Wesentliche Instrumente sind:

- Futtermengen von Grob-/Kraftfutter bzw. EF
- Fütterungstechnik: maßgeblich Frequenz der Mahlzeiten
- Auswahl bestimmter FM: pektinreiche FM, Öle, besonders solche mit hohem Anteil n3-FS, Milchprodukte → Lactose zur Stimulation der Mikroflora, Diät-FM
- Behandlung des Futters (z. B. thermischer Aufschluss der Stärke), Entstauben, Brikettieren, Wässern, Zerkleinerung (z. B. Häckselung für das alte Pferd)
- Verwendung von Nährstoffen: bedarfsübersteigende Mengen (Spurenelemente, Vitamine).

Vielfach handelt es sich nicht um gravierende Änderungen, sondern um leichte Modifikationen der üblichen Fütterung (z. B. heureiche Fütterung vor oder nach Operationen), die aber (da teilweise auf Widerstände stoßend) dezidiert angeraten werden müssen und sehr effektiv bezüglich der Minderung bestehender oder zu erwartender Risiken sein können.

Drei Grundsätze bestimmen die Diätetik bei Pferden:

1. Mit der Futterzuteilung das m. o. w. „natürliche" Futteraufnahme-Verhalten berücksichtigen.
2. FM, die mikrobiell gut, aber langsam fermentiert werden, bevorzugt verwenden.
3. Längere/mehrstündige Phasen ohne Möglichkeiten der FA vermeiden, z. B. im Zusammenhang mit Transporten, Erkrankungen oder operativen Eingriffen.

Nimmt ein Pferd über eine längere Zeit (> 12–24 h) kein Futter auf, so hat dies evtl. sehr nachteilige Effekte im Dickdarm: Unter diesen Bedingungen fehlt zunehmend das Substrat für die Mikroflora, die auf eine kontinuierliche Versorgung angewiesen ist, wenn die Fermentation (Abbau von Nährstoffen sowie Produktion von FFS und anderen Metaboliten) mit einer gewissen Konstanz erfolgen soll. Sowohl für die Florazusammensetzung wie auch zur Vermeidung einer Entgleisung der mikrobiellen Fermentation ist eine Kontinuität des Chymus- und Nährstoffstroms in den Dickdarm von Vorteil. Fehlt es über längere Zeit an Substrat und Produkten aus der Fermentation, so ist hiervon die Schleimhaut auch direkt betroffen: Für die dauernde Epithelerneuerung sowie für die Aufrechterhaltung der Barrierefunktion der Schleimhaut sind als energieliefernde Produkte die FFS aus der mikrobiellen Verdauung erforderlich (insbesondere Buttersäure, aber auch Essig- und Propionsäure). Bei länger andauernder Nahrungskarenz ist nicht zuletzt mit einem Absterben der Flora im Dickdarm zu rechnen, sodass in vermehrtem Maße auch Endotoxine frei werden, die – bei gestörter Barrierefunktion der Schleimhaut – verstärkt absorbiert werden. Endotoxinämien sind beim Pfd häufig mit schwersten systemischen Effekten (Schock etc.) verbunden.

Tab. VI.5.19: **Indikationen und diätetische Maßnahmen beim Pferd im Überblick**

Indikation	Diätetische Maßnahmen[1]
Abmagerung/Kachexie (ohne Grunderkrankung)	hochverdauliches Grobfutter, pektinhaltige FM (KF erst nach langsamer Adaptation), Fette, aufgeschlossenes Getreide, Enzymergänzungen; Mahlzeitenfrequenz ↑
Adipositas	energiearmes Grobfutter (evtl. Menge ↓) + Mineralfutter + Bewegung, keine Stroheinstreu (Gefahr von Strohkoliken bei übermäßiger Aufnahme)
Ungenügende Futteraufnahme	schmackhafte FM (Haferflocken, Leinextraktionsschrot, Möhren, Luzerne, Zucker, Melasse, Öl), Energie- u. Rp-Konzentration ↑, Mahlzeitenfrequenz ↑, evtl. Fütterung per Nasen-Schlund-Sonde (NSS)[2], Grobfutter ↑, für Futteraufnahme Zeit und Ruhe lassen; Förderung der Wasseraufnahme, evtl. MF lauwarm als Brei anbieten
Verdauungsstörungen Magenulcera	Mahlzeitenfrequenz ↑, KF-Menge/Mahlzeit ↓, Anteil von Grobfutter/pektinreicher FM, Leinsamen (aufgekocht!), Öl ↑; evtl. Konzept der TMR bei Absetzfohlen, gewohnte, bekannte, schmackhafte Komponenten in der Absetzphase
Koliken • Dysbiosen in Dünn-/Dickdarm	hochverdauliche Grob- u. Ergänzungsfutter (pektin-, zellulosehaltige FM, aufgeschlossene Stärke, hochwertiges Protein) in kleinen Mengen/Mahlzeit; Präbiotika, auch Trockenbierhefe; generell Schwerpunkt auf Grobfutter legen
• Obstipationen	Ausschluss von Stroh und stark lignifiziertem Heu; erhöhtes Angebot von Heu aus frühem Schnitt; evtl. Reduktion des Grobfutters, Kraftfutter ↑; je nach Anamnese (z. B. alte Pferde) Grobfutter zerkleinern, einweichen evtl. auf Grünmehle umstellen, Trockenschnitzel (eingeweicht, gequollen)
• Diarrhoe	keine Nahrungskarenz; hochverdauliche FM, Wasser- und Elektrolytsubstitution (Na:K ca. 1:1); evtl. Applikation ausgewählter FM/Stoffe per Nasenschlundsonde[3]
• Sandkoliken	Grobfutter *ad libitum*! Ziel: Sandaufnahme ↓, FM nicht auf sandigem Boden vorlegen
Vor/nach Operationen	Wechsel zu (vor absehbaren Op) bzw. Anfüttern mit hochwertigem Grobfutter (z. B. Grasfütterung nach Op), Vermeidung einer längeren Karenz
Muskelerkrankungen[4]	Grobfutter ↑, Fette ↑ (Pflanzenöle, Reiskleie) und Stärke ↓; Vit E ↑, forcierte Wasser- und Elektrolytversorgung; Öle mit n3-Fettsäuren
Atemwegsaffektionen	Silage, gewässertes Heu, verpresstes Grobfutter (Briketts, Cobs, Pellets), pektinreiche FM; Öle mit n3-Fettsäuren, Vit E, Vit C; Vorsicht: Einstreuqualität bzw. Grobfutterangebot in der Nachbarbox, Haltung und Bewegung optimieren (Staub ↓)
Haut-, Huferkrankungen	Öle mit n3-FS ↑, Zn-, Vit-A-, Vit-E-, Biotinzulagen ↑
Lebererkrankungen	Rp-Reduktion bei höherer Rp-Qualität; bedarfsgerechte oder -übersteigende Energiezufuhr (z. B. Maisflocken, hochverdauliche Grobfutterqualitäten, Trockenschnitzel), Cu- Überversorgung vermeiden, Vit E ↑, Lactulose zur N-Fixierung in der Mikroorganismenmasse, d. h. im Chymus
Nierenerkrankungen	Rp-Reduktion bei höherer Rp-Qualität, ggf. aber renale N-Verluste beachten, bedarfsgerechte oder -übersteigende Energiezufuhr (Maisflocken, Pflanzenöle, hochverdauliches Grobfutter); Ca- und P- Überversorgung vermeiden (kritische FM wie Trockenschnitzel oder Luzerne [Ca ↑] oder Ca-reiche Mineralfutter)

5

[1] Maßnahmen zur Korrektur der aktuell bestehenden Fütterung sind unbenommen.
[2] In Wasser suspendiertes Grünmehl, Ergänzungsfutter oder andere sondengängige Mischungen.
[3] In Wasser suspendierte Stoffe wie Grünmehl, Zellulose oder gelöste Salze flüchtiger Fettsäuren.
[4] Myopathien, Kreuzverschlag.

Tab. VI.5.20: **Diätfuttermittel[1] für Pferde (lt. FM-VO)**

Indikation	Wesentliche ernährungs-physiologische Merkmale	Hinweise zur Zusammensetzung	Anzugebende Inhaltsstoffe
Ausgleich bei chronischen Störungen der Dickdarmfunktion	leicht verdauliche Fasern	Einzel-FM als Faserquelle	n3-Fettsäuren (falls zugesetzt)
Ausgleich bei chronischer Insuffizienz der Dünndarmfunktion	praecaecal leicht verdauliche KH, Proteine und Fette	leicht verdauliche Einzel-FM als Quelle von KH, Rp und Rfe	wie bei EF
Unterstützung der Leberfunktion bei chron. Leberinsuffizienz	hochwertiges Rp, Rp-Gehalt ↓, leicht verdauliche KH	Einzel-FM als Rp- und Faserquelle, leicht verdauliche KH	Met, Cholin, n3-Fettsäuren (falls zugesetzt)
Unterstützung der Nierenfunktion bei chron. Niereninsuffizienz	niedriger Rp-Gehalt, hochwertiges Rp, niedriger P-Gehalt	Einzel-FM als Rp-Quelle	Ca, P, K, Mg, Na
Rekonvaleszenz/ Untergewicht	Energie-/Nährstoffdichte ↑, leicht verdauliche Einzel-FM	leicht verdauliche Einzel-FM	n3-, n6-Fettsäuren
Ausgleich von Elektrolytverlusten bei übermäßigem Schwitzen	vorwiegend Elektrolyte, leicht verfügbare Kohlenhydrate	leicht verdauliche Einzel-FM	Ca, Na, Mg, K, Cl, Glucose
Minderung von Stressreaktionen	leicht verdauliche Einzel-FM	leicht verdauliche Einzel-FM	Mg, n3-Fettsäuren
Stabilisierung des Wasser- und Elektrolythaushalts	vorwiegend Elektrolyte, leicht verfügbare Kohlenhydrate	Einzel-FM als KH-Quelle	Na, K, Cl

[1] Nur in Kombination mit Grob-FM (Rationen) einsetzen.

Literatur

AUSSCHUSS FÜR BEDARFSNORMEN DER GESELLSCHAFT FÜR ERNÄHRUNGSPHYSIOLOGIE (2014): *Empfehlungen zur Energie- und Nährstoffversorgung von Pferden*. DLG-Verlag, Frankfurt

BUNDESMINISTERIUM FÜR ERNÄHRUNG, LANDWIRTSCHAFT UND VERBRAUCHERSCHUTZ (2009): *Leitlinien zur Beurteilung von Pferdehaltungen unter Tierschutzaspekten*. www.bmelv.de

CARTER RA, GEOR RJ, STANIAR WB (2009): *Apparent adiposity assessed by standardised scoring systems and morphometric measurements in horses and ponies*. Vet J 179: 204–210

CARROLL CL, HUNTINGTON PJ (1988): *Body condition scoring and weight estimation of horses*. Equine Vet J 20: 41–45

COENEN M (1992): *Chloridhaushalt und Chloridbedarf des Pferdes*. Habil.-Schrift, Tierärztliche Hochschule, Hannover.

COENEN M, VERVUERT I (2000): *Dem Pferd aufs Maul geschaut*. Praxisrelevante Fragen zur Pferdefütterung. Fortbildungsveranstaltung Hannover, 22. 9. 2000, ISBN 3-00-006832-5

COENEN M, VERVUERT I (2001): *Dem Pferd aufs Maul geschaut*. Ausgewählte Themen zur Futtermittelkunde. Fortbildungsveranstaltung Hannover, 3. 11. 2001, ISBN 3-00-007828-1.

COENEN M, CUDDEFORD D, HARRIS P, LINDNER A, VERVUERT I (2005): *Proc*. Equine Nutrition Conference, 1st–2nd October 2005, Hannover, Sonderheft, Band 21, Pferdeheilkunde 1–132, Hippiatrika Verlag, Stuttgart.

COENEN M, MÖSSELER A, VERVUERT I (2005): *Fermentative gases in breath indicate that inulin and starch start to be degraded by microbial fermentation in the stomach and small intestine of the horse in contrast to pectin and cellulose.* J Nutr Suppl 136: 2108–2110.

COENEN M, VERVUERT I (2005): *Wasser- und Elektrolythaushalt des Pferdes, Übers Tierernährg 31: 29–74.*

CUDDEFORD D (1996): *Equine Nutrition.* The Crowood Press Ltd, GB.

FRAPE D (2010): *Equine Nutrition and Feeding, 3. Edition.* Wiley-Blackwell Oxford, United Kingdom.

GEOR RJ, HARRIS PA, COENEN M (2013): *Equine Applied and Clinical Nutrition.* Saunders Elsevier, Edinburgh, United Kingdom.

JEFFCOTT LB, KLUG E, MEYER H (1996): *2.* Europäische Konferenz über die Ernährung des Pferdes. Pferdeheilkunde 12: 163–376.

JULIAND V, MARTIN-ROSSET W (2005): *The growing horse: nutrition and prevention of growth disorders.* EAAP Scientific Series, Vol. 114, Wageningen Academic Publishers.

KAMPHUES J (2013): *Feed hygiene and related disorders in horses.* In: Geor RJ, Harris PA, Coenen M (2013): Equine Applied and Clinical Nutrition. Saunders Elsevier, Edinburgh, 367–380.

KIENZLE E, SCHRAMME S (2004): *Beurteilung des Ernährungszustandes mittels Body Condition Score und Gewichtseinschätzung beim adulten Warmblutpferd.* Pferdeheilkunde 20: 517–524.

KIRCHGESSNER M, ROTH FX, SCHWARZ FJ, STANGL GI (2008): *Tierernährung, Leitfaden für Studium, Beratung und Praxis, 12.* Aufl., DLG-Verlag, Frankfurt/Main.

LEWIS LD (1995): *Equine clinical nutrition: Feeding and care.* Williams & Wilkins (USA).

MEYER H (1992): *1.* Europäische Konferenz über die Ernährung des Pferdes. Pferdeheilkunde (Sonderausgabe Sept. 1992): 1–215.

MEYER H (1998): *Einfluss der Ernährung auf die Fruchtbarkeit der Stuten und die Vitalität neugeborener Fohlen.* Übers Tierernährg 26: 1–65.

MEYER H, COENEN M (2014): *Pferdefütterung.* Blackwell-Wissenschaftsverlag, 5. Aufl., Berlin, Wien.

MIRAGLIA N, MARTIN-ROSSET W (2006): *Nutrition and feeding of the broodmare.* EAAP Scientific Series, Vol. 120, Wageningen Academic Publishers.

NATIONAL RESEARCH COUNCIL, NRC (2007): *Nutrient Requirements of Horses.* 7th ed., National Academy Press, Washington.

RADE C, KAMPHUES J (1999): *Zur Bedeutung von Futter und Fütterung für die Gesundheit des Atmungstraktes von Tieren sowie von Menschen in der Tierbetreuung.* Übers Tierernährg 27: 65–121.

SAASTAMOINEN M, MARTIN-ROSSET W (2008): *Nutrition of the exercising horse.* EAAP Scientific Series, Vol. 125: Wageningen Academic Publishers.

VERVUERT I (2009): *Food properties affecting starch digestion by healthy horses as measured by glycaemic and insulinaemic responses.* Habil. Schrift, Leipzig.

VERVUERT I (2011): *Fütterungsempfehlungen bei Muskelerkrankungen des Pferdes: Stand der Forschung versus „Supplementiasis".* Prakt Tierarzt 11: 988–991.

VERVUERT I (2013): *Können dicke Ponys und Pferde abnehmen?* Prakt Tierarzt 94(1): 42–44.

VERVUERT I, COENEN M (2004): *Nutritive Risiken für das Auftreten von Magengeschwüren beim Pferd.* Pferdeheilkunde 20: 349–352.

VERVUERT I, VOIGT K, HOLLANDS T, CUDDEFORD D, COENEN M (2009): *Effect of feeding increasing quantities of starch on glycaemic and insulinaemic responses in healthy horses.* Vet J 182: 67–72.

WICHERT B, NATER S, WITTENBRINK MM, WOLF P, MEYER K, WANNER M (2008): *Judgement of hygienic quality of roughage in horse stables in Switzerland.* J Animal Physiol and Animal Nutr 92(4): 432–437.

WOLF P, WICHERT B, ABOLING S, KIENZLE E, BARTELS T, KAMPHUES, J (2009): *Herbstzeitlose (Colchicum autumnale) – Vorkommen und mögliche Effekte bei Pferden.* Tierärztl Prax 37(5): 330–336.

ZEYNER A. (1995): *Diätetik beim Pferd.* VET spezial, Gustav Fischer Verlag, Jena.

5

Tab. VI.5.21: **Gehalte an Rohnährstoffen, Mengenelementen sowie präzäkal verdauliches Rohprotein (pcvRp) und umsetzbarer Energie (ME) in Futtermitteln für Pferde**

a) Grobfutter/ -konserven	TS	Rp	NDF-Rp[1]	pcvRp	Rfe	Rfa	NDF	NfE	ME	Ca	P	Na
	g/kg uS								MJ/kg uS	g/kg uS		
Grünfutter von Weide												
1. Aufw., v. d. Ähren- schieben	160	39	7,5	28	7	30,1	67	68	1,6	1,0	0,7	0,2
1. Aufw. Ähren-, Rispenschieben	180	37	8,0	27	8	43,0	86	73	1,7	1,1	0,7	0,2
2. Aufwuchs, jung	160	37	7,2	27	6	32,5	67	67	1,4	1,0	0,6	0,2
2. Aufwuchs, > 4 Wochen	180	41	8,6	29	9	43,6	86	68	1,5	1,1	0,7	0,2
Heu, Wiese												
Heu, früher 1. Schnitt	860	110	27,5	74	24	207	430	442	8,1	4,5	3,1	0,5
Heu, mittlerer 1. Schnitt	860	98	31,5	60	22	243	538	427	7,2	4,1	2,7	0,5
Heu, überständig 1. Schnitt	860	87	31,3	50	20	269	568	415	6,8	3,9	2,4	0,5
Heu, 2. Schnitt unter 4 Wochen	860	76	21,0	49	17	321	420	375	5,1	4,9	3,2	0,5
Luzerneheu, 1. Schnitt Beginn bis Mitte Blüte	860	138	29,5	98	15	292	379	341	7,2	13,5	2,2	0,4
Kleegrasheu	860	111	26,0	76	21	271	400	385	6,7	8,8	2,7	0,6
Grünmehle												
Grünmehl, Wiese allg.	900	167	32,0	121	38	206	351	387	7,9	6,1	3,6	0,7
Luzernegrünmehl	900	180	35,6	130	28	235	374	347	7,1	16,9	2,9	0,5
Silagen												
Gras-, 1. Schnitt, Ähren/Rispenschieben	350	65	13,2	47	15	77,0	147	153	3,6	2,2	1,4	0,5
Gras-, 1. Schnitt, Blüte	350	53	12,4	36	13	102	173	144	3,0	2,1	1,3	0,5
Gras- 1. Schnitt, Blüte, Heulage	600	90	21,2	62	22	172	296	246	5,1	3,6	2,2	0,9
Gras-, 2. Schnitt, < 4 Wochen	350	67	16,4	46	14	74,9	200	147	3,1	2,0	1,3	0,5
Gras-, klee-, kräuter- reich, 1. Schnitt	350	72	14,6	52	16	76,3	151	145	3,6	2,5	1,4	0,5
Gras-, klee-, kräuter- reich, 1. Schnitt, Blüte	350	57	13,3	39	13	102	177	140	3,0	2,3	1,3	0,5

a) Grobfutter/ -konserven	TS	Rp	NDF-Rp[1]	pcvRp	Rfe	Rfa	NDF	NfE	ME	Ca	P	Na
				g/kg uS					MJ/kg uS	g/kg uS		
Mais-, Beginn Teigreife, Kolbenanteil hoch	340	31	6,5	22	14	62,9	130	214	3,9	0,9	0,7	0,1
Pressschnitzelsilage	220	24	5,3	17	2	46,0	92	132	2,6	3,0	0,3	0,2
Biertrebersilage	240	59	13,5	41	20	46,8	137	102	1,7	0,8	1,4	0,1
Stroh												
Weizenstroh	860	32	27,7	4	12	367	671	379	3,8	2,5	0,8	0,8
– mit NH₃ aufgeschlossen	860	74			13	378		335	4,9	2,5	0,8	0,8
Gerstenstroh	860	33			14	373		386	4,4	3,4	0,9	1,1
– mit NH₃ aufgeschlossen	860	72			13	384		340	5,5	3,4	0,9	1,1
Wurzeln und Knollen												
Kartoffeln, frisch[2]	220	21	0,6	18	1	6,0	17	179	3,0	0,1	0,6	0,1
Mohrrübe, frisch	110	10	0,5	9	2	10,1	13	74	1,6	0,4	0,3	0,3
Gehaltsrüben, frisch	150	13	0,5	11	1	9,9	19	112	1,9	0,3	0,4	0,5
Zuckerrübe, frisch	230	16			1	12,4		182	3,2	0,6	0,4	0,2

b) Konzentrate	TS	Rp	NDF-Rp	pcvRp	Rfe	Rfa	NDF	NfE	ME	Ca	P	Mg
				g/kg uS					MJ/kg uS	g/kg uS		
Körner und Samen												
Ackerbohnen (371)[2]	880	263	37,3	203	14	79,0	145	490	11,3	1,2	4,8	0,2
Dinkel (570)	880	111	20,0	82	22	98,0	300	605	9,7	0,4	3,2	0,1
Futtererbse (421)	880	228	29,1	179	13	59,0	106	558	10,9	0,9	4,1	0,2
Gerste, Winter- (527)	880	109	12,0	87	24	50,0	163	673	11,9	0,6	3,4	0,2
Hafer, mittel (398)	880	106	18,1	79	47	102	282	596	10,5	1,1	3,3	0,2
Hirse (552)	880	114	13,0	91	40	46,0	167	650	11,6	0,3	2,7	0,2
Leinsamen (40)[3]	880	218	34,3	165	32	63,0	228	235	12,2	2,5	5,5	0,8
Lupinen, süß, gelb (43)	880	386	60,8	293	48	147	189	254	10,2	1,9	4,9	0,4
Mais (611)	880	93	5,7	79	40	23,0	101	709	12,8	0,4	2,8	0,2
Reis, ungeschält (565)	880	82	13,9	61	20	96,0	280	637	9,7	0,8	2,8	
Nackthafer (535)	880	139	13,6	113	60	25,5	100	634	12,3	0,7	4,1	

5

b) Konzentrate	TS	Rp	NDF-Rp	pcvRp	Rfe	Rfa	NDF	NfE	ME	Ca	P	Mg
				g/kg uS					MJ/kg uS	g/kg uS		
Weizen, Winter- (583)	880	121	10,8	99	18	26,0	106	698	12,5	0,4	3,3	0,1
Nebenerzeugnisse der Getreideverarbeitung												
Weizenkleie (131)	880	141	30,5	99	38	118	396	526	8,3	1,3	11,8	0,4
Haferfutterflocken (554)	910	122	10,1	101	66	20,0	100	683	12,9	0,8	4,0	0,1
Maiskleberfutter	900	188	32,6	140	21	63,0	296	491	10,2	1,3	8,1	2,3
Reiskleie	880	136	20,3	104	13	78,0	230	441	12,3			
Biertreber, frisch	240	60	13,9	42	19	44,0	141	106	1,7	0,8	1,5	0,1
Biertreber, getrocknet	900	238	54,2	165	77	152	528	390	6,5	3,1	5,5	0,3
Bierhefe, getrocknet[4]	900	469	67,5	361	20	22,0	62	316	9,5	2,8	14,7	1,4
Nebenerzeugnisse der Ölgewinnung												
Sojaextraktionsschrot	880	449	68,4	343	12	57,0	132	303	10,9	3,0	6,4	0,3
Leinextraktionsschrot	890	384	65,2	287	23	92,0	276	332	8,0	3,6	8,6	0,9
Leinkuchen/-expeller	900	321	51,9	242	87	90,0	234	344	8,8	3,3	7,9	1,0
Rapsextraktionsschrot, 00 Typ	890	349	58,5	261	31	127	263	315	8,3	8,0	12,5	0,4
Sonnenblumenextr.-schrot teilentschält	900	345	63,0	254	23	200	359	269	6,8	3,6	9,5	0,3
Erdnussextraktionsschrot, geschält	880	500	80,3	378	12	50,0	188	261	8,6	1,2	6,1	0,4
Nebenprodukte der Zucker-, Stärkegewinnung												
Trockenschnitzel	900	90	22,2	61	8	185	409	563	10,7	6,8	1,0	2,2
Melasseschnitzel	910	114	19,7	85	7	130	296	582	10,6	7,1	0,7	1,9
Melasse	770	105	4,1	91	2			582	10,2	1,7	0,2	6,8
Maniokschnitzel	866	24		6		49,0	85	738	11,1	1,6	0,9	0,3
Futterzucker	990	17		29				965	14,5	0,4	0,1	0,1
Sonstiges												
Pflanzenöl	999		0,0	16	999				38,4			
Magermilchpulver	960	350	42,6	277	5			525	12,7	13,0	10,2	5,3
Apfeltrester	920	52	13,0	35	46	208	369	565	9,4	1,8	1,4	0,2

b) Konzentrate	TS	Rp	NDF-Rp	pcvRp	Rfe	Rfa	NDF	NfE	ME	Ca	P	Mg
				g/kg uS					MJ/kg uS	g/kg uS		

Ergänzungsfutter (Beispiele)

b) Konzentrate	TS	Rp	NDF-Rp	pcvRp	Rfe	Rfa	NDF	NfE	ME	Ca	P	Mg
zu Heu/Getreide	880	120	18,6	91	50	100	248	530	10,1	5,0	3,0	5,0
zu Heu	880	100	13,1	78	60	80,0	211	560	10,9	4,0	3,0	3,0
zu Heu/Stroh	880	140	20,0	108	80	80,0	211	500	11,1	4,0	3,0	3,0
für Zuchtstuten	880	160	23,4	123	50	80,0	211	505	10,2	12,0	6,0	3,0
Saugfohlen	880	180	23,6	141	40	50,0	154	550	11,0	12,0	6,0	3,0
Absetzer – Jährlinge	880	180	26,8	138	50	80,0	211	490	10,2	15,0	8,0	2,0
Jährlinge – Zwei-jährige	880	150	21,7	115	50	80,0	211	520	10,4	10,0	4,0	3,0
für Ponys	880	140	24,2	104	30	120	286	510	9,2	4,0	3,0	2,0

[1] In der NDF-Fraktion fixierter Stickstoff x 6,25 = praecaecal nicht verdaulich
[2] Bei stärkereichen Futtermitteln ist in Klammern der mittlere Stärkegehalt (g/kg) angegeben
[3] Fettreiche Einzelfuttermittel werden isoliert betrachtet energetisch nicht sicher bewertet; entscheidend ist dann die Energiebewertung der Gesamtration
[4] Bei eiweißreichen Futtermitteln inklusive Milchprodukten ergibt die isolierte Energiebewertung niedrige Angaben für die ME, da die Rp-Gehalte rechnerisch einen hohen Abzug für die angenommenen renalen Abgaben energiehaltiger N-Verbindungen bedingen. Der tatsächliche energetische Wert dieser Futtermittel ist jedoch deutlich höher, wenn die Aminosäuren nicht energetisch genutzt, sondern für entsprechende Leistungen (z. B. Wachstum, Laktation) genutzt werden.

6   Schweine

Das adulte Schwein ist vom Bau des Verdauungstraktes her ein typischer Omnivore. Neben einer effizienten Verdauung leicht verfügbarer Nährstoffe (Stärke, Zucker, Fett und Protein) im cranialen Abschnitt des Magen-Darm-Trakts mittels körpereigener Enzyme werden nach Entwicklung des Dickdarmkonvoluts mit Hilfe der Darmflora auch Futterinhaltsstoffe (Rfa, bestimmte Anteile der NfE) verwertet, die im Dünndarm nicht vollständig verdaut wurden (z. B. Stärke) oder für deren Abbau körpereigene Enzyme fehlen. Diese Fähigkeit wird aufgrund der angestrebten hohen Leistung nur phasenweise (z. B. tragende Sauen) stärker genutzt, während sonst hauptsächlich konzentrierte FM zum Einsatz kommen. Diese werden allgemein nahezu *ad libitum* angeboten, um das Leistungsvermögen (Ansatz) voll auszuschöpfen. Eine möglichst exakt am Bedarf orientierte Nährstoffversorgung zur Vermeidung unnötiger Einträge in die Umwelt (über die Exkremente) ist ein weiteres Ziel, das die Fütterungspraxis von Schweinen in den letzten Jahren bestimmt.

Besondere Herausforderungen ergeben sich in der Schweinefütterung durch neuere Vorgaben bzgl. der Haltung (Gruppenhaltung tragender Sauen) sowie bei Verzicht auf die Kastration (Ebermast). Auch die Zucht auf eine höhere Reproduktionsleistung (Ferkel pro Sau und Jahr) hat entsprechende Konsequenzen für die Fütterung (Wurfgröße → Versorgung neugeborener Ferkel; Bedarf für die Milchproduktion ↑).

6.1   Jungsauenaufzucht

In der Jungsauenaufzucht wird als Ziel ein Erstzulassungsalter von 7–8 Monaten bei einer KM von 130–140 kg in der 2. bzw. 3. Rausche angestrebt. Während der Aufzucht sollten im KM-Bereich von 30–120 kg im Mittel tägliche Zunahmen von ca. 700 g angestrebt werden.

Die Proteinversorgung entspricht derjenigen der Mastschweine, während die Energieversorgung um 10 % niedriger anzusetzen ist (**Tab. VI.6.1**).

6.1.1   Hinweise zu Haltung und Fütterung

- Haltung in Gruppen mit ausreichend großer Fläche: 1,85/1,65/1,5 m² je Jungsau (bei Gruppengrößen von ≤ 5/6–39/ ≥ 40 Tieren).
- Alleinfütterung: Bei täglichen Futtergaben von 1,2–3,1 kg sollten je kg MF ca. 12 MJ ME, 105–120 g Rp (bzw. 110–65 g pcvRp), 7–8 g Lysin (bzw. 5,5–6,5 pcvLys), 70–80 g Rfa, 5,5 g Ca und 2,3–2,0 g vP enthalten sein.

Tab. VI.6.1: **Empfehlungen für die tägliche Energie- und Nährstoffversorgung in der Jungsauenaufzucht** (GfE 2006, ergänzt)

KM kg	KMZ g/Tag	ME MJ	Rp[1] g	pcvRp g	pcvLys g	Ca g	vP g
30–60	650	21	225–255	190	12,6	8,7–9,6	3,8–4,1
60–90	700	28	235–270	200	13,2	10,2–10,5	4,3–4,5
90–120	700	33	235–270	200	13,0	10,5–11,0	4,6–4,8
120–150	700	37	235–270	200	13,0	11,0–11,5	4,8–5,0

[1] pcVerdaulichkeit von 75–85 % unterstellt, futtermittelspezifische Variationen

- Kombinierte Fütterung ab 60 kg KM (selten): Tägliche Futtergabe 1,5 kg Schweinemast-AF I + Grund-FM (Weidegras, Gehaltsrüben, Gras- bzw. Maissilage) bis zur Sättigung.

6.2 Sauen

Die Nutzung von Sauen beginnt mit der ersten Konzeption im Alter von 7–8 Monaten in einem KM-Bereich von 130–140 kg.

Vier Wochen nach der Belegung sind Sauen in Gruppen zu halten, wobei – in Abhängigkeit von der Gruppengröße – folgende Flächen erforderlich sind: 2,5/2,25/2,05 m² je Sau (Gruppengröße: bis 5/6 – 39/≥ 40 Tiere).

In der **Gruppenhaltung** ist die individuelle Versorgung mit Energie und Nährstoffen eine Herausforderung für die Fütterungstechnik. In sogenannten Fressliegeboxen, in Selbstfangbuchten oder mittels der Abruffütterung ist eine gezielte Fütterung einzelner Sauen möglich, ansonsten aber schwierig. In KM und Ernährungszustand homogene Gruppen erlauben eine m. o. w. gezielte Versorgung, aber kaum ein wirklich restriktives Futterangebot. Wegen dieser Schwierigkeiten gibt es auch die Möglichkeit eines *Ad-libitum*-Angebotes des Futters (trocken oder flüssig), wobei dann das MF besonders konzipiert sein muss, um eine übermäßige Verfettung in der Trächtigkeit zu vermeiden. Höhere Rfa-Gehalte im MF bzw. in der Ration (unter Verwendung speziell aufbereiteter Grund-FM) sind dann zwingend.

Durch entsprechende züchterische Maßnahmen, eine Optimierung von Haltung, Management, tierärztliche Bestandsbetreuung sowie Fütterung sollen nachfolgende Zielvorgaben erreicht werden:

- im Mittel ≥ 13 lebendgeborene Ferkel/Wurf (bei älteren Sauen)
- leichte und schnelle Geburten (Gesamtdauer < 3–4 h)
- Geburtsgewichte der Ferkel: im Mittel 1,5 kg (bei geringer Variation)
- Ferkelverluste bis zum Absetzen: max. 12 %
- nach dem Absetzen: innerhalb von 4–5 Tagen wieder Belegung

- „Langlebigkeit": im Mittel > 5 Würfe je Sau (Nutzungsdauer ↑)

Das Prinzip der Sauenfütterung besteht darin, in der

- **Trächtigkeit** eine übermäßige, d. h. bedarfsüberschreitende Energie- und Nährstoffaufnahme zu vermeiden; die KM-Zunahme (einschließlich der Trächtigkeitsprodukte) soll während der 1. Trächtigkeit bis zu 70 kg und ab der 2. Trächtigkeit bis zu 75 kg betragen. In folgenden Trächtigkeiten geht dieser maternale Zuwachs zurück (→ 45 → 35 kg) und in der
- **Laktation** eine ausreichende, d. h. bedarfsdeckende Energie- und Nährstoffversorgung zu gewährleisten, um übermäßige KM-Verluste in der Laktation (> 10 % der KM) zu vermeiden → ausbleibende bzw. verzögerte Rausche nach dem Absetzen.

Dieses Fütterungsprinzip soll sicherstellen, dass innerhalb des Reproduktionszyklus nur moderate KM-Veränderungen auftreten und die KM-Bilanz positiv bleibt, um die KM-Zusammensetzung der Sau möglichst konstant zu halten. Insbesondere höhere KM-Verluste in der Laktation führen – selbst bei Ausgleich in der folgenden Gravidität – zu einer fortschreitenden Verminderung des Fettgehaltes im Sauenkörper, weil KM-Verluste (550–650 g Fett/kg) in der Laktation nicht mit dem KM-Zuwachs (nur 200–300 g Fett/kg) während der Gravidität identisch sind. Die Folgen sind u. a. ein vermehrtes Auftreten von „Dünne-Sauen-Syndrom" und Fruchtbarkeitsstörungen.

Der Ernährungszustand von Sauen zeigt im Verlauf des Reproduktionszyklus – insbesondere bei großen Würfen – teils sehr massive Veränderungen, d. h. Verluste in der Laktation und (dann auch erforderliche) Zunahmen in der Gravidität. Für die Beurteilung des BCS werden bei Betrachtung des Tieres von hinten die Konturen, die sich durch das Skelett (insbesondere Beckenknochen, Wirbelsäule mit Dorn- und Querfortsätzen, evtl. seitlich auch die Schulter-

Tab. VI.6.2: **Beurteilung des Ernährungszustandes von Sauen anhand des BCS**

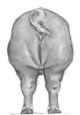

Quelle: top agrar, Huneke

BCS					
Merkmal	**1**	**2**	**3**	**4**	**5**
Hüft- und Sitzbeinhöcker	+++ „eckige Kontur" bildbestimmend	++	+	–	– (nicht mehr zu ertasten)
Wirbelsäule[1]: • Dornfortsätze	Kontur bestimmt durch BW +++ LW +++	++	BW sichtbar LW ertastbar	–	BW/LW nicht sicht-/tastbar
Schwanzansatz	markant, umgebendes Gewebe eingefallen	→	von Fettgewebe umgeben	→	im Fettgewebe versunken/eingebettet
Innenschenkel- und Vulvabereich (Fettfalten)	„mehr Haut als Unterhaut-/Fettgewebe", flache Muskeln	→	erste leichte „Fettfalten" im Innenschenkelbereich	→	„Fettfalten" im gesamten Innenschenkelbereich u. in Vulvanähe
Seitl. Konturen: • Rippen • Schulterblattgräte	Kontur bestimmt durch +++ +++	→	nicht zu sehen, aber noch zu ertasten	→	• nicht zu fühlen • nur unter Druck zu ertasten

+++: auffällig bzw. leicht zu ertasten;
[1] BW = Brustwirbelbereich; LW = Lendenwirbelbereich

blattgräte) sowie die Muskulatur und Fettauflagerung ergeben, näher geprüft (**Tab. VI.6.2**). In den Extremen zeigen sich entsprechend fehlende Muskelmassen oder von Fettauflagerungen abgedeckte und deshalb nicht mehr differenzierbare Muskelpartien bzw. Knochen (-vorsprünge).

Zur Umstallung in den Abferkelbereich sowie zum Absetzen der Ferkel ist eine BCS-Beurteilung besonders angebracht, weil damit Risiken für Gesundheit und Leistung erkennbar werden.

6.2.1 Energie- und Nährstoffversorgung

Zur täglichen Energie- und Nährstoffversorgung siehe **Tabelle VI.6.3**.

Grundlagen der o. g. Bedarfsempfehlungen:

Trächtigkeit: KM-Zunahme je nach Parität zwischen 75 und 35 kg. Hiervon entfallen bis zu 45 kg auf das maternale Wachstum und 25 kg auf Trächtigkeitsprodukte. Als Wurfleistung werden bei Jungsauen ≥ 10 Ferkel und bei älteren Sauen ≥ 13 Ferkel mit einer mittleren KM von mind. 1,3 kg je Ferkel bei der Geburt zugrunde gelegt.

Tab. VI.6.3: **Empfehlungen für die tägliche Energie- und Nährstoffversorgung (GfE 2006)**

	ME MJ	Rp[1] g	pcvRp g	pcvLys g	Ca g	vP g	Na g	Vit A IE	Vit D IE
Trächtigkeit[2]									
NT (1.–84. d)	31–35	260–310	220–230	11–12	6–8	2–3	1,3	8 000	500
HT (85.–115. d)	39–43	355–415	300–310	16–18	16–18	6–7	1,5	12 000	700
Laktation[3]									
WZ 2,0 kg/d	60–64	670–840	570–630	35	32	16	10		
WZ 2,5 kg/d	75–78	860–1055	730–790	46	39	20	12	15 000	1500
WZ 3,0 kg/d	90–93	1060–1270	900–950	56	45	23	14		
Absetzen bis **Decken**	39–43	310–350	260	14	6–8	2–3	1,3	12 000	700

NT = niedertragend, HT = hochtragend, WZ = Wurfzuwachs

[1] pc Verdaulichkeit von 75–85 % unterstellt, futtermittelspezifische Variationen.
[2] Versorgungsempfehlungen gelten nur für den thermoneutralen Bereich (19 °C bei Einzelhaltung, 14 °C bei Gruppenhaltung) und für den KM-Bereich 185–225 kg bei Laktationsbeginn. Je 1 °C unterhalb des thermoneutralen Bereichs sind Zuschläge von 0,6 MJ ME bei Einzelhaltung und 0,3 MJ ME bei Gruppenhaltung erforderlich. Für schwerere Sauen ist je 10 kg KM über 225 kg KM eine zusätzliche Energieversorgung von 1 MJ ME pro Tag vorzusehen.
[3] Laktationsdauer: ca. 25 d, bei geringer Beifutteraufnahme der Ferkel und bei KM-Verlusten von bis zu 20 kg in der Laktation; Energiegehalt der mobilisierten KM: 20 MJ/kg; Milchaufnahme je kg Ferkelzuwachs: 4,1 kg; Energiegehalt der Sauenmilch: 5 MJ/kg. Der Verzehr von 1 kg Ergänzungsfutter („Saugferkelbeifutter") durch die Ferkel vermindert die nötige ME-Versorgung der Sau um 22 MJ oder den KM-Verlust der Sau um 0,9 kg. Die Versorgung mit pcvRp in der Laktation ist auch in Abhängigkeit von den tolerierten KM-Verlusten zu sehen (o. g. höhere Werte einsetzen, wenn KM-Verluste von nur 10 kg angestrebt werden).

Laktation: Für eine ca. 4-wöchige Säugeperiode werden bis zu 20 kg KM-Verlust der Sau und ein Wurfzuwachs von 2,0–3,0 kg/d unterstellt, und zwar m. o. w. unabhängig von der Ferkelzahl (Wurfgröße).

Zur Versorgung mit Spurenelementen und weiteren Vitaminen s. Kap. V.2.3, V.2.4.

6.2.2 Futteraufnahme und -zusammensetzung

Bei Einsatz von AF ist eine bedarfsgerechte Energie- und Nährstoffversorgung während der Gravidität und Laktation in der Regel nur über Rationen bzw. MF mit **unterschiedlicher** Energie- und Nährstoff-Dichte zu gewährleisten.

In der Gravidität sind 10–12 MJ ME je kg AF und je MJ ME 10 g Rp sowie 0,45 g Lysin erforderlich. Ein Rfa-reicheres, voluminöseres Futter in der Gravidität fördert die in der Laktation angestrebte hohe Futteraufnahme. In der Lakta-

tion ist zu beachten, dass während einer ca. 4-wöchigen Säugeperiode unter Berücksichtigung einer 1-wöchigen Anfütterung und einer Reduzierung der Futtermenge vor dem Absetzen nur mit einer durchschnittlichen täglichen Aufnahme von ca. 6–7 kg (Jungsauen: ca. 5 kg) AF gerechnet werden kann. Zur Laktationsspitze sollte bei den Sauen heute schon eine Futteraufnahme von ca. 8 kg MF/Tier und Tag erreicht werden (schmackhaftes, verpresstes AF, evtl. 3-malige Fütterung pro Tag). Im AF für laktierende Sauen sollen demnach enthalten sein: mindestens 13 MJ ME je kg und je MJ ME 12–13 g Rp sowie 0,65–0,75 g Lysin. Beachte negative Effekte hoher Stalltemperaturen (je 1 °C > 20 °C: Rückgang der Futteraufnahme um 120–140 g/Sau und Tag). Bei hoher Futteraufnahme und hoher Stalltemperatur wird der Erhalt einer normalen Körpertemperatur, d. h. die Abgabe von Wärme, zu einer Herausforderung für den Stoffwechsel der Sau. Die Hyperthermie ist als

Stressor nicht zuletzt evtl. endokrinologisch wirksam (Milchproduktion!).

6.2.3 Fütterungspraxis

Allgemeine Hinweise

- Eine gezielte Nährstoffversorgung ist nur bei Einzelfütterung möglich. Bei tragenden Sauen ist eine einmalige Fütterung am Tag möglich; aber evtl. höheres Risiko für Magen-Darm-Torsionen durch gierige Futteraufnahme und größere Unruhe (?).
- Zur MMA-Prophylaxe: Futtermengenrestriktion 1–2 Tage a. p. (auf 1–2 kg), evtl. spezielle Diät-FM; Umstellung auf AF für lakt Sauen erst in 1. Woche p. p., evtl. Zulage laxierend wirkender Komponenten wie Weizenkleie (0,5 kg/Tag) oder Substanzen wie Glaubersalz (3 Esslöffel pro Tag), evtl. Säuren- oder Probiotika-Zulagen zum Futter; keine Limitierung der Wasserversorgung bei trgd Sauen (→ Urogenital-Infektionen ↑; daher evtl. $CaCl_2$-Zusatz von 15–20 g/Tier u. Tag → pH im Harn < 6,5).
- Fütterung während der Laktation:
  - Umstellung auf AF für laktierende Sauen meist schon a. p. (bei Umstallung in Abferkelbucht),
  - Ab 1. Tag p. p.: Steigerung der Futtermenge um täglich 0,5–1 kg bis zur *Ad-libitum*-Fütterung bei Würfen mit ≥ 10 Ferkeln.
  - Insbesondere peripartal und in der Laktation: hohe Wasseraufnahme sichern!
  - 3–4 Tage vor dem Absetzen: Futtermenge reduzieren um tgl. 1 kg bis zur Menge von 3 kg am Tag des Absetzens.
- Beim Absetzen: Sau wird von den Ferkeln genommen (Sau → Deckzentrum; Ferkel bleiben in Abferkelbucht oder kommen in spezielle Aufzucht- bzw. Flat-Deck-Ställe).
- Zwischen Absetzen und erneuter Belegung („Güst-" oder „Leerzeit"): je Sau täglich ca. 3 kg AF für tragende Sauen oder bei stärker abgesäugten Sauen ca. 3–4 kg AF für laktierende Sauen (so ist evtl. ein gewisser Flushing-Effekt zu erzielen).

Fütterungssysteme

Je nach Haltung (einzeln/in Gruppen) und Art der verfügbaren FM sind zu unterscheiden:

- Gruppenhaltung (insbes. trgd, evtl. auch laktierende) Sauen: Abruffütterung (Transponder) oder Fixierung zur Fütterungszeit in Einzelbuchten oder Fressständen.
- Einzelhaltung: individuelle Futterzuteilung (von Hand/automatisiert).
- Alleinfütterung: ausschließliche Verwendung von AF (für trgd bzw. lakt Sauen).
- Kombinierte Fütterung: betriebseigene Grundfutter wie Grünfuttersilagen, Rüben u. Ä. werden mit einem EF kombiniert.

Alleinfütterung

In diesem Fütterungssystem erhalten die Sauen ausschließlich ein dem Bedarf entsprechendes AF (d. h. für trgd bzw. lakt Sauen; **Tab. VI.6.4, VI.6.5**). Während bei den trgd Tieren eine Zuteilung erfolgt (ca. 3–3,5 kg/Tier und

Tab. VI.6.4: **Richtwerte für Energie- und Nährstoffgehalte im AF für Sauen (Angaben je kg)**

		Tragende Sauen	Laktierende Sauen
ME	(MJ)	10–11,5	> 13
Rp	(g)	85–110	150–190
pcv Rp	(g)	65–85	130–160
Gesamt-Lys[1]	(g)	6–7	9–10
pcv Lys	(g)	4,5	8
Rfa[2]	(g)	mind. 80	max. 60
Ca	(g)	5–6,5	7–8
P	(g)	4–5	6
vP	(g)	2–2,2	3–3,5

[1] Proteinqualität: für tragende Sauen 5 g Lys/100 g Rp, für laktierende Sauen 5–6 g Lys/100 g Rp. Die Verdaulichkeit des Lys sollte 75–80 % (Gravidität) bzw. 80–85 % (Laktation) betragen.

Anzustrebende AS-Relation				
pcv Lys	:	pcv Met/Cys	: pcv Thr	: pcv Trp
1	:	0,60	: 0,65	0,18–0,22
				0,22 in der Laktation

[2] Nach Tierschutz-Nutztierhaltungs-VO: mind. 8 % der TS im AF für trgd Sauen vorgeschrieben.

Tag), kommt das AF in der Laktation – zumindest bei Würfen mit ≥ 10 Ferkeln – allgemein *ad libitum* zum Einsatz. Bei trgd Sauen sollte das AF Rfa-reicher sein, um ein höheres „Sättigungsgefühl" zu erzielen (günstig für Verhalten und Futteraufnahme p. p.). ❦

Faustzahlen:

🔖 Tägliches Futterangebot in der Laktation (in kg):

---
1 % der KM der Sau + 0,45 bis 0,50 kg je Ferkel

Gesamtverbrauch an AF je Sau und Jahr: 1000–1200 kg ❦

Tab. VI.6.5: **Empfehlungen zur Zusammensetzung von AF für Sauen (Komponenten in %)**

Alleinfutter für	Tragende Sauen (13 % Rp, ≤ 11,5 MJ ME)	Laktierende Sauen (18 % Rp, > 13 MJ ME)
Getreide	> 50	60–70
sonstige FM[1]	20–40	10–20
Sojaextraktionsschrot (44 % Rp)	4–6	10–15
Fischmehl (> 60 % Rp, < 8 % Rfe)	2–3	3–5
Eiweißkonzentrat (44 % Rp)	4–6	15–20
Mineralfutter mit AS[2]	3–4	3–4
Fett	1	1–5

[1] Nebenprodukte der Müllerei, Stärke- und Zuckergewinnung, DDGS, Maniokmehl, Kartoffelschrot, Grünmehl.
[2] Ergänzung mit Aminosäuren: Lys, Met.

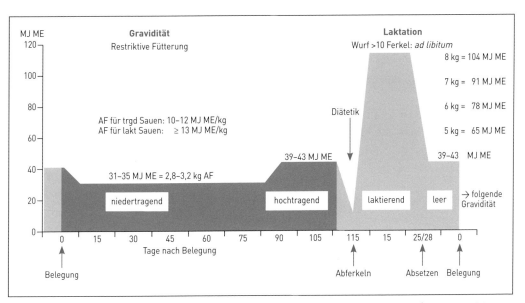

Abb. VI.6.1: Fütterung und Energieversorgung von Sauen im Verlauf eines Reproduktionszyklus (Standardverfahren: zwei unterschiedliche AF und Absetzen der Ferkel mit 25/28 Tagen; Diätetik zur Geburtsvorbereitung).

Kombinierte Fütterung

Bei diesem Fütterungssystem werden wirtschaftseigene FM (wie Weidegras, Gras-, Maissilage, Rüben, CCM) mit einem EF kombiniert. Die preisgünstigen (aber arbeitsaufwendigen) wirtschaftseigenen FM sollten mind. 50 % (besser 60–70 %) des Energiebedarfs trgd Sauen decken. Menge und Zusammensetzung des EF sind den Grund-FM anzupassen.

Bei den trgd Sauen ist von einer Futteraufnahmekapazität (TS) von 2–2,5 % der KM auszugehen. Bei hochtragenden Tieren wird der Anteil wirtschaftseigener Grund-FM um etwa $^1/_3$ reduziert und der an EF dem Bedarf entsprechend erhöht. Zur Laktation wird dann wieder das AF-Konzept praktiziert.

Verschiedene Vorteile der kombinierten Fütterung (längere Beschäftigung mit der Futteraufnahme, stärkere Füllung des Magen-Darm-Trakts, höhere Futteraufnahme in der Laktation) sind möglicherweise auch mit dem in jüngster Zeit propagierten *ad libitum*-Angebot eines energiereduzierten, faserreichen und voluminösen MF (z. B. auf der Basis vermuster Mais-/Grassilage u. ä. FM) bei graviden Sauen zu erreichen. Dieses Konzept entspricht jedoch eher dem vorher behandelten Alleinfutterkonzept.

6.2.4 Ernährungsbedingte Gesundheits- und Fruchtbarkeitsstörungen

In Sauenbeständen anzutreffende fütterungsbedingte Probleme sind in **Abbildung VI.6.2** zusammengestellt.

Unter den Erkrankungen im Sauenbestand, die insbesondere die Reproduktionsleistung (aufgezogene Ferkel pro Sau und Jahr) nachteilig beeinflussen, verdienen die MMA-Erkrankung (d1–d3 postpartal) und Fertilitätsstörungen (nach dem Absetzen) besondere Erwähnung:

Verhaltensstörungen
- gravide Sauen in einstreuloser Haltung (nur Kraftfutter)
- Beginn der Laktation (Aggressionen; Fütterungseinflüsse?)

Verletzungen
- Fütterungs-/Tränketechnik
- Bissverletzungen (z. B. am Automaten wartende Sauen)

Verdauungsstöungen
- Schlundverstopfung
- Magentympanie und -drehung
- Magenulcera
- Durchfall
- Kotverhaltung/Verstopfung (Rfa-Mangel)

Skeletterkrankungen
- Arthrosis deformans (zu intensive Jungsauenaufzucht)
- Klauenerkrankungen (Klauenhornqualität)

Fertilitätsstörungen
- infertile Rausche (Zearalenon)
- Absetzen-Rausche-Intervall ↑
- Konzeptions-/Umrauschrate ↑
- Abortrate ↑
- Ferkelverluste ↑ (Milchmangel)
- MMA-Erkrankung ↑
- Jung-/Altsauen-Relation
- Dünne-Sauen-Syndrom

Erkrankungen am Genitaltrakt
- endokrinologische Störungen (z. B. Ergotalkaloide → Gesäugeanbildung ↓, Zearalenon → Ovarien)
- Infektionen des Uterus (z. B. von Harnwegsinfektionen ausgehend)

Erkrankungen des Harnapparates (Wasserversorgung!)
- Infektionen (Harnblase)
- Konkrementbildungen

Allgemeinerkrankungen
- Infektionen (Erreger als FM-Kontaminanten)
  - Salmonellen
  - Leptospiren
  - Rotlauf
  - Clostridien
- Intoxikationen (Beispiele)
  - Vit D, Selen
  - NaCl, Beizmittel
  - Mykotoxikosen
- Mangelerkrankungen (Beispiele)
  - Anämie
  - Parakeratose
  - Avitaminosen

Erkrankungen des Atmungstraktes
- PPE (Fumonisin)
- Ionophoren-Verschleppung
- Stallklimamängel (Fütterungseinflüsse)

Abb. VI.6.2: Fütterungsbedingte/-assoziierte Gesundheitsstörungen in Sauenbeständen (beachte Vielzahl und Vielfalt von Interaktionen).

Mastitis, Metritis, Agalaktie (MMA-Komplex)

Fieberhafte Erkrankung (> 39,5 °C) peripartal, Ätiologie multifaktoriell, z. T. unklar. Disponierende Faktoren von Seiten der Fütterung:

- Überfütterung (Energie, Protein) während der Gravidität → Verfettung → Wehenschwäche → Geburtsdauer ↑ → Metritis
- durch Rfa-Mangel und eingeschränkte Bewegungsaktivität bedingte Kotverhaltung → Obstipationen → forcierte Endotoxinabsorption (?) → evtl. kombiniert: reduzierte Darm- und Uterusmotorik bzw. -peristaltik
- Ca- und Na-Mangel → Wehenschwäche (?)
- Protein-, Vit A-Mangel → geschwächte Infektionsabwehr (?)
- durch limitiertes Wasserangebot in der Gravidität und hohen pH-Wert im Harn (alkalisierend wirkende Überschüsse an Ca, Mg!) → chron. Harnwegsinfektionen ↑ → Metritiden ↑

Unbefriedigende Fruchtbarkeitsleistungen (meistens komplexe Genese)

Haltung, Genotyp, Reproduktionsmanagement, Infektionen sowie Ernährung:

Fehlende oder zu späte Rausche (normal: 4–7 Tage nach Absetzen, Erstlingssauen allgemein etwas später):

- Energiemangel während der Laktation und/oder nach Absetzen (KM-Verluste von mehr als 20 kg während der Laktation, keine Zunahme nach dem Absetzen).
- Mangel an unges. FS mind. 12 g/Tag
  Vit B$_{12}$ mind. 15 µg/kg AF
  Cholinchlorid etwa 1250 mg/kg AF
  Biotin mind. 0,2 mg/kg AF

Umrauschen: Eber und Besamungstechnik prüfen! Evtl. Infektionen bei Sauen (Brucellose, Toxoplasmose, Leptospirose); Futter: auf Vit A, Mykotoxine achten.
Dauerbrunst: Xenoöstrogene im Futter, insbesondere Zearalenon, evtl. andere Substanzen?
Mangelnde Gesäugeanbildung zur Geburt:

- typ. Effekt von Mutterkornalkaloiden
- Stress-/Endotoxin-Effekte?

Zu kleine Würfe:

- nach der Belegung Energieüberversorgung (> 35 MJ ME/Tag) oder extremer Mangel (< 25 MJ ME/Tag, einzelne Tiere bei Gruppenfütterung)
- Na-, Vit-A-, Vit-E-, Se-Mangel
- Mykotoxine, Mutterkorn

Untergewichtige Ferkel (< 1 kg):

- bei sehr großen Würfen vergleichsweise hoher Anteil
- sehr hohe KM-Verluste (> 20 % d. KM) in vorausgegangener Laktation
- Energiemangel, absolut oder relativ (→ tiefe Umgebungstemperaturen!), seltener: Mangel an Mn sowie Vit B$_2$ und Vit B$_{12}$

6.3 Eber

6.3.1 Aufzuchtperiode

Eber sollen ab dem 7.–9. Lebensmonat mit einer KM von 120–130 kg zur Reproduktion genutzt werden (Tageszunahmen von 700–800 g im KM-Bereich von 20–110 kg). Spätere optimale Funktionsfähigkeit der Reproduktionsorgane mit gut ausgebildetem Paarungsverhalten wird u. a. durch höhere Met- + Cys-Versorgung während der Aufzucht erreicht. Das Verhältnis von Lys zu S-haltigen AS ist dabei enger als in der Mast einzustellen.
Ein AF für die Eberaufzucht sollte je kg enthalten: 12,6 MJ ME, 180 g Rp bzw. je MJ ME, 0,70–0,65 g pcvLys und 0,48 g pcvMet + Cys. Auch die Zn-, Vit A- und Linolsäureversorgung ist zu beachten (**Tab. VI.6.6**).

6.3.2 Deckeber

Die Zuchtnutzung beginnt im Alter von 7 Monaten entsprechend einer KM von 120–140 kg. Noch wachsende Tiere bis zu einer KM von etwa 180 kg werden als Jungeber bezeichnet. Sie unterscheiden sich gegenüber Altebern durch intensives Wachstum. Eber sollten so gefüttert werden, dass die KM der Alteber (je nach Genotyp unterschiedlich) 250–280 kg nicht wesentlich überschreitet (im Interesse einer langen Zuchtnutzung).

Tab. VI.6.6: **Empfehlungen für die tägliche Energie- und Nährstoffversorgung während der Jungeberaufzucht**

KM-Bereich kg	KMZ g/d	ME MJ	Rp[1] g	pcv Rp g	pcv Lys g	pcv S-AS g	Ca g	vP g
30–60	700	21	320–360	270	15	11	10–13	4–5,5
60–90	850	27	425–480	360	20	14		
90–120	750	31	435–495	370	21	15		

[1] pc Verdaulichkeit von 75–85 % unterstellt, futtermittelspezifische Variationen, s. Tab. I.5.4.

Tab. VI.6.7: **Empfehlungen für die tägliche Energie- und Nährstoffversorgung von Deckebern**

KM kg	KMZ g/Tag	ME MJ	Rp[1] g	pcv Rp g	pcv Lys g	pcv S-AS g	Ca g	P g	vP g	Na g
120–180	400	30	450–510	380	21	14	15	12	7	3
> 180	200–0	30	450–510	380	21	14				

[1] pc Verdaulichkeit von 75–85 % unterstellt, futtermittelspezifische Variationen, s. Tab. I.5.4.

Der Energie- und Nährstoffbedarf von Jung- und Altebern ist etwa identisch (**Tab. VI.6.7**). Dies lässt sich damit erklären, dass der Bedarf der Jungeber für das noch erforderliche Wachstum dem höheren Bedarf des Altebers für die Erhaltung und höhere Beanspruchung entspricht.

Bei intensiver Nutzung haben sich zur Erzielung ausreichender Spermamengen guter Qualität tägliche Lys-Gaben von 40 g mit einem Verhältnis Lys zu Met + Cys von 1:0,8 bewährt.

Bei täglichen Futtergaben von 2,5–3 kg sollten im MF für Zuchteber je kg lufttrockener Substanz enthalten sein: 11–12 MJ ME, 180 g Rp, 10–12 g Lys, 8–9 g Met + Cys, 6 g Ca und 4,5 g P. Ration: z. B. 2,5 kg AF für trgd Sauen + 0,2–0,4 kg Fischmehl (S-haltige AS!).

6.4 Ferkel

In der Ferkelfütterung sind zu unterscheiden:
Säugeperiode: Geburt bis Absetzen (ca. 4 Wo/ ca. 7 kg KM).

Aufzuchtperiode: Absetzen bis Mastbeginn (mit ca. 10–11 Wo oder rd. 30–32 kg KM). Um das hohe Proteinansatzvermögen in dieser Periode zu nutzen, sollte die Aufzuchtintensität im KM-Bereich 10–25 kg etwa 500–600 g Tageszunahmen ermöglichen. Anzustreben ist eine KM von 20 kg im Alter von 8–9 Wochen bzw. von 32 kg mit der 12. Woche.

6.4.1 Energie- und Nährstoffversorgung

Siehe **Tabelle VI.6.8.**
Spurenelement- und Vitaminbedarf s. Kap. V.2.3, V.2.4.

6.4.2 Hinweise zu Haltung und Absetzterminen

Saugferkel werden sowohl mit Einstreu als auch einstreulos (häufiger) gehalten; gerade bei einstreuloser Haltung sollte den Ferkeln wegen ihres hohen Temperaturanspruchs ein eigenes „Mikroklima" (Ferkelnest) geboten werden (im Bereich der Sau sollte eine Temperatur von 20–22 °C nicht überschritten werden, ansonsten reduzierte Futteraufnahme).

Tab. VI.6.8: Empfehlungen für die tägliche Energie- und Nährstoffversorgung (GfE 2006)

Alter W	KM kg	KMZ g/Tag	ME MJ	Rp[1] g	pcv Rp g	pcv Lys g	Ca g	vP g	Na g
1.	1,5–2,4	130	2,6	50	40				
2.	2,4–3,8	200	3,7	65	55	2–5	1,5–4	1,0–1,6	0,5
3.	3,8–5,5	250	4,9	90	75				
4.	5,5–7,5	280	5,7	100	87				
5.	7,5–10,0	350	6,9	120	100	6–8	4–6	1,7–2,0	0,7
6.	10,0–12,8	400	9,2	135	130				
7.	12,8–16,0	450	10,2	155	145				
8.	16,0–19,5	500	12,0	170	115	9–12	6–9	2,0–3,5	1,0–1,2
9.	19,5–23,4	550[2]	13,4	190	160				
10.	23,4–27,6	600[2]	14,8	210	175				
11.	27,6–32,5	700[2]	17,7	240	205	14,1	9,3	4,0	1,5

[1] pc Verdaulichkeit von 85 % unterstellt, futtermittelspezifische Variationen, s. Tab I.5.4.
[2] Im KM-Bereich von > 20 kg werden heute auch höhere Zunahmen (≥ 800 g) erreicht.

Allgemein erforderliche Maßnahmen im Abferkelbereich:
- Belegen der Abteile im Rein-Raus-Verfahren nach Reinigung und Desinfektion.
- Technische Einrichtungen zum Schutz vor Erdrücken (insbesondere 1. LW), nach 1. Woche: Bewegungsmöglichkeiten der Sau erweitern.
- Bereitstellung von zusätzlichen Wärmequellen (Ferkelnest).
- Leicht zugängliche Selbsttränken für die Ferkel.

Die Haltung nach dem Absetzen erfolgt nur noch selten in der Abferkelbucht, allgemein in speziellen Ferkelaufzuchtställen (Flat-Deck-Ställe). Die Ansprüche an Klimaführung und Fütterung variieren in Abhängigkeit vom Absetztermin:

Spätes Absetzen: mit ca. 5–6 Wochen, KM: 9–12 kg (heute eher selten)
Frühabsetzen: nach Schweinehaltungs-VO erlaubt bei > 21 Tagen; allgemein mit 25–28 Tagen, KM: 6–8 kg (Standardverfahren).

Ziel des Frühabsetzens ist insbesondere die Erreichung einer größeren Wurf- und Ferkelzahl je Sau und Jahr. Je früher abgesetzt wird, umso wichtiger wird eine Optimierung der Haltung und Fütterung. Ein Absetzen mit 10–14 Tagen (SEW = *Segregated Early Weaning*) ist aber nur bei medizinischer Indikation erlaubt und soll Infektionen der Ferkel mit solchen Erregern vorbeugen, deren latente Träger die Muttersauen sind. Nach dem Absetzen der Ferkel erfolgt die Aufzucht meist auf dem gleichen Betrieb, d. h. beim Ferkelerzeuger, aber in speziellen Flat-Deck-Ställen; des Weiteren gibt es auf die Aufzucht spezialisierte Betriebe (ohne Sauen/keine Mast), in denen eine einstreulose Haltung (meist auf Kunststoffböden) üblich ist.

6.4.3 Fütterungspraxis
Hinweise zur Fütterung bis zum Absetzen (s. a. **Tab. VI.6.9**)
- Unmittelbar p. n. die Aufnahme von Kolostrum für die passive Immunisierung sichern.
- Bei mangelnder Milchleistung der Sau bzw. in Würfen mit > 12 Ferkeln sind MAT für Ferkel einzusetzen ("Ferkelamme") bzw. ist ein Wurfausgleich nötig, um ein Verhungern/ Verdursten einzelner Ferkel zu verhindern (Zahl milchergiebiger Zitzen? Saugaktivität untergewichtiger Ferkel? Erreichbarkeit der Gesäugeleisten bei liegender Sau?).

6

Tab. VI.6.9: **Fütterung zum Zeitpunkt des Absetzens**

Allgemeiner Grundsatz:	Kein abrupter Wechsel des Festfutters in der Absetzphase.
Absetzen mit ca. 5 Wochen:	Anfangs etwas Ergänzungsfutter für Saugferkel, Wechsel auf übliches Ferkelaufzuchtfutter in der 3.–4. LW.
Absetzen mit 25–28 Tagen:	Teils mit bewusstem Verzicht auf jede Saugferkelbeifütterung; besser: ab 10. LT Ergänzungsfutter für Saugferkel und Einsatz über den Absetztermin hinaus (mind. 1 Woche), dann erst Umstellung auf Ferkelaufzuchtfutter I.

Tab. VI.6.10: **Zusammensetzung von Mischfuttermitteln für Ferkel (Angaben in kg uS)**

	MAT für Ferkel[1]	EF für Saugferkel	Aufzuchtfutter I	Aufzuchtfutter II[2]
ME MJ	–	> 13	14,2	13,4
Rp	240	220	210	190
pcv Rp	–	–	180	160
Lys	≥ 15	≥ 14	14,5	13,0
pcv Lys[3]	–	–	12,5	11,0
Rfa[4]	max. 15	max. 50	30–50	40–60
Ca[5]	min. 10	min. 8	9–10	8–9
vP	min. 7 (P)	min. 7 (P)	3–3,5	3–3,5
Verwendung ab ...	Geburt	2. LW	5. LW	9. LW
bis ...	3. LW	4. LW	8. LW	11. LW
Verbrauch (kg) je Ferkel	2–3	< 2	ca. 20	ca. 25

Lys, pcv Lys, Rfa, Ca, vP bracketed with **g**

[1] Bei Milchmangel und bei sehr großen Würfen.
[2] Ferkelaufzuchtfutter II kann bei normal entwöhnten Ferkeln auch ab der 6. LW verabreicht werden, wenn z. B. keine hohen Verkaufsgewichte erzielt werden müssen, Verbrauch bis 35 kg KM: 55 kg.
[3] Beachte notwendige AS-Relationen.
[4] Rfa-Gehalt im Ferkelaufzuchtfutter bei gesundheitlichen Problemen (E. coli u. Ä.) evtl. anheben (bis zu 60 g/kg AF).
[5] In der 1. Woche nach dem Absetzen evtl. Ca-Gehalt deutlich absenken (geringeres Pufferungsvermögen angestrebt).

- Zusätzliche Fe-Versorgung entweder parenteral am 2.–3. LT durch ca. 200 mg Eisen als Eisendextran (evtl. Wiederholung am 21. Tag) oder während der ersten 2 Wochen über ein spezielles Ergänzungsfutter (z. B. „Eisenpasten") oder Tränken.
- Je nach gewähltem Absetztermin ab 10. LT mit Beifütterung beginnen (Stimulierung der Enzymbildung für die Verdauung von Trockenfutter, Adaptation der Intestinalflora an milchfremde Komponenten; Sauenmilch deckt nur in den ersten 2 Lebenswochen den Energie- und Nährstoffbedarf intensiv wachsender Ferkel), Beifutter: täglich frisch in Automaten *ad libitum* bereitstellen.

Futtermittel und Futterverbrauch

Die früher nach dem FM-Recht übliche Unterscheidung der Ferkelaufzuchtfuttermittel (I/II) wird den heutigen Ansprüchen nicht mehr gerecht, d. h. die Praxis arbeitet mit sehr viel differenzierteren AF (**Tab. VI.6.10**), insbesondere in Abhängigkeit von der KM (z. B. Absetzen bis 12/15 bzw. 15–25 oder > 25 kg KM bis Ende der Flat-Deck-Phase). Dabei haben Energiedichte, Proteingehalt und -qualität (Lys!) sowie die Art (milchbasierte/-fremde Produkte) und Bearbeitung (hydrothermisch aufgeschlossen?) einen erheblichen Einfluss auf die Futterkosten.

Angestrebte AS-Relationen:

Auf Basis der pcvAS:

pcv Lys	:	pcv Met/Cys	:	pcv Thr	:	pcv Trp
1	:	0,53	:	0,68	:	0,18

Auf Basis der Brutto-AS-Gehalte im Futter:

Lys	:	Met/Cys	:	Thr	:	Trp
1	:	0,60	:	0,70	:	0,20

Schließlich werden in dieser Phase – in Abstimmung auf betriebliche Gegebenheiten und Risiken – diätetische Ansätze für eine „sichere" Ferkelaufzucht (Minimierung von Tierverlusten und Arzneimitteleinsatz) umgesetzt (*E. coli*-Prophylaxe etc., s. **Tab. VI.6.21**).

Besondere Hinweise zur Fütterung abgesetzter Ferkel

Alle für diese Phase empfohlenen Maßnahmen zielen auf eine kontinuierliche KM-Entwicklung **und** Vermeidung *E. coli*-bedingter Verdauungsstörungen bzw. der Ödemkrankheit.

Als diesbezüglich wirksame nutritive Maßnahmen gelten:
- Hohe Anforderungen an die hygienische Qualität der Mischfutterkomponenten,
- restriktive Fütterung in den ersten 10 Tagen nach dem Absetzen (setzt Tier-Fressplatz-Relation von 1 : 1 voraus); in der Wirkung ähnlich: höhere Rfa-Gehalte,
- Begrenzung des Rp-Gehaltes auf max. 18 % bei Sicherung hoher AS-Aufnahmen (7 g pcv Lys/100 g pcv Rp) durch entsprechende AS-Zulagen,
- Minderung der Pufferkapazität des Futters (wenig puffernde Mengenelementverbindungen wie $CaCO_3$, MgO etc.), Mineralfutter anteilsmäßig reduzieren,
- Einsatz von organischen Säuren (Ameisen-, Zitronen-, Fumarsäure) im Futter, evtl. auch im Wasser (z. B. Ameisensäure: 0,25 %),
- Einsatz von Probiotika, evtl. auch von Enzymen im MF,
- verträgliche Fütterungstechnik (viele kleine Futtergaben/Tag, „Multifeed-System").

Zukaufsferkel (7–9 kg KM) in speziellen Ferkelaufzuchtbetrieben: restriktiv anfüttern in den ersten 10 Tagen, z. B. mit einem EF für Saugferkel (von < 200 auf 450 g pro Tier u. Tag langsam steigern), erst danach allmähliche Umstellung auf Ferkelaufzuchtfutter I; insbesondere auf ausreichende Wasseraufnahme achten (mehrere Tränketypen parallel), evtl. temperiertes Wasser anbieten; ist nicht für jedes Ferkel ein Fressplatz vorhanden, restriktive Futterzuteilung kaum möglich (allenfalls an ersten Tagen kleine Mengen wiederholt auf die saubere Liegefläche streuen).

6.4.4 Ernährungsbedingte Ferkelerkrankungen

Fehler in der Sauenfütterung/-haltung
- Energieüberversorgung, mangelhafte Eiweißqualität bzw. Ca-, P-Unterversorgung
  → ungenügende Kolostrummenge und -qualität, verzögerte Geburt, reduzierte Futteraufnahme p. n.
- Vit-A- oder Carotinunterversorgung
  → geringer Vit-A-Gehalt der Muttermilch
- extreme Unterversorgung mit Energie, Mn, Vit B_2 und Vit B_{12}
  → kleine lebensschwache Ferkel, ungenügende Kolostrumaufnahme
- zu späte Umstallung (< 4 d a. p.) der Sauen, keine Adaptation an stallspezifische Flora
  → keine spez. Antikörper im Kolostrum (Colienteritis)
- Futterwechsel
  → Veränderungen in der Menge und/oder Zusammensetzung der Milch
- FM mit Mykotoxinen
  → Ausscheidung über die Milch → Ferkel sind also sekundär von belastetem Sauenfutter betroffen

Fehler in der Ferkelfütterung

Futterzusammensetzung:
- hohe Anteile an schwer verdaulichem Rp
- zu geringer (< 3 %) oder zu hoher (> 7 %) Rfa-Gehalt
- Nährstoffmangel (Fe, AS)

6

- Futter nicht schmackhaft genug (zuviel Mineralstoffe, Rapsprodukte, Roggen, Mühlennachprodukte, zu fein vermahlen → „staubig" → ungenügende Futteraufnahme)
- zu hoher Anteil von Soja u. a. Leguminosen

Futterqualität:
- Futter mit Mängeln im Hygienestatus (verpilzt, verkeimt, Milben?)
- Fischmehl mit Salmonellen oder zu hohen NaCl-Gehalten
- HCN-haltiges Maniokmehl
- ansaure MAT-Tränke, verhefte MAT-Tränke bzw. Tröge
- hoher Anteil an FM mit stark verkieselten Spelzen (Hafer, Gerste) → Gastritis
- nicht getoastetes oder überhitztes SES

Fütterungstechnik:
- abrupter Futterwechsel (von Saugferkel- auf Ferkelaufzuchtfutter) beim Absetzen
- zu späte Beifütterung/Beifutteraufnahme (besonders bei kleinen Würfen mit hoher Milchaufnahme); nach dem Absetzen überhöhte Futteraufnahme bei *Ad-libitum*-Fütterung oder zu geringe Futteraufnahme kleinerer Ferkel bei rationierter Automatenfütterung
- Zugang zum Sauentrog (Aufnahme ungeeigneter FM)
- mangelnde Reinigung der Tröge bzw. Futterautomaten (verdorbene Futterreste)
- Wasseraufnahme unzureichend (Tränken nicht gängig, kein sichtbarer Wasservorrat)
- mangelhafte Wasserqualität (zu kalt; Restwasser in Tränkebecken mit hohem Schmutz und Keimgehalt)

6.5 Mastschweine

Das Ziel der Schweinemast besteht in der Erzeugung einer vom Markt gewünschten Schlachtkörperqualität bei einer möglichst hohen Wachstumsintensität mit geringstem Futteraufwand. Zur Mast werden weibliche Tiere, männliche kastrierte (Börgen), zunehmend aber auch männliche nicht-kastrierte Tiere, d. h. Eber genutzt. Im Laufe der letzten 20 Jahre änderten sich Mastbeginn und -dauer und auch das Mastendgewicht. Die eigentliche Mast beginnt heute

mit ca. 30–35 kg und endet mit einer KM von ca. 125–130 kg. Für Haltung und Fütterung spielen die Einflüsse des Geschlechts eine erhebliche Rolle, wie aus der Darstellung in **Tabelle VI.6.11** hervorgeht, in der wichtige Parameter eine Rangierung entsprechend dem Geschlechtseinfluss erfuhren.

Tab. VI.6.11: **Zum Geschlechtseinfluss auf diverse Parameter in der Schweinemast**

	Eber	Börgen	Sauen
Futteraufnahme	2 (3)[1]	1	2
Fleischansatz	1	3	2
Fettansatz	3	1	2
Futteraufwand	1	3	2

[1] Rangierung: 1 = höchster Wert, 3 = niedrigster Wert.

Insbesondere aus der Mast von Börgen sind die prinzipiellen Einflüsse der fehlenden Geschlechtshormone bekannt (Börgen: höchste Futteraufnahme/stärkste Verfettung), woraus sich wesentliche Vorteile einer geschlechtsdifferenzierten Mast erklären (Börgen: restriktive Fütterung zum Mastende, weibliche Tiere *ad libitum* bis zum Mastende). Die Mast von Ebern hat nach obigen Ausführungen diverse Vorteile (Muskelansatz ↑, Fettansatz ↓), ist allerdings auch mit Risiken für eine Beanstandung des Schlachtkörpers wegen entsprechend auffälliger Geruchsabweichungen („Geschlechtsgeruch") verbunden. Dieser „Ebergeruch" ist im Wesentlichen auf zwei Faktoren zurückzuführen, nämlich die geruchsaktiven Substanzen Androstenon (wird im Hoden gebildet) und Skatol (entsteht im Darmchymus aus dem mikrobiellen Abbau der AS Tryptophan). Nur diese letztgenannte Komponente unterliegt diversen Einflüssen seitens der Fütterung. Dabei sind die im Dickdarmchymus unterschiedlichen Trp-Konzentrationen (im Dünndarm nicht verdaut/aus endogenem Protein/aus der Apoptose von Epithelien der Dickdarmschleimhaut) sowie die Verfügbarkeit weiterer Substrate (Stärke/Inulin) für die Dickdarm-Flora (bestimmte Spezies) entscheidende Einflussgrößen. Als wirksame nutritive Ansätze zur Entschärfung des Problems erwiesen sich

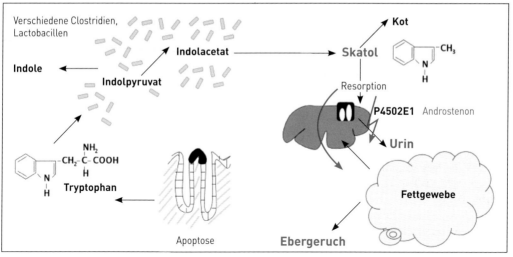

Abb. VI.6.3: Mikrobieller Abbau von L-Tryptophan (u. a. aus apoptotischen Zellen des Darmepithels) zu Skatol und Stoffwechselwege im Körper.

bisher nur/insbesondere der Einsatz roher Kartoffelstärke sowie von Inulin (Polyfructan); in Zukunft dürfte dank züchterischer Bemühungen (Androstenon ↓) das Risiko für diese sensorischen Mängel an Schlachtkörpern zurückgehen. Höhere Androstenon-Level im Blut/Gewebe sind dabei nicht nur selbst ursächlich bedeutsam, sondern auch indirekt, und zwar über eine Beeinträchtigung des Skatol-Abbaus in der Leber (entsprechende Enzyme werden durch hohe Androstenon-Gehalte im Blut gehemmt).

In der Mast von ca. 30 kg bis ≥ 130 kg KM ändert sich grundsätzlich die Körperzusammensetzung der wachsenden Tiere, wobei der absolute Proteinansatz auf dem geschlechtstypischen Niveau nahezu konstant bleibt, der Fettansatz (unter dem Einfluss der Geschlechtshormone) zu Lasten des Wassergehaltes fortlaufend ansteigt.

Der Energie- und Proteinbedarf wurde faktoriell abgeleitet (GfE 2006; s. **Tab. V.2.1**).

6.5.1 Energie- und Nährstoffversorgung

Die Formulierung des Bedarfs an Energie und Nährstoffen je Tier und Tag ist mitunter erforderlich (s. **Tab. VI.6.12, VI.6.13, VI.6.14**), aber allgemein ist der Bezug auf die AF-Zusammensetzung (je kg) wesentlich einfacher. Deshalb werden nachfolgend entsprechende Richtwerte für die angestrebte Zusammensetzung der AF angegeben, die auch eine Beurteilung von Analysedaten zu einem MF in Abhängigkeit vom Alter bzw. der erreichten KM erlauben.

Dabei ist – insbesondere wegen des sich ändernden Bedarfs an Protein – im Laufe der Mast eine unterschiedliche AF-Zusammensetzung erforderlich. Für eine Vermeidung von Über- und Unterversorgungen mit Protein, AS und anderen Nährstoffen (z. B. P) wird die Schweinemast in mehrere Phasen unterteilt, in denen dann auch entsprechende unterschiedliche AF zum Einsatz kommen.

In normalen AF für Mastschweine (Basis: Getreide–Sojaschrot) stellt Lys die erstlimitierende AS dar. Die nächstbedeutsamen Aminosäuren Met + Cys, Thr und Trp sollten hierzu etwa in den nachfolgend beschriebenen Relationen stehen.

Tab. VI.6.12: **Empfehlungen zur täglichen ME-Versorgung von Mastschweinen (MJ/Tier)**

KMZ (g/d)	KM (kg)									
	30	40	50	60	70	80	90	100	110	120
500	15	18							29	30
600	17	19	21	23			28	30	31	33
700	18	21	23	25	27	29	31	32	34	36
800	20	23	25	28	30	31	33	35	37	39
900			27	30	32	34	36	38	40	42
1000				32	34	36	38			
1100					36	39				

Tab. VI.6.13: **Angaben[1] zur täglichen Mindestversorgung mit pcv Rp von Mastschweinen (g/Tier)[2]**

KMZ (g/d)	KM (kg)									
	30	40	50	60	70	80	90	100	110	120
500	143	144							144	144
600	170	170	170	170			169	169	169	168
700	197	197	197	196	196	195	194	194	193	192
800	224	224	223	222	221	220	219	218	217	216
900			250	248	247	246	244	243	241	240
1000				274	273	271	270			
1100					298	296				

[1] Nicht Versorgungsempfehlungen, sondern absolute Minimalversorgung der Tiere mit pcv Rp.
[2] Summe der empfohlenen pcv ess. AS x 2,5.

Tab. VI.6.14: **Empfehlungen zur täglichen Versorgung mit pcv Lys von Mastschweinen (g/Tier)**

KMZ (g/d)	KM (kg)									
	30	40	50	60	70	80	90	100	110	120
500	9,9	9,8							9,6	9,6
600	11,8	11,7	11,6	11,5			11,4	11,4	11,3	11,3
700	13,6	13,5	13,4	13,3	13,2	13,2	13,1	13,0	13,0	12,9
800	15,5	15,3	15,2	15,1	15,0	14,9	14,8	14,7	14,6	14,6
900			17,0	16,9	16,8	16,7	16,5	16,4	16,3	16,2
1000				18,7	18,5	18,4	18,3			
1100					20,3	20,1				

Anzustrebende AS-Relationen:

pcv Lys	:	pcv Met + Cys	:	pcv Thr	:	pcv Trp
1	:	0,53–0,56	:	0,63–0,66	:	0,18

Höherwertige Futterproteine, d. h. Proteine mit einem hohen Lys-Gehalt und einem gleichzeitig ausgewogenen Gehalt an den anderen essenziellen AS ermöglichen eine Reduktion der in den vorstehenden Tabellen angegebenen Proteinmengen.

6.5.2 Fütterungspraxis

In der Schweinemast werden in der Regel energiereiche betriebseigene Getreide (seltener Hackfrüchte) und/oder preisgünstige Zukaufs-FM (z. B. Molke, evtl. auch Nebenprodukte aus der LM-Produktion) mit eiweiß-, mineralstoff- und vitaminreichen EF kombiniert. Getreide- und SES werden sowohl bei betriebseigener Herstellung („Selbstmischer") als auch in der Mischfutterindustrie aus Kostengründen teilweise durch „Substitute" (energiereiche Nebenprodukte aus der Getreideverarbeitung, Maniokmehl, Nebenprodukte der LM-Produktion) und einheimische Eiweißlieferanten (Leguminosen, Rapsextraktionsschrot) ersetzt (**Tab. VI.6.12–VI.6.14; VI.6.19**).

Getreidemast

In der Getreidemast werden vorrangig Weizen, Gerste und Mais, daneben aber auch Roggen und Triticale sowie Getreidenachprodukte verwendet. Aufgrund hoher Flächenerträge und günstiger Voraussetzungen für eine Silierung entwickelte sich die Mast auf der Basis von feuchten Maisprodukten (Maiskolben-, CCM und Maiskörnersilage) zu einem sehr verbreiteten Verfahren, insbesondere auf Betrieben mit einer Flüssigfütterung.

Eine Getreidemast kann auf folgender Basis durchgeführt werden:

- Industriell hergestellte Alleinfutter,
- betriebseigenes Getreide in Kombination mit einem EF oder
- betriebseigenes Getreide (und Leguminosen) in Kombination mit SES, anderen proteinliefernden FM und einem vitaminreichen Mineralfutter.

Mast mit industriell hergestelltem AF

Für die Mast mit AF werden heute zumindest für Anfangs- (bis 50 kg KM) und Endmast (ab 50 kg KM) 2 unterschiedliche AF eingesetzt. Den aktuellen Erfordernissen der Schweinemast (höheres Mastendgewicht von 120–130 kg KM, bessere Anpassung an den Bedarf für N und P im Mastverlauf, Verminderung der N- und P-Ausscheidung) entspricht eine Einteilung in 3 Mastphasen (AF s. **Tab. VI.6.18**) sehr viel effizienter.

Mit der gleichen Zielsetzung (Minimierung der Nährstoffexkretion) finden entsprechende „RAM-Futter" (**R**ohprotein-**A**ngepasste-**M**ast) in der Schweinemast zunehmende Verbreitung (durch gezielte AS-Ergänzung Reduktion des Rp-Gehaltes, durch Phytase-Einsatz reduzierte Phosphor-Supplementierung).

Werden nur 2 unterschiedliche AF während des Mastverlaufs eingesetzt (prinzipiell gilt Gleiches auch für 3 AF), so kommt es phasenweise zu einer Proteinüber- bzw. -unterversorgung, wie in **Abbildung VI.6.4** dargestellt.

Eine noch exakter am Bedarf orientierte Fütterung bietet heute – dank entsprechender Fütterungstechniken – die parallele Verwendung von 2 sehr unterschiedlichen Alleinfuttern (AF 1 für die Anfangsmast ab 30 kg KM + AF 2 für die Endmast mit bis zu 130 kg KM). Hierbei werden dann die beiden AF in Mischung bzw. sukzessiv im Laufe eines Tages angeboten (**Abb. VI.6.5**), wobei das Mischungsverhältnis der beiden AF wöchentlich oder sogar täglich geändert wird.

Bei einer derartigen sukzessiven Mischung zweier AF erreicht man zu jedem Zeitpunkt der Mast exakt die gewünschte Rp:MJ ME-Relation, die sich ebenfalls kontinuierlich und nicht abrupt ändert (z. B. von 12,2:1 auf 6,9:1 in der Endmast).

Bei den allgemein hohen Preisen für Proteinträger und der Notwendigkeit einer Berücksichtigung der N-Exkretion (evtl. produktionslimitierend) verdient eine derartige Multi-Phasen-

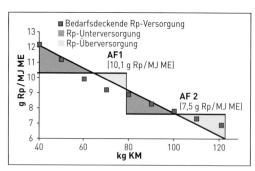

Abb. VI.6.4: Phasen der Rp-Unter- bzw. -Überversorgung bei sukzessivem Einsatz von nur 2 unterschiedlichen Alleinfuttern in der Schweinemast (AF 1 bzw. 2: < bzw. > 50 kg KM).

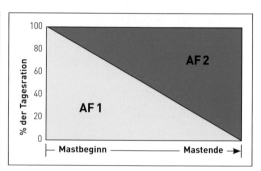

Abb. VI.6.5: Schema der „Multi-Phasen-Fütterung" (gleichzeitige Verwendung zweier AF mit sehr unterschiedlichen Rp/ME-Relationen, deren Anteile kontinuierlich verändert werden).

Fütterung auch aus ökologischen Gründen besondere Beachtung.

Getreidemast unter Verwendung eines Ergänzungsfutters

Betriebseigenes Getreide (incl. CCM) kann mit zugekauftem EF (**Tab. VI.6.15**) zu bedarfsgerechten hofeigenen Mischungen vermischt werden. Hinweise für die Herstellung derartiger Mischungen sind in **Tabelle VI.6.16** aufgeführt. Die **Mast mit CCM** stellt eine Spezialform der Getreidemast dar (Feuchtfutter). Aus diesem

Grunde bietet sich die Flüssigfütterung an, z. T. unter Verwendung von Molke oder Magermilch und anderer flüssiger Nebenprodukte aus dem LM-Bereich. In der Praxis sind folgende Mischungsformen üblich:

- CCM und EF getrennt: z. B. 0,35 kg Eiweißkonzentrat + CCM *ad libitum* (in Endmast max. 5 kg CCM je Tier und Tag).
- In Form von Mischungen (setzt Spezialmischer für Feuchtgetreide voraus; **Tab. VI.6.16**).

Tab. VI.6.15: **Empfohlene Gehalte an wertbestimmenden Bestandteilen in Ergänzungsfuttermitteln[1] für Mastschweine (je kg uS)**

Ergänzungsfuttertyp	Anteil bis … %	Lysin g	Rp g	Ca g	P g	Na g
Ergänzungsfutter I	50	15	240–270	21	7,5	3,5
Ergänzungsfutter II	35	18	280–330	24	9	4
Ergänzungsfutter, eiweißreich	25	23	360	31	11	4,5
Eiweißkonzentrat	20	28,5	440	42	13,5	6
Mineralfutter[2]	3–4	30–60	–	180–240	30–60	30–50

[1] Alle EF sind mit Spurenelementen und Vitaminen angereichert.
[2] Mit AS-Ergänzung: Lys, Met je 5–20 g, Thr 5–20 g, Trp 2–5 g. Der Umfang der AS-Ergänzung ist vom Einsatz der Mineralfutter in den verschiedenen Nutzungsrichtungen in der Schweinefütterung abhängig.

Tab. VI.6.16: **MF-Konzept zum Einsatz von CCM in der Schweinemast**

CCM (%)	Ergänzungen (%)		Mineral-futter (%)
60	40	Ergänzungsfutter[1] I	–
70	30	Ergänzungsfutter[1] II	–
85	15	Eiweißkonzentrat	–
82,5	15	SES	2,5

[1] Siehe Tabelle VI.6.15. Flüssigfutter auf der Basis von Molke: 2 l/kg Mischung; bei Einsatz von Magermilch kann Eiweißergänzung entfallen, wenn mehr als 2,5 l/kg Mischung verwendet werden, dann 2 % Mineralfutter dem CCM zusetzen.

Die Mast auf der Basis von Getreide bzw. CCM unter Einsatz weiterer Einzel-FM wie Molke, Sojaschrot und eines vit. Mineralfutters gehört prinzipiell schon zum nachfolgend beschriebenen Verfahren.

Getreidemast unter Verwendung weiterer Einzel-FM sowie eines EF

Anstelle eines industriell hergestellten eiweiß-, mineralstoff- und vitaminreichen EF wird hier das betriebseigene Getreide (evtl. auch andere zugekaufte FM) mit diversen eiweißreichen FM (insbesondere Sojaextraktionsschrot) und einem vitaminierten Mineralfutter kombiniert.

Alle genannten FM werden in einer betriebseigenen Mischanlage in trockener oder flüssiger Form (insbesondere wenn einzelne FM in feuchtem oder flüssigem Zustand vorliegen; häufig unter Zusatz von Wasser, Molke u. Ä.) gemischt. Richtwerte für die Zusammensetzung (Gemengeanteile) derartiger Mischfutter s. Kap. VI.6.5.3.

Sonstige Mastformen

Die **Hackfruchtmast** mit gedämpften Kartoffeln und/oder Zuckerrüben unter Supplementierung mit einem EF, Magermilch oder Molke hat heute kaum noch eine Bedeutung.

In der **Molkemast** kann ein Teil des Getreides durch Molke ersetzt werden. Die Molkenaufnahme liegt zwischen 5–15 kg/Tier und Tag. Etwa 14–15 kg Molke entsprechen 1 kg eines getreidereichen AF mit 12,5 MJ ME und 120–130 g Rp. Zur Ergänzung wird AF I für Mastschweine oder ein spezielles rohfaserreicheres EF zur Molke gegeben.

Die **Mast mit „unkonventionellen" FM** ist ein besonderes Verfahren spezialisierter Betriebe, die unter Verwendung von Nebenprodukten aus der LM-Produktion (Altbrot, Keks- und Chipsreste etc.) und entsprechender Ergänzung Getreide und andere konventionelle Produkte einsparen. Beachte besondere Risiken: NaCl-Gehalt oft hoch, kaum „strukturierte" Bestandteile (faserarm), evtl. Fettgehalt und -qualität (unges. FS!), evtl. hygienische Mängel und Risiko einer Kontamination mit Verpackungsmaterialien (s. **Tab. II.14.1**).

6.5.3 Futteraufnahme und Futtermengenzuteilung

Bis 60–70 kg KM kann generell *ad libitum* (110–120 g pro kg $KM^{0,75}$) gefüttert werden, danach sollte bei Börgen restriktiv (100–80 g pro kg $KM^{0,75}$), bei weiblichen und männlichen fleischreichen Schweinen jedoch weiterhin *ad libitum* gefüttert werden (**Tab. VI.6.17**). Neben dem Geschlechtseinfluss auf die Futteraufnahme gibt es teils erhebliche Unterschiede in der Futteraufnahmekapazität verschiedener Linien und Kreuzungen.

Tab. VI.6.17: **Tägliche Futteraufnahme (kg) von Börgen und ♀ Mastschweinen im Vergleich bei einer *Ad-libitum*-Fütterung**

KM kg	25–35	35–45	45–55	55–65	65–75	75–85	85–95	95–105	105–120
Börge	1,61	2,10	2,48	2,58	2,89	3,10	3,11	3,14	3,25
Weiblich[1]	1,62	1,90	2,15	2,31	2,62	2,64	2,87	2,81	2,90

[1] Bei männlichen Tieren (Ebermast) sehr ähnliche Werte; im Vergleich zu Börgen zeigen Eber in der Mast eine im Mittel um 10 % geringere Futteraufnahme (zum Mastende zunehmende Differenz).

Erläuterungen zu den Mindestgehalten an bestimmten Nährstoffen im AF für Mastschweine (Tab. VI.6.19)

Der Lys-Bedarf von Mastschweinen resultiert im Wesentlichen aus dem Proteinansatz, der zum Mastende zurückgeht. Der im Futter notwendige Lys-Gehalt ergibt sich dann aus der Futtermengenaufnahme, die insbesondere von der Energiedichte abhängt (niedrige Energiedichte → höhere Futteraufnahmemenge und umgekehrt). Der Lys-Gehalt im Futter ist bestimmt durch die Komponenten und deren Proteinqualität, d.h. durch den Lys-Gehalt in 100 g Rp. Enthält ein Futterprotein einen hohen Anteil an Lysin, so braucht man von einem solchen Protein weniger, um eine bestimmte Lys-Aufnahme zu erreichen. In der **Tabelle VI.6.19** wurde für die Ableitung von einer sehr günstigen Proteinqualität (d.h. 6,8 g Lys/100 g Rp) ausgegangen, die in vielen Futtermischungen so nicht erreicht wird (sodass u. a. AS-Zulagen erfolgen). Vor diesem Hintergrund stellt sich die Frage nach dem notwendigen Rp-Gehalt im AF, wenn der Lys-Gehalt **nicht** die 6,8 g/100 g Rp erreicht.

Vorgehen

1. Schritt: Bildung des Quotienten aus unterstelltem und tatsächlichem Lys-Gehalt im Rp.
   Bsp.: Das Futter enthält nur 5,9 g Lys/100 g Rp anstatt der o. g. 6,8 g Lys/100 g Rp)

> 6,8 (g Lys/100 g Rp) : 5,9 (g Lys/100 g Rp) = 1,153 („Faktor")

2. Schritt: Multiplikation der in der Tabelle aufgeführten Rp-Werte mit diesem Faktor → ergibt wegen des geringeren Lys-Gehaltes (5,9 statt 6,8 g/100 g Rp) deutlich höhere Rp-Werte.

Ähnlich ist vorzugehen, wenn die in der Tabelle unterstellte praecaecale Verdaulichkeit des Proteins bzw. der Aminosäure Lysin nicht zutrifft.

Vorgehen

1. Schritt: Bildung des Quotienten aus unterstellter pc Verdaulichkeit (%) : beobachteter/erwarteter pc Verdaulichkeit (%)
   Bsp.:   80 : 75 = 1,067 („Faktor")
2. Schritt: Multiplikation der Werte in den Rp- bzw. Lys-Zeilen mit diesem Faktor → entsprechend höhere Werte in beiden Zeilen

Schließlich sind beide Ansätze (andere Lys-Gehalte, g/100 g Rp bzw. andere pc Verdaulichkeiten, %) auch zu kombinieren, wenn bzgl. beider Prämissen Abweichungen gegeben sind (z. B. bei weniger günstigen AS-Gehalten und geringerer pc Verdaulichkeit).

Bis heute wird üblicherweise für die jüngeren Tiere (Absetzferkel) eine günstigere Rp-Qualität (AS-Gehalt in 100 g Rp) genutzt, während in späteren Mastabschnitten auch weniger günstige Rp-Qualitäten toleriert werden (**Tab. VI.6.18**). Entsprechend dem o. g. Vorgehen wären beispielsweise in der Endmast bei einer Proteinqualität von 5 g Lys/100 g Rp, die Bedarfswerte für das Rp mit dem Faktor 1,36 zu multiplizieren, d. h. der Rp-Gehalt im Futter müsste um 36 % höher sein.

Tab. VI.6.18: **In der Schweinemast verwendete Proteinqualitäten (g Lys/100 g Rp) und sich daraus ergebende Rp-Gehalte im AF (12,6–13,8 MJ ME/kg)**

Phase	KM (kg)	g Lys/100 g Rp[1]	% Rp[1]
Vormast	25–35/40	6,5	18,0–19,8
Anfangsmast	35/40–60	5,5–6,0	16,7–18,2
Mittelmast	60–90	5,0–5,5	15,8–17,2
Endmast	90–120	ca. 5	12,1–13,3

[1] Setzt ausreichende Gehalte an den übrigen AS voraus (Lys = erstlimitierende AS).

VI.6.19: **Mindestwerte für die Nährstoffgehalte im AF für Mastschweine in Abhängigkeit von der Energiedichte im AF und der Mastleistung (GfE 2006; modifiziert)[1]**

Mastphase	Inhaltsstoff[1] (%)	Energiedichte (ME, MJ) je kg AF			
		12,6	13,0	13,4	13,8
Vormast	Rp	17,2	17,8	18,4	18,9
KM: 25–40 kg	pcv Rp	13,8	14,3	14,7	15,2
(30 kg KM,	Lys	1,19	1,23	1,26	1,30
700 g KMZ/d)[2]	pcv Lys	0,95	0,99	1,01	1,05
	Gesamt P	0,56	0,58	0,60	0,62
	vP	0,28	0,29	0,30	0,31
	Ca	0,65	0,67	0,69	0,72
Mast: 2-phasig	Rp	12,5	12,9	13,3	13,6
KM: 40–80 kg	pcv Rp	10,0	10,3	10,6	10,9
(60 kg KM,	Lys	0,85	0,88	0,90	0,93
800 g KMZ/d)[2]	pcv Lys	0,68	0,70	0,72	0,74
	Gesamt P	0,44	0,44	0,46	0,48
	vP	0,22	0,22	0,23	0,24
	Ca	0,51	0,53	0,55	0,56
KM: 80–120 kg	Rp	9,80	10,1	10,4	10,7
(100 kg KM,	pcv Rp	7,84	8,10	8,35	8,58
800 g KMZ/d)[2]	Lys	0,66	0,69	0,70	0,73
	pcv Lys	0,53	0,55	0,56	0,58
	Gesamt P	0,36	0,36	0,38	0,38
	vP	0,18	0,18	0,19	0,19
	Ca	0,42	0,43	0,45	0,46
Mast: 3-phasig	Rp	14,1	14,5	14,9	15,4
KM: 40–60 kg	pcv Rp	11,3	11,6	11,9	12,3
(50 kg KM,	Lys	0,96	0,98	1,02	1,05
800 g KMZ/d)[2]	pcv Lys	0,77	0,79	0,82	0,84
	Gesamt P	0,48	0,48	0,50	0,52
	vP	0,24	0,24	0,25	0,26
	Ca	0,56	0,58	0,59	0,61
KM: 60–90 kg	Rp	12,2	12,5	12,9	13,3
(70 kg KM,	pcv Rp	9,72	10,0	10,3	10,6
900 g KMZ/d)[2]	Lys	0,83	0,85	0,88	0,90
	pcv Lys	0,66	0,68	0,70	0,72
	Gesamt P	0,44	0,44	0,46	0,48
	vP	0,22	0,22	0,23	0,24
	Ca	0,51	0,52	0,54	0,56
KM: 90–120 kg	Rp	8,90	9,20	9,50	9,80
(110 kg KM,	pcv Rp	7,15	7,37	7,60	7,85
700 g KMZ/d)[2]	Lys	0,60	0,63	0,65	0,66
	pcv Lys	0,48	0,50	0,52	0,53
	Gesamt P	0,34	0,34	0,36	0,36
	vP	0,17	0,17	0,18	0,18
	Ca	0,40	0,41	0,42	0,43

[1] Aus den originären Bedarfsangaben (pcv Rp bzw. pcv Lys bzw. vP) abgeleitet; unterstellt: 80 % pcVQ von Rp und Lys sowie 50 % Verdaulichkeit des Phosphors (ohne Phytasezusatz); Proteinqualität: ca. 6,8 g Lys/100 g Rp über alle Phasen; wird dieser AS-Gehalt im Rp nicht erreicht, so wird der Rp-Gehalt im Futter angehoben werden müssen.
[2] Für die Ableitung unterstellte KM und KMZ (= KM-Zunahme).

Futterverbrauch: In der Mast von 30 auf 130 kg KM werden insgesamt ca. 280–300 kg AF je Tier verbraucht, d. h. mittlerer Futteraufwand je kg Zuwachs: ca. 2,8:1. Diese Relation wird landläufig (wissenschaftlich nicht korrekt) auch „Futterverwertung" genannt. **Futteraufnahme:** Neben dem Geschlecht (s. **Tab. VI.6.11**) und Einflüssen der Genetik (Linie) sind für die Futteraufnahme von Mastschweinen die Umgebungstemperatur, Schmackhaftigkeit des Futters, seine Konfektionierung und Energiedichte, ein ausreichendes Wasserangebot sowie technische Voraussetzungen (Trogbreite bzw. Tier:Fressplatz-Relation) von Bedeutung.

Auf die Darstellung einer „Rationsliste" (Angaben zur tgl. Futtermengenzuteilung je Tier) wird hier verzichtet, da zum einen in der Mast (mit Ausnahme von Börgen, bei denen ab ca. 75–80 kg KM die Futtermenge und Energiezufuhr nicht mehr wesentlich gesteigert wird) nahezu *ad libitum* gefüttert wird, zum anderen sind derartige Rationslisten – in Abhängigkeit von der Genetik, d. h. von der Zuchtlinie – teils sehr unterschiedlich, nicht zuletzt um maximal mögliche Magerfleischanteile zu erreichen. Dennoch erlauben die vorher gemachten Angaben (einmal zum Energiebedarf, dann zur TS-Aufnahme bei *ad libitum*-Angebot) eine Quantifizierung der täglich erforderlichen Futtermenge.

6.5.4   Fütterungstechnik

Ställe mit 1 Trogplatz für jedes Tier

Trockenfütterung

Zuteilung von Hand (Eimer, Wagen) oder Futterzuteilwagen (teilmechanisiert) oder über Rohrleitungen und Schnecken mit Volumen- bzw. Gewichtsdosierung (vollmechanisiert), Futter möglichst nach Zuteilung anfeuchten → luftgetragener Stallstaub ↓.

Flüssigfütterung

Futter mit 2½–3 Teilen Wasser oder 3–4 Teilen Molke mischen, TS-Gehalt möglichst 22–25 %. Im Flüssigfutter sind Risiken für eine Entmischung in Abhängigkeit von folgenden Faktoren zu sehen: Zum einen spielt die Strecke, über die

das Futter gefördert wird, eine Rolle, zum anderen der TS-Gehalt (je wasserreicher, umso eher gefährdet); des Weiteren hat die Konsistenz des flüssigen Futters („Sämigkeit") eine Bedeutung. Im Interesse einer solchen gewünschten Konsistenz werden nicht zuletzt gern hydrothermisch behandelte MF (z. B. in pelletierter oder gebröselter Form), verwendet, da diese weniger anfällig für Entmischungsvorgänge sind. Bei der Entmischung in flüssigem Futter ist zu differenzieren zwischen Prozessen, die nur den TS-Gehalt an verschiedenen Lokalisationen im System (Tröge in unterschiedlichem Abstand zur Pumpe) betreffen oder evtl. zusätzlich die TS-Zusammensetzung (z. B. Rohfaser/Rohasche, Calcium in der TS!). Futtermengenzuteilung: quasi *ad libitum* (soviel Futter, dass zur nächsten Fütterung der Trog geleert ist); Sonderform der Flüssigfütterung: Sensorfütterung (für 3–4 Tiere 1 Trogplatz; Sensor im Trog kontrolliert die Füllhöhe des Troges, so kontinuierliche Nachdosierung kleiner Mengen frischen Futters möglich, echte *Ad-libitum*-Fütterung).

Einsatz flüssiger Einzel-FM (kg/Tier/Tag)

Ab 30 kg KM entsprechend Adaptation und Mastphase (Beginn–Ende der Mast):

• Bierhefe, flüssig:	1–10
• Kartoffelschlempe:	1–10
• Biertreber:	0,1–3
• Molke (5–6 % TS):	5–15

❚ Hygienemaßnahmen in Flüssigfütterungs- anlagen: Das nährstoff- und wasserreiche Milieu eines Flüssigfutters bietet vielen Mikroorganismen (Bakterien, Pilzen und Hefen) günstigste Entwicklungsbedingungen, insbesondere bei höheren Umgebungstemperaturen und höherer Ausgangskeimbelastung der verwendeten Komponenten. Folgen sind u. a. eine forcierte Gasentwicklung (im Futter und im Tier) bei hoher Aktivität von Gasbildnern (Hefen, aber auch andere Keime), evtl. auch ein Nährstoffabbau (Zucker, zugesetzte AS), eine Anreicherung von mikrobiell gebildeten Säuren und anderen Substanzen (leicht alkoholische Nuancen?) oder auch von Toxinen (?).

Deshalb sind hier zum Erhalt eines entsprechenden Hygienestatus folgende besondere Grundregeln zu beachten:

- Kontinuierliche Kontrolle der hygienischen Qualität der Ausgangskomponenten (Nachgärungen von CCM? Gasbildung in Molke u. ä. Substraten?).
- Tägliche Reinigung von Anmischbottich und Rohrleitungen mit warmem Wasser (Anmischen nur im gereinigten Bottich; alle 14 Tage mit Hochdruckreiniger und heißem Wasser säubern, in Fütterungsanlagen für die Ferkelaufzucht häufiger reinigen!).
- Vermeidung langer Standzeiten von Flüssigfutter im Anmischtank.
- Bei Großbottichen: „Restlosfütterung" zwingend (d. h. vollständige Leerung des Anmischbottichs/Rohrsystems); bei kleinen Anmischbottichen und mehrmaliger Fütterung je Tag ist „Restlosfütterung" nicht üblich (z. B. in Anlagen mit Sensor-Fütterung).
- Kontinuierlicher Zusatz von org. Säuren (0,1–0,3 % Propion-/Ameisensäure) zur Unterdrückung säureempfindlicher Keime (d. h. insbesondere gegen gramnegative Keime).
- In mehrwöchigem Abstand: im Reinigungsgang dem Wasser deutlich höhere Säuremengen (5 l Propionsäure/1000 l) zusetzen, um auch relativ säuretolerante Keime zu hemmen, evtl. auch alkalisierende Zusätze zum Spülwasser (z. B. Natriumhypochlorid).
- Grundreinigungen des gesamten Systems zwischen den Mastdurchgängen (also nur bei **leerem** Stall) unter Einsatz von **Laugen** (z. B. 10 kg NaOH auf 1000 l Wasser) zur Elimination der residenten säuretoleranten Flora (inkl. der Hefen).
- In der Praxis gibt es teils gute Erfahrungen mit dem kontinuierlichen Zusatz von milchsäurebildenden Keimen zum Flüssigfutter → Milchsäure ↑ → pH ↓, evtl. „probiotische" Effekte auch auf die Magen-Darm-Flora.
- Die Reinigung und Desinfektion muss auch die Strecke zwischen Ringleitung und Trog erfassen. ✺

Ställe mit Futterautomaten
Automaten für Trockenfütterung
Hierbei wird das Futter trocken aufgenommen. **Notwendige Tier:Fressplatz-Relationen am Futterautomaten:**

- Strikt rationierte Fütterung: 1 : 1
- Tagesrationierte Fütterung: max. 2 : 1
- *Ad-libitum*-Fütterung: max. 4 : 1

Automaten für Breifütterung (Breiautomaten/Rohrbreiautomaten)
Bei Bedienung durch das Tier (Bewegung der Druckplatte oder Hebel) fällt das trockene Futter in eine Trogschale, über an der auch eine Selbsttränke angebracht ist, sodass die Tiere – je nach paralleler Betätigung der Tränke – ein Futter-Wasser-Gemisch (Brei) aufnehmen. Tier : Fressplatz-Relation: ≥ 4 : 1, da hier eine höhere Futteraufnahme/Zeiteinheit erreicht wird.

Breinuckelautomaten
Über einen modifizierten Tränkzapfen nimmt das Tier ein Futter-Wasser-Gemisch auf, d. h. Futter und Wasser werden im „Spender" in gewünschter Relation vermischt. Ein Trog ist hierbei überflüssig (nicht aber eine separate Selbsttränke!). Bei Kombination mit Transpondern ist auch eine restriktive individuelle Futterzuteilung möglich. Von dieser Fütterungstechnik wird nicht zuletzt eine forcierte Futteraufnahme und Leistungssteigerung erwartet.

6.5.5 Ernährungsbedingte Gesundheitsstörungen/Leistungseinbußen

Mängel am Futter/Fehler in der Fütterung (s. a. **Tab. VI.6.20**)
Auswahl von Einzel-FM bzw. deren Anteil im MF:

- „kritische", z. B. wenig schmackhafte FM in zu hohen Anteilen (z. B. RES, Roggen, Erbsen und Ackerbohnen in Kombination)
- geringe praecaecale Verdaulichkeit (Molke, überhitzte Proteinträger)
- schädliche FM-Inhaltsstoffe (Blausäure, Glucosinolate)

Fehlerhafte Be-/Verarbeitung:
- zu feine Vermahlung (→ Magenulcera?),
- ungleichmäßige, unzureichende Vermahlung (ganze Körner → Verdaulichkeit ↓, Entmischungstendenz ↑)
- Hitzeschäden durch hohe Temperaturen bei Trocknung → Lys-Verfügbarkeit ↓

MF-Herstellung/-Zusammensetzung:
- zu geringer TS-Gehalt im Flüssigfutter
- Energiegehalt des Futters überschätzt, VQ ↓ (Rfa?)
- Rp-Zufuhr zu gering/zu hoch; Mangel/Imbalanzen bei ess. AS, reduzierte AS-Verfügbarkeit (z. B. Eiweiß-FM überhitzt)
- Mineralstoffe: Untergehalte bei Ca, verdaulichem P (Phytase-Aktivität?); Überdosierungen sind kritisch ab Ca > 12 g, Na > 3 g, Se > 0,5 mg/kg AF
- Vitamine: Untergehalte selten; Überdosierung gefährlich bei Vit D > 2000 IE/kg AF
- Fehlmischungen, Futterverwechselungen (z. B. AF für trgd bzw. lakt Sauen)

Kontaminationen/Verunreinigungen:
- pathogene Keime (Salmonellen) und/oder Toxingehalt (z. B. Mutterkorn/DON)
  - primär: Ausgangsmaterial kontaminiert/belastet z. B. mit Exkrementen von Nagern
  - sekundär: Entwicklung während der Lagerung, z. B. in Außensilos (Kondenswasser)
  - tertiär: längere Lagerung von Feucht-/Flüssigfutter vor Aufnahme durch das Tier

Hygienestatus:
- Veränderungen in FM bzw. in der Fütterungsanlage
- hoher unspezifischer Keimgehalt (aerobe Bakterien > 10^6 KbE/g; Endotoxine)
- Hefen > 10^5 KbE/g; Schimmelpilze > 10^4 KbE/g
- Mykotoxine: DON > 1 mg/kg AF; Ochratoxin > 0,2 mg/kg AF

Fütterungstechnik:
- Entmischung auf dem Weg zum Trog
- ungenügende Fresszeiten

- ungleich-/unregelmäßige Zuteilung bzw. Fehleinstellung
- fehlende Reinigung (Tröge/Automaten)
- plötzlicher Futterwechsel
- Misch-/Dosierfehler bei mangelhaftem Fließverhalten von Komponenten/MF
- Brückenbildung im Automaten (Futter rutscht nicht nach)

Wasserversorgung:
- mangelnde Verfügbarkeit von Wasser infolge fehlerhafter Anbringung/Höhe, ungenügender Flussraten oder Tier:Tränke-Relation
- mangelnde Wasserqualität und -aufnahme infolge Verschmutzung, höherer Fe-, H_2S-Gehalte bzw. mikrobieller Belastung

Sonstige Umweltfaktoren:
- Stallklima (Staub-, NH_3- und H_2S-Gehalte variieren auch fütterungsabhängig)
- Stallbodenqualität („Griffigkeit" der Oberfläche von Kotqualität abhängig)
- Schadnager (von FM angezogen → Vektoren für diverse Erreger)

6.6 Diätetik/diätetische Maßnahmen

Unter den gegebenen Rahmenbedingungen (Minimierung des Antibiotika-Einsatzes, LM-Sicherheit!) sind in der Schweinefütterung diätetische Maßnahmen von Bedeutung.

Unter diätetischen Maßnahmen werden hier alle Ansätze subsummiert, die durch eine besondere Gestaltung der Fütterung, Futterzusammensetzung und -bearbeitung sowie der Wasserversorgung auf die Vermeidung, Minderung bzw. sogar auf die Behandlung von Gesundheitsstörungen und/oder auf die LM-Sicherheit zielen.

Indikationen für besondere diätetische Maßnahmen in Schweinebeständen sind auf verschiedene Bestandsprobleme gerichtet, z. B.:
Sauen, trgd: Vermeidung von Unruhe/Aggression, Verstopfung und Harnwegsinfektionen; Förderung der Futteraufnahmekapazität p. p.
Sauen, peripartal: Förderung des Geburtsverlaufs; Prophylaxe der MMA-Erkrankung; För-

Tab. VI.6.20: **Fütterungsbedingte/-assoziierte Gesundheitsstörungen bei Mastschweinen**

Atmungstrakt	Allgemeinerkrankungen	Verdauungstrakt

Direkte Alterationen
• Fumonisin (PPE)[1]
• Lungenverkalkung
  (Vit-D-Intoxikationen)
 	
Indirekte Belastung
• Stallklima
• Futterstruktur
  (luftgetragener Staub ↑)
• NH₃ bzw. H₂S in der Stallluft ↑
• Luftfeuchte
  (Wasseraufnahme, Harnmenge)
 	
Pneumonien
• s. o. Belastungen
• infektiöse Erkrankungen
• immunsuppressive Mykotoxine?
	Infektionen
	• ESP-Virus
	  (FM-Kontamination)
	• Salmonellen
	  (Eintrag über FM?)
	• *E. coli*-Infektionen
	
	Mangelerkrankungen
	• Spurenelemente (z. B. Zn)
	• Vitamine (z. B. Vit K)
	
	Skeletterkrankungen
	• Ca-, P-, Vit-D-Mangel
	
	Haut-/Klauenerkrankungen
	• Mangel an ess. FS, Zn, Biotin,
	  Vit A, Vit E, Se-Exzess
	• Fütterungstechnik?
	• Kannibalismus[2]
	Intoxikationen
	• Kochsalz
	• Zusatzstoffe (Cu, Se, Vit D)
	• evtl. Antikokzidia
	  (Fehlmischung/Pannen)
		Futterverweigerung, Erbrechen
		• DON, Vit D, Fehlmischung
		
		Magengeschwüre
		• Futterstruktur, pellet. AF?)
		• Stress/Arzneimittel?
		
		Fehlfermentationssyndrom
		• Futterhygiene
		  (Hefen, v. a. Flüssigfütter)
		
		Durchfallerkrankungen
		• Molkenanteil (Lactose)
		• „Überfressen"/ferment. Diarrhoe
		• Sulfat-Aufnahme
		• Infektionen (*E. coli*/Salmonellen/
		  Treponemen)
		
		Verstopfungen
		• Rfa-Art und -Gehalt?
		• Datura → Obstipation
		  Ca-Exzess
		
		Rektumvorfall
		• Zearalenon? Salmonellen?

[1] Porcine Pulmonary Edema Disease; [2] Häufig haltungsbedingte Störung, nur sehr selten Folge eines Nährstoffmangels; evtl. aber Ausdruck von Unruhe bei mangelhafter Akzeptanz des Futters, zu wenig Faser etc.

derung der Neugeborenen-Vitalität sowie Kolostrumqualität.

Saugferkel: Ermöglichung einer möglichst frühen und hohen Kolostrum-Aufnahme, Sicherung der Energie- und Flüssigkeitsaufnahme zur Vermeidung von Hypothermie bzw. Verhungern/Verdursten → Wurfausgleich, künstliche Amme, MAT-Angebot, Tränkwasser, besondere EF für Neugeborene?

Absetzferkel: Vermeidung von Verdauungsstörungen; Prophylaxe der Ödemkrankheit; Salmonellen-Prophylaxe; Vermeidung einer höheren Frequenz von Magenulcera (auch Mastschweine und Sauen betroffen).

Mastschweine: Minderung der Ausbreitung von Infektionserregern (z. B. Salmonellen), Vermeidung des Eintrags LM-relevanter Keime in die Nahrungskette (d. h. über die Schlachtkörper). 🐖

Neben dem Einsatz der Diät-FM (s. **Tab. VI.6.22**) erstrecken sich diätetische Maßnahmen im Schweinebestand auf weitere Ansätze und Indikationen (**Tab. VI.6.21**).

Zum Grundverständnis diätetischer Maßnahmen zählt die Feststellung, dass bei ihrer Anwendung häufig nur die Disposition für eine bestimmte Störung gemindert wird (**Tab. VI.6.22**). Vor diesem Hintergrund ist also davor zu warnen, die Wirksamkeit einer einzelnen getroffenen diätetischen Maßnahme zu überschätzen, also auch Grenzen nicht verschweigen.

6

Tab. VI.6.21: **Diätetische Maßnahmen im Schweinebestand**

Ansatzpunkt	Ziele/betroffene Alters-/Nutzungsgruppe
Fütterungstechnik	
Mahlzeitenfrequenz bzw. -größe	Vermeidung von Verdauungsstörungen bei Absetzferkeln durch höhere Verträglichkeit kleinerer Futterportionen; evtl. bei Sauen zur Verhinderung besonderer Unruhe[1]
Futterzusammensetzung	
Einsatz bes. Einzel-FM	Kleie, Leinsamen, Trockenschnitzel bei Sauen → Förderung von Chymuspassage und Darmfüllung
Konfektionierung	Verzicht auf pelletiertes AF → protrahierte Futteraufnahme (Ferkel) oder bei trgd Sauen zur Vermeidung von Magenulcera
Futterstruktur	bewusst gröberes Futter, wenn Magenulcera zum Problem werden; auch im Rahmen der Salmonellen-Prophylaxe von Bedeutung
Rfa-Gehalt ↑/-Art	bei Ferkeln: *E. coli*-Prophylaxe; Sauen: Vermeidung von Obstipationen (fermentierbare/pektinreiche FM → günstig für Kotqualität)
Nährstoffe in einer Dosierung > Bedarf	Förderung der Klauengesundheit durch forcierten Einsatz von Biotin, Zn, evtl. Met (?) → Klauenerkrankungen sind bei Sauen wichtige Abgangsursachen
Pufferkapazität ↓	Förderung der Magenchymusazidierung und Verdauung insbesondere in der Absetzphase → Vermeidung von Durchfall sowie von anderen *E. coli*-Problemen
Säurenzusatz (z. B. Ameisensäure, Benzoesäure)	Prophylaxe von gastrointestinalen Infektionserkrankungen (*E. coli* bei Ferkeln; Salmonellen in allen Alters-/Nutzungsgruppen), Reduktion des Harn-pH, geringere NH_3-Freisetzung
Pro-/Präbiotika	Stabilisierung der Mikroflora im Intestinaltrakt; Unterdrückung unerwünschter Keime (Keimdruck ↓) im Tier bzw. in der Umgebung (?)
Enzymzusatz	evtl. in Phasen eingeschränkter Produktion körpereigener Enzyme (z. B. Amylasen) in der Absetzphase; evtl. auch NSP-spaltende Enzyme
Laxantien (z. B. Glaubersalz)	insbesondere bei Sauen im peripartalen Zeitraum, zur Vermeidung von Obstipationen und MMA (Pathogenese vielfältig)
harnsäuernde Mittel	insbesondere bei Sauen, wenn Harnwegsinfektionen[2] und sekundär MMA-Erkrankungen zum Problem werden (z. B. $CaCl_2$)
Wasserversorgung	
Menge	Förderung der Aufnahme, z. B. bei Harnwegsinfektionen von Sauen
Säurenzusatz	Prophylaxe von Verdauungsstörungen bzw. Infektionskrankheiten durch gramnegative Keime (insbes. *E. coli* in der Absetzphase)

[1] z. B. wenn Verluste durch Magendrehung zum Bestandsproblem werden.
[2] Werden gefördert durch Kationen-Überschuss und Wassermangel.

Tab. VI.6.22: **Übersicht zu Diät-FM (FM-VO) für Schweine**

Indikationen, Ziele	wesentliche ernährungs-physiologische Merkmale	Hinweise zur Zusammensetzung	anzugebende Inhaltsstoffe
Minderung von Stressreaktionen	hoher Mg-Gehalt, leicht verdauliche Einzel-FM	Art der Bearbeitung der Einzel-FM	Mg; sofern zugesetzt n3-FS
Stabilisierung der physiol. Verdauung	niedrige Pufferkapazität, leicht verdauliche Einzel-FM	Art der Behandlung d. FM, Art der quellenden Stoffe	keine besonderen Anforderungen
Verringerung der Verstopfungsgefahr	Einzel-FM zur Förderung der Darmpassage	Art der Einzel-FM zur Förderung der Passage	keine besonderen Anforderungen
Stabilisierung d. H_2O-/Elektrolythaushalts	vorwiegend Elektrolyte und leicht verfügbare KH	Art der KH-Quelle bzw. der Einzel-FM	Na-, K- und Cl-Gehalt

6.7 Herstellung von Futtermischungen/MF

6.7.1 Allgemeine Gesichtspunkte

Kriterien bei der Herstellung von MF:
- Bedarf an Energie und Nährstoffen
- Futteraufnahmevermögen
- Energie- und Nährstoffdichte in den FM
- Eignung für Schweine

Aufgrund der Zusammensetzung, Akzeptanz und/oder sonstiger Qualitätseigenschaften müssen einige Komponenten im MF für Schweine limitiert werden (**Tab. VI.6.23**).

6.7.2 Berechnung von Mischungen aus Getreide und EF

Die Berechnung der Mischungsanteile kann – bei etwa vergleichbaren Energiegehalten der FM – mittels Kreuzregel erfolgen.

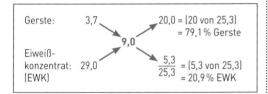

Soll z. B. aus Gerste (3,7 g Lys/kg) und Eiweißkonzentrat (29 g Lys/kg) eine Mischung mit 9 g Lys/kg hergestellt werden, so müssen die Kreuzdifferenzen zum Sollwert (9 g Lys/kg) gebildet

und in ein prozentuales Verhältnis gesetzt werden:

6.7.3 Mischungen aus mehreren Einzel-FM

Optimale Mischungen unter Berücksichtigung zahlreicher Einzel-FM **und** ihrer Preise sind nur mit Hilfe von Computern zu erreichen (Standardverfahren der MF-Industrie).

Bei Verwendung von Hilfstabellen und der Einteilung der FM in verschiedene Gruppen (s. u.) sind jedoch gute Näherungswerte zum physiologischen und ökonomischen Optimum erreichbar, wenn in folgender Weise vorgegangen wird:

1. Auswahl des günstigsten Energieträgers (Kosten je MJ ME).
2. Auswahl des günstigsten Protein- bzw. AS-Trägers (Kosten je kg Rp bzw. AS).
3. Kombination der günstigsten Energie- und Protein- bzw. Lys-Träger (Mischungskreuz) unter Berücksichtigung ggf. notwendiger Limitierungen für die FM.
4. In die Mischung ein Mineralfutter (2–4 %) hineinnehmen unter Reduktion der vorher abgeleiteten Prozentanteile (höchster Anteil).
5. Kalkulation der Energie- und Nährstoffversorgung über diese so entwickelte Mischung und Einfügung von bestimmten Komponenten, um ggf. auftretende Lücken zu schließen.

Tab. VI.6.23: **Empfehlungen für die Begrenzung verschiedener FM in Futtermischungen für Schweine (Anteil in der Mischung in %)**

		Ferkel	Mastschweine		Sauen	
		abgesetzt	< 60 kg	> 60 kg	tragend	laktierend
Getreide	Hafer	20	20	20		
	Mais			40–60		
	Roggen	20	50	60	70	50
	Triticale	30				
sonstige FM	Trockenschnitzel	0[1]	15	20	40	10
	Maniokmehl	10	20	30	20	20
	Kleien	10	15	20	30	15
Rp-reiche FM	Ackerbohnen	10	15	30	20	10
	Erbsen (Futter-)	10	15	20	20	10
	Lupinen (Süß-)	5	10	15	15	5
	RES, 00 < 30 μmol Glukosinolate/g	5–10	20	20	10	10
Fette	Sojaöl	5	1–1,5[2]	1–1,5[2]		10
	Rapsöl	3	2–3[2]	2–3[2]	3	3

0: keine Verwendung; keine Zahl: keine Limitierung erforderlich.
[1] evtl. aus diätetischen Gründen bis 6 %.
[2] Beachtung des Grenzwertes von 18–21 g Polyensäuren/kg AF (sonst Fettqualität ↓)

6.8   Futtermittel für Schweine

Tab. VI.6.24: **Futtermittel für Schweine (Energie- und Nährstoffgehalte/kg uS)[1]**

	TS g	Rfa g	Stär-ke g	Zu-cker g	ME MJ	Rp[2] g	Lys[2] g	Met+Cys g	Trp g	Ca g	P g	vP g	Na g	Zn mg
Grünfutter und Silagen														
Grassilage, angewelkt	350	90	0	–	**2,5**	**59**	2,4	2,0	0,8	1,0	0,7	–	0,2	7
MKSS[3] (mit Lieschen)	500	80	212	3	**6,0**	**49**	1,3	1,8	0,3	0,7	1,8	0,9	0,7	15
Corn Cob Mix	540	29	336	4	**8,1**	**57**	1,3	2,1	0,4	0,5	1,6	0,8	0,1	15
Maissilage, teigreif	270	62	66	–	**2,4**	**24**	0,7	0,6	0,2	1,0	0,7	–	0,1	8
Weidegras, jung	160	33	0	–	**1,2**	**30**	1,6	1,0	0,4	1,0	0,6	–	0,2	7
Hackfrüchte bzw. Nachprodukte														
Gehaltsrüben	112	7	0	61	**1,4**	**10**	0,5	0,3	0,1	0,5	0,4	–	0,8	3,5
Kartoffeln, gek.	221	6	148	1	**3,3**	**21**	1,0	0,5	0,2	0,1	0,6	–	0,1	5,4
Maniokmehl	871	49	596	28	**12,7**	**24**	0,8	0,6	0,2	1,4	1,0	–	0,4	7
Tr. schnitzel, mel.	896	142	0	179	**9,1**	**112**	5,6	3,0	1,1	7,3	0,9	–	2,4	33
Getreide und Getreidenachprodukte														
Gerste (Winter)	870	50	522	23	**12,5**	**109**	3,7	3,6	1,4	0,7	3,4	1,5	0,3	28
Hafer	884	100	395	14	**11,3**	**109**	4,3	4,1	1,4	1,1	3,1	1,0	0,3	37
Mais	879	24	612	17	**14,1**	**93**	2,7	3,7	0,6	0,3	2,8	1,1	0,2	27
Maiskeim-ES	893	73	389	50	**11,6**	**118**	5,9	4,7	1,8	0,6	6,6	1,3	1,0	100
Maiskleberfutter	880	77	203	19	**10,5**	**195**	6,0	8,9	1,0	2,2	9,1	2,0	0,9	65
Roggen	880	25	568	55	**13,5**	**99**	3,7	3,0	1,2	0,8	2,9	0,9	0,2	30
Roggenkleie	881	73	115	91	**8,9**	**143**	6,7	3,4	1,1	1,5	9,9	–	0,7	79
Triticale	880	26	587	35	**13,6**	**128**	4,1	5,2	1,3	0,4	3,8	2,5	0,2	42
Weizen	876	25	591	28	**13,7**	**121**	3,2	4,3	1,4	0,6	3,3	2,1	0,1	56
Weizenkleie	880	118	137	57	**8,3**	**141**	6,2	5,0	2,5	1,6	11,3	7,5	0,8	76
Milokorn	880	22	646	10	**14,1**	**102**	2,2	3,3	0,9	0,4	2,5	1,0	0,2	23

6

	TS g	Rfa g	Stär-ke g	Zu-cker g	ME MJ	Rp[2] g	Lys[2] g	Met+ Cys g	Trp g	Ca g	P g	vP g	Na g	Zn mg
Eiweißfuttermittel														
Ackerbohnen	871	78	358	35	12,5	260	17,7	5,0	2,5	1,4	4,0	1,6	0,1	48
Bierhefe	893	21	0	17	12,3	465	32,0	11,0	5,4	2,3	15,0	–	2,4	82
Erbsen	871	59	414	58	13,5	226	15,2	5,9	2,2	0,8	4,2	2,0	0,2	21
Fischmehl	906	9	0	0	13,6	612	54,0	22,0	7,4	43,0	25,5	22,4	8,8	77
Blutplasma	920	–	–	–	16,3	770	51	26	11	1,5	13	13	22	–
Magermilch, fr.	86	0	0	41	1,4	31	2,7	1,2	0,4	1,2	0,9	–	0,3	5
Magermilch, getr.	941	0	0	453	14,9	343	25,3	11,6	4,7	12,3	9,6	8,6	3,7	49
Molke, frisch	60	0	0	44	0,8	8	0,5	0,3	0,1	0,6	0,5	–	0,6	1
Molke, getr.	963	0	0	715	13,4	127	7,3	4,5	2,2	6,3	6,4	5,8	6,7	7
RES	886	124	0	82	9,6	349	18,0	14,0	4,5	6,1	10,7	2,6	0,1	61
SES	870	57	64	91	12,9	446	29,1	13,5	5,9	2,7	6,1	2,0	0,2	62
Sb.-ES[4]	900	200	0	71	10,8	345	12,2	14,4	4,1	3,7	9,8	3,9	0,5	41
Kartoffeleiweiß	910	7	0	6	16,8	764	58,3	28,8	10,2	2,9	4,0	–	0,1	21
DDGS	940	75	20	30	11,8	370	6,7	12,1	3,3	0,8	8,0	2,7	0,8	70
Sonstige Futtermittel														
Grasmehl	922	211	0	79	6,1	171	7,1	4,9	2,0	5,0	4,5	–	0,7	42
Sojaöl	999	0	0	0	37,4	0	0	0	0	0	0	0	0	0

[1] In der Schweinefütterung relevante unkonventionelle FM: s. Kap. II.14.
[2] zu pcv-Rp- bzw. pcv-Lys-Werten s. Tab. I.5.4.
[3] Maiskolbenschrotsilage
[4] Sonnenblumenextraktionsschrot

Literatur

ARLINGHAUS M, SANDER S, KAMPHUES J (2013): *Einfluss hydrothermischer Verfahren in der Mischfutterherstellung auf die Nährstoffverdaulichkeit und Leistung bei Schweinen.* Übers Tierernährg 41: 1–50.

AUSSCHUSS FÜR BEDARFSNORMEN DER GESELLSCHAFT FÜR ERNÄHRUNGSPHYSIOLOGIE DER HAUSTIERE (2005): *Determination of digestibility as the basis for energy evaluation of feedstuffs for pigs.* Proc Soc Nutr Physiol 15: 207–213.

AUSSCHUSS FÜR BEDARFSNORMEN DER GESELLSCHAFT FÜR ERNÄHRUNGSPHYSIOLOGIE DER HAUSTIERE (2005): *Standardized prececal digestibility of amino acids in feedstuffs for pigs – methods and concepts.* Proc Soc Nutr Physiol 15: 185–205.

AUSSCHUSS FÜR BEDARFSNORMEN DER GESELLSCHAFT FÜR ERNÄHRUNGSPHYSIOLOGIE (2006): *Empfehlungen zur Energie- und Nährstoffversorgung von Schweinen.* DLG-Verlag, Frankfurt/M.

AUSSCHUSS FÜR BEDARFSNORMEN DER GESELLSCHAFT FÜR ERNÄHRUNGSPHYSIOLOGIE DER HAUSTIERE (2008): *Prediction of Metabolisable Energy of compound feeds for pigs.* Proc Soc Nutr Physiol 17: 199–204.

DLG-FUTTERWERTTABELLEN FÜR SCHWEINE (1991): 6. Aufl., DLG-Verlag, Frankfurt/M.

DLG (2014): *Bestimmungen für die Verleihung und Führung des DLG-Gütezeichens Mischfutter, Teil 2: DLG-Mischfutter-Standards (Entwurf in Überarbeitung).*

Jeroch H, Drochner W, Simon O (2008): *Ernährung landwirtschaftlicher Nutztiere*. 2. Aufl., Verlag Eugen Ulmer, Stuttgart.

Kamphues J (1988): *Untersuchungen zu Verdauungsvorgängen bei Absetzferkeln in Abhängigkeit von Futtermenge und -zubereitung sowie von Futterzusätzen*. Habil.-Schrift, Tierärztl Hochsch Hannover.

Kamphues J (1997): *Die Kontrolle von Futter und Fütterung im Schweinebestand – zur Sicherung von Tiergesundheit und Schlachtkörperqualität*. In: Tiergesundheit und Produktqualität – gemeinsames Anliegen der Veterinärmedizin und der Landwirtschaft, DLG-Verlag, Frankfurt/M., 94–109.

Kamphues J (2013): *Fütterung und Wasserversorgung von Schweinebeständen*. In: Grosse Beilage E, Wendt M (Hrsg.): Diagnostik und Gesundheitsmanagement im Schweinebestand, 1. Aufl., Verlag Eugen Ulmer, Stuttgart.

Kamphues J (2002): *Nutritiv bedingte Probleme im Schweinebestand – eine Herausforderung für den betreuenden Tierarzt*. Tierärztliche Praxis 6: 396–403.

Kamphues J, Bruening I, Papenbrock S, Moesseler A, Wolf P, Verspohl J (2007): *Lower grinding intensity of cereals for dietetic effects in piglets?* Livestock Sci 109: 132–134.

Kamphues J, Boehm R, Flachowsky G, Lahrssen-Wiederholt M, Meyer U, Schenkel H (2007): *Empfehlungen zur Beurteilung der hygienischen Qualität von Tränkwasser für Lebensmittel liefernde Tiere unter Berücksichtigung der gegebenen Rahmenbedingungen*. Landbauforschung Völkenrode 3: 255–272.

Kamphues J, Papenbrock S, Visscher C, Offenberg S, Neu M, Verspohl J, Westfahl C, Häbich AC (2007): *Bedeutung von Futter und Fütterung für das Vorkommen von Salmonellen bei Schweinen*. Übers Tierernähr 35: 233–279.

Kamphues J, Schulze Horsel T (1996): *Tierärztlich relevante Aspekte der Wasserversorgung von Schweinen*. In: Handbuch der tierischen Veredlung 97, 22. Auflage, Verlag H. Kamlage, Osnabrück, 206–226, ISSN 0723-7383.

Kamphues J, Wolf P (2007): *Tierernährung für Tierärzte – Im Fokus: Die Fütterung von Schweinen*. Fortbildungsveranstaltung Hannover, 13. 4. 2007, ISBN 978-3-00-020840-9.

Kamphues J, Wolf P (2012): *Tierernährung für Tierärzte – Gesundheit und Leistung von Schweinen unter dem Einfluss von Futter und Fütterung*. Fortbildungsveranstaltung Hannover, 03.05.2012, ISBN 978-3-00-037703-7.

Kirchgessner M, Roth Fx, Schwarz Fj, Stangl GI (2008): *Tierernährung, Leitfaden für Studium, Beratung und Praxis, 12. Aufl.*, DLG-Verlag, Frankfurt/M..

Pallauf J, Schenkel H (2006): *Empfehlungen zur Versorgung von Schweinen mit Spurenelementen*. Übers Tierernähr 34: 105–123.

Susenbeth A (2005): *Bestimmung des energetischen Futterwerts aus den verdaulichen Nährstoffen beim Schwein*. Übers Tierernähr 33: 1–16.

Sander S, Osterhues A, Tabeling R, Kamphues J (2012): *Geruchsabweichungen am Schlachtkörper bei der Ebermast – Einflüsse von Genetik, Fütterung und Haltung*. Übers Tierernähr 40: 65–111.

Witte M, Abd El Wahab A, Kamphues J (2012): *Nährstoffergänzungen zum Erhalt bzw. zur Förderung der Klauengesundheit bei Schweinen*. In: Kamphues J, Wolf P (Hrsg): Tierernährung für Tierärzte – Gesundheit und Leistung von Schweinen unter dem Einfluss von Futter und Fütterung, S. 141–148, ISBN 978-3-00-037703-7.

Waldmann Kh, Wendt M (2004): *Lehrbuch der Schweinekrankheiten*. 3. Auflage, Schaper, Alfeld.

Wolf P, Kamphues J (2007): *Magenulcera bei Schweinen – Ursachen und Maßnahmen zur Vermeidung*. Übers Tierernähr 35: 161–190.

Wolf P, Arlinghaus M, Kamphues J, Sauer N, Mosenthin R (2012): *Einfluss der Partikelgrößen im Futter auf die Nährstoffverdaulichkeit und Leistung beim Schwein*. Übers Tierernähr 40: 21–64.

Wolf P, Moesseler A, Kamphues J (2011): *Untersuchung von Futtermitteln für Schweine, eingesandt aus der tierärztlichen Praxis zur Qualitätskontrolle*. Tierärztl Prax 3: 148–154.

6

7 Fleischfresser

7.1 Hunde

7.1.1 Biologische/ernährungs-physiologische Grundlagen

Der Hund zählt wegen seiner Abstammung vom Wolf und dessen Ernährungsweise im natürlichen Habitat zu den „Fleischfressern", wenngleich eine Bezeichnung als „Beutegreifer" sehr viel treffender wäre. Das Beutetier besteht eben nicht nur aus „Fleisch", sondern auch aus anderen Bestandteilen wie Skelett, Organen und Darminhalt (teils unverdaulich). Der Stoffwechsel des Wolfs zeigt – vermutlich als Folge der Abwechslung von Phasen des Futtermangels mit denen des Überflusses, z. B. nach Erbeutung eines größeren Stück Wildes – eine extrem hohe Flexibilität. Hinzu kommen Folgen der Domestikation, die vor mehr als 10 000 Jahren begann. Es wurde kürzlich gezeigt, dass in diesem Kontext Gene, die für Enzyme der KH-Verdauung wie z. B. Amylase kodieren, Veränderungen erfuhren. Schon vor längerer Zeit wurde beschrieben, dass der Hund deutlich mehr Pankreasamylase bildet als die Katze. Er ist aus ernährungsphysiologischer Sicht daher kein strenger „Fleischfresser". Trotzdem gibt es auch beim Hund typische Kennzeichen des carnivoren Stoffwechsels. So kann rasseabhängig der Bedarf an AS besonders hoch sein (z. B. Met bei Neufundländern). Neue Untersuchungen legen nahe, dass der Hund die Ca-Aufnahme bei geringer Ca-Versorgung nicht wesentlich steigern kann. Vitamin D kann zudem nicht unter dem Einfluss von Sonnenlicht gebildet werden.
Die Vielfalt der Rassen und Formen bedingt ein weites Spektrum in der KM (< 1 bis > 80 kg). Ernährungsphysiologisch ist dieses bedeutsam, da sich dadurch auch Unterschiede in der Größe des Verdauungstrakts in Relation zur KM entwickelten. Große Rassen haben einen relativ kleineren Verdauungstrakt, sie neigen eher zu Verdauungsstörungen und weicher Kotkonsistenz, insbesondere temperamentvolle Hunde, die sich entsprechend viel bewegen und deshalb mehr Energie benötigen. Die große Variabilität der Hunderassen hinsichtlich KM, Körperbau, Körperfettgehalt, Behaarung, Temperament oder auch Welpenzahl sowie die oft sehr verschiedenen Haltungsbedingungen müssen bei der Bedarfsermittlung und Fütterung berücksichtigt werden (**Tab. VI.7.1**). Pauschale Angaben pro Hund oder pro kg KM sind deshalb kaum möglich.

Beurteilung des Ernährungszustands
Siehe **Tabelle VI.7.2**.

7.1.2 Energie- und Nährstoffbedarf
Energie und Protein
Erhaltungsbedarf

Hunde im Erhaltungsstoffwechsel sind so zu füttern, dass eine KM-Konstanz bei einem Body Condition Score von ca. 5 erreicht wird. Der Energiebedarf für die Erhaltung variiert erheblich. Bei einem Hund mit normalem Ernährungszustand und einer Haltung im Haus/in der Wohnung ist allgemein ein Bedarf von 0,40 MJ ME/kg KM^{0,75} zu veranschlagen.

> Energiebedarf: 0,35–0,65 MJ ME/kg KM^{0,75} und Tag
>
> Proteinbedarf: 4,3–5 g vRp/kg KM^{0,75} und Tag
> (5–6 g Rp/kg KM^{0,75} und Tag)

Daraus ergibt sich eine Protein : Energie-Relation von:

> g vRp : MJ ME = ca. 10 : 1
>
> g Rp : MJ ME = ca. 12 : 1

Tab. VI.7.1: **Biologische Daten zu verschiedenen Hunderassen**

Rasse	Ø KM, kg		Ø Welpenzahl pro Wurf	Ø KM, g bei Geburt
	Rüde	Hündin		
Zwergrassen (bis 6 kg)				
Papillon	1,5–5,0		2,8	118
Chihuahua	3,0	2,2	3,0	138
Yorkshire Terrier	3,2	2,5	5,0	97
Rehpinscher	3,5	2,9	3,6	169
Malteser	4,0	4,3	2,8	156
Zwergpudel	5,2	5,0	3,3	167
Zwergdackel	bis 4,0	bis 3,5	3,3	209
Zwergschnauzer	5,5	5,1	4,4	161
West Highland White Terrier	6,0–10		2,6	190
Kleine Rassen (7–15 kg)				
Foxterrier	8,5	7,3	4,0	200
King-Charles-Spaniel	8,5	7,7	3,4	232
Dackel (Kurzhaar)	bis 7,0	bis 6,5	4,2	240
Scotchterrier	10	9,1	4,5	215
Pudel (Standard)	9–13,5		4,5	230
Whippet	10	11	5,8	254
Cocker-Spaniel	14	13	5,3	230
Beagle	14	13	5,7	240
Mittelgroße Rassen (16–30 kg)				
Schnauzer	19	18	5,8	284
Basset	20	18	5,5	250
Bullterrier	23	20	6,8	328
Airedaleterrier	25	23	7,5	341
Chow-Chow	27	21	4,4	358
Collie	27	23	7,3	290
Dalmatiner	27	23	6,3	350
Deutsch Kurzhaar	30	24	7,6	459
Setter	28	25	7,5	404
Boxer	30	28	7,3	408

7

Rasse	Ø KM, kg		Ø Welpenzahl pro Wurf	Ø KM, g bei Geburt
	Rüde	Hündin		
Große Rassen (31–55 kg)				
Deutscher Schäferhund	30–40	22–32	8,3	443
Hovawart	30–45	25–35	11	436
Berner Sennenhund	bis 50	bis 48	7,6	440
Golden Retriever	35	30	7,5	475
Dobermann	37	29	8,3	411
Riesenschnauzer	40	39	8,3	402
Rottweiler	50	40	7,6	446
Riesenrassen (> 55 kg)				
Irischer Wolfshund	55	41	7,4	500
Deutsche Dogge	bis 90	55–60	10	567
Neufundländer	65	52	6,2	595
Bernhardiner	bis 90	70–75	7,9	642

Tab. VI.7.2: **Beurteilung des Ernährungszustands von Hunden mittels des Body Condition Scores (BCS)**

Score[1]	Beschreibung
1	Rippen, Lendenwirbel, Beckenknochen und andere Knochenvorsprünge aus einiger Entfernung sichtbar, kein erkennbares Körperfett, offensichtlicher Verlust an Muskelmasse
3	Rippen leicht tastbar, eventuell sichtbar, ohne Fettabdeckung, Dornfortsätze der Lendenwirbel sichtbar, Beckenknochen stehen hervor, von oben betrachtet sehr deutliche Taille, von der Seite gesehen gut sichtbare, starke Einziehung des Bauches vor dem Becken
5	**Ideal**: Rippen tastbar mit geringer Fettabdeckung, von oben betrachtet Taille erkennbar, von der Seite gesehen sichtbare Einziehung des Bauches vor dem Becken
7	Rippen nur noch unter Schwierigkeiten wegen dicker Fettauflage zu fühlen, erkennbare Fettdepots im Lendenbereich und am Schwanzansatz, Taille nicht mehr oder nur schwer erkennbar, von der Seite gesehen eventuell noch eine leichte Einziehung des Bauches vor dem Becken
9	Massive Fettablagerungen an Brustkorb, Wirbelsäule und Schwanzansatz sowie am Hals und den Gliedmaßen, deutliche Umfangsvermehrung des Abdomens

[1] Score 2, 4, 6 und 8 = Zwischenstadien.

Erläuterungen zum Rp-Bedarf: Die endogenen N-Verluste betragen 240–280 (im Haarwechsel bis 400) mg/kg $KM^{0,75}$ und Tag. Die Empfehlung für die tägliche Versorgung mit vRp basiert auf der Annahme einer Verdaulichkeit von etwa 85 % und einer ca. 70%igen Verwertung des absorbierten Rohproteins. Über den Bedarf und die Verfügbarkeit der einzelnen AS ist beim Hund sehr wenig bekannt. Die Rp-Versorgung ist unter Praxisbedingungen meist deutlich höher als die Empfehlung zur Bedarfsdeckung.

Einflussfaktoren: Der Erhaltungsbedarf der Hunde wird ganz wesentlich von der spontanen Aktivität beeinflusst. Daher haben Hunde, die in Gruppen in Zwingern gehalten werden, i.d.R. einen deutlich höheren Bedarf als andere, die einzeln in der Wohnung gehalten werden. Ob Kastraten beiderlei Geschlechts einen reduzierten Energiebedarf haben, ist nicht eindeutig geklärt. Eine vermehrte Neigung zur Verfettung nach der Kastration ist dagegen unstrittig. Effekte der Rasse, die über Temperament und Hautisolation vermittelt sind, können in Zwingerhaltung erheblich sein, bei Haltung in der Wohnung jedoch nivelliert werden. Ähnliches gilt für Alterseffekte. Der Energiebedarf geht im Alter zurück, da sich ältere Hunde weniger spontan bewegen. In Zwingerhaltung beträgt der Rückgang 20–25 %, bei Haltung in der Wohnung ist dieser Rückgang deutlich geringer. Übergewichtige Hunde haben ebenfalls einen erheblich geringeren Energiebedarf als normalgewichtige, während untergewichtige Hunde mehr Energie benötigen, nicht zuletzt infolge einer unterschiedlichen Körperzusammensetzung (hoher Proteingehalt im Körper ist aufgrund des intensiveren Umsatzes energetisch aufwendiger).

Arbeit

Der **Energiebedarf** für Arbeit steigt gegenüber dem Erhaltungsstoffwechsel in Abhängigkeit von der Dauer und Intensität der Belastung sowie von der Umgebungstemperatur (z.B. bei Schlittenhunden im Rennen oder Jagdhunden bei Arbeit im kalten Wasser). Bei Schlittenhunden, die in entsprechenden Rennen (Wettkämpfe) in Alaska eingesetzt werden, kann der Energiebedarf bis zum Zehnfachen des Erhaltungsbedarfs ansteigen. In der Praxis kommen derartig extrem hohe Arbeitsintensitäten eher selten vor. Die tatsächlich erbrachte Leistung wird von Tierhaltern häufig überschätzt.

Grundsätzlich hat die Geschwindigkeit einen erheblichen Einfluss auf den Energiebedarf für die Bewegung. Unter sehr verschiedenen Bedingungen wurden Werte zwischen 5,4–13 kJ/kg $KM^{0,75}$/km ($= 2,9$–$7,8$ kJ/kg KM/km, s. Kap. V.2.2.1; kleine Hd: 5,8–7,8; große Hd: 2,9–3,8) für Laufleistungen gemessen. Vertikale Bewegungen (Hebearbeit wie z.B. Treppensteigen) sind dagegen im Energieaufwand direkt proportional zur Körpermasse. Es sind etwa 29 J/kg KM und Meter anzusetzen.

Bei Ausdauerleistungen sollte die zusätzliche Energie überwiegend aus Fett (und auch Protein) bereitgestellt werden, bei kürzer dauernder Belastung sind KH empfehlenswert.

Der faktoriell kalkulierte **Proteinbedarf** steigt für die Bewegung nur sehr gering an. Die Relation g vRp : MJ ME ist wie im Erhaltungsstoffwechsel vorzusehen. Bei extremer Leistung und hoher Stressbelastung (Schlittenhunde-Rennen über mehrere hundert km, Rettungshunde in großer Höhe, extremer Kälte etc.) steigt der Proteinbedarf jedoch an, die Protein : Energie-Relation kann unter solchen Extrembedingungen mit ca. 15 g vRp/MJ ME angesetzt werden.

Reproduktion

Im Reproduktionsgeschehen sind Früh- und Spätgravidität (insgesamt 63 Tage) sowie die Laktation (7–8 Wochen) zu unterscheiden. Der Energie- und Nährstoffbedarf ist in der Frühgravidität ähnlich dem Erhaltungsbedarf und steigt erst nach der 5. Trächtigkeitswoche zunehmend an (**Tab. VI.7.3, VI.7.4**).

> **Protein : Energie-Relation** :
> 11 g vRp : 1 MJ ME ($\triangleq$ 13 g Rp : 1 MJ ME)

Gravidität

Ab der 5. Trächtigkeitswoche sind zusätzlich zum Erhaltungsbedarf 0,12 MJ ME/kg KM/Tag

Tab. VI.7.3: **Empfehlungen für die tägliche Energie- und Eiweißversorgung gravider und laktierender Hündinnen (Angaben pro kg KM)**

KM (kg)	Gravidität[1]		Laktation[2]					
	MJ ME	g vRp[3]	< 4 Welpen		4–6 Welpen		> 6 Welpen	
			MJ ME	g vRp[3]	MJ ME	g vRp[3]	MJ ME	g vRp[3]
5	0,48	4,6	0,56	5,8	0,80	8,8	0,92	10,0
10	0,41	4,1	0,52	5,4	0,77	8,4	0,87	9,7
20	0,37	3,7	0,47	5,0	0,73	8,0	0,83	9,2
35	0,34	3,4	0,44	4,7	0,69	7,4	0,79	8,9
60	0,31	3,1	0,41	4,4	0,67	7,4	0,77	8,7

[1] Ab der 5. Woche der Gravidität.
[2] Im 1. Laktationsmonat wurde ein höherer Erhaltungsbedarf = 0,58 MJ ME/kg KM^{0,75} berücksichtigt.
[3] Angenommene Verwertung des vRp: 70 %.

und 1,3 g vRp/kg KM/Tag (angenommene Verwertung des vRp = 70 %) anzusetzen; die KM-Zunahme der Hündin sollte etwa 20–25 % betragen, der BCS dann Werte zwischen 5 und maximal 6 aufweisen.

Laktation

Energiebedarf steigt entsprechend der Milchmengenproduktion, die entscheidend von der Welpenzahl abhängt (**Tab. VI.7.4**).

Tab. VI.7.4: **Energiebedarf laktierender Hündinnen bei unterschiedlicher Wurfgröße**

Allgemeine Richtwerte:	
1 Welpe	1,25–1,5x Erhaltungsbedarf
4 Welpen	2x Erhaltungsbedarf
8 Welpen	3x Erhaltungsbedarf
≥ 9 Welpen	*ad libitum* füttern (Futter mit hoher Energiedichte)

Bei laktierenden Hündinnen kommt es häufig zu einer Ausschöpfung des TS-Aufnahmevermögens (max. 50 g TS/kg KM/d), wodurch die Energie- und Nährstoffaufnahme evtl. hinter dem Bedarf zurückbleibt (Problem bei großen Würfen!). In diesem Fall wird Futter mit höherer Energiedichte benötigt, d. h. es ist u. a. ein hoher Fettgehalt im Futter ratsam.

Welpen und Junghunde

Die Beifütterung von Welpen beginnt in der 3. Lebenswoche, bei großen Würfen evtl. schon eher. Hierfür maßgebend sind die Entwicklung der Welpen sowie der Ernährungszustand der Hündin. Die Welpen werden meist in der 8.–10. Lebenswoche abgesetzt, bei sehr stark abgesäugten Hündinnen und ausreichender Festfutteraufnahme der Welpen evtl. auch früher.

Bei Welpen und Junghunden, insbesondere der großwüchsigen Rassen, ist eine Überfütterung zu vermeiden, da hier ein hohes Risiko für Skelettentwicklungsstörungen besteht. Daher ist eine moderate KM-Entwicklung zu empfehlen, wie in der **Tabelle VI.7.5** dargestellt ist. **Cave:** der BCS von Junghunden zeigt eine Überversorgung mit Energie und ein daraus resultierendes übermäßiges, zu schnelles Wachstum nicht zuverlässig an, da Welpen und Junghunde nicht bevorzugt mehr Fett ansetzen, sondern insgesamt schneller wachsen. Deshalb kann auf eine Kontrolle durch Wägungen nicht verzichtet werden.

Tab. VI.7.5: **Richtwerte zur KM-Entwicklung bei verschiedenen Hunderassen im ersten Lebensjahr**

Ende des Lebensmonats	mittelgroße Rassen, adult: ca. 20 kg		große Rassen, adult: ca. 35 kg		Riesenrassen, adult: ca. 60 kg	
	kg	KM_{adult} (%)	kg	KM_{adult} (%)	kg	KM_{adult} (%)
2.	4,4	22	7,0	20	8,4	14
3.	7,4	37	12,3	35	15,6	26
4.	10,4	52	16,8	48	22,8	38
6.	14,0	70	22,8	65	36,0	60
12.	19,0	95	30,8	88	48,0	80

Der Energiebedarf der Welpen und Junghunde resultiert aus dem Bedarf für die Erhaltung und den Ansatz. Der Energiebedarf für die Erhaltung enthält auch einen Anteil für spontane Bewegung, der wiederum abhängig ist von Temperament, Bewegungsmöglichkeiten und Stimuli für spontane Bewegungen. So benötigen Junghunde temperamentvoller Rassen, die in einer Gruppe im Zwinger gehalten werden, erheblich mehr Energie als ein einzeln in der Wohnung aufwachsender Junghund.
Die in der **Tabelle VI.7.6** angegebenen Spannen beziehen sich daher einerseits auf die Aufzucht von Einzeltieren im Haus (Wohnung), andererseits auf Tiere in Gruppenhaltung im Zwinger.
Generelle Empfehlung: Individuelle Futtermengenzuteilung unter kontinuierlicher Kontrolle der KM-Entwicklung (**Tab. VI.7.5**). Bei Welpen, die bereits die Empfehlungen für die KM-Entwicklung überschreiten, muss die Energiezufuhr – evtl. unter die Empfehlungen – reduziert werden, um ein langsameres Wachstum zu erreichen (i. d. R. keine KM-Verluste anstreben, sondern nur langsameres Wachstum); Welpen, die leichter sind, als übliche Empfehlungen zur KM-Entwicklung, sollten nicht durch die Fütterung „getrieben" werden.
Bei vergleichbarem Wachstum (Zunahmen) ist davon auszugehen, dass der Proteinansatz und damit auch der -bedarf in etwa konstant bleibt. Die Protein:Energie-Relation ist dem unterschiedlichen Bedarf an Energie (hohe bzw. ge-

Tab. VI.7.6: **Empfehlungen für die tägliche ME-Versorgung von Welpen und Junghunden in Abhängigkeit von der Haltung**[1]

Lebensmonat (Spanne)	Energiebedarf in MJ ME/kg $KM^{0,75}$	
	einzeln, im Haus	in einer Gruppe, im Zwinger
2.–4.	0,7–0,8	0,8–0,9
5.–6.	0,6–0,8	0,8–0,9
7.–12.	0,5–0,6	0,6–0,7

[1] Evtl. höhere Werte bei besonders „aktiven" Hunden.

ringe Bewegungsaktivität) und Protein anzupassen. Eine moderate Rp-Überversorgung führt nicht zu Gesundheitsstörungen, auch nicht am Skelett, sofern eine moderate Aufzuchtintensität gegeben ist. Eine Rp-Unterversorgung ist bei wenig aktiven Junghunden aufgrund geringer Futtermengen (wegen eines geringen Energiebedarfs) möglich. Dies sollte vermieden werden, da es in Kombination mit geringer Bewegungsaktivität zu einer unzureichenden Entwicklung der Muskulatur und dadurch zu höheren Fettanteilen im Körper kommen kann, was den Erhaltungsbedarf eines solchen Junghundes noch weiter reduziert und nach heutigem Wissensstand eine spätere Neigung zum Übergewicht begünstigt. Je nach individuellem Energiebedarf, Lebensmonat und erwarteter KM des ausgewachsenen Hundes kann daher das Pro-

7

Tab. VI.7.7: **Empfehlungen für die tägliche Proteinversorgung von Welpen/Junghunden (g vRp/kg KM^{0,75})[1]**

Lebensmonat	Körpermasse als ausgewachsener Hund (Größenklassen)				
	5 kg KM	10 kg KM	20 kg KM	35 kg KM	60 kg KM
1.	12	14	15	16	17
2.	10	11	14	15	16
3.	9	10	12	13	14
4.	8	9	10	11	12
5. + 6.	7	8	8	8	10
7.–12.	5	6	6	6	6

[1] KM des Welpen/Junghundes zum Zeitpunkt der Berechnung.

tein : Energie-Verhältnis zwischen 10 und 20 g vRp:1 MJ ME variieren (**Tab. VI.7.7**).

Ungesättigte Fettsäuren

Von den ungesättigten FS sind die Linolsäure (n6)- und alpha-Linolensäure (n3) besonders erwähnenswert, da beide essenziell sind. Der Hund ist aber in der Lage, aus Linolsäure die Arachidonsäure und vermutlich auch aus alpha-Linolensäure längerkettige und höher ungesättigte n3-FS zu bilden. Ein geringer Gehalt solcher FS wird trotzdem in der Ration empfohlen. Ein hoher Anteil von längerkettigen n3-FS an den ungesättigten FS hat antiinflammatorische Wirkungen, sodass unter bestimmten Bedingungen (z. B. Hauterkrankungen mit Juckreiz) n3- gegen n6-FS ausgetauscht werden (höhere n3-FS z. B. in Fischöl).

Empfehlung: Mind. 1 % Linolsäure und 0,4 % alpha-Linolensäure sowie 0,4 % längerkettige n3-FS (Eicosapentaensäuren und Docosahexaensäure) in der Futter-TS.

Mineralstoffe
Mengenelemente

Hunde können nach neueren Untersuchungen die Ca-Absorption aus dem Verdauungskanal nicht in vergleichbarer Weise wie Menschen oder z. B. die Ratte an die Ca-Aufnahme anpassen, d. h. bei geringer Zufuhr einen höheren und bei hoher Zufuhr einen geringeren Anteil absorbieren. Dies erklärt, warum Hunde bereits im Erhaltungsstoffwechsel – bezogen auf die Stoffwechselmasse – einen mehr als dreimal so hohen Ca-Bedarf wie Menschen haben. Bei Welpen und Junghunden kommt noch ein sehr viel schnelleres Wachstum und bei laktierenden Hündinnen eine entsprechende Milchleistung hinzu, sodass sich hier der Unterschied zum Menschen noch vervielfacht. Es ist daher nicht verwunderlich, dass Hundebesitzer den Ca-Bedarf des Hundes oft unterschätzen. Ein Ca-Mangel ist der häufigste Fehler in den von Laien konzipierten Rationen jeglicher Art, d. h. eigentlich immer, wenn nicht ausreichend Skelett-Anteile über Schlachtnebenprodukte, andere Ca-Quellen wie Eierschalen oder ein Mineralfutter mit > 20 % Calcium zum Einsatz kommen. Die nachfolgenden Empfehlungen zur Mineralstoffversorgung von Hunden basieren auf einer faktoriellen Ableitung (s. **Tab. VI.7.8**).

Ca : P-Verhältnis zwischen 1 : 1 und 2 : 1 (optimal 1,4 : 1) anstreben. Noch wichtiger: Auch bei ausgeglichenem Ca : P-Verhältnis müssen insgesamt ausreichende Ca- und P-Mengen im Futter enthalten sein, ganz besonders während des Wachstums und in der Laktation. Die knappe Versorgung mit einem Element ist bei unausgeglichenem Ca : P-Verhältnis besonders kritisch. Ein sehr weites Ca : P-Verhältnis mindert die P-

Absorption, d. h. mögliche nachteilige Effekte hoher/zu hoher Ca-Gehalte im Futter. Eine Unter- oder Überversorgung mit Calcium und/oder Phosphor ist bei Junghunden großer Rassen nicht selten und kann zu erheblichen Störungen der Skelettentwicklung und -gesundheit führen. Der nötige Ca- und P-Gehalt im Welpenfutter kann in Abhängigkeit vom Energiebedarf des Welpen oder Junghundes sowie von der Energiedichte im Futter erheblich variieren. Daher gibt es sehr verschiedene Ca-Gehalte im Welpenfutter. Bei großwüchsigen Rassen ist daher eine Überprüfung der Ration auch im Fall der Verwendung eines AF für Welpen sinnvoll, selbst dann, wenn das Futter für große Rassen ausgewiesen ist. Nicht selten ist eine unbeabsichtigte „Verdünnung" eines AF durch „Belohnungssnacks" (fett-/energiereich/schmackhaft, aber nicht mineralisiert), die in der Ausbildung junger Hunde zum Einsatz kommen.

Spurenelemente

Ein primärer Spurenelementmangel ist in der Praxis eher selten, ggf. kommt ein Zinkmangel vor (→ Hautprobleme, Reproduktionsstörungen). Wachsende Hunde sind eher gefährdet (**Tab. VI.7.9**).

Vitamine

Die Vit-Versorgung ist bei Einsatz kommerzieller AF üblicherweise gesichert (**Tab. VI.7.10**). Es gibt allerdings auch AF, die nicht korrekt mineralisiert und vitaminisiert sind. Zu erkennen sind solche Produkte evtl. an besonderen Auslobungen wie „ohne Zusatzstoffe" (Vitamine sind Zusatzstoffe!). Probleme können bei der

Tab. VI.7.8: **Empfehlungen zur Mengenelementversorgung von Hunden (mg/kg KM^{0,75}/Tag)**

Status	Ca	P	Mg	Na	K
Erhaltung + Arbeit	130	100	20	26	140
Gravidität, 2. Hälfte	270	200	30	50	170
Laktation[1]	260–860	160–430	30–60	80–320	210–540
Wachstum[2], Lebensmonat					
– 1.	400–582	290–420	20	100	300
– 2.	450–900	290–560	20	100	300
– 3.	470–870	270–470	20	100	300
– 4.	400–670	230–270	20	100	300
– 5. + 6.	290–520	170–270	20	100	300
– 7.–12.	180–230	120–150	20	100	300

[1] Obere Werte für Hündinnen mit großen Würfen, untere für Hündinnen mit kleinen Würfen.
[2] Obere Werte für große Rassen.

Tab. VI.7.9: **Empfehlungen zur Spurenelementversorgung von Hunden (pro kg KM^{0,75}/Tag)**

Status	Fe mg	Cu mg	Zn mg	Mn mg	J µg	Se µg
Erhaltung + Arbeit	1	0,2	2,0	0,16	30	12
Gravidität, 2. Hälfte und Laktation	8,7	1,5	11,2	0,87	108	43[1]
Wachstum	6,1	0,76	6,84	0,38	61	25[1]

[1] Vergleichsweise hohe Werte aufgrund einer geringen unterstellten Verwertung des Selens aus getrockneten Schlachtnebenprodukten u. Ä.; bei üblicher Ergänzung mit Selen (als Zusatzstoff) günstigere Verwertung anzunehmen.

7

Verabreichung selbst hergestellter Rationen ohne ausreichende Ergänzung auftreten. Auch eine Überversorgung ist möglich, z. B. durch unkontrollierten Einsatz von Supplementen oder bei Ergänzung eigener Mischungen mit hohen Anteilen von Leber (Vit A ↑) bzw. sehr leberreichen kommerziellen Misch-FM.

Tab. VI.7.10: **Empfehlungen für die Vitaminversorgung von Hunden (pro kg KM^{0,75}/Tag)**

		Erhaltung	Wachstum	Reproduktion
Vit A	IE	164	350	650
Vit D	IE	18	65	70
Vit E	mg	1	2,1	3,7
Thiamin (B$_1$)	µg	74	96	280
Riboflavin (B$_2$)	µg	170	370	640
Nicotinsäure (B$_3$)	µg	570	1180	2000
Pantothensäure (B$_5$)	µg	490	1000	1840
Pyridoxin (B$_6$)	µg	50	100	185
Folsäure	µg	8,9	19	33
Cobalamin (B$_{12}$)	µg	1,2	2,4	4,3

7.1.3 Fütterungspraxis

Hunde können mit verschiedenen selbst hergestellten Rationen (sog. *home made diets*) oder mit handelsüblichem AF ernährt werden. Letztere müssen entsprechend den futtermittelrechtlichen Vorgaben alle Nährstoffe in einer Menge enthalten, die bei bestimmungsgemäßer Verwendung des AF ausreicht, um den Nährstoffbedarf vollständig zu decken, wobei auch keine kritische Überversorgung entstehen darf. Da das europäische FM-Recht vom Hersteller eines AF für Hunde nicht verlangt, auszuweisen, wie dies sichergestellt wird/ist (z. B. durch Berechnung, Analyse oder Tierversuch), kommt es vor, dass weniger sachkundige Hersteller ihr Produkt als AF deklarieren, ohne dass die Nährstoffgehalte im Produkt eine Bedarfsdeckung ermöglichen.

Zu erkennen sind solche Produkte oftmals an einer nicht ganz korrekten Deklaration, an Auslobungen wie „ohne Zusatzstoffe" oder am Fehlen von entsprechenden Ergänzungen bei den Angaben zur Zusammensetzung. Bei extremen Werbeaussagen auch im Internet oder in Werbetexten, wie z. B. dass Produkte der Mitbewerber „gefährlich" seien oder nur aus „Kadavermehl" bestünden, bei (verbotener und/oder unsinniger) gesundheitsbezogener Werbung (z. B. FM aus Fleisch verschiedener Spezies und Getreide: „gegen Allergien") oder bei unmöglichen Versprechungen wie „Frischfleisch in Dosen" sind Zweifel an der Sachkunde und Seriosität des Herstellers angebracht. Eine Rückfrage nach nicht deklarationspflichtigen, aber wesentlichen Nährstoffen beim Hersteller (z. B. Ca und P im Welpenfutter) kann äußerst hilfreich sein, um die Qualität eines AF beurteilen zu können. Rationen für Hunde können natürlich auch aus diversen LM und FM selbst hergestellt werden. Der Phantasie der Besitzer sind hier kaum Grenzen gesetzt, da viele Hunde fast alle angebotenen FM und LM aufnehmen. Von veganen Rationen bis zum **BARFen** (englisch: *Bones And Raw Food*) ist alles vertreten. Der häufigste Fütterungsfehler bei hausgemachten Rationen, der längerfristig auch bei adulten Hunden zu klinischen Störungen führen kann, ist der Ca-Mangel. Zudem muss beachtet werden, dass Hunde nicht alles bekommt, was in der menschlichen Ernährung als „gesund" gilt. So werden Zwiebeln, Knoblauch und Weintrauben oder Rosinen in größeren Mengen nicht vertragen. Nach Einsatz von Buchweizen wurden Leberschäden und eine Pankreatitis beobachtet. Mit einer Verwendung von Knochen ist die Sicherstellung einer ausreichenden, aber nicht exzessiven Ca-Aufnahme eine Schwierigkeit, außerdem bestehen Risiken für Verletzungen durch Splitter und eine Verstopfung („Knochenkot"). Selbstkonzipierte Mischungen (ausschließlich oder auch in Kombination mit einem AF) sollten grundsätzlich kalkulatorisch überprüft werden, wenn diese m. o. w. regelmäßig und längerfristig (über Wochen) verwendet werden. Dies gilt insbesondere im Wachstum sowie für tragende oder laktierende Hündinnen, bei denen hierdurch erhebliche nachteilige Effekte vermieden werden können. Zur Ergänzung muss ein zur Ration passendes Mineralfutter in einer sinnvollen Dosierung zugelegt und auch wirklich gefressen werden. Da es durchaus auch Ca-arme Mineralfutter für Hunde gibt, genügt es keineswegs, irgendein beliebiges EF zu empfehlen. Kommt ausschließlich ein AF zum Einsatz, ist eine Ergänzung durch Mineralfutter, Futterkalk u. Ä. in vielen Fällen nicht nur überflüssig, sondern unter Umständen sogar kontraindiziert.

Aus dem oben Gesagten geht hervor, dass eine pauschale Aussage, was besser ist, „Selberkochen" oder „Fertigfutter", nicht möglich ist. Unter Hundebesitzern gibt es hierzu nicht selten Meinungen und Einschätzungen, die jeglicher wissenschaftlicher Begründung entbehren. In diesem Zusammenhang soll nachfolgend auch der Trend zum BARFen angesprochen werden. Der Begriff **BARFen** war zunächst ein bei Hundehaltern üblicher Begriff, mit dem die Fütterung ihrer Tiere mit Rohkost bezeichnet wurde (BARF = *Born Again Raw Feeders*); im Laufe der Zeit entwickelte sich dieser Terminus zur Kennzeichnung eines Fütterungskonzepts (*Bones And Raw Foods* = Knochen und rohes Futter).

Im deutschsprachigen Raum versteht man heute darunter ganz allgemein die Bemühungen um ein „**B**iologisch **A**rtgerechtes **R**ohes **F**utter". Ein Leitgedanke des BARFens war und ist die Orientierung der Ernährung des Hundes am Nahrungsspektrum des Wolfes in der Natur. Eines der häufigsten Argumente für die „Rohkost" ist die Annahme, dass nur rohes Fleisch artgerecht und damit der Gesundheit des Hundes zuträglich sei, während höhere Anteile an Getreide und -nachprodukten in kommerziellem AF kontraindiziert seien. Dies ist mittlerweile mit dem Nachweis domestikationsbedingter Veränderungen in den für die Stärkeverdauung wichtigen Enzymaktivitäten des Hundes widerlegt. Obwohl der carnivore Charakter des Hundes im Mittelpunkt dieser „Ernährungsphilosophie" steht, werden beim BARFen neben rohem Fleisch und Knochen auch größere Mengen an KH-Trägern (Cerealien, Kartoffeln) sowie Obst und Gemüse (ebenfalls roh) eingesetzt. Die Fütterung von rohem Fleisch birgt nicht zuletzt gewisse Infektionsrisiken, z. B. für Salmonellen oder Erreger der Aujeszky'schen Krankheit (evtl. auch bei Wildschweinen vorkommend).

Futteraufnahmekapazität

Die Futteraufnahmekapazität von Hunden ist kurzfristig, d. h. bezogen auf eine Mahlzeit, in der Regel sehr hoch, vermutlich auch als Folge des Wechsels von Überfluss und Mangel an Nahrung bei Beutegreifern wie den Wölfen. Deshalb ist eine reduzierte Energieversorgung auch nur bedingt oder kaum durch eine geringere Energiedichte im Futter zu erreichen (Hd fressen dann eben mehr). Auch Welpen können über Wochen mehr Futter aufnehmen, als sie benötigen. Allenfalls bei laktierenden Hündinnen großer Rassen (relativ kleiner Verdauungskanal), die einen großen Wurf säugen und FM mit nur mäßiger Energiedichte erhalten, kommt es vor, dass die Futteraufnahmekapazität (max. 4–5 %) nicht ausreicht, um den Energiebedarf zu decken. Bei reichlichem Angebot nehmen viele Hunde längerfristig mehr Energie auf als notwendig. Allerdings gibt es auch Individuen (z. B. Yorkshire Terrier), die bzgl. des Futters wählerisch sind und häufiger wenig Appetit zeigen.

Alleinfuttermittel

Diese können nach dem Wassergehalt (Feuchtigkeit) unterteilt werden in:
- **Trockenfutter:** Wassergehalt max. 14 %.
- **Halbfeuchte Futter:** Wassergehalt 20–40 %; bis 26 % Wasser haltbar durch Zusatz von Konservierungsmitteln; über 26 % Wasser durch Autoklavieren (Beutel, Wurst etc.).
- **Feuchtfutter:** Wassergehalt 70–85 % (z. B. Dosen, Portionsschälchen, -beutel), haltbar durch Autoklavieren (Vollkonserve).

Eine weitere Unterteilung kann nach dem Verwendungszweck gemäß Deklaration erfolgen. AF können entweder allgemein („für Hunde") oder spezifiziert (z. B. „für **wachsende** Hunde") deklariert sein. Im ersten Fall muss eine Be-

7

darfsdeckung in allen Lebensphasen (Erhaltung bis Laktation) möglich sein, bei spezifizierter Deklaration nur der jeweilige Bedarf des entsprechenden Stadiums gedeckt werden. Die ernährungsphysiologische Zweckmäßigkeit mancher spezifizierter Produkte (z. B. rassenspezifische AF) ist fraglich, Marketingaspekte spielen hier eine gewisse, evtl. sogar entscheidende Rolle.

Die Verwendung kommerzieller AF ist relativ einfach und allgemein auch sicher; der Besitzer muss allerdings die längerfristig richtige Futtermenge herausfinden und anbieten. Dies erfolgt durch Beobachtung des Ernährungszustandes (BCS) und/oder regelmäßiges Wiegen. Weniger erfahrene Besitzer sollten durchaus darauf hingewiesen werden, dass die Angaben auf der Deklaration für ihren Hund nicht unbedingt genau zutreffen müssen, und sie deshalb weniger oder auch mehr anbieten sollten, wenn der Hund zu- oder abnimmt.

Bei der Rationsberechnung ergibt sich die täglich notwendige Futtermenge (uS) aus dem Energiebedarf des Tieres und dem Energiegehalt im AF. Beträgt der Bedarf eines Hundes z. B. 10 MJ ME pro Tag und enthält das AF 1,4 MJ ME/100 g uS, so sind täglich rd. 714 g uS (10 : 1,4 x 100) anzubieten. Die Futtermengenzuteilung erfolgt dabei grundsätzlich nach dem Energiebedarf, und nicht nach dem Bedarf an einzelnen Nährstoffen. Wird der Bedarf an einzelnen Nährstoffen mit der Futtermenge nicht erfüllt, so ist das betreffende AF für den Hund in dieser konkreten Situation nicht/kaum geeignet. Nach entsprechender kalkulatorischer Prüfung können ggf. fehlende Nährstoffe über ein Mineralfutter supplementiert werden.

Ergänzungsfuttermittel

Neben kommerziellen AF gibt es auch Ergänzungsfuttermittel (EF) für Hunde:

Eiweißreiche Produkte: z. B. Fleisch, Schlachtnebenprodukte (50–80 % Rp in der TS) zur Ergänzung kohlenhydratreicher FM.

Kohlenhydratreiche Produkte: z. B. Flocken, Biskuits zur Ergänzung von eiweißreichen FM. Diese können mineralisiert sein, was sich auf die Auswahl und Menge eventuell notwendiger mineralischer Ergänzungen erheblich auswirkt.

Mineralfutter oder vitaminierte EF: Besonders wichtig ist hierbei die Ca-Ergänzung (mit Ausnahme von Knochen gibt es kaum Ca-reiche Komponenten; Knochen: Gefahr von Obstipationen und Verletzungen durch Knochensplitter, bes. bei sehr harten Knochen); Mineralfutter für Hunde variieren in ihrer Zusammensetzung erheblich (z. B. Ca-Gehalt: < 10 bis 25 %). Etliche Produkte weisen eine Zusammensetzung auf, die keine bedarfsgerechte Ergänzung selbstkonzipierter Mischungen erlaubt. Bei Produkten mit weniger als 10 % Ca ist die Ergänzung der *Home-Made-Diets* (allg. Ca-arm) besonders für Welpen und Junghunde großer Rassen kaum praktikabel, da zu große Mengen des Supplements angeboten werden müssen. Auch die Gehalte an Spurenelementen und Vitaminen variieren erheblich und erlauben teils ebenfalls keine bedarfsdeckende Ergänzung.

Eigene Mischungen aus Einzel-FM

Bei der Fütterung von Hunden auf der Basis eigener Zusammenstellungen/Mischungen kommen unterschiedliche Einzel-FM zum Einsatz.

Eiweißreiche FM: Fleisch, Organe, Schlachtnebenprodukte, Milch- und Eiprodukte, pflanzliche Eiweißfuttermittel.

Kohlenhydratreiche FM: Getreideprodukte, Stärke, Zucker, gekochte Kartoffeln, Nudeln.

Fettreiche FM: Tierische und pflanzliche Fette bzw. Öle, teils mit Sonderwirkungen (n3-FS aus Fischölen im Rahmen der Diätetik).

Mineralstoffreiche FM: Knochen, mineralische Einzel-FM (kohlen- und phosphorsaurer Futterkalk, Salz).

Getrocknete bindegewebsreiche Produkte: z. B. Ochsenziemer oder Schweineohren, diese sind eiweiß-, teils auch fettreich, ggf. Salmonellenrisiko.

Empfehlungen zur Verwendung o. g. Einzel-FM (-gruppen) für eine Futtermischung (*home made diet*) für Hunde siehe **Tabelle VI.7.11**.

Tab. VI.7.11: **Prinzip des Rationsaufbaus (Orientierungsgrößen), Angaben zu Rationsanteilen**

Erhaltungs-bedarf, Arbeit	Art der Futtermittel	Reproduktion, Wachstum
35–45 %	**Eiweißreiche FM** v. a. tierischer Herkunft; Fleisch bzw. Schlacht-nebenprodukte	45–55 %
45–55 %	**KH-reiche FM** pflanzlicher Herkunft Getreide/-pro-dukte (Flocken, Nudeln etc.)	35–45 %
5 %	**Rfa-haltige FM** Weizenkleie Gemüse	5 %
5 %	**Fette** Pflanzenöle Schmalz, Talg	5 %
0,5 g/kg KM	**Vitaminiertes Mineralfutter**[1]	2,5 g/kg KM

[1] Mit derartiger Ergänzung wird die Futtermischung praktisch zu einem Alleinfutter; dabei sollte ein Mineralfutter für adulte Hunde ≥ 10 % Ca, für wachsende Hunde ≥ 20 % Ca enthalten.

7.2 Katzen

7.2.1 Biologische/ernährungs-physiologische Grundlagen

Die Katze ist ein hochspezialisierter Carnivore, ihr Stoffwechsel hat sich extrem an die Zusammensetzung kleiner Beutetiere angepasst, die mehr oder weniger über den Tag wie auch die Nacht verteilt gefangen und *in toto* aufgenommen werden. Da sie nicht in gleicher Weise wie der Hund auf den regelmäßigen Wechsel von Überfluss und Mangel eingerichtet ist, sind diverse ernährungsphysiologische Fähigkeiten und auch Ansprüche weit weniger flexibel bzw. adaptiert, wenn es um das Futter, d. h. den Ersatz für diese Beutetiere geht. Besondere Merkmale ihres strikt carnivoren Stoffwechsels sind:

Hoher Proteinbedarf wegen des starken Proteinkatabolismus: Limitierend sind bei der Katze i. d. R. nicht einzelne essenzielle AS, sondern der Aminostickstoff.

> Bedarf: 15 g vRp/1 MJ ME

Bei geringerem Rp-Gehalt der Nahrung kommt es in der Praxis vor Allem zu Akzeptanzproblemen, nicht selten bis zur Futterverweigerung. Außerdem ist ein Proteinmangel infolge einer Nahrungskarenz bei übergewichtigen Katzen risikoreich, insbesondere wegen des Risikos für die Auslösung einer Ideopathischen Hepatischen Lipidose (IHL), evtl. aber auch wegen einer eingeschränkten N-Elimination (Arg-Mangel?).
Die β-Aminosulfonsäure **Taurin** (nicht Bestandteil des Proteins, nur in tierischem Gewebe enthalten oder als Zusatzstoff) kann nicht wie bei anderen Spezies in ausreichender Menge aus Met gebildet werden und ist daher essenziell. Ein Taurin-Mangel führt u. a. zu Retinaatrophie, dilatativer Kardiomyopathie und Fertilitätsstörungen. Die Taurin-Versorgung von Katzen hängt stark von der Futterkonfektionierung ab. Bei Feuchtfutter (hoch erhitzt) ist die Verfügbarkeit von Taurin gering, deshalb sollten 2 g/kg TS enthalten sein, bei Trockenfutter genügt bereits 1 g Taurin/kg TS. **Arginin** ist essenziell (Erhaltungsbedarf: rd. 0,8 g/100 g TS; Wachstum, Reproduktion: 1,5 g/100 g TS). Ein Arg-Mangel führt zur Hyperammonämie (i. d. R. nur bei halbsynthetischen Rationen zu erwarten).
Relativ **geringe Toleranz für Kohlenhydrate**: bei Stärke sollten je nach Aufschlussgrad 5 g/kg KM nicht überschritten werden, sonst kann infolge mikrobieller Stärkefermentation im Dickdarm Durchfall (fermentativ-osmotisch bedingt) auftreten. Bei Lactose werden allgemein maximal 2 g/kg KM (entspricht 50 ml Milch/kg KM) vertragen. Monosaccharide werden im Intermediärstoffwechsel weniger gut toleriert als von omnivoren Spezies und können eine entsprechend stärkere bzw. länger anhaltende Hyperglykämie hervorrufen. Dies ist besonders in der Ernährung von Intensivpatienten zu beachten (häufig reduzierte Glucosetoleranz).

7

Die langkettige n6-FS **Arachidonsäure** (C20:4,n6) ist essenziell für die weibliche Reproduktion. Diese FS ist nur in tierischen Lipiden vorhanden. Es sollten etwa 0,2 g Arachidonsäure/kg TS im Futter enthalten sein. Außerdem werden unabhängig vom Reproduktionsstadium generell noch Linol- (C18:2,n6) und vermutlich auch alpha-Linolensäure (C18:3,n3) sowie Eicosapentaensäure (C20:5,n3) benötigt. Empfohlen werden jeweils 5,5 bzw. 0,2 und 0,1 g/kg TS.

Die Katze kann aufgrund einer **fehlenden Carotinase** β-Carotin nicht in Vit A umwandeln. Bei Aufnahme kleiner Beutetiere (*in toto*, mit Leber) war diese Fähigkeit zur Carotin-Verwertung nicht erforderlich.

Auch unter dem Einfluss von UV-Licht wird in der Haut der Katze kein **Vit D** gebildet.

Niacin kann von der Katze nicht in ausreichenden Mengen aus Trp gebildet werden.

Außerdem weist die Katze – wie viele strikt carnivore Spezies – eine ausgesprochen starke **Nahrungsprägung** auf. So ist es schwierig bis unmöglich, adulte Katzen, die mit Trockenfutter aufgezogen wurden, auf eine selbst erstellte fleischbasierte Mischung von FM umzustellen – und umgekehrt.

Die Fähigkeit der Katze, ihren Wasserhaushalt durch eine **hohe Konzentrierung des Harns** und entsprechend geringe Harnmengen zu regulieren, wird nicht mit einer Adaptation an die carnivore Ernährungsweise, sondern mit einer Anpassung an die originär wasserarmen Habitate erklärt. Diese Eigenschaft ist bei Verwendung von Trockenfutter und der geringeren Bereitschaft von Katzen zu einer vom Futter getrennten Wasseraufnahme problematisch (→ Disposition für Harnsteine).

Eine weitere Besonderheit der Katze ist, dass für die Höhe der Futteraufnahme auch das Volumen des Futters eine Rolle spielt. Trockenfutter zur freien Aufnahme anzubieten, stellt ein hohes Risiko für die Adipositas dar, insbesondere bei kastrierten Tieren. Wasserreiche, voluminöse FM mindern die Futteraufnahme in gewissem Umfang. Bei laktierenden Katzen mit großen Würfen kann die Futteraufnahmekapazität die Energie- und Nährstoffversorgung limitieren. Der Verdauungskanal der Katze ist prinzipiell auf regelmäßige kleine Mahlzeiten eingerichtet.

Im Gegensatz zum Hund variiert die KM von Katzen in einem geringeren Umfang (**Tab. VI.7.12, VI.7.13**).

Tab. VI.7.12: **Körpermasse verschiedener Katzenrassen**

Gruppe	Rassen	kg KM	
		Kätzin	Kater
Leicht	Siamkatzen, Burma, Exotic Shorthair, Abessinier, Somali, Blaue Russen, Devon Rex,	2,5–3,5	3,0–4,0
Mittelschwer	Perser, Colourpoint, Europäisch Kurzhaar, Heilige Birma	3,0–3,5	4,0–4,5
Schwer	Britisch Kurzhaar, Sibirische Katze, Chartreux	3,5–4,0	4,5–5,5
Riesenrasse	Maine Coon, Norwegische Waldkatze	4,0–6,5	5,5–9,0

Tab. VI.7.13: **Beurteilung des Ernährungszustandes von Katzen mittels BCS**

Score[1]	Beschreibung
1	Rippen bei kurzem Haar sichtbar, kein palpierbares Fettgewebe, sehr ausgeprägte Taille; Beckenknochen und Lendenwirbel sichtbar
3	Rippen leicht palpierbar mit sehr dünner Fettschicht, Beckenknochen, Lendenwirbel leicht palpierbar, noch auffällige Taille, kaum Bauchfett
5	**Ideal:** Gut proportioniert, Taille sichtbar, Rippen leicht palpierbar mit dünner Fettabdeckung, kaum Bauchfett
7	Rippen unter mäßiger Fettauflagerung noch palpierbar, Taille schwer erkennbar, deutliche Rundung des Abdomens, mäßig Bauchfett
9	Rippen unter dicker Fettschicht nicht palpierbar, starke Fettdepots in der Lendengegend, im Gesicht und an den Gliedmaßen

[1] Score 2, 4, 6 und 8 = Zwischenstufen.

Katzenbesitzer neigen dazu, ein Übergewicht ihrer Katze nicht oder erst in schwerster Ausprägung zu erkennen. Die Inzidenz von Übergewicht bei den im Haus gehaltenen, kastrierten Katzen ist sehr hoch, oftmals werden Katzen mit 30 % Übergewicht (z. B. weibliche Katze mit 4 kg bei 3 kg Idealgewicht) als „normal" angesehen. Aus ernährungsphysiologischer Sicht ist hier aber bereits mit erheblichen Veränderungen im Stoffwechsel zu rechnen, insbesondere mit einem reduzierten Energiebedarf bezogen auf die aktuelle KM (Fettgewebe mit geringem Energieumsatz, isolierende Effekte, spontane Bewegungsaktivität vermindert).

7.2.2 Energie- und Nährstoffbedarf

Energie und Protein

Der **Energiebedarf** variiert in Abhängigkeit von KM, Aktivität, Alter und Körperzusammensetzung (Anteil der fettfreien KM). Übergewichtige Katzen haben – bezogen auf 1 kg KM – einen geringeren Bedarf; Unterscheidung durch Beurteilung der Fettreserven (s. **Tab. VI.7.13**).

Die Haltung der Katze hat für den Energiebedarf eine erhebliche Bedeutung: So unterscheiden sich ausschließlich in der Wohnung gehaltene Tiere deutlich von „Freigängern", die bei forcierter Bewegungsaktivität wesentlich weniger anfällig sind für die Entwicklung eines Übergewichts. Die Angabe des Energiebedarfs mit Bezug auf die absolute KM führt zu einer erheblichen Überschätzung des Bedarfs schwererer Katzen. Besonders gravierend ist dies, wenn es sich dabei auch noch um übergewichtige Tiere handelt. Dann kann der Energiebedarf um bis zu 100 % überschätzt werden. Deshalb wird trotz der relativ geringen Unterschiede in der KM der Energiebedarf von Katzen auf die Stoffwechselmasse bezogen, wobei ein kleinerer Exponent ($KM^{0,67}$ statt wie sonst üblich $KM^{0,75}$) verwendet wird als bei anderen Tierarten.

Vor diesem Hintergrund enthält die **Tabelle VI.7.14** die Umrechnungen üblicher KM in die $KM^{0,67}$.

VI.7.14: Basiswerte ($KM^{0,67}$) zur Ableitung des Energie- und Nährstoffbedarfs von Katzen

KM	$KM^{0,67}$	KM	$KM^{0,67}$
0,5	0,63	4,5	2,74
1,0	1,00	5,0	2,94
1,5	1,31	5,5	3,13
2,0	1,59	6,0	3,32
2,5	1,85	6,5	3,50
3,0	2,09	7,0	3,68
3,5	2,31	8,0	4,03
4,0	2,53	9,0	4,36

Erhaltung

Im Erhaltungsstoffwechsel benötigen idealgewichtige Katzen 0,42 MJ ME/kg $KM^{0,67}$ und Tag. Für übergewichtige Katzen wird das Idealgewicht, also die KM, die bei einem schlanken Tier derselben Rasse und desselben Geschlechts zu beobachten ist, entsprechend der **Tabelle VI.7.15** zugrunde gelegt.

Tgl. Energiebedarf: 0,42 MJ ME/kg $KM^{0,67}$

Tgl. Proteinbedarf: 7 g vRp/kg $KM^{0,67}$

Protein : Energie-Relation: ~ 16–17 g vRp : 1 MJ ME

Die Rp-Bedarfsformulierung je kg $KM^{0,67}$ resultiert aus der Ableitung des Energiebedarfs, für den ebenfalls dieser Exponent gewählt wurde. Der Protein- und sonstige Nährstoffbedarf übergewichtiger Katzen wird von der tatsächlichen KM mit dem Exponenten 0,67 abgeleitet. Daher benötigt die übergewichtige Katze ein Futter mit einem weiteren Nährstoff : Energie-Verhältnis.

Tab. VI.7.15: **Energie-/Eiweißversorgung von Katzen (Erhaltung)**

KM (kg)	MJ ME	vRp
3	0,88	14,6
4	1,06	17,7
5	1,23	20,6
6	1,40	23,3
7	1,55	25,8
8	1,69	28,2
9	1,83	30,5

[1] Bei übergewichtigen Katzen kann die Relation von vRp zu MJ ME durchaus Werte von ≥ 20 erreichen.

Gravidität und Laktation

Die Gravidität dauert bei der Katze 64–69 Tage. Anders als von der Hündin bekannt, zeigt die Kätzin über die gesamte Gravidität, d. h. von Anfang an eine kontinuierliche, erhebliche KM-Zunahme (Reserven für die Laktation, insbesondere bei größeren Würfen erforderlich). Daher sollte von Beginn der Gravidität an mehr Futter (+ 40–50 %) angeboten werden (**Tab. VI.7.16**).

Tab. VI.7.16: **Empfehlungen zur Energie- und Eiweißversorgung der Kätzin (Angabe = Vielfaches des Erhaltungsbedarfs)**

Reproduktionsstadium	Energie	Protein
Gravidität	1,4	1,5
Laktation, Wurfgröße:		
– bis 2 Welpen	1,3	1,4
– 3–4* Welpen	2,0	2,1
– > 5* Welpen	2,5	2,7

* Kätzin *ad libitum* füttern, Futtermittel mit hohem Energiegehalt in der uS verwenden (kritisch sind sehr wasserreiche Feuchtfutter).

Die Kätzin soll am Ende der Gravidität etwa 150 % ihrer „normalen" KM erreichen, um die in der folgenden Laktation entstehenden KM-Verluste auszugleichen. Je nach Wurfgröße bleiben die Welpen 7–9 Wochen lang bei der Kätzin.

Die Beifütterung der Welpen kann in der 3. Woche beginnen, ab Ende der 4. Woche ist eine Beifütterung immer erforderlich.

Wachstum

Die KM von Katzenwelpen beträgt bei ihrer Geburt ca. 3 % der KM der Kätzin. Nach 4 Wochen sind etwa 10 % des Endgewichtes erreicht, im Absetzalter (spätestens in der 10. LW) ca. 30 %. Zu diesem Zeitpunkt macht sich der Geschlechtsdimorphismus allmählich bemerkbar, Kater werden – in absoluten Zahlen – schwerer als Kätzinnen. Mit 20 Wochen sind knapp 60 % und mit 30 Wochen bereits über 85 % der KM adulter Tiere erreicht (**Tab. VI.7.17**).

Mineralstoffe

Das Ca:P-Verhältnis sollte zwischen 2:1 und 1:1 liegen (**Tab. VI.7.18**). Im Erhaltungsstoffwechsel sollte die P-Aufnahme weniger als 225 mg/kg $KM^{0,67}$ betragen, da eine höhere P-Aufnahme zu einer forcierten P-Ausscheidung mit dem Harn und in der Folge evtl. sogar zu Nierenschäden führen kann. Wegen des starken Einflusses von Ca auf die P-Verdaulichkeit gilt dies vor allem, aber nicht ausschließlich, bei einem engen Ca:P-Verhältnis von < 1,3:1.

VI.7.17: **Empfehlungen zur tgl. Energie- und Proteinversorgung wachsender Katzen**

KM, kg der Adulten	Aktuelle KM (kg) des Welpen/der Jungkatze							
	0,5	1	1,5	2	2,5	3	4	6
Energieversorgung in MJ ME/Tier								
3	0,54	0,78	0,92	0,99	1,01			
4	0,56	0,82	1,00	1,11	1,18	1,22		
5	0,57	0,85	1,05	1,19	1,29	1,36	1,42	
6	0,57	0,87	1,08	1,24	1,37	1,46	1,57	1,60
Proteinversorgung in g vRp/Tier								
3	9	14	15	16	17			
4	9	14	17	18	20	20		
5	9	14	17	20	21	23	24	
6	10	14	18	21	23	24	26	27

[1] vRp: abgeleitet aus dem experimentell bestimmten Energiebedarf und der Relation von vRp:Energie (~17:1) der Katzenmilch, die eine entsprechende Entwicklung von Katzenwelpen und auch Jungkatzen ermöglicht.

Tab. VI.7.18: **Empfehlungen für die tägliche Versorgung der Katze mit Mineralstoffen**

pro kg KM^0,67		Erhaltung	Gravidität	Laktation (Welpenzahl)			Wachstum[1]
				1–2	3–4	≥ 5	
Ca	mg	71	156	278	520	583	410
P	mg	63	141	207	430	485	372
Mg	mg	10	25	18	28	31	20
Na	mg	17	156	204	354	416	74
K	mg	130	156	156	247	269	209
Cl	mg	24	240	311	537	636	47
Fe	mg	2	3	2,7	4,2	4,7	4
Cu	mg	0,1	0,2	0,3	0,4	0,5	0,4
Zn	mg	1,9	2,0	2,8	4,5	4,9	3,9
Mn	mg	0,11	0,2	0,2	0,3	0,4	0,3
J	µg	35	85	71	105	113	93
Se	µg	7	14,0	14,1	18,4	19,8	16

[1] Werte für die Phase höchster Zunahmen, danach allmähliche Reduktion bis auf den Erhaltungsbedarf zum Ende des Wachstums.

VI.7.19: **Empfehlungen[1] für die tägliche Versorgung der Katze mit Vitaminen**

pro kg KM^0,67		Erhaltung	Gravidität/ Laktation	Wachstum
Vit A[1]	IE	82	350	173
Vit D[2]	IE	7	15	12
Vit E	mg	0,9	1,7	2
Vit B₁	µg	140	320	290
Vit B₂	µg	99	210	210
Vit B₆	µg	60	110	130
Vit B₁₂	µg	0,56	0,31	1,2
Pantothen-säure	µg	140	310	300
Nicotinsäure	µg	990	2100	2100
Biotin	µg	1,9	3,3	3,9
Folsäure	µg	19	33	39

[1], [2] Ab 20 000 IE Vit A bzw. 1800 IE Vit D/MJ ME ist die Sicherheit der Langzeitaufnahme ungeklärt, toxische Effekte sind möglich.

7.2.3 Fütterungspraxis

In der Fütterung von Katzen kann wie beim Hund zwischen selbst erstellten Rationen (*home made diets*) und handelsüblichen AF unterschieden werden. Allerdings sind selbsterstellte Rationen bei Katzen weniger verbreitet als bei Hunden, möglicherweise auch wegen der starken „Prägung" der Katze, die nach Gewöhnung an ein AF eine Umstellung auf anderes Futter dann wenig akzeptiert.

Auch bei AF für Katzen unterscheidet man Feucht-, Trocken- und Halbfeuchtprodukte. Ebenso gibt es für Katzen neben den Produkten, die für alle Lebensstadien deklariert sind, auch spezielle Futter für bestimmte Lebensphasen, die sich nicht nur an ernährungsphysiologischen, sondern auch an Marketingaspekten orientieren. Sehr sinnvoll sind spezielle AF für Katzen mit geringerem Energiebedarf (z. B. im Haus gehaltene kastrierte Tiere). Solche MF müssen einen deutlich höheren Nährstoffgehalt, insbesondere einen entsprechenden Proteingehalt aufweisen, damit auch bei Zuteilung geringer Futtermengen der Protein- und Nährstoffbedarf gedeckt wird. Trockenfutter ist bei Katzen nicht uneingeschränkt zu empfehlen. So kompensiert die Katze die geringere Wasseraufnahme mit dem Futter nur teilweise durch eine höhere Tränkwasseraufnahme. Um ihren Wasserhaushalt auszugleichen, wird der Harn konzentrierter. Die geringere Harnmenge, der daraus resultierende weniger häufige Harnabsatz und die höhere Konzentration an potenziellen Konkrementbildnern im Harn stellen Risikofaktoren für die Harnsteinbildung dar. Wird Katzen ein Trockenfutter mit hoher Energiedichte (bezogen auf die Masse und/oder das Volumen!)

zur freien Aufnahme angeboten, so kann dies – vor Allem bei Kastraten – zu Übergewicht und Adipositas führen.

In jüngster Zeit sind auch verschiedene Feuchtfutter in die Kritik geraten, die (u. a. aus technologischen Gründen) teils sehr hohe P-Gehalte aufwiesen, was ein Risiko für die Nierengesundheit darstellt. Bisher ist nicht vollständig geklärt, unter welchen Bedingungen dieses Risiko auch tatsächlich zu Nierenschäden führt. Ein enges Ca : P-Verhältnis von $\leq 1:1$ stellt bei überhöhten P-Gehalten im AF nach heutigem Stand des Wissens einen zusätzlichen Risikofaktor dar. Bei den EF werden für Katzen vor allem Produkte zur Mineralstoff-, Vitamin- oder Taurinergänzung verwendet; Getreideflocken und Eiweißergänzungen sind weniger gebräuchlich. Auch bei Katzen gilt, dass die Verwendung von AF jedes EF erübrigt, andererseits „hausgemachte Rationen" immer ergänzt werden müssen. Hinsichtlich der Qualität von AF für Katzen und der Sicherheit der Versorgung mit Energie und Nährstoffen gilt das für Hunde Gesagte (s. Kap. VI.7.1.3).

Bei selbst konzipierten Rationen aus LM und Einzel-FM ist der Anteil von Getreideprodukten und bindegewebsreicheren FM i. d. R. deutlich geringer als beim Hund. Bei Einhaltung der o. g. Richtwerte für die KH (Stärke/Zucker; s. Kap. VI.7.2.1) im AF/in der Ration und insgesamt adäquater Energie- und Nährstoffversorgung ist kein erhöhtes Risiko für die Entwicklung eines Diabetes oder einer Adipositas nachweisbar.

7.3 Frettchen/Iltis

7.3.1 Biologische/ernährungsphysiologische Grundlagen

Die zur Familie der Marderartigen zählenden weißen Frettchen (*Mustela putorius furo*) stellen albinotische Mutationen des Iltis (*Mustela putorius*) dar, die in früheren Jahren vornehmlich für die Kaninchenjagd gezüchtet und gehalten wurden. Aber auch originär wildfarbene (iltisfarbene) Tiere werden zunehmend als Heimtiere

gehalten. Ihre Lebenserwartung beträgt ca. 5–7 Jahre.

Zucht: Trächtigkeit: 42 Tage; 4–8 Welpen/Wurf; KM adulter Tiere: ♂ 1200–2400 g, ♀ 600–1200 g. Der Verdauungstrakt ist relativ kurz (4x Körperlänge), der Magen vergleichsweise klein (aber stark dehnbar), ein Caecum fehlt, die Chymuspassage erfolgt entsprechend schnell. Nach der Ernährungsweise der wilden Stammform zählt das Frettchen zu den m. o. w. carnivoren Spezies, wenngleich auch Produkte pflanzlichen Ursprungs bis zu 20 % in der Nahrung enthalten sein können und sollten. Eine höhere Fütterungsfrequenz (2–3x pro Tag) entspricht dem natürlichen Futteraufnahmeverhalten eher, als das Angebot einer einzelnen großen Futtermenge (z. B. eine Taube in vollem Gefieder), die dann „auf Vorrat" in den Schlafkasten geholt wird und dort verderben kann (Gefahr für die Bildung des Botulinumtoxins, besonders empfindlich für Typ C und E).

7.3.2 Energie- und Nährstoffbedarf

Jahrzehntelang bildeten ein Schälchen Milch, in die Weißbrot eingeweicht war, und – als Ersatz für Beutetiere – Kleinvögel, Hühnerküken, Innereien von erlegtem Wild die Grundlage der Frettchenfütterung. Auch Eier, Joghurt und Käsestückchen sowie Vollkornflocken (in Milch) wurden zur Ergänzung derartiger Rationen genutzt. Die ausschließliche Fütterung von Frettchen mit Fleisch ist mit erheblichen gesundheitlichen Risiken verbunden (Ca : P-Relation, Strukturmangel, Vitaminversorgung). Zum Energie- und Nährstoffbedarf siehe **Tabelle VI.7.20**.

Tab. VI.7.20: **Energie- und Nährstoffbedarf von Frettchen**

Energiebedarf (für Erhaltung)	ca. 500 kJ ME/kg KM^{0,75}
Proteinbedarf	ca. 30 % Rp in der TS
sonstige Nährstoffe	Kaum spezifische Untersuchungen zum Nährstoffbedarf, deshalb Anlehnung an die Fütterung von Ktz bzw. Nerzen

7.3.3 Fütterungspraxis

Anstelle der o. g. aufwendigen Fütterung früherer Jahre stellen heute – insbesondere in der Haltung als Heimtier – AF für Frettchen oder auch AF für Katzen die Grundlage der Frettchenfütterung dar (zwischen 90 und 130 g Feuchtfutter bzw. 25–35 g Trockenfutter/Tier und Tag). Nicht zuletzt aufgrund der höheren Eiweißgehalte und der hier üblichen Taurinsupplementierung sowie der höheren Vitaminierung ist diese Art der Versorgung einfacher und sicherer als die kombinierte Fütterung unter Verwendung von Eintagsküken, Organen und Innereien von Schlacht- und Wildtieren. Das AF kann aber sehr wohl mit ein wenig MF für Igel, Cerealien, etwas Grüngemüse etc. ergänzt und vermischt angeboten werden; ausschließlich stärkereiche Trockenfutter werden nicht empfohlen, u. a. wegen des Risikos für die Entwicklung eines Insulinoms. Nicht aufgenommene Futterreste sollten täglich aus dem Gehege entfernt werden, frisches Trinkwasser ist immer erforderlich.

7.3.4 Risiken in der Frettchenfütterung

- Infiziertes/kontaminiertes Futter: nicht erhitzte Schlachtnebenprodukte: IBR-Virus, Aujeszky-Virus; Salmonellen, Leptospiren; Botulinum-Toxin (insbesondere im Sommer bei Verderb von „Beutetieren").
- Urolithiasis (im Wesentlichen Struvit-Steine, Pathogenese und Prophylaxe: s. Katze).
- Hypocalcämie in der Hochlaktation (echter Ca-Mangel bei reiner Fleischfütterung).
- Rachitis (Jungtiere bei reiner Fleischfütterung).
- Osteodystrophia fibrosa (sek. Hyperparathyreoidismus).
- Chastek-Paralyse (B_1-Mangel, Thiaminasen in Fischen!).
- Biotin-Mangel (Fütterung roher Eier → Avidin!).
- Dilatative Kardiomyopathie (eine der häufigsten Erkrankungen älterer Frettchen, Taurinmangel).

- Insulinom: Zusammenhang mit längerfristigem Einsatz stärkereichen Trockenfutters (?) wird postuliert/diskutiert; → Hyperinsulinämie → Hypoglycämie, Koma etc. .

7.4 Ernährungsbedingte Erkrankungen sowie Diätetik bei Flfr

Nachfolgend sollen zunächst Störungen behandelt werden, die in Folge einer nicht bedarfs- bzw. artgerechten Ernährung auftreten und deshalb **keiner** diätetischen Maßnahme bedürfen, sondern nur einer Korrektur der Fütterung bzw. Futterzusammensetzung. Erst danach geht es um komplexere Probleme, bei denen diätetische Maßnahmen notwendig bzw. sinnvoll sind.

7.4.1 Folgen einer nicht bedarfs-/ artgerechten Ernährung

Überversorgung/Überfütterung

Adipositas

KM-Zunahme und Verfettung durch eine bedarfsüberschreitende Energieaufnahme. Gravierende Folgen wie reduzierte Lebenserwartung um 20 % und Disposition für zahlreiche Erkrankungen einschließlich Diabetes mellitus und Osteoarthrosen.

Prophylaxe: Regelmäßige Kontrolle von KM und BCS mit Anpassung der Futtermenge bei KM-Zunahme. Besonders sorgfältige Überprüfung während des Wachstums, beim Eintritt ins „mittlere" Alter (> 2 Jahre) und bei Hunden ins höhere Alter (> 7–9 Jahre), nach Kastration sowie bei reduzierter Bewegungsaktivität z. B. wegen einer Lahmheit. Wo immer möglich für vermehrte Bewegung sorgen.

Behandlung: Reduktion der Energiezufuhr, nach Möglichkeit auch mehr Bewegung (je nach Vorliegen weiterer Erkrankungen: Schwimmen, Wasserlaufband, Physiotherapie). Es wird zunächst der Energiebedarf des Hundes anhand des **Idealgewichtes** berechnet. Von der so berechneten Energie werden 60 % zugeteilt (z. B. Idealgewicht 10 kg, aktuelle KM 15 kg, Energiebedarf = $10^{0,75}$ x 0,4 MJ ME = 2,25 MJ ME, davon 60 % = 1,3 MJ ME).

Reduktionsdiäten haben i.d.R. eine geringere Energiedichte durch niedrigere Fettgehalte und geringere Verdaulichkeit über höhere Rfa-Gehalte; z.T. wird durch einen höheren Wassergehalt eine größere Futtermenge vorgetäuscht (mechanische Sättigung beim Hund kaum zu erreichen; große Futtermenge hat aber psychologisch günstige Effekte auf das Verhalten des Besitzers). Reduktionsdiäten müssen einen höheren Gehalt an Nährstoffen in Relation zur Energie aufweisen, um sicherzustellen, dass der Patient bei geringerer Energiezuteilung genügend Nährstoffe aufnimmt. Aus diesem Grund ist es auch nicht empfehlenswert, vom bisher verwendeten üblichen AF einfach nur weniger zu füttern.

Null-Diät: Nur stationär möglich, zudem Gefahr des Verlusts an Muskelmasse. Wichtigstes Gegenargument ist, dass der Besitzer sein Fütterungsverhalten nicht ändert, sodass ein massiver Rebound-Effekt zu erwarten ist: Wenn der Hund zum Tierbesitzer zurückgegeben wird, ist in kürzester Zeit das Übergewicht wieder da.

Katze

Prophylaxe: Nicht-kastrierte Katzen können i.d.R. ihre Energieaufnahme selbst regulieren. Diese Fähigkeit geht allerdings nach einer Kastration bei beiden Geschlechtern häufig m.o.w. verloren. Gleichzeitig können der Gehalt an fettfreier KM sowie die Aktivität und damit der Energiebedarf zurückgehen. Eine regelmäßige Kontrolle von KM und BCS mit Anpassung der Futtermenge bei KM-Zunahme sind bei Katzen besonders nach einer Kastration angezeigt, Besitzer sind darauf direkt hinzuweisen. Es ist dringend anzuraten, kastrierten Katzen energiereiches Trockenfutter **nicht** zur freien Aufnahme zur Verfügung zu stellen.

Behandlung: Reduktion der Energiezufuhr und für mehr Bewegung sorgen, z.B. durch Anregung zum Spielen. Es wird zunächst der Energiebedarf der Katze anhand des **Idealgewichtes** berechnet. Von der so berechneten Energie wer-

den 60 % zugeteilt, während die vRp-Versorgung nicht reduziert wird.

Reduktionsdiäten: Meist geringere Energiedichte durch höhere Wasser- und niedrigere Fettgehalte sowie geringere Verdaulichkeit über einen höheren Rfa-Gehalt; dadurch ist bei der Katze eine geringere Futteraufnahme zu erreichen. Bei Katzen ist es sehr wichtig, dass Reduktionsdiäten einen höheren Rp-Gehalt aufweisen, damit genügend Protein aufgenommen wird, sonst kommt es evtl. zu einem Abbau von Muskelmasse, was eine Reduktion des Energiebedarfs und auch Rebound-Effekte zur Folge hat.

Null-Diät: Für Ktz definitiv nicht geeignet → Gefahr der überstürzten Fettmobilisation → fettige Leberdegeneration → Lebensgefahr.

Überversorgung wachsender Welpen bzw. Junghunde

Energieüberversorgung

→ endokrinologische Effekte (Wachstumshormon, IGF-1, Schilddrüsenhormone) → zu schnelles Wachstum → KM ↑, Überlastung des juvenilen Skeletts → orthopädische Entwicklungsstörungen, Skeletterkrankungen, da eine größere KM auf das noch nicht voll ausgereifte Skelettsystem (Gelenke, Bänder) trifft.

Prophylaxe: Regelmäßige Kontrolle der KM-Entwicklung und Vergleich mit Empfehlungen zum Wachstum, s. **Tabelle VI.7.5**; bei Überschreiten der empfohlenen KM ist die Futtermenge bzw. Fütterungsintensität zu reduzieren.

Behandlung: Bei bereits eingetretenen Schäden ist diätetisch keine Behandlung möglich; unterstützend zu orthopädischen/chirurgischen Behandlungen evtl. Energiezufuhr reduzieren, um langsamere KM-Entwicklung zu erreichen, allmähliche Angleichung an Empfehlungen ist anzustreben.

Ca-Überversorgung

(≥ 3x Bedarf) bei Welpen und Junghunden großer Rassen → Störungen der Skelettentwicklung (Interaktionen mit P- und Spurenelementabsorption, vermehrte Calcitoninausschüttung). Prophylaxe und nutritive Therapiebegleitung: Ca- und P-Versorgung bedarfsgerecht einstellen.

Vit-A-Hypervitaminose

Bei Ktz (überwiegend Leberfütterung, Abusus von Vit-Präparaten; Lebertran; iatrogen) → Ankylose der Hals- und Brustwirbelsäule, Exostosen an Röhrenknochen → Schmerzen → intermittierende Lahmheiten; in Frühgravidität: teratogene Effekte von hohen Vit-A-Dosen – bei Hd ist die Vit-A-Toleranz höher als bei Ktz → Lethargie, Kälteintoleranz, Haarausfall, intermittierende Lahmheiten.

Vit-D-Hypervitaminose

Für beide Spezies (Hd, Ktz) ähnliche Risiken: Abusus von Vit-D-Präparaten, Lebertran, evtl. auch iatrogen → Gefäß- und Nierenverkalkungen, Deformation der Epiphysen.

Mangelerkrankungen

Erkrankungen infolge eines insgesamt unzureichenden Futterangebots (es fehlt generell an Energie und essenziellen Nährstoffen) werden vereinzelt im Zusammenhang mit einer mangelhaften Tierbetreuung (tierschutzrelevante Bedingungen) beobachtet; auch ein extrem hoher Energiebedarf (Hochlaktation bei großen Würfen) kann zu einem KM-Verlust führen. Situationen eines Mangels an einzelnen essenziellen Nährstoffen sind vor allem zu erwarten, wenn selbst Futter zusammengestellt wird sowie bei Verwendung von AF, deren Hersteller nicht ausreichend sachkundig sind. Solche Produkte sind – wie bereits erwähnt – oft an der Deklaration oder einer Auslobung wie z. B. „ohne Zusatzstoffe" (also auch ohne Vitaminzusatz, zum Ausgleich für Verluste beim Sterilisieren der Dosen) und unrealistische Werbeaussagen oder entsprechende Internetauftritte zu erkennen.

Abmagerung

Energie- und Nährstoffmangel infolge ungenügender Futteraufnahme, -zuteilung oder -verwertung.

Vorkommen: Laktierende Hündinnen bei großen Würfen; sekundär auch bei verschiedenen Erkrankungen (z. B. Tumore, Pankreasinsuffizienz); Aufgabe des Tierarztes ist eine Klärung der Ursache:

- Futterzuteilung (Menge: absolut unzureichend oder ungewöhnlich hoher Bedarf, Art)
- Futterzusammensetzung, Energiedichte (hohe Ra-, Rfa-Gehalte, niedrigere Fettgehalte?)
- Schmackhaftigkeit/Energie- und Nährstoffgehalt (Rp-Gehalt bei der Ktz!)
- evtl. Grunderkrankung (Darm, Pankreas, Tumor)

Behandlung: Angebot schmackhafter, leicht verdaulicher, energie(fett-)reicher FM bzw. entsprechender Diät-FM; zur Erfolgskontrolle: Beobachtung der KM-Entwicklung bzw. des BCS, s. **Tab. VI.7.2**).

Ca-Mangel

Meist auch inverses Ca : P-Verhältnis; i. d. R. bei ganz oder teilweise hausgemachten Rationen und unzureichender Ca-Ergänzung, falscher Einschätzung von Ca-Bedarf und Ca-Gehalt in FM, Übernahme von Vorstellungen aus der eigenen Ernährung; evtl. auch zu Beginn der Laktation (Hypocalcämie/Eklampsie) bei längerer Dauer → sekundärer Hyperparathyreoidismus → Osteodystrophia fibrosa generalisata; bei jungen Tieren: Grünholzfraktur typisch, auch bei adulten Tieren sind Skelettschäden möglich, hier evtl. „Gummikiefer".

Taurin-Mangel (Ktz, Frettchen und Neufundländer)

Bei Mangel an tierischen FM oder unzureichender Verfügbarkeit, nicht supplementiertem Dosenfutter mit mäßiger Proteinqualität, unzureichender Taurin-Verfügbarkeit bzw. Taurinverlusten (z. B. über das Kochwasser) → Retinopathie → Erblindung, Herzmuskeldilatation (dilatative Kardiomyopathie), Schwächung der Immunabwehr; bei Jungtieren: vermindertes Wachstum, Verkrümmung der Wirbelsäule; Beeinträchtigung der Reproduktion: hohe Rate von Fruchtresorption und Aborten; Welpen mit neurologischen Störungen. Bei Neufundländern durch Taurinmangel bedingte Herzmuskeldilatation nach Aufnahme von Rationen mit parallel geringem Gehalt an S-haltigen AS, evtl. auch bei anderen großwüchsigen Hunderassen sowie beim Amerikanischen Cocker Spaniel.

Zu Veränderungen an Haut und Haarkleid infolge einer Mangelernährung siehe **Tabelle VI.7.21**.

Tab. VI.7.21: **Veränderungen an Haut[1] und Haarkleid infolge von Nährstoffmängeln**

Alopezie	Linolsäure, Arg, Met + Cys, Zn (begünstigt durch Ca ↑)
Trockene Dermatitis	Linolsäure, Vit E, B_2, Biotin
Ekzem	Linolsäure, Vit E, B_2, Biotin
Hyper-/ Parakeratose	Zn, Linolsäure, evtl. sekundär durch Ca ↑ ↑
Stumpfes Haarkleid	Linolsäure, Zn, I, Vit A, Biotin
Haarverfärbung	Fe, Cu, I, Biotin, Zn, Tyr
Juckreiz	Linolsäure, I, Vit A, Biotin
Seborrhoe	Linolsäure, Vit B_6
Schuppenbildung	Linolsäure, Zn, Vit A?, Biotin

[1] Häufiger infolge von allergischen Reaktionen, s. Abb. V.7.1.

Ernährungsbedingte Störungen am GIT
Ernährungsbedingter Durchfall

Überschreiten der KH-Toleranz: Risiko steigt bei hoher Futteraufnahme, z. B. Laktation, Arbeit (Schlittenhunde), Wachstum (Jungtiere haben geringere Toleranz gegenüber Stärke als Adulte, dafür höhere Lactosetoleranz).

Zucker: Lactose beim Hd > 4 g/kg KM/Tag, Ktz > 2 g/kg KM/Tag (= 100 bzw. 50 ml Milch/kg KM/Tag), gewisse Adaptation aber möglich; für Saccharose höhere Toleranz; Glucose verursacht i. d. R. keinen Durchfall.

Stärke: Hochverdauliche, aufgeschlossene Stärke: Ktz > 7 g/kg KM/Tag, Hd > 10 g/kg KM/Tag

Rohfaser/Faserstoffe: Lösliche Faserstoffe (z. B. Carrageen, Guar Gum, Pektin) bei Überdosierung (> 1 g/kg KM/Tag; s. **Tab. VI.7.22**); bei extremer Belastung (Schlittenhunde), blutiger Durchfall durch hohe Rfa-Gehalte im Futter.

Bindegewebsreiche, faser- und KH-arme Rationen (≙ *all meat syndrom*): z. B. nur Fleisch oder bestimmte Schlachtnebenprodukte → intestinale Dysbiose (Clostridien, u. a. proteolytische Keime ↑ → NH_3, Amine, Toxine ↑); schlechte Kotkonsistenz.

Futtermittelunverträglichkeit
- Intoleranz (ohne immunologische Reaktionen),
- Allergien (immunologische Ursachen und Reaktionen).

Zur Differenzierung siehe **Abbildung VI.7.1**.

7.4.2　Diätetik

Diätetische Maßnahmen haben bei Fleischfressern einen vergleichsweise hohen Standard und große Bedeutung erlangt. Dabei ist der Einsatz kommerzieller Diät-FM zwar ein wesentlicher Bestandteil der Diätetik, insbesondere wenn schon klinische Störungen vorliegen, das Spektrum diätetischer Maßnahmen ist jedoch sehr viel weiter: es reicht von Veränderungen in Frequenz und Menge der Futterzuteilung über eine gezielte Veränderung in der MF-Zusammensetzung (z. B. Rücknahme des Proteingehalts) bis hin zu sehr spezifischen, d. h. indikationsabhängigen MF-Rezepturen mit besonderen Ergänzungen (einzelne Nährstoffe, Enzyme). Nachfolgend werden verschiedene Indikationen für diätetische Maßnahmen bzw. die Verwendung von Diät-FM näher vorgestellt und erläutert. Die Palette an Diät-FM für Hunde bzw. Katzen (Anlage 2a der FM-VO mit 19 Indikationen) entspricht dabei der Vielfalt an ernährungsabhängigen Problemen, die aus klinischer Sicht zu differenzieren sind. Spezifische Störungen und/oder Dispositionen für Erkrankungen erfordern eben spezifische Diät-FM (z. B. gegen eine **bestimmte Art von Harnkonkrementen!**). Eine besondere Herausforderung in der Entwicklung und Verwendung von Diät-FM ist die längerfristige Sicherung einer ausreichend hohen Akzeptanz der Diät-FM.

Gastrointestinale Störungen
Länger andauernde Anorexie
- **Verabreichung besonders schmackhafter Komponenten bzw. MF:** z. B. in Fett/Öl angebratenes Fleisch, Bratkartoffeln mit Speck, Geflügelprodukte mit Haut/Unterhautfett u. ä., bei Ktz: angebratener Fisch, Leber u. ä.

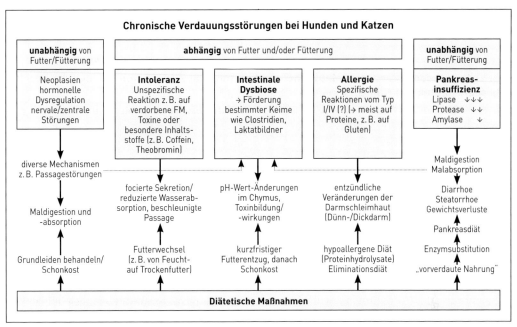

Abb. VI.7.1: Ernährungsbedingte Störungen des Verdauungstraktes (Übersicht).

- **Sondennahrung:** Kommerzielle Produkte (meist fettreich) oder Eigenmischungen auf der Basis von Quark, püriertem Fleisch, gekochtem Ei, Öl, Glucose, Mineralstoffen, Vitaminen, Wasser (bei Katzen: < 5 g Glucose/kg KM/Tag; bei hepatischer Lipidose proteinreich; Zusatz von l-Carnitin, Taurin, Vit E).
- **Parenterale Ernährung:** nur bei strenger Indikationsstellung (z. B. Bewusstlosigkeit, Tetanus u. a. neurologische Störungen, nicht beherrschbares Erbrechen, akute Pankreatitis oder akute Hepatitis oder schwere gastrointestinale Erkrankungen wie z. B. die Parvovirose der Welpen) und Überwachung (regelmäßige Prüfung von Laborwerten); nicht zu verwechseln mit der Zufuhr von Glucose, Elektrolyten etc. zum schnellen Ausgleich kritischer klinischer Situationen. Die enterale Ernährung ist wegen geringerer Risiken und Kosten zu bevorzugen, wo immer möglich. Parenterale Ernährung: intravenöse Verabreichung von Mischungen aus AS, Glucose, ggf. auch emulgierten Triglyceriden sowie Mineralstoffen; bei längerer Dauer sind auch

Spurenelemente und Vitamine zu substituieren. Vollständige parenterale Ernährung zur Deckung des Nährstoffbedarfs (aufgrund der hohen Osmolalität der Infusionslösungen ist die Verabreichung über einen zentralen Venenkatheter erforderlich); partielle parenterale Ernährung zur temporären Unterstützung.

Erbrechen

Erbrechen ist bei Hd und Ktz nicht ungewöhnlich, d. h. nicht immer ein Indiz für eine Erkrankung, in der Laktation sogar „normal". Mögliche Ursachen: plötzlicher Futterwechsel, zu kaltes Futter, Passagestörungen (Fremdkörper, Knochenkot), Futterunverträglichkeiten, Allergien, nicht zuletzt evtl. zentral bedingt (verdorbenes Futter/Toxine/sonstige Substanzen mit emetischer Wirkung).

Behandlung: Abstellen der Ursache; bei wiederholtem, länger andauernden Erbrechen: Flüssigkeits- und Elektrolytsubstitution; danach langsame Wiederanfütterung mit hochverdaulichen Rationen in geringer Menge.

Verdauungsstörungen/Durchfall

Durchfall ist ein in der Praxis häufig zu beobachtendes Symptom einer Magen-Darm-Erkrankung mit unterschiedlicher Genese. Neben der Therapie der Grunderkrankung haben diätetische Maßnahmen (z. B. Elimination auslösender Faktoren wie bestimmter Rationskomponenten) hier ihre besondere Bedeutung.

Akute Diarrhoen werden beim Hd i. d. R. zunächst durch 24- bis 48-stündigen, vollständigen Futterentzug behandelt. Anschließend empfiehlt sich eine leichtverdauliche Schonkost (z. B. gekochter Reis, Kartoffelbrei, etwas Sahne, gekochtes Ei, etwas Fleisch).

Chronische Diarrhoen werden entsprechend der unterschiedlichen Pathogenese differenziert behandelt.

Lokalisierung der Verdauungsstörungen

Eine Übersicht zur Differenzierung (Dünn-/Dickdarm) gibt **Abbildung VI.7.2**.

Dünndarmerkrankungen

Maldigestion/Malabsorption mit der Folge einer forcierten mikrobiellen Verdauung schon im Dünndarm und damit erhöhter Nährstoffanflutung im Dickdarm; evtl. auch allergisch bzw. entzündlich bedingte Schleimhautveränderungen (mit Lymphozyteninfiltration).

Diätetische Maßnahmen: Leicht verdauliche Rationen, ggf. Fettanteil limitieren, ggf. Eliminationsdiät.

Dickdarmerkrankungen (Colitis)

Entgleisung der mikrobiellen Verdauung (Dysbiose) → ungenügende Chymuseindickung; evtl. verzögerte Chymuspassage (Obstipation, z. B. durch aschereiche Rationen); auch **entzündliche** Veränderungen der Dickdarmschleimhaut (Colitis) sind möglich.

Diätetische Maßnahmen: Stabilisierung der Flora durch Einsatz mikrobiell verdaulicher Rfa; wasserbindende Rfa (Quellung) → begünstigt Chymuspassage; evtl. auch Einsatz von Pro-/Präbiotika; bei Hinweisen auf eine allergische Reaktion bzw. entzündliche Prozesse: evtl. Eliminationsdiät.

Zusätzlich zur Auswahl spezieller Rationskomponenten finden sowohl weitgehend unverdauliche Fasern (z. B. Lignozellulose) als auch leicht fermentierbare Substanzen (z. B. Guar) in der Diätetik Anwendung (**Tab. VI.7.22**). Zellulose ist bei Hd und Ktz größtenteils unverdaulich, bindet aber Wasser im GIT; das Chymus- und

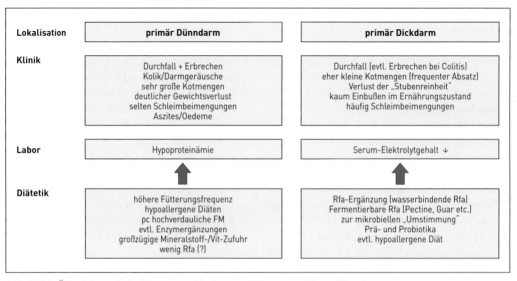

Lokalisation	**primär Dünndarm**	**primär Dickdarm**
Klinik	Durchfall + Erbrechen Kolik/Darmgeräusche sehr große Kotmengen deutlicher Gewichtsverlust selten Schleimbeimengungen Aszites/Oedeme	Durchfall (evtl. Erbrechen bei Colitis) eher kleine Kotmengen (frequenter Absatz) Verlust der „Stubenreinheit" kaum Einbußen im Ernährungszustand häufig Schleimbeimengungen
Labor	Hypoproteinämie	Serum-Elektrolytgehalt ↓
Diätetik	höhere Fütterungsfrequenz hypoallergene Diäten pc hochverdauliche FM evtl. Enzymergänzungen großzügige Mineralstoff-/Vit-Zufuhr wenig Rfa (?)	Rfa-Ergänzung (wasserbindende Rfa) Fermentierbare Rfa (Pectine, Guar etc.) zur mikrobiellen „Umstimmung" Prä- und Probiotika evtl. hypoallergene Diät

Abb. VI.7.2: Übersicht zur Lokalisierung von Verdauungsstörungen und ihrer Diätetik.

Tab. VI.7.22: **Verschiedene Faserquellen sowie fermentierbare Substanzen zur Modulation von Darmflora, Chymus- und Kotqualität der Fleischfresser**

	Cellulose[1]	Guar/Pektin	Oligosaccharide	Laktose/Laktulose
Fermentierbarkeit	gering	mittel–hoch	hoch	sehr hoch
Wasserbindung	hoch	hoch	keine	keine
Viskosität	gering	hoch	keine	keine
Nährstoff-VQ	deutlich ↓	gering ↓	gering ↓	↓
Mechanische Sättigung	ja	ja	nein	nein
Kotqualität	Verbesserung, Kot fester	Kot weicher, evtl. Durchfall	Kot weicher, evtl. Durchfall	Kot sehr weich, evtl. Durchfall
Dosis (g/kg KM)	0,5–1	0,5–1	0,5–1	0,5–1

[1] Vom Zusatz kristalliner Zellulose ist grundsätzlich abzuraten.

Kotvolumen wird somit vergrößert, die Kotkonsistenz fester. Guar wird im Dickdarm (ähnlich wie auch Pektine) zu einem großen Anteil bakteriell fermentiert und liefert FFS, die zur Ernährung der Schleimhaut beitragen; in Abhängigkeit von der Dosierung können fermentierbare Substanzen den Wassergehalt im Kot erhöhen und sogar zu Durchfall führen.

Exokrine Pankreasinsuffizienz

Hochverdauliches Futter mit moderatem Fettgehalt, i. d. R. Pankreasenzymzusatz (in Pulverform) erforderlich. Bei Einsatz von Pankreas-Enzym-Kapseln (aus der Humanmedizin) sind diese vor der Verabreichung zu öffnen. Falls dieser Enzymzusatz zum Futter nicht den gewünschten Erfolg bringt, ist evtl. eine extrakorporale Vorverdauung zu empfehlen: 1 g Pankreasenzyme mit 100 g Futter (hausgemachte, hochverdauliche Ration oder hochwertige Fertigfutter; Trockenfutter einweichen) gründlich mischen und 4 Stunden bei Raumtemperatur oder 24 Stunden im Kühlschrank stehen lassen (Besitzer auf entstehende unangenehme Geruchsentwicklung hinweisen).
Evtl. rohes Pankreasgewebe von Schlachttieren mit dem Futter zusammen anbieten, evtl. auch zur extrakorporalen Vorverdauung nutzen. Co-

balamin (Vit B_{12}) -Supplementierung ist zu empfehlen.
In schweren Fällen: Verwendung von speziellen hochverdaulichen, extrakorporal vorverdauten Mischungen, Beispiel:
- 60 g Speisequark, mager
- 10 g Speiseöl (Soja)
- 2,5 g Eigelb (zur Emulgierung)
- 2,4 g Natriumbikarbonat (zur Einstellung eines pH-Wertes von rd. 7,5).

Diese Mischung mit 10 ml Wasser und 1 g Pankreasenzyme versetzen und mind. 1,5 h bei 37 °C im Wasserbad oder 4 h bei Raumtemperatur halten. Anschließend 12,3 g Traubenzucker, 0,1 g Cholinchlorid und 1,7 g eines vitaminierten Mineralfutters zugeben (z. B. mit 20 g Ca, 8 g P, 300 mg Zn, 50 000 IE Vit A/100 g).
Diese Mischung enthält rd. 0,75 MJ ME pro 100 g uS.
Auf reichliche Zufuhr von essenziellen FS, Zink und fettlöslichen Vitaminen achten, da auch deren Resorption gestört ist. Hd mehrmals tägl. (mind. 3x) füttern. Zunächst 20–30 % über Erhaltungsbedarf bis zur Erreichung der normalen KM. Je nach vorheriger Fütterung vorsichtig umstellen!

Lebererkrankungen

Bei klinisch-chemischen Hinweisen auf eine eingeschränkte Leberfunktion sollte die Ernährung eine Entlastung der Leber zum Ziel haben. Bei mangelhafter Entgiftungsfunktion ist nicht selten eine Hepatoencephalopathie zu beobachten (Folge einer Hyperammonämie). Des Weiteren verdienen besondere Erwähnung die Leberverfettung (hier die idiopathische Lipidose der Ktz) sowie die Leberzirrhose (häufiger mit Aszites, evtl. auch mit einer Hyperammonämie verbunden).

Behandlung: Proteinaufnahme limitieren und dabei auf hohe Rp-Qualität achten (angestrebt: Arg ↑, Met ↓), ggf. Faserstoffe zusetzen, fermentierbare KH zur Reduktion der intestinalen NH_3-Absorption (Lactulose → pH im Chymus ↓ → NH_3-Absorption ↓), Kupferaufnahme limitieren, Vit A nur bedarfsgerecht zuführen, evtl. ist eine Vit-C-Supplementierung sinnvoll (ca. 500–600 mg Na-Ascorbat/l Tränkwasser).

Bei der idiopathischen Lipidose der Ktz ist als Erstes die Futteraufnahme sicherzustellen (evtl. per Sonde); hohe Proteinmengen mit sehr guter Proteinqualität erlauben eine Reduktion der Fett- und KH-Gehalte in der Nahrung. Im Falle einer Leberzirrhose ist eine Reduktion des Na-Gehaltes zu empfehlen, insbesondere wegen der Aszites-Gefahr.

Erkrankungen der Niere bzw. des Harntraktes

Chronische Niereninsuffizienz

Ziel: Anpassung der Ernährung an gestörte Ausscheidungsfunktion der Nieren.

Symptome: Urämie, Hyperphosphat- und -kaliämie, Hypertonie; evtl. kombiniert mit Inappetenz. Daher P-Zufuhr reduzieren (auf bis zu 75 % des Erhaltungsbedarfs), weitere Reduktion nur bei hgr. bzw. persistierender Hyperphosphatämie empfehlenswert; Eiweißzufuhr entsprechend dem Grad der Urämie einstellen – oftmals genügt schon eine Vermeidung der allgemein vorliegenden Rp-Überversorgung (Hd 8–10 g vRp/MJ ME; Ktz ≤ 15 g vRp/MJ ME): bei hgr. Urämie minimale Eiweißzufuhr (Hd 5 g vRp/MJ ME; Ktz i. d. R. keine Reduktion unter 8–10 g vRp/MJ ME möglich), hochverdauliches Protein mit hoher BW, Na- und K-Beschränkung (**Cave:** Es sind auch erhöhte renale Verluste möglich, Ktz häufig auch eine Hypokaliämie); ausreichend Energie durch Fett und KH. Reichliche Versorgung mit Vit D und B-Vitaminen, Wasser *ad libitum*; kommerzielle Diät-FM: häufig Akzeptanzprobleme; in diesem Fall Diät-FM vorübergehend mit schmackhaften FM verschneiden bzw. mit gewohnter Geschmacksvariante versehen, Produkt anderer Hersteller oder Eigenmischungen einsetzen; Fütterungsmaßnahmen: kleine Portionen, Futter anwärmen, Zubereitung variieren (z. B. Zufügen von Bratenfett und/oder Schmalz); während akuter Urämie ist die Entwicklung einer Aversion gegenüber Diät-FM möglich. Bei einer Proteinurie muss zur Kompensation renaler Eiweißverluste die doppelte Menge des mit dem Harn ausgeschiedenen Proteins zugegeben werden; Effekt dieser Maßnahme anhand des Albuminspiegels im Plasma kontrollieren.

Urolithiasis

Entstehung und Ablagerung von Harnsteinen sind bei Flfr relativ häufig. Diesbezüglich sind aus diätetischer Sicht eine großzügige Wasserversorgung sowie die Minderung einer Aufnahme der an der Konkrementbildung beteiligten Nährstoffe unabdingbar. Weitergehende diätetische Maßnahmen sind jedoch **konkrementspezifisch**, d. h., sie erfordern die Kenntnis der Art des Konkrements. Dabei ist eine gezielte Beeinflussung des Harn-pH-Wertes eine teils erforderliche diätetische Maßnahme. Der Harn-pH-Wert ist abhängig von der Kationen-Anionen-Bilanz (KAB; in mmol/100 g TS) im Futter; für die Berechnung der KAB sind die Mineralstoff- und Met-/Cys-Gehalte in g/100 g TS in nachfolgende Formeln einzusetzen:

Für den Fall, dass der **S-Gehalt**, nicht aber der Gehalt an Met/Cys bekannt ist (nach Marek und Wellmann 1932):

$$\text{KAB (mmol/100 g TS)} = 50 \times Ca + 82 \times Mg + 43 \times Na + 26 \times K - 65 \times P - 28 \times Cl - 64 \times S$$

Für den Fall, dass nicht der S-Gehalt, wohl aber der Gehalt an **Met+Cys** bekannt ist (nach Schuhknecht und Kienzle 1992):

KAB (mmol/100 g TS) =

50 x Ca + 82 x Mg + 43 x Na + 26 x K
– 65 x P – 28 x Cl – 13,4 x Met – 16,6 x Cys

Der Harn-pH kann anhand folgender Gleichungen dann aus der Kationen-Anionen-Bilanz (KAB; mmol/100 g TS) geschätzt werden:

Hund:
mittlerer pH-Wert im Harn = (KAB x 0,019) + 6,50

Katze:
mittlerer pH-Wert im Harn = (KAB x 0,021) + 6,72

Für die Einstellung bestimmter angestrebter pH-Werte im Harn werden die in **Tabelle VI.7.23** angegebenen Werte für die Kationen-Anionen-Bilanz empfohlen.

Tab. VI.7.23: **Empfohlene KAB- und Harn-pH-Werte in Abhängigkeit vom Konkrement**

Konkrementtyp	KAB mmol/ 100 g TS	Harn-pH
Struvit (zur Auflösung)	≤ 15	< 6,5
Struvit (zur Prophylaxe), Struvit/Carbonatapatit	0	6,5–6,8
Harnsäure/Urat	20	ca. 7
Ca-Oxalat	20–30	6,5–7
Cystin	≥ 60	ca. 8

Ammonium-Magnesium-Phosphat-Steine (Struvit)

Häufige Steinart bei Hd und Ktz, Prävalenz jedoch rückläufig; bei Hd oft mit Infektionen der harnableitenden Wege einhergehend; bei Katzen insbesondere im Zusammenhang mit hohen Harn-pH-Werten (> 7), Trockenfütterung, ungenügender Wasseraufnahme und hoher Mg-Zufuhr.

Harnansäuerung (pH < 6,7 bzw. 6,5) ist die effektivste Diätmaßnahme für Prophylaxe und Steinauflösung, Kombination mit hohem Wassergehalt im Futter und bedarfsgerechter Mg-Aufnahme ratsam.

Bei der Rationskorrektur zunächst alkalisierende Komponenten eliminieren, z. B. Kartoffeln, Gemüse, vor allem aber Ca-Carbonat und andere alkalisch wirkende mineralische Komponenten reduzieren, erst dann säuernde Zusätze wie Ammoniumchlorid oder Methionin einsetzen (Nebenwirkungen bei Überdosierung). Pauschale Dosierungen für Ktz (1 g Ammoniumchlorid bzw. 1,5 g Met) reichen aus, um bei Rationen mit einer KAB von 20–30 mmol/100 g TS die KAB in den gewünschten Bereich zu senken, sie können für andere Rationen mit höherer oder niedrigerer KAB nicht ausreichend sein oder aber übersäuernd wirken (→ nicht kompensierte Acidose, Futterverweigerung). Stark acidierende Rationen sollten nicht an obstruierte oder bereits acidotische Tiere, Jungtiere oder reproduzierende Katzen und Hündinnen gefüttert werden. Vor allem bei hohen Ammoniumchlorid-Zulagen treten langfristig Nebenwirkungen auf (Mineralstoffhaushalt, Skelett). Eventuell nur 1x am Tag füttern, und zwar wegen kürzerer Dauer der postprandialen pH-Wert-Erhöhung im Harn, die kompensatorisch als Folge der HCl-Bildung im Magen auftritt.

Ca-haltige Steine

In der Regel Ca-Oxalat, zunehmende Tendenz, diätetisch wenig beeinflussbar; acidierende Fütterung (Struvitprophylaxe) kann/soll Entwicklung/Vorkommen Ca-haltiger Konkremente begünstigen; Oxalsäure wird intermediär bei Glycin-Abbau gebildet, Futter als Oxalsäurequelle weniger bedeutsam (außer Gemüse). Daher glycinreiches Eiweiß (Bindegewebe) und oxalatreiches Gemüse meiden, neutralen Harn-pH-Wert einstellen (KAB 20–30 mmol/100 g TS), Ca-, P- und Vit-D-Versorgung strikt bedarfsdeckend einstellen (**Cave:** Hypercalciurie/Hypocalcämie). Citrate (alkalisierend) können zur Einstellung des Harn-pH verwendet werden (s. **Tab. VI.7.25**).

Harnsäuresteine

Besonders Dalmatiner (genetischer Defekt, können Harnsäure nicht in Allantoin umwandeln) sowie Tiere mit portovenösem Shunt: purinarme Diät (**Tab. VI.7.24**), bedarfsgerechte Proteinzufuhr (Hd 8–10 g vRp/MJ ME; Ktz 12 g vRp/MJ ME).

Harn-pH zwischen 6,5 und 7,2 einstellen (KAB ca. 20 mmol/100 g TS), Xanthinoxidasehemmer Allopurinol (30 mg/kg KM/Tag beim Hd); Kombination von Diät und Allopurinol sehr effektiv, Steinauflösung möglich, Allopurinol ohne Diät → Xanthinsteine.

Cystinsteine

Besonders bei Dackeln (auch Basset, Irish Setter); Folge der erblichen Cystinurie; Prophylaxe möglich, Steinauflösung nicht; Proteinüberver-

Tab. VI.7.24: **Puringehalte in Futtermitteln für Fleischfresser**

Puringehalte (mg/100 g uS)			
Kalbsbries	900	Weizen, Hirse	90–85
Bierhefe	450	Sesam	80
Leber (Rd, Schw)	360–300	Reis, poliert	70
Ölsardinen	250	Zwieback, Vollkornbrot	60
Niere, Schwein	255	Brokkoli, Spinat, Mais	50
Niere, Kalb	210	Banane	25
Sojabohnen	210	Zucchini, Tofu	20
Hering, Seelachs, Kabeljau, Thunfisch	180–190	Kartoffeln	15
Muskelfleisch (Schw, Kan, Gefl)	160–170	Apfel, Birne, Karotte	15
Erbsen, Buchweizen	150	Schlagsahne	10
Pansen, gewaschen	140	Vollei	5
Muskelfleisch (Rd/Lamm)	140–120	Quark, Joghurt	0
Reis, unpoliert	100	Butter	0
Haferflocken	100	Pflanzenöl	0

Tab. VI.7.25: **Übersicht zu diätetischen Maßnahmen bei unterschiedlichen Harnsteinen**

Konkrementtyp	Nährstoffversorgung	Sonstige Maßnahmen
Struvit	Mg (< 40 mg/MJ ME); P und Protein nur bedarfsgerecht	Entzündungen/Infektionen der harnableitenden Wege behandeln
Ca-haltige Konkremente	Ca, Vit D, Protein, Na nur bedarfsgerecht; kein Zucker (erhöht Ca-Ausscheidung in den Harn); Ascorbinsäure, Gemüse, Bindegewebe meiden (enthalten Oxalat); reichlich Vit B_6 (Mangel begünstigt Oxalatausscheidung)	neutraler Harn-pH kann bei vielen Rationen durch 150 mg Ca-Citrat/kg KM eingestellt werden; Citratausscheidung in den Harn und damit Inhibitorwirkung beim Flfr noch nicht geklärt
Harnsäure/Urat	purinarm (= zellkernarm: Milch- und Eiprotein, keine Organe/Gewebe wie z. B. Leber, Niere, Hirn), Protein nur bedarfsgerecht zuführen; s. Tab. VI.7.24	Allopurinol (Hd) 10–30 mg/kg KM verhindert Umsetzung von Xanthin zu Harnsäure; ersetzt purinarme Diät nicht, hohe Purinzufuhr → Bildung von Xanthin-Steinen
Cystin	Protein bedarfsgerecht, 100 mg Ascorbinsäure/kg KM	N-2-Mercaptopropionylglycin = 2-MPG, (Hd); Prophylaxe: 30 mg; Auflösung 40 mg/kg KM
Silikat	keine silikathaltigen FM (z. B. Gemüse, Sojaschalen, Reisfuttermehl)	nicht bekannt

sorgung vermeiden (vRp/ME 8–10 g/MJ); Harn alkalisieren (pH > 8; nicht bei Blasenentzündung → Struvit), KAB > 60 mmol/100 g TS (z. B. durch Zulagen von Na-Bicarbonat oder K-Citrat 150–200 mg/kg KM/Tag), Thiolverbindungen (z. B. α-Mercaptopropionylglycin 10–40 mg/kg KM/Tag) zusetzen (Bildung eines gemischten, löslichen Disulfids anstelle von Cystin), 100 mg Ascorbinsäure/kg KM/Tag zur Reduktion von Cystin zu Cystein.

Sonstige diätetische Indikationen
Chronische Herzinsuffizienz
Folge der Insuffizienz ist eine verminderte Nierendurchblutung → Na- und Wasserretention (Aszites). Diät: Na-arm (mäßig–extrem = 0,15–0,035 % Na in der TS).
Oft mit kataboler Stoffwechsellage, zu Beginn der Erkrankung auch mit Übergewicht verbunden. Energiezufuhr anpassen. Proteinzufuhr (hochwertiges Eiweiß) moderat, einerseits Katabolismus, andererseits ist aufgrund der Minderdurchblutung eine gewisse Insuffizienz von Leber und Niere zu erwarten (Stoffwechselendprodukte des Proteins müssen entsorgt werden!), ggf. an Einzelfall anpassen. Bei Hypokaliämie (Folge der Herzglycoside und Diuretika) K-Zufuhr erhöhen (KCl oder K-Carbonat, 1–1,2 % K in TS); zu warnen ist allerdings vor einer hohen K-Zufuhr bei gleichzeitig drastischer Na-Reduktion im Futter; bei Myokardschaden Vit E und wasserlösl. Vit erhöhen (2–3x Bedarf), evtl. Taurin und/oder l-Carnitin zulegen. Hohe Energie- und Nährstoffdichte des Futters und mehrmals pro Tag füttern zur Vermeidung von Zwerchfellhochstand. Diätetik allein zur Ausschwemmung des Wassers aus Bauchhöhle u. a. Gewebe unzureichend, Diuretika zusätzlich erforderlich.

Futtermittelallergie
Sensibilisierung des Organismus durch Aufnahme von Antigenen mit dem Futter. Manifestation der Antigen-Antikörper-Reaktion: Haut (ca. 80 %) und Gastrointestinaltrakt (ca. 20 %), selten Lunge. Differentialdiagnostisch aber auch die Umgebung des Tieres als Quelle von Allergenen (Kontakt zur Haut etc.) bedenken!
Eindeutige Diagnose nur mithilfe einer Eliminationsdiät (Verschwinden der Symptome nach Elimination des Allergens aus der Ration, d. h. allen Komponenten inkl. Snacks etc.) und Provokation nach erneuter Exposition. Testdauer für die Elimination 6–8 Wochen; gängige Proteinquellen, die bei Patienten eingesetzt werden können: Pferd, Kaninchen, Wild, Schaf. KH aus Kartoffeln oder Reis.
Strenge Eliminationsdiät: Nur Fleisch einer einzigen (!) Tierart und eine (!) KH-Quelle. Zunächst bei adulten Tieren keinerlei Ergänzungen, keine Mineralfutter, auch keine Fischölkapseln oder Kräuterprodukte. Bei Verträglichkeit schrittweise Ergänzung mit Mineralstoffen (Mischungen von chemisch reinen Verbindungen), Leber, Pflanzenöl, evtl. auch Zellulose. Bei jedem Schritt erst wieder die Verträglichkeit abwarten (ca. 4 Wochen), bevor weitere Ergänzungen hinzugenommen werden. Kommerzielle AF sind für diese Indikation verfügbar, auch mit Proteinhydrolysaten zur Verminderung der allergenen Eigenschaften. Da es sich um AF handelt, die verarbeitet und bilanziert sind, ist die Chance zur Elimination des Allergens kleiner als bei strenger Eliminationsdiät ohne jede Ergänzung. Daher gilt: das Nicht-Ansprechen auf mehrere strenge Eliminationsdiäten, in denen alle FM ausgetauscht wurden (z. B. Lamm mit Reis gegen Pferd mit Kartoffeln), kann als wichtiges Ausschlusskriterium für eine Futtermittelallergie gelten, sofern sichergestellt ist, dass der Patient nicht unkontrollierten Zugang zu anderen FM oder LM hat. Das Nicht-Ansprechen auf mehrere kommerzielle „hypoallergene" AF schließt dagegen eine Futtermittelallergie nicht aus.

Adipositas/Rekonvaleszenz (s. Kap. VI.7.4.1)

7.5 Futtermittel für Fleischfresser

Tab. VI.7.26: **Futtermittel für Fleischfresser (Gehalte/100 g uS)**

Futtermittel	TS [g]	Rfe [g]	Rfa [g]	Rp [g]	vRp [g]	ME [MJ]	vRp/ ME [g/MJ]	Linol- säure [g]	Ca [mg]	P [mg]	Mg [mg]	Na [mg]	Vit A [IE]
Bauch, Schw	56	42		12,0	11,5	1,83	6	2,9	1	55	20	59	50
Brust, Huhn	26	0,9		23,0	20,9	0,46	46	0,2	14	212	30	66	25
Brust, Pute	26	1		24,1	21,9	0,46	47	0,2	26	330	20	46	
Brust, Schf	51	37		12,0	11,9	1,7	7	0,9	9	155	20	93	50
Darm, Gefl	28	4,4		19,7	16	0,46	35		56	171	36	63	
Euter, Rind	27	8		13,0	11,9	0,54	22		1120	806	58	123	
Fleisch, fettarm Pfd	26	4,5		19,0	17,3	0,53	33	0,1	15	150	20	40	70
Fleisch, fettarm Rd	27	4		21,0	20,6	0,55	37	0,1	4	194	21	57	67
Hälse, Gefl	30	9		16,4	13,3	0,53	25		1540	871	43	116	
Herz, Rd	24	5		17,0	16,7	0,52	32	0,1	5	210	25	110	25
Herz, Schw	25	6		16,0	15,4	0,55	28	0,5	6	220	20	80	33
Herz, Gefl	23	9		12,6	11,0	0,52	21		12	173	15	75	
Hochrippe, Rd	43	24		17,0	16,7	1,24	13	0,5	12	149	18	95	50
Kabeljau	18	0,3		17,0	15,1	0,31	50		6	100	15	50	30
Kehlkopf, Rd	24	1,0		22,6	20,4	0,41	49		28	112	11	206	
Knochen, Kalb	79	21		23,0	10,4	0,87	12	0,4	13800	6200	210	360	
Kopffleisch, Rd	45	26		17,0	16,7	1,31	13	0,6	10	160	30	70	50
Köpfe, Gefl	27	3,9		18,7	15	0,39	38		1780	813	37	150	
Leber, Rd	28	3		20,0	18,8	0,53	35	0,6	7	360	21	80	500000
Leber, Schf	29	4		21,0	19,7	0,57	35	0,2	8	360	20	95	30000
Leber, Schw	29	6		20,0	18,8	0,61	31	1	7	360	21	80	130000
Leber, Gefl	28	8		15,6	14,1	0,59	24		10	264	20	94	150000
Lunge, Rd	19	2,7		15,0	13,5	0,36	38	0,1	9	165	18	145	150
Lunge, Schw	20	1,9		16,2	14,7	0,37	40		16	214	20	147	
Magen, Schw	31	14		15,0	14,4	0,82	18	1	20	115	30	90	
Magen, Gefl	18	2,1		14,4	13,0	0,34	38		19	129	13	61	
Niere, Rd	30	12		15,6	14,1	0,70	20		14	246	15	160	
Niere, Schw	21	4,1		15,0	13,6	0,42	33		17	230	14	188	

Futtermittel	TS [g]	Rfe [g]	Rfa [g]	Rp [g]	vRp [g]	ME [MJ]	vRp/ ME [g/MJ]	Linol-säure [g]	Ca [mg]	P [mg]	Mg [mg]	Na [mg]	Vit A [IE]
Pansen, geputzt	20	7		12,0	11,4	0,5	23	0,1	20	40	17	20	30
Pansen, grün	28	5	1,1	20,0	19	0,58	33	0,1	120	130	40	50	30
Sehnen, Gefl	42	13		20,5	15	0,77	19		920	590	19	109	
Magermilch, Rd	9	0,1		3,4	3,1	0,14	23		115	95	15	30	43
Quark, mager	21	0,5		17,0	16,2	0,37	44		70	190	10	35	6
Vollmilch, Rd	13	4,1		3,5	3,2	0,28	11		115	95	10	40	100
Eigelb, roh	50	32		16,0	15	1,49	10	5,5	140	590	15	50	3000
Vollei, gekocht	27	12		13,0	11,4	0,69	16	1,3	50	240	10	110	1200
Bierhefe, trocken	91	5,5	1	47,0	40	1,37	29	0,3	230	1500	230	220	
Sojaisolat	94	3,5	0,3	83,5	78,6	1,66	47		198	791	297	791	
Haferflocken	91	7,6	3	12,0	9	1,61	6	3	80	391	170	5	
Kartoffeln, gekocht	22	0,1	0,6	2,1	1,7	0,34	5		10	60	20	1	
Maisflocken	90	2,8	2,1	9,0	4,5	1,40	3	1,4	35	280	85	25	
Nudeln	88	3		13,0	11,7	1,54	8	0,8	20	120	35	15	
Reis, poliert	89	0,3	0,1	7,2	6	1,47	4	0,1	6	120	13	6	
Roggenbrot	60	1	1,2	6,4	5,7	0,79	7	0,4	20	130	50	220	
Weizenflocken	88	1,7	2,5	12,0	10	1,42	7	0,8	60	330	115	25	
Weizenkleie	86	3,9	11	14,0	7,3	0,84	9	2,3	160	1100	460	50	
Äpfel, frisch	16	0,2	0,8	0,3	0,2	0,15	1	0,1	9	10	3	2	
Futterzellulose	89	0,4	64	0,3	0,1	0,54							
Möhren	13	0,2	1,2	1,1	0,7	0,1	7		50	35	20	30	*
Trockenschnitzel	93	0,5	5,9	5,0	1,3	1,28			880	100	230	220	
Pflanzenöl	99	99				3,81		52				1	
Rindertalg	98	97		0,8		3,74		2,8		7	2	11	
Schweineschmalz	100	100				3,77		10					
Eintagsküken	23	4		15,5	12,3	0,37	33		391	230	20	186	
Mäuse	33	9		17,5	13,9	0,65	24		1160	624	42	123	

7

Futtermittel	TS [g]	Rfe [g]	Rfa [g]	Rp [g]	vRp [g]	ME [MJ]	vRp/ ME [g/MJ]	Linol-säure [g]	Ca [mg]	P [mg]	Mg [mg]	Na [mg]	Vit A [IE]
Alleinfutter Hund[1]													
– trocken	90	10	3	23,5	20,0	1,46	14	3,0	1500	1000	150	300	1200
– halbfeucht	80	15,5	3	19,0	19,2	1,39	14	2,0	1600	1200	110	300	600
– feucht	20	5	0,3	8,6	9,2	0,41	22	2,0	300	200	10	200	325
Welpen-AF													
– trocken	91	16	2,1	21,0	22,4	1,63	14	1,1	1000	800	80	220	1100
– feucht	30	7	0,4	7,0	7,3	0,57	13	1,4	400	300	40	120	250
AF, alte Hd	90	8	3	22,0	17,0	1,50	11	3,0	800	600	110	250	1500
AF, Leistung Hd	90	18	2	25,0	24,0	1,60	15	6,0	1400	1100	150	350	1400
Alleinfutter Katze[1]													
– trocken	90	16	2,5	32,0	27,5	1,58	17	4,0	1250	1000	95	600	2500
– feucht	18	4	0,3	10,5	9,0	0,35	26	1,6	200	170	10	150	5500
EF (Hd, Ktz)[1]													
Paste, energiereich	90	53	1			2,07		10,0	2200	1700			28000
„Flocken"futter	90	4	3	10,0	8,0	1,36	6	1,0	600	400	120	200	875
Mineralfutter I	94								21500	10500	1000	4000	60000
Mineralfutter II	94	7	13,8		8,4	0,98	9	0,4	14200	280	1500	2000	
Mineralfutter III	95	1							5200	4100	1900		75000

* Carotin vom Hund nutzbar.
[1] Beispiele für kommerzielle Produkte.

Literatur

AXELSSON, E, RATNAKUMAR A, ARENDT ML, MAQBOOL K, WEBSTER MT, PERLOSKI M, LIBERG O, ARNEMO JM, HEDHAMMAR A, LINDBLAD-TOH K (2013): *The genomic signature of dog domestication reveals adaptation to a starch-rich diet.* Nature 495: 360–364.

DOBENECKER B (2011): *Factors that modify the effect of excess calcium on skeletal development in puppies.* Br Nutr 106: S142–145.

DOBENECKER B, ENDRES V, KIENZLE E (2013): *Energy requirements of puppies of two different breeds for ideal growth from weaning to 28 weeks of age.* J Anim Physiol Anim Nutr 97: 190–196.
doi: 10.1111/j.1439-0396.2011.01257.x

DOBENECKER B, KASBEITZER N, FLINSPACH S, KÖSTLIN R, MATIS U, KIENZLE E (2006): *Calcium-excess causes subclinical changes of bone growth in Beagles but not in Foxhound-crossbred dogs, as measured in X-rays.* J Anim Physiol Anim Nutr (Berl). 2006 Oct;90(9–10): 394–401.

GESELLSCHAFT FÜR ERNÄHRUNGSPHYSIOLOGIE (1989): *Energie- und Nährstoffbedarf, Nr. 5, Hunde,* DLG-Verlag, Frankfurt am Main.

HEBELER D, WOLF P (2001): *Fütterung von Frettchen in der Heimtierhaltung.* Kleintierpraxis 46: 225–229.

KAMPHUES J (1999): *Harnsteine bei kleinen Heimtieren.* In: Praxisrelevante Fragen zur Ernährung kleiner Heimtiere (kleine Nager, Frettchen, Reptilien). Selbstverlag Hannover, ISBN 3-00-004731-X.

HERTEL-BÖHNKE P, DEMMEL A, KIENZLE E, DOBENECKER B (2014): *Dietary P excess influences renal function in cats.* Tierärztl Prax K 2014, 21. Jahrestagung der DVG Fachgruppe InnLab 1./2. Februar 2013 in München, pp A24 P14.

KIENZLE E (1989): *Untersuchungen zum Intestinal- und Intermediärstoffwechsel von Kohlenhydraten (Stärke verschiedener Herkunft und Aufbereitung, Mono-, Disaccharide) bei der Hauskatze (Felis catus).* Habil. Schrift, Tierärztliche Hochschule Hannover.

KIENZLE E (2003): *Ernährung und Diätetik.* In: KRAFT W, DÜRR UM, HARTMANN K (Hrsg.). Katzenkrankheiten – Klinik und Therapie. 5. Auflage Hannover: M. & H. Schaper, 1301–1328.

Kienzle E, Moik K (2011): *A pilot study of the body weight of pure-bred client-owned adult cats.* British J Nutrition 106: S113–S115.

Kienzle E, Opitz B, Earle KE, Smith PM, Maskell IE, Iben C (1998): *The development of an improved method of predicting the energy content in prepared dog and cat food.* J Anim Physiol Anim Nutr 79, 69–79.

Mack Jk, Morris P, Alexander Lg, Dobendecker B, Kienzle E (2013): *Do adult dogs regulate their Ca Absorption in relation to Ca intake?* Proc. 17th Congress ESVCN, 19–21 September 2013, Ghent; p. 29.

Meyer H, Zentek J (2012): *Ernährung des Hundes.* 7. Auflage, Enke Verlag, Stuttgart.

National Research Council, NRC (2006): *Nutrient requirements of dogs and cats.* National Academic Press, Washington D. C.

Pibot P, Biourge V, Elliott D (Hrsg.) (2006): *Enzyklopädie der klinischen Diätetik des Hundes.* Aniwa SAS, Paris, Frankreich.

Pibot P, Biourge V, Elliott D (Hrsg.) (2008): *Enzyklopedia of Feline Clinical Nutrition.* Aniwa SAS, Paris, Frankreich.

Rogers QR, Morris JG (1991): *Nutritional peculiarities of the cat.* Proc. XVI World Congress of the World Small Animal Veterinary Association, 291–296.

Scott PP (1975): *Beiträge zur Katzenernährung.* Übers Tierernährg 3: 1–31.

Thes M, Koeber N, Fritz J, Wendel F, Kienzle E (2013): *Metabolizable energy (ME) requirements of client owned puppies.* Proc. 17th Congress ESVCN, 19–21 September 2013, Ghent, p. 105.

Wetzel UD (1996): *Frettchen in der Kleintierpraxis.* Vet. special, G. Fischer Verlag, Jena/Stuttgart.

Wolf P (2013): *Futtermitteldeklaration – Nutzung aus tierärztlicher Sicht.* KleintierKonkret 5: 8–12

Wolf P, Hebeler D (2001): *Besonderheiten in der Verdauungsphysiologie von Frettchen.* Kleintierpraxis 46: 161–164.

Zahn S (2010): *Untersuchungen zum Futterwert (Zusammensetzung, Akzeptanz, Verdaulichkeit) und zur Verträglichkeit (Kotbeschaffenheit) von Nebenprodukten der Putenschlachtung bei Hunden.* Diss. med. vet., Stiftung Tierärztliche Hochschule Hannover.

Zentek J (1991): *Mikrobielle Gasbildung im Intestinaltrakt von Monogastriern, Teil 1: Entstehung, Lokalisation, Qualität, Quantität.* Übers Tierernährg 19: 273–312.

Zentek J (1993): *Untersuchungen zum Einfluss der Fütterung auf den mikrobiellen Stoffwechsel im Intestinaltrakt des Hundes.* Habil.-Schrift, Stiftung Tierärztliche Hochschule Hannover.

Zentek J (1996): *Notwendigkeiten und Grenzen der Diätfuttermittel bei Hund und Katze.* Prakt Tierarzt 77: 972–984.

Zentek J (1996): *Entwicklungen und Perspektiven der Diätetik bei Tumorerkrankungen.* Übers Tierernährg 24: 229–253.

Zottmann B (1997): *Untersuchungen zur Milchleistung und Milchzusammensetzung der Katze (Felis catus).* Diss. med. vet., München.

7

8   Heimtiere/Versuchstiere/Igel

Kleine Heimtiere repräsentieren heute einen teils erheblichen Anteil der Patienten einer Kleintierpraxis. Entsprechend ist der Tierarzt dann auch in der Beratung gefordert, d.h. mit Fragen und Problemen konfrontiert, die in Zusammenhang mit der Haltung und Fütterung sowie grundsätzlichen Gegebenheiten aus der Biologie dieser Tiere stehen. Das Wissen und die Erfahrung der Tierhalter (Kinder, Laien bzw. auch versierte Züchter) sind dabei ebenso unterschiedlich wie die Haltungs- und Fütterungsbedingungen der Tiere.

Vor diesem Hintergrund sind den detaillierteren Ausführungen zur Fütterung einige wichtige Hinweise und Informationen zur Haltung, Biologie und Ernährungsphysiologie der verschiedenen Spezies vorangestellt (s.a. **Tab. VI.8.2**)

8.1   Grundlagen/Allgemeine Informationen

8.1.1   Allgemeine Hinweise zur Haltung

Außer Hamster und Streifenhörnchen leben die hier erwähnten kleinen Heimtiere in der Natur in mehr oder weniger großen Kolonien (gesellige Tiere mit einem ausgeprägten Sozialverhal-

ten), daher sollten sie zumindest paarweise gehalten werden. Wildlebende Tiere beschäftigen sich den größten Teil ihrer Zeit mit der Futtersuche, speziesabhängig mit dem Anlegen von Futterreserven und der Nahrungsaufnahme. Dementsprechend sollen Käfige für Kaninchen und andere „Kleine Nager" so groß wie möglich sein und durch eine geeignete Einrichtung ein möglichst strukturiertes Umfeld bieten.

Käfigausstattung: Geeignete, leicht zu reinigende Futternäpfe, Wassergefäß (Tränkflasche), Äste von Obstbäumen (werden gerne benagt), Heu (als Futter bzw. zur Ausstattung des Schlafplatzes), Versteckmöglichkeiten (Schlafkästen); für Chinchilla und Degu darf ein Sandbad für die Fellpflege nicht fehlen, auch Gerbil, Hamstern und Streifenhörnchen sollte zeitweise die Möglichkeit eines Sandbades geboten werden.

8.1.2   Biologische und ernährungsphysiologische Grunddaten

Die verschiedenen hier behandelten Spezies unterscheiden sich nicht zuletzt in ihrer Verdauungsphysiologie (und damit hinsichtlich ihrer Ernährungsweise in der Natur), was bei der Fütterung zu berücksichtigen ist. Auf der einen Seite stehen die eher granivoren Spezies (Maus, Gerbil, Hamster, Ratte, Streifenhörnchen) mit

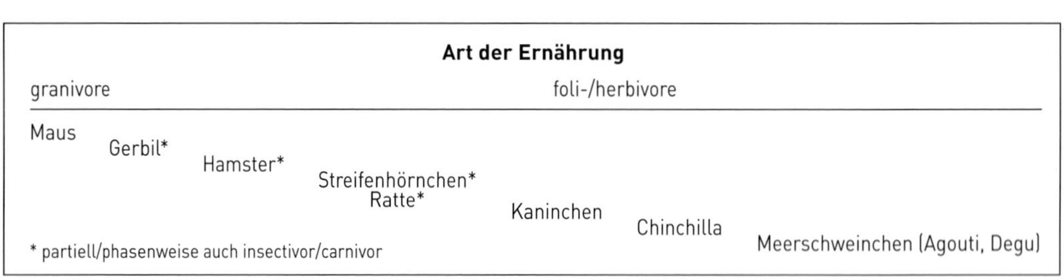

Art der Ernährung		
granivore		foli-/herbivore

Maus
　Gerbil*
　　　Hamster*
　　　　　Streifenhörnchen*
　　　　　　Ratte*
　　　　　　　　Kaninchen
　　　　　　　　　　Chinchilla
　　　　　　　　　　　　Meerschweinchen (Agouti, Degu)

* partiell/phasenweise auch insectivor/carnivor

Abb. VI.8.1: Ernährungsweisen der diversen Kleinsäuger im natürlichen Habitat.

einer begrenzten Kapazität zur Verwertung rohfaserreichen Futters, auf der anderen Seite die Arten, die eine ausgeprägt foli- bzw. herbivore Ernährungsweise zeigen (stark entwickeltes Dickdarmsystem), z. B. Kaninchen, Chinchilla, Meerschweinchen und Degu (**Abb. VI.8.1**). Gemeinsam ist den verschiedenen Spezies aus den Gruppen der Nagetiere bzw. Lagomorphen das Bedürfnis zu einer nagenden Aktivität, das zu einem erheblichen Anteil schon mit der Futteraufnahme gestillt werden sollte. Eine länger dauernde, intensive Nutzung der Zähne (und damit ihre Abnutzung) ist nicht zuletzt wegen des kontinuierlichen Zahnwachstums (**Tab. VI.8.1**) erforderlich.

Tab. VI.8.1: **Längenwachstum (mm/Woche) der Schneidezähne bei verschiedenen Spezies**

Spezies	Unterkiefer	Oberkiefer
Ratte	1,8–3,9	1,5–2,6
Chinchilla	1,0–1,6	1,0–2,0
Meerschweinchen	1,2–1,9	1,4–1,7
Kaninchen[1]	1,1–1,8	1,3–1,7

[1] Werte von Zwergkaninchen.

Tageszeit (Tag/Nacht) sowie Art der Futteraufnahme (z. B. Fähigkeit zur Fixierung von Futterbestandteilen und -partikeln) sind bei den einzelnen Spezies unterschiedlich. Bei ungenügender Versorgung mit „nagefähigem" Futter sind Verhaltensstörungen (z. B. Trichophagie → Bezoare → Obturation des GIT, „Fellfressen" → Hautaffektionen) keine Seltenheit.

Koprophagie/Caecotrophie: Einige der hier abgehandelten Spezies nehmen einen gewissen Anteil des Kotes/Caecuminhalts oral auf (Kaninchen, Meerschweinchen, Degu, Chinchilla direkt vom Anus), wodurch u. a. eine Versorgung mit bestimmten, mikrobiell gebildeten Vitaminen (z. B. B-Vitamine, Vit K) gesichert wird. Daneben ermöglicht die Caecotrophe eine Nutzung mikrobiell gebildeten Proteins, eine zusätzliche Versorgung mit Keimen und deren Enzymen sowie eine effizientere Nährstoff- und Mineralstoffnutzung. Die Koprophagie (Auf-

nahme normalen Kotes) ist prinzipiell ähnlich zu bewerten, hier hat die Reingestion evtl. aber zusätzlich erhebliche Vorteile für die Rfa-Verdaulichkeit (s. Degu, Kap. VI.8.2.8). Bei Zwerghamstern wurde Kotfressen vom Käfigboden beobachtet, dieses Verhalten kann unter Umständen (Futtermangel?) auch beim Gerbil und bei der Ratte auftreten, ist aber bei diesen Spezies nicht die Regel. Während sich beim Kaninchen der Blinddarmkot (= Caecotrophe) schon makroskopisch und in seiner Zusammensetzung vom normalen Kot unterscheidet, konnten beim Meerschweinchen kaum Unterschiede hinsichtlich der Bakterienflora festgestellt werden. Die Rfa-Verdaulichkeit ist beim Kaninchen – trotz Caecotrophie – niedriger als beim Degu (im Blinddarminhalt ist auch nur wenig Rfa enthalten).

Ca-Stoffwechsel: Eine Besonderheit der „Dickdarmverdauer" unter den hier behandelten Spezies betrifft den Ca-Stoffwechsel: Bei Kaninchen und Meerschweinchen (aber auch Degu und Hamster) erfolgt bei steigender Ca-Aufnahme keine Reduktion der Absorption (beim Kaninchen Hauptresorption im Caecum), sondern eine forcierte Absorption mit nachfolgender Exkretion über den Harn. Hiermit erklärt sich die besondere Disposition dieser Spezies für die Bildung und Ablagerung Ca-haltiger Harnkonkremente (Calcit-Steine!), evtl. auch die höhere Disposition für Weichgewebeverkalkungen (Ca-Gehalte im Blut steigen bei höherer Ca-Aufnahme). Beim Chinchilla hingegen erfolgt die Ca-Ausscheidung hauptsächlich über den Kot. ❧

Tab. VI.8.2: **Biologische und ernährungsphysiologische Grunddaten kleiner Heimtiere**

Spezies		Maus	Zwerg-hamster	Gold-hamster	Gerbil	Streifen-hörnchen	Ratte	Degu	Chin-chilla	Meer-schwein-chen	Kaninchen
KM (adult)	g	20–35	30–40	85–130	70–130[1]	90–125	250–550	170–350[1]	400–600	700–1500	1000–7500
Lebens-erwartung	y	1	3	1,5–3	2 (–6)	6–8	3–3,5	5–8	18–22	8–10	7–10 (13)
Geschlechts-reife	d	28–35	35–45	42–60	63–84	10–11 Mon	50–70	45– ♂ 90	4–6 Mon	21–28 ♀	90–120
Dauer der Trächtigkeit	d	18–21	17–23[2]	15–21	24–26	35–40	20–23	87–93	111–126	62–68	28–34
Wurfgröße	n	6–12	5–7	6–8	5–12	3–7	6–12	5–8	1–4	3–4	5–12
Absetzalter	d	21	15	21	22–28	28–30	21	35	42–56	21	25–35
KM bei der Geburt	g	1–1,5	1,6–1,8	2–3	2,5–3,5	4	4–6	10–20	40–50	70–100	0,8–1,2% d. KM[3]
KM beim Absetzen	g	8–14	35–40	35–40	33–60	30–40	40–50	35–45	60–70 200–300	180–200	rasse-abhängig
Futter-aufnahme[4]	g/d	3–6	2,5–4	4,5–6,7% d. KM	5–15		12–35	7–15	20–25	3–6% d. KM	3–6% d. KM
Wasser-aufnahme[5]	ml/d	4–7	5–10	8–20	3–10		15–80	15–20 (1,4–2,0 ml/g TS)	20–40 (1,3–3 ml/ g TS)	50–100	2–3 (ml/g TS)

[1] ♀ Tiere schwerer; [2] abhängig von der Art; [3] adulter Tiere, rasseabhängig; [4] AF mit 88 % TS; [5] bei Gabe von Heu, Trockenfutter.

8.1.3 Allgemeines zur Fütterungspraxis

Je nach Art der Haltung (in der Wohnung oder im Freien) und Voraussetzungen (z. B. Verfügbarkeit von Grünfutter aus dem Garten) sowie Erfahrungen des Tierhalters sind prinzipiell unterschiedliche Konzepte anzutreffen (**Tab. VI.8.3**).

Besondere Beachtung in der nutritiven Anamnese verdient bei den kleinen Heimtieren die Wasserversorgung (Verzicht, um Einstreu trocken zu halten). Nicht selten wird bei Angebot kleiner Mengen an Saftfutter (z. B. Möhren, Grünfutter) auf ein zusätzliches Angebot von frischem Tränkwasser verzichtet, da unter diesen Bedingungen die Wasseraufnahme aus der Tränke zurückgeht. Wasser muss aber ständig zur Verfügung stehen, da immer auch Bedingungen auftreten können, die einen höheren Flüssigkeitsbedarf nach sich ziehen, z. B. höhere Umgebungstemperaturen, verminderter Wassergehalt im Saftfutter oder auch ein höherer Mineralstoffgehalt im Futter. Insbesondere um der Bildung von Harnkonkrementen vorzubeugen, sollte Tränkwasser jederzeit verfügbar sein. Zudem wurde wiederholt festgestellt, dass trotz einer forcierten Wasseraufnahme über das Saftfutter die Tiere dennoch Wasser über die Tränke aufnehmen. Erfolgt kein zusätzliches Tränkwasserangebot, geht nicht nur die Gesamtwasseraufnahme, sondern auch die Futteraufnahme zurück.

Je g TS-Aufnahme variiert die Wasseraufnahme bei Angebot von trockenem MF zwischen 0,5 ml (Gerbil mit geringerem Wasserkonsum) und mehr als 3 ml (Mschw, Kan).

Ernährungsbedingte Störungen

Diverse generell – insbesondere in der Haltung als Heimtiere – bei verschiedenen Spezies unter den kleinen „Nagern" auftretende nutritiv bedingte Störungen sind in **Tabelle VI.8.4** zusammengestellt.

Tab. VI.8.3: **Allgemeines zur Fütterungspraxis bei kleinen Nagern**

Futtermittel[1]	besonders anzutreffen bei	besondere Risiken
Eigene Mischungen aus Getreide, Samen, Saaten, Nüssen (mit/ohne Ergänzungen durch Obst/Gemüse)	granivoren Spezies (Maus, Hamster etc.)	Zu hohe Energieaufnahme? Bedarfsgerechte Mineralstoff- und Vitamin-/Wasserversorgung? Ausreichendes Wasserangebot?
Eigene Mischungen auf der Basis von Grün-/Saftfutter (mit/ohne Ergänzung durch KF, Mineralstoffe)	herbivoren Spezies (Kaninchen, Meerschweinchen, Chinchilla, Degu)	Abrupte Futterwechsel? Ergänzungen passend zum „Grundfutter"? Überlagerung/Verderb?
Industriell hergestellte MF auf der Basis nativer Komponenten (z. B. Getreide, Samen, Grünmehlpellets, Johannisbrot, Nüsse)	allen Spezies (von Maus bis Kaninchen)	Selektion im Futter? Struktur-/Rfa-Mangel → Störungen der Dickdarmverdauung? Mangelnde Zahnabnutzung? Zu hohe Energieaufnahme?
Echte AF in pelletierter/extrudierter Form (mit teils sehr unterschiedlichen Rfa-Gehalten), teils ergänzt durch Raufutter (z. B. gehäckseltes Trockengrün)	allen Spezies (m. o. w. tierartspezifisch unterschiedliche Rfa-Gehalte)	Ungenügende Struktur- (Faserlänge) und Rfa-Gehalte → Zahnabnutzung? Zu hohe Energieaufnahme? Störung der Dickdarmverdauung? Nährstoffüberdosierungen?
„Snacks" = Ergänzungsprodukte, die zu verschiedenen Rationen zusätzlich angeboten werden	allen Spezies (i. e. S. oft keine Ergänzungsfutter)	Zusätzliche Energieaufnahme? Mineralstoff-Imbalanzen? Tierartuntypische FM und Komponenten (z. B. Milchprodukte)

[1] Angaben zum Energie- und Nährstoffgehalt s. Tab. VI.8.10.

Tab. VI.8.4: **Diverse nutritiv bedingte Störungen bei kleinen Nagern**

Ursachen	Bedingungen	Risiken/Folgen
Überversorgung		
Energie	zu große KF-Mengen, Selektion energiereicher FM	Adipositas und sekundäre Störungen
Calcium	Ca-reiche FM wie Luzerne, Nagesteine; Überdosierungen im MF	Harnkonkremente, Harnröhren-/-blasensteine
Vit D	Überdosierung im Mischfutter	Weichgewebeverkalkung
Unterversorgung		
strukturierte Rohfaser (bei herbivoren Spezies)	Verzicht auf Raufutter oder solche FM, die eine intensive Nage-/Kauaktivität erfordern	Störungen der Zahngesundheit, Trichophagie, Bezoare; Durchfall und Verstopfung
Mineralstoffe/Vitamine	Einsatz von FM-Mischungen, die keine echten Alleinfutter sind	diverse spezifische/unspezifische Störungen (z. B. Haut) bzw. des Skelettes

8

Ursachen	Bedingungen	Risiken/Folgen
Mängel im Hygienestatus		
Vorratsschädlinge Mikroorganismen	Überlagerung des Futters, mangelnde Frische des Grünfutters!	Futterverweigerung, Verdauungsstörungen; Dysbakterien, Trommelsucht, Tympanie
Mängel in der Fütterungstechnik		
Wasserversorgung	bewusster Verzicht oder mangelnde Verfügbarkeit (tropfende Flaschen!)	Futterverweigerung, Harnkonzentrierung
abrupte Futterwechsel	insbesondere von Trockenfutter auf Grünfutter/Gemüse	Dysbakterie, Obstipation, Tympanie, Diarrhoe

8.2 Nähere Angaben zu einzelnen Spezies

Grundsätzlich bestehen Unterschiede in den biologischen und ernährungsphysiologischen Grunddaten kleiner Nager, die bei der Rationsgestaltung entsprechend zu berücksichtigen sind (**Tab. VI.8.4**).

8.2.1 Mäuse und Ratten

Die Lebenserwartung der m. o. w. granivoren Mäuse (*Mus musculus*) und Ratten (*Rattus norvegicus*) beträgt 1 (Mäuse) bzw. 3–4 Jahre (Ratten). „Nagergebiss" mit kontinuierlichem Zahnwachstum; nur begrenzte Kapazität zur Verwertung rohfaserreichen Futters, Futteraufnahme vorwiegend in der Dunkelphase.

Energiebedarf

Erhaltung (kJ DE/kg KM^{0,75}): Ratte: 460; Maus: 735
Gravidität: 1,2 (Anfang) bzw. 2,4 (Ende) x Erhaltungsbedarf
Laktation: ca. 3 x Erhaltungsbedarf

Energiedichte

Angestrebte Energiedichte im AF (MJ DE/kg): Erhaltung 10–12; Wachstum 14–16; Laktation ca. 16 (**Tab. VI.8.5**).

Nährstoffbedarf

Protein: Bei Ratten im Erhaltungsstoffwechsel: 200 mg N/kg KM^{0,75} (= 1,25 g Rp/kg KM^{0,75}).

Sonstige Nährstoffe: s. Richtwerte zur Futterzusammensetzung, (**Tab. VI.8.11**).

Tab. VI.8.5: **Futtermengenaufnahme[1] von Ratten in Abhängigkeit vom Alter**

LW	4	5	6	8	14	52
Futtermenge (% d. KM)	15	13	11	9	6	3,5–4

[1] AF mit ca. 16 MJ DE/kg und 90 % TS.

Fütterungspraxis

Körnermischungen oder pelletierte AF für Hamster, Ratten oder Mäuse; Getreidekörner, Gemüse, Obst und geringe Mengen an tierischem Eiweiß in Form von gekochten Eiern oder gekochtem Fleisch.

8.2.2 Gerbil

Der Verdauungstrakt des Gerbils (= Mongolische Rennmaus = Wüstenrennmaus; *Meriones ungui culatus*) ist ähnlich dem der Maus oder Ratte. Kot wird manchmal vom Käfigboden aufgenommen (vermutlich normale Koprophagie). Besonderheiten in der Thermoregulation; an geringste Wasseraufnahme adaptiert (4–10 ml Wasser bei einer Futteraufnahme von 5–15 g).

Fütterungspraxis

Neben Getreide, Sämereien wie Sonnenblumenkerne werden auch Gemüse (Karotten, Gurke) und Obst aufgenommen. Ergänzung evtl. durch

Insekten oder einmal wöchentlich gekochtes Fleisch oder Ei; cave: sehr fettreiche Komponenten wie Nüsse (Gefahr der Lipidämie)!

Als AF werden häufig für Maus, Ratte und Hamster entwickelte MF verwendet (**Tab. VI.8.6**), die Futteraufnahme variiert um 5–8 g/100 g KM.

Tab. VI.8.6: **Richtwerte für die Zusammensetzung von AF für Gerbil (Angaben je kg)**

Rp	g	155	Vit A	IE	9000
Rfa	g	40–60	Vit D	IE	200
Rfe	g	40	Vit E	mg	30–50
Ca	g	6,5	Vit B$_1$	mg	2,7
P	g	4,5	Ca-Pantothenat	mg	12
Lys	g	8,5	Nicotinsäure	mg	45
Met + Cys	g	6,0	Vit B$_{12}$	µg	7,4
Trp	g	2,0	Cholinchlorid	mg	1100

Ernährungsbedingte Krankheiten und Störungen

Knochenstoffwechselstörung: Ca : P-Verhältnis unter 1 : 1.

Intestinale Lipodystrophie: Besonders bei Weibchen in Verbindung mit ernährungsbedingtem Überschuss an gesättigten FS (spez. Laurinsäure) → Abmagerung, Dermatitis, Tod nach wenigen Wochen.

Lipidämie: Durch fettreiches Futter hochgradige Hyperlipidämie.

Wet tail oder **Enteritis bei Jungtieren:** Bei Jungtieren ab 10. Tag bis zum Absetzalter, Eltern und ältere Tiere allgemein nicht betroffen, Ursache sind Fütterungsfehler und/oder Viren.

Tympanien/Blähungen, Diarrhoe: Bei abrupten Futterumstellungen, Futterentzug, kontaminiertem Futter.

Erkrankungen des Parodontiums: Läsionen, vor allem, wenn ausschließlich Getreide gefüttert wird.

8.2.3   Hamster (*Cricetinae*)

Als Heimtier von besonderer Bedeutung sind Gold- und Zwerghamster. Besonderheit: Backentaschen (Hamstern von Futter), beim Goldhamster „Vormagen" mit gewisser mikrobieller Verdauung (für Rfa-Verwertung jedoch kaum von Bedeutung; **Tab. VI.8.7**).

Fütterungspraxis

Geeignete FM: Verschiedene Getreidearten, Sonnenblumenkerne, Kürbiskerne, Nüsse; als Saftfutter geschätzt: Karotten, Obst, Löwenzahn, Salat, Mais in Milchreife; als Nagematerial beliebt: junge Triebe, Zweige mit Knospen von Obstbäumen, evtl. auch Kauknochen für Hunde; in der Praxis nicht selten Ergänzung der Ration mit Insekten, hart gekochtem Ei, Fleisch; spezielle AF verfügbar (auf der Basis nativer Komponenten, in pelletierter wie auch extrudierter Form); Aufnahme derartiger AF: zwischen 4,5 und 6,7 g TS/100 g KM.

Tab. VI.8.7: **Besonderheiten/Unterschiede zwischen dem Gold- und Zwerghamster**

	Goldhamster (♀ 100–150 g, ♂ 130–165 g)	Chinesischer Zwerghamster (30–40 g)
Anatomie	zweihöhliger zusammengesetzter Magen	Gallenblase fehlt
Temperaturen	optimale Umgebungstemperatur 19–23 °C bei einer relativen Luftfeuchte von 45–70 %	
Winterschlaf	ja, bei Temperaturen < 10 °C	nein, aktiv bis -40 °C
Futterverbrauch	8–15 g/Tier u. Tag	ca. 2,5–4 g/Tier u. Tag
Wasserverbrauch (Labor)	8–20 ml/Tier u. Tag	5–10 ml/Tier u. Tag

Richtwerte für die Zusammensetzung derartiger AF (Angaben %):
Rp: 14 (Erhaltung) bis 24 % (Laktation, Jungtiere).
Rfe: max. 7 %; Rfa: max. 8 %; Ca: 0,5–0,8 %.

Ernährungsbedingte Störungen

Verderb des gehamsterten Futters → Anorexie und Verdauungsstörungen.

Abrupte Futterumstellungen → intestinale Dysbakterie → Verdauungsstörungen.

Fellschäden mit borkiger Hautveränderung: Defizit an Eiweiß bzw. bestimmten AS kombiniert mit einem Vit-A-/E-Mangel (Hinweise auf tierartlich besonders hohen Bedarf).

Kannibalismus bei Jungtieren: Unterversorgung des Muttertieres mit tierischem Eiweiß (fraglich) oder Folge von Haltungsfehlern (männliche und weibliche säugende Goldhamster nicht gemeinsam halten).

Wet Tail (proliferative Ileitis): Im Alter von 3–8 Wochen; Ursache unbekannt; Stressfaktoren (schlechtes Futter, Futtermangel) und Infektionen (*Lawsonia intracellularis*) vermutet.

8.2.4 Streifenhörnchen

Streifenhörnchen (= Burunduk = Gestreiftes Backenhörnchen; *Eutamias sibiricus*) sind tagaktive Tiere mit Backentaschen (die bei Füllung Kopfgröße erreichen können), einhöhligem Magen, Gesamtdarmlänge = 3,5-Faches der Körperlänge, schon stärker entwickeltem Dickdarm; bei Haltung im Freien: Winterruhe (für diese Zeit werden Vorräte angelegt); zu großzügiges Futterangebot führt leicht zum Anlegen von Futtervorräten, die verderben können.

Fütterungspraxis

Futtermittel: Getreide, Haferflocken, Hirsen, Sonnenblumenkerne, Maiskörner, Pinienkerne, Hanfsamen, sonstige Sämereien für Ziervögel, Nüsse, Eicheln, Bananen, Äpfel, Birnen, Feigen, wenige Mehlwürmer, Knospen, Salatblätter. Die pflanzlichen FM evtl. ergänzen mit Protein tierischer Herkunft (z. B. hart gekochtes Ei).

Alleinfutter: Spezielle AF oder AF für Hamster oder Mäuse/Ratten.

Ernährungsbedingte Störungen

Spontanfrakturen: Häufig bei Jungtieren nach Verlassen des Nestes aufgrund eines Ca-Mangels bei gleichzeitigem P-Überschuss (reine Getreidefütterung!).

Tympanien: Bei abrupter Futterumstellung; Aufnahme verdorbenen „gehamsterten" Futters, verheftes/verpilztes Obst.

„Elefantenzähne" (vermutlich genetisch bedingt): Mangelnde Zahnabnutzung.

8.2.5 Kaninchen (*Oryctolagus cuniculus* var. *domestica*)

Spezies mit größter Bedeutung als Heim-, Nutz- und Versuchstier; in der Heimtierhaltung dominieren Zwergkaninchen, in der Nutz-/Versuchstierhaltung die größeren Rassen (**Tab. VI.8.8**).

Tab. VI.8.8: **Körpermasse adulter Kaninchen**

Zwergkaninchen	1–2 kg	z. B. Zwergwidder, Chinchillakaninchen
kleine Rassen	2–3,5 kg	z. B. Holländer, Klein-Schecken, Lohkaninchen
mittelgroße Rassen	3,5–5 kg	z. B. Weiße Wiener, Neuseeländer
große Rassen	> 5,5 kg	z. B. Deutsche Riesen, Deutsche Widder

Der herbivoren Ernährungsweise entsprechender Verdauungskanal mit sehr stark entwickeltem Dickdarmsystem für die Verdauung der Rohfaser. Hohe Anpassungsfähigkeit in der Futteraufnahme bei unterschiedlicher Energiedichte im Futter; Strategie: weniger wertvolles Substrat (gröbere, verholzte Strukturen) wird schnell eliminiert („Hartkot"), wertvolleres Substrat passiert wiederholt (durch Caecotrophie, „Weichkot") den Verdauungstrakt, dennoch Rfa-Verdaulichkeit deutlich schlechter als bei Pfd, Wdk oder Degu. Rfa-reiches Futter für die Funktion des Gebisses (Vermeidung von Zahnanomalien), die Magenentleerung (schwach entwickelte Magenmuskulatur) und des Darmkanals (mikrobielle Verdauung/Separationsprozesse im Chymus) unentbehrlich; Durchfall bei Fehlen von Strukturstoffen; Caecotrophie essenziell zur Versorgung mit verschiedenen B-Vitaminen und Eiweiß (bei proteinarmen FM); Eiweißgehalt der Caecotrophe ca. 38 % der TS, im Hartkot nur ca. 13 % der TS.

Energie- und Nährstoffbedarf

Energiebedarf: im Erhaltungsstoffwechsel ca. 440 kJ DE/kg $KM^{0,75}$, in der Laktation: ca. 3x Erhaltungsbedarf
Proteinbedarf (g vRp/MJ DE):
Erhaltung: ca. 6
Gravidität: 7–14
Wachstum: 10–12
Laktation: 12–15
Sonstige Nährstoffe: s. Zusammensetzung von AF (s. **Tab. VI.8.11**)
Wasseraufnahme (ml/g TS): 2–3
Zur tgl. Futteraufnahme s. **Tab. VI.8.9**.

Fütterungspraxis

In der Heimtierhaltung sehr variabel, alle Möglichkeiten, die in **Tabelle VI.8.2** beschrieben sind (von ausschließlicher Grünfütterung bis reiner KF-Gabe).
Fütterungspraxis bei Kaninchen zur Fleisch- bzw. Wollproduktion je nach Bestandsgröße unterschiedlich:
Kleinbestände: Kombinierte Fütterung (Saft-, Grün-, Raufutter und höherer KF-Anteil bei den Masttieren).
Großbestände: Industriell gefertigte AF (allgemein pelletiert) für Zucht, Erhaltung und Mast (Energiedichte und Rfa- sowie Rp-Gehalte sehr unterschiedlich)

Masttiere:
- Mastdauer: vom Absetzen (3–5 Wochen) bis zum Alter von 8–11 Wochen, Schlachtgewicht: z. B. Weiße Neuseeländer ca. 2,5 kg
- Tageszunahmen: ca. 40–50 g
- Futterbedarf: pro Masttier ca. 6 kg AF; Futteraufwand: ca. 2,8

Angorakaninchen:
- jährlicher Wollertrag: 0,2–0,25 kg/kg KM, 4 Schuren/Jahr
- Wolleigenschaften: niedriges spezifisches Gewicht, hohes Wärmehaltungsvermögen (doppelt so hoch wie das von Schafwolle)
- Fütterung: meist industrielle AF; hoher Bedarf an S-haltigen AS
- Futteraufnahme: extreme Unterschiede vor bzw. nach der Schur

Ernährungsbedingte Störungen

Anorexie: Die Anorexie ist bei Kaninchen nicht selten. Zunächst ist die Ursache zu eruieren (Zahnanomalien? Passagestörungen, z. B. infolge von Bezoaren? Indigestionen mit nachfolgender Allgemeinerkrankung? Bei abgesetzten Jungkaninchen Anorexie in Folge einer Rotavirusinfektion? Nur scheinbare Inappetenz bei Mängeln in der Futterqualität?). Bei einer Anorexie infolge einer Verlegung des GIT ist zunächst die Verlegung zu beseitigen/zu entfernen (z. B. Bezoare im Magen), bevor eine Sondenernährung empfohlen werden kann. Auch die vollständige Verweigerung der Futter- und Wasseraufnahme nach Operationen ist nicht selten Indikation für die vorübergehende Ernährung von Kaninchen mittels einer Sonde

8

Tab. VI.8.9: **Tägliche Futteraufnahme (TS in % der KM) von Kaninchen**

KM (kg)	Erhaltung	Gravidität[1]	Laktation	Wachstum
1,0	3,5–5,2	4–6	6–8	6,5
2,3	4,0	5,0	7,0	6,0
4,5	3,3	4,1	6,0	5,0
6,8	3,0	3,7	5,0	4,5

[1] Ende der Gravidität reduzierte Futteraufnahme, etwa wie im Erhaltungsstoffwechsel.

(Sondenlumen 3–4 mm, orogastrale Applikation, 2x pro Tag, insgesamt 5–6 ml/100 g KM bei einer Suspension mit ca. 30 g TS/100 ml); hierfür verfügbar sind kommerzielle Produkte oder Eigenmischungen auf der Basis von Karotten-/Gemüsesaft (Brei) ergänzt durch Grünmehl/ -pellets.

Wichtig hierbei: Sondennahrung muss auch im Dickdarm verfügbare Substrate bereitstellen wie Pektine und andere Ballaststoffe; Problem: Sondengängigkeit der faserhaltigen Mischung/Suspension → Einsatz mikrokristalliner Ballaststoffe.

Adipositas: Zu großes KF-Angebot, insbesondere bei Zwergkaninchen (selektive FA); Behandlung: nur Heu oder Saftfutter darf *ad libitum* angeboten werden, nicht aber KF; nur KF mit höheren Rfa-Gehalten (> 14 %).

Mangelnder Zahnabrieb: Bei zu kurzer Dauer der Zahnnutzung (Zähne nutzen sich primär an gegenüberliegenden Zähnen ab, nicht am Futter) → Grün- und Raufutter bzw. „Nagematerial" (z. B. Zweige von Birke, Obstbäumen) anbieten; „Elefantenzähne" sind aber primär Folge von Zahnfehlstellungen.

Trichophagie (Verhaltensstörung): Bei mangelnder „Nageaktivität" bzw. Rfa-Mangel → Trichobezoare (bes. bei Angorakaninchen, aber auch in intensiver Kaninchenmast und in der Heimtierhaltung zu beobachten).

Magenüberladung: Hohe KF-Aufnahme/Zeiteinheit nach längerer Hungerphase → Magenausdehnung → gastrale Gasansammlung → Kreislaufversagen.

Magenobstipation: Mangel an strukturierter Rfa und hohe KF-Aufnahme → Magen gefüllt mit eingedicktem Chymus, der nicht weiter transportiert wird → Anorexie.

Durchfall der Absetzkaninchen: Besonders bei Rfa-Mangel und gleichzeitigem Rp-Überschuss: kurzfristig beide Rohnährstoffe auf ca. 15–16 % im AF einstellen oder gesonderte Raufutterzulage, evtl. Impfungen bei Verdacht auf Clostridien-Toxine.

Kokzidiose: Erhebliche Bedeutung in der Kaninchenzucht (auch in Kleinbeständen), hohe Jungtierverluste; zur Prophylaxe sind bestimmte Antikokzidia für Zucht- und Mastkaninchen EU-weit zugelassen!

Trommelsucht: Anschoppung im Caecum bei Darmkatarrh, Kokzidiose u. Ä., evtl. Fütterung tau- bzw. regennassen Klees bzw. Kohls sowie „warm gewordenen" Grünfutters (dichte Lagerung des geschnittenen Grüns im Sommer!).

Urolithiasis/Harnkonkrementbildung: Ca-Steine in harnabführenden Wegen: Ca-/Vit-D-Überdosierung, insbesondere bei älteren Tieren (fördernd: Wassermangel; bei Disposition fördert die Gabe von verdünntem Apfelsaft die Flüssigkeitsaufnahme).

Weichgewebeverkalkung: Vit-D-Überdosierung bei hoher Ca-Zufuhr.

Korneatrübung: Bei hohen Fischmehlanteilen im AF → hoher Cholesteringehalt → Ablagerungen in der Cornea, häufiger bei Diabetes.

Unfruchtbarkeit/Kachexie: Besonders bei kontinuierlicher Zuchtnutzung (Parallelität von Gravidität und Laktation) durch Energie- und Nährstoffunterversorgung.

Verdauungsstörungen: Infolge schwerer intestinaler Dysbiosen bei der Anwendung verschiedener antibiotisch wirksamer Arzneimittel über das Futter (nur wenige Medikamente geeignet für orale Zufuhr).

Intoxikationen: Durch Kontamination des MF (Verschleppung!) mit Kokzidiostatika u. Ä. (seltene Ereignisse in Großbeständen).

8.2.6 Chinchilla

Beim Chinchilla (*Chinchilla lanigera, Chinchilla brevicaudata*) handelt es sich um eine Spezies mit vergleichsweise hoher Lebenserwartung (bis zu 20 Jahren) und langer Trächtigkeitsdauer, fast keine Neugeborenenpflege (Nestflüchter) durch das Muttertier.

In der Vergangenheit Haltung zur Fellproduktion, derzeit stärkere Verbreitung als Heimtier. Der Magen-Darm-Trakt des Chinchillas ist auf die Erschließung eines Rfa-reicheren Futters eingestellt. Er ist ähnlich dem der Pferde aufgebaut (großes Caecum mit Tänien, hier Bildung von Caecotrophe). Chinchillas vertragen nur schlecht große Mengen energiereichen Futters. Entsprechend dem Tag-Nacht-Rhythmus der

Tiere erfolgt die tägliche Fütterung am besten in den Abendstunden (Futteraufnahme fast nur in der Dunkelphase).

Intensive Zerkleinerung des Futters bei der Aufnahme; für das Wohlbefinden unentbehrlich: Sandbad (Fellpflege) und benagbare Materialien (in der Praxis häufig: Nagesteine! Stückchen von Ytong-Steinen = Leichtkalkbeton) bzw. faserreiche FM.

Energiebedarf: ca. 480 kJ DE/kg KM (Erhaltung)

Proteinbedarf: Vergleichbar dem von Kan

Sonstige Nährstoffe: Siehe Zusammensetzung von AF für Kan

Futteraufnahme: 3–5,5 g TS/100 g KM (je nach Energiedichte im Futter)

Wasseraufnahme: 1,3–3 ml/g TS Futter; 20–40 ml/Tier/d bei Gabe von trockenem MF/AF

Fütterungspraxis

Häufig kombinierte Fütterung, d. h. Raufutter wie Heu und Ergänzung durch Getreide, Sonnenblumenkerne (oder Futtermischungen für Kaninchen und Meerschweinchen); aber auch AF für Chinchillas im Handel (hier auf Rfa-Gehalt und Struktur achten; Rfa > 14 %). Besonderheit: die meisten Chinchillas bevorzugen getrocknetes Grundfutter (Heu, Kräuter u. Ä.) gegenüber frischem Grün, Gemüse und Obst (Grünfutter soll Verdauungsstörungen fördern), als Nagematerial besonders beliebt: Zweige von Obstbäumen, Weiden, Wein.

Handaufzucht neugeborener Chinchillas (Nestflüchter) relativ häufig erforderlich, da das Muttertier zwar 3 Zitzenpaare hat, aber nur 1–2 Paare laktieren. Dies führt zu einem Missverhältnis zwischen Jungenzahl und laktierender Zitzenzahl. Innerhalb der ersten 24 Stunden nach der Geburt sollen die Jungen unbedingt einmal zum Trinken kommen.

Chinchillawelpen, die bei der Geburt weniger als 40 g wiegen, sind kaum überlebensfähig. Die KM-Zunahme innerhalb der ersten LW beträgt 30–50 % der Geburtsmasse.

Mögliche Fertigpräparate (Säuglingsnahrung aus dem Humanbereich; besser geeignet MAT für Katzenwelpen) werden mit heißem Wasser gelöst, leicht abgekühlt und den Jungen bis zur Sättigung körperwarm verabreicht. In den ersten Tagen – außer nachts – alle 2–3 Stunden füttern. Zusätzlich Leinsamenöl mit Traubenzucker und Vit-Ergänzung mittels Pipette 3x täglich zugeben. Ab 2. LW Festfutteraufnahme, ab 4.–5. LW kann abgesetzt werden.

Ersatzfütterung

Wenn Fertigpräparate nicht zur Verfügung stehen:
* anfangs: 1 Teil Kondensmilch (12 % Fett) : 2 Teile Kamillentee
* später: 1 Teil Kondensmilch : 1 Teil Kamillentee oder
* 1 Teil Kondensmilch : 1 Teil abgekochtes Wasser : 1 Teil Ziegenmilch
* Verabreichung handwarm, alle 3 Stunden

Ernährungsbedingte Störungen

Am häufigsten treten Erkrankungen des Verdauungsapparates auf, insbesondere Zahnprobleme, Magen-Darm-Entzündungen, Verstopfungen (vergleichsweise häufig, Glaubersalz als Laxans bei Tierhaltern beliebt), Durchfall, Blähungen. Sie sind aber auch zu einem erheblichen Teil auf Infektionen mit obligat und fakultativ pathogenen Bakterien zurückzuführen.

Schlundverstopfung: Beim gierigen Fressen, vor allem beim Kampf um Leckerbissen.

Magentympanie: Plötzliche Futterumstellung, zu viel ungewohntes Grünfutter (spez. Klee, Kohl), erntefrisches Heu (in Fermentationsphase).

Durchfall: Mangelnde Adaptation an Grünfutter, zu viel KF, schimmeliges Heu.

Verstopfung: Bei Chin häufiger und gefährlicher als Durchfall; Ursache ist evtl. übermäßig eiweißreiches Trockenfutter, Futterwechsel bzw. ein Mangel an strukturierter Rohfaser.

Tympanie: Vorwiegend bei Jungtieren im Alter von 3–5 Monaten, Folge mangelnder Darmperistaltik.

Rektumprolaps: Fast immer im Zusammenhang mit einer Enteritis oder Verstopfung; dabei fallen 3–4 cm ödematisierter Darm vor.

8

Leberverfettung: Zu hoher Fett- und Stärkegehalt im Futter, evtl. Entstehung im Verlauf einer Trächtigkeits- oder Puerperaltoxikose.

Fellprobleme: Fehlendes Sandbad, Fütterungsfehler, Stoffwechselstörungen, als Folge von Trichophagie bei Rfa-Mangel.

Ca-Mangel-Syndrom: Krämpfe, Hinterläufe gestreckt; die oft diskutierte Aufhellung der Zahnfarbe (weiß/weiß-gelblich, bei gesunden Tieren: gelb-orange) als Zeichen eines Ca-Mangels konnte wissenschaftlich nicht belegt werden.

Urolithiasis: Ursachen etc. s. Kaninchen, seltener anzutreffen als beim Kan.

Thiaminmangel: Krämpfe und andere zentralnervöse Störungen.

Vit-E-Mangel (= Yellow-Fat-Disease, Gelbohrkrankheit): Zu wenig Vit E im Futter; ranzig gewordene Pflanzenfette im Futter.

Vergiftungen: Durch verschimmeltes Futter sowie durch Giftpflanzen u. Ä. (Hahnenfuß, Mohn, Herbstzeitlose, Fingerhut, Mutterkorn, Schachtelhalm sowie Rinde von Lorbeer, Kirschbaum, Eiche, Holunder, Eibe, Rhododendron und Pseudo-Akazie).

8.2.7 Meerschweinchen

Meerschweinchen (*Cavia porcellus*) zählen zu den herbivoren Spezies, die als Heim- und Versuchstiere eine erhebliche Bedeutung haben. Im Unterschied zu Kaninchen gibt es bei den Meerschweinchen keine echte Caecotrophie, sondern nur eine Koprophagie, wobei zwar ein Teil der Enddarm-Ingesta aufgenommen wird, es aber nicht zur Bildung zweier unterschiedlicher Kotarten (also kein Hart- und Weich-Kot wie bei Kan) kommt. Körpermasse (KM: 0,7–1,6 kg), Farbe und Haarlänge variieren in verschiedenen Zuchtlinien und Rassen ganz erheblich.

Weitere Charakterisierung: Pflanzenfresser, Nagergebiss (kontinuierliches Längenwachstum); durch Fütterung strukturreichen Raufutters für ausreichenden Abrieb der Zähne und längere Beschäftigung sorgen (→ Trichophagie ↓); zusammengesetzter Magen, stark entwickelter Blinddarm mit leicht höherer Verdauungskapazität für Rfa als Kan; **ungenügende körpereigene Vit-C-Synthese** (Skorbutgefahr); Vit-C-Bedarf: 10–20 mg/Tag; re-

lativ lange Tragezeit, Neugeborene bei der Geburt schon weit entwickelt, unmittelbar p. n. neben Milch bereits Festfutteraufnahme.

Energiebedarf (Erhaltung): ca. 500 kJDE/kg KM und Tag

Proteinbedarf (Erhaltung): ca. 3 g Rp/kg KM und Tag (ca. 10 % Rp im AF)

Sonstige Nährstoffe: s. Zusammensetzung von AF, s. **Tab. VI.8.11**

Futteraufnahme: 40–60 g TS/kg KM und Tag (adulte Tiere) bzw.

50–75 g TS/kg KM und Tag (wachsende Tiere)

Wasseraufnahme: 2–3 ml/g TS

Fütterungspraxis: in der Heimtierhaltung sehr variabel (s. **Tab. VI.8.2**), Versuchstiere s. **Tab. VI.8.11**

Futtermittel: Grün-, Saft-, Raufuttermittel; in Ergänzung diverse KF (Getreide, Sonnenblumenkerne etc.) oder pelletierte bzw. extrudierte AF (s. **Tab. VI.8.10**)

Ernährungsbedingte Störungen

Mangelnder Zahnabrieb: Folge ungenügender Versorgung mit Grün- und Raufutter bzw. Mangel an „Struktur" im Futter, die zu einer intensiven Nutzung der Zähne zwingen würde. Neben zu langen Schneidezähnen ist bei Mschw besonders häufig eine Zahnspangenentwicklung (hintere Backenzähne, „Brückenbildung"), die zu entsprechenden Problemen führt (Futteraufnahme ↓, Schwierigkeiten des Abschluckens von Futterbrei, auch von Speichel; Schleimhautverletzungen in der Maulhöhle).

Magentympanie: Mängel im Hygienestatus (Hefen?) des Futters, quellende FM (Trockenschnitzel), abrupte Futterwechsel, gierige Futteraufnahme.

Obstipationen: Einseitige Fütterung (Haferflocken, Kartoffelschalen).

Dickdarmtympanie: Große Mengen an Kohl, Klee u. Ä. ohne ausreichende Adaptation.

Trächtigkeitstoxikose (Ketose): Apathie, Inappetenz, Acidose → Tod; meist zum Ende der Gravidität → große relative Fruchtmasse → Futteraufnahmekapazität ↓, deshalb hohe Energiedichte im Futter notwendig! Nachweis von Ketonkörpern im Harn!

Organverkalkungen: Vit-D-/Ca-Überdosierung, Mg-Mangel; falsches Ca : P-Verhältnis (?).
Urolithiasis: Ähnlich den Kan überwiegend $CaCO_3$-Monohydrat-Steine, die sowohl in der Harnblase wie auch Harnröhre vorkommen. Pathogenese wie bei Kan (d. h. Besonderheiten im Ca-Stoffwechsel, vorwiegend renale Exkretion des Ca-Überschusses!).
Vit-C-Mangel (evtl. auch bei Vit-C-Zusatz durch Autoxidation) → Spontanfrakturen, allg. Resistenzminderung, schlechte Wundheilung; Vermeidung: Grünfutter/Obst oder 70–100 mg Ascorbinsäure/l oder 250 mg Na-Ascorbat + 1 g Zitronensäure/Liter Trinkwasser, Wasser *ad libitum*.

8.2.8 Degu

Als Heim- und Versuchstiere werden Degus (Fam. der Trugratten; *Octodon degus*) erst seit etwa 40 Jahren gehalten. Zu ihren Besonderheiten gehören u. a. die Abhängigkeit von Artgenossen (leben in Familienverbänden, zumindest in Gruppen von $\geq$ 3 Tieren), hohe Lebenserwartung (> 8 Jahre), die Tagaktivität, ihre Reife bei der Geburt (Nestflüchter) sowie eine ausgeprägte Koprophagie (fast 40 % der täglich Kotmenge). In der Versuchstierhaltung hat der Degu eine besondere Bedeutung in der Forschung des Diabetes mellitus sowie der Katarakt-Pathogenese. Unter den ernährungsbedingten Störungen von Degus aus der Heimtierhaltung stehen Erkrankungen der Zähne im Vordergrund, gefolgt von Haut- und Augenerkrankungen. Das Auftreten von Katarakten infolge eines Diabetes mellitus ist bei Degus auffällig häufig und unstrittig, unklar ist jedoch bislang, ob hierfür tatsächlich eine stärke- und zuckerreiche Ernährung die eigentliche Ursache darstellt. Aufgrund der hohen Gesamtfruchtmasse (35 % der KM des Muttertieres; einzelnes neugeborenes Degu: ca. 6 %) ist eine Disposition für eine Ketose zum Ende der Trächtigkeit zu erwarten, bislang aber klinisch nicht näher beschrieben.

Haltung ähnlich wie beim Chinchilla; Fütterung: Heu, Saftfutter (Gräser, Löwenzahn, Endivie, Kopfsalat, Rote Beete, Blumenkohl), Chinchillafutter, Zweige von Obstbäumen; zucker- (Obst) und fettreiche (Sonnenblumenkerne, Nüsse) FM meiden.

Ernährungsbedingte Störungen

Diabetes mellitus: Nach Schätzung haben ca. 10 % der Degus in Heimtierhaltung ein- oder beidseitige Katarakte. Prophylaxe: zucker- und fettarme FM!
Graviditäts-/Puerperaltoxikose: Gegen Ende der Trächtigkeit oder wenige Tage nach der Geburt, besonders bei fetten Tieren; Apathie, Inappetenz; Prognose fraglich. Genese: Energiedefizit durch zu wenig energiereiches Futter und/oder Einschränkung der Futteraufnahmekapazität (Früchte!).
Gastroenteritis: Meist Fütterungsfehler, Aufnahme von verdorbenem Futter.
Tympanie: Durch Fütterungsfehler, Zahnerkrankungen, Infektionen, Antibiotika, Obstipation oder Torsion von Darmteilen.

8.3 Energie- und Nährstoffgehalte diverser FM

Tab. VI.8.10: **Energie- und Nährstoffgehalte (je kg uS) diverser FM für kleine Nager**

	TS	Rp	Rfe	Rfa	DE[1]	Ca	P	Na
			g		(MJ)		g	
Gras	150	27	6	39	1,23	1,14	0,43	0,16
Löwenzahn	178	35	10	23	2,23	2,5	0,77	0,24
Kohlblätter	117	17	2	12	1,78	0,5	0,3	0,1
Petersilie	181	44	3	43	1,88	2,45	1,28	0,33
Schafgarbe	154	36	8	19	2,05	1,76	0,67	0,08

	TS	Rp	Rfe	Rfa	DE[1]	Ca	P	Na
	g				(MJ)	g		
Möhren	110	13	2	12	1,62	0,3	0,4	0,4
Rüben	120	11	1	9,8	1,76	0,3	0,3	0,4
Kohlrabi	80	18	1	12	0,99	0,50	0,30	0,35
Äpfel	155	3,2	0,7	6,3	2,23	0,05	0,06	0,07
Banane	250	12	2	2,8	4,09	0,08	0,26	0,09
Salatgurke	66	16	3,1	5,83	1,05	0,45	0,61	0,04
Heu								
– Gras	860	118	23	267	5,42	6,4	2,3	0,6
– Luzerne	860	145	16	283	4,79	13,7	2,2	1,2
Grünmehl								
– Gras	900	167	38	206	8,14	5,0	4,5	0,7
– Luzerne	902	207	26	230	7,36	18,0	2,8	1,7
Hafer	884	110	48	106	12,4	1,1	3,1	0,3
Weizen	876	119	18	26	14,5	0,6	3,3	0,1
Milokorn	880	119	37	24	14,4	0,9	3,1	0,6
Buchweizen	878	149	37	23	14,9	0,2	3,6	0,5
SES	870	448	13	62	13,1	2,7	6,1	0,2
Sbl. ES	918	308	28	215	10,8	4,7	12,3	0,6
Weizenkleie	880	143	37	108	10,5	1,6	11,3	0,8
Trocken-schnitzel	880	88	3,0	178	14,2	8,5	1,0	2,2
Sojabohnen-schalen	910	114	18	341	11,4	5,6	1,23	0,11
Johannis-brotschrot	848	39	3,3	66	12,0	3,3	0,53	0,14
„Keksbruch"	980	82	110	9	19,0	0,5	1,09	3,87
„Nager-waffeln"	887	114	30,7	130	15,3	4,1	3,17	0,10
„Grünrollis"[2]	929	129	41,7	89	12,8	11,1	6,48	1,59
„Leckerli"[3]	926	68	250	9,53	21,6	2,65	2,68	2,84
pelletierte AF								
– Kan/Mschw	880–895	140–180	21–40	150–195	9,0–11	8,0–13,2	4,8–6,0	2,3–5,7
Mischfutter[4]								
– Kan/Mschw	875–890	107–144	25–92	46,0–120	12,0–15,1	5,4 –9,1	2,6 –4,6	0,25–3,27
– Hamster	875–890	113–141	30–118	98,2–115	13,4[5]–15,6[5]	1,64–8,29	3,17–5,04	0,10–1,84

[1] Für Kaninchen;   [2] Auf der Basis von Luzernegrünmehl;   [3] Auf der Basis von Zucker, Fett und Milchprodukten;
[4] auf der Basis nativer Komponenten, sog. „Buntfutter";   [5] DE für Goldhamster (in Fütterungsversuchen ermittelt).

8.4 Fütterungspraxis bei Versuchstieren

In der Versuchstierhaltung werden allgemein tierartspezifische AF verwendet, die *ad libitum* angeboten werden. Um den alters- bzw. leistungsabhängig unterschiedlichen Energie- und Nährstoffbedarf zu decken, differieren die entsprechenden AF in der Energie- und Nährstoffdichte (AF für Wachstum, Zucht bzw. Erhaltung, s. **Tab. VI.8.4.2**).

Die Futtermengenaufnahme variiert stark in Abhängigkeit vom Alter und Energiebedarf sowie – in Grenzen – von der Energiedichte im AF, sie ist häufig zum Ende der Gravidität deutlich reduziert (Notwendigkeit höherer Energiedichte in dieser Phase, ähnlich wie in der Laktation).

8.4.1 Mischfutter für Versuchstiere

Futter aus üblichen Einzel-FM bzw. natürlichen Komponenten: Preisgünstig, aber Schwankungen im Nährstoffgehalt, Kontamination möglich (Bakterien, Pilze, Pestizide, Schwermetalle, Toxine etc.).

Gereinigte (halbsynthetische) Futter: Meist aus Casein (+ Met), Stärke und Zucker, pflanzlichen Ölen, Zellulose, Mineralstoff- und Vit-Mischungen; geringere Nährstoffschwankungen und Kontaminationsrisiken, aber häufig keine gute Akzeptanz.

Synthetische (chemisch definierte) Futter: Aus definierten Komponenten (AS, Zucker, Triglyceride, ess. FS, Mineralstoffe und Vit).

Konfektionierung:

- schrotförmig: schlecht zu verfüttern (Verstreuen des Futters), für manche Zwecke notwendig (kleine Mengen, Zumischung bestimmter zu untersuchender Stoffe)
- pelletiert: bekannte Vorteile, aber nur in größeren Mengen ökonomisch sinnvoll, keine nachträgliche Zumischung möglich
- granuliert: Vorteile der Pellets (keine Entmischung)
- Kekse: teuer, nur geringe mikrobielle Kontamination (Pilze)
- feucht: höhere Akzeptanz, gute Beimischung bestimmter Stoffe, leichte Rückwaage von Futterresten, aber Gefahr des mikrobiellen Verderbs
- extrudiert: besonderer Vorteil ist die Hygienisierung des MF (cave: thermolabile Inhalts- und/oder Zusatzstoffe ↓)

Besondere Anforderungen an den mikrobiologischen Standard im Futter:

- für konventionell gehaltene Tiere:
  - max. 5000 lebende Keime/g
  - max. 10 coliforme Keime/g
  - keine *E. coli* Typ 1
  - keine Salmonellen
- für keimfreie Tiere, SPF-Tiere sowie diesbezüglich definierte Bestände:
  - sterilisiertes Futter (Autoklavieren, Bestrahlen)
  - Problem: evtl. Nährstoffverlust (Vitamine!) bei Sterilisation

Für die Sterilisation von herkömmlichen Futtermischungen (Basis: Cerealien) sind 4,0 Mrad, für MF aus gereinigten Komponenten 2,5 Mrad erforderlich (1 rad = 100 erg absorbierter Energie pro g Substanz). Der Erfolg einer Gamma-Strahlen-Behandlung hängt u. a. ab von der Strahlenresistenz der Keime, dem Wassergehalt im Sterilisationsgut, der Strahlenintensität und -dauer sowie vom Abstand zur Strahlenquelle und Schichtdicke des zu bestrahlenden Gutes.

8

8.4.2 Empfehlungen zum Energie- und Nährstoffgehalt in AF für Versuchstiere

Tab. VI.8.11: **Empfehlungen für den Energie- und Nährstoffgehalt in AF für Versuchstiere (Angaben je kg uS, d. h. 90 % TS)**

Energie bzw. Nährstoffe	Einheit	Ratte		Maus[8]		Meerschweinchen	Hamster	Kaninchen
		Erhaltung	Wachstum, Reprod.	Wachstum	Reprod.	Wachstum	Wachstum	Wachstum
verd. Energie	MJ	15,9	15,9	15,9	15,9	12,5	17,5	12–14
Rfe	g	50					50	30–50
Linolsäure	g	6	6	3	3			
unges. FS	g					< 1		
Rfa	g					100	50–70	100–160
Rohprotein	g	85[1]	250[1]	125	180	180	180	150–180
Ess. AS								
Arg	g		6	3		12	7,6	7
Asp	g		4					
Glu	g		40					
His	g	0,8	3	2		3,6	4,0	3
Ile	g	3,1	5	4		6,0	8,9	6
Leu	g	1,8	7,5	7		10,8	13,9	11
Lys	g	1,1	7,0	4		8,4	12,0	9
Met	g	2,3	6,0[2]	5[2]		6,0	3,2	5,5
Phe	g	1,8	8,0[3]	4[3]		10,8	14[3]	
Pro	g		4,0					
Thr	g	1,8	5,0	4		6,0	7,0	6
Trp	g	0,5	1,5	1		1,8	3,4	2
Val	g	2,3	6,0	5		8,4	9,1	7
nichtess. AS	g	4,8[4]	5,9[4]					
Mengenelemente								
Ca	g		5/6,3	4	4	8–10	5,9	5–10
Cl	g		0,5	notwendig		0,5		1–5
Mg	g		0,5	0,5	höher?	1	0,6	0,4–0,7
P	g		4,0	4,0	4	4–7	3,0	4–7
K	g		3,6	2,0	2	5–14	6,1	2–6
Na	g		1–2	notwendig		1–2	1,5	1–2

Energie bzw. Nährstoffe	Ein-heit	Ratte		Maus[8]		Meer-schweinchen	Hamster	Kanin-chen
		Erhal-tung	Wachstum, Reprod.	Wachstum	Reprod.	Wachstum	Wachs-tum	Wachs-tum
Spurenelemente								
Co	mg					1,1		0,1–1,0
Cr	mg	0,30	2,00	2,00		0,6		
Cu	mg	5–8	4,50			6,0	5	3–6
F	mg	1,00					0,024	
J	mg	0,15	0,25	0,25		1,0	1,60	
Fe	mg	35	25	120		50	140	100
Mn	mg	50	45	45		40	35	20–40
Se	mg	0,1–0,4	0,1			0,1	0,1	0,1
Zn	mg	12–25	30	30		20	9,20	40
Vitamine								
A[5]	IE	4000	500	500		2350	3600	1100–1500
D[6]	IE	1000	150	150		750	750	5000
E[7]	IE	18–30	20	20		30	30	24–28
K	µg	50	3000	3000		5000	4000	
Biotin	µg	200	200	200		300	200	
Cholin	mg	1000	600	600		1000	2000	1300
Folsäure	mg	1	0,50	0,50		4	2	5
Inosit	mg						100	100–200
Niacin	mg	20	10	10		10	90	12–50
Pantothenat (Ca)	mg	10	10	10		20	10	
Riboflavin	mg	3–4	7	7		3	15	0,4
Thiamin	mg	4	5	5		2	20	1
B6	mg	6	1	1		3	6	
B12	µg	50	10	10		10	10	
C	mg					200		

8

[1] unterstellt: 70 % VQ, 70 % Verwertung; [2] ⅓–½ durch L-Cys ersetzbar; [3] ⅓–½ durch L-Tyr ersetzbar; [4] Gemisch von Gly, L-Ala und L-Ser; [5] 1 IE = 0,3 µg Retinol = 0,344 µg Retinylacetat = 0,55 µg Retinylpalmitat; [6] 1 IE = 0,025 mg Ergocalciferol; [7] 1 IE = 1 mg DL-Toco-pherol; [8] Für konventionell gehaltene Tiere, nicht für keimfreie Tiere. .

8.5   Igel

Igel (*Erinaceus europaeus*) zählen nicht zu den Heimtieren, dennoch ist die tierärztliche Praxis alljährlich mit ihrer Versorgung konfrontiert, wenn Igel vorübergehend in menschliche Obhut genommen werden, da Erkrankungen und Verletzungen vorliegen oder aber Jungtiere im Spätherbst nicht die für den Winterschlaf nötige KM (mind. 700 g) erreicht haben.

Der Europäische Igel hat im adulten Stadium eine KM von 700–1200 g (bei der Geburt 15–20 g), die Dauer der Trächtigkeit beträgt 32–36 Tage, die Säugezeit 40–45 Tage; Lebenserwartung in Freiheit 3–5 Jahre; sein Verdauungssystem ist an die Verwertung von Insekten, kleinen Wirbeltieren, Regenwürmern, aber auch von pflanzlichen Produkten (Samen, Nüsse, Obst, Beeren) angepasst.

Winterschlaf: Schon bei Temperaturen unter 12 °C kann ein Zurückziehen in den Winterschlaf bzw. in kürzere winterschlafähnliche Phasen erfolgen (eventuell auch während kühlerer Herbst- und Frühlingstage). Fehlender Winterschlaf ist keineswegs abträglich, sofern der Igel in warmer Umgebungstemperatur – etwa um 20 °C – gehalten wird.

Werden Igel zum Winterschlaf angesetzt, benötigen sie eine Dauertemperatur unter plus 6 °C. Minusgrade sind nicht schädlich, sofern ein schützendes Schlafnest zur Verfügung steht. Bei einer Dauertemperatur zwischen 8 und 16 °C entsteht ein gefährlicher, kräftezehrender Zustand zwischen Wachsein und Winterschlaf, da der Igel in dieser Temperaturspanne kein Futter aufnimmt. Im Spätherbst und bei Winterbeginn gefundene Igel sind meist krank und demzufolge untergewichtig, oder sie stammen vom zweiten Wurf („Herbstigel"), ihnen fehlen oft die Energie- und Nährstoffreserven für den Winterschlaf.

Sommerigel (erster Wurf): Aussetzen im Frühherbst, wenn noch genug Igelnahrung vorhanden ist, mit einer KM von 500–600 g.

Herbstigel (zweiter Wurf): Aussetzen mit einer KM von mindestens 700 g möglich.

Fütterungspraxis

Igeljunge: Muttermilchersatz s. **Tab. V.7.3.**

Igeljunge ab 100 g KM: Beimischen von wenig zerkleinerter Hühnerleber und Hühnerfleisch, Feucht-AF (Ktz) und zerdrückten Bananen, hochreifen Birnen u. Ä.

Igeljunge ab 130 g KM: Jungtiere auf selbständiges Fressen umstellen. Futter: Gekochtes Ei, Rinderhackfleisch, Innereien (Herz, Leber) mit Hundeflocken, Ktz-Alleinfutter mit geringen Mengen Futterzellulose, Weizenkleie oder Haferschrot (einfachste und sicherste Fütterungsart)

Ältere Igel: prinzipiell sind 2 Möglichkeiten gegeben:

- Kommerzielle AF für Igel (hinsichtlich Akzeptanz und Zusammensetzung nicht immer befriedigend); Richtwerte für AF: 30–60 % Rp, 20–30 % Rfe, 2–3 % Rfa und maximal 40–50 % NfE; daneben 4–9 g Ca sowie 2,5–6 g P je kg AF.
- Feucht-AF für Ktz, das allerdings mit ca. 2 % Weizenkleie vermischt werden sollte, oder die Herstellung einer eigenen Mischung (z. B.: 60 % Rindfleisch, 28,5 % Vollei, 5 % Maiskeimöl – alles erhitzt –, danach Einmischen von 5 % Weizenkleie sowie 1,5 % vitaminiertes Mineralfutter). Als Ballaststoffe können auch Möhren, getrocknete Garnelen, Hundeflocken u. Ä. verwendet werden.
- **Keine** Insekten, Schnecken, Regenwürmer aus der freien Natur verfüttern (Parasitenbefall, Enteritis).
- Stets frisches Wasser *ad libitum* anbieten. Keine Kuhmilch, auch nicht verdünnt.

Futtermengen

Je Tier und Tag variiert die TS-Aufnahme zwischen 17–23 g; die o. g. Mischungen werden allgemein *ad libitum* angeboten, aber nur bis zum Erreichen einer KM von 800–900 g (dann wieder aussetzen!); bei fortgesetzter *Ad-libitum*-Fütterung ist eine Leberverfettung möglich. Als Energiebedarf werden für erwachsene Igel 550–600 MJ ME/kg KM^{0,75} angenommen, dieser Wert kann z. B. bei Überwinterung im Haus niedriger sein, sodass Gewichtskontrollen vorgenommen werden sollten.

Literatur (Heimtiere, Versuchstiere)

Ben Shaul DM (1962): *The composition of the milk of wild animals.* Int Zoo Yearbook 4: 333–342.

Beynon PH, Cooper JE (1991): *Manual of exotic pets.* Brit Small Anim Vet Ass, KCO, Worthing, West Sussex.

Clifford DR (1973): *What the practising veterinarian should know about Gerbils.* VetmedSmall An Clin 68: 912–918.

Coenen M, Schwabe K (1995): *Wasseraufnahme und -haushalt von Kaninchen, Meerschweinchen, Chinchillas und Hamstern bei Angebot von Trocken- bzw. Saftfutter.* Kongressbericht zur 9. Arbeitstagung der DVG über Haltung und Krankheiten der Kaninchen, Pelz- und Heimtiere, Celle, 10.–11. 5. 1995, 148–149.

De Blas C, Wiseman J (1998): *The nutrition of the rabbit.* CABI Publishing, ISBN 0-85199-279-X.

Dillmann K (2013): *Untersuchungen an Kaninchen zu verdauungsphysiolgischen Auswirkungen unterschiedlicher Stärke- und Rohfasergehalte im Mischfutter unter Berücksichtigung futtermitteltechnologischer Einflüsse.* Diss Tierärztl Hochsch Hannover.

Gabrisch K, Zwart P (2008): *Krankheiten der Heimtiere.* 7. Aufl., Schlütersche, Hannover.

Gulden WJI, Van Hooijdonk GL, De Jong P, Kremer AK (1975): *Versuchstiere und Versuchstiertechnik, Bd.* 1, Druckerei van Mameren, Nijmegen.

Hansen S (2012): *Untersuchungen zum Ca-Stoffwechsel sowie zur Zahnlängenentwicklung und -zusammensetzung von Chinchillas bei Variation der Ca-Zufuhr und des Angebots an Nagematerial.* Diss Tierärztl Hochsch Hannover.

Hommel D (2012): *Untersuchungen an Degus (Octodon degus) zur Futter- und Wasseraufnahme sowie zur Verdaulichkeit von Nährstoffen bei Angebot unterschiedlicher Futtermittel.* Diss Tierärztl Hochsch Hannover.

Hubrecht RC, Kirkwood J (Eds.) (2010): *UFAW Handbook on the Care and Management of Laboratory and Other Research Animals.* 8th ed, Wiley-Blackwell, ISBN 978-1-4051-7523-4.

Kamphues J (1989): *Der Ca-Stoffwechsel bei Kaninchen – Bedeutung für die Kleintierpraxis.* Proc. 35. Jahrestagung der Fachgruppe Kleintierkrankheiten der DVG. Gießen, 12.–14. 10. 1989, 314–321.

Kamphues J (2001): *Die artgerechte Fütterung von Kaninchen in der Heimtierhaltung.* Dt Tierärztl Wschr 108: 131–135.

Kamphues J, Wolf P, Fehr M (1999): *Praxisrelevante Fragen zur Ernährung kleiner Heimtiere (Kleine Nager, Frettchen, Reptilien).* Selbstverlag Hannover, ISBN 3-00-004731-X.

Klös HG, Lang EM (1976): *Zootierkrankheiten.* Verlag Paul Parey, Berlin – Hamburg.

Kraft H (1966): *Grundriß der Chinchilla-Krankheiten.* Die blauen Hefte für den Tierarzt 11, 7–12.

Lebas F, et al. (1986): *The rabbit.* FAO, Rom.

Liesegang A, Burger B, Kuhn G, Clauss M (2008): *Are intestinal calcium flux rate and bone metabolism influenced by dietary Ca concentration in rabbits?* Proc. 12th ESVCN-Congress, Vienna, Sept. 25–27. ISBN 978-3-200-01193-9.

Medical Research Council – Laboratory Animals Centre (1977): *Dietary standards for laboratory animals.* Carshalton GB.

National Research Council, NRC (1978): *Nutrient requirements of domestic animals.* No 8: Nutrient requirements of laboratory animals, Washington, D.C.

Schlolaut W (1981): *Die Ernährung des Kaninchens.* Roche, Wissenschaftliche Mitteilung der Vitaminabteilung.

Schweigert G (1995): *Chinchilla – Heimtier und Patient.* Fischer, Jena.

Smit P (1977): *Streifenhörnchen als Heimtiere.* Das Vivarium. Franckh'sche, Stuttgart.

Tavrnor WD (Hrsg.; 1970): *Nutrition and disease in laboratory animals.* Ballière, Tindall and Cassel, London.

Weisbroth SH, Flatt RE, Kraus AL (1974): *The biology of the laboratory rabbit.* Acad. Press, New York – London.

Weiss J, Maess J, Nebendahl K (Hrsg.; 2003): *Haus- und Versuchstierpflege.* 2. Aufl. Enke Verlag, Stuttgart, ISBN 3-8304-1009-3.

Wolf P (2005): *Urolithiasis bei Kleinsäugern – Ursachen und diätetische Maßnahmen.* Kleintier Konkret 4: 22–25.

Wolf P, Bucher L, Zumbrock B, Kamphues J (2008): *Daten zur Wasseraufnahme bei Kleinsäugern und deren Bedeutung für die Heimtierhaltung.* Kleintierpraxis 53: 217–223.

Wolf P, Kamphues J (1995): *Probleme der art- und bedarfsgerechten Ernährung kleiner Nager als Heimtiere.* 21.

Kongressbericht der DVG, Bad Nauheim, 23.–25. 3. 1995, 264–272.

WOLF P, KAMPHUES J (1996): *Untersuchungen zu Fütterungseinflüssen auf die Entwicklung der Incisivi bei Kaninchen, Chinchilla und Ratte.* Kleintierpraxis 41: 723–732.

WOLF P, KAMPHUES J (2013): *Heimtierhaltung von Kaninchen – Welche Risiken bergen Giftpflanzen?* Kleintier Konkret 4: 19–26.

WOLF P, SCHRÖDER A, WENGER A, KAMPHUES J (2003): *The nutrition of the Chinchilla as a companion animal – basic data, influences and dependences.* J Anim Physiol Anim Nutr 87: 129–233.

ZENTEK J, MEYER H, ADOLPH P, TAU A, MISCHKE R (1996): *Untersuchungen zur Ernährung des Meerschweinchens, II.* Energie- und Eiweißbedarf. Kleintierpraxis 41: 107–116.

Literatur (Igel)

DAUMAS C, GOURLAY P, LAMBERT O, DUMON H, MARTIN L, NGUYEN P (2012): *A case of obesity in a European hedgehog (Erinaceus europaeus).* Proc. 16th ESVCN-Congress, Bydgoszcz, Poland, p. 86.

LANDES E, STRUCK S, MEYER H (1997): *Überprüfung kommerzieller Igelfutter auf ihre Eignung (Akzeptanz, Verdaulichkeit, Nährstoffzusammensetzung).* Tierärztl Praxis 25, 178–184.

LANDES E, ZENTEK J, WOLF P, KAMPHUES J (1997): *Untersuchungen zur Zusammensetzung der Igelmilch und zur Entwicklung von Igelsäuglingen.* Kleintierpraxis 42: 647–658.

STRUCK S, MEYER H (1998): *Die Ernährung des Igels.* Schlütersche, Hannover.

9 Nutzgeflügel

Eine artgerechte Ernährung der diversen Spezies des Nutzgeflügels berücksichtigt Bau und Funktion des Verdauungstraktes, der sich im Laufe der Evolution an die verschiedenen Habitate anpasste. So sind die vom asiatischen Kammhuhn (*Gallus gallus* L.) abstammenden Hühnervögel (Galliformes) vorwiegend Körnerfresser, während z. B. Gänsevögel (Anseriformes) auch vegetatives pflanzliches Material verwerten können. Zum Nutzgeflügel zählen aus der Ordnung der Hühnervögel insbesondere Hühner und Puten sowie aus der Ordnung der Gänsevögel Enten und Gänse. Perlhühner, Wachteln und Strauße sind wirtschaftlich gesehen nur von marginaler Bedeutung.

Für die Erzeugung von Eiern werden nahezu ausschließlich Legehennen (Pro-Kopf-Verbrauch 2013: 218), für die Geflügelfleischproduktion (Pro-Kopf-Verbrauch 2013: 19,4 kg) neben Broilern (Pro-Kopf-Verbrauch 2013: 11,7 kg) auch Puten (5,9 kg) und in geringerem Umfang Enten (0,9 kg) und Gänse (0,3 kg) genutzt. Ein nur sehr geringer Anteil entfällt auf Produkte von Perlhühnern, Fasanen, Tauben, Wachteln und Straußen.

9.1 Die Zusammensetzung der Nutzgeflügelprodukte

9.1.1 Zusammensetzung von Hühnereiern

In der Eiererzeugung dominieren Hybridhennen, die weiß- (Weißes Leghorn) oder braunschalige Eier (Ausgangslinien u. a. Rote Rhodeländer, New Hampshire) legen. Der Anteil an Braunlegern beträgt in Deutschland ca. 80 %. Hinsichtlich der Komponenten (Schale, Eiklar, Dotter) bestehen deutliche artspezifische und altersabhängige Einflüsse. Massenmäßig kommt dem Eiklar die größte Bedeutung zu. Mit zunehmendem Alter geht der Anteil an Eiklar und Schale zurück, während der Dotteranteil entsprechend ansteigt (**Tab. VI.9.1, VI.9.2**).

Für die faktorielle Bedarfsableitung wird das Gesamtei (mit Schale) herangezogen. Die entsprechenden Werte sind in **Tabelle VI.9.3** vergleichend zu dem Ei ohne Schale für das Huhn ausgewiesen.

In der Geflügelmast werden neben dem Erhaltungsbedarf die Zunahmen und die Zusammensetzung des Zuwachses (mit zunehmendem Alter steigender Fettansatz) bei der Bedarfsab-

9

Tab. VI.9.1: **Eimasse und -zusammensetzung verschiedener Nutzgeflügelarten (nach Grashorn 2010)**

	Huhn	Pute	Ente	Gans	Perlhuhn	Wachtel	Strauß
Eimasse (g)	60	86	70	160	43	10	1520
Dotteranteil (%)	27	33	36	36	37	35	21
Eiklaranteil (%)	63	56	54	52	48	56	59
Schalenanteil (%)	10	11	10	12	15	9	20

leitung berücksichtigt, die sich zumindest partiell in der grobgeweblichen Zusammensetzung des Schlachtkörpers (Fettgewebe) widerspiegelt. Die Schlachtausbeute ist der prozentuale Anteil des ausgenommenen Schlachtkörpers an der KM (ohne Kopf und Ständer, aber mit verwertbaren Organen, und zwar nach 8–12-stündiger Nüchterung).

9.1.2 Zusammensetzung des Schlachtkörpers

Im Verlauf der Entwicklung vom Küken zum adulten Tier verändert sich die Körperzusammensetzung (Reihenfolge: Skelett-, Muskel- und Fettansatz). Bei üblichem Schlachtalter werden heute die in **Tabelle VI.9.4** dargestellten Werte zur Körperzusammensetzung erreicht bzw. beobachtet (teils erhebliche Geschlechts- und Linieneinflüsse).

Tab. VI.9.2: **Nährstoffgehalte im Eiinhalt (ohne Schale; in % der uS)**

	Huhn	Pute	Ente	Gans	Wachtel	Strauß
Trockenmasse	25,5	26,8	28,6	27,3	27,1	21,6
Rohasche	1,0	0,9	1,1	1,1	1,1	1,1
Rohprotein	12,1	12,4	12,8	12,5	13,1	12,5
Rohfett	11,2	12,2	13,2	12,3	11,5	8,2
N-freie Extraktstoffe	1,2	1,3	1,5	1,4	1,4	–

Tab. VI.9.3: **Energie- und Nährstoffgehalte im Hühnerei (mit bzw. ohne Schale)**

	mit Schale (60 g)		ohne Schale (54 g)	
	g	%	g	%
Trockenmasse	19,2	32,0	13,5	25,0
Rohasche	5,9	9,9	0,5	0,9
Rohprotein	7,2	12,0	7,0	13,0
Rohfett	5,8	9,7	5,8	10,7
N-freie Extraktstoffe	0,3	0,4	0,2	0,4
GE kJ/g	6,5	–	7,2	–

Tab. VI.9.4: **Schlachtausbeute und Nährstoffgehalte des essbaren Teils des Schlachtkörpers**

	Lege-henne	Broiler	Pute (schwer)	Peking-ente	Gans	Perl-huhn	Wachtel	Strauß
Schlachtalter (Tage)	500	35	154	49	210	98	35	350
Schlachtausbeute (%)	66–67	73–74	79–80	73,7	73,2	75,5	70–79	63–65
Trockenmasse (%)	35,0	33,6	29,7	47,5	47,3	28,9	32,8	23,4
Rohasche (%)	1,0	1,0	1,0	0,8	0,8	1,1	0,9	0,6
Rohprotein (%)	18,9	17,4	20,2	13,9	15,7	20,1	22,3	20,9
Rohfett (%)	14,4	13,3	7,9	32,4	29,4	7,3	9,50	0,5

9.2 Legehennen einschl. Küken und Junghennen

9.2.1 Alter und Körpermasse

Küken = 1.–8. Lebenswoche (LW)
Junghennen = ab 9. LW
Legehennen = ab Legebeginn (10 %ige Herden-legeleistung; ca. 20. LW)

KM: leichte Hennen   1,8 kg ⎫
     mittelschwere   2,2 kg ⎬ am Ende der
     Hennen ⎪ Legeperiode
     schwere Hennen 2,6 kg ⎭

🔖 **Definitionen:**
🔖 Legereife = 3 Tage hintereinander über 50 % Legeleistung (ca. 22. LW).
Legeleistung = Zahl der Eier je 100 Hennen und Tag. 🖋

9.2.2 Haltungsformen

Die Rahmenbedingungen für die Haltung von Legehennen sind durch die EU-Tierschutzricht-linie (EG 99/74) und nationale Richtlinien (z. B. Tierschutz-Nutztierhaltungs-VO 2006) festgelegt. Danach sind folgende Haltungsformen möglich (s. a. **Tab. VI.9.5**):

- **Kleingruppenhaltung**; Zulassung in Deutschland zzt. aus formalen Gründen außer Kraft.
- **Bodenhaltung**; einetagig oder mehretagig (Volierenhaltung).

Die empfohlenen Fütterungs- und Tränkeein-richtungen sind so zu wählen, dass die tierge-rechte Gestaltung und die Uniformität der Herde weitestgehend gewährleistet ist (Anzahl der Tiere je Rundtrog, Futterbahn, Längstrog, Rundtränke, Nippel). Des Weiteren sollen die Einrichtungen und Geräte so gestaltet sein, dass Futterverluste minimiert sowie Futter- und Tränkwasserver-schmutzungen durch Exkremente, Einstreu, Erde u. a. Materialen verhindert werden.
Auslaufhaltung ist allgemein mit Bodenhaltung kombiniert; Auslauföffnungen mind. 40 cm breit und 35 cm hoch; Auslauffläche: 4 m² je Tier; Vermeidung von Bodenkontamination,

Anbringung von Tränken, Schutz des Auslaufs vor Verschlammung und Verschmutzung des Stalleingangsbereiches (Kies, Metall- oder Kunststoffroste); Hecken, Bäume und Schutzdä-cher in stallfernen Bereichen (Nutzungsfre-quenz sinkt mit zunehmender Gruppengröße); Wechselausläufe im 6-monatigen Intervall (hoher Flächenbedarf) nutzen, Schutzeinrich-tungen (Zaunhöhe: ≥ 1,8 m).

Küken- und Junghennenaufzucht

Prinzipiell soll die Gestaltung des Aufzuchtstal-les weitestgehend dem späteren Produktionsstall entsprechen. Die Küken sollen baldmöglichst nach dem Schlupf in einen entsprechend recht-zeitig vorgeheizten Aufzuchtstall in Nähe der Tränk- und Fütterungseinrichtungen eingesetzt werden. Bei Anwendung von Heizstrahlern bzw. ungleicher Temperaturverteilung haben sich in den ersten Tagen Kükenringe bewährt. Zusätz-lich sollten zunächst auch Futterschalen (1 Schale je 60 Küken) bereitgestellt werden (**Tab. VI.9.6**). In der Volierenhaltung wird bis zur 3. LW ausschließlich die untere Etage ge-nutzt. Ein optimales Stallklima ist entscheidend. Küken sollen sich gleichmäßig auf die Fläche verteilen und sich frei bewegen können. Emp-fohlene Temperaturen in Tierhöhe: 1. und 2. Tag: 35–36 °C; 3. und 4. Tag: 33–34 °C; 5.–7. Tag: 31–32 °C; 2. LW: 28–29 °C; 3. LW: 26–27 °C; 4. LW: 22–24 °C; ab 5. LW: 18–20 °C. Weitere wich-tige Klimafaktoren sind Feuchte, Schadgasgehalt und die Vermeidung von Luftzug. Vor allem hohe Staub-, Endotoxin- und Ammoniakgehalte greifen die Schleimhäute an und stellen erhebli-che gesundheitliche Belastungen für Mensch und Tier dar. Als Mindestanforderungen für die Stallluft gelten folgende Werte: $O_2 > 20\%$; $CO_2 < 0,3\%$; $CO < 40$ ppm; $NH_3 < 20$ ppm; $H_2S < 5$ ppm. Als Einstreu sollte bevorzugt Weizen-stroh (möglichst als Langstroh gespleißt), oder Hobelspäne entstaubt (> 1 cm) bzw. Lignocellu-lose-Pellets herangezogen werden.
Die Besatzdichte orientiert sich an der Tierzahl und KM zum Zeitpunkt der Ausstallung und variiert je nach Aufzuchtsystem (Bodenhaltung 15 Tiere/m²; Volierenhaltung bis 30 Tiere/m²).

9

Tab. VI.9.5: **Bedingungen für die Haltung von Legehennen in Kleingruppen bzw. in der Bodenhaltung**

Kleingruppen		Bodenhaltung (einetagig, mehretagig)	
Tageslicht (Fensterflächen)	> 3 % der Grundfläche[1]	Tageslicht (Fensterflächen)	> 3 % der Grundfläche[1]
Mindestfläche für eine Gruppe (10 Hennen)	2,5 m²	Gruppengröße Höhe > 200 cm bei frei zugänglichen Ebenen (max. 4); lichte Höhe 45 cm	max. 6000 Hennen ohne räumliche Trennung
Mindestfläche je Tier	bis 2 kg: 800 cm² > 2 kg: 900 cm²	Besatzdichte	9 Tiere/m² nutzbare Fläche 18 Tiere/m² Stallgrundfläche
Mindesttroglänge	12 cm/Tier (> 2 kg: 14,5 cm)	Mindesttroglänge	10 cm/Tier Rundtrog: 4 cm/Tier
Käfighöhe am Trog	mind. 60 cm		
Mindestsitzstangenlänge	15 cm (in 2 Höhen) Achsabstand 30 cm	Mindestsitzstangenlänge	15 cm/Tier Achsabstand 30 cm
Mindesteinstreufläche (je 10 Hennen)	900 cm² je Abteil	Einstreu	$^1/_3$ der Stallgrundfläche, mind. 250 cm²/Tier
Legenest (je 10 Hennen)	900 cm²	Legenest	Mind. 1 m²/120 Tiere
Zusätzliche Empfehlungen		Kaltscharrraum oder Wintergarten	Ein Teil der Scharrfläche verbleibt meistens im Innenraum; Problem: Staubentwicklung[2] beim Sandbaden

[1] Möglichst über transparente Materialien oder in Seitenwänden; „Lichtflecken" vermeiden.   [2] Tierbewegung, Hudern, Sandbaden.

Tab. VI.9.6: **Tränke- und Fütterungstechnik/-einrichtungen in der Hühnerhaltung**

	Lebenswoche	Bedarf
Stülptränke	1.	1 Tränke (4–5 l) für 100 Küken
Rundtränke	bis 20.	1 Tränke (Ø 46 cm) für 125 Tiere
Längstränke	bis 20.	1 lfd. m für 100 Tiere
Nippel	bis 20.	6–8 Tiere je Nippel
Küken-Futterschalen	1.–2.	1 Schale für 60 Küken
Abgeschnittene Kükenkartons	1.–2.	1 Karton für 100 Tiere
Rundtröge	3.–10. 11.–20.	2 Tröge (Ø 40 cm) für 100 Tiere 3 Tröge (Ø 40 cm) für 100 Tiere
Futterbahn	3.–10. 11.–20.	2,5–3,5 lfd. m für 100 Tiere 4,5 lfd. m für 100 Tiere

Das Lichtprogramm steuert den Zeitpunkt der Legereife und hat damit auch einen Einfluss auf den Leistungsverlauf während der Legeperiode. Prinzipiell ist zu beachten, dass bis zu der erwünschten Stimulation der Junghennen der Lichttag nicht länger und während der Legeperiode nicht kürzer werden darf. Bei Fensterställen muss das Beleuchtungsprogramm im Unterschied zu fensterlosen Ställen auch an den ab- bzw. zunehmenden Lichttag angepasst werden. Zur besseren Synchronisation des Verhaltens von Küken wird in den ersten 10 Tagen nach Ankunft der Tiere ein intermittierendes Lichtprogramm mit jeweils 4 h Licht gefolgt von 2 h Dunkelheit gewählt, wobei in den ersten 3 Tagen nach Einwstallung 24 h Licht gegeben werden. Ab dem 11. LT wird das Licht kontinuierlich bis auf ca. 8 h in der 7. LW reduziert. Ab der 17. LW wird der Lichttag dann kontinuierlich bis auf ca. 14 h zu Beginn der 21. LW verlängert. Die Lichtintensität sollte in der 1. LW 40 Lux, zwischen der 2. und 16. LW ca. 10 Lux und ab der 17. LW ca. 20 Lux betragen.

9.2.3 Fütterung

Der Erfolg in der Kükenaufzucht hängt ganz entscheidend davon ab, wie schnell es gelingt, die eingestallten Eintagsküken zu der notwendigen Futter- und Wasseraufnahme zu bringen. Diesem Ziel dient u. a. auch ein Angebot des Kükenstarters (feinpelletiertes AF) auf dem Boden (Pappe, Karton, Eierhorden) sowie eines sichtbaren Wasservorrats (in Schalen, Stülptränken etc.), wobei zusätzlich auch schon Futter in Trögen bzw. Tränkwasser aus Nippeln etc. zur Verfügung gestellt werden. Sobald die Küken an diese später übliche Technik des Futter- und Wasserangebots gewöhnt sind, werden die „Bodenfütterung" und das Angebot von Stülptränken beendet. Dabei haben die Küken in den ersten Lebenstagen eine enorme TS-Aufnahmekapazität. Während der Aufzucht von Küken und Junghennen, die später als Legehennen genutzt werden, können in der 1. LW TS-Aufnahmen von bis zu 10 % der KM unterstellt werden; zum Ende der Kükenphase (7./8. LW) gehen diese Werte auf ca. 6–7 % zurück, um in der Junghennenphase ein Niveau von ca. 5–5,5 % zu erreichen. Diese auf Legeleistung gezüchteten Tiere haben bis zum Ende der Kükenaufzucht einen Futteraufwand von ca. 2,2–2,4 : 1 (Masthühner = 1,6 : 1). Zum Ende der Kükenphase (8. LW) sollten die Tiere (möglichst uniform) eine KM von ca. 650–700 g erreichen; in der anschließenden Junghennenphase werden schließlich in der 20. LW KM von 1400 g (leichtere Linien) bzw. 1650 g (schwere Linien) erreicht (**Tab. VI.9.7**).

Die Uniformität in der KM-Entwicklung dient als Indikator für den später zu erwartenden Leistungsverlauf. Als Uniformität wird ein Wert von >85 % der Tiere angestrebt, d. h. 85 % aller Tiere haben eine KM im Bereich von ± 10 % des Mittelwerts bzw. des Sollwertes einer KM-Entwicklungskurve. Die höchste Uniformität wird zwischen der 15. und 16. LW erzielt. Als Faktoren, welche die Uniformität beeinflussen, gelten Futterstruktur, Futtertroglänge und Wasserverfügbarkeit, Stressfaktoren (Impfung, Krankheit), Herkunft und Wiegemethode. Die KM der Tiere in der 12. bis 13. LW (Rahmengröße zu 95 % erreicht) ist entscheidend für die spätere

9

Tab. VI.9.7: **Entwicklung der KM und täglichen Futteraufnahme von Küken bzw. Junghennen (absolute/relative Werte) unter den Bedingungen einer *Ad-libitum*-Fütterung**

Linie	leicht	schwer	leicht	schwer	über beide gemittelt
LW	KM (g)		Ø Futteraufnahme (g/d)		TS-Aufnahme (% der KM)
1.	70–80	75–80	10	11	8,4–8,8
7.	510–550	560–600	41	47	6,8–7,1
14.	1030–1120	1150–1240	67	68	5,5–5,0
20.	1330–1440	1580–1700	88	93	5,6–5,0

Eimasse. Ein kleiner Rahmen in Kombination mit geringerer KM zu diesem Zeitpunkt beeinflusst die spätere Eigröße negativ. Spätere Korrekturen führen lediglich zur Verfettung bei geringerer Körpergröße. Somit ergeben sich in Anpassung an die Haltung und das Beleuchtungsprogramm folgende Anforderungen an die Fütterung:

Sicherstellung der vorgegebenen KM-Entwicklung, ausgeglichener Tierbestand (max. Abweichung von der „Sollkurve"), geringer Kleineieranteil zu Legebeginn, und optimale Entwicklung des Gastrointestinaltraktes (Kropf und Muskelmagen sowie Pankreas) und der Futteraufnahmekapazität. Daher haben sich im Küken- und Junghennen-AF ca. 3,5 bzw. 5 % Rfa und eine optimale Korngrößenverteilung sowie Gritgaben (nicht essenziell) bewährt (**Tab. VI.9.8, VI.9.9**).

Die Legeleistung (LL, %) einer Herde ist die Anzahl der von 100 Hennen einer Herde pro Tag gelegten Eier.

Die faktorielle Berechnung des Energie- und Nährstoffbedarfs ist Kapitel V.2.1 zu entnehmen. Die ausgewiesenen MF-Aufzuchtprogramme sind in Verbindung mit den entsprechenden Beleuchtungsprogrammen so ausgelegt, dass zum Ende der 20. LW eine LL von ca. 30 % erreicht wird. Entsprechendes gilt auch für die Aufzucht in Offenställen mit hoher Lichtdauer und -intensität. Optimaler Zeitpunkt für ein Vorlegefutter, sofern organisatorisch vertretbar (besonders geeignet für Bodenhaltungssysteme), ist der Wechsel von einer sinkenden in eine ansteigende Wochenzunahme. Dieser Wechsel spiegelt die Entwicklung der Legeorgane wider und deckt den Mehrbedarf frühreifer Hennen. Gleichzeitig kann damit einem Luxuskonsum als Folge des Ca-Appetites entgegengewirkt werden. Hinzu kommt, dass die Umstellung auf höhere Ca-Gehalte stufenweise erfolgt und somit ein regulativ bedingter höherer Wassergehalt in den Exkrementen vermieden werden kann. Nach Erreichen einer 5%igen LL muss auf das AF für Legehennen gewechselt werden, da ansonsten Tiere mit bereits stärkerer Legetätigkeit nicht ausreichend versorgt wären (**Tab. VI.9.10**).

Als weitere Futterzusatzstoffe werden empfohlen: Antioxidantien bei Mais bzw. fettreichen Samen, Phytasen sowie NSP-spaltende Enzyme (insbesondere bei Roggen- und Triticale-Einsatz). Darüber hinaus können auch Zulagen von Probiotika, Praebiotika, phytogene Substanzen und organische Säuren verwendet werden.

Fütterungsmethoden

Küken- und Junghennenaufzucht:

- Alleinfutter (dominierend): Küken erhalten in der 1.–2. LW das AF in pelletierter Form, später nur noch in Schrotform *ad libitum* (Pellets: kürzere Futteraufnahme, Begünstigung von Federpicken).
- Kombinierte Fütterung: Selten, aber möglich. Getreide rationiert (Weizen, Triticale oder Gerste) und ein EF (sog. Küken- oder Junghennenmehle) *ad libitum* sowie Grit. Diese EF sind gegenüber dem AF reicher an Protein, AS, Mineralstoffen und Vitaminen, aber energieärmer. Gritzugabe ist dann essenziell. Körnergaben je Tag von ca. 5 g auf 50 g ansteigend.

Legeperiode:

- AF hier dominierend (Universal- oder Phasenfütterung).
- Kombinierte Fütterung: Körnerfutter rationiert (60–70 g je Tier/Tag) und EF („Legemehl") *ad libitum* sowie Grit.
- Kontrollierte Fütterung: Kontinuierliche Abstimmung der Energie- und Nährstoffaufnahme auf den Bedarf (Rückgang der Eimasseproduktion und Anstieg der FA) durch Futterzuteilung (d. h. limitiertes Futter-Angebot). Dieses Fütterungskonzept kann nur computergestützt erfolgen und erfordert zusätzliche Ausrüstungen (z. B. Hennenwägungen, Erfassung der FA und der täglichen Eimasse sowie Umgebungstemperatur). Effekt bei den derzeitigen Legehybriden eher gering, zumal Tiere mit hoher Legeleistung evtl. unterversorgt werden.

Tab. VI.9.8: **Empfohlene Korngrößenverteilung in schrotförmigem Mischfutter und Grit-Menge für Küken, Jung- und Legehennen**

Siebgröße (mm)	Passierender Anteil (%)[1]	LW	Grit-Menge und -Körnung (je 1x/Woche)
0,5	19	1.–2.	1 g/Tier (1–2 mm Körnung)
1,0	40	3.–8.	2 g/Tier (3–4 mm Körnung)
1,5	75	ab 9.	3 g/Tier (4–6 mm Körnung)
2,0	90		
2,5	100		

[1] Anteil des Schrotes, der bei einer Siebanalyse das nebenstehende Sieb passiert.

Tab. VI.9.9: **Leistungsergebnisse von Legehybriden bis einschl. 504. Lebenstag in Kleingruppenhaltung (Legeleistungsprüfung 2012/2013)**

Leistungsparameter		Weißschalig legend[1]	Braunschalig legend[2]
Alter bei 50 % Legeleistung	d	150	145
KM am 505. LT	g	1812	2138
Eizahl je DH	n	330	332
Eigewicht (gemittelt)	g	64,5	64,9
Futterverbrauch je Henne	g/d	116,7	118,4
Futteraufwand	kg Futter/kg Eimasse	1,996	2,001
Tierverluste	%	3,0	3,1

[1] Lohmann Selected Leghorn Classic;   [2] Lohmann Brown Classic.

Tab. VI.9.10: **Empfohlene Energie- und Nährstoffgehalte im AF für Jung- und Legehennen (Angaben je kg bzw. % bei 88 % TS in der uS; Jeroch, 2013)**

AF für		Küken		Junghennen	Vorlegezeit	Legehennen (braun)	
Lebenswoche		1.–3.	4.–8.	9.–16. LW	17. LW bis 5 % LL	> 10% LL bis 45.	46.–65.
ME	MJ	12,0	11,4	11,4	11,4	11,4	11,4
Rp	%	20,0	18,5	14,5	17,5	16,3	15,6
Met	%	0,48	0,40	0,34	0,36	0,38	0,37
vMet	%	0,39	0,33	0,28	0,29	0,31	0,30
Met + Cys	%	0,83	0,70	0,60	0,68	0,69	0,67
vMet + Cys	%	0,68	0,57	0,50	0,56	0,57	0,55
Lys	%	1,20	1,00	0,65	0,85	0,76	0,73
vLys	%	0,98	0,82	0,53	0,70	0,63	0,60
Val	%	0,89	0,75	0,53	0,64	0,64	0,62
vVal	%	0,76	0,64	0,46	0,55	0,55	0,53
Trp	%	0,23	0,21	0,16	0,20	0,16	0,15
vTrp	%	0,19	0,17	0,13	0,16	0,13	0,13
Thr	%	0,80	0,70	0,50	0,60	0,53	0,51
vThr	%	0,65	0,57	0,40	0,49	0,43	0,42
Ca	%	1,05	1,00	0,90	2,00	3,57	3,83
P ges.	%	0,75	0,70	0,58	0,65	0,52	0,50
vP	%	0,48	0,45	0,37	0,45	0,37	0,34
Na	%	0,18	0,17	0,16	0,16	0,16	0,15
Cl	%	0,20	0,19	0,16	0,16	0,16	0,14
Linolsäure	g/kg	20,0	14,0	10,0	20,0	17,4	13,9
α-Linolensäure	g/kg	1,1	0,7	0,5	1,1	0,9	0,7

9

Futter und Fütterung in der Junghennenaufzucht und Legeperiode

Allein- und Ergänzungsfutter

Schrot, Pellets oder gebrochene (gebröselte) Pellets. Wassergeflügel sollte generell auschließlich pelletiertes bzw. schrotförmiges Futter mit feucht-krümeliger Beschaffenheit erhalten (Vermeidung hoher Futterverluste). Auch Küken-MF sollten möglichst in pelletierter bzw. gekrümelter Form angeboten werden (Vermeidung von Schnabeldeformationen, längere Verweildauer im Muskelmagen). Schrotförmiges MF sollte eine weitgehend einheitliche Partikelgröße (75 % zwischen 0,4 und 1 mm) aufweisen, um ein selektives Fressen größerer Partikel sowie eine Entmischung bei mechanischer Förderung des Futters zu vermeiden. Pellets müssen altersentsprechende Durchmesser aufweisen (< 3. LW: 2 mm; > 3. LW 3–5 mm).

Die Versorgung mit einem AF erfolgt in kleineren Beständen über Automaten, die von Hand beschickt werden bzw. bei kombinierter Fütterung in separaten Trögen für Getreide, EF und Grit sowie ggf. Muschelschalen.

Als **automatisierte** Fütterungssysteme sind in Großbeständen (Bodenhaltig) verbreitet:

- Rohrfutteranlagen mit Rundtrögen
- Schneckenförderung des Futters im Trog
- Kettenförderung des Futters im Trog

Variationsursachen für die Höhe der FA:

- Haltung: Boden-/Volieren- und Freilandhaltung bis zu 15 g höhere Aufnahme je Henne und Tag als in Käfighaltung (hier: je 100 cm² mehr Käfigbodenfläche: + 1–2 g höherer Futterverbrauch)
- Temperatur (im Vergleich zu 18–20 °C):
  - < 18 °C: je 1 Grad Abweichung → +1,5 %
  - 20–31 °C: je 1 Grad Abweichung → –2 %
  - > 32 °C: je 1 Grad Abweichung → –4,6 %
- Tageslichtlänge (Beleuchtungsprogramm):
  - Steigerung: FA ↑
  - Zwischengeschaltete Dunkelphasen: FA ↓
- Legeleistung, KM, Befiederung, Gesundheitszustand → Energiebedarf

- Rations- bzw. MF-Konzeption (Art, Schmackhaftigkeit der Komponenten), Energiedichte (kompensatorisch forcierte bzw. reduzierte Aufnahme), Ca-Gehalt (Geschlechtsreife), antinutritive Inhaltsstoffe, Imbalanzen (AS), Partikelgröße

Fütterung zur Auslösung einer Mauser (verlängerte Nutzungsdauer):

- Natürliche Mauser (bevorzugt im Herbst, Dauer bis zu 3 Monaten)
- Induzierte Mauser
  - früher: Futter-, Wasser- und Lichtentzug, heute tierschutzrechtlich verboten.
  - heute: Tierschutz-adäquate Mauserprogramme, z. B.
    1. Tag: Leerfressen der Futterautomaten, 8 h Lichttag
    2.–14. Tag: Weizenkleie und Futterkalk *ad libitum*, 8 h Lichttag
    15. und 16. Tag: 50 g Legefutter, Futterkalk *ad libitum*, 9 h Lichttag
    17.–27. Tag: Legefutter und Futterkalk *ad libitum*, Lichttag stufenweise auf 14 h erhöhen

Leistungserwartung: Etwa 6 Wochen nach Behandlungsbeginn beträgt die Legeleistung ca. 50 % und erreicht nach 2–3 Wochen die Leistungshöhe vor der Mauser. Diese steigt dann noch um 10 % an und bleibt damit unter dem Leistungsplateau der 1. Legeperiode. Nutzungsdauer: ca. 7 Monate

Wasseraufnahme

Die Tränkeanlagen müssen eine ständige Wasserversorgung für alle Tiere gewährleisten, Anforderungen an die Wasserqualität beachten, (s. **Tab. VI.5.2** und **Tab. VI.9.11**).

Die Höhe, bis zu der Tröge bzw. Futterrinnen bei der jeweiligen Zuteilung gefüllt werden, hat einen entscheidenden Einfluss auf die Futterverluste (Füllung bis zum Rand: Verluste etwa ein Drittel des Angebots; Füllung bis zur halben Troghöhe: Verluste ca. 2 %).

Tab. VI.9.11: **Wasseraufnahme (*Ad-libitum*-Angebot) bei unterschiedlicher Umgebungstemperatur**

	Alter bzw. Leistung	20 °C (ml/Tier/d)	32 °C (ml/Tier/d)
Küken- und Junghennen	4 Wochen	50	75
	12 Wochen	115	180
	18 Wochen	140	200
Legehennen	50 % Legeleistung	150	250
	90 % Legeleistung	180	300
Nichtlegende Hennen		120	200

Alimentär bedingte Veränderungen der Exkremente-Qualität

Die tägliche Menge an Exkrementen von Junghennen, Broilern und Puten beträgt etwa das 1,5-Fache der Futteraufnahme in Abhängigkeit von der Umgebungstemperatur und Wasseraufnahme (**Tab. VI.9.12**).

Zunahme des Wassergehaltes bei bedarfsüberschreitender Proteinzufuhr (Harnsäure ↑), schlechter Proteinqualität (bakt. Fermentation ↑), oxidierten FS, hohem Anteil an löslichen NSP, Mykotoxinen (Ochratoxin, Citrinin), übermäßiger Zufuhr an Kalium (Soja- oder Rapsschrot, Melasse, Kartoffelflocken; **Tab. VI.9.13**), Natrium, Chlorid, Magnesium, Lactose, Saccharose und Pektinen (s. a. **Abb. VI.9.1**). Aufgrund möglicher additiver Effekte sollten folgende Gehalte im AF nicht überschritten werden (g/kg): Natrium: 1,5; Kalium: 8; Chlorid: 1,5; Magnesium: 2; Lactose: 20; Saccharose: 50; Gesamtfett: 90; Oxidierte FS: 1,2.

Folgen des hohen Wassergehaltes in den Exkrementen: bei Bodenhaltung schlechte Einstreuqualität, die zu schweren Veränderungen an den Fußballen führen kann („**F**oot **P**ad **D**ermatitis; FPD"); generell: nachteilig für Stallklima, NH$_3$-Anstieg in der Stallluft → Schädigung des Respirationstraktes → Praedisposition für Infektionen → Leistungsabfall; schlechte Einstreuqualität → verschmutztes Gefieder der Schlachttiere → Eintrag von unerwünschten Mikroorganismen in den Schlachtbetrieb!

Eine Verringerung des Wassergehaltes (< 60 %) wird nach Verwendung hoher Anteile an Hafer, Biertreber und Luzernegrünmehl beobachtet. „Trockenere" Exkremente sind unter anderem das Ziel eines Einsatzes von Glucanasen und ähnlichen NSP-spaltenden Enzymen.

VI.9.12: **Tränkwasserverbrauch, Exkrementeanfall und TS-Gehalt der Exkremente**

Umgebungs-temperatur (°C)	Tränkwasser-aufnahme x-Faches der Futtermasse (g uS)	Exkrementemasse (x-Faches der ∑ (Wasser- und FA) leichte Linien	Exkrementemasse mittelschwere Linien	TS-Gehalt der Exkremente (% der uS)
−7 bis +4	1,5–1,9	1,7	1,7	25
5 bis 16	2	2,0	1,7	25
17 bis 27	2–3	2,1	1,8	23
28 bis 38	3–7	2,2	1,9	20

Tab. VI.9.13: **K-Gehalte (Angaben in g/kg uS) diverser Einzelfuttermittel für Geflügel**

proteinreiche FM	K-Gehalte	energiereiche FM	K-Gehalte
Molkeneiweißpulver	48–55	**Getreide**	
Sojaextraktionsschrot	19–22,1	Weizenfuttermehl	12
Rapsextraktionsschrot	13,5–17	Tapioka	8
Ackerbohnen	12,8– 14	Roggen	6
Sonnenblumenextraktionsschrot	12,1–14	Triticale	5–5,5
Rapskuchen	13	Weizen	5
Erbsen	11–13	Mais	3–3,6
Hämoglobinpulver	11	Milokorn	3
DDGS	10,9	Brotmehl	2,5
Lupine	8,8–10,8	Maisstärke	1,2
Mikroalgen	8,74–29,6	Maiskeimöl	0,01
Maiskeimextraktionsschrot	8,3	**Sonstige EF**	
Kartoffeleiweiß	8	Hefen	22,6–26,0
Fischmehl	2,9–6,0	Bierhefe	22,5
Erbseneiweiß	3,2	*Kluyveromyces*-Hefen	14,4–24,0
Weizenkleber	0,87–1,23	Melasse	13,2–35,4

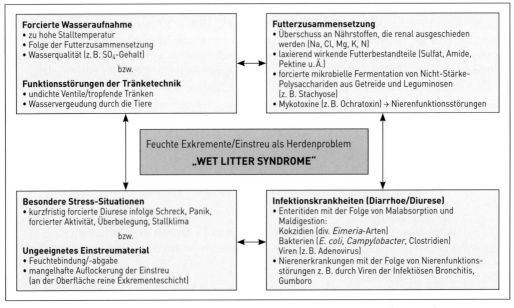

Abb. VI.9.1: Schematische Darstellung zu möglichen Ursachen des „Wet litter Syndrome" (wässrige/feuchte Exkremente und Einstreu) beim Geflügel.

9.2.4 Fütterungsbedingte Einflüsse auf die Eiqualität
Siehe **Tabelle VI.9.14** und **Abbildung VI.9.2**

Tab. VI.9.14: **Fütterungsbedingte Einflüsse auf die Eiqualität**

Qualitätsmerkmale	Ursachen
Eigewicht ↓	**Untergewicht der Hennen zu Legebeginn** (Mängel im Licht-, Haltungs- und Fütterungsprogramm) → zu geringe FA; später: Met-, Cys-, Protein-, Lys-, Energie-, Linolsäure- (< 8 g/kg Futter) oder Tränkwassermangel; zu hohe Umgebungstemperaturen; hohe Anteile an Ackerbohnen (Pyrimidinglykoside wie Vicin oder Convicin → verminderter Eidotteranteil).
Eischale • Sauberkeit ↓ • Stabilität	**Verschmutzung** durch feuchte Exkremente (s. Abb. VI.9.1). Abnahme mit zunehmendem Alter bedingt durch geringere Resorption und Verwertung des aufgenommenen Ca. Weitere Ursachen: Mangel an Ca, Missverhältnis zwischen schnell- (feinen) und langsam-löslichen (groben) Ca-Quellen; unausgewogenes Ca:P-Verhältnis, evtl. auch P-Überschuss, Unterversorgung mit Vit D_3, Mangel an Na, Mg, Mn, Zn; Cl-Überschuss: ab 2 g/kg AF (metabolische Acidose). Erkrankungen (ND, *Egg Drop Syndrome*, IB), ungünstige Stallklimaverhältnisse (hohe Stalltemperatur → Hecheln → Abatmung von CO_2!)
Vollei	**Spurenelemente**: Abhängigkeit zwischen Gehalten im Futter und Ei bei Jod (max. 5 mg/kg Futter), aber auch bei Se, Zn und Mn. **Vitamine**: Transferrate von 60–80 %: Vit A; ca. 50 %: B_2, B_{12}, Pantothensäure, Biotin; ca. 20 %: D_3 und E; < 20 %: K, B_1, Folsäure
Eiklar • Konsistenz ↓ • Farbe	Ackerbohnen (> 10 % in der Ration), hohe Umgebungstemperaturen. Baumwollsaatschrot (Cyclopropenoidfettsäuren: Malvalia- und Sterculiasäure) sowie Gossypol führen zur Rosafärbung.
Eidotter • Farbe • Flecken	Man unterscheidet natürliche, überwiegend gelbe Farbstoffe (Lutein, Zeaxanthin) aus FM (Mais, Maiskleber, Luzerne, Grasgrünmehl) und rote, aus pflanzlichen Produkten gewonnene Substanzen (Paprika-, Tagetesblütenmehl) oder synthetische stabilisierte Pigmentträger (Canthaxanthin, Apocarotinsäureäthylester). I. d. R. werden die gelben und roten Farbpigmente im Verhältnis 0,75:1; z.B. 3 mg Gelb- und 4 mg Rotpigmente/kg eingestellt (→ Farbfächerwert 13). **Abweichungen**: **Baumwollsaatschrot**: Freies Gossypol führt zu einer olivgrünen bis bräunlichen Verfärbung bei > 50 mg/kg AF. Gehalte in Baumwollsaat: 600–1200 mg/kg. **Milokorn**: Tannine führen zu einer Grünfärbung des Dotters; **Oxicarotinoid-Mangel** (gelb/rot) → gelbe Dotter. **Xanthophyll-Mangel**: Mangel an gelben Pigmenten (< 8 mg/kg AF) erhöht bei Anwesenheit roter Pigmente die Häufigkeit fleckiger Dotter. **Tanninhaltige FM**: bei > 10 g Tannine/kg AF (Sorghum, Ackerbohnen, Milokorn) → Anteil fleckiger Dotter ↑.
Geruch/Geschmack	Beeinflussung durch stark riechende Stoffe bei der Lagerung, z.B. **verdorbene Futterfette** (Autoxidation von FS → fischartiger Geschmack durch Fettabbauprodukte); **Rapsextraktionsschrot**: Sinapin (auch im 00-Raps enthalten) verursacht ebenso wie Fischmehl oder Cholin bei Eiern braunschaliger Hybriden mit genetisch bedingtem Defizit an TMA-Oxidase (sog. „Tainter") evtl. Trimethylamingeruch (> 1 µg/g; **Abb. VI.9.2**). **Fischmehl, fettreich**: bereits 1 % Fischöl in der Ration verursacht „Fischgeruch" bzw. -geschmack (u. a. Einlagerung von Aldehyden > 10 C-Atome aus Abbau von Fischfetten): Geschmacksbeeinträchtigung. **Tränkwasser**: verunreinigt durch Futter etc., mangelnde Hygiene; Abweichungen auch bei Aufnahme von Eicheln, Zwiebeln, Knoblauchschalen, verdorbenen FM (Schimmelpilze).

9

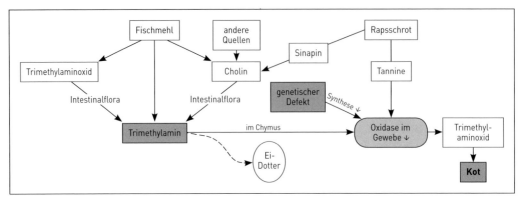

Abb. VI.9.2: Faktoren, die an der Entstehung des Trimethylamingeruchs bei Taintern beteiligt sind (nach Butler und Fenwick, 1985).

9.2.5   Ernährungsbedingte Störungen

Fußballenentzündung (Foot Pad Dermatitis, FPD)

Mit weiterer Verbreitung der Boden-/Volierenhaltung auch bei Legehennen ein Bestandsproblem mit zunehmender Bedeutung; Pathogenese und Prophylaxe s. **Tab. VI.9.13** und **Abb. VI.9.1**.

Feder-/Zehenpicken, Federfressen, Kannibalismus

Federpicken wird als fehlgeleitetes Futterpicken gedeutet und kann Federfressen und Kannibalismus zur Folge haben. Ursächlich sind haltungs-, züchtungs- und ernährungsbedingte Faktoren. Ein Mangel oder Überschuss an NaCl, AS-Imbalanzen bzw. AS-Unterversorgung (Met, Cys) können begünstigend wirken. Der mangelhaften Beschäftigung (z. B. durch unzureichende Struktur des Futters) dürfte jedoch die größte Bedeutung zukommen. Prophylaktische Maßnahmen sollten sich auf das Angebot von Beschäftigungsmaterial (Raufutter), die Verwendung ausreichend strukturierter AF und mögliche Rezepturkorrekturen beziehen. Gleichzeitig sind aber immer auch mögliche haltungsbedingte Fehler (Besatzdichte, Einstreu, Stallklima, Fress-Tierplatz-Verhältnis) zu korrigieren. Die Einhaltung bestimmter Rfa-Gehalte dient nicht nur der Vermeidung von Verhaltensstörungen, sondern wirkt sich auch günstig auf die Entwicklung des Verdauungstraktes, die Stimulation der Muskelmagenentwicklung und die Stabilisierung der Darmflora aus (**Tab. VI.9.15**).

Fettlebersyndrom

Fettlebersyndrom-bedingte Ausfälle sind seit Beginn der Intensivhaltung von Hühnern bekannt. Die Verwendung von Hennen mit hoher

VI.9.15: Empfehlungen zum optimalen Rohfasergehalt in AF für Geflügel (Jeroch et al., 2013)

Tiere	Rfa (g/kg)[1]	Tiere	Rfa (g/kg Futter)[1]
Legehybriden, Küken	35	Broiler	35/40–45
• Junghennen	45–45	Mastputen	35 (bis 4. LW) / 40–45 (ab 5. LW)
• Legehennen	40–50	Mastenten	35–40 (bis 3. LW) / 40–45 (4.–8. LW)
Puten-, Enten-, Gänseelterntiere	40–45	Mastgänse	35–40 (bis 3. LW)/40–45 (ab 4. LW)
Enten- u. Gänseelterntiere[2]	80–150		55–65 (ab 9. LW)

[1] Futter mit 88 % TS; [2] Legeruhe.

Legeleistung sowie der Einsatz von AF mit hoher Energiedichte begünstigen diese Erkrankung. Die betroffenen Tiere zeigen **keine** klinischen Symptome, verenden evtl. aber perakut infolge einer Leberkapselruptur. Die Erkrankung ist auch zum Ende der Legephase zu beobachten; bei erhöhter Bewegungsaktivität (z. B. Volierenhaltung) in Frequenz und Intensität vermindert.

Ätiologie: Die bereits 4 Wochen vor Legebeginn einsetzende Östradiolsekretion induziert einen geringeren Protein- und gleichzeitig erhöhten Fettansatz. Da beim Huhn die Lipogenese fast ausschließlich in der Leber erfolgt, hat die vor Legebeginn forcierte Futteraufnahme eine verstärkte Lipogenese in der Leber zur Folge. Diese kann bei Eintritt in die Geschlechtsreife einen hohen Grad erreichen und führt oft nach Tagen bis Wochen zum Fettlebersyndrom (evtl. Leberkapselruptur und Verbluten).

Vorkommen: Aufgrund züchterischer Maßnahmen (u. a. Optimierung des Futteraufwandes, Nutzung mittelschwerer Hennen), der Optimierung der MF-Zusammensetzung und dem Angebot eines Vor-Legefutters mit 20 g Ca/kg AF ab der 16. Woche ist die Inzidenz in den letzten Jahren deutlich zurückgegangen.

Prophylaxe: Zeitliche oder quantitative Minderung des Futterangebots um 10–20 % während der Ausbildung der Legereife. Besser: Isoenergetischer Ersatz von 10–12 % der KH durch linolsäurehaltige Futterfette. Als Folge des „Ca-Appetits" vor Legebeginn ist die Verwendung eines Vor-Legefutters mit 20 g Ca/kg Futter ab der 16.–17. LW eine weitere Maßnahme, den die forcierte FA vor Legebeginn einzuschränken.

9.3 Mastgeflügel (Hühner, Puten, Enten, Gänse)

9.3.1 Allgemeine Produktionsbedingungen

Zum Mastgeflügel zählen vor allem Masthühner (Broiler), Mastputen, Mastenten und Mastgänse. Der „Broiler"-Mast (to broil = braten) kommt dabei weltweit die größte Bedeutung zu. Hierbei handelt es sich um junge schnell bzw. langsam wachsende Masthühner beiderlei Geschlechts. Letztgenannte Zuchtlinien sind dabei bislang nur/hauptsächlich in „extensiven/alternativen" Betrieben zu finden, die zur Zeit aber noch eher eine Nischenproduktion darstellen.

Insbesondere vor dem Hintergrund der tierschutzbestimmten Diskussionen um das Schicksal der männlichen Eintagsküken von Legehennenlinien gibt es erste Ansätze für eine Mast dieser männlichen Tiere bzw. erste züchterische Bemühungen um ein „Zwei-Nutzungshuhn", von dem dann die weiblichen Tiere zur Eiproduktion und die männlichen Tiere für eine „verlängerte" Mast genutzt werden. Dabei sind für beide Leistungsrichtungen Einbußen (Eiproduktion/Mastergebnisse) im Vergleich zu dem Leistungsniveau der bisherigen spezialisierten Linien zu erwarten.

Haltung von Mastgeflügel

Üblicherweise erfolgt die Haltung in geschlossenen klimatisierten Ställen oder Offenställen mit natürlicher Belüftung auf Weichholzspänen oder Kurzstroh bei einer Einstreutiefe zwischen 4 (Broiler) und 10 cm (Puten, Enten, Gänse). Der Feuchtegehalt in der Einstreu sollte 35 % („kritische Feuchte") möglichst nicht überschreiten. Die Besatzdichte ist auf die nutzbare Stallgrundfläche bezogen und auf das Mastende ausgerichtet (kg KM/m^2: Broiler 35; Puten 50 (♂) bzw. 45 (♀); Enten und Gänse 20). Bei bäuerlicher Auslauf- bzw. Freilandhaltung beträgt die Besatzdichte allerdings nur max. 25 kg KM/m^2 Bodenfläche. Als nutzbare Trogseite je kg KM sind zu Mastbeginn bei Rundtrögen mind. 0,66 cm (Puten: 0,8 cm), bei Längströgen mind. 1,3 cm einzuhalten. Für Puten, Enten und Gänse reduzieren sich die Vorgaben je kg KM für Längströge im Mastverlauf auf 0,4 cm (Enten, Gänse) bzw. 0,2 cm (Puten). Entsprechendes gilt für Rund- und Tränkerinnen. Bei Tränkenippeln sind je nach Alter und KM zwischen 15 und 8 Tieren je Nippel einzuplanen. Als Richtgröße für die Höheneinstellung der Tränkeeinrichtungen gilt die jeweilige Rückenhöhe der Tiere. Beleuchtungs- und Temperaturprogramme werden für die einzelnen Herkünfte von den Zuchtbetrieben für die jeweiligen Haltungssysteme dezidiert vorgegeben. Im Prinzip erfolgt in den ersten beiden Lebenstagen eine Dauerbeleuchtung (Eingewöhnung), die dann auf ca. 16 h ab dem 5. bis 7. Lebenstag reduziert wird. Tageslicht wird angestrebt. Die Lichtintensität wird in fensterlosen Ställen von anfänglich 100 Lux kontinuierlich auf 20 Lux reduziert. Mittels Strahler oder Ganzraumheizung wird in den ersten 4 LT eine Temperatur von 32 °C gehalten, die dann wöchentlich um 2 °C reduziert wird, bis nach ca. 35 Tagen 18–21 °C erreicht sind. Nur bei Pekingenten erfolgt eine tägliche Absenkung der Temperatur um jeweils 1 °C. Die Ventilatorleistung in zwangsbelüfteten Ställen bzw. die Umluftventilatoren in Offenställen sollten einen Luftaustausch von mind. 4,5 m³/kg KM/h gewährleisten.

Masthühner (Broiler)

Die Mastverfahren bei Broilern sind in **Tabelle VI.9.16** zusammengefasst.

Derzeit dominiert die Mittellangmast, die auf Produkte für die Teilstücke-Vermarktung ausgerichtet ist. Weniger verbreitet ist die Langmast. Darüber hinaus werden bei dem sog. Splittingverfahren um den 30. Masttag 20–30 % der eingestellten Tiere (1,5–1,6 kg) entsprechend dem Zielgewicht herausgenommen und damit die Besatzdichte reduziert. Die verbleibenden Tiere werden bis zu Mastendgewichten von 2–2,2 kg gehalten. In der extensiven Langmast werden ausschließlich langsam wachsende Herkünfte über > 81 Tage bis zu einem Endgewicht von ca. 2,5–3,5 kg genutzt.

In Deutschland erfolgt die Mast von Broilern in geschlossenen Ställen (konventionell) mit Zwangslüftung oder in offenen Naturställen (Louisianaställe) mit natürlicher Lüftung ausschließlich auf Bodenhaltung.

Puten

Für die Mast werden in Deutschland nahezu ausschließlich schwere Herkünfte verwendet. Die kommerzielle Aufzucht und Mast von Puten erfolgt zunehmend in geschlossenen Ställen mit Zwangsentlüftung, und zwar generell in Bodenhaltung mit Einstreu. Folgende Mastverfahren werden unterschieden (s. **Tab. VI.9.17**).

21-Wochen-Rhythmus (all in all out)

Hennen und Hähne werden als Eintagsküken bzw. Jungputen (4.–5. LW) in einen Stall mit separaten Abteilen eingestallt (Hähne ca. 60 % der Stallfläche). Die Hennen werden in der

Tab. VI.9.16: **Mastverfahren bei Broilern**

Mastverfahren		Kurzmast	Mittellangmast	Langmast (geschlechtsgetrennt)
Mastdauer	Tage	29–32	36–38	39 (Ausstallung 60 %) – mit 46 Tagen Ausstallung der restlichen 40 %
Besatzdichte	kg/m²	35 bzw. 22–24	35 bzw. 12–18	35 bzw. 18,5
Durchgänge	je Jahr	8,1	6,7	6,5
Leerzeiten	Tage	12,5	13,4	10,0
Mastendgewicht	kg	1,5–1,6	2–2,2	2–2,3 (Hennen); 2,8–3,3 (Hähne)
Futteraufwand[1]		1,60	1,72	1,80

[1] kg Futter je kg Zunahme

15.–16. LW ausgestallt. Die verbleibenden Hähne nutzen dann den gesamten Stall bis ca. 21. LW. Vorteil: Ständige Unterbrechung möglicher Infektionsketten.

18/19-Wochen-Rhythmus (Rotation)

Gemeinsame Haltung von männlichen und weiblichen Tieren im Aufzuchtstall. Nach ca. 4–5 Wochen verbleiben die Hennen im Aufzuchtstall, die Hähne werden in Mastställe umgesetzt und mit 19–21 Wochen ausgestallt. Nachteil: zeitweise zwei Altersstufen auf einem Betrieb.

8-Wochen-Rhythmus

Aufzucht in separatem Aufzuchtstall und anschließende Verteilung auf Mastställe (geeignet für größere Betriebe).

13-Wochen-Rhythmus

Gemeinsame Aufzucht bis 4.–5. LW. Hennen werden anschließend in Maststall umgesetzt. Hähne verbleiben bis zur 11. LW im Aufzuchtstall und werden dann umgesetzt. Nachteil: hoher Keimdruck, da gleichzeitig verschiedene Altersgruppen aus differierenden Kükenlieferungen am gleichen Standort gehalten werden.

Die erzielbaren Leistungen sind in **Tabelle VI.9.17** beispielhaft für Aviagen Turkeys (BUT, Nicholas-Kreuzungsprodukte) ausgewiesen.

Mastenten

Hierbei handelt es sich überwiegend um Peking- und Moschusenten. Da Enten dem Wassergeflügel zuzuordnen sind, wird zusätzlich ein Wasserangebot empfohlen, das zumindest ein Untertauchen des Kopfes bzw. ein Benetzen des Gefieders ermöglicht. Der Federwechsel (Juvenalmauser) bestimmt die Mastdauer. Der Mauserbeginn ist fütterungsabhängig. Die Brustfleischbildung kann durch Verzögerung der Juvenalmauser und reichliche Lysinversorgung gesteigert werden. Der Fettansatz ist höher als bei Broilern und Puten und überwiegend genetisch bedingt (Isolierschicht). Anstieg im Ganzkörper (Pekingente) von 8 % (Küken) bis auf 21 % Fett am 49. Tag.

Pekingenten

Aufzucht und Mast von Pekingenten erfolgen auf Einstreu in zwei räumlich getrennten Stalleinheiten, wobei Erpel und Enten gemeinsam gehalten werden. Aufzuchtstall: 1.–20. LT; Maststall: 21.–49. LT. Die Endgewichte betragen ca. 3,5 kg.

Tab. VI.9.17: Gewichte und Futteraufwand von Mastputen

Mastdauer	12 Wochen		16 Wochen		22 Wochen	
Schwer BUT 6	kg KM	FAW[1]	kg KM	FAW	kg KM	FAW
• Hähne	9,90	1,91	15,7	2,18	23,4	2,62
• Hennen	7,35	2,07	10,9	2,45		

Mastdauer	15 Wochen		18 Wochen		22 Wochen	
Mittelschwer Nicholas 500	kg KM	FAW	kg KM	FAW	kg KM	FAW
• Hähne	12,8	2,01	16,4	2,28	20,7	2,74

Mastdauer	10 Wochen		14 Wochen		16 Wochen	
Mittelschwer Nicholas 500	kg KM	FAW	kg KM	FAW	kg KM	FAW
• Hennen	4,86	1,78	7,65	2,09	8,88	2,25

[1] Futteraufwand: kg Futter je kg Zunahme.

Moschusenten

Aufgrund des ausgeprägten Geschlechtsdimorphismus werden Enten und Erpel getrennt gehalten. Die Mastdauer der männlichen und weiblichen Tiere beträgt 11–12 bzw. 9–10 Wochen. Im Vergleich zu Pekingenten ist der Brustfleischanteil höher und der Schlachtkörper insgesamt fettärmer. Moschusenten reagieren sehr empfindlich auf hohe Bodenfeuchtigkeit, sodass eine Haltung auf Tiefstreu zwar möglich, aber auf perforierten Böden/Rosten üblich ist. Die Endgewichte von Erpeln bzw. Enten betragen ca. 4,9 bzw. 2,7 kg.

Gänse

Je nach Haltung und Alter zum Zeitpunkt der Schlachtung werden Früh-, Jungtier- und Spätmast unterschieden. Die entsprechenden Mastzeiten betragen 8–10 Wochen (hohe Wachstumsrate, geringe Brustmuskelentwicklung), 16–18 Wochen (bis 2. Federmauser, geringere Wachstumskapazität, hohes Brustmuskelwachstum) und je nach Schlupftermin 21–33 Wochen (traditionell extensiv, Schlachtung ab 3. Federreife, jedoch vor Ausbildung der Geschlechtsreife, fleischreichster Schlachtkörper). Die Endgewichte variieren in der Früh-, Jungtier- und Spätmast um 5,2 kg, 6,7 kg bzw. um 7,6 kg.

9.3.2 Fütterungspraxis (Jungmasttiere)

Das oben beschriebene heute übliche hohe Leistungsniveau beim Nutzgeflügel ist ganz wesentlich auf die hohe Futteraufnahmekapazität zurückzuführen (**Tab. V.1.1, Tab. VI.9.18**). Diese ist bei Jungtieren ohnehin höher als bei Adulten, hat aber hier – im Vergleich zu anderen Nutztierspezies – ein sehr hohes Niveau erreicht. Die in den **Tabellen VI.9.19 bis VI.9.21** aufgelisteten Empfehlungen zur Energie- und Nährstoffversorgung basieren aufgrund einer häufig noch unzureichenden experimentellen Datenbasis nur zum Teil auf der faktoriellen Ableitung. Des Weiteren sind zusätzlich Sicherheitszuschläge im Hinblick auf unterschiedliche Fütterungs- und Haltungsprogramme berücksichtigt.

Broilermast

In der Mast auf der **Basis eines AF** wird für die Gewährleistung des energetischen Erhaltungs- und Leistungsbedarfs je kg AF ein von 12,5 auf 13,4 MJ ME/kg AF ansteigender Energiegehalt empfohlen. In der Mittel- und Langmast wird im letzten Mastabschnitt eine Absenkung auf 12,5 MJ ME/kg AF vorgenommen. Aufgrund des zunehmenden Fettansatzes geht der Bedarf an AS je MJ ME kontinuierlich zurück und ist bei weiblichen Tieren insgesamt niedriger. Die üblichen Empfehlungen für die Energie- und Nährstoffgehalte im AF sind in der Regel auf männliche Tiere ausgerichtet. Das AF sollte pelletiert verfüttert werden (Pelletdurchmesser im Starterfutter: 2–3 mm; im Mastfutter 4–5 mm). Bei der Universalmast wird im Gegensatz zu der Phasenfütterung der Bedarf zu Mastbeginn unter- und gegen Mastende überschritten. Bei der **kombinierten Fütterung** erhalten die Broiler eine Mischung aus Getreide und EF, wobei im Mastverlauf der Getreideanteil von 5 auf 45 % erhöht und der Anteil an EF von 95 auf 55 % reduziert wird. Eventuell kann auch CCM-Silage oder Körnermaissilage bereits ab Mastbeginn als Energielieferant eingesetzt werden. Proteinreduzierte Futtermischungen infolge Zulage freier AS (Lys, Met, Thr, Trp) erfordern zur Vermeidung eines höheren Fettansatzes eine Absenkung des ME-Gehaltes um ca. 5 %.

Putenmast

Aufgrund des zunehmenden Energiebedarfs für Erhaltung und des steigenden Fettgehaltes im Zuwachs wird die Energiedichte im AF kontinuierlich erhöht. Aus dem faktoriell abgeleiteten Rohprotein- und AS-Bedarf je MJ ME ergeben sich die erforderlichen Gehalte im AF. In der Langmast männlicher Tiere ist ein 6-phasiges und bei weiblichen Tieren ein 5-phasiges Fütterungsprogramm üblich. Die seltener durchgeführte „Kombinierte Fütterung" basiert auf dem Einsatz von EF und Getreide (Weizen, Mais nur in gebrochener Form). Neben Grit sind bei Weizen-Einsatz NSP-spaltende Enzyme bzw. bei Mais oder CCM eine Phytase-Zulage sinnvoll.

Tab. VI.9.18: **Die Futteraufnahme (TS-Aufnahme in % der KM) im Verlauf der Mast von Hühnern, Enten und Puten**

Lebenswoche	2.	4.	6.	8.	10.	12.	16.	20.
Mastküken	13,7	8,8						
Pekingentenküken	12,5	9,3	7,3					
Moschusentenküken	10,7	10,5	7,7	5,5	4,0	3,3		
Putenküken	10,5	8,1	6,5	5,5	4,5	3,9	3,3	2,8

Tab. VI.9.19: **Empfohlene Energie- und Nährstoffgehalte im AF für Broiler (Angaben in kg bzw. % bei 88 % TS in der uS)**

		Starterfutter	Mastfutter 1	Mastfutter 2	Endmastfutter
Alter in Wochen		1.–2.	3.–4./5.	5./6.–8.	> 8.
ME	MJ	12,5	13,0	13,5/13,0[1]	13,0/12,5[1]
Rp	%	23,0	21,5	20,5	19,0
Lys	%	1,28	1,16	1,05	0,95
Met	%	0,46	0,43	0,41	0,37
Met + Cys	%	0,85	0,89	0,95	0,88
Thr	%	0,83	0,82	0,80	0,77
Trp	%	0,20	0,19	0,18	0,16
Ca	%	1,03	0,82	0,73	0,70
vP	%	0,62	0,51	0,47	0,45
Na	%	0,13	0,11	0,09	0,08
Cl	%	0,13	0,11	0,09	0,08
Linolsäure	%	0,90	0,90	0,90	0,90
α-Linolensäure	%	0,05	0,05	0,05	0,05

[1] Langmast

9

Entenmast

In der **Pekingentenmast** werden überwiegend 2- oder 3-phasige Fütterungsprogramme durchgeführt. Die Versorgungsempfehlungen sind auf das 2-phasige Programm ausgerichtet (Starterfutter: 1.–3. LW; Endmastfutter: 4.–7. LW). Bei der 3-phasigen Fütterung wird zusätzlich ein Mittelmastfutter eingesetzt (Starter: 1.– 12. Tag; Mittelmast: 13.–35. Tag; Endmast ab 36. Tag). Alternativ kann bei diesem Konzept ab dem 30. LT ein Teil des Mittelmastfutter durch Weizen ersetzt werden (kontinuierlich von 10 auf 30 % ansteigend). Die Mast von **Moschusenten** wird fütterungsseitig in die folgenden Abschnitte unterteilt: 1.–3., 4.–6./7. und ab 6./7. LW.

Tab. VI.9.20: **Empfohlene Energie- und Nährstoffgehalte[1] im AF für Puten**

Typ LW		P 1 (1.–2.) m	w	P 2 (3.–4.) m	w	P 3 (5.–8.) m	w	P 4 (9.–12.) m	w	P 5 (13.–16) m	w	P 6 (17.–20.) m	P 7 (> 20.) m
ME	MJ	11,5	11,5	11,8	11,8	12,1	12,6	12,6	12,3	13,0	13,4	13,2	13,4
Rp	%	26,8	26,6	25,4	25,0	24,7	24,9	21,9	22,0	18,5	16,2	16,0	12,0
Lys	%	1,80	1,79	1,60	1,70	1,47	1,63	1,34	1,53	12,8	1,20	1,05	0,86
Met	%	0,60	0,60	0,56	0,59	0,51	0,58	0,47	0,55	0,42	0,41	0,36	0,28
Met + Cys	%	0,80	0,80	0,84	0,89	0,80	0,88	0,76	0,86	0,68	0,67	0,59	0,47
Thr	%	0,99	0,98	0,88	0,94	0,82	0,90	0,74	0,86	0,68	0,66	0,59	0,47
Trp	%	0,29	0,29	0,27	0,27	0,25	0,25	0,21	0,21	0,19	0,19	0,17	0,15
Ca	%	1,30	1,30	1,30	1,30	1,20	1,10	1,00	0,90	0,90	0,70	0,70	0,50
vP	%	0,60	0,60	0,60	0,60	0,50	0,50	0,42	0,41	0,38	0,38	0,32	0,28
Na	%	0,13	0,13	0,13	0,13	0,12	0,12	0,11	0,10	0,11	0,08	0,10	0,09
Cl	%	0,13	0,13	0,13	0,13	0,12	0,12	0,11	0,10	0,11	0,08	0,10	0,09
Linolsäure	%	1,20	1,20	1,20	1,20	1,20	1,20	1,00	1,00	1,00	1,00	1,00	1,00
α-Linolensäure	%	0,15	0,15	0,15	0,15	0,15	0,13	0,13	0,13	0,13	0,13	0,13	0,13

[1] Angaben pro kg bzw. in % (bei 88 % TS)

Tab. VI.9.21: **Empfohlene Energie- und Nährstoffgehalte[1] im AF für Mastenten und Mastgänse**

		Pekingente		Moschusenten			Mastgänse Frühmast		Jungtiermast		
Alter, LW		1.–3.	4.–7.	1.–3.	4.–6./7.	> 6./7.	1.–3.	4.–10.	1.–3.	4.–10.	10.–16.
ME	MJ	12,2	12,6	11,7	12,3	12,7	11,5	10,6	11,5	10,0	9,0
Rp	%	19,5	16,2	21,0	18,5	16,5	20,0	17,0	20,0	17,0	15,5
Lys	%	1,16	0,93	1,00	0,90	0,80	1,00	0,75	1,00	0,75	0,68
Met	%	0,40	0,49	0,45	0,40	0,35	0,41	0,33	0,41	0,33	0,30
Met + Cys	%	0,76	0,79	0,85	0,70	0,65	0,75	0,60	0,75	0,60	0,49
Thr	%	0,83	0,63	0,75	0,60	0,55	0,69	0,52	0,69	0,52	0,47
Trp	%	0,21	0,21	0,25	0,20	0,18	0,20	0,16	0,20	0,16	0,15
Ca	%	0,85	0,8	1,20	1,10	1,00	0,85	0,77	0,85	0,77	0,58
vP	%	0,40	0,30	0,44	0,40	0,35	0,30	0,30	0,34	0,30	0,30
Na	%	0,17	0,10	0,15	0,11	0,10	0,12	0,08	0,12	0,08	0,04
Cl	%	0,17	0,10	0,15	0,11	0,10	0,12	0,08	0,12	0,08	0,04
Linolsäure	%	0,90	0,90	0,90	0,90	0,90	0,90	0,90	0,90	0,90	0,90
α-Linolens.	%	0,05	0,05	0,05	0,05	0,05	0,05	0,05	0,05	0,05	0,05

[1] Angaben pro kg bzw. in % (bei 88 % TS)

Trotz geschlechtsgetrennter Mast sind die Energie- und Nährstoffempfehlungen für beide Geschlechter identisch. Bei den weiblichen Tieren verläuft die Entwicklung der Körperkompartimente schneller als bei männlichen Tieren. Entsprechend verfetten die weiblichen Tiere früher als die männlichen Tiere. Im Vergleich zu Pekingenten ist der Brustfleischanteil höher und der Fettanteil niedriger.

Gänsemast

In der **Frühmast** sollte das AF (pelletiert) in den ersten 3–4 Wochen (Starterphase) auf die hohe Wachstumsintensität ausgelegt sein (ca. 11,5 MJ ME/kg). Anschließend wird bis Mastende die Energiedichte zur Vermeidung eines zu hohen Fettansatzes reduziert (10,6 MJ ME/kg). Entsprechend kann in diesem Zeitraum auch die kombinierte Fütterung, d. h. EF und Getreide bzw. CCM-Silage eingesetzt oder zusätzlich zum AF auch Grünfutter angeboten werden. In der **Jungtiermast** wird in den ersten 3 Wochen ein mit der Frühmast identisches AF eingesetzt. In der 4.–10. LW sowie zwischen der 11.–16. LW wird der Energiegehalt auf 10 bzw. 9,0 MJ ME/kg zurückgenommen. Damit kann auch Grünfutter eingesetzt werden. In den letzten beiden Wochen wird dagegen wieder ein der Frühmast entsprechendes AF eingesetzt. Bei der **Spätmast** ist die Starterphase identisch mit der Früh- bzw. Jungtiermast. Ab der 8. LW bis 4 Wochen vor der Schlachtung wird ausschließlich Weidegras oder gemähtes Grünfutter (z. B. Rotklee, Luzerne-Grasgemische, Futterkohl, Winterfutterraps, Zuckerrübenblätter) bis ca. 1,3 kg uS sowie ca. 80 g Getreidekörner angeboten (Sicherung der energetische Bedarfsdeckung). In den letzten 4 Wochen vor der Schlachtung wird die Grünfuttergabe erheblich reduziert und ergänzend täglich ca. 500 g Getreide (Weizen, Triticale, Hafer) oder ein sog. Finisher angeboten.

Tabelle VI.9.22 gibt einen Überblick über Fütterungseinflüsse auf die Schlachtkörperqualität.

9

Tab. VI.9.22: **Einflüsse der Fütterung auf die Schlachtkörperqualität beim Mastgeflügel**

Aussehen des Schlachtkörpers	
Haut-/Unterhautveränderungen/ Integrität (z. B. Brustblasen)	Mängel in der Einstreuqualität durch Management- und Fütterungsfehler (NSP, K, Biotin, Met)
Hautfarbe	Carotinoidgehalte im Futter, artspezifisch: Mais führt bei Broilern zur Gelbfärbung, bei Puten keine Effekte
Fleischfülle (max. Brustfleischanteil) Fleisch-Knochen-Verhältnis	Optimale Anpassung der AS- und Energiegehalte an das genetisch determinierte Ansatzvermögen; Lys-Bedarf für Bemuskelung höher als für max. Zunahmen (Verbesserung der Fleischfülle um bis zu 5 %)
Verfettungsgrad	Energie : Protein-Verhältnis insbesondere bei Broilern, Weizenzulage zum AF, Absenkung des Energiegehaltes bei Zulage freier AS um ca. 5 %
Fleisch- und Fettqualität Sensorik Fettkonsistenz	Gehalt und Zusammensetzung des Futterfettes Fischmehl, Lein-, Rapsprodukte, hohe Cholin-Gehalte; ungesättige FS haben höheren Einfluss als oxidierte Fette, da letztere nicht resorbiert werden
Haltbarkeit	Geruchs- und Geschmacksbeeinträchtigungen durch Anteil an ungesättigten FS; Schutzwirkung: 150–200 mg Vit E/kg Futter
Fleischinhaltsstoffe	Deutlicher Einfluss: Wasser, Fett, einfach und mehrfach ungesättigte FS, Se, fettlösliche Vit (A, E), Carotinoide, fettlösliche Kontaminanten Kein oder nur geringer Einfluss: Eiweiß, AS, Mengen- und zahlreiche Spurenelemente, B-Vit, Cholesterin, Purine

9.4 Fütterungspraxis bei Elterntieren

Wachstumsverlauf sowie Haltungs- und Fütterungsmanagement werden von den Zuchtunternehmen vorgegeben. Die Aufzucht verläuft i. d. R. getrenntgeschlechtlich und unterliegt einem 2- bis 4-phasigen Fütterungsregime. Die Empfehlungen zur Energie- und Nährstoffversorgung sind auf eine hohe Befruchtungs- und Schlupfrate sowie auf eine geringe Verlustrate (Frühsterblichkeit ↓) der Küken ausgerichtet (**Tab. VI.9.23**). Der Befruchtungserfolg wird u. a. durch die Libido und Spermaqualität der Hähne bestimmt. Aufgrund der hohen Futteraufnahmekapazität ist während der Aufzucht eine restriktive Fütterung zwingend erforderlich (keine Verfettung, kein zu früher Legebeginn, optimale Skelettentwicklung, Ausbildung und Reifung der Geschlechtsorgane). Andererseits müssen vor Legebeginn ausreichend Körperreserven vorliegen, da insbesondere bei Puten mit Legebeginn zunächst die FA rückläufig ist. Bei den Elternhennen und Hähnen liegen insbesondere die Spurenelement- und Vitamingehalte auf teilweise deutlich höherem Niveau als bei den Legehybriden. Eine Erklärung hierfür sind neben der angestrebten hohen Schlupfleistung auch *Carry-over*-Effekte. Generell liegen insbesondere bei Enten und Gänse faktoriell abgeleitete Bedarfswerte nur in geringem Umfang vor.

9.4.1 Zuchthennen (Legehybriden)

Die Fütterung erfolgt wie bei Legehybriden (**Tab. VI.9.24**). Allerdings erfordert die Produktion von bruttauglichen Eiern und die angestrebte hohe Schlupffähigkeit allgemein höhere Spurenelement- und Vitamingehalte während der Legeperiode.

9.4.2 Zuchthennen (Masthühner)

Zuchthennen der Mastrichtung zeigen eine ungenügende Anpassung der Futteraufnahme an den Energiebedarf. Entsprechend wird sowohl während der Aufzucht als auch in der Legeperiode restriktiv gefüttert. In der Aufzucht wird in der Regel bei entsprechend modifiziertem Beleuchtungsprogramm (Reduktion auf 8 Stunden bis zur 20. LW) das Futter jeden 2. Tag in reduzierter Menge zugeteilt (von 30 auf 280 g je Tier ansteigend). Angestrebte KM ist 2500 g zu Legebeginn (ca. 22.–24. LW). Zwei Wochen vor Legebeginn wird auf das AF für Zuchthennen umgestellt. Die Legeperiode dauert ca. 40 Wochen. Um eine übermäßige Verfettung zu vermeiden, wird die Futtermenge auf ca. 160 g je Tier und Tag begrenzt.

9.4.3 Zuchtputen

Als Folge der langen Aufzucht (ca. 30 Wochen) wird auf der Basis der vom Züchter empfohlenen KM-Entwicklung (ca. 11 kg bei Legebeginn) die Futtermenge zugeteilt, d. h. angepasst an die Entwicklungskurve restriktiv gefüttert. Im Gegensatz zu den Zuchthennen ist der Futterverzehr bei Puten durch den Energiebedarf be-

Tab. VI.9.23: **Leistungspotenzial der Elterntiere der verschiedenen Nutzgeflügelarten**

	Legehybriden	Broiler	Puten[1]	Moschusente	Gänse
Legedauer (Wochen)	50	40	26	24	22
Eizahl/eingestallte Henne/Periode	280–295	155	128	140	65
Brutfähig, n	255–265	150	120	125	55
Schlupfleistung, %	78–83	86	80	90	87
Verkaufsfähige Küken/Henne, n	100–108	128	96	102	48

[1] Big 6

Tab. VI.9.24: **Empfehlungen zur AF-Zusammensetzung für weibliche Elterntiere von Legehybriden (Angaben pro kg bzw. in % bei 88 % TS)**

		Starter-futter	Aufzucht-futter	Entwicklungs-futter	Vorlege-futter	Legefutter I	Legefutter II
Alter in Wochen		1–3	4–8	9–17	18 (5 % LL)	20–50	> 50
ME	MJ	12,0	11,4–11,8	11,4–11,8	11,4–11,8	11,4	11,4
Rp	%	21,0	18,5	15,0	17,5	16,7	16,0
Lys	%	1,2	1,0	0,68	0,85	0,76	0,74
Met	%	0,48	0,40	0,345	0,36	0,38	0,35
Met + Cys	%	0,83	0,70	0,60	0,68	0,70	0,64
Thr	%	0,80	0,70	0,55	0,60	0,56	0,52
Trp	%	0,23	0,21	0,17	0,20	0,18	0,17
Ca	%	1,05	1,0	0,9	2,0	3,6	3,7
P, gesamt	%	0,75	0,70	0,58	0,65	0,56	0,47
vP	%	0,45	0,35	0,30	0,32	0,38	0,33
Na	%	0,18	0,17	0,16	0,16	0,15	0,15
Cl	%	0,2	0,19	0,16	0,16	0,15	0,15
Linolsäure	%	1,5	1,5	1,5	1,5	1,5	1,5
α-Linolensäure	%	0,05	0,05	0,05	0,05	0,05	0,05

Die durch „→" gekennzeichnete Abnahme spiegelt die Phasenfütterung (Aufzucht) bzw. variierende Legeleistung (Legeperiode) wider. Die Angaben beziehen sich auf die ausgewiesenen ME-Gehalte und basieren auf Empfehlungen von Jeroch und Dänicke, 2013; Leeson und Summers, 2005 sowie Jeroch et al., 2013.

stimmt. Entsprechend wird während der Legeperiode *ad libitum* gefüttert. Die durchschnittliche Futteraufnahme beträgt ca. 300 g je Tier und Tag. Die erste Legeperiode dauert 24 Wochen. Nach einer induzierten Legepause von 12 Wochen schließt sich eine 2. Legeperiode von 18-wöchiger Dauer an.

9.4.4 Zuchtenten

Die empfohlenen AF sollten in gepresster Form zur Verfügung gestellt werden. Die Futtermenge ist in der Jungentenaufzucht bei Pekingenten auf 150 g, bei Flugenten auf 135 g zu beschränken. Bei legenden Tieren variiert die Futteraufnahme zwischen 200 und 250 g. Durch Grünfuttergaben lässt sich der MF-Verbrauch erheblich verringern. Bis zur ersten Mauser dauert die Lege-

periode bei Pekingenten 9–10, bei Flugenten ca. 5 Monate. Die KM adulter weiblicher Tiere variiert zwischen 2,5 und 3 kg (4–5 kg ♂).

9.4.5 Zuchtgänse

Gänse erhalten während der Aufzucht das AF überwiegend in granulierter bzw. pelletierter Form. Dieses Futter wird in der Regel *ad libitum* angeboten. Bei Übergang zur Weidehaltung (8. LW) empfiehlt sich eine Getreidegabe von 50–100 g je Tier und Tag. Das AF für Zuchtgänse wird 4 Wochen vor Legebeginn eingesetzt. Ebenfalls bewährt hat sich eine Ration aus einem Drittel Hafer und zwei Drittel EF für Legegehennen. Gänse legen gewöhnlich von Februar bis Mai. Mit Hilfe spezieller Lichtprogramme kann auch eine Eiablage außerhalb der „normalen" Legesaison erreicht werden. Adulte legende Tiere sind im Mittel 6,8 kg schwer, während die männlichen Tiere ca. 9–10 kg wiegen.

Empfehlungen zur AF-Zusammensetzung für weibliche Broiler-, Puten-, Enten- und Gänse-elterntiere gibt **Tabelle VI.9.25**.

Zum Zusatz von Antikokzidia s. Kap. II.16.5.

9.4.6 Männliche Zuchttiere

Speziell auf die Fütterung männlicher Zuchttiere ausgerichtete AF liegen bisher nur teilweise vor. Es hat sich jedoch gezeigt, dass die für weibliche Zuchttiere empfohlenen MF auch bei Hähnen eine hohe Spermaqualität und Befruchtungsfähigkeit gewährleisten. Der auf legende Tiere ausgerichtete hohe Ca-Gehalt zeigt ebenfalls keine nachteiligen Folgen. Neben dem AF für weibliche Zuchttiere wird in der Regel bei gemeinsamer Haltung zusätzlich Hafer über hochhängende Futterautomaten (die nur von den Hähnen erreicht werden) etwa 50–80 g je Tier und Tag angeboten. Im Übrigen gelten die für weibliche Tiere unter Berücksichtigung der höheren KM dargestellten Fütterungs- und Haltungsbedingungen.

9.5 Ernährungsbedingte Störungen

Frühsterblichkeit der Küken

Erhöhte nicht-infektiös bedingte Verluste in den ersten 10 Lebenstagen.

Ätiologie: Ungenügende Nährstoffreserven im Eidotter; unzureichende bzw. zu späte Futter-

Tab. VI.9.25: **Empfehlungen zur AF-Zusammensetzung für weibliche Broiler-, Puten-, Enten-und Gänse-Elterntiere (Angaben pro kg bzw. in % bei 88 % TS)**

		Broiler		Puten		Enten		Gänse	
		Aufzucht	Lege-phase	Aufzucht	Lege-phase	Aufzucht	Lege-phase	Auf-zucht	Lege-phase
ME	MJ	11,9	11,9	12,3	12,3	12,9 →11,5	11,9	10,9	11,5
Rp	g	185 → 160	160 → 150	260 → 120	190 → 160	180 → 150	160	140	160
Lys	%	1,0 → 0,8	0,80 → 0,68	1,7 → 0,6	0,80	0,9 → 0,7	0,80	0,60	0,66
Met	%	0,42 → 0,37	0,36 → 0,30	0,65 → 0,3	0,34	0,38 → 0,30	0,40	0,25	0,38
Met + Cys	%	0,8 → 0,64	0,65 → 0,59	1,15 → 0,58	0,58	0,66 → 0,58	0,68	0,48	0,64
Thr	%	0,72 → 0,58	0,62 → 0,57	1,1 → 0,48	0,60	0,55 → 0,45	0,58	0,48	0,52
Trp	%	0,20 → 0,15	0,18 → 0,14	0,28 → 0,14	0,18	0,18 → 0,15	0,16	0,14	0,16
Ca	%	0,90 → 0,70	3,9–3,3	1,44 → 0,90	1,8–2,4	0,75	2,5–3,5	0,75	3,0
P, gesamt	%	0,45 → 0,35	0,34–0,29	0,8 → 0,45	0,35	0,38	0,25–0,30	0,35	0,25
vP	%	0,20 → 0,17	0,15–0,12	0,17	0,15	0,17	0,08–0,10	0,16	0,12
Na	%	0,20 → 0,17	0,15–0,12	0,17	0,11	0,17	0,08	0,16	0,11
Linolsäure	%	0,09	0,15	0,09	0,09	0,09	0,10	0,10	0,10
α-Linolens.	%	0,05	0,05	0,05	0,06	0,05	0,06	0,05	0,06

Die durch „→" gekennzeichnete Abnahme spiegelt die Phasenfütterung (Aufzucht) bzw. variierende Legeleistung (Legeperiode) wider. Die Angaben beziehen sich auf die ausgewiesenen ME-Gehalte und basieren auf Empfehlungen von Jeroch und Dänicke, 2013; Leeson und Summers, 2005 sowie Jeroch et al., 2013.

und Wasseraufnahme (Immunschwäche durch Nutzung von Immunoglobulinen für die Energiebereitstellung); ungünstige Transportbedingungen, zu lange Transportdauer.

Prophylaxe: Optimierung von Haltungs- und Klimamanagement (bereits vor Einstellung), bedarfsgerechte Versorgung der Elterntiere und Nutzung von *Carry-over*-Effekten, frühzeitige Futteraufnahme bei altersentsprechender Konfektionierung des Futters, Futterzusatzsoffe (NSP-spaltende Enzyme, Antioxidantien bei hohen Maisanteilen, organische Säuren, Pro-, Prebiotika, phytogene Substanzen).

Aszites-Syndrom (Masthühnerküken)

Kardiopulmonale Erkrankung mit Ansammlung serumähnlicher Flüssigkeit in der Bauchhöhle bei vergrößertem Herzen (rechter Ventrikel) infolge einer Hypoxie. Meist bei intensiv wachsenden Broilern.

Ätiologie: Züchtung auf intensives Wachstum bzw. hohen Proteinansatz bei gleichzeitig niedrigem Futteraufwand führte zu erhöhten Anforderungen an die Sauerstoffversorgung. Auch hohe Energiegehalte und ein weites Protein : Energie-Verhältnis im Futter bzw. zu hohe NaCl- oder Mykotoxingehalte werden als ursächlich diskutiert. Prädisponierend sind auch Fehler im Betriebsmanagement (z. B. Stallklima, Haltung).

Prophylaxe: Einhaltung der klimatischen Anforderungen. In gefährdeten Betrieben Reduktion des Wachstums, Umstellung auf schrotförmiges Futter mit engem Protein : Energie-Verhältnis. Optimierung der Haltungs- und Fütterungshygiene.

Beinschäden und Skelettveränderungen (Masthühnerküken, -puten)

Perosis, perosisähnliche Osteopathien, Dyschondroplasie, Tibiatorsion).

Ätiologie: Genetische, haltungsbedingte, infektiöse oder fütterungsbedingte Ursachen (z. B. mangelhafte Versorgung mit Cholin, Mn, Biotin, Ca, P oder auch fettlöslichen Vitaminen).

Prophylaxe: MF-Korrektur; bedarfsüberschreitende Zufuhr o. g. Nährstoffe jedoch meist wirkungslos.

Fußballenentzündung

Die Fußballenentzündung (*Foot Pad Dermatitis*, FPD) ist eine besonders in der Geflügelmast weit verbreitete Erkrankung, die in schweren Fällen mit eingeschränkter Bewegungsaktivität (Schmerzen) und Leistungseinbußen (reduzierte Futteraufnahme) einhergeht. Bei betroffenen Tieren zeigen sich Fußballenveränderungen in Form von Verfärbungen, Hyperkeratosen mit epidermaler Erosion, Nekrosen und in schweren Fällen tiefe offene Wunden. Diese Läsionen kommen vor allem auf den metatarsalen, aber auch digitalen Fuß- bzw. Zehenballen vor. Die Ursachen dieser Erkrankung sind komplex und multifaktoriell. Neben Managementfehlern (Stallklima/Besatzdichte/Tränketechniken) sind teils auch Ernährungseinflüsse entscheidend.

Ätiologie: Die nasse Einstreu gehört zu den dominierenden Faktoren für die Entwicklung und Ausprägung der FPD. Hinzu kommen Faktoren der Futterzusammensetzung (z. B. hohe Sojaschrotanteile mit entsprechend hohen K-Gehalten; s. **Tab. VI.9.13**), die zu einer erhöhten Wasseraufnahme und folglich vermehrten Wasserabgabe über die Exkremente beitragen und somit das Risiko für die Entwicklung der FPD deutlich forcieren. Bei Mängeln in der Einstreuqualität, die in einem zeitlichen Zusammenhang zu einem Futterwechsel stehen, sollten folgende Faktoren der Futterqualität überprüft werden:

- Na-, K- und Mg-Gehalt (→ bestimmen u. a. die Wasseraufnahme)
- Botanische Zusammensetzung des Futters (→ Triticale-, Roggen-, Sojaanteile?)
- Gehalte an Biotin, Zn und Met (hohe Gehalte prophylaktisch günstig)
- Aktivität NSP-spaltender Enzyme (→ Inaktivierung durch hohe Temperatur bei der MF-Herstellung?)

Prophylaxe: Besondere Beachtung verdienen alle Faktoren, welche die Wasserabgabe aus dem Einstreu-Exkremente-Gemisch beeinflussen

9

können (Temperatur und Feuchte der Zuluft, Abdeckung der Stallbodenoberfläche durch die Tiere, Einstreumanagement mit Wechsel und Auflockerung). Aus diesen Gründen sollte eine Futterzusammensetzung ohne vermeidbare Überschüsse an solchen Nährstoffen gewählt werden, die renal, d. h. über die Niere eliminiert werden (müssen!). Besondere Beachtung in der Praxis verdienen auch die Effekte einer kurzzeitigen Exposition auf feuchter Einstreu, wie dies häufig in der Nähe der Futter- und Tränkwasserlinien zu beobachten ist. Hieraus ergibt sich zwingend die Forderung, gerade im Bereich des Futter- und Wasserangebots keine wesentlich höheren Feuchte-Gehalte in der Einstreu als 35 % („Kritische Feuchte") zu tolerieren.

Malabsorptionssyndrom (Kümmerwuchs)

Insbesondere Broiler und Putenküken zeigen bis zum Alter von ca. 4 Wochen ein deutlich verzögertes Wachstum, Federanomalien, Beinschwäche, Durchfall, stark erweiterter Kropf.
Ätiologie: Störung beim Übergang von der Dottersackernährung zur Versorgung über das Futter, Überschreitung der Anpassungskapazität, unzureichende Immunkompetenz, Infektion.
Prophylaxe: Schwierig, da ungeklärte Ätiologie, optimale Haltungs- und Fütterungsbedingungen, möglichst geringer zeitlicher Abstand zwischen Schlupf und erster Futter- und Wasseraufnahme.

Plötzliches Herz-Kreislauf-Versagen

Plötzlicher Herztod (v. a. bei Masthühnerküken); verendete, m. o. w. zyanotische Tiere liegen meist auf dem Rücken mit gestrecktem Hals. Hier ist evtl. differentialdiagnostisch auch an die Drüsenmagendilatation zu denken (durch Sektion leicht zu erkennen bzw. auszuschließen).
Ätiologie: Noch wenig bekannt. Genetische, geschlechts- und altersbedingte Disposition. Begünstigend vermutlich auch Proteinmangel und überhöhter Fettgehalt mit hohen Anteilen an mehrfach ungesättigten FS.
Prophylaxe: In den betroffenen Betrieben Rücknahme der Fütterungsintensität in den beiden ersten LW durch Energie- und Nährstoffrestrik-

tion. Überprüfung der Protein- und AS-Versorgung sowie Aufnahme an essenziellen FS.

Drüsenmagendilatation

Es werden plötzlich vermehrt tote Tiere gefunden, deren Sektionsbild durch einen verlagerten, stark vergrößerten Drüsenmagen bestimmt ist (der entsprechend die Brusthöhle einengt). Das Verenden (meist sind Broiler in der Endmast betroffen) ist vermutlich durch die sekundäre Beeinträchtigung der Herz-Kreislauf- und Lungenfunktion bedingt.
Ätiologie: Experimentelle wie auch Feldstudien sprechen für eine besondere Bedeutung der Futterstruktur, d. h. diese Erkrankung wird offensichtlich insbesondere dann beobachtet, wenn feinst vermahlene Komponenten in pelletierter Form zum Einsatz kommen.
Prophylaxe: Erhalt der Futterstruktur (gröbere Vermahlung, Walzenstuhlvermahlung) trotz Einsatz pelletierter Futter, evtl. auch Teile des Getreides unvermahlen in die Pelletierung einbringen, möglicherweise auch bei höherem Rfa-Gehalt Entschärfung des Problems.

Tierverluste („Seitenlieger")

Verlust normaler Bewegungsabläufe, bei dem die betroffenen Tiere auf der Seite liegen (ein Bein angewinkelt unter dem Körper, eine Gliedmaße eher gestreckt zur Seite).
Ätiologie: Zum Einen scheint ein unzureichender Cl⁻-Gehalt im Futter (< 1 g/kg) eine derartige Symptomatik zu verursachen. Hierfür ist indirekt ein Verzicht auf entsprechende NaCl-Zusätze verantwortlich (z. B. bei Bemühen um geringe Na-Gehalte → möglichst trockene Einstreu). Des Weiteren ist bei dem o. g. Erkrankungsbild auch an eine mögliche Überdosierung von ionophoren Antikokzidia zu denken (m. o. w. pathognomonisch: hyalinschollige Muskeldegeneration betroffener Muskelpartien).
Prophylaxe: Ergibt sich aus den ursächlich genannten Faktoren, d. h. bedarfsdeckende Cl-Gehalte (≥ 1 g Cl⁻/kg Futter) sowie Vermeidung jeglicher Überdosierung entsprechender Wirk-

stoffe (inhomogene Verteilung, präferierte Aufnahme des Antikokzidium-haltigen EF?).

Dermatitis (Putenküken)

Geschwürige Veränderungen mit Schuppenbildung und Exsudatabsonderung am Schnabel, an den Augenlidern, in der Zehengegend und am Fußballen. Meist verbunden mit Durchfall.

Ätiologie: Hauptursache: vermutlich ein Biotin- und Pantothensäure-Mangel; unzureichende Versorgung der Zuchttiere. Meistens mit Skelettveränderungen gleichzeitig auftretend.

Prophylaxe: Bedarfsgerechte Vitaminzufuhr.

Vit-E-Mangel-Krankheiten

Bei unzureichender Vit-E-Versorgung und gleichzeitigem Se-Mangel und/oder Unterversorgung mit S-haltigen AS kommt es hauptsächlich während der Aufzucht zu folgenden Erkrankungen:

- Encephalomalazie (Pute, Ente): Hierbei treten in der 2.–4. LW Benommenheit, unkoordinierte Bewegungen, Bein- und Flügelkrämpfe und Verdrehen des Kopfes auf.
- Exsudative Diathese (Pute): Im Alter von 3–6 Wochen kommt es zu Ödemen mit rotgrau-blauer Verfärbung an Kopf, Hals, Brust und Bauch; daneben Mattigkeit und verminderte Futteraufnahme.
- Enzootische Muskeldystrophie (Pute, Ente, Gans): Bei Entenküken meist in der 2.–5. LW Schwäche mit Bewegungsstörungen, sog. „Robbenstellung"; Tod durch Verhungern.

Prophylaxe: Ausreichende Vit-E-Versorgung, abgesichert durch Antioxidanzien im Futter, ggf. zusätzlich Vit E über das Tränkwasser; Se-Zulage bis 0,5 mg/kg Futter; optimale Zufuhr von S-haltigen AS.

Gicht (Puten)

Hierbei kommt es zu gestörtem Allgemeinbefinden mit Durchfall und besonders zu Bewegungsstörungen durch schmerzhafte Gelenkschwellungen. Harnsäureablagerungen auf serösen Häuten wie Perikard.

Ätiologie: Niereninsuffizienz infolge Stoffwechselfehlleistungen; Vit-A-Mangel sowie zu hohe Rp-Gehalte im Futter; im Einzelfall Überdosierung von Lysin-HCl mit gleicher Symptomatik.

Prophylaxe: Ausgewogene Fütterung, d. h. Vermeidung eines Rp-Überschusses; ausreichende Vit-A-Versorgung. Bei der Vorbrut darf eine relative Feuchte von 55–60 % nicht überschritten werden.

9.6   FM für Nutzgeflügel

9.6.1   Inhaltsstoffe von Einzel-FM

In der Geflügelfütterung bedeutsame Einzel-FM sind hinsichtlich ihrer Zusammensetzung näher in **Tabelle VI.9.26** beschrieben.

9.6.2   Einsatzgrenzen

Bei der MF-Rezeptur sind verschiedene Einzel-FM in ihrem Anteil im MF für Geflügel evtl. zu begrenzen (**Tab. VI.9.27**), u. a. aufgrund von nachteiligen Effekten für die FA, Verdaulichkeit, Verträglichkeit oder auch die Qualität der Produkte (Eier, Schlachtkörper).

9.6.3   Fütterung unter Auflagen des ökologischen Landbaus

Die Auswahl der Rassen sowie die Haltung und Fütterung erfolgen gemäß der EG-VO 834/2007 und 898/2008. Darüber hinaus bestehen noch weiter ausgelegte Regelungen nationaler Öko-Verbände. Bei der Rezepturgestaltung ist zu berücksichtigen, dass prinzipiell nur die in der Positivliste aufgeführten Einzel-FM auch Verwendung finden dürfen und bis Ende 2014 mindestens 95 % (ab 2015: 100 %) der FM aus ökologischem Anbau stammen müssen. Einsatzverbote gelten u. a. für synthetische AS, sowie FM und Futterzusatzstoffe aus gentechnisch veränderten Organismen. Eine besondere Herausforderung bzw. Schwierigkeit ist unter diesen Bedingungen die Rp- und AS-Versorgung, da der Einsatz von Extraktionsschroten hier nicht erlaubt ist. Hinzu kommt, dass standortbedingte Schwankungen der Nährstoffgehalte bei der Rezepturgestaltung Berücksichtigung finden müssen. Insoweit ergeben sich folgende ernährungsrelevante Herausforderungen:

9

Tab. VI.9.26: **Inhaltsstoffe von Einzelfuttermitteln (pro kg uS)**

	TS g	Ra g	Rp g	Rfe g	Rfa g	Stärke g	Zucker g
			Rohnährstoffe				
Ackerbohne	875	36	263	14	79	371	34
Baumwoll-ES (geschälte Saat)	900	61	446	17	86	–	52
Bierhefe, getrocknet	900	61	468	19	21	–	17
Biertreber, getrocknet	900	43	227	77	155	34	9
DDGS	930	49	371	55	76	16	33
Erbsen	880	32	226	13	58	417	57
Fett (Pflanzenöl)	998	1	1	996	–	–	–
Fischmehl[1]	920	221	580	62	13		–
Gerste, Winter (Körner)	880	23	110	23	50	527	24
Grünmehl aus Gras	900	102	166	37	206	–	77
Grünmehl aus Luzerne	900	108	179	27	234	–	38
Hafer (Körner)	880	29	108	48	103	395	16
Hirse (Körner)	880	26	114	36	51	517	8
Mais (Körner)	880	14	95	41	23	612	17
Maiskeimextraktionsschrot	890	38	119	16	73	388	46
Maiskleber	900	21	634	43	11	129	6
Maiskleberfutter 23–30 % Rp	890	52	232	36	82	180	20
Maniokmehl	880	51	26	6	52	625	30
Milokorn (Körner)	880	16	103	31	23	637	10
Rapsextrakionsschrot Typ „00"	890	73	361	24	114	–	77
Roggen (Körner)	880	19	98	16	24	568	56
Sojabohne (Samen) dampferhitzt	880	46	355	176	52	47	67
SES (geschälte Saat)	890	59	491	11	33	67	105
Sonnenenblume (Samen)	880	32	168	315	214	–	–
Sonnenblumen-ES (geschält)	910	73	415	15	116	–	93
Triticale	880	19	128	16	25	563	35
Viehsalz	998	995	–	–	–	–	–
Weizen, hart (Körner)	880	20	132	20	25	589	32
Weizen, Winter (Körner)	880	18	121	18	26	593	27
Weizenfuttermehl	880	39	167	49	42	444	67
Weizenkleie	880	58	143	37	117	137	56

[1] NPP = Nicht-Phytin-Phosphor;   [2] < 60 % Rp

Energie	Aminosäuren			Mengenelemente				
MEn MJ	Met g	Cys g	Lys g	Ca g	P g	NPP[1] g	Na g	Cl g
10,6	2,1	2,9	18	1,4	5,5	1,7	0,31	0,78
9,7	6,7	6,7	18,3	2,2	10,9	3,4	0,9	1,10
1,4	6,7	5,0	32	2,9	13,6	8,6	1,51	–
10,6	5,8	–	9,5	3,8	6,1	1,3	0,40	1,90
8,4	5,8	6,4	7,2	0,4	8,3	1,8	0,8	0,9
11,3	1,9	2,6	16	0,9	3,4	2,3	0,31	–
36,5	–	–	–	–	–	–	–	–
11,7	12,4	4,3	33,0	71,3	29,3	29,3	7,13	22,9
11,4	1,6	2,4	4,0	0,8	3,9	1,0	0,35	1,70
5,1	2,9	2,0	7,7	8,0	3,9	1,4	0,90	6,2
5,2	2,1	1,5	6,6	15,5	3,0	1,1	0,60	5,40
10,2	1,8	3,1	4,3	1,1	3,8	1,6	0,57	0,90
13,1	2,2	2,2	1,6	0,4	2,9	1,1	0,08	–
13,6	1,9	2,0	2,7	0,4	3,5	0,8	0,21	0,44
10,1	2,1	2,1	5,3	0,6	6,6	1,7	0,30	0,40
13,8	15,0	10,7	9,8	0,7	3,9	1,0	0,42	0,53
8,1	5,0	4,9	6,9	0,9	8,4	2,2	1,95	2,39
12,4	0,3	0,4	1,0	1,4	0,7	0,3	0,4	0,4
13,6	1,8	1,8	2,1	0,3	2,9	1,0	0,10	0,60
8,3	6,9	8,7	17,6	6,9	11,1	4,5	0,10	0,45
12,2	1,5	2,2	3,4	0,8	2,9	0,9	0,12	0,20
13,8	4,8	5,3	22,4	2,8	5,7	1,7	0,40	0,71
10,5	6,9	7,4	30,5	3,0	12,3	3,5	0,16	0,40
14,3	3,3	3,2	5,7	2,6	4,2	1,5	0,18	–
9,0	9,1	7,1	14,4	3,8	10,4	3,7	0,22	0,86
12,6	1,8	2,5	3,6	0,5	3,4	1,1	0,1	0,4
–	–	–	–	2,5	–	–	365	606
12,6	1,9	3,0	3,6	0,3	3,3	0,8	0,14	0,70
12,7	1,9	2,7	3,4	0,5	3,2	0,8	0,21	0,48
12,0	2,4	2,9	6,1	1,1	7,1	1,8	0,31	–
6,2	2,2	3,2	6	1,5	11,4	3,0	0,49	0,20

9

Tab. VI.9.27: **Richtwerte für die Limitierung verschiedener Einzel-FM im AF für Geflügel (Anteile in %; AF ohne NSP-Enzyme und Phytase; nach Jeroch et al., 2013; ergänzt/modifiziert)**

Futtermittel	Ursache für Limitierung	Zuchthenne	Legehenne	Hühnergeflügel[1]	Puten		Enten		Gänse	
					Zucht	Mast	Zucht	Mast	Zucht	Mast
Gerste	β-Glucane	40	40	10–40	45	10–20	60	30	60	30–40
Hafer	β-Glucane, Energiegehalt	20	20	10–20	20[1]	10[2]	20	10	30	50
Milokorn	Tannine	20	30	20	25	20	20	30	25	25
Roggen	Pentosane, β-Glucane	10	20	5–15	10	5	10	5	10	5
Triticale	Pentosane	30	30	20–30	30	15–20	25	20	25	20
Weizen	Pentosane	o. B.	o. B.	20–30	o. B.	20–30	o. B.	60	o. B.	60
Roggen (Futtermehl)	Konsistenz, Pentosane	10	10	5–15	5	0–5	10	0	10	10
Weizen (Futtermehl)	Konsistenz	15	20	15	20	15	25	15	25	20
Roggen (Kleie)	Pentosane, Energiegehalt	10	10	0–5	5	0	10	0	10	10
Weizen (Kleie)	Energiegehalt	15	15	5–10	15	5	30	15	35	25
Kartoffelflocken	Kalium, Proteinqualität	15	15	10	15	5–10	15	10	15	20
Trockenschnitzel	Pektin-, Proteinqualität	15	15	5	10	5–10	15	10	15	10
Melasse	Zucker, K	2	2	2	2	2	2	2	2	2
Maniokmehl	Cyanogene Glykoside	10	15	10	10	5–10	10	10	10	15
Ackerbohnen	SAS-Gehalt, Taninne	5	10	15	5	10–15	5	15	5	20
Erbsen	Tannine, SAS-Gehalt	20–30	20–30	20–30	15–25	20–30	20–30	20–30	20–30	20–30
Süßlupinen	Energiegehalt, SAS-Gehalt	10	15	15–20	10	10–15	15	15	10	10
Rapsextraktionsschrot[3]	Sinapin, Glucosinolate	10	15	5	5	5–10	5	10	5	10
Rapskuchen[3]	Sinapin, Glucosinolate	5	5	10	5	5–7,5	5	5	5	5
BES[4]	Gossypol	0	0	3	0	3	0	0	0	0
Erdnuss-ES	Mykotoxine (Aflatoxin)	0	0	0	0	0	0	0	0	0

Futter-mittel	Ursache für Limitierung	Zucht-henne	Lege-henne	Hühner-geflügel[1]	Puten		Enten		Gänse	
					Zucht	Mast	Zucht	Mast	Zucht	Mast
Lein-ES bzw. -kuchen	Linamarin, Vit-B$_6$-Anta-gonist	3	3	2	3	2–3	3	2	3	2
Futterhefe	SAS-Gehalt, Nukleinsäuren	8	8	8	8	8	8	8	8	8
Maiskleber	Protein-qualität	20	25	15	20	15–20	20	20	20	20
Fischmehl	Polyenfett-säuren	8	8	8	8	6	10	8	10	8
Magermilch-pulver	Lactose	4	5	3	4	3	4	3	4	4
Grünmehl	Energiegehalt, Saponine[5]	10	10	0–10	10	3–5	15	5	20	15

[1] Wachsend; [2] Geschält; [3] 00-Sorten; [4] Baumwollsaatextraktionsschrot; [5] Luzerne, Klee.

- Sicherstellung der bedarfsgerechten AS-Versorgung (insbesondere Met, Cys, aber auch Lys) durch optimale Zusammenstellung von Eiweiß-FM (hier u. a. Kartoffeleiweiß, Erbsenprotein, Rapskuchen) hoher Qualität bei möglichst minimaler zusätzlicher Anhebung der Rp-Gehalte.
- Berücksichtigung von Futtereinsparmöglichkeiten durch Auslauf (z. B. Hühnerweide, Maissilage, Getreide-Leguminosensilagen).

- Förderung positiver Effekte auf die Gefiederbeschaffenheit und Muskelmagenmasse.
- Berücksichtigung des energetischen Mehrbedarfs im Rahmen der Haltungsanforderungen, Einhaltung konstanter Eidotterpigmentierung (Einstellung ausschließlich über die Futterkomponenten; z. B. Tagetesblütenmehl, Paprika, Luzernegrünmehl).

Literatur

AUSSCHUSS FÜR BEDARFSNORMEN DER GESELLSCHAFT FUR ERNÄHRUNGSPHYSIOLOGIE (1999): *Empfehlungen zur Energie- und Nährstoffversorgung von Legehennen und Masthühnern (Broiler).* DLG-Verlag, Frankfurt/Main.

AUSSCHUSS FÜR BEDARFSNORMEN DER GESELLSCHAFT FUR ERNÄHRUNGSPHYSIOLOGIE (2004): *Empfehlungen zur Energie- und Nährstoffverwertung der Mastputen.* Proc Soc Nutr Physiol 13, 199–233.

BETSCHER S, CALLIES A, BEINEKE A, KAMPHUES J (2011): *Influences of feed physical form on anatomical, histological and immunological aspects in the gastrointestinal tract of pigs and poultry.* Proc Soc Nutr Physiol 20: 162–164.

DAMME K, MUTH F (2014): *Geflügeljahrbuch 2014.* Verlag Eugen Ulmer, Stuttgart.

GRASHORN MA (2010): *Fauszahlen zur Eiqualität.* Geflügeljahrbuch 2010. Verlag Eugen Ulmer, Stuttgart.

JEROCH H, DROCHNER W, SIMON O (2008): *Ernährung landwirtschaftlicher Nutztiere.* 2. Aufl., Verlag Eugen Ulmer, Stuttgart.

JEROCH H, KOZLOWSKI K, JANKOWSKI J (2012): *Empfehlungen zur Energie- und Nährstoffversorgung von Legehennen – eine kritische Bestandsaufnahme.* Übers Tierernährg 40: 1–20.

9

Jeroch H, Simon A, Zentek J (2013): *Geflügelernährung.* Verlag Eugen Ulmer, Stuttgart.

Kamphues J (2011): *Effects of feed physical form on the health of the gastrointestinal tract in pigs and poultry.* Proc Soc Nutr Physiol 20: 165–167.

Kamphues J, Siegmann O (2012): *Ernährung (S. 40–51),* Mangelerkrankungen und Stoffwechselstörungen (S. 344–353), Drüsenmagendilatation (S. 359), Wet litter (S. 362–364), Fußballenentzündung (S. 364), Futtermittelrecht (S. 377). In: Siegmann O, Neumann U (Hrsg.): Kompendium der Geflügelkrankheiten. 7. Aufl., Schlütersche, Hannover.

Kamphues J, Youssef I, Abd El Wahab A, Üffing B, Witte M, Tost M (2011): *Einflüsse der Fütterung und Haltung auf die Fußballengesundheit bei Hühnern und Puten.* Übers Tierernährg 39: 147–195.

Kirchgessner M, Roth Fx, Schwarz Fj, Stangl Gi (2008): *Tierernährung.* 12. Aufl., DLG-Verlag, Frankfurt am Main.

Klasing KC (1998): *Comparative Avian Nutrition.* University Press, Cambridge, UK.

Leeson S, Summers JD (1997): *Commercial Poultry Nutrition, 2nd ed.* University Books, Ontario.

Mayne R, Else R, Hocking P (2007): *High litter moisture alone is sufficient to cause footpad dermatitis in growing turkeys.* Brit Poult Sci 48: 538–545.

Mehner A, Hartfiel W (1983): *Handbuch der Geflügelphysiologie.* Band 1 und 2, Karger Verlag, Germering-München.

National Research Council, NRC (1994): *Nutrient requirements of poultry.* National Academic Press, Washington, D.C.

Scholtyssek S (1987): *Geflügel.* Verlag Eugen Ulmer, Stuttgart.

Schwark HJ, Peter V, Mazanowski A (1987): *Internationales Handbuch der Tierproduktion.* Geflügel. VEB Deutscher Landwirtschaftsverlag, Berlin.

Siegmann O, Neumann U (2012): *Kompendium der Geflügelkrankheiten.* 7. Aufl. Schlütersche, Hannover.

Ueffing B (2012): *Einfluss der Mischfutterherstellung (Art der Vermahlung/Konfektionierung) auf ausgewählte Keimgruppen der Gastrointestinalflora von Masthähnchen.* Diss. med. vet. Hannover.

Westendarp H (2006): *Einsatz phytogener Futterzusatzstoffe beim Geflügel.* Übers Tierernährg 34: 1–26.

Wiseman J (1987): *Feeding of non-ruminant livestock.* Butterworths, London.

Witte M (2012): *Zur Bedeutung einer unterschiedlichen Mischfutterstruktur (Vermahlungsart/-intensität, Konfektionierung) für die Leistung, Verdaulichkeit des Futters und Morphologie des Gastrointestinaltraktes bei Masthähnchen.* Diss. med. vet. Hannover.

10 Tauben

Tauben (*Columba livia domestica*), zu denen etwa 320 Arten gehören, werden als Liebhabertiere (Variation in Form, Farbe, Befiederung), zu sportlichen Zwecken (Reisetauben), zur Fleischproduktion (Fleischtypen) wie auch zu wissenschaftlichen Zwecken (ethologische, humanmedizinische Fragestellungen) gehalten. Dabei handelt es sich überwiegend um Körnerfresser; weniger häufig sind fruchtfressende (Fruchttauben) oder insektivore Arten (z.B. Erdtauben). Besonderheit des Verdauungstraktes: Paarig angelegter Kropf, der nicht nur der vorübergehenden Nahrungsspeicherung und Vorverdauung dient, sondern auch der Bildung der sogenannten Kropfmilch (Sekret der Kropfschleimhaut; Beginn der Kropfmilchbildung bei den Elterntieren schon einen Tag vor dem Schlupf); die Kropfmilch ist somit die erste Nahrung der Küken (Nesthocker) nach dem Schlupf, die von den Elterntieren hiermit über ca. 2 Wochen gefüttert werden.

Adulte weisen einen im Vergleich zum Nutz-Gefl kürzeren Gastrointestinaltrakt auf (Relation Verdauungstrakt zur KM 7:1; Nutzgeflügel 8:1); die Passagezeit beträgt 6,5–8,5 h. ●

KM verschiedener Taubenrassen:

- Brieftauben: 400–550 g
- Rassetauben, Haustauben:
  - leichte Rassen (Möwchen): 200–500 g
  - mittelschwere Rassen (Kröpfer, Tümmler): 500–800 g
  - schwere Rassen (Texaner, King): 800–1200 g

10.1 Energie- und Nährstoffversorgung

Die Energie- und Nährstoffgehalte des Futters werden dem jeweiligen Leistungsstadium, d.h. dem Bedarf der Tauben angepasst (**Tab. VI.10.1**). Besonderes Augenmerk wird dabei neben der Zuchtperiode bei den Sporttauben auf

Tab. VI.10.1: Empfehlungen zur Energie- und Nährstoffversorgung von Tauben in verschiedenen Leistungsstadien

		pro Tier (0,5 kg KM) und Tag			je kg Futter (88 % TS) Erhaltung[1]
		Erhaltung	Zuchtperiode (+ Aufzucht)	Reisezeit	
Energie	(ME) MJ	0,50	0,55	0,65	10
Rp	g	5,5	6–7	5–6	110
Methionin	g	0,2	0,3	0,3	2,3
Lysin	g	0,2	0,6	0,3	4,5
Tryptophan	g	0,03	0,1	0,03	0,5
Ca	g	0,4	0,8	0,4	8,0
P	g	0,3	0,6	0,3	6,0
Na	g	0,06	0,1	0,06	1,2
Vit A	IE	200	400	200	4000
Vit D$_3$	IE	45	90	45	900
Vit E	mg	1	1	2	20

Sonstige Vit s. Nutzgeflügel; [1] Zusammensetzung für Zucht- und Reiseperiode s. Tabelle VI.10.2.

die Reisezeit gelegt, der oft noch eine sogenannte Vorbereitungsfütterung vorgeschaltet ist.

10.1.1 Futterrationen

Im MF für körnerfressende Tauben sind neben
ganzen Getreidekörnern und intakten fettreichen Saaten auch Leguminosenkörner (nicht
zerkleinerte Bohnen, Erbsen, Wicken) in erheblichem Anteil vertreten, wobei das Mischungsverhältnis je nach Leistungsstadium (z. B. Ruhe-
oder Reiseperiode) variiert (**Tab. VI.10.2**). Die
Körner werden dabei von Tauben weder ent-
schält/entspelzt, noch zerkleinert, sondern *in
toto* (d. h. als intakte Saat) aufgenommen.

Im Gegensatz zu Ziervögeln, deren Elterntiere
vornehmlich kohlenhydrat- und fettreiche
Samen und Saaten fressen und diese dann an die
Jungtiere weitergeben, produzieren Tauben eine
sogenannte Kropfmilch (**Tab. VI.10.3**). Die el-
ternlose Aufzucht von Tauben gestaltet sich
daher im Vergleich zu den Körnerfressern deutlich schwieriger, wobei zur Herstellung der Aufzuchtfutter vielfach auch Produkte aus der
Milchverarbeitung (z. B. Quark, Joghurt) verwendet werden.

Tab. VI.10.2: **Botanische Zusammensetzung
von MF für Tauben**

	Winter-fütterung[1]	Zucht-periode[2]	Reise-periode[3]
	(Rationsbeispiele, %)		
Mais	5	30	30
Gerste	50	–	10
Haferkerne	–	–	10
Weizen	30	15	5
Dari/Milokorn	–	15	25
Bohnen	5	5	–
Erbsen	5	25	–
Wicken	5	5	–
Kardi	–	5	–
Sonnen-blumenkerne	–	–	20

[1] Zucht- und Flugruhe.
[2] Erhöhung der Rp-reichen Komponenten ca. 2–3 Wochen vor
Paarungsbeginn.
[3] Erhöhung der fett- und damit energiereichen Komponenten;
Verzicht auf Leguminosen.

Tab. VI.10.3: **Chemische Zusammensetzung
der Kropfmilch von Tauben** (nach Sales
u. Janssens, 2003)

Rohnährstoffe	(% in uS)	
Rohwasser	64–84	
Rohasche	0,8–1,8	
Rohprotein	11–18,8	
Rohfett	4,5–12,7	
Mineralstoffe	**(g/kg TS)**	
Calcium	8,1	
Phosphor	6,2	
Magnesium	0,8	
Natrium	5,4	
Aminosäuren	**(% i. TS)**	**relativ[1]**
Arginin	5,48	0,93
Histidin	1,52	0,26
Leucin	8,96	1,53
Iso-Leucin	4,50	0,77
Lysin	5,87	1
Methionin	2,84	0,48
Cystin	0,34	0,06
Phenylalanin	5,50	0,94
Tyrosin	5,36	0,91
Threonin	5,49	0,94
Tryptophan	2,80	0,48

[1] Lysin-Gehalt = 1

Ergänzungen

Grit: Unlösliche Silikate (z. B. Steinchen) zur
mechanischen Zerkleinerung von Futter.
Kalk- und Muschelschalen: Im Gegensatz zu
Grit löslich, dienen der Ca-Zufuhr.
„Taubensteine": Enthalten z. B. 10 % Standard-
Mineralstoffmischung für Gefl, 10 % diverse
Heilkräuter, 5 % Holzkohle, 2 % Spurenelemente.
Vitaminsupplementierung (Vit A, D, E, B_6,
B_{12}): Besonders bei Volierenhaltung, vor und
während der Brutzeit und vor bzw. während der
der Mauser notwendig; auch über Grünfutter
(Vogelmiere, Löwenzahn u. a. Kräuter); bei Frei-
flugtauben diesbezüglich kaum Mangelsituatio-
nen bekannt.
S-haltige AS sowie Zink und Kupfer: Mit Be-
ginn der Mauser zuführen.

10.2 Fütterungspraxis

Futterangebot: Zwischen 10 % (kleine Rassen) und 5 % (große Rassen) der KM; bei feldernden Tauben je nach Menge des Freifutters weniger; Fütterung 1x pro Tag (abends); bei gemeinsamer Haltung verschiedener Rassen getrennte Fütterung, da unterschiedliche Fressdauer; „Handfüttern" (Futter wird auf gereinigten Boden gestreut) bzw. über Futterautomaten; Kropftauben täglich 2x füttern → Rp ↑; Gefahr der Kropfdilatation; Wasser stets *ad libitum*; Wasser:Futter-Relationen von 2 : 1.

Zucht-/Aufzuchtperiode: Rationen mit höheren Anteilen an Leguminosen (30–40 %); je kg Futter: 140–160 g Rp; 12–14 MJ ME; Jungtauben werden etwa 2 Wochen über Kropfmilch (30–35 ml/Tag, gebildet bei ♀ und ♂) ernährt. Anschließend Beifutter mit gekochten Eiern oder kleineren eiweißreichen Samen (wie Raps, Rübsen, Hanf, Mohn, Senf, Leinsamen) und klein geschnittenem Grünfutter.

Reiseperiode: Energiereichere Körner einsetzen (je kg Futter: 120–140 g Rp, 14–16 MJ ME); Zulage von Fett (Maisöl; bis 8 %); unmittelbar vor den Flügen keine Leguminosen; nach den Flügen Tränkwasser mit Elektrolyt- und Traubenzucker-Ergänzungen anbieten.

Mastperiode: Häufig pelletierte AF (14–16 % Rp, 12 MJ ME/kg), Pellets müssen klein und fest sein und wenig Abrieb aufweisen, schlechte Akzeptanz von mehlförmigem Futter; Fleischtauben erreichen schon nach 26–28 Tagen ihre Schlachtreife (450–650 g).

10.3 Ernährungsbedingte Störungen

Kropferweiterung: Faserreiches Futter, Fehler in der Fütterungstechnik.

Stoffwechselerkrankungen: Rachitis bei Ca-/Vit-D-Mangel; Osteodystrophie bei P-Überschuss; Nierenschäden/Gicht bei Rp-Überschuss, Vit-B-Mangel bei Tieren in Volieren.

Intoxikationen: NaCl, Akarizide, Pestizide, Herbizide, Frost-/Holzschutzmittel.

10

Literatur

GRUNDEL W (1993): *Brieftauben.* 4. Aufl., Verlag Eugen Ulmer, Stuttgart.

HATT J-M, MAYES RW, CLAUSS M, LECHNER-DOLL M (2001): *Use of artificially applied n-alkanes as markers for the estimation of digestibility, food selection and intake in pigeons (Columba livia).* Anim Feed Sci Technol 94: 65–76.

JANSSENS GPJ, HESTA M, DEBAL V, DE WILDE R (2000): *The effect of feed enzymes on nutrient and energy retention in young racing pigeons.* Annales de Zootechnie 49: 151–156.

LEVI WM (1965): *Encyclopedia of pigeon breeds.* Jersey City, NY.

MACKROTT H (1985): *Rassetauben.* Verlag Eugen Ulmer, Stuttgart.

MEISCHNER W (1964): *Die Sporttaube.* VEB Dtsch. Landwirtschaftsverlag, Berlin.

MELEG I, DUBLECZ K, VINCZE L, HORN P (2000): *Effects of diets with different levels of protein and energy content on reproductive traits of utility-type pigeons kept in cages.* Archiv f Geflügelkde 64: 211–213.

SALES J, JANSSENS GPJ (2003): *Nutrition of the domestic pigeon (Columba livia domestica).* World`s Poultry Sci 59: 221–232.

VOGEL C (1992): *Tauben.* VEB Dtsch. Landwirtschaftsverlag, Berlin.

11 Ziervögel

Bei der Vielfalt von Arten, die als Ziervögel in der Wohnung oder in Außenvolieren gehalten werden, und deren Unterschiede in der Herkunft, Individualentwicklung (z.B. Reife zum Zeitpunkt des Schlupfes), Ernährungsweise im natürlichen Habitat (**Tab. VI.11.1**) und Anatomie des Verdauungstraktes (z.B. Form und Funktion des Schnabels) ist eine allgemeine Übersicht sehr schwierig. Aus dem großen Spektrum der Ziervögel sollen nachfolgend nur jene Arten/Gruppen näher behandelt werden, die zahlenmäßig eine größere Bedeutung haben, auch wenn bei diesem Vorgehen verschiedene Arten (z.B. Goldfasan, Mandarinente) unberücksichtigt bleiben (hier ist eine Ernährung in Anlehnung an verwandte Spezies des Nutzgeflügels praxisüblich).

Tab. VI.11.1: **Einordnung von Spezies nach der Ernährungsweise im originären Biotop**

Art der Ernährung	Vertreter (u.a.)
granivor	Kanarie, Wellensittich, Nymphensittich, Agaporniden, Graupapagei, Kakadu
frugivor[1]	Amazone, Edelpapagei, Beo, Tucan
nectarivor[1]	Loris, Fledermauspapageien, Kolibris
insektivor[1]	Timalien (wie Sonnenvögel, Yuhinas, Blattvögel)

[1] Auch zur Gruppe der „Weichfresser" zusammengefasst.

Die nachfolgend näher behandelten Ziervogelarten zählen alle zu den Nesthockern (altriciale Spezies), d.h. sie sind zum Zeitpunkt des Schlupfes erst wenig entwickelt und haben eine Nestlingsphase, in der sie auf die Versorgung der Elterntiere (Wärme, Füttern) absolut angewie-

sen sind. In dieser Zeit erfolgen Skelettmineralisation, erste Befiederung und das Flüggewerden (selbständige Nahrungssuche, Flugaktivität etc.).

Die Wachstumsintensität (Zunahmen in Relation zur KM) ist in dieser Phase vergleichsweise hoch (vielfach höher als beim Mastgeflügel!), entsprechend auch der Bedarf bzw. die nötige Versorgung durch die Elternvögel. Die verschiedenen Spezies unterscheiden sich nicht zuletzt in der grobgeweblichen Körperzusammensetzung (relative Massen von Skelett und Gefieder sowie Relationen von Muskulatur und Fettgewebe). Die Befiederung unterliegt – teils streng saisonal, teils m.o.w. kontinuierlich – einem Ersatz bzw. der Erneuerung („Mauser"), ein Prozess mit hoher Priorität, was die Verwendung verfügbarer Nährstoffe (S-AS, bestimmte Spurenelemente) angeht. Von den meisten Ziervögeln werden keine Leistungen i.e.S. erwartet, doch sind beispielsweise Gefiederpracht oder auch Langlebigkeit (Großpapageien: auch über 50 Jahre) eine Erklärung für besondere Maßnahmen seitens der Fütterung. In der Haltung von Ziervögeln sind nicht zuletzt evtl. besondere rechtliche Rahmenbedingungen zu beachten (z.B. Wellensittiche/Papageien: Psittakose-VO; Importe [„Wildfänge"]: Artenschutzabkommen etc.).

11.1 Körnerfressende Ziervogelarten

Voraussetzung für eine art- und bedarfsgerechte Ernährung sind u.a. Grundkenntnisse zur Biologie und Ernährungsweise der jeweiligen Spezies unter natürlichen Bedingungen sowie zur Zusammensetzung der verwendeten FM und LM (**Tab. VI.11.2**).

Tab. VI.11.2: **Biologische Grunddaten häufig gehaltener Ziervogelarten**

	Kanarien	Wellen-sittiche	Nymphen-sittiche	Agapor-niden	Amazonen	Grau-papageien
KM Adulter[1] (g)	18–29	35–85	70–110	45–70	380–520	310–480
Zuchtreife (Jahre)	1	0,5–1	1	1	4–6	4–6
Gelegegröße (n)	4–6	3–9	5–6	3–6	2–4	3–4
Einzeleimasse (g)	1,6–2,0	2–3	5,5	2,1–4,5	ca. 18	ca. 21
Brutdauer (Tage)	13–14	16–18	18–22	21–23	21–28	24–26
Schlupfgewicht (g)	1,6	2	4	3	11–16	8–12,4
Dauer bis zum Erreichen der KM Adulter (Tage)	17–18	24–26	26	30	35–42	35–42
Verlassen des Nestes (Tag)	17–18	28–35	28–35	30–35	45–60	50–65

[1] Je nach Unterart größere Variation möglich.

11.1.1 Gemeinsamkeiten

Die hier näher behandelten Ziervogelarten zeigen – im Unterschied zu den Spezies beim Nutzgeflügel – allesamt eine Besonderheit im FA-Verhalten: Die Samen und Saaten (Früchte) werden generell entspelzt bzw. geschält, d. h. nur der „Kern" wird aufgenommen und passiert den Verdauungskanal; es verbleiben bei Angebot nativer/intakter Sämereien also unvermeidbare Reste in Form von Schalen und Spelzen.
Je nach Lokalisation der Nährstoffgehalte ergibt sich damit ein Unterschied in der chemischen Zusammensetzung zwischen ganzer Saat (*in toto*) und den Kernen (= eigentliche Futteraufnahme; **Tab. VI.11.3**). ●

Diese „Bearbeitung" von FM bei der eigentlichen FA ist andererseits nur möglich, wenn die Größe des Schnabels und die der Sämereien in einem gewissen Verhältnis zueinander stehen, d. h. passen. Ein höherer Aufwand für die eigentliche FA durch eher feinkörnige Samen/ Saaten (in Verbindung mit geringeren Fettgehalten im „Kern" der Saat) kann evtl. auch diätetisch genutzt werden (→ Adipositas).

Tab. VI.11.3: **Einfluss des Schälens/ Entspelzens auf die Energie- und Nährstoffaufnahme**

Nährstoff	Lokali-sation	Nährstoff-gehalte	Aufnahme über „Kerne"
Rp			
Rfe			
Stärke[1]	Kern	+++	
Energie			
P			
Rfa			
Ca	Schale	+++	
Na			

[1] Stärkereiche Saaten/Samen.

Verdauungskanal (außer Schnabel) ähnlich dem Huhn, kurzer Verdauungstrakt und relativ kurze Dauer der Chymuspassage, rascher Anstieg der Enzymaktivität nach dem Schlupf und hohe Adaptationsfähigkeit der enzymatischen Aktivitäten im Verdauungstrakt an wechselnde Substratbedingungen (KH- bzw. fettreiche Nahrung; Futterumstellungen wie Wechsel von fett- und

KH-reiche Saaten und umgekehrt daher ohne Verdauungsstörungen möglich).

Die kurze Dauer der Chymuspassage (wenige Stunden) und der eher geringe Anteil des Dickdarms am gesamten Verdauungstrakt limitieren den möglichen Beitrag der mikrobiellen Verdauung an der Gesamtversorgung der Tiere. Dabei verdient Erwähnung, dass im Dickdarm von Ziervögeln (Agaporniden, Wellensittiche) eine grampositive Flora dominiert, es kommen kaum einmal höhere Keimzahlen von gramnegativen Bakterien vor (diese sind also eher Ausdruck einer Dysbiose im Verdauungstrakt, d. h. diagnostisch für den Kliniker von Interesse).

11.1.2 Energie-/Nährstoffbedarf
Erhaltung
Mit Ausnahme der Zuchtsaison (Legephase/Füttern der wachsenden Nestlinge) sowie der Mauser von Jung- und Altvögeln werden von Ziervögeln in der Regel keine besonderen Leistungen erwartet. Bei begrenzter Bewegungs- und Flugaktivität ist die Versorgung auf den Erhaltungsbedarf auszurichten (**Tab. VI.11.4**).

Der Rp-Bedarf im Erhaltungsstoffwechsel granivorer Spezies ist nach ersten Untersuchungen vergleichbar dem der Hühner (ca. 3 g Rp/kg $KM^{0,75}$); bei üblicher Futterzusammensetzung sichern ca. 10 % Rp (bei hoher Energiedichte) in der TS eine ausgeglichene N-Bilanz (bei marginaler Rp-Versorgung spielt aber dann die AS-Konzentration, insbesondere der S-haltigen AS, eine entscheidende Rolle; **Tab. VI.11.5**).

Anhand endogener Verluste bei nahezu mengenelementfreiem Futter lässt sich ein Mindestbedarf von 0,6 g Ca, 0,1 g P, 0,06 g Mg, 0,06 g Na und 0,4 g K pro kg Futter-TS kalkulieren.

Legephase/Brutzeit
Der Energie- und Nährstoffbedarf von Hennen wird in der Legephase im Wesentlichen durch die Legeleistung bestimmt, d. h. durch die Zahl, die Masse und die Zusammensetzung der einzelnen Eier. Die Zeit von der Ablage des ersten bis zum letzten Ei eines Geleges ist speziestypisch unterschiedlich: So werden von Kanarienhennen durchaus Gelege mit 5 oder 6 Eiern innerhalb von 6 oder 7 Tagen geschafft, während Hennen anderer Spezies (Wellensittiche/ Agaporniden) teils mit erstaunlicher Regelmäßigkeit in zweitägigen Abständen Gelege komplettieren oder größere Arten auch mehrere Tage für ein Gelege mit nur 2–3 Eiern benötigen. Im Vergleich zum Haushuhn erreicht die relative Masse der einzelnen Eier erstaunlich hohe Werte: bei WS gut 5 %, Agaporniden etwa 6,5 % und bei Kanarienhennen gar ca. 9 %. Die Zusammensetzung von Eiern der Ziervögel alt-

Tab. VI.11.4: **Energiebedarf von Ziervögeln im Erhaltungsstoffwechsel**

Spezies	Ø KM g	Energiebedarf[1]	
		kJ ME/Tier/d	kJ ME/kg $KM^{0,75}$/d
Kanarien	20–30	42–48	900
Wellensittiche	40–65	80–120	840
Agaporniden	40–50	60–75	680
Nymphensittiche	100–120	140–150	730
Graupapageien, Amazonen	400–440	290–340	570
Gelbbrustaras	870–1000	430–480	480
Hyazintharas	1180–1750	570–770	510

[1] Notwendige Energieaufnahme für eine KM-Konstanz (ohne Berücksichtigung einer Variation in der chemischen Zusammensetzung der KM bzw. Einflüssen von Haltung, Umgebungstemperatur etc.).

Tab. VI.11.5: **Proteinbedarf von Ziervögeln im Erhaltungsstoffwechsel**

Spezies	Proteinbedarf g/kg KM^{0,75}/d	Rp-Gehalt (MF) % der TS
Wellensittiche	4,90	9–10
Graupapageien	3,07	10
Amazonen[1]	1,90	6
Aras	2,44–2,94	6,5–10

[1] Ermittelt anhand endogener Verluste bei nahezu N-freier Diät.

ricialer Spezies ist – im Vergleich zum Hühnerei – durch einen geringeren Dotter- (ca. 20 %) und einen höheren Eiklar-Anteil (ca. 70 %) gekennzeichnet, der Schalenanteil ist hingegen eher geringer (ca. 8 %). Die im Vergleich zum Haushuhn deutlich höhere TS-Aufnahme hat zur Folge, dass die im Futter nötigen Rp-Konzentrationen in etwa denen von Legehennen entsprechen, aber längst nicht so hohe Ca-Gehalte erforderlich sind (ca. 18–22 g/kg). Trotz der hohen Futteraufnahme setzt die Energieabgabe über die Eier eine Nutzung von Energiereserven voraus, die vor Beginn der Eiablage auch tatsächlich angelegt werden müssen.

Wachstum

Die mit der Mineralisierung des Skelettsystems und der Entwicklung des Federkleides einhergehende Nährstoffretention sowie die zunehmende Fetteinlagerung bestimmen im Wesentlichen den Bedarf in der Nestlingsphase.

Je MJ ME sollten im **Aufzuchtfutter** für die Nestlinge o. g. Spezies enthalten sein: 14–16 g Rp (0,85 g Lys /0,75 g Met+Cys /0,65 g Thr/0,85 g Arg) sowie 0,55 g Calcium und 0,40 g Phosphor.

11.1.3 Futter-/Wasseraufnahme

Neben dem Energiebedarf (Einflüsse: Alter, Erhaltung bzw. Leistung, Umgebungstemperatur) und der Energiedichte (sehr variabel durch unterschiedlichen Fettgehalt in den „Kernen") haben die Gewöhnung, die Schmackhaftigkeit des Futters, Möglichkeiten der Bewegung (insbes. Fliegen) sowie Konkurrenzverhalten einen Einfluss auf die TS-Aufnahme (**Tab. VI.11.6**). Für die Höhe der Wasseraufnahme (teils tierartlich deutliche Unterschiede) spielt die Umgebungstemperatur eine wichtige Rolle (→ Thermoregulation), aber auch der Protein- sowie NaCl-Gehalt im Futter.

11

Tab. VI.11.6: **TS-Aufnahme sowie Wasseraufnahme bei granivoren Ziervögeln**

Spezies	TS-Aufnahme[1]		Wasseraufnahme	
	g/100 g KM	g/Tier/Tag	ml/g TS	ml/Tier/Tag
Kanarien	11–15	2,4–3,2	2,8–3,6	7–9
Wellensittiche	8–12	3,6–5,5	0,5–0,8 !	2–3,6
Agaporniden	7–12	5,4–6,5	2,0–2,2	5–14
Nymphensittiche	7–9	6,5–8,5	1,0–2,3	4–7
Kakadus	3,8–5,2	10–16	1,0–1,2	9–19
Graupapageien	3,1–5,2	12–20	2,0–2,2	19–36
Amazonen	3,8–5,0	15–22	1,6–1,7	18–35
Aras[2]	2,5–3,6	25–32	1,7–2,1	42–64

[1] Bei Angebot von üblichen Sämereienmischungen; [2] KM: 870–1750 g, s. Tab. VI.11.4.

11.1.4 Fütterungspraxis

In der Ziervogelfütterung werden häufig kommerzielle Mischungen aus Samen und Saaten verwandt, die – nach dem FM-Recht möglich – als „Mischfutter" deklariert sind, ohne dass dabei dem Verbraucher klar wird, ob es sich hierbei um ein Allein- oder Ergänzungsfutter, oder evtl. sogar um eine „reine" Saatenmischung handelt. Werden allerdings bestimmte Zusatzstoffe eingemischt, so sind diese deklarationspflichtig (EG-VO 767/2009), d.h. die Deklaration bietet in diesem Fall schon die Möglichkeit einer gewissen Beurteilung. Im Wesentlichen sind hier folgende 3 unterschiedliche Fütterungsbedingungen anzutreffen:

Mischungen aus Samen und Saaten (mit bzw. ohne Ergänzung durch bestimmte LM, Mineralstoffe und Vitamine.): Die Mischungen aus Samen, Saaten und Nüssen etc. variieren in ihrer botanischen Zusammensetzung (**Tab. VI.11.7**) in Abhängigkeit von der Vogelart sowie Schnabelform und -größe.

Um eine zu starke Selektion innerhalb des MF-Angebots zu vermeiden, sollte ein zu großzügiges Angebot unterbleiben (Kontrolle der „Futterreste" auf ganze Saaten).

Bei kleineren Spezies ist ein *Ad-libitum*-Angebot (bei entsprechenden Futterautomaten auch auf Vorrat) möglich, allerdings mit dem Risiko einer forcierten Selektion; evtl. kann es zu einem Verhungern am „vollen" Trog kommen (angefüllt mit Schalen und Spelzen → kein „Nachrutschen" von Saaten im Vorratsbehältnis). Bei größeren Spezies wird die Sämereien-Mischung in 1–2 Portionen je Tag angeboten (evtl. sogar m.o.w. dosiert). Bei nicht supplementiertem MF auf Ergänzung mit Mineralstoffen (insbesondere Ca) und Vitaminen (Vit A!) achten (über spez. EF oder „Beifutter").

Supplementierte Samen-/Saaten-Mischungen: Hierbei handelt es sich um Sämereienmischungen, die mit besonderen mineralstoff- und vitaminhaltigen Konfektionierungen (z.B. in Hirse- oder Hanfform) supplementiert sind. Vom Prinzip her handelt es sich um echte AF, wenn die Supplemente vom Vogel dann auch tatsächlich

Tab. VI.11.7: **Botanische Zusammensetzung von MF[1] für granivore Ziervögel**

Tierarten (-gruppen)	Zusammensetzung (Angaben in %)
Kanarien	*Rübsen* (40–60), div. Hirsearten (10–30), *Glanz* (10–30), Negersaat (5–15), Hanf (5–10), Haferkerne (bis 5), Salatsamen (2–6), Leinsamen (bis 3)
Wellensittiche	*div. Hirsearten* (60–80), *Glanz* (30–50), Haferkerne (5–15), Hanf, Negersaat, Leinsamen (jeweils bis 5)
Agaporniden/ Nymphensittiche	*Sonnenblumensaat* (20–55), div. *Hirsearten* (20–40), Glanz (10–20), Haferkerne und Buchweizen (je 5–15), Milokorn und Hanf (je 5–10), Paddyreis und Leinsamen (je 2–5)
Großpapageien	*Sonnenblumensaat*, gestreift (10–45) oder weiß (5–35), Erdnüsse (5–30), Mais (5–30)[2], Haferkerne (5–20), *Kardi* (5–30), Weizen, Hirse, Milokorn sowie Dari, Hanf, Zirbelnüsse und Kürbiskerne (je bis 5)

[1] Beispiele für praxisübliche Mischungen.
[2] Höhere Anteile an Mais besonders beim Kakadu beliebt.

aufgenommen werden. Bei Einsatz supplementierter Sämereienmischungen die tatsächliche Aufnahme der Ergänzungen prüfen (werden nicht selten verweigert, die dann konzentriert in den „Futterresten" vorliegen).

AF in pelletierter oder extrudierter Form: Auch pelletierte/extrudierte AF sind in der Fütterungspraxis anzutreffen; Vorteile: Optimierung der Energie- und Nährstoffdichte im Futter; Verzicht auf Komponenten, die häufiger im Hygienestatus zu bemängeln sind; keine Selektion im Futterangebot; kontinuierlich bedarfsdeckende Versorgung; Nachteil: Tiere (insbes. Wellensittiche und Nymphensittiche) sind teils nur schwer oder gar nicht umzustellen (bevorzugen Sämereienmischungen). Handelsübliche AF in Extrudat- bzw. Pelletform variieren je nach Spezies in der Größe der einzelnen Presslinge, in Härte, Form und Farbe. Echte AF können – ganz pragmatisch – auch kontinuierlich als Basis der Versorgung genutzt werden, die dann durch andere Komponenten ergänzt wird (morgens das AF, nach dessen vollständiger Aufnahme am Nachmittag andere Komponenten m. o. w. *ad libitum*).

Fütterung in der Zuchtsaison

Schon ca. 3 Wochen vor Legebeginn: Vorbereitungsfütterung (Rp-reiche Komponenten), mineralstoff-, insbesondere Ca-reiche und Vit-haltige Ergänzungen, zusätzlich evtl. „Keimfutter" (Saaten mit Keimlingen) bzw. „Kochfutter" (schonend gekochte Saaten/Gemüse).

Nach dem Schlupf Elterntieren spezielle Aufzuchtfutter anbieten (evtl. in feuchtkrümeliger Form auf der Basis von Zwiebackmehl, mit entsprechenden Ergänzungen durch S-haltige AS, Mineralstoffe, Vitamine; näheres s. vorher: Bedarf von Nestlingen). Nach dem Verlassen des Nestes den Jungvögeln noch einige Wochen weiter Aufzuchtfutter anbieten (zunehmend verschnitten mit dem üblichen Futter).

In der Papageienzucht hat die **Handaufzucht** der Nestlinge (nach Kunstbrut) große Verbreitung gefunden (Vorteile: mehr Jungtiere je Paar und Jahr, handzahme Tiere mit höherem Marktwert, zunehmende Unabhängigkeit von Wildfängen, besonders wichtig bei bedrohten Arten). Voraussetzung für den Erfolg: Hygiene und spezieszifisches Mikroklima in den Aufzuchtboxen, Bereitschaft zur täglich mehrmaligen Fütterung (vom frühen Morgen bis in späten Abendstunden), Applikation eines geeigneten Futters, das als Brei per Sonde, Spritze oder Löffel verabreicht wird (zu Beginn in 2-stündigem Abstand jeweils ca. 10 % der aktuellen KM, jeweils bis zur Füllung des Kropfes). Hierfür stehen mittlerweile entsprechende industriell hergestellte AF zur Verfügung. In den Anfängen der Handaufzucht häufigste Fehler in der Fütterung: hohe Lactosegehalte (Produkte: Babynahrung) bzw. Mangel an S-haltigen AS, Mineralstoffen (insbesondere Calcium bei ausschließlichem Angebot von Zwiebackmehl mit gekochtem Ei) und Vitaminen; auch heute noch ein Problem der Handaufzucht: verzögerte/ausbleibende Kropfentleerung und Kropfaufgasung (Hefen) nach Applikation zu großer Mengen.

11.1.5 FM für granivore Ziervögel
Einzelfuttermittel

Grundlage der Ernährung bilden Sämereien, Saaten und Nüsse, die entsprechend ihrem Charakter wie folgt gruppiert werden können:
- fettreich (allgemein auch proteinreich!)
- kohlenhydratreich
- proteinreich (nicht selten auch fettreich, s. o.)

Daneben spielen die Selektion besonders beliebter Komponenten, evtl. auch Prozesse der Prägung und Gewöhnung für die Futteraufnahme eine große Rolle. Unterschiede zwischen Energie- und Nährstoffgehalt im **MF-Angebot** und in der tatsächlichen **Aufnahme** sind hier normal (außer bei pelletiertem bzw. extrudiertem AF!)

Chemische Zusammensetzung von Einzel-FM für Ziervögel

Siehe **Tabelle VI.11.8** (Angaben beziehen sich ausnahmslos auf den „Kern", d. h. die Zusammensetzung des tatsächlich aufgenommenen Futters; für die Praxis können für die meisten Komponenten etwa 88–90 % TS in der uS unterstellt werden.)

Die im Folgenden angeführten „modernen" AF in Form von extrudierten oder pelletierten AF zeigen – im Vergleich zu üblichen Sämereienmischungen – deutlich geringere Fett- und damit Energiegehalte (dafür ca. 50–60 % NfE), sodass ein höheres Futterangebot notwendig ist (**Tab. VI.11.9**). Mineralisierung und Vitaminierung variieren erheblich (teils deutlich über dem Bedarf für Erhaltung).

Weit verbreitet ist – unabhängig vom Fütterungskonzept – eine „Beifütterung". Nachfolgend genannte Komponenten haben eine besondere Bedeutung zur Ergänzung mit:
- Tierischem Eiweiß: hart gekochtes Ei (48 % Rp in der TS), Quark, Käse, evtl. auch etwas Dosenfutter für Hd/Ktz, Kotelettknochen, evtl. auch Insektenlarven, dabei aber Gesamt-Rp-Zufuhr beachten!
- Calcium: Sepia-Schale (30 % Ca, 0,7 % Na), $CaCO_3$-Steinchen (35 % Ca) bzw. Eierschalen (36 % Ca), evtl. auch Garnelen (14 % Ca in TS) bzw. als Kräuter Breitwegerich, Löwen-

11

Tab. VI.11.8: **Zusammensetzung von Einzelfuttermitteln für Ziervögel (Angaben beziehen sich auf den tatsächlich aufgenommenen Anteil des FM)**

	Spelzen-anteil %	Rp	Rfe	Rfa	NfE	ME[1] MJ/	Ca	P	Na
			g/kg TS			je kg TS		g/kg TS	
fettreich									
Sonnenblumenkerne (Helianthus annuus)									
– gestreift	43,3	261	594	38,8	61,7	25,1	1,68	8,87	0,33
– weiß	44,5	215	592	94,2	67,4	24,3	1,57	8,23	0,35
Kardi (Carthamus tinctorius)	56,5	285	587	20,7	67,0	26,5	2,31	8,95	0,32
Hanf (Canabis sativa)	46,0	337	522	35,0	55,5	24,3	0,59	14,3	0,12
Erdnüsse (Arachis hypogaea)	25,7	335	574	38,5	30,3	25,5	0,37	5,83	0,34
Rübsen (Brassica rapa)	24,0	237	550	76,1	77,5	24,5	2,71	9,92	0,30
Negersaat (Guizotia oleifera)	28,0	237	476	79,6	152	22,3	2,90	9,27	0,41
Salatsamen (Lactuca sativa)	30,0	304	475	85,6	84,3	22,2	2,84	11,2	0,80
Kürbiskerne (Cucurbita pepo)	23,6	402	459	35,2	32,0	22,3	1,83	11,3	0,62
Zirbelnüsse (Pinus cembra)	53,0	233	507	49,3	180	20,2	0,21	9,24	0,43
Walnüsse (Juglans regia)	47,0	156	656	18,8	145	26,9	0,52	3,13	0,04
Haselnüsse (Corylus avellana)	45,6	149	660	19,1	143	27,3	1,70	3,51	0,01
Leinsamen (Linum usitatissimum)	50,0	247	567	91,0	58,1	23,5	1,12	7,80	0,23
kohlenhydratreich									
Hirsen (Panicum spp.)	15,6	142	54,6	23,7	757	16,7	0,32	4,06	0,53
Japanhirse (Panicum frumentaceum)	17,0	115	71,1	58,5	710	14,7	0,17	5,56	0,61
Glanz (Phalaris canariensis)	18,0	229	109	23,7	594	18,2	0,65	6,35	0,41
Haferkerne (Avena sativa)	22,5	156	82,0	17,1	723	16,8	0,41	4,54	0,32
Mais (Zea mays)	3,0	95,6	44,4	18,5	825	15,6	0,21	4,52	0,31
Dari (Sorghum bicolor)	0	135	38,5	20,4	769	15,9	0,74	3,22	0,62
Buchweizen (Fagopyrum esculentum)	18,8	153	43,2	19,5	763	16,2	0,22	3,59	0,51
Milo (Sorghum bicolor)	0	122	39,0	22,1	778	15,6	0,89	3,11	0,69
Reis (Oryza sativa)	17,2	106	22,7	29,1	689	13,9	0,45	3,25	0,10
Weizen (Triticum aestivum)	15,1	122	19,1	20,1	758	15,0	0,57	3,68	0,13

[1] Kalkuliert aus Rp-, Rfe-, Stärke- und Zuckergehalt, Formel s. Kap. I.4.2.

zahn, Beifuß, Golliwoog, Hirtentäschelkraut (> 10 g Ca/kg TS).

- Carotin: Grünfutter (Salat, Kräuter wie Löwenzahn, Wegerich), Möhren.
- Vit-C- u. Vit-B-Komplex: Obst (Äpfel, Orangen, Kirschen, Weintrauben etc.), Paprika.

Was die Aufnahme von Grünfutter, Obst und ähnlichen pflanzlichen Materialien angeht, zeigen sich teils erhebliche Speziesunterschiede,

insbesondere bei einer Haltung in Außenvolieren mit natürlichem Bewuchs; Kanarien lassen dabei fast herbi-/folivore Neigungen erkennen, Agaporniden nehmen gerne Äpfel, Möhren, aber auch Mehlwürmer u. ä. auf, während Amazonen erhebliche Mengen/Anteile an Obst (in % der TS-Aufnahme) konsumieren (**Tab. VI.11.10**). Andererseits zeigen nach bisherigen Untersuchungen derartige Produkte beim Wellensittich keine nennenswerte Akzeptanz.

Tab. VI.11.9: **Zusammensetzung von Sämereienmischungen[1] bzw. extrudierter AF für Papageien**

Angaben pro kg TS		Rp	Rfe	Rfa	NfE	ME	Ca	P	Na
			g			MJ		g	
Sämereienmischung	von	222	470	17,1	72,2	17,4	0,94	6,37	0,19
	bis	328	588	58,5	101	25,3	2,84	15,7	0,76
extrudierte Mischfutter	von	146	31,3	13,8	511	13,5	3,20	4,04	0,73
	bis	243	205	47,8	716	16,5	15,5	8,61	6,68

[1] Unter Berücksichtigung von Selektion und Entspelzen/Entschälen (d. h. in der tatsächlichen Aufnahme).

VI.11.10: **Einzel-FM pflanzlichen Ursprungs (bei körnerfressenden und weichfutterfressenden Ziervögeln als Beifutter beliebt)**

Angaben pro kg uS	TS	Rp	Rfe	Rfa	NfE	ME	Ca	P	Na
				g		MJ		g	
Vogelmiere	80	16,3	2,89	16,5	87,4	1,81	2,91	0,61	0,04
Löwenzahn	170	35,6	9,44	22,8	79,8	2,21	2,50	0,77	0,24
Möhre	120	13,2	2,82	11,5	64,6	1,45	0,32	0,43	0,41
Apfel	140	3,20	0,74	6,28	149	2,55	0,05	0,06	0,07
Birne	160	4,61	3,67	16,9	137	2,52	0,12	0,11	0,03
Orange	143	13,1	7,64	7,87	81,2	1,82	0,46	0,25	0,08
Banane	262	11,9	2,35	2,78	231	2,98	0,08	0,26	0,09
Ebereschenbeeren	283	15,0	5,78	71,5	191	3,29	0,42	0,33	0,03
Feuerdornbeeren	170	17,1	8,07	69,6	129	1,11	0,51	0,37	0,03
Holunderbeeren	160	21,8	26,3	43,2	116	3,18	0,44	0,52	0,05
Kornelkirsche[1]	180	12,6	3,38	8,54	140	2,13	0,80	0,32	0,08

[1] Nur Fruchtfleisch.

11

11.2 Weichfutterfresser

Die verschiedenen Spezies dieser Gruppe (nur wenige Arten bisher domestiziert) zeigen im Herkunftsbiotop eine sehr unterschiedliche Ernährungsweise (frugi-/insekti-/nektarivore und gemischte Formen, z. T. jahreszeitlich variierend; **Tab. VI.11.11**); bei Simulation dieser ursprünglichen Form der Ernährung spielt die Konfektionierung/Konsistenz des Futterangebots eine wesentliche Rolle. Bei vielen Weichfressern (hoher Wassergehalt im Futter!) sind teils sehr dünnflüssige Exkremente normal, d. h. mehr oder weniger arttypisch.

11.2.1 Biologische Grunddaten/ Grundlagen

Der Energiebedarf im Erhaltungsstoffwechsel vieler weichfutterfressender Spezies (z. B. Loris) entspricht in etwa dem Energiebedarf granivorer Arten mit vergleichbarer KM. Demgegenüber ist der Proteinbedarf im Erhaltungsstoffwechsel von Nektarfressern (z. B. Loris, Kolibris) niedriger anzusetzen als der von granivoren Spezies.

11.2.2 Fütterungspraxis

Je nach ursprünglicher Nahrung werden Substitute („Weichfutter" in feucht-krümeliger bis breiiger Form) aus folgenden Komponenten in speziesunterschiedlichen Relationen erstellt:

- **LM:** hartgekochtes Ei, Quark, Hüttenkäse, gekochtes Rinderherz, gemustes Fleisch, zum Teil ergänzt mit Kindernahrung (Obst- und Gemüsebrei) oder KH-reichen Komponenten wie Honig oder Süßgebäck.
- **FM:** spezielle MF in feucht-krümeliger Form, Dosenfutter für Hd/Ktz, evtl. durch Maisflocken u. Ä. ergänzt, Kükenaufzuchtfutter (als Brei zubereitet).
- **Insekten und deren Larven** (Mehlwürmer, Buffalos, Motten, Heimchen, *Drosophila*): als „Lebendfutter" oder in Form von Trockenprodukten.
- **Nektarersatz:** spez. Instantpräparate, flüssige Zuckergemische (Sirup), Honig, ergänzt durch Obstbreie, Zwiebackmehl u. Ä..

Elterntiere mancher Spezies füttern die Nestlinge nur, wenn ausreichend „Lebendfutter" angeboten wird. Bei manchen Lori-Arten

Tab. VI.11.11: **Ernährungsweisen verschiedener „Weichfutterfresser"**

Arten (Gruppen)	KM[1] (g)	ursprüngliche Nahrungsgrundlage
Loris, Fledermauspapageien	20–150	Nektar, (Blüten-)Pollen, Früchte, Beeren, bei manchen Spezies phasenweise auch Sämereien
Brillenvögel	10–20	Früchte, Beeren, Nektar, (Blüten-)Pollen, Insekten
Tangaren	15–30	Früchte, Beeren, Insekten
Blattvögel	40–60	Früchte, Beeren, Nektar, (Blüten-)Pollen, Insekten
Beos, Atzel	100–250	Früchte, Insekten
Timalien (z. B. Sonnenvögel, Sivas, Yuhinas)	20–40	Insekten, Früchte, Beeren, bei manchen Arten phasenweise Sämereien
Schamas, Niltavas	40–60	Insekten, Beeren
Bülbüls	60–120	Insekten, Früchte, Beeren
Drosseln, Stare	50–70	Würmer, Insekten, Beeren, Früchte

[1] Artabhängig teils ganz erhebliche Variation.

scheint ein gewisser Anteil von Körnerfutter unentbehrlich; nektarivore Spezies lassen sich evtl. sukzessiv auf extrudierte AF umstellen (zunächst als Brei, später trocken angeboten).

In Ergänzung zum „Weichfutter" werden häufig auch verschiedene Kräuter, samentragende Gräser sowie Obst (z.B. Äpfel, Birnen, Kirschen, Apfelsinen, Bananen, Papayas, Kaktusfrüchte) angeboten.

11.2.3 FM für „Weichfutterfresser"

Sogenannte Weichfutterfresser erhalten neben einer Vielfalt an Obst, Pollen und Honig auch vielfach Insekten (**Tab. VI.11.12, VI.11.13**). Letztere werden häufig nicht nur aufgrund des Proteingehaltes, sondern auch aufgrund des Chitinpanzers der Insekten verabreicht, der zu einer etwas festeren Konsistenz der ansonsten wässrigen Exkremente führt.

Tab. VI.11.12: **Chemische Zusammensetzung von Futterinsekten**

	TS g/kg uS	Ra	Rp	Rfe	Ca	P	Na	Cu	Zn	Fe
					g/kg TS				mg/kg TS	
Drosophila, klein	259	68,4	751	868	1,21	13,3	3,79	31,3	256	241
Drosophila, groß	314	44,9	645	919	0,55	9,08	1,56	31,9	260	160
Gelbaugengrille	309	52,4	667	177	3,20	8,48	4,14	18,0	195	100
Große Maden	293	45,4	604	254	2,97	7,03	5,77	14,5	110	95,9
Heimchen	275	49,8	703	177	1,95	7,96	4,51	28,8	203	63,2
Heuschrecken	357	31,4	574	330	0,96	4,99	1,71	37,6	80	82,1
Kurzflügelgrillen	357	52,4	689	168	4,40	9,64	3,81	53,2	166	93,3
Locusta	376	40,4	612	229	2,23	6,7	1,62	33,8	135	105
Mehlwürmer	400	52,5	561	131	0,26	10,3	1,65	22,7	135	59,5
Mittelmeergrillen	276	49,7	665	237	2,24	7,62	4,46	18,3	148	78
Pinky-Maden	296	44,9	564	310	3,72	7,67	4,56	11,1	108	174
Schaben	432	55,3	664	252	5,35	4,88	5,37	17,4	273	94,2
Steppengrillen	302	45,1	650	237	1,96	7,26	3,78	15,1	170	66,6
Terfly	311	54,3	632	122	2,13	10,1	3,47	20,0	194	222
Wachsmotten	370	37,3	423	514	0,45	5,00	0,32	13,9	100	36,5
Zophobas	395	33,1	518	347	0,22	5,44	1,04	12,4	94	48,6

11

Tab. VI.11.13: **Zusammensetzung ausgewählter FM für nektarivore Ziervögel**

	TS g/kg uS	Ra	Rp	Rfe	Rfa	NfE	Stä	Zu	ME* MJ/ kg TS	Ca	P	Na
					g/kg TS						g/kg TS	
kohlenhydratreich												
Zucker ↑, Stärke ↓												
Papaya	121	45,5	43,0	7,4	157	747		587	8,6	1,74	1,32	0,18
Weintrauben	189	25,4	36,0	14,8	79,4	844		797	11,4	0,63	1,01	0,11
Rohrzucker[1]	1000					1000		1000	13,0			
Traubenzucker[2]	1000					1000		1000	13,0			
Fruchtzucker[3]	1000					1000		1000	13,0			
Honig	814	2,70	4,70			993		923	12,1			
Stärke ↑, Zucker ↓												
Haferflocken	910	20,9	132	83,5	33,0	731	731		17,1	0,88	4,29	0,05
Babybrei, lactose-frei	957	12,2	12,5	3,1		950	719	231	15,9			
proteinreich												
Pollen	878	18,8	191	73,1	30,4	687	127	418	13,0	0,74	3,04	0,13
Bierhefe	959	68,8	473	22,9	2,00	434	76,5	29,8	9,79	2,61	7,81	4,81
Sojaprotein-Isolat	940	45,7	888	37,2	3,19	25,9	25,5		15,5			

Stä = Stärke; Zu = Zucker (= Saccharose + Glucose + Fructose)
[1] Saccharose; [2] Glucose; [3] Fructose.
* ME (MJ/kg TS) = 0,01551 x g Rp + 0,03431 x g Rfe + 0,01669 x g Stärke + 0,01301 x g Zucker (∑ Glucose, Fructose, Saccharose).

11.3 Ernährungsbedingte Störungen

Die traditionelle Verwendung einseitig zusammengesetzter Sämereienmischungen (häufig keine echten AF), das ausgeprägt selektive Verzehrverhalten (trotz Angebots einer FM-Vielfalt Bevorzugung bzw. Meidung einzelner Komponenten) sowie verschiedene, bei angestrebter Ergänzung auftretende Probleme (teils ungeeignete Produkte, Schwierigkeiten in der Dosierung und Applikation, Verweigerung von mineralstoffreichen, vitaminierten Supplementen) sind ganz wesentliche Ursachen für ernährungsbedingte Störungen in der Ziervogelhaltung, die allerdings häufig erst in der Phase eines erhöhten Bedarfs (Lege- und Nestlingsphase) klinisch manifest werden (**Tab. VI.11.14**).

Tab. VI.11.14: **Ernährungsbedingte Störungen bei Ziervögeln**

Ursachen im Überblick	Auftreten/Hintergründe	Häufig-keit	Folgen
Überversorgung			
Energie • Futtermenge/ Energiedichte	Psittaziden (bes. bei fehlender Flugaktivität) (s. Fettgehalt im Futter)	+++	Adipositas und sekundäre Störungen
Protein	Präferenz für Rp-reiche FM bzw. EF		Belastung von Nieren und Leber (Gicht?)
Mineralstoffe • Natrium • Eisen	NaCl-Fehldosierung, Salzgebäck bei Beos, Amazonen, Agaporniden, evtl. Tucanen trotz "normaler" Fe-Gehalte im MF	(+) (+)/++	Exkrementeverflüssigung ("Durchfall"), Anorexie Eisenspeicherkrankheit (Hepatose)
Vitamine (A, D)	("Vitamin-Stoß"), Fehldosierung von EF		Vit A: Dyskeratose, Vit D: Gewebeverkalkung (Niere!)
Unterversorgung			
Futter/Wasser	Kontinuität der Betreuung?	(+)	Verhungern/Verdursten
Aminosäuren • S-haltige • Lys, Arg, Trp	Selektive Futteraufnahme bzw. AS-Mangel im MF Legephase, Wachstum, Mauser	++ +	Störungen von Fertilität, Wachstum und Gefieder-entwicklung/-qualität
Mineralstoffe • Ca, (Na) • Jod	generell in Legephase/Wachstum nicht supplementierte MF	+++ (+)	Legenot, Skelettdeminera-lisierung, Osteodystrophie Struma (?)
Vitamine • Vit A, D$_3$ • Vit-B-Komplex	bei ausschließlicher Sämereienfütte-rung, Verweigerung der Supplemente	+++ (+)	Dyskeratose, Rachitis zentralnervöse Störungen
FM-Verderb/-Kontamination			
Pilze/-toxine wie Aflatoxine, Mutterkorn etc.	Psittaziden u. a. (Nüsse in Schalen)	+	Mykosen (Luftsäcke), Mykotoxikosen
chemische Rückstände (Pestizide u. Ä.)	diverse Spezies (Importfuttermittel!)	(+)	Intoxikationen[1], teils mit zentralen Störungen
Fütterungstechnik			
Verderb von FM	Überangebot, Keimfutter?	+	Verdauungsstörungen
mangelhafte Tränkehygiene, zu große Futtermenge je Zeiteinheit in der Aufzucht	Sorgfalt in der Betreuung? Applikation der Menge pro Mahlzeit in der Handaufzucht	+ ++	intestinale Dysbakterie Stase/Aufgasung im Kropf (Pendelkropf)

[1] Auch bei Zugang zu Zimmerpflanzen, Giftpflanzen an/in Außenvolieren, evtl. Zinkintoxikationen durch Aufnahme von „Zinkperlen" (galvani-sierte Drahtgitter u. Ä.).

11

Literatur

AECKERLEIN W (1986): *Die Ernährung des Vogels.* Verlag Eugen Ulmer, Stuttgart.

BAYER G (1996): *Futtermittelkundliche Untersuchungen zur Zusammensetzung (Energie- und Nährstoffgehalte) verschiedener Saaten für kleine Ziervögel.* Diss. med. vet., Hannover.

HÄBICH AC (2004): *Vergleichende Untersuchungen an zwei Loriarten (Trichoglossus goldiei bzw. Trichoglossus haematodus haematodus) zur Futter- und Wasseraufnahme sowie zur Nährstoffverdaulichkeit und Zusammensetzung der Exkremente bei Einsatz verschiedener Einzel- und Mischfuttermittel.* Diss. med. vet., Hannover.

HARRISON GJ, HARRISON LR (1986): *Nutritional diseases.* In: Harrison GJ, Harrison LR (edit.): Clinical avian medicine and surgery. W. B. Saunders Co., Philadelphia, p. 397–407.

KAMPHUES J (1993): *Ernährungsbedingte Störungen in der Ziervogelhaltung – Ursachen, Einflüsse und Aufgaben.* Monatsh Vet Med 48: 85–90.

KAMPHUES J, WOLF P (1997): *Abstracts: First International Symposium on Pet Bird Nutrition, 3.–4. 10. 1997,* Hannover, 1–134.

KAMPHUES J, HÄBICH AC, WESTFAHL C, WOLF P (HRSG.; 2007): *Tagungsband (Abstracts) zum 2.* Internationalen Symposium zur Ziervogelernährung. 4.–5. Oktober 2007, Hannover; ISBN 978-3-00-022397-6.

KLASING KC (1998): *Comparative Avian Nutrition.* CAB International, New York, USA.

LOESGEN A (2011): *Vergleichende Untersuchungen an Ziervögeln (Unzertrennliche, Wellensittiche, Kanarienvögel) zur Legeleistung und Eizusammensetzung sowie zum Energie- und Nährstoffbedarf in der Legephase.* Diss. med. vet., Hannover.

MUTH B (1992): *Zur Ernährung empfindlicher Weichfresser.* Voliere 1992 (12): 377.

NOTT HMR, TAYLOR EJ (1993): *Nutrition of Pet Birds.* In: BURGER I: The Waltham Book of Companion Animal Nutrition, Pergamon Press, Oxford.

ULLREY DE, ALLEN ME, BAER DJ (1991): *Formulated diets versus seed mixtures for psittacines.* J Nutr 121: 193–205 (Suppl.).

WENDLER C (1995): *Untersuchungen zu Möglichkeiten der Mineralstoffversorgung von Kanarien (Serinus canaria) über Handelsfuttermittel.* Diss. med. vet., Hannover.

WESTFAHL C, WOLF P, KAMPHUES J (2008): *Estimation of protein requirement for maintenance in adult parrots (Amazona spp.) by determining inevitable N losses in excreta.* J Anim Physiol Anim Nutr 92 (3): 384–389.

WOLF P, HÄBICH AC, BÜRKLE M, KAMPHUES J (2007): *Basic data on food intake, nutrient digestibility and energy requirements of lorikeets.* J Anim Physiol Anim Nutr 91 (5/6): 282–288.

WOLF P, KAMPHUES J (1995): *Zur Ernährung von Papageien – Fragen und Antworten.* Jahrb. f. Papageienkunde 1: 143–162.

WOLF P, KAMPHUES J (2001): *Zur Ernährung von Papageien.* In: Cyanopsitta 61: 4–7.

WOLF P, KAMPHUES J (2003): *Hand rearing of pet birds – feeds, techniques and recommendations.* J Anim Physio Anim Nutr 87: 122–128:

WOLF P, RABEHL N, KAMPHUES J (2003): *Investigations on feathering, feather growth and potential influences of nutrient supply on feathers' regrowth in small pet birds (canaries, budgerigars and lovebirds).* J Anim Physiol Anim Nutr 87 (3/4): 134–141.

WOLF P, GRAUBOHM S, KAMPHUES J (2009): *Extrudate und Pellets – Futtermittel der Zukunft?* Papageien 22 (11): 372–375.

WOLF P, YOUSSEF I, KAMPHUES J (2009): *Baumsaaten für Ziervögel – Futtermittelkundliche Untersuchungen zur Zusammensetzung von Früchten und Samen verschiedener Sträucher und Bäume.* Gefiederte Welt 133 (5): 27–30.

WOLF P, SIESENOP U, VERSPOHL J, KAMPHUES J (2012): *Zur Entwicklung des Hygienestatus von Früchten bzw. Kochfutter während des Futterangebots an Heimtiere.* Kleintierprax 57: 409–414.

12 Reptilien

12.1 Ernährungsphysiologische Grundlagen

🐢 Reptilien zählen zu den wechselwarmen (poikilothermen) Tieren; die Gruppe umfasst über 5000 Arten, die sich in ihrer Herkunft (Standort: Wüste bis Wasser) und in ihrer Ernährungsweise im originären Habitat (s. **Tab. VI.12.2**) erheblich unterscheiden. Auch der Bau und die Ausstattung des Verdauungstraktes zeigen eine entsprechende Vielfalt: So haben Schlangen Zähne, mit denen sie ihre Beute festhalten, zudem können sie ihr Kiefergelenk „aushängen" und dadurch größere Beutetiere fressen; die Zunge dient nicht nur der Nahrungsaufnahme und Fixierung des Futters, sondern auch als Sinnesorgan, das entsprechende olfaktorische Reize an das Jacobson'sche Organ leitet. Schildkröten hingegen haben anstelle von Zähnen nur Hornplatten, ihr Kiefergelenk zeigt keine so große Beweglichkeit. Schildkröten tragen als besonderes Kennzeichen einen Panzer mit einer Mineralisation, die in etwa dem Skelett entspricht (Ca : P-Verhältnis von ca. 2,4 : 1). Reptilien zeigen zudem – neben einem lebenslangen Wachstum, das allerdings bei Jungtieren intensiver erfolgt – wiederkehrend eine sogenannte Häutung, bei der die äußeren Keratinschichten *in toto* in einem Vorgang (z. B. Schlangen; dort auch „Natterhemd" genannt) oder auch partiell und sukzessiv (z. B. Schildkröten) abgestoßen werden. In Abhängigkeit von Spezies, Alter und Umgebungsbedingungen sind die Intervalle zwischen diesen Häutungen variabel. Aus Sicht der Tierernährung verdient Interesse, dass die abgestoßene Haut (fast nur aus Keratin bestehend) häufig von den Tieren aufgenommen wird. Kommt es zu Störungen bei der Häutung, so sind hierfür häufig Fehler in der Haltung (fehlende Luftfeuchte) oder eine Hypovitaminose A verantwortlich.

Der Bau des Verdauungstraktes von Reptilien zeigt in Anpassung an die Ernährungsweise im Herkunftsbiotop teils deutliche Unterschiede und Besonderheiten:

- Carnivore: wenig ausdifferenzierter Dickdarm
- Herbivore: voluminöser, stärker segmentierter Dickdarm (intensive mikrobielle Verdauung), teils auch größeres Caecum; Jungtiere diverser Spezies omnivor
- Omnivore: Jungtiere benötigen im Vergleich zu Adulten überwiegend tierische Nahrung
- Insektivore: zusätzliche Chitinaseaktivität im Gastrointestinaltrakt 🐢

Dauer der Darmpassage: Abhängig von der Umgebungstemperatur, Art des Futters und von der Spezies; bei suboptimalen Temperaturen → Nahrungsverwertung ↓, Verdauungsenzyme entsprechen denen warmblütiger Tiere. Aus der teilweise extremen Spezialisierung auf ein bestimmtes Nahrungsspektrum ergeben sich besondere Anforderungen hinsichtlich der art- und bedarfsgerechten Fütterung. Nicht nur die Art des Futters ist von Bedeutung, sondern häufig auch die Präsentation der Nahrung (Auslösung von Reizen zum Beutefang und zur Aufnahme). Wasserschildkröten nehmen z. B. ihr Futter in der Regel nur im Wasser auf. Auch die Tageszeit des Futterangebots spielt bei einigen Spezies eine ganz erhebliche Rolle. Der Erhaltungsbedarf an Energie ist im Allgemeinen deutlich niedriger als bei warmblütigen Tieren.

Energiebedarf (Erhaltung):

50–60 kJ ME/kg KM^{0,75}

Die Umgebungstemperatur bestimmt – spezies-abhängig – maßgeblich die Aktivität, auch die der Verdauungsenzyme, und damit auch die Futteraufnahme, die zwischen 2–14 g TS/kg KM und Tag variiert (**Tab. VI.12.1**).

Tab. VI.12.1: **Futteraufnahme von Reptilien**

Spezies	TS-Aufnahme (g/kg KM)
Echse, Rotkehl-Anolis	
– im Winter	0,5
– im Sommer	10,0
(Zier) Schildkröte, Umgebungstemperatur	
20 °C	1,25
25 °C	3,37
30 °C	3,68
35 °C	5,01

In Abhängigkeit von Jahreszeit, Saison und vom Alter sind auch Veränderungen im Futterspektrum bekannt. Insbesondere Jungtiere – selbst folivorer Spezies – nehmen auch bzw. gerade dann Komponenten tierischer Herkunft auf.

Reptilien müssen stets Zugang zu Tränkwasser haben. Einige Reptilien (z. B. Chamäleon, Taggecko) trinken nicht aus stehendem Wasser → Tropftränke oder Besprühen von Pflanzen (Wassertropfen auf den Blättern). Manche Echsenarten nehmen auch nur fließendes Wasser auf. Anderen Spezies wie Landschildkröten ist Wasser zur Aufnahme und zum Baden anzubie-ten, d. h. sie trinken nur im Wasser, wobei Wasser auch über die Kloake aufgenommen wird. Die während des Badens forcierte Abgabe von Exkrementen schafft dabei besondere hygienische Probleme, wenn das Wasser nicht stets erneuert wird. Wüstenbewohnende Reptilien (z. B. Leopard-Gecko) haben einen geringeren Wasserbedarf als z. B. Spezies aus gemäßigten tropischen Klimazonen.

12.2 Fütterungspraxis

Entsprechend der unterschiedlichen Ernährungsweise der als Heimtiere gehaltenen Reptilien ist die Vielfalt der verabreichten FM erheblich (**Tab. VI.12.2, VI.12.3**). Neben Grünfutter, Obst und Gemüse kommen Invertebraten und Vertebraten (teils lebend – hierbei ist das Tierschutzgesetz zu beachten – aber auch Fleisch bzw. Organe) sowie gelegentlich MF zum Einsatz. Kommerzielle MF haben noch nicht die Bedeutung wie bei anderen Tierarten; im Handel werden MF in unterschiedlicher Form angeboten: z. B. pelletiert, extrudiert, tablettiert oder auch als Feuchtfutter (sog. Dosenfutter). Invertebraten, Fleisch, Fisch bzw. pflanzliche Produkte gibt es auch in lyophilisierter Form. Die Nährstoffgehalte kommerzieller FM für Land- oder Wasserschildkröten weisen beachtliche Unterschiede auf, daher ist deren sorgfältige Beurteilung – insbesondere des Rohprotein-,

Tab. VI.12.2: **Übersicht zur Ernährungsweise häufiger als Heimtiere gehaltener Reptilien**

Ernährungsweise	FM bei Terrarienhaltung	Reptilien
herbivor/folivor	Wildkräuter, Salate, Gemüse (Obst nur in kleinen Mengen)	Grüner Leguan, Wickelschwanzskink*, Dornschwanzagame*, Landschildkröte
insektivor	Grillen, Heimchen, Mehlwürmer, Spinnen, Asseln etc.	Grasnatter, viele Echsen, Chamäleon, Eidechse, Gecko
carnivor	Nager (z. B. Mäuse, Ratten, Hamster, Gerbils), Eintagsküken, Fisch, Mollusken, Würmer, Futtergeckos	Schlangen (exkl. Eierschlange und Grasnatter), Panzerechse, Waran, einige Wasserschildkröten (z. B. Schnapp- und Geierschildkröten)
omnivor	Avertebraten (Insekten, Spinnentiere, Mollusken, Krebstiere, Würmer), Wirbeltiere, pflanzliche Nahrung (s. o.)	viele Wasser- und Sumpfschildkröten (z. B. Zier- und Wasserschildkröte)

* Im Wachstum auch Nahrung tierischer Herkunft.

Ca- und P-Gehaltes (sofern angegeben) – zu empfehlen. Ein besonderes Problem sind die teils sehr hohen Stärke-Gehalte, die nicht selten zu Verdauungsstörungen führen.

Tab. VI.12.3: **Zusammensetzung üblicher FM und Komponenten in der Reptilienfütterung**

Kräuter, Gemüse	Löwenzahn, Vogelmiere, Salat etc.	s. Tab. VI.11.10
Insekten	Mehlwürmer, Heimchen, Grillen etc.	s. Tab. VI.11.12
Sonstige FM („Beutetiere")	Babymäuse („Pinkies"), adulte Mäuse	s. Tab. VI.7.26

Der Übergang von insektivor zu carnivor ist z. T. fließend, da z. B. größere Chamäleons durchaus Babymäuse oder andere kleine Echsen fressen, wenn sie derer habhaft werden. Ebenso nehmen viele carnivore oder insektivore Reptilien z. T. auch pflanzliche Nahrung bzw. herbivore Spezies tierisches Protein zu sich.

Eine adäquate Ca- und P-Versorgung ist nicht nur für Jungtiere essenziell; bei geringen Ca- und P-Gehalten bzw. bei relativem P-Überschuss treten auch später Demineralisierungen des Skeletts auf. Der Vit-D-Bedarf von Reptilien ähnelt teilweise dem der Säuger (500–1000 IE/kg TS), bei einer Haltung im Haus ist für tagaktive Arten (z. B. Schildkröten und die meisten Echsen, z. B. Taggeckos) die Bestrahlung mit UV-B-Licht (Speziallampen mit einem besonders hohen Anteil an Licht mit einer Wellenlänge von 280–320 nm; langsame Adaptation) erforderlich. Einige Spezies können auch mit diesem UV-Licht-Angebot keine aktiven Vit-D-Metaboliten bilden.

12.2.1 Landschildkröten und herbivore Echsen

Das Futter dieser tagaktiven Tiere sollte täglich am Morgen frisch verabreicht werden und aus verschiedenen Einzel-FM bestehen (Vermeiden einseitiger Ernährung). Neben Grünfutter, das vor allem aus Wildkräutern und zu geringerem Anteil auch aus Salaten und diversem Gemüse

bestehen sollte, können Früchte in geringen Mengen zum Einsatz kommen. Zu viel Obst führt evtl. zu Fehlgärungen und Durchfall. Bei Landschildkröten aus ariden Habitaten muss immer kräuterreiches Heu (Kräuter > Gräser) zur freien Aufnahme vorhanden sein. Im Allgemeinen ist eine abwechslungsreiche Ration mit Orientierung an Futterpflanzen des natürlichen Habitats zu empfehlen. Speziell bei juvenilen und eierlegenden Tieren ist eine Ca-Quelle zur freien Aufnahme, z. B. in Form von Sepiaschale oder zerstoßenen Hühnereischalen, anzubieten. Bei 2- bis 3-jährigen Landschildkröten scheint ein Ca-Gehalt von 10 g/kg TS und ein P-Gehalt von 7 g/kg TS ausreichend zu sein. Ein Gehalt von > 30 g Ca/kg TS (7 g P/kg TS) führte zu Verkalkungen in der Niere.

Eine ausreichende Wasserzufuhr ist insbesondere deshalb erforderlich, um die bei diesen Tieren als N-Stoffwechselendprodukt anfallende Harnsäure (Uricothelie) möglichst vollständig ausscheiden zu können (Gichtprophylaxe).

Zeigen europäische Landschildkröten einen schlechten Ernährungszustand, so sollte man den Winterschlaf verhindern (d. h. bei normaler Temperatur und mit UV-B-Licht halten und weiter füttern), ansonsten gehört bei den Spezies aus mediterranen und gemäßigten Zonen der Winterschlaf aber zur artgerechten Haltung. Zu hohe Temperaturen während des Winterschlafes (> 12 °C) können zu einer Stoffwechselanregung/-intensivierung führen, die mit einer forcierten Aktivität von Leber- und Verdauungsenzymen verbunden ist, nicht selten auch mit Lebererkrankungen oder sogar mit einem Verenden infolge eines Verhungerns oder einer vom Verdauungstrakt ausgehenden Intoxikation.

12.2.2 Sumpf- und Wasserschildkröten

Zum Nahrungsspektrum dieser mit wenigen Ausnahmen omnivoren Spezies gehören Einzel-FM tierischer (Regenwürmer, Krebstiere, Fische, Babymäuse, Mollusken, Insekten) und pflanzlicher Herkunft (Wasserpflanzen, Grünfutter wie Wildkräuter und Salate). Fertigfutter von anderen Spezies (z. B. Fischen) sollen nur in Ausnahmefällen eingesetzt werden. Jungtiere sind täglich zu füttern, adulte Tiere aquatiler Spezies 2–3x pro Woche und nur so viel, wie in wenigen Minuten gefressen wird. Eher terrestrisch lebende Arten, z. B. Dosenschildkröten, können auch als adulte Tiere täglich gefüttert werden. Bei aquatilen Arten ist die Fütterung an Land sinnlos, da diese nur im Wasser fressen. Rein carnivore Spezies sind beispielsweise Schnapp-, Geier- und Moschusschildkröten, rein herbivor ist z. B. die Indische Dachschildkröte. Bei vielen Wasserschildkröten nimmt der Anteil an pflanzlichen Komponenten in der Nahrung mit steigender Temperatur zu, da unter diesen Bedingungen auch die Fermentation pflanzlicher Nahrung forciert abläuft.

12.2.3 Insektivore Echsen und Grasnattern

Als FM spielen Invertebraten (z. B. Insekten, Spinnentiere, Asseln, evtl. auch Regenwürmer und Weichtiere) eine besondere Rolle, die aber oft eine ungünstige Zusammensetzung aufweisen (fettreich, ungünstiges Ca : P-Verhältnis; s. **Tab. VI.11.12**). Eine gezielte Ergänzung durch Bestäuben der Beutetiere mit vitaminierten Mineralstoffpräparaten ist auf jeden Fall erforderlich. Eine andere Möglichkeit besteht darin, die Futtertiere für 1–2 Tage vor dem Verfüttern auf einem speziellen, mit Calcium und Vitaminen (Vit A, D) angereicherten Substrat zu halten, da man davon ausgeht, dass diese dann die entsprechenden Nährstoffe im Magen-Darm-Trakt enthalten (*gut loaded*). Dieser Effekt wird allerdings häufig überschätzt, soll aber wirksam sein, wenn die „Futtertiere" erst kurz vor ihrer Nutzung auf dem Substrat gehalten werden, sodass die Nährstoffe auch außen an den Futtertieren haften. Viele insektivore Echsen nehmen gelegentlich überreifes Obst, Honig oder Nektar zu sich. Je nach Größe sind die Echsen täglich (Jungtiere, kleine Echsen) oder bis 2x pro Woche zu füttern, tagaktive Arten während des Tages und nachtaktive Arten abends. Es sollten nicht mehr Futtertiere ins Terrarium gegeben werden, als innerhalb kurzer Zeit aufgenommen werden.

12.2.4 Carnivore Schlangen und Echsen

Carnivore Schlangen und Echsen (z. B. Warane) erhalten meist komplette Beutetiere (Nager, Kaninchen, Fisch und Geflügel). Die Fütterungsfrequenz hängt von der Größe des Reptils ab. Bei adulten großen Schlangen (z. B. Python, Boa) können mehrwöchige Pausen zwischen den Fütterungen physiologisch sein. Es ist jedoch grundsätzlich darauf zu achten, dass auch die Beutetiere in einem guten Ernährungszustand sind (ansonsten wird ein energie- und proteinarmes, aber calciumreiches Beutetier gefüttert, was zur Kachexie bei der Schlange oder Echse führen kann). Jungtiere müssen je nach Größe zunächst 1–3x pro Woche, dann in längeren Intervallen gefüttert werden. Die Lebendfütterung wird aus tierschützerischen Gründen oft abgelehnt bzw. ist verboten, sie stellt evtl. sogar eine Gefahr für das Terrarientier dar, wenn die Beute nicht sofort getötet wird (Bissverletzungen durch kleine Nager). Viele carnivore Reptilien akzeptieren frischtote oder aufgetaute und angewärmte Beutetiere. Sind mehrere Schlangen in einem Terrarium, sollten diese zur Fütterung getrennt werden, um ein gegenseitiges Fressen zu vermeiden. Vor allem fischfressende (piscivore) Schlangen akzeptieren in der Regel auch tote Fische oder Fischstückchen. MF für carnivore Reptilien sollten 30–50 % Rp und 10–15 % Rfe (in der TS) aufweisen. Bei fischfressenden Schlangen ist eine ausreichende Thiaminversorgung (10–20 mg/kg TS) zu beachten.

12.3 Ernährungsbedingte Störungen

Bei guter Ernährung und Haltung können manche Reptilienarten in der Heimtierhaltung ein sehr hohes Alter erreichen. Eine bedarfsgerechte Versorgung mit Mineralien (insbesondere mit Calcium) und Vitaminen ist das „Standardproblem" der Reptilienfütterung. Mangelerkrankungen (oder ungünstige Ca : P-Relationen) sowie Überversorgungen bzw. Intoxikationen (Vit A oder D_3, auch iatrogen) sind nicht selten (**Tab. VI.12.4**).

Tab. VI.12.4: **Übersicht zu ernährungsbedingten Erkrankungen bzw. Problemen bei Reptilien**

Symptome/Erkrankung	Mögliche Ursache	Vorkommen/typische Situationen
Rachitis, Osteomalazie	Ca ↓, P ↓, Vit D ↓, kein Angebot von UV-B-Licht	v. a. juvenile Reptilien, einseitige Rationen ohne vit Mineralfutter, kein UV-Licht (Spektrum des Lichts beachten), Osteomalazie bei Adulten
Osteodystrophia fibrosa	Ca ↓, P ↑	v. a. bei Fleischfütterung oder hohen Gaben von Invertebraten ohne Vit-D-/Ca-Ergänzung
„Höckerpanzer", Panzerdeformation (Höcker: Ca- und P-Gehalt wie im Skelett)	Ca-, P- Mangel bzw. Imbalanz, Vit D ↓	s. Rachitis, zudem: zu geringe Luft- und Substratfeuchte bzw. Wasserangebot ↓, Rp-Gehalt der Ration ↑
Legenot (ohne/mit ausreichender Kalzifizierung)	evtl. Ca ↓, Vit D ↓, Energieüberversorgung	s. o., oft auch Haltungsfehler (Temperatur, Einrichtung des Terrariums, fehlender Eiablageplatz, Stress)
Kachexie (bei Schildkröten kaum erkennbar)	Inappetenz, posthibernale Kachexie	nicht artgerechte Fütterung, Parasitosen, Haltungsfehler, andere Erkrankungen
Gicht, Nephropathien (Harnsäureablagerungen: Gelenke, seröse Häute)	Eiweiß ↑, Wassermangel	tierische FM oder Rp-Gehalt der Ration zu hoch, bei herbivoren Spezies bzw. Wasserangebot ↓
Obstruktion des Darms (ungewöhnlich lange Zeit ohne Kotabsatz)	Sand-/Kieskoprostase, Fremdkörper	Terrarien mit Sand-/Kiesböden, akzidentielle Aufnahme von Fremdkörpern (z. B. Münzen), Wasserangebot ↓
Durchfall (v. a. Landschildkröten)	Futterhygiene ↓, Obst ↑ (Fermentation ↑)	Fütterung von Obst ↑, Gabe von Kuhmilch (Laktose!), zu wenig Rfa im Futter
Kropf, Myxödeme	J-Mangel	fehlende Ergänzung der Ration (v. a. bei herbivoren Reptilien wie Landschildkröten)
Metaplasien des Epithels (v. a. an Schleimhäuten u. Augen → klinisches Bild: „geschwollene Augen")	Vit A ↓, Carotinumwandlung zu Vit A nicht bei allen Spezies mögl. (v. a. carnivore Spezies)	Supplementierung ↓, einseitige Fütterung omnivorer Reptilien mit Fleisch, v. a. bei Wasserschildkröten
zentralnervöse Störungen	Vit B$_1$ ↓ (auch andere B-Vit)	Angebot von Fisch (Thiaminasen), v. a. bei fischfressenden Schlangen, Wasserschildkröten
flächenhafter Hautverlust, kurze Häutungsintervalle	Vit A ↑	iatrogen/Tierhalter: zu viel/ungeeignet/zu häufig supplementiert; jegliche Vit-A-Applikation bei Landschildkröten kontraindiziert!
Verkalkungen	Vit D ↑, Ca ↑↑	Weichgewebeverkalkungen (Cave: Dosis!)
Steatitis	Vit E ↓	Einsatz von Fisch, oxidierten Fetten, v. a. bei Panzerechsen vorkommend
Muskelschwäche	Vit E ↓	Einsatz ranziger Fette, s. o.
Hauterkrankungen	evtl. Biotin und Vit C ↓	rohe Eier (Avidin → Biotin ↓), bei Wasserschildkröten (Vit A ↓ → ausbleibende Häutung)

12

Literatur

ALLEN ME, OFTEDAL OT (1994): *The Nutrition of Carnivorous Reptiles.* In: Captive Management and Conservation of Amphibians and Reptiles. Murphy JB, Adler K, Collins JT, eds. Ithaca, New York, Soc. Study Amphib. Rept., 71–82.

BERNHARD M, BERNHARD E, HANDL S, IBEN C (2013): *Evaluation of commercially available diets for tortoises and turtles.* Proc. 17th ESVCN-Congress, Ghent, Belgium.

DENNERT C (1997): *Untersuchungen zur Fütterung von Schuppenechsen und Schildkröten. Vet. Diss., Tierärztl.* Hochschule Hannover.

DENNERT C (2001): *Ernährung von Landschildkröten.* Natur- und Tier-Verlag.

DONOGHUE S (1995): *Clinical Nutrition of Reptiles and Amphibians.* Proc. ARAV, 16–37.

DONOGHUE S, LANGENBERG J (1994): *Clinical nutrition of exotic pets.* Austr Vet J 71: 337–41.

FRYE FL (1991): *Nutrition.* A Practical Guide for Feeding Captive Reptiles, In: Reptile Care. An Atlas of Diseases and Treatments, Vol. 1, Frye FL, ed., Neptune City, 41–100.

FRYE FL (2003): *Reptilien richtig füttern.* Verlag Eugen Ulmer.

HIGHFIELD AC (1990): *Keeping and breeding tortoises.* The Longdunn Press Ltd., London.

HOBY S, WENKER S, ROBERT N, JEMANN T, HARTNACK S, SEGNER H, AEBISCHER C, LIESEGANG A (2010): *Nutritional Metabolic Bone Disease in Juvenile Veiled Chameleons (Chamaeleo calyptratus) and Its Prevention, 1–3.* J Nutr 140: 1923–1931.

KÖLLE P, BAUR M, HOFFMANN R (1996): *Ernährung von Schildkröten (I).* Die Aquarienzeitschrift 5: 292–295.

KÖLLE P, BAUR M, HOFFMANN R (1996): *Ernährung von Schildkröten (II).* Die Aquarienzeitschrift 6: 380–382.

KÖLLE P (2002): *Reptilienkrankheiten.* Kosmos Verlag, 22–25, 74–84.

KÖLLE P (2004): *Schlangen.* Kosmos Verlag, 62–69.

MEYER M (2001): *Schildkrötenernährung.* Edition Chimaira.

MCARTHUR S (1996): *Veterinary Management of Tortoises and Turtles.* Oxford: Blackwell Science 1996, 34–47.

WAPELHORST X (2011): *Schmuckschildkröten.* Kosmos Verlag.

WOLF P, MATHES K, FEHR M (2008): *Faults in feeds and feeding in bearded dragons (Pogona vitticeps).* Proc. 12th Congress of the ESVCN, p. 8, ISBN 978-3-200-01193-9.

WOLF P, GRABOWSKI N (2010): *Chemical composition of prey animals used as feed for pet animals.* Proc. 14th Congress of the ESVCN, p. 42, ISBN 978-3-033-02565-3.

ZENTEK J, DENNERT C (1998): *Besonderheiten der Verdauungsphysiologie von Reptilien.* Übers Tierernährg 26: 189–223.

13 Nutzfische (Forellen, Karpfen)

13.1 Allgemeine Daten

Die Karpfen- und Forellenproduktion hat in Europa eine lange Tradition, neueren Datums ist hingegen die Nutzung von weiteren Arten wie Tilapien, Welsen oder Lachsen (Nordeuropa!) zur Fischproduktion. Gerade wegen der „Überfischung" der Meere ist die Aquakultur gefordert, durch Auswahl weniger anspruchsvoller Spezies (omnivor/herbivor) sowie durch Ersatz und Ergänzung von Fischmehl (u. a. Schlachtnebenprodukte, AS, FS) ihre Bedeutung für die LM-Produktion zu erhalten bzw. auszubauen. Dabei wird es auch längerfristig ein Nebeneinander von eher extensiven („Teichwirtschaft") und sehr intensiven Produktionsformen („Netzgehegehaltung") geben.

Die Zukunft der Aquakultur zur Produktion von wertvollem Eiweiß für die Ernährung des Men-

Tab. VI.13.1: **Allgemeine Grundlagen zur Ernährung von Nutzfischen**

	Regenbogenforelle (R)	Karpfen (K)
Art der Ernährung	carnivor-omnivor	omnivor-herbivor
Verdauungskanal	sehr kurz	mittel
• Amylasen	–	+
• Proteasen	++	+
Verdaulichkeit[1], %		
• Rp	84–99	78–98
• Stärke, nativ	(10)–50	50–90 (KH)
• Stärke, aufgeschlossen	80	
• Rfe	85	83–95
Wassertemperatur, °C	Kaltwasserfisch	Warmwasserfisch
• Vorzugsbereich, °C	9–17	12,5–28
• opt. Futterverwertung bei °C	12–18	22–25
• maximal, °C	24	30
pH des Wassers	ca. 7 (6,5–8)	6,5–8,5
O_2-Gehalt im Wasser (mg/l)[2]	9,2–11,5 (nahe Sättigung)	5–9 (min. 4)
Besatzzahlen (pro m³)		
• Brut (R0, K0)	bis 10^5	$0{,}2\text{–}6 \times 10^6$
• vorgestreckte Brut (Rv, Kv)	$1\text{–}3 \times 10^4$	$2\text{–}5 \times 10^4$
• Setzling[3] (R$_1$, K$_1$)	$1\text{–}1{,}5 \times 10^3$	$0{,}5\text{–}5 \times 10^3$
• Setzling (K$_2$)		$0{,}2\text{–}1 \times 10^3$
• Speisefisch, R$_2$, K$_3$	3–5 kg (Teich), bis 100 kg (Belüftung)	5–9 t/ha Wasserfläche

[1] Stark abhängig von der Wassertemperatur, Komponentenanteil im Futter, Fett vom FS-Muster.
[2] O_2-Gehalt abhängig von Wassertemperatur, Sättigung 0 °C: 14,7 mg O_2/l, 20 °C: 9,4 mg O_2/l.
[3] Setzling: von 2–3 cm (Forelle) bzw. 4–5 cm (Karpfen) Körperlänge bis zu einer KM von 150 g (Forelle) bzw. 300 g (Karpfen); danach werden sie als Speisefisch bezeichnet.

13

Tab. VI.13.2: **Daten zur Entwicklung vom Ei bis zum verkaufsfähigen Speisefisch**

Produktion[1]	Regenbogenforelle				Karpfen			
	Länge cm		KM g	Dauer d	Monat	Länge cm	KM g	Dauer d	Monat
Brut (0–v)	Ei 4		0,5	128	Dezember–April	Ei 5	1		Mai–Juni
Setzling (v–1)	5 9	↓	1 7,5	128	April–August	10	↓ 25	300	Juni–April
Setzling (1–2)	10 30	↓	10 300	305	August–April	20 40	↓ 250 1250	365	April–November

[1] 0 = Larve mit Dottersack, v = Larve ohne Dottersack
Wasser : Fisch-Verhältnis: Netzkäfige 20 : 1, Silohaltung 10 : 1 (Forelle)

schen hängt insbesondere davon ab, ob und wie es gelingt, Fischmehl als Hauptkomponente im Fischfutter zu ersetzen (als Quelle notwendiger AS, aber auch besonderer FS).

Fische sind wechselwarm, ihre Wachstumskapazität bleibt während des gesamten Lebens erhalten; dabei kommt es durch eine Temperaturerhöhung zu einer überproportionalen Steigerung des Wachstums, bei einem Temperaturrückgang zu einer Senkung der Stoffwechselaktivität (**Tab. VI.13.1, VI.13.2**); größere Fische können bei Nahrungskarenz bis zu 6 Monate überleben; der Futteraufwand ist in der Fischproduktion/Aquakultur ausgesprochen günstig und variiert je kg Zuwachs um Werte von 1–1,4 kg.

Wasser : Fisch-Verhältnis: in Netzkäfigen 20 : 1, in Silohaltung 10 : 1 (Forelle).

13.2 Energie-/Nährstoffbedarf

Einflussfaktoren auf den Bedarf: Verdaulichkeit, Rp : Energie-Relation (ca. 20–28 g Rp/1 MJ ME), Rp-Qualität, Partikelgröße, Wassertemperatur (Zunahme bei Temperaturanstieg).
Zum Bedarf an Energie und Protein, AS, Mineralstoffen und Vitaminen siehe **Tabellen VI.13.3–VI.13.6**.
Der Mineralstoffbedarf von Nutzfischen ist abhängig von der Zusammensetzung der Ration,

der Verdaulichkeit (Partikelgröße), der Wassertemperatur sowie der Fütterungs- und Wachstumsintensität. Dabei ist die Mineralstoffaufnahme auch aus dem Wasser über Kiemen und Haut möglich.

13.3 Futter und Fütterung

Für Empfehlungen zu Nährstoffgehalten im AF siehe **Tabelle VI.13.7**.

Tab. VI.13.3: **Energie- und Proteinbedarf von Forellen und Karpfen**

	Forelle	Karpfen
Energie		
Erhaltung (kJ ME/kg^{0,75}) (Wassertemperatur)	12–40 (7,5–20 °C)	40–70 (23 °C)
für 1 kg Zuwachs (MJ ME)	24[1]	20–50[2]
Protein		
Erhaltung (minimaler N-Umsatz), mg/kg KM/d	93	40–70
Wachstum, g vRp pro kg Zuwachs	450	450
Rp-Gehalt im Trockenalleinfutter, %	40–50[3]	38[4]

[1] Bei tgl. Zunahmen in Höhe von 2 % der KM.
[2] Im KM-Bereich: 500–1000 g.
[3] In der Aufzucht; bei Brütlingen bis zu 50 % mehr.
[4] Intensivhaltung.

Tab. VI.13.4: **AS-Bedarf von Nutzfischen**

	Forelle		Karpfen	
	g/kg AF (40 % Rp)	g/16 g N	g/kg AF (38 % Rp)	g/16 g N
Arg	24,0	6,0	16,3	4,3
His	6,8	1,7	8,0	2,1
Isoleu	10,0	2,2	9,5	2,5
Leu	15,6	3,9	12,5	3,3
Lys	20,0	5,0	21,7	5,7
Met	16,0	4,0[1]	11,8	3,1[3]
Phe	20,8	5,22	13,0	3,44
Thr	9,2	2,3	14,8	3,9
Trp	2,0	0,5	3,0	0,8
Val	12,8	3,2	13,7	3,6

[1] Bei 1,8 g Cystin 2 Phe + Tyr = 6–7 g 3 bei 0 g Cystin 4 bei 2,6 g Tyrosin.

Tab. VI.13.5: **Mineralstoffbedarf von Nutzfischen**

Empfehlungen (pro kg)		Forelle	Karpfen
Ca[1]	g	4–6	5
P (verfügbar)	g	6–8	6–8
Ca:P		0,8:1,0	0,8:1,0
Mg	g	0,5	0,4–0,5
Fe	mg	60	150
I	mg	1,1	
Zn	mg	30	30

[1] Geringe Gehalte wegen Ca-Absorption aus dem Wasser.

Tab. VI.13.6: **Vit-Bedarf von Nutzfischen**

Vitamine IE bzw. mg/kg	Forelle	Karpfen	
	AF	AF	EF[1]
A	2500	5500	2000
D$_3$	1000	1000	220
E	50	100	11
K	40	10	5
B$_1$	10	20	0
B$_2$	20	20	2–7
B$_6$	10	20	11
B$_{12}$	0,02	0,02	0,002–0,01
Biotin	1	0,1	0
Cholin	3000	550	440
Folsäure	5	5	0
Inosit	200	100	0
Niacin	150	100	17–28
Pantothensäure	40	50	7–11
Ascorbinsäure	100	30–100	0–100

[1] Höchste Werte, wenn Naturfutterproduktion hoch (> 500 kg/ha).

Tab. VI.13.7: **Empfehlungen für die AF-Zusammensetzung**

Empfehlungen	Forelle	Karpfen
Kohlenhydrate max.	35	65
Rohfett	15	10
n3-Fettsäuren	1	1
n6-Fettsäuren	1	1
Rohprotein[1]	35–48	25–38

[1] Abhängig vom Alter der Fische und vom Energiegehalt des Futters.

13.3.1 Forelle

Fütterungspraxis (intensive Haltung)

Die Fütterung kann mit **Trockenalleinfutter** oder **Feuchtfutter** erfolgen (**Tab. VI.13.8, VI.13.9**).

Feuchtfutter besteht hauptsächlich aus Nebenprodukten der Fischverarbeitung. Der Einsatz ist mit verschiedenen Nachteilen verbunden wie hoher Arbeitsaufwand, evtl. Thiaminasen, unausgeglichene Nährstoffgehalte, schneller Verderb, evtl. Geschmacksbeeinträchtigung der Fische; Feuchtfutter ist zwar erlaubt, hat aber keine große Bedeutung.

Der Futteraufwand variiert in der Forellenproduktion zwischen 1 und 1,5.

Tab. VI.13.8: **Empfehlungen zu Pelletgrößen und Rp-Gehalten im Trocken-AF**

	Fischgröße, cm	Pelletdurchmesser, mm	Rp min., %
Brutfutter	2,0–3,5	0,4–0,8	48
	3,5–5,0	0,8–1,2	48
	5,0–6,0	1,0–1,5	48
Setzlingsfutter	5,0–12,0	1,2–2,5	44
	12,0–20,0	3,5	40
Speisefischfutter/ Zuchtfutter	über 20	4,5/8,0	35/35

13

Tab. VI.13.9: **Faktoren zur Schätzung der ME in Forellenfutter (Angaben in kJ/g)**

Protein	18,8	Glucose	15,5
native Stärke	6,7	Saccharose	13,0
Quellstärke	13,8	Fett	33,5

Fütterungstechnik
Häufigkeit der Fütterung
Brütlinge bis 4 cm: 8–12x täglich;
Brütlinge 4–6 cm: 4x täglich.
Handzuteilung (auf die Wasseroberfläche streuen) oder mit Fütterungsautomaten, die eine hohe Fütterungsfrequenz ohne zusätzlichen Arbeitsaufwand ermöglichen.
- „Scharflinger Fütterungsapparat" (Förderband mit Uhrwerk), 1 Apparat für 10 000–50 000 Brütlinge
- Pendeltrockenfutterspender = Abruffütterung (begünstigt Auseinanderwachsen der Brut)
- Streugeräte, Schussautomaten: elektrisch, wasserbetrieben bzw. pneumatisch betrieben 20-minütiges Fütterungsintervall empfehlenswert

Setzlinge mit 6–13 cm: 3x täglich;
Setzlinge > 13 cm: 2x täglich;
Speisefische: 2x täglich;

Zuchtfische: 1x täglich.
- Handfütterung oder Fütterungsautomaten: Selbstfütterer, Pendeltrockenfutterspender (1 Futterspender mit 25 kg für 1500–5000 Tiere)
- autom. gesteuerte Druckluft-Fütterungssysteme (Futterkanonen)
- Fütterungswagen: für Fließkanäle

13.3.2 Karpfen
Fütterung der Brut
Siehe **Tabelle VI.13.11**.

Fütterung der Setzlinge und Speisefische
Siehe **Tabelle VI.13.12**.

Extensive Teichwirtschaft (Naturnahrung)
Freiwassertiere (Zooplankton): Kleinkrebse, Rädertierchen, Schwarze Mückenlarven.
Vegetationstiere (Phytaltiere): Schnecken und Larven von Fliegen (Eintags-, Köcherfliegen) und Mücken (Zuckmücken).
Bodentiere (Benthaltiere): Würmer und Larven.
Beifutter: Grundlage der Eiweißversorgung ist die Naturnahrung (rd. 60 % Rp). Beifutter daher: KH-reiche FM (verschiedene Getreide), evtl. auch Lupine und Sojaschrot (**Tab. VI.13.13, VI.13.14**) als Eiweißquellen.

Tab. VI.13.10: **Empfehlungen zur täglichen Futtermenge (AF) in % der KM in Abhängigkeit von der KM-Entwicklung und Wassertemperatur**

Länge der Fische, cm KM der Fische, g		7–10 5	10–13 10–20	13–15 20–35	15–18 35–65	18–20 65–90	20–23 90–140	23–25 140–175	> 25 > 175
Wasser- temperatur °C	3	1,7	1,3	1,0	0,8	0,7	0,6	0,5	0,5
	5	2,0	1,5	1,2	1,0	0,8	0,7	0,7	0,6
	7	2,4	2,8	1,4	1,2	1,0	0,9	0,8	0,7
	10	2,9	2,2	1,7	1,5	1,2	1,1	1,0	0,9
	12	3,4	2,6	2,0	1,7	1,4	1,3	1,1	1,0
	14	4,0	3,0	2,4	2,0	1,7	1,5	1,3	1,2
	16	4,7	3,5	2,8	2,3	1,9	1,7	1,5	1,4

Tab. VI.13.11: **Fütterung der Karpfenbrut**

KM mg	Dauer der Entwicklung (Tage)	Futtermenge % der KM	Ernährung über
1			Dottersack
1,5–2,5 bis 50	3 10–14	400 ↓	Naturnahrung (tier. und pflanz. Plankton, Larven des Salinenkrebses, Rädertierchen, Kleinkrebse. Enzyme in/aus der Naturnahrung notwendig für Verdauung)
50–70		50 ↓	Naturnahrung + Brutfutter (48–50 % Rp, 6–9 % Rfe, max. 3 % Rfa)
100–300	7	25	Fütterungsintervall: 0,5–1 Std.

Tab. VI.13.12: **Fütterung der Karpfensetzlinge und Speisefische**

Teichwirtschaft	extensiv ——→	intensiv
Naturnahrung	+++	+
Beifutter	(+)	++
Alleinfutter	–	+/+++
Belüftung	–	+/+++

Tab. VI.13.13: **Rp-Gehalt im Beifutter in Abhängigkeit vom Anteil der Naturnahrung**

Anteil der Naturnahrung (%)	Rp-Gehalt im Beifutter (%)
60	10
40	25
30	30

Fütterung: 3x wöchentlich, am besten auf sog. Futtertischen (ca. 0,8 m unter Wasseroberfläche), um Wassergeflügel/-vögel fernzuhalten.

Futterplätze: 1–4/ha: hartgründiger Boden oder besser o. g. Futtertische.
Durchschnittlicher Futteraufwand: 2 kg Gesamtfutter/kg Zuwachs.

Intensive Teichwirtschaft

Voraussetzung: Fertigfutter, Teichbelüftung (bei > 3 t Karpfen/ha Wasserfläche).
Problem: Hoher Nährstoffeintrag → Eutrophierung, evtl. Phytoplankton (Schwebealgen).
Futter: AF, pelletiert; Pelletdurchmesser siehe **Tabelle VI.13.15; VI.13.16**.

Fütterungstechnik

Brutfutter: Verwendet bis 2 g KM; möglichst hohe Fütterungsfrequenz.
Anschlussfutter: Mittels entsprechender Automaten werden Fütterungsfrequenz und Futtermenge variiert.
Karpfenfutter: Automaten in Nähe der Belüftungseinrichtung; zeitgesteuerte Futterautomaten möglich.

13

Tab. VI.13.14: **Empfehlenswerter Anteil des Beifutters am Gesamtfutter in %**

Altersklasse	Mai	Juni	Juli	August	September	Oktober
K_v – K_1	–	–	6	60	28	> 6
K_1 – K_2	5	10	20	45	20	–
K_2 – K_3	5	15	25–30	35–40	15	–

Tab. VI.13.15: **Empfehlungen zum Pelletdurchmesser in Abhängigkeit von der KM**

	KM (g)		Pellet Ø mm
Karpfen vorgestreckt (K_v)	0,5–2	Brutfutter	0,4–0,8
Karpfen vorgestreckt (K_v)	2–20	Anschlussfutter	0,8–1,5
Karpfen einsömmerig (K_1)	20–100	Karpfenfutter	2
Karpfen zweisömmerig (K_2)	100–700	Karpfenfutter	2
K_2–K_3	700–1500	Karpfenfutter	3

Tab. VI.13.16: **Anzubietende tägliche Futtermenge[1] (in % der KM)**

Temperatur °C	KM der Karpfen in g			
	0,5–20	>20–100	>100–700	>700–1500
4–8	kaum messbare Futteraufnahme			
12	Beginn intensiverer Futteraufnahme			
16	ca. 10	ca. 7	2	1–1,5
20–24	10–20	bis 10	5	1,5–2
24–28	10–20	bis 10	5	1,5–2

[1] Voraussetzungen: O_2: > 4,5 mg/l, pH < 8 (zwischen 15–17 Uhr), NH_3 < 0,2 mg/l.

13.4 Ernährungsbedingte Störungen

Schilddrüsenhyperplasie: Jodmangel, besonders häufig bei Forellen.
Anämie: Mangel an essenziellen Nährstoffen (Spurenelemente, AS, Vit), Folge anderer ernährungsbedingter Krankheiten (Fettleber, Viszeralgranulome, allgemeine Unterversorgung).
Vitaminmangelkrankheiten:

- Vit C: Lordose/Skoliose
- Vit D: Nierennekrose (z. B. Forelle)
- Vit E: Anämie (z. B. Forelle)
- Vit K: Anämie (nach Behandlung mit Sulfonamiden, Störung der Darmflora, z. B. Forelle)
- Vit B_1: Gleichgewichtsstörungen, Exzitationen, Luftblase verändert (Lage, Füllung vermehrt oder vermindert), Ruptur des Peritoneums, Trübung der Kornea, Leber fahl oder gelb, Abdominalödeme, Anämie (z. B. Forelle)
- Vit B_2: Hämorrhagien (Auge), Trübung der Linse, Farbveränderung der Iris, dunkle Hautfarbe, unkoordinierte Bewegungen

- Vit B_6: nervale Störungen
- Pantothensäure: Veränderungen der Kiemen
- Biotin: Blauschleimkrankheit

Fettleber: Ätiologie unklar (ranziges Fett?), Forelle: zu hohe KH-Mengen/Anteile im MF (?).
Viszeralgranulome (besonders Bachforelle): Ätiologie unbekannt, aber abhängig vom Futter (toxische Inhaltsstoffe?).
Extreme Glykogenspeicherung in der Leber (Forellen): Zu starke KH-Fütterung.
Gelbfleischigkeit der Forelle: Starker Grünalgenbesatz (Fischnährtiere enthalten gelbe Carotinoide).

Weitere Erkrankungen sind möglich durch fehlerhafte Futterkonfektionierung, z. B. Pelletgröße, Partikelgröße der Komponenten, Schwebefähigkeit (bei Forellenfutter), hoher Staubanteil oder hygienische Mängel (Schadstoffe, Mykotoxine, hoher Keimgehalt) oder Fehler in der Fütterungstechnik, z. B.

- Überfütterung: bes. bei Forelle (Futtermenge abhängig von KM, O_2-Gehalt und Temperatur des Wassers) → hohe Ausfälle, Enteritis, hoher Futteraufwand je kg Zuwachs.
- Zu geringe Futtergaben: Schlechte Wachstumsleistung, verminderte Resistenz gegen bakt. Infektionen und Parasiten, Kannibalismus.
- Unregelmäßige Fütterung (Handfütterung).
- Falsche Einstellung der Automaten.

Literatur

BAUR WH, RAPP J (2002): *Gesunde Fische: Praktische Anleitung zum Vorbeugen, Erkennen und Behandeln von Fischkrankheiten.* 2. Aufl., ISBN 3-8304-4056-1, Parey Verlag.

DE SILVA SS, ANDERSON TA (1995): *Fish nutrition in aquaculture.* Chapman und Hall, London.

FRIESECKE H (1984): *Handbuch der praktischen Fütterung.* BLV-Verlagsgesellschaft mbH, München.

HAAS E (1982): *Der Karpfen und seine Nebenfische.* Leopold Stocker Verlag, Graz und Stuttgart.

HALVER JE (1972): *Fish nutrition.* Acad. Press, New York-London.

HALVER JE, TIEWS K (1979): *Finfish Nutrition and Fishfeed Technology.* Bd. I u. II. Heenemann Verlagsges. mbH, Berlin.

HOCHWARTNER O, LICEK E, WEISMANN T (2008): *Das ABC der Fischkrankheiten: Erklären, Erkennen, Behandeln.* ISBN: 3-7020-1135-8, Stocker.

IGLER K (1969): *Forellen, Zucht und Teichwirtschaft.* 2. Aufl., Leopold Stocker Verlag, Graz.

KING JOL (1973): *Fish nutrition.* Vet Rec 92: 546–550.

LOVELL T (1998): *Nutrition and Feeding of Fish.* 2nd ed., Kluwer, Boston.

MESKE CH (1973): *Aquakultur von Warmwasser-Nutzfischen.* Verlag Eugen Ulmer, Stuttgart.

NATIONAL RESEARCH COUNCIL, NRC (1993): *Nutrient requirements of fish.* Nat Acad Sci, Washington.

PFEFFER E (1993): *Ernährungsphysiologische und ökologische Anforderungen an Alleinfutter für Regenbogenforellen.* Übers Tierernährg 21: 31–54.

PRICE KS JR, SHAW WN, DANBERG KS (1976): *Proc Internat Conf Aquaculture Nutr.* Univ of Delaware Newark, Delaware.

WURZEL W, TACK E, MOELLER HH, PIERITZ KD (1973): *Forellenproduktion morgen.* DLG-Verlag, Frankfurt am Main.

13

14 Zierfische

14.1 Allgemeine biologische Grunddaten

Es sind ca. 32 500 Fischarten, die sowohl den Knorpel- als auch den Knochenfischen angehören und in fast allen Gewässern der Erde im Süß-, Salz- und Brackwasser in den unterschiedlichsten Habitaten vorkommen, bekannt. Davon sind etwa 2000 Arten, die als Zierfische gehalten werden (können), mehr oder weniger regelmäßig im Handel. Nachfolgende Ausführungen beziehen sich weitgehend auf Süßwasserfische in Aquarienhaltung.

Die Vielfalt der Fischarten und deren ursprünglich unterschiedliche Ernährungsweise sowie die zumeist gemeinsame Haltung mehrerer Spezies in einem Aquarium („Gesellschaftsbecken"/ „Multi-Spezies-Becken") stehen *in praxi* der Forderung nach einer strikt artspezifischen Ernährung entgegen. Viele, aber sicherlich nicht alle Erkenntnisse aus der Nutzfischhaltung können auf die Zierfischhaltung übertragen werden, wobei der Übergang Nutzfisch–Zierfisch kaum exakt abgegrenzt werden kann (z. B. bei Goldforellen, Farbkarpfen, Stören, Tilapien, Haiwelsen, Kiemensackwelsen). In der Regel verwenden Aquarianer ein Trockenfutter, das die Ansprüche der meisten häufig gehaltenen Arten mehr oder weniger abdeckt. Von den meisten in Aquarien gehaltenen Spezies ist zudem überhaupt nicht bekannt, wie sich das Nahrungsspektrum im natürlichen Habitat zusammensetzt.

Das Aquarium ist als ein in sich m. o. w. geschlossenes Biotop zu begreifen; das Wasser, in dem die Fische leben und atmen, ist gleichzeitig auch das Medium, in das hinein Futter und Exkremente gelangen. In diesem Biotop leben und wachsen nicht nur die Fische, sondern auch Pflanzen und Kleinlebewesen unterschiedlichster Art. Wann immer in einem derartigen Biotop ein Zuviel an organischer Substanz heranwächst (Eutrophierung) oder gegeben wird, werden auch größere Massen an organischer Substanz abgebaut, und zwar unter Sauerstoffverbrauch. Unterliegt Rohprotein einem solchen Abbau, so kommt als weiteres Risiko – infolge der NH_3-Ausscheidung der Fische – eine Nitrat- und Nitrit-Bildung hinzu.

Der Bau des Verdauungskanals von Zierfischen ist sehr unterschiedlich: Das Maul ist verschieden gestaltet und an die Art der Futteraufnahme (Aufnahme von Futter an der Wasseroberfläche → Maul oberständig; im freien Wasser → Maul endständig; vom Boden → Maul unterständig; Friedfische ↔ Raubfische) angepasst. Barteln sind bei bodenbewohnenden oder gründelnden Fischen häufig vorhanden. Viele Arten sind zahnlos, vielen herbi- und omnivoren Spezies fehlt ein Magen (Konsequenz: häufigere Futtergaben); Bau und Länge des Darmrohrs sind unterschiedlich (Relation Darm- zu Körperlänge 0,5–15 bei herbivoren Arten, 0,2–2,5 bei carnivoren Spezies, omnivore Arten: mittlere Werte). Rfa kaum von Bedeutung für Energieversorgung, wohl aber für Chymuspassage und die Exkretion (z. B. von Gallensäuren, Toxinen); Zellulose jedoch lebensnotwendig für bestimmte Welsarten, z. B. Antennenwelse; Chitin der Beutetiere hat teils rohfaserähnliche Funktionen.

Als **poikilotherme** Tiere haben auch Zierfische einen sehr viel geringeren Erhaltungsbedarf an Energie als warmblütige Tiere (insgesamt ca. 40–50 kJ ME/kg $KM^{0,75}$/d in Abhängigkeit von Temperatur, Größe und Ernährungsweise). Für die Aktivität (auch der Verdauungsenzyme) ist die Wassertemperatur von erheblicher Bedeutung (unter 5 °C: Hibernation, winterschlafähnlicher Zustand). Endprodukte des

Proteinstoffwechsels sind im Wesentlichen Ammoniak und Harnstoff, die über den Urin und die Kiemen eliminiert werden. Hauptenergiequelle der meisten Zierfische: Protein und Fett (wenngleich Karpfenfische auch Stärke relativ gut nutzen). Je niedriger der Schmelzpunkt der Fette (höherer Anteil unges. FS), umso besser ist die Verdaulichkeit; hoher Bedarf an n3- und n6-FS (Relation von Linol- zu Linolensäure unterschiedlich je nach Wassertemperatur; z. B. von Koikarpfen: Relation von 2:1 bei 5–10 °C bzw. von 0,5:1 bei 15–20 °C). ☙

Im Interesse einer guten Wasserqualität (geringe NO_3^--, NO_2^-- und NH_3-Konzentrationen) sollte die Rp-Versorgung (i. e. S. die AS-Versorgung) am Bedarf ausgerichtet sein (nicht zuviel Rp, aber ausreichende Gehalte essenzieller AS). Stärke in thermisch aufbereiteter Form (z. B. geflockte Maisstärke) kann bei omnivoren Spezies zur Energieversorgung beitragen, bei geringer Stärkeverdaulichkeit wird einer Eutrophierung des Wassers Vorschub geleistet. Für die Mineralstoffversorgung (außer Phosphor) spielt nicht nur das Futter, sondern auch das Wasser eine wichtige Rolle. Auch die Vitaminversorgung bedarf einer kritischen Prüfung (nicht selten MF-Überlagerung → Autoxidation → Aktivitätsverluste → Anfälligkeit für Infektionen ↑). Besondere Probleme: Wasserlösliche Vitamine gehen schon innerhalb kürzester Zeit nach dem Futterangebot in Lösung und damit dem Futter verloren (bes. Anforderungen für die Futterkonfektionierung!); Missverhältnis zwischen tägl. Futterverbrauch und Inhalt (Größe) üblicher Gebinde → Überlagerung des MF, evtl. Schimmelpilzbefall (→ Aflatoxine!).

Richtwerte zur Beurteilung der Wasserqualität: Ammoniak (das stark fischtoxische NH_3 bildet sich nur bei pH > 7, sonst liegt NH_4 vor): < 0,01 mg/l; Nitrit: sollte nicht nachweisbar sein, 1 mg/l letal; Nitrat: < 100 mg/l bzw. maximal 50 mg über dem Ausgangswert; H_2S: sollte nicht nachweisbar sein, 1,8 µg/l letal. Zur Wasserqualität siehe auch **Tabelle VI.14.1**.

14.1.1 FM-Spektrum unter natürlichen Bedingungen

Es gibt zwar die Einteilung in Anlehnung an die Säugetiere in herbivor, omnivor und carnivor (bzw. faunivor), jedoch sind bei Fischen zahlreiche Mischformen und Überschneidungen vorhanden (**Tab. VI.14.2, VI.14.3**). Das Futterspektrum hängt natürlich von der Körpergröße der Fische ab.

Herbivore Spezies: Diverse Algen, Wasserpflanzen, ins Wasser gefallene Pflanzenteile und Früchte des Uferbewuchses.

Carnivore (besser: **faunivore) Spezies:** Andere Fische, Fischlarven, Laich, Zooplankton, Würmer, Mollusken, Insekten und deren Larven, Spinnentiere, Krebstiere (Wasserflöhe, Hüpferlinge, Garnelen, Bachflohkrebse, Wasserasseln etc.); bei großwüchsigen Arten, die aber in der Regel nur in Schauaquarien zu finden sind, auch Amphibien, deren Laich und Larven, aquatile Reptilien, Kleinsäuger, Vögel.

Omnivore Spezies: Die bei Herbi- und Carnivoren genannten FM.

Besatzdichte: Nicht mehr als „1 g Fisch" pro Liter Wasser (Faustzahl) bzw. „1 cm Fisch" auf 2 l Wasser!

14

Tab. VI.14.1: **Rein rechnerisch[1] notwendiger Wasseraustausch (l/Woche) in einem 100-l-Aquarium bei unterschiedlicher täglicher Futtermenge**

Futtermenge (g/Tag)	0,5	1,0	1,5	2,0	2,5	3,0	3,5	4,0	4,5	5,0
auszutauschende Wassermenge (l)	10	20	30	40	50	60	70	80	90	100

[1] *In praxi* kann die auszutauschende Menge Wasser stark variieren in Abhängigkeit von Größe, Bepflanzung, Beleuchtung, Filtervolumen, Frequenz der Filterreinigung, Temperatur, Besatzdichte und Art der Fische.

Tab. VI.14.2: **Zoologische Zuordnung und Ernährungsweise verschiedener Zierfischarten**

Systematische Zu-ordnung	Als Zierfische gehalten (Süßwasser)	Ernährungs-weise/Typ	Futtermittel
Klasse: Knorpelfische	Rochen (v. a. Süßwasserrochen)	carnivor	Insektenlarven, Krebstiere, Würmer, Mollusken, Garnelen, kleine Fische
Klasse: Knochenfische Ordnung:			
Grundelartige	Pastellgrundel, Schläfer-grundeln	carnivor	Artemia (Kleinkrebse), Mysis (Schwebegarnelen), Insektenlarven; kommerzielle AF: evtl. Akzeptanz ↓
Kugelfischverwandte	Zwergkugelfisch	carnivor	Mückenlarven, Schnecken, Bachfloh-krebse
Labyrinthfische	Siamesische Kampffische, Makropoden, Fadenfische	carnivor	kommerzielles Zierfischfutter, Wasser-flöhe, Kleinkrebse, Mückenlarven, Tubifex (Röhrenwürmer)
Barschartige	Diskusfische, Skalare, Viel-farbige Maulbrüter, Schmetterlingsbarsche, Cichliden des Malawi-sowie Tangajikasees	carnivor, wenige Arten omnivor, limnivor (teils)	kommerzielles Zierfischfutter, Tubifex, Mückenlarven, Kleinkrebse, Enchy-träen (Borsten-/Weißwürmer); oft starke Räuber (cave: Vergesellschaf-tung mit kleinen Fischen), Aufwuchs-fresser (pflanzliche Pflanzenfaser)
Salmlerartige	Prachtsalmler, Neons, Piranhas, Kongosalmler, Trauermantelsalmler, Rot-kopfsalmler u. v. m.	carnivor, wenige Arten omnivor	kommerzielles Zierfischfutter, Arte-mia, Cyclops (Hüpferlinge), Daphnien, Tubifex, Mückenlarven, Bachfloh-krebse; Piranhas: Hühnerherzen
Zahnkärpflinge • eierlegend	(„Killifische")	carnivor	Insektenlarven, Kleinkrebse, Mücken-larven; kommerzielle Zierfischfutter: Akzeptanz ↓
• lebendgebärend	Guppies, Schwertträger, Mollies u. v. m.	omnivor	kommerzielles Zierfischfutter; neben Kleinlebewesen werden auch Algen und Aufwuchs aufgenommen
Ährenfischartige	Regenbogenfische, Ähren-fische	carnivor/ omnivor	kommerzielles Zierfischfutter, Arte-mia, Mysis; pflanzlicher Anteil: Spiru-lina, Aufwuchs
Welse	Harnischwelse, Antennen-welse, Katzenwelse, Pan-zerwelse, Schwielenwelse	omnivor oder carnivor herbivor	Futteraufnahme vom Boden → beson-dere MF-Konfektionierungen (Tabletten u. Ä.), bei Algenfressern: MF mit Zellu-lose, auch über Pflanzen (Wurzeln) des Aquariums
Karpfenartige	Prachtschmerlen, Saug-schmerlen, Goldfische, Koikarpfen, Barben, (Zebra-)Bärblinge	omnivor	Bachflohkrebse, Schnecken, Fisch, Garnelen, Zooplankton, Phytoplankton, Aufwuchs, auch günstigere Stärke-Ver-daulichkeit

Tab. VI.14.3: **Richtwerte für die Zusammensetzung von MF für Zierfische (je kg TS)**

Nährstoff-gehalte		MF für omni-vore Spezies	MF für fauni-/carnivore Spezies
Rp	(g)	350–420	> 450
Rfe	(g)	20–50	30–60
Rfa	(g)	30–80	20–40
Ca	(g)	< 10	
P	(g)	< 10	
Vit A	(IE)	ca. 5000	
Vit D	(IE)	ca. 1000	

14.2 Fütterungspraxis

Basis: Es ist ein breites Angebot an MF-Konfektionierungen im Zoofachhandel verfügbar; sehr häufig in Flockenform, jedoch auch in Form von schwimmfähigen Sticks, Pellets, Granulaten, Tabletten; inzwischen auch Spezialfutter für bestimmte Spezies (Koikarpfen, Goldfische, Diskusfische, etc.), z. T. mit Carotinoiden, um die Rotfärbung zu verstärken.

Bei **Fischbrut** und **Jungfischen** zur Aufzucht: Salinenkrebschen, Infusorien aus Heuaufguss oder handelsüblichen Granulaten zur Infusorienanzucht.

Tägliches MF-Angebot (adulte Fische): Etwa 1 % der KM. Viele MF in der Praxis sind deutlich energie- und nährstoffreicher, als es erforderlich und im Interesse einer guten Wasserqualität wünschenswert ist (Rp: > 50 %, Rfe: > 9 %; Ca: > 15 g/kg, P: > 10 g/kg, Vit A > 10 000, Vit D > 1000), andererseits ist der Rfa-Gehalt häufig zu gering (allgemein um 1 %).

Fütterungsfrequenz: Jungfische in Aufzuchtbecken mehrmals am Tag (Jungfische müssen „im Futter stehen", gleichzeitig sorgfältige Überprüfung der Wasserqualität und entsprechende Wasserhygiene erforderlich!), adulte Fische einmal pro Tag, was in 2–3 Minuten gefressen wird, 1–2 „Fastentage"/Woche sind unproblematisch.

14.2.1 Ergänzungen

Lebendfutter: Daphnien („Wasserflöhe"), Essigälchen, Hüpferlinge, Mückenlarven, Tubifex, Regenwürmer, Enchyträen, Bachflohkrebse, Salinenkrebschen („Artemia") bzw. deren Nauplien, Springschwänze, Drosophila; Vorsicht: „verhungertes" Lebendfutter (ohne Nahrung bevorratete Organismen) ist ohne größeren Futterwert (→ Energie- und Nährstoffmangel bei Zierfischen).

Frostfutter: o. g. Lebendfutter in gefrosteter Form (evtl. auch Muschelfleisch, kleine Fische) sowie Rinderherz; Vorsicht: schneller Verderb nach Auftauen! Grünfutter: z. B. überbrühte Kresse, Salatgurke, Salatblätter, Brennnesselblätter, Algen, Wasserlinsen verwendbar.

Fütterungstechnik: Verzehrverhalten (Fressen von der Wasseroberfläche, während des Absinkens, vom Boden), spez. Gewicht und Pressstabilität beachten (Granulate, Flocken, Tabletten etc.). Nachtaktive Fische nur abends nach Abschalten des Lichtes füttern!

14.3 Ernährungsbedingte Störungen

Prinzipiell kommen die meisten bei Nutzfischen bekannten ernährungsbedingten Erkrankungen auch bei Zierfischen vor. In der Regel zeigen sich nur unspezifische Symptome, wie Verblassen der Farben, partielle Dunkelfärbung, Apathie, mangelhafte Fertilität und verändertes Schwimmverhalten.

Häufige Fehler: Futtermenge zu hoch → Adipositas, mangelnde Fertilität, Fettleber; starke Belastung des Wassers durch faulendes Futter (H_2S, NH_3, Nitrit → Kiemenschädigungen, Intoxikationen, Verenden).

Abbauprozesse von org. Substanz (Futterreste, Exkremente, Pflanzen-/Algenmasse) sind sauerstoffzehrend, sodass gleichzeitig ein Sauerstoffmangel entsteht – nicht selten die wesentliche Ursache für ein Massensterben.

Bei Einsatz frischer, handelsüblicher MF: Vit-Mangelerkrankungen unwahrscheinlich; Ca-Mangel kann bei sogenannten Weichwasserfischen, z. B. Diskusfischen bei einseitiger Fütte-

14

rung, z. B. Rinderherz, vorkommen: Kümmern, „Lochkrankheit".

Vitaminmangelerkrankungen:

- Vit A: Wirbelsäulen-, Kiemendeckelverformung, Hornhauttrübungen
- Vit D: „Lochkrankheit", Nierennekrosen, Wirbelsäulendeformationen
- Vit E: Myokard-, Leberdegeneration
- Vit C: Hautblutungen, Wirbelsäulendeformationen, Kiemendeckelveränderungen

- Vit-B-Komplex: zentrale Störungen, Hautveränderungen, Kiemenschwellungen

Bei Verwendung überlagerter MF, oft bedingt durch preiswertere Großpackungen oder Lagerung bei hoher Luftfeuchte, z. B. im selben Raum, in dem sich die Aquarien befinden:

- Vitamingehalt ↓ →Mangelerscheinungen
- Aflatoxinbildung → Lebernekrosen, Todesfälle

Literatur

BAUER R (1990): *Erkrankungen der Aquarienfische.* Parey Verlag, Berlin-Hamburg.

BML-GUTACHTEN (1999): *Gutachten über Mindestanforderungen an die Haltung von Zierfischen (Süßwasser).*

BREMER H (1997): *Aquarienfische gesund ernähren.* Verlag Eugen Ulmer, Stuttgart.

COENEN M, GROSSMANN H (1993): *Composition of commercial feed for toy fish.* Proc Europ Soc Vet and Comp Nutr Symposium, Berlin.

DREYER S (1995): *Zierfische richtig füttern.* bede Verlag, Ruhmannsfelden.

ENGELMANN WE (2005): *Zootierhaltung: Zootierhaltung 5 – Tiere in menschlicher Obhut, Fische.* Verlag Harri Deutsch, ISBN 3-8171-1352-8.

GROSSMANN H (1993): *Erhebungen über die Zusammensetzung von handelsüblichen Zierfischfuttermitteln.* Diss. med. vet., Hannover.

KÖLLE P (2005): *300 Fragen zum Aquarium.* GU Verlag.

KÖLLE P (2011): *Fischkrankheiten.* 2. Aufl., Kosmos Verlag.

PANNEVIS MC (1993): *Ernährung von Zierfischen.* Waltham International Focus 3 (3): 17–22.

PANNEVIS MC (1993): *Nutrition of Ornamental Fish.* In: BURGER J: Waltham Book of Companion Animal Nutrition, Pergamon Press, Oxford, 85–96.

RIEHL R, BAENSCH HA (1992): *Aquarien Atlas.* 9. Aufl., Mergus Verlag, Melle.

TERHÖFTE BB, AREND P (2005): *Gesund wie ein Fisch im Wasser? Fischkrankheiten im Aquarium und Gartenteich.* 14. Aufl., Tetra Verlag, ISBN 3-89745-098-4.

Index